電気の量を調整する

抵抗器

● カーボン抵抗

【説明】セラミック筒に焼き付けた炭素系被膜を抵抗体としています．以前は最もポピュラでしたが，現在はその座を厚膜金属皮膜チップ抵抗に譲りました．現在も非常に安価で入手容易です．抵抗値は誤差とともに4本のカラー・コードで表示されます．

【構造】抵抗皮膜を螺旋状にトリミングして，同じ素材から多種の抵抗値を得るため，高い生産性です．

【注意】温度係数は未定義か非常に大きく，ノイズも大きい品種もあります．精度を要求される回路や低ノイズの回路には向きません．抵抗体が螺旋状なので，数十MHz以上ではインダクタンス成分で思いどおりの特性が得られないことがあります．

【仕様】抵抗値：1Ω～10MΩのE24系列，定格電力：1/8～1/2W，トレランス：±5%(Jクラス，金色)，温度係数：未定義

【製品例】RD14シリーズ(各社)　〈三宅 和司〉

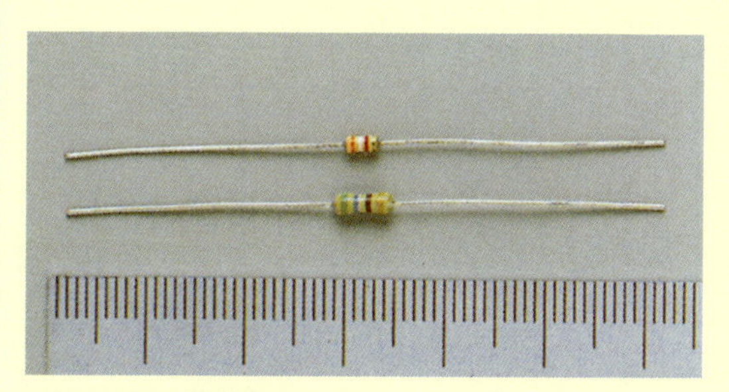

写真1　カーボン抵抗

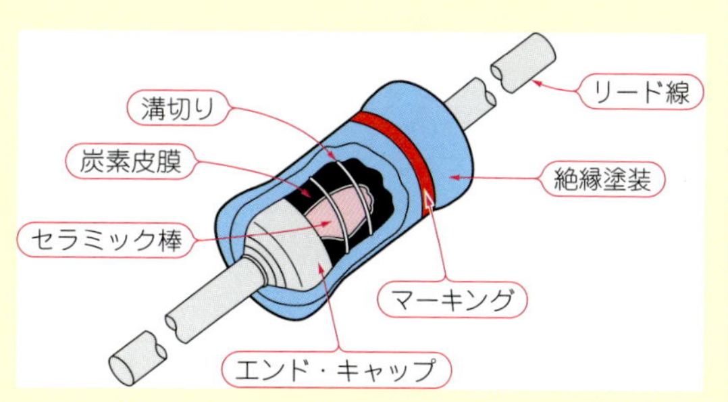

図1　カーボン抵抗の構造

● 金属皮膜抵抗(厚膜，スルー・ホール)

【説明】金属皮膜抵抗には厚膜型と薄膜型があり，特性に開きがありますが，ここに紹介するのは一般的な厚膜型です．温度係数が±200ppm/℃程度と比較的良好ながら比較的安価で入手容易です．抵抗値と誤差を4本または5本のカラー・コードで表示します．

【構造】厚膜型は抵抗体に金属系のペーストを塗布後，焼結したものを使用します．構造はカーボン抵抗と同じです．

【仕様】抵抗値：10Ω～1MΩ(E24系列)，定格電力：1/8～1/2W，トレランス：±1%(Fクラス，色環：茶)

【製品例】RN14シリーズ(各社)

〈三宅 和司〉

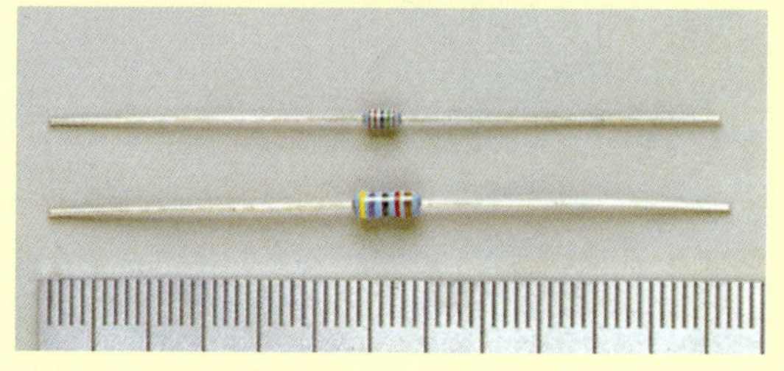

写真2　金属皮膜抵抗

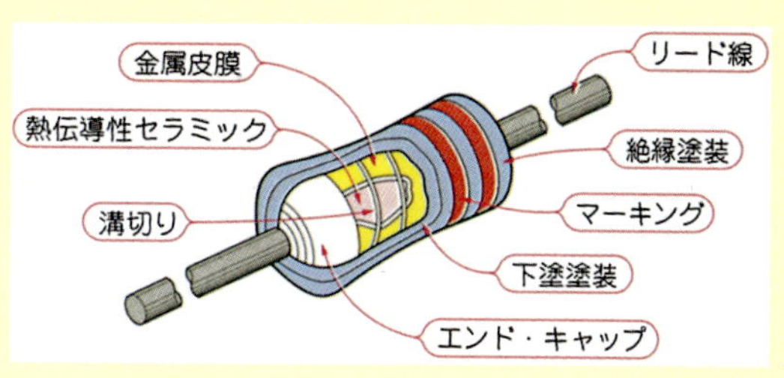

図2　金属皮膜抵抗の構造

● 厚膜型金属皮膜チップ抵抗

【説明】リード線付きの厚膜型金属皮膜抵抗の表面実装版で，最もポピュラです．平らなセラミック基板に精密印刷技術を使って一度に大量の抵抗体パターンを塗布したあと焼結するので，非常に生産性が高く入手も容易です．普通の回路には申し分のない性能です．

【注意】**表1**に示すEIAJの1005サイズの定格電力はたったの63 mWです．この抵抗にDC 5 Vが加わる場合，390 Ω以下の抵抗値は使えません．表のチップ自体の表面積と定格電力は完全な比例関係にはなく，サイズが小さいほどずれが大きくなります．これは放熱面積にメーカ指定の基板銅箔パターン面積も含むためです．他のチップ抵抗にもいえることですが，標準基板パッド・サイズを守らずに高密度実装を行うと，抵抗体の温度上昇により抵抗の寿命を縮めます．

【仕様】抵抗値：10 Ω～10 MΩ(E24系列)，定格電力：1/16～1 W，トレランス：±1～±5 %，温度係数：±200 ppm/℃

【製品例】RK73Bシリーズ(KOA)　〈三宅 和司〉

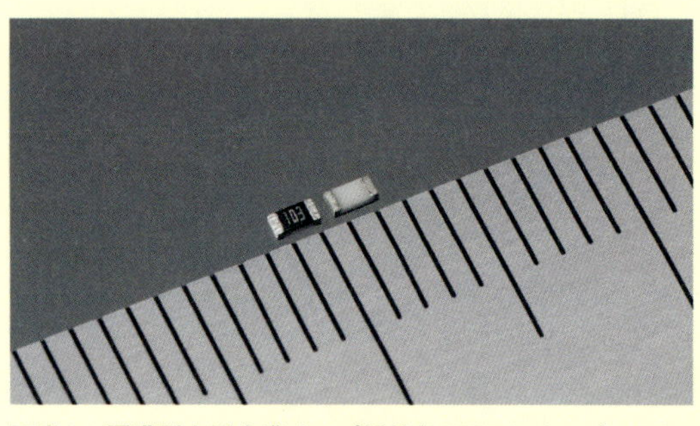

写真3　厚膜型金属皮膜チップ抵抗(RK73Bシリーズ，KOA社)

表1　チップ・サイズと定格電力の関係

IEC 呼称	EIAJ 呼称	L [mm]	W [mm]	T [mm]	表面積 [mm²]	定格電力 [mW]
1005	0402	0.4	0.2	0.13	0.21	30
0201	0603	0.6	0.3	0.23	0.55	50
0402	1005	1	0.5	0.35	1.4	63
0603	1608	1.6	0.8	0.45	2.88	100
0805	2012	2	1.25	0.5	4.25	125
1206	3216	3.2	1.6	0.6	7.68	250
1210	3225	3.2	2.5	0.6	8.76	500
2010	5025	5	2.5	0.6	12	750
2512	6331	6.3	3.1	0.6	15.06	1000

● 薄膜型金属皮膜チップ抵抗

【説明】精度が必要な回路に使う抵抗です．

【構造】優れた抵抗体材料の中には厚膜型の焼結法が使えない合金があります．薄膜型は真空蒸着法により，特性の良い合金薄膜をセラミック板上に形成しています．

【注意】精度を保つには，抵抗体の温度上昇を抑える必要があり，薄膜型の定格電力は同じサイズの厚膜型に比べて控えめな値になっています．抵抗値範囲も10 Ω～1 MΩとやや狭く，その両端では温度係数が悪化します．

【仕様】抵抗値：47 Ω～1 MΩ(E24またはE96系列)，定格電力：1/16～1/8 W，トレランス：±0.25(C)～0.02 %(P)，温度係数：±5～±25 ppm/℃

【製品例】RRシリーズ，RGシリーズ(進工業)

〈三宅 和司〉

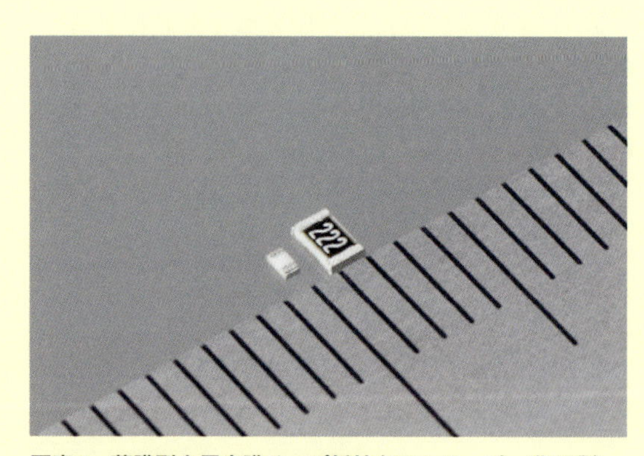

写真4　薄膜型金属皮膜チップ抵抗(RGシリーズ，進工業)

● 金属箔抵抗

【説明】温度係数が相殺する配合の合金箔を使って，温度係数が非常に低い超高精度抵抗が得られます．表面実装型，モールド型，電力型，4端子型などがあります．

【構造】セラミック板に張った合金箔をエッチングして，抵抗体パターンを形成しています．この領域になると機械ひずみも無視できないため，抵抗器内部で抵抗体と電極がワイヤ・ボンディングで接続されています．

写真5　金属箔抵抗(MP型，アルファ・エレクトロニクス)

【仕様】抵抗値：30 Ω～30 kΩ(E24またはE96系列)，定格電力：1/10～1/8 W，トレランス：±0.1(B)～0.05 %(W)，温度係数：±5～±10 ppm/℃［面実装型］，抵抗値：1 Ω～200 kΩ(E24またはE96系列)，定格電力：0.3 W，トレランス：±1(F)～0.005 %(V)，温度係数：±1～±15 ppm/℃［モールド型］，抵抗値：0.1 Ω～10 kΩ(E24系列＋整数)，定格電力：8W(放熱器あり)，トレランス：±5(J)～0.02 %(Q)，温度係数：±2.5～±15 ppm/℃［電力型］

【注意】構造上数十kΩ以上の高抵抗が得難く，形状も大きめです．製造メーカも限られ高価なので「ここだけは」という場合に使用されます．チップ型では特に発熱が小さくなる定数にします．電力型の製品には熱抵抗の低い放熱フィンを付けます．

【製品例】MP型，MA型，PD型(アルファ・エレクトロニクス)　〈三宅 和司〉

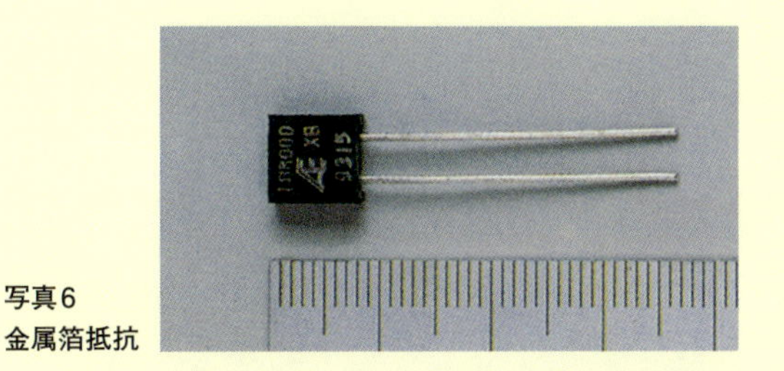

写真6
金属箔抵抗

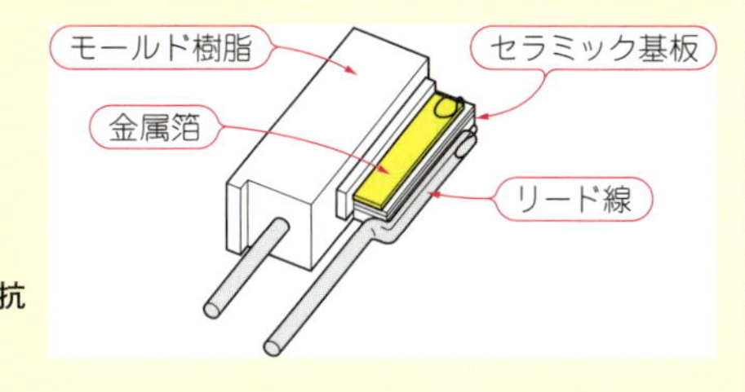

図3
金属箔抵抗
の構造

● 巻き線抵抗

【説明】セラミック筒上に巻いた金属線を抵抗体にした高精度タイプです．マンガニン線やニクロム線などの低温度係数の合金線を使っています．抵抗体全体の体積が大きく熱容量も大きいので，瞬間的な過剰電流(サージ電流)に強いという特徴もあります．

【注意】サイズは大きめです．抵抗線の細さには限界があるため高い抵抗値は苦手です．抵抗線をコイル状に巻くため寄生インダクタンスが大きいです．無誘導巻きタイプもありますが，MHz帯以上には使わないほうがよいでしょう．

【仕様】抵抗値：0.1 Ω～62 kΩ(E24またはE96系列)，定格電力：1/2～10 W，トレランス：±5(J)～0.5 %(D)，温度係数：±20～±90 ppm/℃

【製品例】RWシリーズ(KOA)　〈三宅 和司〉

写真7　巻き線抵抗(50 kΩ，0.1 %，モールド・タイプ)

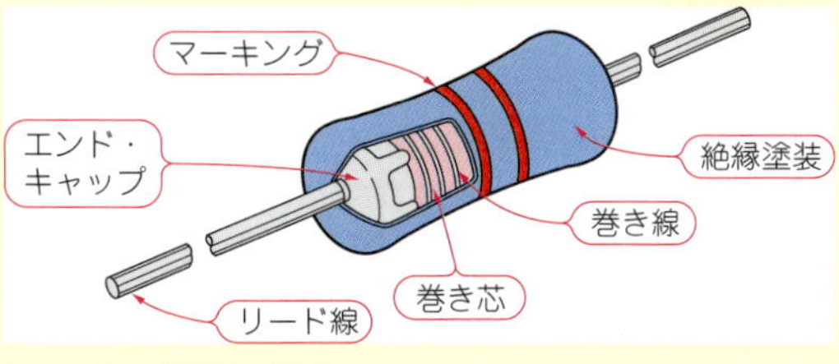

図4　巻き線抵抗の構造

● 金属板抵抗

【説明】その名のとおり，薄い金属板を抵抗体とするもので，10 Ω以下の低い抵抗値に特化された抵抗です．金属箔よりも厚い合金板を抵抗体とするため，丈夫で熱容量も大きく，サージ電流耐性があります．

【注意】トリミングが困難なのでトレランスは大きめです．

【仕様】抵抗値：0.01～1 Ω(E12系列)，定格電力：2～10 W，トレランス：±10(K)～5 %(J)，温度係数：±350 ppm/℃

【製品例】RPRシリーズ(KOA)　〈三宅 和司〉

写真8　金属板抵抗(0.05Ω，2 W，KOA)

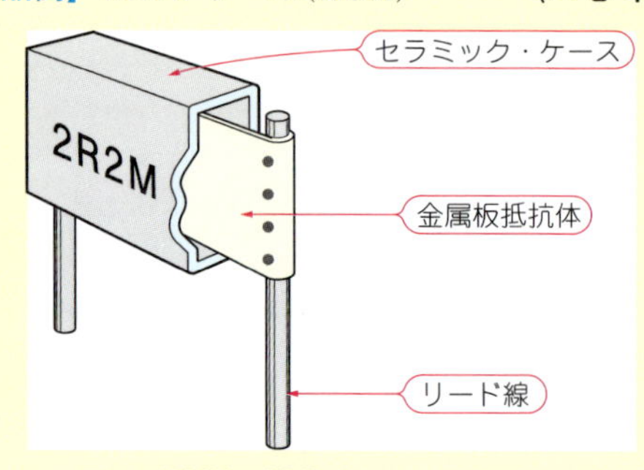

図5　金属板抵抗の構造

● 低抵抗用チップ

【説明】パワー回路の電流は，数百～数mΩの低い値の高精度抵抗器でモニタします．従来，この用途には金属箔抵抗や金属板抵抗が使われてきましたが，低抵抗値に最適化された抵抗体材料を使った厚膜型や薄膜型の金属皮膜チップ抵抗も登場しました．

通常のチップ抵抗は短辺側に電極がありますが，長辺側を電極として性能を維持しながら低抵抗値を実現したタイプもあります(**写真9**)．

【注意】プリント・パターンを工夫しないと，せっかくの精度が無駄になります．

【仕様】抵抗値：0.001～0.5 Ω(10 mΩまで1 mΩステップ，以後E6系列)，定格電力：1～6 W，トレランス：±1(F)～5 %(J)，温度係数：±50～±150 ppm/℃

【製品例】KRLシリーズ(進工業)，SMTシリーズ(PCN)　〈三宅 和司〉

写真9　低抵抗用チップ(KRLシリーズ，進工業)

ワンポイント　何十万個御入用でしたか？

その昔，チップ部品で試作品を作る仕事は大変でした．必要なのは数個なのに，チップ部品はリール単位で購入するのが当たり前でした．しかも，大口需要家でないと手に入りませんでした．

あるとき，予定納期になっても4,000個入りのリールが届かないので代理店に電話したら「何十万個御入用でしたか？」と言われたことがありました．

そのうち，100個入りの小リールに小分けしてくれる代理店が現れ，今では通信販売で多種のチップ部品が1個から買える時代になりました．

〈三宅 和司〉

● 4端子抵抗

【説明】低抵抗で大電流を検出するのは簡単ではありません．素子内の配線やリード線，プリント・パターンの抵抗分の影響を無視できないからです．このようなときは**写真10**のような4端子抵抗を使うとよいでしょう．

【構造】**図6**のように，モニタしたい電流を流す太い電極(電流端子I_1，I_2)と，抵抗両端の電圧を取り出すための細い電極(電圧端子V_1，V_2)があります．I_1とI_2の間に電流I_Sが流れているとき，低抵抗R_Eの両端に$R_E I_S$の電圧が発生します．これをV端子を介して入力インピーダンスの高い差動アンプで受けます．この方法なら，プリント・パターンの小さな抵抗分(R_{P3}やR_{P4})の影響を受けません．同様に，電流路のパターン抵抗(R_{P1}，R_{P2})は多少の電圧損失を生むことになっても，電流検出精度に影響することはありません．

【注意】2本のV端子ともGNDに対して高インピーダンスで受けないと意味がありません．

【仕様】抵抗値：0.001～1Ω(E6系列)，定格電力：3W，トレランス：±0.5(D)～1％(F)，温度係数：±30ppm/℃

【製品例】SMVシリーズ(PCN)，PC型(アルファ・エレクトロニクス)

〈三宅 和司〉

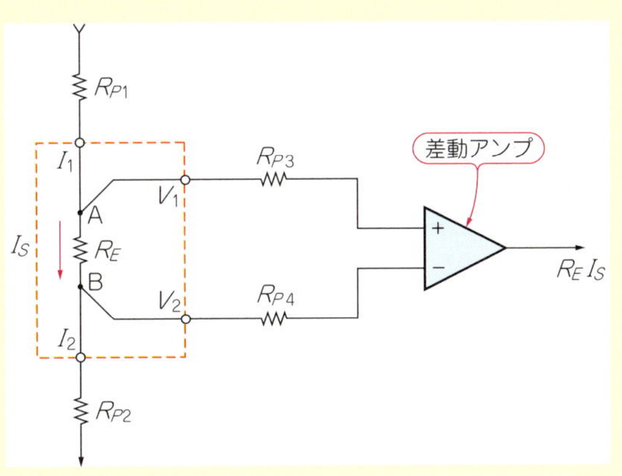

図6 4端子抵抗の使い方

写真10 4端子抵抗(SMVシリーズ，PCN)

● 酸化金属皮膜抵抗

【説明】抵抗体に耐熱温度が高い金属酸化物皮膜を用いています．サイズ当たりの定格電力が大きい特徴があります．通称は「酸金」(サンキン)です．抵抗レンジが広く，温度係数も中庸です．1～5W程度の小型中電力の抵抗として貴重です．

【注意】基板上の他の部品の温度上昇を招かないようにレイアウトします．

【仕様】抵抗値：0.1Ω～100kΩ(E24系列)，定格電力：0.5～5W，トレランス：±2(G)～5％(J)，温度係数：±200～350ppm/℃

【製品例】ERXシリーズ(パナソニック)

〈三宅 和司〉

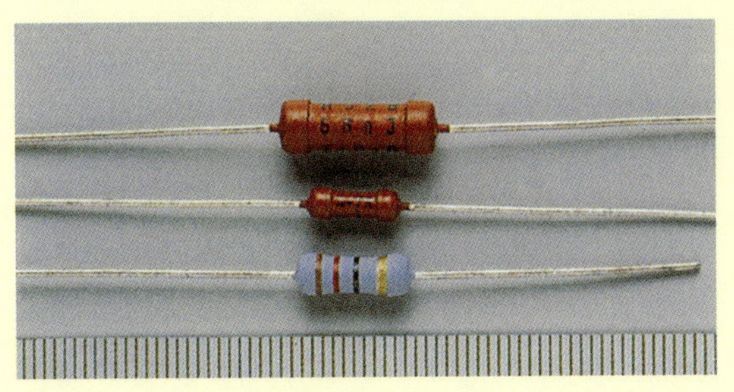

写真11 酸化金属皮膜抵抗(大きいものが2W，小さいものが1W，誤差は±5％)

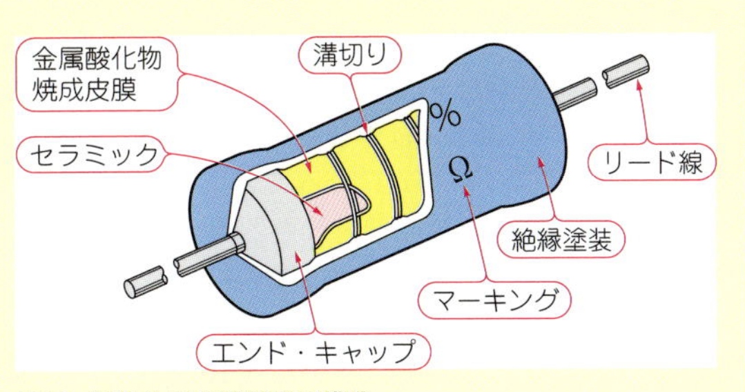

図7 酸化金属皮膜抵抗の構造

● セメント抵抗

【説明】数W～数十Wの大電力用の抵抗で，不燃性ケースに封入されているために基板に直接実装できます．

【構造】四角いセラミック箱に抵抗エレメントをシリコン系の耐熱剤(セメント)で封入したものです(**図8**)．

【注意】抵抗エレメントには，100Ω以下の低抵抗域には巻き線型が，それ以上では酸化金属被膜型が使われることが多く，両者は特性が異なりますが，外観では見分けが付きません．

【仕様】抵抗値：0.1Ω～390Ω(E12系列)，定格電力：1～20W，トレランス：±1(F)～5％(J)，温度係数：±100～250ppm/℃［巻き線型］，抵抗値：430Ω～75kΩ(E6系列)，定格電力：2～20W，トレランス：±5(J)～10％(K)，温度係数：±250ppm/℃［酸化金属皮膜型］

【製品例】BWRシリーズ，BSRシリーズ(KOA)

〈三宅 和司〉

写真12　セメント抵抗

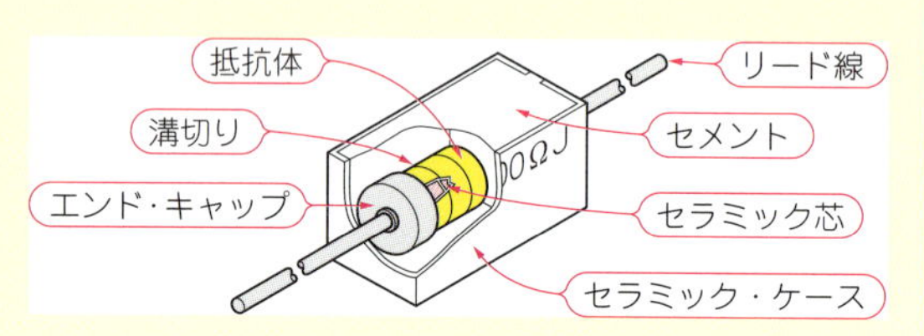

図8　セメント抵抗の構造

● メタル・クラッド抵抗

【説明】抵抗体を金属ケースに封入した，5W以上の中～大電力用の抵抗器です．抵抗器本体は比較的コンパクトです．使用温度範囲が非常に広く，サージ電力に強い利点もあります．

【構造】巻き線形の抵抗体エレメントを，ケース取り付け台と放熱フィンの付いた円筒形の金属ケースに，シリコン系の耐熱樹脂を使って封入しています．

【注意】抵抗器自体から外気への放熱だけでは十分ではなく，取り付け台を十分に熱抵抗の低いシャーシなどに熱結合した状態で，定格電力を満たすことができます．

【仕様】抵抗値：0.01Ω～40kΩ(E12系列)，定格電力：5～60W，トレランス：±0.5(D)～10％(K)，温度係数：±30～500ppm/℃

【製品例】FH-10(PCN)，RHシリーズ(Vishay)

〈三宅 和司〉

写真13　メタル・クラッド抵抗(RHシリーズ，Vishay)

● ブロック型抵抗

【説明】ブロック状の抵抗器です．小型ながら100W程度の定格電力を達成しています．

【構造】背面がアルミ伝熱板になっており，大きな放熱器やシャーシに取り付けて使います．抵抗体はセラミック基板などに形成された厚膜型で，抵抗体-伝熱板間の熱抵抗を小さくしています．熱容量が大きく端子のはんだ付けが難しいため，ねじ式ターミナルか圧着スリーブ式になっています．

【注意】十分に熱抵抗の低い放熱器かシャーシに熱結合するまで通電してはいけません．

【仕様】抵抗値：0.47Ω～1MΩ(E6系列)，定格電力：50～200W，トレランス：±5(J)～10％(K)，温度係数：±150～250ppm/℃

【製品例】BDS2A100シリーズ(タイコ・エレクトロニクス)

〈三宅 和司〉

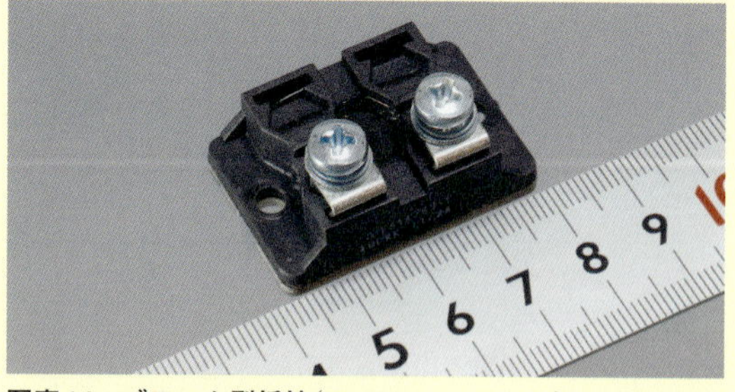

写真14　ブロック型抵抗(BDS2A100シリーズ，タイコ・エレクトロニクス)

(初出：「トランジスタ技術」2013年9月号)

電気をためたり出したりする
コンデンサ

● 固体アルミ電解コンデンサ

【説明】 導電性高分子の技術を使った，電解液がないアルミ電解コンデンサです．導電性高分子は白川英樹先生によって発見されました．等価直列抵抗が低く，大きなリプル電流に耐え，低温から使えて寿命も長い特長があります．高圧化や大容量化の点ではまだ非固体型にかないませんし，価格も少し割高ですが，多くのメーカが参入し置き換えが進みそうです．スルー・ホール用と表面実装用のパッケージがあります．チップ・タンタル・コンデンサに似たモールド型もあります．

【構造】 酸化膜を付けた陽極とアルミ箔の陰極との間には導電性高分子を充填しています．有機半導体や二酸化マンガンが充填された製品もあります．

【仕様】 3.3 μ ～4700 μF，耐圧：2.5～125 V

【製品例】 PCF シリーズ，PCG シリーズ，PCV シリーズ［ニチコン］

〈三宅 和司〉

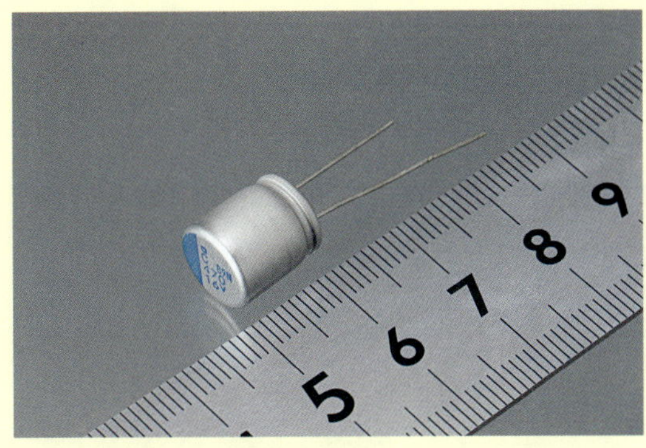

写真1　固体アルミ電解コンデンサ

● セラミック・コンデンサ

【説明】 誘電体にセラミック(磁器)を使ったコンデンサの総称です．**写真3**のような積層チップ型が現在最も大量に使われており，**写真2**のようなディスク型はあまり見かけなくなりました．静電容量はE12シリーズが基本です．高周波特性が良く，はんだ付け時の耐熱性に優れ，極性がなくて使いやすく，大容量化も進んでおり，ほかのコンデンサに取って代わる場面が増えています．

【構造】 積層チップの内部はセラミック誘電体と電極が，ちょうどパイのように幾重にも重ねられ，その端面にめっき端子が付けられています．積層構造は，電極の両面を使うため体積効率が高く，各電極と端子が直結されるため寄生インダクタンスも小さいです．

【注意】 シリーズ名が同じなら特性も似通っていると考えてはいけません．同じシリーズ中に数十種のセラミック材が使われ，同じ静電容量と耐圧であっても極端に特性が違います．マーキングがなく見た目も同じなので，混じり合ってしまうと区別できなくなります．大型のものは基板のたわみや膨張率に注意してください．電圧や温度で静電容量が極端に変化するものがあります．

【仕様】 静電容量：0.5 p～100 μF，耐圧：4 V～2 kV，トレランス：±2(F)～＋80 %／－20 %(Z)，温度係数：±30 ppm/℃～＋30 %／－80 %

【製品例】 GRM シリーズ［村田製作所］，CGA シリーズ［TDK］

〈三宅 和司〉

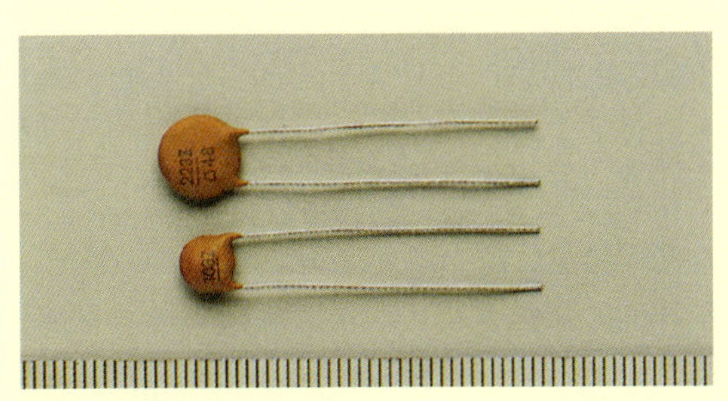

写真2　セラミック・コンデンサ

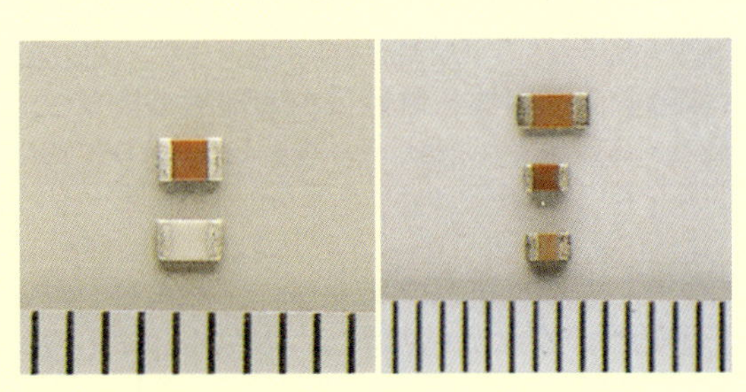

写真3　積層セラミック・チップ・コンデンサ

● 貫通コンデンサと3端子コンデンサ

【説明】シールド・ケースを使えば，回路モジュールに侵入するノイズやモジュール内から漏れる高周波を減らすことができますが，電源や信号のケーブルを出し入れするにはシールド・ケースに穴を開けなければなりません．これでは，隙間からノイズが漏れたり，ケーブルを介してノイズが伝わってしまいます．貫通コンデンサ(**写真4**)はこのような場合に使います．

3端子コンデンサ(**写真5**)は貫通コンデンサの表面実装版です．グラウンド・パターンに中間電極をつなぐと，2次元ながら貫通コンデンサと同じ作用があります．基板外への入出力部に取り付け，EMIフィルタとしても利用されます．

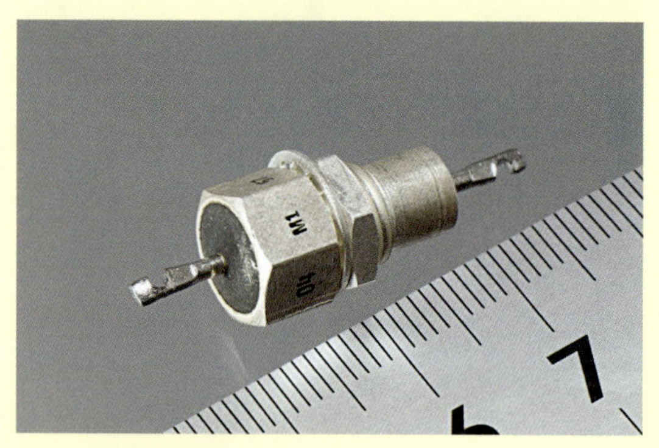

写真4　貫通コンデンサ

写真5　3端子コンデンサ

【構造】貫通コンデンサは同軸状のセラミック・コンデンサです．電源や低周波信号は内部電極を介して接続し，外部電極はシールド・ケースに接合して使用します(**図1**)．コンデンサは周波数に反比例してインピーダンスが低くなるので，重畳した高周波ノイズは中心電極を通過するうちに外部電極へ流れ出してしまいますが，直流電源や周波数の低い信号は影響を受けません．この働きは3端子コンデンサも同じです．

【注意】外側電極は高周波インピーダンスが十分に低い点に接続しないと効果がありません．また，3端子コンデンサは，プリント・パターンで回路ブロックごとに仕切りを設け，その仕切りパターン上に実装すると効果的です．

【仕様】静電容量：1000 p～4.7 μF，耐圧：6.3～50 V，通過電流：1～6 A

【製品例】NFMシリーズ［村田製作所］

〈三宅 和司〉

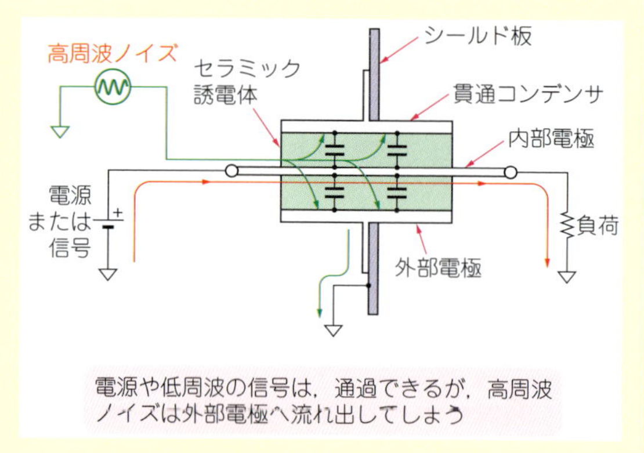

図1　貫通コンデンサの使い方

● マイカ・コンデンサ

【説明】誘電体に鉱物の雲母(うんも)(マイカ；mica)を使った古くからあるコンデンサです．雲母の比誘電率はさほど高くはなく小容量に限られますが，高周波損失が少なく，温度変化に対しても非常に安定した信頼性の高いコンデンサが得られるため，防衛/宇宙用途や標準コンデンサとしても使用されます．

【仕様】静電容量：1 p～0.1 μF，耐圧：10～500 V，トレランス：±1(F)～±10 %(K)，温度係数：±70～200 ppm/℃

【注意】供給メーカが限られ高価です．特に大容量のものは入手困難です．従来からチップ型の製品も発売され，高周波モジュールなどに使われますが，チップ・サイズは比較的大きなものに限られます．

【製品例】DM05シリーズ，UCシリーズ［双信電機］

〈三宅 和司〉

写真6　マイカ・コンデンサ

● ポリプロピレン(PP)コンデンサ

【説明】ポリバケツや書類ファイルの材料として使われるポリプロピレン・シートを誘電体としたもので，誘電体損失(tan δ)が小さいため蛍光灯インバータや2重積分型A-Dコンバータなどに使用されています．ただし，耐熱性はないので手はんだする必要があります．

【仕様】静電容量：470 p～100 μF，耐圧160 V～3 kV

【製品例】P32632シリーズ［EPCOS］，MPSシリーズ［ルビコン］

〈三宅 和司〉

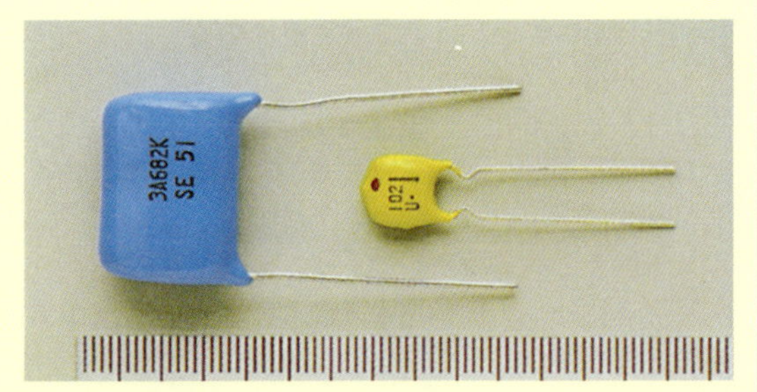

写真7　ポリプロピレン・コンデンサ

● ポリエステル・フィルム・コンデンサ

【説明】誘電体にボトルでおなじみのPET(ポリエチレン・テレフタレート)フィルムを使用したコンデンサで，マイラ・コンデンサとも呼ばれます(マイラはデュポン社の商標)．中高電圧用としては最もポピュラです．

【構造】電極に薄い金属箔を使ったタイプと，フィルムに金属を蒸着(メタライズ)したタイプがあります．

【注意】電気的特性はフィルム・コンデンサとして中庸で，またメタライズ品は使い方によっては自己回復作用が期待できるなどメリットは多いのですが，*CV*積に対してサイズがやや大きいことや面実するには耐熱性に問題があるため，リード線付きの製品が主流です．

【仕様】静電容量：470 p～0.47 μF，耐圧：50～200 V

【製品例】F2Dシリーズ［ルビコン］，MKSシリーズ［WIMA］

〈三宅 和司〉

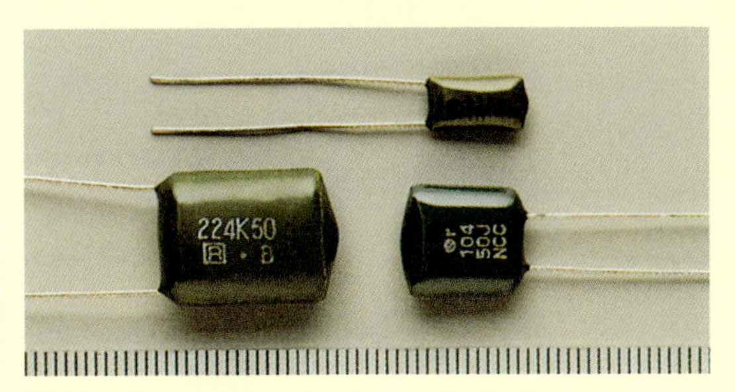

写真8　ポリエステル・フィルム・コンデンサ

写真9　メタライズド・ポリエステル・コンデンサ

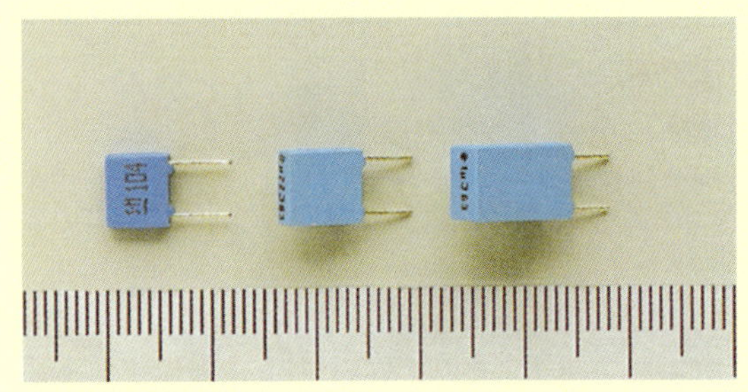

写真10　積層フィルム・コンデンサ

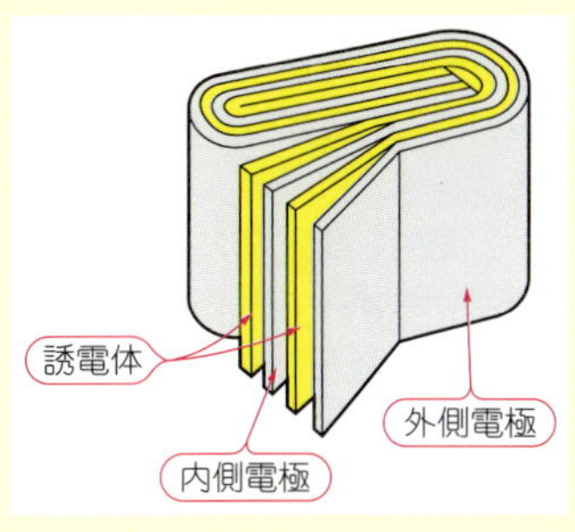

図2　ポリエステル・フィルム・コンデンサの構造

● 非固体アルミ電解コンデンサ

【説明】他のコンデンサでは実現できない高電圧で大容量が得られます．メーカ，品種とも豊富で，用途に合わせて特化した製品もあります．正負の極性があるのが普通ですが，無極性品もあります．またタンタルほど壊れやすくはありません．かつて「アルミ電解」と言えばこのコンデンサのことでしたが，電解液を持たない固体型も普及したため，従来のものを「非固体型」と呼ぶようになりました．

表面実装型は円筒形の素子に四角いプラスチック台座を付けたようなものが主流で，円筒部の直径によって台座のサイズが規格化されています．円筒部にはマイナス(－)極を表すマークがあり，また台座の2カ所の角にはプラス(＋)極を表す切り欠きがあります．

リード線型は円筒形にマイナス側にマーキングのある外装チューブをかけたおなじみのもので，プラス側のリードが少し長くなっています．

ブロック型は留め金具で固定する大型のもので，ファストン端子かねじ式端子のプラス側が赤く塗られて

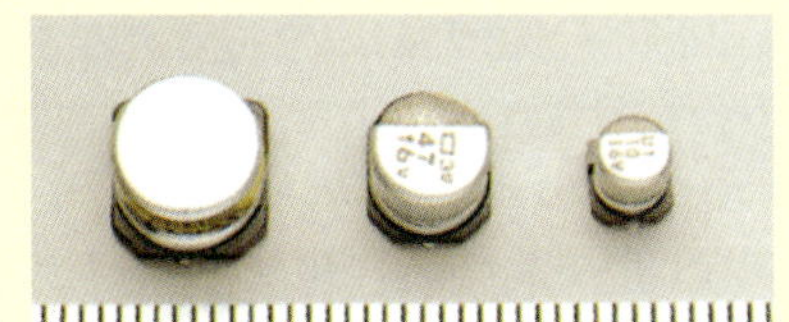

写真11 アルミ電解チップ・コンデンサ

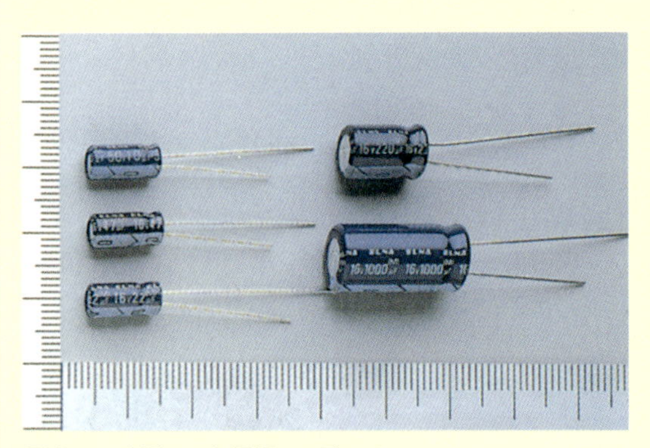

写真12 小型アルミ電解コンデンサ

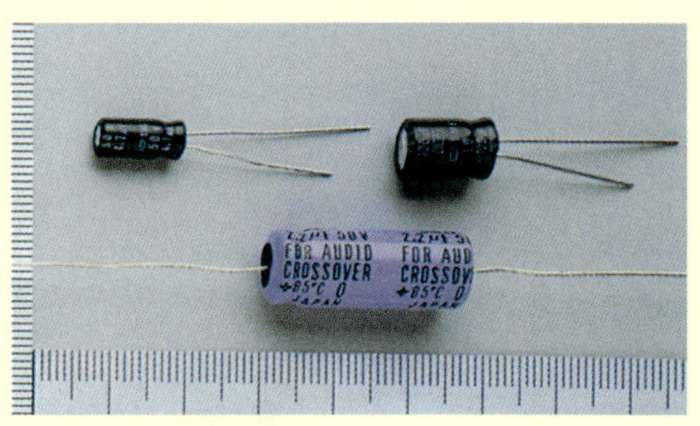

写真13 無極性アルミ電解コンデンサ

● 電気二重層キャパシタ(メモリ・バックアップ用)

【説明】F(ファラッド)単位の超大容量を実現したコンデンサです．初期の製品は小型で内部抵抗が高かったので，メモリ・バックアップなどに用途が限られていましたが，最近は内部抵抗が低くエネルギー蓄積用の大型製品も登場しています．

【構造】活性炭でできた電極を特殊な有機分子を溶かした電解液に浸すと，分極した分子が活性炭の界面にびっしりと配向し誘電体になります．この配向は1V強の電位差で崩れてしまいますが，それ以下の電圧に対しては，莫大な表面積で極限の薄さの誘電体として振る舞います．これを数個直列にして耐圧を上げ，製品とします．

【仕様】容量：0.047～0.22F，耐圧：5.5V(面実装品)，容量：350～2300F，耐圧：2.5V(ブロック型)

【製品例】DVNシリーズ［エルナー］，DLCAP［日本ケミコン］

〈三宅 和司〉

写真16 電気二重層キャパシタ

います．

【構造】誘電体は陽極の多孔質アルミ箔に化学的に形成した酸化アルミニウム（アルマイト）です．比誘電率は高くありませんが，素材のアルミ箔にミクロの凸凹があるために表面積が非常に大きいので大容量のコンデンサが得られます．ただし，誘電体の凹凸にぴったり寄り添わせるために負極箔との間に電解液が必要です（図3）．

【用途】電源回路，低周波パスコン，オーディオ，ストロボなど

【注意】電解液は徐々に蒸発するので，特に高温下で寿命が短くなります．また，塩素などのハロゲンに弱いので洗浄や接着に注意が必要です．ブロック型は取り付け金具でコンデンサの外装チューブを損傷しないようにしてください．

【仕様】静電容量：1μ～6800 μF，耐圧：6.3～450 V（チップ型），静電容量：1μ～47000 μF，耐圧：6.3～450 V（リード型），静電容量：180μ～680000 μF，耐圧：10～450 V（ブロック型）

【製品例】MVEシリーズ，KMQシリーズ，KMHシリーズ［日本ケミコン］

〈三宅 和司〉

写真14　大型アルミ電解コンデンサ

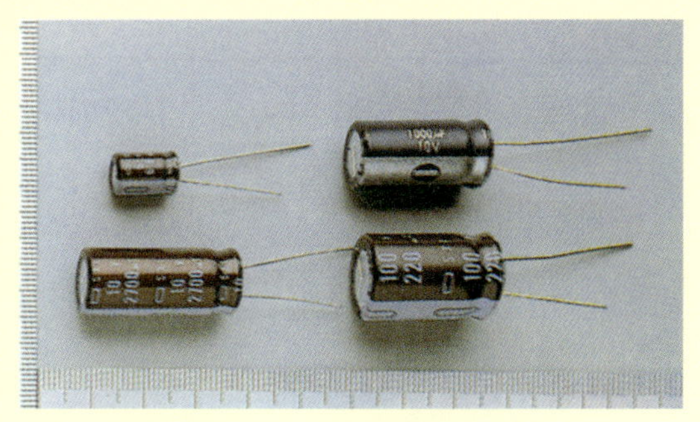

写真15　高周波低インピーダンス型アルミ電解コンデンサ

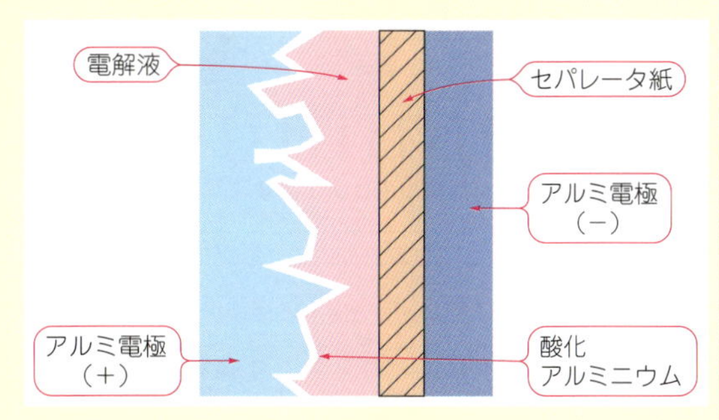

図3　アルミ電解コンデンサの構造

● PPSコンデンサ

【説明】比較的新しいエンジニアリング・プラスチックであるPPS（ポリ・フェニレン・サルファイド）樹脂フィルムを誘電体としたもので，電気的特性は中庸ながら耐熱温度が高いため，直接表面実装可能な唯一のフィルム系コンデンサです．ピエゾ効果のない無極性表面実装コンデンサとして貴重です．

【注意】メーカが少ないこと，形状が大きめなことに注意してください．

【仕様】静電容量：100 p～1 μF，耐圧：16～630 V

【製品例】ECHUシリーズ［パナソニック］

〈三宅 和司〉

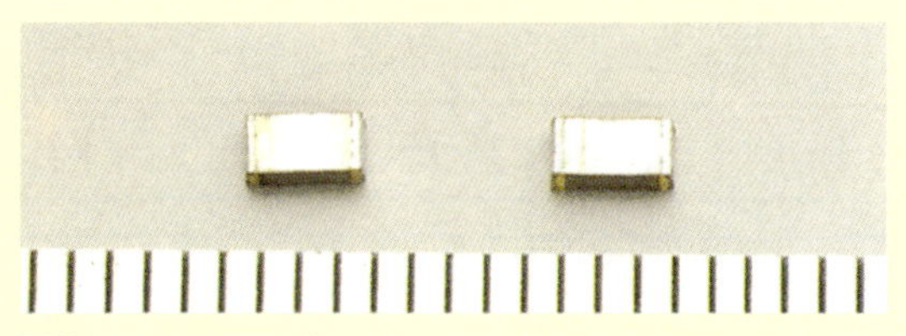

写真17　PPSコンデンサ

● 固体タンタル・コンデンサ

【説明】電解型に属し，極性があります．高性能コンデンサとして珍重されましたが，タンタル鉱山が紛争国に偏在していたこともあり，現在ではセラミックや固体アルミニウムやニオブなどのコンデンサへ代替が進んでいます．

【構造】多孔質の金属タンタル焼結体の周囲を化学処理して作った二酸化タンタル膜を誘電体としています．誘電体の表面積が非常に大きいため，小型で大容量が得られます．誘電体にぴったり寄り添った対向電極を形成するために，二酸化マンガンをまずコートし，その上にグラファイトを付けるなどの工夫がなされています(**図4**)．

【注意】少しでも逆極性になったり，過剰なリプル電流が流れるとショート・モードで故障する性質があります．故障すると発熱し，酸化剤の二酸化マンガンが原因で発火する可能性があります．このためヒューズ入りの製品も発売されています．正極にマーキングがあり，アルミ電解コンデンサとは逆です．

〈三宅 和司〉

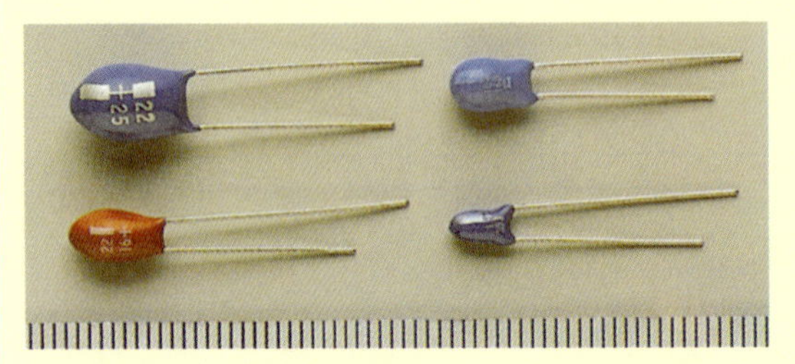

写真18　固体タンタル・コンデンサ

写真19　チップ・タンタル・コンデンサ

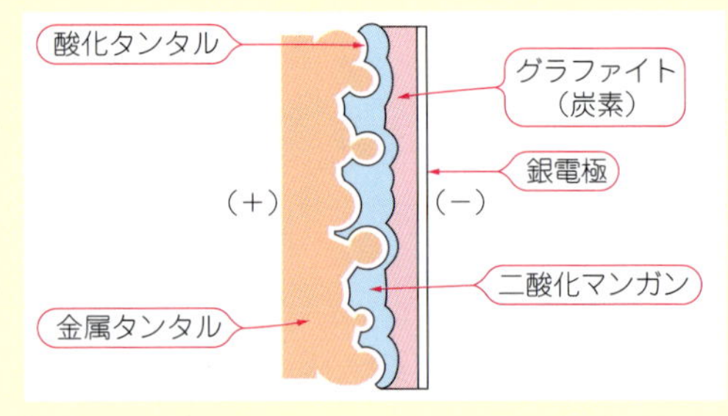

図4　焼結型固体タンタル・コンデンサの構造

● ポリアセン(PAS)キャパシタ

【説明】電気二重層コンデンサより高い3.5 V以上のセル耐圧と，低い内部抵抗を兼ね備えた超大容量コンデンサです．角形やコイン型のものは従来どおりRTCやメモリのバックアップ用に使用されますが，円筒型で大型のものは低周波域の電源インピーダンス改善やエネルギーの一時蓄積手段として新たな用途が期待されています．

【構造】正極に導電性樹脂のポリアセンを，負極にリチウム・イオンをドープした活性炭を使っています．

【仕様】容量：0.03～0.25 F，耐圧：3.3 V(コイン型)，容量：1～200 F，耐圧：2.5～3.8 V(円筒型)

【製品例】PASキャパシタ［太陽誘電］

〈三宅 和司〉

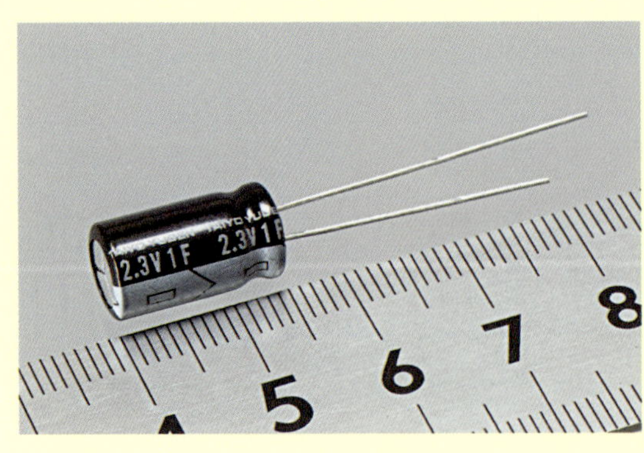

写真20　円筒型PASキャパシタ

写真21　コイン型PASキャパシタ

(初出：「トランジスタ技術」2013年9月号)

高周波回路や電源回路に欠かせない インダクタ

● 高周波用(1 MHz程度)の閉磁路型インダクタ

【説明】 コイルに流れる電流によって発生した磁束が外に漏れないタイプで，コイルの大部分がコアで覆われています．

形状が大きくなりがちですが，漏れ磁束が少なく，隣接するインダクタなどへ漏れ磁束の影響を与えたり，逆に，漏れ磁束の影響を受けたりすることも少なくできるため，実装密度を上げられます．特に形が円筒状のものは漏れ磁束が少なく，実装密度を高められます．箱状のものはギャップが大きくなるので，直流重畳特性が良くなります．

写真1　SDSシリーズ(KOA)

【構造】 糸巻き状のフェライト・コアに絶縁銅線を巻き付け，円筒状，または箱状のフェライト・コアに差し込んで固定したものです．上部の形状をそろえずギャップを設けたものもあります．

【用途】 モバイル機器や車載用機器のスイッチング電源の平滑回路やフィルタ(ノーマル・モード)に利用できます．

【仕様】 インダクタンス：2.2 μ～1000 μH，許容電流：0.07～7.5 A，周囲温度：－25 ℃～＋105 ℃

【注意】 許容電流を越えると飽和しやすいので余裕をもたせる必要があります．漏れ磁束の影響が少しあるので，同様のインダクタをあまり近くに置かないようにします．周波数が高いと発熱が高くなります．

【製品例】 SDSシリーズ(KOA，**写真1**)

〈**比企 春信**〉

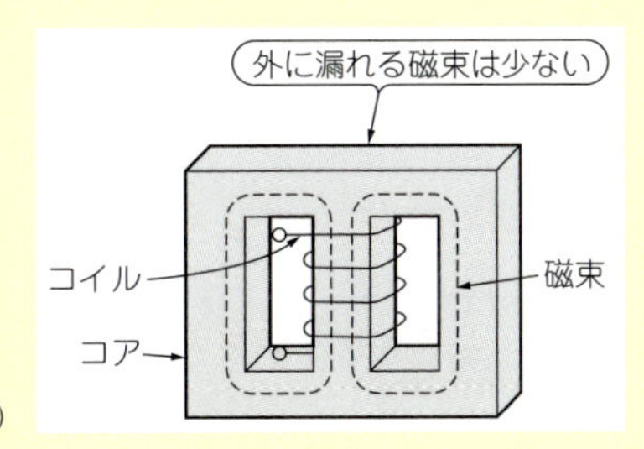

図1
構造(断面)

● 空芯インダクタ

【説明】 空気をコアにしたインダクタです．フェライトをコアにしたインダクタより，Q値が高く，低ひずみ，低損失です．サイズの割りにインダクタンスが小さく，大型になりがちです．**写真2**に示す空芯インダクタは，透磁率が空気と同程度のコア(アルミナなど)に高周波特性の良いリッツ線を巻き付けたタイプです．斜めに空気を含むようハニカム巻きにすることで，周波数特性を低下させる巻き線間の容量を小さく抑えています．

【用途】 高周波回路や低ひずみを狙ったオーディオ回路，マッチング回路，共振回路，フィルタ回路

【注意】 大電流を流すと巻き線導体の抵抗のために損失が大きくなりQが低下します．　〈**石井 孝明**〉

写真2　空芯インダクタ

● 高周波用(1 MHz程度)の開磁路型インダクタ

【説明】コイルに流れる電流によって発生した磁束が外に漏れるタイプです．糸巻き状(ドラム)コアにコイルが巻き付けられています．

閉磁路型に比べると開磁路型は小型で直流重畳特性が良いので，インダクタンスが許容直流電流までほぼ一定です．浮遊容量も少なくなるので高い周波数まで使用でき，安価な電源に多用されています．

写真3 LPCシリーズ(KOA)

【構造】糸巻き状のフェライト・コアに絶縁銅線を巻き付けたものです．コイルの周囲にコアがないので放熱が良く，また浮遊容量も少なくなります．糸巻き状の上下間がギャップになります．

【応用】モバイル機器や車載用機器のスイッチング電源の平滑回路やフィルタ(ノーマル・モード)に利用できます．

【仕様】インダクタンス：0.68 μ ～ 6.8 mH，許容直流電流：0.12 ～ 10 A，自己共振周波数：0.34 M ～ 90 MHz

【注意】漏れ磁束が多いので同様のインダクタを近くに置かないことです．

【製品例】LPCシリーズ(KOA，**写真3**)

〈比企 春信〉

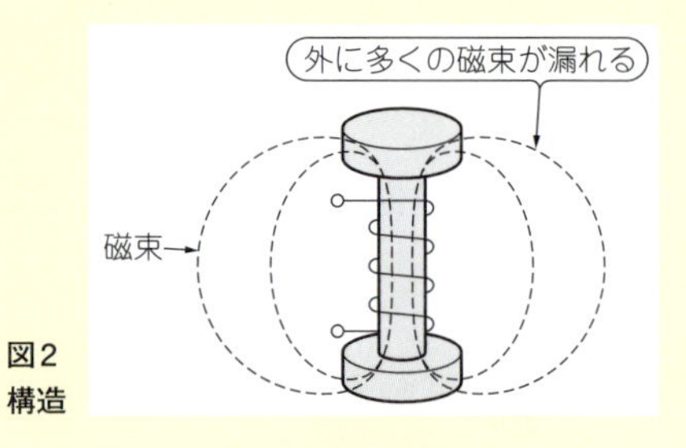

図2 構造

● コモン・モード・チョーク(閉磁路型)

【説明】入出力ラインとグラウンド間に重畳する数Vの高周波成分を低減できるノイズ対策部品です．二つのコイルに流す電流で発生する磁束が互いに打ち消し合うようにしてあるので，コアにギャップを設ける必要がありません．そのため，大きなインダクタンスが得られます．ただし，ノーマル・モードの高周波は低減できません．

【構造】二つに分割された糸巻き状のボビンに絶縁銅線を同じ数だけ巻き付けたものを，EE形状のフェライト・コアに差し込んで固定しています．

【応用】事務機器や家庭用家電などのスイッチング電源の入出力回路のフィルタ(コモン・モード)に利用できます．

【仕様】インダクタンス：0.25 m ～ 30 mH，許容電流：0.13 ～ 2 A，コイル-コイル間耐電圧：AC 3 kV

【注意】高周波成分を大きく低減させる必要があるため，他のインダクタの漏れ磁束の影響を受けないように離すか，直交するように実装します．

【製品例】LUシリーズ(光輪技研，**写真4**)

〈比企 春信〉

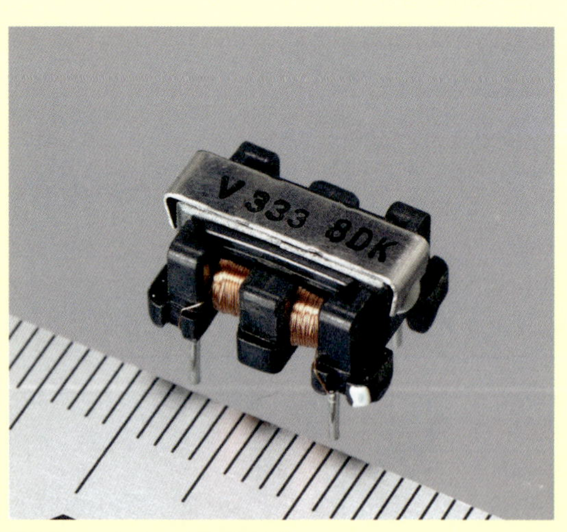

写真4 LUシリーズ(光輪技研)

● アキシャル型インダクタ

【説明】インダクタンス値の幅が広くて安価です．円筒の軸(アキシャル)方向にリードが出ているので，この名が付いています．通常部品用の穴に挿入して実装します．

【用途】チョーク用途，つまり高い周波数成分を通したくない回路，例えば高周波回路への電源供給線に使われます．高周波の信号が電源に流れて損失(信号の減衰)となることを防ぎ，また，他の回路にとっての雑音となることを防ぐ用途で使われます．

【構造】円柱状のフェライトに導線を巻き付けて，絶縁と保護のための塗料を塗ったものや，樹脂モールドしたインダクタです．構造は巻き線抵抗やソリッド抵抗に似ています．

【製品例】SPシリーズ(TDK)

〈石井 孝明〉

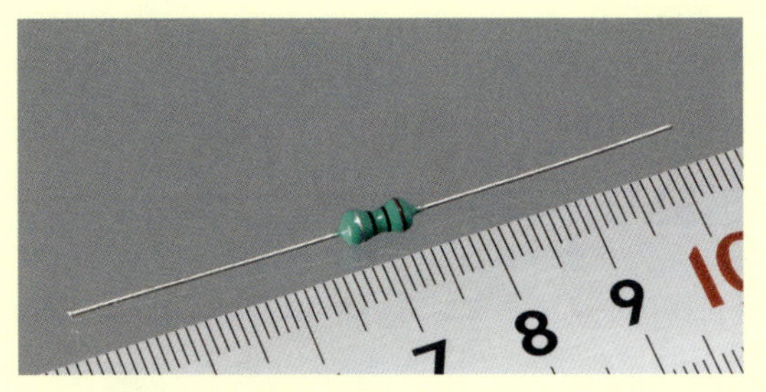

写真5　アキシャル型インダクタ

● トランスポンダ・インダクタ

【説明】電波の磁束成分を送り出したり，受け取ったりできる小型なインダクタで，車のキーレス・エントリやイモビライザに利用できます．**写真6**に示すトランスポンダ・インダクタの長さは12 mm弱です．形状は違いますが，比較的周波数が低いAMラジオや非接触型ICカード，RFIDでも，磁束成分を送受信するアンテナとして使われます．

【用途】100 k～500 kHzの送受信回路(アンテナ)．

【注意】近くに磁性体や導体があると送受信性能に影響します．

【製品例】TPLシリーズ(TDK，**写真6**)

〈石井 孝明〉

写真6　TPLシリーズ(TDK)

ワンポイント　使える周波数範囲は温度と自己共振周波数で制限される

● 温度による制限

コイルに入力する信号の周波数を高くすると，巻き線の表皮効果や近接効果により，巻き線抵抗R_{DC}が高くなります．さらにコアのヒステリシス損も大きくなるのでインダクタの発熱が増し，インダクタの許容温度上昇分を超えます．インダクタの最高使用温度はインダクタの巻き線材で決まります．例えばE種(最高使用温度120 ℃)を周囲温度40 ℃で使うなら，温度上昇は80 ℃(＝120－40 ℃)に抑えます．

巻き線抵抗は，許容電流や温度上昇分に加え，インダクタの品質を表すQ(＝L/R_{DC})も低減させます．

● 自己共振周波数による制限

実際のインダクタは，インダクタンス成分だけをもっているわけではありません．コイルやコアの間に，わずかな容量(浮遊容量)が潜んでいます．

インダクタの浮遊容量は，インダクタンスと並列につながっているので，共振します．周波数が自己共振周波数以上になると，インダクタの機能を失いコンデンサとして働きます．

自己共振周波数はインダクタの浮遊容量が大きくなれば下がります．浮遊容量は，コイルの巻き方や巻き数，コアと接する面積により増減します．

〈比企 春信〉

● 積層型チップ・インダクタ

【説明】一般的によく使われているインダクタで，サイズや特性の選択肢が広く安価です．同じような形状で性能が高いタイプもあります．インダクタンスの大きいものほど定格電流が小さく直流抵抗値が大きいです．電流を流すとフェライト・コアのひずみ特性が原因でインダクタンスが減ります．ある電流を越えるとコアが飽和して，インダクタンスが極端に減ります．

【用途】マッチング回路，共振回路，フィルタ回路，チョーク回路

【仕様】インダクタンス：0.2 n～100 μH，定格電流：25 m～1000 mA，直流抵抗：0.02～3 Ω，自己共振周波数：7 M～15 GHz，サイズ：0402～2012（0.4×0.2 mm～2.0×1.25 mm）

【注意】インダクタからは周囲に磁束が出ています．近くにあるインダクタ同士は干渉し合うため，互いに離して配置します．

【構造】印刷で導体を形成する安価な普及タイプと，エッチングで導体を高精度に形成する高性能タイプ（薄膜タイプまたはフィルム・タイプと呼ぶ）があります．

【製品例】LQGシリーズ（村田製作所），MLZシリーズ（TDK）

〈石井 孝明〉

写真7　MHQシリーズ（TDK）

写真8　MLFシリーズ（TDK）

（初出：「トランジスタ技術」2013年12月号）

ワンポイント　コモン・モード・チョークは磁束が直交するように実装するべし

インダクタに電流が流れると磁束が発生します．この磁束のすべてがコア内を通ればよいのですが，実際にはコイルの周囲がコアに覆われていないところから多くの磁束が漏れ出します．逆に言えば，外部から多くの磁束を受け入れるということです．

コイルの周囲がコアで覆われていても磁束は少し漏れています．コアの比透磁率が3000～7000程度しかないので，全体の磁束の少なくとも1/7000が漏れます．

濡れた磁束により互いに影響し合いそうなインダクタは，図Aのように互いの距離を大きくするか，実装の向きを互いに直交させます．

〈比企 春信〉

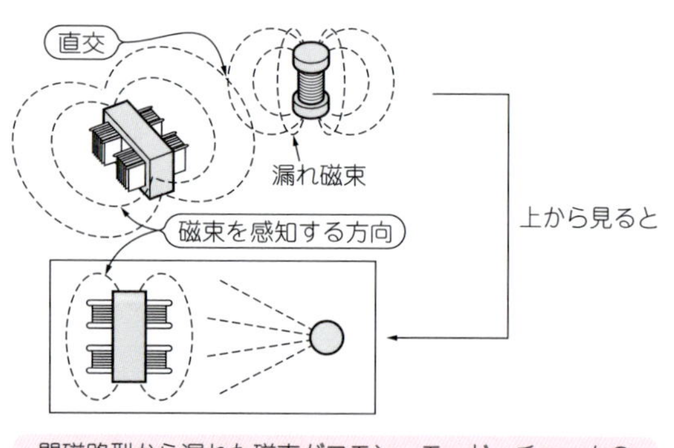

図A　インダクタは互いに影響し合わないように直交させて配置する

大電力から小電力までちょうどいい電圧を作る トランス

● 商用周波電源トランス(EIコア使用タイプ)

【説明】 電気性能(単位重量当たりの出力容量，励磁電流，漏れ磁束など)はほかのタイプのトランスより劣りますが，製造が簡単でコストが安いので一番多く使われています．

【構造】 ケイ素鋼板の薄板をEの形とIの形に打ち抜いた鉄芯を用いたトランスです．プラスチックまたは絶縁紙で作られたボビン(巻枠)にコイルが巻かれています．このボビンに，E形鉄芯の中足を交互に差し込み，E形鉄芯の間をI形鉄芯で埋めた構造です(**図1**)．

【仕様例】 入力AC100～110 V(50/60 Hz)，出力AC2.0/3.0/4.0/5.0 V，20 A，外形95×95×83 mm，重量2.8 kg 〈並木 精司〉

写真1　PM-0530．EIタイプ(ノグチトランス)

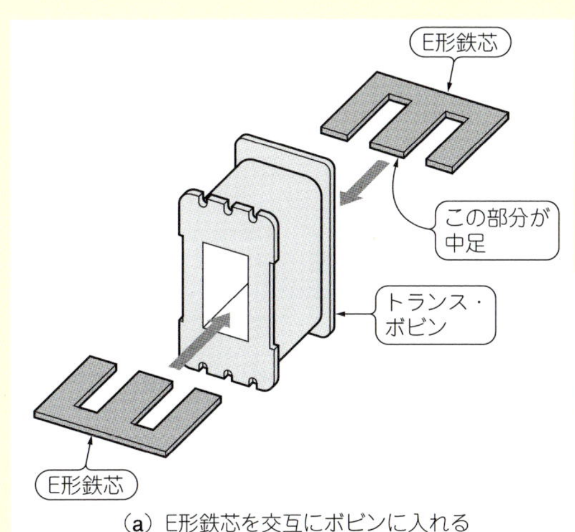

(a) E形鉄芯を交互にボビンに入れる

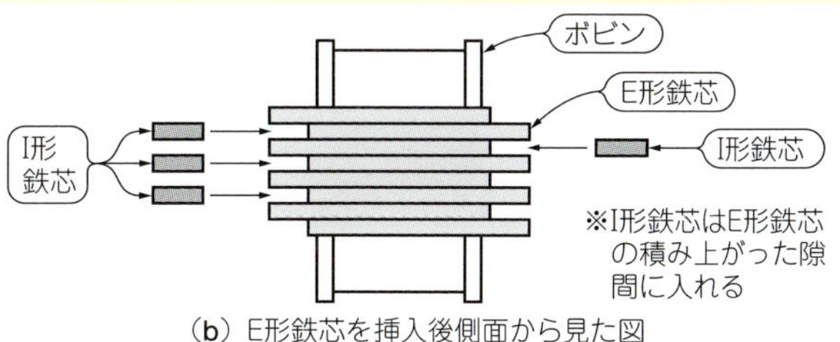

(b) E形鉄芯を挿入後側面から見た図

図1　トランスの構造

ワンポイント　基本中の基本その①…商用周波電源トランスとは

トランスは，1次側の電圧を変換して2次側に絶縁された電圧を出力する部品です．商用周波の交流電圧(家庭用の50/60 Hz電源)を電源トランスの1次側に入力すると，2次側に巻き線比に応じた交流電圧が出力されます．この電源トランスのことを「商用周波電源トランス」と呼びます．50/60 Hzの正弦波で動作するので，発生するノイズが小さく，微小信号を扱うアナログ回路に向いています．

同じ出力が得られるスイッチング電源用トランスより大きく重いですが，部品点数も少なく簡単に電源を構成できます．小型軽量化が必要でなく扱う電力も小さい場合に利用すれば，メリットがあります．

「商用周波電源トランス」は聞きなれない名称かもしれませんが，スイッチング電源用の高周波トランスと区別するために低周波トランスと表現されることもあります．オーディオ用の音声トランスも低周波トランスなので，この呼び名は厳密な意味であいまいさが残ります．また船舶や航空機用の電源トランスは400Hz仕様なので，商用周波電源トランスではありません． 〈並木 精司〉

● 商用周波電源トランス(カット・コア使用タイプ)

【説明】 透磁率($B = \mu H$で表したときの比例定数μ H;磁界の強さ，B;磁束密度)が高く，励磁電流の小さいトランスです．ケイ素鋼板を圧延(ローラで薄くする製造工程)し，結晶方向をそろえたテープ状の素材を巻いて鉄芯を作るので，どの部分をとっても磁束の方向が結晶方向に一致するので磁気特性が優れています．EI形鉄芯より鉄損が小さく，同じ電力容量の物で比べるとより小型になります．鉄芯の両足にコイルを入れるので，2個のコイルの結線が複雑になり比較的高価です．

【構造】 ケイ素鋼板の薄板を矩形(角形)/丸形/異形に巻き取って焼鈍後，含浸剤で固め任意の個所を切断加工した鉄芯です．プラスチックまたは絶縁紙で作られたボビン(巻枠)に巻き線された2個のコイルをそれぞれ鉄芯の両足に通し，1組の鉄芯を突き合わせてバンドで締め付けて固定した構造です(**図2**)．

【仕様例】 入力AC100～110 V(50/60 Hz)，出力AC4.5/7.0/8.0/9.0 V，1.0 A，外形寸法93×60×32 mm，重量0.4 kg

【製品例】 PMC-091(ノグチトランス)

〈並木 精司〉

写真2　PMC-091．カットコア・タイプ(ノグチトランス)

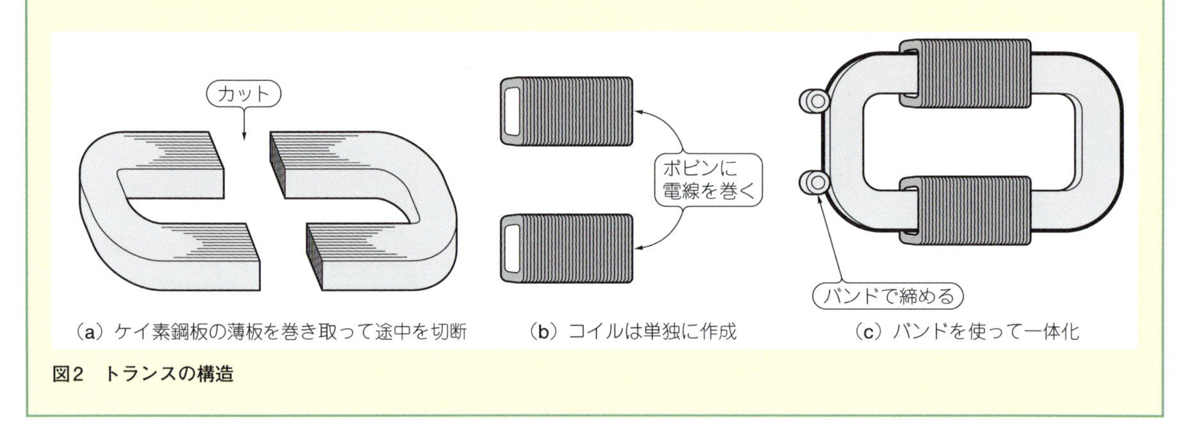

図2　トランスの構造

ワンポイント　基本中の基本その②…商用周波電源トランスの選び方

商用周波電源トランスの1次側には，家庭用の商用交流電圧(100 V_{RMS})または工業動力用交流電圧(200 V_{RMS})が直接入力されます．これらの交流電源に合った定格電圧と定格周波数を持つトランスを選びます．

負荷で消費される2次側の電力が電源トランスの定格負荷容量を超えると過熱します．商用周波電源トランスは一般的に負荷の短絡や過負荷に対する保護機能を持っていません，1次側には，適切な遮断容量のヒューズ(メーカの選択も重要)を入れます．一部の小容量の電源トランスは，トランス自身のコイル・インピーダンスで過大な電流が流れるのを防止したり，過熱保護素子(温度ヒューズやポジスタ)を内蔵していて発火・発煙を防止しています．

● 商用周波電源トランス（トロイダル・コア使用タイプ）

【説明】磁路（磁気回路）に継ぎ目がなく鉄芯の透磁率が高いので励磁電流が非常に小さいのが特徴です．構造上薄型のトランスが作りやすいのですが，切れ目がないため巻く手間がかかります．細い線材で巻き数が多くなる小型トランスには向いていません．

【構造】ケイ素鋼板の薄板をバームクーヘン状に丸く巻いた鉄芯を用います．このタイプの鉄芯は，カット・コアやEI形鉄芯と違って磁路が断たれていないため，コイルを巻いたボビンを後から鉄芯に差し込む製法を利用できません．専用の巻き線機を使って，ボビンを使わず絶縁テープを巻いたトロイダル鉄芯の穴に，電線を1本1本くぐらすようにして鉄芯に直接巻きます（**図3**）．

【用途】大容量のトランスのほうが作りやすく，かつ鉄芯に継ぎ目がないので漏れ磁束が少ない特徴があり，大出力のオーディオ・アンプやスイッチング電源が使えないノイズに対する要求が厳しい医療機器などに使われます．

【仕様例】 入力AC0～115 V（50/60 Hz）×2，出力AC200/220/260/280/320 V×2，0 ～ 2.5/5/6.3 V，外形寸法105 φ ×42 mm

【製品例】SZ-184（L）（HDB-120T3）

〈並木 精司〉

写真3　SZ-184（L）（HDB-120T3）

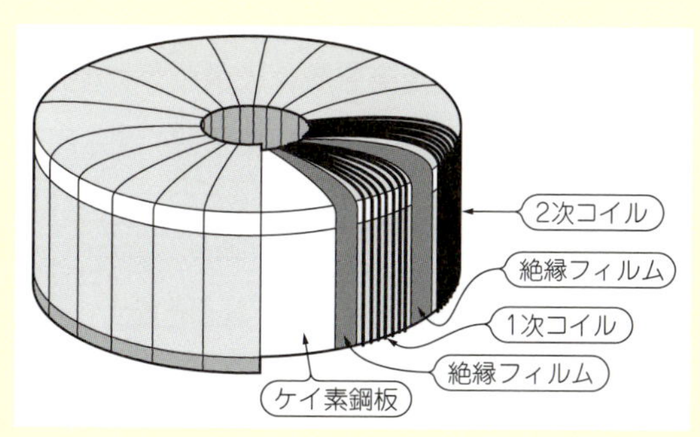

図3　トランスの構造

● 商用周波電源トランス（Rコア使用タイプ）

【説明】トロイダル・トランスと同様，横置きにすると低背にできるので，大容量薄型トランスに向いています．

【構造】ケイ素鋼板の薄板を巻いた鉄芯を持つ構造です．カット・コアとは違い，鉄芯の断面が円形になるように，巻き取るケイ素鋼板の幅が各層で異なっています．鉄芯をカットしないので磁路に継ぎ目がなく，トロイダル・コアと同じような磁気特性を示します．

円筒を縦に二つに割った形の2個の歯車付きボビンを，鉄芯の足を挟む込むようにセットし，そのボビンを専用巻き線機側の歯車で回転させて巻くのでトロイダル・トランスよりは作るのが簡単です．

【注意点】カット・コア・トランスと同様にコイルを2個使うので，形が似ていますが，鉄芯断面を丸くするために縦横比率が制限されます．

【仕様例】 入力AC100 V 50/60 Hz，出力AC32 V 5.0 A×2，外形寸法163×128×70 mm

【製品例】R-320（北村機電）

〈並木 精司〉

写真4　R-320．Rコア・タイプ（北村機電）

● スイッチング電源用トランス（EI, EEコア使用タイプ）

【説明】EEコアまたはEIコアを使用したトランスです．同じ容量で比べると，ほかのタイプより大きくなるので，現在ではEI19（21×19×16 mm）以下の比較的小容量のサイズが多く使われています．一番低価格です．

【仕様例】外形仕様のみ

【製品例】TYPE　EE，EI-AL（加美電子）

〈並木 精司〉

写真5　EI，EEコア伏せ型タイプ（加美電子）

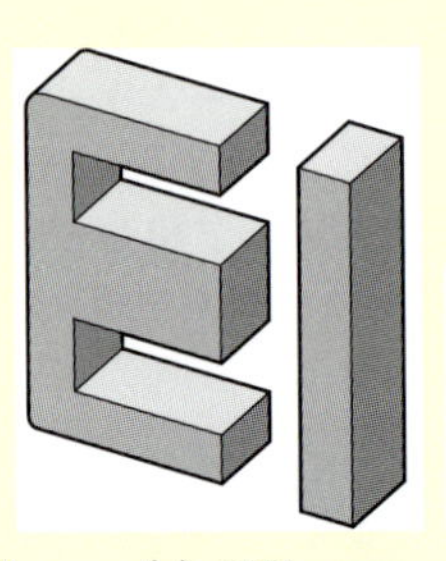

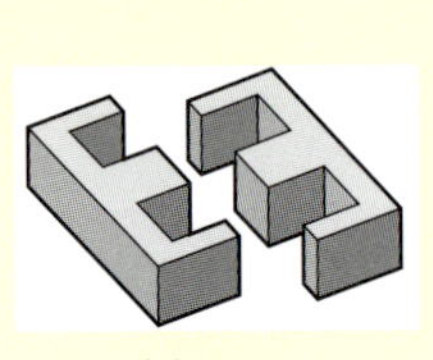

図4　コアの形状　（a）EI形　（b）EE形

● スイッチング電源用トランス（PQコア使用タイプ）

【説明】PQコアは，中脚の断面が丸状です．EIコアやEERコアでは無駄に実装面積を食っている四隅の部分に磁路を作り小型化したトランスです．EERコアより小型化できます．コイルの周囲を鉄芯で囲んでいる部分が多いため，外部に漏れる磁力線も少ないです．大量に生産されるようになり，低価格になりました．

【仕様例】外形仕様のみ

【製品例】TYPE PQ（加美電子）

〈並木 精司〉

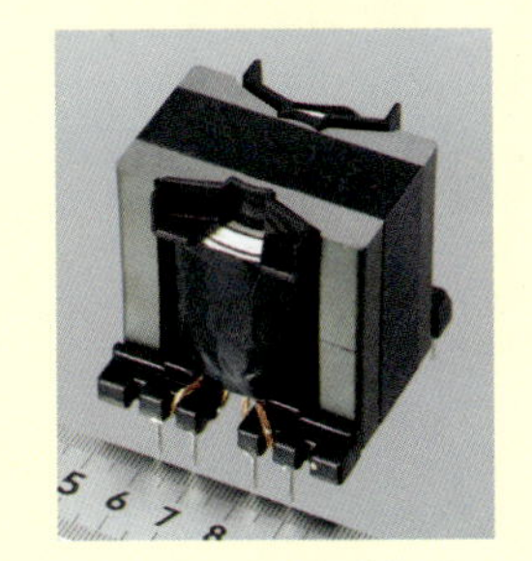

写真6　PQコア・タイプ（加美電子）

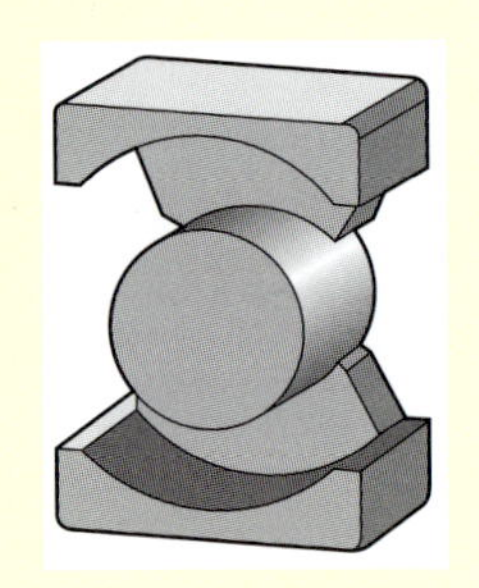

図5　コアの形状

● スイッチング電源用トランス（EER，ETDコア使用タイプ）

【説明】EERコアまたはETDコアを使ったトランスです．巻き線が楽で，1次-2次間の結合が良い特徴があります．EERコアは中脚の断面形状が丸く，巻き幅の広い鉄芯です．

【用途】出力数十～500 Wのスイッチング電源

【仕様例】外形仕様のみ

【製品例】TYPE ER-AS（加美電子）

〈並木 精司〉

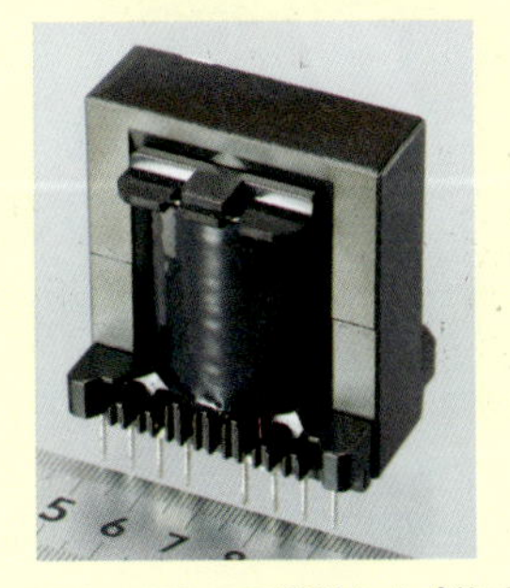

写真7　EER，ETDコア縦型タイプ（加美電子）

（a）EER形　（b）ETD形

図6　コアの形状

● スイッチング電源用トランス(RMコア使用タイプ)

【説明】RMコアは，もともと信号用トランスに使われている鉄芯です．PQコアと同じく中脚断面が丸状ですが，コイル部を包む鉄芯の部分が多く，より小型化ができるので，ノート・パソコン用ACアダプタのスイッチング電源トランスに使われています．
【注意点】RMコアは，電線引き出し部の面積が極端に小さいため，多チャネルの出力は難しいです．
【仕様例】外形仕様のみ
【製品例】TYPE RM(CHUAN SHUN CORPORATION)

〈並木 精司〉

写真8　RMコア・タイプ(CHUAN SHUN CORPORATION)

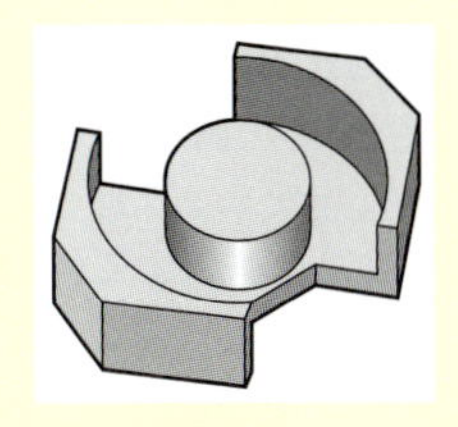

図7　コアの形状

● リーケージ・トランス(分割巻き線型)

【説明】スイッチング電源は，パワー素子が大電流をON/OFFスイッチングするため，大きなノイズをまき散らします．このノイズを小さくしたのが共振型電源で，液晶テレビなどに使われています．この電源に積極的にリーケージ(漏洩)インダクタンス(ショート・インダクタンスとも呼ぶ)を大きくしたリーケージ・トランスが利用されています．電流共振用のリーケージ・トランスは，リーケージ・インダクタンスが比較的簡単に得られる中脚の長いEERコアやETDコアが使われています．

効率の良い高出力電源が作れるフェーズ・シフト・コンバータは，電流共振コンバータほど大きなリーケージ・インダクタンスが必要ありません．PQコアなどの普通の形状のコアで巻き線コイルの位置関係を工夫して，適切なリーケージ・インダクタンスを作り出しています．

【構造】同軸状にコイルを巻くのではなく，横分割配置にして巻くことで，1次-2次の結合をわざと疎にします．漏れ磁束が大きいので高周波抵抗を下げるため細線を何本も束にしたリッツ線が使われます．
【用途】電流共振(LLC)型コンバータは100～数百Wの液晶テレビ用電源に使われています．また，フェーズ・シフト・コンバータは数百～数kWのEV充電器用などの大電力コンバータに使用されます．
【注意点】リーケージ・トランスは，漏れ磁束が一般のスイッチング・トランスより多いため，近くにある敏感な小信号回路にノイズを誘導することがあります．近くに強磁性体(鉄板など)があると，漏れ磁束がその部分に集中して発熱することがあります．また，リーケージ・トランス自体の漏れインダクタンスにも影響を及ぼします．つまり，リーケージ・トランスから漏れた磁束が近くにある磁性体に流れると，磁路の磁気抵抗が小さくなるので自体のインダクタンスが高くなります．
【仕様例】外形仕様のみ
【製品例】SRX35ER(TDK)

〈並木 精司〉

写真9　SRXシリーズ6 mm品(TDK，ドロップイン・タイプ)

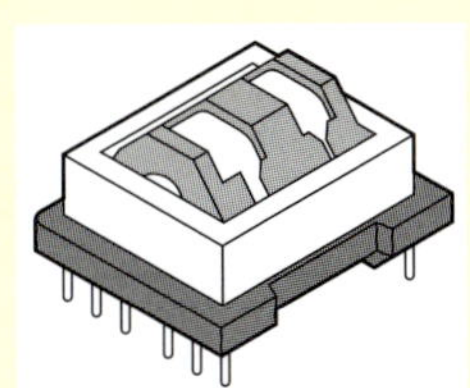

(a) スルーホール・タイプ

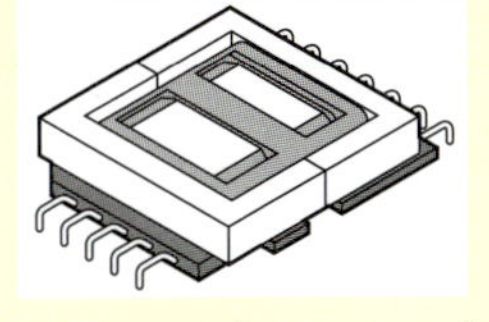

(b) ドロップイン・タイプ

図8　トランスの種類

● パルス・トランス

【説明】電力ではなく，信号を伝える絶縁トランスです．1次側に加えられたパルス信号の波形を乱さずに忠実に2次側に伝える性能と，1次側と2次側を安全に絶縁する性能が重要です．小型にしようとすると，両性能のトレードオフが問題になります．扱う電圧が小さいので，EI19クラス以下の小型トランスがほとんどです．

写真10 MOSFETやIGBTを絶縁ドライブするときに利用できる高速パルス・トランスFDT-1(日本パルス工業)

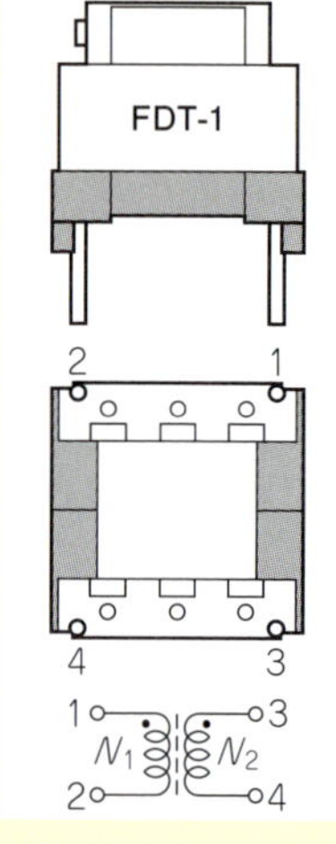

図9 外形図

フォト・カプラを使うケースが増えていますが，パルス・トランスは電源が不要で壊れにくく，有線通信機器で今もたくさん使われています．小型パルス・トランスを数個集積したDIPパッケージ品もあり，機器の信号入力部に使われます．

【注意点】1次側に直流分を含む交流信号を入力すると，直流分が消えて交流分だけが2次側に出力されます．

直流分が多いと鉄芯が飽和して，波形が乱れます．磁気飽和しないようにするには，1次側に加える電圧と時間の積には上限「ET積［V μs］(伝送パルス電圧Eとパルス幅の積T)」を守ります．ET積が大きいトランスほど，同じ波高値ならパルス幅の大きい信号を伝えることができます．つまり使用可能周波数を低くできます．

リーケージ・インダクタンスと線間容量はできるだけ小さいほうが立ち上がり特性が良くなります．またインダクタンスは大きいほど，パルス波形の頭の平坦部(サグ)が低下しにくくなります．

【仕様例】 巻き数比1：1，1次インダクタンス1 mH，リーケージ・インダクタンス15 μH，1次-2次静電容量16 pF，立ち上がり時間85 ns，ET積100 V μs，2次許容電流125 mA(デューティ 0.5)，使用周波数帯域60 k～400 kHz

【製品例】 FDT-1(日本パルス工業)

〈並木 精司〉

(初出：「トランジスタ技術」2014年9月号)

ワンポイント 基本中の基本その③…スイッチング電源トランスに向いたコア

スイッチング電源用のトランスには，高周波損失の少ないフェライト鉄芯が使われており，50 k～数百kHzで動作します．1次側スイッチング回路，2次側整流回路，およびスイッチング制御回路と組み合わせて電源を構成します．要求される実装寸法に対応するいろいろなフェライト・コアがあります，実装高さを要求されるときは，低背型のEPコア，EFDコア，LPコア，EPCコアなどを検討します(**図A**)．

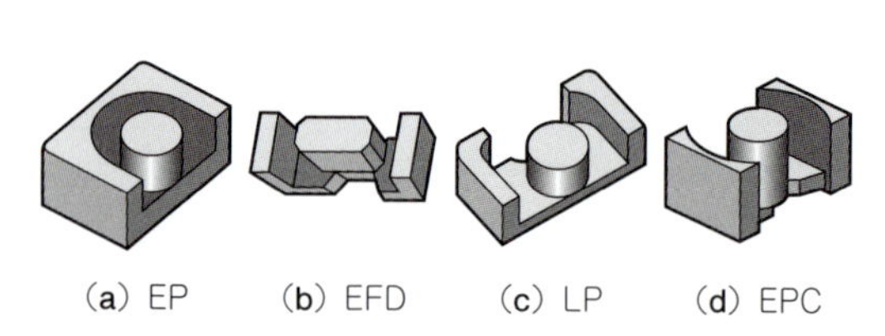

図A 低背形コアの形状

壊れにくく雑音の小さい回路を作る

保護素子/ノイズ対策部品

● 高周波雑音低減用チップ・フェライト・ビーズ

【説明】損失の大きいフェライトの特性を利用したインダクタです．雑音を熱に変えて減衰させる抵抗の性質を合わせ持っています．高速信号の波形整形，雑音対策回路，チョーク回路に使われます．

高い周波数を通しにくく(チョーク効果)する性質を利用して，雑音を信号源側に戻して広範囲に伝搬するのを防ぎます．インダクタンス成分は容量成分と共振して，リンギングを生じたり雑音を大きくすることがあるので，抵抗成分で抑制します．コイルの導体をフェライトで包んでいる(磁気シールド)ため，磁束の漏れが小さく，外部からの磁束の影響も小さいです．反面，フェライトの性質から周波数により特性が非直線に変化します．部品を選ぶときは，インピーダンス［Ω］と流せる直流電流(定格電流)をチェックします．

写真1　チップ・フェライト・ビーズMMZ0402S151C(TDK)

【注意】抵抗成分が共振やリンギングなどを抑え込みます．インピーダンスは100 MHzの値で表示されます．周波数が50 MHzなら半分程度の値になります．

インピーダンスはインダクタンス成分と抵抗成分があって，周波数によって値が変わります．高速信号用のタイプは，例えば100 MHz以上でなければ抵抗成分を期待できないことがあります．

【仕様】寸法：0402(0.4×0.2 mm)～3216(3.2×1.6 mm)，インピーダンス：10Ω～2 kΩ，定格電流：100 m～5000 mA，直流抵抗：0.01～3Ω

〈石井 孝明〉

● EMI対策用複合電磁シールド

【説明】高透磁率の軟磁性体合金粉末を合成樹脂に混合した難燃性の複合電磁シールド材です．高透磁率，高抵抗，広帯域，高損失材質です．

【用途】高速マイコンやFPGA，高速伝送用のフラット・ケーブルなどからの不要輻射ノイズを抑制できます．高密度実装電子機器のボード間干渉の抑制，密閉高周波波回路内の空洞共振のダンピングや結合の抑制，金属筐体やグラウンド・プレーンに誘起する電流による輻射の抑制にも利用できます．

主に電子回路のノイズ対策用ですが，電磁誘導方式のRFIDシステムが利用する13.56 MHz帯アンテナの受信性能向上のためにも活用されています．FeliCa搭載携帯電話では，バッテリ・パックの金属面がRFIDアンテナの信号レベルを弱めないように，RFIDアンテナ背面に装着されます．

仕様値として表記のある透磁率μは，実数項μ'(磁化されやすさ)と虚数項μ''(位相ずれの大きさ＝磁気損失の大きさ)に分けて，$\mu = \mu' - j\mu''$で表されます．

【製品例】IRJ17(TDK)．雑音抑制効果がある帯域：10 M～3 GHz，200×300 mm，IRJ04(帯域40 M～10 GHz)

〈細田 隆之〉

写真2　複合電磁シールドIRJ09-100ND300×200(TDK)

●1 GHzまで効く低*ESL*の*LW*逆転形セラミック・コンデンサ

【説明】長い辺に電極を配置したチップ・セラミック・コンデンサです．寄生インダクタンスが通常のチップ・セラミック・コンデンサ(0.6 n～1 nH)の1/3程度と小さいのが特徴です．高い周波数での特性(インピーダンス)は，容量ではなくて寄生インダクタンス(*ESL*)で決まります．*LW*逆転形コンデンサは電極の幅を広く，電極間の距離を短くして寄生インダクタンスを小さくしています．基板の配線の寄生インダクタンスも問題なので，LSIパッケージの裏に実装して配線を最短にできるように，厚さ0.3～0.6 mmなどの薄い形状のものがあります．放射ノイズを抑えるためクロック200 MHz以上のLSIの電源をバイパスするのに使います．

写真3　*LW*逆転形チップ・セラミック・コンデンサ LWK107BJ105MV-T(太陽誘電)

【注意】導電性高分子電解コンデンサなどの大きな容量値の低*ESR*(等価抵抗)で低*ESL*(等価インダクタンス)なバイパス・コンデンサを配置するのも有効です．容量値が異なるコンデンサを並列に接続すると，特定の周波数でインピーダンスが高くなる「反共振」と呼ばれる現象が起きることがあります．*LW*逆転コンデンサ複数を並列に使う場合は，反共振を軽減するように同じ容量値にするのが安全です．

【仕様】寸法：0.5×1.0 ～1.6×3.2 mm．

容量：0.1 μ ～10 μF

【製品例】LWK107BJ105MV-T(太陽誘電)，LLL185C70J105ME14(村田製作所)

〈石井 孝明〉

●減衰量30 dB@200 M～2 GHzのEMCフィルタ

【説明】高い周波数の雑音が問題になりがちな高速回路や電源回路に使います．インダクタ2個と容量1個で構成されたT形フィルタが多く見られます．コンデンサの代わりにバリスタ(容量としても機能する)を使って，サージ吸収性能を持つタイプもあります．3端子コンデンサ並みの広い周波数(6 GHzなど)で効果が得られるタイプもあります．

【注意】インピーダンスを整合していない電源や負荷では，特定の周波数で共振が起こり，フィルタ性能が得られません．

【仕様】定格電圧DC50 V，定格電流8 A，静電容量100 pF，減衰量200 M～2 GHzで30 dB(入出力が50 Ωで整合されているとき)

【製品例】DSS6NB32A101(村田製作所)，MEM2012S50R0T(TDK)

〈石井 孝明〉

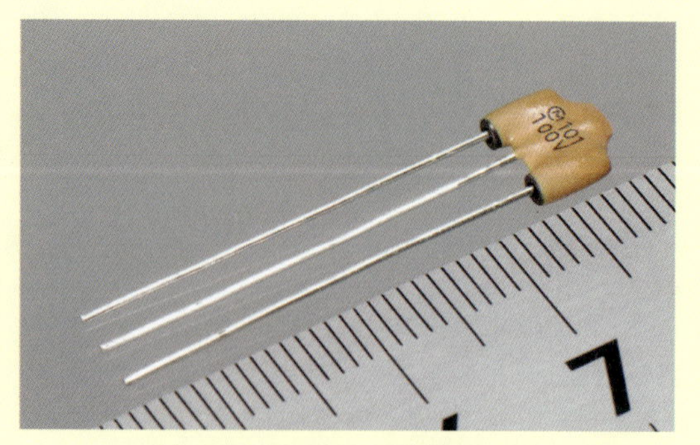

(a) DSS6NB32A101(村田製作所)

(b) MEM2012S50R0T(TDK)

写真4 EMCフィルタ

●コモン・モード・フィルタ

【説明】電源線やLVDSなどの高速差動信号線などで，コモン・モード雑音を低減したいときに使います．電源用フィルタの中にも内蔵されています．コモン・モードの電圧と電流に対しては高いインピーダンス，差動モードの電圧と電流には低いインピーダンスを示します．

差動モードの信号からコモン・モード雑音を除いて誤動作を防いだり，DC-DCコンバータから電源の1次側に漏れるコモン・モード雑音を減らせます．

【仕様】定格電流：50 m～20 A，定格電圧：5～250 V，コモン・モード・インピーダンス：7 Ω～10 kΩ（周波数は100 MHzなど）

【注意】電源線の場合は電源フィルタと同じです．高速差動信号線の場合は伝送速度や伝送システムに応じた特性のものを選びます．

【製品例】ACM2012H-900-2P，ACT45B-220-2P，MCZ2010AH121L4T（いずれもTDK）

〈石井 孝明〉

(a) CANバス用ACT45B-220-2P(TDK)

(b) 高速信号用MCZ2010AH121L4T(TDK)

写真5　車載用CANバスと高速信号ライン用コモン・モード・フィルタ

●電源用フィルタ

【説明】商用交流線からの雑音の流入を減らしたり商用交流線への磁気妨害を回避したりするときに有効です．コモン・モードと差動モードの雑音に効果があるタイプが普通です．

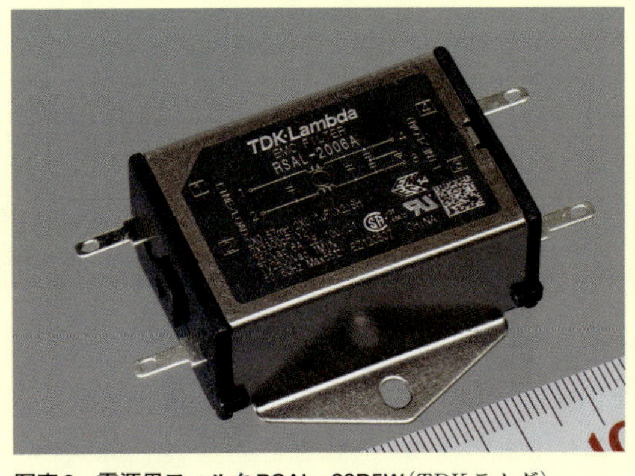

写真6　電源用フィルタRSAL-20R5W（TDKラムダ）

【仕様】定格電圧AC250 V，定格電流10 A，漏えい電流1 mA_{max}@60 Hz，雑音減衰量150 k～30 MHzの周波数域で－30 dB以上．入出力が50 Ωで整合されていることが仕様数値の測定条件です．

【注意】一部を除いて接地して使います．インピーダンスを整合していない電源や負荷では，ある特定の周波数で共振が生じるので性能が発揮されません．流す電流によって特性が変化することもあります．電源投入時やサージ印加時に過大な電流が流れると，フィルタのコア（フェライトかアモルファス）が飽和するためにフィルタ効果が失われます．

【製品例】RSAL-20R5W（TDKラムダ），SUPシリーズ（岡谷電機産業），ESCシリーズ（コーセル）

〈石井 孝明〉

● 静電気サージ用ESD保護ダイオード

【説明】ツェナー・ダイオードの一種です．1 pF以下の低容量のものもあり，USBのような高速の信号線のESD保護にも使えます．ツェナー電圧が高いものは容量が小さくなります．定電圧回路用の小信号ツェナー・ダイオードの端子間容量値は，5～6 V品では15 p～150 pFぐらいが普通なので高速の信号線には使えない場合があります．

保護動作が速いところは小信号ツェナー・ダイオードと同じです．ダイオード2個を逆向きに接続して両電圧極性の信号線に使えるタイプや，複数の素子を集積したタイプがあります．各社からいろいろ出荷されており，統一した品名はないようです．多くは表面実装部品です．

【仕様】ツェナー電圧(2～100 V)，ESD耐量(8 k～30 kVなど)，端子間容量値(1 pF_{max}～)，リーク(漏れ)電流

【注意】保護性能は容量が大きいものが有利です．容量と保護性能のバランスを検討して適切なものを選択してください．定電圧特性は保証されません．ツェナー電圧と許容できる直流電圧は差があります．リーク電流は回路電圧で変わります．

〈石井 孝明〉

(a) 左から順にDF2S6.8MFS，DF2B6.8M1ACT，DF7A6.2CTF(いずれも東芝)

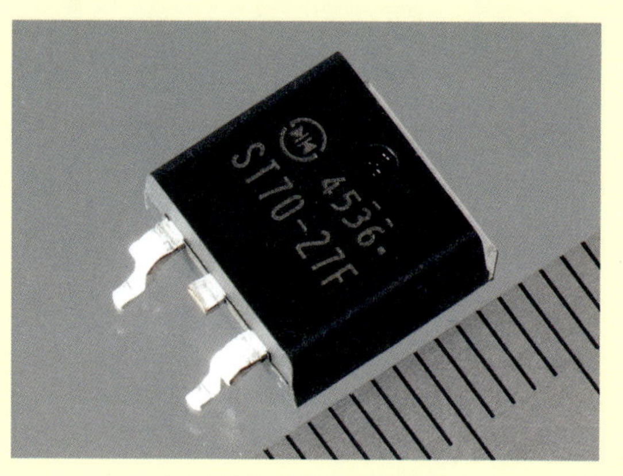

(b) ST70-27F(新電元工業)

写真7 ESD保護ダイオード

ワンポイント ビーズの選び方

ビーズはフェライトをコアとするインダクタで，高周波において抵抗特性を示します．インダクタンスと抵抗が直列に接続された部品と考えられます．主要な性能のインピーダンスZはインダクタンス成分(X)と，抵抗成分(R)の2乗平均，つまり，$Z=\sqrt{X^2+R^2}$です．単位はZ，X，R共に［Ω］です．

周波数が高くなるとR成分が増えてX成分が減ります．各周波数のX成分とR成分は，図Aに示す特性図からを読み取れます．除去したい信号の周波数でインピーダンスZが十分な値を持ち，X成分とR成分も適切なビーズを選びます．カタログに書かれている「インピーダンス100 Ω」は，特記がなければ慣習的に100 MHzでの値です．

〈石井 孝明〉

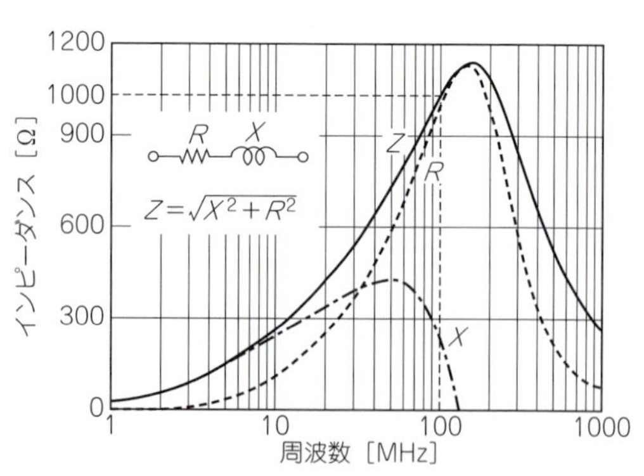

図A 除去したい信号の周波数でインピーダンスZが十分大きいものを選ぶ(インピーダンス1 kΩのビーズ)

● 静電気＆雷サージ対策用バリスタ

【説明】静電気や誘導や雷などによって素子に過電圧が加わらないようにします．表面実装品(積層形)の0603形から，リード品(円板形)は直径20 mmの電力用まで多種多様です．静電気対策部品としては大きさの割りに保護性能が高くて安価です．両極性の信号線の保護に使えます．保護電圧が高いものは容量が小さくなります．商用交流線の雷対策としては代表的な部品です．材料は主に酸化亜鉛です．

【仕様】バリスタ電圧：6～1800 V，最大許容回路電圧：3～1400 V，エネルギー耐量：10 m～1000 J，サージ電流耐量：1 A～10 kA，端子間容量値：1 p～40 nF

【注意】1 mA(小形品は0.1 mAのこともある)のリーク電流が発生するときの端子間電圧をバリスタ電圧といいます．小形品では繰り返し限界以上のサージが加わると短絡破壊することがあります．

【構造】表面実装品とリード品共にセラミック・コンデンサと同じ．誘電体絶縁物を酸化亜鉛に変えたもの．

【製品例】ZNRシリーズ(パナソニック)，TNRシリーズ(日本ケミコン)

〈石井 孝明〉

【AC電源ラインに使うときの選び方】バリスタは，ある電圧(バリスタ電圧)以下では抵抗値がとても高く，ある電圧値を超えると急激に抵抗値が下がります．円盤状の素子にリードを付けたバリスタは，一般的にAC電源のサージ吸収用として使います．電源回路の電流ヒューズを通った後のラインに並列に入れます．AC100 Vラインに入れるときは270 Vタイプ，AC230 Vラインに入れるときは470 Vタイプを選びます．仕様表でのバリスタ電圧は，交流の場合は実効値で，直流の場合は電圧の最大値で記されます．最大値より低いタイプを使うと，通常の動作中に(サージ電圧がなくても)バリスタに電流が流れ続けて焼損します．

サイズによって吸収できるサージ電流やエネルギの上限があり，上限を超えて使用すると素子が劣化して割れたり焼損したりします．

リード品は，サイズϕ5～20，バリスタ電圧15～1800 V，最大回路許容電圧AC8 V(DC12 V)～AC1000 V(DC1465 V)，サージ電流耐量500～10000 A，定格パルス電力0.02～1.0 W，静電容量60 p～39 nFです．製品例として，Vシリーズ(日本ケミコン)などがあります．

構造がセラミック・コンデンサに似ているので，端子間容量が小さくありません．高周波性能や高速信号の波形を乱す可能性があります．

バリスタの故障や劣化は装置の安全性の高さに直結するので，安全規格で規定される要求に適合するものを使います．ULやCSA，VDEなど各国の安全規格認定を取得したものがあります．ACラインと接地(グラウンド)間に入れる場合は，必ずその製品が販売される地域の安全規格認定品を使います．

〈並木 精司〉

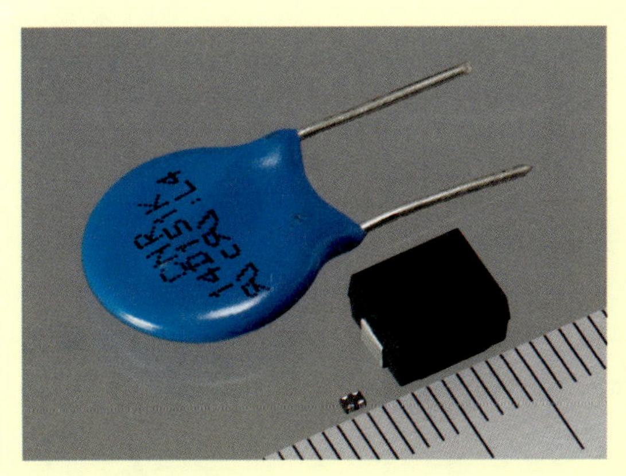

写真8 バリスタの例
上から順に，CNR 14Dシリーズ(CeNtRa Science)，ZNR-HFシリーズ(パナソニック)，ZNR-Zシリーズ(パナソニック)

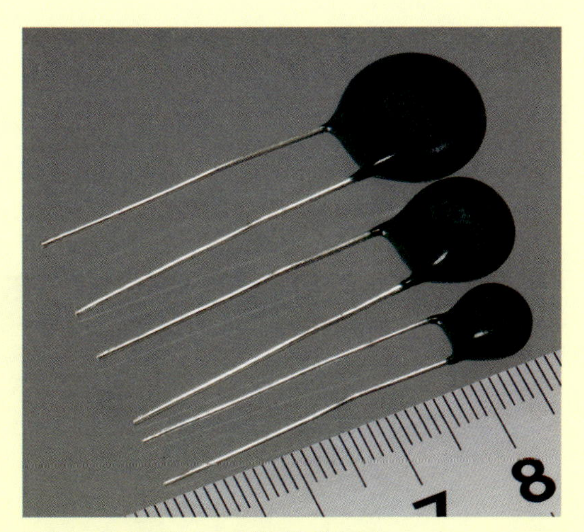

写真9 AC電源のサージ吸収用バリスタ
下から順にTND07V-471KB00AAA0，TND10V-471KB00AAA0，TND14V-471KB00AAA0(いずれも日本ケミコン)

● 突入電流制限用NTCサーミスタ

【説明】 NTC(Negative Temperature Coefficient)サーミスタは，スイッチング電源やLED電球のインバータなど電源投入直後に流れる大きな電流(突入電流と呼ぶ)を抑え込みたいときに使います．信頼性が高く，100 W以下の電源に適しています．熱放散の良好な樹脂コーティングが施されているため，復帰特性に優れています．

突入電流の抑制に使うときの挿入位置を**図1**に示します．

【仕様】 抵抗値/最大許容電流：3.0 Ω/5.4 A～22 Ω/1 A(@25 ℃)

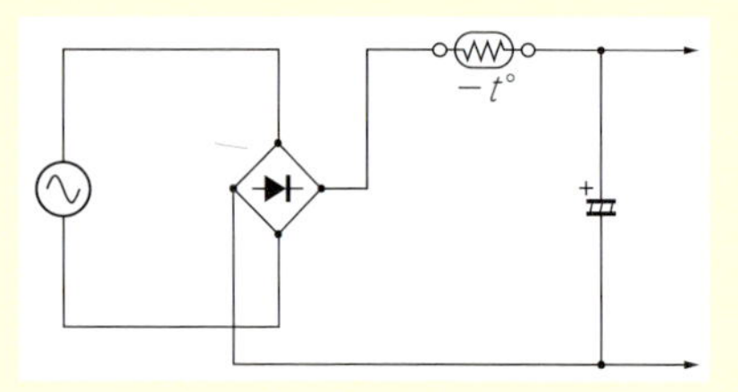

図1　NTCサーミスタの使用例

【製品例】 NTPA74R0LBMB0(村田製作所，抵抗値@25 ℃：4.0 Ω ±15 %，最大許容電流@25 ℃：2.3 A，最大許容電流@55 ℃：2.0 A，熱時定数@25 ℃：40 s，熱放散定数@25 ℃：9.4 mW/℃，最大容量：700 μF@100 V_{RMS}，使用温度範囲：－20～＋160 ℃，質量：0.92 g)

〈細田 隆之〉

写真10　NTCサーミスタNTPA74R0LBMB0(村田製作所)

● 屋外での雷サージ対策用ガス・アレスタ

【説明】 電極間の放電を利用してサージから機器を保護する素子です．ガラス管の中に一組の電極を配し，不活性ガスを封入しています．電極間のサージ電圧が放電電圧に達するとアーク放電が起こって導通状態となり，短絡させることでサージが電子回路に侵入するのを防ぎます．ガス・アレスタ自体はサージ・エネルギーを吸収しないので，数Ωの抵抗やバリスタを直列につないで使います．

【応用】 電力ライン間や，電力ライン-接地間に挿入します．素子の電極間容量が小さいので，通信ラインやアンテナ保護，静電気保護にも使われています．

【注意】 気体放電なので，いったん放電を開始したら放電を持続する特性があります．抵抗やバリスタを直列に入れないで直接ACライン間に入れると，放電電流が持続して素子が破損することがあります．

危険な電力ラインに直接接続するので，必ず安全規格認定品を使います．

【仕様】 直流放電開始電圧：140～7800 V，サージ耐量：300～1500 A，パッケージ：アキシャル・リード・ガラス管タイプ，ボックス・タイプ，面実装タイプ，ラジアル・リード・タイプ

【製品例】 DSP-141N(三菱マテリアル，直流放電開始電圧140 V(98～182 V)，絶縁抵抗100 MΩ静電容量1 pF_{max}，サージ寿命1500 pF-0 Ω-10 kV　200回)

〈並木 精司〉

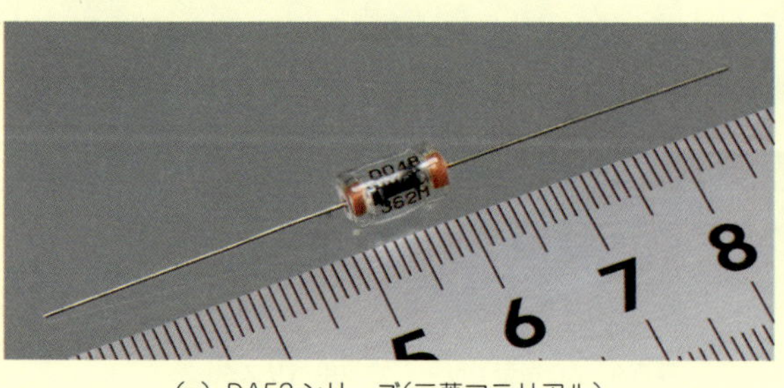

(a) DA53シリーズ(三菱マテリアル)

(b) DSAZRシリーズ(三菱マテリアル)

写真11　ガス・アレスタ

(初出：「トランジスタ技術」2014年2月号)

レバー・タイプからタッチ/スライダ・タイプまで

スイッチ

●プッシュ・スイッチ

【説明】 指で押す動作で操作するスイッチの総称です．トグル・スイッチと並び，操作スイッチの代表格です．操作盤に使う大型のものから，基板に実装する超小型のものまで数多くの種類が存在します．スイッチ本体とボタン，ガード・カバー［**図1(a)**］などのオプションを組み合わせるものも多く，無限に近い組み合わせがあります．工場設備の操作ボックス［**図1(b)**］からアミューズメント機器までラフな操作にも対応できる反面，基板用では基板と端子に負担がかかるので**写真1の**Ⓑのようなブラケット(補強金具)付きが用意されています．

【種類】

動作は大きく二つに分類されます．

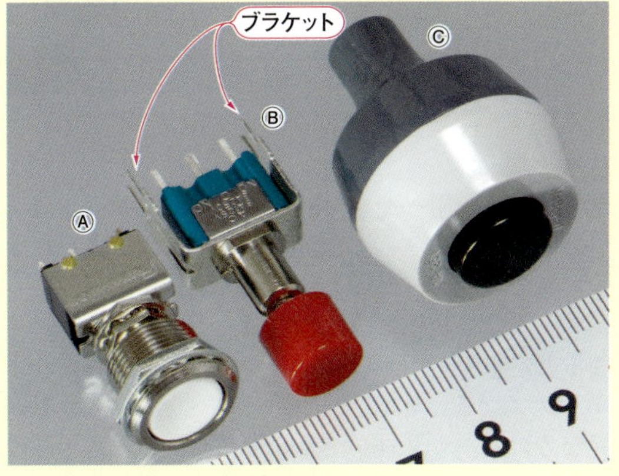

写真1　操作スイッチの代表格

▶押下時にON，離すとOFF(またはその逆)のモーメンタリ動作

▶1回押して離すごとにON/OFFを繰り返すオルタネート動作

オルタネート動作では，その状態が判別できるタイプとできないタイプがあります．その他，LEDなどの発光体を内蔵した「照光式」があります

【仕様】 AC250 V，5 A，25000回以上，25 V，1 A(にぎりぼたん型)

【製品例】 ⒶPH-M1RW1S1-D(超小型，パネル・マウント・タイプ，埋め込みタイプ・ベゼル付き，サンミューロン)，Ⓑ3P106F-B/M(超小型，基板用，ブラケット付き，エスジーエム)，ⒸWTF4409W(パナソニック電工)

〈高野 慶一〉

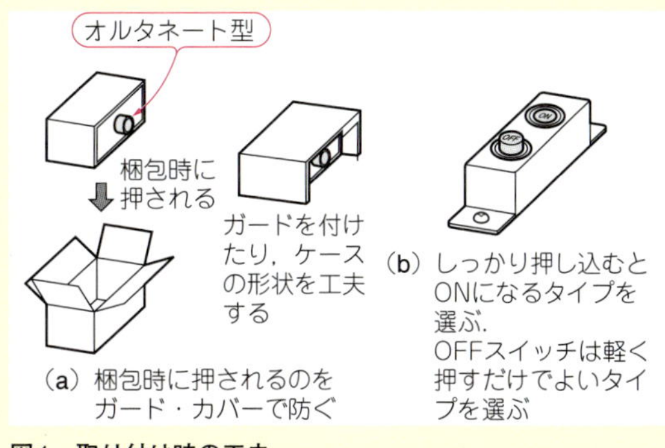

図1　取り付け時の工夫

ワンポイント　スイッチの使用限度…最大定格

スイッチに加えることのできる電圧と電流には上限(定格)があり，使うときは必ず守らなければなりません．AC125 V 3 A，DC30 V 3 Aなどの表示がありますが，これは抵抗負荷の場合の値です．誘導負荷ではOFF時に逆起電力でアーク(接点間の火花)が発生しやすく，ランプ負荷で冷えた状態からのONでは定格の10倍以上の電流が流れます．接点を傷める原因になるので，より高い定格のスイッチを使用しなければなりません．

ACに比べてDCの定格値が低いのには理由があります．誘導負荷などで発生したアークは，交流では半周期で0 Vになるので消滅しやすいのですが，直流ではいったん発生したアークが低い電圧でも持続しやすいからです．実例として，AC100 Vで100 Wの白熱電球を確実にON/OFFできる住宅用スイッチで，DC100 Vで同じランプを点灯・消灯すると，アークが飛び，消灯しないばかりか，内部が青白く光り続けついには焼損したことがあります．

〈高野 慶一〉

● トグル・スイッチ

【説明】操作レバーの向きを変更することで，回路の開閉状態を操作したり保持できます．開閉状態はレバーの位置で判断できます．切り替えるときに「パチン」という操作感があるので，誤操作や不定位置で停止することが少ないです．信号の切り替え，電源のON/OFFに使われています．

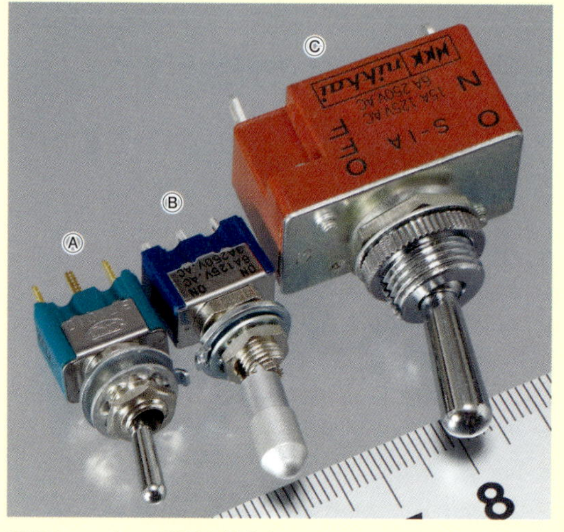

写真2　レバーで開閉を操作する

レバーや端子，取り付け方はいろいろです．各社から同形状のものが出ていますが，見掛けは同じでも，その接点構造や材質・操作感は多様なので，採用する前に実際に試すべきです．

基板用とパネル用があり，外形サイズと開閉電流容量で，超小型/小型/中型に分けられます．

【仕様】50 mA，28 V_{DC}，25000回以上（微小電流用），AC125 V，15 A/AC250 V，6 A/DC30 V，20 A/［誘導負荷：AC125 V，8 A］25000回以上（小型・中型）

【製品例】Ⓐ3T101DG-P/C（小型，標準レバー，基板用端子，SPDT，エスジーエム），Ⓑ8E1011-Z［小型，ロッキング・レバー，はんだ端子，SPDT（Single Pole Double Throw：単極双投），日本電産コパル電子］，ⒸS-1A［中小型，標準レバー，はんだ端子，SPST（Single Pole Single Throw：単極単投），日本開閉器工業］

〈高野 慶一〉

● ロッカー・スイッチ

【説明】シーソーのような操作部を持ち，2位置を切り替えるもので，シーソー・スイッチとも呼びます．その形状から「波型」とも呼ばれます．接触や衝突による誤操作防止に効果的な形状から，電源スイッチとして広く採用されています．

【種類】基板用とパネル用が存在します．写真のⒶとⒷはパネル用ベゼル（枠）と一体でモールドされた「業界標準」サイズの電源用途向けです．表示や端子形状でバリエーションがあります．

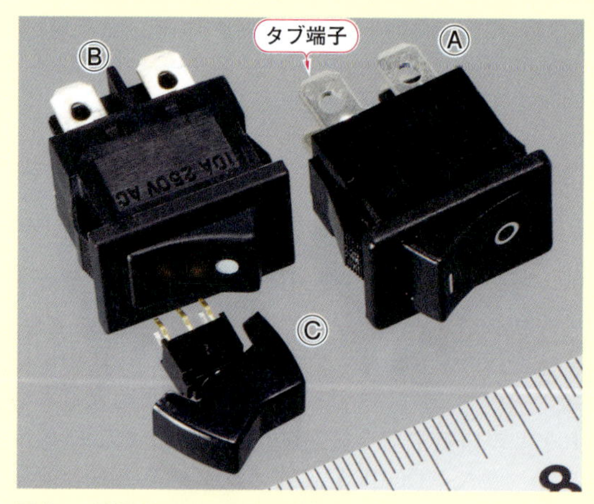

写真3　電源用スイッチとして使われることが多い

ⒶとⒷは形状や端子は似ていますが，メーカが異なると定格やパネル取り付け穴がわずかに異なります．タブ端子は#187というサイズですが，厚みが異なるので，カタログで確認が必要です．ネオン管やLEDなどの発光体を内蔵した「照光式」も存在します．ネオン管の場合は自らの接点と連動して内部配線されたスイッチもあり，少ない配線で照光電源スイッチを構成できます．

Ⓒは基板用超小型で，ツマミの形状を選ぶことができます．

パネルなどに角穴を施して使用します．

【仕様】AC250 V，10 A，10000回以上

【製品例】ⒶCW-SB21KKGF（｜○表示，タブ端子，日本開閉器工業），ⒷDS850S-F2-WD（ドット表示，タブ端子，ミヤマ電器），ⒸFL1D-2M-Z（スイッチ本体）+ MD0481412（ツマミ部分）（日本電産コパル電子）

〈高野 慶一〉

● DIPスイッチ

【説明】超小型スライド・スイッチの一種で，微小信号の開閉を行います．繰り返し操作回数は多くないので，主に半固定の設定に使用します．DIP(Dual Inline Package)タイプと表面実装タイプがあります．DIPタイプは標準DIPの100 mil(2.54 mm)のサイズを踏襲していますが，表面実装タイプにはさらに狭い間隔のものも存在します．

【仕様】DC50 V，100 mA，1000回，最小負荷DC20 mV，1 μA

【製品例】ⒶLDS704(DIP型，4極，丸洗い可能，エスジーエム)，ⒷLSM806(面実装型，6極，エスジーエム)，ⒸLSM708(面実装型，8極，丸洗い可能，エスジーエム)

〈高野 慶一〉

写真4　各端子のON/OFFができる

● 特定用途向けスイッチ

Ⓐ 傾斜スイッチ(製品例：YKS1B-3, エスジーエム)

一般的には電化製品や各種メータの転倒/脱落の検出や安全装置として使われています．温調便座に内蔵され，ヒータ制御位置の検出にも使われています．チルト・スイッチとも呼びます．

【仕様】DC5 V，0.1 m～100 mA，通電定格DC50 V，100 mA，2万回以上

Ⓑ 超小型検出スイッチ(製品例：PDS101C-1，エスジーエム)

ICカードの挿入検出，携帯機器のふたの開閉検出やプリンタの用紙検出に使われています．

【仕様】DC12 V, 50 mA, 通電定格DC50 V, 100 mA, 10万回以上，最小負荷DC20 mV，1 μA

Ⓒ 小型検出スイッチ(製品例：D3C-1220, オムロン)

基板と一体型の小型アクチュエータの位置検出に利用されているスイッチです．

【仕様】DC30 V, 0.1 A, 5万回以上, 最小負荷 DC5 V, 1 mA

Ⓓ キー・ロック・スイッチ(製品例：SK-12BAS1，日本開閉器工業)

キー(鍵)によってON/OFFするスイッチで，アミューズメント機器やセキュリティ機器などの電源や操作用に使われています．基板タイプもあります．キー・スイッチとも呼びます．

【仕様】AC125 V 3 A，1万回以上，最小負荷DC5 V，1 mA

Ⓔジョイスティック(製品例：SKQUAAA010，アルプス電気)

4方向の検出スイッチで，単体ではなく，十字カーソルの操作体とともに使われています．プッシュ機能を付加したものもあります．

【仕様】DC12 V，50 mA，5万回以上，最小負荷DC1 V，10 μA

〈高野 慶一〉

写真5　特定用途向けスイッチのいろいろ

● DIPロータリ・スイッチ(ロータリ・コード・スイッチ)

【説明】DIPサイズ基板実装型で，中心部に回転操作部を持ち，10進，16進のコードを生成するスイッチです．パソコン拡張ボードや通信機器のID設定，現場でナンバ変更する機器などに使われています．マイコンやSoC(System-on-a-Chip)のパラレルI/Oポートに接続することが多いです．

写真6　中央のくぼみにドライバを挿して回すことで値を変えられる

操作部の形状などから，標準型(フラットで十字あるいは矢印形の溝を持つ)とツマミ型に分かれます．設定0で全部OFFの通常(リアル)コードのほかに，プルアップ抵抗使用時にコードが直読できる反転(コンプリメンタリ)コード・タイプもあります．

【仕様】DC50 V，100 mA，10000ステップ，最小負荷DC20 mV，1 μA

【製品例】ⒶS-1010A(DIP，標準10進リアル・コード，日本電産コパル電子)，ⒷSA-7050B(表面実装，標準16進リアル・コード，日本電産コパル電子)

〈高野 慶一〉

● マイクロ・スイッチ

【説明】正確な操作タイミングを検出できる信号用のプッシュ・スイッチの一種です．決められた操作力と操作位置を持ち，操作スピードにかかわらず高速な切り替えを行うスナップ・アクションと呼ばれる接点動作を行います．

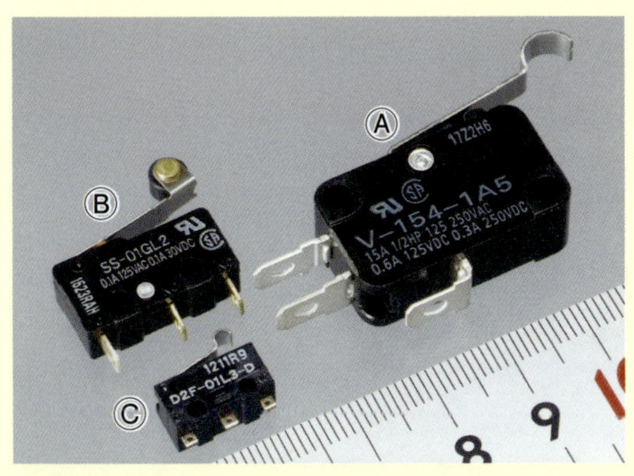

写真7　ななめに出っ張っている金属部分を押すとON/OFFできる

操作部にはレバーやローラーなどアクチュエータと呼ばれる延長機構を付加したバリエーションが多く，指での操作よりは，カバーや安全機構の検出，直動体，カムなどの機械要素の位置決め/検出にリミット・スイッチの一種として使用されます．接点や外形のほか，操作部形状で種類が分かれます．接点定格から，標準・微小電流用と細分されています．

【仕様】DC250 V，15 A，10万回以上．AC125 V/DC30 V，0.1 A，20万回以上(微小電流用)

【製品例】ⒶV-154-1A5(小型ヒンジ・アール・レバー形，オムロン)，ⒷSS-01GL2(超小型ヒンジ・ローラ・レバー形，微小電流用，オムロン)，ⒸD2F-01L3-D(極超小型ヒンジ・アール・レバー形，微小電流用，オムロン)

〈高野 慶一〉

ワンポイント　スイッチの使用限度…最小定格(最小負荷)

最大定格に比べて，意外と見落としがちな項目が最小定格です．規定されていないスイッチも多いですが，数Aを開閉できるタイプの中に，1 mA以下では開閉できないものがあります．

定格に近い電流のON/OFFで接点がクリーニングされるタイプや，微小電流ではクリーニング効果が発揮されないタイプがあります．銀(Ag)を使った接点では，経時で表面が黒ずみ，微小電流の開閉ができない場合もあります．スイッチの世界では「大は小を兼ねない」のです．

電子回路では，例えば3.3 V系で33 kΩのプルアップ抵抗でスイッチ入力する場合，100 μAしか流れません．このようなときには，最小定格が規定されていなくても「微小負荷用」あるいは「金メッキ接点」を選ぶのが無難です．

●ロータリ・スイッチ

【説明】 操作部として回転する軸を持ち，軸を回すことで，放射状に配置された多数の接点を切り替えるスイッチです．軸にツマミを取り付けて使用します(**図2**)．接点数によっては円周上に複数の回路を構成し，さらに複数段にしているものがあります．一般的には「*n*段*m*回路*l*接点」と呼び，略して*n*-*m*-*l*と表記します．等分に配置した接点に回転ストッパ(ビスや金具)を付けて接点数を自由に構成できるタイプもあります．計測器の入力レンジ切り替えや，据え置き型オーディオ機器の入力切り替えにも利用されています．

接点の接触方式に「ショーティング」と「ノンショーティング」があり，必ず確認します(**図3**)．ショーティング型は，現接点との接続をキープしながら切り替わります．アッテネータやオーディオ信号の入力切り替えに使用します．多数の電源を切り替える用途には使えません．

ノンショーティング型はオープンの状態を経由して切り替わります．

【仕様】 DC12 V，0.15 A，10000ステップ，最小負荷DC3 V，50 μA．AC125 V，500 mA，10000ステップ，最小定格AC/DC 5 V，10 mA(MR1型)

【製品例】 Ⓐ SRRN151800(小型，1段2回路5接点，ノンショーティング型，アルプス電気)，Ⓑ MR1-10-Z(超小型，1段1回路10接点，ノンショーティング型，日本電産コパル電子)，Ⓒ CS-4-13NB(表面実装型，3接点，ノンショーティング型，日本電産コパル電子)

〈**高野 慶一**〉

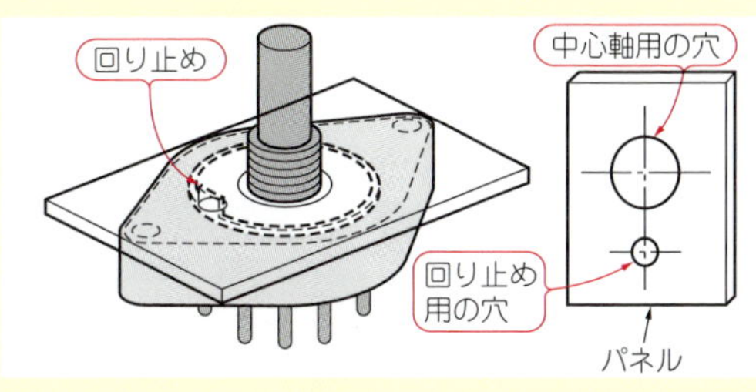

図2 滑って回らないように，パネルに回り止め用の穴を設けて取り付ける

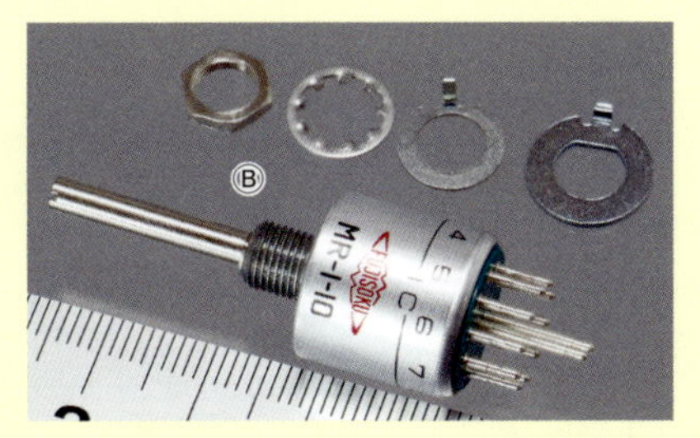

写真8 種類

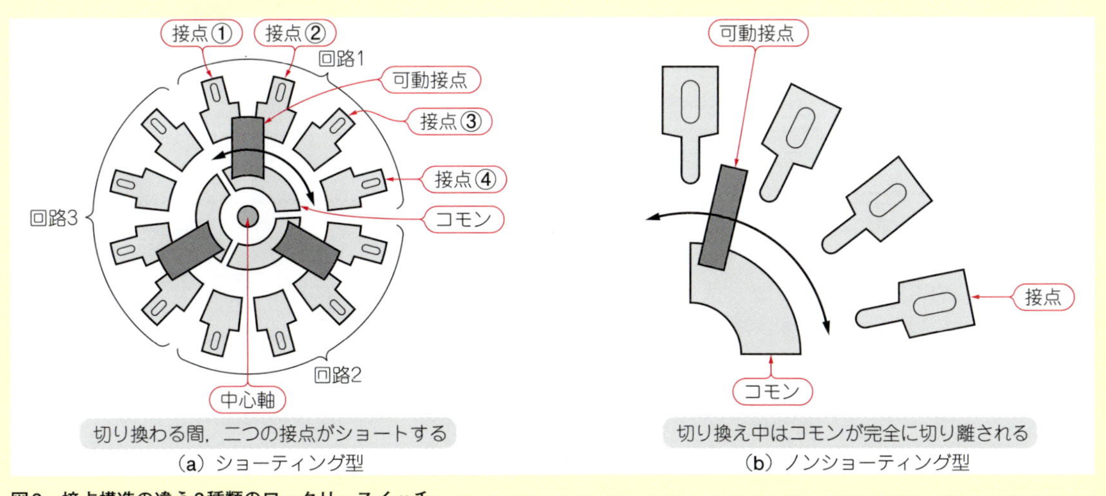

図3 接点構造の違う2種類のロータリ・スイッチ

● 制御盤用途スイッチ

【説明】制御機器用途はプッシュ・スイッチやレバー・スイッチなど一般電子機器向けとは異なったラインナップがあり，取り付け穴が共通化されていたり，専用のレール(DINレール)に取り付けるものがあります．配線は圧着端子や挿し込み端子用にネジ止め端子を持つものが多く，外形も一般的には大型です．**写真9**に示すのは電源用の遮断器です．定格電流を超えた過電流に対し回路を遮断するのでノーヒューズ遮断器またはブレーカとも呼ばれます．その他，セットで使われる「漏電遮断器」があります．各線の電流の合計に不平衡が生じた場合，外装や建築物に漏電していると判断して回路を遮断します．

写真9　電源用の遮断機

【種類】定格電流・電圧で小型のものを特に「サーキット・プロテクタ」と呼称することがあり，小型機器の電源スイッチに選択するときの目安にしますが，動作は同じです．

【仕様】DC240 V/DC60 V

【製品例】ⒶCPRM-2P-1A(サーキット・プロテクタ，AC220 V，5 A，ミスミ)，ⒷNF30-FA 2P 10A(ノー・ヒューズ遮断器 AC250 V，10 A，三菱電機)

写真からもわかるように，定格と外形の大きさは関連ありません．また，3相用はレバーの幅が広くなっています．

〈高野 慶一〉

● サム・ホイール・スイッチ

【説明】文字の刻印された車(ホイール)を回して，10進などのコードを出力するものです．1桁ずつ組み合わせ，主にパネルに取り付けて操作します．スイッチの表示がそのまま設定値になるように組み合わせます．DIPロータリ・スイッチと同様にリアル・コードとコンプリメンタリ・コードがあります．基板出力タイプでは，基板上に重み抵抗やダイオードを実装できるスペースを持つものがあり，簡易電圧出力やダイナミック入力対応が可能です．サム・ロータリ・スイッチ，ディジタル・スイッチとも呼びます．

ダイヤルを回すホイール式と，「＋」と「－」ボタンを押して，カウントアップ/ダウンするプッシュ式があります．

【仕様】DC5～28 V/AC50 V，1 m～0.1 A，連続通電1 A以下，5万ステップ以上

【製品例】ⒶA7BS-206-S(プッシュ式パネル・マウント・タイプ，オムロン)，ⒷA7MD-106-P-09(ホイール式基板タイプ，オムロン)　〈高野 慶一〉

写真10　マイコンなど値を設定するときに使う

● スライド・スイッチ

【説明】 操作部をスライドして開閉動作するスイッチです．接点がスライドして擦れます．擦れるたびに接点が磨かれるので，「セルフ・クリーニング機能」を持つといわれています．ロータリ・スイッチと同様に，ショーティング型とノンショーティング型があるため，電源の切り替えなどに使う際は仕様の確認が必要です．スナップ・アクションではないので，切り替えの間摺動(しゅうどう)し，チャタリングと同様の現象が発生する可能性があります．バッテリ機器の電源スイッチや操作頻度の比較的少ない「機器の電圧切り替え」，「モード切り替え」用途などに多く使われています．

【仕様】 DC12 V，0.1 A 1万回以上，最小負荷DC5 V，1 mA．AC/DC48 V，50 mA，1万回以上，最小負荷AC/DC20 mV，1 μA．AC125/250 V 15 A，2万回以上(中容量型)

【製品例】 ⒶSSSS923200(基板タイプ，アルプス電気)，ⒷASE2N - 2M - 10 - Z(基板タイプ，洗浄可能，日本電産コパル電子)，ⒸES115A - Z(中容量タブ端子，日本電産コパル電子)　〈高野 慶一〉

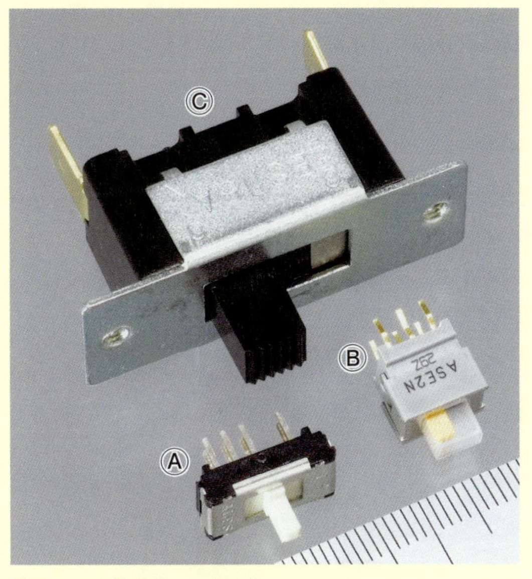

写真11　スライド・スイッチ

● タクタイル・スイッチ(タクト・スイッチ)

【説明】 基板に実装する小型のスイッチです．クリック感を持つプッシュ・スイッチの一種です．主に微小信号の開閉を行います．操作部(プランジャと呼ばれる)は，指で押すことも可能ですが，プラスチック・シートと操作体を組み合わせたパネルと高さを合わせたタクタイル・スイッチでシート・スイッチを作ることができます．家電などで幅広く使われています(**図4**)．

写真12　タクタイル・スイッチ

【仕様】 DC5～24 V，50 mA，100万回以上，最小負荷DC 1 V，10 μA．DC12 V，50 mA，50万回以上，最小負荷DC1 V，10 μA

【製品例】 ⒶB3F - 1060(凸型，6 mm角標準型，スルーホール・タイプ，オムロン)，ⒷB3F - 4050(ボタン取り付け型，12 mm角標準型，スルーホール・タイプ，ボタンはB32 - 1200，オムロン)，ⒸSKQGABE010(5.2 mm角，表面実装タイプ，アルプス電気)　〈高野 慶一〉

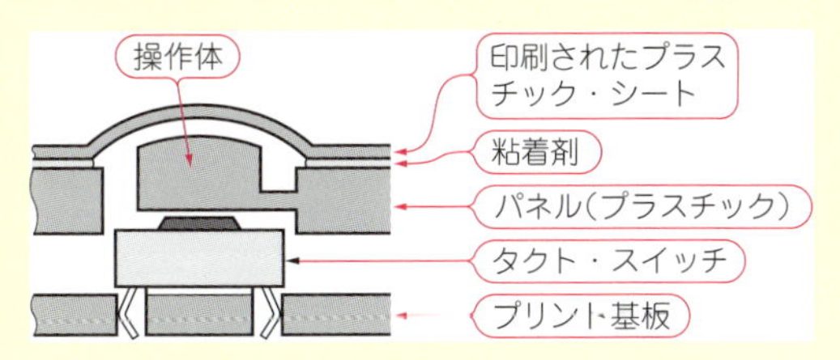

図4　シート・スイッチの実現例(横から見た図)

● 磁力で非接触ON/OFF！ リード・スイッチ

磁力によって接点を開閉するスイッチです(**図5**)．一般的にはガラス封入された不活性ガス雰囲気の中で2本の強磁性体リードに微小な間隔で対向する構造になっています．リードが接点の両端に異なる磁界を印加すると，接点部に現れた磁力で吸引し合い，接点が閉じます．その構造からNO(通常オープンで動作時ショート)タイプが多いですが，磁性体接点と非磁性体接点とを組み合わせることでC接点(NO，NC，COMを持つ接点)を実現したCOタイプも存在します．

専用磁石とセットで使用し，OA機器のカバーの開閉検出などに使われています．接点抵抗を小さくするために水銀を封入してあるタイプもあります．

接点ギャップが小さいため動作時間が短く(1 ms以下)，磁石との組み合わせで非接触動作であることが特徴です．構造上，「高電圧」「大電流」用途には不向きです．

単体で使用されるほか，普段目にしない場所で使われています．動作の速さを生かし，電磁石と組み合わせた「リード・リレー」や非接触の特徴を生かしたエア・シリンダの位置検出スイッチとして使われています．**図6**のように，空気圧で動作するピストンの部分に標準で磁石が組み込まれているものが多いです．リード・スイッチを内蔵した「検出スイッチ」をバンドなどで固定し，ピストン位置の検出に使われています．

〈**高野 慶一**〉

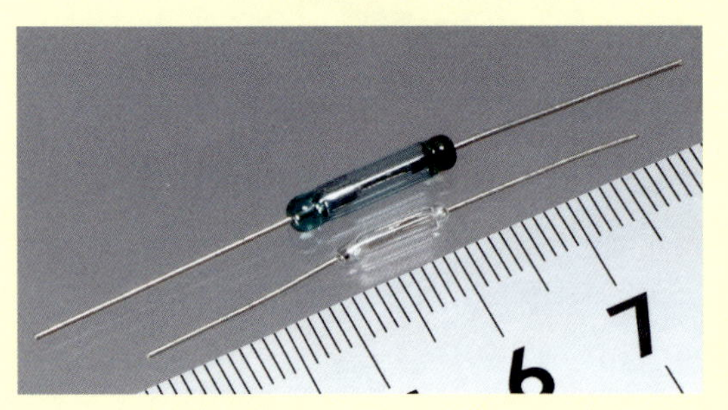

写真13　リード・スイッチ

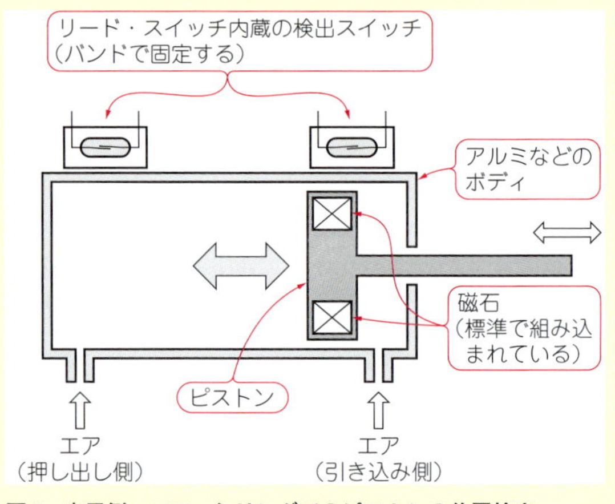

図6　応用例…エア・シリンダでのピストンの位置検出

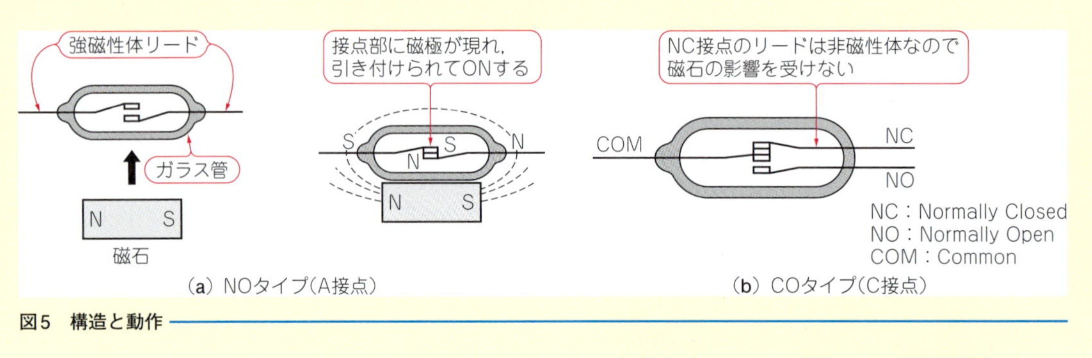

図5　構造と動作

(初出：「トランジスタ技術」2014年4月号)

部品の天敵「熱」を取り除く ヒートシンク

● 押し出し成形品(小型)

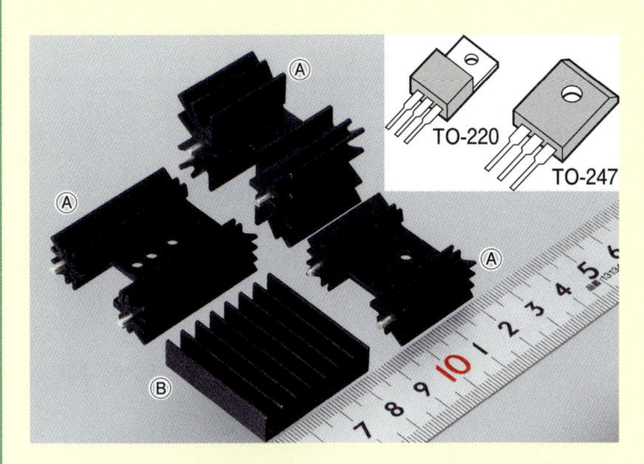

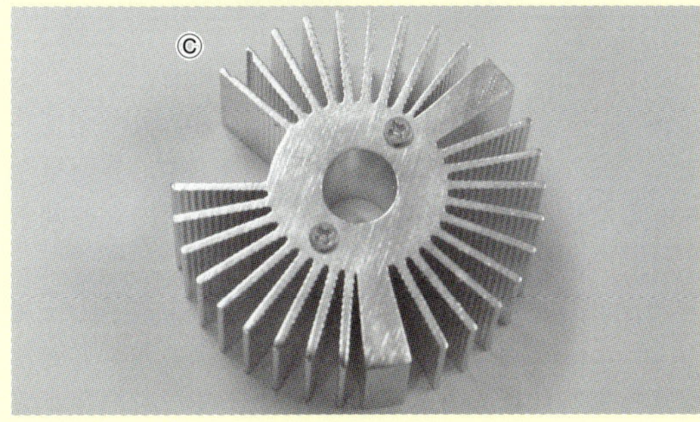

【説明】 押し出し成形品の中でも小型のものは，個別半導体，3端子レギュレータ(対応パッケージ：TO-220，TO-247，TO-257など)，高出力LEDなど個別のパッケージ用に多数の品種が用意されています．

押し出し材を適当な長さで切断し，取り付け用のねじ穴などを加工して，多くはアルマイト(陽極酸化皮膜)処理を施してあります．アルミニウムの表面は，アルマイト処理をすることで放射率が上がって放熱に有利に働くため，通常は処理をして利用します．一般的には黒アルマイト処理が多いですが，色の違いでは冷却性能はほとんど変わりません．

放熱したい部品をどのように固定したいかや，向きや場所などを考慮して適した形状のものを選択します．

【仕様例】 熱抵抗：24～7.5 ℃/W

【製品例】 Ⓐ Pシリーズ(LSIクーラー)，Ⓑ BPUシリーズ(水谷電機工業)，下の円柱白色タイプはLED用(ebayなどで入手できる)

〈橘 純一〉

写真1　Ⓐ Puシリーズ，Ⓑ Pシリーズ，Ⓒ LED用
あらかじめ特定のパッケージ用に切断して販売されている

● 押し出し成形品(大型)

写真2　Fシリーズ
指定寸法に切って使用する

【説明】 押し出し成形品の中でも特に大きな断面を持ったものがあり，IGBT(Insulated Gate Bipolar Transistor)などの大型のモジュールを冷却するために用いられています．

カタログには断面形状が記載されています．長さを指定して切断されたものを調達し，取り付け穴などの加工や表面処理を別途手配します．

厚みのあるベース板に櫛状のフィンがたくさん立っている形状のものが多く，大型の装置に組み込まれてファンと併用されています．

【仕様例】 熱抵抗：20～0.2 ℃/W

【製品例】 F，H，Mシリーズ(LSIクーラー)，中型ヒートシンク(丸三電機)

〈橘 純一〉

● 板金プレス

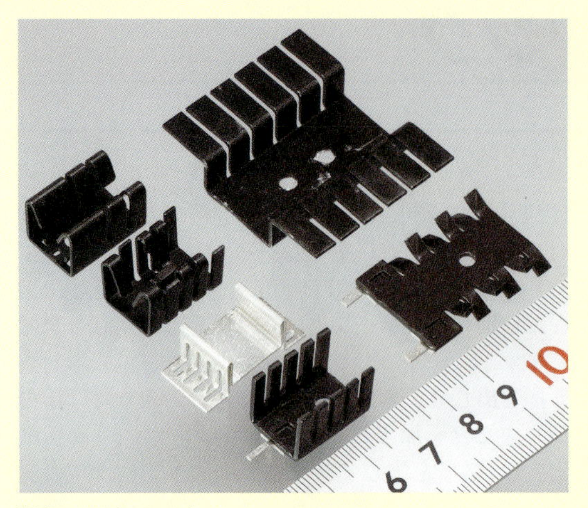
写真3　Uシリーズ
熱抵抗の低いものは少ないが低価格

【説明】プレス加工と呼ばれる，型を使用してアルミニウムの板材から切り出したものを立体的に曲げる加工を施してあります．個別のパッケージに専用のものが用意されており，小型の押し出し成形品と同じような目的で用いられます．黒アルマイト処理が施されていることがほとんどです．アルミニウムの板材は一般的には5052という型名で，押し出し材の6063ほど熱伝導率は高くありません．

加工単価が安いため，押し出し成形品より安価で軽量ですが，冷却能力は20℃/W程度と高くありません．2W程度までの発熱量の小さな部品に適しています．

【仕様例】熱抵抗：30～15℃/W

【製品例】Uシリーズ(LSIクーラー)，SPシリーズ(水谷電機工業)

〈橘　純一〉

● ピン・フィン

写真4　Mシリーズ
押出し材を加工．ピン状になっているので取り付け時に風向きを考慮しなくてよい

【説明】押し出し材のフィンにさらに櫛状の加工を施して，フィンをピン状にしたものです．表面積が増えるため冷却能力が高まります．周囲の風の向きに対する配慮も少なくて済みます．

正方形のものが多く用意され，FPGA(Field Programmable Gate Array)などパッケージ上面から放熱する仕様のものに，熱伝導性の接着剤などで張り付けて使います．表面実装のFPGAといったロジック・デバイス，高速A-Dコンバータやメモリなどに使われます．

【仕様例】熱抵抗：15～3℃/W

【製品例】SQシリーズ(LSIクーラー)，Mシリーズ，HTKシリーズ(水谷電機工業)

〈橘　純一〉

ワンポイント　ヒートシンクの基礎知識…熱伝導率

熱伝導率は金属の種類によって大きく異なります．**表A**は純アルミニウムと銅，シリコン，マグネシウムなどが少し含まれるアルミニウム合金の熱伝導率です．比較のために載せた銅の熱伝導率は高く放熱器に向いた素材ですが，価格が安価で加工性が良く，軽いという特徴からアルミニウム合金がよく使われます．

〈橘　純一〉

表A　金属の種類と熱の伝わりやすさ

材　料	熱伝導率 [W/m・K]
純アルミニウム(Al)	236
アルミ合金…押し出し材(6063)	約210
アルミ合金…ダイキャスト材(ADC12)	約100
純銅(Cu)	398
空気(参考)	0.0265

●ファンとの組み合わせ

【説明】ヒートシンクを用いた冷却には大きく2通りの方法があります．ファンなどを用いてヒートシンク上に風を起こす強制空冷と，それらの動作部品を使わない自然空冷です．

写真5　RTSシリーズ
ファンとの組み合わせで冷却するので小型にできる

自然空冷では，ヒートシンクが温まって発生する対流によって外気に熱が移動する放熱ルートと，放射によってヒートシンク表面から熱が電磁波となって放出される放熱ルートがあります．強制空冷でも放射は起こっていますが，風によって外気に熱伝達される割合が大きいので効果は見えにくくなります．つまり，ヒートシンク上に風を強制的に発生させると，ヒートシンクの冷却能力は激的に上がります．

ヒートシンクに直接ファンを取り付けて風を起こし，冷却性能を高めたものがファン併用型のヒートシンクです．パソコンのCPUやグラフィック・プロセッサに多く用いられています．

ファンを動作させる電源が必要になります．万が一ファンが停止した場合は冷却能力が極端に落ちるので，ファンの回転を検知するなどの工夫が必要です．

【仕様例】熱抵抗：0.5～0.15 ℃/W

【製品例】RTS，XTSシリーズ(インテル)，FHC，FH，FSシリーズ(アルファ)

〈橘　純一〉

●ヒート・パイプとの組み合わせ

【説明】ヒート・パイプは効率良く熱を伝える放熱器です．銅管の中に冷媒が入っていて，その一端で吸収した熱により冷媒が沸騰し，蒸気となって反対側の端部に移動し，熱を外に逃がすことで液体となって熱源へ戻る，という原理です．熱伝導率に換算すると，一般的には銅の3倍以上になります．ヒートシンクと併用することで，吸収した熱を離れた場所へ運んでから放熱することができます．また，狭い面積で発生した熱を広い面積に広げて，効率良く冷却することも可能です．

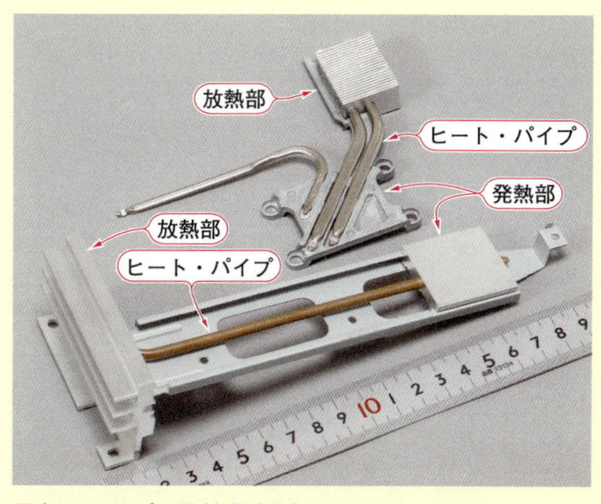

写真6　サンプル品(久保金属)
ヒート・パイプとの組み合わせで熱をきょう体の外に運んで放熱できる

ノート・パソコンや一部のタブレット端末では，CPUなど各部で発生した熱を，きょう体の端まで運んでから強制空冷したヒートシンクで外へ排出するといった目的で広く用いられています．

【仕様例】ヒート・パイプの熱伝導率換算：銅の3～100倍

【製品例】カスタム対応(久保金属)，HPシリーズ(高木製作所)

〈橘　純一〉

●ピン・フィン(特殊工法)

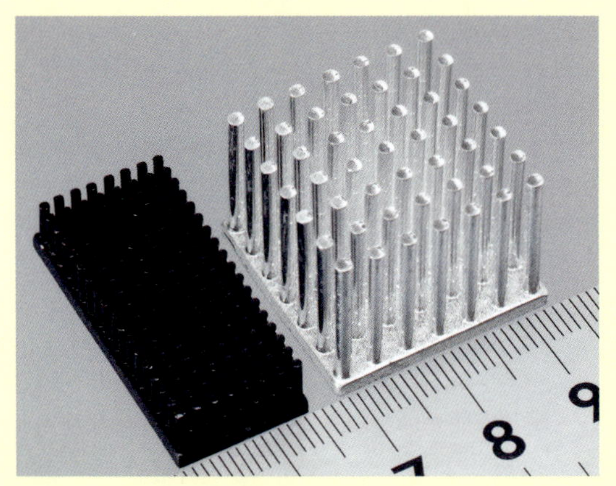

写真7　ST，Sシリーズ
ピンの長いものも作れるので写真4に比べると冷却性能は高い

【説明】ピンをベース板に押し込んでかしめたり，ダイキャストのように鋳造してピン・フィンの形状を作る手法のものです．切削加工では困難な，複雑な形状や長いピンをベース板に立てることで冷却性能を引き出しています．

一般的にアルミ・ダイキャストで用いられる鋳造素材は熱伝導率が低く，ヒートシンクに適していませんが，熱伝導率の高い材料で鋳造する方法も開発されています．表面実装部品によく使用されます．

【仕様例】熱抵抗：25～0.5 ℃/W

【製品例】N，CS，S，STシリーズ(アルファ)

〈橘 純一〉

●水冷との組み合わせ

【説明】発熱源から熱を取り去る部分に，水などの冷媒を用いる方法があります．この方法では，銅やアルミといった熱伝導率の高い金属のブロック内部に冷媒の通る経路を設けて，熱源に固定し，冷媒を流すことで熱を冷媒にもたせて移動させます．

水などの冷媒は空気と比較して熱を吸収する能力が非常に高いため，小型のヒートシンクでも大きな熱を吸収できます．ただし，熱は最終的には大気中に放出する必要があるため，熱交換器や冷媒を循環させるポンプなどの機器が必要です．

主に産業機器で用いられ，さまざまな形状のものがあります．薄い板状のブロックに溝を掘ってフタをすることで流路を形成しているものが多くみられます．アルミニウムを用いる場合は，水と接触すると腐食するため，エチレン・グリコールなどの防腐剤を混ぜた冷媒を流す必要があります．銅は比較的腐食に強いため冷媒の選択肢が広がります．

変電施設でインバータ，コンバータに使用される素子の冷却などに多く用いられています．

【仕様例】熱抵抗：0.1～0.005 ℃/W

【製品例】カスタム(MERSEN)，YCシリーズ(LSIクーラー)，水冷ヒートシンク・シリーズ(高木製作所，カワソーテクセル)

〈橘 純一〉

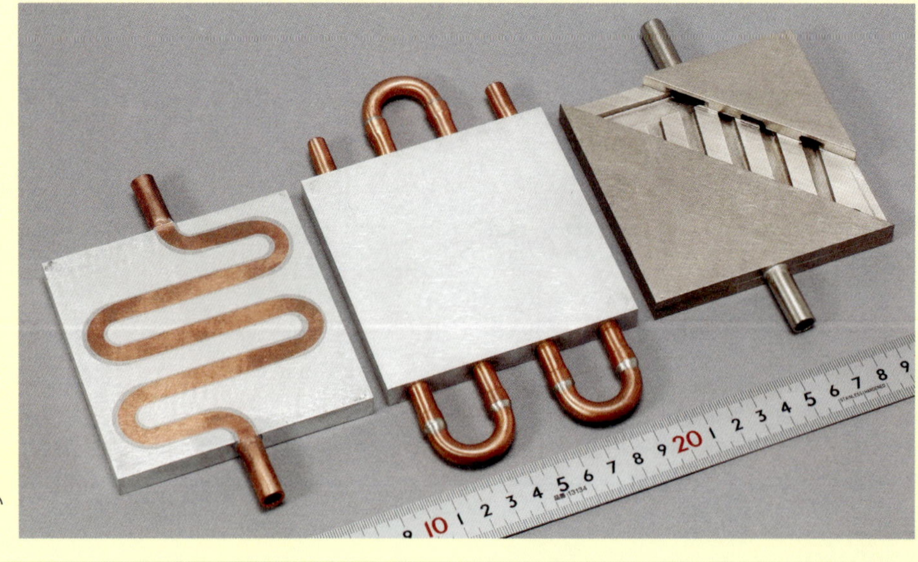

写真8
サンプル品
(MERSEN)
金属を腐食させない
冷媒の選択が重要

(初出：「トランジスタ技術」2014年5月号)

基本
電子部品大事典

回路の製作や実験に役に立つ

編著　宮崎 仁

CQ出版社

はじめに

エレクトロニクスの世界ではプロセッサやメモリなどのLSI(Large-Scale Integrated circuit)が急成長して，華やかな主役の座を占めています．しかし，LSIだけで電子回路が作れるわけではありません．

プロセッサやメモリを動作させるための電源回路やクロック発生回路にはコンデンサ，インダクタ，水晶振動子などが必要ですし，電流の大きさを制限したり電流値を検出するには抵抗が欠かせません．抵抗，コンデンサ，インダクタ，水晶振動子などは，電気の基本法則であるオームの法則やインピーダンスの性質に直接結び付いた受動素子です．何十年も前，半導体部品が登場する前にはこれらの受動素子が電子回路の主役でした．

LSIは数ミリ角のシリコン・チップ上に数千個から，ときには数億個にも上る膨大な数の超微細トランジスタを集積して，高機能や高性能を実現しています．その代わり高電圧や大電流には弱くて大電力を供給できなかったり，LEDのように光ったりする技もありません．そこで，単体のトランジスタ，ダイオード，LEDなどのディスクリートの半導体製品も，それぞれの用途に応じて今でもたくさん使われています．

このような電子部品は地味な存在で一見目立たないのですが，実は小型化や特性向上など大きな進化を遂げています．PCやスマートフォンなどの進化は，プロセッサやメモリと同様にさまざまな電子部品の進化によって支えられていると言えるでしょう．でき合いのボードを利用するだけなら別ですが，それらを自分で接続してみたり，自分で一から設計，製作するためには，電子部品の最新知識が不可欠です．

本書は，電子部品に必要な幅広い知識とノウハウを集大成したものです．ぜひ座右に置いてご活用ください．

宮崎 仁

目　次

カラー・プレビュー

抵抗器 …… 1
コンデンサ …… 7
インダクタ …… 13
トランス …… 17
保護素子/ノイズ対策部品 …… 23
スイッチ …… 29
ヒートシンク …… 37

第1部　抵抗器

とりあえずの汎用/実験用から超小型，精密品，パワー用まで
第1章　抵抗器の大分類 …… 50

小型/低コスト/多種類/高周波特性向きなど
第2章　一番よく使うチップ抵抗器のいろいろ …… 57

アンプやアッテネータのゲインや精度を狙いどおりに
第3章　実際の抵抗器の定数と組み合わせ方 …… 75

温度係数から放熱対策まで
Appendix 1　抵抗器の電気的な性質 …… 83

パワー回路/計測回路からRF/インターフェース回路まで
第4章　電子回路の性能を引き出す上手な抵抗器の選び方 …… 87

地雷はいっぱい！ ちょっとした気配りがあなたを救う
第5章　抵抗器のやっちまった伝説集 …… 97

インターネットをフル活用！ パソコンやスマホがあれば事足りる
Appendix 2　①探す②調べる③買う！ 私の電子部品検索術 …… 111

基本電子部品ひとくちコラム　抵抗 …… 118

第2部　コンデンサ

相手の気持ちになって上手に使いこなそう
第1章　電気をためる基本部品「コンデンサ」のふるまいと性質 …… 120

半導体/誘電体/圧電体/焦電体/絶縁体/透光体/磁性体など
第2章　よく使うコンデンサ①積層セラミック・コンデンサ …… 129

耐熱性/DCバイアス特性など
第3章　よく使うコンデンサ②フィルム・コンデンサ …… 143

大容量電圧積/高周波特性/温度特性など
第4章　よく使うコンデンサ③アルミ電解コンデンサ …… 155

高容量密度/長寿命など
第5章　よく使うコンデンサ④タンタル・コンデンサ …… 178

大容量/長寿命など
第6章　よく使うコンデンサ⑤電気二重層コンデンサ …… 184

極性/容量から使い所まで
第7章　トラブル対策集 …… 186

充電回路から発振回路まで
Appendix 1　コンデンサ回路集 …… 194

コンデンサの容量から寿命の計算まで
Appendix 2　コンデンサの定数計算式数 …… 204

基本電子部品ひとくちコラム　コンデンサ …… 208

第3部　ダイオード

アナログ信号やディジタル信号の流れを整える
第1章　小信号用ダイオードの基礎と応用 …… 210

電源回路やモータ・インバータ作りに
第2章　パワー・ダイオードの基礎と応用 …… 225

アンプやタイマ作りに
Appendix　定電流ダイオードの基礎と応用 …… 238

基本電子部品ひとくちコラム　ダイオード …… 244

第4部　発振器

10^{-2}のシリコン・タイプから10^{-13}の超高精度セシウム原子時計まで
第1章　振動子と発振器の基礎知識 …… 246

MHzタイプ，kHzタイプ，チップ・タイプ，リード・タイプ
第2章　水晶振動子のいろいろ …… 251

振動子が気持ちよく振動し続ける条件を探す
第3章　水晶発振回路の作り方 …… 266

正しい計測の仕方
Appendix　水晶発振回路の発振状態を調べる方法 …… 277

止まることは許されないのだ…
第4章　水晶発振回路トラブル 原因と対策 …… 279

メーカ製だからつないで電源を加えるだけ！ 振動子と回路のワンパッケージ・タイプ
第5章　水晶発振器モジュールのいろいろ …… 287

ワンチップ・マイコンやリモコン用のお手軽部品
第6章　とにかく安い！ セラミック発振子 …… 298

第5部　インダクタ/コイル

電源や無線回路のキー・パーツ
第1章　インダクタの基礎と使い方 ……… 306

小型低背のポータブル機器で作るために
第2章　チップ・コイルの基礎知識 ……… 351

DC-DCコンバータから共振回路まで
Appendix　インダクタ応用回路集 ……… 363

基本電子部品ひとくちコラム　コイル ……… 380

第6部　リレー/スイッチ

異常発生！ 電力供給緊急停止！
第1章　安全確保！ リレーの基礎知識 ……… 382

交流信号のON/OFFから電力制御まで
第2章　マイコン直でON&OFF！ 半導体リレー ……… 390

プッシュ型からタクト型まで
Appendix　スイッチの基礎知識 ……… 404

第7部　保護素子/ノイズ対策/放熱器

異常が発生した回路を電源から切り離す
第1章　過電流保護素子の基礎知識 ……… 412

ツェナー・ダイオードやバリスタ，抵抗器で対策できる
第2章　過電圧保護素子の基礎知識 ……… 423

ディジタル信号やアナログ信号の汚れを奇麗に洗い落とす
第3章　ノイズ対策部品の基礎知識 ……… 442

自然対流から強制対流，実装から騒音まで
Appendix　放熱器と冷却ファンの基礎知識 …… 451

索　引 …… 466
初出一覧 …… 470
著者一覧 …… 471

▶本書の各記事は「トランジスタ技術」に掲載された記事を再掲載したものです．初出誌は各記事の稿末に掲載してあります．掲載のないものは書き下ろしです．

本書掲載のコラム一覧

第1部

第3章　実際の抵抗器の定数と組み合わせ方

コラム1　選んだ抵抗値や許容差が正しいかどうかは，回路の仕様を満たしているかどうかで決まる …… 78
コラム2　コンデンサの定格電圧はE系列じゃなくR系列 …… 82

Appendix 2　①探す②調べる③買う！ 私の電子部品検索術

コラム　用語解説…その1 …… 113
用語解説…その2 …… 115
用語解説…その3 …… 117

第2部

第1章　電気をためる基本部品「コンデンサ」のふるまいと性質

コラム1　電気をためる「キャパシタ」の応用 …… 121
コラム2　絶縁されているのに電流が流れる？ …… 123
コラム3　DC-DCコンバータとコンデンサの適材適所 …… 128

第2章　よく使うコンデンサ①積層セラミック・コンデンサ

コラム　積層セラミック・コンデンサの大容量化の秘密 …… 142

第3章　よく使うコンデンサ②フィルム・コンデンサ

コラム1　基板表面の状態でリファレンス・リークが変化する …… 151
コラム2　定格と制限事項 …… 154

第7章　トラブル対策集

コラム　電解コンデンサの寿命がわかるアレニウス則 …… 193

第3部

第1章　小信号用ダイオードの基礎と応用

コラム1　逆電圧によるブレーク・ダウンと二つの動作モード …… 212
コラム2　実験室に置いておきたい定番ダイオード …… 219

第4部

第2章　水晶振動子のいろいろ

コラム1　とりあえず発振器作るなら！ 定番水晶振動子 HC-49/US型 …… 260
コラム2　水晶振動子を注文してみよう！ …… 264

第3章　水晶発振回路の作り方

コラム1　水晶振動子のデータシートの見方 …… 270
コラム2　水晶発振回路は発振しているのにLSIが動作しない？ …… 275

第4章　水晶発振回路トラブル 原因と対策

コラム　水晶発振回路のめちゃくちゃ弱々しい発振波形をオシロスコープで測るには …… 283

第5章　水晶発振器モジュールのいろいろ

コラム1　基本中の基本！ 2番端子と4番端子はグラウンドにつなぐ …… 291
コラム2　周波数をディジタル設定！ ワンチップ水晶発振IC Si570 …… 296

第5部

第2章　チップ・コイルの基礎知識

コラム　漏洩磁束のシミュレーション …… 355

Appnedix　インダクタ応用回路集

コラム　理想LとCの共振周波数 …… 379

第6部

第2章　マイコン直でON＆OFF！ 半導体リレー

コラム1　フォトカプラの絶縁性能と安全規格 …… 398
コラム2　実例！ トラブルシュート …… 402

第7部

第1章　過電流保護素子の基礎知識

コラム　リフロでトリップ1回とカウントされる …… 419

第2章　過電圧保護素子の基礎知識

コラム1　ESD保護ツェナー・ダイオードとバリスタとの違い …… 426
コラム2　コイルは周波数が高くなるとQが低下する …… 439

第3章　ノイズ対策部品の基礎知識

コラム　デカップリングにはICの誤動作を防止する働きもある …… 445

第1部
抵抗器

抵抗は，電源/電線と並んで電気/電子回路を構成する最も基本的な要素であり，オームの法則に従って電流と電圧が常に比例関係になるように働く部品です．

入力電圧に比例する出力電流を作る（*V*-*I*変換），入力電流に比例する出力電圧を作る（*I*-*V*変換），入力電圧に比例する出力電圧を作る（抵抗分圧）などの動作を簡単に実現できます．

さらに回路に流れる電流の大きさを制限する（電流制限抵抗），スイッチやトランジスタのOFF時に決められた出力電圧レベルを保つ（プルアップ抵抗），高速な電圧変化によって発生する電気的ノイズを緩和する（ダンピング抵抗）など，目立たないけれど大切な仕事をしています．

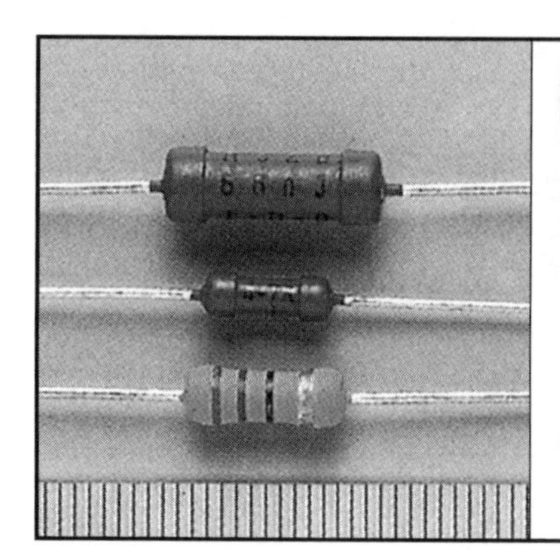

第1章

抵抗器の大分類

とりあえずの汎用/実験用から超小型，精密品，パワー用まで

● 抵抗の大分類

主な抵抗器の分類を**図1**に示します．抵抗器には機能や形状，抵抗体材質，用途の組み合わせにより，さまざまなものがあります．

機能としては，回路の中に組み込まれて使われる**固定抵抗器**，回路の微調整に使われる**半固定抵抗器**，ラジオのボリュームのように抵抗値を変えて使われる**可変抵抗器**などがあります．

固定抵抗器の形状には，リード線を持つ**リード付きタイプ**と持たない**面実装タイプ**があります．さらに，面実装タイプは**角形**と**円筒形**に分けられます．そのほか封止材質により，**樹脂モールド・タイプ**，**セラミック・ケース・タイプ**などがあります．

抵抗体材質では，**炭素皮膜**(通称，カーボン)，ニクロムを主体とした**金属皮膜**(通称，キンピ)，**酸化金属皮膜**(通称，サンキン)，酸化金属とガラスのコンポジットである**メタル・グレーズ**などの皮膜タイプと，金属板や金属線，金属箔を用いたもの，酸化金属セラミックスを用いたソリッド・タイプなどがあります．

そして用途では，**抵抗値許容差**や温度特性が高精度なもの，高電圧や**サージ**(異常な高電圧)に強いもの，温度により抵抗値が変わるもの，ヒューズ機能を併せ持つものなどがあります．抵抗器を使用する際には，これらの組み合わせの中から目的に合わせて，またコストも考慮して選ばなくてはなりません．

① 固定抵抗器

主な固定抵抗器の特徴は次のとおりです．

● 角形チップ固定抵抗器

抵抗体はメタル・グレーズ皮膜と金属皮膜に大別できます．メタル・グレーズ皮膜は耐環境性に優れており，金属皮膜は抵抗値許容差や**抵抗温度係数**，**電流雑**

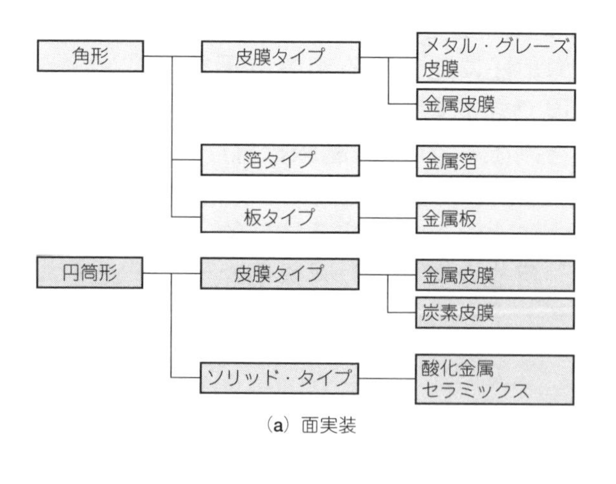

(a) 面実装

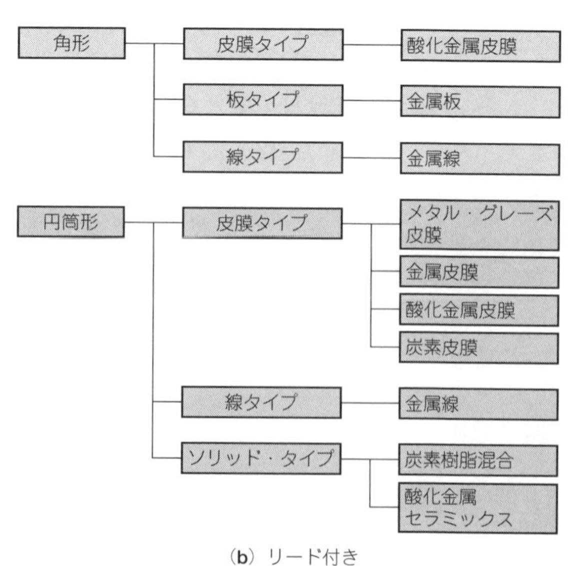

(b) リード付き

図1　主な固定抵抗器の分類

音(電流を流すことによって発生する雑音)が小さいなどの特長があります．

特に抵抗温度係数はメタル・グレーズ皮膜が400～50×10^{-6}/K程度なのに対し，金属皮膜は100～5×10^{-6}/K程度と小さく，安定しています．

角形チップ固定抵抗器のサイズは0402(0.4 mm × 0.2 mm)，0603，1005，1608，2012，3216などが規格化され，特に0603サイズは携帯電話のような移動体通信機器を中心として，ノート・パソコン，携帯型オーディオ機器などにも採用され急激に増加しています．1005サイズは主に民生機器に，1608サイズは民生機器から産業機器，車載機器まで幅広く使用されています．

電力型としては6331，5025，3225サイズがあり，最近では**長辺電極チップ抵抗器**といわれる，電極が長辺側に形成されたタイプのものもあります．

● 円筒形チップ固定抵抗器

通称**メルフ**(MELF)の名称で呼ばれる円筒形チップ固定抵抗器で，一般のリード付き抵抗器のリード線を取り除き，両端の電極に金属めっきのキャップが取り付けられています．

円筒形で金属キャップを使用しているため，電極が堅牢で機械強度に優れる，抵抗値精度・抵抗温度係数・電流雑音に優れる，構造寸法精度が良く製品供給・取り付けに対する精度が高いなどの特長があります．

リード付きに比べてやや高価格であり，高密度実装の点で角形タイプに少し劣るなどの欠点があり，最近ではあまり使用されなくなっています．

● 炭素皮膜固定抵抗器

炭素皮膜を抵抗体とした固定抵抗器で，古くから最もポピュラな抵抗器として知られています．電力区分から1/4 W品と1/2 W品に大別され，現状では1/4 Wの3.2 mm×ϕ1.9 mmサイズ，1/2 Wの6.3 mm×ϕ2.85 mmサイズの小型タイプが全体の70 %以上を占めています．

はんだ耐熱性や抵抗値の経年変化率が小さく，端子強度の安定，耐電圧性などにも優れています．抵抗温度係数は他の抵抗体より大きいです．

● 金属皮膜固定抵抗器

抵抗値許容差の高精度化ができ，経年変化が小さく，高安定です．抵抗温度係数や電流雑音も小さな値です．

主な用途は通信・計測機器，コンピュータおよびその周辺機器，電子交換機などの産業用で，AV機器などの微小信号を扱う回路などにも使用されています．

● 酸化金属皮膜固定抵抗器

主に電源回路などに用いられます．定格電力当たりの体積が小さく，耐熱性が高く，抵抗温度係数も金属皮膜抵抗器に匹敵するほど小さなものが得られます．

● 巻き線固定抵抗器

金属抵抗線を使用しているため耐パルス特性に優れ，抵抗温度係数が小さく，耐熱性が良く，電流雑音が非常に小さいなどが特徴で，**電力用に適しています**．一方で大きな抵抗値が得にくい，高周波回路には不向きなどの欠点があります．

ディジタル制御用として一般民生品のほかに産業機器の分野でインバータ制御，自動車用途における電子制御噴射装置(EFI)，コンピュータ用記憶装置，スイッチング電源，機器の高信頼化の鍵となるパワー回路をカバーします．

▶金属板固定抵抗器

金属板を抵抗体とした抵抗器です．低い抵抗値と小さな抵抗温度係数，高い放熱特性を利用して電流検出用に使われています．非巻き線構造のため，高周波特性にも優れており，無誘導タイプの構造のものは，高速スイッチング・コンバータなどの高速で変化する電流を検出する場合に有効です．また，正確な電流値検出には，電流端子と電圧端子を持った**4端子構造**の抵抗器もあります．

〈守谷 敏〉

② ゼロ・オーム抵抗器

ゼロ・オーム抵抗器はジャンパ抵抗器ともいわれます．回路基板のパターンをクロスさせるジャンパとして使用したり，回路的に抵抗が必要ないときに抵抗値“ゼロ”として実装したり，GNDなどのパターンとパターンを接続したりするのに使用します．ゼロ・オーム抵抗器はゼロ・オームと呼ばれるように，抵抗値表示も“ゼロ”となっていますが，**実際は0ではなく数十mΩの小さな抵抗値**を持っています．したがって，この抵抗器には定格電流として最大で流せる電流値が決められています．

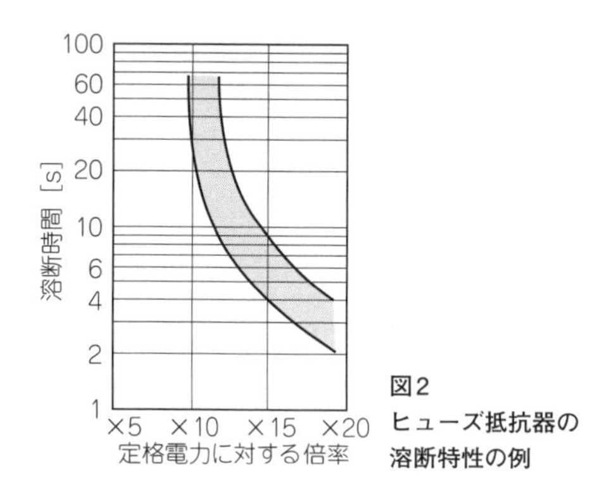

図2 ヒューズ抵抗器の溶断特性の例

定格電流は抵抗器のサイズによって決まりますが，最大でも数A程度ですから，大電流が流れる回路で使用するときには注意が必要です．また，回路基板のGNDパターンを接続するときには，ゼロ・オーム抵抗器で接続する場合と回路基板のパターンで接続する場合では，わずかな抵抗値の違いによりGNDパターンを流れる電流経路が異なるため，不要輻射に影響する場合があるので注意が必要です．

〈赤羽 秀樹〉

③ ヒューズ抵抗器

普段は抵抗器として機能していますが，回路に異常な負荷がかかったときには，抵抗体が溶断して回路の他の部品を保護するというヒューズの機能を併せ持った抵抗器です．溶断特性を**図2**に示します．

これは，電力負荷により抵抗体が焼損して断線する現象を逆に利用したものです．抵抗体が焼損するため，塗装材料には難燃性を持たせてあります．

ある程度の抵抗値が必要で，かつ回路に異常が発生したときに発煙・発火することなく溶断してほしい個所に使用します．ヒューズ抵抗器は**電力溶断**タイプが一般的ですが，**電流溶断**タイプもあります．

電流ヒューズよりも反応が遅いため，素早く溶断する必要があるときには使用できません．また，通常の抵抗器に比べ溶断しやすい構造になっているために耐パルス特性が劣ります．パルスが印加されるような回路で使用する場合には，パルスによって溶断しないかを確認をする必要があります．

〈守谷 敏〉

④ パルスに強い抵抗器

瞬間的に大きな電流が流れる回路での電流制限用抵抗器や**静電気**(ESD：Electrostatic Discharge)が印加されやすい回路に使用される抵抗器には，パルスに強い抵抗器が要求されます．

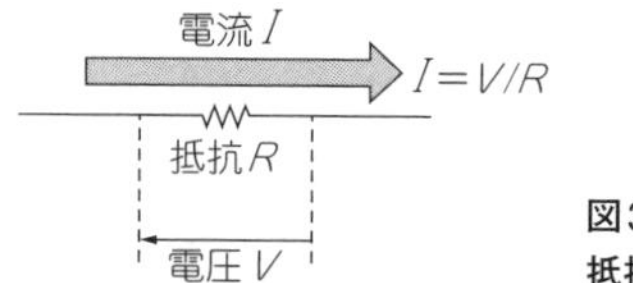

図3 抵抗器による電流検出

パルスに強い抵抗器とは，瞬間的に大きな電力を印加しても抵抗体が損傷しにくい抵抗器です．そのためには，抵抗体の単位体積当たりに印加される電力を小さくすればよいので，抵抗体の体積が大きいことや部分的に電力が集中しないことが要求されます．同じ種類の抵抗器では抵抗体の体積が大きいほどパルスに強くなるため，サイズが大きいほうがパルスに強いといえます．

リード付きタイプの抵抗器であれば，碍子(がいし)の表面に抵抗体皮膜を形成した皮膜タイプの金属皮膜抵抗器や炭素皮膜抵抗器よりも，金属の抵抗線を碍子に巻き付けた巻き線抵抗器の方がパルスに強くなります．

また，セラミックスの抵抗体を用いたソリッド・タイプのセラミックス抵抗器は，非常にパルスに強い抵抗器です．面実装タイプの抵抗器では，一般的には金属皮膜チップ抵抗器よりも抵抗体皮膜が厚い厚膜チップ抵抗器(メタル・グレーズ皮膜)のほうがパルスに強くなります．

厚膜チップ抵抗器には構造を工夫することによりパルスに強くした耐パルス厚膜チップ抵抗器もあります．また，電流検出用の金属板チップ抵抗器は，抵抗体が金属板でできているため，パルスに非常に強い抵抗器です．

〈赤羽 秀樹〉

⑤ 低抵抗器

抵抗器に電流を流すと，オームの法則によって抵抗器の両端に電圧が発生します．この電圧値を抵抗値で割れば，その抵抗器に流れる電流値を知ることができます．抵抗器で電流を検出する場合には，電流値を直接測るのではなく，抵抗器に流れた電流による電圧降下を測定して，抵抗器に流れている電流値を検出します(**図3**)．

電流を流したときの電圧降下を大きくすると，抵抗器での消費電力が大きくなります．特に大電流を検出する場合には，抵抗器の消費電力が大きくなるために過大な発熱が問題となります．そのため，できる限り小さな抵抗値を使用して検出しますが，電圧降下の値が小さい場合には，差動アンプで増幅して使用します．

● 電流検出用低抵抗器の用途

電気回路において電流を検出したい用途は，

過電流保護

電流制御

電源マネージメント

の三つに分けられます．**表1**に，電流検出用低抵抗器の用途を示します．

▶過電流検出

回路の故障や過負荷状態などによって，通常よりも過大な電流が流れた場合に，安全のために回路動作を止める必要があります．ある値以上の電流が流れた場合に異常と判断するために電流を検出します．

▶電流制御

三相モータはモータを回転させるために，各相に流す電流の位相や時間などを正しく制御する必要があります．そのため，各相に流れている電流を検出して制御回路へフィードバックしています．

▶電流管理

2次電池で動作する携帯機器は，2次電池に流れる電流や電圧を検知することによって2次電池の残量を知ったり，より長時間使用ができるように最適な回路動作の制御をしたりしています．電源の管理をするために電流値を常に監視しています．

表1　電流検出用低抵抗器の用途

項目	動作例	使用例
過電流検出	回路の故障などにより回路に過大な電流が流れた場合，安全のために回路動作を止める	•電源回路の過電流保護 •2次電池の過放電・過充電保護 •モータの過電流保護
電流制御	回路に流す電流値，時間，位相などを制御するために，流れている電流を検出して制御回路にフィードバックする	•DC-DCコンバータ •インバータ電源 •交流モータの電流制御
電流管理	携帯機器などの2次電池の充放電電流値をリアルタイムに検出することにより，2次電池の残量検知や電源回路の最適動作を行う	•ノート・パソコンや携帯電話などの2次電池駆動機器の電流管理 •ハイブリッド自動車の2次電池の電流管理

● 種類

一般的には電流が流れたときの電圧降下が50 m～数百mVになるような抵抗値を使用します．したがって，**電流検出用低抵抗器は数Ω以下の非常に小さな抵抗値**のものが使用されます．検出したい電流値によって使用する抵抗器の種類も決まってきます．

図4に，面実装タイプの電流検出用低抵抗器の種類と抵抗値範囲を示します．数十Aのような大電流を検出するには，数mΩの非常に小さな抵抗値が必要になるので，小さな抵抗値が得意な金属板タイプや金属箔タイプの低抵抗器がよく用いられます．

また，小さな電流を検出する場合には，数百m～数Ωの比較的大きな抵抗値で検出するので，金属皮膜タイプや厚膜タイプの低抵抗器が使用されます．

● 大電流を検出するときの注意点

大電流を検出する低抵抗器は数mΩの非常に小さな抵抗値を使用するため，正確に電流を検出するには，

電圧検出用パターンの引き出し方

低抵抗器のインダクタンス

に注意が必要です．

▶電圧検出用パターンの引き出し方

抵抗器に電流を流したときの電圧降下を検出するために，抵抗器の両端から電圧検出用のパターンを引く必要があります．

理想的なパターンは，**図5**のように抵抗器の電極ランドの内側中心部から引き出します．回路基板の銅箔パターンも小さな抵抗値を持つため，その銅箔パターンの抵抗値による電圧降下の影響を受けないようにする必要があります．

電極ランドの横から電圧検出パターンを引き出すと，低抵抗器の抵抗値に銅箔パターンの抵抗値を加えた電圧降下を検出することになり，正確な電流検出ができなくなります．

▶低抵抗器のインダクタンス

抵抗値が小さい場合には抵抗器のインダクタンス成

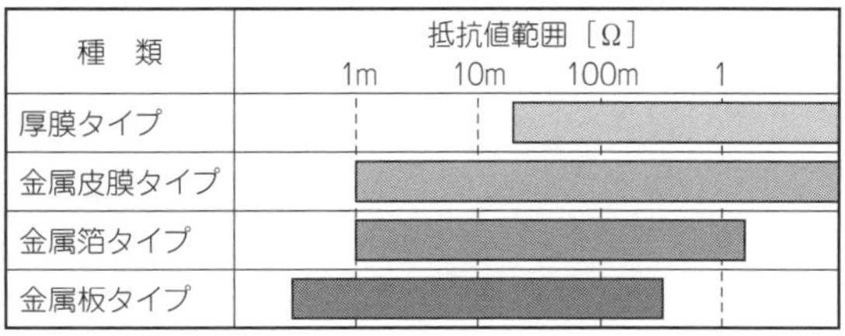

種類	抵抗値範囲［Ω］ 1m　10m　100m　1
厚膜タイプ	
金属皮膜タイプ	
金属箔タイプ	
金属板タイプ	

図4　面実装タイプ電流検出用低抵抗器の種類と抵抗値範囲

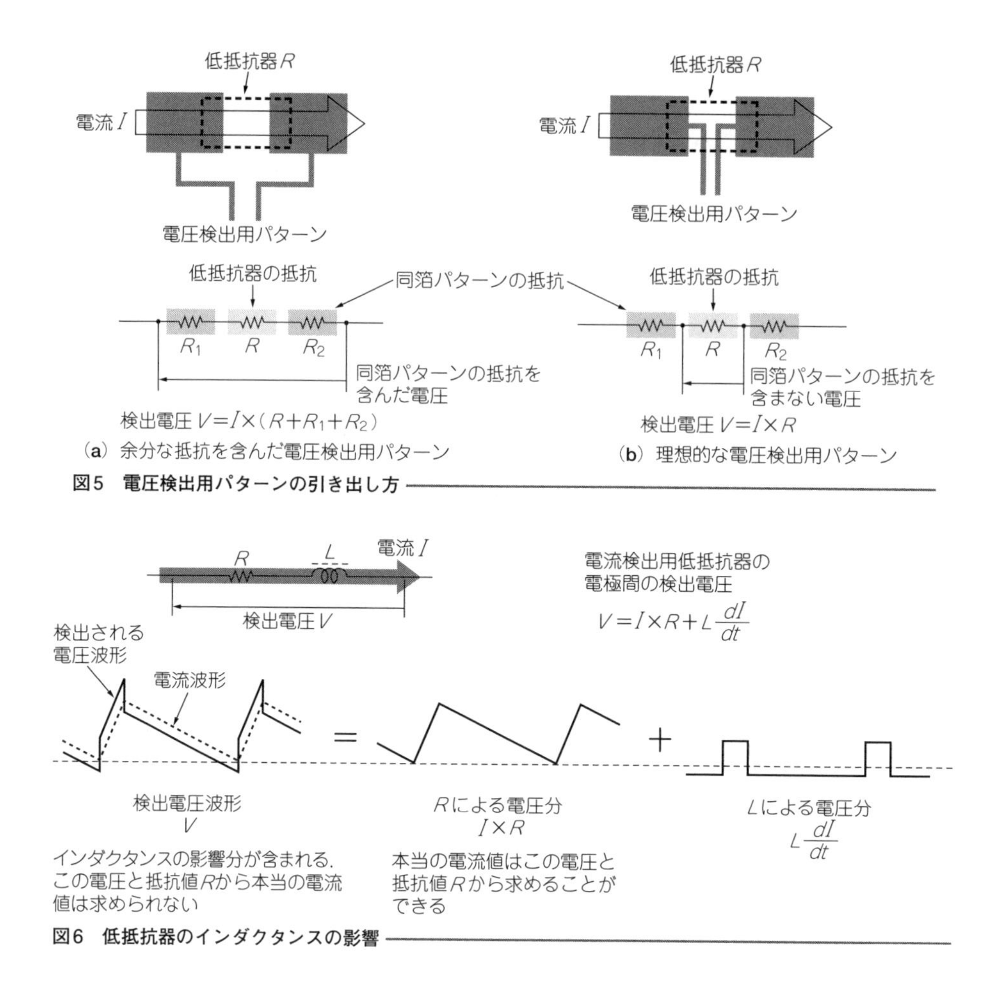

図5 電圧検出用パターンの引き出し方

図6 低抵抗器のインダクタンスの影響

分の影響を受けます．直流電流の場合には影響はないですが，のこぎり波のような周波数の高い交流電流の場合には正確な検出ができなくなります．

図6のように交流電流が流れた場合の抵抗器の電圧降下は，抵抗値による電圧降下の値とインダクタンス値による電圧降下の値の合計になります．したがって，大電流の検出には，できる限りインダクタンス値の小さな抵抗器を使用する必要があります．

● 4端子の電流検出用低抵抗器の特徴

電流検出用低抵抗器には4端子タイプのものがあります．電圧を検出するための電圧検出端子と，電流を流すための電流端子を持つ，4端子構造をした電流検出用低抵抗器です．

図7に4端子タイプの電流検出用低抵抗器の例を示します．4端子であることの利点は，電圧検出端子を持っているので電圧検出用のパターン引き出しによる検出値の誤差が発生しなくなり，より正確に電流を検出できることです．

欠点としては，電流を検出するための抵抗のほかに，構造上電圧検出端子と電流端子の間にも抵抗ができてしまうので，2端子構造に比べて全体の抵抗値が大きくなります．そのため2端子構造に比べると，同じ電流を流した場合の消費電力が大きくなり，抵抗器の発熱も大きくなります．

大電流を検出する数mΩの抵抗値の場合には，この電圧検出端子と電流端子間の抵抗の影響が大きくなるので，無駄な電力を消費させる割合が大きくなります．

⑥ 高精度抵抗器

● 温度が変化しても抵抗値が変わらない

高精度な抵抗器とは，一般的に**抵抗値許容差**とT.C.R.(抵抗温度係数)が小さい抵抗器をいいます．

表2に抵抗器の種類別の抵抗値許容差とT.C.R.の一般的な値を示します．抵抗値許容差は抵抗値を調整する加工により決まりますが，T.C.R.は抵抗体の種類によって決まります．金属皮膜や金属箔を抵抗体とした

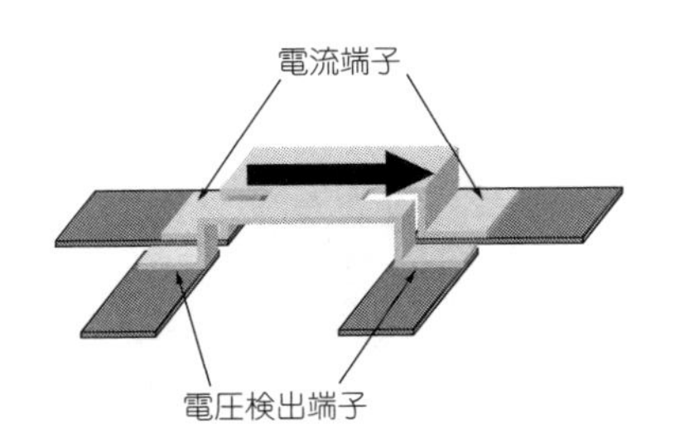

図7　4端子タイプの電流検出用低抵抗器

抵抗器は，T.C.R.が非常に小さく高精度な抵抗器といえます．

また，抵抗器は電力を印加して使用すると，時間とともに抵抗値が変化します．これを抵抗値の**経時変化**といい，この経時変化量も抵抗体の種類によって異なります．一般的には金属箔や金属皮膜，金属線の抵抗体は抵抗値の経時変化量が小さくなっています．電気回路で要求される精度に対して，どの抵抗器を使用すればよいかが決まってきます．

● 用途

代表的な回路で必要な高精度抵抗器には，基準電圧を生成したり，電圧を分圧する分圧抵抗器や，電圧をOPアンプなどで増幅するときに増幅率を決定する抵抗器があります．

図8に回路例を示します．いずれも使用する抵抗器の比が決められた値になることが重要であり，抵抗値許容差が小さければ小さいほど抵抗値の比のばらつきを小さくできます．

また，回路の周辺温度が変化すると抵抗値はT.C.R.によって変わってしまうので，T.C.R.の小さな抵抗器を使用すると温度ドリフトの小さな回路を設計することができます．

〈赤羽　秀樹〉

表2　抵抗器の種類による抵抗値許容差とT.C.R.

タイプ	種　類	抵抗体	抵抗値許容差［%］	T.C.R.［$\times 10^{-6}$/K］
面実装タイプ	箔チップ抵抗器	金属箔	±0.01～±0.5	±0.2～±10
	薄膜チップ抵抗器	金属皮膜	±0.05～±1	±5～±100
	厚膜チップ抵抗器	メタル・グレーズ	±0.5～±20	±50～±800
リード・タイプ	箔抵抗器	金属箔	±0.001～±1	±0.2～±15
	金属皮膜抵抗器	金属皮膜	±0.01～±1	±2.5～±100
	巻き線抵抗器	金属線	±0.25～±10	±20～±500
	酸化金属抵抗器	酸化金属	±1～±5	±200～±300
	炭素皮膜抵抗器	炭素（カーボン）	±2～±5	±350～－1300

● 相対精度を保証した高精度複合抵抗器

高精度抵抗器には，ペア（OPアンプのペア抵抗など）や複数の抵抗を持つ高精度複合抵抗器があり，各抵抗の抵抗値許容差とT.C.R.の絶対精度および相対精度を保証しています．

抵抗値許容差の相対値を保証しているということは，分圧回路の分圧比を決める抵抗や増幅回路の増幅率を決める抵抗に使用した場合に，各抵抗値の比をより精度良く決めることができ，また，ばらつきを小さくすることができます．

T.C.R.の相対値を保証しているということは，周辺

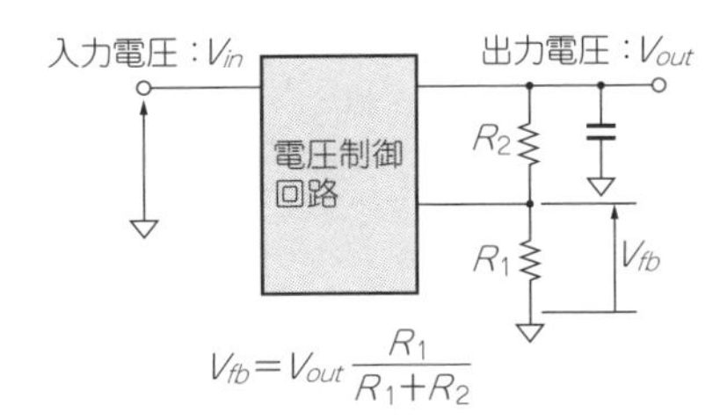

（a）分圧回路の例（電源電圧のフィードバック回路）

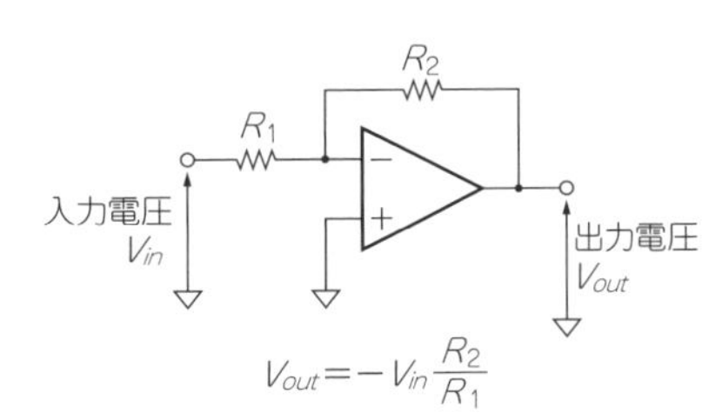

（b）増幅回路の例（OPアンプの反転増幅回路）

図8　高精度抵抗器が使用される回路例

(a) リード・タイプ(MRP)

(b) チップ・タイプ(CNN)

(c) モールド・タイプ(KPC)

写真1 いろいろな高精度複合抵抗器

温度の変化に対して同じ割合で抵抗値が変化するので，各抵抗値の比の変化を小さくでき，回路の温度ドリフトを小さく抑えた設計ができます．

回路の精度を必要とする計測器や産業機器など，周辺温度の変化が大きい環境で使用する機器では，高精度複合抵抗器を使用すると精度の良い回路設計が可能になります．

写真1に高精度複合抵抗器の外観を示します．

〈赤羽 秀樹〉

⑦ リニア正温度係数抵抗器

精度の良い抵抗器は周囲温度が変化しても抵抗値の変化が小さい，すなわち抵抗温度係数(T.C.R.)が小さいですが，**リニア正温度係数抵抗器**は周囲温度に対して抵抗値がほぼ比例して変化する抵抗器です．

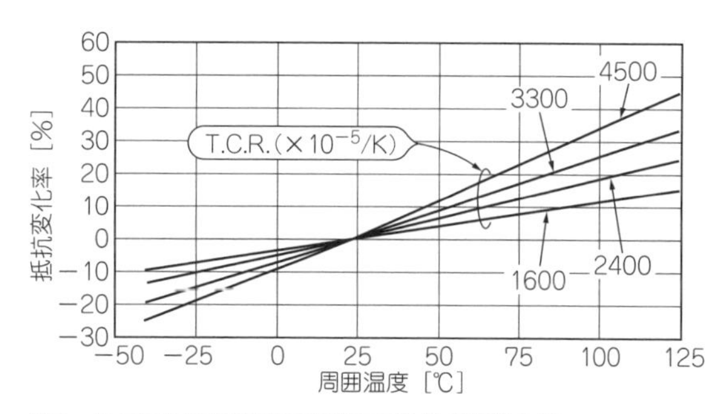

図9 リニア正温度係数抵抗器の抵抗温度特性の例

同じような特性の素子にサーミスタがありますが，サーミスタは周囲温度の変化に対して，ある温度で急激な抵抗値変化となったり，指数関数的な抵抗値変化となります．

リニア正温度係数抵抗器は広い温度範囲においてほぼ直線的に抵抗値が変化するのが特徴です．**図9**にリニア正温度係数抵抗器の抵抗温度特性例を示します．抵抗温度係数は数百 $\times 10^{-6}$/K ～ 5000 $\times 10^{-6}$/K 程度があり，用途に応じて抵抗温度係数と抵抗値を選定して使用します．

● リニア正温度係数抵抗器の用途

リニア正温度係数抵抗器は温度によって抵抗値が変化するので，温度の検出に使用したり，回路が温度ドリフトしてしまう場合の温度補償などに使用します．

温度検出用途では大きな抵抗温度係数のものが使用され，温度補償用途では温度ドリフトの程度と使用する回路によって抵抗温度係数の値を選んで使用します．

〈赤羽 秀樹〉

(初出：「トランジスタ技術」2009年6月号 特集)

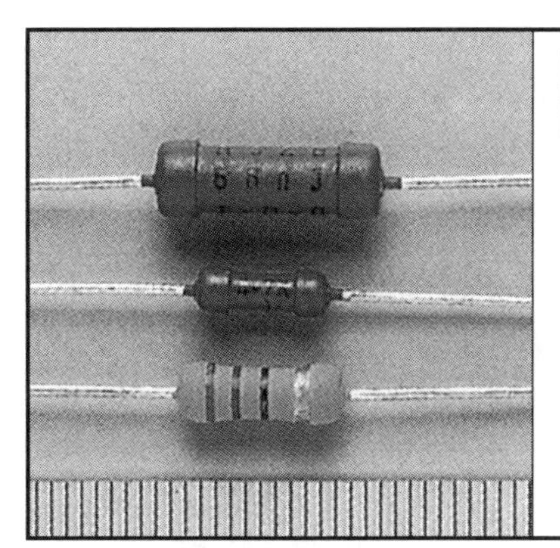

第2章 一番よく使うチップ抵抗器のいろいろ

小型/低コスト/多種類/高周波特性向きなど

● チップ抵抗とは…

表面実装タイプのチップ抵抗が登場してから約30年になります．その間に機器の小型化に伴って電子部品の表面実装化が進み，今では抵抗器も表面実装が主流になっています．外観を**写真1**に示します．

チップ抵抗は，目的や用途に合わせたさまざまなタイプが開発されています．その性能を十分に引き出すためには，抵抗器個々の特徴を理解して使うことが大切です．

大分類と実装の基礎

■ 分類

チップ抵抗の分類を**表1**に示します．チップ抵抗は，形状や抵抗体のタイプ(材質)，外装(封止)などで分類されます．本章では特に明記しない限り抵抗とは固定抵抗器を指します．

● 角形チップ・タイプ

通称角チップと呼ばれる角形チップ抵抗と，メルフ(MELF)と呼ばれる円筒形チップ抵抗に分けられます．角形チップ抵抗のサイズは0402(0.4mm × 0.2mm)，0603，1005，1608，2012，3216，3225，5025，6432などが規格化されています．1005サイズは民生機器に，1608サイズは民生機器から産業機器，車載機器など広範囲に使われています．0402，0603サイズは特に小型の携帯機器を中心に使われています．

円筒形チップ抵抗は，リード付き抵抗器のリード線を取り除いた形で，金属のキャップが電極になってい

表1　形状や抵抗体による抵抗器の分類

形　状	抵抗体タイプ	主な用途	抵抗体材質	外　装
角形	皮膜	汎用	メタル・グレーズ膜	樹脂塗装またはガラス膜
		高精度	金属膜	樹脂塗装
	はく	電流検出	金属はく	樹脂モールド
	板		金属板	樹脂塗装，樹脂モールド，セラミック・ケース
円筒形	皮膜	汎用	炭素膜	樹脂塗装
		高精度	金属膜	
		高耐圧	酸化金属膜	セラミック・ケース
	ソリッド	耐パルス，耐サージ	酸化金属セラミックス	樹脂塗装

(a) 角形チップ抵抗

(b) 円筒形チップ抵抗

(c) 金属板タイプ

(d) 樹脂モールド・タイプ

(e) セラミック・ケース封入タイプ

写真1　抵抗器の形状の違い(KOA)

ます．高密度実装の点で角形チップ抵抗に劣るため，最近ではあまり使われなくなってきました．

▶材質による分類

抵抗体は，**皮膜，はく，板，ソリッドのタイプに分けられ，さらに皮膜はメタル・グレーズと金属，炭素，酸化金属に分けられます**．はくと板は金属を，ソリッドは酸化金属セラミックスを抵抗体に使用しています．

抵抗体の材質によって特性が異なります．金属膜はメタル・グレーズ膜よりも抵抗値許容差，抵抗温度係数を小さくできます．金属はく，金属板は低抵抗向けであり，酸化金属は高電力向けに使われます．

● ネットワーク・タイプ

実装密度を高め，併せて実装コストを低減させるものとしてネットワーク抵抗があります．たくさんのチップ抵抗を使うディジタル線路に便利な部品です．

1 kΩ～100 kΩのプルアップ/プルダウン抵抗や信号-グラウンド間に入れる終端抵抗，10～200 Ω程度のダンピング抵抗などに使えます．

さらに，パッケージ形状をBGA(Ball Grid Array)やSOP(Small Outline Package)にして実装密度を高めたタイプもあります．

ネットワーク抵抗器の分類を**表2**に示します．**写真2**に示すように，外観上からはセラミック基板のタイプと樹脂モールドのSOPタイプに分けられます．さらに，セラミック基板のタイプは，凹電極と凸電極，フラット電極，BGAに分けられます．

内部の回路構成を**図1**に示します．単品の角形チップ抵抗を複数個並列に連ねたものは，抵抗体の数から2連(または2素子)，4連，8連と呼ばれます．そのため，ネットワーク抵抗器のほかに，多連チップ抵抗器とか抵抗アレイという呼び方もします．

内部回路が直列並列に接続されたものは，電極の数から4端子，8端子，16端子と呼ばれます．サイズは最小の4端子0806から，内部回路の組み合わせによりさまざまなものがあります．

凹電極は，はんだ付け時に隣の電極とブリッジしにくい利点が，**凸電極ははんだフィレットの形成を確認しやすい**利点があります．BGAは抵抗器の下面が接続点になるので，より高密度実装に適しています．ただし，接続状態を確認しにくく，温度変化の繰り返しに弱いので，熱膨張係数の大きな基板に実装する場合には注意が必要です．

表2　ネットワーク抵抗の分類

抵抗体	電極形状	外　装
メタル・グレーズ膜	凹形，凸形，フラット形	樹脂塗装
	BGA	
	SOP	樹脂モールド
金属膜	凸形，フラット形	樹脂塗装

■ 実装時の注意点

チップ抵抗器をプリント基板に実装する場合には，次の点に注意する必要があります．

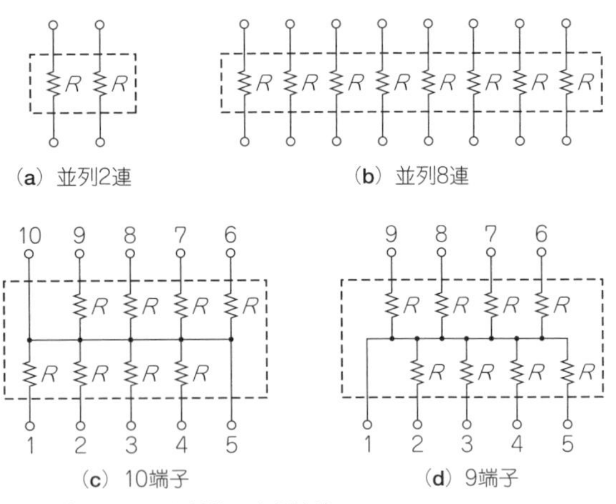

(a) 並列2連　(b) 並列8連　(c) 10端子　(d) 9端子

図1　ネットワーク抵抗の内部接続
4連や5端子などもある

(a) 凹電極形タイプ　(b) 凸電極形タイプ　(c) フラット電極タイプ　(d) BGA電極タイプ　(e) SOPタイプ

写真2　ネットワーク抵抗の形状の違い(KOA)

● **その1：大型チップ抵抗は熱ストレスによるクラックに注意する**

熱ストレスを繰り返し与えた場合に，セラミックを基体としたチップ抵抗器は，実装するプリント基板と熱膨張係数が違うので，接合部のはんだ(フィレット部)に**写真3**のようなクラックが発生する場合があります．クラックの発生は実装されるランドの大きさやはんだ量，実装基板の放熱量，熱ストレスの大きさや回数などに左右されます．**サイズの大きなチップ抵抗は，プリント基板との熱膨張収縮差が大きくなる**ので，特に注意が必要です．

● **その2：基板のたわみによるストレスを避けて配置**

プリント配線板の分割溝の近傍に部品を配置する場合，分割時のたわみで部品や電極が割れる可能性があります．なるべく分割溝から遠ざけるか，分割溝と平行に実装します．

● **その3：左右のランド寸法やはんだ量を同じにする**

左右のランドの大きさが異なっていたり，左右のはんだ量が異なったりしていると，はんだが固まるときの収縮力の差からチップ立ち(ツームストーンとかマンハッタンと呼ばれる現象)を起こします．ソルダ・レジストなどでランドの大きさを左右均等にし，はんだ量も同じにします．

● **その4：並べて実装すると中心部の温度が上昇する**

抵抗器は与えられた電気エネルギーをジュール熱に変換して放出します．抵抗器に加えられる電力が大きいほど，抵抗器の発熱も大きくなります．抵抗器の温度上昇は，実装する基板やランド寸法，はんだ量，周囲温度などの放熱要因と，抵抗器自体の発熱量の平衡関係によって成り立っています．したがって，同じ抵抗器であっても**図2**のように基板の種類や実装状態によって，上昇する温度が変わります．特に複数並べる場合，中心部にある抵抗器は周りの抵抗器の発熱により温度上昇が大きくなるので注意が必要です．

● **その5：温度条件に応じてディレーティングを考慮**

抵抗器が異常に発熱した場合，はんだの種類によっては溶融して抵抗器が取れたり，断線したりすることがあります．そのほか，抵抗器の抵抗体が焼損して抵抗値が大きく変化したり，抵抗器の樹脂塗装が劣化して絶縁性が損なわれたりする場合もあります．そのため，**図3**のように，抵抗器の周辺温度がある定格周囲

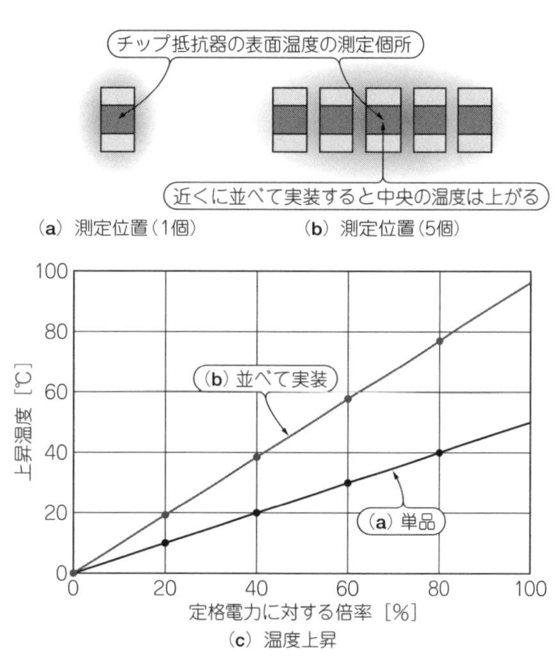

図2　並べて実装すると中心部の温度上昇が大きくなる

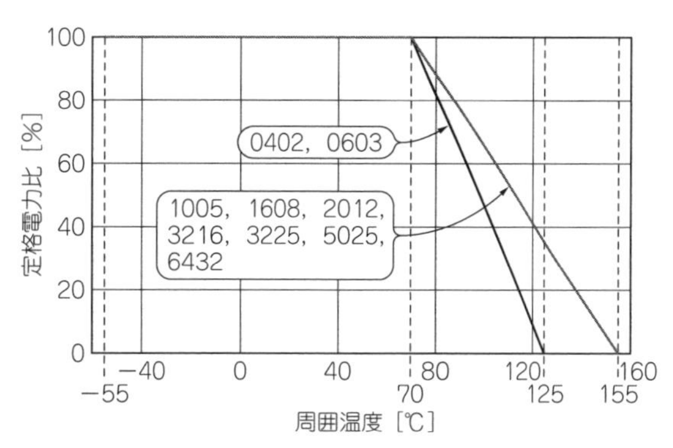

図3　定格周囲温度より高い場合は電力ディレーティングを考慮する

写真3　熱ストレスによるはんだクラック

温度以上になる場合は，抵抗器に加わる電力を軽減させて使用します．定格周囲温度は抵抗器の種類により異なるので，使用する抵抗器ごとに確認する必要があります．〈守谷 敏〉

① 厚膜チップ抵抗

厚膜チップ抵抗とは…

角形チップ抵抗のうち，抵抗体の材質にメタル・グレーズ膜を使っているものは，その厚みが数μmあるため厚膜と呼ばれています．金属膜を使っているものは，厚みがnmの単位なので，厚膜に対して薄膜と呼ばれています．一般にチップ抵抗器といえば「厚膜チップ抵抗」を指します．厚膜チップ抵抗は，たくさん使用されている抵抗器ですが，用途や目的に応じていろいろな種類があります．

■ 特徴

● 構造：セラミック基体上に抵抗体の膜を形成

図4に示すように，厚膜チップ抵抗器はセラミック基体の上に電極と抵抗体を形成します．抵抗体の上を保護膜で覆ったシンプルな構造をしています．電極には銀や銀系の合金が使われ，抵抗体は金属酸化物とガラスの混合物です．保護膜は樹脂またはガラスで，端子(電極)にはすずめっきが施されています．

● 種類

チップ抵抗器は用途や目的に応じていろいろなタイプがあります．詳細を**表3**に示します．

①汎用タイプ：最も広く一般的に使われる
②高精度タイプ：抵抗値許容差が良くてE96系列
③耐パルス/耐サージ・タイプ：機器の入出力回路などに使える
④高耐圧タイプ：**図5**に示す最高使用電圧が高い
⑤長辺電極タイプ：**写真4**のようにはんだ付けされる面積が増え放熱性がよくなるので大電力で使える
⑥耐硫化タイプ：石油系のガスなどで断線しにくい
⑦音質用タイプ：オーディオ機器を高音質にできる

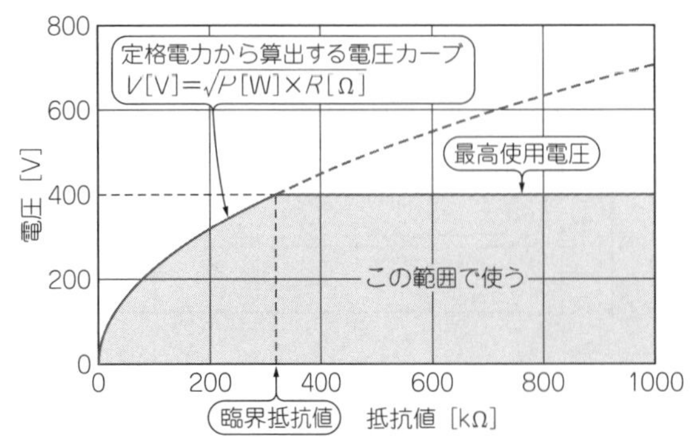

図5　定格電圧と最高使用電圧から加えられる電圧が決まる

● 電気特性：定格電力や定格電圧が高いタイプがある

厚膜チップ抵抗の電気的特性を**表4**に示します．耐サージ・タイプや長辺電極タイプは，汎用タイプに比べて定格電力が高く設定されています．同様に，高耐圧タイプは最高使用電圧が高くなっています．しかし，これらの特化したタイプに，すべてのサイズがあるわけではありません．

■ 使い方のポイント：パルスが発生する回路に用いる抵抗器

● ワンパルス限界電力からサイズを選ぶ

ゲート・ドライブ回路では，ゲート抵抗にパルス電流が流れます．**図6**のように計算されるパルス波形の平均電力が抵抗器の定格電力以下であったとしても，抵抗器のパルス限界電力を瞬間的に超えると，抵抗器が壊れることがあります．

このような場合，**図7**から求めたパルスの電力と**図**

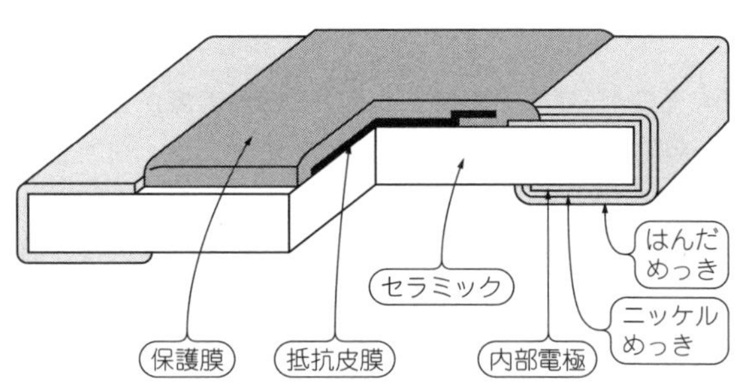

図4　チップ抵抗の基本構造

写真4
長辺電極タイプ
WK73シリーズ
(KOA)

表3　厚膜チップ抵抗のタイプと特徴

タイプ	用　途	説　明
汎用	最も広く一般的に使われる	広く使われる最も一般的な抵抗器．大きさは0402(0.4×0.2 mm)～6432サイズで，抵抗値範囲は1Ω～10 MΩ．許容差がG(±2％)またはJ(±5％)で，E24系列で提供される．抵抗温度係数は±200～±400×10^{-6}/K
高精度	抵抗値許容差が良くてE96系列	汎用タイプの抵抗値許容差をD(±0.5％)またはF(±1％)にしたもので，E96で提供される．抵抗温度係数も±100×10^{-6}/Kとなっている．また，抵抗値範囲を限定して，抵抗温度係数を±50×10^{-6}/Kとしたものもある
耐パルス/耐サージ	機器の入出力回路などに使える	開回路で使用される抵抗器や入出力，グラウンドに直結している抵抗器は，静電気や雷などのサージが回路に入り込む可能性がある．また，パルスが加えられる回路では，パルスによって抵抗体の導電や絶縁が破壊され，抵抗値が変化する可能性がある．このような場所で使用するために，パルス耐圧特性/サージ耐圧特性を高めた抵抗器
高耐圧	耐圧が高い	抵抗器の電極間に加えられる電圧は， $E=\sqrt{PR}$ E［V］: 定格電圧，P［W］: 定格電力，R［Ω］: 公称抵抗値 で規定される．ただし，この式に沿っていればいくらでも電圧を加えていいというわけではなく，許容量を超えると，導電や絶縁が破壊されて抵抗値が変化したり，場合によっては焼損したりする．そのため**図5**に示すように，抵抗器には，加えられる電圧の最高値(最高使用電圧)が決められている．高耐圧タイプは，この最高使用電圧を高めたもので，計算により求めた定格電圧と最高使用電圧が等しくなる臨界抵抗値が汎用タイプよりも高い
長辺電極	放熱性が良く大電力で使える	チップ抵抗器の熱は電極を通ってランドから基板へと伝わる．電極を大きくすれば放熱性が高まり，より高い電力で使える．そこで，チップ抵抗器の長辺側に電極を形成したものが長辺電極タイプである．**写真4**に示す長辺電極タイプは，はんだ付けされる面積が増え，また電極間距離が短くなる．熱膨張収縮によるはんだフィレット部のクラック発生に対しても有効になる．欠点としては，抵抗体長さが短くなるため，高い抵抗値を得ることが難しくなる
耐硫化	石油系のガスなどで断線しにくい	電極に使われている銀は，長い間に空気中に含まれる亜硫酸ガスや硫化水素ガスと反応して黒色の硫化銀となり，断線を引き起こす場合がある．特に火山や温泉の近く，石油燃焼施設の近くでこの現象が起こる．また，チップ抵抗器が加硫(硫黄成分を添加)したゴム製品と接触している状況でも発生する．そこで，電極材料を銀以外のものに替えたり，ガスが入りにくい構造にしたりして硫化しにくくしている
音質用	オーディオ機器を高音質にできる	オーディオ機器のD-A変換やアンプ部などに使われる抵抗器向けに，抵抗体の材質や加工方法を工夫し，音質特性を上げている．周波数特性などの特性値としては表しにくいが，音響機器メーカのプロの耳では音質の差をはっきりと区別できるようだ

表4　サイズと定格

サイズ	汎用タイプ・高精度タイプ	
	定格電力［W］	最高使用電圧［V］
0402	0.03	15
0603	0.05	25
1005	0.063	50
1608	0.1	
2012	0.125	150
3216	0.25	200
3225	0.33－0.5	
5025	0.75	
6432	1	

耐パルス耐サージ・タイプは定格電力が高い

定格電力［W］
0.2
0.25
0.33
0.5

長辺電極タイプは定格電力が高い

定格電力［W］
0.75
1
1.5

高耐圧タイプは最高使用電圧が高い

最高使用電圧［V］
350
400
500
2000DC
3000DC

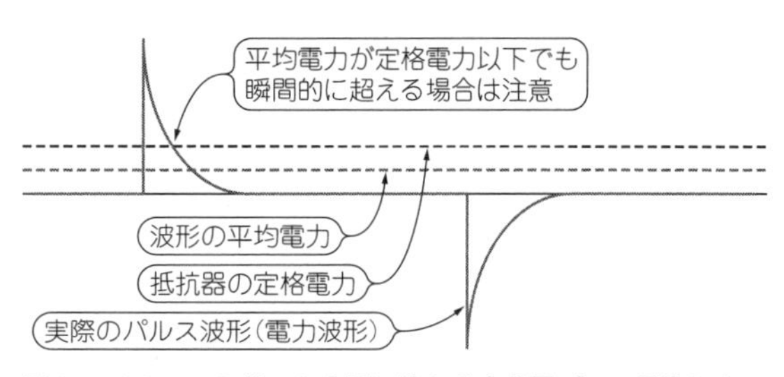

図6　MOSFETのゲート容量に流れる充放電パルス電流によって瞬間的に限界電力を超えることがある

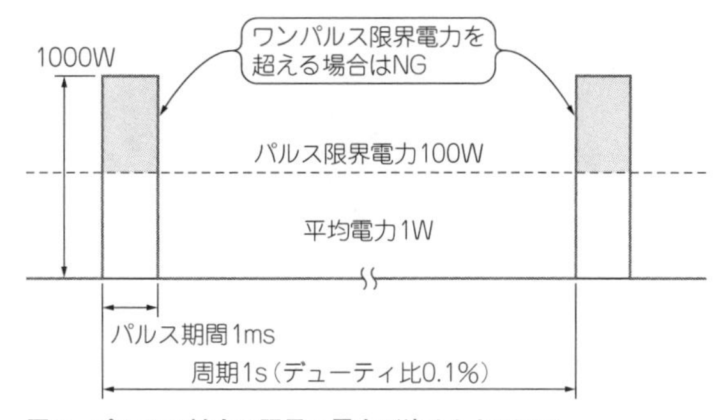

図7　パルスに対する限界の電力が決められている

8のワンパルス限界電力を比べて，使える抵抗器サイズを選びます．パルス耐性は同じ抵抗体であれば，抵抗体の体積が大きい方が有利になります．**図9**からわかるように，**大きなサイズほどワンパルス限界電力も大きくなります**．

■ 使用上の注意点

● 厚膜チップ抵抗器は硫化する！

厚膜チップ抵抗は，内部電極の銀は硫黄を含むガスやオイル，ゴムなどに触れると硫化を起こします．チップ抵抗器の微細な隙間から硫黄が徐々に侵入して，**写真5**のような絶縁性の硫化銀を形成します．特に，大気汚染のひどい地域で使用する機器や，切削油を使用する産業機器で厚膜チップ抵抗器を使用する場合には注意が必要です．これを防止するには，実装基板を防湿コートで覆う(耐硫化にも有効)か，チップ抵抗器を**耐硫化タイプ**に替えます．

耐硫化タイプには硫黄の侵入を遅らせる構造にしたもの(硫化遅延タイプ)と，電極の銀を硫黄と反応しない材料に替えたもの(完全耐硫化タイプ)の2種類があります．電極材料を替えたものは硫黄と反応しないので，完全な対策です．

〈守谷 敏〉

② 厚膜チップ抵抗の応用

厚膜抵抗は，導電物質と非導電物質を適度な比率で混合したものを印刷し，焼結して作られます．混合比率や厚みを調整することでさまざまな抵抗値が実現でき，その範囲は低抵抗タイプで10 mΩ～10 Ω，汎用タイプで1 Ω～10 MΩくらいになります．サイズのバリエーションも多く1 Wくらいの電力用まで充実しています．コストも手ごろなため幅広く用いられています．

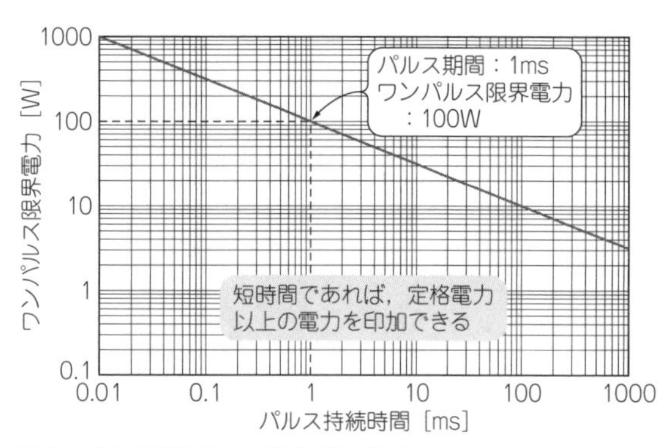

図8 パルス限界電力と持続時間の関係

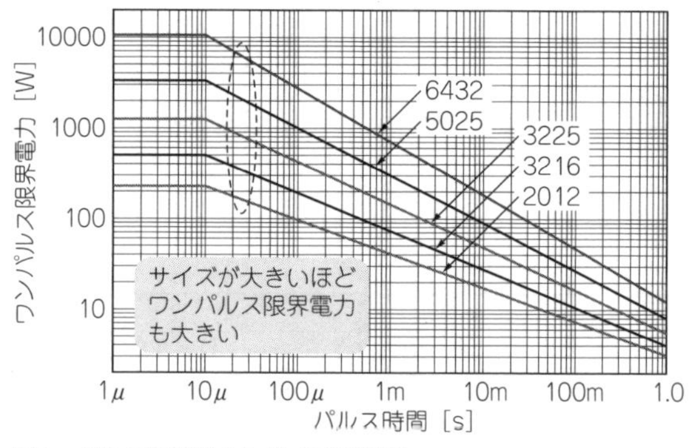

図9 パルス限界電力とサイズの関係

(a) 正常

(b) 硫化試験後

写真5 硫黄を含む大気などに触れると電極(銀)が硫化する

■ 表面実装タイプの抵抗で考慮すべきこと

チップ抵抗の種類にかかわらず当てはまることですが，表面実装で小型化が進んだことから考慮しなくてはいけないことが増えています．最高使用電圧や電流雑音などリード部品よりも厳しくなっている性能などです．電圧の高い回路や低雑音が要求される回路では特に注意しましょう．

● 定格電力：周囲の温度上昇も加味して決める

抵抗に電流Iが流れるとI^2Rの熱が発生します．その上限値を定格電力として規定しています．抵抗は定格電力内で使用しなければなりません．ところが，高密度実装によって部品間隔が狭い場合，抵抗の周囲温度が上昇します．このような局所的な周囲温度の上昇であっても，**図10**のように**電力をディレーティングした設計が必要**です．

また0402タイプのように，超小型部品の場合には最高使用温度の違いから電力軽減カーブが異なることがあります．

● 抵抗値許容差：最低限の許容差でコストを抑える

設計者から見ればなるべく正確に値が決まるに越したことはありません．しかし，高精度な部品は他の性能を犠牲にしていたり，コストとトレードオフの関係になっていたりします．必要に応じて許容差を選ぶことが材料コストを下げるのに有効です．

また，部品の種類が増えると管理や製造のコストにも跳ね返ってくるので，なるべく種類が多くならないように心掛けます．**E12系列で設計できるところにわざわざE24系列の定数を使ったり，不必要にプルアップ抵抗の定数が異なったりするような設計は避けます．**

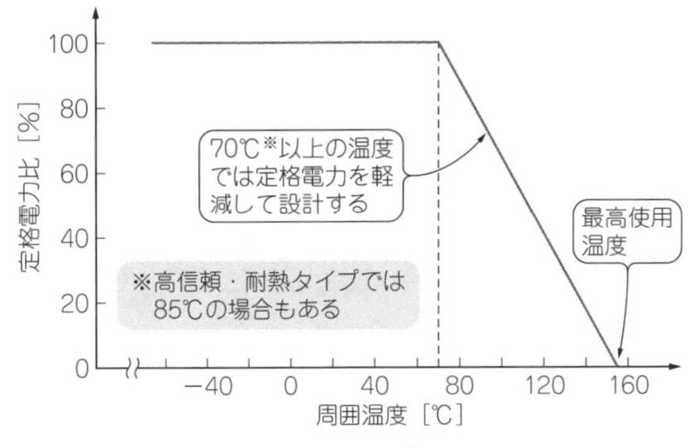

図10　周囲温度による電力軽減カーブ

● 最高使用電圧：サージ電圧に耐えられるものを選ぶ

表5は代表的な厚膜角型チップ抵抗のサイズと定格電力，最高使用電圧の仕様です．**図11**はステップアップ・コンバータです．この回路の場合，出力電圧が100 VになるようにR_1とR_2の値が決められています．R_1での消費電力P_{R1}は，

$$P_{R1}=(V_{out}-V_{ref})^2/R_1=0.0244\text{W}$$

となるので，電力的には0402タイプのものでもOKです．しかし，最高使用電圧の制限から最低でも2012タイプのものを使用しなければなりません．

このように**定格電力以内であっても使用できる最高電圧は制限されています**．特に小型のタイプは要注意です．またR_2には通常2.5 Vしか印加されませんが，出力を短絡した瞬間C_3にチャージされているエネルギーJ_{C3}（$=C_3V^2/2 \fallingdotseq 4753\times C_3$［J］）が$R_2$に加わるので，$R_2$はこのサージに耐えられるものが必要です．

● 抵抗温度係数：抵抗値の温度変動が大きい

図12は一般的な厚膜チップ抵抗と薄膜チップ抵抗

表5[(1)]　抵抗サイズと定格電力，最高使用電圧

サイズ	定格電力	最高使用電圧
0402	0.031 W	15 V
0603	0.05 W	25 V
1005	0.1 W	50 V
1608	0.1 W	75 V
2012	0.125 W	150 V
3216	0.25 W	200 V
3225	0.5 W	200 V

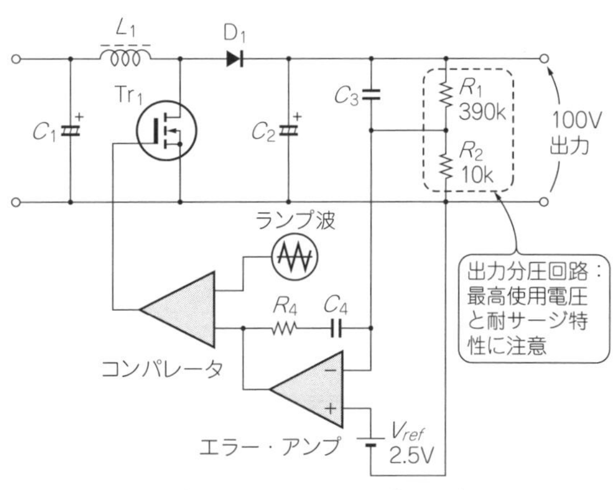

図11　厚膜チップ抵抗を使ったステップアップ・レギュレータの出力分圧回路

の抵抗値と温度係数の関係を表しています．厚膜チップ抵抗では10 Ω～1 MΩの範囲では±200 ppm/℃くらいで，低抵抗では＋側に，高抵抗では－側にやや偏った温度係数となっています．

● 雑音特性：小型の抵抗は電流雑音が大きい

抵抗で発生する雑音には熱雑音と電流雑音（$1/f$雑音）があります．熱雑音電圧V_nは，

$$V_n=\sqrt{4kTR\Delta f}$$

ただし，k：ボルツマン定数［J/K］，T：絶対温度［K］，R：抵抗値［Ω］，Δf：周波数帯域幅［Hz］

で与えられ，抵抗値で決まってしまいます．このため回路設計で熱雑音を下げるためには抵抗値を大きくしないことが大事です．

熱雑音が問題になるような電子回路はかなり特殊で，問題になりやすいのは電流雑音（$1/f$雑音）です．この電流雑音は抵抗体の材質によって左右され，流す電流が増えると大きくなります．

厚膜チップ抵抗では，抵抗体の特性上ある程度の電流雑音が発生します．図13のように**電流雑音の大きさは抵抗体のサイズが小さいほど大きくなります**．ロー・ノイズ設計が必要なときには，あまり小型の抵抗は使わないほうが得策です．どうしても小型でロー・ノイズが必要な場合には薄膜チップ抵抗を使ったほうが良いでしょう．

● 実装上の注意

角型チップ抵抗は図14のように抵抗体につながる内部電極に外部電極を取り付けた構造になっています．この外部電極は過大な力や熱を加えるとはがれることがあります．特にはんだごてではんだ付けする場合は，電極に力が加わらないように注意しましょう．

〈藤田 雄司〉

◆参考・引用＊文献◆

(1) パナソニック；表面実装抵抗器TECHNICAL GUIDE
http://industrial.panasonic.com/www-data/pdf/AOA0000/AOA0000PJ2.pdf
(2) パナソニック；角型チップ抵抗器カタログ
http://industrial.panasonic.com/www - data/pdf/AOA0000/AOA0000CJ1.pd

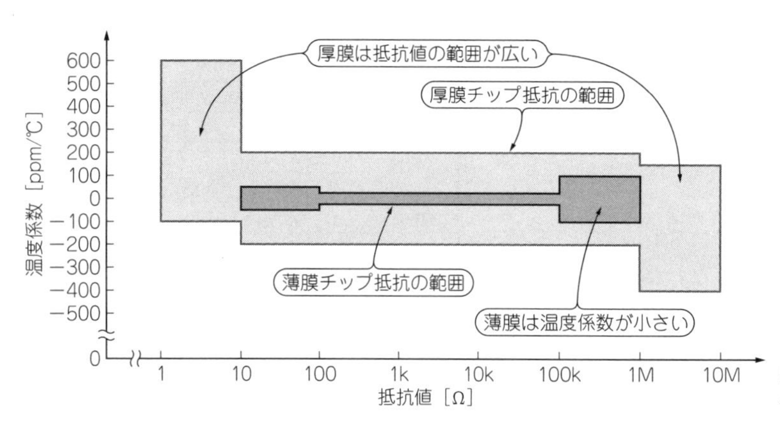

◀図12[(1)] 抵抗値と温度係数の範囲
厚膜チップ抵抗は温度係数が大きいが幅広い抵抗値を選べる

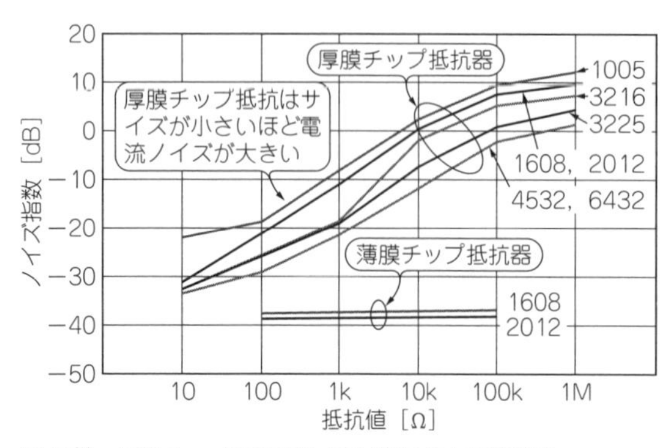

図13[(1)] 厚膜チップ抵抗のサイズ/抵抗値と電流雑音

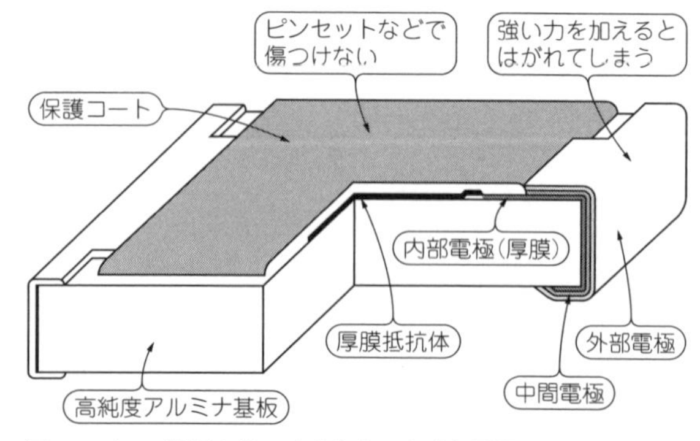

図14 チップ抵抗に強い力を加えると外部電極がはがれる

■ 高周波回路への使い方のポイント

● 高周波では汎用厚膜チップ抵抗が多く使われる

図15に抵抗の簡易的な等価回路を示します．薄膜タイプなどの周波数特性の良い高周波用途の製品も出ていますが，厚膜メタル・グレーズの汎用品は適切な抵抗値であれば周波数特性が大変良くなっています．厳密な特性を要求しない場合は**数GHz程度以下で十分使用できます**．

● 抵抗値によって周波数特性が異なる：100 Ωが最高

汎用抵抗の周波数特性はあまりデータシートに記載されていませんが，Sパラメータをメーカが公表している場合があります．**図16**は公表されているSパラメータから1608，1005，0603サイズの抵抗の周波数特性を表しています．抵抗値Rが高い場合には並列容量C_pが，低い場合には直列インダクタンスL_Sの影響が大きくなります．

周波数特性が一番良いのは100 Ω前後で，若干小型サイズのものほど周波数特性が良くなっています．例えば信号の分圧回路など，高周波の信号経路で100 Ωからあまりかけ離れた値を使用してはいけません．回路の周波数特性が悪くなります．

これらの値がどうしても必要な場合は，複数の抵抗を直列（Rが大きいとき）または並列（Rが小さいとき）に使用して寄生素子の影響を下げるとともに，100 Ωに近い抵抗値を選ぶと周波数特性が大きく改善されます．

● 回路の形式で周波数特性が変わる

抵抗によるアッテネータ回路や終端抵抗は高周波回路でよく使われます．アッテネータには**図17**のようにT型とπ型の回路形式があります．**図18**は1608サイズ，E12系列の汎用抵抗で作ったインピーダンス50 Ωのアッテネータの周波数特性です．**表6**は各アッテネータに使用した抵抗値です．

減衰量が10 dB程度までで厳密な特性が必要でない場合だと，汎用抵抗でも数GHzまでは十分な特性が期待できます．図18(a)と(b)を比較して明らかなよ

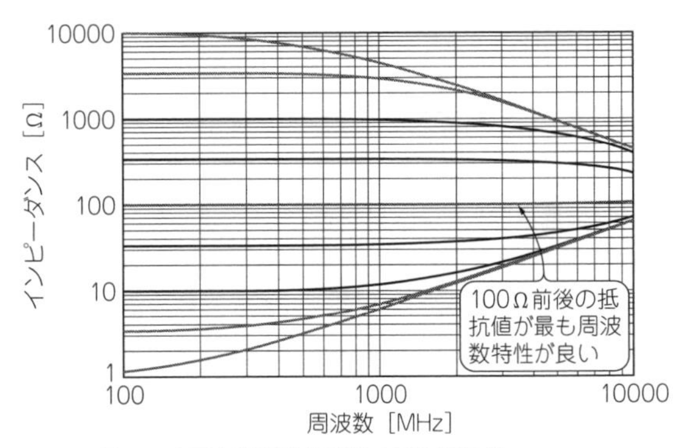

図16 汎用の表面実装抵抗（厚膜）の周波数特性
100 Ω前後の抵抗値が最も周波数特性が良い．1608サイズの例だが1005や0603でも傾向は変わらない．パナソニックERJ3/ERJ2/ERJ1シリーズ

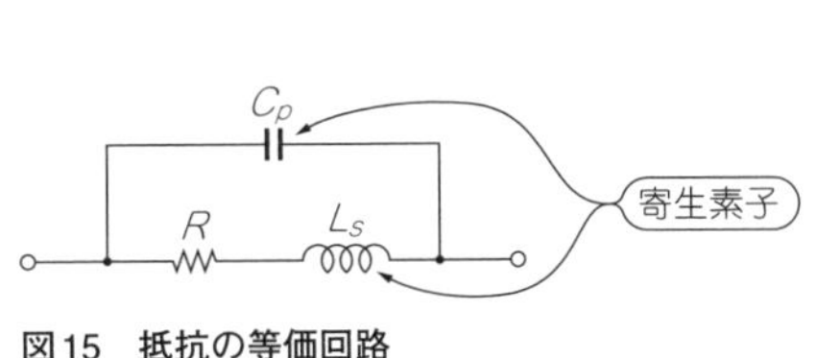

図15 抵抗の等価回路

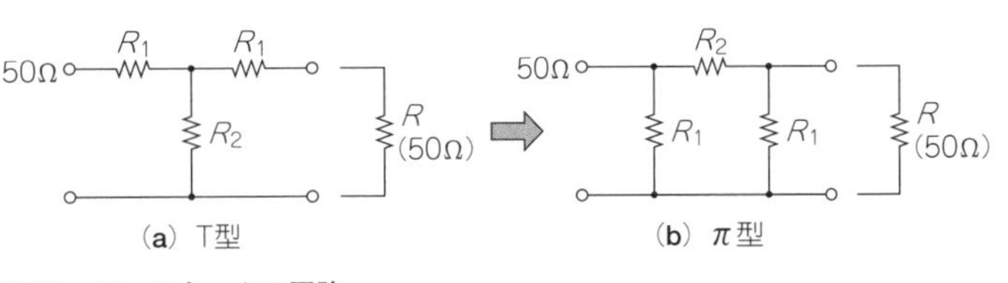

図17 アッテネータの回路

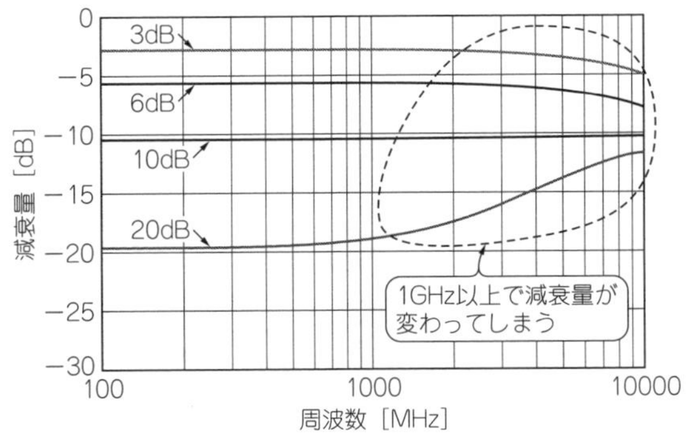

(a) T型アッテネータ（1608サイズ）

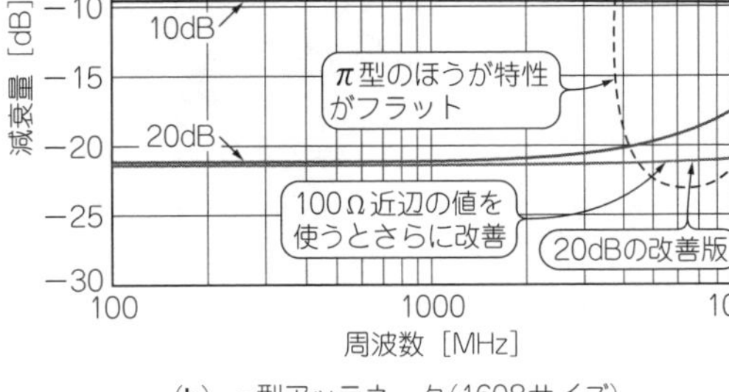

(b) π型アッテネータ（1608サイズ）

図18 汎用厚膜チップ抵抗で作ったアッテネータの周波数特性

表6 図17の回路に使用したE12系列の抵抗
T型よりもπ型のほうがアッテネータの周波数特性の良い抵抗値になる．抵抗を直並列に分割して，周波数特性を改善できる

減衰量	T型［Ω］		π型［Ω］	
	R_1	R_2	R_1	R_2
約3 dB	8.2	150	270	18
約6 dB	18	68	150	39
約10 dB	27	33	100	68
約20 dB	39	10	56	270
20 dBの特性改善	−	−	100と120の並列	150と120の直列

うに，T型よりもπ型のほうが周波数特性は良くなっています．これはπ型で使用する定数が100 Ωに近い，周波数特性の良い抵抗値になることが大きな要因です．

〈廣畑 敦〉

③ 薄膜チップ抵抗

薄膜（金属皮膜）チップ抵抗とは…

角形チップ抵抗のうち，抵抗体皮膜にnm単位の非常に薄い金属皮膜を使っているものを薄膜チップ抵抗と呼びます．使用されている抵抗体の皮膜が金属皮膜ということから，金属皮膜チップ抵抗とも呼ばれています．

薄膜チップ抵抗は，厚膜チップ抵抗に比べ，高精度，長期安定性，低電流雑音が特徴です．外観は厚膜チップ抵抗器とほぼ同じで，ほとんど見分けがつきません（**写真6**）．保護膜や表示の色を変えて，見分けられるようにしている場合もあります．

写真6 薄膜（金属皮膜）チップ抵抗にはさまざまなサイズがある（KOA）

■ 特徴

● 構造：厚膜チップとほぼ同じだが抵抗体が違う

図19に薄膜チップ抵抗の基本的な構造を示します．セラミック基板に電極と抵抗体皮膜を形成し，抵抗体の上を保護膜で覆った構造です．抵抗体は，ニクロム系の金属皮膜をスパッタにより着膜しています．外部電極は内部電極の外側にニッケルめっきとすずめっきが施されています．

● 種類：ネットワーク抵抗は相対精度を保証

表7に薄膜チップ抵抗の種類を示します．薄膜チップ抵抗は，抵抗体素子が単素子の角形チップ・タイプと，複数の抵抗素子で形成されている複合(ネットワーク)タイプがあります．複合タイプは，角形ネットワーク・タイプと樹脂で形成されたモールド・タイプがあります．

薄膜チップ抵抗には，**通常タイプの他に高耐熱/高耐湿タイプがあり，高い温度や湿度で使用できます**．耐環境性や高信頼性を要求される，車載や医療・産業機器などで使用されます．

複合タイプは，**各抵抗素子間の抵抗値許容差と抵抗温度係数（*TCR*：Temperature Coefficient of Resistance）の相対精度を保証しています**．単素子で回路を構成するより，各抵抗値の比を精度良く決めたり，周囲温度の変化に対する回路の温度ドリフトを小さく抑えたりできるので，より高精度に回路が設計できます．

■ 電気的特性

● 厚膜チップ抵抗より高精度だが高抵抗値は苦手

表8に薄膜チップ抵抗器と厚膜チップ抵抗器の一般的な比較を示します．薄膜チップ抵抗器は，**抵抗値許容差が±0.05～±1％と小さく**，また**抵抗温度係数は**

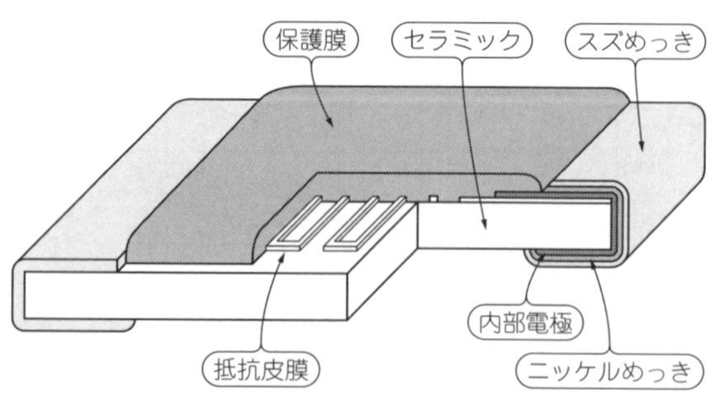

図19 基本構造は厚膜チップと同じ

表7　薄膜チップ抵抗の種類(KOA)

単素子タイプ	複合(ネットワーク)タイプ	
角形チップ	角形ネットワーク	モールド

複合タイプは，抵抗値許容差と抵抗温度係数の相対精度が保証されている

±5～±100×10^{-6}/Kと小さく，高精度です．

抵抗値範囲を比べると，薄膜チップ抵抗器は厚膜チップ抵抗器に比べ抵抗値範囲が狭く，数十MΩ以上の高い抵抗値が抵抗体の特性上苦手な領域です．

● 経年変化が小さい

図20に薄膜チップ抵抗と厚膜チップ抵抗の抵抗値変化の違いを示します．抵抗器は使用していくと時間とともに少しずつ抵抗値が変化していきます．薄膜チップ抵抗はその変化量が小さいので，長期間安定した回路が設計できます．

● 電流雑音が小さいのでセンシング回路に向く

抵抗器に電流を流したときに発生する雑音を，電流雑音といいます．**図21**に薄膜チップ抵抗と厚膜チップ抵抗の電流雑音の違いを示します．それぞれの抵抗器に同じ条件で直流電流を流したとき，抵抗器の電極間に発生する交流電圧を取り出した波形で，電流雑音が小さければこの電圧波形も小さくなります．**薄膜チップ抵抗は，厚膜チップ抵抗に比べると電流雑音が小さいことがわかります．**電流雑音は抵抗体の材料や構造により決まります．

微小な電気信号を検出するようなセンシング回路では，電流雑音が大きくならないように薄膜チップ抵抗器を使用するのがよいでしょう．

■ 使い方

図22に薄膜チップ抵抗が使用される例を示します．フィードバックのための基準電圧を作る分圧抵抗や

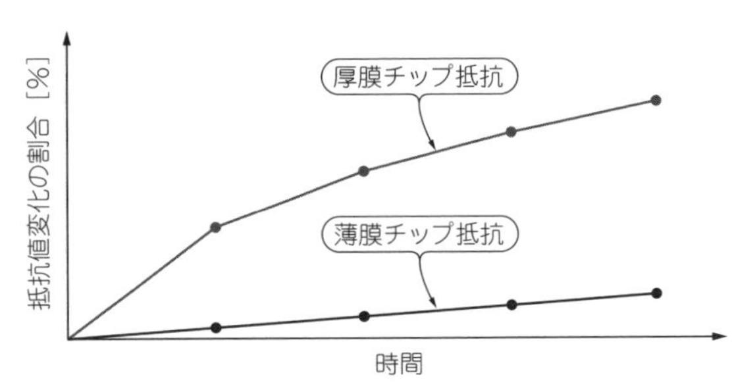

図20　薄膜は経年変化が少ない

表8　厚膜チップ抵抗と薄膜チップ抵抗の違い

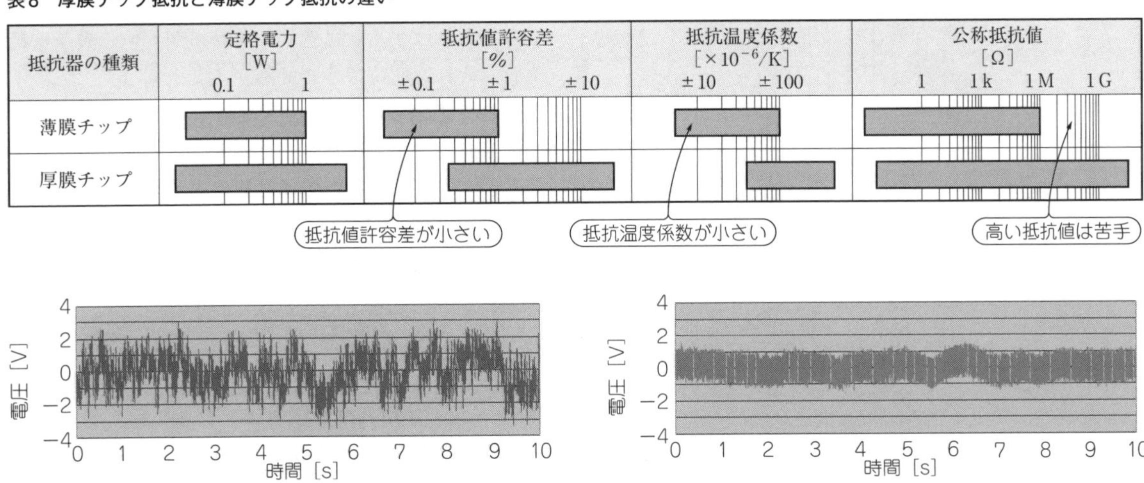

(a) 厚膜チップ抵抗器の電流雑音

(b) 薄膜チップ抵抗器の電流雑音

図21　薄膜チップ抵抗器は電流雑音が小さい(1kΩの抵抗に10mA程度電流を流したときの抵抗両端の電圧を106倍に増幅した波形)

OPアンプの増幅回路の増幅率を決定する抵抗には，高精度な薄膜チップ抵抗が使用されます．

● ネットワーク・タイプで長期安定回路の実現

ばらつきが小さく，温度ドリフトの小さい回路を設計するには，抵抗値許容差や抵抗温度係数の相対精度を保証した複合タイプを使用するのが良いです．

複合タイプは，各抵抗の経年変化も同じ程度の割合で変化します．それぞれの抵抗の絶対値が変化したとしても，相対比はほぼ同じになります．長い時間が経過しても，分圧回路の分圧比や増幅回路の増幅率がほとんど変化しないようにできます．差動増幅回路や複数の増幅が必要な回路のように，多くの高精度な抵抗が必要な回路などにも使えます．

● 湿度が高い環境では「電蝕」に注意！

薄膜チップ抵抗は，金属皮膜部分に水分が浸入した状態で電圧をかけると，水の電気分解の現象により抵抗体がイオンとなって水分中に溶け出す「電蝕」という現象が発生します．電蝕が発生すると，抵抗値が変化したり，抵抗体が断線したりしてしまう場合があります．**電蝕によって抵抗体が断線することを電蝕断線といい，抵抗値が高いほど発生しやすくなります**．抵抗値が高いと薄い抵抗体皮膜を細いパターンで形成するため，短時間で抵抗体が蝕(むしば)まれてしまうからです．

電蝕を防ぐには，高耐湿タイプの薄膜チップ抵抗を選択し，はんだ付けした後の抵抗器やその周辺をよく洗浄し，電解質成分を除きます．特に湿度の高い環境で使用する場合には，洗浄後に防湿コートを塗布すると効果的です．

〈赤羽 秀樹〉

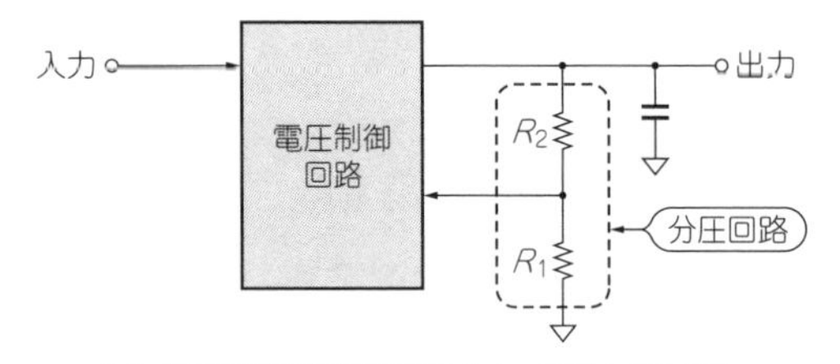

(a) 分圧回路(出力電圧のフィードバック回路)

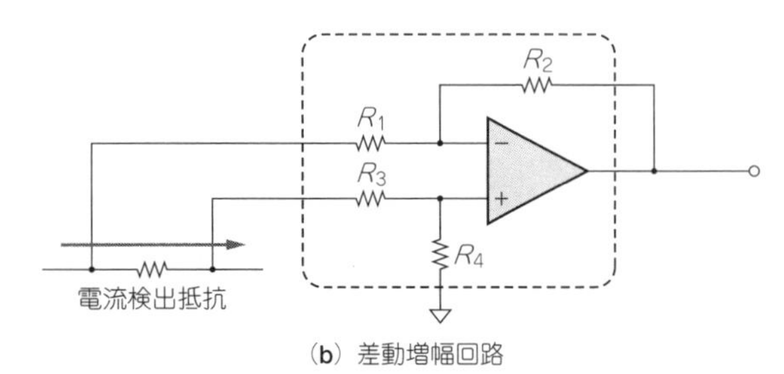

(b) 差動増幅回路

図22 ネットワーク・タイプは抵抗比が高精度が必要な回路に有効

> 薄膜抵抗は，蒸着やスパッタリング技術などによって，セラミックなどの表面に金属を非常に薄く形成したものです．この薄膜で作る抵抗体は均質で欠陥が極めて少ないため高精度で温度安定性が高く，電流雑音も小さいという長所を兼ね備えています．高精度な用途向けに作られているため厚膜ほど許容電力(サイズ)の種類はありませんが，抵抗値の範囲は10Ω～1MΩくらいまでそろっています．

■ 応用回路

● ゲイン切り替えアンプ

図23はゲインを1倍，2倍，5倍，10倍に高精度で切り替えることのできるゲイン切り替えアンプです．R_6～R_{11}の抵抗で1/1，1/2，1/5，1/10に分圧した電圧をIC_2で選択し，IC_1へ帰還してゲインを切り替えています．このためR_6～R_{11}の精度や温度係数がほぼそのまま回路全体の性能となります．

R_1～R_5は，OPアンプの入力ピンから見た回路抵抗が一定になるようにする補正抵抗です．OPA177の場合は，入力バイアス電流が最大でも±2.8nAなので，なくてもあまり問題はありません．

▶温度係数を格段に改善する可能性がある裏技

R_6～R_{11}に薄膜チップ抵抗を使った場合，温度係数は±25 ppm/℃くらいです．例えば0 ℃～40 ℃まで温度が変化したとすると，抵抗値は最大で±0.1 %変化します．R_6～R_{11}がすべて同じ方向と比率で変化するのであればゲインは変わりませんが，値の異なる抵抗値でそれは期待できません．

そこで**図24**のようにすべて同じ値の抵抗値で分圧器を構成します．部品メーカが保証する値ではありませんが，こうすることで同じ製造過程で同じ時期に作られたチップ抵抗を使うことになるので，温度係数のトラッキングが小さくなる可能性を格段に上げることができます．

〈藤田 雄司〉

● オーディオ用高感度増幅器

図25は非常に小さなオーディオ信号用の増幅回路で，およそ20倍の電圧ゲインがあります．MCカートリッジなどに使います．こういったオーディオ用の周

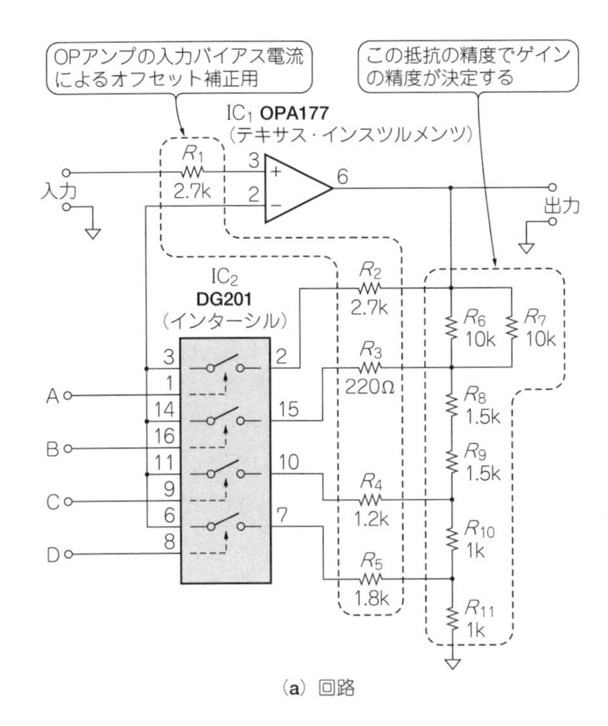

(a) 回路

倍率	A	B	C	D
×1	H	L	L	L
×2	L	H	L	L
×5	L	L	H	L
×10	L	L	L	H

(b) ゲインの制御

図23　薄膜チップ抵抗の応用…ゲイン切り替えアンプの回路

波数帯で微小な信号を扱う場合，抵抗の電流雑音が大きな問題になるので直流の流れる信号経路の抵抗には薄膜チップ抵抗を使用します．　〈**藤田　雄司**〉

● 静電気などのサージに配慮する

薄膜チップ抵抗は低雑音，高精度，低温度係数といった数々の優れた特徴を備えていますが，抵抗値によっては静電気に弱く，特に小型のものは要注意です．

図26のように機器の外部に信号線を引き出すような場合は，静電気などのサージが加わることに配慮しなければなりません．例えば，**論理回路入力のプルアップ抵抗や保護抵抗には，高精度な薄膜チップ抵抗を使う必要性はなく，サージに強い円筒型やサイズがやや大きめの耐サージ厚膜チップ抵抗が向いています．**またどうしても薄膜チップ抵抗の性能が必要な場合は，入力に静電気保護のための回路を追加しましょう．

〈**藤田　雄司**〉

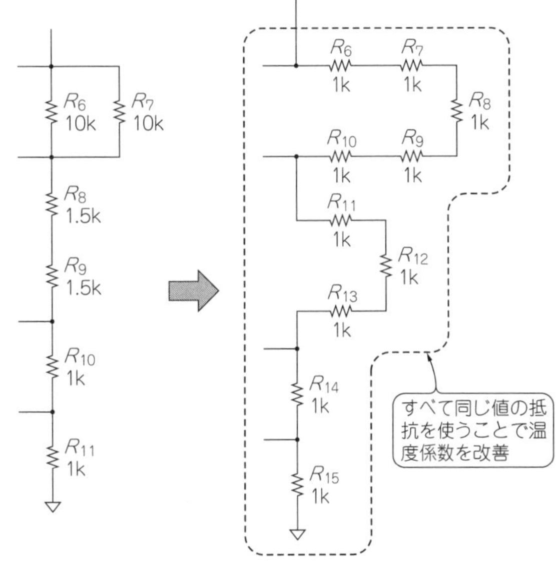

図24　温度係数改善の「裏技」

◆参考・引用文献◆

(1) KOA；アプリケーションノート；
http://www.koaproducts.com/appli.php

(2) テキサス・インスツルメンツ；OPA177データシート
http://focus.tij.co.jp/jp/lit/ds/symlink/opa177.pdf

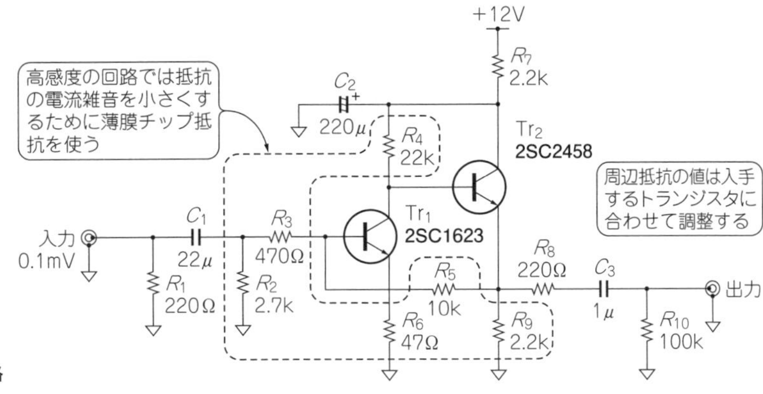

図25
オーディオ用高感度増幅器の回路

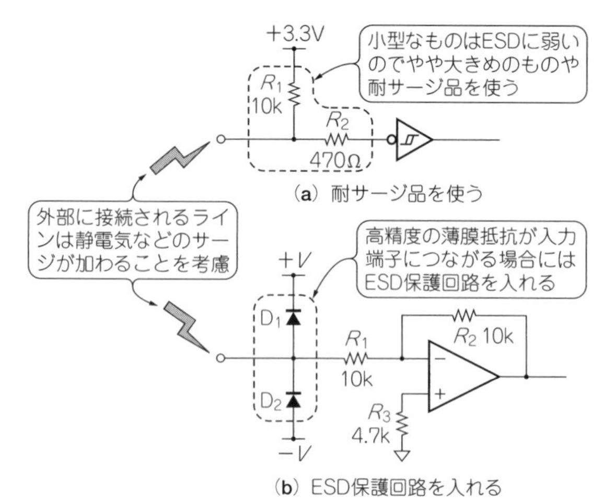

図26　外部に接続される信号ラインのサージ対策

④ 電流検出用低抵抗

電流検出用低抵抗(シャント抵抗)とは…

抵抗器に電流を流して，その電流値を知るために使用する数mΩ～数Ωという低い抵抗値の抵抗器を，一般的に電流検出用低抵抗またはシャント抵抗と呼びます．この電流検出用抵抗に使用される抵抗体は，厚膜皮膜，金属皮膜(薄膜皮膜)，金属はく，金属板と，いろいろな種類があり，用途や検出する電流の大きさに応じて選択する必要があります．また，数mΩという非常に低い抵抗値の低抵抗器を使用する場合には通常の抵抗器では問題にならない現象が起きるので，特徴を理解して使用することが重要です．

■ 特徴

● 種類：抵抗体や構造で4種類ある

一般的に外観上から表面実装タイプの電流検出用低抵抗は，**表9**のように分類されます．

角形チップ・タイプは，セラミック基板に抵抗体を形成した構造で，厚膜皮膜/金属皮膜/金属はく膜などの抵抗体の種類があります．

金属板タイプは，金属の抵抗体の板で形成されており，抵抗体にはんだめっきだけをして電極としたタイプと，抵抗体に銅の電極を付けはんだめっきをしたタイプがあります．

モールド・タイプは，金属板や角形チップ抵抗器の周りを角形に樹脂で形成し，金属の電極を外側に形成した構造をしています．

セメント・タイプは，金属板をセラミックのケースに入れ，セメントで封止した構造をしています．

● 電気的特性：用途に合った抵抗体のタイプを選ぶ

電流検出用抵抗の特性は，使用している抵抗体によってほぼ決まります．**表10**に電流検出用低抵抗器の抵抗体の種類と特徴を示します．

数十Aのような大電流を検出するには，数mΩの小さな抵抗値が必要なので，金属皮膜タイプや金属はくタイプ，金属板タイプが使用されます．100Aに近い超大電流の場合には，1mΩより小さい抵抗値が必要になり，低い抵抗値が得意な金属板タイプが使用されます．

また金属はくタイプは，抵抗温度係数(TCR)が$\pm 5 \sim \pm 50 \times 10^{-6}$/Kと小さいため，周囲温度の変化に対する影響が小さく，計測機器などのような高精度な検出が要求される用途に使用されます．

厚膜皮膜タイプや金属皮膜タイプは，低抵抗の中では高い領域(数Ω)の抵抗値があり，比較的小さな電流値を検出するような機器で使用されます．0603など小型サイズが用意されているため，小型の携帯機器などでも使用されます．

■ 使い方

● 電流を検出するには抵抗両端の電圧を測る

図27に低抵抗器による電流検出の原理を示します．オームの法則から，抵抗の両端に発生する電位差Vを抵抗Rで割れば，その抵抗器に流れている電流Iを知ることができます．抵抗器で電流値を検出するには，抵抗器に流れる電流を直接測定するのではなく，抵抗器で発生する電圧降下を測定し，その値を電流値に換算して検出します．実際に検出しているのは，電流値ではなく電圧値ということです．

● 抵抗値が大きいと電位差を検出しやすいが発熱が大きくなる

電流検出用低抵抗の抵抗値を決めるためには，検出したい電流値の電流が流れたときに，低抵抗器の両端にどのくらいの電位差を発生させるかを決める必要があります．発生させる電位差を大きくするには抵抗値を大きくすればよいのですが，抵抗器で消費される電力が大きくなるので，定格電力の大きな低抵抗器が必要になります．低抵抗器の発熱が大きくなるため，放

表9　抵抗体と構造の違いによる電流検出用低抵抗の分類(KOA)

タイプ	角形チップ	金属板	モールド	セメント
外観	R100		5L00 5mΩF 5mΩ F	50mΩJ KOA 332
構造	保護膜 電極 基板 抵抗皮膜	抵抗体 電極	モールド樹脂 抵抗体 電極	封入剤 電極 セラミック・ケース 抵抗体
抵抗体	厚膜皮膜，金属皮膜，金属はく膜	金属板，金属はく膜	金属板，金属はく膜，厚膜皮膜	金属板

表10　抵抗体の種類によって特性が異なる

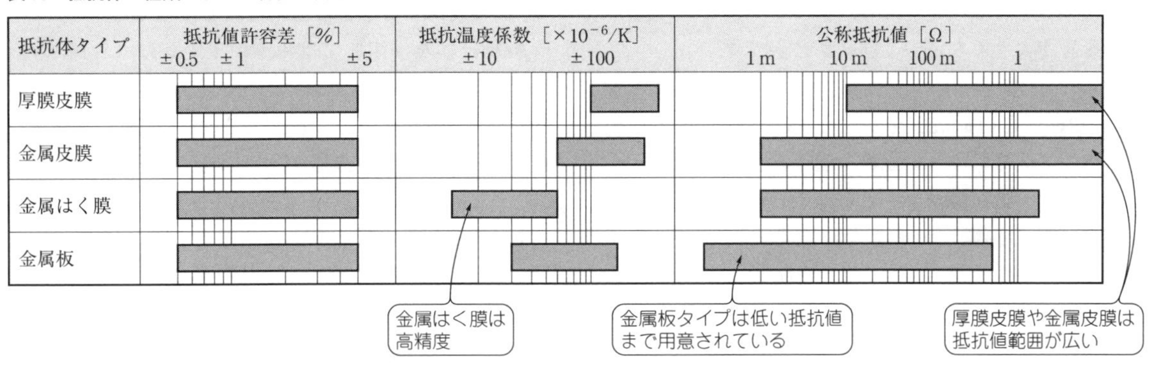

熱をどうするかという問題も起こります．

また，電位差が大きいということは，低抵抗器が入っている回路の電圧を低下させるという問題もあります．よって一般的に，低抵抗器で大きな電位差を発生させるのではなく，**低抵抗器での電位差が50 mV～200 mV程度になるように抵抗値を決め，その電位差を差動増幅回路にて増幅させます．**

図28に低抵抗器を使用した電流検出回路の例を示します．低抵抗だけで大きな電位差を発生させようとすると，非常に大きな定格電力の低抵抗器が必要になるため，あまり現実的ではありません．

■ 大電流検出時の注意点

大電流を検出するには，数mΩという非常に小さな抵抗値を使用します．正確に検出するには，電圧検出用パターンの引き出し方や，低抵抗器のインダクタンスの影響に注意する必要があります．

● 検出抵抗のランドからの引き出しパターンが重要！

低抵抗器で電流を検出するためには，電流を流すパターンと低抵抗器での電圧降下の値を見るための電圧

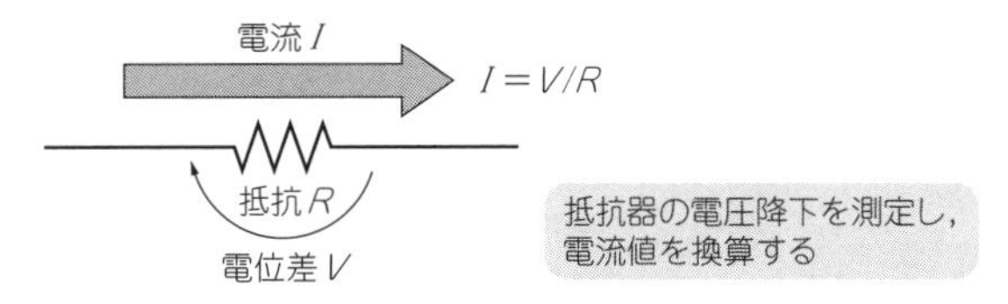

図27「電流」を知るためには，「電圧」降下を測ってオームの法則で換算する

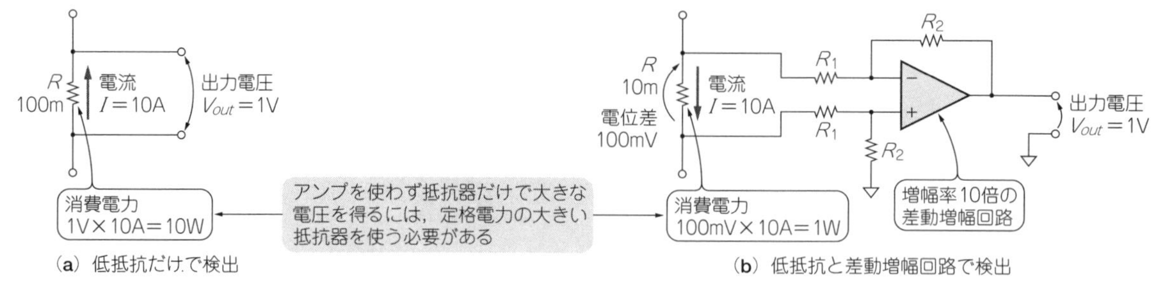

図28　電流検出用抵抗の抵抗値が大きいと電力を食う

検出用パターンが必要になります．電圧検出用パターンの引き出し方によっては，正確に電流値を検出できない場合があります．

図29に電圧検出用パターンの引き出し方を示します．理想的には，**低抵抗器の電極ランドの内側中心部から引き出します**．回路基板の銅はくパターンもわずかですが抵抗値を持っているため，電極部ランドの横側から電圧検出用パターンを引き出すと，低抵抗器の電圧降下分に銅はくパターンの抵抗値による電圧降下分を加えた値が検出されます．使用する低抵抗器の抵抗値が小さければ小さいほど，銅はくパターンの抵抗値の影響が大きくなるので注意が必要です．

● 非常に小さい抵抗値を使うときはできる限りインダクタンス成分の小さい抵抗を使う！

抵抗器は，**抵抗値が小さければ小さいほどインダクタンス成分の影響が大きくなります**．数mΩ程度の小さな低抵抗を使用して，のこぎり波のような交流電流を検出する場合には，正確な電流が検出できなくなるので注意が必要です．

図30に低抵抗のインダクタンス成分の影響を示します．低抵抗にのこぎり波電流を流したときの検出電圧は，抵抗成分による電圧降下の値とインダクタンス成分による電圧降下の合計値が検出されます．実際に流れている電流値は，抵抗成分による電圧降下で表されるのですが，インダクタンス成分があると余分な電圧降下分が含まれてしまい，実際の電流値を検出できません．非常に小さな抵抗値の低抵抗を使って大電流を検出する場合には，できる限りインダクタンス成分の小さな低抵抗を使用するのが良いです．

● 複数使用する場合は並列接続で使用する！

低抵抗器を使用して電流を検出するには，1個の低抵抗器が一般的です．しかし，大きな消費電力が必要といった理由により，複数の低抵抗器を使用しなければならない場合，直列接続か並列接続か迷うところです．

図31に複数の低抵抗による電流検出の例を示します．直列接続とした場合の合成抵抗値は，低抵抗の抵抗値の合計と，低抵抗器と低抵抗器の間を接続する銅はくパターン抵抗の合計になります．よって，電圧検出パターンで検出される電位差は，理論上の値と違った電位差が発生します．低抵抗の抵抗値が小さければ小さいほど，この銅はくパターンの抵抗値の影響が大

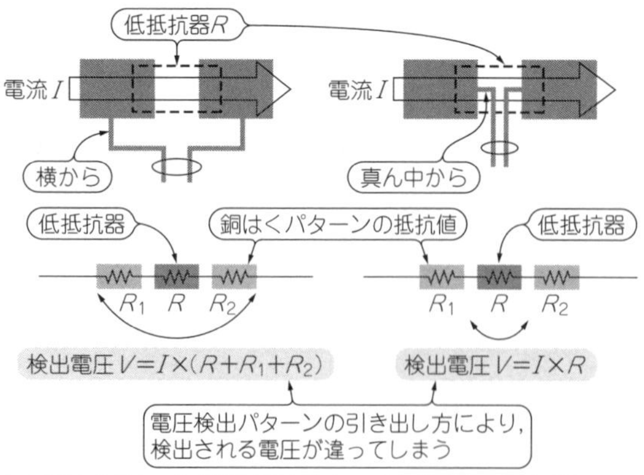

図29　電圧検出のためのパターンの引き出し方

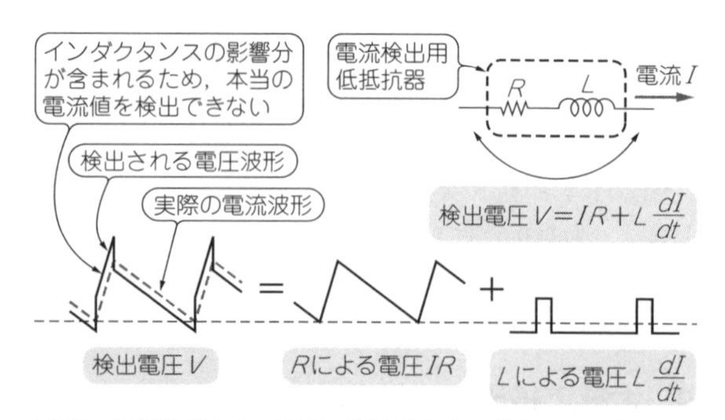

図30　抵抗値が小さいほど，抵抗器のインダクタンス成分と電流の変動による電圧成分の影響が大きい

きくなります．

また，銅の抵抗温度係数は約$+4.300\times10^{-6}$/Kと非常に大きいので，合成抵抗に銅はくパターンの抵抗が含まれていると，周辺温度の変化に対して検出される電位差が変化してしまいます．**並列接続にすれば，銅はくパターンの影響がないので，精度良く電流を検出できます．**

〈赤羽 秀樹〉

⑤ 金属・酸化金属皮膜抵抗

金属皮膜・酸化金属皮膜抵抗は耐熱性が高く，定格電力当たりの体積も小さくできることから，主に電源の電力回路などに使われます．電力用のために表面実装タイプの種類はあまり多くありません．

■ フライバック・コンバータのスナバ回路への応用

図32は金属皮膜・酸化金属皮膜抵抗をフライバック・コンバータのスナバ回路に応用した例です．

● 定格電力だけでなくパルス特性にも注意

フライバック・コンバータではトランスのリーケージ・インダクタンスによってON/OFF時に非常に大きな電圧を発生します．これらのサージ電圧はTr_1やD_2に過剰なストレスを与えるため，スナバ回路によってこのサージ電圧を吸収します．スナバ回路はサージ電圧を吸収しつつも損失が大きくならないような定数の最適化と安全に対する配慮が必要です．**金属・酸化金属皮膜抵抗は耐熱性が高く，同じ許容電力であれば小型で難燃性・不燃性塗装も施されているため，スナバ回路の使用に適しています．**

〈藤田 雄司〉

⑥ カーボン皮膜チップ抵抗

現在は角型チップ抵抗が主流でカーボン皮膜のチップ抵抗は脇役となっていますが，円筒形チップ抵抗として存在します．この円筒形は角型チップに比べて端子強度が強く，実装時に表裏を気にせずにすむので，はんだごてで実装する際には便利です．またカーボン皮膜抵抗の温度係数は，抵抗値によって異なりますが，＋350～－1500 ppm/℃くらいで，全体として負の温度係数です．

■ カスコード接続差動増幅回路

図33はカスコード接続の差動増幅回路です．この回路のおおまかなゲインは$(R_7+R_8)/(R_3+R_4)$で与えられ，約40倍です．ところがバイポーラ・トランジスタには相互コンダクタンスg_mや出力アドミタンスh_{oe}が存在します．g_mの逆数の抵抗値r_eがR_3とR_4それぞれと直列に，出力アドミタンスの逆数の抵抗値r_cがR_7，R_8それぞれと並列に入ることになるので，実際のゲインは30倍程度です．

このr_eはトランジスタの温度に比例して大きくなるので，温度が上昇するとゲインは減少してしまいます．この回路の場合，0℃から40℃まで上昇すると2%ほどゲインが減少します．

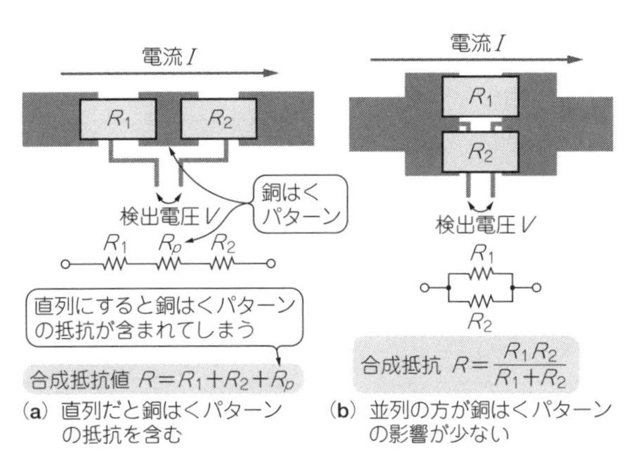

図31　電流検出用低抵抗を複数使う場合は並列に接続する

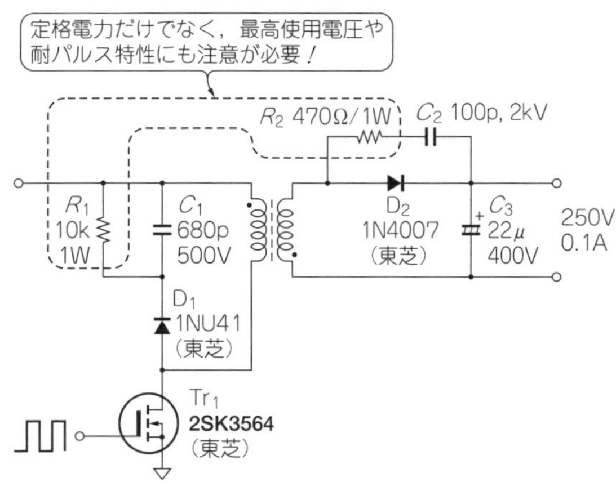

図32　フライバック・コンバータのスナバ回路に使用する際はサージ電圧への耐性に気を付ける

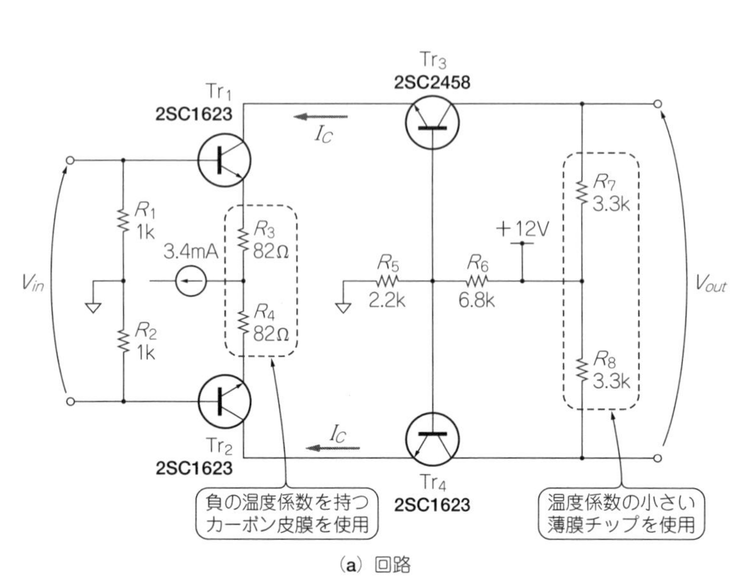

(a) 回路

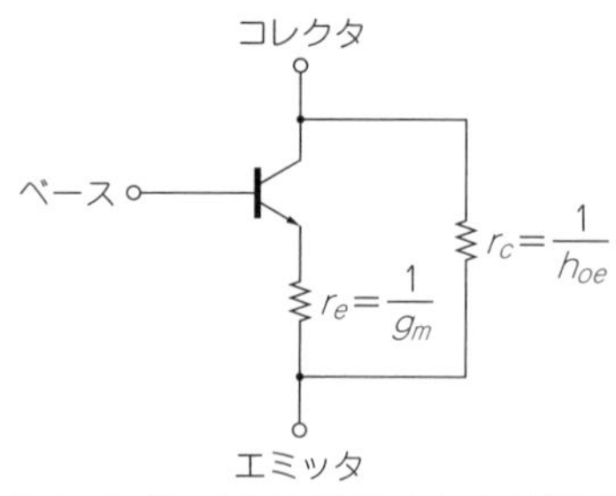

(b) トランジスタに等価的に存在する抵抗成分

ゲイン$G=\dfrac{V_{out}}{V_{in}}$

$$\fallingdotseq\frac{R_7//(\text{Tr}_3\text{の}r_c)+R_8//(\text{Tr}_4\text{の}r_c)}{R_3+(\text{Tr}_1\text{の}r_e)+R_4+(\text{Tr}_2\text{の}r_e)}$$

Tr_1(Tr_2)の$r_e=kT/QI_C$ [Ω]

k:ボルツマン定数(1.38×10^{-23}) [J/K]

T:絶対温度 [K]

Q:電子の電荷量(-1.602×10^{-19}) [C]

I_C:Tr_1(Tr_2)のコレクタ電流 [A]

(c) (a)のゲインはr_eの影響で下がる

図33 カスコード接続の差動増幅回路の温度補償

● 負の温度係数を温度補償に利用

サーミスタや感温抵抗などの温度補償専用の素子を使うことも解決策ですが，温度係数が大きすぎて過補償になることもあります．安価で負の温度係数を持つカーボン皮膜抵抗をR_3とR_4に使うことで補償することができます．

〈藤田 雄司〉

(初出:「トランジスタ技術」2010年8月号)

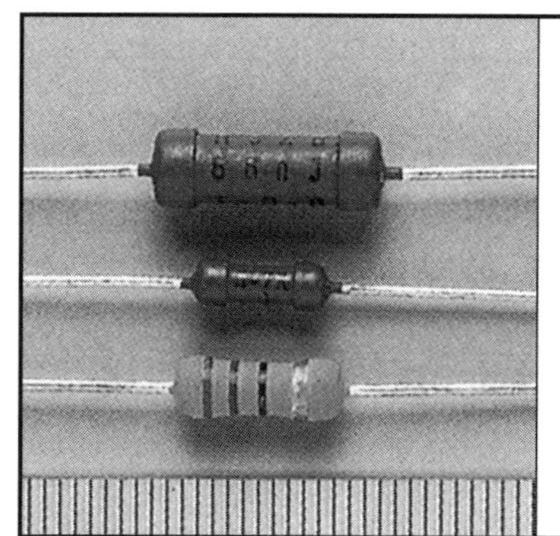

第3章 実際の抵抗器の定数と組み合わせ方

アンプやアッテネータのゲインや精度を狙いどおりに

電子回路の抵抗値やコンデンサの容量値としてどのような値を取りそろえるかは，JIS(Japanese Industrial Standards)で規格化されています．これをE系列またはE標準数と呼びます．各メーカもそれに合わせて製品を作っています．

回路設計でE系列にない値を選ぶと，実際に回路を作るときに部品が見つけられません．けれどもE6列などメジャーな系列を選べば，在庫部品の種類を減らせます．

E系列を知って使いこなすのは，電子技術者の第一歩と言えます．

2.2Ω，82Ω，47kΩ…抵抗器の値の由来

■ 1〜10の間を等比数列でばらしてある

抵抗R，コンデンサCの値は，$10^{1/3} \fallingdotseq 2.2$を基本とした等比数列であるE標準数に従って作られています(**図1**)．

もともと，抵抗値や容量値は1，10，100…，というように10倍刻みで等間隔に並んでいると便利です．さらに1と10の間，10と100の間…，を等間隔に分割しようとすると，対数目盛りで考えることが必要です．

1と10の間を分割するために，2と5に目盛りを取ることを考えてみます．1に対して2は2倍，5に対して10は2倍なので，対数目盛り上では，1と2の間，5と10の間は同じ距離です．2に対して5は2.5倍なので，2と5の間だけ距離がちょっと離れますが，ほぼ三つに分割できています．可変抵抗の値などには，1，2，5，10の系列も使われています．

● 1から10の間を等間隔に分割したE3列，E6列，E12列，E24列

E標準数は，1と10の間をもっと細かく等間隔に分割します．まず，$10^{1/3} \fallingdotseq 2.2$，$10^{2/3} \fallingdotseq 4.7$によって大きく3等分し，さらに2等分を繰り返していきます．1と$10^{1/3} \fallingdotseq 2.2$の間は$10^{1/6} \fallingdotseq 1.5$，$10^{1/3} \fallingdotseq 2.2$と$10^{2/3} \fallingdotseq 4.7$の間は$10^{3/6} \fallingdotseq 3.3$，$10^{2/3} \fallingdotseq 4.7$と10の間は$10^{5/6} \fallingdotseq 6.8$となります．これは，1と10の間を6等分したもので，E6列と呼びます．中間をさらに2等分していけばE12列，E24列などができます．

■ 等比数列の計算値を調整して現実合わせ

E3列〜E24列は，すべて2桁の数で表されます(**図2**)．これは，$10^{m/n}$に近い2桁の値を選んだものですが，最も近い値ではない部分があります．

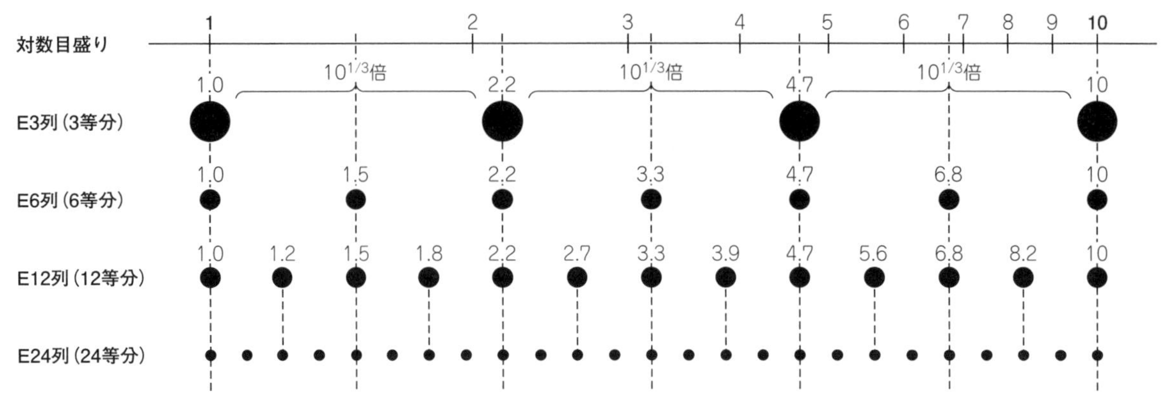

図1　E標準数は対数目盛りの1～10の間を等間隔に分割したもの

● **E3列～E24列は，等間隔の分割から少し外れた部分がある**

例えば，関数電卓などを使って$10^{1/3}$を計算すると2.1544…になります．2.1と2.2のほぼ中間ですが，四捨五入すれば2.2なので，$10^{1/3}$の近似値として2.2は妥当です．

同じように，$10^{2/3}$を計算してみると4.6415…となります．四捨五入すると4.6ですが，標準数には4.7が採用されています．また，$10^{1/2}$を計算してみると3.1622…となります．四捨五入すると3.2ですが，標準数には3.3が採用されています．

これは，E24列が収まりの良い並びになるように調整した結果です．その点では，E3列～E24列は等間隔の分割から若干外れた部分があります．

● **E48列～E192列は，E3列～E24列よりも高精度な標準数**

E48列，E96列，E192列は100と1000の間を分割する3桁の値として定義されます．$10^{1/3}$に対応する標準数は215，$10^{1/2}$に対応する標準数は316，$10^{2/3}$に対応する標準数は464などが採用されており，等間隔に分割した値に近づいています．その代わりに，E24列までのものとは値が合わなくなっています．

E系列と許容差の密接な関係

● **1 kΩ抵抗器のほうが1.1 kΩ抵抗器より値が大きい…なんてことにならないように**

E標準数は，部品の許容差とうまく対応するように決められています．

例えば，E24列で隣り合う二つの数の関係は，次に示すように約1.1倍の違いがあります．

$$10^{(m+1)/24} \div 10^{m/24} = 10^{1/24} \fallingdotseq 1.1$$

抵抗，コンデンサなどの部品は，製造時にどうしても値のばらつきが生じます．また，温度などの外的条件でも値が変動します．そのため，公称値に対して許容差が決められており，実際の値はその範囲に収まれば良いことになっています．

例えば，公称値1.0 kΩで許容差±10 %の抵抗は，実際の値は900 Ω～1.1 kΩの範囲になります．また，公称値1.1 kΩで許容差±10 %の抵抗は，実際の値は

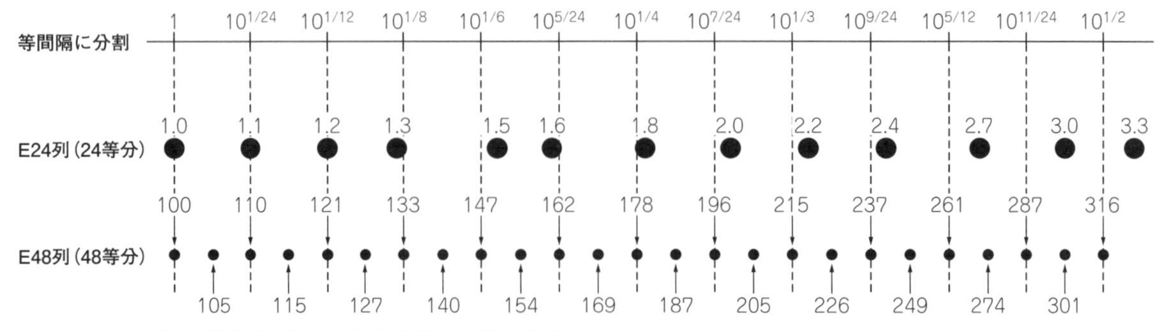

図2　E3～E24列は等比計算で求まる値をやや強引に2桁の値にまるめている
E48列～E192列の方がより等間隔に近いが，E3列～E24列とは値が合わない

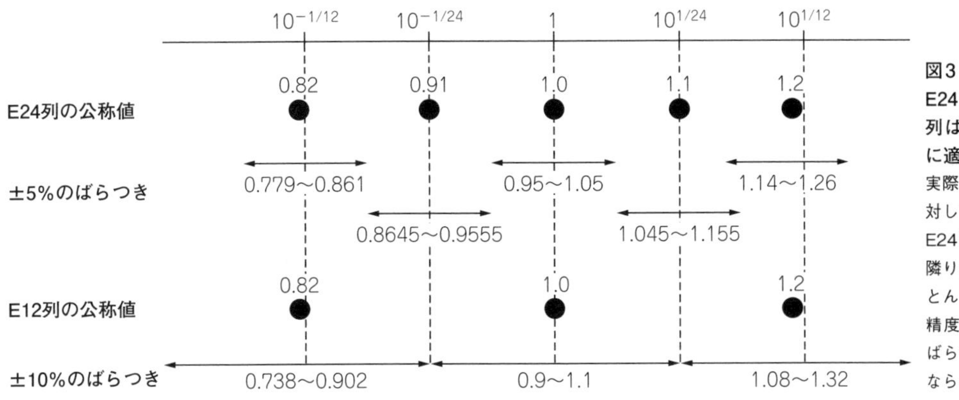

図3
E24列は±5％精度，E12列は±10％精度の抵抗器に適する
実際の抵抗の値は，公称値に対して若干のばらつきがある．E24列は，精度±5％のとき隣り合うばらつきの範囲がほとんど重ならない．E12列は，精度±10％のとき隣り合うばらつきの範囲がほとんど重ならない

990 Ω～1.21 kΩの範囲になります．実際の1.0 kΩの抵抗と1.1 kΩの抵抗を比べると，公称値が小さい1.0 kΩの方が実際の値は大きくなってしまう可能性もあります．これを防ぐためには，隣り合う公称値の許容差の範囲が重ならないように，公称値の間隔を広げる必要があります．

● E24列は，許容差±5％またはそれより高精度の抵抗器に適する

ディジタル回路などで主に使われる炭素皮膜抵抗は許容差±5％が一般的です．公称値をE24列でそろえれば，隣り合う公称値の±5％の範囲はほぼ重ならないので，実際の値と公称値が逆転する恐れがなくなります．E24列は，許容差±5％またはそれより高精度の場合に適しています(**図3**)．

● E12列は，許容差±10%またはそれより高精度の抵抗器に適する

同じように，E12列では隣接する数が$10^{1/12} \fallingdotseq 1.2$倍なので，許容差±10％に適します．E6列では隣接する数が$10^{1/6} \fallingdotseq 1.5$倍なので，許容差±20％に適します．

アナログ回路で主に使われる金属皮膜抵抗は，許容差±1％，±0.5％，±0.1％などの高精度のものが作れます．これらは，E48列～E192列を採用できます．

リード抵抗器に付けられた色帯の数とE系列/許容差

● E3～E24は4本，E48～E192は5本

カラーコードで定数を表すリード型抵抗器には，4色帯と5色帯のものがあります(**図4**)．

4色帯は左から有効数字2桁，べき乗，許容差です．5色帯は左から有効数字3桁，べき乗，許容差になっ

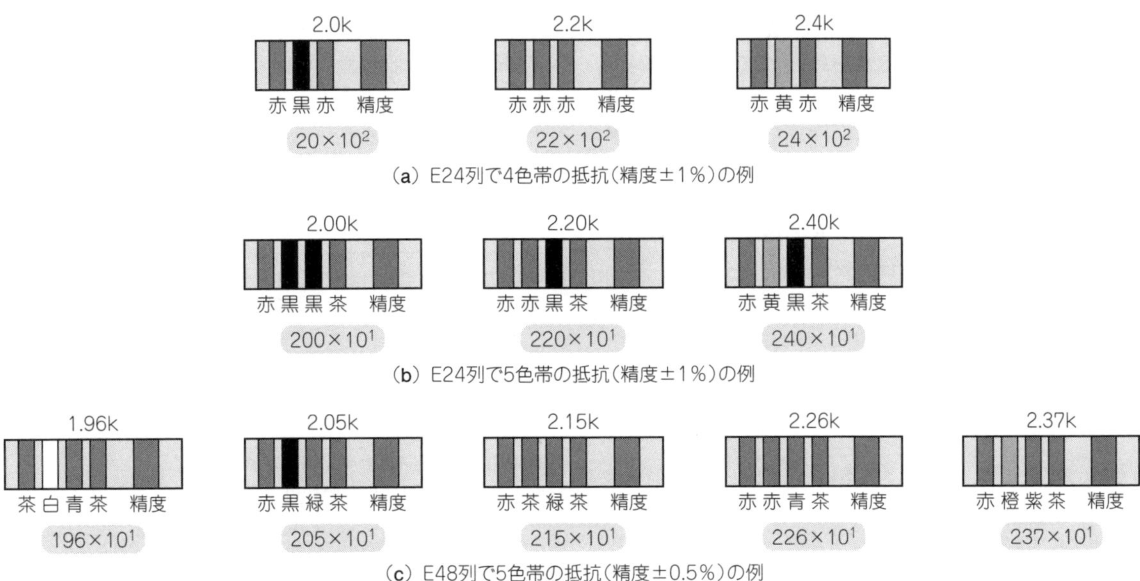

図4　5色帯の高精度抵抗にはE24列とE48～E192列がある

ています．表面実装部品など，カラーコードを使わない場合でも，数字を使って同じ4桁表示，5桁表示が行われています．

● E24列で5色帯を採用したものもある

E3列～E24列とE48～E192列は標準数の決め方が少し異なります．例えば$10^{1/3}$に相当する標準数は，E3列～E24列では有効数字2桁の2.2ですが，E48～E192列では有効数字3桁の2.15になります．

5色帯（5桁表示）は有効数字が3桁あり，本来ならE48列～E192列に使うべきです．

しかし，許容差±1％，±0.5％，±0.1％などのアナログ用抵抗では，E24列を採用して5色帯で表示しているものもあります．E24列では有効数字が2桁しかないので，その場合は有効数字の3桁目に0を付けています．

例えば，2.2 kΩの4色帯の抵抗は，$2.2\,\text{k} = 22 \times 10^2$なので222（赤赤赤）となります．それに対して，同じ2.2 kΩで5色帯の抵抗は$2.2\,\text{k} = 220 \times 10^1$なので2201（赤赤黒茶）という表示になります．

複数の値を組み合わせて いろんな値を実現する

● 整数値を実現する

E標準数は1と10の間をなるべく等比的に分割するように決めた値です．例えば1，2，3，4，5，6，7，8，9，10というような整数値を得ようとしても，なかなかぴったりの値がありません．

コラム1　選んだ抵抗値や許容差が正しいかどうかは，回路の仕様を満たしているかどうかで決まる

電圧，電流，抵抗などのアナログ値はさまざまな変動要因を含んでいるので，実際にはぴったりの整数値になることはありません．例えば5V電源といっても，その電圧はぴったり5Vではなく，ある程度変動します．回路設計の際にも，ぴったり1Vを出力するとか，ぴったり10倍に増幅するというのは不可能で，±5％とか±1％とか要求仕様を決めて，その仕様を満たすように部品の精度を決めます．

図Aに示すように，OPアンプの非反転増幅回路で10倍の増幅率を得たい場合は，増幅率$K = 1 + R_2/R_1$なので，抵抗比を$R_2 : R_1 = 9 : 1$に選ぶ必要があります．ここで$R_2 = 9\,\text{k}\Omega$，$R_1 = 1\,\text{k}\Omega$とした場合ぴったり10倍の増幅率になりますが，E24列には9 kΩはなく，9.1 kΩしかありません．9.1 kΩで計算すると，増幅率$K = 1 + R_2/R_1 = 10.1$となり，誤差1％で10倍の増幅率になります．

さらに，アナログ回路用として一般的な±1％精度の抵抗を用いるときの増幅率Kの最悪値を計算してみると，次のようになります．

$$K_{min} = 1 + 9.009\,\text{k}/1.01\,\text{k} \fallingdotseq 9.9$$
$$K_{max} = 1 + 9.191\,\text{k}/0.99\,\text{k} \fallingdotseq 10.3$$

他の誤差要因が十分に小さければ，誤差±3％で10倍の増幅率と言えます．これが要求仕様の範囲に入るのなら，ぴったり9 kΩの抵抗を探す必要はありません．

要求仕様がもっと高精度なら，例えば$R_2 = 18\,\text{k}\Omega$，$R_1 = 2\,\text{k}\Omega$とか，$R_2 = 27\,\text{k}\Omega$，$R_1 = 3\,\text{k}\Omega$として，抵抗比を9：1に近づけることができます（**図B**）．ただし，抵抗の精度も必要に応じて±0.5％，±0.2％，±0.1％など高精度のものを選ぶ必要があります．その他の誤差要因も無視できなくなるので，設計は難しくなります．〈宮崎 仁〉

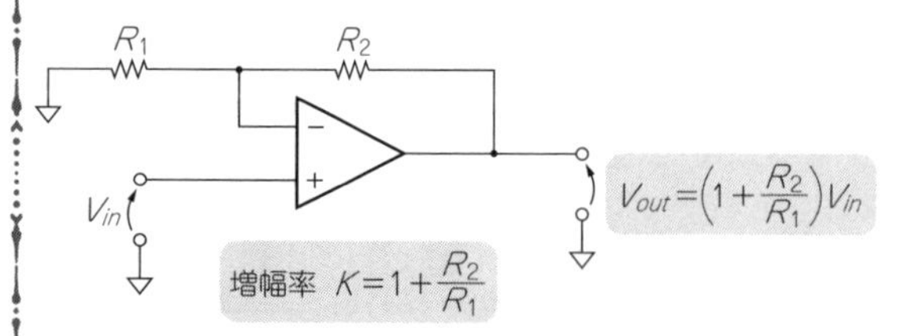

図A　非反転増幅回路の増幅率
10倍の増幅器を作りたい場合は$R_2/R_1 = 9$，つまり$R_2 : R_1 = 9 : 1$を選ぶ

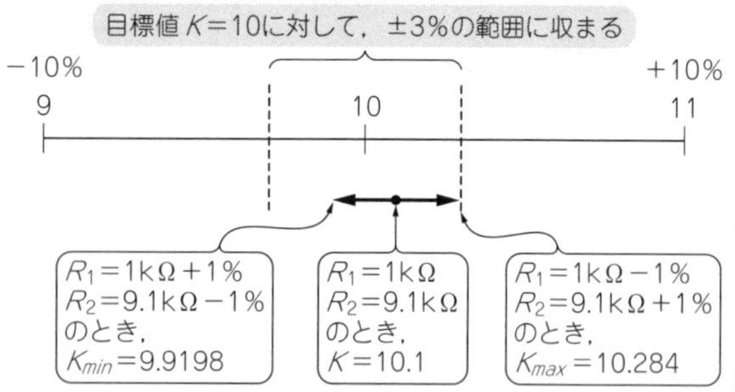

図B　R_1，R_2の組み合わせと増幅率Kの精度
抵抗値R_1，R_2をE24列から選び，$R_2 : R_1 = 9.1 : 1$とする．R_1，R_2に誤差がないとき$K = 10.1$となり，10倍に対して±1％の範囲に収まる．R_1，R_2がそれぞれ±1％の誤差を持つとき$9.9 < K < 10.3$となり，10倍に対して±3％の範囲に収まる

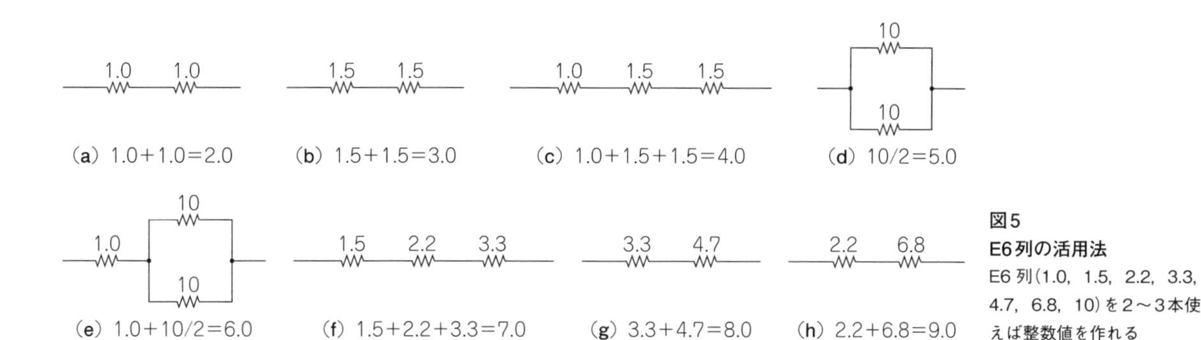

図5 E6列の活用法
E6列(1.0, 1.5, 2.2, 3.3, 4.7, 6.8, 10)を2～3本使えば整数値を作れる

しかし，2～3個のE標準数の抵抗を直列/並列に接続することにで整数値を作れます．例えば，E6列の1.0, 1.5, 2.2, 3.3, 4.7, 6.8, 10を使えば，次のように抵抗値を作ることができます(**図5**)．

2.0 = 1.0 + 1.0
3.0 = 1.5 + 1.5
4.0 = 1.0 + 1.5 + 1.5
5.0 = 10/2
6.0 = 1.0 + 10/2
7.0 = 1.5 + 2.2 + 3.3
8.0 = 3.3 + 4.7
9.0 = 2.2 + 6.8

2.0と3.0はE24列にありますが，E6列をうまく活用すれば常用する抵抗の種類を減らせます．

● 1kΩだけでもいろんな値を実現できる

直列/並列接続を活用して常用する抵抗の種類を減らす，という観点から言えば，同じ抵抗値を組み合わせていろいろな値を作る方法も有効です．

例えば，1.0kΩの抵抗をたくさん用意しておきます．直列接続すれば，

2.0 = 1.0 × 2，3.0 = 1.0 × 3，4.0 = 1.0 × 4…

が得られますし，並列接続すれば，

0.50 = 1.0/2，0.333… = 1.0/3，0.25 = 1.0/4…

が得られます．さらに，直列と並列を組み合わせれば，

1.25 = 1.0 + 1.0/4，1.5 = 1.0 + 1.0/2，2.5 = 1.0 + 1.0 + 1.0/2…

などいろいろな値が得られます(**図6**)．

● 同じ値の抵抗が詰まった集合抵抗を使うと便利

同じ値を複数使うときは，集合抵抗の活用を覚えておくとよいでしょう．

DIP型や面実装型の集合抵抗は各素子独立タイプが一般的です．使用する本数も任意ですし，接続の方法も直列，並列，直列/並列など自由にできます．

SIP型は，バスやDIPスイッチのプルアップに便利な片側コモン接続が普通です．使い方が制限されますが，次のような工夫もできます．

例えば，1kΩ×4素子のSIP抵抗を使うと，次の7種類の値が作れます．

(1) 0.25kΩ = 1kΩ/4
(2) 0.333…kΩ = 1kΩ/3
(3) 0.5kΩ = 1kΩ/2
(4) 1kΩ
(5) 1.333…kΩ = 1kΩ + (1kΩ/3)
(6) 1.5kΩ = 1kΩ + (1kΩ/2)
(7) 2kΩ = 1kΩ + 1kΩ

また，1.5kΩ×4素子のSIP抵抗を使うと，次の7種類の値が作れます(**図7**)．

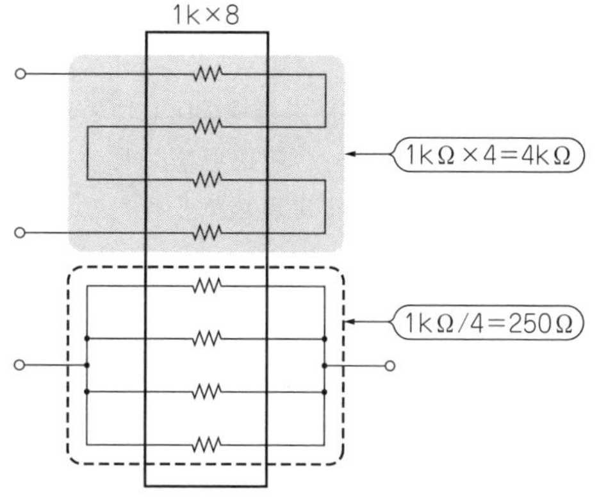

図6 同一抵抗値の直列接続，並列接続
DIP抵抗や面実装用の集合抵抗の活用もできる

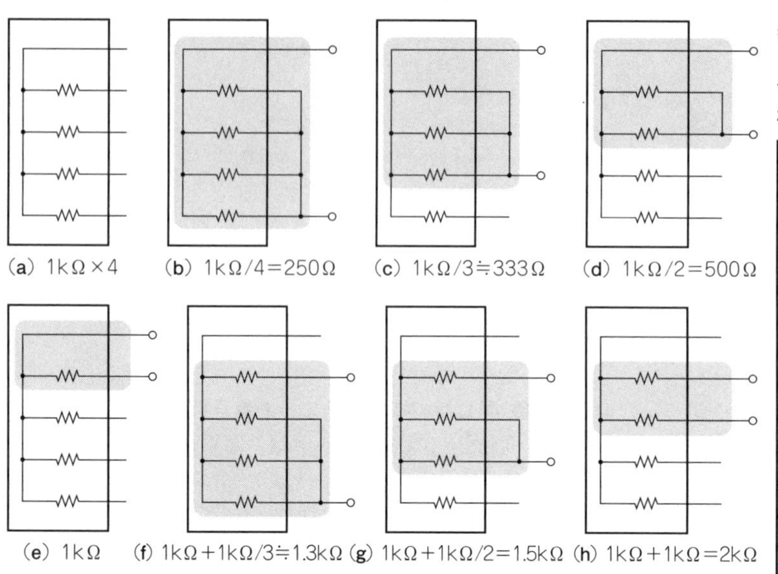

図7　SIP抵抗の活用例(1k×4の場合)
SIP抵抗は内部でコモン接続されているので使い方に制約があるが，工夫次第で便利に活用できる

(1) 0.375 kΩ = 1.5 kΩ /4
(2) 0.5 kΩ = 1.5 kΩ /3
(3) 0.75 kΩ = 1.5 kΩ /2
(4) 1.5 kΩ
(5) 2 kΩ = 1.5 kΩ + (1.5 kΩ /3)
(6) 2.25 kΩ = 1.5 kΩ + (1.5 kΩ /2)
(7) 3 kΩ = 1.5 kΩ + 1.5 kΩ

よく使う抵抗値の組み合わせ

● 5Vの分圧

抵抗の主要な用途の一つである分圧では，整数比をよく使います．このような場合に，E標準数の中で**表1**に示すような整数の比をもつ組み合わせをいくつか覚えておくと便利です．

例えば，5Vの電源電圧を抵抗分圧して2V，3Vの電圧を作りたい場合は，分圧比を2：3にすれば良いので，次のようにE6列で実現できます．

$$2\,\mathrm{V} = \frac{1.0\,\mathrm{k\Omega}}{1.0\,\mathrm{k\Omega} + 1.5\,\mathrm{k\Omega}} \times 5\,\mathrm{V}$$

$$2\,\mathrm{V} = \frac{2.2\,\mathrm{k\Omega}}{2.2\,\mathrm{k\Omega} + 3.3\,\mathrm{k\Omega}} \times 5\,\mathrm{V}$$

$$3\,\mathrm{V} = \frac{1.5\,\mathrm{k\Omega}}{1.0\,\mathrm{k\Omega} + 1.5\,\mathrm{k\Omega}} \times 5\,\mathrm{V}$$

表1　覚えておこう！直流電圧の分圧のときに使える抵抗比
例えば，1：2の比を作りたいときは，1.0と2.0，1.1と2.2，1.2と2.4のどれでも作れる

整数比＼列	E6	E12	E24
1：2	–	–	1.0と2.0 1.1と2.2 1.2と2.4
1：3	–	–	1.0と3.0 1.1と3.3 1.2と3.6 1.3と3.9
1：4	–	–	7.5と30
1：5	–	–	1.5と7.5 2.0と10
1：6	–	–	2.0と12 3.0と18
1：7	–	–	–
1：8	–	–	2.0と16 3.0と24
1：9	–	–	2.0と18 3.0と27
2：3	1.0と1.5 2.2と3.3	1.2と1.8 1.8と2.7	1.6と2.4 2.0と3.0 2.4と3.6
2：5	–	–	1.2と3.0 3.0と7.5
3：4	–	–	1.2と1.6 1.8と2.4
4：5	–	–	1.6と2.0 2.4と3.0

$$3\,\mathrm{V} = \frac{3.3\,\mathrm{k\Omega}}{2.2\,\mathrm{k\Omega} + 3.3\,\mathrm{k\Omega}} \times 5\,\mathrm{V}$$

一方で，5Vの電源電圧を抵抗分圧して1V，4Vの電圧を作りたい場合は，1：4の分圧比が必要なので，次のようにE24列で作ることになります(**図8**)．

$$1\,\mathrm{V} = \frac{7.5\,\mathrm{k\Omega}}{7.5\,\mathrm{k\Omega} + 30\,\mathrm{k\Omega}} \times 5\,\mathrm{V}$$

$$4\,\mathrm{V} = \frac{30\,\mathrm{k\Omega}}{7.5\,\mathrm{k\Omega} + 30\,\mathrm{k\Omega}} \times 5\,\mathrm{V}$$

● OPアンプ増幅回路のゲイン設定

OPアンプの反転増幅回路，非反転増幅回路は，ともに外付けの抵抗比で増幅率Kが決まります．**図9(a)**に示す反転増幅回路では$K = R_2/R_1$なので，増幅率をK倍にしたければ，抵抗比を$R_2 : R_1 = K : 1$に選べば良いです．抵抗比を10：1にすれば10倍，100：1にすれば100倍の増幅率が得られます．

図9(b)に示す非反転増幅回路では$K = 1 + R_2/R_1$な

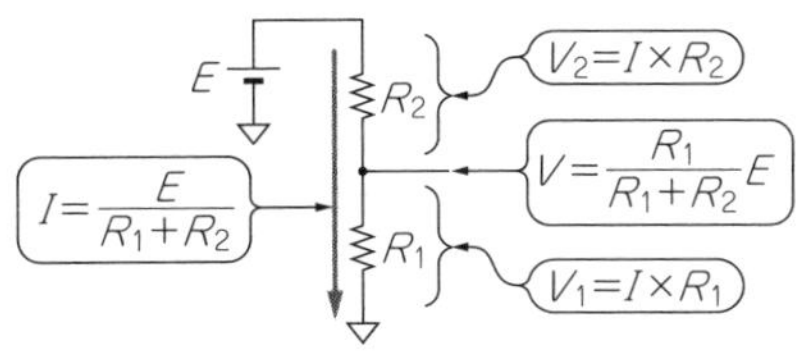

(a) 抵抗分圧は与えられた電圧Eを抵抗比と同じ比率に分割する

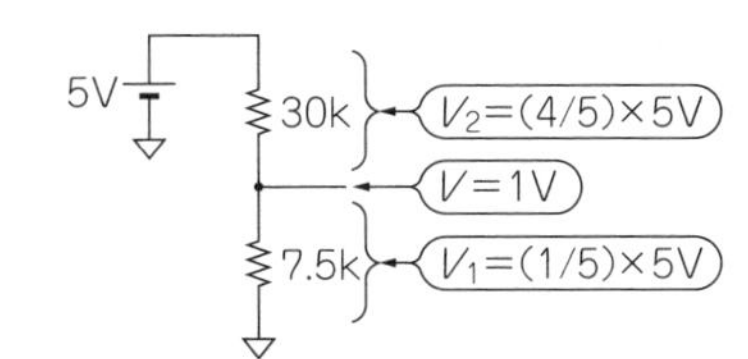

(b) E24列から選べば1：4の抵抗比が得られる

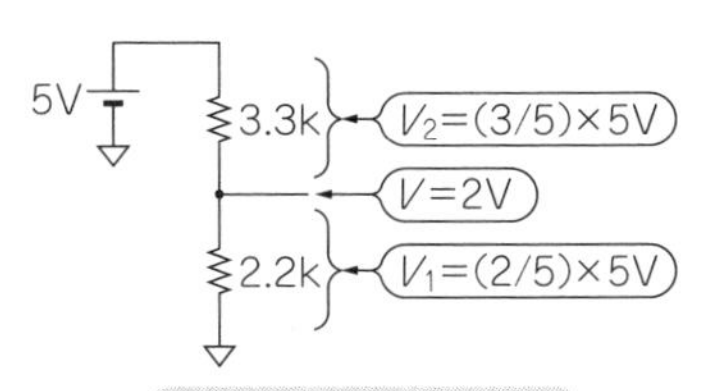

(b) E6列から選べば2：3の抵抗比が得られる

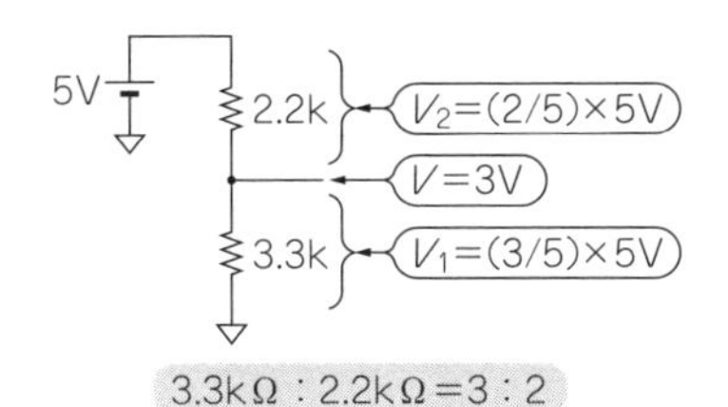

(d) E6列から選べば3：2の抵抗比が得られる

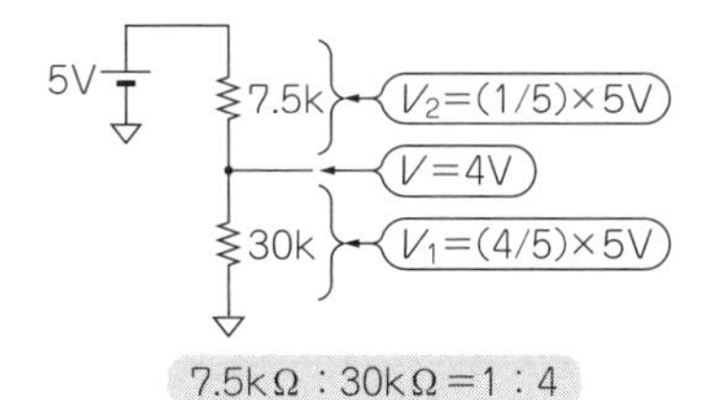

(e) E24列から選べば1：4の抵抗比が得られる

図8　E系列で抵抗分圧を作る

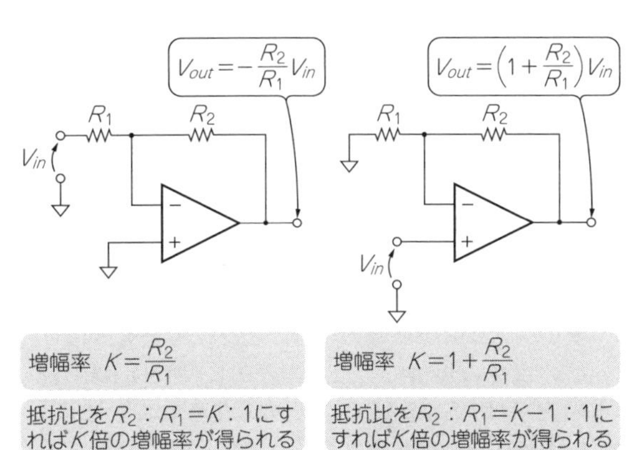

(a) 反転増幅回路　(b) 非反転増幅回路

図9　OPアンプ増幅回路（非反転型）の抵抗比の例

ので，増幅率をK倍にしたければ，抵抗比をR_2：R_1＝$K-1$：1に選びます．抵抗比を10：1にすると11倍，抵抗比を100：1にすると101倍の増幅率になります．

一般には，公称値で計算して101倍なら，精度1％で100倍の増幅率というように，少しの誤差を許容して抵抗比を選びます（**表2**）．トータルの誤差が要求仕様の範囲に収まることが必要です．〈**宮崎 仁**〉

◆参考・引用＊文献◆

(1)＊ 瀬川 毅；特集 脱アマ！アナログ回路教科書，トランジスタ技術，2013年6月号，p.62，写真1，CQ出版社．
(2)＊ 瀬川 毅；特集 脱アマ！アナログ回路教科書，トランジスタ技術，2013年6月号，p.63，図2，CQ出版社．
(3) JIS C5063：1997，抵抗器及びコンデンサの標準数列．
(4) JIS C5062：2008，抵抗器及びコンデンサの表示記号．
(5) Panasonic，固定抵抗器 共通仕様，http://industrial.panasonic.com/lecs/www-data/pdf/AOA0000/AOA0000PJ1.pdf

表2　よく使う！ OPアンプ増幅回路のゲイン設定に使える抵抗比

少しの誤差を許容してE24列の範囲で抵抗比を選んだ例

増幅回路の型 ＼ 倍率［倍］	反転型	非反転型
2	1.0と2.0	1.0と1.0
3	1.0と3.0	1.0と2.0
4	7.5と30	1.0と3.0
5	2.0と10	7.5と30
6	2.0と12	2.0と10
10	1.0と10	1.0と9.1（10.1倍）
100	1.0と100	1.0と100（101倍）

(6) JIS Z8601：1954，標準数．

（初出：「トランジスタ技術」2015年6月号）

E24系列をE6系列から作り出す

表3にE6系列でE24系列を得る定数を示します．E6系列の抵抗を2個直列または並列に接続することでE24系列を実現できれば，部品の在庫も減らせます．

R_1とR_2の抵抗を，Sなら直列，Pなら並列にした場合の合成抵抗を示しています．合成抵抗の欄はその抵抗値がE24系列からどれくらい離れているかを直感的に判断するため有効桁を無視しています．

偏差の標準値は，R_1とR_2がちょうどE6系列の値だった場合の合成抵抗がE24系列からどの程度ずれているかです．偏差最小値と最大値はR_1，R_2ともに±5％の誤差があった場合のずれ量です．

〈**森田 一**〉

（初出：「トランジスタ技術」2015年5月号）

表3　E6系列の抵抗2個でE24系列を得る組み合わせ

E24系列	R_1	R_2	合成抵抗	並列／直列 (P) (S)	偏差［%］			E24系列	R_1	R_2	合成抵抗	並列／直列 (P) (S)	偏差［%］		
					最小	標準	最大						最小	標準	最大
1	1	—	1.000	—	－5.0	0.0	5.0	3.3	3.3	—	3.300	—	－5.0	0.0	5.0
1.1	2.2	2.2	1.100	P	－5.0	0.0	5.0	3.6	4.7	15	3.579	P	－5.6	－0.6	4.4
1.2	1	0.22	1.220	S	－3.4	1.7	6.8	3.9	4.7	22	3.873	P	－5.7	－0.7	4.3
1.3	1.5	10	1.304	P	－4.7	0.3	5.4	4.3	1	3.3	4.300	S	－5.0	0.0	5.0
1.5	1.5	—	1.500	—	－5.0	0.0	5.0	4.7	4.7	—	4.700	—	－5.0	0.0	5.0
1.6	1.5	0.1	1.600	S	－5.0	0.0	5.0	5.1	4.7	0.47	5.170	S	－3.7	1.4	6.4
1.8	2.2	10	1.803	P	－4.8	0.2	5.2	5.6	6.8	33	5.638	P	－4.4	0.7	5.7
2	1	1	2.000	S	－5.0	0.0	5.0	6.2	1.5	4.7	6.200	S	－5.0	0.0	5.0
2.2	2.2	—	2.200	—	－5.0	0.0	5.0	6.8	6.8	—	6.800	—	－5.0	0.0	5.0
2.4	2.2	0.22	2.420	S	－4.2	0.8	5.9	7.5	6.8	0.68	7.480	S	－5.3	－0.3	4.7
2.7	3.3	15	2.705	P	－4.8	0.2	5.2	8.2	6.8	1.5	8.300	S	－3.8	1.2	6.3
3	1.5	1.5	3.000	S	－5.0	0.0	5.0	9.1	2.2	6.8	9.000	S	－6.0	－1.1	3.8

コラム2　コンデンサの定格電圧はE系列じゃなくR系列

E標準数以外でよく使われる標準数としてR標準数があります(**表A**)．**図A(a)**に示すE標準数は，$10^{1/3} \fallingdotseq 2.2$，$10^{2/3} \fallingdotseq 4.7$を用いて1と10の間をまず3等分し，E3列とします．それ以降はそれぞれの区間を2等分して，E6列，E12列，E24列とします．

それに対し**図A(b)**に示すR標準数は，$10^{1/5} \fallingdotseq 1.60$，$10^{2/5} \fallingdotseq 2.50$，$10^{3/5} \fallingdotseq 4.00$，$10^{4/5} \fallingdotseq 6.30$を用いて1と10の間をまず5等分し，R5列とします．さらにそれぞれの区間を2等分して，R10列，R20列…，とします．

歴史的にはR標準数のほうが古く，もともとはロープの太さの規格でした．国際的にはISO R3，日本国内ではJIS Z8601として標準化されています．主に機械的な寸法に使われています．電子分野では，コンデンサなどの定格電圧に使われています．

〈宮崎　仁〉

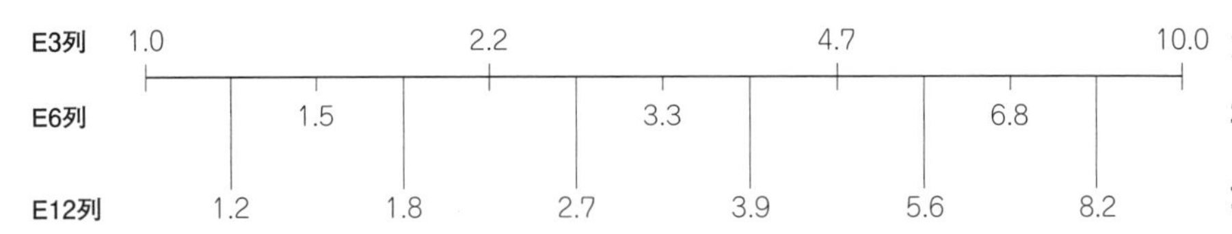

(a) E標準数

表A　R5列とR10列

R5列	R10列
1.00	1.00
－	1.25
1.60	1.60
－	2.00
2.50	2.50
－	3.15
4.00	4.00
－	5.00
6.30	6.30
－	8.00

R5列　1.00　1.60　2.50　4.00　6.30　10.0

R10列　1.25　2.00　3.15　5.00　8.00

1から10の間をまず5等分し，以降はそれぞれの間を2等分する．有効数字は3桁．1，2，4，8の列と，1，2，5，2.5，5，10の列を組み合わせており，きりの良い値が多い．主に機械的な寸法に用いられる．電気では耐圧などの定格に用いられる

(b) R標準数

図A　抵抗値やコンデンサの容量値はE標準数から選ぶ．R標準数はコンデンサなどの定格電圧や機械的な寸法などに使われる

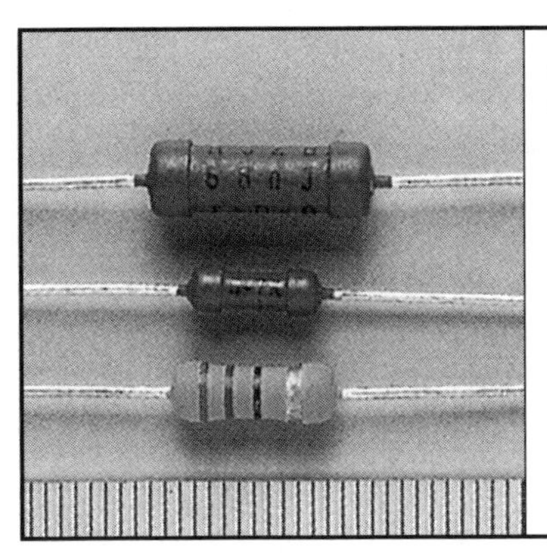

Appendix 1

抵抗器の電気的な性質

温度係数から放熱対策まで

1 本体の温度と加えていい電力の上限

抵抗器は電力を加えることにより発熱します．抵抗器はとても小さな電熱器なのです．そのため，使用温度範囲内であっても，定格電力を100 %かけると抵抗器の発熱によって搭載した基板が焦げたり，ときにははんだ付けした部分が溶けたり，抵抗体が焼損して断線するといった問題が発生することがあります．

このような問題を避けるために，使用温度が高い場合は，抵抗器に加える電力を軽減して使います．

温度と負荷電力の軽減の関係を示すのが**負荷軽減曲線**です．抵抗器は形状，材質などによって放熱の状態が変わるので，負荷軽減曲線も抵抗器によって変わります．

図1の角形チップ抵抗器の例では，抵抗器の周囲温度70 ℃までは定格電力に対して電力を100 %付加できますが，それ以上の温度では155 ℃で負荷が0 %(無負荷)になるように，または125 ℃で0 %(無負荷)になるように軽減曲線に沿って付加できる電力が変わります．また，定格電力に対し100 %付加できる周囲温度の最高値を**定格周囲温度**といいます．**図1**の場合には，70 ℃が定格周囲温度となります．

2 抵抗器の電極間に印加できる電圧の上限

抵抗器の電極間にはオームの法則に従い，次の電圧を印加することができます．

$$V\ [\mathrm{V}] = \sqrt{P\ [\mathrm{W}] \times R\ [\Omega]}$$

V：定格電圧［V］→**図2の①**

P：定格電力［W］

R：公称抵抗値［Ω］

しかし，抵抗値が高くなってくると，電極間にはかなり大きな電圧が印加されます．

電極間に大きな電圧が印加されると，電極間でショートしたり，抵抗体が電圧に耐えきれずに導電破壊したりといった現象が起きてしまいます．そのため，連続使用できる電圧の最高値が決められています．それが**最高使用電圧**(→**図2の②**)です．最高使用電圧は，抵抗器の種類や大きさによって，それぞれ定義されています．

また，定格電圧と最高使用電圧が等しくなるところの抵抗値を，**臨界抵抗値**(→**図2の③**)といいます．臨界抵抗値以下では計算により求めた定格電力を，それ以上では最高使用電圧を印加することができます．

〈守谷 敏〉

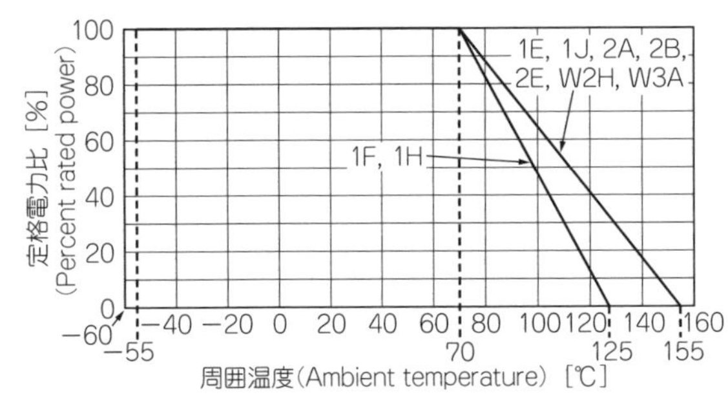

図1　角形チップ抵抗器の負荷軽減曲線

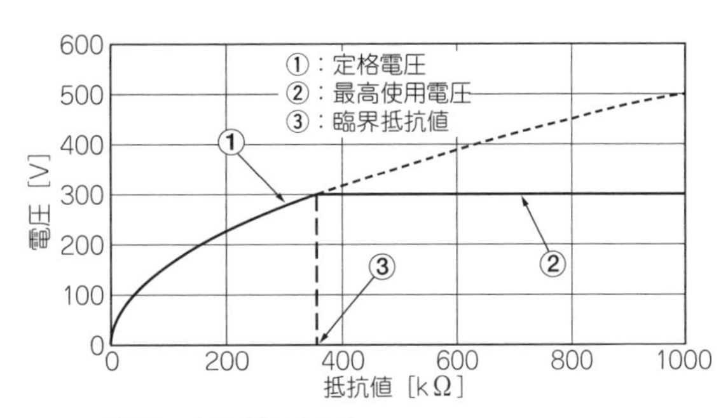

図2　定格電圧と最高使用電圧

3 抵抗値は温度によって変化する

抵抗器の抵抗値はいつも一定ではありません．温度によって抵抗値は変わります．この変化の大きさを1℃当たりの百万分率で表したものが**抵抗温度係数**(**T.C.R.**：Temperature Coefficient of Resistance)です．

$$T.C.R.(\times 10^{-6}/K)=\frac{R-R_0}{R_0}\times\frac{1}{T-T_0}\times 10^6$$

ただし，T：試験温度［℃］，T_0：基準温度［℃］，R：試験温度T［℃］における抵抗値［Ω］，R_0：基準温度T_0［℃］における抵抗値［Ω］

例えば，25℃で公称抵抗値100 kΩ，抵抗温度係数100×10^{-6}/Kの抵抗器は，使用温度範囲－55～＋155℃では98.7 k～101.3 kΩの間で抵抗値が変化します．

抵抗温度係数は抵抗体の材質によって決まる値であり，一般的に金属皮膜は抵抗温度係数が小さな抵抗体です(**表1**)．

この抵抗温度係数は，温度によって抵抗値が直線的に変化することを示すものではありません．

〈守谷 敏〉

4 抵抗体は電流が流れると蝕まれていく

かつて学生時代に理科の実験で，水の電気分解を行ったことのある人もいるのではないでしょうか．電解質を入れた水に白金電極を入れ，電気を流すと陽極から酸素が，陰極から水素が発生するというものです．これと似た現象が抵抗器でも起こります．抵抗器の塗装の内側に，湿気を含んだ空気や水分が浸入した状態で抵抗器を使い続けると，陽極側では酸素が発生する代わりに抵抗体がイオンとなって溶け出していきます．そして最後には抵抗体がなくなり，断線してしまいます．

このようすは，電気によって抵抗体が蝕まれていくように見えるため**電蝕**といい，電蝕によって引き起こされた断線を**電蝕断線**といいます．電触断線は抵抗値が高いほど発生しやすくなります．これは抵抗値が高い抵抗体は，皮膜が薄く細いパターンで形成されているため，短い時間で抵抗体が溶けてしまうからです．

電蝕は主に炭素皮膜，金属皮膜で発生します．電蝕を防ぐには，はんだ付けした後の抵抗器をよく洗浄して電解質成分を除き，抵抗器を防湿封止するなどの方法をとります．また，ほかの特性に問題がなければ，メタル・グレーズ皮膜などといったイオン化しにくい抵抗体の抵抗器に置き換えることも対策になります．

〈守谷 敏〉

表1 抵抗体材質によるT.C.R.の違い

抵抗体材質	T.C.R.(×10⁻⁶/K)
炭素皮膜	－1300～＋350
金属皮膜	±5～±200
メタル・グレーズ皮膜	±50～±350
酸化金属皮膜	±200～±300

5 抵抗器の周波数特性

周波数に対して抵抗値が変化しない抵抗器が理想的な抵抗器ですが，実際は周波数の高い領域において抵抗値が変化します．

図3に，厚膜タイプ角形チップ抵抗器1608サイズの周波数特性を示します．抵抗のインピーダンスの変化が抵抗値によって違っているのがわかります．**抵抗値が小さい場合には，周波数が高い領域でインピーダンスが高くなり，抵抗値が大きい場合には，周波数が高い領域でインピーダンスは小さくなります．**

● 抵抗器の等価回路

なぜこのような特性になるのかを抵抗器の等価回路から考えてみます．抵抗器の簡単な等価回路のモデルは，**図4**のように抵抗に直列にコイルが接続され，それに対してコンデンサが並列に接続されている回路で表すことができます．実際はもっと複雑なのですが，ここではもっとも単純な等価回路で表しています．

Rは抵抗体の抵抗値，Lは抵抗器の形状で決まるイ

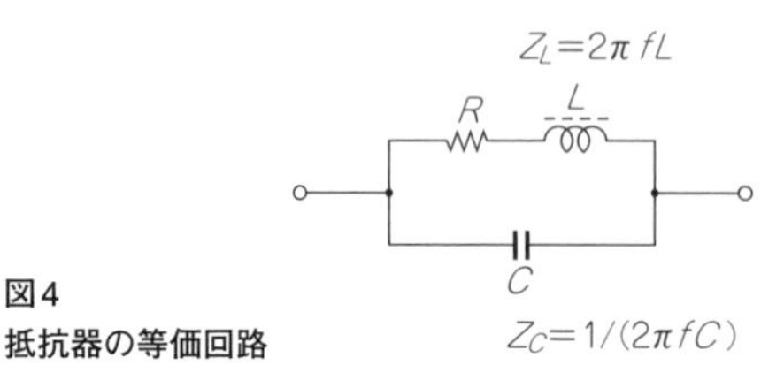

図4 抵抗器の等価回路

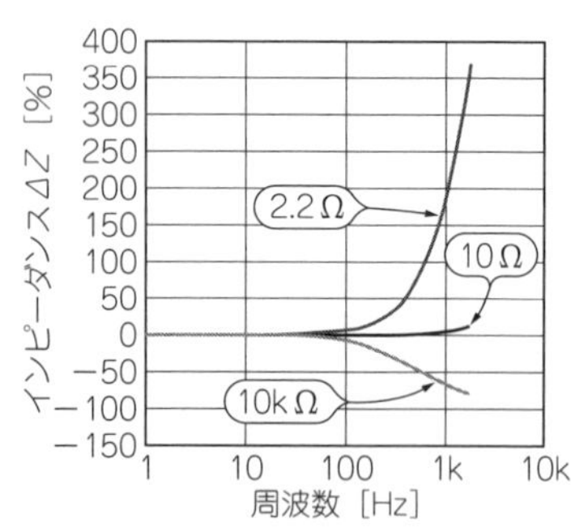

図3 厚膜タイプ角形チップ抵抗器(1608サイズ)**の周波数特性**

ンダクタンス値，Cは主に電極間の静電容量などの構造によって決まるキャパシタンス値です．抵抗値が小さい場合にはコイルのインダクタンス値が支配的になり，抵抗値が大きい場合にはコンデンサのキャパシタンス値が支配的になるため，このような周波数特性になります．

● サイズが小さいほど高周波数領域のインピーダンス変化が小さい

また，このインダクタンスLやキャパシタンスCの値は，抵抗器の構造によって決まる値であり，抵抗器のサイズが小さくなるに伴って，この値も小さくなります．

したがって，同じタイプの抵抗器では，サイズが小さいほど高い周波数領域でもインピーダンスの変化が小さくなります．

図5に角形チップ抵抗器のサイズ別によるインピーダンスの変化の違いを示します．サイズが小さくなると高い周波数でのインピーダンスの変化も小さくなることがわかります．高周波回路では可能な限り小さなサイズの抵抗器を使用するか，高周波特性が良好な高周波用の抵抗器を使用するのがよいでしょう．

図6に高周波用角形チップ抵抗器のインピーダンス特性の例を示します．数GHz以上の高周波領域までフラットな特性を持っているので，高周波回路での使用が可能です．

〈赤羽 秀樹〉

6 チップ抵抗器の温度上昇の抑え方

抵抗器は電気エネルギーを熱エネルギーに変換する素子です．電力を消費させれば必ず発熱し，消費電力に比例して温度が上昇します．抵抗器の温度上昇を抑えるためには，発生した熱をよりよく放熱させる必要があります．チップ抵抗器の場合，発熱した熱の多くはチップ抵抗器の電極から回路基板の銅箔パターンへ伝達されて放熱します．

したがって，**図7**のように抵抗器が実装されているランド・パターンを大きくしたり，接続されているパターンの幅を広くすると放熱性が良くなり，温度上昇を抑えられます．

また，銅箔パターンの箔厚を厚くしたり，回路基板の裏面にべたパターンを形成したり，多層基板であれば内層にべたパターンを形成するなど，回路基板の熱伝導をより良くすることによって抵抗器の温度上昇を抑えられます．

最近では構造を工夫することによって放熱性を良くし，より高電力で使用できる高電力チップ抵抗器があります．**図8**に，高電力チップ抵抗器の例を示します．この長辺電極チップ抵抗器は長方形の長い辺に電極を形成することにより，発熱部から電極までの距離を短くできます．大きな電極によって多くの熱を回路基板に伝達でき，通常のチップ抵抗器に比べて抵抗器自身の放熱性が良くなっています．そのため，通常の同サイズのチップ抵抗器よりも定格電力を大幅にアップして使用することができます．

7 硫化による断線に注意

メタル・グレーズ皮膜を抵抗体とした角形チップ抵

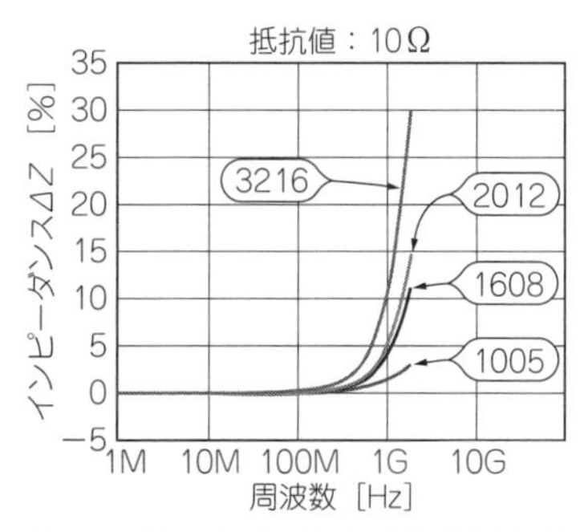

図5 厚膜タイプ角形チップ抵抗器のサイズ別の周波数特性

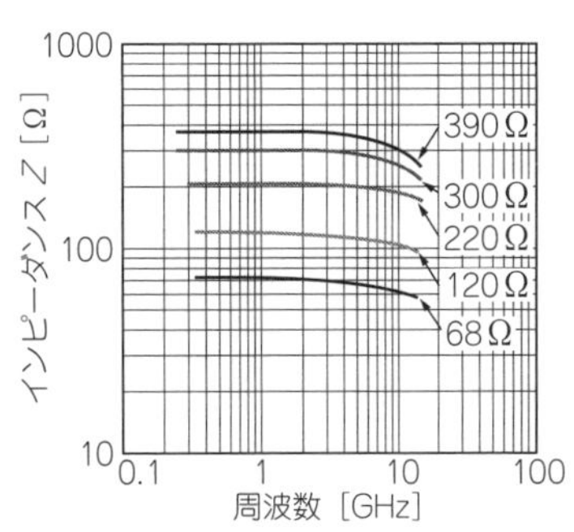

図6 高周波用チップ抵抗器（KOAのSHDR001）の周波数特性

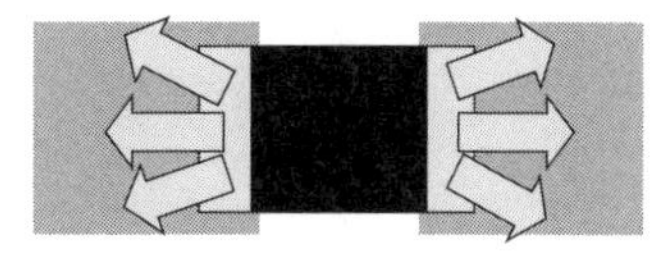

図7 銅箔パターンによるチップ抵抗器の放熱性の違い

（a）長辺電極チップ抵抗器
WK73シリーズ(KOA)

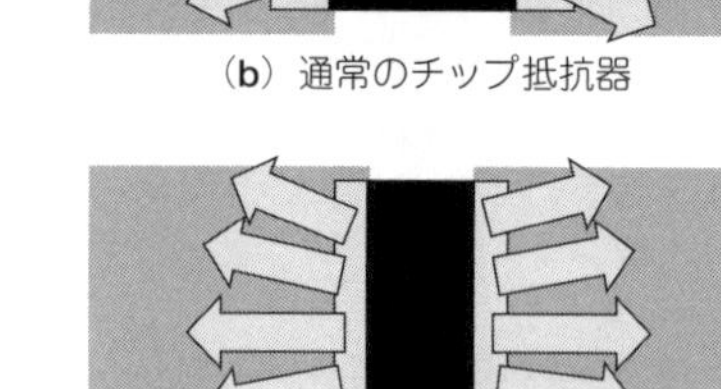

（b）通常のチップ抵抗器

（c）長辺電極チップ抵抗器

図8　長辺電極チップ抵抗器

抗器に発生する現象です．硫黄を含む雰囲気中で抵抗器を使用した場合に，保護膜と電極の間から硫黄が入り込み，内部電極材質の銀と反応を起こします．この反応を**硫化**といい，生成した硫化銀は導電性がないので抵抗器は断線してしまいます．

硫黄は温泉や火山の近くで硫化ガスとして含まれるほか，重油などの燃焼によっても発生します．また，ゴム製品は弾性や強度を確保する目的で硫黄を加えてあるものがあります(これを**加硫**という)．

そのため，このような雰囲気や製品の近くで角形チップ抵抗器を使用する場合には，抵抗器を樹脂封止するなどの対策を施す必要があります．内部電極材質に銀ではなく，硫化しない金属を用いた耐硫化タイプや，内部電極部分へ硫黄が入り込みにくい構造にした耐硫化タイプの角形チップ抵抗器が製品化されています．

〈守谷 敏〉

(初出 :「トランジスタ技術」2009年6月号)

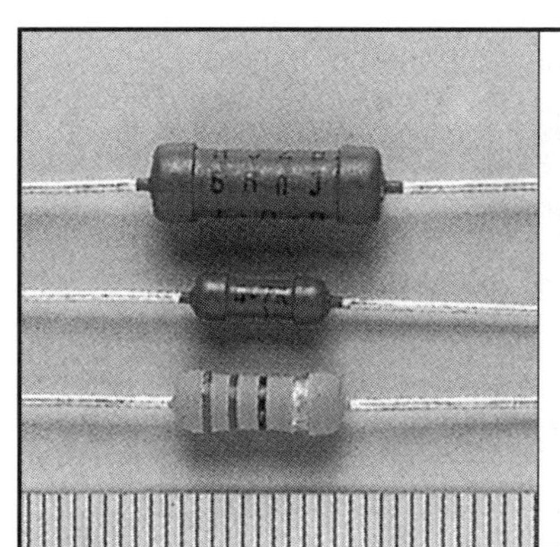

第4章 電子回路の性能を引き出す上手な抵抗器の選び方

パワー回路/計測回路から
RF/インターフェース回路まで

表1 使う前に必ずチェック! 抵抗の主要パラメータ
目的に応じて考慮しなければならないパラメータはさまざま．内容をおさえてエレキの性能をアップさせる

用途	項目	単位	説明	備考
1 電力回路	定格電力	W	定格温度で連続的に消費できる電力の最大値	定格温度以上では低減が必要
	カテゴリ温度範囲	℃	連続使用できる周囲温度範囲．消費電力によらずこの範囲を超えて使用することはできない	上限だけでなく下限温度もある
	定格温度	℃	定格電力を加えて連続使用できる抵抗周囲温度の最高値	個別規定がない場合は70℃
	軽減曲線	%	連続して消費できる電力の最大値と周囲温度の関係を示す曲線．通常は定格電力との比率で表す	定格電力は定格温度以上で直線的に軽減される
	素子最高電圧(最高使用電圧)	V	連続して加えることができる直流電圧または商用周波数の交流電圧の実効値	瞬間的に加わる素子最高電圧以上の仕様は耐パルス・サージ・ESD特性などで規定される
	耐パルス特性	−	素子最高電圧や定格電力を超えるパルス波形にどこまで耐えられるかを表す指標	JIS C5201-1の試験のほかに限界電力曲線で表す場合もある
2 高精度計測回路	抵抗値許容差	%	公称抵抗値に対する偏差の許容値	許容差によってほかのパラメータも変わることが多い
	抵抗温度係数	ppm/K	規定の温度間における単位温度当たりの抵抗値変化率	温度に対する変化率が一定とは限らない
	抵抗電圧係数	%/V	規定電圧の10%と100%を加えたときの抵抗変化率．規定電圧は定格電圧または素子最高電圧のいずれか小さい方	消費電力による温度変化で発生する温度係数は含まれない
3 インターフェース回路	耐サージ特性	−	パルス波形を加えた後の抵抗値変化が，規定の範囲に入るための限界値	限界電力曲線で表されることが多い
	耐ESD特性	−	人体モデルやマシン・モデルで静電気を加えた後の抵抗値変化率ESD限界電圧などで表されるときもある	抵抗でのエネルギー消費の関係から10k〜100kΩが抵抗値変化の影響を受けやすい
4 広帯域回路	周波数特性	−	終端用抵抗のときは*VSWR*やリターン・ロスで規定．シャント用低抵抗では直列インダクタンス成分で規定	汎用抵抗ではあまり規定されていない

● 抵抗のパラメータ

表1はトラブルの原因になりやすい抵抗の主要なパラメータです．電力回路，高精度回路，外部接続回路，広帯域回路など用途に応じて分類しています．

電子部品としては比較的長い歴史のある抵抗ですが，技術の進歩や国際規格との整合性などから最近でも規格は改定されています．本章に記載していること以外にも，ヒートシンクや取付金具のある抵抗における端子との絶縁抵抗や絶縁電圧，巻き線抵抗を想定したリアクタンス，雑音などいろいろなパラメータがあります．

1 電力回路

● 要点① 条件次第で上限まで使ってよいとは限らない「定格電力」

定格電力は，定格温度において，その抵抗で連続消費できる最大電力です．定格温度は特に規定がなければ通常は70℃です．

ここで気を付けなければならないのは，抵抗周囲の温度です．**写真1**のように周りに何もないときは問題ありません．しかし，**写真2**のように電力抵抗を密集

(a) 100 Ωの単体抵抗

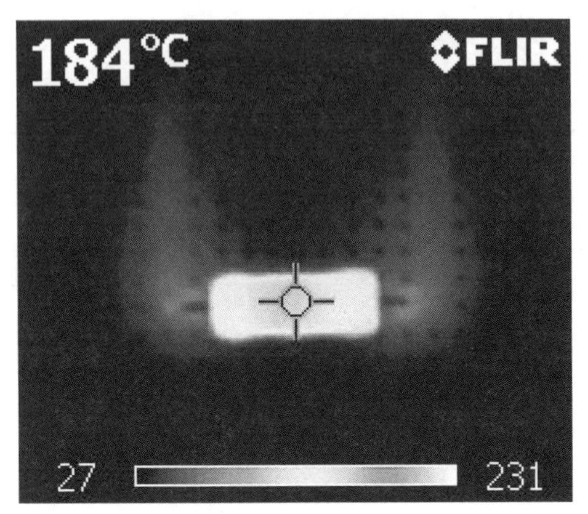

(b) 単体抵抗の表面温度

写真1　単体抵抗で定格電力(3 W)を消費したときの表面温度
周囲に放熱を妨げるものがなければ定格で使用できる．抵抗の表面温度は，赤外線カメラInfraCAM(FLIR Systems社)で撮影/測定した

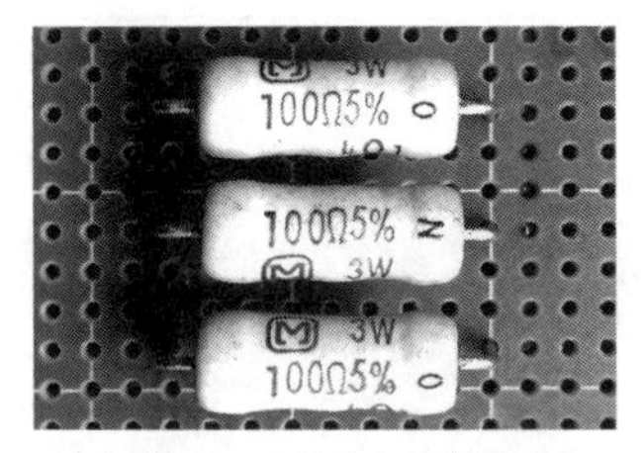

(a) 100 Ωの抵抗を3本並べた

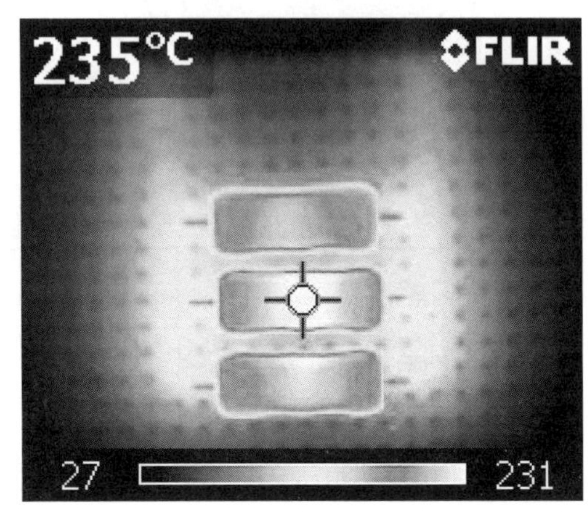

(b) 3本並べたときの表面温度

写真2　複数抵抗で定格電力(各3 W)を消費したときの表面温度
単体時の結果(写真1)に比べて50 ℃以上の温度差が出ている．抵抗の表面温度が仕様を超えるような使い方をしたときは，抵抗本体や基板の変色，はんだ付けの劣化，抵抗値変化，焼損や断線などが発生する．定格まで電力を消費させたいときは，密着させずに実装間隔を広くとる，風を流して強制空冷するなどの対策が必要

させて実装したときは，挟まれた抵抗の周囲温度は上昇するので，電力を軽減させる必要があります．

この例では100 Ωの抵抗にそれぞれ約3 Wを消費させています．3本並べた抵抗の表面温度は単体時に比べて50 ℃以上上昇することがわかります．

どうしても定格まで電力を消費させたいときは，密着させずに実装間隔を広くとる，風を流して強制空冷するなどの対策が必要です．

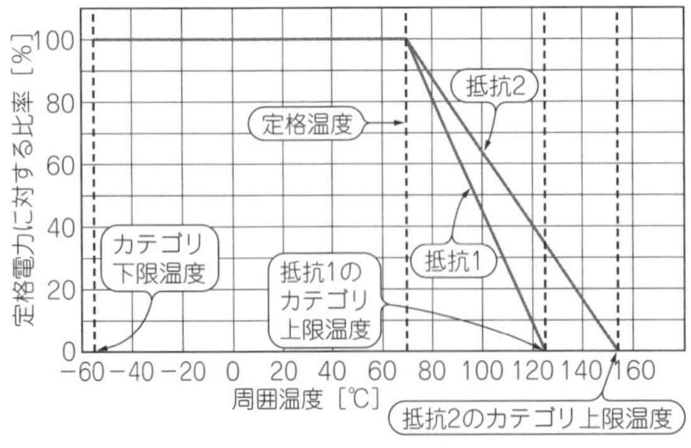

図1　定格温度からカテゴリ上限温度まで直線的に変化する軽減曲線の例
定格温度以下では抵抗1，抵抗2共に定格電力比は100 %であるが，定格温度を超えると軽減率に差が出る

● 要点② 定格電力で使える上限周囲温度「定格温度」

定格温度とは，定格電力を連続して消費することのできる抵抗周囲温度の最高値です．個別に規定されているときを除いて，この値は70 ℃です．

定格温度を超えるときは，次に述べる「軽減曲線」に沿って抵抗で消費する電力を軽減します．許容される電力は，定格温度で100 %，カテゴリ上限温度で0 %とした直線的な傾斜です．

● 要点③ 定格温度を超えたらディレーティング「軽減曲線」

図1に軽減曲線の例を示します．この例では，抵抗1のカテゴリ上限温度は125 ℃，抵抗2は155 ℃です．カテゴリ上限温度が異なるとき，定格温度以下ではどちらも100 %です．定格温度を超えると軽減率に差が出ます．

● **要点④ 定格電力以下でも最高電圧を連続して加えてはいけない「素子最高電圧」**

素子最高電圧は素子に連続して加えることができる電圧で，直流または商用交流の実効値です．

低い抵抗値のとき，加える電圧の上限は定格電力によって制限され，その電圧が定格電圧です．例えば，定格電力P［W］，抵抗値R［Ω］，定格電圧V［V］，との関係は$P = V^2/R$なので，定格電力が変わらずに抵抗値が2倍になれば定格電圧は$\sqrt{2}$倍です．しかし抵抗には素子最高電圧が規定されています．定格電力以下でも素子最高電圧を連続して超えてはいけません．

素子最高電圧を考慮しなければならないのは，高い電圧を高抵抗で分圧して使うようなときです．

図2において，出力電圧V_oを448 Vとすると，R_1での消費電力P_rは次式で求まります．

$$P_r = \frac{(V_o - 2.5)^2}{R_1} = 0.2\ \mathrm{W}$$

電力的には定格電力1/4 Wの抵抗で賄えます．しかし，R_1には445.5 Vの電圧が加わります．素子最高電圧が400 Vの抵抗では不足なので，450 V以上の素子最高電圧の抵抗を使う必要があります．

▶最高過負荷電圧

例外的に5秒以下の短時間であれば，素子最高電圧を超えた電圧の印加を許容するときがあります．これが最高過負荷電圧です．この電圧は定格電圧の2.5倍，または規定されている値のいずれか小さいほうです．

● **要点⑤ 電力，電圧，温度が定格以下でも注意する「耐パルス特性」**

耐パルス特性は，最高過負荷電圧やESD特性に類似しているので混同されがちですが，目的は違います．

耐パルス特性には，ときどき起こる単パルスの高電圧過負荷に対する耐性と，周期的に起こる短い高電圧負荷に対する耐性があります．前者はサージ電圧，後者はスナバ回路などに使用されることを想定しています．

図3に耐パルス特性を考慮しなければならないような回路例を示します．平均電力的には余裕を持っていても瞬間的な電圧や電力に耐えられなければ抵抗値変化や断線につながります．JIS C5201では，**図4**のような回路で試験を行い，抵抗変化率が所定の値を超えないこと，と規定されています．

耐サージ用となっている抵抗では，**図5**のようにパルス幅を変えたとき，どこまで耐えられるかを示した限界電力をインラッシュ・パルス特性やワンパルス限界電力曲線として示すこともあります．

2 高精度計測回路

● **要点⑥ 無調整で高精度を実現「抵抗値許容差」**

抵抗値許容差は，公称抵抗値に対する偏差の割合です．通常メーカでは，許容差よりも小さな値で管理しています．製品の仕様は，使用する部品の許容差までばらつくものとして決定するようにしましょう．

抵抗値許容差が1％の抵抗のばらつきを実際に100本ほど測ってみると，メーカにもよりますが，標準偏

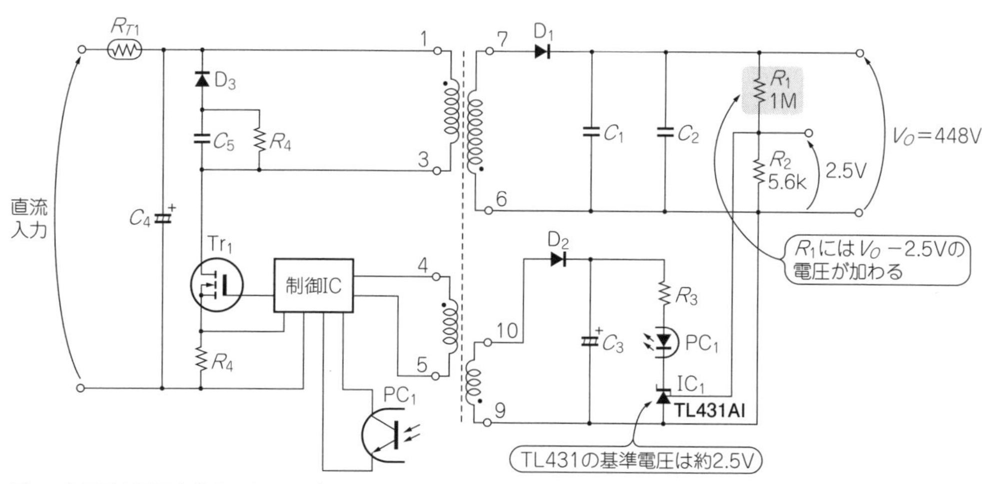

図2　素子最高電圧を考慮しなければならない高電圧電源での使用例
R_1の消費電力は0.2 Wであるが445.5 Vの電圧が加わる

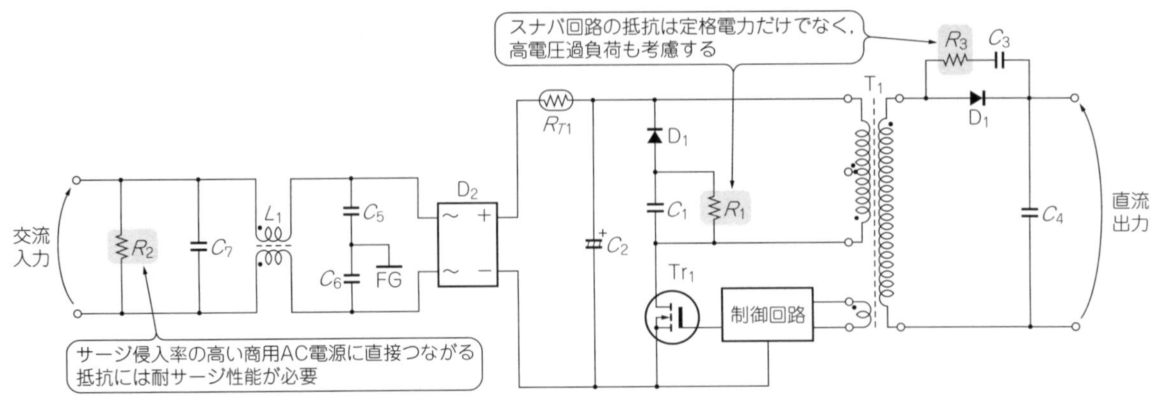

図3　耐パルス特性を考慮しなければならない回路例

平均電力は小さくてもピーク電力がどこまで耐えられるのかが重要になる

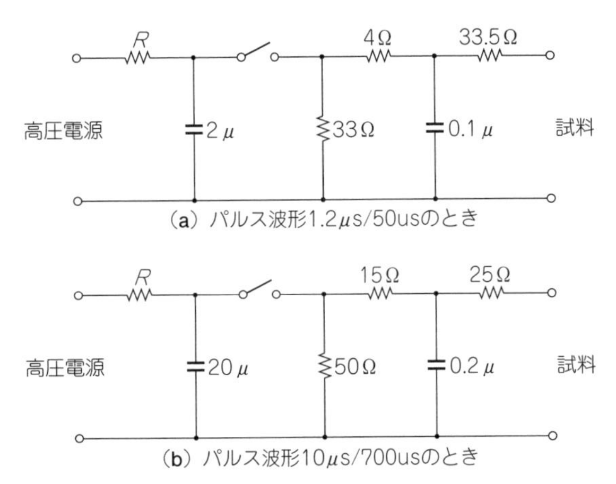

図4　JIS C5201-1におけるパルス高電圧過負荷試験回路

IEC60060-1のサージイミュニティ試験波形と整合されている

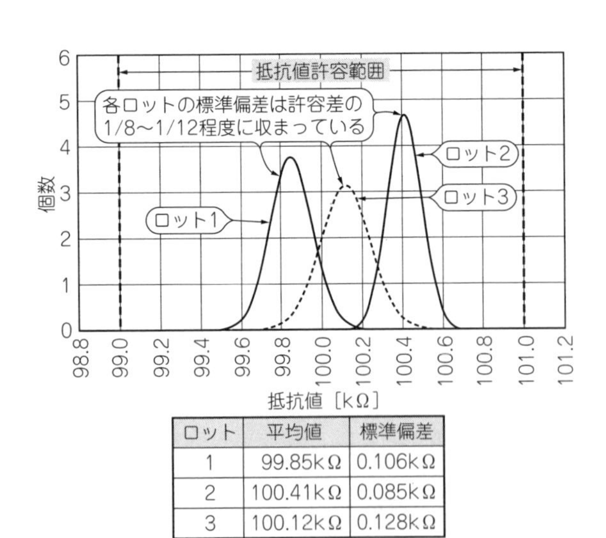

ロット	平均値	標準偏差
1	99.85kΩ	0.106kΩ
2	100.41kΩ	0.085kΩ
3	100.12kΩ	0.128kΩ

図6　100 kΩ，1 %の抵抗器サンプル100個の値の分布例

同一ロットでは1桁近く高精度に見えるが別ロットでは中心値が変わることがある

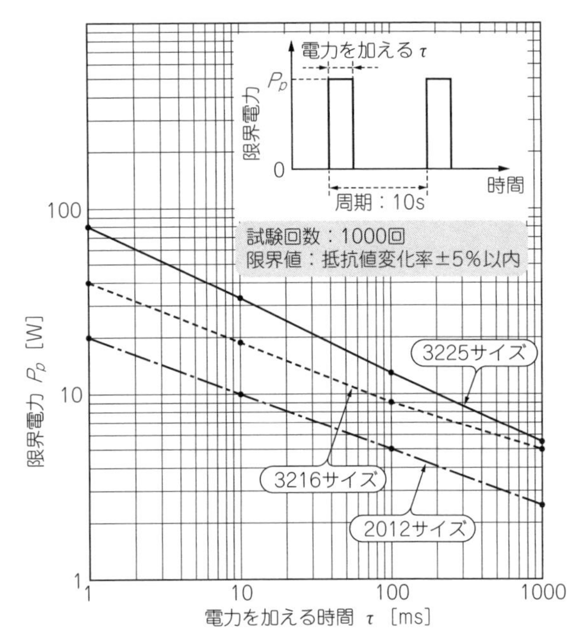

図5　チップ抵抗限界電力曲線の例

時間が短く，サイズが大きいほど限界電力も大きい

差は許容差の1/5～1/10程度に収まっています．したがって，同一ロットの抵抗だけを使用した試作品は見掛け上，ワンランク上の高精度抵抗を使ったのと同じ程度にばらつきが小さくなります．

この見掛け上，ばらつきの小さくなった試作機を使い，その実性能測定から機器の仕様を決めているような例を時折見掛けます．ロット内の小さなばらつきの値をその部品の実力値と判断して機器の仕様に反映してはいけません．

たとえ標準偏差の実力値が許容差の1/10だったとしても，ロットの中央値と公称値の差が小さいという

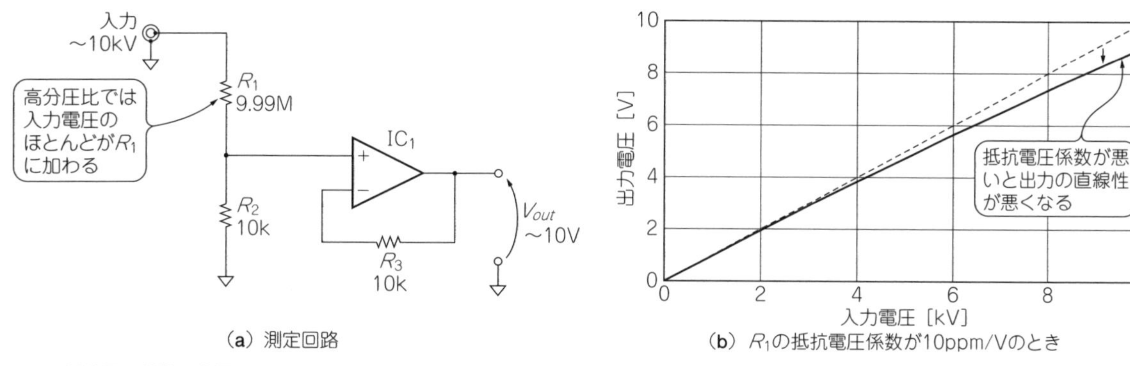

(a) 測定回路

(b) R_1の抵抗電圧係数が10ppm/Vのとき

図7 抵抗電圧係数は高電圧を分圧して測定する
R_1の抵抗電圧係数が悪いと直線性が悪化する

保証はないので，量産時にロットが変わったときなどにトラブルとなりやすいからです．

図6はロットの異なる許容差1％の抵抗を100個ずつサンプリングしたときの分布の例です．

● 要点⑦ シリーズが同じ抵抗が同じ特性とは限らない「抵抗温度係数」

表2は抵抗体の種類，抵抗値範囲と抵抗温度係数範囲の関係を示します．これらの範囲や値はメーカの作り込み度合いによって差があるので，おおよその目安としてとらえてください．

炭素被膜抵抗は全体として負の温度係数，値が大きくなるほど温度係数も大きい傾向があります．

金属皮膜抵抗は温度係数ゼロを中心にして抵抗値が小さいほどばらつきを抑えるのが難しいです

酸化金属皮膜や酸化金属とガラスの複合材であるメタルグレーズは，抵抗値が低いほうで正，高いほうで負の温度係数になる傾向があります．

部品としては温度係数ゼロが望ましいのですが，これらの特性を知っていれば，逆用して温度補償として活用することもできます．

● 要点⑧ 高電圧の測定で注意する「抵抗電圧係数」

あまり知られていないことですが，抵抗体には電圧が加わると抵抗値が下がる電圧係数を持ちます．

例えば，**図7**のように抵抗で高電圧を分圧して高精度な測定したりするとき，抵抗電圧係数の悪い抵抗を使うと直線性を損ねることがあるので，注意します．

抵抗体の材質によっても差は出ますが，単位長さ当たりに加わる電圧が高いほど，つまり小型の抵抗ほど抵抗電圧係数は大きい傾向があります．

表2 抵抗体種類，抵抗値，抵抗温度係数の関係
温度係数は抵抗体だけでなく抵抗値によっても異なる

抵抗体種類	抵抗値範囲 [Ω]	抵抗温度係数 [ppm/K]	特 徴
炭素皮膜	2.2 ~ 50 k	−450 ~ +350	●安価で広い範囲の抵抗値ができる ●温度係数や雑音が大きい
	51 k ~ 100 k	−700 ~ 0	
	101 k ~ 330 k	−1000 ~ 0	
	331 k ~ 5 M	−1300 ~ 0	
金属皮膜	10 ~ 46.4	±50	●高精度，低温度係数で低雑音 ●抵抗範囲がやや狭い ●薄膜はサージに弱い ●やや高価
	47 ~ 330 k	±25	
	470 ~ 100 k	±15	
	1 k ~ 100 k	±10	
メタルグレーズ	10以下	−100 ~ +600	●酸化金属なので熱に強い
	10 ~ 1 M	±200	
	1 M以上	−400 ~ +150	
酸化金属皮膜	0.1 ~ 100 k	±300	

3 インターフェース回路

● 要点⑨ 触っただけで抵抗値が変化する「耐サージ/耐ESD特性」

最近ではチップ部品の小型化が進み，優れたトリミング技術で小型の高精度抵抗が安価に入手できます．このため無調整で高いゲイン精度の回路を容易に組むことができます．しかし入力端子のように機器外部から触ることができるときは，静電気を帯びた人間が触れてしまうことを想定しなければなりません．

小型高精度の抵抗は，一般的にESD(Electrical Static Discharge)やサージに弱く，パチッと静電気が飛んだだけで大きく抵抗値が変わることがあります．断線することもあります．

外部に引き出される端子などは，**図8**のように適切

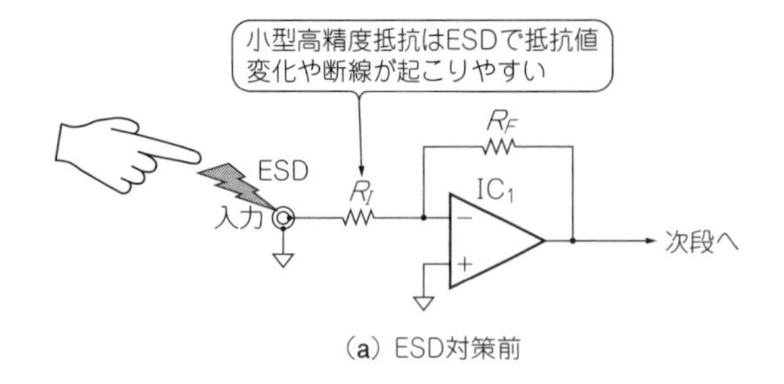

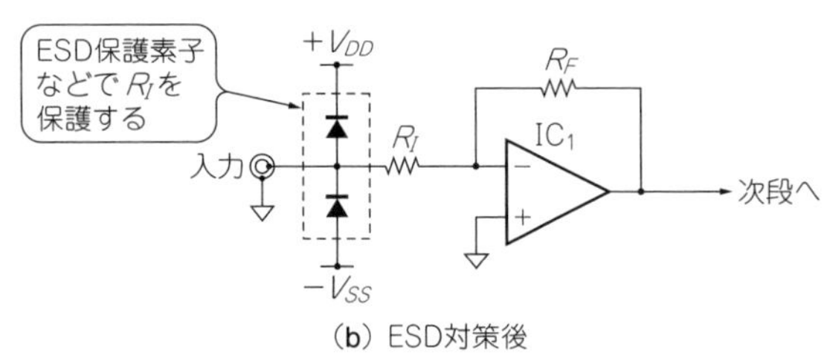

図8 ESDが問題化しやすい回路と対策
触ることができる端子につながる抵抗は耐サージ品か保護回路が必要

なESD保護回路または耐ESDの抵抗を使用する必要があります.

図9, **図10**に抵抗のESD耐量特性例と試験回路例を示します. ただし, この試験回路は電子部品に人が触れたときや機器に実装するときを想定しています. 製品としてESD試験をするときは, 条件がより厳しくなります.

4 広帯域回路

● 要点⑩ インダクタンス, 容量成分を無視できない「周波数特性」

図11は抵抗に生じる寄生インダクタンスや容量成分を等価回路化しています.

長さがある以上は直列にインダクタンス成分が生じ, 端子の電極が向かい合えば寄生容量が生じます. チップ抵抗のようにセラミック基板上に抵抗体があると, 特にグラウンド・プレーンとの間に生じる容量成分が

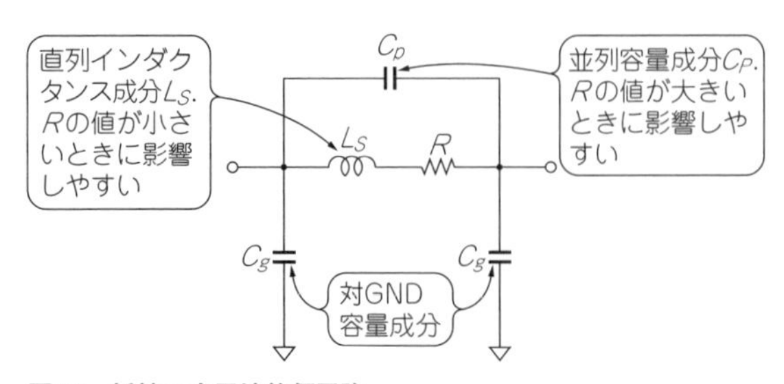

図11 抵抗の高周波等価回路
低抵抗ではインダクタンス成分, 高抵抗では容量成分が影響しやすい

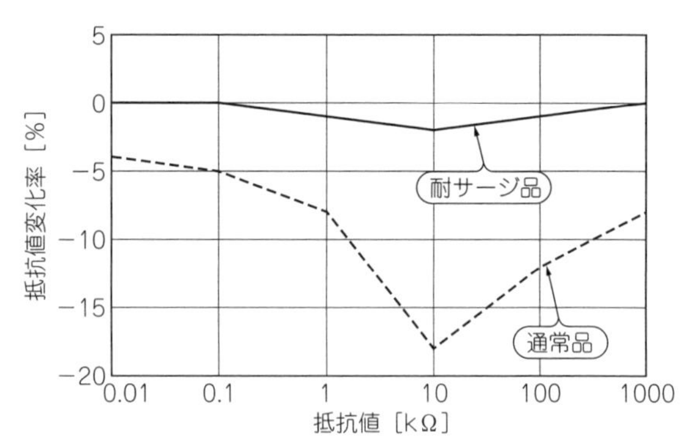

図9 ESD試験後の抵抗値変化率
10 kΩ前後は抵抗で消費されるエネルギーが大きいため影響を受けやすい

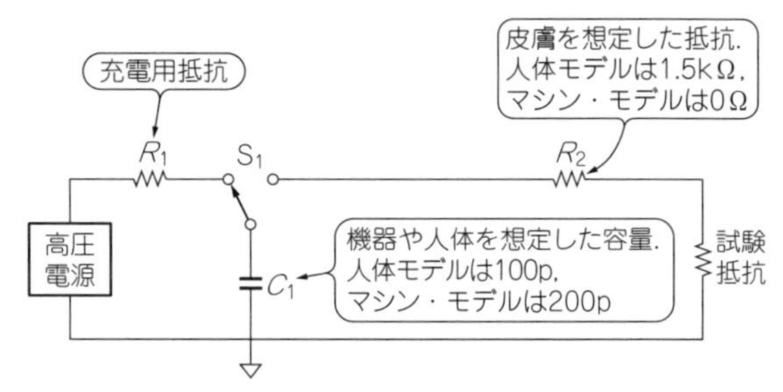

図10 ESD試験回路の例(IEC61340-3-1, IEC61340-3-2)
システムのESD試験はデバイスより条件が厳しい(IEC61000-4-2)

無視できないほどの大きさです.

例えば直列のインダクタンス成分が1 nHだったと仮定します. このインダクタンスの100 MHzにおけるリアクタンスZは次のとおりです.

$$Z = 2\pi \times 100\ \mathrm{MHz} \times 1\ \mathrm{nH} = j\,0.628\ \Omega$$

数百Ω以上の抵抗値では, 事実上問題にならないでしょう. しかし, 電流検出用のシャント抵抗など数mΩの抵抗では, 100 kHzの周波数でも数十%の誤差が発生します. 端子間容量が0.5 pFであったとしても, 100 kHzにおけるリアクタンスは$-j3.18$ MΩなので, 数百kΩ以上の抵抗では大きな誤差であることがわかります.

＊　＊　＊

抵抗は半導体に比べると比較的丈夫で壊れにくく扱いが容易なデバイスでした. しかし小型/高精度化が進んだ結果, 半導体並みに取り扱いに気を使う必要もあります. 抵抗値の範囲もμΩオーダからTΩまで実に17～18桁の幅があります. 寄生容量や寄生インダクタンス, 場合によってはプリント基板の絶縁抵抗まで考慮しなければなりません. 同程度の抵抗値であっ

ても，用途に応じてさまざまな種類があります．

思惑通りの設計をするには，たかが抵抗と思って甘く見ることなく，データシートやアプリケーション・ノート，規格などをよく見て種々のパラメータの意味を理解して選択するようにしましょう．

〈藤田 雄司〉

◆参考文献◆

(1) 日本工業規格 JIS C5201-1；電子機器用固定抵抗器
(2) IEC61340-3-1；Methods for simulation of electrostatic effects-Human body model-Component testing
(3) IEC61340-3-2；Methods for simulation of electrostatic effects-Machine model-Component testing
(4) Panasonic；耐サージチップ固定抵抗器，ERJ Pタイプデータシート
(5) KOA；角形サージチップ抵抗器，SG73シリーズデータシート

(初出：「トランジスタ技術」2015年9月号)

5 LED点灯回路

図12のLEDの電流制限抵抗R_1［Ω］は，次式で求まります．

$$R_1 = \frac{V_{CC} - V_F}{I_F} \cdots\cdots (1)$$

ただし，V_F：LEDの順方向電圧［V］，
I_F：LEDに流す順方向電流［A］

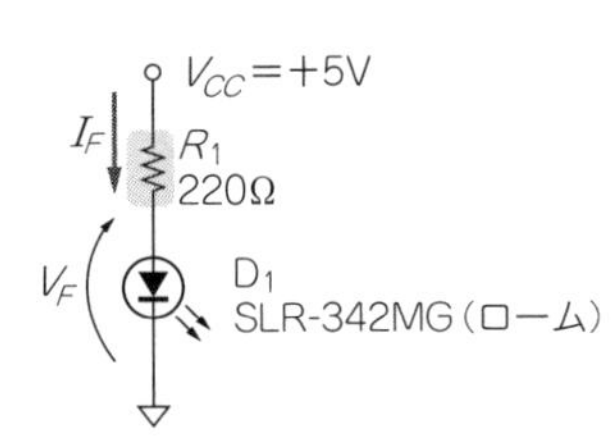

図12 LEDの定格を超えた電流と寿命に配慮して抵抗値R_1を求めたい

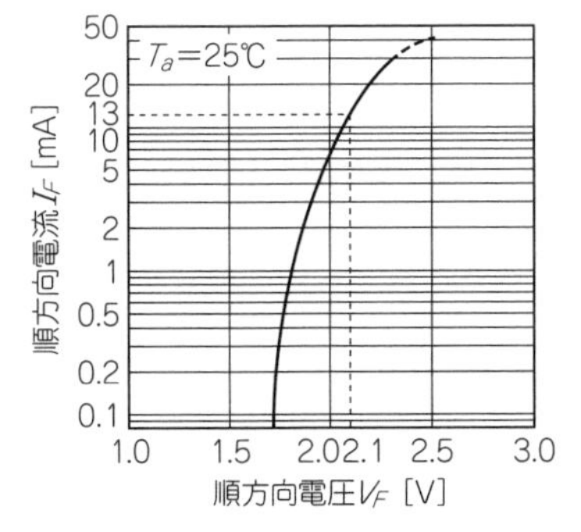

図13 ばらつきを考慮しない場合は順方向電流が13 mAのときの順方向電圧降下は約2.1 V
緑色LED SLR-342MG(ローム)の場合

LEDの順方向電流I_Fを13 mAとすると，LED SLR-342MGの順方向電圧降下は**図13**の順方向電圧-順方向電流特性から2.1 Vです．以上からR_1が求まります．

$$R_1 = \frac{5 - 2.1}{13 \times 10^{-3}} \fallingdotseq 223\,[\Omega]$$

I_Fは，LED SLR-342MGの周囲温度50 ℃における順方向電流の最大定格約22 mAに，80 %のディレーティングをした17.6 mA以下としました．

● LEDに電流制限抵抗が必要な理由

LEDに流せる順方向電流I_Fは，絶対最大定格により規定されています．この電流値よりも大きな電流が流れると，最悪の場合LEDが破損します．また，破損に至らないまでも寿命が著しく低下します．

順方向電流の最大定格値は周囲温度や駆動方法(パルス状に流す電流を断続させたり，一定値を常に流し続けるなど)によっても変化します．

LEDを壊したり，寿命を低下させたりしないために，電流を制限する回路，あるいは抵抗が必須です．

● LEDのV_F-I_F特性のばらつきを考慮する

理想LEDモデルには，実際のLEDと違い，順方向電圧-順方向電流特性の個体差(ばらつき)が考慮されていません．**図14**に示す順方向電圧降下を単純な直流電圧源に置き換えたLEDモデルを使って抵抗値を

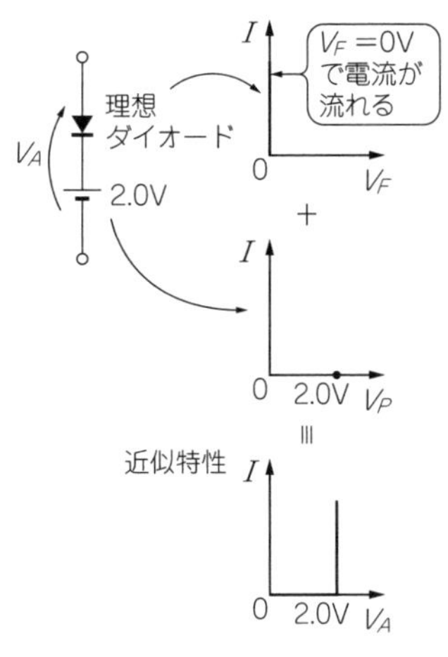

図14 このLEDモデルを使うのは少し安易

算出すると，想定した順方向電流が流れないことがあります．

ある電流を流したときの順方向電圧降下V_Fの値は，実測してみなければわかりません．しかし，個々のLEDごとに測定するのは現実的ではありません．

市販のLEDは，出荷検査によってデータシートに記載された範囲内でV_Fの値が保証されています．流したい順方向電流値における順方向電圧をデータシートから読み取って，**図12**に示すLEDモデルによって設計したとしても，I_Fのばらつきは抵抗の誤差を無視したとき±10％程度におさまるでしょう．

〈川田　章弘〉

6 アッテネータ

図15において，分圧器の合成抵抗は，A-Dコンバータの入力抵抗を無視できるように十分低く設定します(ここでは約100 kΩと想定)．

抵抗器が理想的なものならば，**図15**の例で出力電圧は次のようになります．

半固定抵抗器が最小のとき，センサの出力電圧が10％高い(2.2 V)ものを調整できるかを確認します．

$$V_{out\ \mathrm{min}} = \frac{V_{in}(R_2 + R_v)}{R_1 + R_v + R_2} \cdots\cdots (2)$$
$$= \frac{2.2\ \mathrm{V} \times (39\ \mathrm{k\Omega} + 0\ \Omega)}{39\ \mathrm{k\Omega} + 20\ \mathrm{k\Omega} + 39\ \mathrm{k\Omega}}$$
$$= 0.867\ [\mathrm{V}] \rightarrow \mathbf{OK!}$$

半固定抵抗器が最大のとき，センサの出力電圧が10％低い(1.8 V)ものを調整できるかを確認します．

$$V_{out\ \mathrm{max}} = \frac{V_{in}(R_2 + R_v)}{R_1 + R_v + R_2} \cdots\cdots (3)$$
$$= \frac{1.8\ \mathrm{V} \times (39\ \mathrm{k\Omega} + 20\ \mathrm{k\Omega})}{39\ \mathrm{k\Omega} + 20\ \mathrm{k\Omega} + 39\ \mathrm{k\Omega}}$$
$$= 1.073\ [\mathrm{V}] \rightarrow \mathbf{OK!}$$

固定抵抗器や半固定抵抗器の抵抗値は，標準の系列から選択する必要があります．抵抗器には許容差や温度係数などの誤差があります．さて，これらの誤差要因を含めるとOKでしょうか？

● 使いどころ

センサ回路と計測器を分離できる，**図15**のような装置が例として挙げられます．複数センサの出力信号を半固定抵抗器を備えた分圧器で所定の値に調整することで，どのセンサを使ってもまったく同じ測定値が得られるようにしています．センサに経時変化や故障，消耗が発生し得る複数の装置を維持していくうえで便利です．

物理量を検出するセンサ素子には感度の個体差があります．この個体差をなくす手段の一つが，センサに分圧器を組み込むことにより感度を調整する方法です．

例えば，ある基準となるレーザ光のパワーをセンサに照射したときに，どのセンサもDC1 Vを出力するように分圧器で調整する，というように使います．

ここでは前段の出力抵抗がゼロ，次段の入力抵抗が無限大であることを前提としています．また，実使用上の動作温度範囲における部品の温度依存性も，無視できることを前提としています．このような前提条件

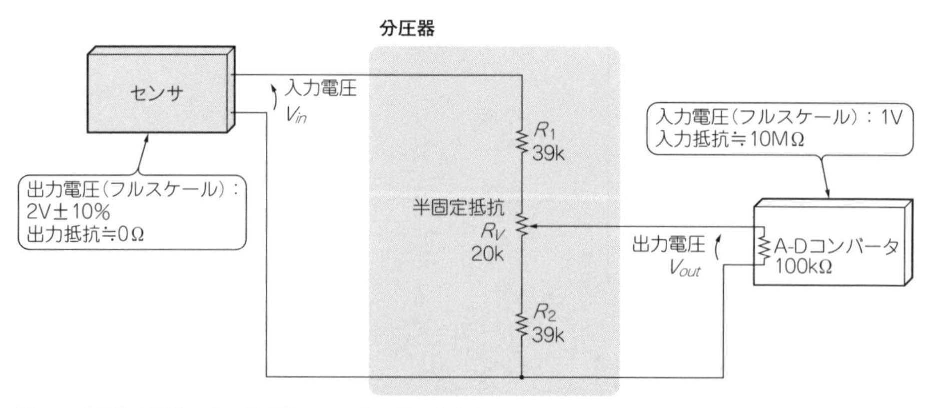

図15　分圧比を調整できる分圧器による分圧電圧値を確認したい
調整可能な分圧器を挿入することでセンサの出力電圧ばらつきを調整してA-Dコンバータに接続

は，実際の設計でつい見過ごしてしまいがちです．

感度が高い素子が接続される場合は，減衰比が大きくなるように調整する必要があります(0.5よりも0.4のほうが，減衰比が大きい)．ワースト・ケースで減衰比をどこまで大きくできるのかが知りたい情報です．

逆に感度が低い素子を調整するには，減衰比を小さくする必要があります．ワースト・ケースで減衰比をどこまで小さくできるかが知りたい情報です．

● 設計のポイント

部品のばらつきの要因を考慮した設計が必要です．各部品の最大値，最小値のすべての組み合わせにおいて，最大分圧比，最小分圧比などを求めます．

さまざまなばらつきを思い浮かべてしまい，半固定抵抗の占める割合を大きくして調整範囲を広くしたくなります．しかし，半固定抵抗の占める割合を大きくしすぎると，

- 振動や衝撃を受けて設定が変化する可能性がある
- 回転角度に対する設定値の変化率が大きすぎて調整作業がやりにくい
- 温度依存性が大きくなる
  (半固定抵抗の抵抗値温度係数は結構大きい)

など，良いことはありません．

かといって，可変範囲を狭めすぎると，部品のばらつきなどの影響で所定の分圧比がとれず，調整ができないという可能性があります．特に半固定抵抗器の許容差は，20％とか25％とかの大きな値を持ちます．また，半固定抵抗器は残留抵抗値が規定されており，摺(しゅう)動(どう)接点端子と終端の端子との間の抵抗値は，完全に0Ωに設定できるとは限りません．

どうしても可変範囲を広く設定せざるを得ない場合，多少のコスト・アップが許されるのであれば，単回転型の半固定抵抗器ではなく，多回転型の半固定抵抗器を採用すると，前述の三つの欠点を緩和できます．

〈遊佐 真琴〉

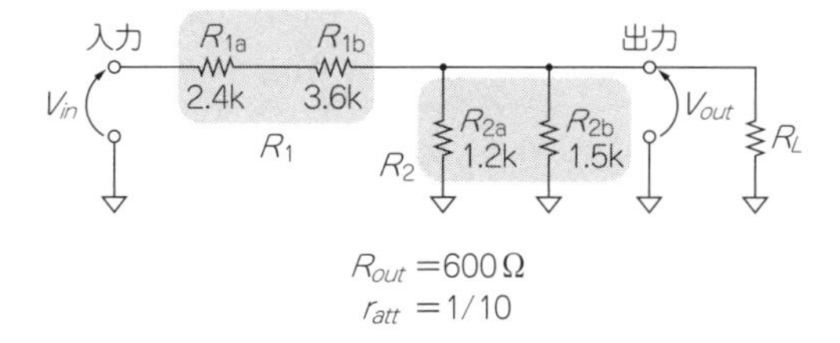

図16　出力抵抗値固定で減衰比を設定する減衰回路の抵抗値を求めたい

7 出力抵抗を一定にキープする減衰回路

出力抵抗R_{out} = 600 Ω，減衰比r_{att} = 1/10としたい場合に，図16に示すR_1とR_2を求めます．

$$R_1 = \frac{R_{out}}{r_{att}} \quad \cdots\cdots (4)$$
$$= 10 \times 600 = 6\ \text{k}\Omega$$

$$R_2 = \frac{r_{att}}{1 - r_{att}} R_1 \quad \cdots\cdots (5)$$
$$= \frac{0.1}{0.9} \times 6\ \text{k}\Omega \fallingdotseq 667\ \Omega$$

● 使いどころ

信号源などで，出力抵抗が決められている場合があります．このとき，分圧比と一緒に出力抵抗が変化してしまうと，分圧比を変えるたびに負荷に生じる電圧が変化することになります．同じ負荷抵抗を接続している場合の出力電圧の減衰比を，分圧回路の減衰比だけで調整したい場合，このような回路が必要です．

出力抵抗がR_{out}の回路に負荷抵抗R_Lを接続したときに生じる電圧は，次式で求まります．

$$V_{out} = \frac{R_L}{R_{out} + R_L} V_{in} \quad \cdots\cdots (6)$$

R_{out}が変化すると，同じR_Lを付けているにもかかわらず，出力電圧は減衰比以上に変わってしまいます．

● 算出の手引き

図17に示す出力減衰回路を使って，R_1とR_2の設計式の導出過程をたどります．

出力抵抗R_{out} = 600 Ωの仕様とテブナンの定理から，次式が求まります．

$$R_{out} = R_1 /\!/ kR_1$$
$$= \frac{R_1 \times kR_1}{R_1 + kR_1} = \frac{k}{1+k} R_1 \equiv 600\ \Omega \quad \cdots\cdots (7)$$

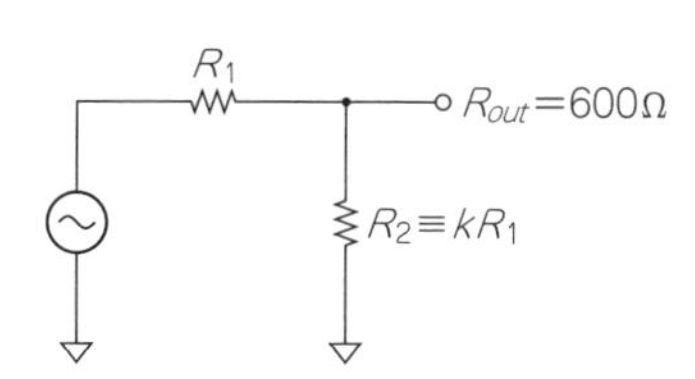

図17　R_1とR_2を導出する式を得るための減衰回路モデル

分圧比r_{att}とkは次式で表せます.

$$\frac{k}{1+k}=r_{att}$$

$$r_{att}+kr_{att}=k$$

$$k=\frac{r_{att}}{1-r_{att}} \cdots\cdots (8)$$

式(8)を式(7)に代入します.

$$R_{out}=\frac{\frac{r_{att}}{1-r_{att}}}{1+\frac{r_{att}}{1-r_{att}}}R_1=r_{att}\times R_1 \cdots\cdots (9)$$

よって,

$$R_1=\frac{R_{out}}{r_{att}} \cdots\cdots (10)$$

以上の計算から, 出力抵抗がR_{out}, 分圧比(減衰量)がr_{att}となる分圧回路は,

$$\begin{cases} R_1=\dfrac{R_{out}}{r_{att}} \cdots\cdots (4) \\ R_2=\dfrac{r_{att}}{1-r_{att}}R_1 \cdots\cdots (5) \end{cases}$$

を計算すればよいことがわかります.

〈川田 章弘〉

(初出:「トランジスタ技術」2010年5月号 特集)

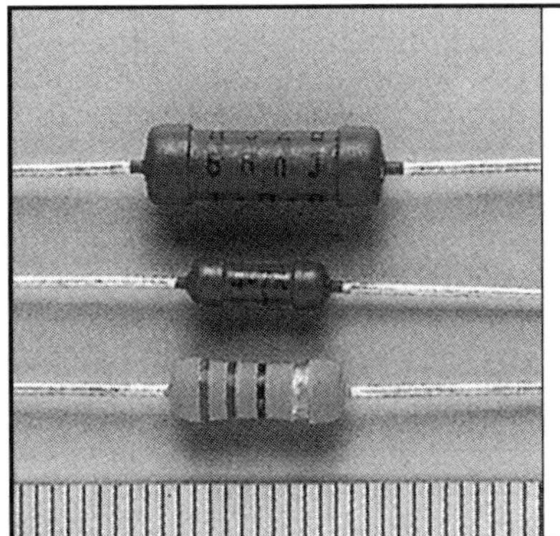

第5章 抵抗器のやっちまった伝説集

地雷はいっぱい！
ちょっとした気配りがあなたを救う

■ バックアップ電源にプルアップ抵抗は禁物

● リチウム・コイン電池が1年もたない

図1に示すのは，スリープ・モードでリチウム・コイン電池(BT_1)によるバックアップ電源に切り替える回路です．

メイン電源がONすると，IC_1が“H”となり，Tr_1とTr_3がONして，＋5Vの電圧がTr_1を通じてマイコンに供給されます．BT_1の電圧はTr_2によって遮断(しゃだん)されています．メイン電源がOFFすると，IC_1の出力は0V，Tr_3はOFF，Tr_1はOFF，そしてTr_2がONになって，BT_1の出力がマイコンに供給されます．

図1の回路は次のような問題点をはらんでいます．

①メイン電源 OFFでBT_1が1カ月ももたない

②メイン電源 OFFの状態でBT_1を交換すると，勝手にマイコンが起動して1日でBT_1がなくなる

③スリープ・モードに移行する前にリセットが掛かる

③の不安定要因は電解コンデンサC_2にあります．リチウム・コイン電池は内部抵抗が大きいので，容量の大きいコンデンサを接続すると立ち上がりが遅くなり，バックアップ・モードに移行する間に電源がいったん0Vに落ちてしまいます．

● 原因と対策

BT_1が消耗する原因は，R_5やR_6などのポートのプルアップ抵抗がバックアップ電源につながっているからです．スリープ・モードでは，ポート回路はアクティブではなくR_5やR_6のプルアップ抵抗には電流が流れます．**図2**のようにバックアップ電源とプルアップ用の電源を区別します．**プルアップ抵抗は，すべてメイン電源(＋5V)に接続**します．IC_3は，リセット電圧をBT_1の電圧以下に設定し，バックアップ移行時にリセットが掛からないようにします．IC_2は，BT_1交換時にバックアップに入らないようにするために必要です．

〈漆谷 正義〉

■ CMOSロジックの入力を$V_{CC}/2$で安定させてはいけない

● 微小に変化する信号をロジック・レベルに変換

微小なアナログ信号でCMOSロジック・カウンタなどを駆動するときには，**図3**に示すような回路を利

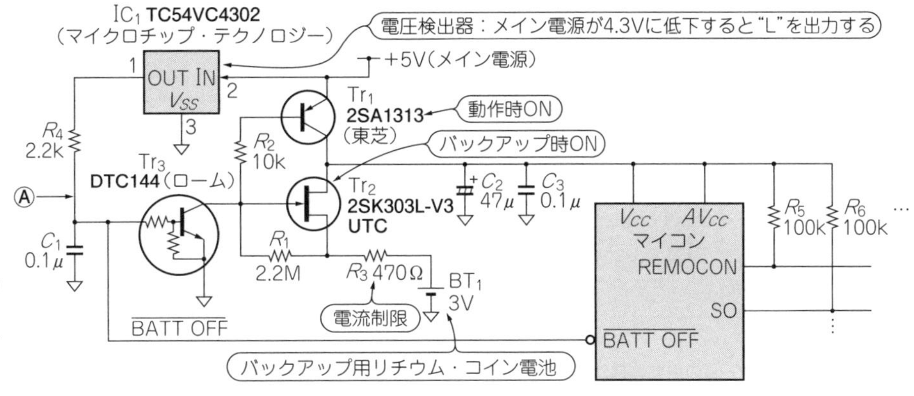

図1
メイン電源(＋5V)をOFFするとマイコンに供給される電源がバックアップ電源に切り替わる回路

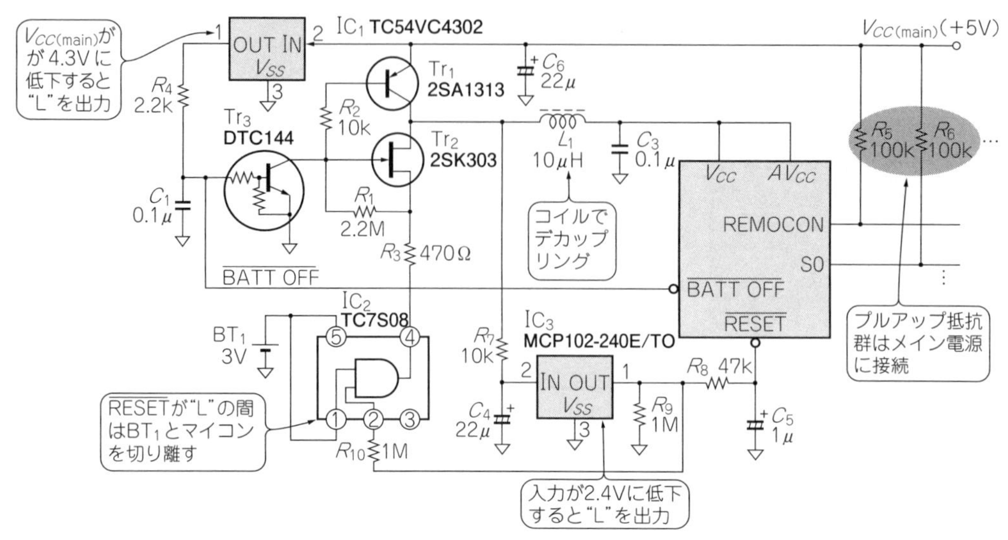

図2　図1に潜む問題点を解決した回路(リチウム・コイン電池が1年以上もつ)

用します．簡単なトランジスタ・アンプと組み合わせれば，微小なアナログ信号をCMOSレベルへと簡単に変換できます．

小さな入力信号でも確実に動くように，CMOSロジックの入力は，そのしきい値である電源電圧の1/2にバイアスします．

図3に示す回路は，アナログ信号が入力されている間は問題なく動きます．ところが，無入力になると出力がH/Lを繰り返して発振するセットが数台確認されました．誤動作しないセットでも，温度試験にかけると同じ症状が出ます．

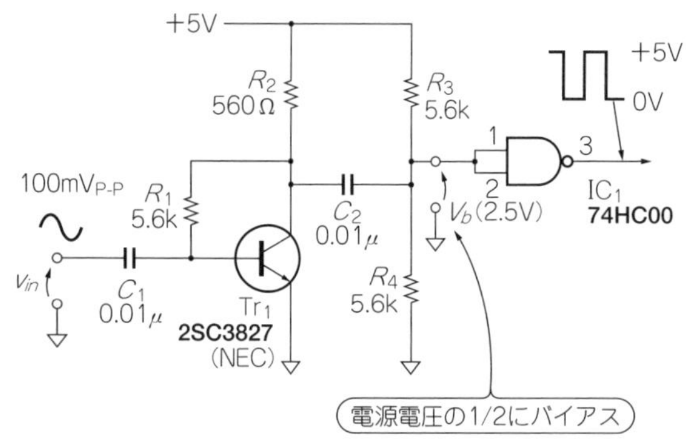

図3　微小アナログ信号をCMOSレベルに変換する回路

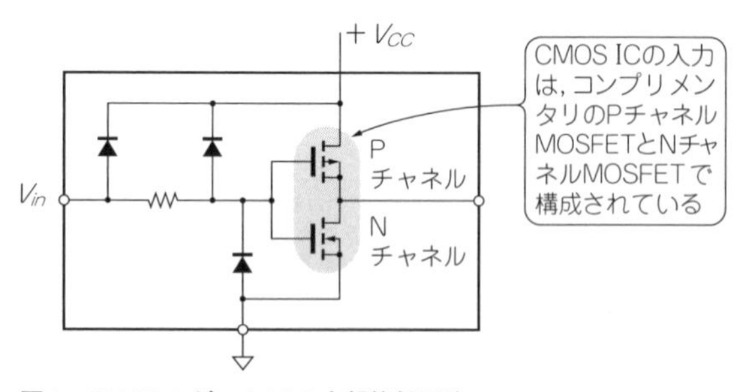

図4　CMOSロジックICの内部等価回路

● 原因と対策

CMOSロジック回路は "H"/"L" 信号を扱いますが，中身はアナログ回路です．CMOSロジックの入力回路がどのような構成になっているかを調べ，誤動作の原因がどこにあるのかを考えてみましょう．

図4にCMOSロジックの入力部の等価回路を示します．特性のそろったPチャネルとNチャネルのMOSFETで構成されています．

図5に示すのは，電源電圧を変更したときのCMOSロジックICの入出力特性です．

+6V電源のときしきい値は+3V，+2V電源で

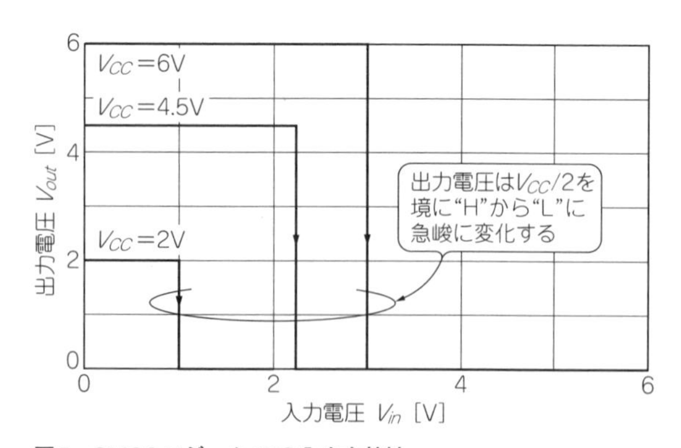

図5　CMOSロジックICの入出力特性
CMOSロジックICはしきい値を過ぎると "H" または "L" に振り切れる高ゲイン特性を持つ

もしきい値は+1Vで，確かにしきい値は電源電圧の1/2です．**しきい値をすぎると，“H”または“L”に振り切れます**．

ここで**図3**の回路をもう一度見ると，入力信号がない場合，CMOSロジックの入力は電源電圧の1/2になっています．

これはとても不安定な状態です．微小な電源のノイズによってもしきい値をまたいで出力が“H”と“L”に振り切れ，不安定な状態が続きます．**CMOSロジック回路の入力部のバイアスは電源電圧の1/2にしてはいけない**のです．

● 対策

図3の例では，R_3またはR_4を4.7 kΩとし，0.2 Vほどずらしました．これで無入力時の誤動作はなくなりました．

なお，TTLロジックのしきい値電圧は1.2～1.4 Vほどで，ダイオードをON/OFFする動作をしますから，誤動作の可能性はありません(**図6**)．

〈小宮 浩〉

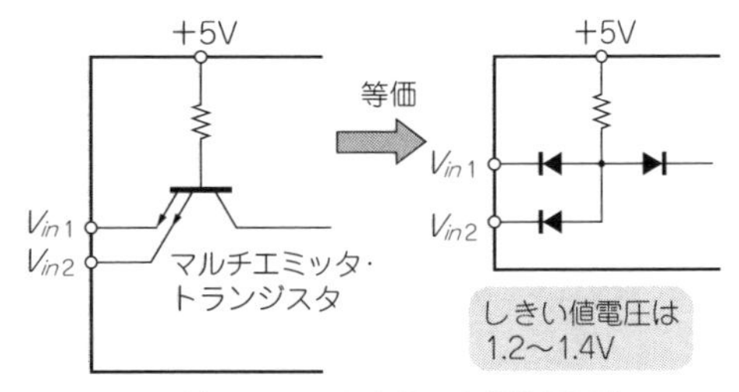

図6 TTLロジックICの入力部の内部等価回路

■ 使わない入力端子を開けっ放しにしてはいけない

● しきい値付近では大きな電流が流れる

基板上に，触れるとやけどするくらい熱くなっているディジタルICがあることに気付きました．そして突然そのICが壊れてしまいました．ディジタルICは消費電力が極めて小さいはずですから，不思議です．

図7に示すのは，標準的なCMOSロジックICの出力段です．

“H”または“L”の状態では，Pチャネル(Q_1)とNチャネル(Q_2)のどちらかが必ずOFFになっているので，電流I_{DD}はゼロです．ところが，V_{in}がしきい値付近にあるとき(V_{DD}/2付近)はQ_1とQ_2が両方ともONして，**図7**のようにディジタルICには過大な電流が流れます．**図8**に示すのは，CMOSロジックICの入力電圧V_{in}と出力段電流I_{DD}の関係です．

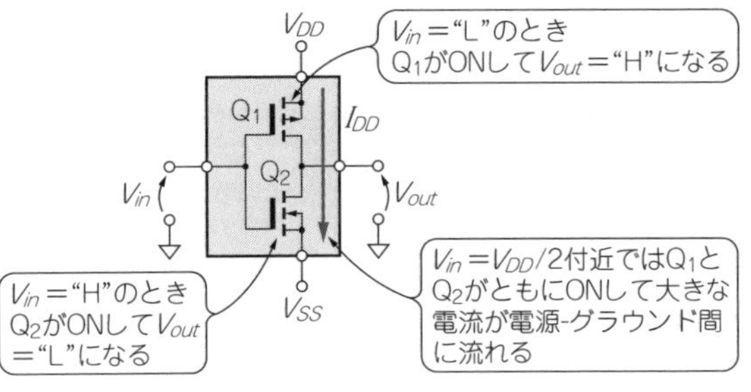

図7 CMOSロジックICの出力段

入力に何もつながずオープンにしたままにしておくと，電位が定まらず，しきい値付近の電圧になることがあります．こうなると，勝手に大きな電流が流れてICが発熱します．

標準ロジックICなどには，複数の論理ゲートなどが内蔵されているので，これらを使ってディジタル回路を設計すると，必ず使わないゲートが出てきます．これらの入力端子は入力インピーダンスがとても大きいため，そのままオープンにしておくと**ノイズが乗って出力段が勝手に“L”/“H”となり，前述の大きな電流を消費します**．IC内の電源は共通なので，空き端子にノイズが乗ると，電源を通じてほかのゲートにも悪影響を与えます．

また，CMOSロジックICの入力インピーダンスがとても高いので静電気などの高電圧が加わりやすく，壊れる原因になります．

● 余った入力端子の処理

図9に示すように，**ディジタルICの余った入力端子は電源側のV_{DD}またはグラウンドに接続し，出力が“H”または“L”で固定されるように処理します**．

なお，**図10(b)**のように，未使用の入力端子を直接

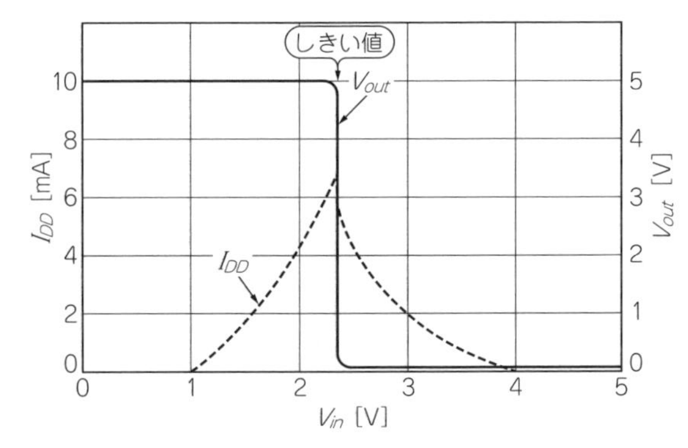

図8 V_{in}がしきい値(V_{DD}/2)付近のときはディジタルICに過大な電流が流れる

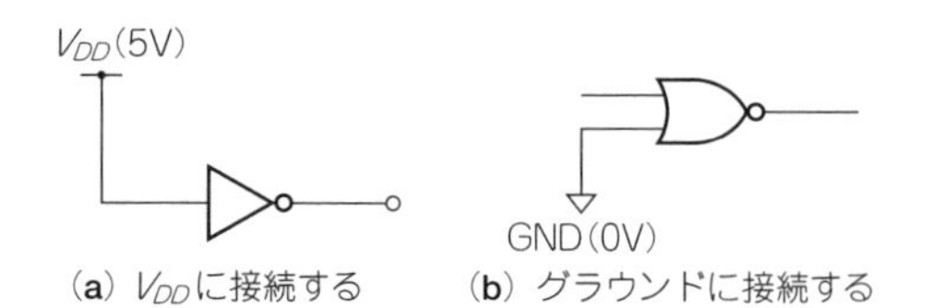

図9 標準ロジックICの未使用端子の処理

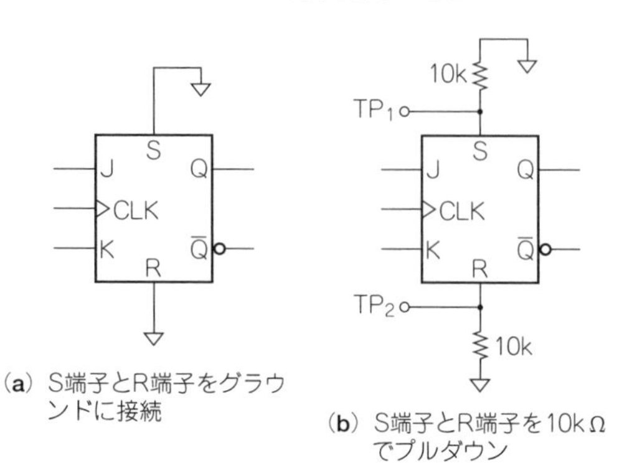

図10 フリップフロップの未使用端子の処理

グラウンドに接続するのではなく，10 kΩの抵抗でプルダウンしておけば，必要になったときにパターンを変更することなく，そのまま信号を入力して利用できます．

同様に，入力端子がほかの基板からコネクタで接続されているときにコネクタを外すと，入力がオープンになってしまうことがあります．このような場合も**図10(b)**と同じように，コネクタに接続されている入力端子をプルダウンしておきます．このときプルダウンする抵抗値をコネクタの先にある回路に影響を与えないように，例えば100 k～1 MΩにしておけば安心でしょう．

〈鈴木 憲次〉

■ マイコンの入力端子に外部回路を直結してはいけない

● マイコンのポートが壊れる?

図11に示すのは，ワンチップ・マイコンを使ったUSBターゲット・デバイスの一部です．

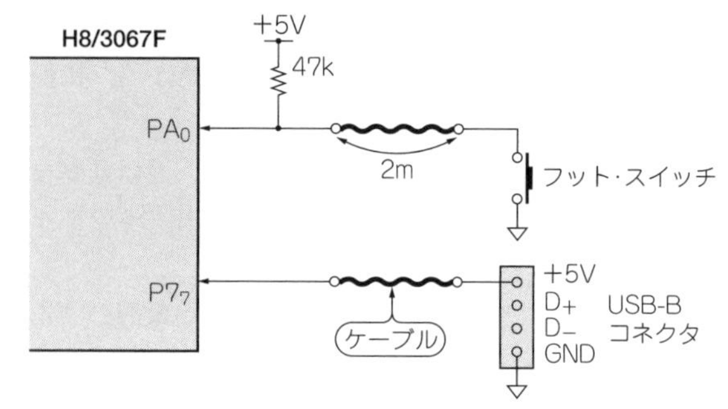

図11 ワンチップ・マイコンを使ったUSBターゲット・デバイス
次々とマイコンのポートが壊れていく

フット・スイッチが2 mのケーブルで接続されています．$P7_7$端子はUSB電源電圧をモニタして，本回路がパソコンと確実に接続されているかどうかを判断します．

▶フット・スイッチ入力端子の故障

使用しているうちに，フット・スイッチのON/OFFにかかわらず，PA_0のデータが'0'になってしまいました．

▶USB電源監視用の入力端子の故障

パソコンに接続したままでマイコンの電源をOFFにしたところ，H8/3067Fが異常に発熱したので，あわててパソコンからUSBケーブルを外しました．再びマイコンに通電したところ，$P7_7$のデータが'1'になってしまいました．

● 故障原因

図12に原因を示します．いずれも**マイコンの入出力端子を保護するために作り込まれている寄生ダイオードに過電流が流れ，このダイオードが破壊または劣化したのが原因**でした．

▶フット・スイッチ入力端子の故障原因

マイコンの電源をOFFにしたことで，入力保護用

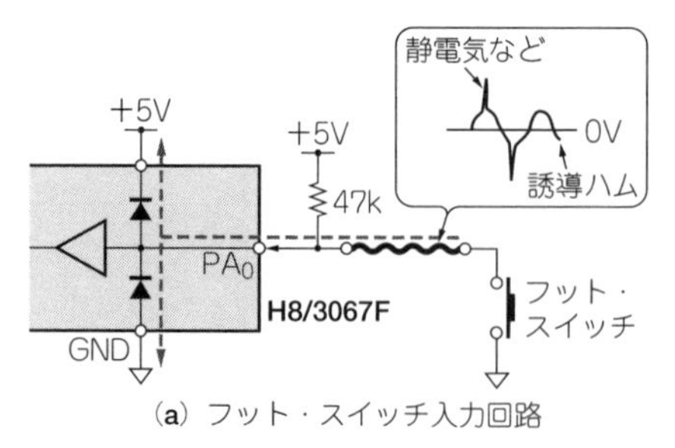

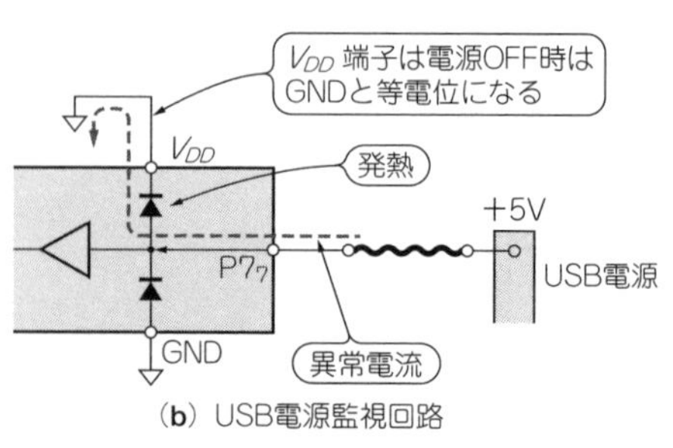

図12 破壊が起きる原因
いずれもマイコンの入出力端子にある寄生ダイオードに過電流が流れてポート自体が破壊していた

ダイオードに過電流が流れ，破壊したと考えられます．

▶USB電源監視用の入力端子の故障原因

マイコンの電源をOFFにしたことで，入力保護用ダイオードに過電流が流れて発熱し，破壊したようです．USB電源の供給能力は0.5 Aと大きいので，入力端子からマイコンに大きな電流が流れ込んだようです．

● 対策

図13に示します．

▶フット・スイッチ入力端子の対策

プルアップ抵抗を47 kΩから4.7 kΩに変更し，回路のインピーダンスを下げました．また入力端子に過電圧が発生したときに入力端子に流れる電流を制限するために，5.1 kΩの抵抗を直列に付けました．

▶USB電源監視用の入力端子の対策

47 kΩの抵抗を直列に付けて入力回路に流れる電流を制限しました．

〈国分 太郎〉

■ 抵抗の密集地帯ではトータルの消費電力を確認する

● 1/2 W抵抗で0.2 W消費なのに基板が変色

図14に示すのは，ごく普通のDC入力のフォト・カプラ・インターフェース回路です．

DC24 V/10 mAという入力回路の仕様を満足させるため，電流制限抵抗R_2に2.4 kΩ(1/2 W)を使用しました．R_1はスイッチがOFFしているとき，入力を安定させるためのプルアップ抵抗です．

スイッチがONしたときに1次側に流れる電流I_{on}は，

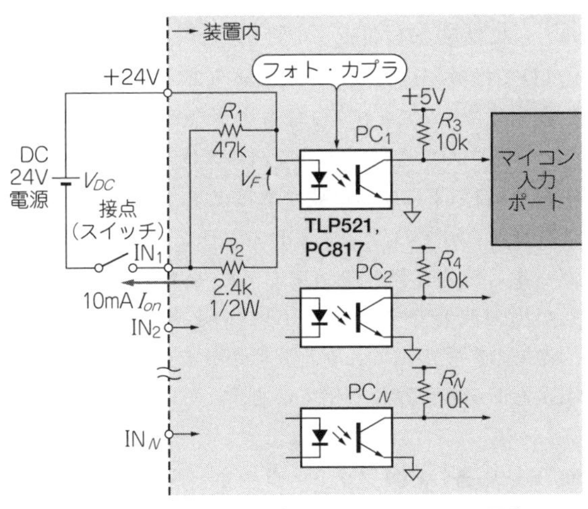

図14　DC入力のフォト・カプラ・インターフェース回路

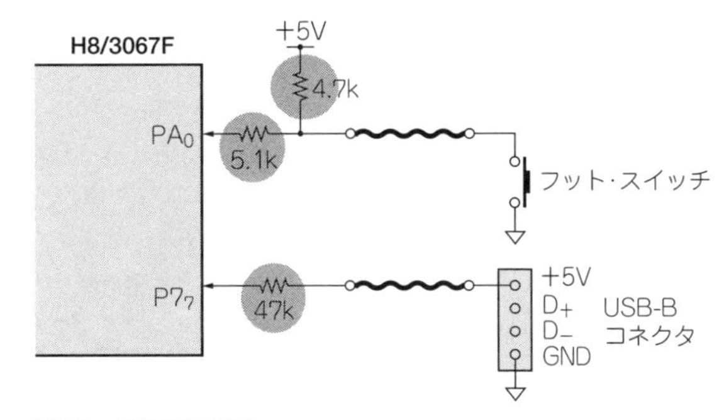

図13　対策後の回路

$$I_{on} = \frac{V_{DC}}{R_1} + \frac{V_{DC} - V_F}{R_2}$$

V_F = 1.4 Vとすると，I_{on}は約10 mA(= 0.5 + 9.4)となります．R_2の消費電力を計算すると約0.2 Wになるので，定格1/2 Wの抵抗を使いました．

部品単体(この場合は抵抗)での電力定格には注目しましたが，発熱部品が密集するとどうなるかということまで気が回りませんでした．

この装置は24時間連続運転の生産ラインで使われ，通電しっぱなしの状態が続きます．定常状態では特定の入力がONになったままです．今回運が悪いことに，隣り合う四つの信号がONして電流が流れ続けたのです．

実際の基板では5.08 mmピッチで抵抗が並んでおり(**写真1**)，この**抵抗の密集部分から約1 Wの熱が出ていたことになります．**

● 10年運転してふたを開けてびっくり

運転開始から10年もすると電源部などのコンデンサが傷みだし，点検修理の依頼が回ってきます．プリ

写真1　プリント基板上ではR_2(図14)が近接して実装されている
抵抗間の間隔は5.08 mm．常時4本の抵抗が0.2 Wを消費し続けた結果，10年で基板が変色した

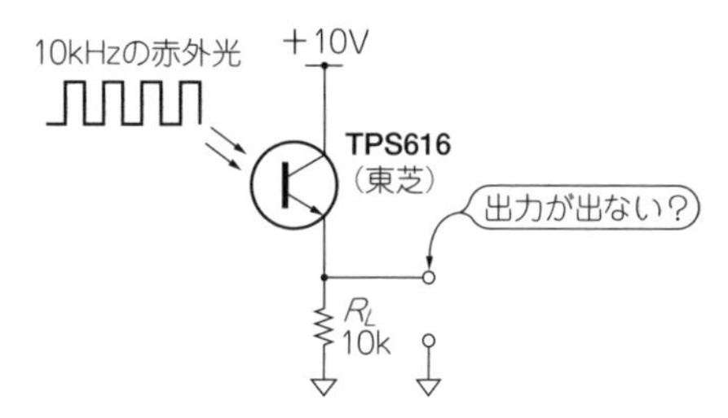

図15 赤外光のパルス波を受信し電気信号に変換する回路
10kHzのパルス光を受信したいが出力が出ない

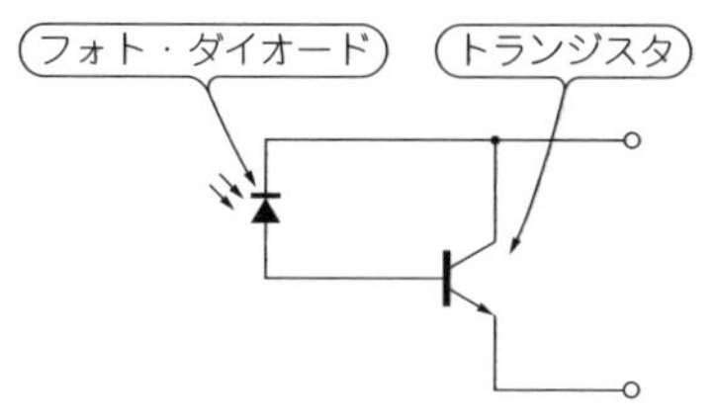

図16 フォト・トランジスタはフォト・ダイオードとトランジスタで構成されている

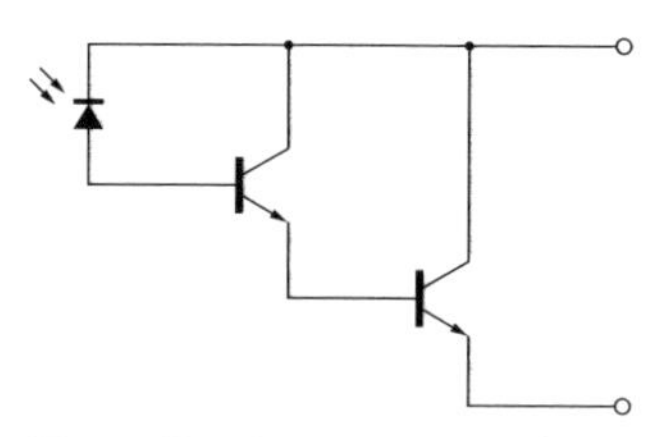

図17 ダーリントン・タイプは電流増幅率が大きいが高速応答が苦手なので使えない

ント基板の異変に気が付いたのはこのときです．

長年の発熱により，抵抗と基板が焼けて変色していました．炭化するほどの熱でも，抵抗値が変わってしまうほどの熱でもありません．

しかしよく見ると，白色のフォト・カプラが褐色になっており，熱が出ていた様子が見てとれます．回路そのものは正常に動作していましたが，このままでは絶縁不良のきっかけになる可能性があります．

● 電流を減らして対策

DC24 Vで使うとき，フォト・カプラに10 mAも流す必要があるかということが問題になります．

変換効率の劣化をカバーするために余裕をもってLEDに電流を流していたわけですが，それが原因で発熱し，プリント基板の変色に至りました．

対策方法は一つだけです．電流を少なくして消費電力を下げるしかありません．R_2を3.3 kΩ～4.7 kΩ(6.8 mA～4.8 mA/0.15 W～0.11 W)にして，発熱を減らしました．

電流を減らす場合，2次側の負荷抵抗(R_3)にも注意が必要です．R_3の値が小さいと，ONしたとき“L”に引っ張れなくなるかもしれません．逆にR_3を大きくするとスイッチング速度が低下します．

定格1/2 Wと呼ばれる抵抗でも，昔の1/4 W抵抗の大きさしかありません．このあたりが放熱性能の差につながると思います．

〈下間 憲行〉

■ フォト・トラを高速応答させるにはエミッタ抵抗を小さく

● 赤外光のパルス周波数が上がると出力信号が低下

図15に示すように，フォト・トランジスタを使って赤外光のパルス波を受信し，電気信号に変換する回路を作りましたが，パルス周波数を上げていくと，信号出力が低下してしまいます．

図16に示すように，フォト・トランジスタにはフォト・ダイオードとトランジスタが作り込まれています．**図17**に示すような電流増幅率の大きいフォト・ダーリントン接続タイプもありますが，応答時間が遅いという欠点があります．

● 周波数特性がエミッタ抵抗の大きさに依存する

図18に示すのは，フォト・トランジスタTPS616の周波数特性です．**図15**のエミッタ抵抗R_Lが1 kΩのときには50 kHz付近までは出力がとれそうですが，10 kΩでは数kHz程度が限度のようです．

直流光ならR_L = 10 kΩでも大きな電圧ゲインが期待できますが，今回のような**パルス信号を扱う場合は，R_Lは1 kΩ以下にする必要があります**．

写真2に示すのは，フォト・トランジスタに5 kHzのパルス波の赤外光を入射し，R_Lを変えながら観測した出力波形です．R_L = 10 kΩのときには容量や蓄積効果の影響が出ており，波形がなまっています．特に立ち下がりに遅れが出ています．

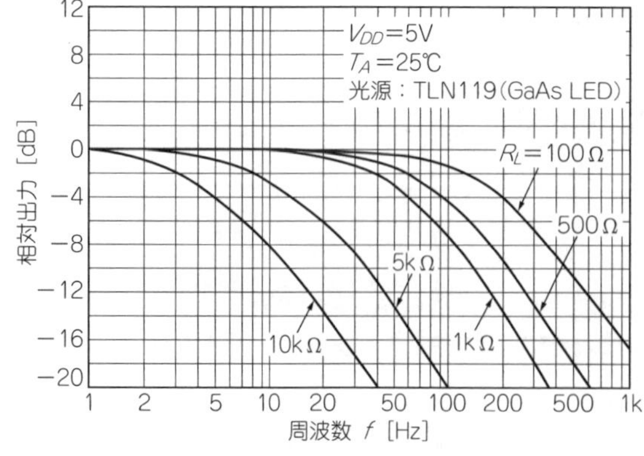

図18 エミッタ抵抗が大きいと周波数特性が悪くなる

● 高速応答のPINフォト・ダイオード

数十kHzのパルス波形を送受信する赤外リモコン

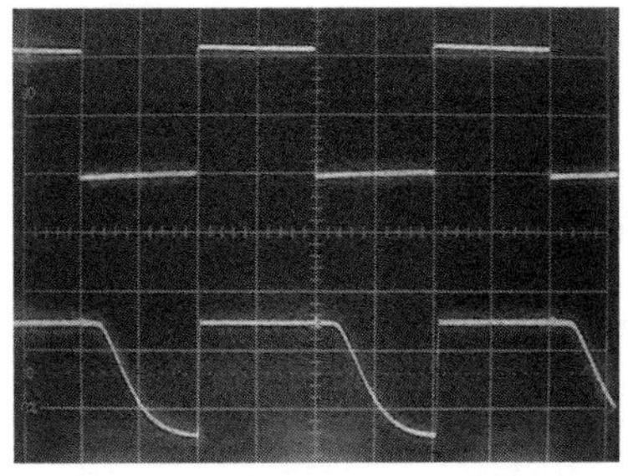
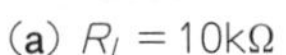

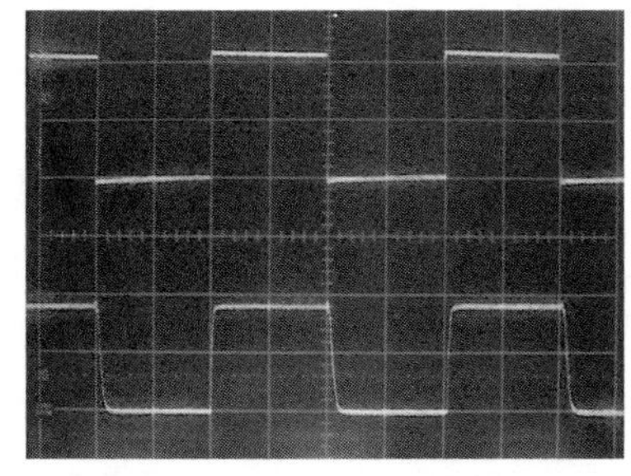

(a) $R_L = 10\text{k}\Omega$　　(b) $R_L = 1\text{k}\Omega$

写真2　フォト・トランジスタにパルス赤外光(5 kHz)**を入射して観測した出力波形**(5 V/div., 50 μs/div.)

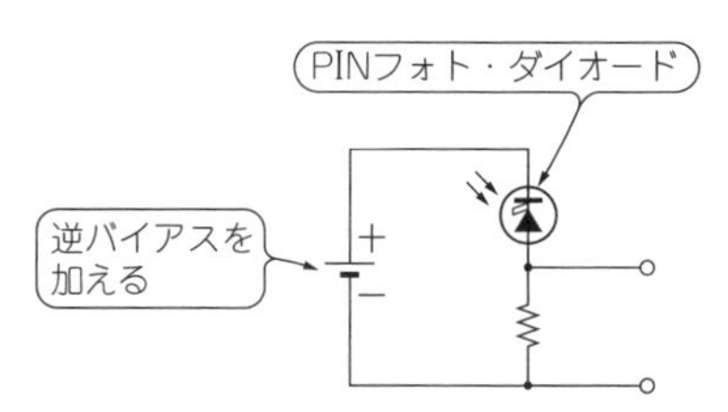

図19　リモコンには高速応答のPINフォト・ダイオードが使われている

は，高速動作が可能なPINフォト・ダイオードを受光素子として使っています．

普通のダイオードと同じように接合容量がありますが，**図19**のようにダイオードへ逆バイアスを加え，接合容量を1/3～1/10に低減して使うので高速動作が可能です．

〈鈴木 憲次〉

■ 結露センサは汎用ポートに直接接続しない

● 結露センサの出力はアナログ信号

写真3に示す結露センサは，結露しているかどうかだけを検出する素子ですから，スイッチのような部品と考えて，汎用ポートに直接接続したくなります．

図20に示すのは，結露センサの相対湿度-抵抗値特性です．確かに相対湿度90 %以上で抵抗値が急激に上昇しますから，**図21**のような接続でもよい気がします．結露のない場合は0.17 V_{CC}，結露時は0.9 V_{CC}で，CMOSのH/Lレベルの範囲内にあり，問題なさそうですが，実際はうまくいきません．

結露はゆっくり進行します．これに加えて結露センサの応答は遅い(数秒)ため，**図21**においてポート電圧は，**0.17～0.9 V_{CC}の間をゆっくりと変化します**．

CMOS入力回路は，中間電位あたりでゆっくり変化すると，出力が不安定な状態になり，しきい値近辺で結露("H")と乾燥("L")の状態が繰り返し起こります．

また，結露センサには大きな電流は流せないので，$R_1 = 10\ \text{k}\Omega$は100 kΩ以上にすべきですが，これでは"H"が確保できません．さらに**図20**に示す抵抗値は温度で変動し，その特性カーブは同一ではありません．

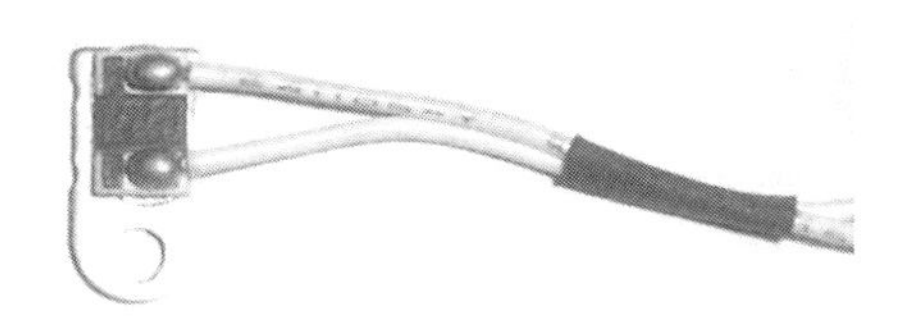

(a) 小型ディジタルVTR用

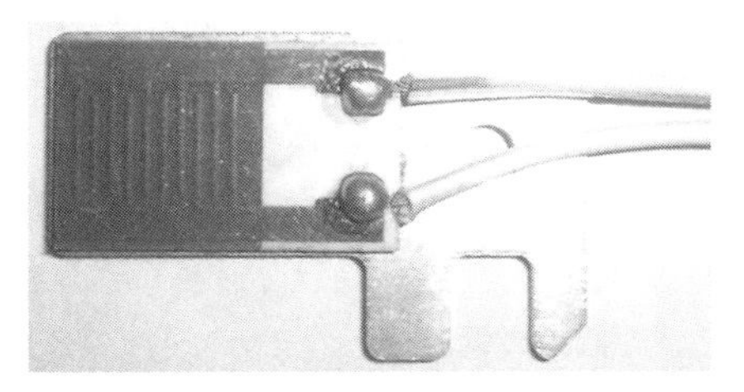

(b) 据え置きVTR用

写真3　結露センサの外観(VTRの回転ドラムの結露検出用)

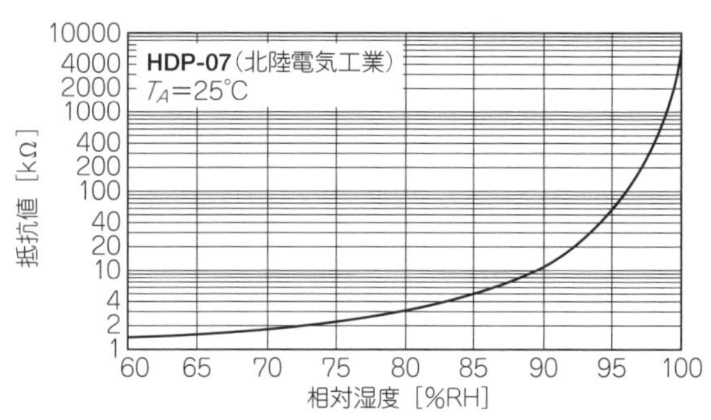

図20　結露センサの抵抗値は相対湿度90%以上で急激に上昇する

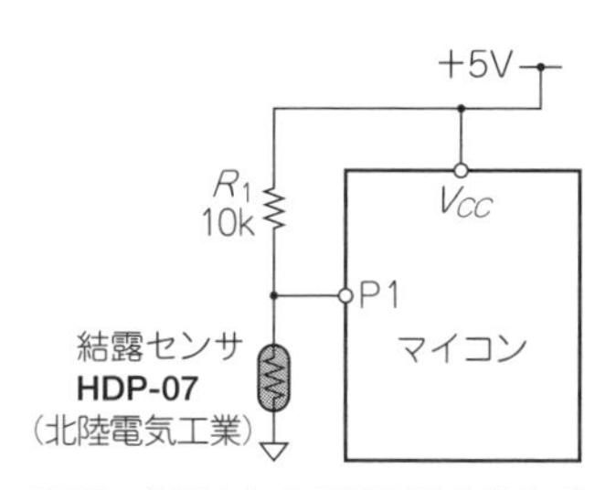

図21　結露センサは汎用の入出力ポートに直結したくなるが…

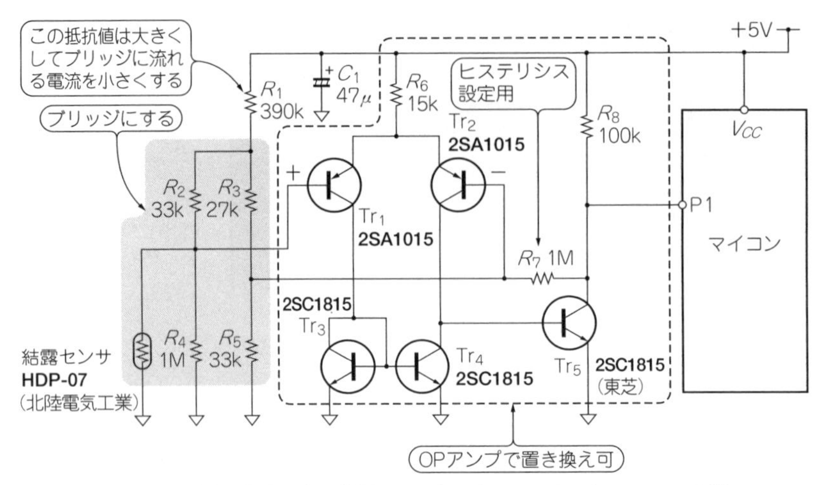

図22　結露と乾燥を確実に検出できる結露センサとマイコンのインターフェース回路

● 対策

マイコンとセンサの間にヒステリシスを持った回路を入れるか，マイコンのA-D端子に入力して，ソフトウェアでヒステリシス処理を行います．図22に示すように，センサはブリッジ構成にし，R_1を大きめにしてブリッジに流れる電流を小さくします．結露センサの抵抗値が約39 kΩ(94 %RH)で“L” → “H”，65 kΩ(96 %RH)で“H” → “L”となります．R_7はヒステリシス設定用の帰還抵抗です．

〈漆谷　正義〉

(初出:「トランジスタ技術」2005年11月号 特集)

■ 1本の抵抗がものをいう

ディジタル回路で使うプルアップ抵抗などは，そこそこのものが付いていれば回路は動きます．しかし，アナログ回路やパワー回路では，定数を十分吟味しておかないとトラブルの元になります．回路が動かないとか安定しないという問題だけでなく，場合によっては素子をつぶしてしまうかもしれません．

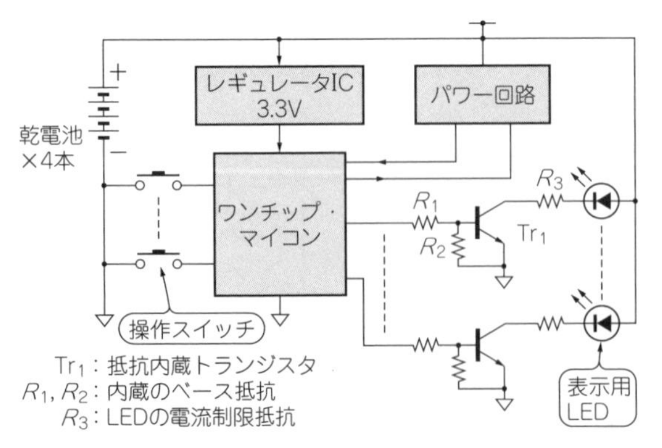

図23　デジトラを使ったLED駆動回路

● 3.3 VでデジトラをONするのに失敗

抵抗内蔵トランジスタ，いわゆるデジトラが出てきたおかげで，ディジタル回路の出力インターフェースがずいぶん楽になりました．デジトラが出現する前は，トランジスタと抵抗を組み合わせるか，トランジスタ・アレイを選ぶしか方法がありませんでした．

▶LED駆動用のトランジスタのベース電流をけちった

図23に示すようなマイコン回路でLEDを光らせていました．マイコンの電源は3.3 Vのレギュレータで安定化しています．マイコンの電源よりLEDの電源電圧が高いので，マイコンの出力ポートを直接つないで駆動することはできません．そこでデジトラを使ってLEDを光らせました．電池駆動の機器なので，できるだけ無駄な電流を減らそうと考え，R_1とR_2に47 kΩの抵抗が入っているデジトラを選び，ベース駆動電流を小さくしたのです．

▶LEDの明るさにばらつきが出てしまった！

できあがった装置を並べてみると，LEDの明るさにばらつきが出ました．一つの装置内でもLEDの明るさに違いがあり，複数の同色LEDが同時に点灯すると，明るいのと暗いのが混じり，妙な感じなのです．機能には影響のない見掛けだけの現象です．しかし，放っておくわけにもいきません．

原因はすぐわかりました．デジトラのベース電流不足です．コレクタがきちんとスイッチしていません．3.3 Vという低めの電源電圧のせいでh_{FE}のばらつきが影響するのです．試しにマイコンの電源電圧を5 Vに上げるとずいぶんましになります．

暗くなるのを許容してLEDの電流を減らすか，デジトラのベース電流を増やすかのどちらかです．このときは，ベース電流の増大には目をつぶり，$R_1 = 10\ \mathrm{k\Omega}$ のデジトラに交換して解決しました．

▶試作は良い条件で行いがち

機能検証のための試作では，マイコンの電源電圧を5Vにしてデバッグを行っていました．この時点ではLEDが光ればOKだったので，点灯したときの明るさにばらつきが生じるとは考えもしませんでした．

● 肝心の保護回路が壊れる!?

パワー回路に使っている半導体は，ちょっとしたミスにより一瞬で壊れてしまいます．壊してしまう原因を考えるといろいろ出てきますが，過電圧あるいは過電流が代表で，発熱がきっかけになっていることもあるでしょう．具体的な装置を述べるものではありませんが，電源にまつわる体験談としてお読みください．

▶電流制限用のトランジスタは壊れると被害が大きい

シリーズ・レギュレータ方式の安定化電源を過負荷や短絡から保護するため，**図24**のTr_2のような電流制限回路を設けることがあります．過負荷や短絡による電流でR_1両端の電圧が大きくなるとTr_2がONし，主制御トランジスタTr_1に流れるはずのベース電流をバイパスします．R_1両端の電圧がTr_2のベース-エミッタ間電圧となって平衡して一定電流となり，Tr_1を過大な電流から守ります．

この回路で使うTr_2は，Tr_1のベース電流を横取りできればよいだけなので，0.1Aクラスの小さなトランジスタ(2SC945や2SC1815など)を使います．これが問題を引き起こします．

1Aくらいで電流制限するような回路ではなく，もう少し大きな電源，例えばアマチュア無線の無線機で使うような13.5V，5～10Aクラスの電源を想定して

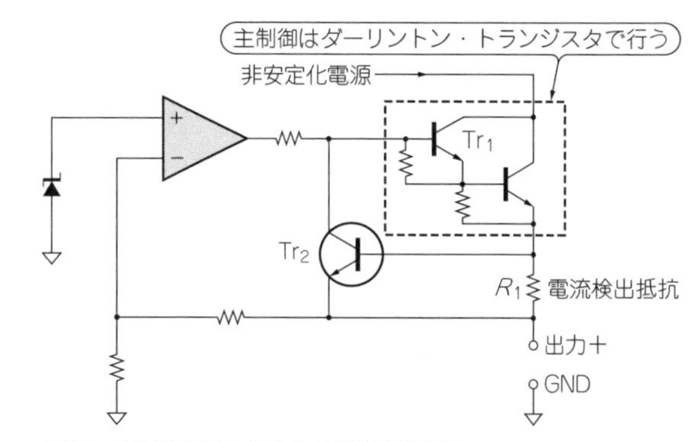

図24　定電圧電源に挿入した電流制限回路

ください．平滑回路には大きなコンデンサが入っていることでしょう．

このような電源を短絡すると，R_1両端の電圧が瞬間的に大きく上昇してTr_2による保護が働く前，定電流状態になる前にTr_2のベース-エミッタ間が破壊されてしまことがあります．こうなると保護回路が働きません．

偶然，Tr_2のコレクタ-エミッタが短絡する状態で壊れてくれれば，Tr_1が働かないので電圧出力が出なくなります．短絡が解消しても負荷に電圧は加わらず，電源を供給している装置は無事です．

ところが，Tr_2がオープンで壊れると，連鎖反応的な過大電流によりTr_1まで破壊されてしまうかもしれません．このとき，Tr_1のコレクタ-エミッタ間が短絡してしまうと，出力には安定化する前の電圧が出てしまいます．短絡回復と同時に定格よりも高い電圧が装置に加わることになり，ダメージを受けてしまうかもしれません．

▶抵抗1本で予防できる

図25のR_2のように抵抗をTr_2のベースに入れておけば，R_1両端に発生する瞬間的な過大電圧による破

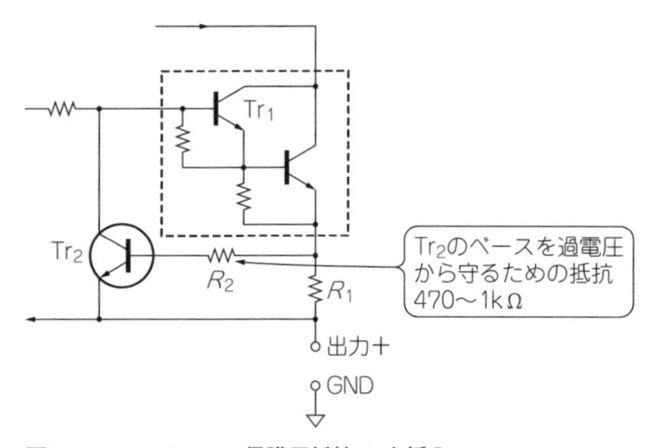

図25　Tr_2のベースに保護用抵抗R_2を挿入

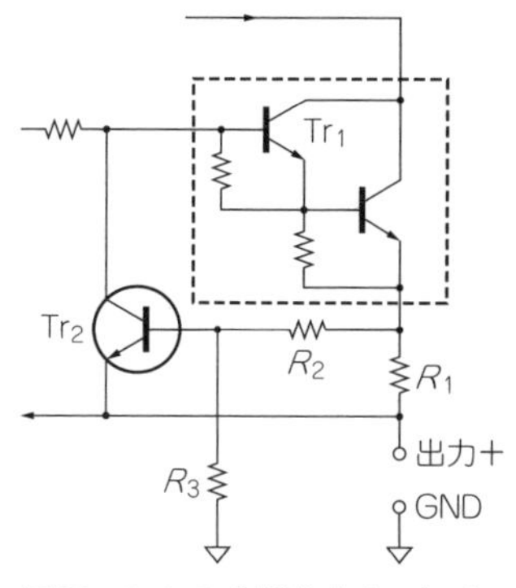

図26　R_2とR_3を挿入することでフォールド・バック型保護回路になる

壊が防げます．1本の抵抗を加えることにより，致命的な故障が防げるのです．

また**図26**のように，R_2とR_3を追加してフの字特性が出るフォールド・バック型の保護回路にするのも手です．Tr_2のベースに抵抗が入り保護になります．

電源回路に関しては，幾度となく痛い目にあっています．転ばぬ先の杖ではありませんが，回路のちょっとした工夫，先達の知恵が装置を長もちさせることでしょう．

▶レギュレータICを使うときも一工夫

汎用レギュレータIC LM723を使った電源回路でも，同じような注意が必要です．テキサス・インスツルメンツ社の等価回路を見ると，電流リミット用トランジスタ入力には保護抵抗が図示されていますが，テキサス・インスツルメンツやモトローラの回路には記載されていません．723を使って電源を作る場合，この点が不安で，念のため保護抵抗を入れることにしています．

〈下間 憲行〉

◆参考文献◆

(1) 渡辺明禎：電源回路の実用設計，トランジスタ技術2003年4月号，pp.167～183，CQ出版㈱．

(初出：「トランジスタ技術」2005年9月号)

■ グラウンド・ラインにあった1本の抵抗

● 生物の運動には相互作用が働いている

学生時代，「内部観測」の提唱者の一人である松野孝一郎先生の講義を受講したことがあります．その内容は，「生物は，その運動における境界条件を，相互作用によって時々刻々と変更している」というようなものでした．境界条件を頻繁に変更しつつ運動するので，生物の運動は一見するとカオスのように見えるといった内容だったと記憶しています．

そんなある日のこと，先生に次の質問を投げかけてみました．「私には生物運動における初期条件がどのように決まったのかイメージできません．生物が，その運動を開始したとき，つまり，原始地球において生命が誕生し，運動を開始した瞬間には，必ず初期条件があったと思うのですが，それは，どのようにして決まったのでしょうか」．

先生はちょっと間をおいた後，右手の人差し指をスッと立て，こう言いました．「それは…ビッグバンだよ」．私は，きょとんとするしかありませんでした．

● 開発過程においても相互作用は働いている

私たち技術者の開発過程に目を向けてみましょう．打ち合わせという名の相互作用により，仕様変更が頻繁に生じています．昔とは異なり，製品に使われる技術は多岐に及びますから，各担当者と綿密な打ち合わせを行うことが製品開発では大切です．

● CAD入力に疲れきっていたある日のこと

入社1年目のある日，アンダーサンプリング・ユニットの孫ボードの回路設計を終え，親ボードの回路設計に取り掛かっていたときのことです．私の描いた回路を元に，孫ボードの配置配線をしていたA先輩が

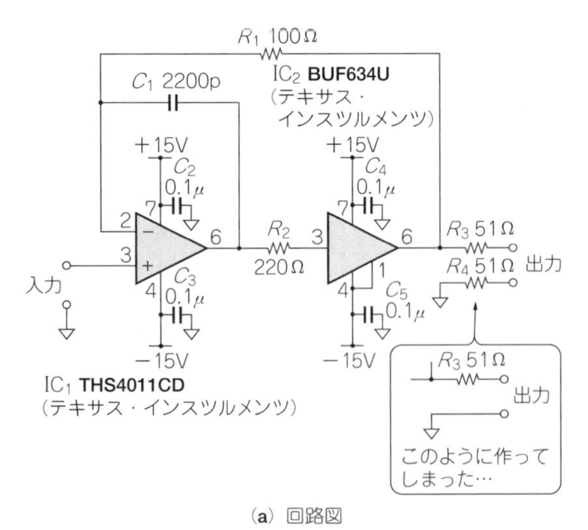

(a) 回路図

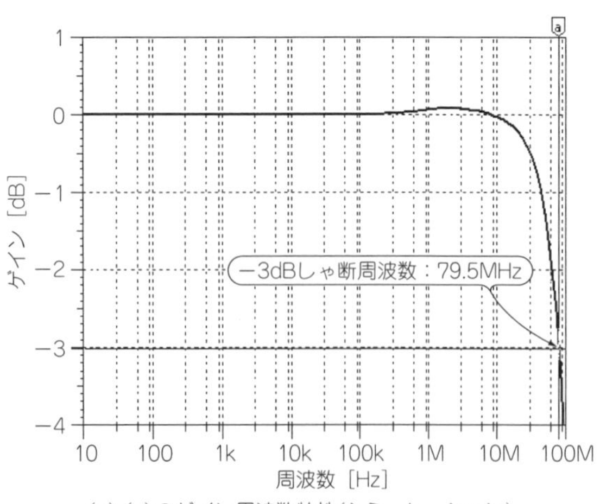

(b) (a)のゲイン周波数特性(シミュレーション)

図27 アンダーサンプリング・ユニットの出力段に設けたバッファ回路
この回路単体での特性には問題なかったが…

声を掛けてきました．「川田君，この抵抗なんで付いているの？」．

質問された回路は，**図27**のような最終出力部の回路でした．その回路は，グラウンド・ラインに抵抗R_4が入っていたのです．疲れきっていた私は，その抵抗が必要な理由を思い出すことができず，「何でしたっけ？ Aさんが必要ないと思うのなら，取ってもよいですよ」と，かなり投げやりな返答をして，自分の設計作業に戻ったのでした．

そして，ボードが完成し，単体での動作確認を終え，ディジタイザと接続試験をしているときに問題が発生しました．

● 差動バランスが悪いとノイズが増える

評価をしていた別のB先輩が「ノイズが大きい！」と驚きながら回路図を見たところ，グラウンドに抵抗が付いていないことを発見しました．B先輩は，私のところに飛んできて言いました．「川田君，*CMRR*(Common Mode Rejection Ratio：同相信号除去比)が悪くなるから，グラウンドには抵抗を入れておいてって言ったよね．なんで入ってないの」．

…そうです，ディジタイザは差動入力になっていたのです．差動インピーダンスのバランスが悪くなると，**図28**のようにコモン・モード・ノイズがノーマル・モード・ノイズに変換されてしまいます．その結果，ノイズ・レベルが上昇してしまうのです．

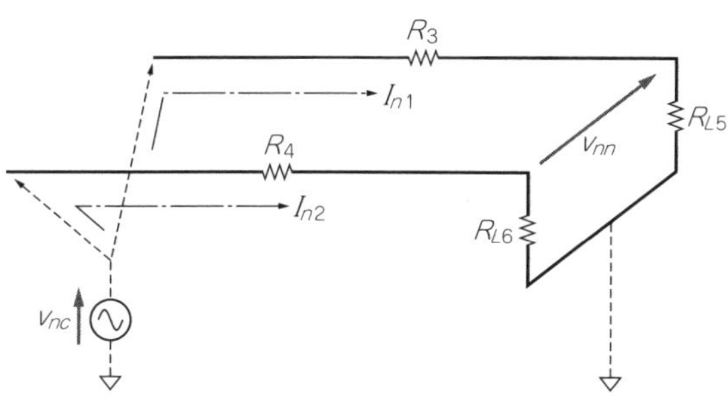

$R_{L5}=R_{L6}=R_L$
とすると，

$$v_{nn}=\frac{R_L(R_4-R_3)}{(R_3+R_L)(R_4+R_L)}v_{nc}$$

ここで，$R_3=R_4$であれば，$I_{n1}=I_{n2}$であり，また，$v_{nn}=0$となる．しかし，R_3はそのままで，$R_4=0$となると，

$$v_{nn}=-\frac{R_3}{R_3+R_L}v_{nc}$$

となり，コモン・モード・ノイズによって，ノーマル・モード・ノイズが発生する

図28　差動インピーダンスがバランスしていないと，コモン・モード・ノイズがノーマル・モード・ノイズになる

回路図入力中にB先輩から，ディジタイザは差動入力だという仕様を口頭で伝えられた私は，その時点で入力中の回路図を修正したのです．そして，後になって，配置配線をしていたA先輩に理由を聞かれたとき，その抵抗の意味をすっかり忘れていたのでした．

● 回路シミュレーションでも確認できる

差動インピーダンスがアンバランスなとき*CMRR*が悪化する現象は，回路シミュレーションでも再現できます．シミュレーションした回路を**図29(a)**に示します．

R_4の抵抗値を1～51Ωまで10Ωステップで変化させたときのシミュレーション結果を**図29(b)**に示します．抵抗値が下がり，差動インピーダンスがアンバランスになるほど*CMRR*が悪化していることがわかります．

● 回路上の対策

回路上の対策は簡単です．基板上のパターンを追い

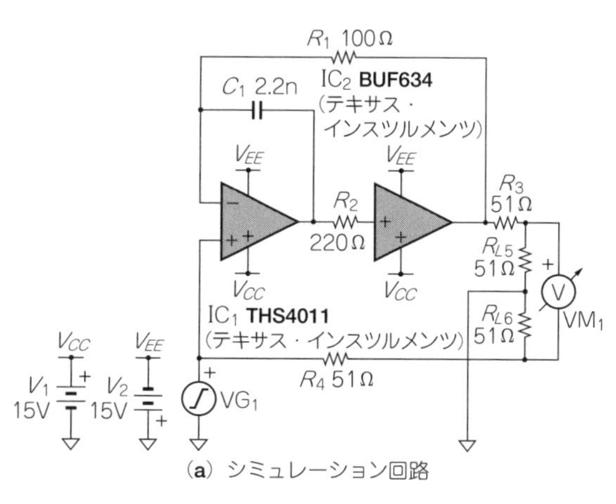

(a) シミュレーション回路

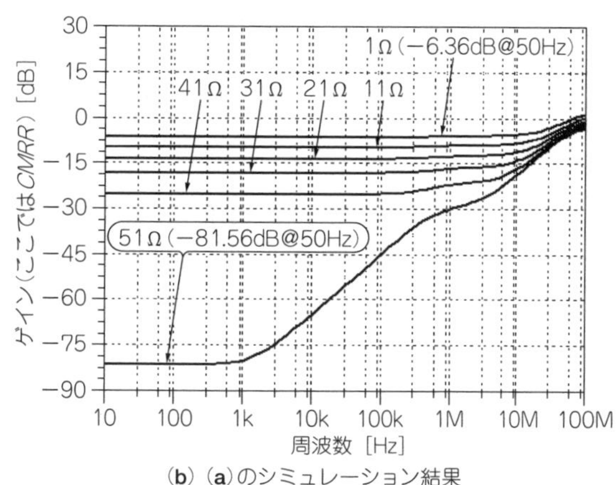

(b) (a)のシミュレーション結果

図29　グラウンドに抵抗を入れると*CMRR*が飛躍的に改善される

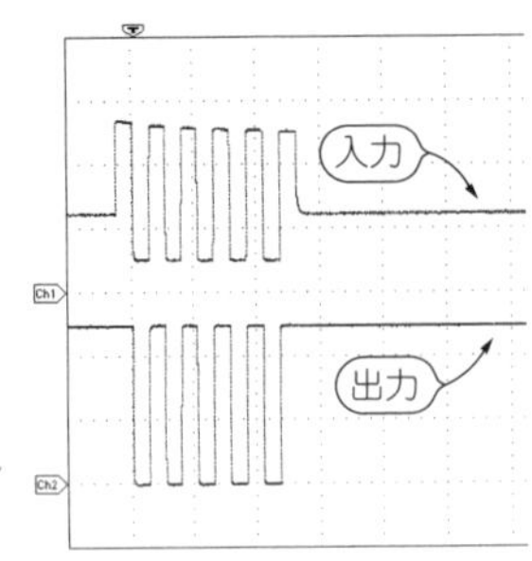

図31
レシーバの入力Aと出力を見ると安定な通信ができそう(2V/div, 400 μs/div)

表1 差動ドライバ/レシーバIC SN65C1168Nの入出力仕様

差動入力 A－B	イネーブル RE	出力 R
$V_{ID} \geqq 200$ mV	L	H
-200 mV $< V_{ID} <$ 200 mV	L	不確定
$V_{ID} \leqq -200$ mV	L	L
－(無関係)	H	ハイ・インピーダンス
オープン	L	H

かけて，抵抗を挿入できる箇所を見つけ出し，パターン・カットをして抵抗を追加しました．そして後日，基板の改版時にパターンを修正しました．

このようなミスを起こさないためには，

- どんなに急いでいても仕様は必ず文書で渡す
- インターフェース仕様は徹底的に確認する
- 回路設計時に考えたことは回路図に記入する

以上の三つを心掛けると良いでしょう．

＊　＊　＊

生物運動にも技術者の開発過程にも，相互作用が大きく働いています．しかし，相互作用によって開発過程がカオス化し，仕様までカオスの海に飲まれてしまっては目も当てられません．

生物の運動過程がカオスのようであるのなら，それに抗い秩序を作り出すのは人間の知力でしょう．相互作用による仕様変更の波に負けず，カオスの海を制覇したいものです．

〈川田 章弘〉

(初出：「トランジスタ技術」2005年12月号)

RS-485の終端抵抗値の設定ミス

図30に示すのは，問題のあったRS-485インターフェースです．RS-485は，1：多の長距離の高速な通信を実現することができるインターフェースで，最大32個まで機器を同じ配線上に接続することができます．送受信ICには，ドライバ/レシーバSN65C1168N(テキサス・インスツルメンツ)を使いました．

● 問題発生

図31に示すのはSN65C1168Nのレシーバの入出力の信号波形で，特に問題なく送受信できています．ところが，ときどき通信エラーが発生し，レシーバが正常にデータを受信していないことがわかりました．ただし，120 Ωの終端抵抗を外すと受信エラーは起こらなくなります．終端抵抗の値を120 Ωにした理由は，100 Ω～150 Ωがよく使われているからです．

● 原因の究明

▶仕様書上でも実験上でもA，B入力開放時のRxDの電位は“H”になるはず

レシーバの出力ロジックは，SN65C1168Nの入力A-B間の電位差で決まります．その値は表1のように

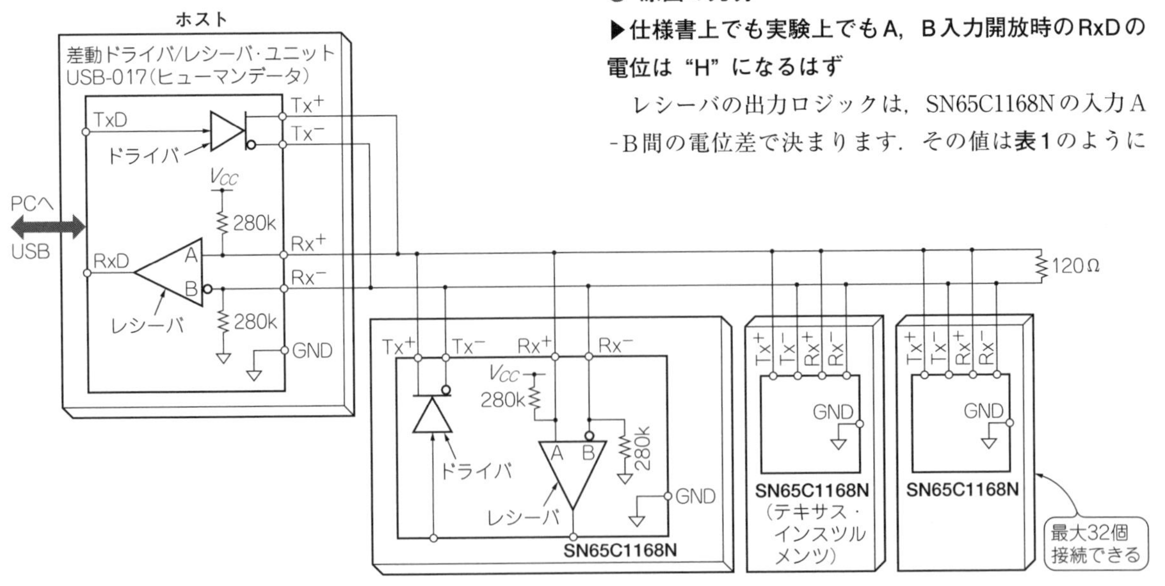

図30 問題のあったRS-485インターフェース

規定されています．

入力Aが入力Bより0.2 V以上高ければ“H”，逆に0.2 V以上低ければ“L”になります．「電位差±0.2 V以内のとき出力不確定」とは，直前の状態が保たれるという意味です．SN65C1168Nはシュミット・トリガ入力なので，出力はふらつきません．

正常に動作していれば，A，B入力が開放されているとき(すべてのドライバ出力がハイ・インピーダンスのとき)，入力Aと入力Bの電位差V_{ID}は200 mV以上あり，レシーバ出力RxDは“H”で安定するはずです．

図32に示すように，A，B入力開放時の電位を確定させるために，A入力は288 kΩを通してV_{CC}，B入力は288 kΩを通してGNDに接続されています．手元にある10個のサンプルを実測したところ，すべてレシーバ入力開放時のAとBの入力電圧は320 mV以上あり，十分なマージンをもって$V_{ID} \geqq 200$ mVとなっていました．レシーバの入力を開放するとRxD出力は確実に“H”になることが保証されています．

▶負電圧のノイズ信号を加えてみたら再現された

パルス性のノイズでレシーバの状態が変化するのでは？　と疑ってみました．

図33はパソコン側のレシーバの入力が開放されている状態で，A入力に負のパルスを加えたときの波形です．終端抵抗があるときは，レシーバのロジックが反転したまま保持されて，元に戻らなくなっています．ノイズが入った直後にブレーク状態に陥り，戻らなくってしまったのです．

パソコンはこの信号をスタート・ビットと見なすため，ストップ・ビットが検出できないことによるフレーミング・エラーが発生します．その次に送られてくるデータのスタート・ビットの立ち下がりが検出できないので，続けてエラーが発生します．

USARTはビットのセンタで1回，またはビット当たり3回のサンプリングを行い，その多数決ロジックで判断します．言い換えれば，半ビット未満のパルスであればノイズとして除去する能力がありますが，これではお手上げです．

終端抵抗はノイズへの耐力を上げますが，逆にノイズを受けたときのフェイル・セーフ機能を相殺することでもあるのです．これがトラブルの原因でした．

● 対策

▶バイアス抵抗を追加

RS-485のドライバICは，最大32個のレシーバを駆動できます．

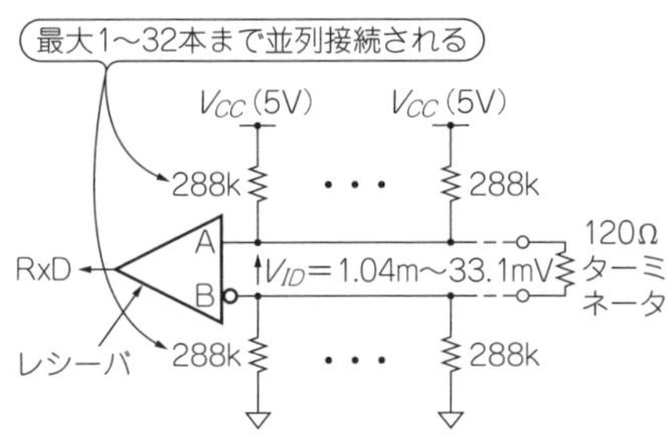

図32　たまに通信エラーとなるRS-485のレシーバと終端抵抗

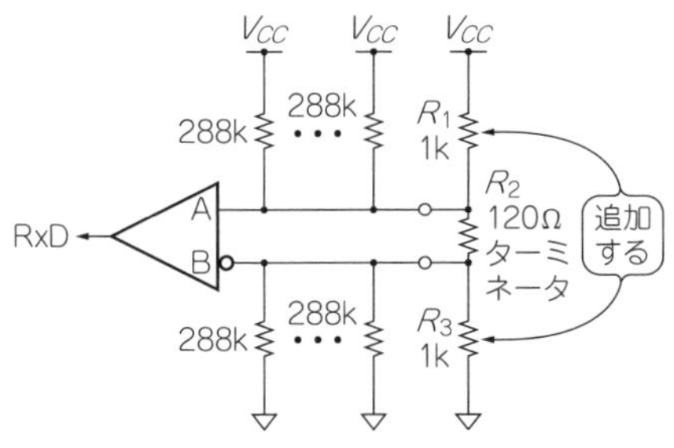

図34　ノイズによるブレーク状態を回避するバイアス付き終端回路に変更して解決！

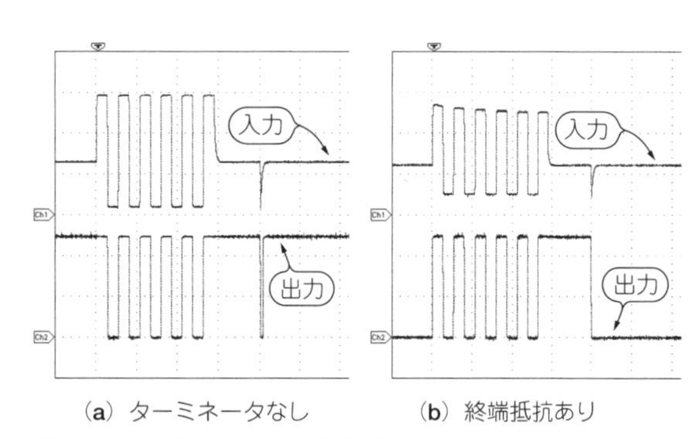

図33　終端抵抗があると無信号時A入力にノイズを想定した負のパルスを加えるとロジックが反転してしまう(2 V/div, 400 μs/div)

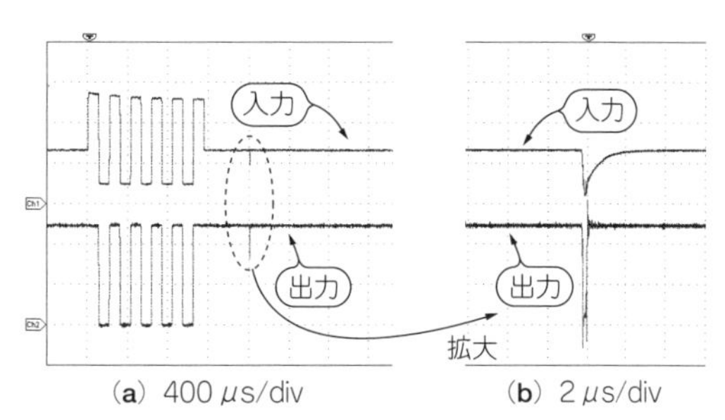

図35　バイアス付き終端回路を使えば無信号時に負のパルスを加えてもロジックが反転せずブレーク状態を回避できる(2 V/div，400 μs/div)

図32に示すように，終端抵抗120 Ωと最大32個のレシーバが接続された状態では，V_{CC} = 5 Vとすると，A - B間の電圧(V_{ID})は1.04 m～33.1 mVしかありません．この領域は以前のロジックが継承されるのでRxD出力のロジックが確定しません(**表1**)．

バイアス回路を追加すれば，A入力がB入力よりも200 mV以上高くでき，A入力がB入力よりも200 mV以上高くできます．

具体的には，**図34**に示すように，1 kΩ抵抗を2本追加したバイアス付き終端回路に変更します．V_{ID}は約284 mV～313 mVになります．

図35に対策後の受信波形と復調波形を示します．ノイズ自体も伝達されており，回路は正常に動作するようになりました．これでUSARTのマルチサンプリングと多数決ロジックによって十分に排除できます．

*　　*　　*

定番といわれる回路やアプリケーション・ノートに記載されている回路が，自分の用途に最適とは限りません．そのような回路は，解説内容に対して最適にチューニングされていることを忘れてはなりません．

〈木下 清美〉

◆参考文献◆

(1) PIC16F883データシート，マイクロチップ・テクノロジー・ジャパン㈱．
(2) SN75C1168Nデータシート，日本テキサス・インスツルメンツ㈱．

(初出：「トランジスタ技術」2010年5月号)

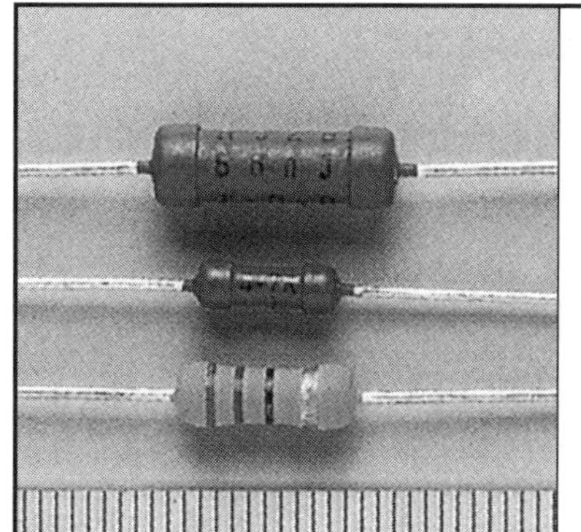

3ステップで即購入！

Appendix 2

①探す②調べる③買う！私の電子部品検索術

インターネットをフル活用！
パソコンやスマホがあれば事足りる

インターネットが普及したおかげで，電子部品を探したり，見つけた部品の仕様や特性を調べたり，価格や販売店を調べて購入したり，設計作業の大部分をパソコンで行うことができる時代です．ここでは，『探す』，『調べる』，『買う』の3ステップに分けて，電子部品を確実に入手するための方法を紹介します．

ステップ①　電子部品を探す

電子部品を探したいとき，下記の3パターンがあります．

- **型番**がわかっている
- 型番はわからないがメーカはわかっている
- 型番もメーカもわからないので部品の種類から探したい

いずれの場合もGoogleなどの検索エンジンが強力なツールになりますが，検索ワードの選び方で検索の効率は大きく変わります．

■ 型番から探す

● メーカのサイト，データシート，販売店のページがヒットする

本書や月刊トランジスタ技術(注1)の記事に載っている部品が欲しいとか，手元の回路図に書いてある部品が欲しいというように，部品の型番がわかっていれば最も簡単に探せます．

最近の検索エンジンは，一般に販売されている電子部品なら，型番で検索すればメーカのWebサイト，**データシート**のpdfファイル，販売店の商品ページなどが直接ヒットします．

● 例題

部品の型番の構成は複雑なので，ちょっと注意が必要です．

例として，KOAというメーカの汎用**炭素皮膜**抵抗器「CF 1/4C 103J」を検索してみます．この型番は**図1**のような構成になっており，CFが**型名**(製品名)，1/4が**定格電力**(1/4 W = 250 mW)，Cが**ピン表面の材質**(スズめっき銅)，103が抵抗値の**公称値**(10 × 103 = 10 kΩ)，Jが抵抗値の**許容差**(±5 %)を示しています．検索ワードにどこまでを含めるかによって，ヒットするページが変わってきます．

● 検索のコツ

この部品は型名『CF』だけで検索すると，別の意味のCFに関するページが大量にヒットして，部品の情報が見つかりません．そこで検索ワード「CF1/4」，「CF1/4C」で検索してみると，メーカ(KOA)の製品ページやデータシートが上位にヒットします(**図2**)．また，販売店の商品ページもいくつかヒットします．

一方，『CF1/4C103J』で検索してみると，メーカのページはヒットしませんが，販売店の商品ページが多数ヒットするようになります．

部品の仕様や特性を検討したい場合は，メーカの製品ページやデータシートが役立ちます．また，仕様や特性の検討は済んでいて，この部品を購入したい場合には，販売店の商品ページをいくつか比較，検討してみるとよいでしょう．

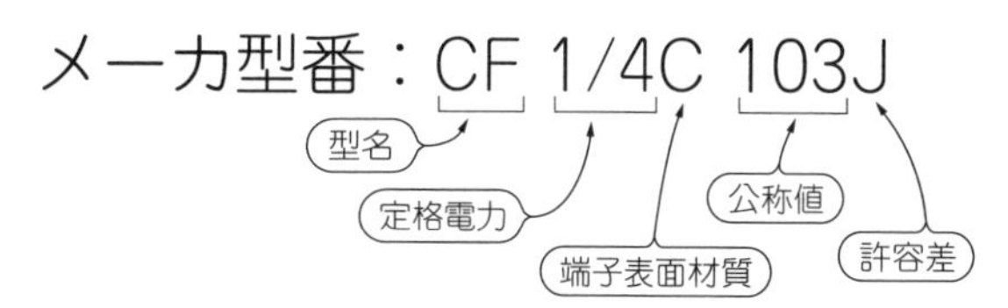

図1　例題：この型番の抵抗器の情報をWebサイトで探し出す

注1：実践的な電子回路技術や計測制御技術を扱う月刊誌．

詳細な型番がわからず「CF」しかわかっていない場合でも，「抵抗 CF」とか「CF 10 kΩ」というように補助的な検索ワードを組み合わせれば情報源にたどりつけるでしょう．

■ メーカから探す

使いたい部品のメーカ名がわかっている場合，メーカWebサイトの製品情報ページで部品を探すことができます．例えば，前述のKOAが抵抗のメーカだとわかっていれば，検索ワード「KOA」でメーカのWebサイトを探せます．複数の分野の製品を扱っているメーカが多いので，「抵抗 KOA」とか「KOA 10 kΩ」というように補助的な検索ワードを組み合わせるほうが，効率良く検索ができるでしょう．

■ 部品の種類から探す

例えば10 kΩの抵抗が欲しいとき，型番やメーカがわからない場合や，指定せずに探したい場合も多いでしょう．

検索ワード「抵抗 10 kΩ」で検索すると，いろいろな商品ページがヒットするので，どんな製品があるのかを幅広く見ることができます．さらに外形(**リード型**，**表面実装型**)，種類(炭素皮膜抵抗，**金属皮膜**抵抗)，許容差，定格電力などの情報を検索ワードに加えれば，目的に合う部品を素早く見つけられます．

抵抗を作っているメーカを知りたければ「抵抗 製品」や「抵抗 メーカ」という検索ワードで検索すると，メーカのWebサイトが多数ヒットします．

さらにIndexProのようなリンク集もヒットします．

図2 抵抗器の型番の一部を使って実際に検索した結果

IndexProは，産業で使用されるさまざまな機器や部品を詳細なジャンルに分類し，ジャンル別にメーカの製品ページへのリンクをまとめているWebサイトです．電子部品についても豊富に収録されており，効率良く部品を探したいときに便利です(**図3**)．

ステップ② データシートで仕様や特性を調べる

● 製造元にアクセスすること

電子部品の多くは，型番，外形寸法や定格，公称値，許容差，電気的特性などを記載したデータシートがpdfファイルで提供されています．データシートを調べれば，設計に必要な情報の大部分が得られます．

データシートは一般にメーカのWebサイトから無償でダウンロードできますが，ユーザ登録が必要なメーカもあります．また，データシートが公開されておらず，特定の顧客しか入手できないような場合もあります．販売店の商品ページからデータシートをダウンロードできる場合もあります．

さらに，ALLDATASHEET.JPなど，メーカ横断的に多数のデータシートを収集して提供しているWebサイトもいくつかありますが，運営主体が不明だったりデータが古かったりすることも多く，お勧めはできません．

ICなどの半導体部品の場合，製品の発売前からAdvanced InformationやPreliminaryなどと書かれた予告版のデータシートが提供される場合や，製品の発売後もデータシートの改訂が頻繁に行われる場合があります．メーカのWebサイトでは最新のデータが得られますが，**保守品種**や**廃品種**などの古いデータは削除されてしまう場合もあります．

コラム 用語解説…その1

● 型番

装置メーカの多くは，同じ型や性能の機械を量産しています．それぞれに型式(かたしき)を定めて固有の型式番号(略して型番)で表し，製造した個々の機械には1台ずつ製造番号(シリアル・ナンバー)を付けるのが一般的です．電子部品でも，同様に型や性能によって型番が付けられています．また，部品が極めて小型なことや量産個数が極めて多いことなどから，製造番号は付けないのが普通です．

● データシート

どんな電子部品もスペックや使い方が資料にまとめられています．部品の価格や入手性はデータシートではなく，販売店などで探します．データシートの内容は部品によって大きな違いがあり，1ページに収まってしまうものから，数百ページに及ぶものもあります．現在は，ほとんどのメーカではデータシートをpdfファイル化しており，Webサイトなどで無償ダウンロードできるものが多くなっています．

● 炭素皮膜

抵抗の種類の一つです．炭素は金属ほどではないですが導電性があり，安価で加工しやすい(絶縁体の表面に安定な薄膜を容易に形成できる)ため，一般的な抵抗器の材料として広く用いられています．高い精度が必要な場合は金属皮膜抵抗を使用します．

● 型名

多種多様な品種を製造しているメーカでは，型番の付け方を工夫しています．KOAでは，抵抗の基本的な材料の違いや用途，精度などの違いでアルファベット2～3文字の型名(汎用炭素皮膜抵抗はCF，高精度金属皮膜抵抗はMF，など)を付け，さらに番号や記号を付加して型番としています．

● 定格電力

抵抗Rに電圧Vを加えると電流$I = V/R$が流れます(オームの法則)．このとき，抵抗では$P = IV$だけの電気的エネルギー(電力)を消費して，そのほとんどは熱エネルギーに変わります．消費電力が大きいと発熱も大きくなり，高温のために壊れたり劣化したりするので，メーカでは使用可能な最大電力を定格電力として規定しています．

● 公称値

部品を量産するとき，形状寸法，機械的強度，電気的性質はまったく同じにはならず，ある程度のばらつきが生じます．1kΩの抵抗を作ろうとした場合でも，本当に1kΩぴったりではなく，1kΩよりちょっと大きくなったり，ちょっと小さくなったり

● 書いてある内容はおのおの異なる

基本仕様が同じで，抵抗値(公称値)をいろいろ取りそろえているような部品は，シリーズとして1枚のデータシートにまとめてあることも多いです．例えば，HDK(北陸電気工業)の汎用炭素被膜抵抗器NATの場合，定格電力1/4 Wと1/2 W，許容差G(±2 %)とJ(±5 %)の組み合わせで4種類の製品があり，それぞれE24列に沿って公称値がシリーズ化されています(**図4**)．

どんな電子部品も，製造時に外形寸法や特性がばらつくため，公称値±許容差という形で仕様を定めています．具体的には，最小値(min)，典型値(typ)，最大値(max)で仕様を定めています．許容差や最大値，最小値はメーカが保証する最悪値です．実際のほとんどの部品の値はもっと公称値や典型値に近いですが，最悪条件を考慮するのが回路設計の基本です．

ステップ③　部品を買う

■ 個人で入手するには…

● リアル店舗かネット通販で買う

個人で電子部品を少量購入するときは，秋葉原や日本橋などの販売店(実店舗)に買いにいくか，通販サイトを利用します．よく知られている通販サイトには，国内に実店舗を持つ販売店が運営するものや，世界的な大手電子部品商社が運営するものがあります(**表1**，**表2**)．

また，Amazonなどの大手通販サイトでは，外部出品者の商品を販売するシステムがあり，商品ページで電子部品がヒットすることも増えてきました．

コラム　用語解説…その1(つづき)

します．さらに，実際の部品は温度などの外的条件でもわずかに値が変動します．現実の回路ではこのような誤差は避けられないので，目標とする1 kΩを公称値と呼び，誤差が一定の許容範囲に収まっている製品を1 kΩの抵抗として販売しています．

● 許容差

抵抗などの部品メーカでは，公称値に対して一定の範囲を定めて，誤差がその範囲に収まっている製品を販売しています．一般に，公称値に対してちょっと小さい(公称値－x%)ものからちょっと大きい(公称値＋x%)ものまでを許容範囲として，許容差は±x%の範囲と表現します．回路設計者は，計算で求めた抵抗値の部品を選定しますが，そのときには許容差も必ず考慮しなければなりません．目安として，一般的なアナログ回路では許容差±1 %の抵抗，ディジタル回路では±5 %の抵抗が多く使われています．

● CF1/4

メーカ(KOA)では，正式の型番はCFと1/4の間にスペースを入れているようです．ただし，検索エンジンではワードの間にスペースを入れて検索すると2語と見なされるので，無関係なものがヒットする確率が高くなります．CFと1/4は続けて「CF1/4」を検索ワードとするほうが効率良く検索できます．

● リード型

端子がリード線の形状をしており，プリント基板の穴にリード線を通して裏面ではんだ付けする部品をリード型，挿入実装型などと呼びます．手作業で容易にはんだ付けできる，ブレッドボードで使用できる，測定器のプローブを当てやすいなどの利点がありますが，基板に穴を開けるのでパターンを高密度化できない，リード線の分だけ部品自体も大きくなるなどの難点から，量産用部品としてはあまり使われなくなっています．

● 表面実装型

リード線を持たず，プリント基板の表面に設けたはんだ付け用のパターン(パッド)に載せて表側ではんだ付けする部品を表面実装型と呼びます．パターンの高密度化，部品自体の小型化が容易なことから，量産用部品の主流になっています．

● 金属皮膜

抵抗の種類の一つです．Ni(ニッケル)とCr(クロム)を主とする合金は，金属の中では比較的抵抗が大きくできるので，電熱線(ニクロム線)などに使われています．これを薄膜化して作った抵抗は，炭素皮膜より少し高価になりますが，特性が安定でノイズも少ないので高精度のアナログ回路用抵抗として広く用いられています．

図3 IndexProのWebページの例

コラム 用語解説…その2

● 保守品種

メーカが生産，販売の終了を予定していて，新規の注文を受け付けない品種です．カタログから削除されたり，データシートも入手できなくなる場合があります．その部品を以前から購入していた特定顧客には，メーカ在庫を保守品として販売します．

● 廃品種

メーカが生産，販売を終了した品種です．カタログから削除されたり，データシートも入手できなくなる場合があります．廃品種になるとメーカは注文を受け付けませんが，流通在庫が残っている販売店から入手できることもあります．

● E24列

抵抗やコンデンサでは，JISで規定されたE標準数に従って公称値を決めることとされています．E標準数は，1～10を等比的に等間隔に分割するように定められた値で，Eに続く数値が分割数を示します．有効数字2桁のE3列，E6列，E12列，E24列と，より細分化して有効数字も3桁に増やしたE48列，E96列，E192列がありますが，一般的に入手しやすいのはE24列まででしょう．

● ばらつき

部品の製造時には，寸法や定数値が目標値に近づくように製造を行いますが，どうしてもばらつきが生じます．量産品の場合，製造装置や原材料の条件を整えてからロット単位で製造を行いますが，同じロット内でもばらつきがあります．さらに，ロットごとに製造条件が変わるため，ロット間ではさらに大きなばらつきを生じるのが普通です．ばらつきの要因は複雑なので，奇麗な正規分布になるとは限りませんが，それに近い釣鐘型になることが多いでしょう．

小形簡易絶縁形炭素皮膜固定抵抗器

Model. No. NAT

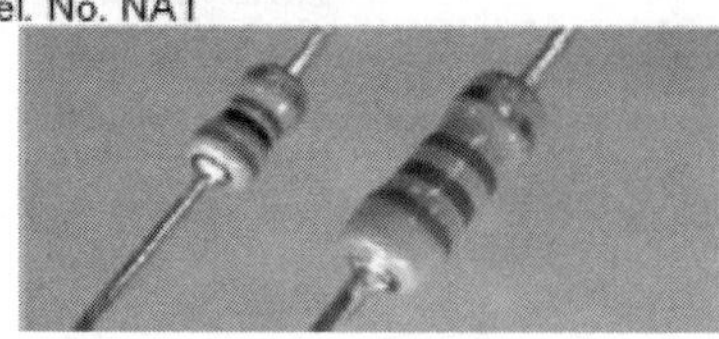

■外観構造及び寸法

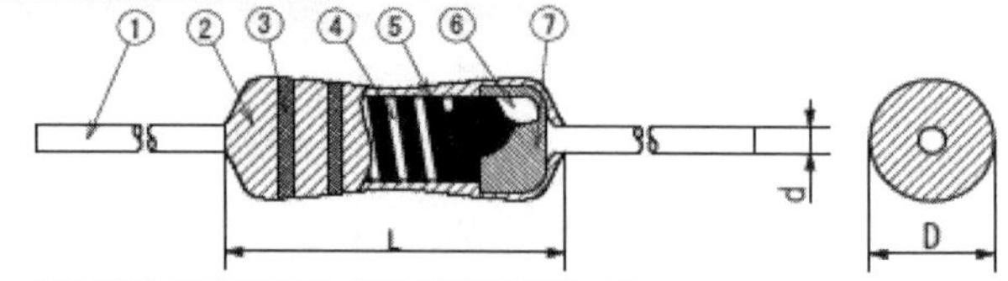

①	リード線	④	カッティング溝	⑦	キャップ
②	外装樹脂	⑤	抵抗膜		
③	カラーコード	⑥	磁器		

形名	寸法(mm)		
	L	D	d
NAT1/4	3.4 max.	1.8±0.2	0.45±0.05
NAT1/2	6.0±0.5	2.2±0.3	0.55±0.05

■概要及び特徴

- 小形軽量タイプの炭素皮膜抵抗器。
- 5mmピッチ自動挿入が可能であり、高密度回路基板に最適です。(1／4Wタイプ)
- ボディー色はブラウン。

■形番構成

例)NAT1/4 102 JTUの場合、

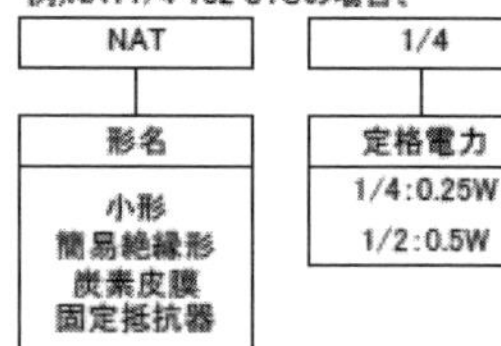
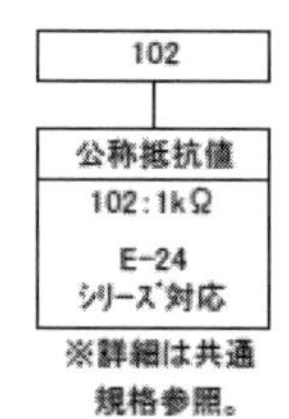
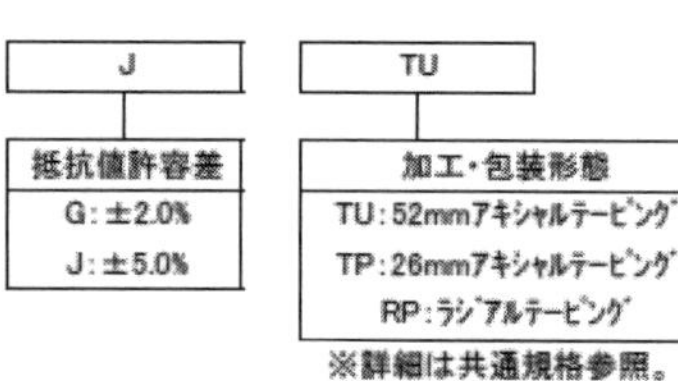

NAT	1/4	102	J	TU
形名	定格電力	公称抵抗値	抵抗値許容差	加工・包装形態
小形 簡易絶縁形 炭素皮膜 固定抵抗器	1/4:0.25W 1/2:0.5W	102:1kΩ E-24 シリーズ対応	G:±2.0% J:±5.0%	TU:52mmアキシャルテーピング TP:26mmアキシャルテーピング RP:ラジアルテーピング
		※詳細は共通規格参照。		※詳細は共通規格参照。

■定格表

形名	定格電力	定格電圧	耐電圧	抵抗値範囲 [Ω]		抵抗温度係数 [ppm/℃]			定格周囲温度	使用温度範囲
	[W]	[V]	[V]	G級	J級	~1kΩ	1.1k~47kΩ	51k~100kΩ	[℃]	[℃]
NAT1/4	0.25	$\sqrt{P \cdot R}$	300	10~100k	2.2~100k	±350	-600 ~-150	-1000 ~-150	+70	-55~ +155
MAT1/2	0.5	$\sqrt{P \cdot R}$	400	10~100k	1.0~100k					

※P:定格電力、R:公称抵抗値

■負荷軽減曲線

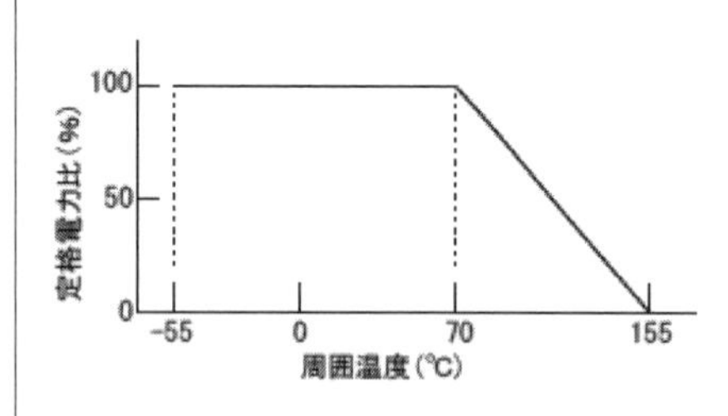

■性能

試験項目	規格値	試験方法
短時間過負荷	許容変化率:±1.0%	JIS C 5201-1 4.13項 定格電圧の2.5倍、5s
はんだ耐熱性	許容変化率:±0.5%	JIS C 5201-1 4.18項 はんだ温度260℃ 浸漬時間10s
高温高湿 (定常状態)	許容変化率:±5.0%	JIS C 5201-1 4.24項 40℃、95%RH、1,000h 定格電力を90分ON,30分OFF
耐久性 (定格負荷)	許容変化率:±5.0%	JIS C 5201-1 4.25.1項 70℃、1,000h 定格電力を90分ON,30分OFF

2015.4.1　　HOKURIKU　　※改良のため予告なく変更する場合があります

図4　抵抗のデータシートの例

● 扱っている部品はおのおの違う

どのような商品を扱っているかは通販サイトによって大きく異なります．

世界的な通販サイトは，扱っている部品のジャンル，メーカ，品種が極めて多いのが利点です．同じような仕様で異なるメーカの部品を扱っていることも多く，**互換品**や**代替品**を探すのにも役立ちます．

その代わり，サイト内で商品を探すのがなかなか大変です．検索エンジンで，サイト名(例えば「chip1 stop」)と欲しい部品(例えば「抵抗10 k」)を組み合わせて検索する方法が早道かもしれません．また，全般的に海外メーカの扱いが多く，あまり知られていないメーカも見つかりますが，国内の代表的なメーカを扱っていない場合もあります．

● 価格は数量によって大きく変わる

部品の価格や通販の送料もサイトによって異なります．電子部品の場合，数量によって単価が大きく変わることにも注意が必要です．

表面実装型の部品の場合，メーカでは長いテープ状の包装材に1列に部品を封入し，リールに巻いて出荷します．1リール当たりの個数は1000個，2000個とか，2500個，5000個とか，3000個，9000個などと多く，少量の場合は販売店でカットしています．

リード型の部品の場合，抵抗やコンデンサはテープ状の包装(リール)や箱詰め，DIPなどのICはスティック状やトレイ状のケース，箱詰めなどで出荷されます．販売店ではバラで袋詰めしたり，テープ，スティックなどで販売します．

〈宮崎 仁〉

表1 実店舗を持つ電子部品販売店の通販サイトの例

社　名	URL	備　考
秋月電子通商	http://akizukidenshi.com/catalog/default.aspx	秋葉原などに実店舗
共立電子産業	http://eleshop.jp/shop/default.aspx	日本橋などに実店舗
千石電商	https://www.sengoku.co.jp/	秋葉原などに実店舗
マルツエレック	http://www.marutsu.co.jp/	秋葉原などに実店舗
若松通商	http://www.wakamatsu-net.com/biz/	秋葉原などに実店舗

表2 世界的な大手電子部品通販サイトの例

社　名	URL	備　考
Chip 1 Stop	http://www.chip1stop.com/	日本法人あり
Digi-Key	http://www.digikey.jp/	日本語サイトあり
Mouser	http://www.mouser.jp/	日本語サイトあり
RSコンポーネンツ	http://jp.rs-online.com/web/	日本法人あり

コラム　用語解説…その3

● 互換品

同じ機能，特性を持つ部品で，どちらを使っても回路の仕様が変わらないような部品を互換品と呼びます．特に，ICなどでピン配置や外形寸法まで同じものはピン互換といいます．ICの場合，最初に開発，発売したメーカの製品に対して，後から他メーカが互換品として発売した製品をセカンド・ソースと呼びます．

● 代替品

設計時に回路図，部品表などで指定された部品が，生産中止や在庫切れなどの理由で入手できない場合，別の部品で代替できれば設計を変更しなくてすみます．互換品であることが明らかなら，一般にそのまま置き換えても大丈夫ですが，微妙な特性の違いによってうまく動作しないこともあります．機能や特性が似ていても互換品でない場合は，置き換えが可能であるかどうか十分な検討が必要になります．

基本電子部品ひとくちコラム

抵抗 抵抗アッテネータの定数早見表

表1は，実際に入手可能なE24系列の抵抗だけで，減衰量が比較的きりのよい値になる組み合わせを選んだものです．周波数特性は抵抗のサイズや組み方によりますが，高抵抗を使用すると寄生容量分の影響が大きくなります．

低抵抗の場合は，寄生インダクタンスが影響し，50 Ω前後の抵抗値のものが周波数特性が良くなります．

計測用途の場合は正確な減衰量が必要ですが，緩衝用途に使用する場合は，精度は必要なく，5％，10％の誤差の抵抗で問題ありません．

測定器の入力保護に使用するアッテネータは，精度と平たんな周波数特性が必要です．

アッテネータによっては，スペックの帯域外で減衰量が減り，抜けがよくなってしまうものがあります．

最悪の場合，測定器のサンプラを破壊することがあるので，事前に特性を確認するか，測定器のグレードに適したアッテネータを使用するのがよいと思います．

高電力のアッテネータは，内部の抵抗の消費電力の関係で方向性がある場合があります．コネクタの都合で逆にすると，アッテネータが壊れることがあります．また，落下などの衝撃にも注意が必要です．

〈鮫島 正裕〉

(初出：「トランジスタ技術」2004年10月号)

表1 減衰量とアッテネータのE24系列抵抗

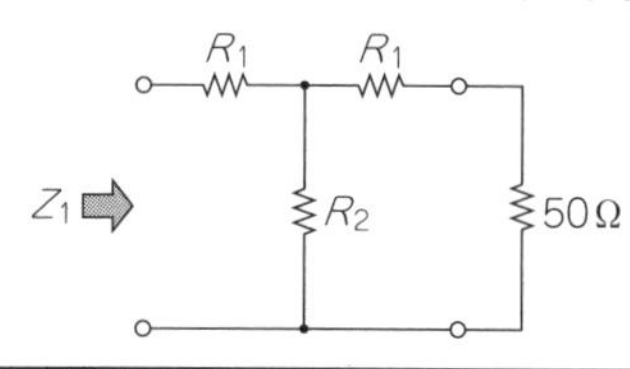

R_1 [Ω]	R_2 [Ω]	減衰量 [dB]	Z_1 [Ω]
51.00	1.00	40.33	51.99
47.00	3.00	30.44	49.91
43.00	9.60	20.71	51.70
27.00	36.00	10.06	51.53
24.00	39.00	9.19	49.54
22.00	47.00	8.10	50.44
20.00	56.00	7.13	51.11
16.00	68.00	5.84	49.49
15.00	82.00	5.17	51.26
12.00	110.00	4.01	51.65
11.00	110.00	3.84	50.24
8.20	130.00	3.06	48.40
7.50	180.00	2.49	51.08
6.20	220.00	2.05	50.96
5.60	200.00	2.04	49.11
4.70	300.00	1.53	50.96
3.90	270.00	1.47	48.83
2.70	390.00	1.01	49.13
1.30	750.00	0.51	49.32
1.10	680.00	0.50	48.63
1.20	750.00	0.49	49.13

(a) T形

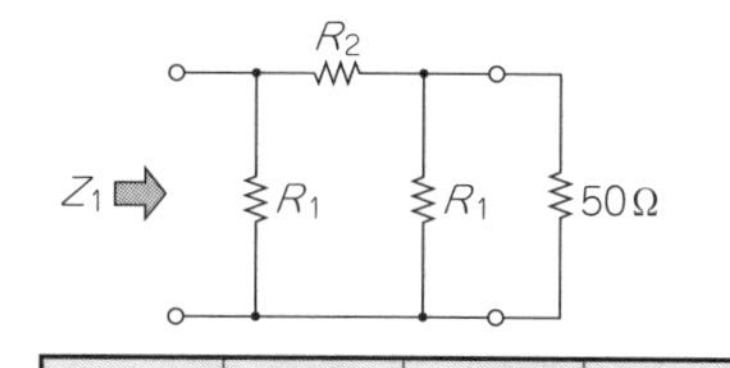

R_1 [Ω]	R_2 [Ω]	減衰量 [dB]	Z_1 [Ω]
51.00	820.00	30.66	48.10
62.00	240.00	19.67	50.34
96.00	75.00	10.24	50.80
96.00	68.00	9.80	49.19
110.00	62.00	8.83	51.37
110.00	51.00	8.06	48.07
130.00	43.00	6.87	49.18
150.00	36.00	5.89	49.33
180.00	30.00	4.94	49.95
220.00	24.00	4.01	50.02
300.00	18.00	2.98	50.59
360.00	15.00	2.49	50.62
430.00	12.00	2.04	50.17
470.00	13.00	2.04	51.78
430.00	11.00	1.95	49.38
620.00	9.60	1.52	51.25
510.00	7.50	1.49	48.04
750.00	5.10	1.01	48.61
820.00	5.60	1.01	49.54
750.00	4.70	0.98	48.26
960.00	6.20	0.98	50.88

(b) π形

第2部
コンデンサ

コンデンサは，向き合った2枚の極板の一方を正，もう一方を負に帯電させることによって電荷を蓄える部品です．

この性質をキャパシタンス（静電容量）と呼び，コンデンサはキャパシタとも呼ばれます．

極板間は絶縁されていて直流は通さず，充電と放電を繰り返すことによって交流は通すことができて，周波数に比例して電流が流れやすくなるインピーダンス素子の性質を持っています．

蓄えられた電荷は充電電流の積分に相当し，それに比例して端子電圧が決まるので，本質的に電流と電圧に微積分の関係があります．

このように複雑な性質を持つことから，コンデンサの用途は多彩で，直流回路から高周波回路まで，さまざまな分野で幅広く用いられています．

第1章

電気をためる基本部品「コンデンサ」のふるまいと性質

相手の気持ちになって上手に使いこなそう

電気をためる部品コンデンサ

キャパシタ(capacitor)は日本では一般にコンデンサ(condenser)と呼ばれています．本章では英語のcapacitorのカナタナ表記のキャパシタとなるべく表記します．

■ 基本特性

● キャパシタはバケツ！ 水を入れると水位が上がる

キャパシタの動作イメージを**図1**に示します．**図1**ではキャパシタをバケツで表しています．ビーカーや水筒など水を入れる容器であれば，イメージは伝わると思います．

水を入れると水位が上昇し，水量に細かな変動があっても水位はそれほど変動しません．これがキャパシタの基本動作です．

大小サイズの違うバケツに同じ水量の水を入れた場合，流れ込む水量が同じならば，小さいバケツのほうが，より短い時間でバケツの水位は上昇します．

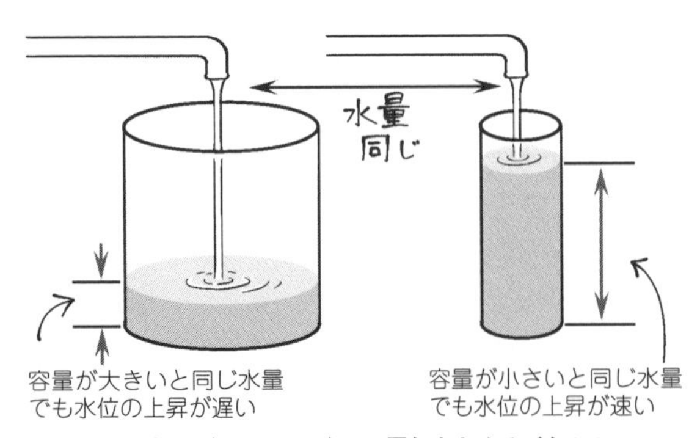

図1　キャパシタ(コンデンサ)は…電気をためるバケツ！

● 電気だと…流れ込んだ電流の総量に比例して電圧が徐々に上がる

今度はキャパシタの動作のイメージを，電気に置き換えてみましょう．水量をキャパシタの電流，水位をキャパシタの電圧と置き換えます．

バケツには水が注がれ，その結果，水がたまっていく，という様子を数式で示してみます．キャパシタ電流I_C，キャパシタ電圧V_C，キャパシタの容量つまりキャパシタンスをCとすれば，次のように書けます．

$$V_C = \frac{1}{C}\int I_C \mathrm{dt} \quad \cdots\cdots (1)$$

キャパシタに電流iが流れると，キャパシタ電流I_Cが積分され，キャパシタ電圧V_Cが徐々に増加します．キャパシタンスCが大きいとキャパシタ電圧V_Cの変化は緩やかで，キャパシタンスCが小さいとキャパシタ電圧V_Cの変化は速くなります．

● 実験解説！ ホントに理論どおり振る舞う？

さて本当に式(1)のようになるのでしょうか，簡単な実験で確認してみました．実験回路は**図2**です．DC電流源を用意して100 μFの電解コンデンサを充電してみます．

このとき式(1)は，キャパシタ電流I_CがDC，つまり一定の値であるので簡単に積分計算ができます．

$$V_C = \frac{I_C}{C}t \qquad \because I_C = \mathrm{DC}(一定) \quad \cdots\cdots (2)$$

式(2)は，キャパシタを一定なDC電流で充電すると，

I_C
プログラマブル
直流電圧電流源
YOKOGAWA
7651
0.1A
100 μ
35V
C
V_C

図2　実験回路で確認！…ホントに理論どおりふるまう？

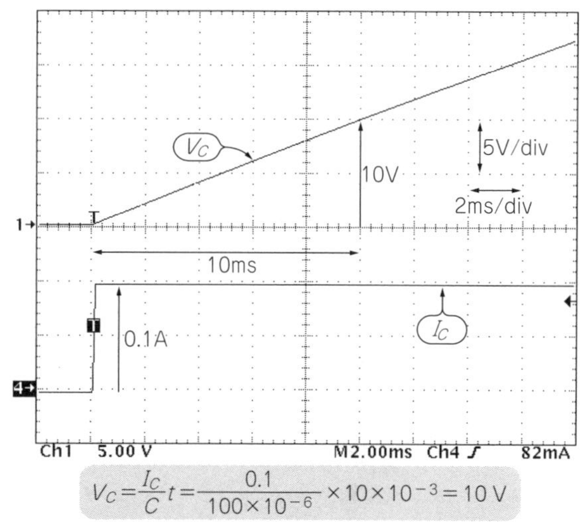

$$V_C=\frac{I_C}{C}t=\frac{0.1}{100\times10^{-6}}\times10\times10^{-3}=10\text{ V}$$

図3 理論どおり！…キャパシタに流し込むDC電流の積分値に比例してキャパシタ両端の電圧が上昇
DC電流の積分値は時間に比例する．横軸(時間)に比例してキャパシタ電圧が上昇している

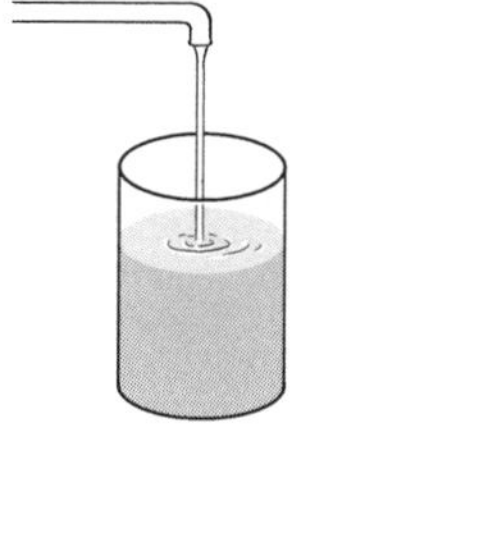

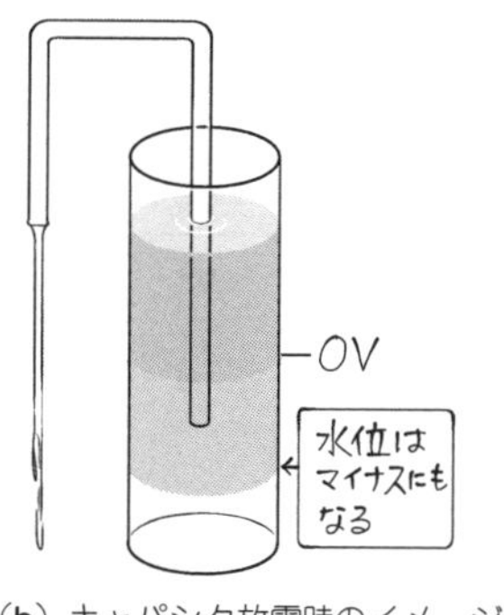

(a) キャパシタ充電時のイメージ　(b) キャパシタ放電時のイメージ

図4 AC特性を理解するために…キャパシタは水位がマイナスにもなるバケツ！と拡張してみる

キャパシタ電圧V_Cは一定の割合，つまり直線的に増加することを意味しています．

式(2)のように動作するかを実験で確認したのが，**図3**です．キャパシタ電圧V_Cは直線的に増加しています．**図3**では，キャパシタ電圧V_Cが10 Vに達したときの時間は10 msです．この条件を式(2)に入れて計算してみましょう．

$$V_C=\frac{I_C}{C}t=\frac{0.1}{100\times10^{-6}}\times10\times10^{-3}=10\text{ V}\cdots(3)$$

ピッタリとなり，式(1)は現実を正しく投影していることがわかります．

■ ここからが本題…AC特性

● 拡張して考える…水位はマイナスにもなる!?

キャパシタのAC動作について，**図4**で解説します．DCの基本動作の続きで水流の流れを固定して考えます．

バケツに水が流れ込むときは，**図2**と同じです．

注目はバケツから水を流す場合です．今バケツには，水がたまっていて水位があるとしましょう．バケツから水が流れ出たとすると，バケツの水位はどんどん下がり，やがて0になります．DC動作の場合はここで終わり．AC動作の場合は，さらに水が流れ出ます．するとバケツの水位は，マイナスになります．

バケツの水位があるマイナスの値に達すると，再びバケツに水が流れ込みます．今度は水位は上昇して0になり，さらに上昇します．バケツの水位がある値に達すると，再びバケツから水が流れ出て…，と繰り返します．

● 詳しく解説！ キャパシタ電圧は電流より90°遅れる

バケツの水はキャパシタ電流と，バケツの水位はキャパシタ電圧と考えることができます．

AC動作の代表ということで，キャパシタ電流I_Cがサイン波の変化をする場合を表したのが**図5**です．

キャパシタ電流I_Cが＋方向に電流が流れたとき，キャパシタは充電されてキャパシタ電圧V_Cは増加します．対してキャパシタ電流が－方向に電流が流れたとき，キャパシタは放電されるので，キャパシタ電圧

コラム1 電気をためる「キャパシタ」の応用

キャパシタは，バケツのように電気をためることができます．その性質は，カメラのフラッシュや複写機，ハイブリッド自動車などに応用されています．複写機は気が付きにくいかもしれませんが，スタンバイ時から印刷するまでの時間の短縮の目的でキャパシタが電気をためる用途として使われています．ハイブリッド自動車は，ブレーキ，下り坂などでモータが発電した急激で大きな電力ですぐにバッテリを充電するとバッテリの消耗が激しくなります．そこで，いったんキャパシタにためて，バッテリにじわじわと優しい充電をすることで消耗を防いでいます．

〈瀬川 毅〉

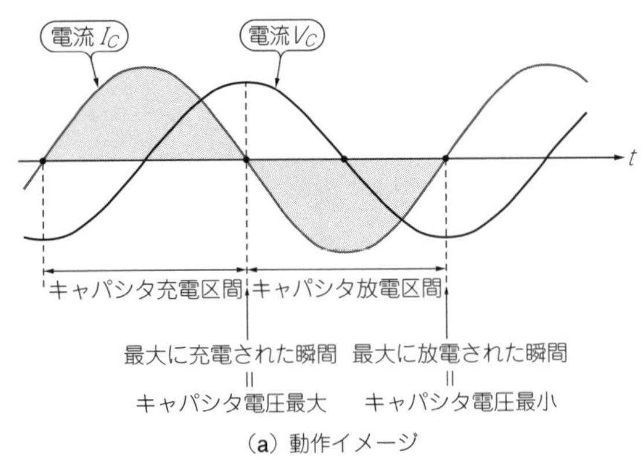

(a) 動作イメージ

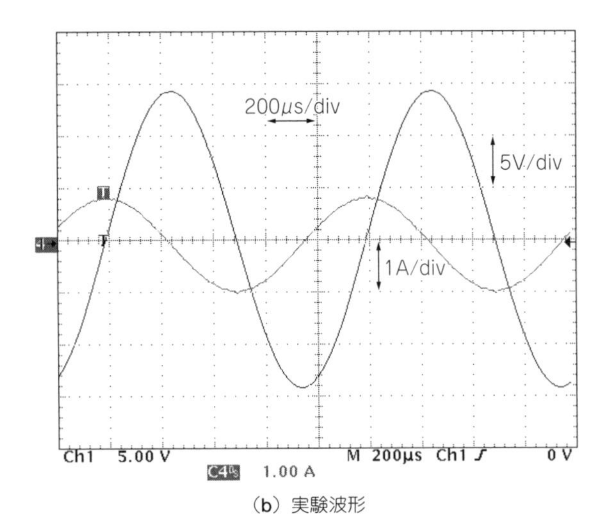

(b) 実験波形

図5 電流が最大になってからやや遅れて水位の最大がおとずれる…電圧が電流から90°遅れるメカニズム

V_Cが減少する方向になります．

繰り返しますが，キャパシタ電流I_Cが＋方向のとき充電して電圧増加，－方向のとき放電して電圧減少です．電流の方向によってキャパシタ電圧が変化することに注目してください．

キャパシタ電圧V_Cは，**図5**のようにキャパシタ電流I_Cに対して90°遅れた波形になります．つまり，**キャパシタ電圧V_Cは，電流より90°遅れるのです．**

一般に電気回路理論の教科書ではキャパシタ電流は電圧より90°進むと書かれていますが，進むという表現は因果律に反するので，こう表現しました．

コンデンサには使ってもいい範囲がある

● 基本構造

図6にキャパシタ構造を示しました．単純に絶縁物が2枚の電極に挟まれたシンプルな構造をしています．現実のキャパシタは，容量の増加や外形寸法の小型化の目的で複雑な構造をしています．

挟まれる絶縁物は，その材料によってキャパシタの特性が大きく変わります．絶縁物といっても電気を通さなければ何でもよいわけではありません，きちんとその誘電率が管理されて製造されているのです．それゆえ誘電体と呼んでいます．そのためキャパシタは，誘電体によって分類されています．

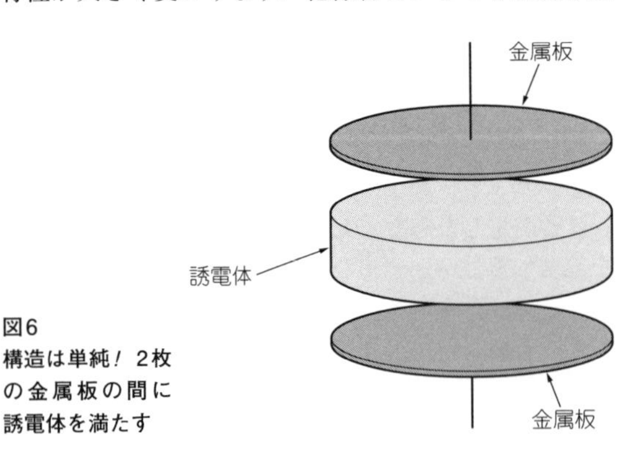

図6 構造は単純！ 2枚の金属板の間に誘電体を満たす

一般的に使用されているものは，セラミック・コンデンサ，積層セラミック・コンデンサ，電解コンデンサがほとんどです．

▶よく使うその1…セラミック・コンデンサ

誘電体がセラミックでできているキャパシタは，セラミック・コンデンサといいます．セラミック・コンデンサで構造的に多層になっているものは，積層セラミック・コンデンサと呼ばれています．小型で安価です．容量は最大で100～200 μFです．

▶よく使うその2…電解コンデンサ

誘電体が電解液に浸っているタイプは電解コンデンサです．大容量が欲しいなら電解コンデンサを使いますが，寿命がある，極性がある，後述する*ESR*が大きい，などが問題になってきます．

▶進化中…フィルム・コンデンサ

誘電体がフィルムでできているキャパシタは，フィルム・コンデンサと呼びます．フィルム材料を名前に付けたキャパシタ，ポリプロピレン・コンデンサなどがあり，今後もフィルム材料の進歩とともに新しいキャパシタが登場するでしょう．

● キャパシタには使用範囲の電圧(定格電圧)がある

キャパシタの電圧の動作範囲，つまり定格について書いておきます．まずキャパシタ電圧には上限があります．**図6**で示したように，キャパシタは2枚の金属板とそれに挟まれた誘電体の構造です．キャパシタ電

表1　主なキャパシタの耐圧(500 V以下)

4 V	6.3 V	10 V	16 V	25 V	35 V	40 V	50 V	63 V	100 V	160 V	200 V	250 V	315 V	350 V	400 V	450 V	500 V

圧が高くなりすぎると誘電体が絶縁破壊(breakdown)を起こします．ですからキャパシタには定格電圧があり，耐圧と呼ばれています．

キャパシタの定格電圧は，表1のようになっています．厳密にいえば1桁の範囲で10分割されています．現実には定格電圧12.5 Vや31.5 Vのキャパシタはほとんど流通していないので，**表1**から除外しました．

● キャパシタは電流の使用範囲もある

実は，キャパシタには電流の上限もあります．この原因はキャパシタ電流が**内部抵抗成分*ESR***に流れることによる発熱で決まります．その上限の値は，メーカ各社が決める温度上昇の基準で決められています．困ったことにキャパシタの**抵抗成分*ESR*には周波数特性があります**．ですから動作させる周波数が変わると上限の値も変化します．

そこで目安としては，**キャパシタの温度上昇を30℃以下にして使う**ことを推薦します．

異なる見方をすると，高い周波数でキャパシタを使うとキャパシタ電流を大きくとれますよ，ともいえます．

● キャパシタンスは，E3系列，E6系列，E12系列

キャパシタの容量，つまりキャパシタンスも任意で存在するわけではありません．抵抗値と同様に，標準数列(JIS C5063)で決められています．キャパシタの種類によってE3系列，E6系列，E12系列が用意されています．**表2**に，E3系列，E6系列，E12系列を示します．

表2　キャパシタがとり得る値…3系列/E6系列/E12系列

E3系列	10	−	−	−	22	−	−	−	47	−	−	−
E6系列	10	−	15	−	22	−	33	−	47	−	68	−
E12系列	10	12	15	18	22	27	33	39	47	56	68	82

高周波では抵抗やインダクタのようにふるまう！ コンデンサの周波数特性

● 理想…周波数が高くなるとキャパシタのインピーダンスが下がり続ける

キャパシタのインピーダンスについて復習しておきましょう．教科書ではキャパシタのインピーダンスZ_C［Ω］はキャパシタ容量をC［F］として次のように表されます．

$$Z_C = \frac{1}{j\omega C} \cdots\cdots (4)$$

ただし，j：虚数単位，ω：角周波数［rad］

複素数表現はイマイチと感じる読者は，とりあえずインピーダンスZ_Cの絶対値と書いたほうがいいかもしれません．

$$|Z_C| = \frac{1}{2\pi fC} \ [\Omega] \cdots\cdots (5)$$

式(4)と式(5)は，周波数が高くなるほどキャパシタのインピーダンスZ_Cは，減少することを表しています．周波数特性を持つ部品ということです．

周波数特性を持つことと，小型の部品が多いこと，容量値の精度が高く作れることなどから，キャパシタ

コラム2　絶縁されているのに電流が流れる？

さんざんキャパシタ電流の話をしておきながら何ですが，電極が誘電体(絶縁体です)で挟まれた構造のキャパシタに電流が流れるのでしょうか？　キャパシタを外側から見ると確かに電流は流れているように見えます．

ですが，電流がキャパシタを貫通して流れることはありません．つまり**誘電体を電流が流れることはない**のです．AC電流が流れているときのキャパシタの内部に注目してみましょう．すると誘電体の内部で誘電分極が交互に発生しています．それが外部から見るとあたかも電流が流れているように見えます.この現象を19世紀の物理学者マクスウェル(James Clerk Maxwell)氏は，変位電流(a displacement current)と名付けました．

こうした発見が電磁波の発見につながり，現在の携帯電話，スマートフォン，タブレット端末の発展に大いに関与しているとは意義深いですね．

〈瀬川 毅〉

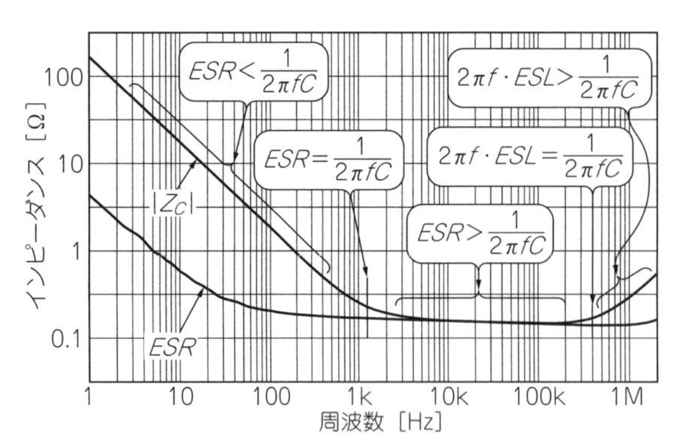

図7　キャパシタがキャパシタでなくなる…現実のキャパシタは周波数が高くなってもインピーダンスが単調に減少してくれない
電解コンデンサ1000 μFの例．幅広い周波数にわたって狙った特性を出す回路は非常に難しいってこと

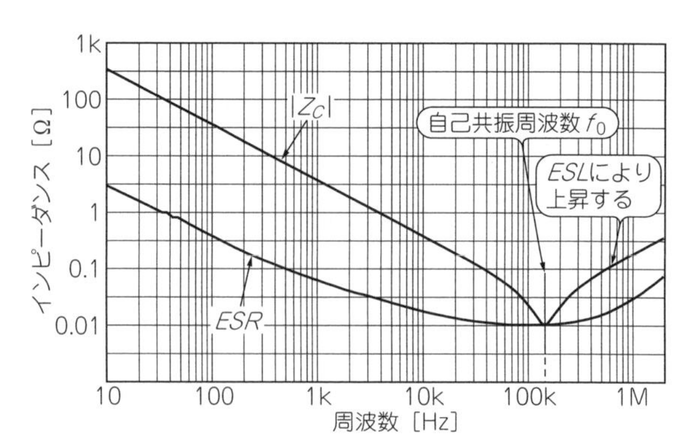

図8　周波数性能がよいといわれる低*ESR*キャパシタでも理想的ではない
積層セラミック・コンデンサ47 μFの例

は，フィルタやノイズ対策など，あらゆる電子回路に使われています．

● 現実のキャパシタのインピーダンス

よくいえば現実的，悪くいうとへそ曲がりな筆者の性格からして，「周波数が高くなるほどキャパシタのインピーダンスZ_Cは減少する」といわれても真に受けるわけがありません．そこで早速実験してみました．

電解コンデンサ(aluminum electrolytic capacitor)と積層セラミック・キャパシタ(monolithic ceramic chip capacitors)を測定した結果を**図7**と**図8**に示します．

周波数が高くなるほどキャパシタのインピーダンスZ_Cは減少しましたか？

▶理想と現実の違い①…抵抗成分がある

現実のキャパシタのインピーダンスは，**図7**のような鍋底型や**図8**のV字型の周波数特性であることがほとんどです．なぜこのような周波数特性になるのでしょうか．**図9**にキャパシタの等価回路を示します．

キャパシタの抵抗成分を*ESR*(Equivalent Series Resistance)と，インダクタ成分を*ESL*(Equivalent Series Inductance)と呼びます．*ESR*は**図10**に示すようにキャパシタの抵抗成分です．

結論から書くと，**図7**のインピーダンスが一番低い部分は*ESR*で決まります．*ESR*の値の大きさによって周波数特性が鍋底型やV字型になったりするのです．

周波数fを少しずつ低いほうから高いほうに移動したとして考えてみましょう．するとキャパシタCのインピーダンスは少しずつ減少します．やがて，

$$ESR > \frac{1}{2\pi fC} \quad \cdots\cdots (6)$$

（抵抗成分のインピーダンス → ESR，キャパシタのインピーダンス → $\frac{1}{2\pi fC}$）

となる周波数領域(**図7**では1 kHz以上の周波数領域)では，キャパシタのインピーダンスより*ESR*のほうが大きくなります．この周波数領域ではキャパシタではなく抵抗*ESR*として動作しますよ，ということです．つまり**図9**でキャパシタのインピーダンスより*ESR*のほうが大きければ，キャパシタ全体としてのインピーダンスは*ESR*以下には絶対になりません．

キャパシタらしく「周波数が高くなるほどキャパシタのインピーダンスZ_Cは減少する」ためには*ESR*は小さいほどよいのです．

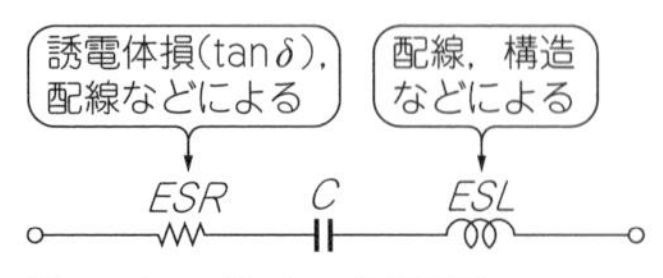

図9　キャパシタの等価回路
抵抗成分とインダクタ成分が直列に入る

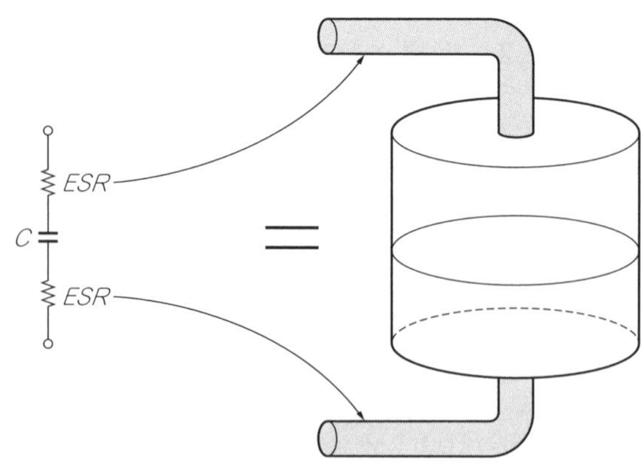

図10　*ESR*はキャパシタの抵抗性分

▶**理想と現実の違い②…インダクタンス成分もある**

*ESL*がキャパシタのインピーダンスに与える影響も説明します．残念ながらどんなに素晴らしいキャパシタでも，構造的に配線部分があります．そこで生じたインダクタンス成分が*ESL*です．

*ESR*の影響が出てくるよりさらに高い周波数で考えてみましょう．その周波数領域ではキャパシタのインピーダンス$1/(2\pi fC)$より*ESL*によるインピーダンスが増加します．やがてキャパシタのインピーダンスより*ESL*のインピーダンス$2\pi f \cdot ESL$が大きくなると(**図7**では200 kHz以上の周波数)，周波数の上昇とともにキャパシタ全体のインピーダンスも増加します．次のようになります．

インダクタ成分のインピーダンス → キャパシタのインピーダンス

$$2\pi f \cdot ESL > \frac{1}{2\pi fC} \quad \cdots\cdots\cdots\cdots (7)$$

もはやキャパシタとしてではなくインダクタ*ESL*として動作します．

図8で考えると，キャパシタンス*C*と*ESL*が直列共振(series resonance)した周波数f_0(自己共振周波数と呼びます)は，次のようになります．

$$f_0 = \frac{1}{2\pi\sqrt{ESL \cdot C}} \quad \cdots\cdots\cdots\cdots (8)$$

自己共振周波数f_0以上の周波数では，キャパシタはESL，つまりインダクタとして振る舞うのです．いわゆる周波数特性がよいキャパシタとは，自己共振周波数f_0が高いキャパシタと言い換えると具体的です．

脱線しますが，キャパシタに接続するプリント基板の配線を長く伸ばすことと*ESL*を追加していることは等価です．当然キャパシタの高い周波数領域のインピーダンスが増加して悪影響が出ます．周波数特性をよくしたいなら**キャパシタに接続するパターン配線は，1 mmでも短く，否，0.1 mmでも短く，と申し上げましょう**．

● **インピーダンスがV型のキャパシタは低*ESR***

*ESR*が小さいキャパシタの事例として，積層セラミック・キャパシタの特性を**図8**に挙げました．*ESR*が低く自己共振周波数f_0まで*ESR*はインピーダンスに影響を与えていません．

自己共振周波数f_0では，キャパシタンス*C*と*ESL*の直列共振なので，*C*と*ESL*の作るインピーダンスは0 Ωです．それで*ESR*の値がキャパシタ全体のインピーダンスになっています．

自己共振周波数f_0より高い周波数では，*ESL*が作るインピーダンスがキャパシタ*C*，*ESR*より大きく支配的となっています．

その結果，キャパシタ全体のインピーダンスの周波数特性がV型となっているのは，低*ESR*である証明ともいえるでしょう．

コンデンサの抵抗分*ESR*の性質

● **キャパシタの抵抗成分には周波数特性がある**

等価直列抵抗*ESR*についてもう少し言及します．**図7**と**図8**において，*ESR*が周波数によって変化しています．つまり**ESRは周波数特性を持っています**．

*ESR*はキャパシタの「抵抗」成分なので，抵抗が周波数特性とは妙なことを書くなと思われた読者もいるかもしれません．ですが確かに*ESR*は周波数特性を持っています．検証してみましょう．

キャパシタに電流を流すとその抵抗成分である*ESR*にも電流が流れるのですから，**キャパシタは発熱します**．もし*ESR*に周波数特性があるならば，キャパシタ電流の周波数を変えると温度上昇に違いが見られるハズです．そこで**図11**を用意しました．

キャパシタ電流と発熱特性の100 kHzの場合と500 kHzの場合に注目してください．500 kHzの電流を流したほうが発熱は少ないですよね．この結果よりわかることは，**100 kHzより500 kHzのほうがESRが少ない**，ということです．つまり，*ESR*は周波数特性を持っているのです．

● **誘電正接tan δと等価直列抵抗*ESR*の関係**

キャパシタの資料を読んでいると*ESR*ではなく誘電正接(dissipation factor，tan δとも表す)が登場します．そこで*ESR*とtan δの関係を**図12**に示します．**図13**の等価回路で，自己共振周波数f_0より十分低い周波数であれば*ESL*の影響は無視できます．その状態で**図13**のインピーダンス・ベクトル(impedance vector)を書いてみました．それが**図12**です．**図12**でのtan δを示します．

$$\tan\delta = \frac{ESR}{\dfrac{1}{2\pi fC}} = 2\pi fC \cdot ESR \quad \cdots\cdots\cdots\cdots (9)$$

式(9)から，*ESR*は次のようになります．

$$ESR = \frac{\tan\delta}{2\pi fC} \quad \cdots\cdots\cdots\cdots (10)$$

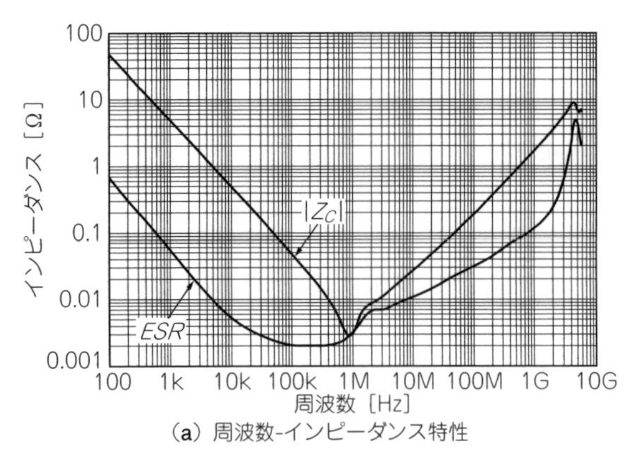

(a) 周波数-インピーダンス特性

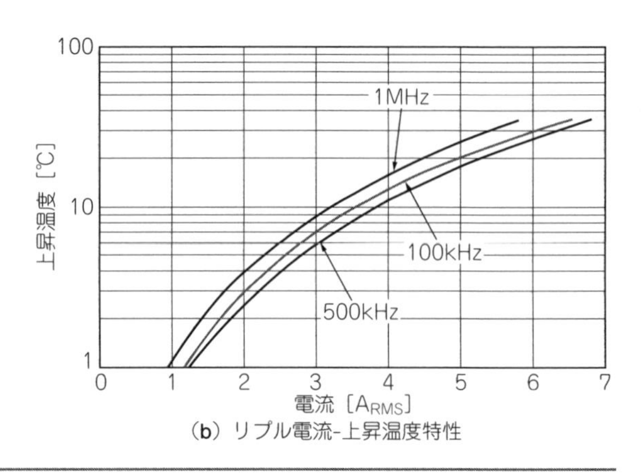

(b) リプル電流-上昇温度特性

図11[1] **直列抵抗成分*ESR*には周波数特性がある**
周波数によって発熱も変わってくる

I_m, ESR, Re, δ, $\frac{1}{2\pi fC}$, Z

$$\tan\delta = \frac{ESR}{\frac{1}{2\pi fC}} = 2\pi fC \cdot ESR$$

$$ESR = \frac{\tan\delta}{2\pi fC}$$

図12 誘電正接tan δと等価直列抵抗*ESR*の関係

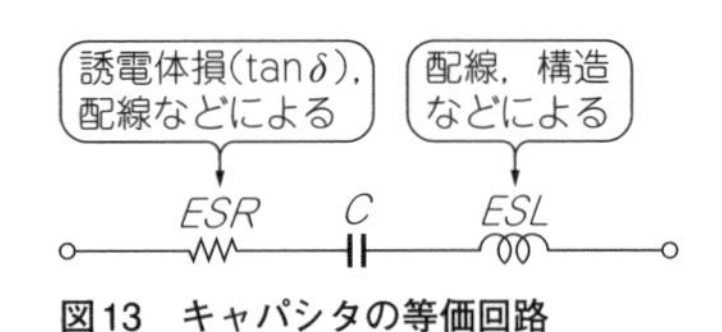

図13 キャパシタの等価回路

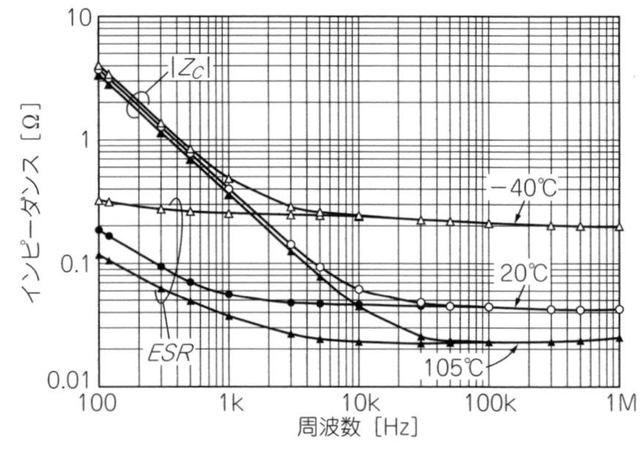

図14[2] **アルミ電解コンデンサの*ESR*の周波数特性**

● 実際には…温度特性で問題があったら電解コンデンサの*ESR*を疑うのもアリ

電解コンデンサは*ESR*に温度特性があります，**図14**です．**低温側で*ESR*が大きくなり高温側で*ESR*が小さくなる**ところが特徴です．温度試験をして問題が発生したとき，電解コンデンサの*ESR*を疑ってみてもよいでしょう．

〈**瀬川 毅**〉

◆参考・引用*文献◆

(1)* 積層セラミック・キャパシタGRM21BB30J476ME15資料，村田製作所．
http://psearch.murata.co.jp/capacitor/product/GRM21BB30J476ME15% 23.html

(2)*「アルミ電解コンデンサの上手な使い方」，日本ケミコン．
http://www.chemi - con.co.jp/catalog/pdf/al - j/al - sepa - j/001 - guide/al - technote - j - 130101.pdf

(初出：「トランジスタ技術」2013年6月号 特集)

積層セラミック・コンデンサ・セレクション

表3に示すのは，積層セラミック・コンデンサの形状と最大容量の一覧です．積層セラミックは，電圧を加えると容量が低下するので，DCバイアス特性の確認が重要です．

〈**花房 一義**〉

表3　大容量化している積層セラミック・コンデンサの形状と最大容量一覧

形　状	定格電圧		105℃品の最大容量（X6S，X6T特性）	125℃品の最大容量（X7R，X7S，X7T特性）
	電圧	記号		
0.6×0.3 mm（C0603）	4.0 V	0G	－	－
	6.3 V	0J	0.047 μF	－
	10 V	1A	－	0.01 μF
	16 V	1C	－	0.0047 μF
	25 V	1E	－	0.0033 μF
	50 V	1H	－	－
1.0×0.5 mm（C1005）	4.0 V	0G	2.2 μF	－
	6.3 V	0J	1.0 μF	－
	10 V	1A	1.0 μF	0.1 μF
	16 V	1C	－	0.1 μF
	25 V	1E	0.1 μF	0.1 μF
	50 V	1H	0.047 μF	0.047 μF
	100 V	2A	－	0.0047 μF
1.6×0.8 mm（C1608）	4.0 V	0G	1.0 μF	2.2 μF
	6.3 V	0J	4.7 μF	2.2 μF
	10 V	1A	4.7 μF	2.2 μF
	16 V	1C	－	1.0 μF
	25 V	1E	－	1.0 μF
	50 V	1H	－	0.2 μF
	100 V	2A	－	0.1 μF
2.0×1.25 mm（C2012）	4.0 V	0G	47 μF	22 μF
	6.3 V	0J	22 μF	10 μF
	10 V	1A	22 μF	10 μF
	16 V	1C	4.7 μF	4.7 μF
	25 V	1E	4.7 μF	2.2 μF
	50 V	1H	－	1.0 μF
	100 V	2A	－	0.47 μF
3.2×1.6 mm（C3216）	4.0 V	0G	100 μF	47 μF
	6.3 V	0J	47 μF	22 μF
	10 V	1A	47 μF	22 μF
	16 V	1C	4.7 μF	10 μF
	25 V	1E	10 μF	10 μF
	50 V	1H	－	4.7 μF
	100 V	2A	－	1.0 μF
3.2×2.5 mm（C3225）	4.0 V	0G	－	－
	6.3 V	0J	47 μF	47 μF
	10 V	1A	47 μF	47 μF
	16 V	1C	－	22 μF
	25 V	1E	22 μF	22 μF
	50 V	1H	－	10.0 μF
	100 V	2A	－	2.2 μF

コラム3　DC-DCコンバータとコンデンサの適材適所

表Aに示すのは，DC-DCコンバータの入力や出力によく使われるコンデンサの性質を整理した一覧表です．コスト重視で選ぶときは，通常アルミ電解を使います．出力電流の変動が激しい用途の場合は，ESRとESLが低い導電性高分子アルミ電解や導電性高分子タンタル，積層セラミックを使います．

積層セラミックは，許容リプル電流の制限もなく，低ESRかつ低ESLです．アルミ電解のように液体(電解液)を含まないため，液漏れやドライアップの心配がなく，経年による性能劣化も少しです．

〈花房一義〉

(初出：「トランジスタ技術」2010年6月号)

表A　DC-DCコンバータ用コンデンサの種類と適材適所(良◎>○>△>▲>×悪)

種　類	陽極	誘電体	陰極	大容量	低*ESR*	低*ESL*	寿命	許容リプル電流／電圧	長短所
アルミ電解	Al	Al_2O_3	電解液	◎	×	×	×	有	・安価 ・高温に弱い ・低温で*ESR*が大きくなる
タンタル	Ta	Ta_2O_5	MnO_2	○	▲	△	○	有	・体積当たりの容量が大 ・ラッシュ電流に弱い ・ショートにより発煙，発火
酸化ニオブ	NbO	Nb_2O_5	MnO_2	○	△	△	○	有	・ショート時，自己修復 ・ラッシュ電流に弱い ・定格電圧が低い
OS	Al	Al_2O_3	TCNQ	○	△	△	△	有	・ラッシュ電流に弱い ・TCNQ融点が230～240℃
導電性高分子アルミ電解	Al	Al_2O_3	導電性高分子	○	○	△	○	有	・高価 ・容量が小さい ・定格電圧が低い
導電性高分子タンタル	Ta	Ta_2O_5	導電性高分子	○	○	△	○	有	・高価 ・定格電圧が低い
積層セラミック	Ni	$BaTiO_3$	Ni	△	◎	○	○	無	・電圧印加により容量低下 ・割れやすい

第2章

よく使うコンデンサ①
積層セラミック・コンデンサ

半導体／誘電体／圧電体／焦電体／絶縁体／透光体／磁性体など

基礎知識

あらまし

● 小型・大容量化している

近年，積層セラミック・コンデンサの静電容量増大は目覚しく，特に1990年代後半からの小型大容量化の流れは，ムーアの法則*に匹敵するほどのハイペースです．1980年代には単位体積当たりの静電容量がタンタル電解コンデンサの約10分の1でしたが，2000年には100 μFの大容量品を量産できるようになり，**図1**に示すように積層セラミック・コンデンサの静電容量体積比はタンタル電解コンデンサの約2分の1までに縮まっています．

この流れとともに積層セラミック・コンデンサは，すべての電子機器に搭載されているといっても過言ではないほど普及してきました．そして生産数量では，**図2**に示すように電子機器用コンデンサ全体の80 %以上を占めるに至っています(1)．

この市場拡大は，積層セラミック・コンデンサの電気的特性，信頼性の高さが市場に認められた結果であり，今後のより一層の拡大が期待できます．

積層セラミック・コンデンサは，電解コンデンサなどとは異なった電気的特性を示すため，性能を100 %引き出すには，その特徴をよく理解して使用することが必要です．ここでは，積層セラミック・コンデンサの長所を最大限に発揮するための電気的特徴や取り扱い方法について解説します．

● 位置付け

今日，電子機器で主として使用されているコンデンサには，積層セラミック・コンデンサのほかに，タンタル電解コンデンサ，アルミ電解コンデンサ，フィル

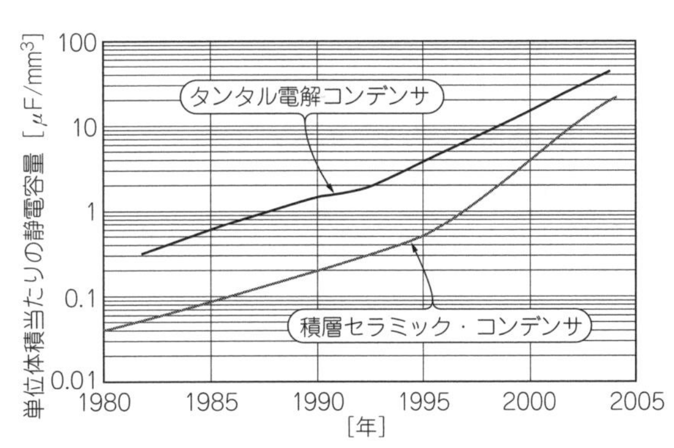

図1　積層セラミック・コンデンサとタンタル電解コンデンサの静電容量体積比

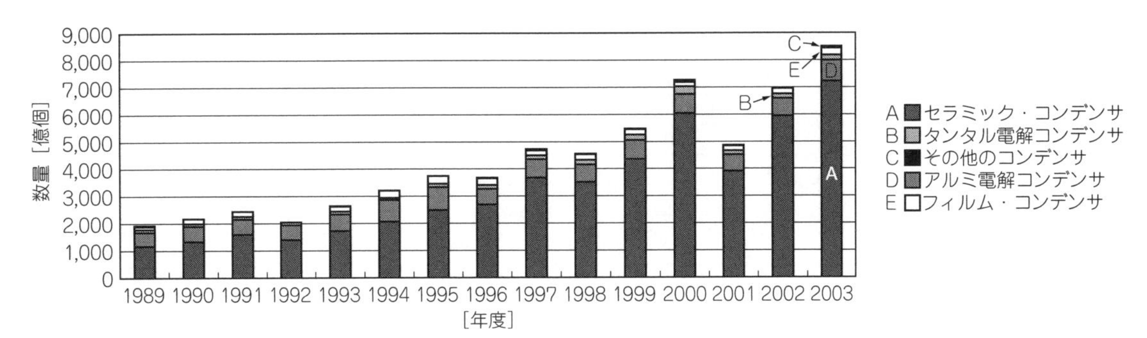

図2　世界の電子機器用コンデンサの生産状況(World Capacitor Report/EIA Market Research)

＊：ムーアの法則　米インテル社の創設者の1人であるゴードン・ムーア氏が1965年に経験則として提唱した法則．半導体の集積密度は18～24か月で2倍になるというもの．半導体業界では有名な法則．

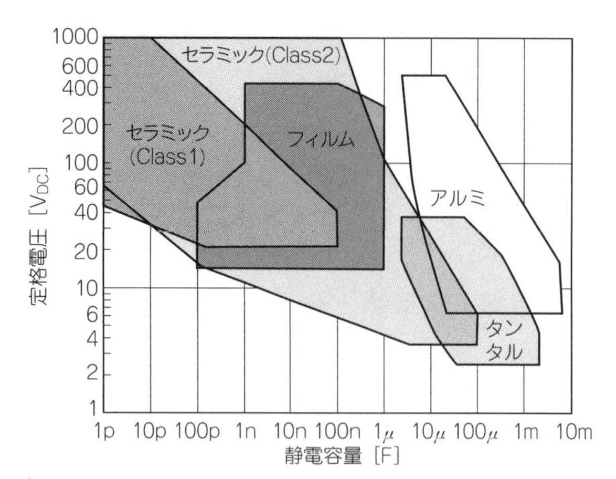

図3　種類別に見たコンデンサの容量範囲
チップ・タイプで100 μFという大容量の積層セラミック・コンデンサがすでに市販されている

ム・コンデンサなどがあります．セラミック・コンデンサは単板形と積層形に大別されますが，今日では9割以上が積層形となっています．各種コンデンサの取得容量範囲を**図3**に示します．

積層セラミック・コンデンサは小型対応，高耐圧，バラエティに富む温度特性など多くの品種がそろっており，微小容量から大容量まで幅広い取得容量範囲を持っています．そして，Class2のコンデンサの100 μFをさらに上回る大容量化や，Class1のコンデンサの高容量化によって，大電流のパワー・アプリケーション用途にも今後の市場拡大が期待されます．

アルミ電解コンデンサやタンタル電解コンデンサは，大容量を得意としています．主に10 μFを越える容量域で使用され，よりいっそうの小型化，大容量化の取り組みがなされています．近年は特に，導電性高分子材料を陰極に使用した電解コンデンサが登場しています．

フィルム・コンデンサは，安定した容量値が求められるアナログ回路や高耐圧が必要な電源回路などに多く使用されています．ほかのコンデンサと比べると耐熱性が低いため，実装時のはんだ温度管理が重要です．

種　類

● 分類と用途

積層セラミック・コンデンサにはさまざまな種類がありますが，特性的には**Class1**と**Class2**の2種類に大別されます．

セラミック・コンデンサはセラミックの配合比によって温度特性や容量取得範囲が変わるため，Class1やClass2の規格が存在します．**表1**に各種類ごとの温度特性の規格を示します[3][4]．

Class1のコンデンサは，温度補償用コンデンサとも呼ばれ，**静電容量の温度による変化が比較的直線的で，また損失も小さい**という特徴があります．容量範囲は1 pF以下の微小容量域から1 μF前後の高容量域まであり，あらゆる用途に使用されます．特に100 pF以下の微小容量品は，高周波回路でのマッチングやカップリング用途に使用されます．

Class2のコンデンサは，強誘電体であるチタン酸バリウム($BaTiO_3$)を主原料とした高誘電率の誘電体を使用しています．Class1のコンデンサに比べると静電容量の温度変化は大きく損失も大きくなりますが，**100 μFまでの大容量が得られる**ため，カップリング回路やデカップリング回路，平滑回路などで多く使われます．

電解コンデンサには，このような温度特性による区別はなく，規格化もされていません．電解コンデンサの温度特性は，誘電体層であるタンタル酸化被膜やア

表1　JIS/EIA規格によるセラミック・コンデンサの分類

Class	温度特性記号	温度範囲［℃］	基準温度［℃］	静電容量変化率または温度係数
Class1（種類1）	CH	－55～125	20	0±60 ppm/℃
	C0G	－55～125	25	0±30 ppm/℃
	SL	20～85	20	＋350～－1000 ppm/℃
Class2（種類2）	B	－25～85	20	±10 %
	X5R	－25～85	25	±15 %
	X6S	－55～105	25	±22 %
	R	－55～125	20	±15 %
	X7R	－55～125	25	±15 %
	F	－25～85	20	＋30～－80 %
	Y5V	－30～85	25	＋22～－82 %

表2　積層セラミック・コンデンサのサイズ記号

サイズ記号	長さ［mm］	幅［mm］
0402	0.4	0.2
0603	0.6	0.3
1005	1.0	0.5
1608	1.6	0.8
2012	2.0	1.25
3216	3.2	1.6
3225	3.2	2.5
4532	4.5	3.2
5750	5.7	5.0

ルミ酸化被膜の温度特性で決定されてしまうためです．

● サイズ

セラミック・コンデンサのメーカや実装機メーカ，およびセット・メーカ間での話し合いのもとで，積層セラミック・コンデンサのサイズが標準化されてきました．サイズの標準化により，基板アセンブリ時における実装効率の向上も積層セラミック・コンデンサの普及の一因になりました．標準のサイズを**表2**に示します．**写真1**に各サイズ別の比較を示します．

各サイズ別構成比率の年度別推移をグラフにしたものが**図4**です．1990年代前半までは2012サイズが最も多く使われていましたが，それ以降は1608サイズにシフトし，近年ではさらに小型の1005サイズが多く使われるようになりました．また，超小型の0603サイズ，0402サイズも商品化され，小型化へのシフトが急速に進行しているのが見て取れます．

電気的特性

積層セラミック・コンデンサの代表的な特性項目について，以下に簡単に解説します．

写真1　積層セラミック・コンデンサのサイズ比較
左から0402，0603，1005，1608，2012，3216，3225サイズ

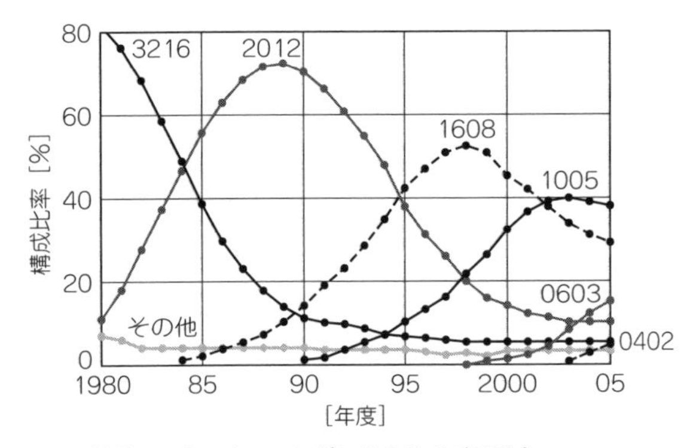

図4　積層セラミック・コンデンサのサイズの動向

● 絶縁抵抗(IR：Insulation Resistance)

理想コンデンサであれば，コンデンサに充電が完了したあとでは流入する電流はゼロになりますが，実際のコンデンサでは若干の電流が流れ続けます．この電流を漏れ電流と呼びます．セラミック・コンデンサの場合，この**漏れ電流は電解コンデンサに比べると非常に小さい**ため，印加電圧を漏れ電流値で除算した絶縁抵抗値として表します．絶縁抵抗値が大きいほど理想コンデンサに近いことになります．

図5に各種コンデンサの絶縁抵抗値を示します．積層セラミック・コンデンサは，**電解コンデンサと比べて2桁程度絶縁抵抗値が高い**ことがわかります．したがって，**待機時のコンデンサの漏れ電流が気になる用途では，積層セラミック・コンデンサを使用したほうが効果的**です．

また，電解コンデンサには極性があり，逆電圧が印加されると絶縁抵抗値が極端に低くなります．積層セラミック・コンデンサには極性がないので，カップリング回路などでコンデンサに加わる電圧が反転する場合でも気にせず使用できます．また，極性を間違って実装することによって起こる不具合もありません．

● 絶縁破壊電圧(BDV：Break Down Voltage)

コンデンサに電圧を印加し，電圧を徐々に上昇させていくと，ある電圧で絶縁破壊が起きます．この電圧を絶縁破壊電圧と呼び，直流，交流，パルスなど，印加する電圧の種類によって値は異なりますが，コンデンサの信頼性を表す指標の一つです．また，セラミック・コンデンサや電解コンデンサの場合，破壊モードはショートになりやすいため，セットに組み込まれた状態で破壊するとセット全体が壊れてしまうこともあります．

図6は定格電圧16 Vの各種コンデンサの直流破壊電圧を比較したものです．定格電圧は同じでもコンデンサの種類によって破壊値は大きく異なります．積層

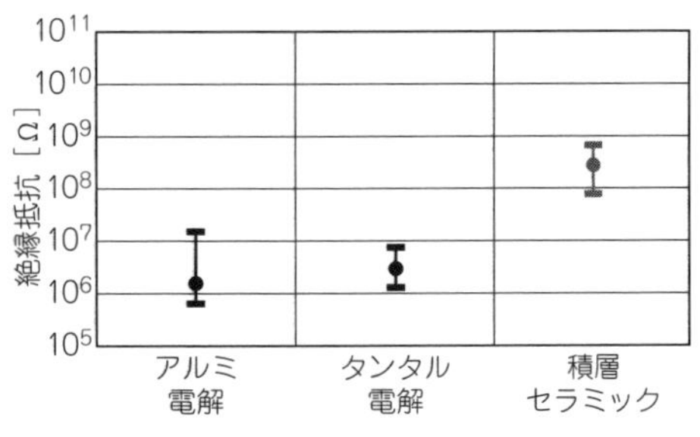

図5　各種コンデンサの絶縁抵抗値比較(10 μF/16 V)

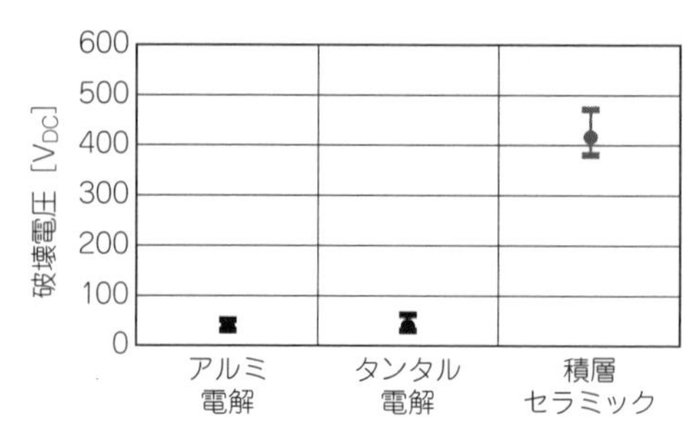

図6　10 μF/16 Vの各種コンデンサの直流破壊電圧値比較

セラミック・コンデンサは電解コンデンサと比べて直流破壊電圧が高いため，サージやパルスの異常電圧によるコンデンサの絶縁破壊は起きにくい傾向にあります．しかし，セットの設計に当たっては定格電圧を越える異常な電圧がコンデンサに印加されないよう注意を払わなければなりません．

● 温度特性

コンデンサの中には温度を変化させると静電容量が変化するものがあります．

ここで，静電容量変化率k_{TC}は次式で示されます．静電容量変化率の温度に対する特性を温度特性と呼びます．

$$k_{TC} = \frac{C_T - C_{20}}{C_{20}} \cdots\cdots (1)$$

ただし，T：測定時の環境温度［℃］

C_T：T℃における静電容量値［F］

C_{20}：20 ℃(基準温度)における静電容量値［F］

Class2の積層セラミック・コンデンサおよび電解コンデンサの温度特性を**図7**に示します．

Class2のセラミック・コンデンサは，一般に静電容量の温度変化率が曲線的になります．

代表的な特性として，**常温付近の取得容量が最大になるように設計されたF特性**があります．低温や高温領域では容量値が大きく低下する特徴がありますが，常温付近での静電容量体積比が高いコンデンサを作ることができます．一方，**低温から高温まで小さな変化率で安定した容量値を維持した設計のB特性**があります．これらの温度特性は，セラミック誘電体の主原料となるチタン酸バリウムに各種の添加物を加えることによって調整することができます．

電解コンデンサの静電容量変化は右肩上がりの直線を描き，その変化率はセラミックB特性(－25～85 ℃において±10 %)とほぼ同じレベルです．しかし，湿式のアルミ電解コンデンサは，低温になると陰極側に使用されている電解液のイオン伝導性が低下するために容量値が大幅に低下します．

● 直流電圧特性(DCバイアス)

Class2のセラミック・コンデンサの特徴的な特性として，静電容量の直流電圧依存性があります．一般に，直流電圧特性やDCバイアス特性といいます．**図8**は静電容量100 μF，定格電圧6.3 Vの各種コンデンサのDCバイアス特性を示したものです．**電解コンデンサは容量変化がほとんどないのに対して，Class2の積層セラミック・コンデンサは直流電圧の増加とともに静電容量が低下していきます**．したがって，静電容量を重視する回路の場合，Class2のセラミック・コンデンサはDCバイアスを考慮して設計する必要があります．

静電容量の変化は，誘電体層の違いが原因です．電解コンデンサは常誘電体を使っていますが，Class2の積層セラミック・コンデンサはチタン酸バリウムのような強誘電体を使います．

強誘電体には自発分極が存在し，DCバイアス特性

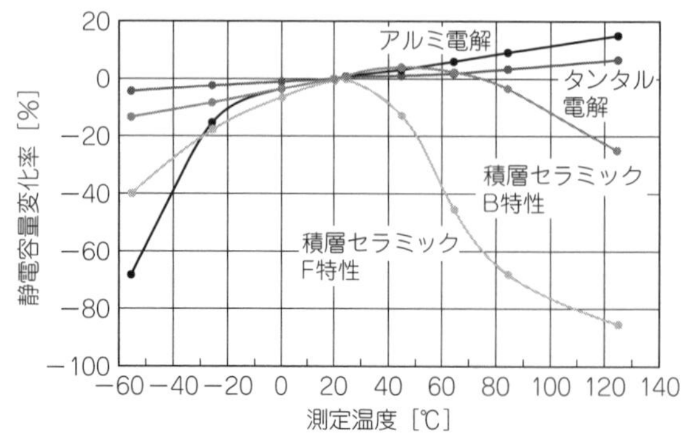

図7　Class2積層セラミック・コンデンサと電解コンデンサの温度特性比較(100 μF)

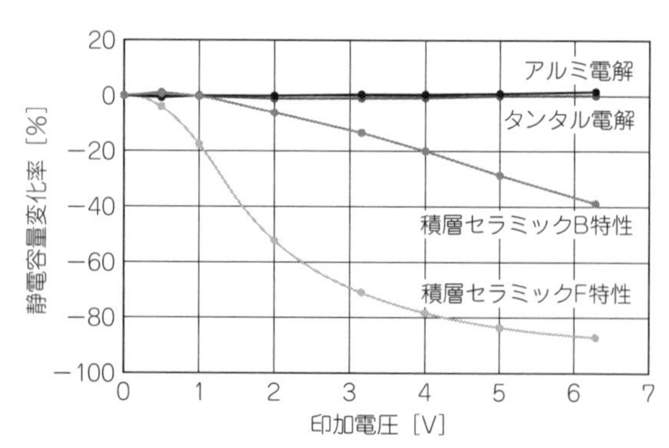

図8　Class2積層セラミック・コンデンサと電解コンデンサのDCバイアス特性の比較(100 μF/6.3 V)

は自発分極の大きさによって決まります．自発分極の大きさはセラミックの配合比によって決まるため，同じClass2のセラミック・コンデンサであっても，DCバイアス特性の変化量は異なります．

Class1のセラミック・コンデンサや電解コンデンサは常誘電体のため，自発分極がありません．このためDCバイアス特性の変化量は非常に小さい値となっています．

● 周波数特性

交流電圧，交流電流を複素電圧$\dot{V}$，複素電流$\dot{I}$と考えたときに複素インピーダンス$\dot{Z}$は次式で表されます．

$$\dot{Z} = \frac{\dot{V}}{\dot{I}} \cdots\cdots (2)$$

また，複素インピーダンス$\dot{Z}$は実数成分と虚数成分に分かれるため次式のように表されます．

$$\dot{Z} = R + jX$$
$$|\dot{Z}| = \sqrt{R^2 + X^2} \cdots\cdots (3)$$

以下，複素インピーダンスの大きさ$|\dot{Z}|$を，単にインピーダンスと呼びます．

理想コンデンサのインピーダンスは周波数とともに減少しつづけますが，実際のコンデンサは，ある周波数から上昇しはじめます．また，現実のコンデンサは種類によって大きく異なった曲線を描きます．コンデンサの周波数特性は重要ですから，ここでは少し詳しく説明します．

コンデンサにはコンデンサとしてふるまう成分（*ESC*：Equivalent Series Capacitance）のほかに，誘電体や電極の損失抵抗成分（*ESR*：Equivalent Series Resistance）や，電極やリード線などによって発生する寄生インダクタンス成分（*ESL*：Equivalent Series Inductance），さらに誘電体の固有抵抗や表面抵抗があり，等価回路は**図9**のように示されます．ここで，絶縁抵抗の値は一般にほかの素子成分のインピーダンス値に比べて十分に大きいため交流回路では省略しても問題ありません．このときのインピーダンスは以下のように示されます．

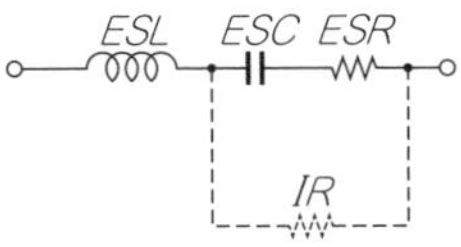

図9　コンデンサの等価回路

$$\dot{Z} = R_{ESR} + j\left(2\pi f L_{ESL} - \frac{1}{2\pi f C_{ESC}}\right)$$
$$|\dot{Z}| = \sqrt{R_{ESR}^2 + \left(2\pi f L_{ESL} - \frac{1}{2\pi f C_{ESC}}\right)^2} \cdots\cdots (4)$$

ただし，j：虚数単位，f：周波数［Hz］

各素子の影響は周波数特性に現れます．**図10**に示すように，低周波側では*ESC*成分により周波数に反比例してインピーダンスが低下していきますが，ある周波数でインピーダンス値が最小となる点があります．この最小となるインピーダンス値はコンデンサの*ESR*によって決まり，素子としては抵抗と同じふるまいをします．また，インピーダンスが最小となる周波数をコンデンサの自己共振周波数と呼びます．さらに周波数を上げていくと*ESL*成分の影響が強くなり，周波数に比例してインピーダンス値は上昇していきます．この領域では，素子はインダクタンスとしてふるまいます．つまり，**コンデンサがコンデンサとして働く周波数領域は，共振周波数以下の低周波領域だけ**ということになります．

ここで，*ESR*が大きいと，自己共振点付近のインピーダンスが押し上げられ，抵抗としてしか働かない領域が増え，コンデンサとして機能する周波数領域が減少してしまいます．

図11は積層セラミック・コンデンサと各種電解コンデンサのインピーダンス-周波数特性です．

積層セラミック・コンデンサは*ESR*と*ESL*が小さいため，電解コンデンサに比べると高周波までインピーダンスは低く，優れた周波数特性を示します．このため，電源ラインに使用するデカップリング・コンデンサに積層セラミック・コンデンサを使用した場合，電解コンデンサの1/2～1/10の静電容量値でも同等以

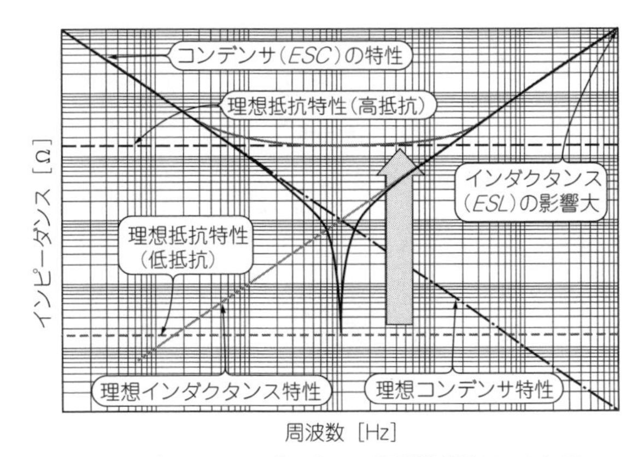

図10　コンデンサのインピーダンス-周波数特性はこんな形

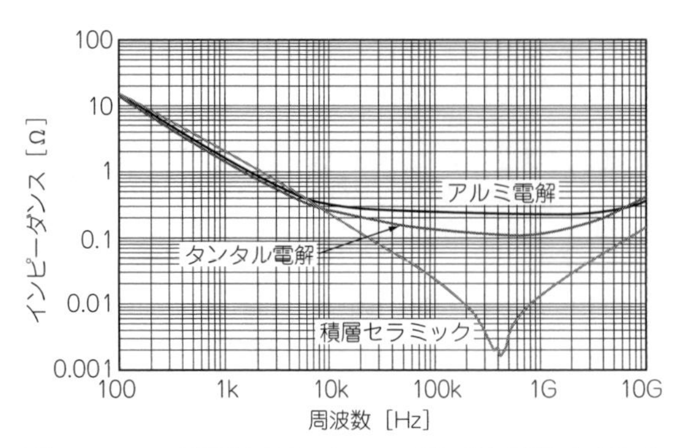

図11　Class2の積層セラミック・コンデンサと電解コンデンサの周波数特性比較(100 μF/6.3 V)

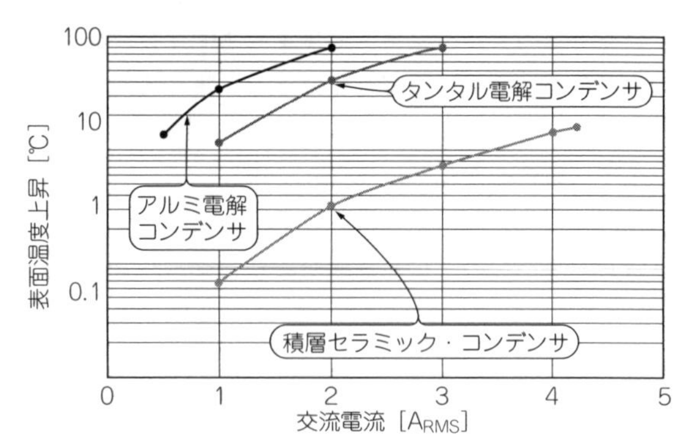

図12　各種コンデンサの交流電流-発熱特性(100 μF/6.3 V, 100 kHz)

上のノイズ吸収効果が得られます.

また, *ESR*や*ESL*が小さいことは電源のリプル・ノイズの低減にも効果があり, DC-DCコンバータの1次側平滑コンデンサや2次側平滑コンデンサとしても, 積層セラミック・コンデンサが使われるようになってきました.

● 発熱特性

コンデンサに高周波電流が流れると, 次式に示すように*ESR*に比例した電力損失を起こして発熱します.

$$P_e = I^2 R_{ESR} \cdots\cdots (5)$$

ただし, P_e：実効電力(消費電力) [W],
I：コンデンサに流れる電流 [A_{RMS}]

発熱によりコンデンサの動作温度が高くなることは, コンデンサの寿命を早めることにつながります. *ESR*が高いコンデンサほど発熱が大きくなり, 多くの電流が流せないため, **大電流が流れる回路には*ESR*の小さなコンデンサを選定する必要があります.**

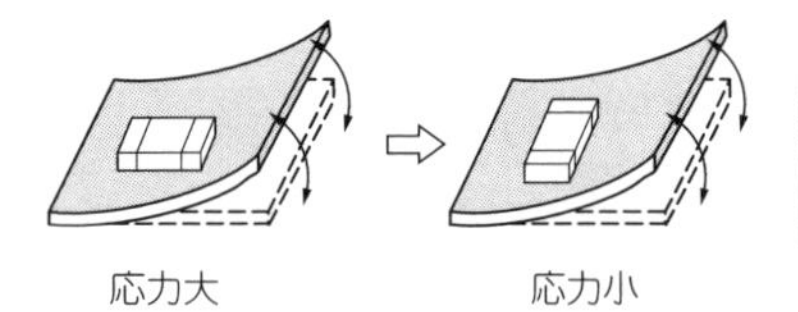

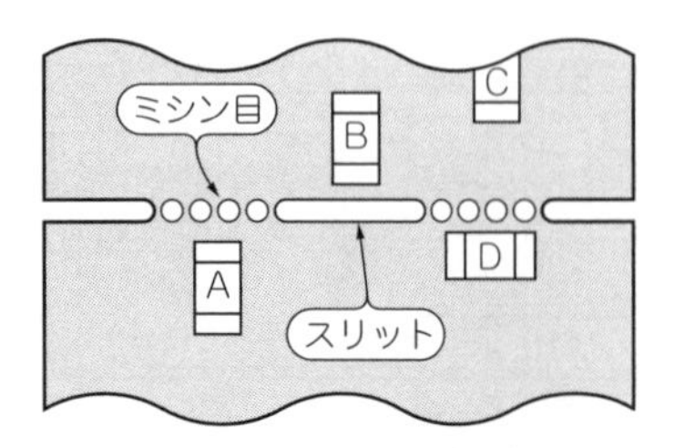

図13　部品配置と基板分割時の応力

図12に各種コンデンサのリプル発熱特性を示します. *ESR*が小さいコンデンサほど, 発熱温度が低いことがわかります.

使い方

セラミック・コンデンサは磁器コンデンサとも呼ばれ, 硬い焼き物で作られています. このため熱的, 機械的ショックにより割れやすく, 積層セラミック・コンデンサで発生する故障も割れに関するものがほとんどです.

特に, 基板実装時のマウンタ(電子部品自動装着機)による機械的ショックや, はんだ付け時の熱的ショック, およびはんだ付け後の取り扱いでの基板そりによる応力に注意する必要があります.

● 基板設計上の注意

基板を分割するとき, コネクタを接続するとき, ビスで固定するときなどに, コンデンサに過度の力が加わる場合があります.

図13は部品配置位置と基板分割時にコンデンサに加わる応力の順番を示したものです.

(1)コンデンサを分割位置から極力離す
(2)基板のそりに対してコンデンサは横向きに配置する
(3)分割用の溝やスリットを設ける

など, 分割時の基板そりを抑える工夫をしてください.

また, はんだ付け時にはんだ量が過多となって熱的, 機械的ショックを受けないようにする必要があります. **表3**にソルダ・レジストを使ってパターン分割を行った改善事例を示します. はんだ盛り量が過多にならないようにレジスト・パターンおよびランド寸法を設計

表3　ソルダ・レジストを使ってパターン分割したはんだ過多防止の改善事例

	シャーシ近辺への配置	リード部品との混載	リード部品の後付け	横置き配置
避けたい事例	シャーシ はんだ 電極パターン 断面図	リード付き部品のリード線 断面図	リード付き部品のリード線 はんだごて 断面図	
改善事例	ソルダ・レジスト 断面図	ソルダ・レジスト 断面図	ソルダ・レジスト 断面図	ソルダ・レジスト

してください．適切なランド寸法は，コンデンサ・メーカのカタログを参照ください．

● マウンタでチップを装着する際の注意

マウンタの吸着ノズルの下死点が低すぎる場合は，実装時にチップに対して過大な力が加わり，チップ割れの原因となります．吸着ノズル下死点は，基板のそりを矯正して調整してください．

また，実装時のノズル圧力は，静荷重で1～3Nとしてください．吸着ノズルとシリンダ内壁の間に，ごみ，ほこりなどが入ると，ノズルが滑らかに動かず実装時にチップに過大な力が加わり，チップ割れの原因となります．

爪によって位置決めを行うマウンタで位置決め爪が磨耗してくると，位置決めするときにチップへ加わる力がばらつき，チップ欠けの原因となります．吸着ノズルの下死点調整，位置決め爪の保守/点検，および交換は定期的に行ってください．

● はんだ取り付け時の注意

セラミック・コンデンサは無機材料を使用しているため，有機材料を使用しているコンデンサに比べると耐熱性が高い傾向にあります．しかし，チップに急激に熱を加えると，内部で大きな温度差によるひずみが生じて，割れの原因となります．

図14に示すはんだ付け温度，はんだ付け時間，予熱温度，予熱時間をコンデンサ・メーカの指定範囲内となるように，温度プロファイルの調整を行ってください．**温度差ΔTが小さくなるほど熱的ショックも小さくなります．また，チップ立ちやずれ現象の防止に**

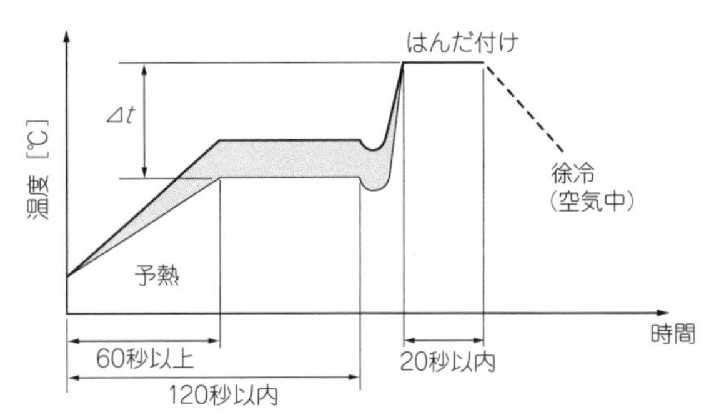

図14　リフローはんだ付け時の温度プロファイル

もなります．

はんだ付け直後の冷却過程は，急冷を避けて徐冷してください．また，はんだ付けを繰り返す場合は累積時間が規定の範囲以下となるように注意が必要です．

リフローはんだ付けの場合，はんだ塗布厚が過剰になるとはんだ盛り量が過多となり，熱的ショックや基板からの機械的応力を受けやすくなってチップ割れの原因となります．はんだ塗布厚が過小になると，はんだの固着力不足を生じチップ脱落の原因となります．はんだ塗布厚は，リフローはんだ付け後のはんだ濡れ上がり高さが0.2 mm以上で，チップ厚み以下となるように塗布厚ばらつきを抑えてください．

リニア・レギュレータやスイッチング・レギュレータで平滑用に使用している電解コンデンサを積層セラミック・コンデンサに置き換えた場合，出力電圧が異常発振を起こしてしまうことがあります．これは，*ESR*の大きい電解コンデンサ用に設計された電源用ICで，*ESR*の小さい積層セラミック・コンデンサを使用することによって起こる，フィードバック・ループの位相ずれによるものです.

止める方法は以下の2通りがあります.

● 積層セラミック・コンデンサ対応の電源用ICに交換する

近年，積層セラミック・コンデンサの特性に合わせた電源用ICが多くのICメーカより商品化されています．このようなICに交換するのがひとつの方法です.

● ループ位相が補正可能な場合は位相のずれを調整してみる

ループ位相の調整は，電源用ICのフィードバック電圧入力端子で調整します．この入力部にある分圧抵抗を調整し，平滑用コンデンサからフィードバック電圧入力端子までの伝達関数Xのゼロ点で合わせます(**図15**参照).

$$X = \frac{Z_C Z_2}{Z_C + Z_1 + Z_2} \cdots\cdots (6)$$

ゼロ点とは，分数関数の分子をゼロにする変数の値を言います．ここでは，ラプラス変数sによって与えられる$Z_C(s)Z_2(s) = 0$の解になります.

それでは，実際に計算してみます．**図11**のアルミ電解コンデンサ100 μFを積層セラミック・コンデンサ100 μFに置き換えたときに異常発振したと仮定します．置き換える前の値をそれぞれZ_1，Z_2，Z_C，置き換えた後のZ_CをZ_{CC}とします.

コンデンサの等価回路モデルは**図9**を使い，絶縁抵抗とESLは無視します．**図11**から，電解コンデンサのR_{ESR}は0.2 Ω，積層セラミック・コンデンサのR_{ESR}は0.002 Ωなので,

$$Z_C\,[\Omega] = 0.2 + \frac{1}{s \times 10^{-4}}$$

$$Z_{CC}\,[\Omega] = 0.002 + \frac{1}{s \times 10^{-4}}$$

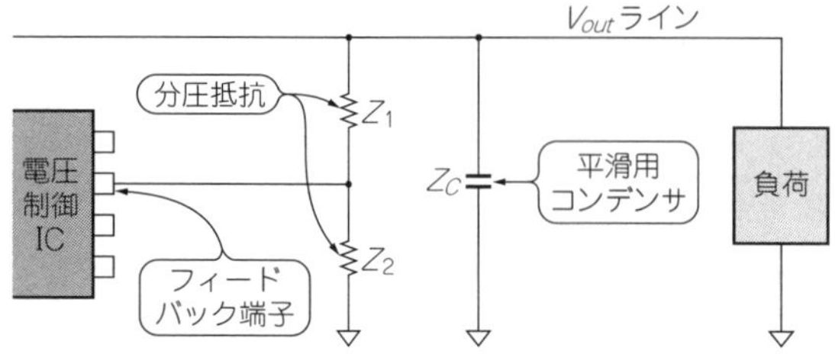

図15　電源用ICのフィードバック端子付近の回路

となります．ここで分圧抵抗を$Z_1 = 10\,\mathrm{k\Omega}$，$Z_2 = 2\,\mathrm{k\Omega}$とします.

式(6)に電解コンデンサ使用時の各素子の値を代入すると,

$$X = \frac{Z_C Z_2}{Z_C + Z_1 + Z_2} = \frac{\left(0.2 + \dfrac{1}{s \times 10^{-4}}\right) \times 2 \times 10^3}{0.2 + \dfrac{1}{s \times 10^{-4}} + 10 \times 10^3 + 2 \times 10^3}$$

$$\fallingdotseq \frac{(s \times 0.2 \times 10^{-4} + 1) \times 2 \times 10^3}{s \times 1.2 + 1} = \frac{s + 5 \times 10^4}{s \times 30 + 25} \cdots (7)$$

となり，ゼロ点は$|s| = 5 \times 10^4$となります．このとき位相特性は**図16**の①になります.

一方，積層セラミック・コンデンサに置き換えたときは,

$$X_C = \frac{Z_{CC} Z_2}{Z_{CC} + Z_1 + Z_2} = \frac{\left(0.002 + \dfrac{1}{s \times 10^{-4}}\right) \times 2 \times 10^3}{0.002 + \dfrac{1}{s \times 10^{-4}} + 10 \times 10^3 + 2 \times 10^3}$$

$$\fallingdotseq \frac{(s \times 2 \times 10^{-7} + 1) \times 2 \times 10^3}{s \times 1.2 + 1}$$

$$= \frac{s + 5 \times 10^6}{s \times 30 + 25} \cdots\cdots (8)$$

となり，ゼロ点は$|s| = 5 \times 10^6$となって，位相特性は**図16**の②のようにずれてしまいます．コンデンサのESRが2桁小さくなってゼロ点が2桁大きくなったため，位相の変化が高周波側に2桁シフトしています．これによってフィードバック・ループの位相が$-180°$に近づき，余裕がなくなって発振を起こしやすくなります.

対策は，置き換え後の位相特性を初期状態に近づけ

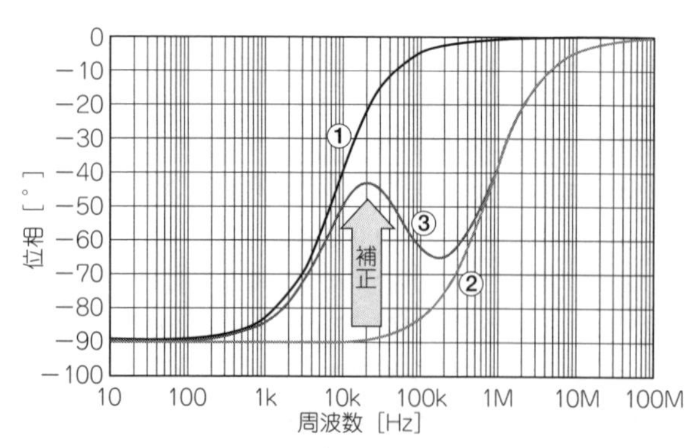

図16　対策後の位相特性曲線変化のイメージ

ることにより行います．すなわち，式(8)を式(9)のようにし，ゼロ点を新たに設ければ良いことになります．

$$X_C \fallingdotseq \frac{(s+5\times10^4)(s+5\times10^6)}{\cdots} \cdots\cdots\cdots\cdots\cdots (9)$$

簡単にするためにZ_2を固定して，Z_1を調整して新たにゼロ点を作ります．そのためにはZ_1をZ_{1C}に変更して，

$$Z_{1C} = \frac{\cdots}{s+5\times10^3}$$

としてやれば，X_Cは式(9)のように変形が可能です．

この形は**図17**のように，Z_1の抵抗にコンデンサCを並列接続することで得られます．すなわち，

$$Z_{1C} = \frac{1}{sC+\frac{1}{R}} = \frac{\frac{1}{C}}{s+\frac{1}{CR}}$$

となります．このとき，分母同士を比較すると，

$$\frac{1}{CR} = 5\times10^4$$

でなければなりません．また，Z_{1C}とZ_2の直流での分圧比を同一にするためには，$R = Z_1 = 10\,\mathrm{k\Omega}$である必要があるため，

$$C = \frac{1}{5\times10^4 R} = 200\times10^{-12} = 200\,\mathrm{pF}$$

となります．実際，このコンデンサを取り付けた位相特性が**図16**の③の特性です．あとは，電源用ICのマージンに合わせて，素子の調整を行えば完成です．

まとめ

今後，電子機器は高周波化とともにディジタル化がますます進んでいくと思われます．このような用途にも，インピーダンス-周波数特性が優れた積層セラミック・コンデンサは，最適なコンデンサとしてますます使用されていくことでしょう．

〈門　誠〉

◆参考文献◆

(1) Multilayer Ceramic Chip capacitors, World Market, Technologies and Opportunities: 2001 - 2005. Paumanok Publications, Inc. 2002.

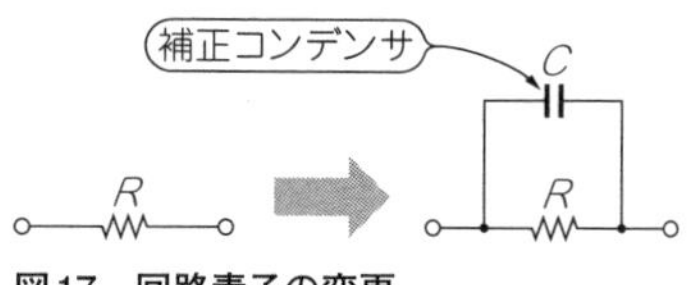

図17　回路素子の変更

(2) NECトーキン㈱，エルナー㈱，㈱村田製作所，京セラ㈱，三洋電機㈱電子デバイスカンパニー，太陽誘電㈱，TDK㈱，ニチコン㈱，日本ケミコン㈱，日立エーアイシー㈱，富士通メディアデバイス㈱，松尾電機㈱，松下電器産業㈱，ルビコン㈱，ローム㈱，各社2005年度版カタログ．

(3) 2003年版JISハンドブック，日本規格協会．

(4) EIAJ公規格，コンデンサ技術委員会作成，㈳日本電子機械工業会．

(5) J. H. Fabricius and A. G. Olsen ;"Monolithic Structure--- A New Concept for Ceramic Capacitors", Sprague Technical Paper No. 58-6, pp.85～96, 1958.

(初出:「トランジスタ技術」2005年4月号)

実際の応用

一昔前の積層セラミック・コンデンサは，高周波特性が優れていてもあまり大容量品がありませんでした．そのため主な用途は高周波回路とロジックICの電源デカップリング程度でした．しかし近年では材料の微細化と印刷技術の向上によって，100 μFもの(当初の約1000倍)まで登場しており，カバーしている容量範囲は数あるコンデンサの中で最も広くなっています．このため，小・中容量では高周波回路やデカップリング用途，大容量ではスイッチング電源の平滑にまでその応用範囲は広がっています．

■ スイッチング電源への応用

図18はリニアテクノロジーのLT1933を使用したスイッチング周波数500 kHz，5 V，0.6 A出力のステップ・ダウン・コンバータです．**積層セラミック・コンデンサはアルミ電解コンデンサと比べると，容量当たりの等価直列抵抗*ESR*が非常に小さい**です．大容量化とスイッチング周波数の高速化があいまって平滑用途への応用が広がっています．

しかし，アルミ電解コンデンサではあまり考えなくてよかった不具合(発振など)などが，低*ESR*であるがゆえに発生しやすくなります．

● **入力デカップリング用：電圧係数が小さいものを使う**

C_2は入力のデカップリング・コンデンサです．スイッチング・レギュレータでは入力から大きな電流を高速にスイッチして取り出すため，電源入力にデカップリング・コンデンサが必要になります．この回路の場合，比較的高い電圧まで入力されるので**電圧係数の小さいB特性，X5R，X7R特性のものを使用します**．

● **出力電圧平滑用：温度特性の良いものを使う**

C_4は出力平滑のコンデンサです．ここの部品選択が出力リプル特性と制御ループの位相特性に大きな影響を与えます．直流電圧が加わるので**B特性，X5R，X7R特性を定格電圧の半分以下で使用します**．

● **位相補償用**

C_5は制御ループの位相補償コンデンサです．C_4のESRが小さいと出力リプルの低減に効果的です．しかし，帰還の制御ループの特性にも影響を与え，条件が悪いと異常発振してしまうこともあります．そのような場合C_5で位相補償することでループ安定の余裕度や出力過渡応答特性の改善を図れます．

● **実装上の注意**

図18(b)は低いESRを効果的に生かすパターンの引き回し方です．スイッチング電源では大きな電流がON/OFFされます．高周波で使用する場合と同様，配線長による抵抗やインダクタンスの影響を小さくしなければ，せっかくの性能を引き出せません．特に大きな電流が流れるD_2のアノードと，C_2，C_4のグラウンド接続側は最小の距離になるように配置し，出力はC_4の両端から取り出すようにパターンを引きます．

また，内蔵基準電圧源の基準点となるLT1933の2番ピンとR_2のグラウンド側を接続したパターンの間には，ほかの回路電流を流さないようにしましょう．

● **リプル電流による自己発熱は10℃以下に**

温度と耐久性が密接な関係にある電解コンデンサではリプル電流が規定されていますが，**積層セラミック・コンデンサにはリプル電流の規定がありません**．そうはいってもESRがゼロではありませんから，リプル電流を流せば自己発熱し，その温度上昇は信頼性や効率低下を招きます．目安としては，自己発熱による温度上昇が10℃以下であれば問題はないと考えてよいでしょう．

〈藤田 雄司〉

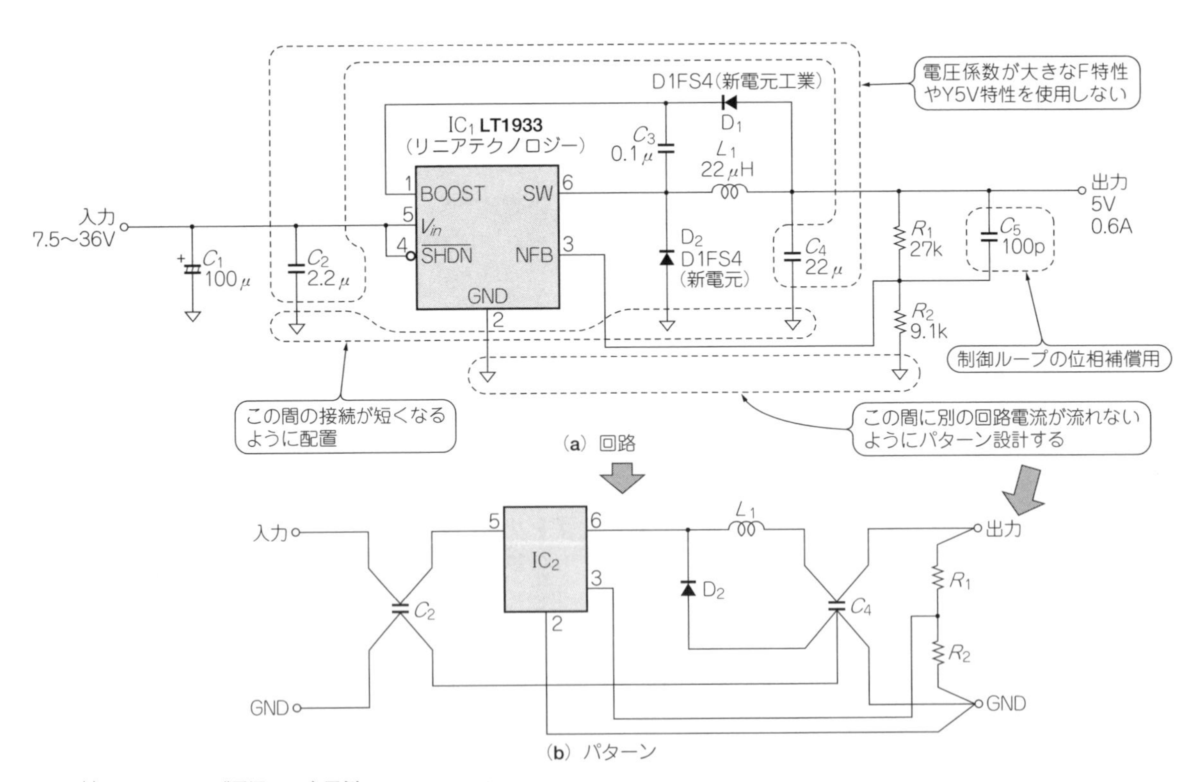

図18[3] スイッチング電源への応用例

◆参考・引用文献◆
(1) 京セラ；積層セラミックチップコンデンサの使用上の注意事項について；http://www.kyocera.co.jp/prdct/electro/pdf/add_pdf/mlcc_handling_j.pdf
(2) 村田製作所；積層セラミック・コンデンサの特徴と使用方法；http://www - proc.kek.jp/Materials/2007 - 05 - 30/muRataInfo.pdf
(3) リニアテクノロジー；LT1933データ-シート；http://cds.linear.com/docs/Japanese%20Datasheet/j1933fe.pdf

■ 0.1 M～200 MHz 広帯域増幅回路への応用

図19は0.1 M～200 MHzの周波数帯域で＋20 dBmまで出力することのできる広帯域増幅回路です．

積層セラミック・コンデンサは高周波特性が優れており，表面実装部品では等価直列インダクタンス*ESL*が非常に小さくなります．VHF帯くらいまでの周波数であれば汎用品で設計しても十分に性能を確保できます．しかし容量精度や温度特性は誘電体材料の種類によって大きく左右されますから使用目的に応じて正しく選択しなければなりません．

● 直流阻止用：精度や温度係数をあまり気にしない

C_1，C_4，C_{11}は直流阻止用のコンデンサです．必要な帯域でのリアクタンス値が入出力インピーダンスに対して十分に低くなるような容量値を選択します．精度や温度係数はあまり気にする必要はないので，高誘電率系のものでも大丈夫です．B特性かX5R特性を使用します．

● 入力インピーダンス整合/周波数補正用：温度係数の良いものを使う

C_2，C_3，C_6は入力インピーダンスの整合と周波数特性の補正用のコンデンサです．**インピーダンス整合や周波数特性の補正用では温度による回路特性の変化を避けるため，ゼロ温度係数のCH特性やC0G特性を使用します**．また自己共振周波数は増幅回路の帯域よりも高いところにある必要があります．

● 出力インピーダンス整合用：温度係数が良くて定格電圧の高いものを選ぶ

C_{10}は出力インピーダンス整合用のコンデンサです．入力整合や周波数特性補正と同様にゼロ温度係数のCH特性やC0G特性を使用します．ただしこの出力回路では，電源電圧の2倍くらいのピーク・ツー・ピーク電圧が加わる場合があるので，定格電圧に注意してください．

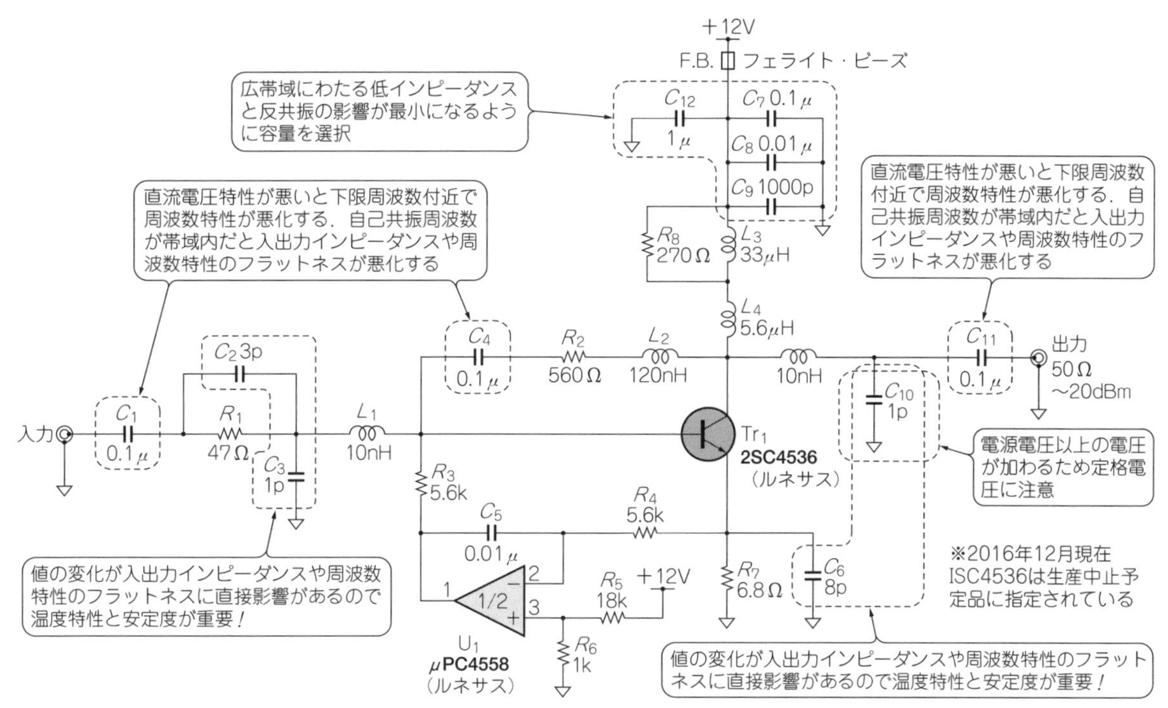

図19　セラミック・コンデンサが使われている例…0.1～200 MHz広帯域増幅回路

● **電源デカップリング用：反共振を抑えるように容量を選ぶ**

C_7, C_8, C_9, C_{12}は電源のデカップリング・コンデンサです．電源のデカップリングは帯域内でのインピーダンスをなるべく低くなるように，かつ反共振によるインピーダンスの増加が最小限になるように容量を選択します．　〈**藤田 雄司**〉

■ 2.4 GHz帯トランシーバ回路への応用

● **高周波ではセラミック・コンデンサをよく使う**

高周波でよく使われるのは1608サイズ以下の0.5 pFから100 pF程度の温度補償系のセラミック・コンデンサです．高周波用途をうたっている製品もありますが，**汎用品でも小容量のものは周波数特性が良いので数GHz程度まで使用できます**．

この容量値のセラミック・コンデンサで一般的な温度特性はNP0(C0G, CH, CJ, CK)です．他にはUJ特性が一般的です．

● **自己共振周波数は10 GHz以下**

図20はコンデンサの等価回路です．自己の容量Cと寄生インダクタンスL_sでほぼ決まる**図21**のような直列自己共振周波数を持ち，インピーダンスが大きく低下します．**図22**(**a**)のように一般的に**小型サイズのものほど自己共振周波数が高くなります．直列自己共振周波数は小型，小容量のものでも10 GHz程度以下です**．

図20　コンデンサの等価回路
容量値で異なる自己共振周波数を持つ

高周波用といっても自己共振周波数はあまり変わらないようですが，高周波での等価直列抵抗(*ESR*：Equivalent Series Resistance，**図20**のR_S)が低いようです．

● **小型の部品を短く配線することが重要**

高周波回路に使うコンデンサは，種類によってはサイズが大きくても周波数特性が良いものもあります．しかしパターンに実装する上では，近距離に配置ができてパッド面積が小さい小型のものが有利です．

自己共振周波数はパッドの大きさ，配線パターンが加わりさらに低くなります．高周波で使用する場合は小型部品でパターンの長さを極力短くします．

● **小型だと*ESR*が大きいので少々大型が有利**

パスコン(バイパス・コンデンサ)やカップリング・

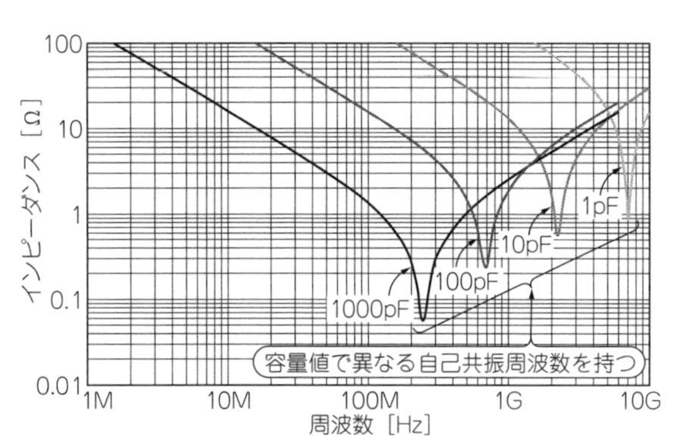

図21　容量が小さいものほど自己共振周波数が高い
村田製作所GRM15シリーズのインピーダンス-周波数特性

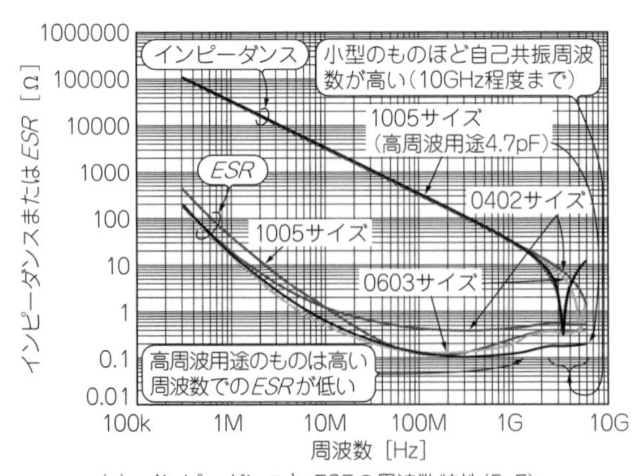

(**a**) インピーダンスと*ESR*の周波数特性(5pF)

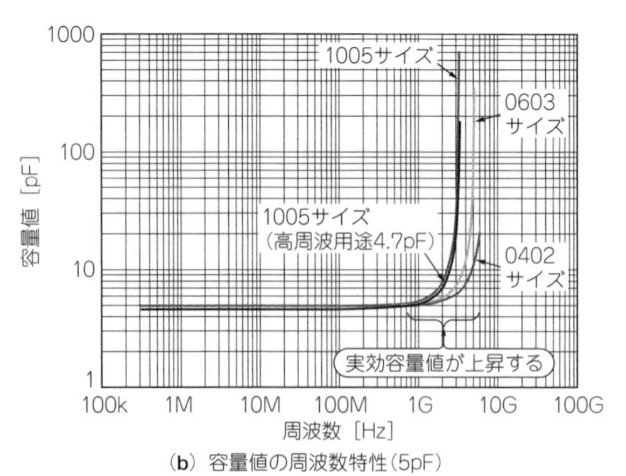

(**b**) 容量値の周波数特性(5pF)

図22　サイズ，種類による周波数特性の違い
太陽誘電UMK，EMK，UVKシリーズ5 pF/4.7 pF

コンデンサは，自己共振を利用して，使用する周波数帯でインピーダンスが低くなる容量値を選定します．広帯域な特性が必要な場合は，種類や容量の違うコンデンサを並列にし，高周波域を任せる小型で小容量のものをできるだけ近くに配置します．

図23はNordic Semiconductor社の2.4 GHz帯1チップ・トランシーバーICのRF周辺の回路です．C_4とC_{11}は，低いインピーダンスになるように2.4 GHz帯付近で自己共振周波数を持つ容量値を使用しています．小型品ほど*ESR*が高くなる傾向があるので，少々サイズの大きいほうが有利です．

● 容量が重要なら自己共振周波数の1/3以下で使う

整合回路やフィルタ回路で使用するコンデンサは，安定で誤差の少ないものが必要です．容量誤差，温度やバイアスによる容量値の変化が，フィルタや整合特性に直接影響を与えるためです．

図22(b)のように自己共振周波数に近づくと容量の実効値が上昇します．容量値が安定していることが重要な場合は，この自己共振周波数よりはるかに低い(1/3～1/5以下)周波数で使用します．

また周波数が高くなると必要な容量値は小さくなってきます．容量値が10 pF程度以下になると汎用品の容量誤差は%の指定ではなく絶対値の指定となり誤差が大きくなります．例えば汎用品の1 pFコンデンサの容量誤差は±0.25 pFです．この大きな誤差を考慮した設計にするか，細かな容量値を持った高精度品が必要になります．

これとは別に，高周波になるとパターンなどの寄生成分が容量値の誤差に与える影響が大きいので特に注意が必要です．

● 発振周波数を決める回路では温度特性が重要

図23のように送受信機などの周波数を決めている発振回路において，推奨の定数では必要な周波数偏差に合致しない場合があります．実際の発振周波数を確認して負荷容量の定数を若干変更します．

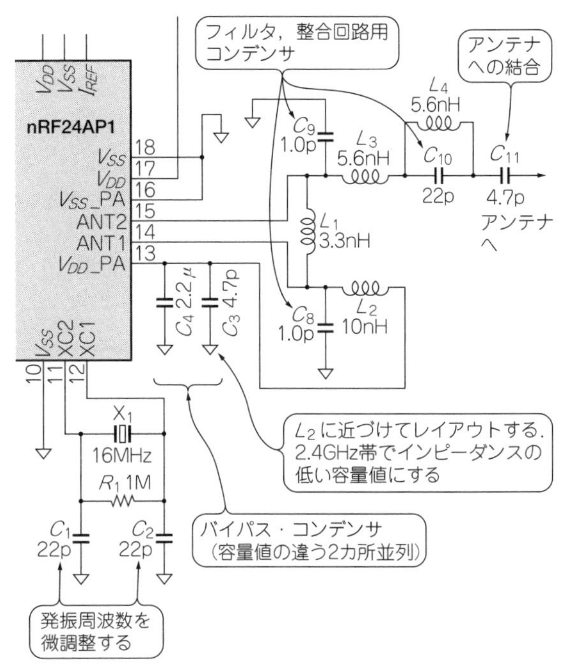

図23　2.4 GHz帯1チップ無線ICの周辺回路
Nordic Semiconductor社nRF24AP1（2.4 GHz）を使用

この発振周波数を決定するコンデンサは温度特性が重要です．まずNP0のコンデンサで温度特性を測定後に，必要があれば，使用した水晶の温度特性と同じになるようにコンデンサの温度特性で補償します．

〈廣畑 敦〉

◆参考文献◆

(4) ㈱村田製作所Webサイト 製品カタログ．
http://www.murata.co.jp/
(5) 太陽誘電㈱Webサイト 製品カタログ．
http://www.yuden.co.jp/
(6) Nordic Semiconductor社nRF24AP1 DATASHEET.

(初出：「トランジスタ技術」2010年8月号 特集)

コラム　積層セラミック・コンデンサの大容量化の秘密

図Aは積層セラミック・コンデンサの積層構造のイメージです．誘電体と内部電極を交互に重ね，それぞれの内部電極は交互に外部電極と接続されています．

積層セラミック・コンデンサの単位体積当たりの静電容量C/V［F/mm^3］は次式で表されます．

$$C/V=\frac{\varepsilon_r}{4\pi c^2 d^2}=\frac{\varepsilon_r \varepsilon_0}{d^2}=\frac{C}{NSd} \cdots\cdots\cdots\cdots \text{(A)}$$

N：誘電体積層枚数
S：重なり面積［mm^2］
d：誘電体層厚み［mm］
ε_r：誘電体セラミックスの比誘電率
ε_0：真空の誘電率
c：真空中の光速［m/s］

この式から，**大きな値を得るには，比誘電率の大きい材料で極力薄い誘電体層を形成する必要がある**ことがわかります．特に，**厚みの2乗に反比例して*C/V*が増加するため，どこまで薄層にできるかが大きな開発課題となっています**．

図Bに過去10年の誘電体厚みと積層枚数の変遷を示します．1970年頃の積層セラミック・コンデンサの誘電体厚みは100 V_{DC}定格品で40 μm，50 V_{DC}定格品で30 μmでした(5)．その後，誘電体材料の改良，薄膜シート成型技術の進歩，多層化技術の進展により急速に薄層/多層化が進みました．特に1990年以降の進歩は著しく，1997年には3 μm，**2002年には1 μmの薄層品が実用化されました**．

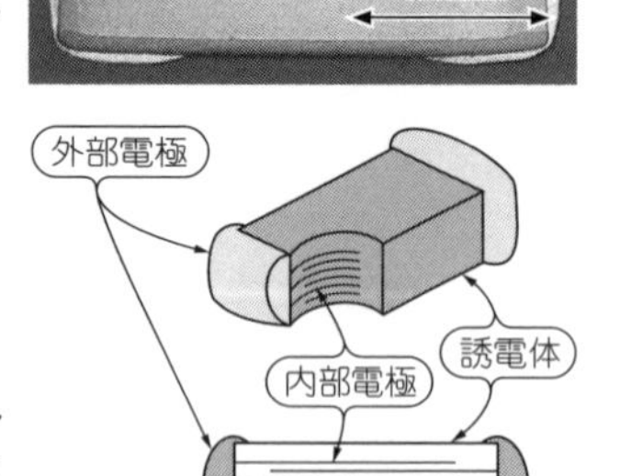

写真A　積層セラミック・コンデンサの断面

図A　積層セラミック・コンデンサの積層構造イメージ

実際のコンデンサの断面を**写真A**に示します．中央にぎっしり詰まっているところが電極層ですが，誘電体の厚みは1 μmしかないため，電極の重なっている様子は肉眼で確認するのは困難です．しかし，電子顕微鏡を使えば**写真B**のように確認することができます．このような技術革新によって，積層セラミック・コンデンサは静電容量の拡大と，同一容量値であればより小型化を実現してきました．

誘電体厚み1 μmの技術を使って，20 μF/mm^3を越える静電容量体積比の積層セラミック・コンデンサが生産され，タンタル電解コンデンサと同等のレベルに達しようとしています．例えば，100 μFのサイズは2000年に5750サイズ(5.7 × 5.0 mm)だったものが，2002年に4532サイズ(4.5 × 3.2 mm)，2003年に3225サイズ(3.2 × 2.5 mm)が実用化され，2005年中には3216サイズ(3.2 × 1.6 mm)が実用化の予定です．

〈門 誠〉

(初出：「トランジスタ技術」2005年4月号)

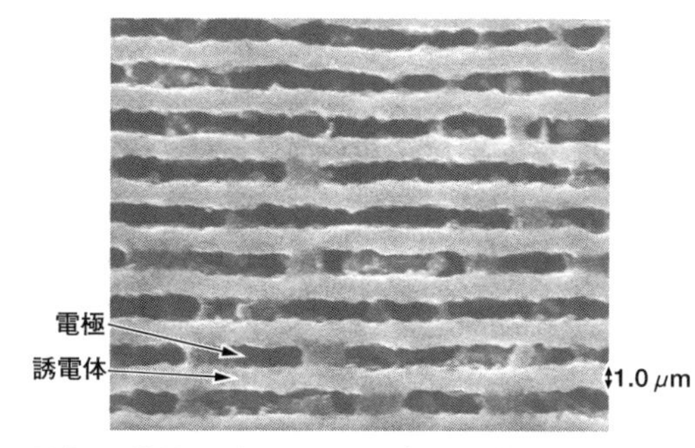

写真B　積層セラミック・コンデンサの断面図

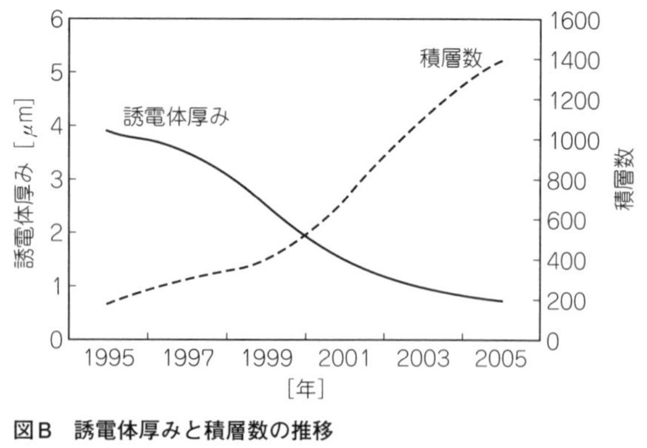

図B　誘電体厚みと積層数の推移

第3章
よく使うコンデンサ② フィルム・コンデンサ

耐熱性/DCバイアス特性など

薄膜積層フィルム・コンデンサとは…

写真1のPMLCAP(Polymer Multi‐Layer Capacitor)はルビコン社の薄膜積層フィルム・コンデンサです．積層セラミック・コンデンサに比べると形状は大きいですが，電気的特性はポリエステル・フィルム・コンデンサ(いわゆるマイラ・コンデンサ)とほぼ同等で，さらに小型で耐熱性に優れます．信頼性上の特徴としては，故障モードがオープンで発煙・発火リスクが少ないこと，過電圧パルスが加わってショートしても自己回復することがあります．

特　徴

● 構造と等価回路：通常のフィルム・コンデンサの1/10の大きさ

薄膜積層フィルム・コンデンサPMLCAPの内部構造を**図1**に，等価回路を**図2**に示します．誘電吸収を等価したR_dとC_dは通常の用途では無視できます．

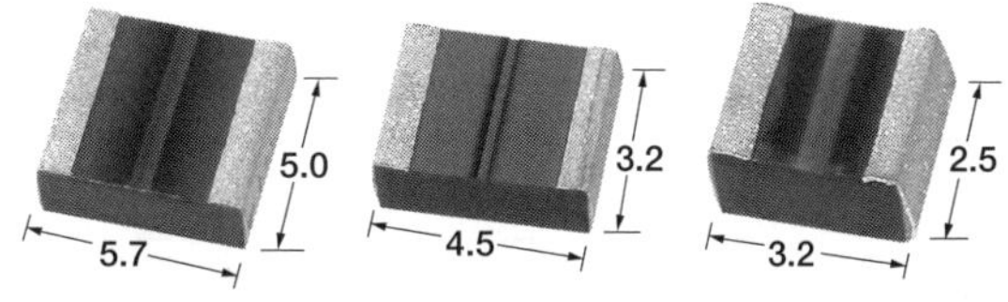

(a) 5750サイズ　(b) 4532サイズ　(c) 3225サイズ

写真1　薄膜積層フィルム・コンデンサPMLCAP(単位はmm)

樹脂フィルムを使用する従来のフィルム・コンデンサに比べ，真空蒸着で形成するフィルム厚が薄いため表面実装型フィルム・コンデンサとしては約1/10の外形と大幅に小型化されています．高誘電率系積層セラミック・コンデンサと比べると，誘電体の比誘電率が約1/1000と小さいため形状は大きくなっています．

● 電気特性：通常のフィルム・コンデンサと同等

他種コンデンサとの特性の違いを**表1**に，現在市販されているPMLCAPの種類を**表2**に，仕様を**表3**に示します．

電気的特性については，ポリエステル・フィルム・コンデンサ(マイラ・コンデンサ)とほぼ同等です．

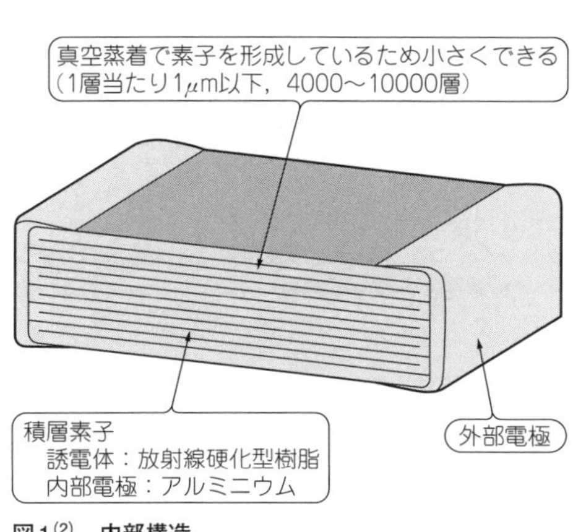

図1[2]　**内部構造**

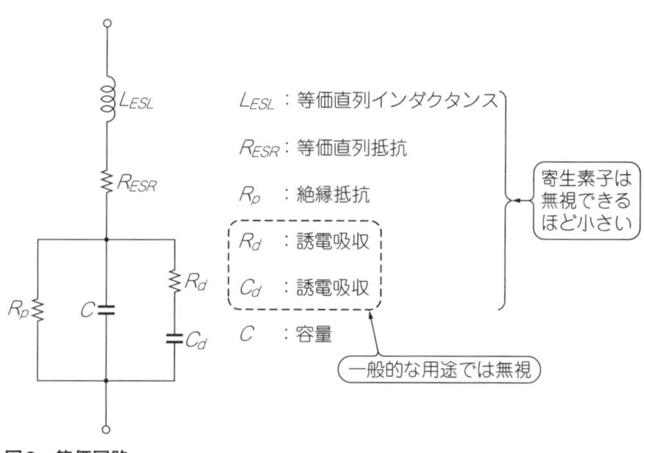

図2　等価回路

表1　表面実装コンデンサ比較表(電解コンデンサを除く)

種　別	薄膜積層フィルム・コンデンサ	積層フィルム・コンデンサ	積層セラミック・コンデンサ
誘電体	放射線硬化型樹脂(アクリル)	樹脂フィルム(PEN，PPS)	高誘電率系セラミック($BaTiO_3$)
誘電体厚	＜1 μm/層	≧3 μm/層	＜1 μm/層
比誘電率	約3	約3	2,000〜5,000
内部電極	蒸着アルミニウム	蒸着アルミニウム	ニッケル・ペースト
定格電圧	16〜63 V_{DC}	10〜250 V_{DC}	2.5〜3,150 V_{DC}
静電容量	0.1 μ〜22 μF	0.001 μ〜1 μF	68 p〜100 μF
温度範囲	−55〜+125℃	−55〜+125℃	−55〜+150℃(X8R)
形状	中	大	小
特徴	圧電効果がないため，異音発生が少なくDCバイアス特性に優れている	圧電効果がないため，異音発生が少なく，DCバイアス特性に優れている	圧電効果があるため，DCバイアス特性が劣る．温度補償用セラミックは，形状は大きいが特性は優れている

中型で電気特性がよい

表2[1]　**薄膜積層フィルム・コンデンサPMLCAP**(ルビコン)**の一覧**(単位はmm)

WV [V_{DC}]	16			25			35			50			63		
容量 [μF]	長さ	幅	厚み	長さ	幅	厚み	長さ	幅	厚み	長さ	幅	厚み	長さ	幅	厚み
0.10		−			−			−		3.2	1.6	1.0		−	
0.22		−			−			−		3.2	1.6	1.0	3.2	1.6	1.4
0.33		−			−			−		3.2	1.6	1.4	3.2	2.5	1.4
0.47		−			−		3.2	1.6	1.0	3.2	2.5	1.4	3.2	2.5	1.8
0.68		−		3.2	1.6	1.4	3.2	1.6	1.4	3.2	2.5	2.0	4.5	3.2	1.4
1.0	3.2	1.6	1.4	3.2	1.6	1.4	3.2	1.6	1.4	4.5	3.2	1.4	4.5	3.2	1.8
1.5	3.2	1.6	1.4	3.2	2.5	2.0	3.2	2.5	2.0	4.5	3.2	1.8	4.5	3.2	2.6
2.2	3.2	2.5	1.8	3.2	2.5	1.8	4.5	3.2	1.4	4.5	3.2	2.6	5.7	5.0	1.8
3.3	3.2	2.5	2.0	4.5	3.2	1.4	4.5	3.2	1.8	5.7	5.0	1.8	5.7	5.0	2.6
4.7	4.5	3.2	1.4	4.5	3.2	1.8	4.5	3.2	2.6	5.7	5.0	2.6		−	
6.8	4.5	3.2	1.8	4.5	3.2	2.6	5.7	5.0	1.8		−			−	
10	4.5	3.2	2.6	5.7	5.0	1.8	5.7	5.0	2.6		−			−	
15	5.7	5.0	1.8	5.7	5.0	2.6		−			−			−	
22	5.7	5.0	2.6		−			−			−			−	

表3　薄膜積層フィルム・コンデンサPMLCAPの仕様

項　目	仕　様
静電容量許容差	±20％(M)
損失角の正接(tan δ)	1.5％以下
耐電圧	定格電圧の150％を1分間または175％を1〜5秒間印加後異常のないこと
絶縁抵抗	300 MΩ・μF以上

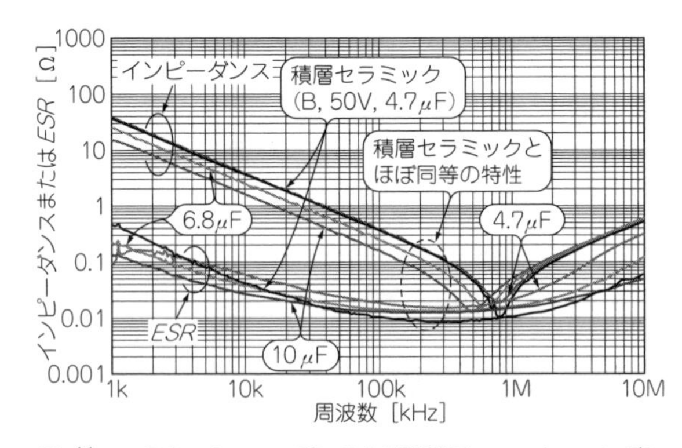

図3[2]　**セラミック・コンデンサと薄膜積層フィルム・コンデンサのインピーダンス/*ESR*−周波数特性**

積層セラミック・コンデンサ(MLCC；Multi-Layer Ceramic Capacitor)に比べると圧電効果がないため，**うなり音発生が少なく，誘電吸収も小さく，直流バイアス特性と呼ばれている直流電圧印加による容量減少がない**などの特性を有しています．

● 信頼性：故障モードはオープン，ショートしても自己回復する

フィルム・コンデンサのセラミック・コンデンサに対する信頼性上の優位点としては，**故障モードがオープン**で，**発煙・発火リスクが少ない**ことがあります．また，電極の金属を蒸着させたメタライズド・フィルム・コンデンサは過電圧パルス印加時に**ショートして**

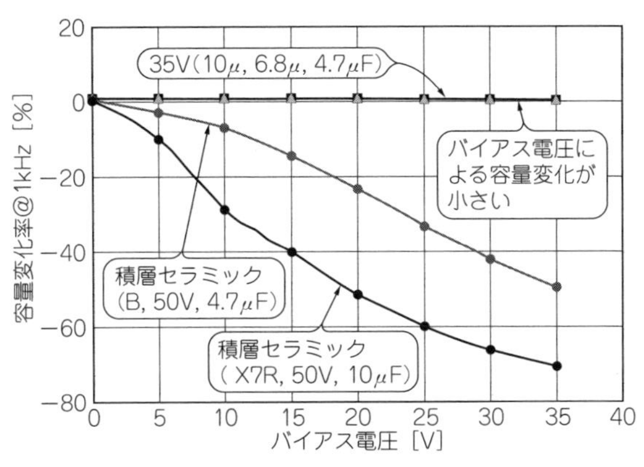

図4[2] 直流バイアス電圧による容量変化率

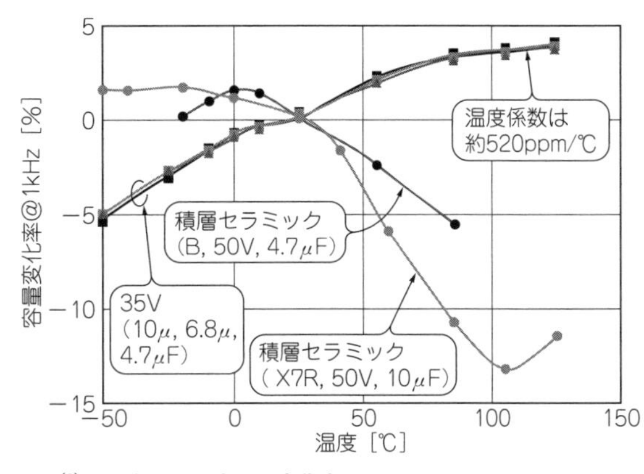

図5[2] 温度による容量の変化率

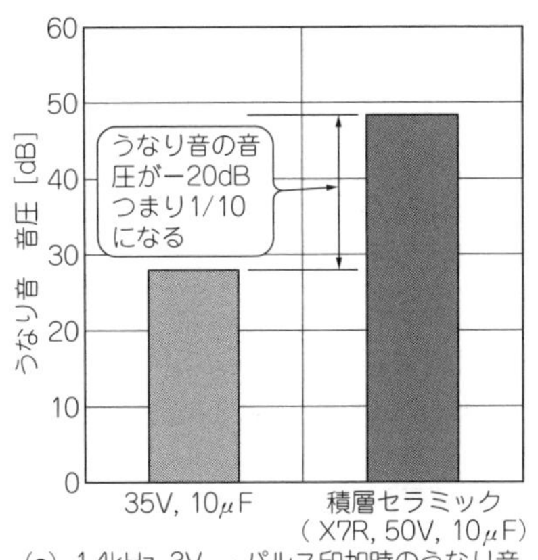

(a) 1.4kHz, $3V_{peak}$パルス印加時のうなり音

(b) 液晶バックライト回路で生じるうなり音の周波数成分

図6[2] うなり音特性

も自己回復します．薄膜積層フィルム・コンデンサもこの特徴を継承しています．

● 耐熱性：通常のフィルム・コンデンサより良い

誘電体が熱硬化性樹脂で熱重量減少が500 ℃近傍より始まることからもいえるように，従来のフィルム・コンデンサに比べ耐熱性は大幅に向上しています．

電気的特性

薄膜積層フィルム・コンデンサの特性を高誘電率系積層セラミック・コンデンサと比較してみましょう．

● インピーダンス-周波数特性：セラコンとほぼ同等

パスコンとして使用するときに重要な，インピーダンスと等価直列抵抗(*ESR*：Equivalent Series Resistance)の周波数特性を**図3**に示します．薄膜積層フィルム・コンデンサは*ESR*と等価直列インダクタンス(*ESL*：Equivalent Series Inductance)が小さく，積層セラミック・コンデンサとほぼ同等のインピーダンス周波数特性となっています．

● 直流バイアス特性：容量変動が少なくDC25 V以上で使うなら実質セラコンと同等

パスコンやカップリング・コンデンサとして使用するときに重要な直流バイアス特性を**図4**に示します．**圧電効果がないため，直流電圧を加えたときの容量の変動がありません**．高誘電率系積層セラミック・コンデンサに対し特性上の大きな優位点です．DC25 V以上で使用する場合には，実効容量を積層セラミック・コンデンサと同等にすると同じくらいの大きさになることが多いです．

● 温度特性：温度が上がると容量が増える

入力カップリング・コンデンサやフィルタ・コンデンサとして使用するときに重要な温度特性を**図5**に示します．温度係数は約＋520 ppm/℃となっています．

● うなり音特性：セラミック・コンデンサの1/10

静音を求められる機器に使用するときに重要なうなり音特性を**図6**に示します．**図6(a)**は1.4 kHzで3 V_{peak}のパルスを印加したときの音圧レベルです．積層セラミック・コンデンサに比べ－20 dB，つまり1/10です．

図6(b)は液晶バックライト回路へ実装したときの周波数分析結果の一例です．積層セラミック・コンデンサの音響雑音は圧電効果によるため，1 kHz以上の中音域で大きくなります．薄膜積層フィルム・コンデンサはクーロン力によるため1 kHz以下の低音域で大きくなっています．耳障りな雑音は数kHz帯であり，この帯域で発生雑音の小さなコンデンサが望まれています．

● 誘電吸収特性：誘電吸収が小さくループ・フィルタに向く

誘電体の分極が瞬時に起きないで時間遅れを持つことが原因で誘電吸収（誘電体吸収とも呼ぶ）が悪化します．**図7(a)**にJISC5101を参考にした測定回路，**(b)**

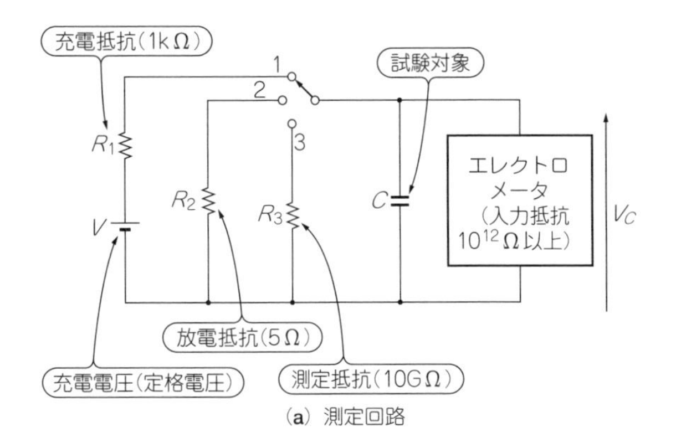

(a) 測定回路

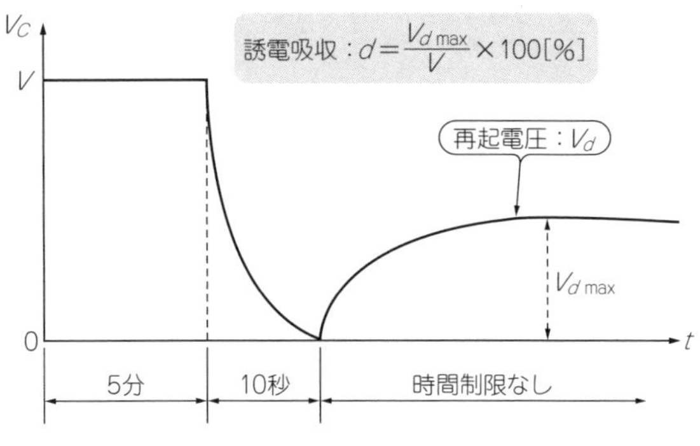

(b) コンデンサ端子電圧とスイッチ位置

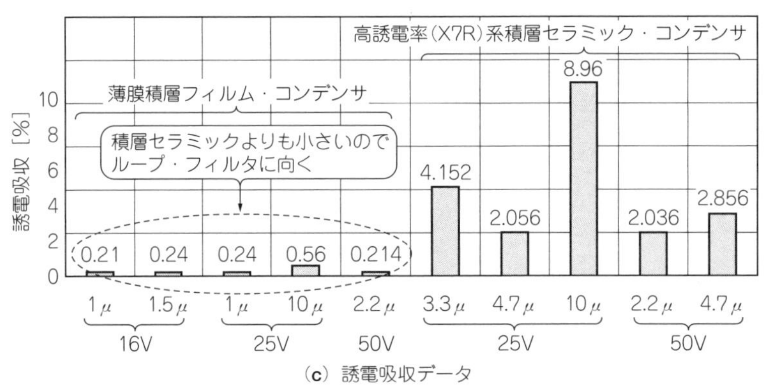

(c) 誘電吸収データ

図7[2] 薄膜積層フィルム・コンデンサと積層セラミック・コンデンサの誘電吸収特性

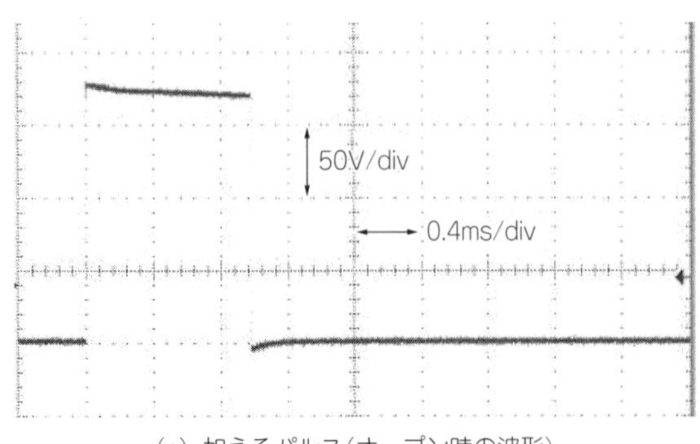

(a) 加えるパルス（オープン時の波形）

自己回復
絶縁破壊
50V/div
0.4ms/div

(b) 自己回復

写真2[2] 瞬間的な過電圧に対する自己回復特性

35 V，1 μFのコンデンサに2Ωの直列抵抗を介し，186 V_{peak}，1 msのパルスを加えて測定

に測定時間によるコンデンサ端子電圧の変化とスイッチの接点位置を示します．測定データが**図7(c)**です．JISでは放電後の再起電圧は15分後の値になっていますが，ここでは時間にかかわらず最大値を求めています．

誘電吸収特性はポリエステル・フィルム・コンデンサとほぼ同等で，積層セラミック・コンデンサに比べて大幅に優れています．形状にこだわらなければ大きなリード付きポリプロピレン・フィルム・コンデンサはさらに優れた特性を示しますが，この容量でこの形状ではほかに代替可能なコンデンサはありません．

なお，比較的周波数の高い領域では，誘電吸収が小さい温度補償用セラミック・コンデンサが0.1 μFまで市販されているので，よくこれを使用します．

● 自己回復特性：発熱で蒸着金属が飛散して絶縁が回復する

過電圧パルスが印加されて短絡故障が起きても，短絡部分に電流が集中して発熱し，蒸着金属が酸化して蒸着金属が消失し，誘電体および蒸着金属が飛散して絶縁が回復します．自己回復は蒸着抵抗が高く蒸着膜が薄いほど起こりやすくなっていて，薄膜積層フィルム・コンデンサは従来よりも安全性が高いといえます．

過電圧パルスを加えて強制的な短絡故障を起こさせたときの自己回復特性を観測してみます．**写真2(a)**が186 V_{peak}，1 msパルス波形です．これを2 Ωの直列抵抗を介して加えたときの供試コンデンサ端子間の波形が**写真2(b)**です．自己回復現象が観測されています．

なお，短絡からは回復しても，絶縁抵抗などの電気的特性は短絡前の状態に回復するわけではないので，信頼性の観点からは早期の交換が必要です．

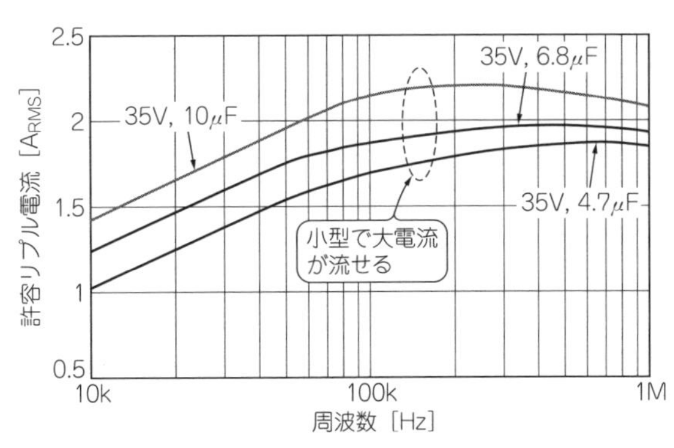

図8[2] 許容リプル電流特性例

● 許容リプル電流

薄膜積層フィルム・コンデンサは低*ESR*で高耐熱なので，大きなリプル電流を流せます．特性の一例を**図8**に示します．

〈馬場 清太郎〉

■ 印加電圧と定格温度

● 印加電圧

AC定格の場合，過電圧は電源変動を含めて定格電圧の**110 %**以内とします．

DC定格の場合，コンデンサに印加される電圧はサージおよびリプル電圧の尖頭(せんとう)値(**直流電圧＋交流尖頭値**)が定格電圧を超えないようにします．

特に規定のない限り，急激な充放電はコンデンサの特性劣化や破壊につながるので行わないようにします．

● 温度

定格温度以上で使用する場合，特に規定のない限り，**図9**の軽減率で定格電圧を軽減します．

規定の温度範囲でも，急激な温度変化のある環境下で使用しないようにします．製品によって保存温度と動作温度の区別のある場合は，これを守ります．また，結露するような高湿度下では使用しないようにします．使用環境および取り付け環境を確認のうえ，カタログの仕様欄に規定した定格性能の範囲内で使用します．

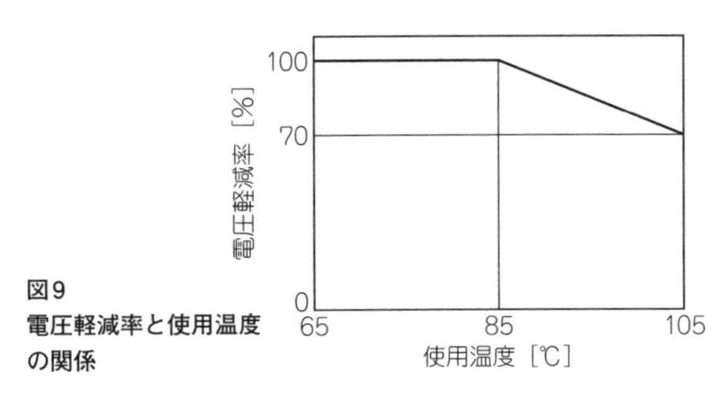

図9 電圧軽減率と使用温度の関係

写真3 フィルム・コンデンサの外観

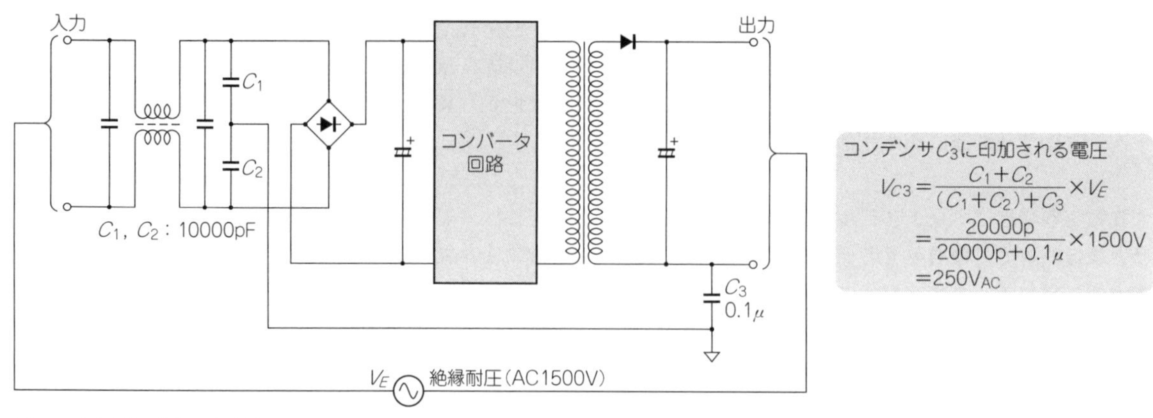

図10　絶縁耐圧試験の回路例

フィルム・コンデンサの外観を，**写真3**に示します．

〈馬場 清太郎〉

■ 絶縁耐圧試験時の印加電圧

製品の安全試験で，1次-2次間の絶縁耐圧試験を実施すると，1次-FG(フレーム・グラウンド)間のコンデンサ容量に反比例した電圧が，コンデンサに印加されます．2次-FG間も同様です．

図10の例では，C_1，C_2を10000 pF，C_3を0.1 μFとして，1500 VACの絶縁耐圧試験を行うと，C_3には250 VACの電圧が印加されます．C_3に印加される電圧が大きくなればコンデンサの定格電圧も大きく，また絶縁距離も大きくなるため，C_3には高耐圧で容量の大きいフィルム・コンデンサを使用する必要があります．

〈藤井 眞治〉

(初出：「トランジスタ技術」2009年6月号 特集)

用　途

代表的な用途として，高音質の特徴を生かした音響機器，うなり音がほとんどない特徴を生かした電源のパスコン，誘電吸収が小さい特徴を生かしたPLLのループ・フィルタなどがあります．

● 音響機器

図12にD級増幅器に使用したときの例を示します．入力部分の直流カット用カップリング・コンデンサや出力フィルタに使用されます．音質としては中高域の透明感が増すといわれています．また，出力フィルタに使用すると容量変動が少ないため，フィルタ特性の変動が少なくなります．

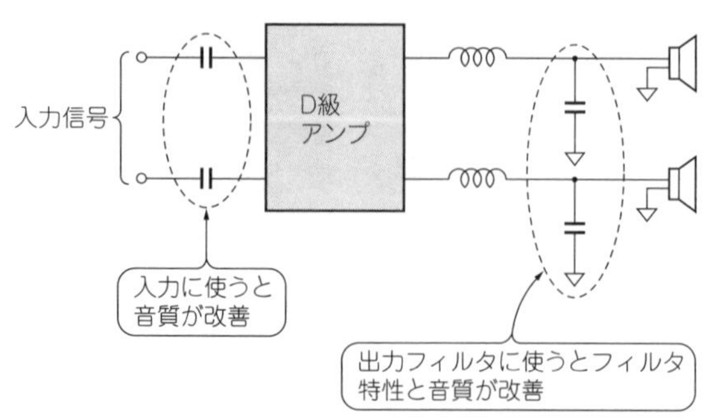

図12[2]　D級アンプの入出力コンデンサへの使用例

● LEDバックライト用DC-DCコンバータのパスコン

誘電体である薄膜フィルムには圧電効果がないためうなり音発生が少ない特徴を生かし，大きなリプル電流が流れる電源のパスコンに使用されています．

図13にLEDバックライト用DC-DCコンバータの入力と出力のパスコンに使用する場合の挿入個所です．LEDバックライトでは調光に可聴周波数のPWM信号を用いるため，セラミック・コンデンサを使用すると，大きなうなり音に悩まされることが多いです．**図13**

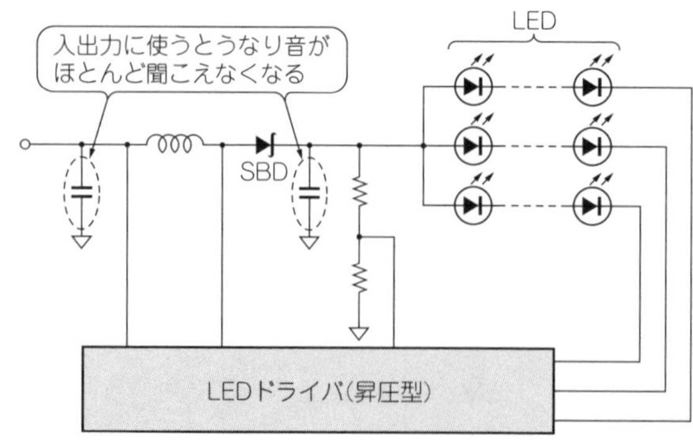

図13　バックライト用LEDドライバの入出力コンデンサへの使用例

は昇圧型コンバータのため入出力のパスコンに使用していますが，降圧型では入力のパスコンに使用します．

● PLLのループ・フィルタ

図14にPLLのループ・フィルタに使用した例を示します．高誘電率系積層セラミック・コンデンサに比べ誘電吸収が小さいため，ロックアップ・タイムと呼ぶ周波数切り替え時間が大幅に短縮できます．

〈馬場 清太郎〉

◆引用*文献◆

(1)* 薄膜高分子積層コンデンサSTシリーズ カタログ，ルビコン㈱．
(2)* PMLCAP技術資料，ルビコン㈱．

(初出：「トランジスタ技術」2010年8月号)

● 電源雑音防止用

フィルム・コンデンサの特徴は，**高耐圧・高周波・低インピーダンス**で，それを生かした回路で使用します(**図15**)．

電源入力回路でコモン・モード・コイルとともにフィルタを構成し，雑音防止用として使用します．

コンデンサC_1とC_2は，電源ライン間に挿入されるため安全上重要な部品です．各国の安全規格に適合した製品を使用することが義務付けられています．

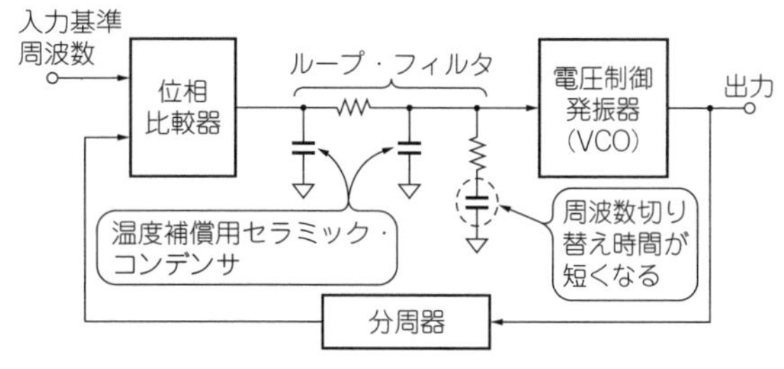

図14 PLLシンセサイザのループ・フィルタ用コンデンサへの使用例

● スナバ回路用

回路の電流をスイッチでON/OFFすると，自己インダクタンスによって高いスパイク電圧がスイッチ素子(FETなど)に印加され，破損の原因になります．これを防止する回路が**スナバ回路**で，最も一般的な回路はフィルム・コンデンサと抵抗，ダイオードで構成されています．

フィルム・コンデンサC_6は高耐圧でパルス電流に強いものが要求されます．

● 高周波・大電流回路用

▶PFC回路用

PFC回路の入力側にフィルム・コンデンサC_4を挿入し，PFC回路のスイッチ素子(FET)から発生するスイッチング・ノイズを減少させます．高耐圧・高周

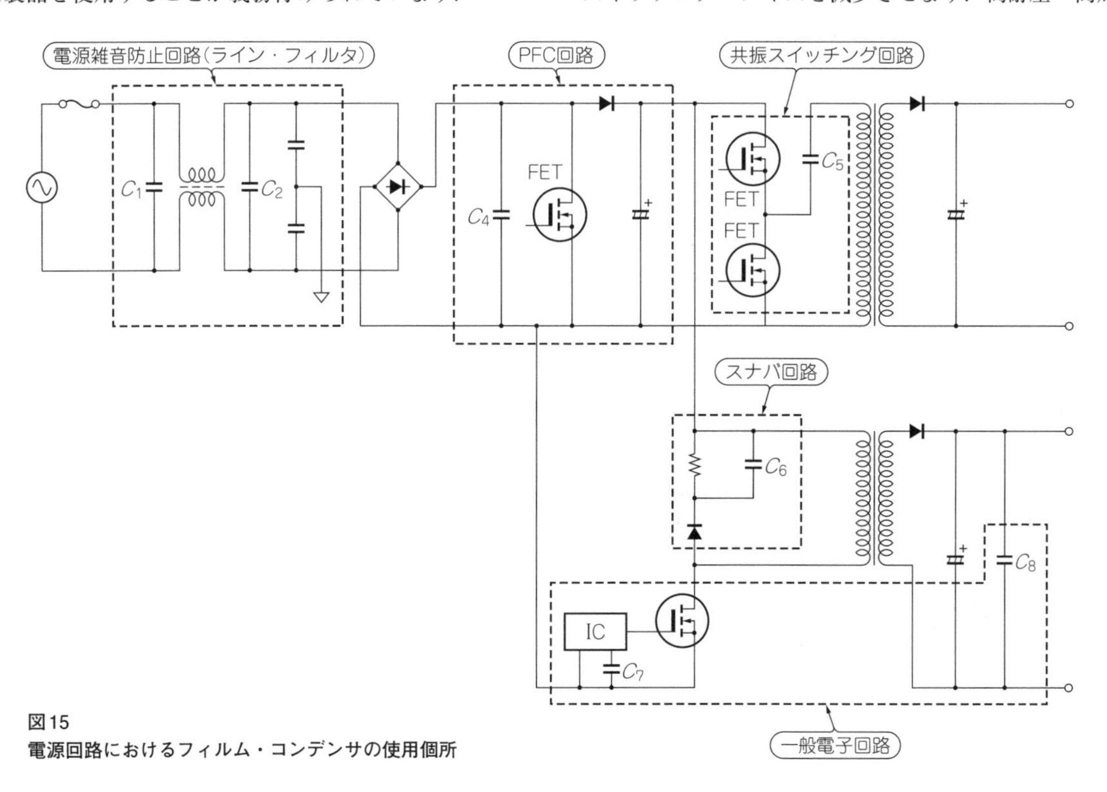

図15
電源回路におけるフィルム・コンデンサの使用個所

波・低インピーダンスが要求されます．

▶共振型スイッチング電源用

フィルム・コンデンサC_5とコイルでリアクタンスを相殺させ，共振させて，効率の良い共振型スイッチング電源を構成しています．

コンデンサに大きな共振電流が流れるため，低インピーダンスが要求されます．また，回路的にも高電圧が印加されるため，フィルム・コンデンサが適する部品となります．

● 一般電子回路用

周波数特性・温度特性が優れているため一般電子回路用として，

- 発振周波数(時定数)決定
- スパイク・ノイズ対策
- 誤動作防止

に使用されます．

〈藤井 眞治〉

実際の応用

■ PLLループ・フィルタ

● フィルム・タイプが合う理由

PLLシンセサイザは無線通信システムなどに広く用いられる周波数生成回路です．ループ・フィルタに使用するコンデンサの選定によっても，システムの性能が変わってきます．薄膜積層フィルム・コンデンサPMLCAPは，PLLシンセサイザのループ・フィルタに使用するコンデンサという観点で見た場合，以下のような利点があります．

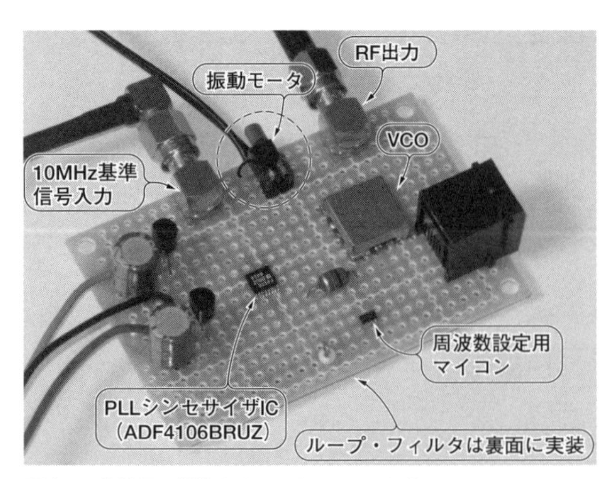

写真4　実験用に製作したPLLシンセサイザ

(1) 積層フィルム・コンデンサよりも小型で大容量が得られる．
(2) 絶縁抵抗が高く，漏れ電流によるリファレンス・リークを抑えられる．
(3) **静電容量の電圧依存性がほとんどなく，**高いチューニング電圧が加わる場合でも容量変化が小さい．
(4) **外部からの物理的な力による起電力(圧電効果)が小さい**ので，振動や衝撃に強いPLLシンセサイザを構成できる．

特に，(3)と(4)は近年小型大容量化の著しい高誘電率系積層セラミック・コンデンサが苦手としている利点です．以上の特徴から，特に大きな容量のコンデンサが必要となる，時定数の大きなPLLシンセサイザのループ・フィルタにはPMLCAPが適しています．ここでは，PMLCAPを用いた**写真4**に示す1.5 GHz帯のPLL周波数シンセサイザの設計を紹介します．

● 評価回路

評価回路として，次のようなPLLシンセサイザを考えます．

- 設定周波数は1500～1600 MHz, 5 kHzステップ
- VCOはRF Micro Device社VCO190-1550Tを使用
- PLLシンセサイザはアナログ･デバイセズのADF4106を使用
- 2次のループ・フィルタ

PLLループ・フィルタの定数は，アナログ・デバイセズのWebページから無償でダウンロードできる設計ツールADIsimPLLを使って求めました．ステップ周波数を5 kHzにするため，位相比較周波数も5 kHzとします．PLLループ帯域は位相比較周波数の1/10以下を目安に，300 Hzとしました．位相余裕は50°とします．チャージ・ポンプの電流は，一般に大きいほど位相雑音が良くなることから，ADF4106に設定可能な最大値である8.5 mAとします．

以上のパラメータをADIsimPLLに入力し，算出された素子定数を基に設計したPLLシンセサイザの回路を**図16**に示します．C_1とC_2がPMLCAPです．使用した型番はC_1が50ST104M3216，C_2が25ST684M3216です．

● コンデンサに振動を加えてみた

実際に設計・製作したPLLシンセサイザ評価回路の出力をスペクトラム・アナライザで観測した結果を

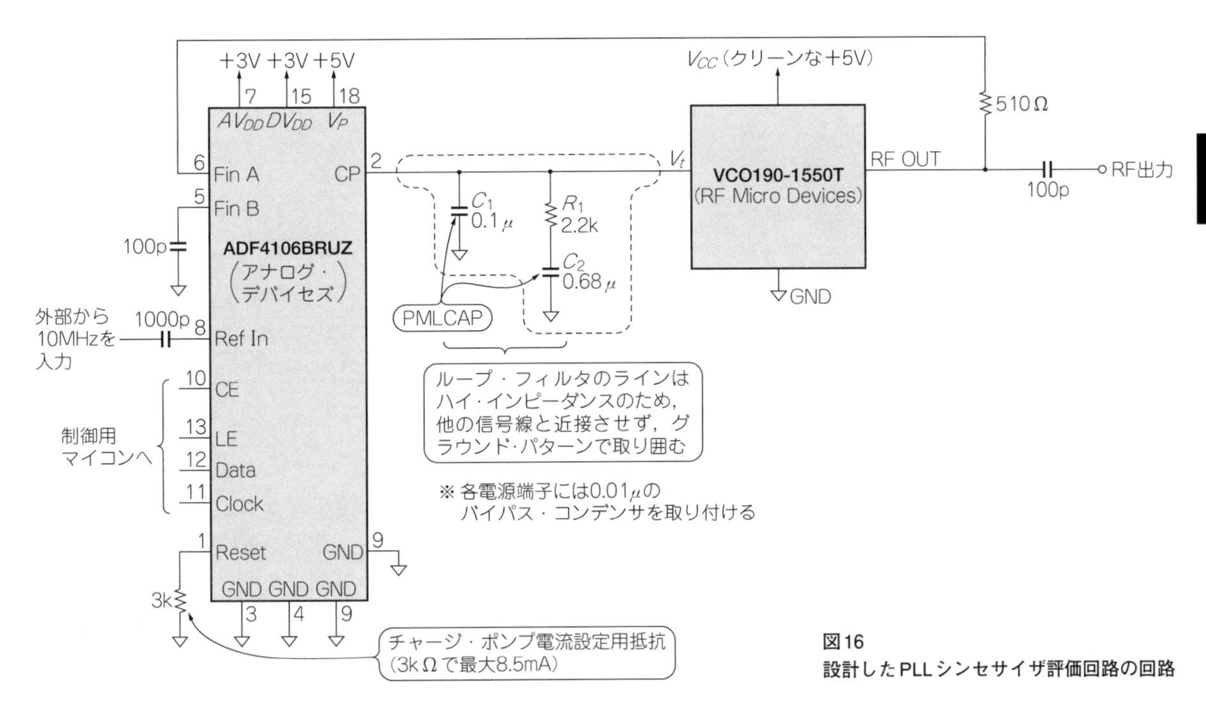

図16
設計したPLLシンセサイザ評価回路の回路

図17に示します．PLLの周波数設定は1550 MHzとしています．中央の周波数成分(1.55 GHz)が所望の出力信号ですが，その脇の±5 kHz離れた部分にも周波数成分が存在しています．これはキャリア・リークと呼ばれる望ましくない信号成分です．位相比較周波数の整数倍だけ離れた周波数に現れます．

このPLLシンセサイザ出力の位相雑音はループ・フィルタのコンデンサの種類による違いはありませんので詳しい説明は省きます．

今回は，試作した評価回路基板に振動モータ(携帯電話などに使用されるもの)を取り付け，セラミック・コンデンサとPMLCAPの振動に対する影響度合いの

コラム1　基板表面の状態でリファレンス・リークが変化する

ループ・フィルタでの漏れ電流はシンセサイザ出力のリファレンス・リークに大きく影響します．PMLCAP自体は比較的優れた漏れ電流特性を持っていますが，部品を実装した後のプリント基板の表面状態によっては漏れ電流が増えます．

筆者が今回，手付けでPMLCAPをはんだ付けしたときのシンセサイザ出力のスペクトラムを**図A**に示します．所望の出力周波数から±5 kHz離れたリファレンス・リークが，当初はこのように大きくなっていました．この後，ループ・フィルタ周囲のフラックスの汚れを，エタノールを使って念入りに洗浄したところ，**図17**のように，リファレンス・リークを下げることができました．このように実装部分の清浄度合いでリファレンス・リークが変化することがあります．

〈安井 吏〉

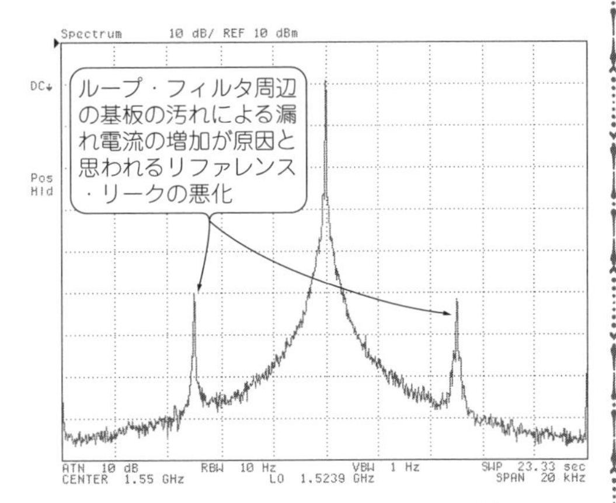

図A　基板表面が汚れていると，シンセサイザ出力のキャリア・リークが大きいことがある

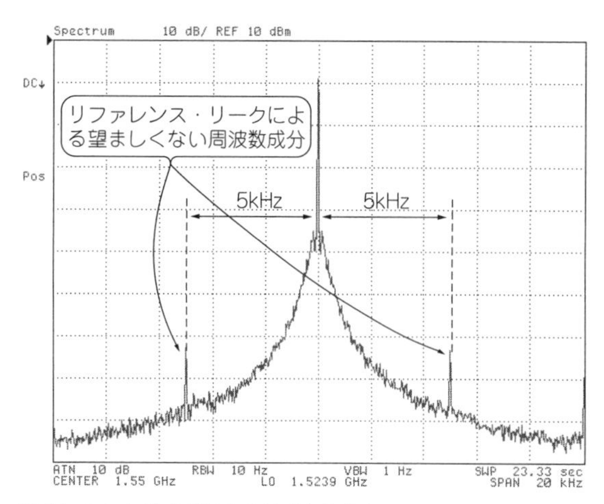

図17　シンセサイザ出力のスペクトラム

違いを調べてみます．

● 薄膜積層フィルムのほうが積層セラミックより振動の影響が少ない

図18(a)は，ループ・フィルタにPMLCAPを使用し，振動を加えた際のシンセサイザ出力のスペクトラムです．振動の影響を受けてスペクトラムが乱れていますが，これはループ・フィルタに使用しているコンデンサへの影響のほか，VCO自体も振動により変調を受けていると思われます．

次に，ループ・フィルタのコンデンサを高誘電率系積層セラミック・コンデンサ(X5R特性)に変更して同様の振動を加えたのが**図18(b)**です．PMLCAPに比べて大きく振動の影響を受けています．今回は簡易的な実験ですが，それでも明らかに振動に対する影響度に違いがあるということがわかります．

PMLCAPでは，「鳴き」がセラミック・コンデンサより小さいとされていますが，逆にいえば圧電効果も小さく，PLLシンセサイザに使用した場合には振動の影響を受けにくいといえます．

〈安井 吏〉

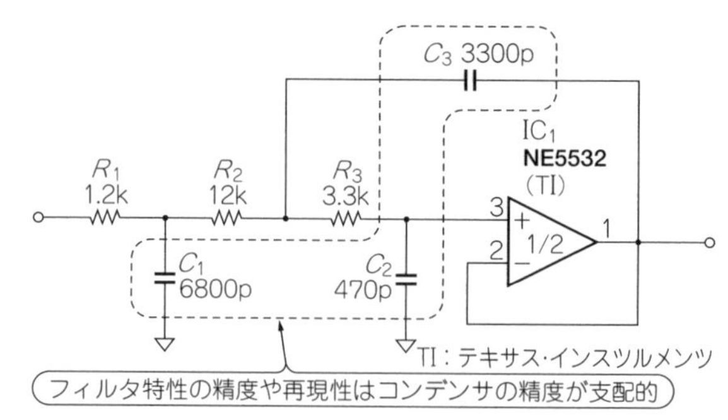

図19　サレン-キー型3次バタワースLPF

■ 20 kHzアクティブ・フィルタ

図19はカットオフ周波数が20 kHzのサレン-キー型3次バタワースのローパス・フィルタ回路です．抵抗に比べてコンデンサは精度良く作ることが難しく，5％～20％の許容差が一般的です．しかしフィルム・コンデンサでは表面実装部品でも2％の許容差まで入手できます．温度や電圧に対して容量変化が少ないため，OPアンプを使ったアクティブ・フィルタなどはまさにフィルム・コンデンサの応用の定番です．

〈藤田 雄司〉

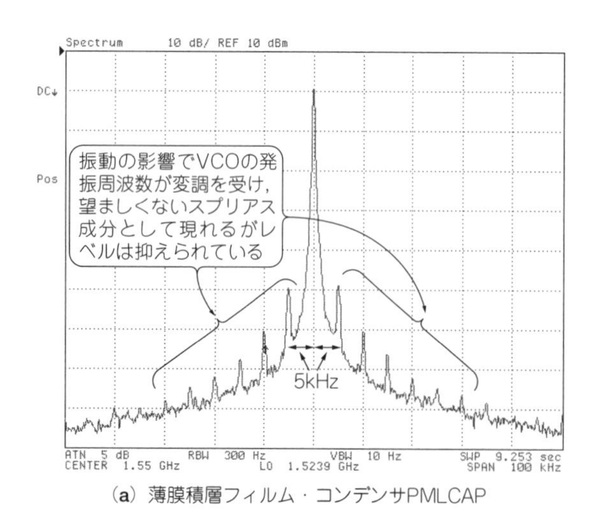

(a) 薄膜積層フィルム・コンデンサPMLCAP

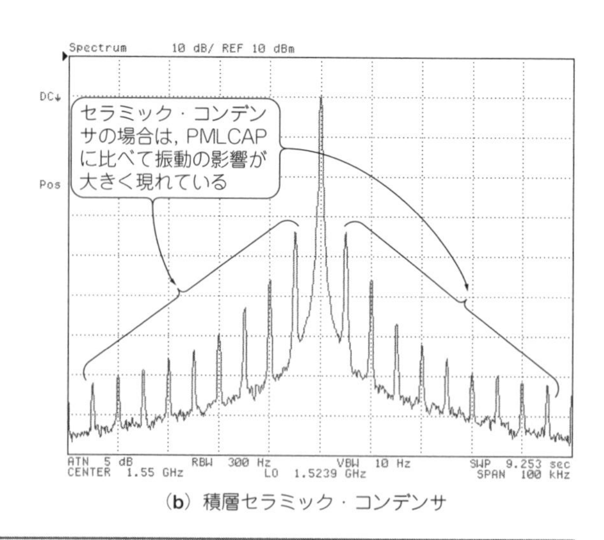

(b) 積層セラミック・コンデンサ

図18　振動によるRF出力への影響

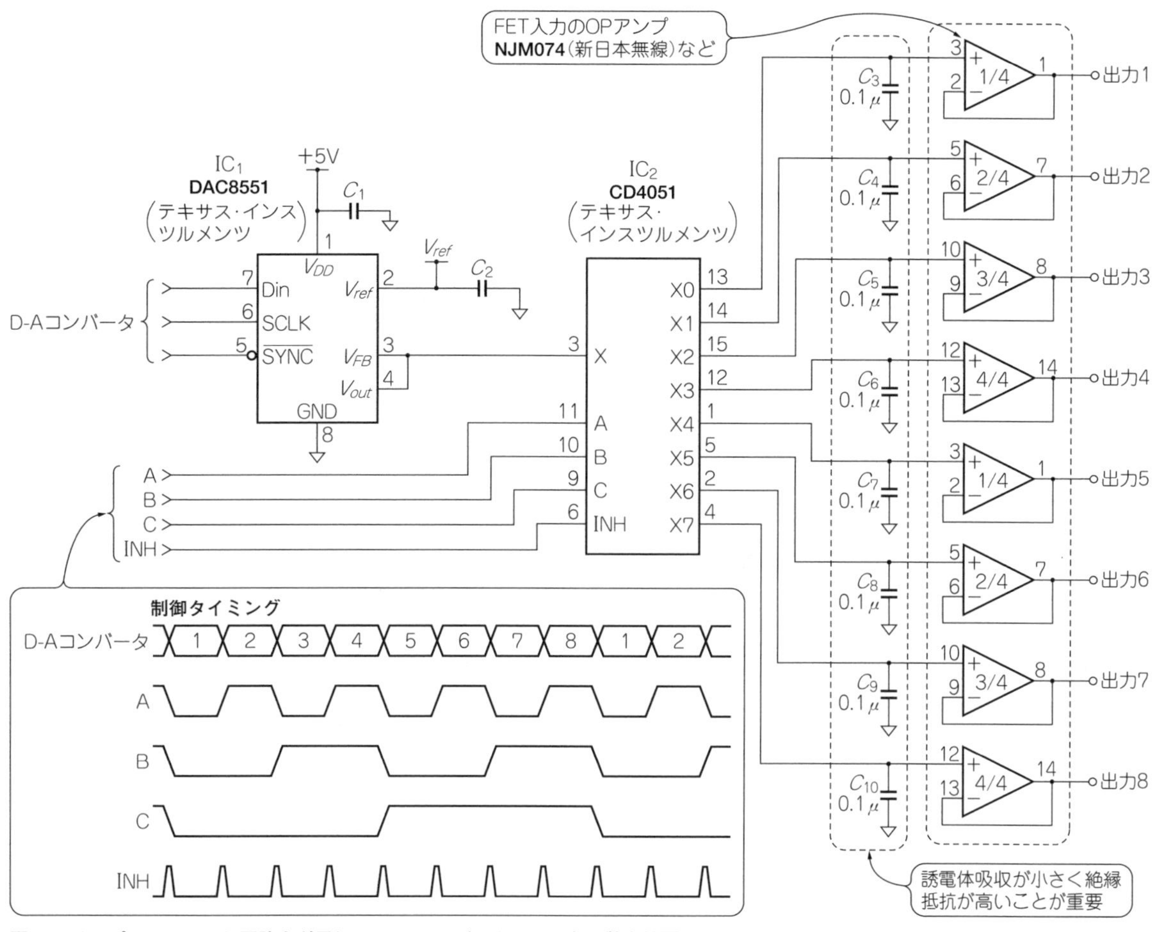

図20　サンプル＆ホールド回路を利用してD-Aコンバータのチャネル数を拡張

■ 高性能D-Aコンバータの出力チャネル数拡張回路

図20はサンプル＆ホールド回路を利用してD-Aコンバータの出力チャネル数を拡張した例です．高精度で分解能の高いD-Aコンバータはコスト的に安いものではないので，コストの安いアナログ・スイッチとOPアンプでサンプル＆ホールド回路を構成し，出力数を8チャネルに拡張しています．

フィルム・コンデンサの大きな特徴として誘電正接・誘電体吸収の小ささと絶縁抵抗の高さがあります．特に誘電体がポリフェニレン・サルファイド(PPS)のタイプは誘電体吸収が小さく，高精度なサンプル＆ホールド回路に向いています．　**〈藤田 雄司〉**

■ 小型インバータ電源回路

図21は液晶バックライトに用いられるコレクタ共振型インバータ電源で，共振回路にフィルム・コンデンサを用いた例です．フィルム・コンデンサは誘電体の絶縁性能が高いことから定格電圧の高いものを作れます．電圧係数が小さいことと極性がないことも大きな特徴です．この回路の場合，C_2には数十kHzで比較的高い交流電圧が加わるため，誘電正接が小さいことも重要です．　**〈藤田 雄司〉**

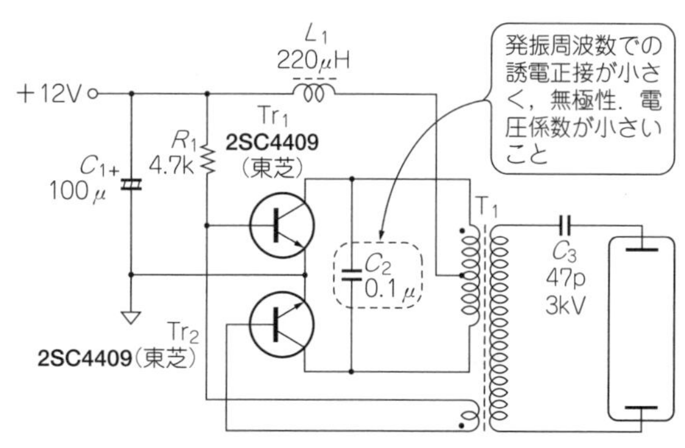

図21　小型インバータ電源回路への応用例
2016年12月現在2SC4409は保守品に指定されている

コラム2　定格と制限事項

耐久性のことがつい忘れられやすいフィルム・コンデンサですが，特に電力用途に用いる場合は，ほかのコンデンサ同様ディレーティングしなければならない定格や制限事項があります．

● 使用温度と定格電圧

誘電体は熱に対して強くないため，高温で使用すると誘電体が劣化して寿命が短くなります．自己の誘電正接による損失を含め，高い温度で使用する場合，使用電圧を定格に対してディレーティングしなければなりません．特に高い定格電圧や大きな容量の場合にはメーカの仕様書をよく確認しましょう．

● 周波数が高い場合に損失による温度上昇が発生

図BはメタライズドPPSフィルム・コンデンサの誘電正接の周波数特性例です．**フィルム・コンデンサの誘電正接は周波数が高くなると急激に上昇し，損失による温度上昇が発生します**．このため容量が大きめで周波数が高い場合には，**図B(b)**のように許容AC電圧を軽減し，コンデンサに流れる電流を制限する必要があります．

● パルスで電極が劣化するので回数に制限がある

メタライズド・フィルム・コンデンサは金属蒸着によって電極が形成されているので，その厚みは非常に薄く，電極取り出しの接合部分がパルス電流によって劣化します．このため高速な立ち上がりのパルス電圧を加えるような用途ではその回数制限が規定されている場合があります．この故障モードは誘電正接の増加となって現れやすく，発熱の増加など危険な状態になることがあります．

● はんだ付けを行って発熱，発煙に至った

一般的に**フィルム・コンデンサは熱に非常に弱く，特に表面実装のフィルム・コンデンサでははんだ付けに対して厳しい条件が決められています**．フロー，リフロともに一般部品よりも最高温度は低めで，はんだごてのこて先温度と時間も厳しく制限されています．筆者の経験では，管理せずにはんだ付けを行った結果誘電正接が上昇してしまい，発熱，発煙に至ったこともありました．

〈藤田 雄司〉

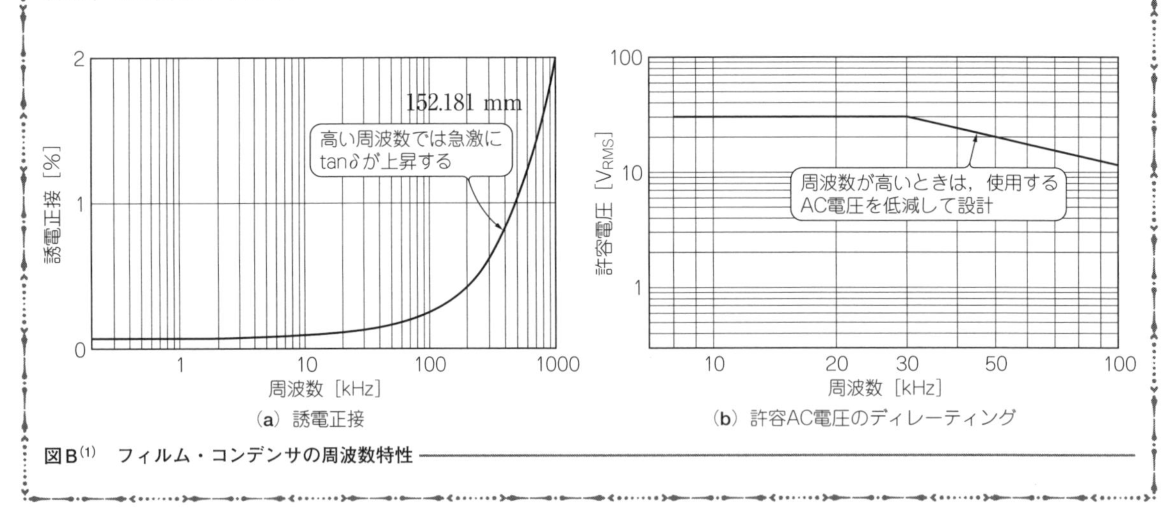

(a) 誘電正接

(b) 許容AC電圧のディレーティング

図B[1]　フィルム・コンデンサの周波数特性

◆参考・引用文献◆

(1) パナソニック；ECHU(X)シリーズ個別情報：http://industrial.panasonic.com/www - data/pdf/ABD0000/ABD0000PJ113.pdf

(2) ルビコン；フィルムコンデンサ技術資料No.002；http://www.rubycon.co.jp/products/film/technote_pdf/filmcapacitor4.pdf

(初出：「トランジスタ技術」2010年8月号 特集)

第4章 よく使うコンデンサ③ アルミ電解コンデンサ

大容量電圧積／高周波特性／温度特性など

アルミ電解コンデンサとは…

アルミ電解コンデンサは，アルミ電極に形成された酸化皮膜(Al_2O_3)を誘電体とするコンデンサです．単位体積当たりの容量電圧積(*CV*積)が大きい，容量当たりの価格がほかのコンデンサに比べ安い，静電容量の電圧依存性がない，などの特徴があります．

歴史も長く，当初は**写真1(a)**のようなリード・タイプが広く普及しました．1980年代には高密度実装や小型化を実現すべく，端子部分に台座を取り付けた**写真1(b)**の表面実装タイプが開発されました．1990年代には電解質に導電性高分子を用いた**写真1(c)**の導電性高分子アルミ固体電解コンデンサが開発され，高周波特性や温度特性が大きく改善されています．

表1　電解コンデンサのいろいろ

種　類	特　徴
標準品	汎用の用途向けに，さまざまな電圧範囲，容量範囲やサイズがある．制御回路全般に使用される．使用できる最高温度は85℃や105℃など
低インピーダンス品	抵抗の低い電解液や電解紙を用いることで低インピーダンス化されており，高効率，低リプル電圧が求められる電源出力平滑回路などに使用されている．また，回路設計上インピーダンスの規定が必要な場合にも使用され，標準品同様，バリエーションが多い
耐高温品	車載回路などの高温度環境下(125～150℃)で動作する回路へ使用される．耐熱性の高い電極はくや電解液，封口材が使用される
長寿命品	アルミ電解コンデンサは有限寿命部品であるが，長寿命化が求められ，開発された．液晶テレビなどを中心に広く使用されている．寿命を左右する電解液の量が減らないように，透過性の低い電解液や封口材を使用することで長寿命化を実現

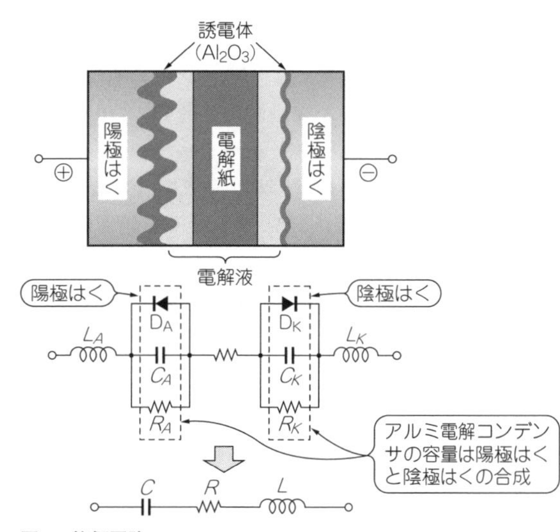

図1　等価回路

C：容量 [F]，*R*：内部抵抗 [Ω]，*L*：インダクタンス [H]

(a) リード・タイプ

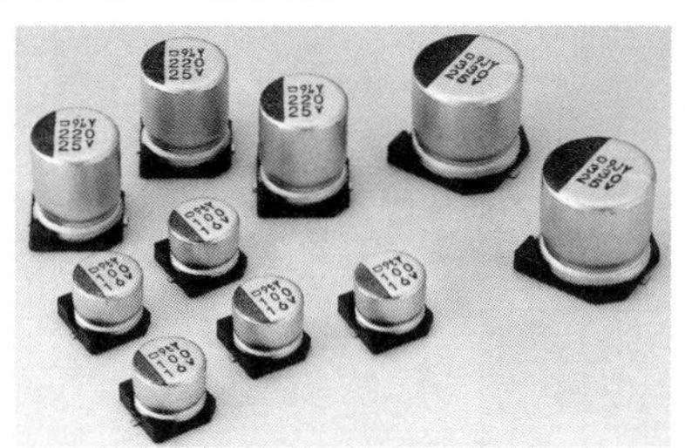

(b) 表面実装タイプ

(c) 低*ESR*の固体タイプ

写真1　アルミ電解コンデンサのいろいろ

リード・タイプのサイズはφ4×5 L～φ22×50 L，表面実装タイプのサイズはφ4×4.6 L～φ18×21.5 L．定格電圧や静電容量に比例してサイズが大きくなる

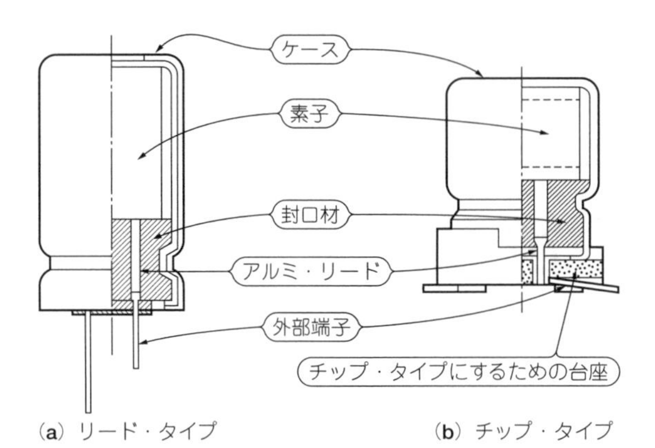

図2 アルミ電解コンデンサの基本構造

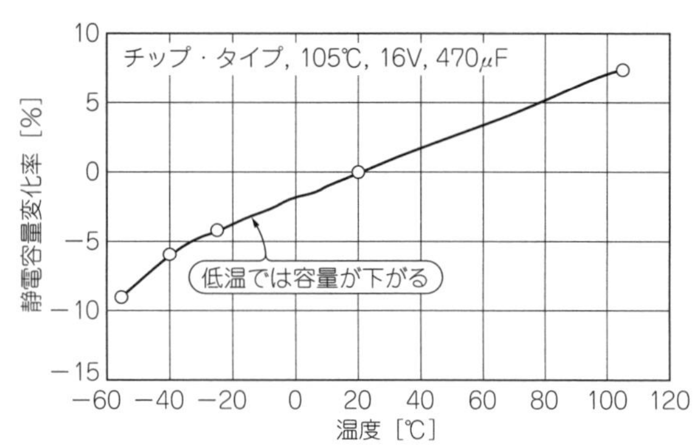

図3 静電容量の温度特性

基礎知識

■ 特徴

● 等価回路：陽極と陰極の直列接続

アルミ電解コンデンサは，電極であるアルミはくの表面積を拡大するエッチング処理を行った後に誘電体となる酸化皮膜を形成することで，小型で高耐圧，高容量を実現しています．等価回路は**図1**のようになります．

一般的にアルミ電解コンデンサの表面実装品は，用途や性能に応じて，**表1**の四つに大きく分類されます．

● 構造：リード・タイプに台座を装着して表面実装タイプに加工

構造は，**図2(a)**のように陽極アルミはく/電解紙/陰極アルミはく/引き出し電極を巻き込んだ素子に電解液を浸し，アルミケース，封口材で封止しています．

チップ形アルミ電解コンデンサの構造を**図2(b)**に示します．基本構造は一般的なリード・タイプのアルミ電解コンデンサと同様ですが，台座と呼ばれる樹脂の板を装着し表面実装タイプに端子を加工します．

つまりアルミ電解コンデンサの表面実装品は，リード・タイプを加工した簡易型です．このことが電子部品として安定した性能と供給を実現しつつ，単位容量当たりでほかのコンデンサに比べ，低コストを実現できる大きな要素となっています．

■ 電気的特性

● 静電容量：低温や高周波になると小さくなる

静電容量は蓄えられる電荷の大きさを表します．電極(はく)の面積が大きいほど，静電容量が大きくなります．静電容量は20 ℃，120 Hzを基準に0.5 V程度の交流信号で測定されます．一般的に**図3**に示すとおり，高温になると静電容量は大きくなり，低温になると小さくなる傾向にあります．また**図4**に示すように，**周波数が高くなると静電容量は小さくなり，低くなると大きくなる傾向があります**．

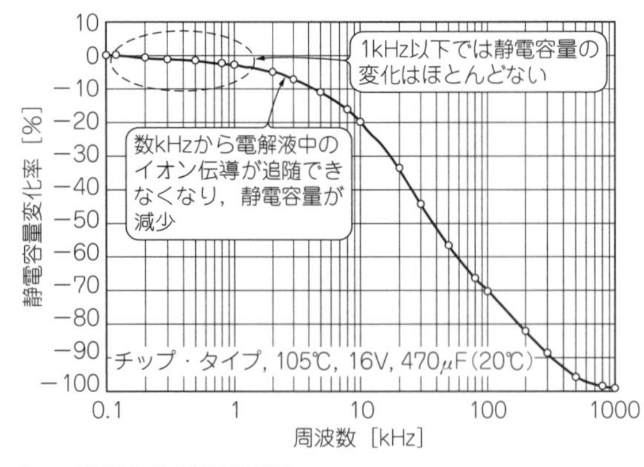

図4 静電容量の周波数特性

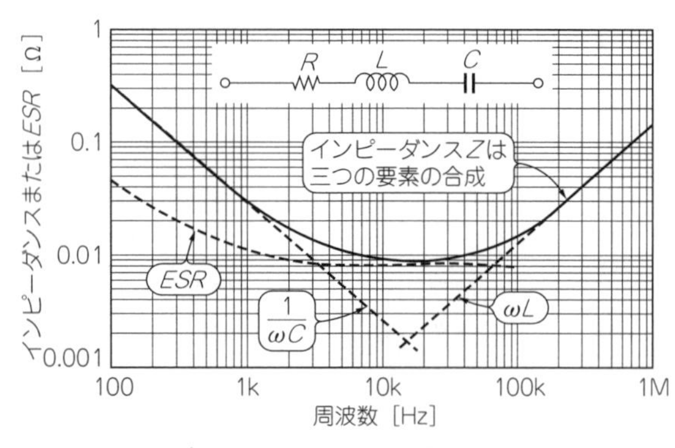

図5 インピーダンスの周波数特性の要素
インピーダンス成分は容量性リアクタンス1/ωCと，誘導性リアクタンスωL，等価直列抵抗ESRから成る．ω(角周波数)＝2πf(f：周波数)

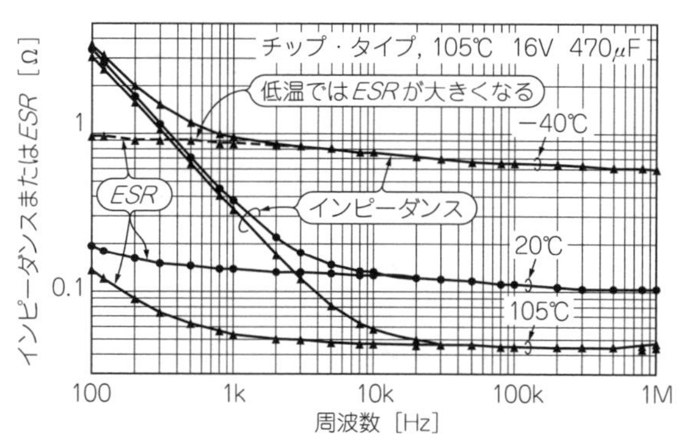

図6　温度によるインピーダンス/ESR－周波数特性の違い
低温時は電解液のイオン伝導性が低下することによってESRが大幅に上昇する．そのため，使用温度に応じて低温時のESRを考慮した回路設計が必要

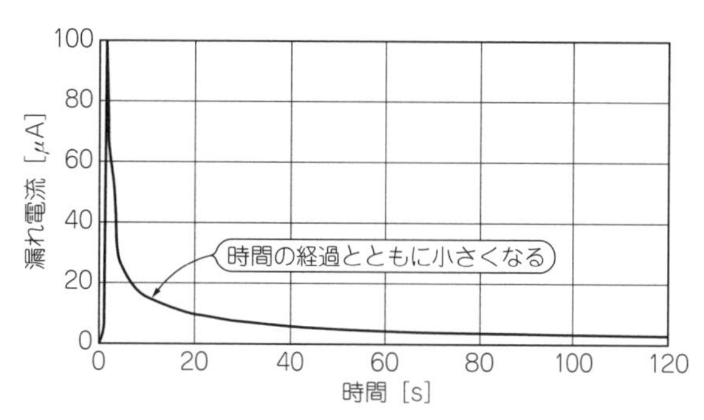

図7　漏れ電流の時間変化
漏れ電流は時間の経過とともに小さくなるため，安定する数分後の値で規定される

● インピーダンス：温度が低いと大きくなる

回路上で交流電流の流れを妨げる成分をインピーダンスと呼び，単位はΩ(オーム)を用います．**図1**の等価回路から，アルミ電解コンデンサのインピーダンスは**図5**のように等価回路上の成分(C，R，L)の周波数特性が合成されたものとなります．

自己共振周波数領域ではインピーダンスとESRはほぼ等しくなり，電解液，電解紙の内部抵抗が支配的な成分となります．また温度特性は電解液の抵抗が温度により変化するため，インピーダンスもこれに伴って変化します．一般的に**温度が低いとインピーダンスは大きくなり，温度が高くなるにつれて小さくなります**．これらの特性は**図6**で表されます．

● 漏れ電流

アルミ電解コンデンサの電解液と接している誘電体の酸化皮膜には，電圧を加えることによって微少な電流が流れます(充電電流を除く)．これを漏れ電流と呼びます．漏れ電流の時間変化は，**図7**のように**時間の経過とともに小さくなり，安定します**．漏れ電流の規格は，20 ℃で定格電圧を加えてから数分後の値で規定されています．

〈由良 佳久，新町 丈志〉

■ 構造

アルミ電解コンデンサ(**写真2**)は，陽極用高純度アルミはく表面に形成された酸化皮膜を誘電体として，陰極用アルミはく，電解液，セパレータ(電解紙)から構成されます．

酸化皮膜は電解酸化(化成)によって形成され，極めて薄く，整流性を持ちます．高純度アルミはくを粗面化(エッチング)し，実効表面積を拡大することによって，小型大容量のコンデンサが得られます．

実際のコンデンサは前述のとおり，陽極および陰極電極にはアルミはく(陽極はくおよび陰極はく)を用い，両はく間に電解紙を挟み(はくが2層と電解紙が2層となる)，これを巻き取り電解液を含浸させた構造です．

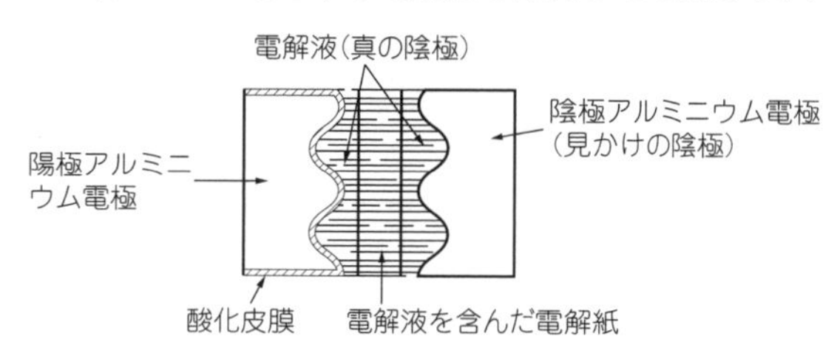

図8　アルミ電解コンデンサの構造

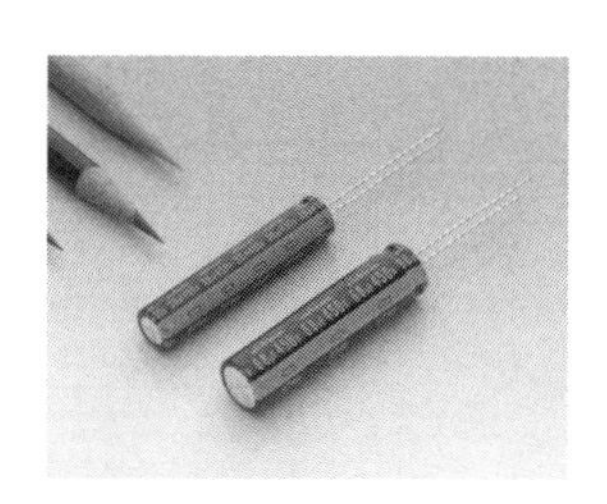

(a) 小型品

(b) 大型品

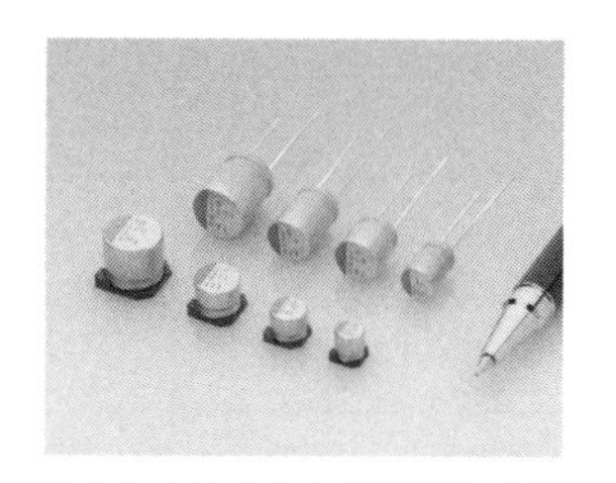

(c) 導電性高分子アルミ固体

写真2　アルミ電解コンデンサの外観

構造を**図8**に示します．酸化皮膜は整流性を持つため，この構造図では**有極性コンデンサ**となりますが，陽極側，陰極側の双方に酸化皮膜を形成した電極を用いると両極性コンデンサになります．

しかし，両極性コンデンサであっても，交流回路に使用することはできません．また，ここではアルミ非固体電解コンデンサについて述べましたが，電解液の替わりに固体電解質を使った導電性高分子アルミ固体電解コンデンサもあります．

■ 非固体電解と固体電解の特徴

アルミ電解コンデンサは，電解液を用いる**非固体電解コンデンサ**と固体電解質を用いる**固体電解コンデンサ**に分けられます．

非固体電解コンデンサには，

①誘電体(アルミ酸化膜)の自己修復性がある，

②故障モードのほとんどが磨耗故障であり，ショート・モードになり難い，

③内部に電解液を用いているため，寿命は有限である，

④温度変化による特性変化が大きい，

などがあります．

固体電解コンデンサには，

①温度変化による特性変化が小さい，

②等価直列抵抗が非固体電解コンデンサに比較して小さい，

③実使用温度領域での寿命が長い，

④静電容量の電圧依存性がない，

⑤誘電体(アルミ酸化皮膜)の自己修復性がなく，故障モードはショートによる偶発不良である，

⑥突入電流(ラッシュ電流)への対応が必要な場合がある，

⑦リフロなどの熱ストレスで漏れ電流が増大する可能性がある，

などがあります．

■ 電源入力平滑回路での選定方法

電源電圧を直接整流する回路(**図9**)に用いられる入力平滑用コンデンサの定格電圧は，仕向け先および電力事情で決定されます．

国内・北米といった**AC100 V～127 V地域向けには200 V定格品**，欧州・アジアといった**AC200～240 V地域向けには400 V定格品**を使用するのが一般的です．

しかし電力設備事情から，電源電圧の安定していない海外の一部地域では，特に電力需要が減少する深夜の電源電圧が定格電源電圧の1.3倍程度に上昇した観測例もあります．そのため，**AC100 V～127 V地域では250 V，AC200～240 V地域では420 Vか450 V**に電圧定格を上積みして使用する必要があります．

また，使用する回路により，以下の注意が必要です．

● 力率改善回路搭載製品

近年搭載する機会の多くなった**昇圧型力率改善回路**(**図10**)を使用する場合には，力率改善回路の出力設定電圧だけでコンデンサの定格電圧を判断してはいけません．

図11のような入力電圧や負荷の瞬時変動時に発生する過渡電圧上昇や，出力電圧帰還回路の異常時に上昇する電圧も確認したうえで，定格電圧を選定しなければなりません．

● リプル電流

リプル電流に関しては，電源商用周波数成分に負荷側のスイッチング電源やインバータのスイッチング高周波成分が重畳されるので，合成リプル電流として考慮しなければなりません．

印加リプル電流をI [A]，内部抵抗をR [Ω] とすると自己発熱の元となる電力損失W [W] は$W = I^2R$で表されます．印加リプル電流が増えれば増えるほど

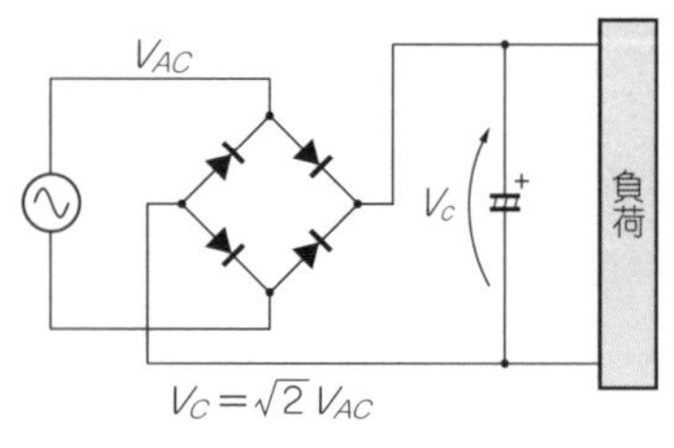

図9　入力平滑回路の一例

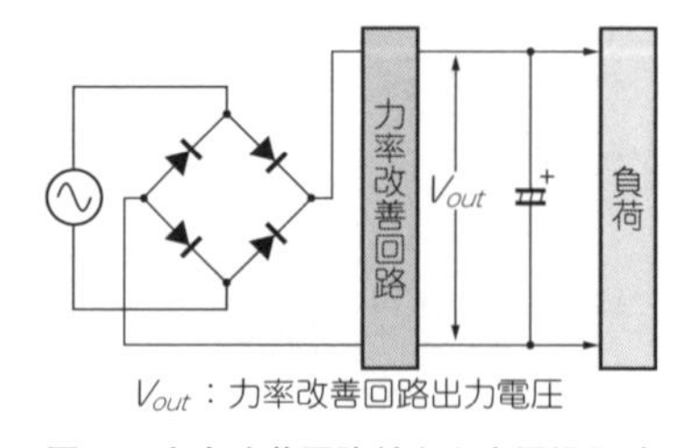

図10　力率改善回路付き入力平滑回路の一例

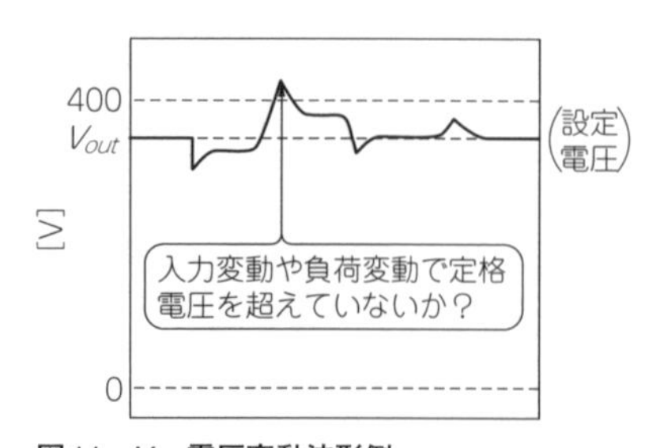

図11　V_{out}電圧変動波形例

2乗積で急激に損失が増加します．その自己発熱量（電力損失量）が許容範囲内であるリプル電流が「許容リプル電流値」です．

リプル電流は許容リプル電流を超えると**電流の2乗積**で内部自己発熱の上昇を伴い，寿命が急速に短くなってしまいます．

そのため，電解コンデンサ汎用品では許容リプル電流値を超えてしまう，もしくはマージンがない場合や推定寿命時間が不足する場合は，高リプル対応品を使用する必要があります．

● 電解コンデンサの配置

電源入力平滑回路周辺には，整流ダイオードやスイッチング素子などの発熱部品が配置されることが多く，機器内の温度上昇も高くなるので**通常は105℃定格品**を使用します．

85℃品を使用する場合は，部品温度や印加リプル電流を考慮した推定寿命をメーカに確認した上で使用します．

■ 一番重要な応用…電源出力平滑回路での選定方法

スイッチング電源の出力平滑用コンデンサは，安定した出力を得るために重要な役割を果たします．スイッチング波形によるリプル電流を平滑し，さらにモータのドライブ回路やソレノイド負荷，サーマル・ヘッドなど，急峻なパルス負荷電流変動を伴う回路が負荷として接続される場合には，それらの電流変動を吸収する役割もあります．

これらの負荷電流変動はアルミ電解コンデンサの充放電を伴うので，常時または非常に頻繁に発生する場合はリプル電流として扱わなければならず，アルミ電解コンデンサの寿命にも影響を与えます．

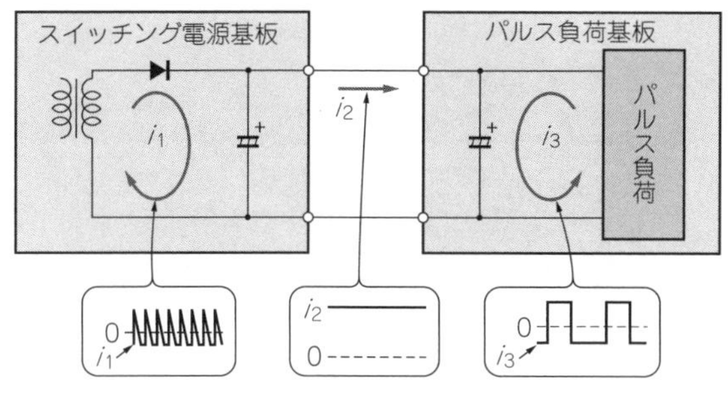

図12　個別に電解コンデンサを設けることが基本

● 電流ループと合成リプル電流への配慮

図12のように電源基板と負荷基板が別々の場合，基板間を接続するハーネスのコネクタ接触子による接触抵抗，ハーネス線材＋基板パターン長さによる直流抵抗分やインダクタンス成分が存在します．したがって，高周波的には分離されていることから，それぞれに電流ループ（i_1，i_3）が形成されます．

したがって基本的には，**図12**のように電源や負荷回路の電流ループが最短となるように電解コンデンサを回路ごとに配置することが望ましいです．

しかし，**図13**の回路のように1本もしくは少数のアルミ電解コンデンサで共用する場合は，スイッチング電源のスイッチング・リプル電流と負荷変動電流を重畳した合成リプル電流として考慮し，アルミ電解コンデンサの定格リプル電流を超えないように使用しなければなりません．

● 基板パターンやハーネス引き回しへの注意

基板パターンのインピーダンスやハーネスの引き回し方法で，アルミ電解コンデンサに印加されるリプル電流は変化します．

したがって，最終的には各コンデンサのリプル電流波形を観測し，定格リプル電流を超えていないことを確認します．

● サイズの小型化

DC-DCコンバータ回路などのスイッチング周波数を**500 k～1 MHz**で使用する場合は，一般のアルミ電解コンデンサよりも**導電性高分子固体アルミ電解コンデンサ**のほうが周波数特性的に優れ，サイズの小型化にもなります．

■ 時定数回路での選定と注意点

アルミ電解コンデンサはセラミック・コンデンサやフィルム・コンデンサと比較して大容量を得やすいの

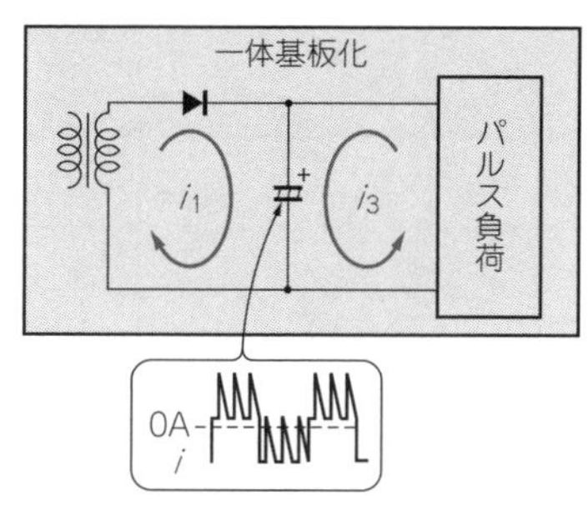

図13
コンデンサを共用するとリプル電流は重畳される．許容リプル電流は守られているか？

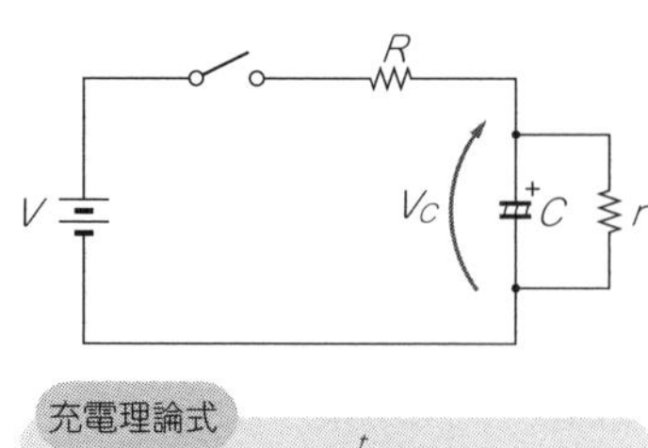

充電理論式

$$V_C = V(1-e^{-\frac{t}{CR}})$$

$$t_n = CR\ln\left(\frac{V}{V-V_n}\right)$$

R：充電抵抗［Ω］
C：コンデンサ容量［F］
V：電源電圧［V］
V_c：コンデンサ端子電圧［V］
V_n：規定電圧［V］
t_n：0Vから規定電圧に達する時間

図14
充電回路例

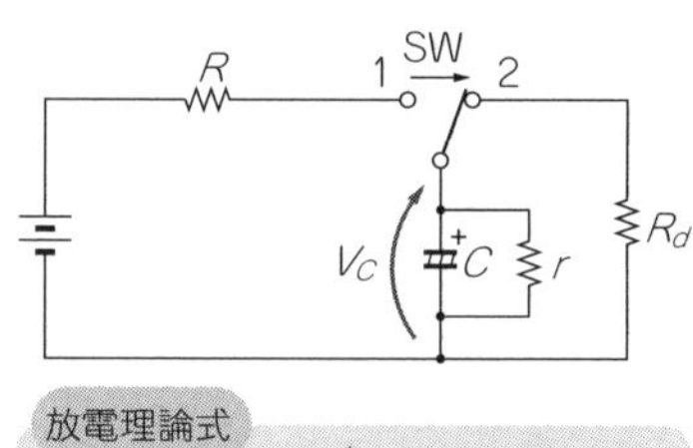

放電理論式

$$V_C = V \times e^{-\frac{t}{CR_d}}$$

$$t_n = CR_d\ln\left(\frac{V}{V_n}\right)$$

R：充電抵抗［Ω］
C：コンデンサ容量［F］
V：電源電圧［V］
V_c：コンデンサ端子電圧［V］
V_n：規定電圧［V］
t_n：SWを1→2に切り換えてVから規定電圧に達する時間

図15
放電回路例

ですが，**漏れ電流**も比較的大きいことを考慮しなければなりません．電解コンデンサ内部の等価回路としては，コンデンサと並列に接続される抵抗rが存在します．したがって，充電回路では充電電流が減少して時定数が理論式よりも大きくなり，放電回路では放電電流が増加して時定数が理論式よりも小さくなります．時定数回路に使用する場合は，理論式から算出した値との誤差として現れることを考慮する必要があります．

一般に，**図14**の充電回路では時定数が理論式よりも大きくなり，**図15**の放電回路では時定数が理論式よりも小さくなります．漏れ電流は電解コンデンサの品種によって異なり，経時変化や温度変化もあるので十分な設計マージンを持たせて設計する必要があります．

これらの変化要因を安定化させた「**タイマ回路用**」コンデンサもありますが，仕様要求精度に合致するかどうか十分な検討を行った上で使用しなければなりません．

■ 直列接続回路使用時の注意点

アルミ電解コンデンサを直列に接続して使用する場合（電源入力電圧によって回路を切り換えて使用する倍電圧整流方式や，回路構成上どうしても必要な場合），漏れ電流による印加電圧の分圧比のばらつきを抑制するために，**図16**のように**バランス抵抗**R_0が必要です．

● 漏れ電流のばらつき

アルミ電解コンデンサC_1，C_2の漏れ電流をそれぞれi_1，i_2とすると

$$i1 = \frac{V_1}{r_1},\ i2 = \frac{V_2}{r_1}$$

$$V_0 = V_1 + V_2$$

さらに，$V_1 - V_2 = R_0 \times (i_2 - i_1)$より，

$$R_0 = \frac{V_1 - V_2}{i_2 \times i_1}$$

基板自立型アルミ電解コンデンサの漏れ電流ばらつきは，定格電圧をV［V］，定格静電容量をC［μF］とすると，20℃中ではおおむね，

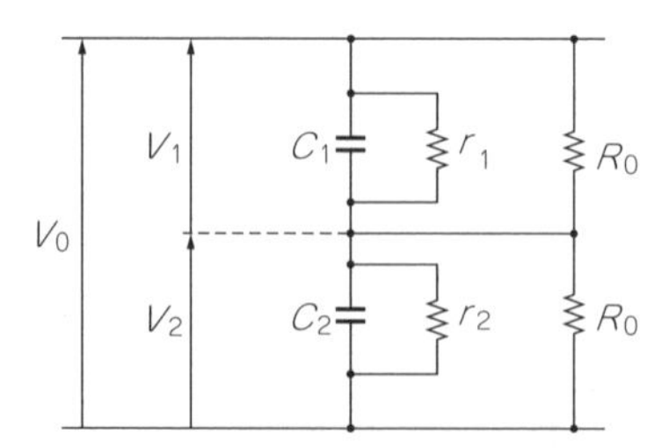

C_1：アルミニウム電解コンデンサ1
C_2：アルミニウム電解コンデンサ2
r_1：コンデンサ1の漏れ抵抗
r_2：コンデンサ2の漏れ抵抗
V_1：コンデンサ1の端子間電圧
V_2：コンデンサ2の端子間電圧
R_0：バランス抵抗
V_0：ライン電圧

図16　漏れ電流による印加電圧の分圧比のばらつきを抑制するためにバランス抵抗を付けた回路

$$i_{max}-i_{min}=\frac{\sqrt{C+V}}{2}-\frac{\sqrt{C+V}}{5}$$
$$=\sqrt{C+V}\left(\frac{1}{2}-\frac{1}{5}\right)$$
$$=\frac{3}{10}\sqrt{C+V}$$

となります[1].

● 漏れ電流の温度特性

電解コンデンサの漏れ電流は，温度が上がると増加します．20 ℃での漏れ電流を1とすると65 ℃では2～3倍，85 ℃では3～5倍になります．

そのほかにも印加電圧や放置によってばらつきを生じるので，漏れ電流のばらつき係数で余裕を持たせる必要があります．

● 設計例

基板自立型アルミ電解コンデンサの400 V/470 μF品を，周囲温度60 ℃で2個直列接続する場合の設計例を示します．

常温に対する漏れ電流温度係数：2.0
電圧バランス率　　　　　　：10 %
漏れ電流のばらつき係数：1.4

とした場合，

電圧バランス：$V_1 - V_2 = 400 \times 0.1 = 40$ V

漏れ電流のばらつき範囲

$$i_{max}-i_{min}=\frac{3}{10}\sqrt{470\times10^{-6}\times400\times2\times1.4}$$
$$=364\ \mu\text{A}$$

よって，

$$\text{バランス抵抗}R_0=\frac{40}{364\times10^{-6}}$$
$$\fallingdotseq 109000 \rightarrow 100\ \text{k}\Omega$$

なお，何らかの外的要因などで生じた異常には，最悪の場合，電圧バランスが100 %となる可能性があるので，そのような場合でも防爆弁が作動しないような電圧定格品を選定してください．

■ 並列接続回路使用時の注意点

実装上の高さ制限や，コンデンサの最大ケース・サイズ品以上のリプル電流が印加される回路においては，アルミ電解コンデンサを並列に使用する場合があります．

● アルミ電解コンデンサの一般使用例

市場の製品でも図17のような，回路図通りの基板実装を見かけます．

実際に印加リプル電流を測定してみると，印加リプル電流の大きさは$C_1 > C_2 > C_3$の順となって，C_1には許容リプル値を大幅に超えるリプル電流が印加されているのに対して，C_3にはわずかなリプル電流しか流れていない場合があります．

これは基板パターンがインピーダンスを持つことで等価回路が図18のようになるためです．インピーダ

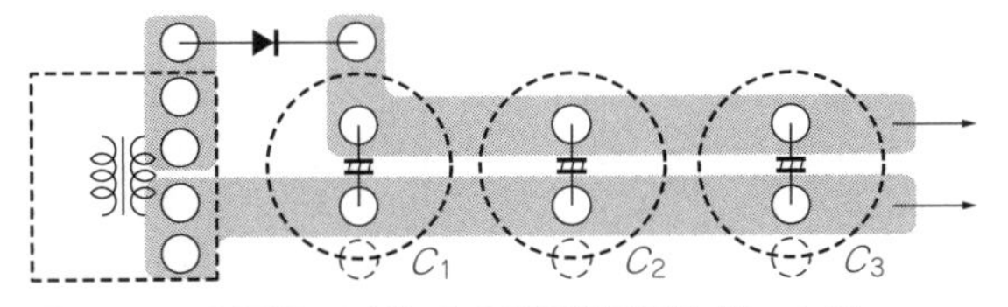

図17　アルミ電解コンデンサの並列使用基板パターン例

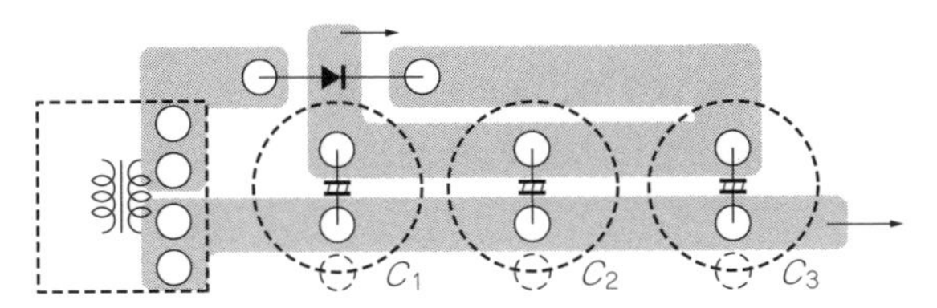

図19　基板パターンのインピーダンスを考慮した基板パターン例

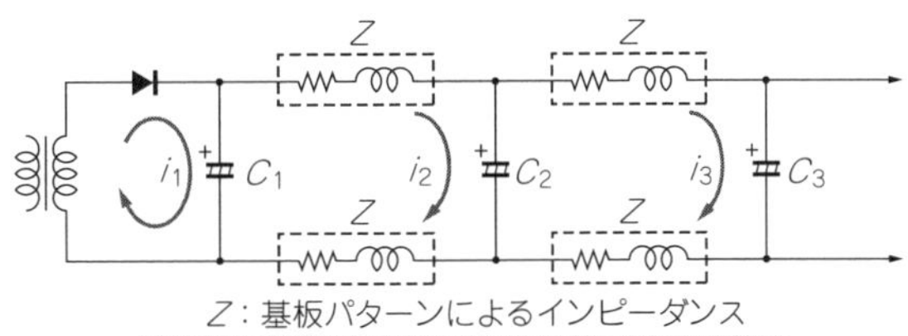

図18　図15の等価回路

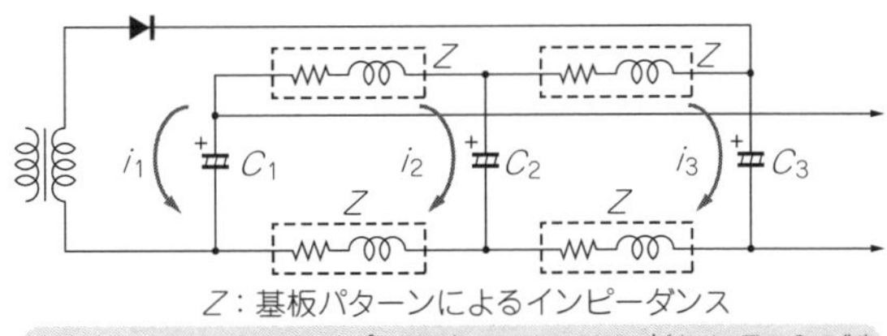

図20　図19の等価回路

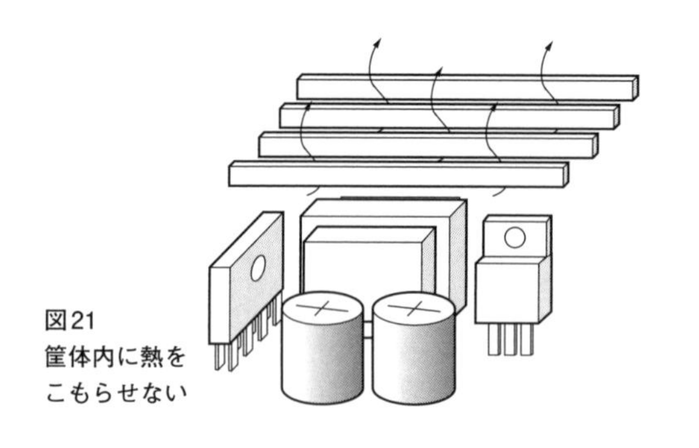

図21
筐体内に熱をこもらせない

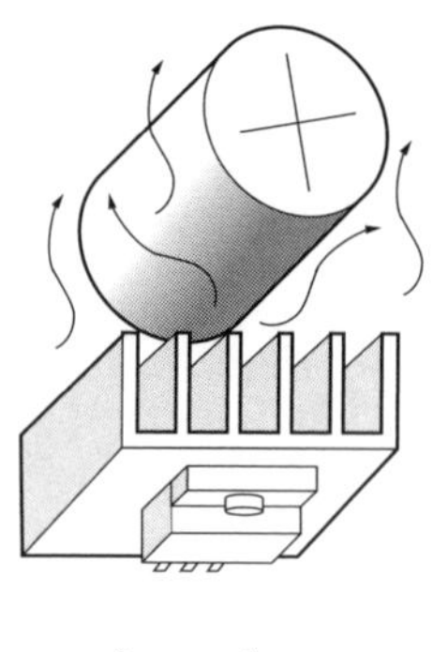

発熱部品の上に電解コンデンサを配置．放熱効果を阻害して電解コンデンサも熱くなる

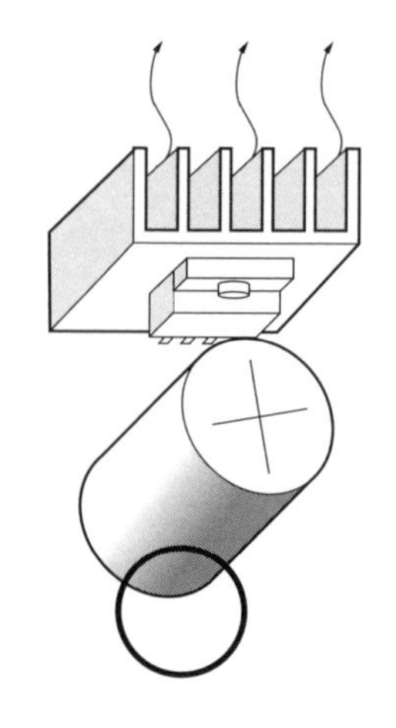

発熱部品の下に電解コンデンサを配置．放熱効果も良く電解コンデンサも熱くならない

図22　発熱部品と電解コンデンサの配置例

ンスの少ないC_1側の電解コンデンサにリプル電流が集中して流れ，C_3側に近いほど直列インピーダンスが大きくなるために印加リプル電流は流れにくくなることが原因です．

このままフル稼動すると，C_1から順にリプル電流過大によって寿命が短くなるので注意が必要です．

● **基板パターンのインピーダンスに配慮した並列使用例**

これを防止する一例として，**図19**のような接続方法があります．

電流ループがやや大きくなってしまいますが，**図20**の等価回路からもわかるように，1本組み合わせの電流ループは常に一定のインピーダンスが存在するため，比較的バランスがとりやすい構成となります．

■ 高密度実装時の注意点

近年の製品は小型化が進み，部品単体の小型化はもちろんのこと，基板実装技術の進歩から部品間クリアランスはますます縮小の方向にあります．

基本的に電解コンデンサの寿命は周囲温度条件によって決定されるので，発熱部品との距離を十分に確保して温度を下げなければなりません．次のポイントに留意することが効率良く高密度実装を目指すノウハウとなります．

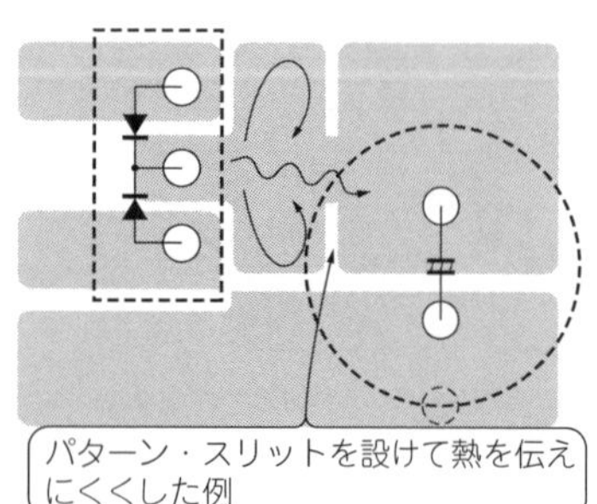

図23
スリット設けて熱を伝わりにくくする

● **筐体内に熱をこもらせない**

ファンなどの強制空冷手段がない場合，**図21**のように上方向にスリットなどを配置して熱が筐体内にこもらないような構造とします．

● **アルミ電解コンデンサは発熱部品の下方向に配置**

基板が縦方向に実装され，ファンなどの強制空冷手段がない場合，発熱部品で発生する熱は**図22**のように対流によって上昇していくので，コンデンサは発熱部品の下方向に配置して熱の影響を受けにくくします．

● **風の通り道の確保**

ファンなどの強制空冷手段がある場合，発熱部品とコンデンサの間の空間に風の通り道を作って発熱部品の影響を受けにくくします．

● **発熱部品との接触を避ける**

自立型の半導体部品や抵抗などの傾きやすい発熱部品は，アルミ電解コンデンサの周囲に配置しないようにします．

● **熱伝導の抑制例**

整流ダイオードと平滑コンデンサは，太く短い基板パターンで結線することが理想ですが，整流ダイオードから基板パターン（銅箔）を介して熱が伝わってきます．

図23のように特性上問題とならない程度にパターン・スリットを挿入し，整流ダイオードと平滑コンデ

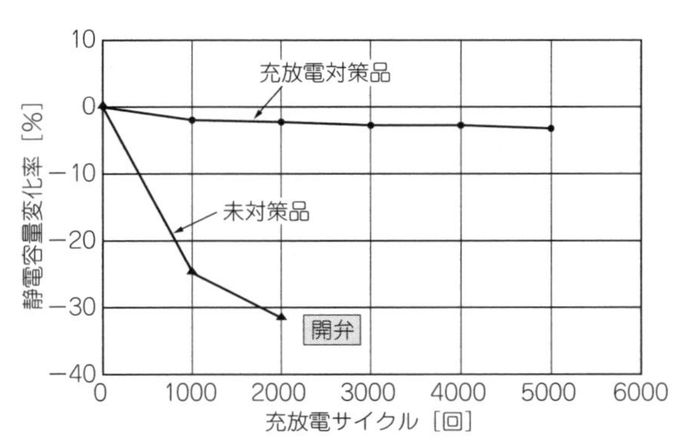

図24[2]　充放電試験結果例

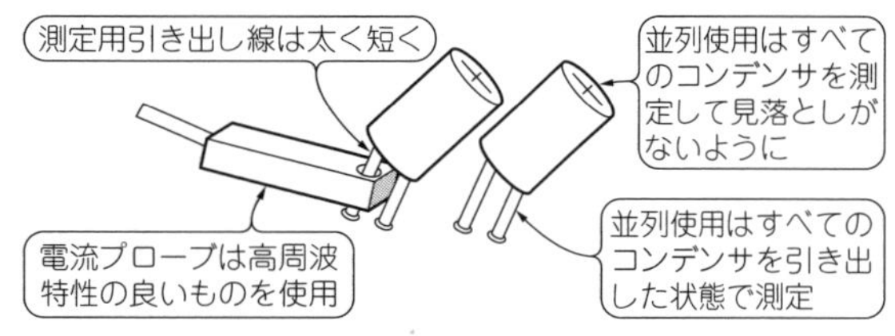

図25　リプル電流測定時の注意点

ンサ間の熱伝導率を低下させるとアルミ電解コンデンサの温度上昇が抑制できます．

■ 急速充放電回路での注意点

アルミ電解コンデンサを急速な充放電を伴う回路に使用した場合は，コンデンサ内の陰極の誘電体表面と電解液界面での電気化学反応により，さらに酸化皮膜が生成され，静電容量の減少とガスが発生します．ガスはコンデンサ内部にたまってケース内圧を上昇させるので，最終的には圧力弁作動状態に至ります．

ACサーボ・アンプ用電源やインバータ用電源など，電圧変動が大きく急激な充放電を頻繁に繰り返す回路にアルミ電解コンデンサを使用する場合は，陰極はくへの酸化皮膜生成を抑制する対策を行った**充放電対策仕様**の電解コンデンサを使用してください．

充放電対策仕様品と未対策品の充放電試験結果の一例を**図24**に示します．

- 定格　：63 V/10000 μF
- サイズ：φ35 × 50 L
- 充放電条件

印加電圧：63 V
充電抵抗：2 Ω
放電抵抗：100 Ω
充放電サイクル：1秒充電，1秒放電を1サイクル

■ リプル電流の測定方法

● リプル電流測定時の引き出し線

リプル電流波形測定時は，高周波特性の良い電流プローブを使用して測定します．しかし，測定用引き出し線が長くなると，特に高周波リプルに対してはインピーダンス成分となって実際の印加リプル電流よりも小さい値として観測されます．

測定用引き出し線は電流プローブの挿入に必要な最小限の長さに留め，極力短く太くします(**図25**)．

● 並列使用時のリプル電流測定

アルミ電解コンデンサ並列使用時のリプル電流測定では，測定対象のコンデンサだけを引き出すのではなく，並列使用したコンデンサすべてを引き出して行います．

測定対象コンデンサだけを引き出した場合，引き出していないコンデンサに電流が集中して流れ，引き出したコンデンサのリプル電流波形は実際の印加リプル電流よりも小さい値として観測されます．

アルミ電解コンデンサ並列使用時は，すべてのアルミ電解コンデンサのリプル電流波形を確認します．基板実装上のパターン引き回しによっては，どこかのアルミ電解コンデンサにリプル電流が集中している可能性があります．見落としのないように確認が必要です．

■ リプル電流の算出方法

観測されたリプル電流波形からオシロスコープの波形演算機能で実効値を表示させると，さまざまな周波数成分を含む複雑な電流波形も実効値として瞬時に表示されます．この機能は非常に便利ですが過信は禁物です．

以下に，その検証手段として，入力平滑用コンデンサに流れる電源商用リプルとスイッチング・リプルの重畳波形(**図26**)を例に，合成リプル電流の算出方法を示します．

電源商用周波数成分(低周波成分)のリプル電流I_Lは正弦半波の実効値なので，

$$I_L = I_P\sqrt{\frac{T_1}{2T}}$$

スイッチング周波数成分(高周波成分)のリプル電流I_Hは方形波の実効値なので，

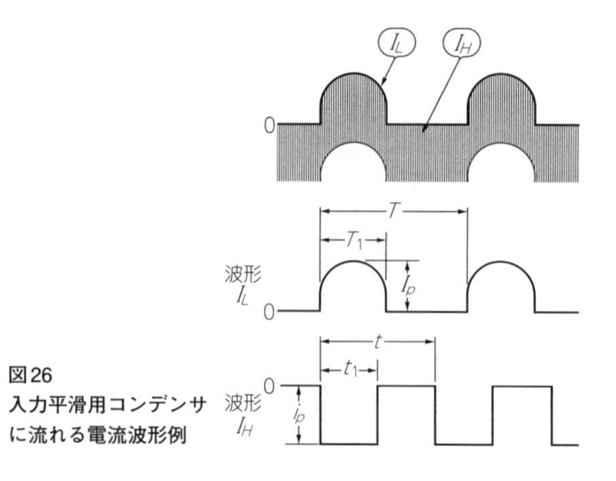

図26
入力平滑用コンデンサに流れる電流波形例

$$I_H = i_P \sqrt{\frac{t_1}{t}}$$

アルミ電解コンデンサの等価直列抵抗は，周波数特性を持っているので，規定の周波数と異なる場合には**表2**に示す周波数補正係数から規定の周波数に換算します．

低周波成分の周波数補正係数をK_{fl}，高周波成分の周波数補正係数をK_{fh}とすると規定の周波数に換算した合成リプル電流I_nは，

$$I_n = \sqrt{\left(\frac{I_L}{k_{fl}}\right)^2 + \left(\frac{I_H}{k_{fh}}\right)^2}$$

となります．

〈藤田 昇〉

表2 周波数補正係数の一例

定格電圧［V］ \ 周波数［Hz］	50	60	120	300	1 k	10 k	50 k～
16～100	0.88	0.90	1.00	1.07	1.15	1.15	1.15
160～250	0.81	0.85	1.00	1.17	1.32	1.45	1.50
315～450	0.77	0.82	1.00	1.16	1.30	1.41	1.43

(a) 基板自立型コンデンサ(入力平滑用)

定格電圧［V］	静電容量［μF］ \ 周波数［Hz］	50	120	300	1 k	10 k～
6.3～100	～56	0.20	0.30	0.50	0.80	1.00
	68～330	0.55	0.65	0.75	0.85	1.00
	390～1000	0.70	0.75	0.80	0.90	1.00
	1200～	0.80	0.85	0.90	0.95	1.00

◆引用文献◆

(1) アルミ電解コンデンサテクニカルノート，2-5-2項，ニチコン㈱．
http://www.nichicon.co.jp/lib/aluminum.pdf
(2) アルミ電解コンデンサテクニカルノート，2-4-3項，ニチコン㈱．
http://www.nichicon.co.jp/lib/aluminum.pdf

(初出：「トランジスタ技術」2009年6月号 特集)

アルミ電解コンデンサの応用

アルミ電解コンデンサは大容量コンデンサの代

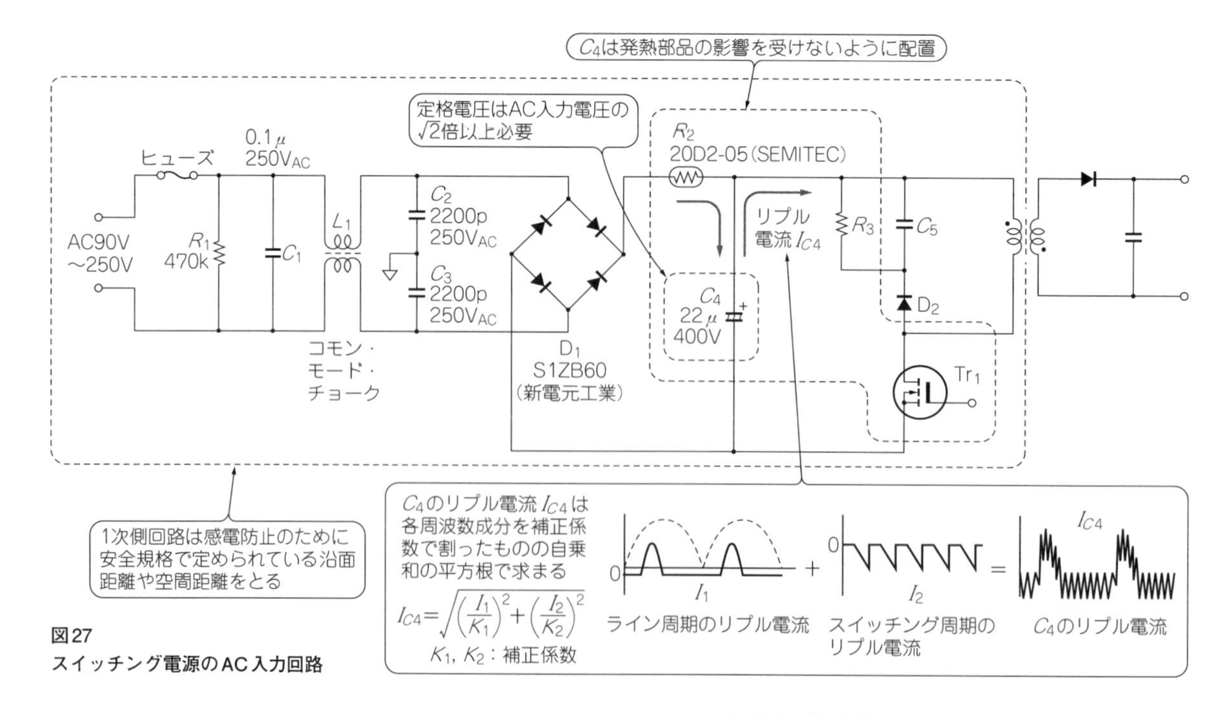

図27
スイッチング電源のAC入力回路

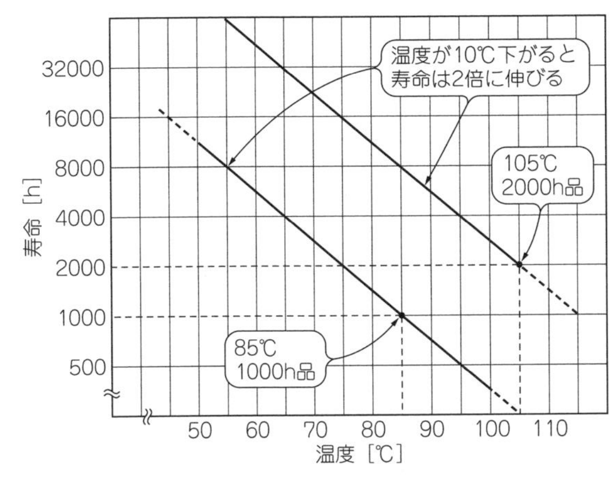

図28(1) アルミ電解コンデンサの温度と耐久性

名詞といっても過言ではありません．主な用途は昔も今もデカップリングと平滑です．容量の範囲や定格電圧のバリエーションが豊富で用途に応じた選択の自由度は非常に高いです．

■ スイッチング電源のAC入力回路

図27はAC入力後の平滑回路にアルミ電解コンデンサを使用した例です．表面実装部品ではあまり大きな容量まで用意されていませんが，10 W程度までのスイッチング電源ならAC入力回路の平滑への応用も可能です．平滑回路では，入力電圧範囲やリプル電流，使用温度，設計寿命などを考慮して部品を選択します．

● 入力電圧範囲：定格電圧400～450 Vを選ぶ

図27では入力電圧をAC90 V～250 Vとしたので，C_4に加わる電圧は最高で$\sqrt{2}$倍の354 Vとなります．したがって定格電圧は400 Vか450 Vを選択します．

● 使用温度と耐久性：10 ℃下がると寿命が2倍に

図28はアルミ電解コンデンサの温度と耐久性の関係を表したグラフです．アルミ電解コンデンサは安価でバリエーションが豊富なため，選択自由度の高いことが長所ですが，寿命があまり長くないことが欠点です．このため部品メーカでは85 ℃や105 ℃といった温度で使用した場合の耐久性を時間で規定しています．この温度を基点に10 ℃の温度変化で耐久性がおよそ2倍変わる，いわゆるアレニウス則に近似した計算が成り立つので設計寿命を考える上で活用できます．

アルミ電解コンデンサの**耐久性を決める支配的な原因は電解液の蒸散です**．この計算によって近似できる

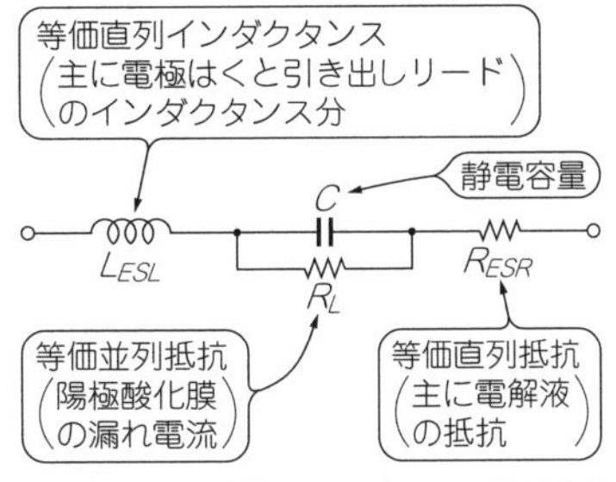

図29 アルミ電解コンデンサの簡易な等価回路

のは50～100 ℃くらいの範囲です．極低温下では封止材が劣化したり，より高温下では別の反応が寿命に影響したりするので，過酷な環境で使用されることが前提の設計では注意が必要です．

● リプル電流による温度上昇を含めて寿命見積もり

図29はアルミ電解コンデンサの簡略化した等価回路です．ほかのコンデンサと同様に等価直列抵抗ESRが比較的大きな値のため，リプル電流I_{ripple}が流れると$I_{ripple}^2 R_{ESR}$のジュール熱が発生して自己発熱を招きます．設計上の耐久性を考える上ではこの自己発熱も含めて使用温度を考えなければなりません．

図27のようにAC整流後の平滑とスイッチング回路のデカップリングを兼ねて使う場合は，100 Hz(120 Hz)の平滑電流とスイッチング回路のスイッチ電流の双方からリプル電流を算出します．

● 高い電圧が加わる場合は漏れ電流による発熱も考慮に入れなければならない

図29のR_Lで示すように，電解コンデンサでは漏れ電流が存在します．信号のカップリング用途や高インピーダンスの回路に応用する場合には気を付けなければならないパラメータです．

電源の平滑用途で漏れ電流自体が問題になることは少ないですが，**図27**のような高い電圧が加わる使用例では，そこに生じる損失からくる発熱も耐久性の考慮に入れなければならない場合もあります．

● 温度が上がらないように実装する

アルミ電解コンデンサの近くに発熱部品があると耐久性に悪影響を与えます．基板の部品レイアウトを考える際には発熱部品からの影響をなるべく受けないように遠ざけます．

また感電の危険を防ぐため，1次側回路と2次側回

路との間の絶縁に関する規定がさまざまな安全規格によって定められています．**アルミ電解コンデンサのアルミ・ケースは電極と絶縁されたものではないので，2次側回路との空間距離をとる必要があります．**

〈藤田 雄司〉

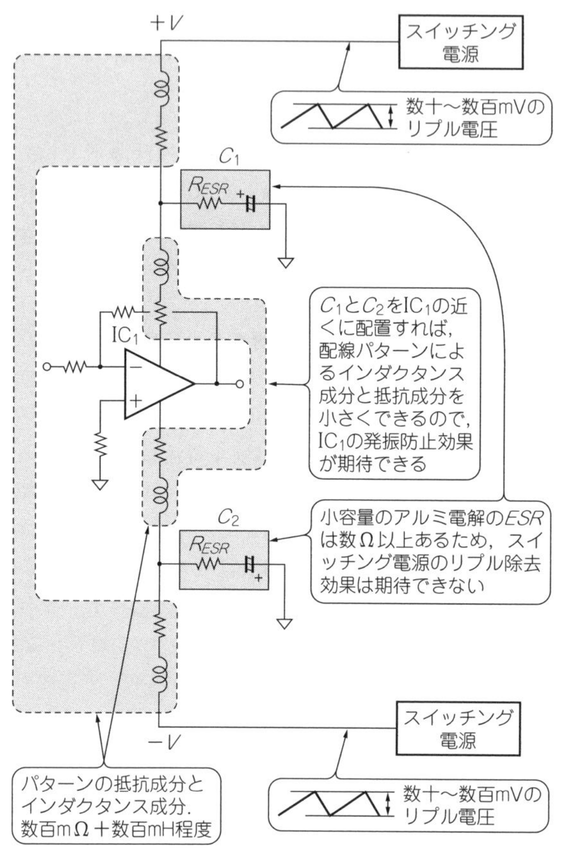

図30　電源デカップリングの基本的なやり方

■ デカップリング

図30はOPアンプ回路における電源デカップリング・コンデンサ周辺の等価回路です．デカップリング・コンデンサの大きな役割は，電源ラインからの不要な信号の混入防止と，電源ライン・インピーダンス上昇で生ずる回路間の結合，これによって発生する干渉や異常発振の防止です．

● *ESR*が大きい小容量タイプはリプル除去が期待できない

オーディオ帯域程度のOPアンプを使用するような場合，異常発振に対しては，OPアンプの電源ピン近くにデカップリング・コンデンサを挿入するだけで十分に効果があります．しかし，*ESR*が大きめの小容量アルミ電解コンデンサでは，スイッチング電源のリプルをあまり除去できません．スイッチング電源の周波数は数百kHzなので，OPアンプの*PSRR*による抑制を期待できず，リプルがOPアンプの出力に出てしまいます．

● 電源ラインに抵抗を入れて小容量タイプでもOPアンプのリプル電圧を抑える

図31は安価で小容量のアルミ電解コンデンサでも効果的にデカップリングできる回路例です．

スイッチング電源は，小型軽量化，省電力化のために近年多用されています．出力には数百kHzで数十mV～数百mVものリプル電圧が含まれています．電源はある程度の電流を流せる必要があり，また速い過渡応答特性も求められるため，電源の大本でこのリプ

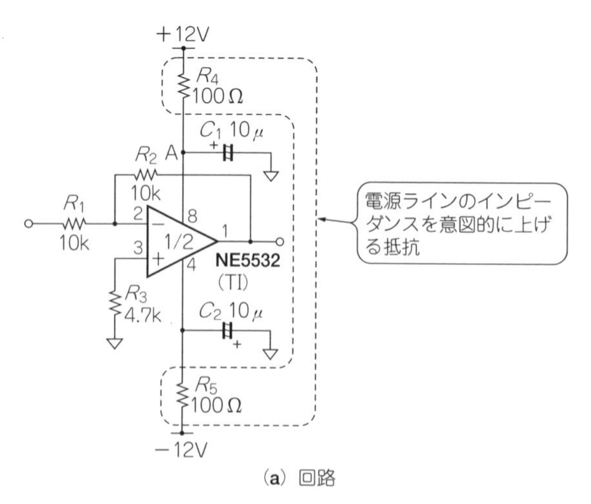

(a) 回路

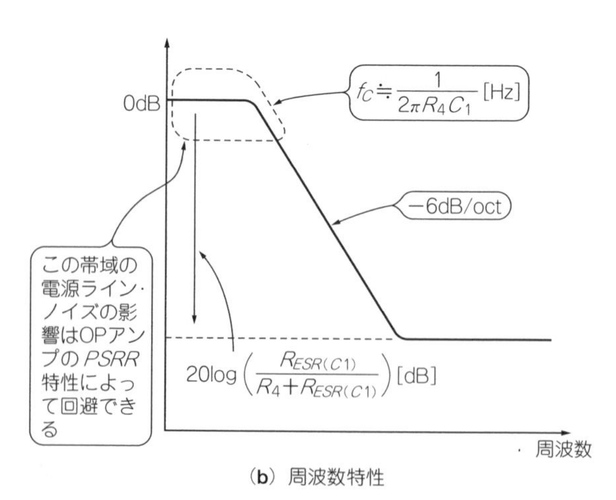

(b) 周波数特性

図31　小容量のアルミ電解と抵抗でスイッチング電源のリプルを効果的に除去

ル電圧を小さく抑えるのは大変です.

しかし個々のOPアンプの電源電流は小さな値です. **図31**のように, OPアンプの電源ラインに100Ω程度の抵抗を入れて電源ライン・インピーダンスを意図的に持ち上げてやれば, 小容量のアルミ電解コンデンサでも十分に高い周波数までのノイズ除去性能が期待できます. 低い周波数ではOPアンプの*PSRR*(Power Supply Rejection Ratio)が非常に大きい値を持ちます. $R_4(R_5)$と$C_1(C_2)$のカットオフ周波数以下の電源変動は気にしなくてもよいでしょう. 〈**藤田 雄司**〉

◆参考・引用*文献◆

(1) 日本ケミコン;導電性高分子アルミ電解コンデンサ;http://www.chemi-con.co.jp/catalog/pdf/al-j/al-all-1001 m/al-conductive-j-100401.pdf
(2) エルナー;アルミニウム電解コンデンサテクニカルノート;http://www.elna.co.jp/capacitor/alumi/catalog/pdf/data_j.pdf

[スペシャルなアルミ電解コンデンサ①] 導電性高分子アルミ固体電解コンデンサ

アルミ電解コンデンサの一種…

電気伝導度が高く, 熱的に安定した導電性高分子を電解質(陰極材料)に使用したアルミ電解コンデンサです. 従来の電解液を使ったタイプと比べると, **表3**のように電気伝導度が高く, 等価直列抵抗(*ESR*)が小さくなります. ただし耐圧は低くなるので, 現在電圧が低くて高速応答が求められるパソコンのマザーボードなどに使われています.

従来の電解液の代わりに固体電解質(導電性高分子)を用いているので**固体アルミ電解コンデンサ**とも呼びます.

■ 特徴

● 構造

固体アルミ電解コンデンサはアルミ電解コンデンサと構造上の大きな違いはありません. 完成品は電解質が固体化され内部に液体は存在しません.

● 主な用途

固体アルミ電解コンデンサの多くは, パソコンのマザーボードやグラフィック・ボードのバルク・キャパシタとして使用されています. バルク・キャパシタとは, CPUに負荷がかかった際DC-DCコンバータでは追随できない電圧降下を補うコンデンサの総称です.

■ アルミ電解と違う点

● 電気的特性:低*ESR*だが漏れ電流が大きい

表4にあるように固体アルミ電解コンデンサの最大の特徴は**低*ESR***なことにあります. 従来のアルミ電

表3 陰極材料比較(電解質)
導電性高分子は電解液と比べ比抵抗が小さく電気伝導度が高い電解質なので, 低*ESR*のコンデンサを実現できる(表中の数値は目安)

項 目	電解液	導電性高分子
導電機構	イオン	電子
電気伝導度 [S/cm]	0.01	100
沸点 [℃]	200	なし(分解温度350℃)
コンデンサ耐圧[V]	600	35

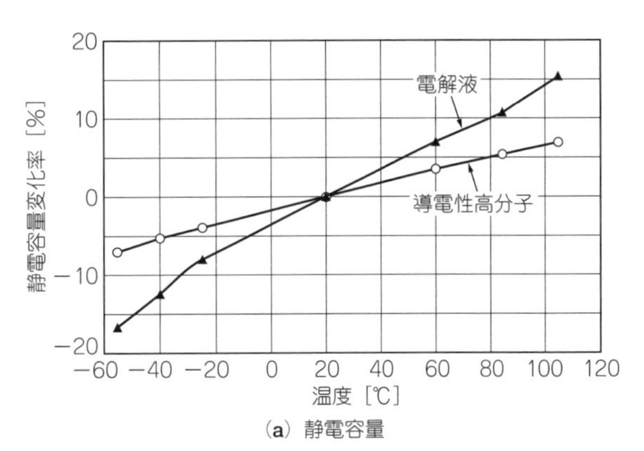

(a) 静電容量

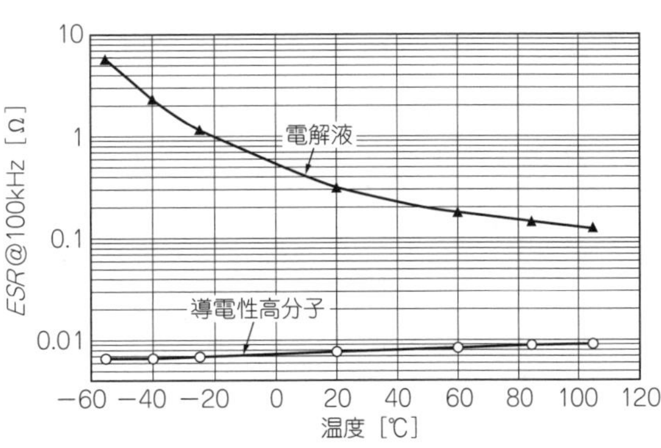

(b) 等価直列抵抗*ESR*

図32 温度特性(6.3 V/220 μF, φ6.3×6.1 *L*)
導電性高分子は固体電解質のため, 電解液と比べて温度による電気的特性への影響が小さい

表4 導電性高分子と電解液の特性比較

陰極材料(電解質)	定格電圧(WV)[V]	静電容量[μF]	サイズ[mm]	最大ESR @100 kHz [mΩ]	最大漏れ電流 @20℃, 2分 [μA]
導電性高分子	6.3	220	φ6.3×6.1 *L*	10	416
電解液	6.3	220	φ6.3×6.1 *L*	360	14

解コンデンサの低インピーダンス品と比較すると一目瞭然です．しかし誘電体の欠損部の自己修復作用は劣るため，**漏れ電流が大きい**傾向にあります．

また温度による*ESR*の変化が非常に小さく(**図32**)，耐久性試験後の*ESR*や静電容量の変化も小さくなります(**図33**)．

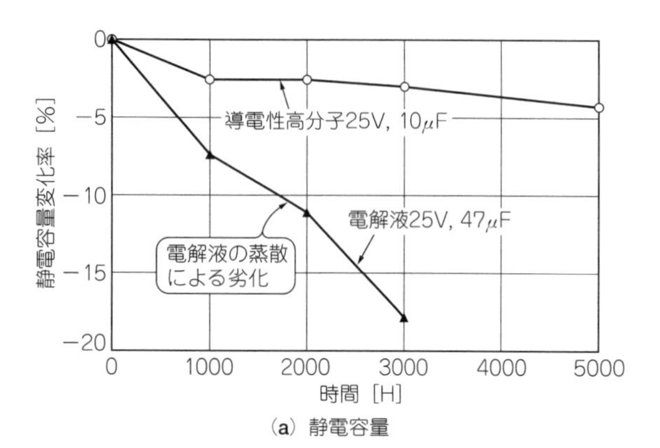

(a) 静電容量

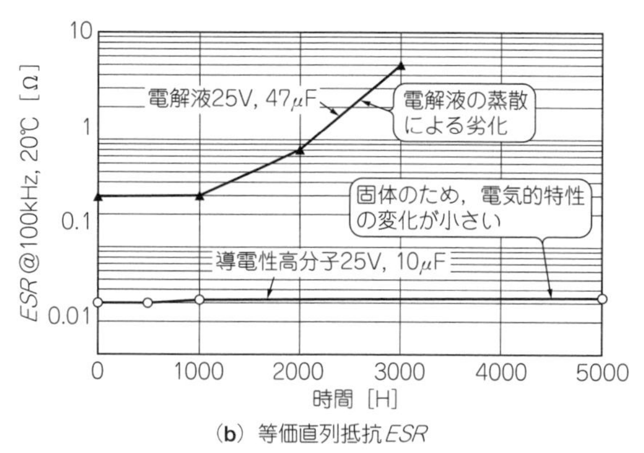

(b) 等価直列抵抗*ESR*

図33 耐久性試験結果(105 ℃定格電圧印加)

従来の電解液タイプの場合，電解液が蒸散することにより電気的特性が徐々に劣化する．導電性高分子は固体のため，電気的特性の変化が小さい

● **寿命：従来のアルミ電解と比べて長寿命**

アルミ電解コンデンサの寿命は使用条件によって異なります．寿命に影響を及ぼす環境条件は，温度，湿度，気圧，振動などで，電気的条件には，印加電圧，リプル電流，充放電などがあります．寿命は耐久性などの表記でカタログに記載されています．

この中で寿命に与える影響が大きいのは温度です．従来のアルミ電解コンデンサは，電解液が封口部から蒸散して容量が減少し，損失が増大することで寿命に至ります．寿命末期に内部でショートに到る頻度は少なく，多くの場合オープンになります．電解液が気化してアルミ・ケースが膨らむこともあります．

これに対し導電性高分子アルミ固体電解コンデンサは電解質が固体であり，蒸散による減少がないため長寿命となります．導電性高分子タイプは，封口材の気密性能の低下により導電性高分子が酸化劣化し，容量が減少し，*ESR*の増大することで寿命に至ります．

電解液タイプ，導電性高分子タイプいずれのコンデンサも，機器の環境温度やリプル電流などの使用条件によって，推定寿命を算出することが可能です．

■ 使用上の注意点

● **広帯域にインピーダンスを下げたいときは並列に入れるセラコンの容量を大きくして反共振を抑える**

通信機器や電源の2次側フィルタ用として使用する際，容量や特性の異なるコンデンサを並列に接続することで，広帯域の周波数でインピーダンスを下げることが可能です．

ただしそれぞれのコンデンサは異なる共振点を持っており，大容量コンデンサのインダクタンス成分と小

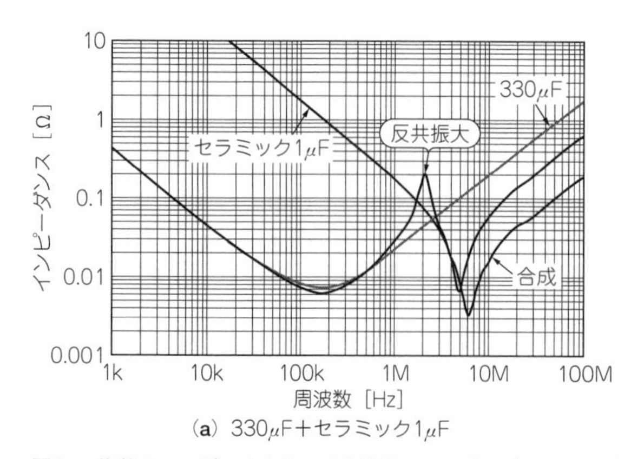

(a) 330μF+セラミック1μF

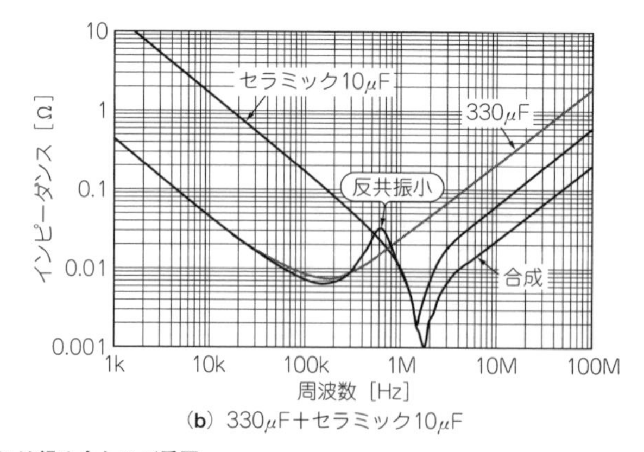

(b) 330μF+セラミック10μF

図34 複数のコンデンサを使って広帯域でインピーダンスを下げるには組み合わせが重要

導電性高分子アルミ固体電解コンデンサと積層セラミック・コンデンサを並列に使用して反共振が(a)のように発生する場合，積層セラミック・コンデンサの容量を増加させることにより，反共振が(b)のように抑えられる

容量コンデンサの容量成分が重なる周波数においてインピーダンスの増加(反共振)を招くこともあります．各メーカが案内している等価回路モデルやインピーダンスの周波数特性を基にしたシミュレーション結果を**図34**に示します．

この反共振を防ぐためには，小容量コンデンサの容量を増やして，共振点に近づけるようにする必要があります．ただし実際とシミュレーションには差があるので，実機での評価が必要です．

〈由良 佳久，新町 丈志〉

[スペシャルなアルミ電解コンデンサ②] 導電性高分子アルミ固体電解コンデンサOS-CON

OS-CONとは…

OS-CONはパナソニックが提供する導電性高分子アルミ固体電解コンデンサ(固体アルミ電解コンデンサともいう)です(**図35**)．表面実装タイプのOS-CONの特徴を**表5**に示します．定格電圧は2.5～35 Vまであり，静電容量は3.3 μ～2700 μFがラインアップされています．

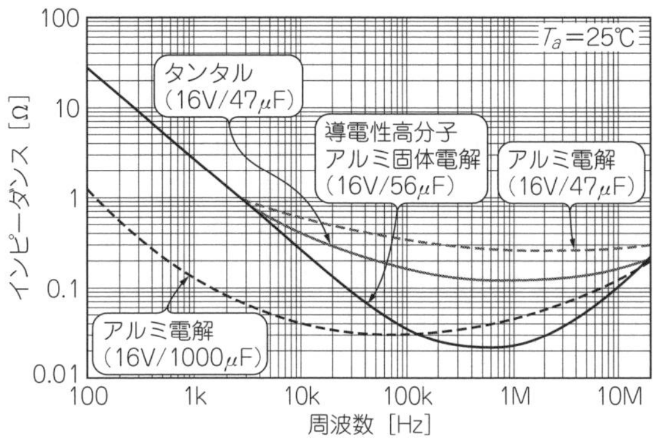

図36　各種コンデンサの周波数-インピーダンス特性

(a) 外観

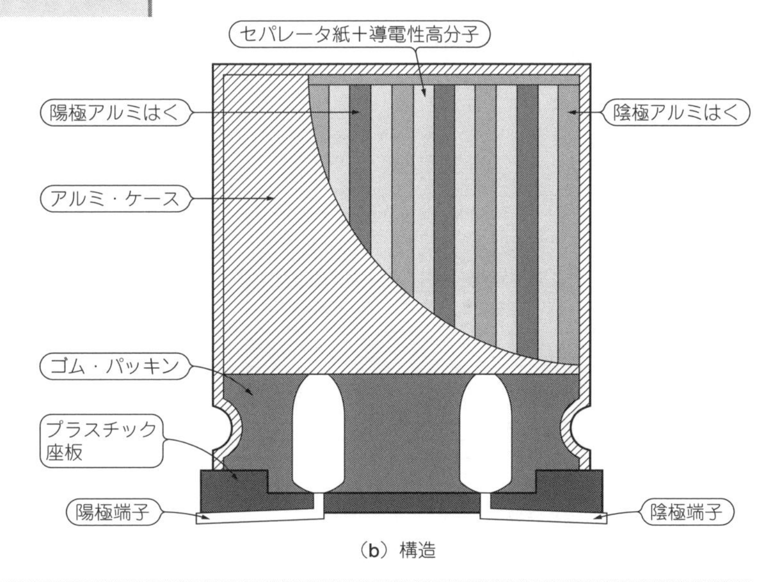

(b) 構造

図35　外観と構造

表5　表面実装タイプのOS-CONの特徴

特　徴	小型	低背	大容量	低*ESR*	高耐圧	長寿命	使用温度範囲 [℃]	定格電圧範囲 [V_{DC}]	静電容量範囲 [μF]	シリーズ
標準							−55～+105	2.5～25	3.3～1500	SVP
125℃保証						●	−55～+125	4.0～20	22～220	SVQP
低*ESR*・大リプル				●			−55～+105	2.5～20	10～820	SVPA
低背		●					−55～+105	2.5～20	15～120	SVPB
大容量・低*ESR*			●	●			−55～+105	2.5～16	39～2700	SVPC
125℃保証・最大35 V定格					●	●	−55～+125	10～35	8.2～82	SVPD
長寿命						●	−55～+105	4.0～25	10～680	SVPS
低*ESR*・大容量			●	●			−55～+105	2.5～16	150～470	SVPE
小型・低背・高耐圧・大容量	●	●	●		●		−55～+105	25	47	SVPF

■ 特性

● 周波数特性：共振周波数が高い

図36は各種コンデンサのインピーダンス-周波数特性です．100 kHzで比較すると，固体アルミ電解コンデンサOS-CONの56 μFと高性能のアルミ電解コンデンサの1000 μFが，ほぼ同じ値になっています．

● 温度特性：*ESR*の温度変化が少ない

図37は各種コンデンサの等価直列抵抗*ESR*-温度特性です．固体アルミ電解コンデンサは，**高温でも低温でも*ESR*の温度変化が少ない**ことが特徴です．これは，ノイズ除去能力の温度変化が少なくノイズ・レベルが低温から高温まで安定しているということを表します．低温特性の必要なアウトドア機器などに使えます．

● バイアス電圧特性：容量の変化がほとんどない

図38は，固体アルミ電解コンデンサとセラミック・コンデンサのバイアス電圧による容量変化特性です．固体アルミ電解コンデンサは，定格電圧内のバイアス電圧であれば静電容量にほとんど変化がありません．

バイアス特性を考慮する必要がないという意味で，固体アルミ電解コンデンサはセラミック・コンデンサよりも使用しやすいといえます．

● 許容リプル電流：*ESR*が小さいので多く流せる

電源における平滑コンデンサを選定する場合，コンデンサの許容リプル電流が選定基準の一つになります．**図39**は各種コンデンサの許容リプル電流です．

リプル電流の許容値はコンデンサの発熱量で決まりますが，発熱の要因は*ESR*です．*ESR*が高いコンデンサは発熱が大きく，多くのリプル電流を流せません．

固体アルミ電解コンデンサはほかの電解コンデンサに比べると*ESR*が小さく，**大きなリプル電流を流すことができます．**

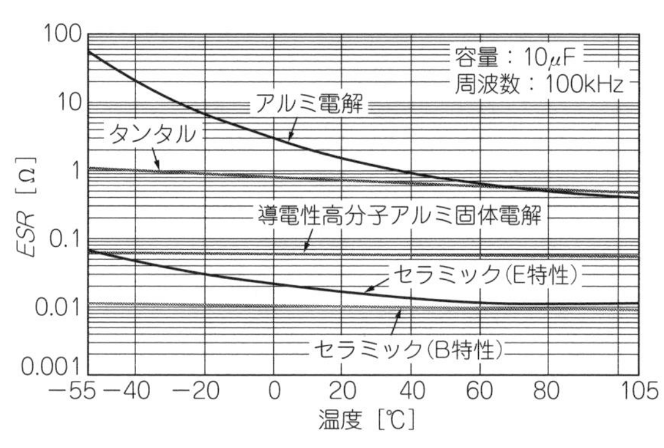

図37　各種コンデンサの等価直列抵抗(*ESR*)の温度特性

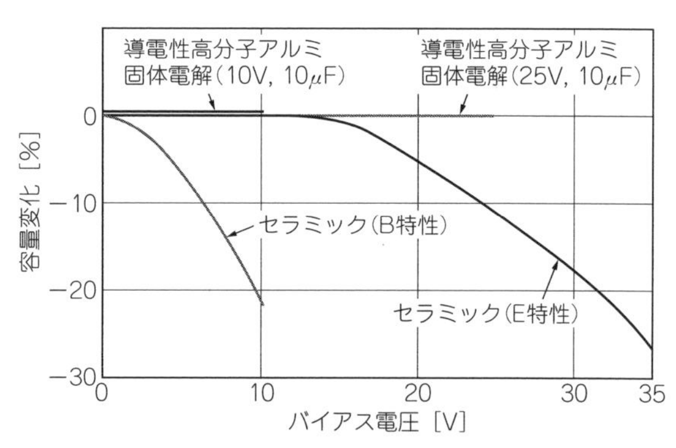

図38　OS-CONとセラミック・コンデンサのバイアス電圧による容量の変化

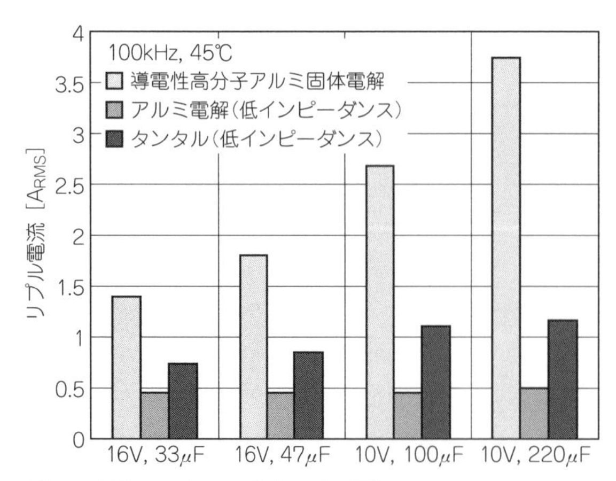

図39　各種コンデンサの許容リプル電流

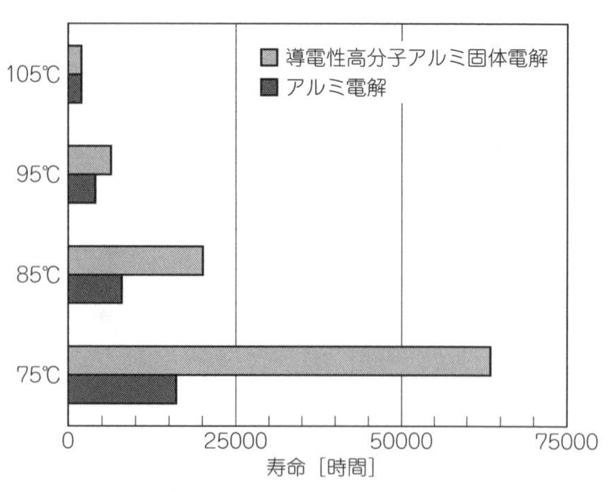

図40　固体/非固体アルミ電解コンデンサの推定寿命

● **寿命：アルミ電解より長寿命**

図40は温度の違いによる固体アルミ電解コンデンサとアルミ電解コンデンサの推定寿命の比較です．

固体アルミ電解コンデンサの寿命の温度係数は，周囲温度を**20℃軽減すると約10倍**になります．それに対し，アルミ電解コンデンサの寿命の温度係数は，周囲温度を10℃軽減すると約2倍といわれています．つまり，105℃×2000時間での寿命を85℃や75℃に換算すると，**図40**のように固体アルミ電解コンデンサのほうが寿命が長くなります．同じ105℃×2000時間保証でも，実質上は固体アルミ電解コンデンサのほうが長寿命を得られることになります．

■ 使用上の注意事項

● **その1：低*ESR*なので大電流サージを避ける**

*ESR*が小さいため，充放電回路など使用する用途によって過大なサージ電流が流れる可能性があります．**大電流サージは最大で10 Aまでに抑えます**．ただし固体アルミ電解コンデンサの許容リプル電流値の10倍が10 Aを超える場合には，許容リプル電流の10倍以下になるように，大電流サージを抑制してください．

● **その2：漏れ電流が影響する回路では使用禁止**

固体アルミ電解は，フロー，リフロなどのはんだ付け時や，高温無負荷，高温高湿無負荷，温度急変試験など電圧が加えられていない状態のとき，漏れ電流が増加することがあります．このため，高インピーダンス回路やカップリング回路，時定数回路など，漏れ電流が大きく影響する回路では不具合が予想されるので，使用してはいけません．

● **その3：アルミ電解コンデンサなどと並列接続する場合は定格リプル電流に余裕を持たせる**

リプル吸収用コンデンサなどで，固体アルミ電解とアルミ電解を並列接続することがあります．このとき，並列接続された各コンデンサに流れるリプル電流はその*ESR*の比によって決まります．*ESR*の小さい固体アルミ電解コンデンサに多くのリプル電流が流れるので，定格リプル電流に十分余裕を持つ必要があります．

〈**小野 麦**〉

◆**参考文献**◆

(1) 西本博也，小島 洋一；トランジスタ技術2001年4月号 第7章 電解コンデンサの基礎知識．

[スペシャルなアルミ電解コンデンサ③] 導電性高分子アルミ固体電解コンデンサの応用回路

導電性高分子アルミ固体電解コンデンサ(固体アルミ電解コンデンサ)は，アルミ電解コンデンサの短所である*ESR*と耐久性を大きく改善したもので，小型でも非常に大きなリプル電流での使用ができるためディジタル家電やコンピュータのマザーボードなどに積極的に採用されています．

しかし*ESR*が低いゆえに発生する不具合，耐久性についてもよく理解しておかないと，逆効果になる場合があります．

■ 代表的な特性

● **100 kHzで許容リプル電流を規定**

表6は330 μF16 V定格のアルミ電解コンデンサと固体アルミ電解コンデンサの代表的仕様の比較です．固体アルミ電解コンデンサは**スイッチング電源の平滑や高速過渡応答の補助**を主な目的としているため，仕様の規定が通常のアルミ電解コンデンサとは異なることがあります．例えば，アルミ電解コンデンサが許容リプル電流を120 Hzで規定しているのに対し，固体アルミ電解コンデンサでは100 kHzで規定していることがほとんどです．

● **20℃低いと寿命が10倍**

長寿命が特徴といわれますが，規定温度のもとでの仕様値は通常のアルミ電解コンデンサとあまり変わりありません．ただし，固体アルミ電解コンデンサの使用温度と耐久性の関係は20℃軽減で10倍といわれて

表6　アルミ電解コンデンサの比較

コンデンサの種類	容　量	定格電圧	外形寸法 [mm]	許容リプル電流 @100 kHz	ESR @100 kHz	耐久性	リーク電流
アルミ電解(標準品)	330 μF	16 V	φ 8×10	290 mA※1	560 mΩ※2	105℃，2000 h	53 μA
アルミ電解(低*ESR*品)			φ 8×10	600 mA	160 mΩ	105℃，3000 h	53 μA
導電性高分子アルミ電解			φ 10×12.2	4350 mA	16 mΩ	105℃，2000 h	1050 μA

※1：120 Hzでの規定値，※2：実測値

います．**図41**に示すように，105℃で2000時間のものを85℃で使用すれば，20000時間の耐久性が期待できるので長寿命となります．逆にいえば規定より20℃高い温度で使用した場合は耐久性が1/10になります．長寿命が必要なら，なるべく低い温度で使用できるようにすることが重要です．

〈藤田 雄司〉

■ 出力平滑回路への応用

● 低*ESR*品で平滑すると応答が不安定になる場合がある

図42はスイッチング・レギュレータ制御ループです．スイッチング・レギュレータでは出力平滑回路と接続される負荷のインピーダンスが制御ループの位相特性を構成する要素になっています．平滑コンデンサの*ESR*が小さくなると平滑回路での位相遅れが大きくなり，動作を不安定にしてしまう場合があります．低*ESR*のコンデンサを平滑回路に使うときは，エラー・アンプの位相補正値に配慮して決定します．

また，平滑コンデンサの劣化は制御ループの特性変化を招きます．初期値だけでなく部品の劣化を見込んでも安定な動作ができるよう，特性の変化しやすい部品は素子感度が高くならないように設計することが重要です．

〈藤田 雄司〉

◆参考文献◆

(1) 日本ケミコン；導電性高分子アルミ電解コンデンサ；http://www.chemi-con.co.jp/catalog/pdf/al-j/al-all-1001m/al-conductive-j-100401.pdf

(2) エルナー；アルミニウム電解コンデンサテクニカルノート；http://www.elna.co.jp/capacitor/alumi/catalog/pdf/data_j.pdf

（初出：「トランジスタ技術」2010年8月号 特集）

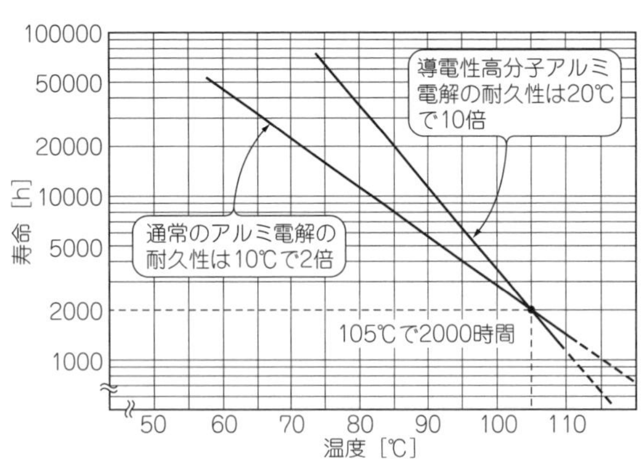

図41　使用温度に対する寿命の違い

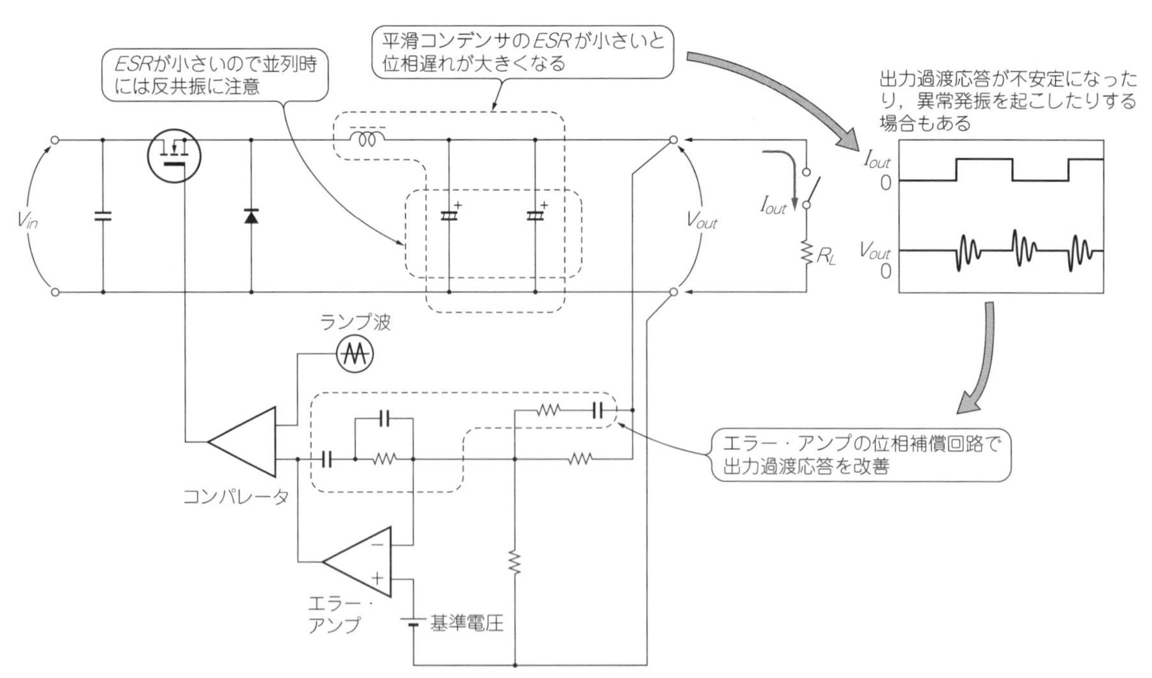

図42　平滑コンデンサの*ESR*が小さいと位相遅れが大きくなり，制御ループの動作を不安定にすることがある

トラブルシュート110番

■ アルミ電解コンデンサの極性を間違えると破裂／液漏れ／特性の劣化が起こる

● 逆極性接続は絶対ダメ

アルミ電解コンデンサ(**写真3**)を逆接続すると電流が流れ発熱します．

温度上昇が急激だとケースの膨張や液漏れを生じ，**最悪の場合は破裂に至ります．逆接続することは絶対に避けなければなりません．**回路の動作上で一時的に極性が逆転するような箇所に使ってはいけません．

● 極性を間違えても何食わぬ顔で動き続け，後でトラブルになることも…

逆電圧が数V程度の低い電圧の場合は，破壊に至らない場合があります．そのまま逆電圧を加え続けると，陰極側の酸化アルミニウム膜が成長し，しばらくすると正常の極性のように動作するようになります．

ただし，元の容量より少なくなり，*ESR*も増加します．寿命や特性が悪化しますが，見た目の変化がないので，極性逆転に気が付かない場合があります．

● アルミ電解コンデンサの構造を見てみる

構造(原理図)は**図43**のように電解液を染み込ませた電解紙をアルミ箔で挟み，電解液が漏れたり蒸散したりしないようにケースを密閉しています．陽極アルミ箔表面の極めて薄い酸化アルミニウム(Al_2O_3)膜を誘電体としています．さらにアルミ電極の表面に細かい凹凸を付けて表面積を増やしています(平面に比べて数倍～150倍程度)．コンデンサの容量は電極面積に比例し，誘電体厚さに反比例しますので，体積の割に大きな容量が得られるのです．陽極表面の細かい凹凸に沿って陰極を密着させるため，**図43**(b)のように液体(電解液)を陰極としています．

電解液は溶媒と溶質(電解質)でできており，導電性がある液体です．

アルミ陽極－酸化アルミ誘電体－電解液の構造は極性を持ち，ダイオードのような働きをします(**図44**)．つまり，一方向には絶縁体(10^6～10^7 Ω/cm程度)，もう一方向には導体として働きます．

アルミ電解コンデンサの耐圧は酸化アルミニウム膜の厚さで変わり，1 nm(百万分の1 mm)で耐圧1 V程度です．極端に厚くできないので，耐圧は最大でも500 V程度です．

〈**藤田 昇**〉

◆引用文献◆

(1) 三宅和司；電子部品図鑑，トランジスタ技術，1995年3月号，CQ出版社.

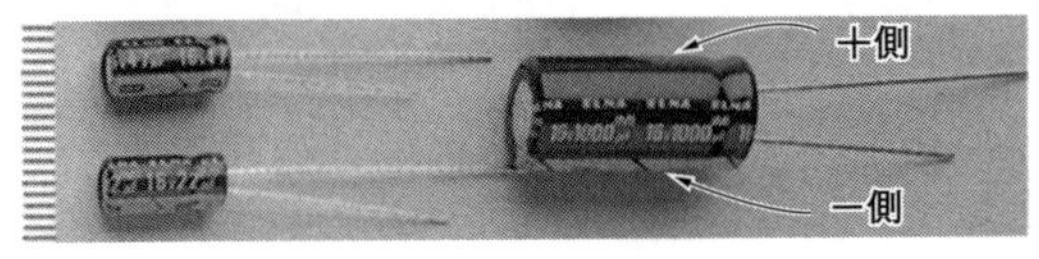

写真3(1)　アルミ電解コンデンサは印加できる電圧の向きが決まっている

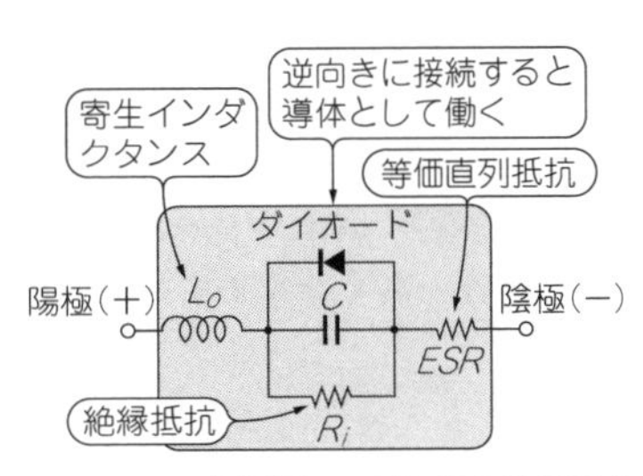

図44　アルミ電解コンデンサの等価回路

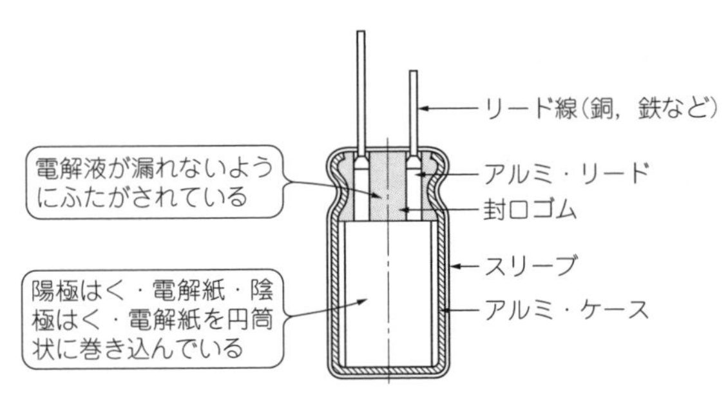

(a) アルミ電解コンデンサの代表的な構造

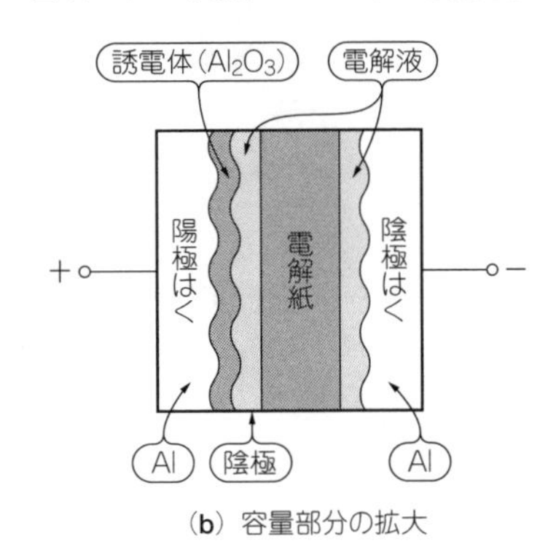

(b) 容量部分の拡大

図43　アルミ電解コンデンサの構造図

■ アルミ電解コンデンサの液漏れは寿命の証拠！交換しよう

● 時間がたつと内部の電解液が蒸発して容量が小さくなる

蒸発によって内部から電解液がなくなってしまう蒸散現象（ドライ・アップ）が主な要因です．写真4に発熱でドライ・アップしたコンデンサを示します．

蒸発の量は，電解液の性質（蒸気圧が高いと蒸発しやすい）と温度の高さに影響されます．また，ケースの密閉度によっても変わり，密閉度が高ければ蒸散量は少なくなります．寿命末期には静電容量が減少し，等価直列抵抗（*ESR*；Equivalent Series Resistance）が増加します．

はんだ付け時のフラックスや輸出入時の燻蒸剤（くんじょうざい）に含まれるハロゲン（塩素や臭素など）の侵入で電極が劣化することがあります．つまり，予測しない時期に寿命を迎えることもあるということです．

● 回路にどんな悪影響が出る？

小信号回路のバイパスやデカップリングに使っている場合は静電容量が抜け*ESR*が高くなっても，回路として性能が落ちる，または動作しなくなるだけです．

しかし，電源回路の平滑コンデンサのようにリプル電流が流れる回路に使用している場合は，*ESR*が高くなると自己発熱が多くなり，さらに*ESR*を高める方向に働きます．結果，**図45**のように急激な発熱や破裂に至るという危険性があります．平滑用コンデンサは体積が大きいので，液漏れや破裂は大きな2次災害につながる可能性が高くなります．

● 安全弁が働くように上部にスペースを設ける

アルミ電解コンデンサには，極端な温度上昇や爆発を避けるために，安全弁が設けられています．具体的には，アルミ・ケースの上部に筋を入れて裂けやすくして安全弁としたり，封止部に圧力弁を設けたりしています．これらの安全装置が働くためにはスペースが必要です．

もし，アルミ電解コンデンサの上部が電子機器のケースに密着していたり，封止部がプリント基板に密着していたりすると安全弁が働かず，アルミ電解コンデンサの温度と内部圧力が上昇を続けます．ケースがプラスチックでできている場合は変形や火傷，発火に至る可能性もあります．

図46のように，アルミ電解コンデンサの圧力弁周辺には必ずスペースが必要です．必要なスペースは，電解コンデンサの大きさや安全弁の構造などによって異なります（多くは数mm程度）．

機器寿命（想定使用期間）より部品寿命の方が長くなるように設計するのが原則です．しかし，メーカが想定した機器寿命を超えてユーザが機器を使い続けることはよくあります．

〈藤田 昇〉

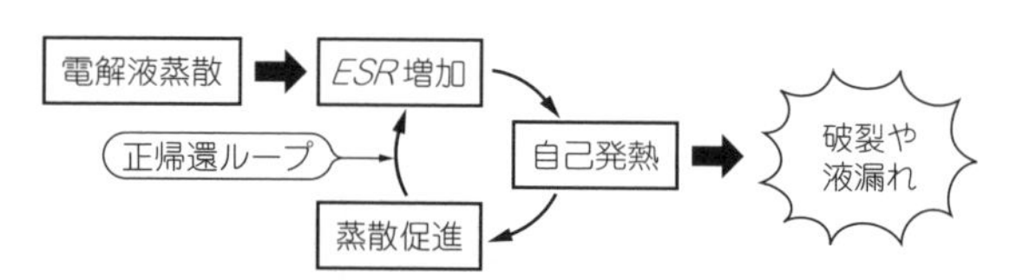

図45 液漏れや破裂に至るステップ

(a) 防爆弁が開いた例

(b) 液漏れの例

写真4 内部の発熱が原因でドライアップした電解コンデンサの症状

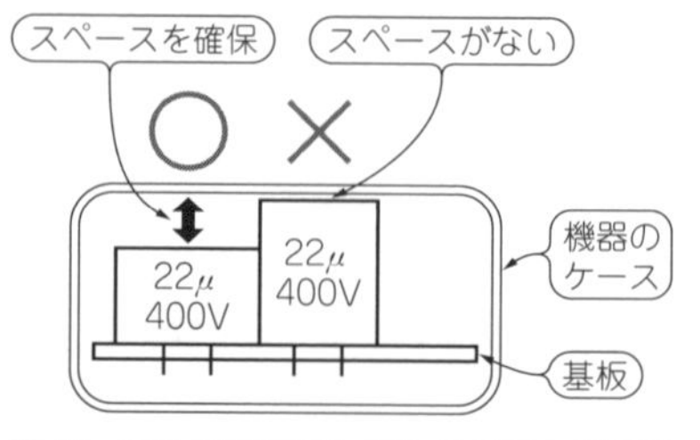

図46 アルミ電解コンデンサの圧力弁周辺には必ずスペースを設ける
安全弁が上部にある場合

■ 長期間使いたかったら 長寿命タイプを低い温度で使う

電源回路の平滑コンデンサのように，大容量・高耐圧・小形で安価という条件では，**表7**で他のコンデンサと比較すると，アルミ電解コンデンサを使わざるを得ません．しかし，アルミ電解コンデンサには寿命があります．できるだけ長期間使用するにはどうしたらよいのでしょうか．

● 長寿命タイプを使う

アルミ電解コンデンサの寿命は，蒸発によって内部から電解液がなくなってしまう蒸散現象(ドライ・アップ)が主な要因です．部品メーカは寿命を長くするため，蒸気圧の低い電解液を採用し，ケースの強度確保・封止材の強化・封止材とケースや端子の密着度を強化しています．いずれもコストや大きさに影響します．

同じ静電容量でも用途に応じて上限温度と寿命の異なる製品が用意されています．**表8**は1000 μF/25 Vのリード線型アルミ電解コンデンサを比較したものです．

ドライ・アップの速さは，分子運動の激しさによります．アルミ電解コンデンサの寿命は，10 ℃上がるごとに半分になります(10 ℃ 2倍則)．

表8「計算寿命」の欄は，アルミ電解コンデンサの温度を55 ℃としたときの寿命を，10 ℃ 2倍則で計算したものです．**長寿命品を選び，使用温度を上限温度より下げると長期間使うことができます．**

● 高温に弱い

アルミ電解コンデンサの温度は電子機器の内部温度と自己発熱で決まります．電子機器の内部温度を下げるためには機器内の発熱量を少なくし，放熱量を多くします．例えば，機器の表面積を広くする，ファンを付けるなどです．また，**図47**のように温度が高くなる部品(パワー・トランジスタや大電力抵抗器)のそばに取り付けることは避けます．

● アルミ電解コンデンサの自己発熱を下げる

自己発熱要因は，リプル電流か漏れ電流です．

リプル電流が流れる回路では*ESR*(Equivalent Series Resistance：等価直列抵抗)でジュール熱($W = i^2R$)が発生します．そのため，*ESR*の低いもの，あるいは許容リプル電流の大きいものを選びます．

定格電圧を加えると漏れ電流が最高値になります．回路の使用電圧の最高値に対して余裕を持った耐電圧のものを選択します(例えば1.5～2倍程度)．

● 形状の大きい方が寿命が長い

同じ静電容量・定格電圧のときは形の大きいほうが寿命が長い傾向があります．

容積が大きいと電解液が多くなり蒸散までの時間が延びるからです．また，表面積が広いと放熱量が大きくなり，自己発熱による温度上昇を低減できます．

〈**藤田 昇**〉

表7　平滑用コンデンサの比較

	大容量	高耐圧	低*ESR*	耐リプル	寿命	価格
アルミ電解	○	○	△	○	あり	○
タンタル電解	△	×	○	△	明確にはない	×
セラミック	×	△	○	○	明確にはない	○

表8　アルミ電解コンデンサ(1000 μF，耐圧25 V)を55 ℃で使ったときの寿命

上限温度[℃]	寿命[時間]	寸法[mm]	計算寿命(55 ℃)[時間]
85	2000	φ 10×16	16000 ≒ 1.8年
105	2000	φ 10×16	64000 ≒ 7.3年
	5000	φ 12.5×20	16万 ≒ 18年
	10000	φ 10×25	32万 ≒ 36年
125	5000	φ 12.5×25	64万 ≒ 73年

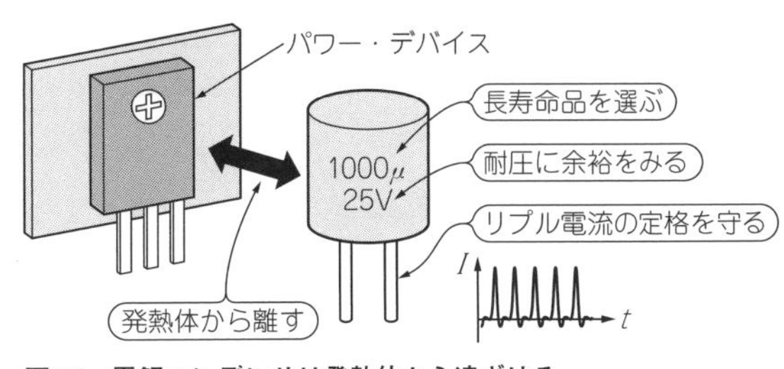

図47　電解コンデンサは発熱体から遠ざける

■ 回路が壊れるまでの時間は予測できる

● *MTBF*なる指標がある

多数の機器(あるいは部品)を動作させたときに，時間経過と故障率の関係をプロットすると**図48**の形(実線，バスタブ曲線)になります．製造直後は製造ミスや設計ミスなどに伴う故障が頻発しますが，その期間をすぎると故障率が下がるとともに発生間隔がランダムになります．この期間を偶発故障期間といいます．

***MTBF*(Mean Time Between Failure)は，この偶発故障期間内の平均故障間隔を指します．**

本来は，故障したら修理しながら使う機器(修理保全という)の指標ですが，修理しない(できない)機器や部品の信頼性指標にも使われています．

● *MTBF*や故障率を算出することの意義

電子機器を設計して販売するときは，保守要員や費用を算出するため*MTBF*(あるいは故障率)を把握しなければなりません．

ちなみに，故障修理に要する時間を*MTTR*(Mean Time To Repair：平均復旧時間)で表します．そして，その装置の全動作期間から*MTTR*と故障回数の積を引いたものを稼働時間といい，稼働時間を全動作期間で割った値を稼働率といいます．稼働率の高い装置ほど信頼性が高いといえます．

● *MTBF*の算出式

電子機器あるいは部品を単位時間(通常は1時間)動作させたときに故障が発生する確率を故障率といいます．例えば，1万個の部品を1年間(＝8760時間)動作させたときに10個壊れたとすると，故障率R_Fは次式で求まります．

$$R_F = 10/(10000 \times 8760) = 114 \times 10^{-9}/\text{時間}$$

電子部品の場合は数字が小さすぎるので，*FIT*(Failure in Term，10^{-9}/時間)という単位をよく使います．上記の例は114 *FIT*になります．

*MTBF*と故障率R_Fはいずれも統計的指標で，$MTBF = 1/R_F$の関係にあります．

複数の部品で構成される機器の*MTBF*は，各部品i(あるいはユニット)の故障率をR_{Fi}，その部品の使用個数をniとすれば次の式で計算できます．

$$MTBF = \frac{1}{\Sigma R_{Fi} \times n_i}$$

回路の*MTBF*の計算シート例を**表9**に示します．

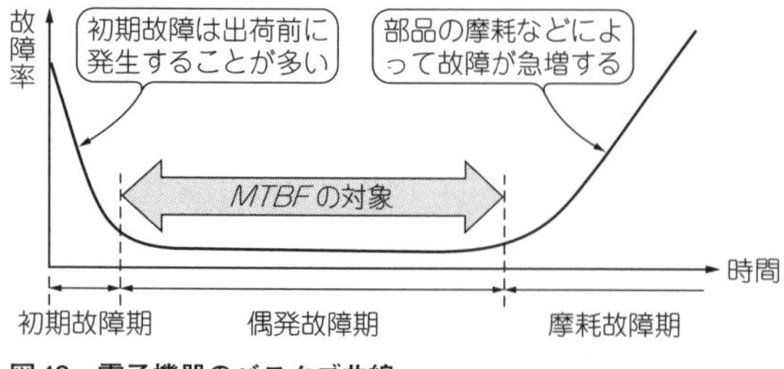

図48　電子機器のバスタブ曲線

● *MTBF*の計算の元になる部品の故障率は実際と違う

必要とされるMTBFは，装置に要求される信頼性の高さや大量生産品か少量生産品かで変わります．

テレビなどの家電製品では年間の故障率(実績)は0.3～1％程度といわれています．*MTBF*でいうと100～300年になります．しかし，テレビのような部品点数の多い電子機器の*MTBF*を計算してみると，100年を超えるような数値にならないのが一般的です．これは，*MTBF*の計算の元となる部品の故障率(*FIT*値)が，実際の故障率に合っていないからと考えられます．

多くの会社では，部品の*FIT*値としてMIL－217Fハンドブックの数値を採用しているかと思いますが，この数値は十数年前の故障実績(部品製造時期はさらに前)を前提としており，現在使用している部品はより信頼性が上がっています．そのため，最近の実績に合わせて*FIT*値をアレンジして使うことが多いようです．

〈藤田 昇〉

表9　*MTBF*の計算表例

No.	部品名	記号	個数	故障率(*FIT*)	小計
1	コンデンサ1	CA	10	5	50
2	コンデンサ2	CB	20	2	40
3	抵[illegible]	[illegible]	[illegible]	1	[illegible]
[illegible]	[illegible]ップ	IC	[illegible]	[illegible]	100
[illegible]	コンタクト	Z1	100	[illegible]	10
50	はんだ付け	Z2	1000	0.01	10
—	故障率合計	—	—	—	2000

回路名	故障率(*FIT*)	係数	*MTBF*
C-1	2000	2	250000時間

■ 故障率と寿命は 定義が違うので比較できない

あるアルミ電解コンデンサの寿命のスペックは2000時間@85℃です．動作温度を下げると10℃2倍則で寿命が延びるとのことですから，25℃で使ったときの寿命を計算すると，12万8千時間(約14.6年)になります．一方，アルミ電解コンデンサの故障率は10^{-7}～10^{-8}/時間程度です．この故障率を*MTBF*に換算すると1千万～1億時間になります．

*MTBF*のほうが寿命より極端に長い計算になります．

*MTBF*は，偶発故障期間の故障率の逆数です．一方部品の寿命は，製造時点から摩耗故障期間に入るときまでを指します．初期故障は，出荷前に評価試験やエージングによって排除されることが多いので，実質的には部品の偶発故障期間＝寿命と考えてよいでしょう．

*MTBF*が寿命より長くならないように思えます．しかし，**寿命が明確な部品は，寿命より*MTBF*のほうが長くなるのが一般的**です．*MTBF*は統計上の数値です．ある期間，多数の部品を動作させれば算出できます．例えば，寿命が1000時間のランプ1万個を100時間点灯し，切れたものが10個だとすれば，*MTBF*は10万時間になります．

● 多くの部品は寿命が不明確

アルミ電解コンデンサは時間経過による電解液の蒸散が避けられないので，明確な寿命がある部品です．同様の例として電球や真空管(ブラウン管やマグネトロンなど)があります．これらは高温のフィラメントの蒸散や高速電子流の衝突による材料の劣化が寿命決定の主な要因です．

しかし，半導体を含めて多くの電子部品は明確な磨耗故障を観測できません．おそらく数十年以上になっていると思われます．

〈**藤田 昇**〉

(初出：「トランジスタ技術」2008年5月号 特集)

第5章

よく使うコンデンサ④ タンタル・コンデンサ

高容量密度/長寿命など

タンタル・コンデンサは長寿命，アルミ電解コンデンサよりも容量密度が高い，等価直列インダクタンス*ESL*が小さい，高誘電率の積層セラミック・コンデンサよりも電圧・温度に対して安定といった特徴を持ちます．このため小型化する必要のある機器では比較的古くから使われてきましたが，故障モードなど，設計上注意しなければならない点があります．

基礎知識

■ 特徴

● あらまし

タンタル・コンデンサはアルミ電解コンデンサのように**電解液の蒸散などがないために一般的に長寿命といわれます**．しかしこれは定常状態で使用した場合の信頼性が高いということで，さまざまな要素を含めた故障率を考えると寿命を考えなくても良いというわけではありません．タンタル・コンデンサを使用して高い信頼性の設計をするうえで考慮しなければならない点は故障モード，ディレーティング，回路抵抗，およびサージです．

● 故障モードはショート

タンタル・コンデンサの**故障モードの大半は漏れ電流増大か短絡**です．したがって電源ラインに直接挿入するような場合には，万一短絡故障が起きても危険のないように設計することが重要です．大きな電流が流れると内蔵ヒューズが溶断して回路を保護するタイプのものもあります．

図1のように多数のICで構成される回路の電源デカップリング・コンデンサとして個々のICにそれぞれ入れるようにするのは故障率がICの個数倍となるので避け，**図1(b)**のように可能な限り回路抵抗を上げるように配慮することが望ましいです．

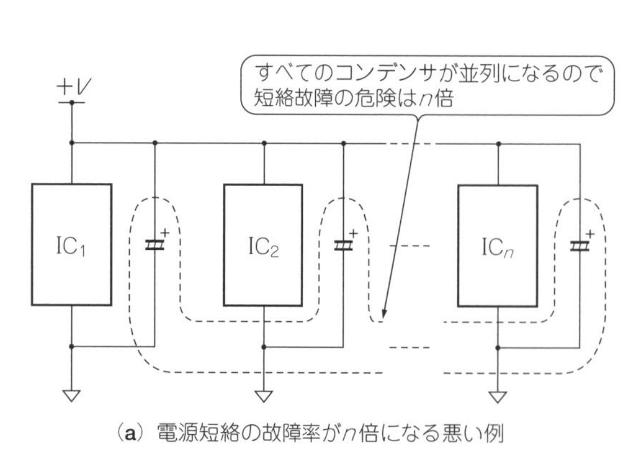

(a) 電源短絡の故障率がn倍になる悪い例

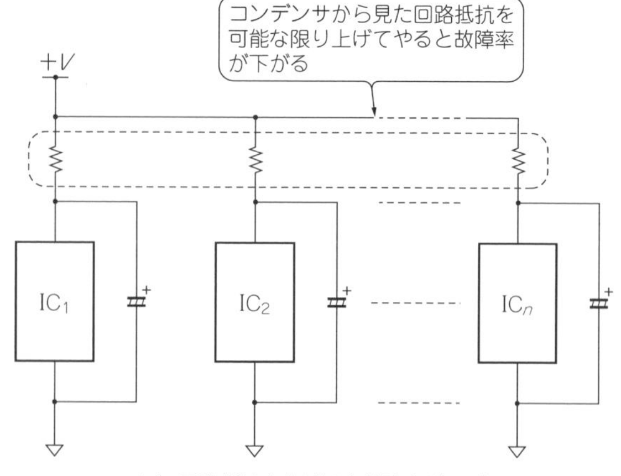

(b) 回路抵抗を上げると故障率が下がる

図1 ICの電源デカップリング・コンデンサにタンタル・コンデンサを使う方法

● ディレーティング：定格電圧の1/3～1/5で使う

図2は電圧と温度をディレーティングしたときの故障率の倍率を求めるグラフです．この図からわかるように，電圧に対しては(動作電圧／定格電圧)^{3}を，温度に対しては$2^{(動作温度-定格温度)/10}$を，定格使用時の故障率に乗じたものが推定故障率です．したがって，**特に定格電圧に対して十分に余裕を持って使用することが故障率を下げる早道です．目安としては定格電圧の1/3～1/5で使用すれば十分に長寿命が期待できることになります．**

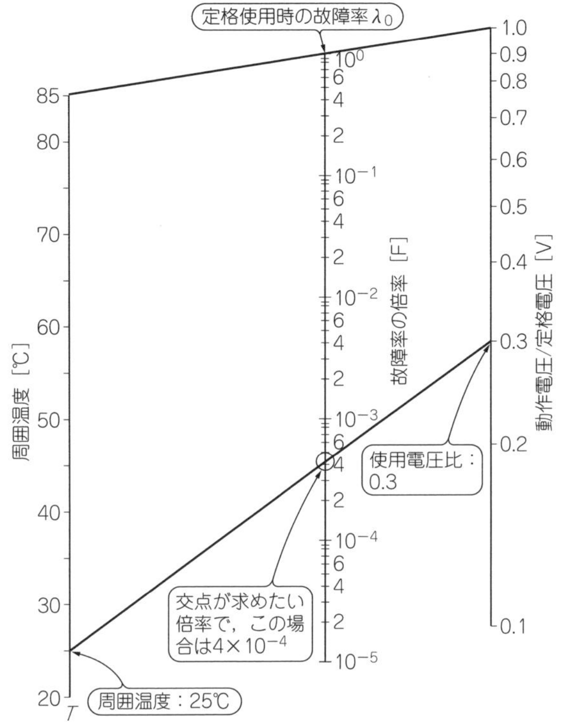

周囲温度25℃，使用電圧比0.3のときの故障の倍率
$F=4\times10^{-4}$
したがって推定故障率λは，
$\lambda=1\times10^{-5}\times4\times10^{-4}$
$=4$Fit
注）$\lambda_0=1\%/1000$hの場合
λ_0は定格使用時の故障率．またFitはFailure in timeの略で故障率を表す単位．10億時間当たりに発生する故障件数

図2[1]　**電圧と温度をディレーティングしたときの故障率の倍率換算表**

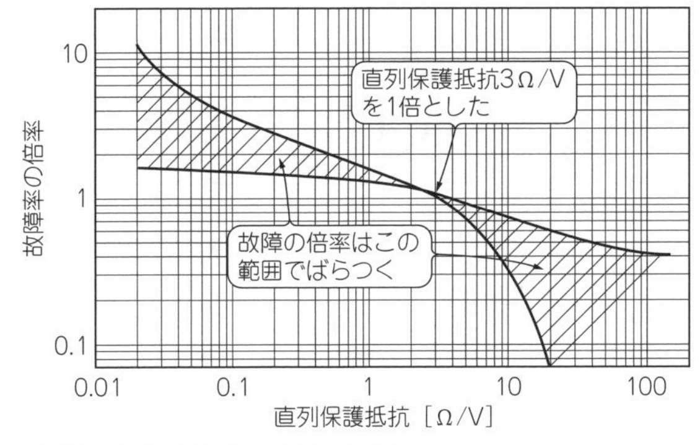

図3[1]　**直列保護抵抗と故障率の関係**

● サージ電流

図3に直列保護抵抗と故障率の関係を示します．タンタル・コンデンサはサージ電流に対しても注意が必要で，**低インピーダンスの回路に接続されると故障率が増加します**．電源のデカップリング・コンデンサとして使用する場合は設計上可能な範囲で**図1(b)**のように直列に抵抗を入れるような使い方が望ましいです．またこうしておけば，万一短絡故障した際にも危険を回避できます．

〈**藤田　雄司**〉

◆参考・引用*文献◆

(1) NEC/TOKIN；チップタンタルコンデンサ使用上の注意；http://www.nec-tokin.com/guide/cap/pdf/notes.pdf

(2) 京セラ；タンタルコンデンサ技術情報；http://www.kyocera.co.jp/prdct/electro/pdf/tech_info/derating_j.pdf

一番良く使う導電性高分子タンタル固体電解コンデンサ

導電性高分子タンタル固体電解コンデンサとは，電解質に導電率の高い固体導電性高分子を使用したタンタル・コンデンサです(**写真1**)．電解液を使ったアルミ電解コンデンサや二酸化マンガンを使った一般的なタンタル・コンデンサと比較して，低ESR，安定した温度特性，長寿命，高い安全性といった特徴があります．さらに，タンタルの

写真1　導電性高分子タンタル固体電解コンデンサPOSCAP

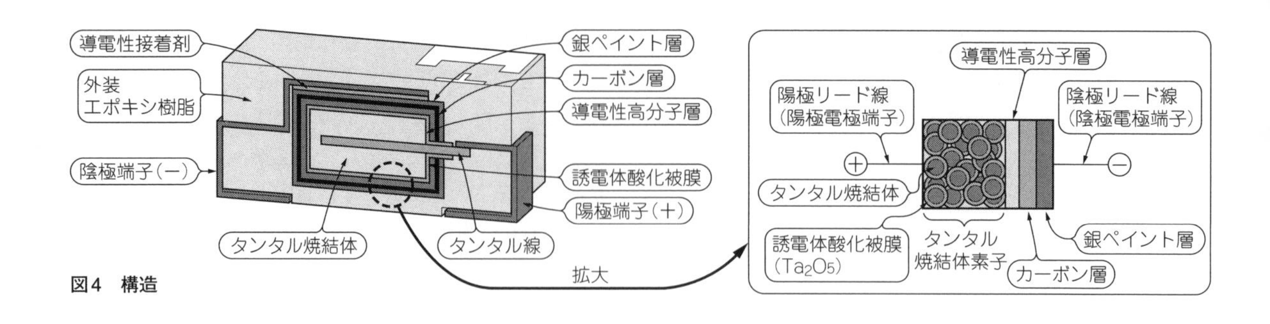

図4　構造

表1　小さいが大容量な導電性高分子タンタル固体電解チップ・コンデンサPOSCAP

端子構造	特　徴	小型	低背	大容量	低 *ESR*	低 *ESL*	高耐圧・高信頼性	使用温度範囲 [℃]	定格電圧範囲 [V]	定格容量範囲 [μF]	長さ *L* × 幅 *W* [mm]	高さ *H* [mm]	シリーズ
リード・フレーム	標準							－55～＋105	2.5～10	33～470	3.5×2.8, 6.0×3.2, 7.3×4.3	1.9～3.8	TPB
	低背		●					－55～＋105	2.5～12.5	10～330	3.5×2.8, 6.0×3.2, 7.3×4.3	1.1～1.9	TPC
	低 *ESR*				●			－55～＋105	2.0～10	47～1500	3.5×2.8, 6.0×3.2, 7.3×4.3	1.8～3.8	TPE
	低 *ESR*/大容量			●	●			－55～＋105	2.0～10	150～680	7.3×4.3	1.8～2.8	TPF
	小型/低背/大容量	●	●	●				－55～＋105	2.5～12.5	33～220	3.5×2.8	1.1～1.4	TPG
	125℃保証						●	－55～＋125	2.5～10	68～680	7.3×4.3	1.8～3.8	TH
	高信頼性(車載・電装用)						●	－55～＋105	2.5～10	47～680	3.5×2.8, 7.3×4.3	1.8～2.8	TA
	高耐圧						●	－55～＋105	16～35	5.6～100	3.5×2.8, 6.0×3.2, 7.3×4.3	1.9～3.1	TQC
下面電極	低 *ESR*/小型	●	●	●	●			－55～＋105	2.0～11	62～270	3.5×2.8	1.9	TPSF
	小型・低背	●	●					－55～＋85	2.5～10	4.7～150	2.0×1.25, 3.2×1.6, 3.5×2.8	0.9～1.1	TPU

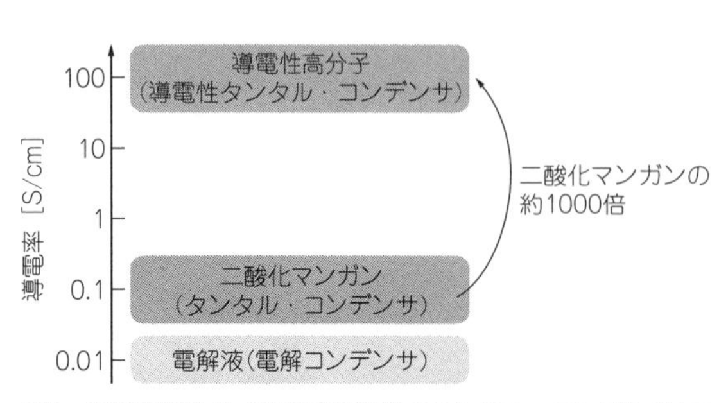

図5　導電性高分子の導電率は通常のタンタル・コンデンサ(二酸化マンガン)の約1,000倍

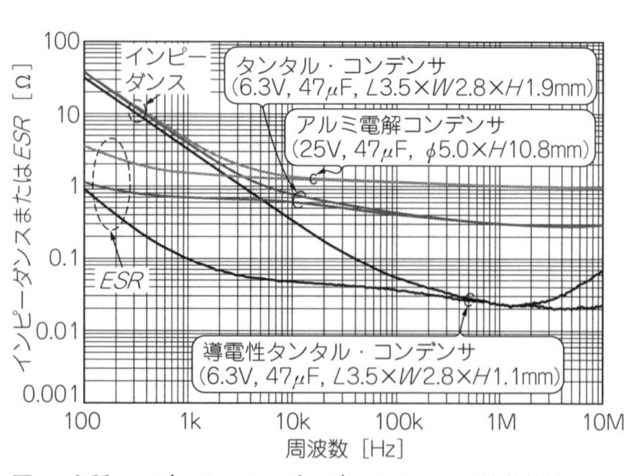

図6　各種コンデンサのインピーダンス/*ESR*-周波数特性

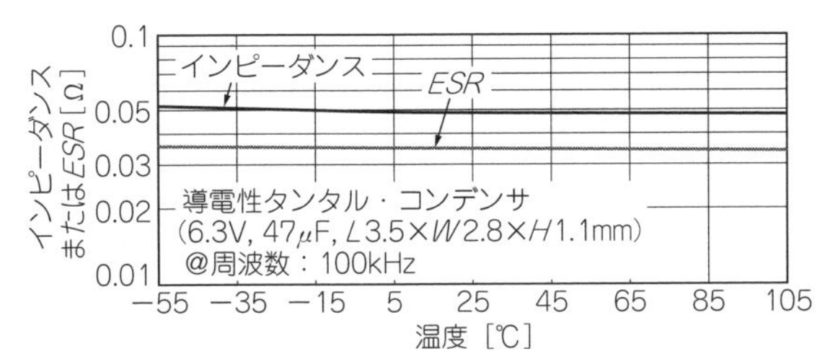

図7　導電性高分子タンタル固体電解コンデンサのインピーダンス/*ESR*-温度特性

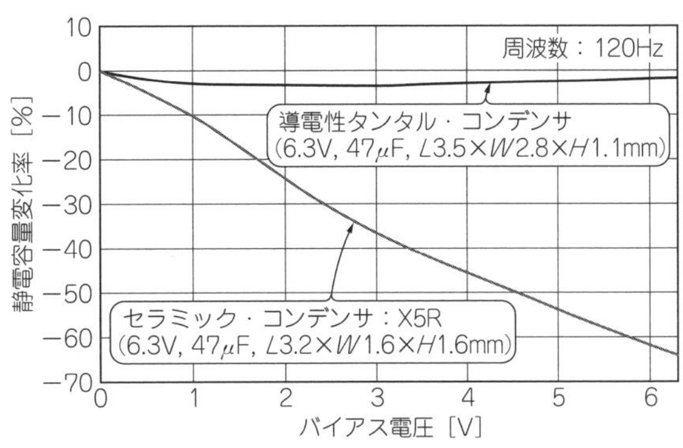

図8　導電性高分子タンタル固体電解コンデンサはセラミック・コンデンサよりバイアス電圧による静電容量の変化が少ない

> 高い誘電率を生かし，小型，大容量，低*ESR*を実現しており，電源回路の電解コンデンサの数を減らせます．

■ 特徴

● 基本構造

図4に導電性高分子タンタル固体電解コンデンサの構造を示します．基本的に一般のチップ・タンタル・コンデンサと同じですが，電解質に導電性高分子を用いているところが異なります．

表1に導電性高分子タンタル固体電解コンデンサのラインアップを示します．実装面積*L* 2.0 mm×*W* 1.25 mmから*L* 7.3 mm×*W* 4.3 mmサイズまであります．

■ 電気的特性

● インピーダンスや*ESR*が低い

図5のように，導電性高分子は一般のチップ・タンタル・コンデンサ(二酸化マンガン)と比較しておよそ1,000倍の高い導電率を持っています．この導電性高分子を電解質(陰極剤)に使用することによって，内部抵抗を大幅に低減し，**図6**のようなインピーダンス/*ESR*-周波数特性を実現しています．

インピーダンスや*ESR*は，**図7**のように，温度依存性があまりありません．**図8**のように電圧を加えた場合のバイアス特性も安定しています．

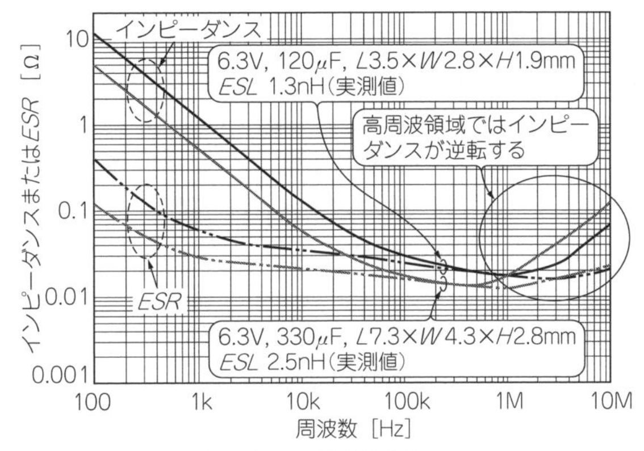

図9　*ESR*やインピーダンスの周波数特性
従来のスイッチング周波数では大きいサイズの方が*ESR*を小さく(低インピーダンスに)できる．しかし，電源のスイッチング周波数が高くなると*ESL*の影響が支配的になるため，小さいサイズの方が低インピーダンスにできる

● ショート故障でも発火しにくく自己修復する

一般のタンタル・コンデンサで用いられている二酸化マンガンが無機質であるのとは異なり，導電性高分

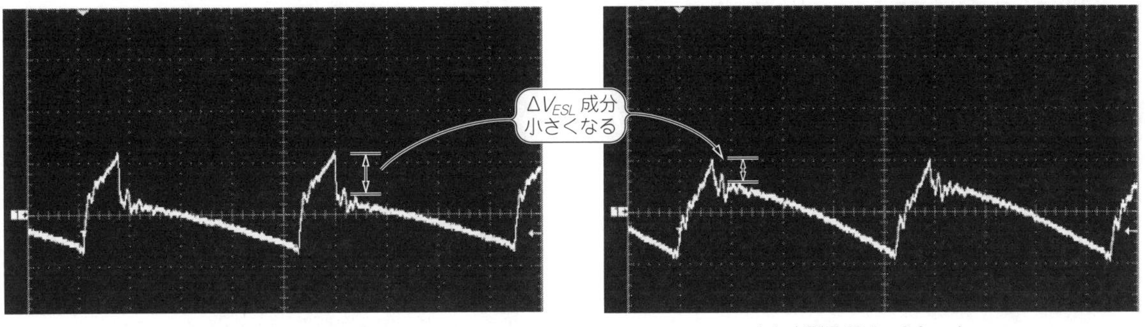

(a) 大型品(7.3×4.3 mm)　(b) 小型品(3.5×2.8 mm)

図10　大型品より小型品の方がリプル電圧のΔV_{ESL}成分が小さくなる(400 ns/div，50 mV/div)

子は有機物質です．そのため，二酸化マンガンに対して比較的低い温度(約300℃)で絶縁化するという特徴を持っています．

このため，酸化皮膜上にできた微少欠陥部を流れる電流によって発生したジュール熱によって，微少欠陥部上の導電性高分子が絶縁化されて，漏れ電流を減少させることができます(自己修復)．また，導電性高分子は酸素原子が含まれていないため，**ショート故障時に二酸化マンガン・タイプのタンタル・コンデンサと比べて発火しにくい特徴も持ちます**．

● 低*ESL*の効果

コンデンサは共振周波数を超えた高周波領域では，コイル成分(等価直列インダクタンス：*ESL*)が支配的になります．**このコンデンサの*ESL*の値は構造によるものが大きく，一般的に小型サイズのほうが小さくなります**．また，電源のスイッチング周波数が高くなると，コンデンサの*ESL*によるリプル電圧成分の影響が大きくなるため，小型品の方が有利になります．

図9のように周波数が低い領域で*ESR*が高い小型のコンデンサも，周波数が高い領域では*ESL*の影響が大きくなるのでインピーダンスが小さくなります．リプル電圧波形を**図10**に示します．

〈大橋 隆〉

● 温度特性が安定している

タンタル固体電解コンデンサは，使用温度に対して安定した特性を有しています．

高誘電率系の積層セラミック・コンデンサ(小型で大容量な積層セラミック・コンデンサ)は，**バイアス依存性**(バイアス電圧を印加すると静電容量が低下する傾向)と，**温度特性**(周囲温度によって静電容量が変化)を有します．

しかし，タンタル固体電解コンデンサには**バイアス特性がなく，温度特性が安定**しています(**図11**)．そのため，モバイル機器(携帯電話，携帯オーディオなど)のような使用環境変化が大きな機器(回路)で多く使用されています．

一般的に，使用温度が低くなるとコンデンサの静電容量は減少する傾向があります．タンタル固体電解コンデンサは，積層セラミック・コンデンサと比較すると，その挙動が安定しています．

これらの特徴をもとに回路設計されている代表例として，携帯オーディオの**カップリング回路**が挙げられます．カップリング回路に使用するコンデンサは，小型で大容量かつ温度特性が安定したものが求められます．タンタル固体電解コンデンサは，その要求に合ったコンデンサです．

また，デジタル・カメラ撮像素子(CCD，CMOS)の**バックアップ用コンデンサ**も，屋外で安定した画像を撮るためには低温から高温まで安定した電気特性が必要であり，タンタル固体コンデンサが多く使用されています．

〈藤井 眞治〉

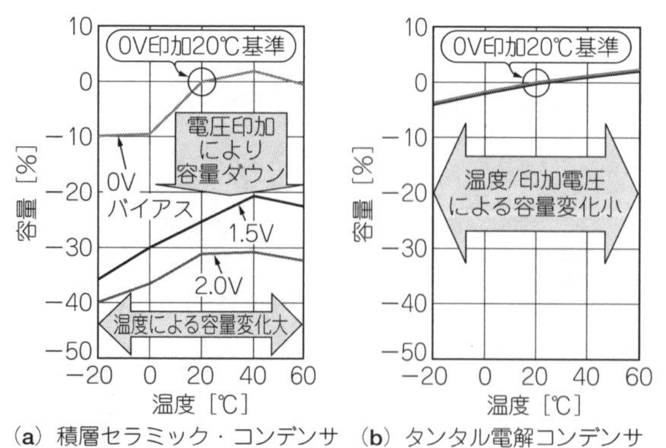

(a) 積層セラミック・コンデンサ (b) タンタル電解コンデンサ

図11 積層セラミック・コンデンサとタンタル固体電解コンデンサの容量の温度依存性

■ 使用上の注意

● 過電圧や逆電圧は厳禁

導電性高分子タンタル固体電解コンデンサは，漏れ電流の増加やショート故障発生の原因となる過電圧や逆電圧を印加してはいけません．パルス・ノイズやリプル電圧などの重畳を考慮し，余裕を見て安全のため定格電圧の90％程度以下での使用が一般的です．しかし，一般的なタンタル・コンデンサのように高いディレーティングをとる必要はありません．

● 漏れ電流の影響がある回路では使用禁止

導電性高分子を使ったコンデンサの漏れ電流は，はんだ付け時，電圧を加えない高温無負荷，温度サイクルなどによって大きくなることがあります．OS-CONのように以下の回路では不具合が予測されます．

① 高インピーダンス電圧保持回路
② カップリング回路
③ 時定数回路
④ 漏れ電流が大きく影響する回路
⑤ 定格電圧以上の負荷がかかる直列接続

〈大橋 隆〉

(a) 樹脂外装型

(b) 下面電極型

写真2 タンタル固体電解コンデンサの外観

表2 タンタル固体電解コンデンサの周囲温度と使用電圧低減

周囲温度	10 V定格以下	16 V定格以上
～85℃	80％以下	60％以下
～125℃	30％以下	

◆参考文献◆

(1) 西本 博也，小島 洋一；トランジスタ技術2001年4月号第7章 電解コンデンサの基礎知識.

(初出：「トランジスタ技術」2010年8月号 特集)

● 電圧ディレーティング

タンタル固体電解コンデンサ(**写真2**)は，小型化，大容量化を実現できることから，携帯電話やデジタル・カメラなどのモバイル機器に使用されています．タンタル固体電解コンデンサは，正常に使用した場合，寿命は半永久的と考えられており，アルミ電解コンデンサのような絶対寿命はありません．

タンタル固体電解コンデンサを信頼性高く使用するためには，適切な周囲温度と使用電圧軽減が必要です(**表2**)．

特に，低インピーダンス回路で使用する場合は，突入電流によってコンデンサの故障率を増大させる可能性があります．したがって，低インピーダンス回路では，コンデンサの**定格電圧に対して1/2以下の使用電圧**が推奨条件です．

また，低電圧印加でかつ高い抵抗を接続した信号回路のような条件下では，コンデンサの自己修復機能が低下して漏れ電流が増大し，回路の動作に異常を引き起こす場合があります．定格電圧と使用電圧のバランスを考慮した部品選定が重要です．

タンタル電解コンデンサは，**有極性コンデンサ**であり，逆電圧を印加すると漏れ電流が大きくなりショートするので注意が必要です．　**〈藤井 眞治〉**

(初出：「トランジスタ技術」2009年6月号 特集)

第6章

よく使うコンデンサ⑤ 電気二重層コンデンサ

大容量/長寿命など

電気二重層コンデンサは誘電体となる電気二重層の厚みが分子レベルに薄いため，小型で非常に大きな容量を得ることができます．充放電に化学反応を伴わないので，電池に比べると長寿命でほぼメンテナンス・フリーなバックアップ電源として活用されています．

通常のアルミ電解コンデンサと比較すると長寿命とはいえません．耐久性は10℃で2倍則が成り立つので，できるだけ温度が低くなるようにします．

電力用途の大型のものは品種が豊富ですが，表面実装部品に限るとあまり種類はなく，一時的な回路のバックアップが主な用途です．

■ 特徴

電気二重層コンデンサ(**写真1**)は，2次電池と比べて出力密度が高く，大電流で充放電が可能です．

電気二重層コンデンサの充放電は電解液中のイオンの物理的な吸脱着で行われ，電池のような**化学反応がありません**(**図1**)．そのため充放電サイクルによる特性劣化が少なく，製品の寿命も長いのが特徴です．

また，反応性の高い物質を含まないので，釘刺し試験などの破壊試験を行っても，発熱はあるが発煙，発火などの危険性が極めて低いという特徴があります．環境面では，重金属などの環境負荷物質を含みません．

大容量電気二重層コンデンサのセル構造には，**円筒形**，**偏平形**(角形)，**ラミネート形**などがあります．

円筒形は，アルミ電解コンデンサの構造と同じで，電極とセパレータを重ね合わせて巻き回した素子構造です．円筒形のアルミ・ケースに収納し，電極端子を設けた封口板で密封しています．

偏平形(角形)は，電極とセパレータを交互に重ね合わせています．その1枚1枚の電極からリード・タブを引き出し，外部端子に接続し，偏平形(角形)のアルミ・ケースに収納して密封しています．

ラミネート形は，積層数を少なくしてアルミ・ラミネート・フィルムで密封したもので，薄型形状となっています．

〈**藤井 眞治**〉

■ 応用

● 液晶プロジェクタへの応用

液晶プロジェクタを使用後，すぐに持ち運びたいという要求があります．液晶プロジェクタのランプを一定期間ファンにて冷却する必要があるため，電気二重層コンデンサに蓄えられたエネルギーを利用してファンを一定期間駆動させています．製品例を**写真2**に示します．

写真1 電気二重層コンデンサ(円筒形)**の外観**

図1 電気二重層コンデンサの充電状態

写真2 液晶プロジェクタ使用後にファンを一定時間駆動させるための電気二重層コンデンサ搭載基板

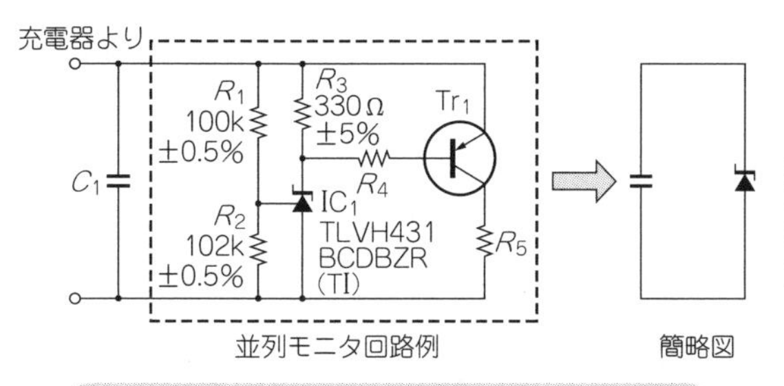

図2 並列モニタの回路例(TI：テキサス・インスツルメンツ)

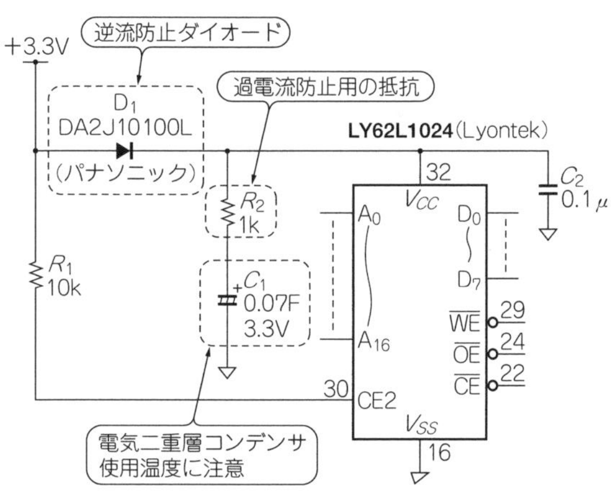

図3 メモリ・バックアップ回路への応用

● 道路びょうへの応用

夜間，道路で光っている道路びょうは，昼間太陽電池で充電したエネルギーを利用して駆動しています．

エネルギー蓄積にバッテリを使用すると寿命の問題があります．メンテナンス作業を減らすために，繰り返し充放電に強い電気二重層コンデンサが使用されています．

● 遊技機器への応用

パチンコ，パチスロ台では，停電時に対するメモリ・バックアップ用として，電気二重層コンデンサが使用されています．

停電復帰後に停電発生前の状態にするため，停電中にメモリに記憶されている内容を保護するためのエネルギー源として使用されています． **〈藤井 眞治〉**

■ 直列接続して使用するときの注意点

電気二重層コンデンサの容量ばらつきにより，1個組み合わせの印加電圧が不均一になりますが，同じ容量を選んでもコンデンサの漏れ電流のばらつきにより，印加電圧が不均一になります．印加電圧を均一にするためには，**並列モニタ回路**を追加することが一般的です．**図2**にモニタ回路例を示します．

基準電圧には高精度で設定できるシャント・レギュレータIC_1を使用します．電気二重層コンデンサC_1の定格電圧を超えないように，シャント・レギュレータIC_1と電圧設定抵抗R_1，R_2のばらつきを考慮した上で，電圧設定抵抗R_1，R_2の定数を決定する必要があります．

電気二重層コンデンサC_1の両端電圧が，電圧設定抵抗R_1，R_2で設定された電圧まで上昇すると，シャント・レギュレータIC_1のカソード電圧が下がり，トランジスタTr_1が動作します．抵抗R_5を通じて充電器からの充電電流をバイパスし，電気二重層コンデンサC_1の両端電圧の上昇を抑制します．

並列モニタ回路例は，簡略図に示したようにツェナー・ダイオードのように動作するので，並列モニタ回路で消費される電力に対して，放熱も含め考慮が必要です．

しかし，充電は短時間で終了させたいため，並列モニタ回路が動作するまでは大電流で充電し，並列モニタ回路が動作した後は充電電流を減少させる，などの工夫が必要です．

電気二重層コンデンサには，小型のリード線型や，大型の基板自立型，ねじ端子型があります．比較的内部インピーダンスが高いリード線型は，1個組み合わせの印加電圧や使用条件により，バランスを取る回路が不要となる場合があります．電気二重層コンデンサ製造元へ問い合わせるとよいでしょう． **〈藤井 眞治〉**

(初出：「トランジスタ技術」2009年6月号 特集)

■ 〈電源〉メモリ・バックアップ回路への応用

図3はメモリのバックアップに電気二重層コンデンサを使った回路例です．C_1が放電状態で電源が投入されたときの過電流を防ぐため，必ず直列に抵抗を入れるようにします． **〈藤田 雄司〉**

(初出：「トランジスタ技術」2010年8月号 特集)

第7章 トラブル対策集

極性/容量から使い所まで

電解コンデンサの極性を逆にして使ってはいけない

● 電解コンデンサの逆接は発見が難しい

多くの回路設計者は，電解コンデンサの耐圧については注意されても「電解コンデンサの極性を間違ってはいけない」とはあまり言われないでしょう．当たり前すぎるからです．**しかし事故は実際に起こります．**

私が愛用しているDVDプレーヤで，電解コンデンサの逆接続を発見したことがあります．そして実際に購入してから1年くらいで不具合の症状が出始めました．

このように，**電解コンデンサの逆接による不具合の症状はたいていすぐには出ません．**ですから，入念な確認作業をしている大メーカの品質管理部門でもたやすくパスしてしまうのです．

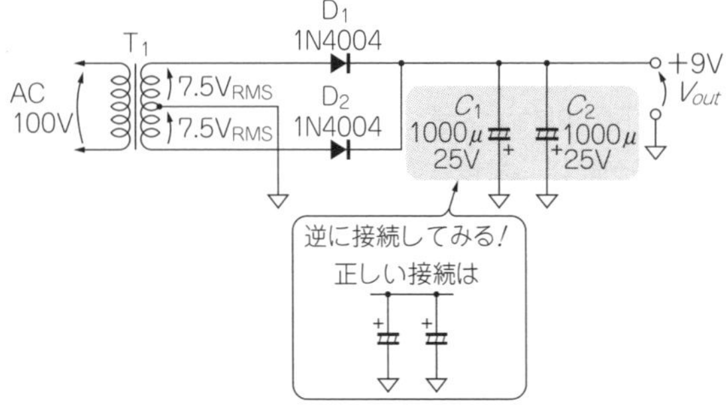

図1 電源回路の電解コンデンサの極性を逆に接続すると何が起きる？（C_1とC_2の極性を逆にして電源を投入）

● 電解コンデンサは逆接でも動いてしまう!?

では**図1**に示す電源回路の電解コンデンサをわざと逆につないでみましょう．

電源投入初期はかなり発熱しますが，爆発するようなことはありません．**写真1(a)**に示すように，出力電圧(V_{out})に含まれるリプル電圧がかなり大きい状態(400 mV_{P-P})ですが，コンデンサとしてはある程度機能します．電解コンデンサを正しい方向に接続した場合のリプル電圧は1 mV以下です．

写真1(b)に示すのは，エージング後(1時間経過後)のリプル波形です．**発熱は30分くらいで収まり，1時間経過するとリプルは20 mVまで小さくなります．**

このあとは1年くらい経過してから，電解コンデンサの**正電極と負電極間の絶縁不良が起きたり，最悪の場合は短絡したりします．**

図2に示すのは，逆接した電解コンデンサに流れる電流(リーク電流)を実測した結果です．発熱は30分ほどで収まり，1時間経過後はリークは1 mA以下になります．このあとの寿命は1年以下と考えられます．

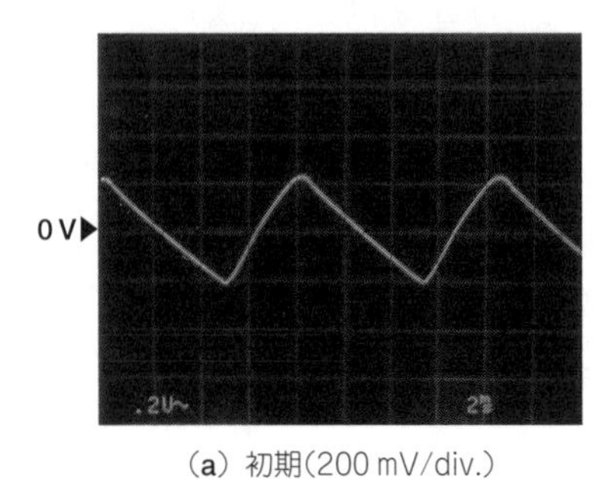

(a) 初期(200 mV/div.)

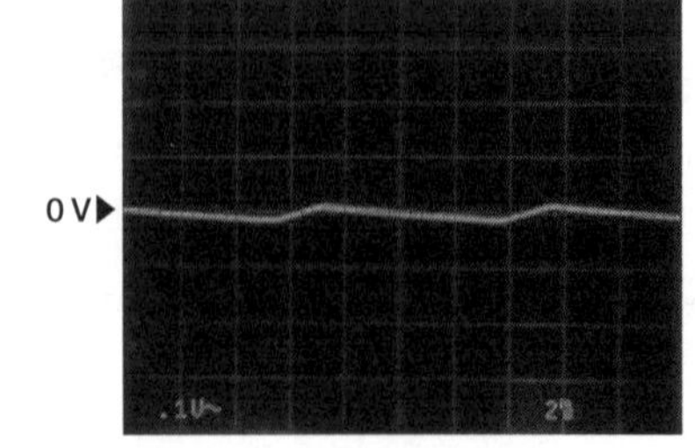

(b) エージング後(100 mV/div.)

写真1
実験回路(図1)の出力電圧リプルの時間変化(2 ms/div.)
初期は400 mV_{P-P}の大きなリプルが出るが，1時間ほど経過すると収まってしまう

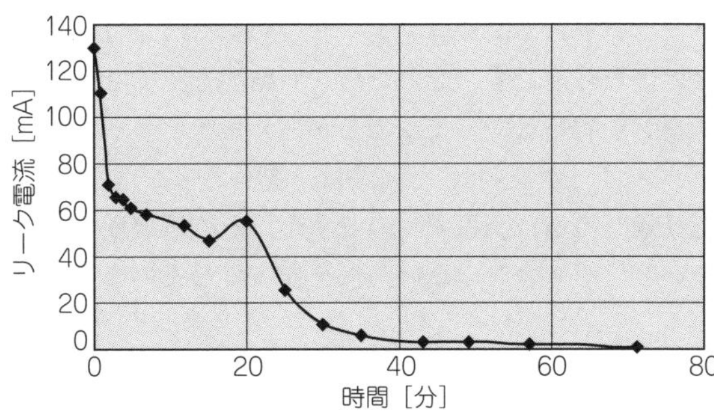

図2　逆接した電解コンデンサに流れるリーク電流の時間変化

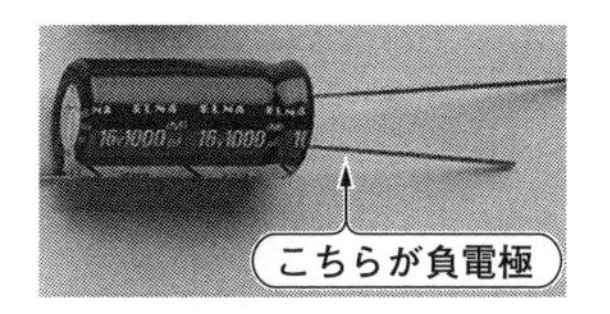

(a) 電解コンデンサ

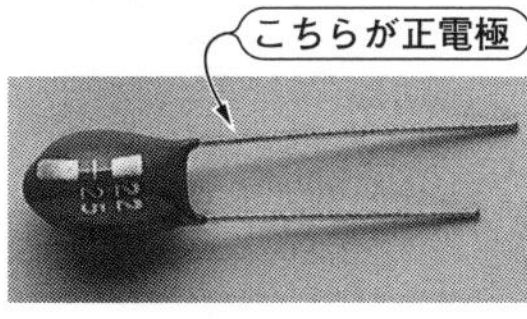

(b) タンタル・コンデンサ

写真2
電解コンデンサとタンタル・コンデンサの極性表示

この状態になった後で逆接を発見するためには，セットの加速試験が有効です．

写真2に示すように，**電解コンデンサの極性はラインが入っているほうが負ですが，タンタル・コンデンサは逆**です．

〈**漆谷 正義**〉

同期信号発生回路に半導体セラミックはNG

● インバータ1個で作るビデオ信号発生回路

図3に示すのはCMOSインバータIC 1個で作れる，とても簡単なビデオ信号発生回路です．といっても，実際に家庭用VTRに搭載され，量産されたものですから，単なる実験回路でもありません．当時はV_{CC} = 12 Vで，4069を使っていました．**図3**に示す回路は，5 V仕様で再設計しています．

出力波形は**写真3**のようなもので，水平同期信号，黒信号，白信号から構成されます．垂直同期信号はありません．

これはテレビ・セットで，VTRのRFコンバータの同調を取るときに使われる信号です．垂直方向の画像成分がないので，垂直同期信号はいらないわけです．テレビのビデオ入力につなぐと，**写真4**のように画面左半分が黒，右半分が白になります．

● 水平同期が外れる

試作段階で，テレビの水平同期が外れるという不具合が傾向性不良として指摘されるようになりました．

調べるとIC_{1A}とIC_{1B}で構成される無安定マルチバイブレータの発振周波数が時間とともにドリフトしていました(**図4**)．

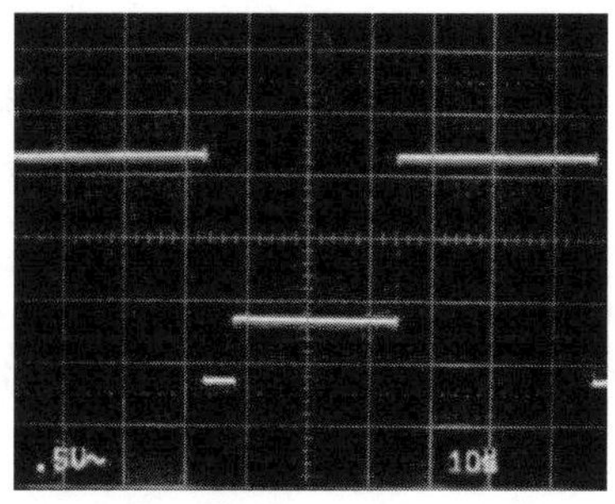

写真3　図22の回路の出力信号波形(0.5 V/div.，10 μs/div.)

写真4　図22の回路の出力をテレビに映したところ

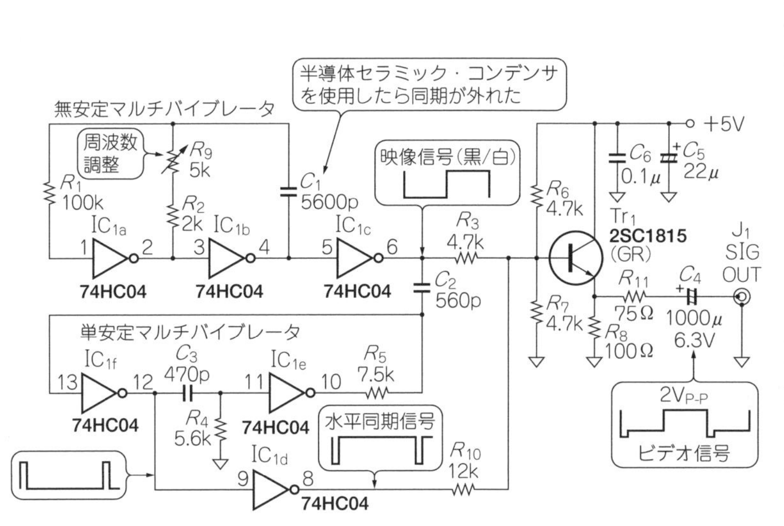

図3　CMOSインバータIC 1個で作れるとても簡単なビデオ信号発生回路

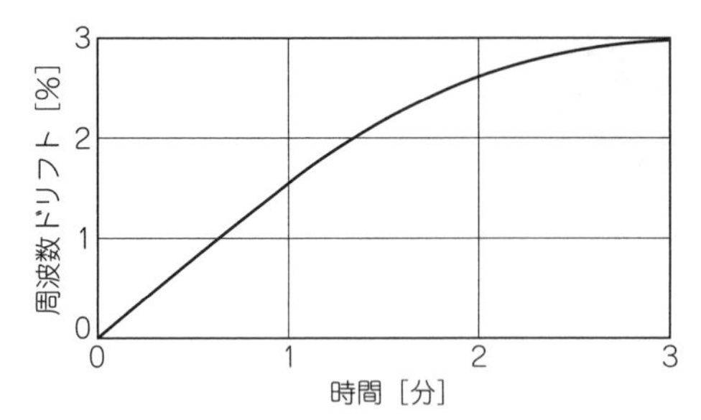

図4　ビデオ信号の周波数ドリフトが発生！

原因はC_1(5600 pF)に，Bタイプのセラミック・コンデンサを使っていたからでした．

電源ONとともに3％ほど周波数がドリフトします．**Bタイプのセラミック・コンデンサは，発振回路に使っていけないわけではなく，高周波なら1000 pF以下は問題ありません．**

● DCバイアスによるドリフトはマイラが格段に少ない

半導体セラミック・コンデンサには，堰層(えんそう)型と粒界(りゅうかい)層型があり，C_1に使ったコンデンサは後者です．

半導体粒子の周りに絶縁膜を設けたもので，マイラに劣るのはDCバイアス特性と絶縁抵抗です．バイアスにより，**使用温度範囲内で約10％も容量が変わり，絶縁抵抗はマイラより1桁低いという欠点があります．**

図4に示す周波数ドリフトは，DCバイアスの変化によるものと思われます．**低周波発振器のコンデンサは，マイラを使ったほうが安定度の点では有利です．**

〈漆谷 正義〉

ICの電源端子直近にはコンデンサを付ける

プロのエンジニアにとって，ICごとに電源端子とグラウンドとの間にコンデンサ(パスコン)を付けることは当たり前です．そのため，回路図を描くときにパスコンを省略してしまうことがあります．

パスコンがないICや回路は，動作が不安定になったり最悪の場合発振するのですが，その重要性を知らないと，パスコンのない基板を作ってしまいます．

● パスコンがないと…

皆さんが何気なく描いている**プリント・パターンには，実は抵抗成分やインダクタンス成分があります．**これらは回路図に描かれることはほとんどありません．

図5に示すように，安定した電圧を出力する電源ICとディジタルICの実装位置が遠く離れていると，電源パターンに含まれる抵抗成分やインダクタンス成分はとても大きくなります．

ディジタルICの出力の“L”/“H”が切り替わると，ICの電源端子から出力端子またはグラウンド端子に向かって，周波数の高い成分を含んだパルス状の電流が流れます．インダクタンスは周波数の高い信号に対して大きなインピーダンスを示しますので，ディジタルICがパルス状の電流を引き込むたびに，V_{DD}端子の電圧は大きく変動します．

これでは，ディジタルICの安定した動作は期待できません．

● V_{DD}端子とGND端子直近にコンデンサを追加する

上記の問題は，瞬間的に電流を充放電できるコンデンサをICのV_{DD}端子のすぐ近くに追加することで解決できます．

具体的には**図6**に示すように，V_{DD}端子とGND端子間に0.1 μF程度の積層セラミック・コンデンサを接続します．電流容量の大きい回路では，0.1 μFを2〜5個並列接続します．電源ラインからはパスコンに定

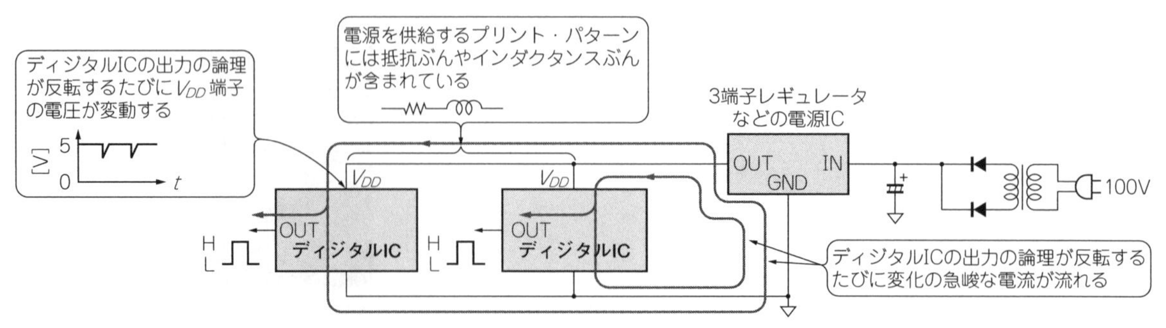

図5　パスコンがないとICのV_{DD}端子の電圧が安定しない

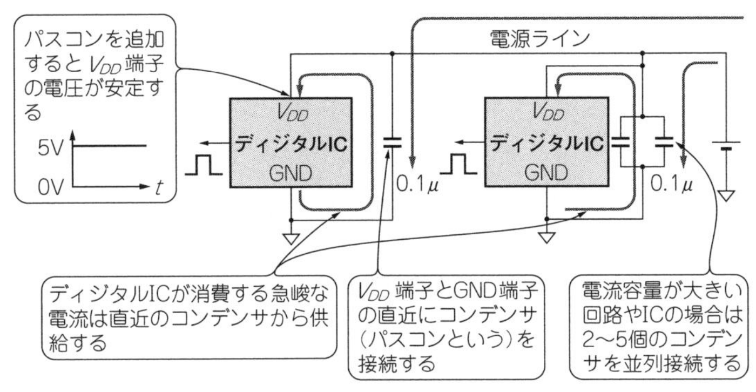

図6　パスコンを付けるとICの電源端子(V_{DD})の電圧が安定する

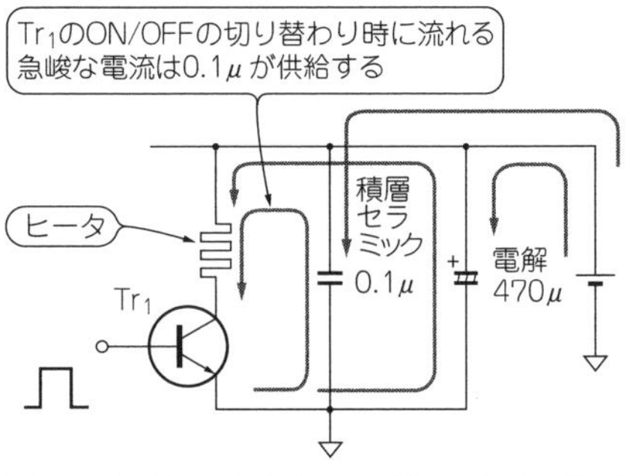

Tr₁のON/OFFの切り替わり時に流れる急峻な電流は0.1μが供給する

ヒータ

Tr_1

積層セラミック 0.1μ

電解 470μ

図7　大きな電流を消費する回路には数十〜数百μFの電解コンデンサを追加する

常的に電荷の充電が行われ，ICはパスコンからパルス状の電流を消費します．

ヒータ・ドライブ回路などの大電流が必要な回路では，セラミック・コンデンサに数十〜数百μFの電解コンデンサを並列接続します(**図7**)．

容量の大きな電解コンデンサは周波数の高い電流の出し入れが苦手なので，容量の小さいセラミック・コンデンサは省略できません．**高周波電流の出し入れはセラミックが，低周波電流の出し入れは電解コンデンサが担当します**．

〈鈴木 憲次〉

サンプル&ホールド回路にセラミック・コンデンサは禁物

● 電圧がホールドされない?

図8に示すのは，非反転型のサンプル&ホールド回路です．いったん入力信号のピーク値をコンデンサC_{hold}に蓄えて，その電圧を低出力インピーダンスのバッファ・アンプで出力する回路です．

IC_1はバッファ・アンプ，IC_2はホールドした値を出力するバッファ・アンプ，FETは電子スイッチです．

FETに制御パルス信号を加えてONすると，IC_1からFETを通じてホールド・コンデンサC_{hold}に電荷が充放電されます．IC_2は，ホールド・コンデンサの電圧をハイ・インピーダンスで受けて低インピーダンスで次段に送ります．

さて，このサンプル&ホールド回路を実際に動作させたところ，ホールドした電圧値の精度が悪く，電圧値がどんどん低下してしまいました．

● セラミック・コンデンサは容量が安定していない

セラミック・コンデンサは，加わる電圧によって容量値が変動します．**図8**の回路ではC_{hold}にパルス状の電圧が加わった直後は容量が小さくなっています．FETスイッチがONして時間が経過し，加わる電圧が安定すると正常な容量に戻ります．

また，**セラミック・コンデンサはリーク電流も大きいため**，FETスイッチがOFFした後，充電した電荷が抜けてしまいます．

● リークを減らす工夫

ホールド・コンデンサには，**誘電体吸収とリーク電流が小さいフィルム系のポリスチレン・コンデンサがよい**でしょう．

IC_2には，**FET入力の高インピーダンスで低バイアス電流のものを選びます**．**図8**では入力バイアス電流が0.7 pAのTLC272としました．

ホールド・コンデンサのインピーダンスはとても高いので，通常は問題にならないプリント基板のリーク電流が小さくなるような工夫が必要です．

図9に示すように，**コンデンサの周囲を同電位の低インピーダンス・パターンで取り囲みます**．電位が同

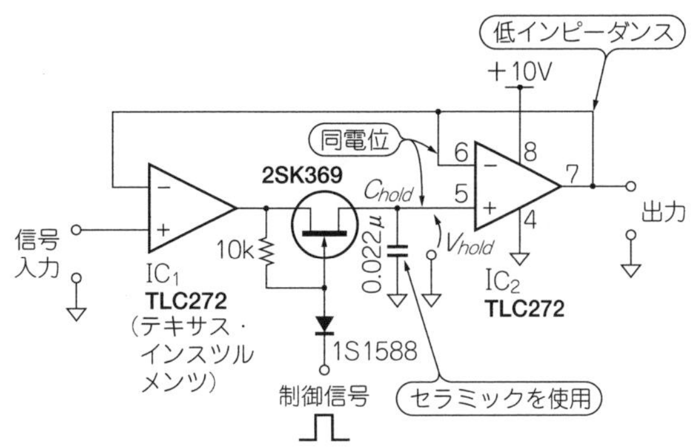

図8　入力信号の電圧値を制御信号のタイミングでサンプリングする回路

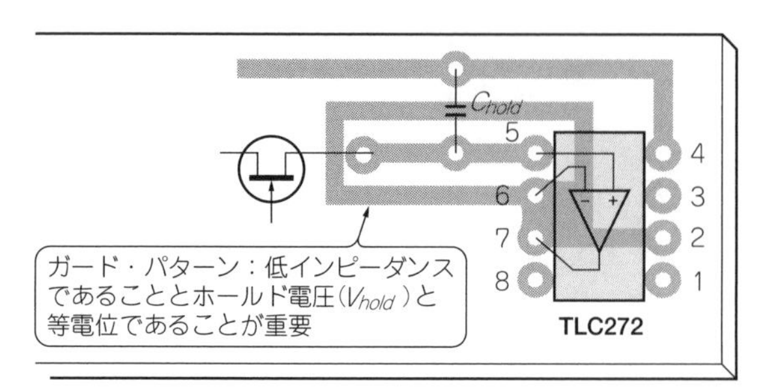

図9　ホールド・コンデンサのリークが減るプリント・パターン

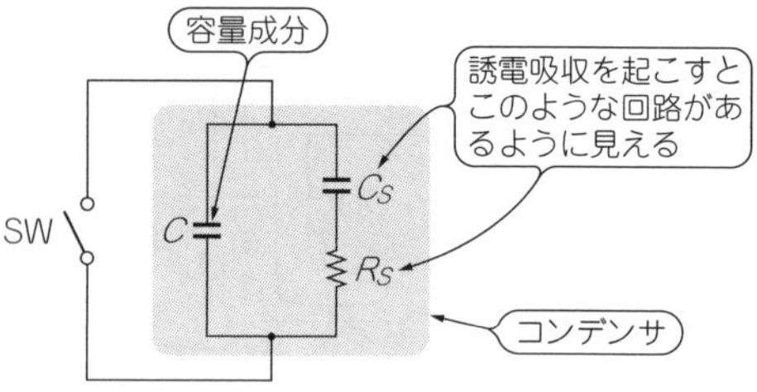

図10　誘電吸収現象を表現したコンデンサの等価回路

じになるので，プリント基板のリーク電流はなくなります．

● 誘電体吸収とは

誘電吸収ともいいます．

コンデンサには，電荷を放電しきったあとで再び電荷が現れるという性質があります．

図10に示すのはコンデンサの等価回路です．電荷が蓄えられているコンデンサの両端をSWをONして短絡すると，電荷は放電されてやがて端子電圧は0Vになります．ところがSWをOFFにすると，端子電圧がじわりじわりと上昇してきます．**図10**に示すR_SとC_Sがこの誘電現象に関わっています．

誘電吸収はコンデンサの誘電体が原因で起きる厄介な現象で，ホールド値の誤差を増やしたり，微小電圧のホールドができなくなります．

アルミ電解やセラミックは誘電吸収が大きく，マイカ，ポリプロピレン，ポリスチロールなどは小さいことを覚えておきましょう．

〈鈴木 憲次〉

発振回路に誘電損失の大きいコンデンサは禁物

● 温度を下げると出力振幅が激減

正弦波の発振器には，低ひずみ率，低ノイズが求められます．ウィーン・ブリッジ型発振回路はそのような発振回路の一つですが，部品点数が多く複雑で，しかもコストが高いのが難点です．

そこで実際には，トランジスタ1～2石で作ることになります．**図11**に示すのは，約3MHzの発振回路です．声帯の動きをインピーダンス変化でとらえる装置の一部で，振幅が大きいことと周波数が安定であることが求められます．

L_1とC_1の比は，所望のQ値，外形の制約，調整範囲，温度特性，コスト，量産性(工数)など別の要因で決まります．**図11**では，Qと温度特性を考慮して，L_1を小さく，C_1を大きく選びました．

まず，C_1にセラミックを使ってみました．セラミックは2種類とも25℃での振幅は8V_{P-P}程度で，ポリプロピレンよりは小さいものの，まったく使えないとは言えないような気がしました．ところが**温度を下げていくと，写真5のように急激に振幅が低下します．**発振周波数もほんの少し低下します．共振回路のQは

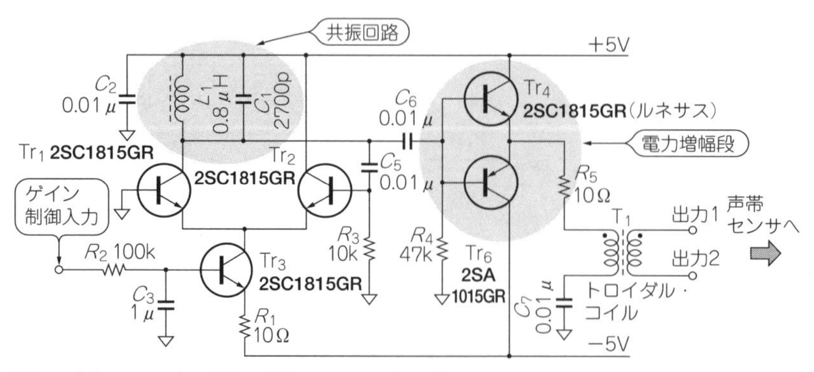

図11　振幅が大きく周波数が安定な3MHz発振回路

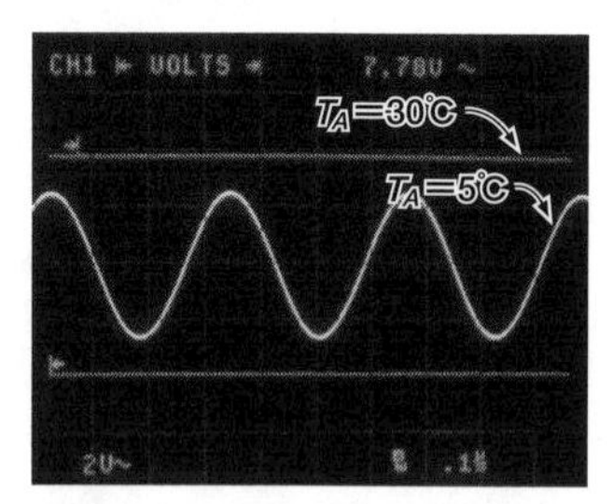

写真5　C_1にセラミックを使うと温度の低下とともに出力振幅が小さくなる(2V/div.，0.1μs/div.)

(a) ポリプロピレン

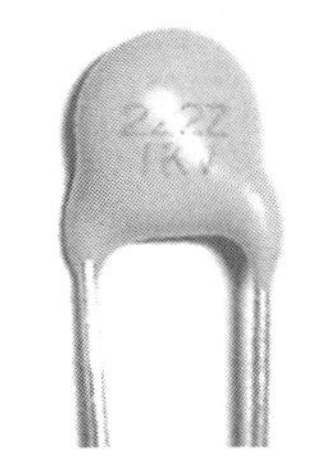

(b) マイラ

(c) 高耐圧セラミック(1kV耐圧)

(d) 半導体セラミック(500V耐圧)

写真6　表1の実験に使用したコンデンサの外観

写真7　C_1にポリプロピレンを使用したときの出力波形(2 V/div., 0.1 μs/div.)

低いので，振幅低下は発振周波数変化によるものではありません．この症状は致命的です．

● 共振用コンデンサに誘電損失の大きいものはNG

表1に示すように，**図11**の出力信号の振幅は共振回路のコンデンサC_1の種類に依存します．**写真6**に実験に使用したコンデンサ(スチロールを除く)の外観を示します．**図11**のC_1にはポリプロピレンを使いました．**写真7**に出力波形を示します．

セラミックは，高耐圧型(2 kV)を使ってもあまり振幅は大きくなりません．マイラは4種類試しましたが，どれも8 V_{P-P}程度でした．スチロールはポリプロピレンと同程度でした．スチロールは減産傾向にあり，新規設計にはポリプロピレンが推奨されています．

原因はリークではなく誘電損失です．**共振回路には誘電損失の小さいコンデンサを使う必要があります**．

〈漆谷 正義〉

表1　C_1(図11)の種類と出力電圧振幅

C_1のタイプ	出力電圧
ポリプロピレン	10.5 V_{P-P}
マイラ	8.02 V_{P-P}
高耐圧セラミック	7.8 V_{P-P}
半導体セラミック	7.48 V_{P-P}
スチロール	10.5 V_{P-P}

ノンショート型によるコンデンサの切り替えは禁物

● 回路の説明

SUICAなどのICカードや埋め込みセンサなど，無線で対象回路の電力を供給するシステムが増えてきました．**図12**に示すのは，このような目的で設計した300 kHzで発振する電力増幅回路(出力1 W)です．

Tr_2とL_1でベース同調型LC発振回路を構成しています．Tr_1は，Tr_2のV_{BE}の温度特性による発振周波数と出力振幅の変動を補償します．

発振出力はM結合で取り出して，Tr_3に送ります．これは負荷変動による発振周波数の変動を防止するためです．Tr_4は出力段のトランジスタです．C級で動作しているため，励振電力を大きく取る必要があります．そこでTr_3を挿入して，Tr_4に十分なベース電圧と電流を供給しています．Tr_3もC級動作です．

L_2は，Tr_4の低い入力インピーダンスとTr_3の高い出力インピーダンスを整合し，不要な高調波を除去するための同調回路です．Qを大きくするため，コレクタ・タップよりも巻き数を多くしています．R_5とC_8は，Tr_4のベース・バイアス電圧を得るための自己バイアス回路です．Tr_4のベース電流により負の電圧がベース-エミッタ間に加わり，Tr_4をC級で動作させることができます．

● スイッチを切り替えると出力トランジスタが瞬時に破壊する

出力段のタンク回路の共振周波数を変える必要があり，SW_1を追加してコンデンサを切り替えるようにしました．発振周波数はVR_1で変えることができます．ところが，SW_1を切り替えるとTr_4が破壊して，コレクタ-エミッタ間がショートしてしまいます．

● 原因

図13を見てください．SW_1をパチパチと切り替えた直後，コンデンサには電荷がチャージされていないので，コイルに大きな電流が流れます．**切り替わる瞬間に，高圧の逆起電力(V_E)がコイルに発生します**．

この電圧と電源電圧を加えた$V_E + V_{CC}$がトランジスタのコレクタ-エミッタ間に加わります．そしてベース電流が大きくなるタイミングで最大定格を越えて破壊するようです．

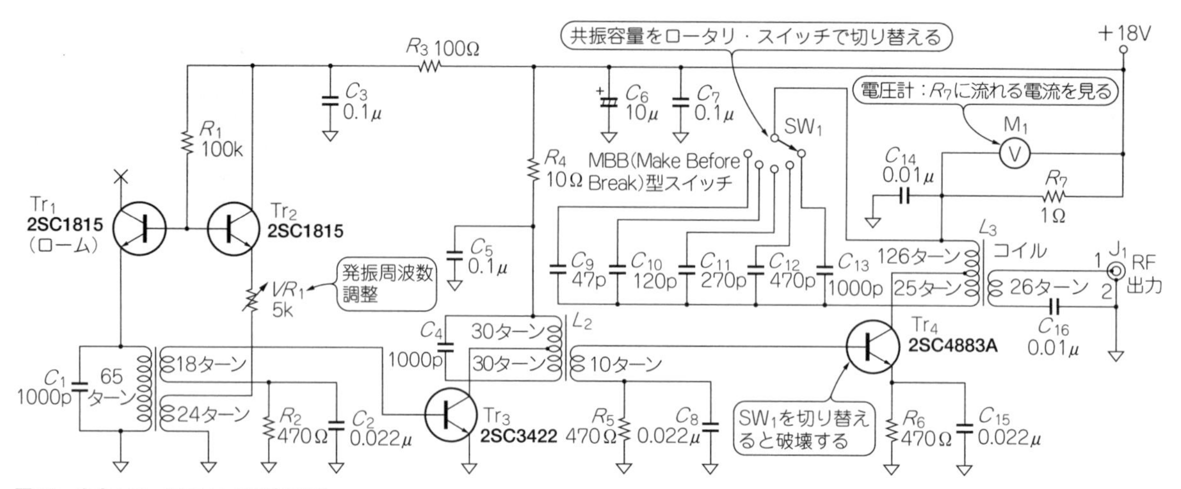

図12 出力1W，300kHzの発振回路
ロータリ・スイッチSW_1で発振周波数を切り替えられる

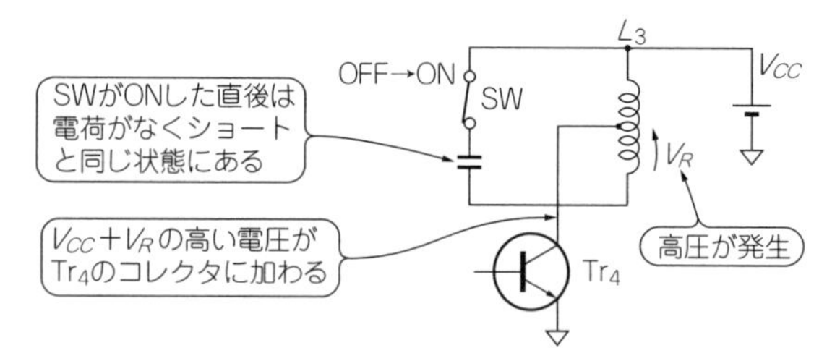

図13 ロータリ・スイッチ切り替え直後接点が離れるとコイルから逆起電力が発生してTr_4が破壊する

● 対策

SW_1を切り替えるときに，いったん電源を切ります．またはSW_1に，ノンショート・タイプではなく，ショーティング・タイプを使えばOFFの期間がなくなり，破壊の危険性は低くなります．いずれにしても，**共振回路のコンデンサやコイルは，スイッチで切り替えないほうが無難です．**

〈漆谷 正義〉

(初出：「トランジスタ技術」2005年11月号 特集)

コラム　電解コンデンサの寿命がわかるアレニウス則

● 計算方法

寿命と周囲温度の関係は，アレニウスの温度2倍則が適用され，式(A)で算出できます．

$$L = L_0 \times 2^{\frac{T_1 - T_2}{10}} \cdots\cdots\cdots\cdots (A)$$

ただし，L：推定寿命［時間］，
L_0：基本寿命［時間］，
T_1：基本寿命の規定温度［℃］，
T_2：使用温度［℃］

寿命の仕様が85 ℃で3500時間の部品は，使用温度35 ℃で計算すると次のようになります．

$$3500 \times 2^{\frac{85-35}{10}} = 112000\text{時間}$$

これは，約12.7年となり，一般的には十分な値です．しかし，仮に55 ℃の環境で使用すると，約3年で寿命が来ます．105 ℃で寿命が規定されている部品を使用すると，同じ温度では4倍の寿命が期待できることになります．

ただし，化学反応の速度の温度特性を元にしているため，寿命を決定する支配的な要素が機械的な摩耗などほかの要因である場合は適用できません．

一般に半導体部品などは寿命に関する規定はほとんどありません(フラッシュ・メモリなどはデータ保持時間の規定があるが一般的にかなり長く，設計上無視できることが多い)．

しかし，電解コンデンサや電気二重層コンデンサなど，内部に化学物質を含む部品では寿命が規定されています．これらの部品の寿命をカタログで調べると85 ℃，3500時間などと記載があります．3500時間では5カ月も持たないことになりますが，実際にはこんなにすぐ寿命が来ることはありません．

電解コンデンサの寿命は，余剰電解液の量と電解液が封止ゴムを通過して蒸発するスピード，そのスピードを決定する温度によって決まり，これは温度の影響を大きく受けます．

式(A)に示したアレニウスの式は，ある温度での化学反応の速度を予測する式で，スウェーデンの科学者アレニウスが提出したものです．

簡単には，「温度が10 ℃上がれば寿命は1/2に，10 ℃下げると寿命は2倍になる」ということです．

電源装置などでは，電解コンデンサの使用がほぼ不可欠であり，これらの寿命が製品寿命を決定する上で大きな要因となります．高信頼の電源装置では105 ℃のコンデンサが使われるのはこのような理由からです．

〈丹下　昌彦〉

(初出：「トランジスタ技術」2010年5月号 特集)

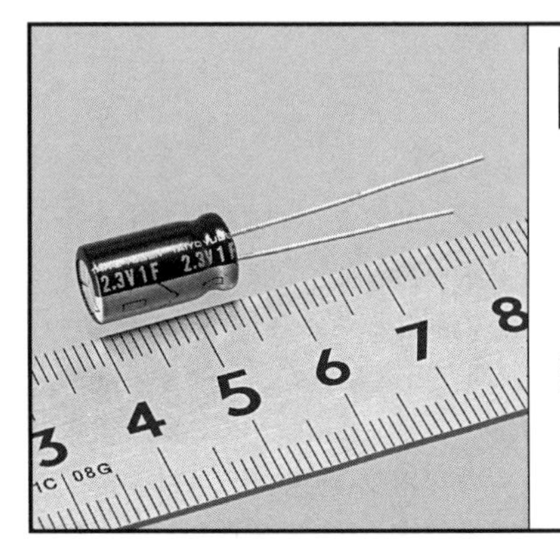

Appendix 1

コンデンサ回路集

充電回路から発振回路まで

抵抗1個とコンデンサ1個で作る充電回路

図1は，コンデンサと抵抗により電源投入後の立ち上がり時間に遅れを与え，切断時に速やかに立ち下げる回路です．コンデンサの充電時間で立ち上がりの遅延時間を，放電時間で立ち下がり時間を決めています．

V_S［V］はリプルを持ち，その平均値はV_{DD}［V］の0.87倍程度の電圧とします．シュミット・トリガはV_{DD}の70％でHレベルになり30％でLレベルとなるとして，t_1を求めます．C_2は1 μFとします(470 kΩは単なる入力保護抵抗)．

$V_1 = 0.7V_{DD}$，$V_S = 0.87V_{DD}$なので，

$$t_1 = -R_2 C_2 \ln\left(1 - \frac{V_1}{V_S}\right) \cdots\cdots (1)$$

$$= -2.2 \times 10^6 \times 1 \times 10^{-6} \times \ln\left(1 - \frac{0.7}{0.87}\right)$$

$$= 3.6 \text{ [s]}$$

● **使いどころ**

図2は抵抗R_1を通してコンデンサC_1を充電する回路です．C_1の両端電圧は時間とともに上昇していきます．パルスの立ち上がりを鈍らせるときや，ある事象が発生してからしばらく時間をおいて何かをやりたいときの時間遅れを作る回路としてよく使われます．

その遅れ時間はR_1とC_1と，出てくる電圧の入力に対する割合V_{out}/V_{in}によって決まります．

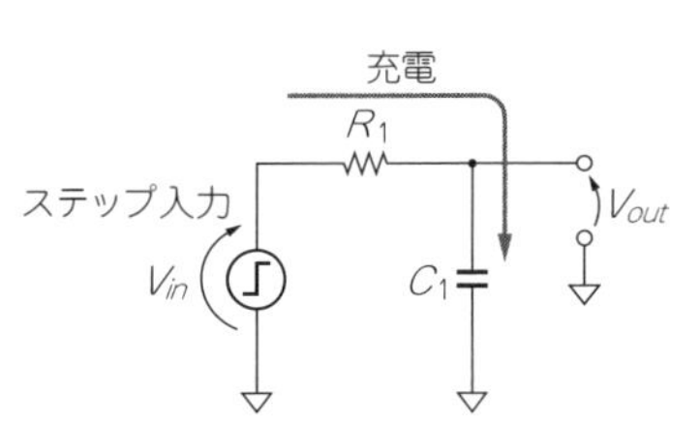

図2
抵抗を通してコンデンサを充電して立ち上がり時間を遅らせる回路

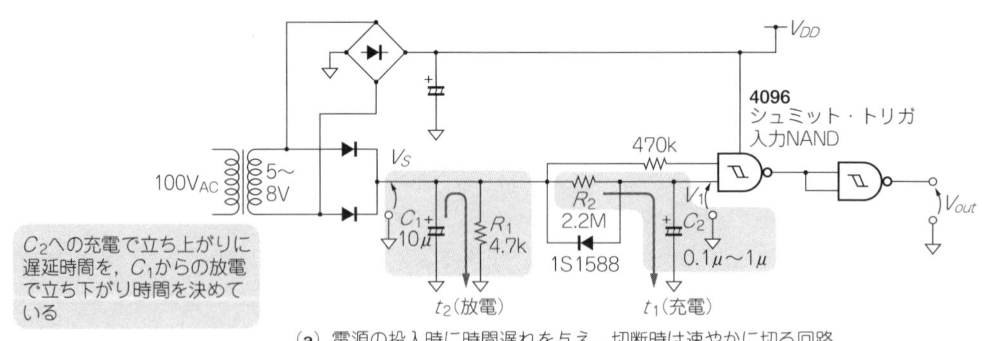

(a) 電源の投入時に時間遅れを与え，切断時は速やかに切る回路

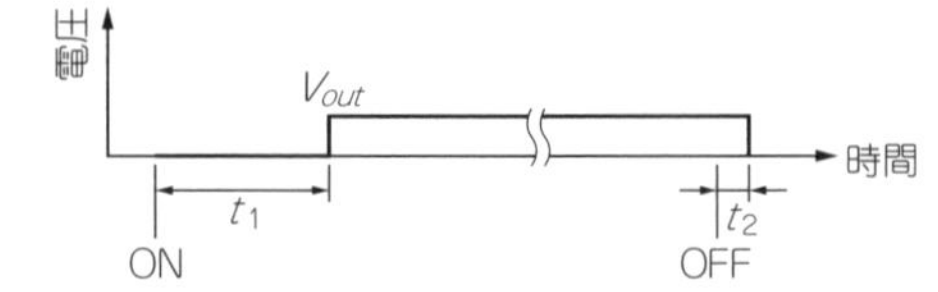

(b) V_{out}は電源投入の数秒後に立ち上がり，遮断後直ちに下がる

図1
電源投入からV_{out}が立ち上がるまでの時間を求め，電源遮断後立ち下がるまでの時間を求める

● 算出の手引き

出力V_{out}の入力V_{in}に対する比を表す式は，時間t_1の関数として次の式になります．

$$\frac{V_{out}}{V_{in}}=1-e^{-\frac{t_1}{R_1 C_1}} \cdots\cdots (2)$$

ただし，e：ネイピア数(自然対数の底)

図3に，R_1，C_1，入力のステップ電圧V_{in}を1に正規化した際の出力電圧V_{out}を示します．

この図の上昇するカーブに$t=0$で接線を引き，最終電圧との交点を見るとR_1とC_1の積の時間(この場合は1秒)になります．また，その位置ではカーブの電圧は0.632 Vとなります．

この抵抗R_1とコンデンサC_1の積の値を，時定数といいます．「ときていすう」とか「じていすう」と読みます．記号としてτ(タウ)という文字を使うことが一般的です．

$$\tau_1=R_1 C_1 \text{ [s]} \cdots\cdots (3)$$

τ_1に対して5倍の辺りまで延長した時刻では，上昇カーブは最終電圧に非常に近くなっていて99.33 % になります．このような過渡現象がある回路で測定を行っているとき，2桁程度の精度で測定したいのなら，最終的にいくであろう電圧の6割に達した時間から5倍ぐらい待てばいいことがわかります．

式(2)を変形して，t_1をR_1とC_1とV_{out}/V_{in}で表すと次のようになります．

$$t_1=-R_1 C_1 \ln\left(1-\frac{V_{out}}{V_{in}}\right) \text{ [s]} \cdots\cdots (4)$$

この式を使えばR_1とC_1が既知のとき，出力電圧が入力電圧のある割合に達するまでの時間がわかります．

逆に，ある時間t_1にするようなR_1やC_1を求めるのは次の式になります．

$$R_1=-\frac{t_1}{C_1 \ln\left(1-\frac{V_{out}}{V_{in}}\right)} \text{ [Ω]} \cdots\cdots (5)$$

$$C_1=-\frac{t_1}{R_1 \ln\left(1-\frac{V_{out}}{V_{in}}\right)} \text{ [F]} \cdots\cdots (6)$$

電圧比を0.632に固定した場合は次のような簡単な式になります．

$$R_1=\frac{t_1}{C_1} \text{ [Ω]} \cdots\cdots (7)$$

$$C_1=\frac{t_1}{R_1} \text{ [Ω]} \cdots\cdots (8)$$

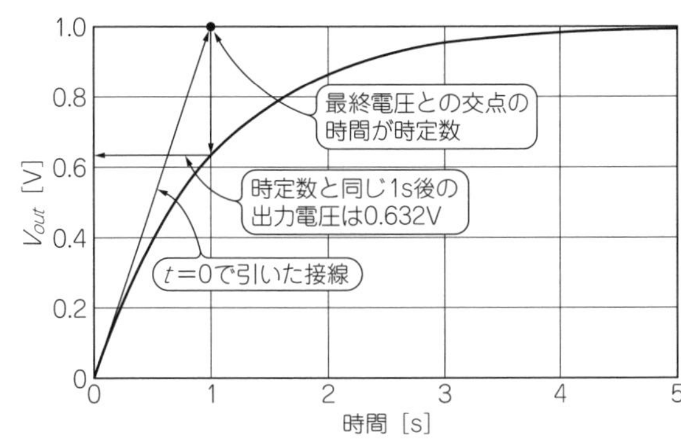

図3　抵抗を通してコンデンサを充電するとコンデンサの両端電圧は時間の経過とともに上昇する

● 抵抗とコンデンサの定数を決める際の注意点

R_1は，信号源(V_{in}を出力する回路)の内部抵抗に対して十分高い値とします．またV_{out}を受け取る回路が持っている負荷抵抗に対しては，十分低い値としてください．上記を守れば近似的にはうまく働きます．

C_1は周りにある浮遊容量より十分大きい容量値とします．電解コンデンサは容量誤差や経時変化や漏れ電流が大きいですから避けたほうがいいでしょう．

t_1がτ_1より大きくなるような使い方はあまりお勧めしません．**図3**を見ると時間とともに傾斜が寝てきますから，ノイズの影響を受けて求める電圧に達したことを検出しづらくなります．　〈藤原 武〉

抵抗1個とコンデンサ1個で作る放電回路

前項の**図1**のC_1とR_1による放電時間を求めます．

図1の回路の立ち下がり時間を求めます．

V_S [V] はリプルを持ち，その平均値はV_{DD} [V] の0.87倍程度の電圧とします．ダイオードの順方向電圧降下は無視，シュミット・トリガはV_{DD}の70 %でHレベルになり30 %でLレベルとなるとして，t_2を求めます．C_2は1 μFとします(470 kΩは単なる入力保護抵抗)．

$V_1=0.3V_{DD}$，$V_S=0.87V_{DD}$であるから，

$$t_2=-R_1(C_1+C_2)\ln\frac{V_1}{V_S} \text{ [s]} \cdots\cdots (9)$$

$$=-4.7\times10^3\times11\times10^{-6}\times\ln\frac{0.3}{0.87}=0.06 \text{ [s]}$$

● 使いどころ

放電回路を**図4**に示します．

図4(**a**)は充電してあるコンデンサC_2の電荷を抵抗

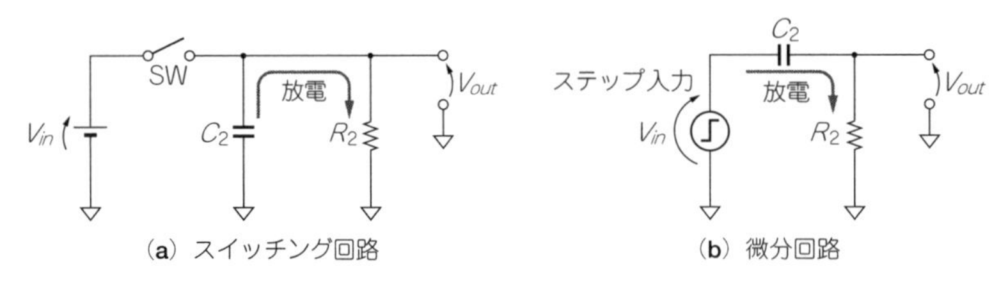

図4
放電により電源遮断後に速やかに立ち下げる回路の抵抗とコンデンサの値を求めたい

R_2を通して放電する場合です．例えば，スイッチング電源の整流回路で，入力電圧がOFFした後の電圧を保持する時間が知りたいときのモデルとなります．

図4(b)はパルスの立ち上がりや落ち込みを検出する微分回路として使われます．

● 算出の手引き

図4(a)と**図4(b)**は過渡現象が開始する時刻以後は同じカーブをたどります．初期電圧をV_{in}，出力電圧をV_{out}，スイッチをOFFしてから，あるいはステップを入れてからの経過時間をt_2としたときの式は次のとおりです．

$$\frac{V_{out}}{V_{in}} = e^{-\frac{t_2}{R_2 C_2}} \cdots\cdots (10)$$

図5に，V_{in}，R_2，C_2を1に正規化した出力電圧の立ち上がり特性を示します．時定数τ_2(＝1s)での電圧は0.368 Vです．

式(9)を変形して，過渡現象開始後に，ある割合の電圧になるまでの時間t_2を求める式にすると次のようになります．

$$t_2 = -R_2 C_2 \ln \frac{V_{out}}{V_{in}} \text{ [s]} \cdots\cdots (11)$$

ここからさらに変形して，求める時間になるようなR_2やC_2の値を知りたい時は次の式になります．

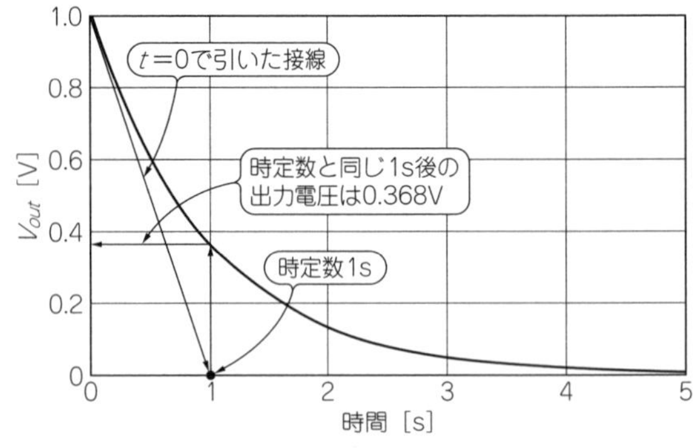

図5　コンデンサの電荷を抵抗を通して放電するとコンデンサの両端電圧は時間の経過とともに低下する

$$R_2 = -\frac{t_2}{C_2 \ln \frac{V_{out}}{V_{in}}} \ [\Omega] \cdots\cdots (12)$$

$$C_2 = -\frac{t_2}{R_2 \ln \frac{V_{out}}{V_{in}}} \ [\text{F}] \cdots\cdots (13)$$

電圧比を0.368に固定した場合は次のような簡単な式になります．

$$R_2 = \frac{t_2}{C_2} \ [\Omega] \cdots\cdots (14)$$

$$C_2 = \frac{t_2}{R_2} \ [\text{F}] \cdots\cdots (15)$$

R_2やC_2の実際の定数選択は，t_2をτ_2よりあまり大きくしない点を含め，前の充電回路で考察した事柄と同じです．

〈藤原 武〉

直流は増幅しない交流アンプ

図6の広帯域な低ノイズA級アンプでカップリング・コンデンサの定数を算出します．

次段への結合は低域カットオフ周波数を20 Hz以下とし，入力のカップリングのカットオフ周波数は20 Hz以下とします．

▶C_1を求める

$$\omega = \frac{1}{RC} \text{から，} C_1 = \frac{1}{R \times 2\pi f} \cdots\cdots (16)$$

Rは4.7 kと33 kとの直列なので，

$$C_1 = \frac{1}{37.7 \times 10^3 \times 2\pi \times 20} \fallingdotseq 0.21 \ [\mu\text{F}] \fallingdotseq 0.22 \ [\mu\text{F}]$$

▶C_5を求める

Rは820 Ωとエミッタ入力抵抗(データシートから約70 Ω)の並列だから50 Ωとして，

$$C_5 = \frac{1}{50 \times 2\pi \times 20} \fallingdotseq 169 \ [\mu\text{F}] \fallingdotseq 220 \ [\mu\text{F}]$$

ただし，信号源抵抗があればそれを50 Ωに加えた値で計算します．

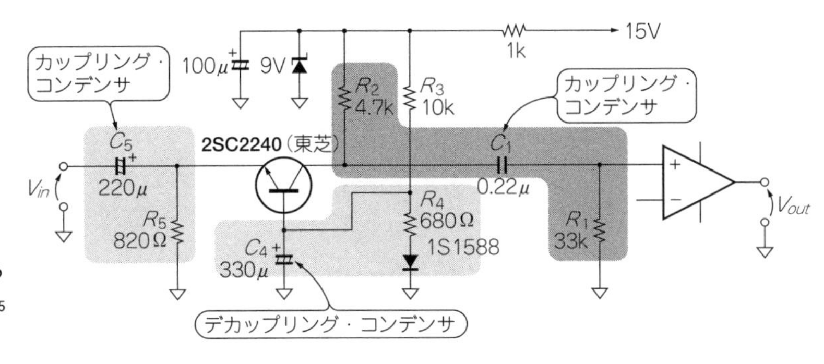

図6
V_{in}に含まれる直流電圧を除去するカップリング・コンデンサC_1，C_5を求めたい

● 使いどころ

図7にカップリング回路を示します．直流分を絶ち，交流だけを通したいときに使います．

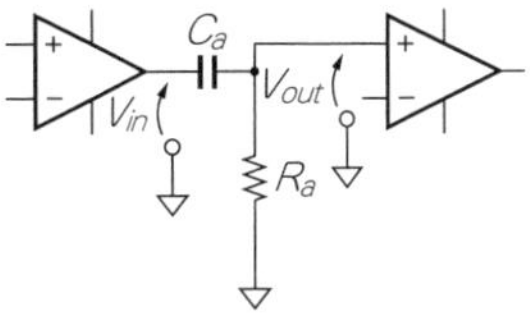

図7
直流を通さず交流を通すカップリング回路

● カップリング・コンデンサの容量値からカットオフ周波数を算出

時定数回路の違った見方として，コンデンサをリアクタンスを持った素子とし，複素数解析をします．入力に正弦波を入れ，その角周波数をωとすると周波数特性を導き出すことができます．C_aのリアクタンスとR_aのレジスタンスで電圧分割するので，次式のようになります．

$$\frac{V_{out}}{V_{in}}=\frac{R_a}{R_a-\dfrac{j}{\omega C_a}} \cdots\cdots (17)$$

ただし，V_{in}：1段目の出力電圧［V］，
V_{out}：2段目への入力電圧［V］，
ω：信号の角周波数［rad/s］，
j：虚数単位

ωと周波数f［Hz］との関係は$2\pi f$です．$R_a=1$，$C_a=1$としてこの複素数の式を解き，絶対値と位相角を求めると**図8**になります．$\omega=1/(R_aC_a)$の位置ではゲインは約3.01 dB落ちて，位相は45°の進みになります．$\omega=1/(R_aC_a)$における周波数での入出力波形を見ると**図9**のようになっています．

式(17)は複素数を含んでやや複雑です．周波数全般にわたる応答ではなく，カットオフ(3.01 dB落ち)の周波数をf_Cと置いて注目し，f_CをR_aとC_aの関係だけの式に表すと次のような単純な形になります．

$$f_C=\frac{1}{2\pi R_a C_a}\ [\mathrm{Hz}] \cdots\cdots (18)$$

カットオフ周波数はRC積の逆数のほぼ6分の1というわけです．この周波数より低い部分はだいたい周波数に比例して落ちていきます．

● カットオフ周波数からカップリング・コンデンサの容量値を算出

逆にカットオフ周波数が与えられたときに，R_aやC_a求める式は次の通りです．

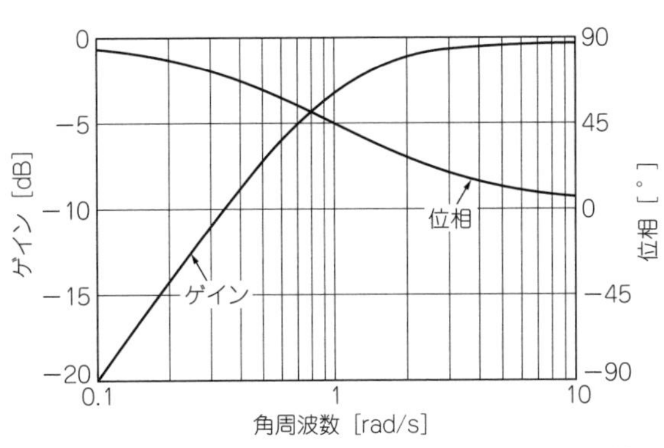

図8　カップリング・コンデンサのゲインと位相の周波数特性

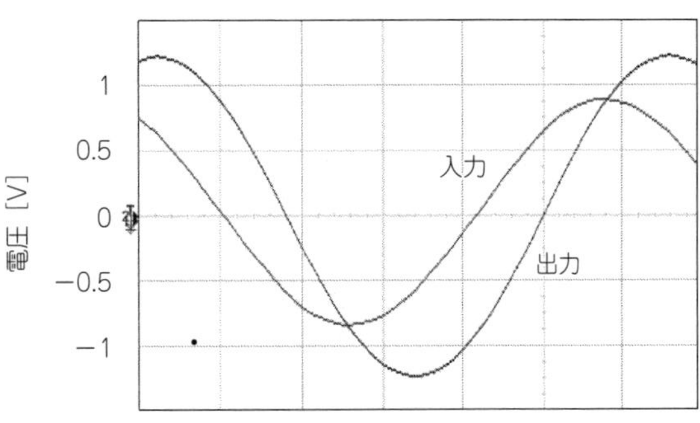

図9　$\omega=1/(R_aC_a)$の周波数すなわちカットオフ周波数の信号はカップリング・コンデンサを通過すると3.01 dB減衰し位相が45°進む

$$R_a = \frac{1}{2\pi\ C_a f_C}\ [\Omega] \cdots\cdots (19)$$

$$C_a = \frac{1}{2\pi\ R_a f_C}\ [\mathrm{F}] \cdots\cdots (20)$$

形式としては1次のロー・パス・フィルタですが，－6 dB/octは非常になだらかな落ち方なので，フィルタとして使われることはあまりありません．

● RとCの値を選ぶにあたっての注意点

駆動側(V_{in}側)の内部インピーダンスと負荷側(V_{out}側)の内部インピーダンスが抵抗やコンデンサの持つインピーダンスに比べて無視できる値とします．そうしないと，想定している周波数特性のカーブから外れてきます．ですから，抵抗とコンデンサのインピーダンスは駆動側のインピーダンスに対して十分高く，また負荷側のインピーダンスに対して十分低くなる値にします．

● カップリング・コンデンサの選択

カップリング・コンデンサを低ひずみのオーディオ回路で使うときはちょっと注意してください．強誘電のセラミック・コンデンサは極性が入れ替わるときにヒステリシスがあるので，低い周波数(カットオフ周波数以下の周波数)では信号波形のピーク直後でひずみが表れます．こういった場合はポリプロピレンやポリエステルのコンデンサをお勧めします．〈藤原 武〉

高周波を通さない デカップリング回路

前項図6のデカップリング・コンデンサC_4の許容値を求めます．

図10に示す広帯域な低ノイズA級アンプのベース電位をバイアスするデカップリング・コンデンサC_4の定数を算出します．

カットオフ周波数は，20 Hzの1/10以下である1 Hz程度とします．

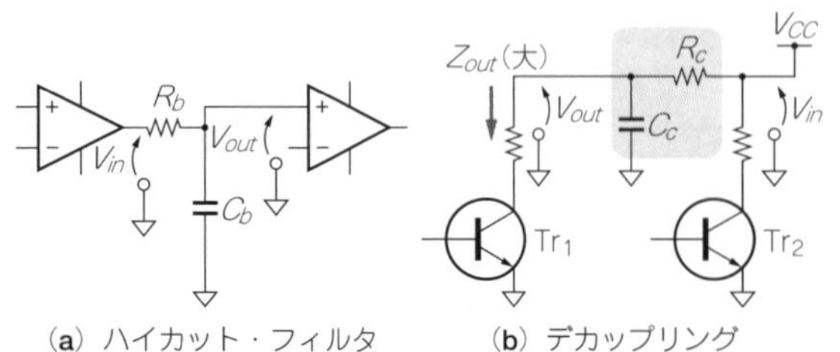

図10　高い周波数の信号やノイズを通さないデカップリング回路

抵抗R_dは，R_4＋ダイオード順方向微分抵抗(40 Ω)とR_3，入力抵抗h_{ie}(データシートから10 k)の並列から次式で求まります．

$$R_d = (680 + 40) /\!/ 10\ \mathrm{k} /\!/ 10\ \mathrm{k} = 630\ \Omega$$

$$C = \frac{1}{2\pi\ R_d f_C}\ [\mathrm{F}] \cdots\cdots (21)$$

から，デカップリング・コンデンサの容量値は次のとおりです．

$$C_4 = \frac{1}{630 \times 2\pi \times 1} = 252\ [\mu\mathrm{F}] \fallingdotseq 330\ [\mu\mathrm{F}]$$

● 使いどころ

図10に示すのは，高い周波数の信号やノイズを落とすデカップリング回路の例です．図10(a)はロー・パス・フィルタ，図10(b)はパワー・ラインのデカップリングです．

デカップリングは，単純にRC積だけでは周波数が決まりません．負荷となっている回路のインピーダンスも計算に入れた並列の抵抗値で算出する必要があります．ただこのデカップリングの例では，たまたま負荷となる$\mathrm{Tr_1}$の出力コンダクタンスh_{oe}は非常に高い値になるので無視できます．

負荷まで考慮したR_cを使って，周波数に対するC_cの端子電圧を計算する式は次のとおりです．

$$\frac{V_{out}}{V_{in}} = \frac{\dfrac{-j}{\omega C_c}}{R_c - \dfrac{j}{\omega C_c}} \cdots\cdots (22)$$

ただし，V_{in}：1段目の出力電圧［V］，
V_{out}：2段目への入力電圧［V］，
ω：信号の角周波数［rad/s］，
j：虚数単位

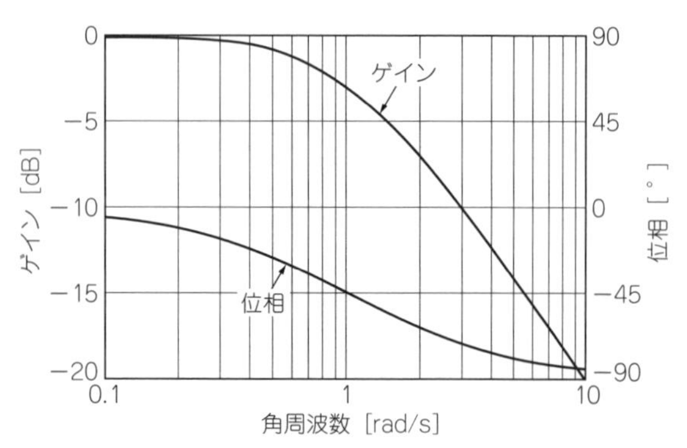

図11　デカップリング・コンデンサに入力した信号の周波数に対するゲインと位相

このベクトル(V_{out}/V_{in})の絶対値と位相角の周波数特性は**図11**のようになります．絶対値はちょうどカップリング回路の周波数特性(**図8**)と鏡像です．ただし位相特性は遅れ方向になっています．この図は1次のロー・パス・フィルタの形状になります．そのカットオフ周波数(3 dB降下位置)をf_Cとすると，f_CはR_bとC_bで決まります．

$$f_C=\frac{1}{2\pi R_b C_b}\ [\mathrm{Hz}] \cdots\cdots (23)$$

この式は，カップリング・コンデンサの容量値からカットオフ周波数を算出した式［式(19)と式(20)］と同じです．よって，カットオフ周波数から抵抗値と容量値を算出する式も同じです．

$$R_b=\frac{1}{2\pi C_b f_C}\ [\Omega] \cdots\cdots (24)$$

$$C_b=\frac{1}{2\pi R_b f_C}\ [\mathrm{F}] \cdots\cdots (25)$$

● RとCの値を選ぶにあたっての注意点

電源に挿入するデカップリングの回路では，電圧降下を防ぐために一般的には抵抗値を低くとり，コンデンサの容量値はずいぶん大きな値となります．具体的には，低周波回路なら100 μFとか1000 μFとなることもあります．それでも，カップリング回路と同様，抵抗とコンデンサのインピーダンスは駆動側に対して十分高く，負荷側に対して十分低くなる値にします．

● デカップリング・コンデンサの選択

デカップリング・コンデンサで，きちんと不要信号やリプルを落としたいときはESR(等価直列抵抗)が小さいものを使います．電解コンデンサの中にはESRが大きいものがあります．ESRが大きいときは，デカップリング用に直列に入れた抵抗と，このESRで電圧分割された値の不要信号が残ってしまいます．

もう一つ，注意事項があります．高容量のコンデンサは自己共振周波数が低くなっています．その周波数から上はコイルの性質が表れて，高い周波数の不要信号がバイパスされないことになります．

〈藤原 武〉

信号の高域成分と低域成分のゲインを調節するイコライザ

図12のCR型トーン・コントロール回路において，ゲインの周波数特性を**図13**にした場合の各定数を求めます．

ボリュームは50 kΩ(A)を使い，中央値で85％(42.5 kΩ)：15％(7.5 kΩ)の抵抗比になります．この抵抗比をα(≒5.7)とします．

$$R_1=\frac{\alpha 7.5}{\alpha-1}=9.1\ [\mathrm{k\Omega}]$$

$$R_2=\frac{7.5}{\alpha-1}=1.6\ [\mathrm{k\Omega}]$$

$$C_1=\frac{1}{2\pi f_2 R_1}=0.0033\ [\mu\mathrm{F}]$$

$$C_2=\frac{1}{2\pi f_2 R_2}=0.022\ [\mu\mathrm{F}]$$

$$C_3=\frac{1}{2\pi f_1 R_1}=0.033\ [\mu\mathrm{F}]$$

$$C_4=\frac{1}{2\pi f_1 R_2}=0.22\ [\mu\mathrm{F}]$$

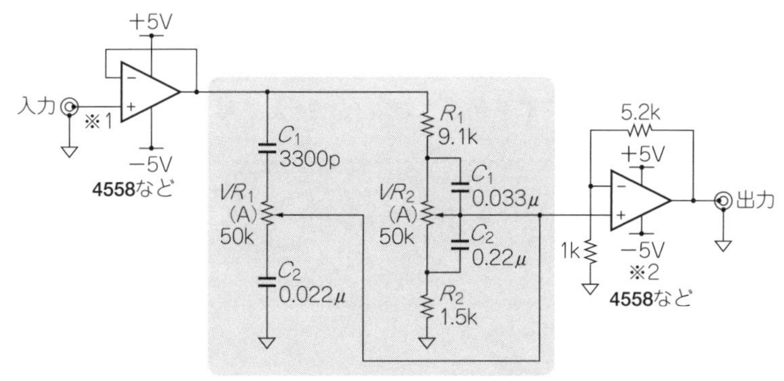

※1：入力につながる回路の出力インピーダンスが低い場合は不要
※2：出力アンプ．フラット状態で約16dBゲインが下がるイコライザ部の損失を補正する

図12　高域と低域でゲインを調整するCR型トーン・コントローラ(イコライザ)の抵抗とコンデンサの定数を算出したい

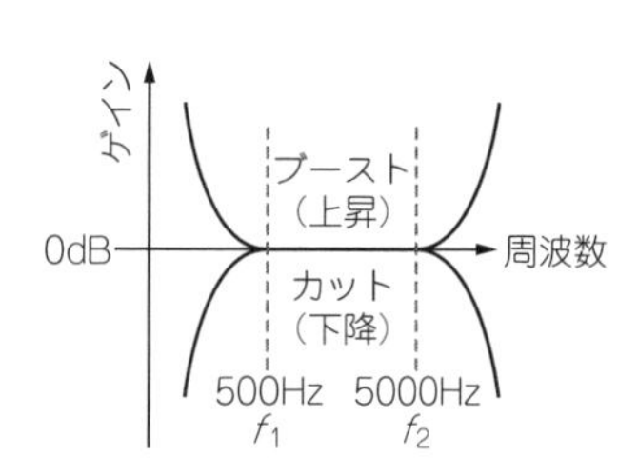

図13　図12の回路で実現できるゲインの周波数特性

● 使いどころ

オーディオ・アンプなど，音の出る機器を製作すると音質調整を行いたい場合があります．「ちょっと高音を抑えたい」とか，「スピーカが小さく，低音が足りないので低音を持ち上げたい」などです．これらは一般にトーン・コントロールと呼ばれています．

いくつかの帯域に分けて特性を細かく設定できる複雑なもの(これらはパラメトリック・イコライザなどと呼ばれている)もありますが，ここでは簡単に低域と高域を減衰させたり持ち上げたりする回路を取り上げます．

音質調整用の回路には，NF型とCR型の2種類があります．NF型はアンプのネガティブ・フィードバック・ループにCR素子を挿入します．一方CR型はアンプを使わず，コンデンサと抵抗だけで構成できるので，ちょっとした用途には簡単に使えます．アンプを使わないのでひずみが増えることもありません．ただし，原理的にゲインを持ち上げることはできません．ある程度下げたところを基準にし，ゲインを持ち上げる場合はゲインを1倍に近付けています．

● 算出の手引き

図14(a)に高域が最大ゲインとなる回路を，**図14(b)**に低域が最大ゲインとなる回路を示します．

▶高域のゲインをコントロールする回路の定数

● 高域最大状態のゲイン$G_{H\max}$［dB］

$$G_{H\max}=20\log_{10}\left\{\frac{2\pi fC_1R_1R_2+R_2}{2\pi fC_1R_1R_2+(R_1+R_2)}\right\}\cdots(26)$$

● 高域最小状態のゲイン$G_{H\min}$［dB］

$$G_{H\min}=20\log_{10}\left\{\frac{R_2}{2\pi fC_2R_1R_2+(R_1+R_2)}\right\}\cdots(27)$$

● 高域が上昇する周波数f_{Hh}［Hz］

$$f_{Hh}=\frac{1}{2\pi C_1R_1}\cdots\cdots(28)$$

● 高域が下降する周波数$f_{H\ell}$［Hz］

$$f_{H\ell}=\frac{1}{2\pi C_2R_2}\cdots\cdots(29)$$

● 周波数特性がフラットになる条件

$VR_{1a}:VR_{1b}=C_2:C_1=R_1:R_2$

▶低域のゲインをコントロールする回路の定数

● 低域最大状態のゲイン$G_{L\max}$［dB］

$$G_{L\max}=20\log_{10}\left(\frac{VR_2R_2}{R_4+VR_2+R_5}\right)\cdots\cdots(30)$$

● 低域最小状態のゲイン$G_{L\min}$［dB］

$$G_{L\min}=20\log_{10}\left(\frac{R_5}{R_4+VR_2+R_5}\right)\cdots\cdots(31)$$

● 低域が上昇する周波数f_{Lh}［Hz］

$$f_{Lh}=\frac{1}{2\pi C_4R_5}\cdots\cdots(32)$$

● 低域が下降する周波数$f_{L\ell}$［Hz］

$$f_{L\ell}=\frac{1}{2\pi C_3R_4}\cdots\cdots(33)$$

● 周波数特性がフラットになる条件

$VR_{2a}:VR_{2b}=C_4:C_3=R_4:R_5$

実際には，高域と低域でゲインが最大になるように両者を組み合わせた**図12**の回路にすることが多いと思います．組み合わせた場合，R_1，R_2はR_3，R_4で共用されるので，図上にはありません．この場合，$R_1=R_4$，$R_2=R_5$になるように定数を決定する必要があります．また，R_3とR_6は互いの干渉を避けるための抵抗です．これらは実際にはなくても支障はほとんどありません．

実際に使用する場合を考えます．ボリュームの中央値でフラットな特性とすると，普通のBカーブのボリュームを使用した場合，最大でも±6 dBしか調整で

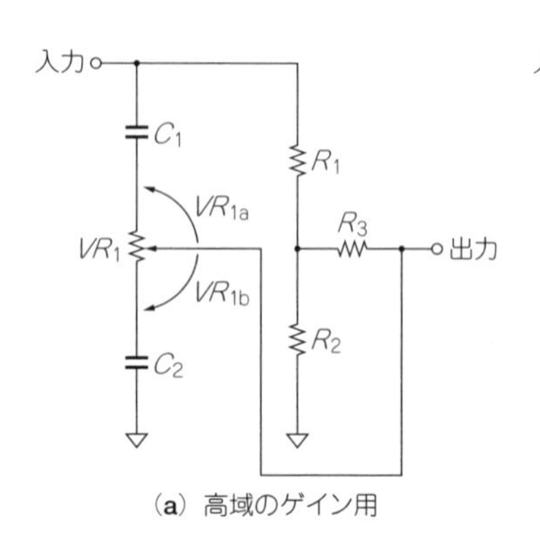

(a) 高域のゲイン用　(b) 低域のゲイン用

図14
ゲインの周波数特性を調整する回路
原理的にゲインを持ち上げられない．ある程度ゲインを下げたところを基準にしてゲインを持ち上げる場合は1倍に近付ける

きません(Bカーブのボリュームは中央で$VR_{1a}=VR_{1b}$になるため)．Aカーブのボリュームを用いると中央で85：15程度となるので，変化量を大きく取ることができます．　〈丹下 昌彦〉

降圧型DC-DCコンバータ

● 計算式

出力リプル電圧V_R［V］と，平滑コンデンサのリプル電流I_{CRMS}［A］は，次式で求まります．

▶*ESR*が大きいとき

$$V_R=\frac{(V_{in}-V_{out})D}{L\,f_{SW}}R_{ESR} \cdots\cdots (34)$$

▶*ESR*が小さく無視できるとき

$$V_R=\frac{1}{8}\times(1-D)\frac{V_{out}}{LC\,f_{SW}{}^2} \cdots\cdots (35)$$

▶平滑コンデンサのリプル電流

$$I_{CRMS}=\frac{\Delta I_L}{\sqrt{3}}=\frac{(V_{in}-V_{out})D}{\sqrt{3}\,L\,f_{SW}} \cdots\cdots (36)$$

● 算出の手引き

図15に，出力リプル電圧と，平滑コンデンサのリプル電流を求めるための基本回路と各パラメータを示します．

▶*ESR*が大きいとき

負荷抵抗R_Lの効果を無視すると$I_C=\Delta I_L$(交流分)として，

$$V_R=\Delta I_L\,R_{ESR} \cdots\cdots (37)$$

$$\Delta I_L=\frac{V_{in}-V_{out}}{L}D\,T_{SW}$$

これを変形すると式(34)となります．

▶*ESR*が小さく無視できるとき

LCフィルタの共振周波数f_0を，

$$f_o=\frac{1}{2\pi\sqrt{LC}} \cdots\cdots (38)$$

とします．$f_{SW}\gg f_0$なので周波数比の自乗分の1となり，次式のようになります．

$$V_R=\frac{\pi^2}{2}(1-D)\left(\frac{f_o}{f_S}\right)^2 V_{out} \cdots\cdots (39)$$

これを変形すると式(35)となります．

● 実際の設計

与える条件を前出の降圧型コンバータのインダクタンスを求めるときと同じにして，出力リプル電圧V_Rを求めます．

実際の設計においては，最大出力リプル電圧を与えて(一般的に最大出力リプル電圧のピーク・ツー・ピーク値は出力電圧V_{out}の1％以下)この値になるような平滑コンデンサCを求めます．

Cに一般的なアルミ電解コンデンサを使用すると，*ESR*(等価直列抵抗)が大きくなります．V_Rはインダクタ電流リプルΔI_Lと*ESR*の積になります．*ESR*は温度が低下すると急増するため，使用温度範囲の下限の*ESR*でコンデンサを選択します．

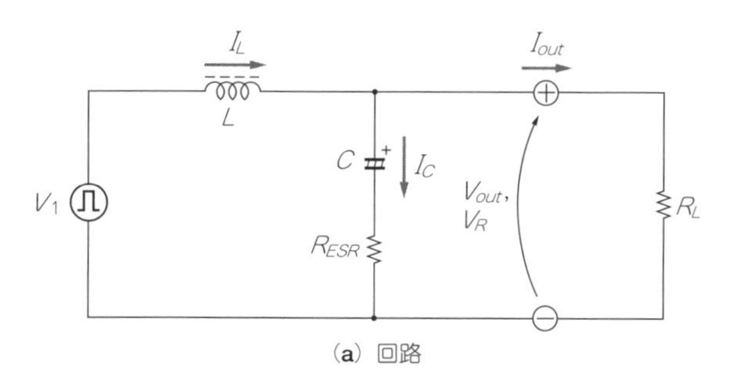

(a) 回路

▶設計仕様で与える条件
- V_{in} ($V_{in\,min}$～$V_{in\,max}$)：直流入力電圧(範囲)［V］
- V_{out}：直流出力電圧［V］
- I_{out}：直流出力電流［A］
- f_{SW}：スイッチング周波数［Hz］

▶計算の途中で使用するパラメータ
- $I_{L\,ave}=I_{out}$：インダクタ電流の平均値［A］
- $I_{L\,max}$：最大インダクタ電流［A］
- T_{ON}：スイッチング・オン時間［s］
- T_{OFF}：スイッチング・オフ時間［s］
- D：デューティ・サイクル

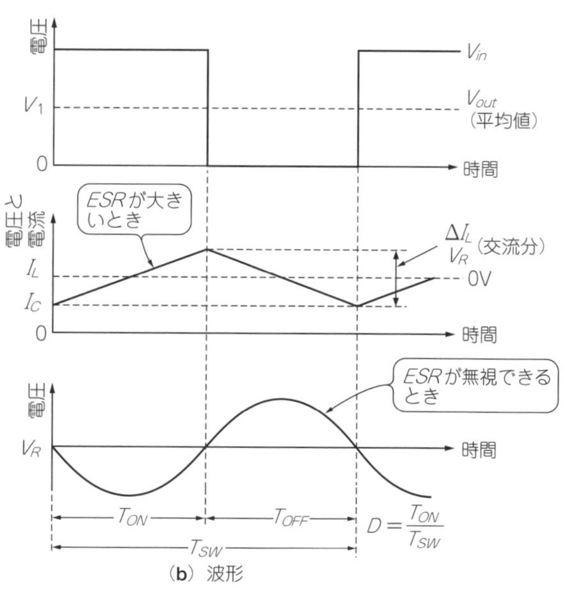

(b) 波形

図15　降圧型DC-DCコンバータのリプル電圧と平滑コンデンサのリプル電流の算出に使うパラメータ

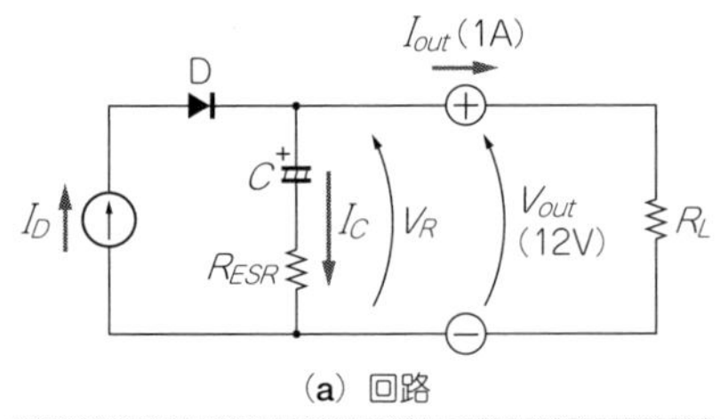

(a) 回路

( )内はV_{in}=5V, V_{out}=12V, I_{out}=1A, f_{SW}=100kHz, (C=1000μF, R_{ESR}=29mΩ)または(C=100μF, R_{ESR}=0Ω)のときの値

▶設計仕様で与える条件
- V_{in} ($V_{in\min}$ ～ $V_{in\max}$)：直流入力電圧(範囲)[V]
- V_{out}：直流出力電圧[V]
- I_{out}：直流出力電流[A]
- f_{SW}：スイッチング周波数[Hz]

▶計算の途中で使用するパラメータ
- I_{Lave}：インダクタ電流の平均値[A]
- $I_{L\max}$：最大インダクタ電流[A]
- T_{ON}：スイッチング・オン時間[s]
- T_{OFF}：スイッチング・オフ時間[s]
- D：デューティ・サイクル

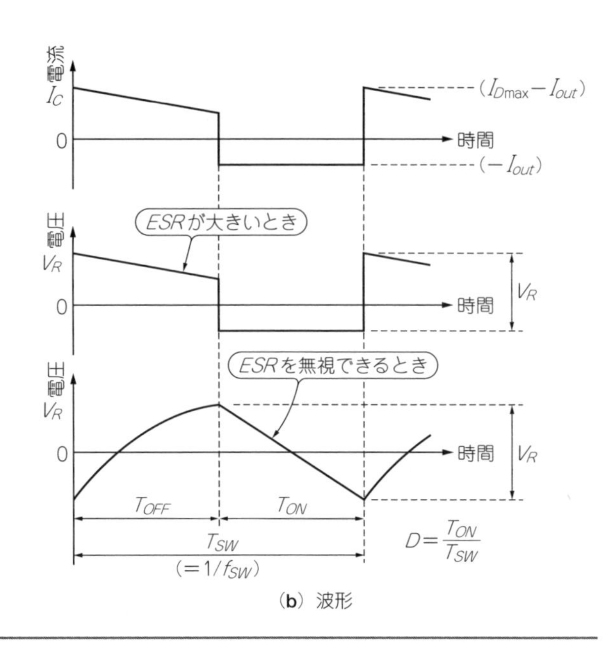

(b) 波形

図16　出力抵抗が一定の非反転アンプの抵抗値を求める

Cにセラミック・コンデンサなどのESRが無視できるほど小さなものを使用すると，V_RはLCロー・パス・フィルタの減衰特性から求められます．セラミック・コンデンサは印加直流電圧が増加すると容量が急減するため，この容量低下を見込んだ値とします．

降圧型コンバータの場合，平滑コンデンサのリプル電流I_{CRMS}は無視できるほど小さいのが一般的ですが，確認のためコンデンサの許容リプル電流以下であることを見ておきます．平滑コンデンサのリプル電流は式(36)で求まります．〈馬場 清太郎〉

昇圧型DC-DCコンバータ

● 計算式

出力リプル電圧V_R [V] と，平滑コンデンサのリプル電流I_{CRMS} [A] は，次式で求まります．

▶*ESR*が大きいとき

$$V_R=\frac{I_{out}\,V_{out}}{\eta\,V_{in}}\left(1+\frac{K}{2}\right)R_{ESR}(=90\ \mathrm{mV_{P\text{-}P}})\cdots(40)$$

▶*ESR*が小さく無視できるとき

$$V_R=\frac{I_{out}\,D}{C\,f_{SW}}(=56\ \mathrm{mV_{P\text{-}P}})\cdots\cdots(41)$$

▶平滑コンデンサのリプル電流

$$I_{CRMS}=\sqrt{I_D^2-I_{out}{}^2}$$
$$=I_{out}\sqrt{\left(\frac{V_{out}}{\eta\,V_{in}}\right)^2(1-D)\left(1+\frac{K^2}{12}\right)-1}$$
$$(=1.47\ \mathrm{A})\cdots\cdots(42)$$

● 算出の手引き

図16に，出力リプル電圧と，平滑コンデンサのリプル電流を求めるための基本回路と各パラメータを示します．

▶*ESR*が大きいとき

負荷抵抗R_Lの効果を無視すれば，出力リプル電圧は次式で得られます．

$$V_R=I_{D\max}R_{ESR}=I_{L\mathrm{ave}}R_{ESR}\left(1+\frac{K}{2}\right)\cdots\cdots(43)$$

となります．

▶*ESR*が小さくて無視できるとき

$$I_{out}=C\frac{dV_R}{dt}\fallingdotseq C\frac{V_R}{D\,T_{SW}}$$
$$\therefore V_R=\frac{I_{out}}{C}D\,T_{SW}\cdots\cdots(44)$$

と変形して，式(41)となります．

● 実際の設計

Cの決め方は降圧コンバータの場合と同じです．

昇圧型DC-DCコンバータの平滑コンデンサに流れるリプル電流I_{CRMS}は，降圧型に比べて大きいです．このリプル電流を許容するコンデンサを選ぶと，出力リプル電圧が仕様値よりも大幅に小さくなることがあります．電源としては，出力リプル電圧は小さいほど望ましいので好都合です．

平滑コンデンサの容量は，出力リプル電圧の許容値と，許容リプル電流の両方を満足するように決める必

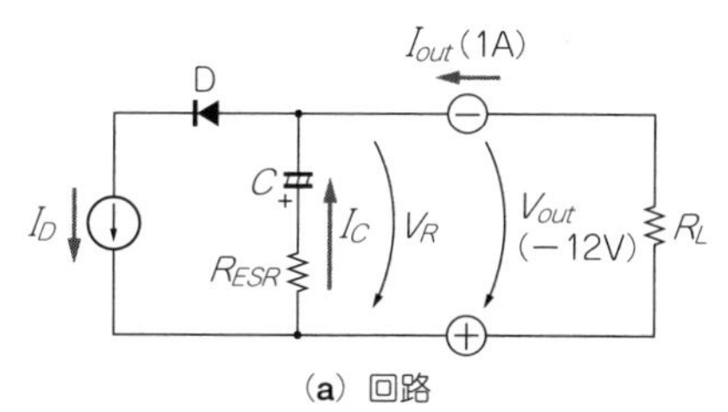

(a) 回路

( )内はV_{in}=12V, V_{out}=−12V, I_{out}=1A, f_{SW}=100kHz, (C=1000μF, R_{ESR}=29mΩ)または(C=100μF, R_{ESR}=0Ω)のときの値

▶設計仕様で与える条件
- V_{in} (V_{inmin}〜V_{inmax}):直流入力電圧(範囲)[V]
- V_{out}:直流出力電圧[V]
- I_{out}:直流出力電流[A]
- f_{SW}:スイッチング周波数[Hz]

▶計算の途中で使用するパラメータ
- I_{Lave}=I_{out}:インダクタ電流の平均値[A]
- I_{Lmax}:最大インダクタ電流[A]
- T_{ON}:スイッチング・オン時間[s]
- T_{OFF}:スイッチング・オフ時間[s]
- D:デューティ・サイクル

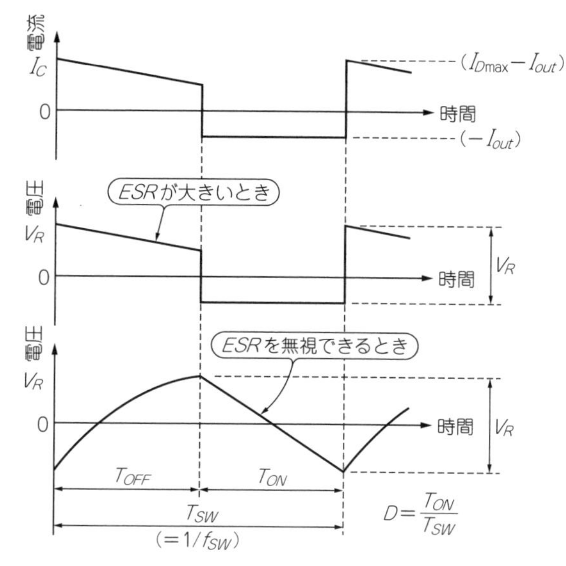

(b) 波形

図17 反転型DC-DCコンバータのリプル電圧と平滑コンデンサのリプル電流の算出に使うパラメータ

要があります.

〈馬場 清太郎〉

反転型DC-DCコンバータ

● 計算式

出力リプル電圧V_R [V] と, 平滑コンデンサのリプル電流I_{CRMS} [A] は, 次式で求まります.

▶*ESR*が大きいとき

$$V_R = \frac{I_{out}\ V_{out}}{\eta V_{in}}\left(1+\frac{K}{2}\right)R_{ESR}(=72\ \mathrm{mV_{P\text{-}P}})\ \cdots\ (45)$$

▶*ESR*が小さく無視できるとき

$$V_R = \frac{I_{out}\ D}{C\ f_{SW}}(=51\ \mathrm{mV_{P\text{-}P}})\ \cdots\cdots\ (46)$$

▶平滑コンデンサのリプル電流

$$I_{CRMS} = I_{out}\sqrt{\left(\frac{V_{out}}{\eta D V_{in}}\right)^2(1-D)\left(1+\frac{K^2}{12}\right)-1}\ \cdots\cdots\ (47)$$

● 算出の手引き

図17に, 出力リプル電圧と, 平滑コンデンサのリプル電流を求めるための回路と各パラメータを示します.

▶*ESR*が大きいとき

負荷抵抗R_Lの効果を無視すれば, 出力リプル電圧を次式で得られます.

$$V_R = I_{D\max} R_{ESR} = I_{Lave} R_{ESR}\left(1+\frac{K}{2}\right)\cdots\cdots\ (48)$$

▶*ESR*が小さくて無視できるとき

$$I_{out} = C\frac{dV_R}{dt} \doteqdot C\frac{V_R}{D\ T_{SW}}$$

$$\therefore V_R = \frac{I_{out}}{C} D\ T_{SW}\ \cdots\cdots\ (49)$$

変形して, 式(46)となります.

● 実際の設計

与える条件を反転型コンバータのインダクタンスを求めるときと同じにして, 出力リプル電圧V_Rを求めます.

平滑コンデンサCの選択方法は, 降圧型コンバータと同じです. 反転型コンバータの場合, 平滑コンデンサのリプル電流I_{CRMS}は大きくて, 許容リプル電流以下になるようなコンデンサを選択すると, 出力リプル電圧が必要限度値よりも小さくなることがあります.

平滑コンデンサは, 許容出力リプル電圧以下で許容リプル電流以下のものを選択します.

〈馬場 清太郎〉

(初出:「トランジスタ技術」2010年5月号 特集)

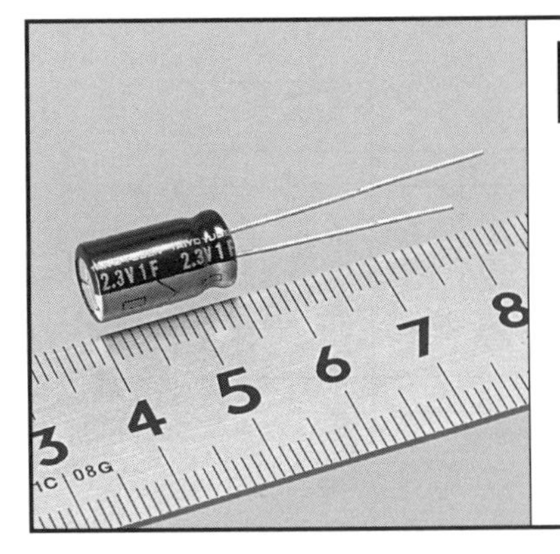

Appendix 2

コンデンサの定数計算式集

コンデンサの容量から寿命の計算まで

出力リプルとコンデンサの容量/ESRの関係式

表1と**表2**に示すのは，DC-DCコンバータの出力電圧に含まれるリプル電圧を計算する式です．出力リプル電圧が目標値以下になるコンデンサの容量を知りたいときに使います．**出力リプル電圧は，使うコンデンサの容量と等価直列抵抗(*ESR*)，等価直列インダクタンス(*ESL*)によって大きく変化します．**

*ESL*の影響がない場合は，出力リプル電圧は**表1**で算出した値と，**表2**で求めた値を足した大きさになります．アルミ電解のように，*ESR*が数百mΩと大きく，容量が大きい場合，出力リプル電圧は，**表1**に記載された式で求めた値になります．**表2**の値が**表1**に対して無視できるほど小さな値になるからです．積層セラミック・コンデンサのように*ESR*が数mΩと小さい場合は，**表1**に示された式で出力リプル電圧が求まります．これは**表2**の値が無視できるからです．昇圧型や反転型の場合は，出力コンデンサの充放電電流は連続ではないので，コンデンサの*ESL*の影響でスパイク・ノイズが発生します．降圧型の場合は充放電電流は連続ですが，発振周波数が高く，インダクタンスが小さくなると*ESL*の影響が出てきます．

〈花房 一義〉

表1 DC-DCコンバータの出力部に取り付けるコンデンサの容量とリプル電圧の関係式

回路方式	出力電圧に重畳するリプル電圧 V_{ORC}
降圧型	$V_{RCO}=\dfrac{\Delta I_L}{8C_{out}f_{SW}}=\dfrac{(V_{in}-V_{out})V_{out}}{8C_{out}f_{SW}Lf_{SW}V_{in}}$
昇圧型	$V_{RCO}=\dfrac{I_{out}D}{C_{out}f_{SW}}=\dfrac{I_{out}(V_{out}-V_{in})}{C_{out}f_{SW}V_{out}}$
反転型	$V_{RCO}=\dfrac{I_{out}D}{C_{out}f_{SW}}=\dfrac{I_{out}\lvert V_{out}\rvert}{C_{out}f_{SW}(\lvert V_{out}\rvert+V_{in})}$

表2 DC-DCコンバータの出力部に取り付けるコンデンサの等価直列抵抗*ESR*とリプル電圧の関係式

回路方式	出力電圧に重畳するリプル電圧 V_{ROESR}
降圧型	$V_{ROESR}=\Delta I_L R_{ESR}=\dfrac{(V_{in}-V_{out})V_{out}}{Lf_{SW}V_{in}}R_{ESR}$
昇圧型	$V_{ROESR}=I_{L\,\max}R_{ESR}$ $=\left\{I_{in}+\dfrac{1}{2}\times\dfrac{(V_{out}-V_{in})V_{in}}{Lf_{SW}V_{out}}\right\}R_{ESR}$
反転型	$V_{ROESR}=I_{L\,\max}R_{ESR}$ $=\left\{I_{in}+I_{out}+\dfrac{1}{2}\times\dfrac{\lvert V_{out}\rvert V_{in}}{Lf_{SW}(\lvert V_{out}\rvert+V_{in})}\right\}R_{ESR}$

入出力コンデンサに流れるリプル電流の計算式

表3と**表4**に示すのは，DC-DCコンバータの入力側と出力側に接続するコンデンサに流れるリプル電流を求める式です．算出される電流値以上のリプル電流を許容するコンデンサを選びます．入力と出力のコン

表3 DC-DCコンバータの入力部に取り付けるコンデンサに流れる電流の実効値

回路方式	入力側のコンデンサに流れるリプル電流の実効値 $I_{RCI(\mathrm{RMS})}$
降圧型	$\sqrt{{I_{in}}^2+\dfrac{V_{out}}{V_{in}}\left[I_{out}(I_{out}-2I_{in})+\dfrac{1}{12}\left\{\dfrac{V_{out}(V_{in}-V_{out})}{Lf_{SW}V_{in}}\right\}^2\right.}$
昇圧型	$I_{RCI(\mathrm{RMS})}=\sqrt{\dfrac{1}{12}}\times\left\{\dfrac{(V_{out}-V_{in})V_{in}}{Lf_{SW}V_{out}}\right\}$
反転型	$\sqrt{{I_{in}}^2+\dfrac{\lvert V_{out}\rvert}{\lvert V_{out}\rvert+V_{in}}\left[{I_{out}}^2-{I_{in}}^2+\dfrac{1}{12}\left\{\dfrac{\lvert V_{out}\rvert V_{in}}{Lf_{SW}(\lvert V_{out}\rvert+V_{in})}\right\}^2\right.}$

表4 DC-DCコンバータの出力部に取り付けるコンデンサに流れる電流の実効値

回路方式	出力側のコンデンサに流れるリプル電流の実効値 $I_{RCO(\mathrm{RMS})}$
降圧型	$\sqrt{\dfrac{1}{12}}\left\{\dfrac{(V_{in}-V_{out})V_{out}}{Lf_{SW}V_{in}}\right\}$
昇圧型	$\sqrt{{I_{out}}^2+\dfrac{V_{in}}{V_{out}}\left[I_{in}(I_{in}-2I_{out})+\dfrac{1}{12}\left\{\dfrac{(V_{out}-V_{in})V_{in}}{Lf_{SW}V_{out}}\right\}^2\right.}$
反転型	$\sqrt{{I_{out}}^2+\dfrac{V_{in}}{\lvert V_{out}\rvert+V_{in}}\left[{I_{in}}^2-{I_{out}}^2+\dfrac{1}{12}\left\{\dfrac{\lvert V_{out}\rvert V_{in}}{Lf_{SW}(\lvert V_{out}\rvert+V_{in})}\right\}^2\right.}$

デンサには，電解やタンタル，機能性高分子，大容量積層セラミックなどが使われており，許容リプル電流を規定しているものもあります．

表3と**表4**は，変換効率が100％としたときの式です．実際には，求めた値を予定効率で割り，マージン分を加えたリプル電流を許容する値のコンデンサを選びます．コンデンサによっては，突入電流が規定されている場合があります．これらのコンデンサは，DC-DCコンバータの入力部や，昇圧型コンバータの出力部に使うときに確認する必要があります．

〈花房 一義〉

整流回路の平滑コンデンサの容量とリプル電圧

図1に示すのは，コンデンサ・インプット型の全波整流回路(**図2**)の平滑コンデンサ(C_X)の最低容量の目安です．コンデンサ両端の電圧は直線的に低下すると仮定しています．計算式は次のとおりです．

$$C_X = \frac{t_{chg}}{V_R} I_{out}$$

ただし，C_X：コンデンサ容量［F］，
t_{chg}：充電間隔(10)［ms］，
V_R：許容リプル電圧［V］，
I_{out}：出力電流［A］

例えば，出力電流1 Aでリプル電圧が10 Vまで許容できる場合は，最低でも1000 μFのコンデンサが必要です．このくらいの容量が必要なときは，高誘電率系のセラミックや電解を選ぶことが多いのですが，許容誤差や温度特性が大きいので，余裕をもった容量にします．

コンデンサには許容できるリプル電流の限度がありますから，1個で間に合わない場合は複数を並列接続します．電解コンデンサは，温度が上がると電解液の蒸発が進んで寿命が短くなります．温度上昇の原因であるリプル電流が小さくなるように，十分余裕をもった容量とします．

〈西形 利一〉

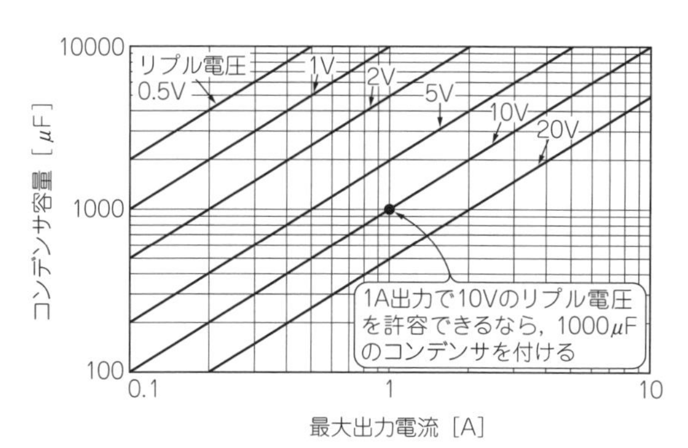

図1　全波整流回路のリプル電圧と平滑コンデンサの容量

連続運転時の電解コンデンサの寿命の計算式

電解コンデンサの寿命は，小型品，中型品，大型品に分けて計算します．

小型品は，主としてマイコン・ボードなどの直流電源部のラインに実装するタイプで，φ16以下です．日本ケミコンなら例えばLXY，KMGシリーズ，ニチコンならVZシリーズです．中型品は，基板実装ができるコンデンサでねじ端子でないタイプです．大型品はねじ端子形です．

寿命の計算方法には，次の二つの方法があります．

(1) コンデンサに流入するリプル電流から計算する
(2) コンデンサ側面の温度から推定する

■ 小型電解コンデンサの寿命を見積る

● 計算方法

(1) リプル電流からコンデンサの中心部の温度上昇を求めて寿命を推定する

まず，コンデンサ中心部の温度上昇ΔT_C［℃］を次式で求めます．

$$\Delta T_C = \frac{I_R{}^2 \tan\delta}{\beta \times 10^{-3} \times \omega CS} = \frac{I_R{}^2 R_e}{\beta \times 10^{-3} \times S} \cdots\cdots (1)$$

$$R_e = \frac{\tan\delta}{\omega C} \cdots\cdots (2)$$

$$S = (\pi/4) \times D(D + 4L) \cdots\cdots (3)$$

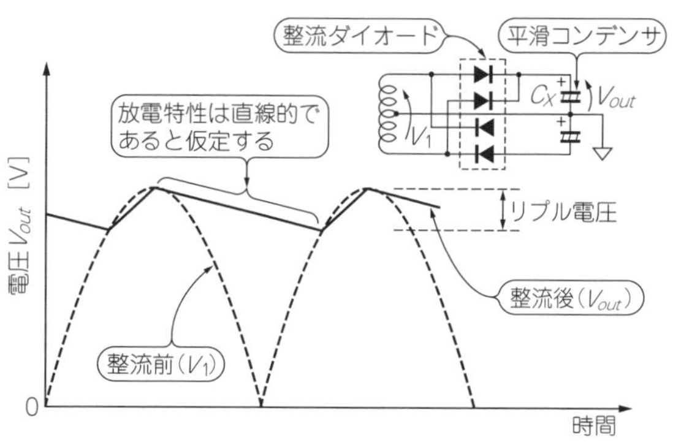

図2　図1の条件(放電特性を直線的と考える)
全波整流回路はリプルを含んだ電圧を出力する

表5　コンデンサ内部の発生電力に対し単位面積当たりどのくらい放熱されるかを示す放熱定数β

ケース径［mm］	放熱定数β
5	2.18
6.3	2.16
8	2.13
10	2.1
12.5	2.05
16	2.00
18	1.96
20	1.93
22	1.88
25	1.84
30	1.75

表6　コンデンサ内部の中心温度に対する表面温度への換算比率係数α

ケース径［mm］	α
5	1
6.3	1
8	0.94
10	0.9
12.5	0.85
16	0.80
18	0.77
20	0.75
22	0.74
25	0.71
30	0.67

表7　この条件で小型電解コンデンサの寿命を計算してみる

●使用部品	
型名	UVZ1H102MED
メーカ名	ニチコン
容量	1000 μF
定格電圧	50 V
寿命	1000時間@105 ℃
許容リプル電流	950 mA
ケース・サイズ	φ12.5×L25 mm（β＝2.05）
tan δ	0.12
●使用条件	
平均周囲温度	30 ℃
加わる電圧	24 V_{DC}
リプル電流I_R	700 mA
スイッチング周波数	100 kHz

ただし，β：ケースの放熱定数［W/℃ cm^2］，
R_e：コンデンサの等価抵抗［Ω］，
I_R：リプル電流の実効値［A_{RMS}］，
$\tan\delta$：誘電正接（データシートを参照），
C：静電容量［F］，
β：放熱定数（**表7**の値×10^{-3}）［W/℃ cm^2］，
S：ケース表面積［cm^2］，
D：コンデンサの外径［cm］，
L：長さ［cm］

放熱定数βとは，コンデンサ内部で発熱する電力に対し，単位面積当たりどのくらい熱が放出されるかを示す係数で，**表5**から求めます．ケースの径が大きくなるほどコンデンサ内部が放熱されにくくなります．

ΔT_Cが求まったら，次式から寿命Lを求めます．

$$L = L_O \times 2^{(T_O + 5 - T_A - \Delta T_C)/10} \cdots\cdots (4)$$

ただし，L_O：データシートに記載のある上限温度における寿命［時間］，T_O：上限温度［℃］，
T_A：コンデンサの周囲温度［℃］

(2)　コンデンサのケース温度を実測して中心部の温度上昇を算出し寿命を推定する

ケース表面温度上昇をΔT_S［℃］，ケース中心部温度上昇ΔT_C［℃］とすると次式が成り立ちます．

$$\Delta T_C = \frac{\Delta T_S}{\alpha} \cdots\cdots (5)$$

ここでαは，コンデンサ内部の中心温度に対する表面温度の換算比率係数です．中心温度はケース表面より同等か高くなります．

表6から使用するコンデンサのサイズからαの値を参照してΔT_Cを求め，下記に挿入すると寿命L［時間］が求まります．

$$L = L_O \times 2^{(T_O + 5 - T_A - \Delta T_C)/10} \cdots\cdots (6)$$

●計算例

表7に示す条件で寿命を計算してみます．

▶上記(1)の方法

コンデンサのカタログに記されている$\tan\delta$を式(2)に代入して，R_e［Ω］を求めます．

$$R_e = \frac{0.12}{2\pi \times 120 \times 100 \times 10^{-6}} = \frac{120}{75.36} = 1.6\ [\Omega]$$

カタログで表記されている$\tan\delta$は120 Hzのときの値なので，使用する周波数（100 kHz）による補正をします．ここでは補正係数を1.4とします．

$$R_e = 1.6/1.4 = 1.14\ [\Omega]$$

式(3)からケースの表面積Sを求めます．

$$S = (\pi/4) \times D(D + 4L) = 0.98 \times 11.25 = 11\ [\mathrm{cm^2}]$$

式(1)から温度上昇ΔT_Cは次のように求まります．

$$\Delta T_C = \frac{0.7^2 \times 1.14}{2.05 \times 10^{-3} \times 11} = 25\ [℃]$$

25 ℃を式(6)に挿入すると寿命が次のように求まります．

$$L = 1000 \times 2^{(105 + 5 - 30 - 25)/10} = 45255\ [時間]$$

連続運転で約5.2年と推定できます．ただし，カタログの許容最高温度より低いからということで，許容リプル電流に補正係数を掛けて電流を多く流すことがあります．そのときは自己発熱が大きくなり，上記の計算式より短くなります．自己発熱は25 ℃（周囲温度65 ℃までの場合）以下にするのが安全です．

▶上記(2)の方法

表6からαを求めて，式(5)に代入すると次のように温度上昇ΔTが求まります．

$$\Delta T_C = \frac{50-30}{0.85} = 24 \text{ [℃]}$$

これを式(6)に挿入すると，寿命Lが次のように求まります．

$$L = 1000 \times 2^{(105+5-30-24)/10} = 48503 \text{ [時間]}$$

連続運転で約5.5年と推定できます．**表7**のαは，部品の実装密度や環境条件によって変わります．理由は，コンデンサ単体の場合と周辺に部品がある場合とでは，自然流体の空気の流れが変わるからです．近傍に発熱部品があると，コンデンサの片側だけがホット・スポットになり，**表6**に示す条件とは異なります．このような場合は，コンデンサ内部の温度を実際に測定して決める必要があります．

■ 中型電解コンデンサの寿命の見積もり

● 計算方法

中型品の場合は，コンデンサの内部(可能な限り中心部)の温度を実測して，その値を使って寿命を計算します．寿命L［時間］は次式で求まります．

$$L = L_O \times 2^{(T_O+5-T_A-T_M)/10} \times \left(\frac{V_{out}}{V_M}\right)^{2.5} \cdots\cdots (7)$$

ただし，T_M：実測で得られる温度上昇(自己発熱)［℃］，
T_O：最高使用温度(105)［℃］，
T_A：コンデンサ周囲温度［℃］，
V_{out}：定格電圧［V］，
V_M：コンデンサに実際に加わる電圧［V］

式(7)は，定格電圧DC300V以上のコンデンサに利用できます．

表8 この条件で中型電解コンデンサの寿命を計算してみる

● 使用部品	
型名	HU32G471MCAWPEC
メーカ名	日立AIC
容量	470 μF
定格電圧	400 V
寿命	2000時間105 ℃
許容リプル電流	1.97 A
ケース・サイズ	ϕ 35×L45 mm
● 使用条件	
平均周囲温度	40 ℃
直流電圧	300 V
周囲温度	最高60 ℃
コンデンサの内部中心温度	85 ℃(実測)

● 計算例

表8に示す条件で寿命を計算してみます．自己発熱T_Mは次式で求まります．

$$T_M = 85 - 60 = 25 \text{ [℃]}$$

寿命Lは次のとおりです．

$$L = 2000 \times 2^{(105+5-40-25)/10} \times \left(\frac{400}{300}\right)^{2.5} = 90400 \text{ [時間]}$$

連続運転で約10年と推定できます．

〈丁子谷 一〉

◆参考文献◆

(1) ニチコン㈱；「アルミニウム電解コンデンサの概要」．
(2) ニチコン㈱；アルミニウム電解コンデンサテクニカルノートCAT.1101F.

(初出：「トランジスタ技術」2010年6月号 特集)

コンデンサ 3端子レギュレータの入力側コンデンサは必須

● レギュレータの入力に抵抗を追加したら発振

表面実装部品を使って，**図1**に示す電源回路を基板に実装しました．マイコンの＋5V電源を3端子レギュレータで供給するものです．

マイコンはせいぜい数十mA程度の電流しか消費しませんが，＋12Vから＋5Vへ電圧を下げるため，消費電力がそこそこ大きく，表面実装タイプの3端子レギュレータ(TA78L05F)では発熱に耐えられそうもありません．そこで図のように，直列に100Ωの抵抗R_1を追加して，電力の一部を分担させました．

基板ができ上がり，テストのため早速電源を入れました．すると＋5Vの電圧波形が安定せず，ごそごそと変動しているようです．マイコンの消費電流によるものなのでしょうか？

確認するために，オシロスコープをACモードに切り替えて，電圧レンジを上げて詳しく観察すると，**図2**に示すような波形が観測されました．周期やそのほかの条件から考えて，どうもマイコンによるものではなさそうです．「もしや3端子レギュレータが発振している？」その後の調べで，この予想は的中しました．

● 3端子レギュレータは入力コンデンサがあることを前提に作られている

出力側コンデンサ(C_5)に使った等価直列抵抗の小さいタンタル・コンデンサを疑って，コンデンサの種類を変えましたが発振は止まりません．そうこうしているうちに，**直列抵抗R_1の両端をピンセットでショートしてみたら，発振が止まる**ことを突き止めました．

そうなのです．やるべきことをやっていなかったのです．つまり**図3**のように**3端子レギュレータICの入力側には，出力側と同様に必ずコンデンサが必要**なのです．なぜなら3端子レギュレータの内部回路は，入力側が交流的に短絡になっていることを前提として設計されているからです．

このことは知っていたのですが，R_1が100Ωと値が低いことと，同シリーズで1Aまで出力できるTO-220タイプ品(TA7805S)では，入力側コンデンサを省略しても発振した経験がなかったため，ついスペースとコストダウンを優先して省略してしまったのです．

改めてTA78L05Fのデータシートを見ました．するとTO-220タイプと違う内部回路で，ずいぶんと簡素化されています．つまり単なるパッケージ違いではなく，回路からして違うものだったのです．

● 具体的な対策

図3に示すように，3端子レギュレータICの入力側に10μFのリード型電解コンデンサを設けました．残念ながら，このセットではパターンの都合でチップ・コンデンサを追加できず，この部分だけ唯一リード部品になってしまいました．

新人のころ先輩から「**3端子レギュレータは，入力コンデンサがないと発振しやすいが，出力コンデンサはなくても発振することは少ない**」と言われたことを思い出しました．

〈浜田 智〉

(初出：「トランジスタ技術」2005年11月号)

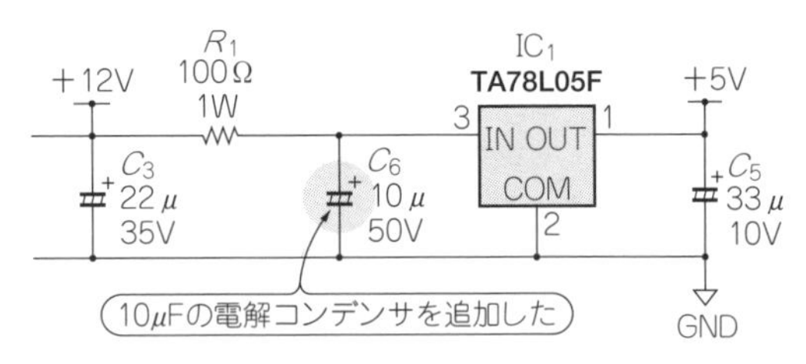

図3 10μFの電解コンデンサをIC_1の入力に追加して対策した

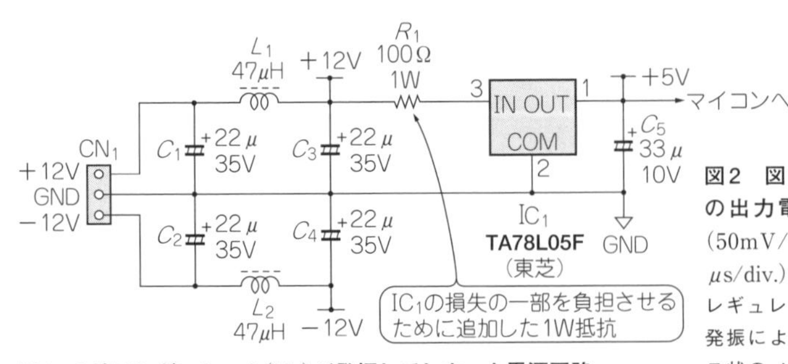

図1 3端子レギュレータ(IC_1)が発振してしまった電源回路
IC_1は許容損失が小さい表面実装タイプなので入力に1W抵抗を追加した

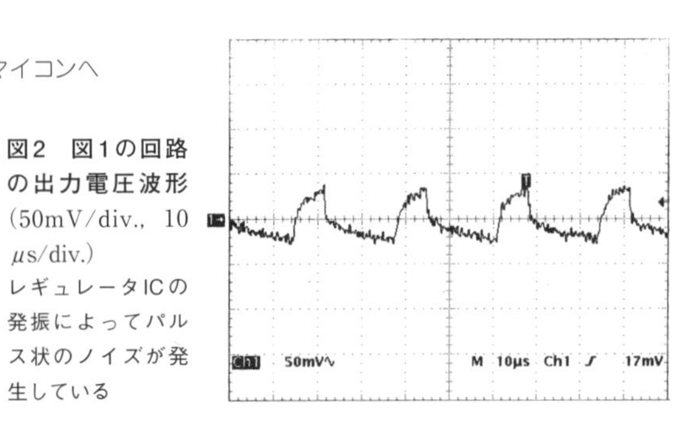

図2 図1の回路の出力電圧波形
(50mV/div.，10μs/div.)
レギュレータICの発振によってパルス状のノイズが発生している

第3部
ダイオード

　ダイオードは，電流を片方向にしか流さないという整流作用を持つ部品です．
　この性質を利用して，交流電源を直流化する整流回路，入力電圧の正負でON/OFFが切り替わるスイッチング回路，AM（振幅変調）電波を復調する検波回路など，さまざまな用途に使われてきました．
　現在では，主に半導体のpn接合やショットキー接合を利用した接合型ダイオードやショットキー・バリア・ダイオードが用いられています．
　pn接合は，整流作用の他にも可変容量特性，定電圧特性，光電特性，発光特性などの作用を持たせることができ，それを利用して可変容量ダイオード，定電圧ダイオード，フォト・ダイオード，LEDなどさまざまなダイオードが作られています．

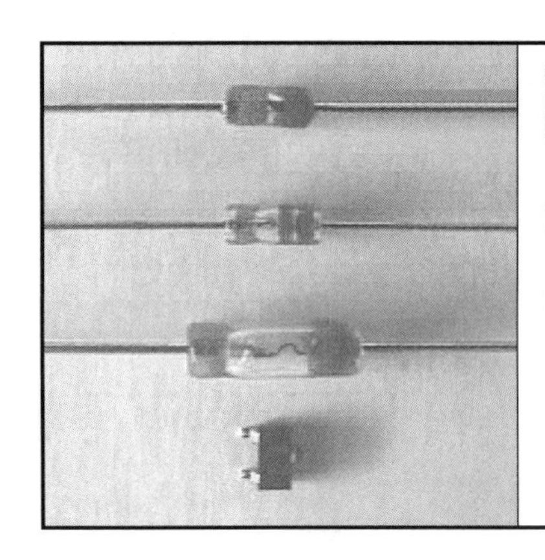

第1章 小信号用ダイオードの基礎と応用

アナログ信号やディジタル信号の流れを整える

図1(a)に示すように，電線の場合，電流は電位の高いほうから低いほうに流れます．Ⓐ点のほうがⒷ点より電位が高ければ左から右へ，Ⓑ点のほうがⒶ点より電位が高ければ右から左へ電流が流れます．ここで，電線を切ってダイオードを挿入すると，電流は左から右には流れますが，右から左には流れなくなります．このように，**ダイオードは電流の流れる方向を一方向に制御する素子**です．

将棋の駒でいえば歩兵(ふひょう)に当たる極めて単機能な素子ですが，それゆえにたくさんの用途があり，電子機器には必ずと言っていいほど使われています．使い方次第で，金将(きんしょう)以上の働きをしてくれる大切な部品です．

Ⓐ 電流 Ⓑ 5V 0V
Ⓐ 電流 Ⓑ 0V 5V
電流 Ⓐ ダイオード Ⓑ 5V 0V
Ⓐ ダイオード Ⓑ 0V 5V

(a) 電源　(b) ダイオードを挿入すると

図1　ダイオードを電線に挿入すると電流は一方向にしか流れなくなる

ダイオードとは

● 構造

トランジスタに代表される半導体を材料にして作られた電子部品は，半導体素子または半導体部品と呼ばれます．その中でもダイオード(diode)は最も基本的な構造を持ち，その多くは**P型半導体とN型半導体を接合した2端子の半導体素子です**．ダイ(di-)とは「二つの」，オード(-ode)とは「電極(electrode)」の意味があります．このPN接合のN型半導体の端子側を「**カソード**」，一方のP型半導体の端子側を「**アノード**」と呼び，アノードからカソードへは電流が流れやすく，逆にカソードからアノードにはほとんど電流が流れないという特性を持っています．これを**整流特性**と呼び，一般的な電子回路で整流やスイッチングなどの用途に数多く使われています．

図2に代表的なダイオードの構造図を，**写真1**に実際の素子の外観を示します．ほとんどのダイオードは，P型半導体とN型半導体を接合させた(**a**)のシリコンPN接合型ですが，半導体と金属の接合による(**b**)の

ダイオードは電子の一方通行道路

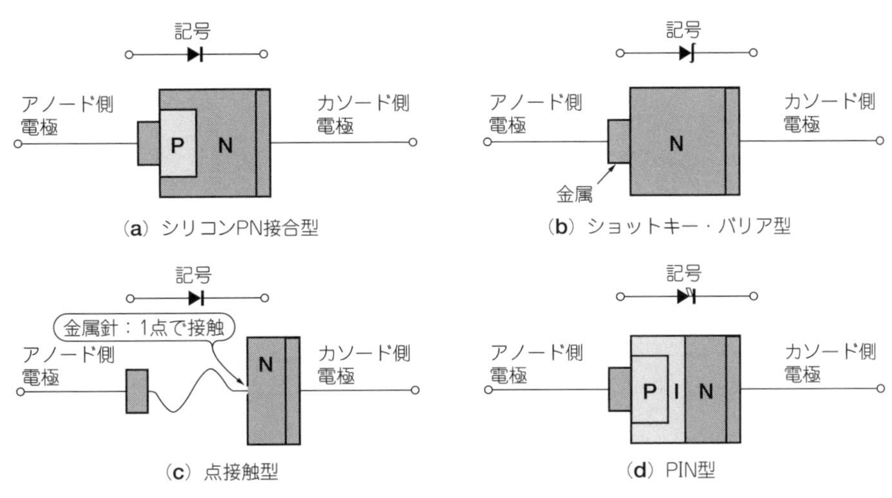

図2　四つのダイオードの内部構造

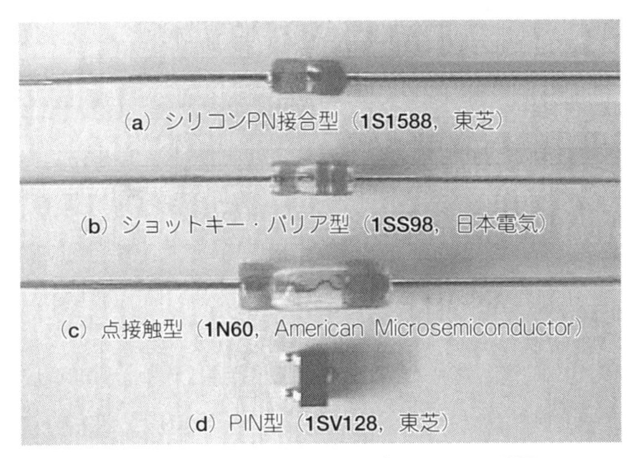

写真1　内部構造で分類された四つのダイオードの外観

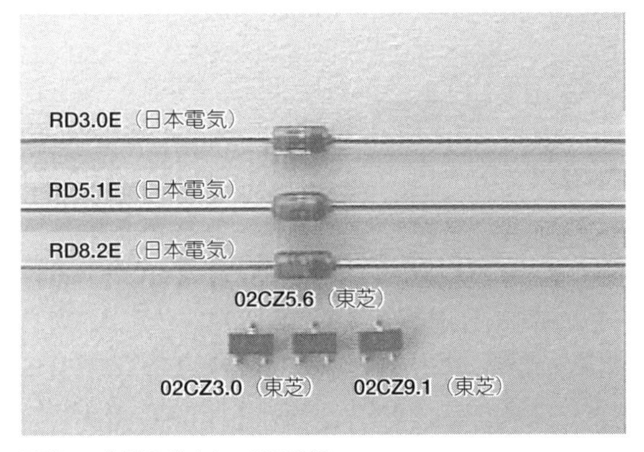

写真2　定電圧ダイオードの外観

ショットキー・バリア型や，半導体に金属針を接触させた(c)の点接触型もあります．ほかにP層とN層間に真性半導体のI層を設けてPIN型とした(d)のような構造のダイオードもあります．

● ダイオードの種類と適材適所

ダイオードと一口にいっても，多くの種類があります．用途によって次のように分類できます．

▶一般整流用ダイオード

整流，検波，スイッチングなど多くの用途に使われています．

▶整流用ダイオード

主に商用電源周波数での整流に使われます．扱う電圧や電流容量により多くの種類が作られています．

▶スイッチング用ダイオード

スイッチング・スピードが改善されています．主に商用電源周波数より高い周波数での整流回路やスイッチング回路に使われています．

▶ショットキー・バリア・ダイオード(SBD)

順電圧が小さく高速動作が可能です．スイッチング電源の整流回路や検波・周波数変換などの高周波回路に使われています．

▶定電圧ダイオード(ツェナー・ダイオード)

カソード-アノード間のブレーク・ダウン現象を利用したダイオードで，基準電圧源や定電圧回路，リミッタなどに使われます．**写真2**に代表的な定電圧ダイオードの外観を示します．

▶定電流ダイオード(CRD) (Current Regulator Diode)

電圧や負荷抵抗の大きさに関係なく一定の電流を供給するダイオードです．主に定電流回路として使います．**写真3**に代表的な定電流ダイオードの外観を示します．

▶発光ダイオード(LED)

光電効果を利用しており，順方向に電流を流すと光ります．点光源の表示ランプや7セグメントの数字表示器などに使われています．**写真4**に代表的な発光ダイオードの外観を示します．

▶可変容量ダイオード

バラクタ・ダイオードとも言います．逆電圧によってアノード-カソード端子間の容量が変化するダイオードの基本的な性質を利用する可変容量素子です．周波数シンセサイザ方式の電圧制御発振器やチューナなどの同調回路に使われています．

▶PINダイオード

順電流によって動作抵抗が変化するダイオードの基本的な性質を利用する部品です．高周波アッテネータや高周波信号の切り替えスイッチなどに使われています．

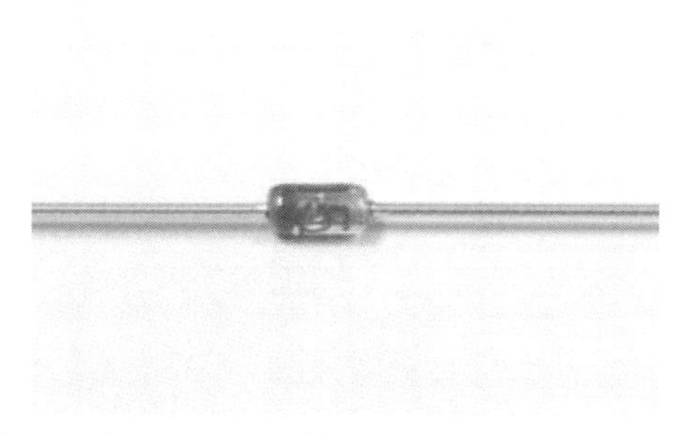

写真3　定電流ダイオードの外観(E-153, 12～18 mA, 石塚電子)

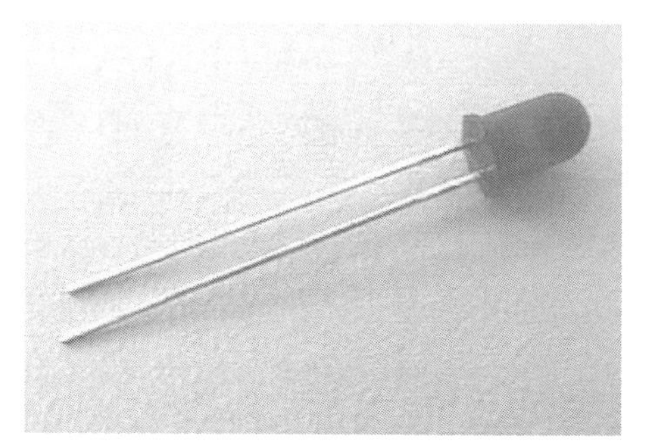

写真4　発光ダイオード(LT1874,　φ5)

コラム1　逆電圧によるブレーク・ダウンと二つの動作モード

ダイオードの逆方向に電圧を加えていくと漏れ電流が増加します．ある電圧以上になると，それが急激に増加し始めます．この現象をブレーク・ダウンといいます．「**ツェナー降伏**」と「**アバランシェ降伏**」の二つの機構からなります．

● ツェナー降伏

図A(a)に模式図を示します．逆電圧を加えると，不純物濃度を高くしたPN接合部に高電界が加わり，励起された電子がPN接合部を通り抜ける現象が発生します．これをトンネル効果と呼びます．この現象で逆電流が流れる機構を**ツェナー降伏**といいます．この機構は5～6V以下のツェナー・ダイオードで顕著に起こる現象です．

● アバランシェ降伏

逆電圧を加えると，熱的に発生した電子と正孔が強電界により運動エネルギーを得て加速されます．加速された電子は原子と衝突して，**図A(b)**に示すように，次々と新たな電子と正孔対を作り出す現象(なだれ増倍)が発生します．この現象で逆電流が流れる機構を**アバランシェ降伏**といいます．**この機構は5～6V以上のツェナー・ダイオードで顕著に起こる現象です．**

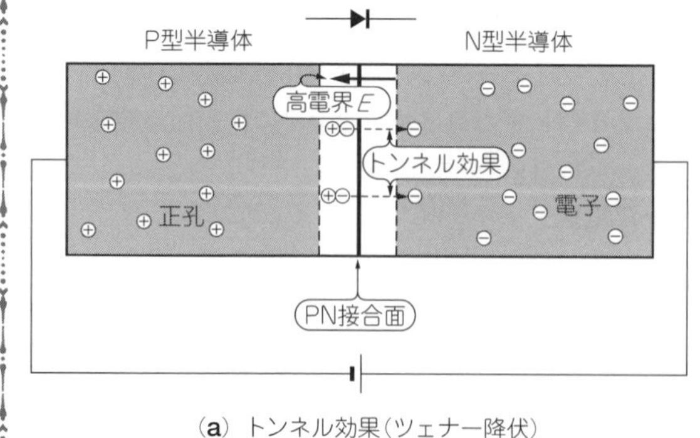

(a) トンネル効果(ツェナー降伏)

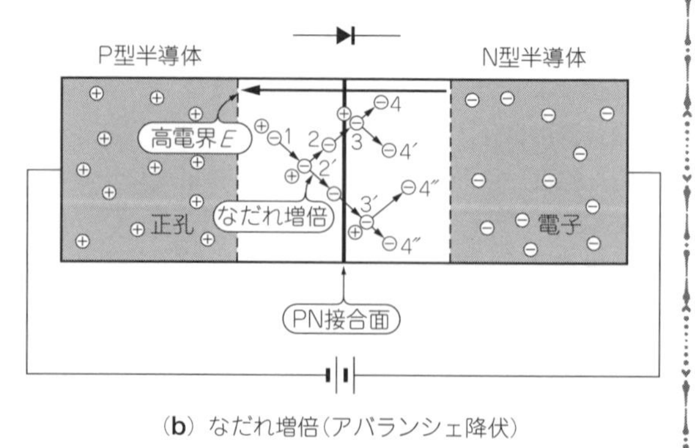

(b) なだれ増倍(アバランシェ降伏)

図A　ツェナー降伏とアバランシェ降伏

＊　＊　＊

使用する信号の大きさや周波数によって，小信号用，パワー用，低周波用，高周波用，マイクロ波用などに分けることもあります．ここでは低周波・小信号回路用ダイオードという立場から，主に一般整流用ダイオード，スイッチング用ダイオード，ショットキー・バリア・ダイオード(以下，SBD)，ツェナー・ダイオードを取り上げます．

● **基本動作**

図3に示すように，アノードからカソード方向に電流(順電流という)を流すと，電流の大きさによりますが，通常の使用条件では，**アノード-カソード間に約0.6～0.7 Vの電圧(V_F)が生じます**．これを**順電圧**と呼びます．この値は一般のシリコンPN接合型ダイオードにほぼ共通です．**ゲルマニウム・ダイオードやSBDなどは約0.2～0.3 V程度**とシリコンPN接合型に比べて小さくなっています．

逆にカソードからアノード方向に電圧(逆電圧)を加えると，今度はほとんど電流が流れません．実際にはわずかな漏れ電流(**逆電流**という)が流れます．この電流の大きさは温度によって大きく変化し，電圧によっても異なりますが，一般に常温では約1 n～1 μAです．

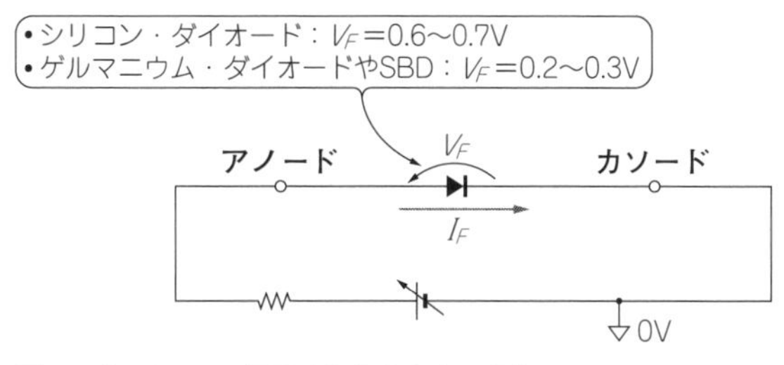

図3　ダイオードに電圧を加えたときの動作

逆電圧を大きくしていくと，ある電圧で急激に電流が増加します．この現象を**ブレーク・ダウン**と呼びます．一般的なダイオードでは，この領域は使用しませんが，ここを積極的に利用したダイオードもあり，これが前出のツェナー・ダイオードです．

キーになる特性パラメータ

表1に示すようにメーカ発行のデータシートには，必ず定格や規格が明記されています．ここでは，回路設計するとき重要になる特性パラメータの意味を説明しましょう．

表1　ダイオードの規格例(T_a = 25℃)

型名	最大定格(注1)					順電圧		逆電流		端子間容量(注2)	逆回復時間(注3)
	V_{RM} [V]	V_R [V]	I_{FM} [mA]	I_o [mA]	I_{FSM} [A]	$V_{F(max)}$ [V]	I_F [mA]	$I_{R(max)}$ [μA]	V_R [V]	$C_{T(max)}$ [pF]	$t_{rr(max)}$ [ns]
1SS181	85	80	300	100	2	1.20	100	0.5	80	4.0	4.0
1SS250	250	200	300	100	2	1.20	100	1.0	200	3.0	60
1SS294	45	40	300	100	－	0.60	100	5	40	25	－
1SS307	35	30	300	100	2	1.3	100	0.01	30	6.0	－
1SS311	420	400	300	100	2	1.20	100	1.0	400	5.0	1500
1SS348	85	80	300	100	2	0.70	100	5	80	100	－

注1▶V_{RM}：せん頭逆電圧，V_R：逆電圧，I_{FM}：せん頭順電流：，I_o：平均整流電流，I_{FSM}：サージ電流．I_{FSM}の条件は10 ms
注2▶端子間容量の測定条件：V_R = 0，f = 1 MHz
注3▶逆回復時間の測定条件：I_F = 10 mA

(a) 一般整流用ダイオード

型名	ツェナー電圧(注1) V_z [V]			動作抵抗		立ち上がり動作抵抗		逆電流	
	最小	最大	I_z [mA]	Z_z [Ω] 最大	I_z [mA]	Z_{zk} [Ω] 最大	I_z [mA]	I_R [μA] 最大	V_R [V]
02CZ3.0	2.80	3.20	5	120	5	1000	0.5	50	1.0
02CZ3.3	3.10	3.50	5	130	5	1000	0.5	20	1.0
02CZ5.6	5.30	6.00	5	40	5	900	0.5	1	2.5
02CZ9.1	8.50	9.60	5	18	5	120	0.5	0.5	7.0
02CZ12	11.40	12.60	5	15	5	110	0.5	0.5	9.0

注1▶ツェナー電圧V_zの測定時間は30 ms

(b) 定電圧ダイオード

● 順電圧V_F

ある順電流(I_F)を流したときの順電圧(V_F)の最大値です．順特性の良さを示すものです．整流時にV_Fは電力損失となるので，**V_Fが小さいダイオードほど変換効率が高くなります**．

● 逆電流I_R

ダイオードに逆電圧を加えると，わずかながら漏れ電流が流れます．高入力インピーダンス回路の入力保護にダイオードを適用する場合などには，オフセット誤差やドリフトの原因にならないよう逆電流の小さいダイオードが求められます．**逆電流は逆電圧に比例して大きくなります．また温度が高いほど大きくなる**ため，高温環境で使用する場合は注意が必要です．

● 逆電圧V_R

ダイオードは逆方向に電圧を加えていくと，ある電圧で急激に電流が増大します．この電圧よりもさらに電圧を増そうとするとダイオードは破壊に至るため，最大定格を規定しています．一般に，**SBDはシリコンPN接合型と比べて逆電圧が低い**ため，逆電圧には特に注意が必要です．

● 逆回復時間t_{rr}

どのくらいの電圧の変化速度に追従できるかというスイッチング性能を示します．逆回復時間の小さいダイオードほど高速スイッチングが可能です．

● ツェナー電圧V_Z

ツェナー・ダイオードでは，逆電圧V_Rのことをツェナー電圧といいます．特性は通常のダイオードと同じです．ただし，その電圧値が正確に作られています．基準電圧発生回路やリミッタ回路など定電圧回路へ適用する場合には重要なパラメータになります．

基本動作を実験で見てみよう！

■ 一般整流用／スイッチング用／SBD

次の5種類のダイオードの順電圧-順電流特性と逆電圧-逆電流特性を実測してみましょう．

①高耐圧スイッチング用シリコンPN接合型ダイオードNo.1 1SS311

②高耐圧スイッチング用シリコンPN接合型ダイオードNo.2 1SS250

③低電圧高速スイッチング用SBD 1SS294

④スイッチング電源の2次整流用SBD CMS01

⑤ゲルマニウム点接触型ダイオード1N60

● 順電圧-順電流特性

図4に結果を示します．このように**順電圧はシリコンPN接合型よりもゲルマニウム，シリコンPN接合型よりショットキー・バリア型のほうが低くなります**．

順電流は，供給電圧の増加に伴って指数関数的に増加するので，縦軸の順電流を対数目盛りでグラフ化すると，理論上は直線的に表されるはずです．しかし，**図4(b)**に示した実際の順特性を見ると，電流の大きい領域では，P型およびN型領域の持つ抵抗の影響が現れるため，理論値よりも小さくなる傾向があります．例えば，検波用のゲルマニウム点接触型の1N60は，接合面積が比較的小さいため，接合の持つ抵抗が大きく，電流が大きいほど順電圧降下も大きくなっています．

電源整流用ダイオードCMS01は，100 mA以上でも

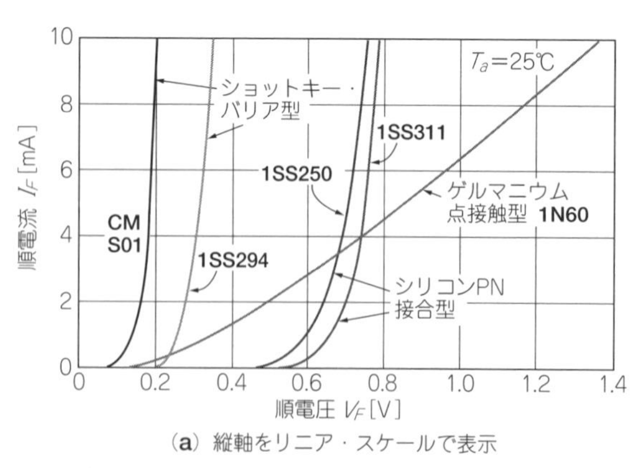

(a) 縦軸をリニア・スケールで表示

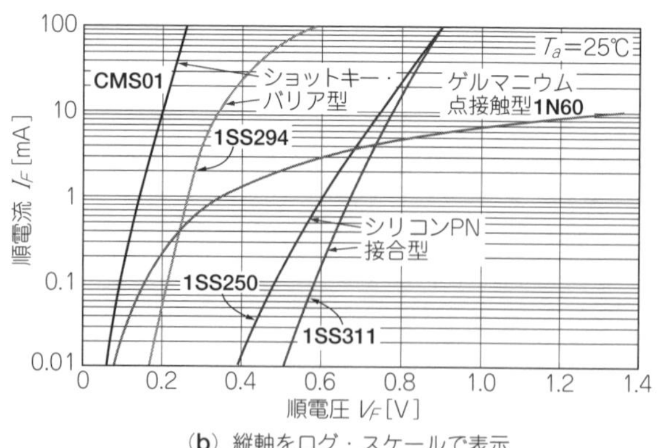

(b) 縦軸をログ・スケールで表示

図4 ダイオードの順方向特性(I_F-V_F特性)

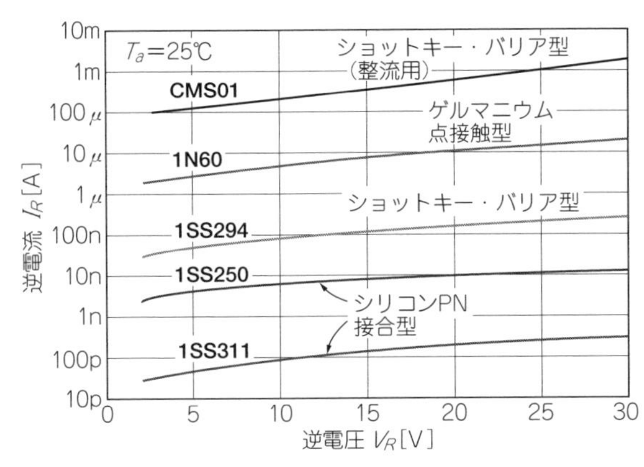

図5 ダイオードの逆方向特性(I_R - V_R特性)

順電圧が0.3 V程度と小さいのが特徴です．大きな電流を扱う整流回路では，順電圧は電力損失となるので，小さいほど整流効率は高くなります．

● 逆電圧–逆電流特性

図5に結果を示します．このように，シリコンPN接合型よりもゲルマニウム，シリコンPN接合型よりショットキー・バリア型のほうが逆電流が大きくなります．理論的には，逆電圧によって逆電流は変化せず一定値となるはずですが，実際には，PN接合の表面に沿って流れる漏れ電流があるため，**図5**に示すように逆電圧の増加に伴って増していきます．

■ ツェナー・ダイオード

次の5種類のツェナー・ダイオードの逆電圧-逆電流特性を実測してみましょう．( )内の電圧は，実測したツェナー電圧値を表しています．

①02CZ3.0(V_Z = 2.93 V@I_Z = 5 mA)
②02CZ3.3(V_Z = 3.22 V@I_Z = 5 mA)
③02CZ5.6(V_Z = 5.71 V@I_Z = 5 mA)
④02CZ9.1(V_Z = 9.35 V@I_Z = 5 mA)
⑤02CZ12(V_Z = 12.33 V@I_Z = 5 mA)

図6に結果を示します．ツェナー電圧が低い02CZ3.0や02CZ3.3と比べ，02CZ9.1と02CZ12は急峻なブレーク・ダウンを起こしています．5～6 V以下のツェナー・ダイオードは「**ツェナー降伏**」という機構でブレーク・ダウンするのに対して，5～6 V以上では「**アバランシェ降伏**」という異なる機構でブレーク・ダウンします．ブレーク・ダウン特性が急峻な理由は，アバランシェ降伏によって雪崩(なだれ)式に電子が増倍され，急激な電流の増加を生む機構(コラム1参照)だからです．

図7にツェナー・ダイオードのツェナー電圧に対する温度特性を示します．このように，5～6 V以下のツェナー降伏が支配的な領域では負の温度係数を，5～6 V以上のアバランシェ降伏が支配的な領域では正の温度係数を持ちます．02CZ5.6など**ツェナー電圧が5～6 V付近のものは，二つの機構が混在しているため，正負の温度係数が相殺され，温度係数が小さくなります**．ツェナー・ダイオードを使った温度変動の少ない基準電圧回路を作るには，5～6 Vのツェナー・ダイオードを適用するとよいでしょう．

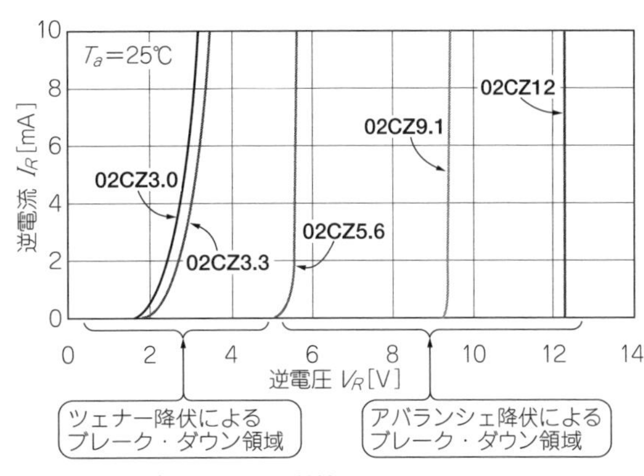

図6 定電圧ダイオードの逆特性

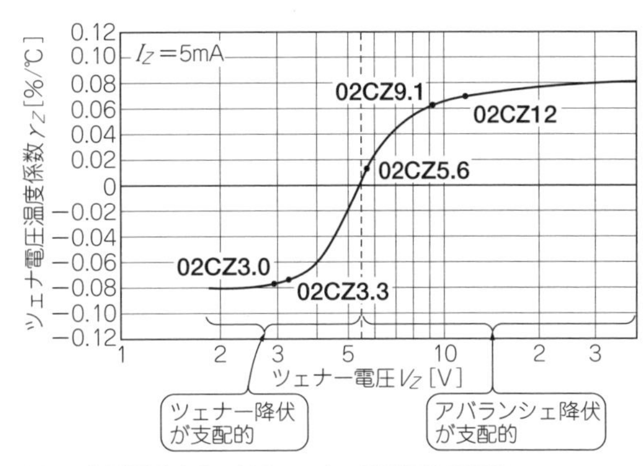

図7 定電圧ダイオードのツェナー電圧の温度特性

スイッチングの速さを表す「逆回復時間」

● 逆回復時間とは

ダイオードは，順方向にバイアスされて順電流が流れている状態で，急激にバイアス電圧の極性を入れ替えて逆方向に電圧を加えます．すると，PN接合部に電荷が蓄積しているため，**電流はすぐにはゼロになりません**．

図8に示すように，逆回復時間と定義は，逆方向の電流のピーク値I_Rの10 %(i_{rr} = 0.1I_R)まで電流が流れ

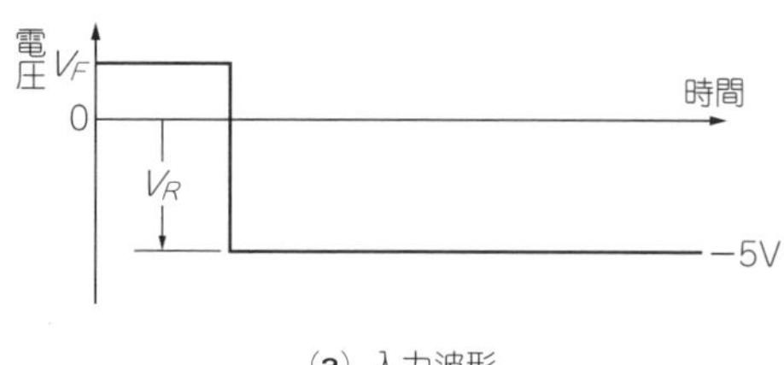

(a) 入力波形

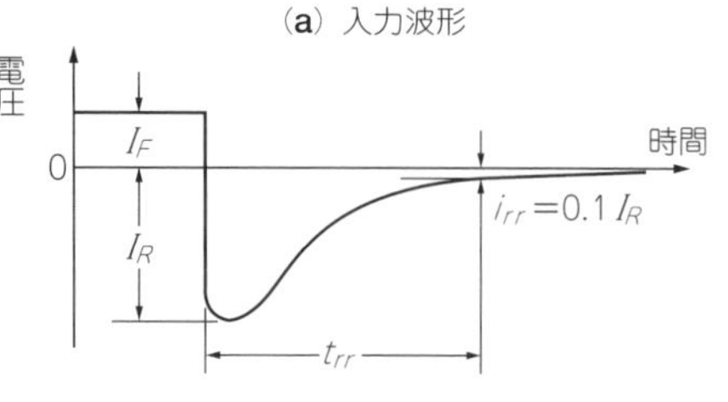

(b) 出力波形

図8 ダイオードの逆回復特性の定義

なくなるまでの時間です．一般にt_{rr}で表記します．スイッチング特性の良否を決める重要なパラメータで，**t_{rr}が小さいほど高速なスイッチングが可能です．**

● 逆回復特性の実験

図9に示すのは，ダイオードの逆回復特性を調べる

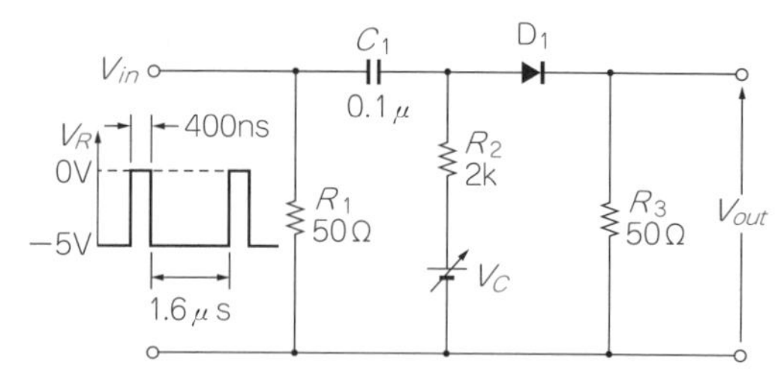

図9 ダイオードの逆回復特性を調べる実験回路

回路です．逆方向信号はパルス発生器を使って，0 V/−5 Vの方形波を加えます．パルス幅は逆回復時間の大きいダイオードにも対応できるように，負側のパルス幅のほうを大きく設定します．R_1はパルス発生器とインピーダンス・マッチングをとるために，50 Ωの抵抗を使いました．

実験に使うダイオードの順電流は可変電源V_Cで調整して等しくします．実験では，I_F = 10 mA(R_3 = 50 Ωの端子電圧500 mV相当)に設定しました．

本来，数nsの逆回復時間を正確に観測するためには，広帯域なサンプリング・オシロスコープを使って50 Ωのプローブで実験しますが，機材の都合上，周

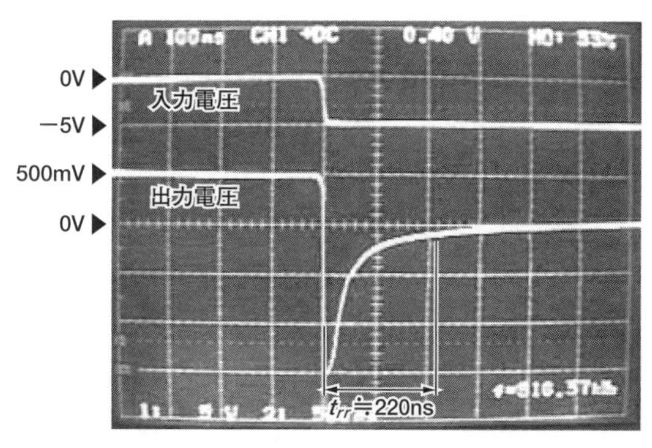

(a) 高耐圧スイッチング用ダイオード1SS311

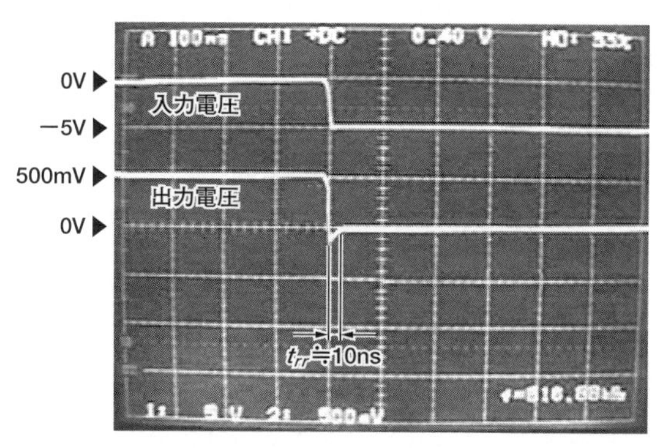

(b) 高耐圧スイッチング用ダイオード1SS250

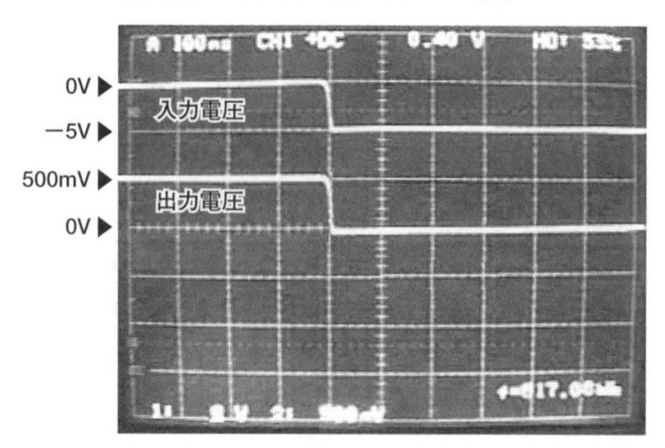

(c) 低電圧スイッチング用ショットキー・バリア・ダイオード1SS294

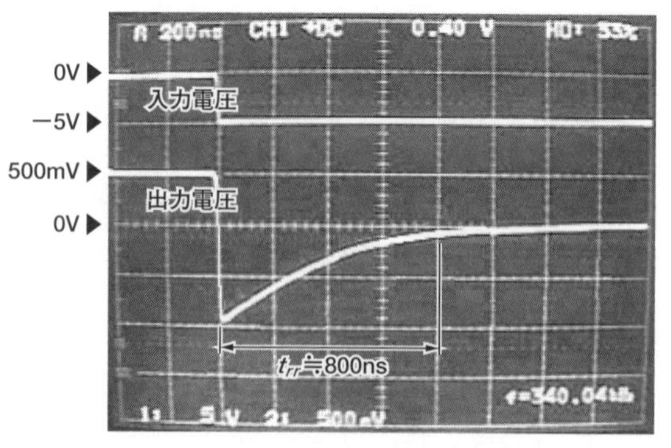

(d) スイッチング電源の2次整流用ショットキー・バリア・ダイオードCMS01

写真5 各種ダイオードの逆回復特性(上：5 V/div.，下：500 mV/div.，100 ns/div.)

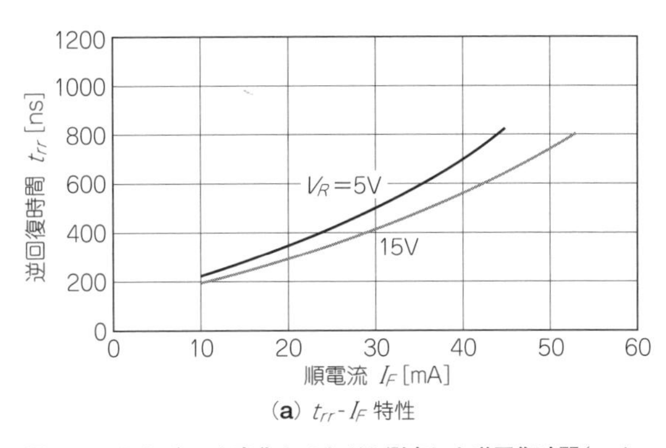

(a) t_{rr}-I_F 特性

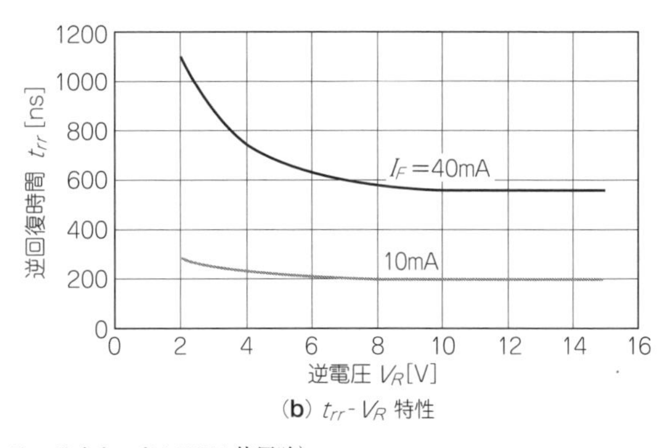

(b) t_{rr}-V_R 特性

図10 I_FおよびV_Rを変化させながら測定した逆回復時間(スイッチング・ダイオード1SS311使用時)

波数帯域100 MHzのアナログ・オシロスコープ(入力抵抗10 MΩ，入力容量約16 pF)と10：1の標準プローブを使用して波形を観測しました．抵抗R_3の両端の電圧波形は，ダイオードの電流に比例した出力波形になります．

実験に使用したのは前出の5種類のダイオードです．

● 実験結果

写真5に各ダイオードの入出力波形を示します．t_{rr}は次のような結果となりました．

- 高耐圧スイッチング用ダイオード1SS311
  ：t_{rr} ≒ 220 ns
- 高耐圧スイッチング用ダイオード1SS250
  ：t_{rr} ≒ 10 ns
- SBD 1SS294：計測不能
- ゲルマニウム・ダイオード1N60：計測不能
- 2次整流用SBD CMS01：t_{rr} ≒ 800 ns

同じ高耐圧スイッチング用ダイオードでも，1SS250は1SS311よりスイッチング速度が速いことがわかります．SBDは原理的に電荷の蓄積がほとんどなく，逆回復時間が数十psと測定が困難なほど小さいため，通常はデータシートにもこの項目は記載されていません．

検波用のゲルマニウム・ダイオードの1N60もSBDと同様，逆回復時間の計測は不可能でした．CMS01のt_{rr}が大きい理由は，順電流が1 A程度まで流せるよう接合面積がスイッチング用よりも大きく作られており，接合容量による電荷の蓄積が大きいからです．

● I_FおよびV_Rの大きさとスイッチング特性

図10に示すのは，高耐圧スイッチング用ダイオード1SS311のt_{rr}-I_F特性とt_{rr}-V_R特性です．

図10(**a**)に示すように，順電流I_Fが大きいほど電荷の注入量が増えてt_{rr}が長くなるので，より**高速にスイッチングさせるためには，できるだけ順電流I_Fを小さくする必要があります**．逆電圧が低いと，注入された電荷の消滅速度が遅くなるため，逆回復時間は大きくなります．I_Fが大きい場合，V_Rの比較的小さい領域では，その影響が大きいことがわかります．

以上の特性から，ダイオードを**高速スイッチングさせるには，I_Fをより小さく，V_Rをより大きくすればよいことがわかり**ます．もし，負荷の都合によってI_Fがあまり小さくできない場合，t_{rr}が小さくなる条件で動作させたいならば，OFFするためのV_Rを大きくすればよいでしょう．

スイッチングの速さを表す「逆回復時間」

■ SBDによるスイッチング回路の高速化

図11に示すのは，トランジスタとSBDを使った高速スイッチング回路です．74LS，74AS，74ASLといったTTL ICにも広く応用されています．

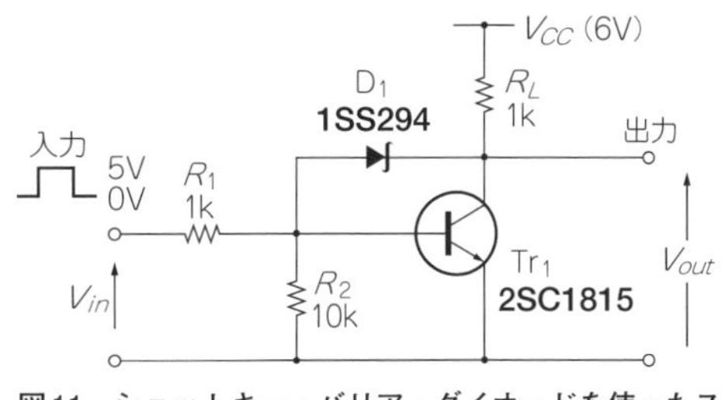

図11 ショットキー・バリア・ダイオードを使ったスイッチング回路

● スイッチング性能

図11の回路に約125 kHz程度のロジック信号(0/+5 Vの方形波)を入力し，出力波形つまりトランジスタのコレクタの電圧波形を観測しました．

写真6(a)はSBDがないときの入出力波形です．入力信号が0 V→+5 Vに変化すると，出力信号はなんとか追従して+5 V→0 Vに変化しますが，入力信号が+5 V→0 Vになった場合には，約1.92 μs程度の時間遅れが生じます．**写真6(b)**はSBDを付けたときの入出力波形です．入力信号が+5 V→0 Vになった場合でも，時間遅れは約0.13 μsと，とても短くなっています．

● スイッチング速度が速くなる理由

図12にSBDがない場合とある場合の回路の動作を示します．

SBDがない場合，Tr_1がONしている状態(Lレベル出力時)のときは，ベース電流I_Bが流れ，ベース領域

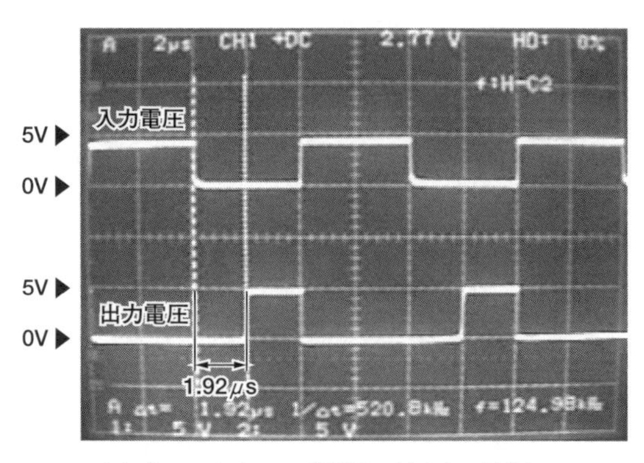

(a) ショットキー・バリア・ダイオードなし

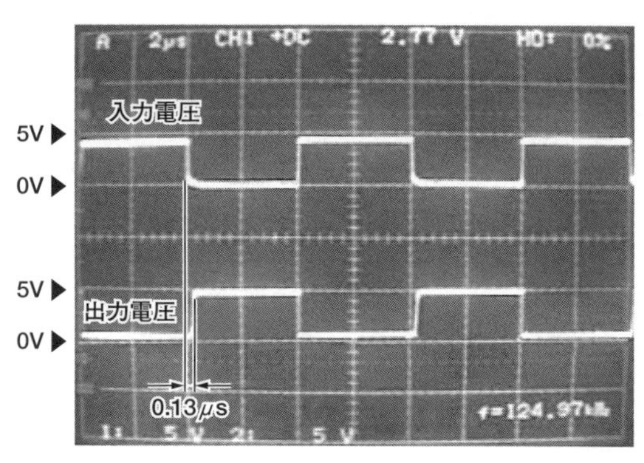

(b) ショットキー・バリア・ダイオードあり

写真6　高速スイッチング回路(図11)の入出力波形(5 V/div., 2 μs/div.)

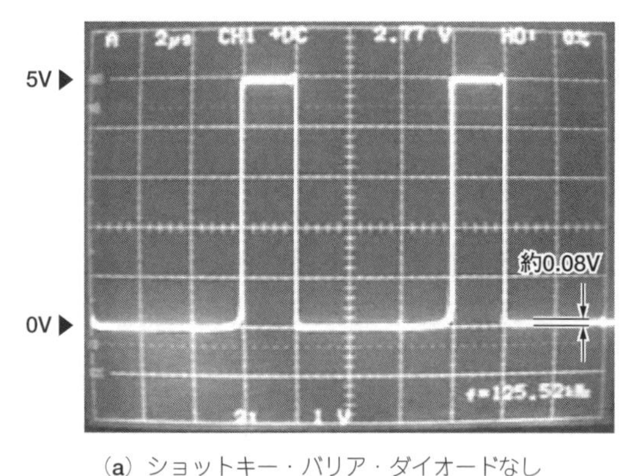

(a) ショットキー・バリア・ダイオードなし

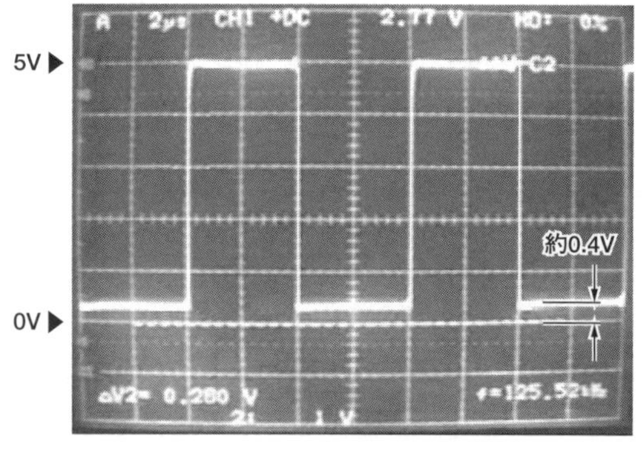

(b) ショットキー・バリア・ダイオードあり

写真7　写真6の波形の電圧軸を拡大(1 V/div., 2 μs/div.)

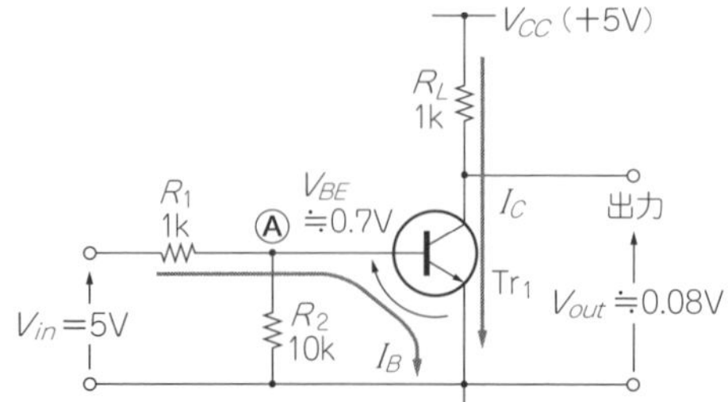

(a) ショットキー・バリア・ダイオードがないとき

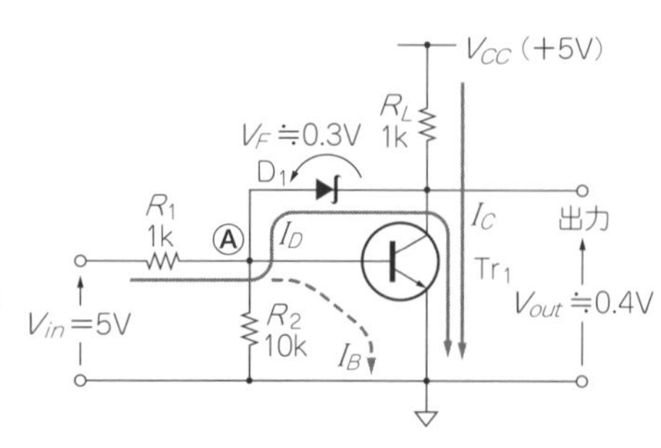

(b) ショットキー・バリア・ダイオードを付けたとき

図12　ショットキー・バリア・ダイオードの有無とスイッチング回路の動作

に電荷が蓄積されます．この状態から入力信号を0Vにしても，蓄積された電荷が消滅するまでに時間がかかります．

SBDを付けると，1SS294の順方向電圧降下はV_F≒0.3Vで，Tr_1のV_{BE}≒0.7Vより小さいため，本来ベースに流れるべき電流の大半は，**図12(b)**に示すようにSBDを通して流れます．つまり，Tr_1のベースに流れ込む電流I_Bが減ります．すると**過剰な電荷の蓄積がなくなる**ため，トランジスタのスイッチング・スピードが速くなります．

写真7(a)はSBDがないときの出力波形［**写真6(a)**］を拡大したものです．Hレベルは電源電圧レベルの約5V程度，Lレベルは約0.08Vです．**写真7(b)**はSBDを付けた場合の出力波形です．Hレベルは電源電圧レベルの約5Vですが，Lレベルは約0.4Vと完全にゼロに下がり切っていません．

SBDがない場合には，コレクタ-エミッタ間の飽和電圧$V_{CE(sat)}$ = 0.08Vまで下がっており，Tr_1は深い飽和領域で動作しています．SBDを付けると，コレクタ電圧が約0.4V(= V_{BE} - V_F)までしか下がらず，Tr_1は浅い飽和状態で動作することがわかります．

■ ICの入出力保護

● 動作原理

機器外部とインターフェースする端子は，静電気や誤接続などが原因で過大な電圧が加えられる危険があるため，内部回路が壊れる可能性があります．破壊から守るには保護回路が必要です．

コラム2　実験室に置いておきたい定番ダイオード

小信号用ダイオードの定番といえば1S1588でしょう．しかし，すでに製造は終了しています．1S1588に代わる一般整流用ダイオードとして置いておきたいのが1S2076A(V_R = 60V，t_{rr} = 3.5nsmax，I_O = 150mA)です．1S1588より耐圧が高く，多く電流を流せます．

ゲルマニウム・ダイオードの定番といえば1N60ですが，このダイオードはすでに廃品種となっているので，順電圧V_Fが小さく高速動作が可能な小信号用SBDで代用できると思います．

1SS97などは小信号の検波用に置いておきたいダイオードです．商用周波数での整流には，10E-1，10E-2などがありますが，全波整流回路として使う場合には，小型ブリッジ・ダイオードWL02Lなどが便利です．

ツェナー・ダイオードの定番は，RDシリーズです．ツェナー電圧値が，2～39Vまで各種そろっていますが，よく使うツェナー電圧値のものをそろえておくと便利です．

可変容量ダイオードでは，1SV149(AM用)と1SV212(FM用)があれば，電圧制御発振器などの回路製作をするときに役に立つでしょう．

それ以外にもたくさんあります．次に示すのは実験室に置いておくと何かと便利な，筆者がお勧めするダイオードです．

▶小信号シリコン・ダイオード

1S1588，1S2076A，1S953，1S954，1S955，1S1585

▶小信号SBD

1SS97，1SS99，1SS106，1SS108

▶整流用パワー・ダイオード

10E-1(100V，1A)，10E-2(200V，1A)，6A2(200V，6A)，S19C(10A)，Q19C(20A)，P19C(30A)

▶整流用ブリッジ・ダイオード

WL02L(200V，1.5A)，GBU4J(600V，4A)，CP3508(800V，35A)

▶ツェナー・ダイオード

RD××EB(0.5W)，RD××FB(1W)．××には電圧仕様が入ります．

▶パワーSBD

11DQ04(40V，1A)，31DQ04(40V，3A)，11DQ06(60V，1A)，31DQ06(60V，3A)

▶ファスト・リカバリ・パワー・ダイオード

11DF2(200V，1A)，30DF2(200V，3A)，3TH62(1500V，3A)

▶可変容量ダイオード

1SV212(FM用)，1SV149(AM用)

▶PINダイオード

MI105，MI301

図13に示すのは，一般的な入出力保護回路です．抵抗R_1は，入力端子から侵入して74HC04の入力端子に流れ込もうとするノイズ電流を制限します．R_2は出力端子から侵入して74HC04の出力端子に流れ込もうとする電流を制限します．D_1とD_3はこの電流をV_{DD}ラインに，D_2とD_4はグラウンドへ逃がします．その結果，74HC04の入力端子（点Ⓑ）と出力端子（点Ⓒ）の電位V_BおよびV_Cは，次のような電圧範囲に収まります．

$$0\,\mathrm{V} - V_{F2} < V_B < V_{CC} + V_{F1}$$

$$0\,\mathrm{V} - V_{F4} < V_C < V_{CC} + V_{F3}$$

CMOS ICは，いったん端子へ電源電圧以上の過大な入力電圧が加わると，ラッチアップを起こして正常動作しなくなる可能性があります．最近のデバイスは，以前のものに比べて静電破壊しにくくなりましたが，保護回路は必ず入れておくべきです．**ダイオードはできるだけ順電圧の小さなものを選びます**．**図13**に使ったのは，順電圧が0.28 V@1 mAのSBD 1SS294です．

R_1とR_2は，大きいほど電流の減衰量が大きくなり保護回路として効果がありますが，IC自体の入力電流による電圧降下があることを忘れてはいけません．**ロジックICがCMOSの場合は1 kΩ程度，TTLの場合は100 Ω程度**が目安です．

出力端子は，外部機器をドライブしなければならないので，抵抗R_2の値は入力の場合と比較して10 Ω程度と低い値に設定しましょう．

● 入力保護回路の動作実験

図13の回路にオーバーシュートの重畳した矩形波（625 kHz，0/＋5 V）を入力し，保護回路の動作を見てみましょう．**写真8**(**a**)に入力端子（点Ⓐ）の電圧波形を示します．**長い配線で信号を送受信したり，インピーダンス・マッチングがとれていない場合に，このようなオーバーシュートが生じることがあります**．

写真8(**b**)に入力保護回路（点Ⓑ）の電圧波形を示します．Lレベルはグラウンドより順方向電圧分（約0.3 V）低い電圧でクランプされています．入力電圧が0 V以下のときは，D_2が順バイアスされるからです．一方，Hレベルは電源電圧（5 V）より順方向電圧降下分高い電圧でクランプされています．入力電圧がV_{DD}

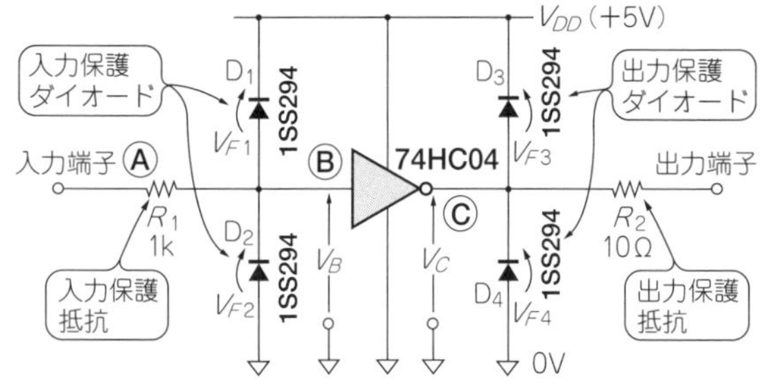

図13　ロジックICなどの入出力端子に加わるノイズを電源やグラウンドに逃がす回路
保護ダイオードはこれに限らず多数ある．型番にこだわるのではなく，リーク電流や接合容量が重視される

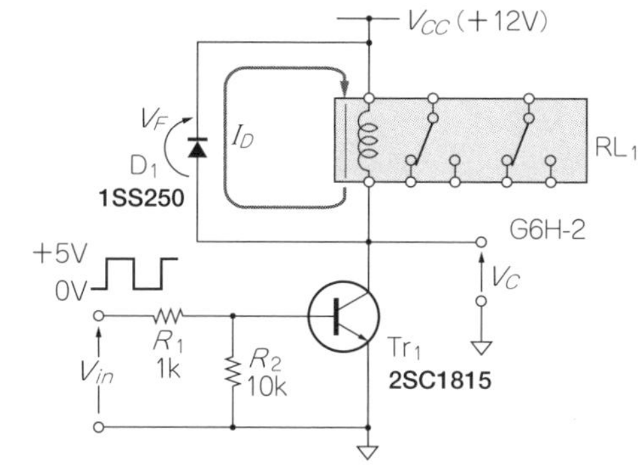

図14　リレー・コイルにはダイオードを並列接続する

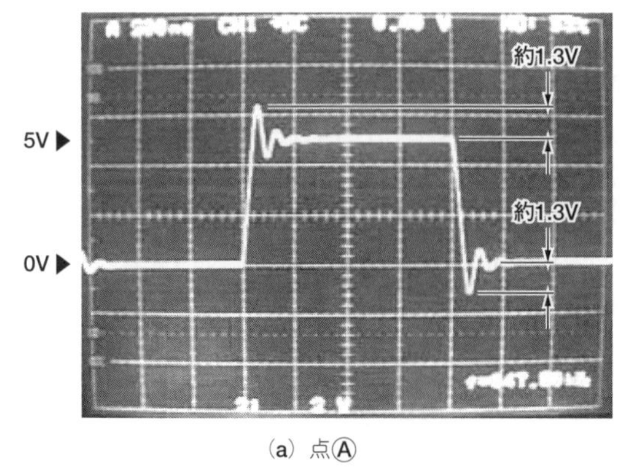

(a) 点Ⓐ

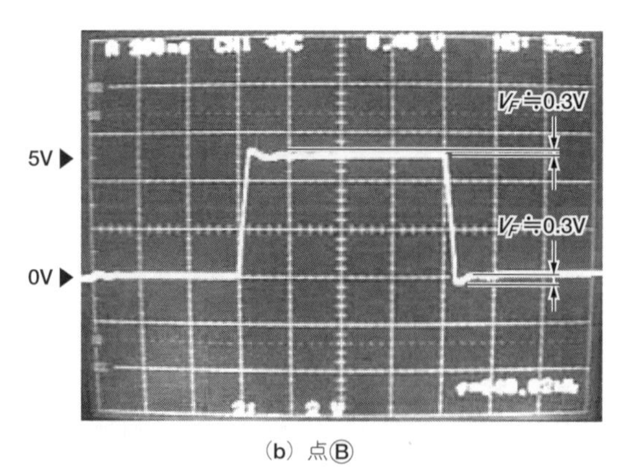

(b) 点Ⓑ

写真8　図13の入力端子とIC（74HC04）**の入力部の電圧**（2 V/div.，200 ns/div.）

を越えると，D_1が順バイアスされるからです．

■ コイルに生じるサージ電流の回生

● 回路の説明

図14に示すのは，12 V駆動用リレー(G6H-2，オムロン)をON/OFFする回路です．定番のトランジスタ2SC1815を使って，リレーRL_1内のコイルに電流を制御し，スイッチをON/OFFします．RL_1に並列に接続されたダイオードD_1は，リレーがOFFするときにコイルから発生する大きなサージ電流を吸収します．このダイオードは，**接合容量が小さく大きなサージ電流に耐えるもの**でなければなりません．ここでは，高電圧スイッチング用の1SS250を使用しています．1SS250の主な仕様は，逆耐圧200 V，サージ電流2 A@10 ms，端子間容量3.0 pFです．

● Tr_1のコレクタの電圧波形を見てみる

D_1の有無によりTr_1のコレクタ電圧波形がどのようになるのか観測してみましょう．ON/OFF用の制御信号は，周波数約125 Hz，電圧振幅0/＋5 Vの矩形波です．

▶D_1がない場合

写真9に示すのは，D_1がない場合のコレクタ電圧波形です．ON/OFF制御信号が＋5 V→0 Vに変化すると，Tr_1のコレクタ電圧は急激に上昇します．これは，Tr_1がONしている間にRL_1内のコイルに蓄えられたエネルギーが，Tr_1がOFFした瞬間逆起電力となって，コレクタに加わるからです．

写真10にコレクタに加わった電圧波形全体を示します．逆起電圧は約140 Vにも達しています．この実験で使用したトランジスタの最大定格は，V_{CBO}＝60 V，V_{CEO}＝50 Vですから，このままでは耐圧オーバです．Tr_1はいつか破損してしまいます．

▶D_1がある場合

写真11にD_1を付けたときのコレクタ電圧波形を示します．ON/OFF制御信号が＋5 V→0 Vに変化しても，Tr_1のコレクタに高電圧は加わらなくなりました．**写真12**は，**写真11**をクローズ・アップした波形です．**コイルの逆起電圧がダイオードのV_Fでクランプされて，コレクタの電位が電源電圧(12 V)にD_1の順方向**

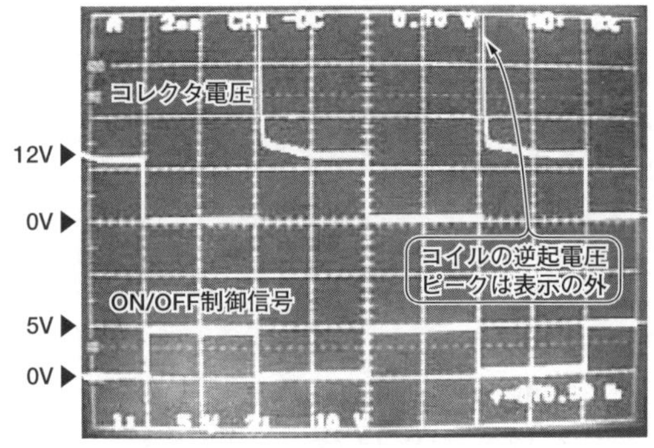

写真9　図14のD_1がないときの電圧(上：10 V/div.，下：5 V/div.，2 ms/div.)

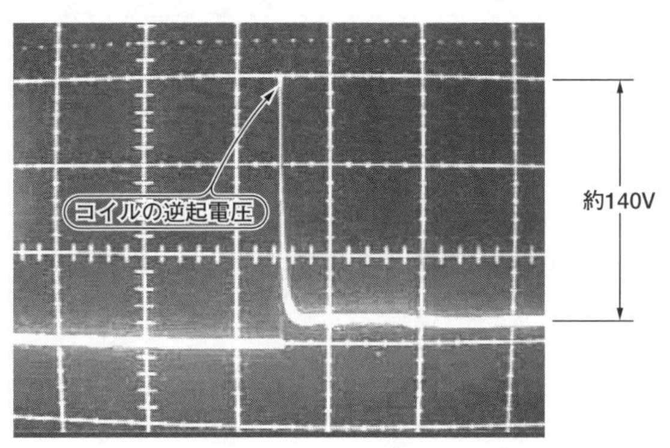

写真10　リレー内部のコイルの逆起電力によって生じる電圧波形全体の様子(50 V/div.，1 ms/div.)

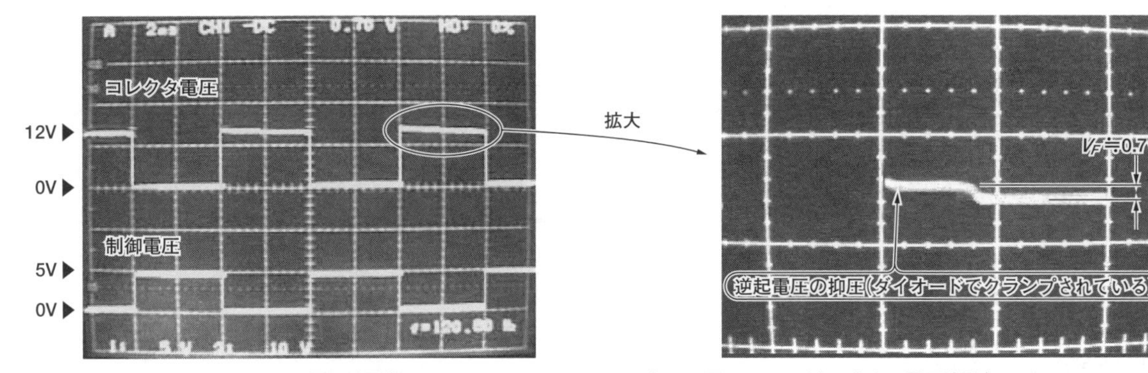

写真11　図14のD_1があるときの電圧波形(上：10 V/div.，下：5 V/div.，2 ms/div.)

写真12　図14のD_1がないときの電圧波形(5 V/div.，2 ms/div.)

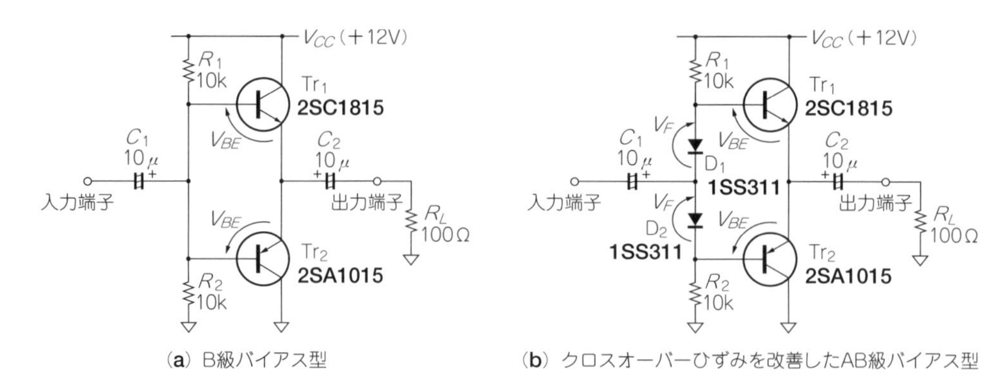

(a) B級バイアス型　　(b) クロスオーバーひずみを改善したAB級バイアス型

図15　プッシュ・プル・エミッタ・フォロワ回路
ダイオードは1SS311にこだわる必要はなく，普通のシリコン・ダイオードでよい．トランジスタと熱結合することが重要

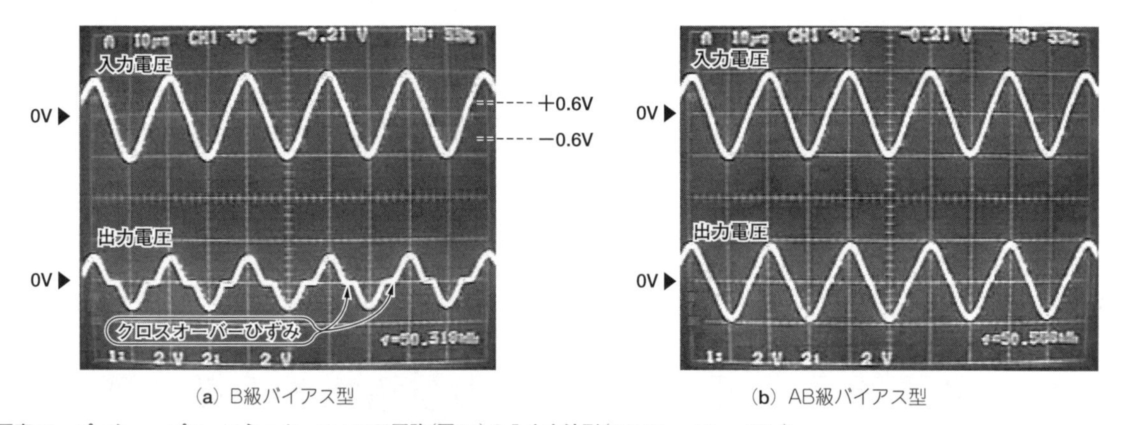

(a) B級バイアス型　　(b) AB級バイアス型

写真13　プッシュ・プル・エミッタ・フォロワ回路(図15)の入出力波形(2 V/div.，10 μs/div.)

電圧降下(約0.7 V)を加えた値に抑えられているのがわかります．RL_1内のコイルに蓄えられたエネルギーは，D_1を通して還流され，コイルの巻き線抵抗などで消費されます．D_1は，還流ダイオードと呼ばれています．

■ リニア・アンプ用バイアス回路

● クロスオーバーひずみを低減できる

図15(a)に示すのはプッシュ・プル・エミッタ・フォロワ(push-pull emitter follwer)回路です．二つのトランジスタのエミッタは入力信号に追従(フォロウ)して動作し，NPNトランジスタが負荷R_Lに対して電流を流し出し(push)，PNPトランジスタが電流を吸い込み(pull)ます．

一般に両トランジスタは，コンプリメンタリ・タイプの特性がそろったものを使います．この回路は，Tr_1とTr_2のベース-エミッタ間にバイアス電圧がかかっていない状態で動作します．バイアス電圧は0 Vなのですが，分類上このようなバイアスの掛け方を**B級バイアス**と呼びます．

Tr_1は，ベース電位がエミッタよりもV_{BE}(約0.6 V)高くなるまで動作しません．逆にTr_2は，ベース電位がエミッタよりもV_{BE}(約0.6 V)低くなるまで動作しません．このため，**入力信号のレベルが小さいときは，Tr_1とTr_2がともにOFFします**．この入力電圧範囲を**不感帯**と呼びます．この不感帯の影響で，B級バイアス型の増幅回路の出力波形には**写真13**(a)に示すように必ず**クロスオーバーひずみ**が発生します．

図15(b)は，D_1とD_2の順電圧を利用して，Tr_1とTr_2のベースの電位を入力信号に対してV_F分オフセットし，ベース-エミッタ間に適当な電圧が加わるように工夫した回路です．図の場合は，Tr_1がONしている間はTr_2のベース-エミッタ間にはバイアスがほとんど加わりません．逆に，Tr_2がONしている間はTr_1のベース-エミッタ間にはバイアスがほとんど加わりません．このようなバイアスの掛け方を**AB級バイアス**と呼びます．

R_1とR_2によってD_1とD_2に流れる電流，つまりV_Fが変化します．R_1とR_2の値は$V_F \fallingdotseq V_{BE}$になるように設定します．$V_F$が約0.6 V程度であればトランジスタの$V_{BE}$を相殺でき，不感帯が小さくなります．**写真13**

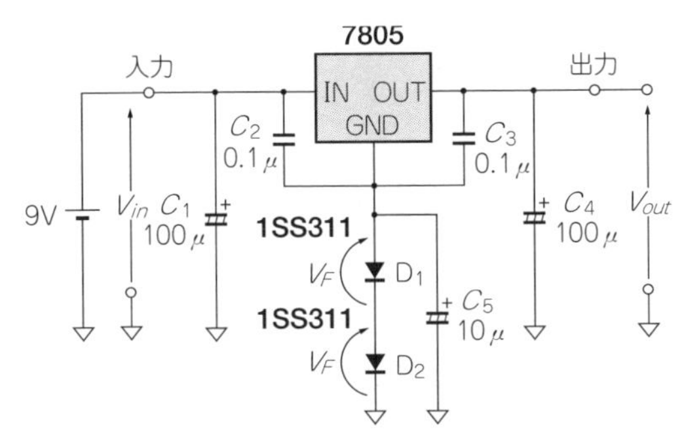

図16　3端子レギュレータの出力電圧をかさ上げする回路

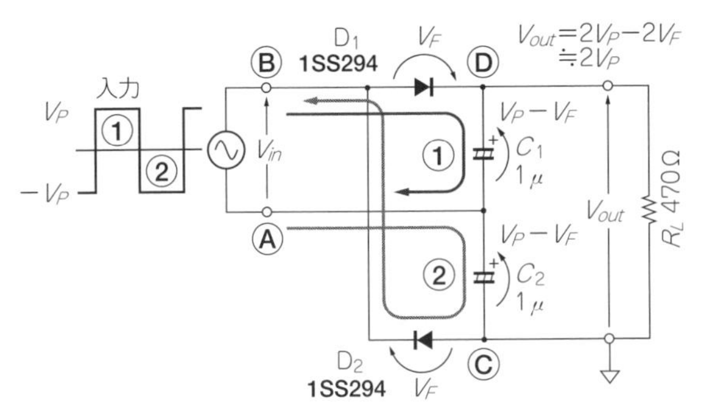

図18　倍電圧整流回路
温度特性の問題もあるが，LDOと呼ばれるレギュレータでは負荷電流に応じてダイオードに流れる電流も変化するのでレギュレーション特性が変化することに注意

(b)に示すようにクロスオーバーひずみが改善された出力波形が得られます．

■ 3端子レギュレータの出力電圧微増させる回路

図16に示すように，3端子レギュレータのグラウンドにダイオードを直列に挿入すると，V_F分出力電圧をかさ上げできます．例えば，7805のグラウンド端子とグラウンド間にダイオードを1個挿入すると，出力電圧が5Vから約5.6Vに上昇します．

図17に示すのは，出力電圧の温度特性の実測データです．3端子レギュレータ単体の場合，ダイオードを一つ挿入した場合，二つ挿入した場合の三つの回路で測定しました．

3端子レギュレータ単体では，温度変化に対してほとんど変動しませんが，ダイオードを挿入すると，順電圧の温度特性(約−2mV/℃)の影響が出るのがわかります．つまり，**3端子レギュレータ単体で使う場合よりも温度安定度が悪くなります**．**図16**の回路例では，二つのダイオードを挿入しましたが，温度特性がダイオード二つ分悪くなるため，かさ上げする場合には，一つにしておくほうが無難でしょう．ダイオードの代わりにツェナー・ダイオードを挿入してもかさ上げできます．

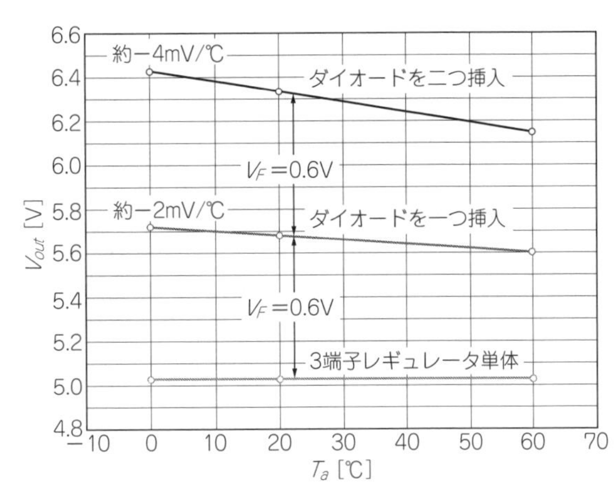

図17　3端子レギュレータの出力電圧の温度特性

■ 2倍の整流電圧が得られる倍電圧整流回路

図18に倍電圧整流回路を示します．電源回路の本などによく見かけるので，ダイオードの適用回路例として取り上げました．

回路に振幅$2V_P$の方形波が入力されると，入力が正の期間中(①)，D_1は順バイアスされ，コンデンサC_1を充電します．このとき，D_2は逆方向のため電流は流れません．同様に，入力が負の期間中(②)，D_2が順バイアスされC_2を充電します．このときD_1は逆方向のため電流は流れません．このように，入力波形の半周期ごとにC_1とC_2が交互に充電されます．

写真14(a)と(b)に倍電圧整流回路の各電圧波形を示します．入力が正の期間ではD_1を通してC_1を充電しますが，C_1の端子間電圧は，入力電圧(2V)とD_1の順電圧降下(約0.3V)の差分になります．同様に，入力が負の期間においてC_2の端子間電圧は，入力電圧(2V)とD_2の順電圧降下(約0.3V)の差分になります．**写真14**(c)に倍電圧整流回路の出力波形を示します．出力電圧のピーク値は，入力電圧振幅の2倍(4V)と順電圧降下の2倍(約1.2V)の差分(約2.8V)になります．ただし，C_1とC_2に蓄積された電荷は，負荷抵抗Rによって放電されるため，出力電圧はさらに低下します．

おわりに

本章では，初低周波・小信号回路用ダイオードの基

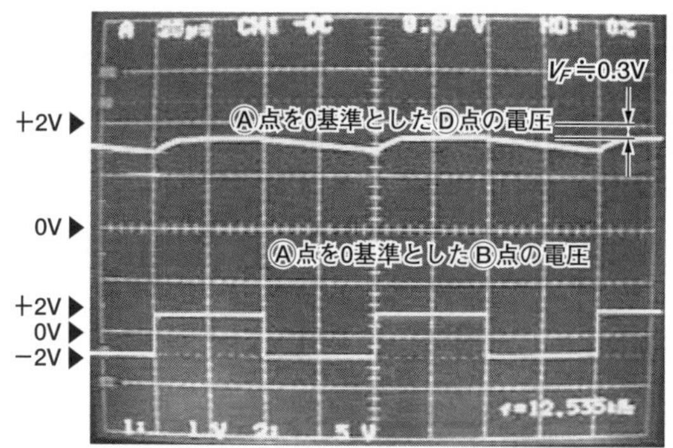

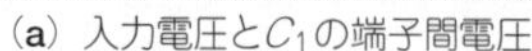
(a) 入力電圧とC_1の端子間電圧

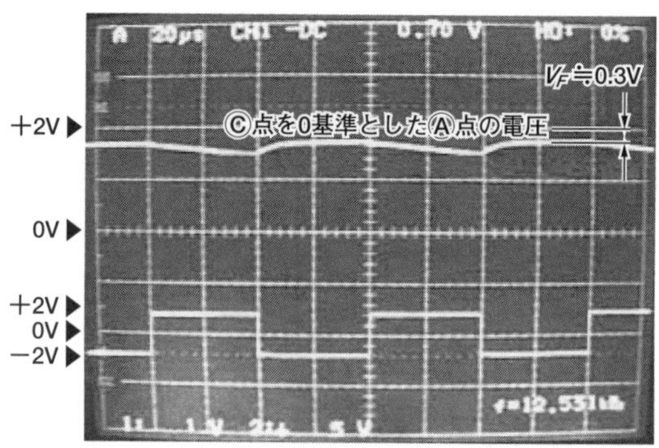

(b) 入力電圧とC_2の端子間電圧

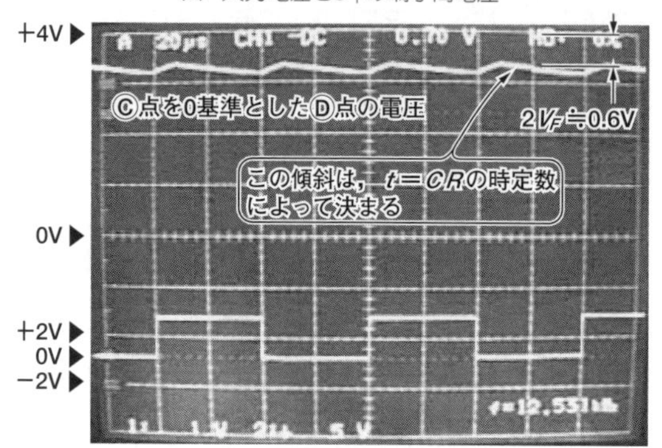

(c) 入力電圧と倍電圧整流回路の出力電圧

写真14 倍電圧整流回路(図18)の各部の電圧波形(上：1 V/div.，下：5 V/div.，20 μs/div.)

本特性を実験で示し，実用回路をいくつか紹介しました．役に立ちましたでしょうか．なお，筆者のホーム・ページ「スペクトラム電子工作のページ」(http://isweb8.infoseek.co.jp/school/speana_1/)にて，電子回路の基礎から設計・工作の方法まで，楽しい情報を掲載しています．こちらもご覧いただけたら幸いです．

〈島田 義人〉

◆参考・引用*文献◆

(1) *小信号ダイオード・データシート，㈱東芝 セミコンダクタ社．▶http://www.semicon.toshiba.co.jp/
(2) S. M. ジィー；半導体デバイス，1987年5月25日，産業図書．
(3) トランジスタ技術SPECIAL No.1，特集 個別半導体素子 活用法のすべて，pp. 2-41，1992年11月，CQ出版㈱．
(4) トランジスタ技術SPECIAL No.36，特集 基礎からの電子回路設計ノート，pp. 104-107，1992年11月，CQ出版㈱．
(5) トランジスタ技術SPECIAL No.60，特集 実験で学ぼう回路技術のテクニック，pp. 4-24，1997年10月，CQ出版㈱．
(6) ハードウェア・デザイン・シリーズ11，受動部品の選び方と活用ノウハウ，pp. 73-95，2000年5月，CQ出版㈱．

(初出：「トランジスタ技術」2002年4月号 特集)

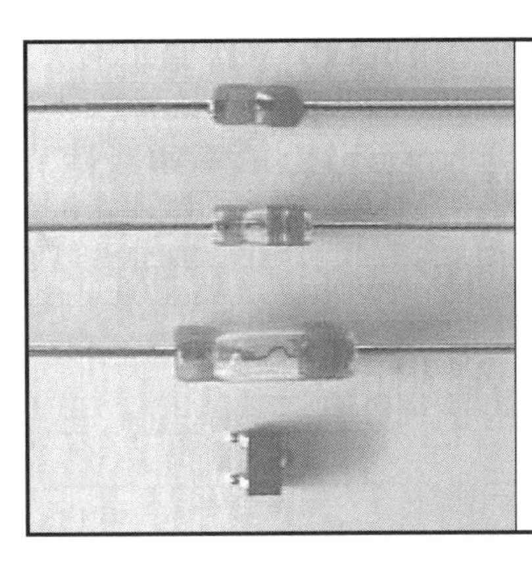

第2章 パワー・ダイオードの基礎と応用

電源回路やモータ・インバータ作りに

パワー・ダイオードは，小信号用ダイオードに比べて扱う電力が比較的大きいため，回路の動作をよく理解し，素子を適切に使用しないと，故障しやすく信頼性の低いシステムを作ることになります．最近は特にスッチング電源などの高速スイッチング回路用途が多く，サージ電圧や逆電流などによる素子破壊にも気を付けなければなりません．そのためにも，回路やデバイスの特性をよく理解する必要があります．

本章では，順方向電流が数～数十A以上のパワー回路用ダイオードの使い方の基礎を，実際の応用回路を示しながら解説します．

パワー・ダイオードとは

パワー・ダイオードは，**0.5 A程度以上の大きな電流を整流する目的で使用する素子**です．一般にRF信号などを整流するダイオードのことを検波ダイオードと呼びますから，整流用ダイオードはパワー回路用と考えてよいと思います．

■ 3種類に分類できる

● 一般整流用ダイオード

主に商用周波数(50/60 Hz)を整流する回路に使います．比較的安価です．逆電圧は100～1500 V程度で，逆回復時間は30 μ～100 μs程度です．逆回復時間が遅いため，高速スイッチング回路に使用すると，大きな逆電流が流れて，発熱したり破損します．また，大きな逆電流によりノイズを発生します．

● 高速整流用ダイオード

ファスト(Fast)・リカバリ(Recovery)・ダイオード(Diode)(以下，FRD)とも言います．主にスイッチング電源などの高速スイッチング回路に使います．逆電圧は100～1500 V程度，逆回復時間は0.5 μ～3 μs程度です．さらに逆回復時間の短い超高速整流用ダイオード(Super Fast Recovery Diode：SFRD)もあり，逆電圧は400～1000 V程度，逆回復時間は100 n～300 ns程度です．

超高速整流用ダイオードをもっと高速にし，順電圧を小さくした高効率ダイオードもあり「ロー(Low)・ロス(Loss)・ダイオード(Diode)」(LLD)と呼ばれています．逆電圧は200～600 V程度，逆回復時間は35 n～100 ns程度です．

以下，高速整流用/超高速整流用/高効率ダイオードは，すべて高速整流用ダイオードとして扱います．

● ショットキー(Schottky)・バリア(Barrier)・ダイオード(Diode)

以下，SBDと呼びます．金属と半導体の接合による整流性を利用したダイオードで，ショットキー氏が提唱しました．多数キャリア素子のため，原理的には逆回復時間がなく，**高速なスイッチングが得意です**．主な用途はスイッチング電源などの2次側整流回路です．パワー・ダイオードの中で**最も順電圧が小さく，逆回復時間が短い**ため，高速スイッチング回路によく使われます．ただし．逆電圧が30～90 V程度とあまり高くないため，低電圧の整流回路での使用が中心です．

■ パッケージと内部接続

写真1に示すように，リード・タイプ，表面実装タイプ，自立タイプ，モジュール・タイプがあります．パッケージの名称は，JEDEC(米国業界団体の規格)やEIAJ(日本電子機械工業会規格)などの他に，各メーカ独自の寸法や呼び方があります．DO-××やTO-××がJEDECで，SC-××がEIAJ の名称ですが，TO-3PはJEDECには存在せず，EIAJのSC-65となります．また，DO-15とSC-39は同じものです．ダイオードに限らず半導体のパッケージ名称は非常に複雑です．

図1に示すように，内部回路は単体のもののほかにブリッジ接続やセンタ・タップ接続のものがあります．

必ず最大定格以下で行うこと！

データシートは，ダイオードに限らず部品を選ぶときに，まず最初に必要になるものです．用語や記号をよく理解して，設計する回路に最適なダイオードを選定する必要があります．

表1(a)にSBD 1GWJ42のデータシートにある最大定格表を示します．流すことのできる電流や加えられる電圧などの最大値が書かれています．最大定格は，性能や寿命に直接影響するので，その範囲内で使う必要があります．正常な状態だけではなく，**過負荷状態などの異常時に瞬時でも越えてはいけません**．信頼性向上のため，実際は最大定格より小さな値で使います．ディレーティングの目安は，**電圧が80％以下，平均電流が50％以下，ピーク電流が80％以下，電力が50％以下，接合温度が80％以下です**．

● 繰り返しピーク逆電圧

カソード-アノード間に繰り返し加えられる逆電圧

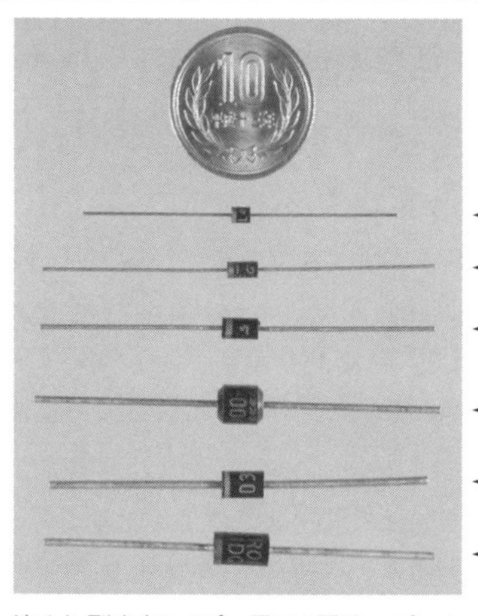

(a) リード・タイプ

- **1DL42A**(FRD，200V/1A，DO-41SS，東芝)
- **1GWJ42**(SBD，40V/1A，DO-41S，東芝)
- **1S1885**(一般整流用，100V/1.2A，DO-15，東芝)
- **ERC81-006**(SBD，60V/3A，富士電機)
- **D3S6M**(SBD，60V/3A，新電元)
- **31DQ04**(SBD，40V/3.3A，C-16，IR)

注1▶型名(**タイプ，電圧/電流，パッケージ名，メーカ名**)
注2▶IR：International Rectifier，新電元：新電元工業，SIP：Single Inline Package，**SQIP:SQuare Inline Package**
注3▶互換器あり`http://www.icbaibai.com`にて検索

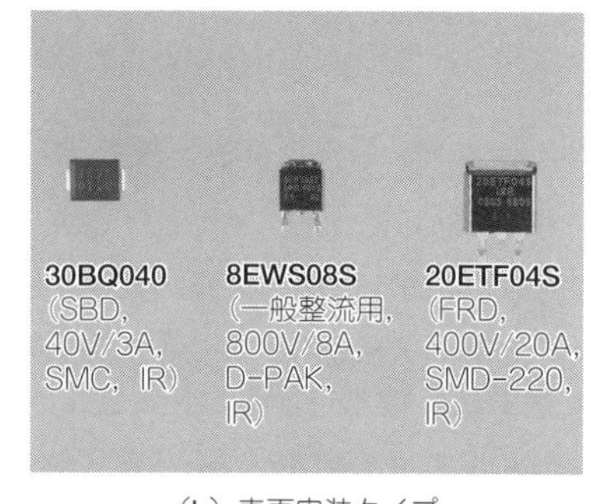

(b) 表面実装タイプ

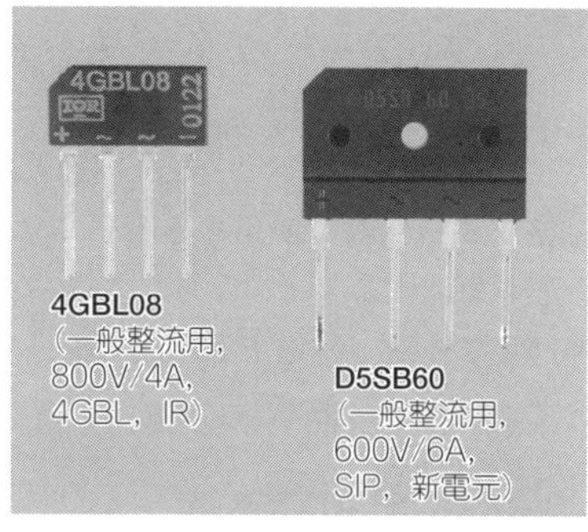

(d) モジュール・タイプⅠ

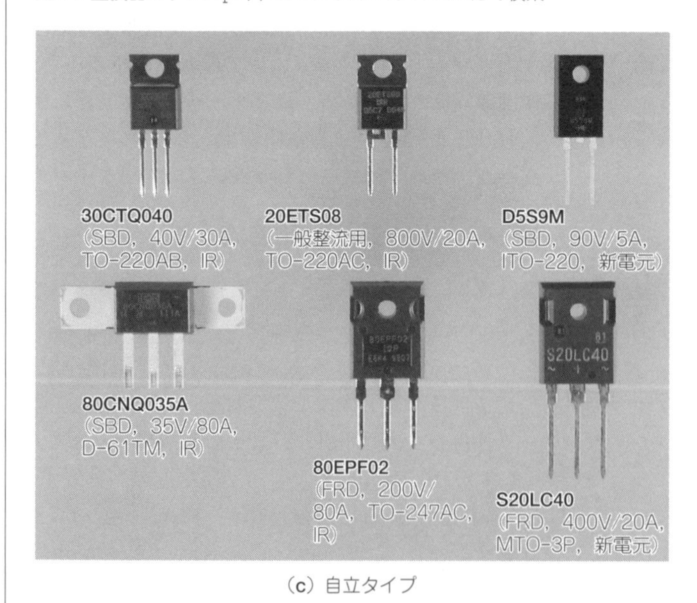

(c) 自立タイプ

(e) モジュール・タイプⅡ

写真1　各種パワー・ダイオードの外観

の最大許容値です．電源変動，トランスのレギュレーション，サージなどを考慮して，**1.5～2倍の電圧定格のものを選びます**．誘導負荷の場合，電源の開閉時やスイッチング時など，過渡的な高電圧が加わるときに重要なパラメータです．

● 平均順電流

指定された条件のもとで，順方向に連続的(正弦半波の180° 通電波形)に流せる電流の最大平均値です．実際の整流回路では，ダイオードに流れる電流は，正弦半波状になることは少ないので，**数値をそのまま適用できるとは限りません**．

● 非繰り返しサージ電流

繰り返しなしに加えられる順電流の最大許容サージ電流値です．特に容量負荷の場合，電源ON時に定常電流ピーク値の数倍から十数倍程度の突入電流が流れます．このようなときは，この定格の大きいダイオードを選びます．

● 許容損失

ダイオードの周囲温度を25 ℃一定に保った状態で，接合部の温度が次に示す接合部温度定格に達するとき，ダイオードが消費している電力値です．実際には，25 ℃以上の周囲温度で使う場合がほとんどですから，この電力値は**定格値より小さいと考えなければなりません**．逆に25 ℃以下で使う場合は，この定格値以上の電力を消費させることができます．**表1**(a)には示されていませんが，要は接合部の温度が次に説明する接合部温度定格の最大値を越えないように動作させます．

● 接合部温度

ダイオードが壊れない接合部の温度範囲です．接合部の温度は損失電力と熱抵抗から求まります．

● 保存温度

動作させない状態で保存した場合，電気的特性に影響のない温度範囲です．

各種パワー・ダイオードの基本性能

表1(b)に1GWJ42のデータシートから電気的特性を引用して示します．最大定格は使用できる範囲を表していますが，電気的特性は動作状態でのダイオードの性能を表しています．使用する回路により重視する項目が違います．

表1　ショットキー・バリア・ダイオード1GWJ42の最大定格と電気的特性

項　目	記号	定格	単位
ピーク繰り返し逆電圧	V_{RRM}	40	V
平均順電流	$I_{F(ave)}$	1.0	A
ピーク1サイクル・サージ電流 @50Hz	I_{FSM}	40	A
接合温度	T_J	－40～125	℃
保存温度	T_{stg}	－40～125	℃

(a) 最大定格

項　目	記号	測定条件	最小	標準	最大	単位
ピーク順電圧	V_{FM}	I_{FM} = 1.0 A	－	－	0.55	V
ピーク繰り返し逆電流	I_{RRM}	V_{RRM} = 40 V	－	－	0.5	mA
逆回復時間	t_{rr}	I_F = 1.0 A，di/dt = －30 A/μs	－	－	35	ns
接合容量	C_J	V_R = 10 V，f = 1 MHz	－	52	－	pF
熱抵抗(接合－周囲間)	$R_{th(j-a)}$	直流	－	－	125	℃/W
熱抵抗(接合－リード間)	$R_{th(j-l)}$	直流	－	－	60	℃/W

(b) 電気的特性(T_a = 25 ℃)

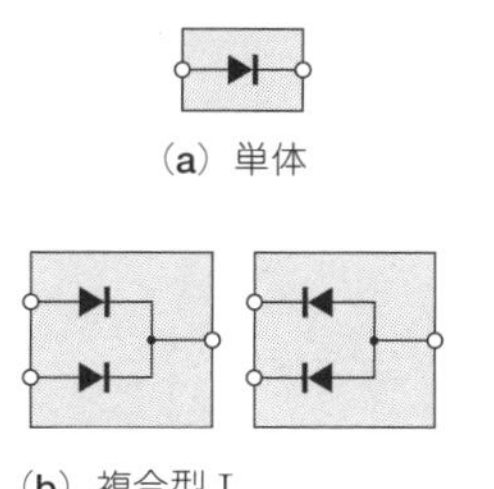

(a) 単体

(b) 複合型Ⅰ (センタ・タップ)

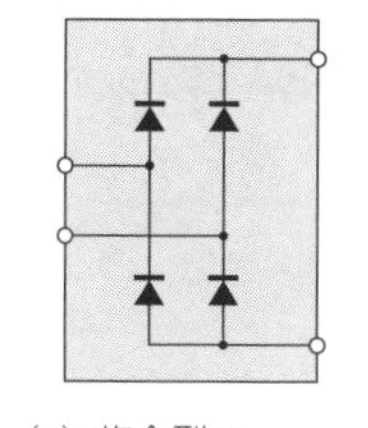

(c) 複合型Ⅱ (単相用ブリッジ)

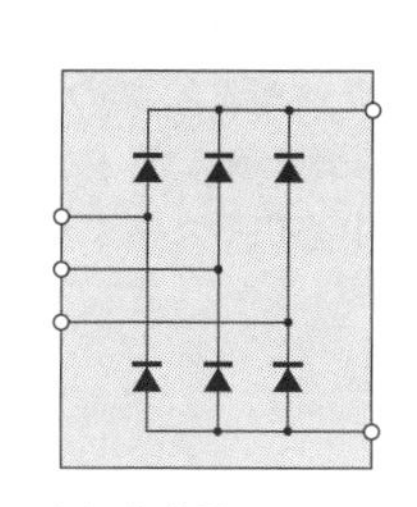

(d) 複合型Ⅲ (三相用ブリッジ)

図1 パワー・ダイオードの接続分類

■ 順電圧

順方向(アノード→カソード)に，指定された電流を流したときのカソードとアノード間の電圧値で，損失になります．

● 順電圧はSBDが一番小さい

順方向，つまりアノードからカソードに向けて電流を流すと，ダイオードの両端に電圧降下が生じます．これを順電圧と呼びます．順電圧は，**一般整流用が約1.0 V，高速整流用が約1.3 V，SBDが約0.6 Vです．**この電圧はロスになるので，扱う電圧が小さな回路や高効率が要求される応用では問題になります．

一般整流用の1S1885と高速整流用の1DL42A，SBDの1GWJ42の順電圧を測定してみました．本来は，ジャンクションの温度上昇が順電圧に影響しないように，パルス電流で測定しますが，今回は簡易的に，**図2**に示す回路で直流を流して測定しました．**表2**に示すように，一般整流用と高速整流用は約0.9 Vで，SBDがその半分の約0.45 Vになり，確かにSBDの順電圧が小さい結果が得られました．

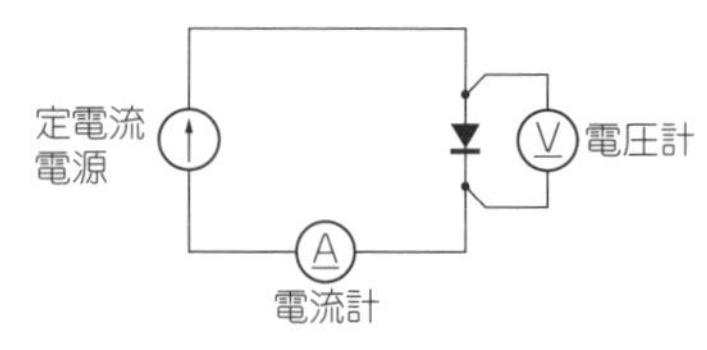

図2　パワー・ダイオードの種類による順電圧の違いを調べる実験回路

■ 逆回復時間

● 定義

リバース・リカバリ・タイムとも呼び，t_{rr}で表します．アノードからカソードに向かって電流が流れている状態から，瞬時に電圧の極性を反転させて逆電圧を加えると，ある時間だけ逆方向に大きな電流が流れます．t_{rr}の定義は，電圧の極性を入れ替えてから，逆電流が指定値(I_{rr})に達するまでの時間です．

I_{rr}の規定がない場合は，逆電流の最大値を$I_{R(\text{peak})}$とすると$0.1\,I_{R(\text{peak})}$が指定値になります．**一般整流用で30 μ～100 μs，高速整流用で0.5 μ～3 μs，超高速整流用で100 n～300 ns，高効率ダイオードで35 n～100 nsです．**スイッチング損失の大部分が逆回復時間に発生するため，高い周波数でスイッチングする場合，逆回復時間の短いダイオードを選択する必要があります．

● t_{rr}の小さいものほどスイッチング損失が小さい

図3(a)に，パワー素子Tr_1のスイッチングによって入力電圧を降圧し，一定の電圧を出力するDC-DCコンバータ回路を示します．L_1とC_OによるLPFで，Tr_1から出力される矩形波状の電圧を平滑して直流電圧を得ます．**図3(b)**に示すように，出力電圧はTr_1のON時のパルス幅t_{on}によって制御されます．

Tr_1がON状態のとき，D_1はOFFで，電流はL_1を

表2　パワー・ダイオードの順電圧-順電流特性(実測)

種　類	型名	順電流［A］	順電圧［V］
一般整流用	1S1885	1.0	0.857
高速整流用	1DF42A	1.0	0.943
ショットキー・バリア	1GWJ42	1.0	0.455

実験室に置いておきたい定番パワー・ダイオード

表Aに，筆者が実験室に置いているダイオードを示します．一般整流用は100 V/1 A品を，FRDは高効率タイプの200 V/1 A，200 V/3 A，600 V/1 A，600 V/3 A品を，SBDは40 V/1 A，40 V/3 A品を中心にそろえています．

表A　実験室に置いておきたい定番ダイオード一覧

品　名	型　名	定　格	メーカ
一般整流用	1B4B42	100 V/1 A	東芝
	1S1888	600 V/1 A	
FRD	1NL42A	200 V/1 A	新電元工業
	S3L20U	200 V/3 A	
	S3L60	600 V/2.2 A	
	D5L60	600 V/5 A	
SBD	1GWJ42	40 V/1 A	
	D3S4M	40 V/3 A	
	S3S6M	60 V/3 A	

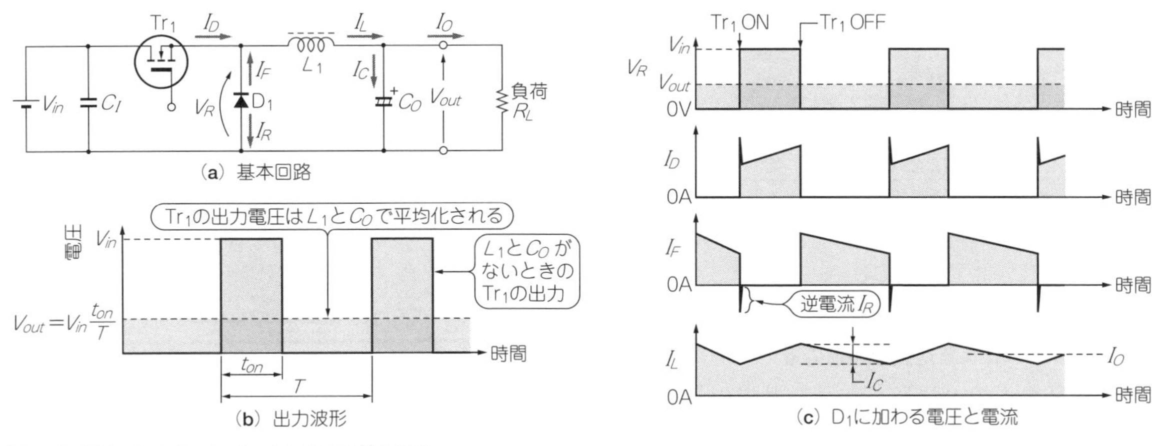

図3 降圧型DC-DCコンバータの基本回路と動作

通ってC_Oと負荷(R_L)に流れます．Tr_1がOFFすると，L_1の電流は流れ続けようとします．その結果D_1がONして，グラウンドから出力に向かって電流が流れます．このような機能のダイオードを，一般にフリー・ホイール・ダイオードと呼びます．再びTr_1がONすると，ON状態のD_1に瞬時に逆電圧が加わります．するとD_1に過大な逆電流が流れます．**図3(c)**に各部の動作波形を示します．**回路の損失の大部分は，この逆電流が流れる期間に発生しますから，逆回復時間が短いダイオードを使えば，電源の変換効率が上がります．**

逆電流は，PN接合部に少数キャリアが残っている期間，カソードからアノード方向のインピーダンスが低いために流れます．SBDは金属と半導体を接合した多数キャリア素子のため，原理的に逆回復時間がありません．実際にはSBDも逆電流が発生しますが，t_{rr}は30 n～100 nsと短い時間です．

● t_{rr}が大きいものはノイズを発生しやすい

前述のように，t_{rr}期間中は短時間に大電流が流れます．この時間変化率(di/dt)が大きい場合，**図4(a)**に示すように，配線の抵抗分やインダクタンス分によって，大きなパルス性の電圧が生じます．パルス性の信号は高い周波数成分を含んでおり，基板-グラウンド間などに存在する微少な浮遊容量を通過します．これらの信号は本来あってはならない，いわゆるノイズ電流です．出ていったノイズ電流は，いろいろな経路を通って発生源に戻り，大きなループを形成します．このループはアンテナのように働き，ノイズなどを放射します．

● t_{rr}が小さいと逆電流は少ない

t_{rr}と逆電流はできるだけ小さいダイオードが理想ですが，残念ながら**逆耐電圧が高いダイオードほどt_{rr}が大きくなる**傾向があります．

図4(b)に示すように，可飽和インダクタを挿入すると，逆電流のピーク値が減り，変化時間が長くなるため，ノイズの発生は軽減されます．可飽和インダクタは，短い時間の逆電流だけインピーダンスが高く，連続して流れる順電流に対してはコアが飽和するため

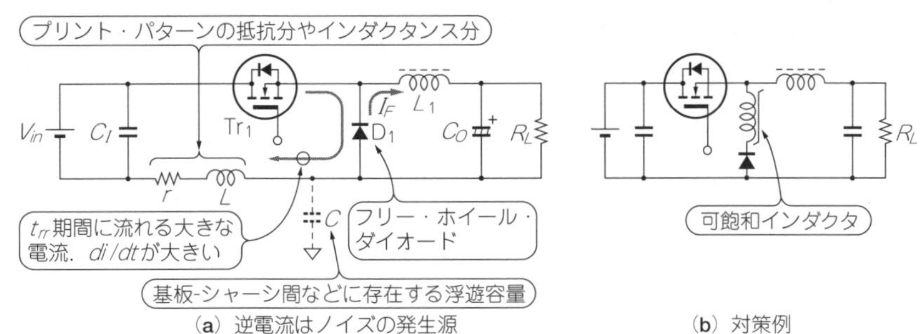

図4
逆電流によるノイズの発生と対策

表3　逆回復特性の比較実験に選んだパワー・ダイオードの最大定格

種　類	型名	逆電圧 V_{RRM} [V]	平均順電流 $I_{F(ave)}$ [A]	最大順電圧 V_{FM} [V]	最大逆回復時間 t_{rr} [ns]
一般整流用	1S1885	100	1.0	1.2	90
高速整流用	1DL42A	200	1.0	0.98	35
ショットキー・バリア	1GWJ42	40	1.0	0.55	35

インピーダンスがとても小さくなります．

● ダイオードによる逆回復特性の違い

一般整流用の1S1885と高速整流用の1DL42A，SBDの1GWJ42の逆回復時間を実測してみました．**表3**に主な定格を示します．**図5**に実験回路を，**写真2**に逆電流の波形を示します．一般整流用のt_{rr}は約90 nsと長く，約8 A_{peak}の大きな逆電流が流れます．高速整流用は約20 nsで逆電流が約2.2 A_{peak}です．SBDは高速整流用より少し短く約16 nsでした．逆電流は約0.7 A_{peak}です．

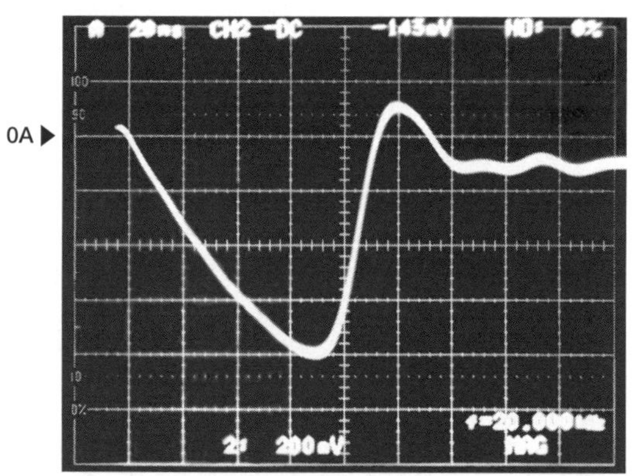

(a) 一般整流用ダイオード1S1885 (2A/div., 20ns/div.)

2SK2843
1mH
5V/0.5A
24V
100μ
22Ω
発振器
470μ
10Ω
0.1Ω
CH-1 CH-2
オシロスコープ

図5　各種パワー・ダイオードの逆回復時間を調べる実験回路
FETは調べるダイオードの特性レンジに応じて変更する必要あり(2016年12月現在2SK2843は廃品種)

■ 逆電流

逆方向(カソード→アノード)に，指定された電圧を加えたときの電流値です．検波回路や微少電流を扱う場合は重要ですが，数百μA程度の逆電流はパワー回路では問題になることは少ないようです．

● 10℃上昇すると2倍に増える

アノードよりもカソードの電圧が高い場合，つまり逆電圧が加わった状態では電流は流れないはずです．しかし，実際にはカソードからアノードに向かってわずかに電流が流れます．これが逆電流です．漏れ電流とも呼びます．**一般整流用と高速整流用で10μ～100μA程度，SBDで0.5m～10mA程度です**．一般整流用と高速整流用に比べて，SBDは大きな逆電流が流れます．ダイオード全般に言えることですが，接合部温度が高くなると逆電流は大きくなります．データシートには25℃時の値が掲載されている場合が多

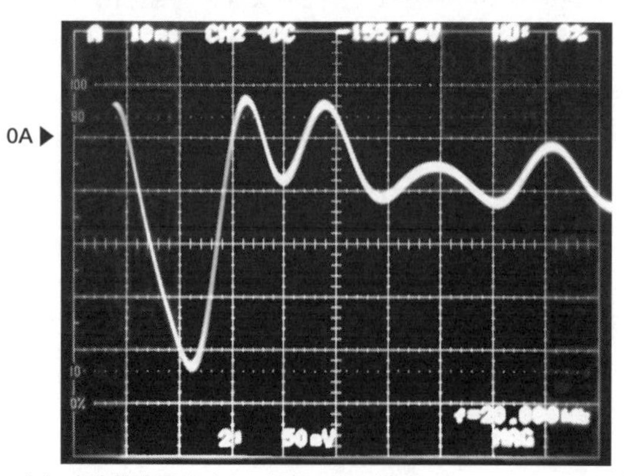

(b) 高速整流用ダイオード1DL42A (0.5A/div., 10ns/div.)

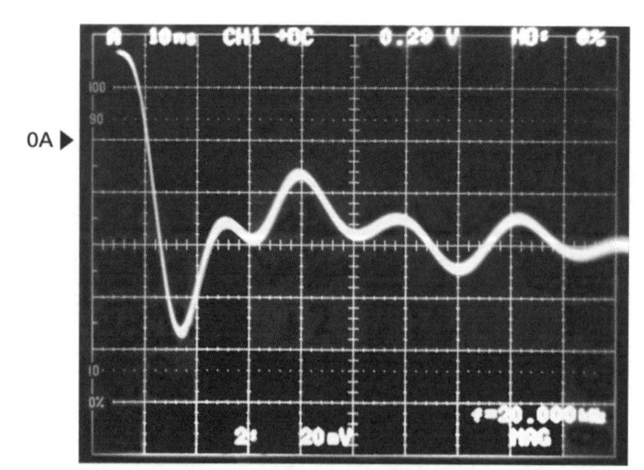

(c) ショットキー・バリア・ダイオード1GWJ42 (0.2A/div., 10ns/div.)

写真2　各パワー・ダイオードの逆回復特性

いのですが，一般に温度が10 ℃上昇すると，逆電流は2倍になります．

接合部温度の算出方法

■ 順方向定常損失

● 直流の場合

順電圧と順電流の積です．順電圧V_Fが1 Vで順電流I_Fが10 Aの直流信号ならば，損失P_Dは，

$$P_D = V_F I_F = 1 \times 10 = 10 \text{ W}$$

と簡単に求められます．実際の回路では，整流回路などに使われるダイオードに加わる電圧や電流は時間とともに変化します．ピーク電力損失は次式で表されます．

$$P_{peak} = V_{FM} I_{FM} \cdots\cdots (1)$$

ただし，P_{peak}：ピーク電力損失［W］，V_{FM}：ピーク順電圧［V］，I_{FM}：ピーク順電流［A］

● 損失電力の時間変化が矩形波状の場合

図6のような矩形波状のピーク電力が加わった場合の平均電力は次式で表されます．

$$P_{ave} = P_{peak} D \cdots\cdots (2)$$

ただし，P_{ave}：平均電力損失［W］，P_{peak}：ピーク電力損失［W］，D：デューティ比

時比率は，電力が加わっている時間と加わってない時間の割合です．**図6**ではt_{on}/Tに相当します．ここで求めた平均電力損失が順方向定常損失になります．

● 損失電力の時間変化が矩形波状でない場合

図7に示すように，ダイオードに流れる電流が矩形波でない場合は，波高値と波形の面積が等しい方形波に置き換えます．**正弦波はt_{on}＝0.63の，三角波はt_{on}＝0.5の矩形波に近似します**．今回は電力を扱っていますが，電圧波形や電流波形でも同様です．例えば，**図8**に示すように，ピーク電流が1 Aでピーク電圧が1 Vの信号の場合は，ピーク電力は1 Wです．1周期100 μs，ON時間80 μsの三角波です．近似すると，ピーク電力1 W，ON時間40 μsの方形波になりますから，順方向定常損失は平均電力の0.4 Wとなります．

もっと計算を簡略化したい場合は，出力電流（整流電流）を流したときの順電圧と出力電流の積から求めます．出力電流はダイオードを流れる平均電流となり

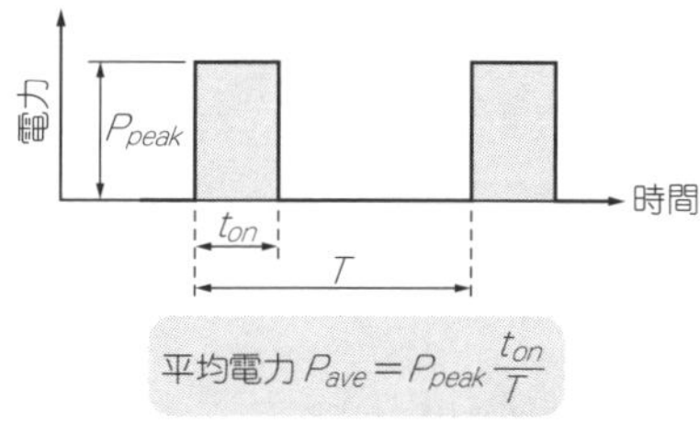

図6　矩形波状の電力の平均値の算出

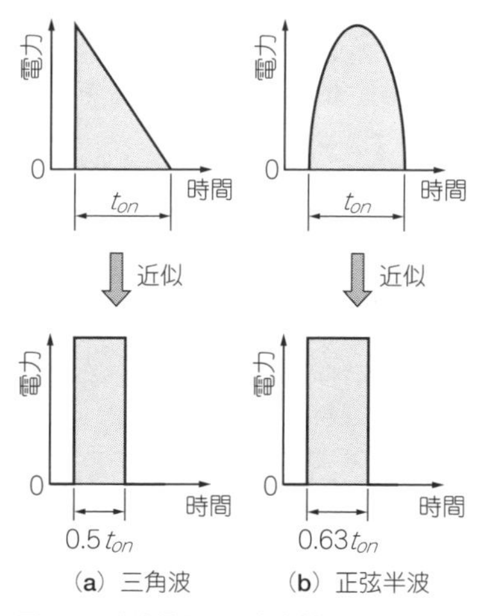

図7　正弦波信号と三角波信号の矩形波近似

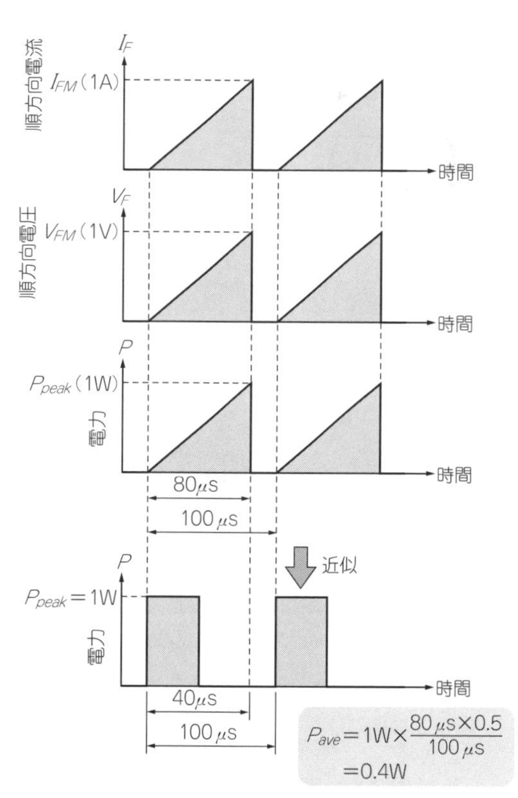

図8　ダイオードの順方向電流による損失の近似計算例

ます．ブリッジ整流回路の場合は，2個のダイオードを流れるため，損失はダイオード2個分になります．

■ 逆方向スイッチング損失

ダイオードがON状態からOFF状態に移行する逆回復時間に発生する損失で，スイッチング回路の動作時に生じるのは，ほとんどこの逆方向スイッチング損失です．次に簡略化した算出式を示します．

$$P_{rr}=\frac{I_{RP}t_{rr}V_Rf_{SW}}{6}$$

ただし，P_{rr}：逆方向スイッチング損失［W］，I_{RP}：逆方向電流のピーク値［A］，t_{rr}：逆回復時間［s］，V_R：逆電圧［V］，f_{SW}：スイッチング周波数［Hz］

この式から，**逆回復時間が小さいほど損失が小さく，スイッチング周波数が高いほど損失が大きいことがわかります**．

スイッチング周波数の高い回路に使用する場合は，逆回復時間が小さなダイオードを選ぶ必要があります．例えば，**図9**に示すような逆電流が流れたときのP_{rr}を求めてみましょう．I_{RP} = 10 A，t_{rr} = 100 ns，V_R = 30 V，f_{SW} = 100 kHzですから，P_{rr} = 0.5 Wと求まります．

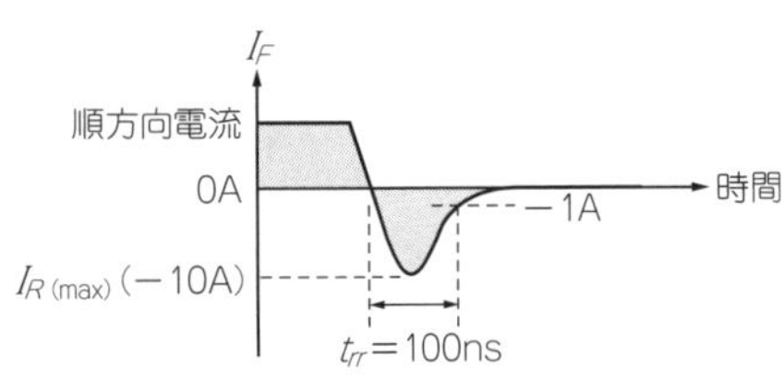

逆方向スイッチング損失P_{rr}[W]は，

$$P_{rr}=\frac{1}{6}I_{R\,(max)}t_{rr}V_Rf_{SW}$$
$$=\frac{1}{6}\times10\times100\times10^{-9}\times30\times100\times10^3$$
$$=0.5\text{W}$$

ただし，$I_{R\,(max)}$：最大逆方向電流（10）[A]，t_{rr}：逆回復時間（100n）[s]，V_R：最大逆電圧（30）[V]，f_{SW}：スイッチング周波数（100k）[Hz]

図9　逆方向スイッチング損失の計算例

■ 接合部温度の算出

接合部の温度T_Jは，ダイオードの損失と周囲温度や放熱の条件によって決まります．**接合部温度が高くなるほど，ダイオードの劣化速度が加速し，信頼性に影響します**．

ダイオードの損失は順方向定常損失と逆方向スイッチング損失の合計です．逆方向定常損失と順方向スイッチング損失も発生していますが，実用上はこれで十分な場合がほとんどです．

T_Jは，ダイオードの損失とデータシートに示された**熱抵抗を使って求めます**．熱抵抗とは，通電中の熱的定常状態において接合部-周囲空気間，または接合部-ケース間の1 W当たりの温度差です．ケースの形状や材質などにより決まります．

ヒートシンクを使わない場合は，次式で求めます．

$$T_J=P_{total}(R_{th\,(j-c)}+R_{th\,(c-a)})+T_a$$

ただし，P_{total}：ダイオードの総損失［W］，$R_{th\,(j-c)}$：接合部とケース間の熱抵抗［℃/W］，$R_{th\,(c-a)}$：ケースと外気間の熱抵抗［℃/W］

リード・タイプのダイオードの多くは，データシートに接合部から外気までの熱抵抗$R_{th\,(j-a)}$が記載されています．その場合は，次式で求めます．

$$R_{th\,(j-a)}=R_{th\,(j-c)}+R_{th\,(c-a)}$$

ヒートシンクを使用する場合は，次式で求まります．

$$T_J=P_{total}(R_{th\,(j-c)}+R_{th\,(c-f)}+R_{th\,(f-a)})+T_a$$

ただし，$R_{th\,(c-f)}$：ケースとヒートシンク間の接触熱抵抗［℃/W］，$R_{th\,(f-a)}$：ヒートシンクと外気間の熱抵抗［℃/W］

となります．

図10に熱抵抗の等価回路を示します．例えばヒートシンクなしでP_{total}が0.9 W，$R_{th\,(j-a)}$が75 ℃/W，最高周囲温度T_aが40 ℃の場合，接合部温度は，

$$T_J=(0.9\times75)+40=107.5\ ℃$$

と求まります．

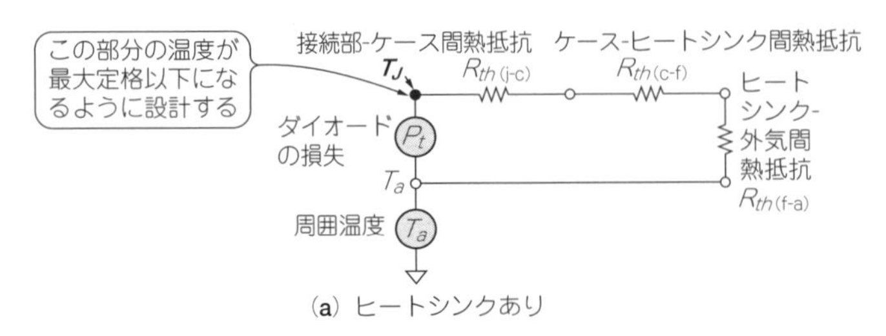

(a) ヒートシンクあり

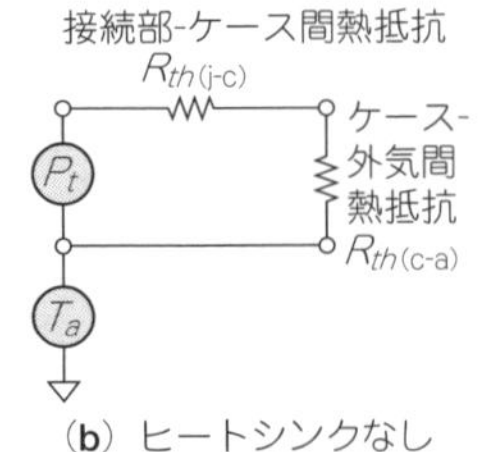

(b) ヒートシンクなし

図10　電子回路で表現したダイオード損失，外気，接合部から外気までの熱抵抗の関係

スイッチング電源回路への応用設計

実際の回路で，ダイオードをどのように応用したらよいかを示しましょう．**図11**に示すのは，次に示す仕様のスイッチング電源回路です．

- 電源入力：AC90～110 V_{RMS}(50/60 Hz)
- 出力：5 V/2 A(10 W)
- 周囲温度範囲：0～＋40 ℃
- 回路方式：フォワード型
- スイッチング周波数：約120 kHz

図12に**図11**を簡略した回路を示します．

■ 電源整流用ダイオードD1の選定

● 最大定格を満足する

扱う周波数が50/60 Hzのため，内部でブリッジ接続された一般整流用ダイオード・モジュールを選択します．**写真3**に，ダイオードD_1の入力電流と出力電圧波形を示します．

▶逆電圧の最大値

最大逆電圧はv_{in} = 110 V_{RMS}のピーク電圧に等しく，155.6 V(＝$\sqrt{2}$ × 110)です．ディレーティングを0.8としてV_{RRM}≧194.5 Vのものを選びます．

▶平均整流電流

次に最大入力電流$i_{in(max)}$を求めます．変換効率を

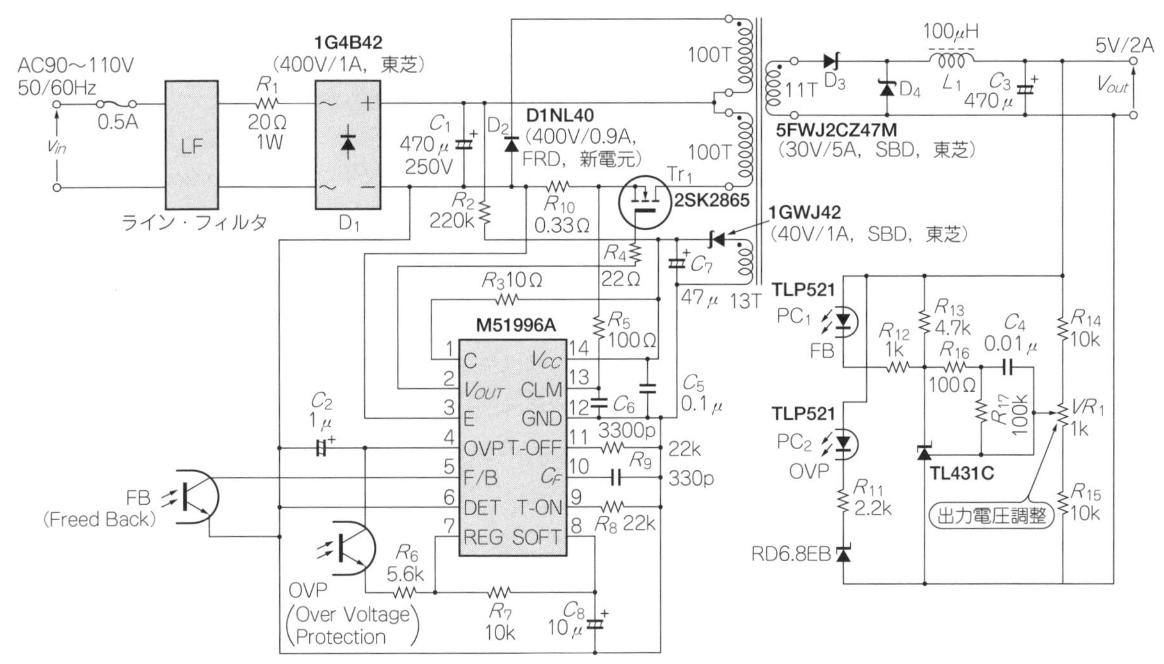

図11 入力90～110 V_{RMS}，出力5 V/2 Aのスイッチング電源回路

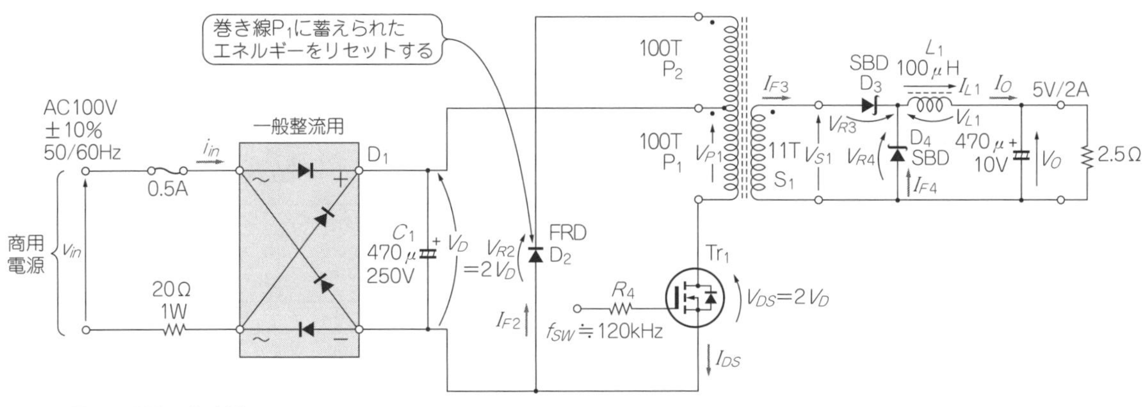

図12 図11の回路の簡略図

65 %と仮定すると，定格出力(5 V/2 A)時の入力電力は10 W/0.65です．入力電流が最大になるのは，入力電圧が最低の90 V_{RMS}のときですから，

$$i_{in\,(\max)}=\frac{10/0.65}{90}\fallingdotseq 0.17\ \mathrm{A_{RMS}}$$

と求まります．ディレーティングを0.8として，平均整流電流が0.213 A_{RMS}以上のものを選択します．

▶突入電流の最大値

入力信号v_{in}のピークのタイミングで，電源を投入すると，C_1があるため大きな突入電流が流れます．この電流でダイオードが壊れることがあります．最大突入電流は，商用電源側を含めた回路のインピーダンスで決まります．商用電源側のインピーダンスは一定でないので，D_1の入力側に突入電流防止用の抵抗(R_1)を接続して，電源ラインのインピーダンスを明確にし，突入電流を制限します．抵抗値が大きすぎると，損失が増大し効率が低下します．今回は，20 Ωを接続し，最大突入電流を7.8 Aに制限しました．

データシートから，非繰り返しサージ電流は30 Aです．この値は1サイクルで規定されており，突入電流のように何度も流れる可能性のある場合は適用できません．そこで，**図13**に示すサージ電流-サイクル数の特性グラフを利用します．図からサージ電流は10 A以下にする必要があることがわかります．

＊　　＊　　＊

以上から，V_{RRM} = 400 V，$I_{F(\mathrm{ave})}$ = 1.0 Aの1G4B42を選択します．

● 接合部温度の最大値

D_1の損失P_{D1}は，次式で求まります．

$$P_{D1}=nV_{F1}I_{O(\mathrm{ave})}=2\times1\times0.17=340\ \mathrm{mW}$$

ただし，V_{F1}：順電圧(1.0)［V］，
$I_{O1(\mathrm{ave})}$：平均整流電流(0.17)［A］，
n：一度に通電するダイオードの数(2)

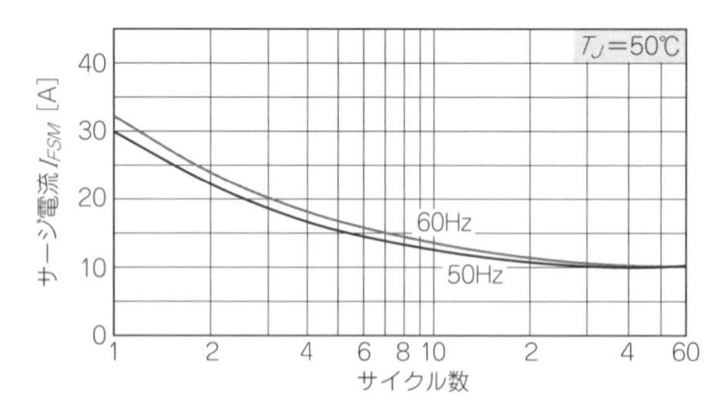

図13　サージ電流-サイクル数特性

逆方向スイッチング損失は，周波数が低いため無視できるでしょう．データシートから接合部-外気間の熱抵抗は75 ℃ /Wですから，外気と接合部の温度差は，

$$75\times0.34\fallingdotseq 25.5\ ℃$$

です．仕様から最大周囲温度は40 ℃ですから，接合部温度T_Jは，次式から65.5 ℃と求まります．

$$T_J=25.5+40\fallingdotseq 65.5\ ℃$$

最大接合部温度以下で使えることが確認されました．

■ リセット巻き線用ダイオードD 2の選定

● 逆電圧の最大値

Tr_1がON時にトランスの巻き線に残ったエネルギーは，Tr_1がOFFしている間に放出する必要があります．これを**リセット**と呼び，D_2で放電のルートを作ります．**図14**に，リセット・ダイオードD_2の電圧・電流波形を，**写真4**に実際の波形を示します．

D_2に流れる電流の周波数は，スイッチング周波数と等しく120 kHzです．逆電圧の最大値は，主巻き線とリセット巻き線が同じ巻き数のため，整流電圧の2倍です．入力電圧が110 V_{RMS}のときの整流電圧は，

$$\sqrt{2}\times110\fallingdotseq 156\ \mathrm{V}$$

ですから，最大逆電圧はその2倍の312 Vです．ディレーティングを0.8とすると，$V_{RRM}\geqq$ 390 Vのダイオードが必要です．電流が120 kHzと比較的高速に変化しており，逆電圧も高いので，FRDを選びます．

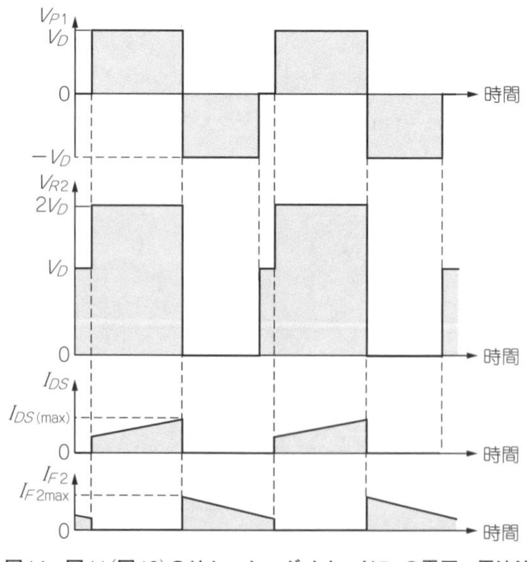

図14　図11(図12)のリセット・ダイオードD_2の電圧・電流波形

● 順電流の最大値

D_2に流れる電流の最大値I_{F2max}は，Tr_1の最大ドレイン電流I_{Dmax}と同じです．ドレイン電流が最大になるのは，Tr_1のオン・デューティが最大で，平均出力電流が2 Aになるときです．したがって，

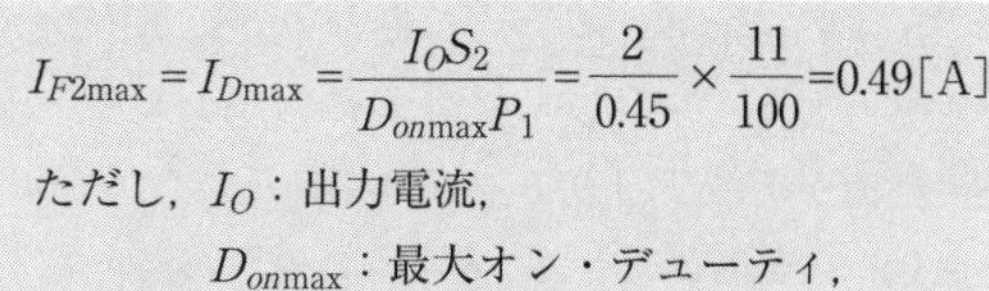

$$I_{F2max} = I_{Dmax} = \frac{I_O S_2}{D_{onmax} P_1} = \frac{2}{0.45} \times \frac{11}{100} = 0.49[\mathrm{A}]$$

ただし，I_O：出力電流，

D_{onmax}：最大オン・デューティ，

S_2：T_1の2次側巻き数(100)，

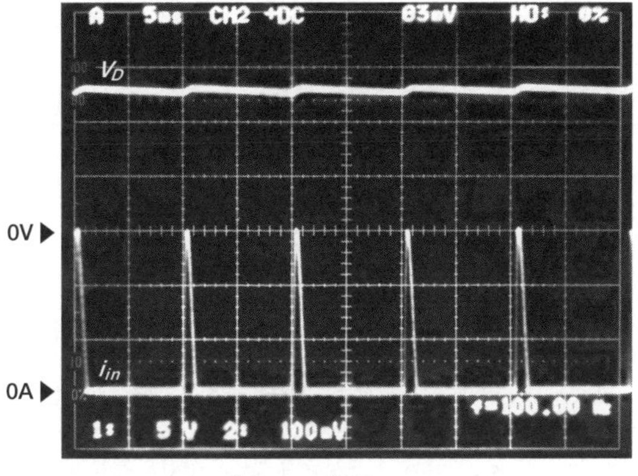

(a) v_{in} =90V_{RMS}

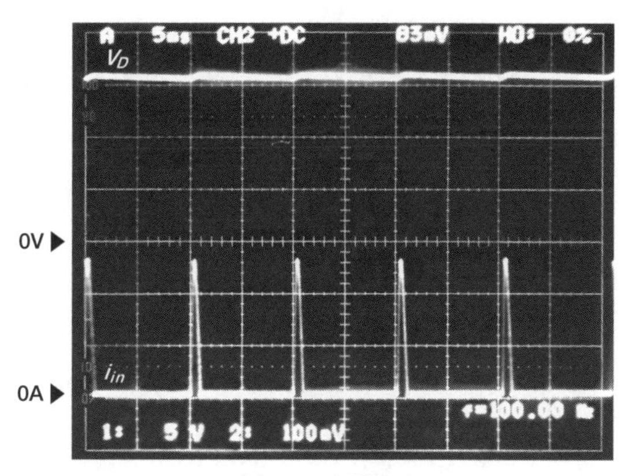

(b) v_{in} =110V_{RMS}

写真3 ダイオードD1の入力電流と出力電圧波形(上：50 V/div.，下：1 A/div.，5 ms/div.)

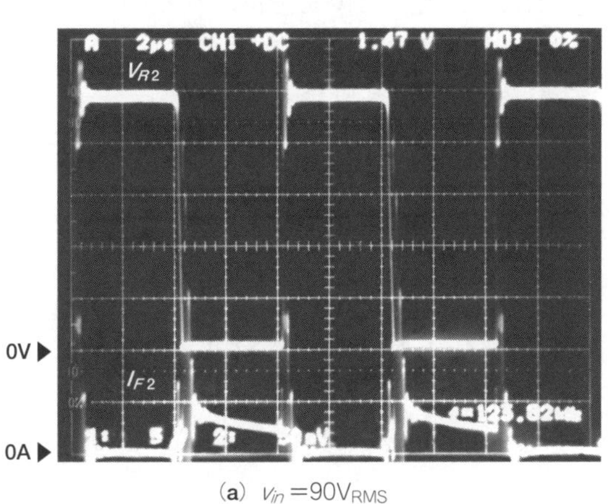

(a) v_{in} =90V_{RMS}

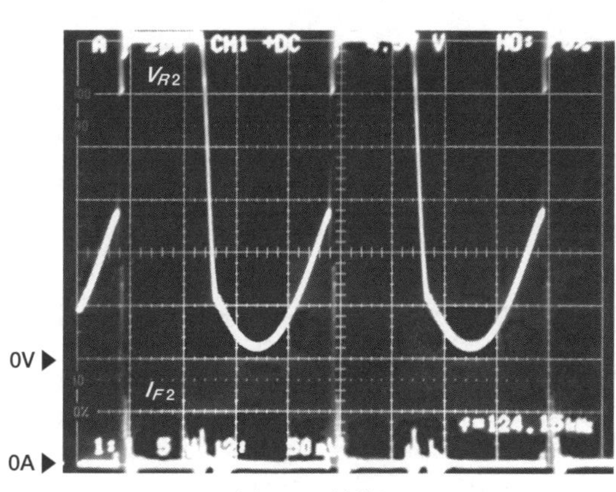

(b) v_{in} =110V_{RMS}

写真4 リセット・ダイオードD2の電圧と電流波形(上：50 V/div.，下：0.5 A/div.，2 μs/div.)

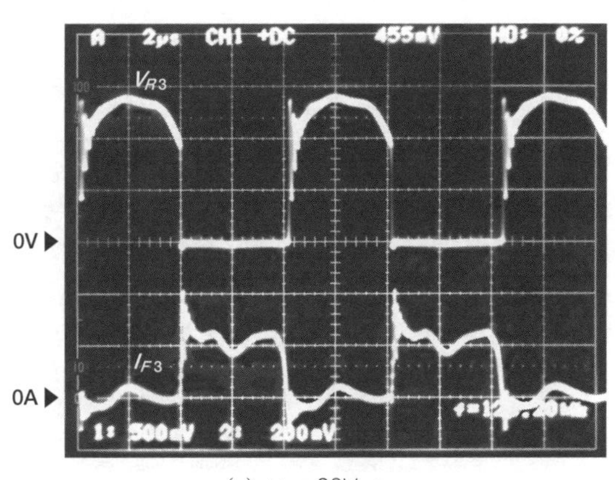

(a) v_{in} =90V_{RMS}

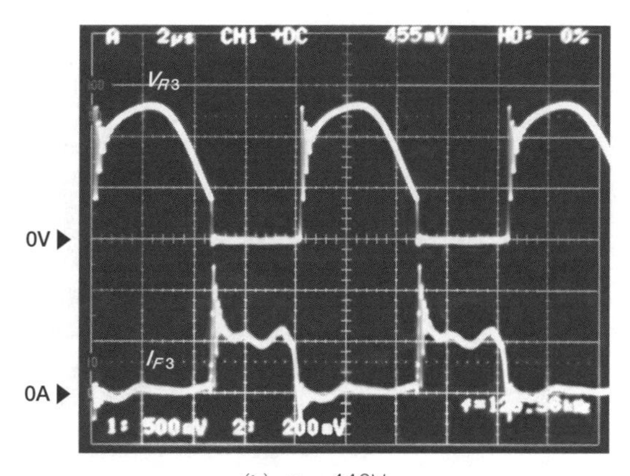

(b) v_{in} =110V_{RMS}

写真6 出力整流用ダイオードD3の電圧と電流波形(上：5 V/div.，下：2 A/div.，2 μs/div.)

P_1：T_1の1次側巻き数(11)

と求まります．ディレーティングを0.8として，平均整流電流が0.6 A以上のFRD D1NL40(V_{RRM} = 400 V, I_O = 0.9 A)を選びました．**写真5**に逆回復時の電流波形を拡大して示します．

● 接合部温度の最大値

D_2の順方向損失$P_{F\,D2}$は，次式で求まります．

$$P_{F\,D2} = V_{F\,2} I_{O\,2(\mathrm{ave})} D_{on\max} = 1.3 \times 0.49 \times 0.45 \fallingdotseq 0.287\ \mathrm{W}$$

ただし，V_{F2}：順電圧(1.3) [V]，

$I_{O\,2(\mathrm{ave})}$：平均整流電流(0.49)，

$D_{on\,\max}$：最大オン・デューティ(0.45)

逆方向スイッチング損失$P_{R\,D2}$は，次式で求まります．

$$P_{RD2} = \frac{I_{RP}\, t_{rr} V_{R2} f_{SW}}{6}$$

写真5から，$I_{RP} \fallingdotseq 1.3$ A，$t_{rr} \fallingdotseq 50$ ns，**写真4(a)**から$V_R = 250$ V，$f_{SW} = 120$ kHzですから，

$$P_{RD2} = \frac{1.3 \times 50 \times 10^{-9} \times 250 \times 120 \times 10^3}{6} \fallingdotseq 0.325\,[\mathrm{W}]$$

と求まります．したがって，合計損失は0.612 Wです．なお逆電流が大きくなるのは，順電流が大きいとき，つまり入力電圧が最低電圧(90 V_{RMS})のときです．D1NL40のデータシートから接合-外気間の熱抵抗は113 ℃ /Wですから，外気と接合部間の温度差は，

$113 \times 0.612 \fallingdotseq 69.2$ [℃]

です．上記仕様から最大周囲温度は40 ℃ですから，接合部温度T_Jは，

$T_J = 69.2 + 40 \fallingdotseq 109.2$ [℃]

です．ディレーティングを0.8としてT_J = 136.5 ℃となり，最大接合部温度定格(150 ℃)以下で使用できることが確認できます．

■ 出力整流用ダイオードD_3とD_4の選定

次に2次側の整流ダイオードD_3とD_4を選びます．**図15**にD_3の電圧と電流の波形を，**写真7**に実際の波形を示します．D_3がONのときD_4はOFF，D_3がOFFのときD_4はONです．両ダイオードに加わる電圧値と電流値は同じです．

● 逆電圧の最大値

逆電圧の最大値$V_{R\,3\max}$は，最大入力電圧$v_{in\max}$とトランスの巻き線比S_1/P_1から，次のように求まります．

$$V_{R3\max} = \frac{\sqrt{2}\, v_{in\max} S_1}{P_1} = \frac{\sqrt{2} \times 110 \times 11}{100} \fallingdotseq 17\ [\mathrm{V}]$$

と求まります．ディレーティングを0.8とすると，$V_{RRM} \geqq 27.5$ Vのダイオードが必要です．流れる電流の周波数は120 kHzと高いのでSBDを選択します．

● 順電流の最大値

D_3に流れる順電流の最大値$I_{F\,3\max}$は，コイルL_1に流れるリプル電流$I_{R\,L1}$を含んでいます．この電流の平均値が出力電流I_Oです．$I_{F\,3\max}$は，次式で求まります．

$$I_{F3\max} = I_O + \frac{I_{RL1}}{2}$$

D_4に流れる電流はD_3と同じで，L_1に流れるリプル電流と等しい値です．最大オン・デューティで動作しているとき，L_1に加わる電圧V_{L1}は，

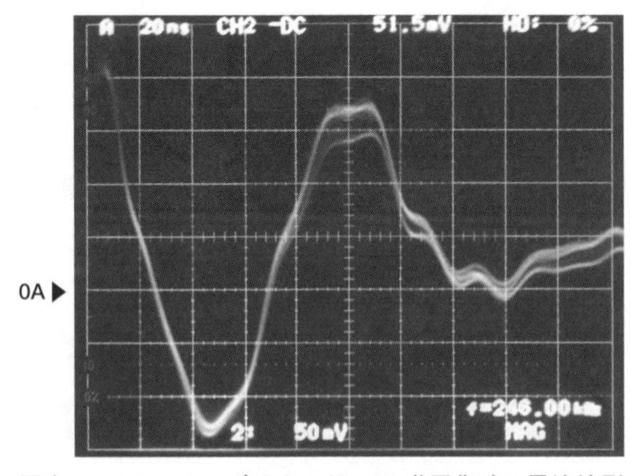

写真5　リセット・ダイオードD2の逆回復時の電流波形(0.5 A/div.，20 ns/div.)

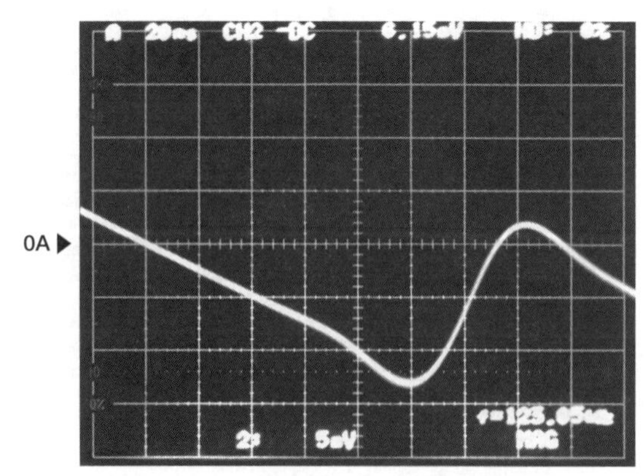

写真7　出力整流用ダイオードD_3の逆回復時電流波形(0.5 A/div.，20 ns/div.)

$$V_{L1}=\frac{V_{D\min}S_1}{P_1}-V_O=\frac{127\times 11}{100}-5\fallingdotseq 9\ [\mathrm{V}]$$

ただし，$V_{D\min}$：最低電源整流電圧(127) [V]

と求まります．I_{RL1}は次式で求まります．

$$I_{RL1}=\frac{V_{L1}t_{on}}{L_1}$$

ただし，L_1：L_1のインダクタンス(100μ) [H]

t_{on}は最大オン時間で，次式で求まります．

$$t_{on}=\frac{D_{on\max}}{f_{SW}}=\frac{0.45}{120\times 10^3}=3.75\times 10^{-6}\,\mathrm{s}$$

したがって，I_{RL1}は次式から0.34 A_{P-P}です．

$$I_{RL1}=\frac{9\times 3.75\times 10^{-6}}{100\times 10^{-6}}\fallingdotseq 0.34\ [\mathrm{A_{P-P}}]$$

D_3またはD_4に流れる順電流の最大値は，

$$I_{FD3\max}=2+(0.34\div 2)\fallingdotseq 2.2\ [\mathrm{A}]$$

となります．ディレーティングを0.8として，平均整流電流が2.75 A以上のショットキー・バリア・ダイオード5FWJ2CZ47M($V_{RRM}=30$ V，$I_O=5$ A)を選びます．

● 接合部温度の最大値

D_3の順方向損失P_{FD3}は，次式で求まります．

$$P_{FD3}=V_{F3}I_{F3\max}=0.47\times 2.2\ \mathrm{A}\fallingdotseq 1\ [\mathrm{W}]$$

ただし，V_{F3}：順電圧(0.47) [V]

となります．**写真7**から$I_{RP}\fallingdotseq 1.3$ A，$t_{rr}=130$ ns，**写真6**から$V_R=14$ Vですから，逆方向スイッチング損失P_{RD3}は，

$$P_{RD3}=\frac{1.3\times 130\times 10^{-9}\times 14\times 120\times 10^3}{6}\fallingdotseq 0.047\ [\mathrm{W}]$$

と求まります．順電流が大きいほど逆電流も大きくなるので，最低入力電圧時($v_{in}=90\ \mathrm{V_{RMS}}$)の逆電流値で計算します．したがって総損失$P_{D3total}$は，

$$P_{D3total}=P_{FD3}+P_{RD3}=1+0.047\fallingdotseq 1.05\ [\mathrm{W}]$$

となります．データシートの接合-ケース間の熱抵抗3.5 ℃/Wとケース-外気間の熱抵抗70 ℃/Wから，外気と接合部間の温度差は，

$$73.5\times 1.05\fallingdotseq 77.2\ [℃]$$

です．仕様から最大周囲温度40 ℃ですから，T_Jは，

$$T_J=77.2+40\fallingdotseq 117.2\ [℃]$$

と求まります．ディレーティングを0.8とすると146.5 ℃となります．

● 必要なヒートシンクの熱抵抗

ヒートシンクがないと，接合部温度定格(125 ℃)を越えます．必要なヒートシンク-周囲間の熱抵抗$R_{th(f-a)}$は，次式で求まります．

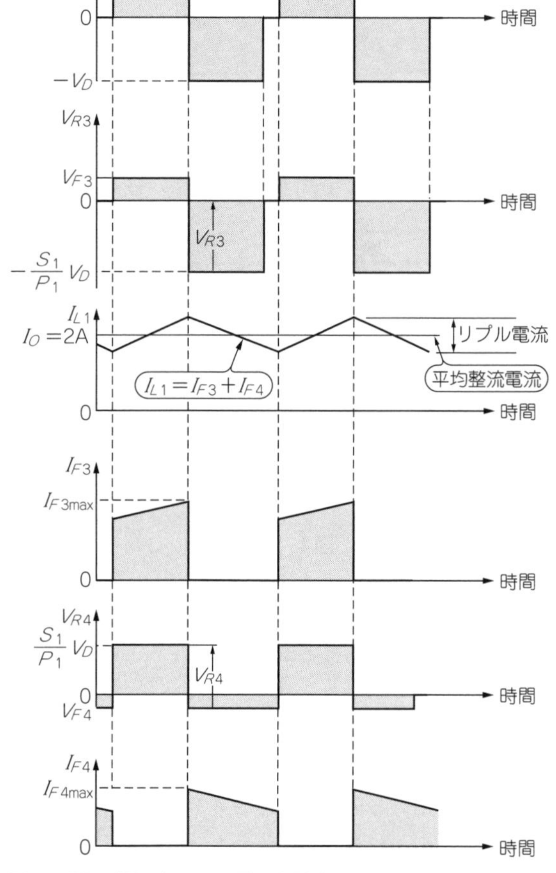

図15　図11(図12)のD_3の電圧と電流

$$R_{th(f-a)}+R_{th(j-c)}+R_{th(c-f)}\leqq\frac{0.8T_{J\max}-T_{a\max}}{P_{D3total}}$$

ただし，$T_{J\max}$：最大接合部温度(125) [℃]，
0.8：ディレーティング係数，
$P_{D3total}$：D_3の総損失(1.05) [W]

データシートから$R_{th(j-c)}=3.5$ ℃/Wですから，ケース-ヒートシンク間熱抵抗$R_{th(c-f)}$を2 ℃/Wとすると，

$$R_{th(f-a)}\leqq 51.6\ ℃/\mathrm{W}$$

となります．

〈浅井 紳哉〉

◆参考文献◆

(1) 整流素子中型編ダイオード・データ・ブック，1996年3月，㈱東芝．
(2) ダイオード・データ・ブック，1994年8月，㈱日立製作所．

(初出：「トランジスタ技術」2002年4月号 特集)

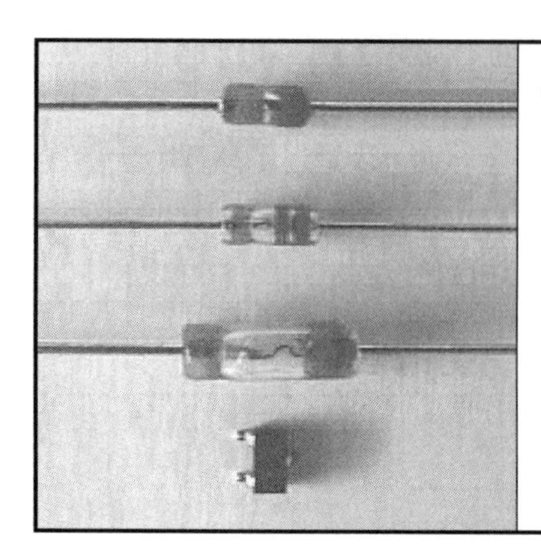

Appendix

定電流ダイオードの基礎と応用

アンプやタイマ作りに

■ 定電流ダイオードの等価回路

定電流ダイオード(**CRD**：Current Regulative Diode)は，ダイオードというよりもFETの性質に近いものです．

CRDの等価回路を**図1**に示します．3端子の接合型FETを2端子接続したもので，接合型FETのゲートとソースを短絡したものになります．その特性は，広い電圧範囲で一定の電流を流すダイオードです．

■ 並列接続で電流値を大きくする

CRDは，それぞれが**電流源**と考えることができるので，電流源の並列接続が可能です．

同じ電流値の組み合わせでも違う電流値の組み合わせでも，並列接続することで流れる電流はそれぞれの電流値の和になります(**図2**)．

また，並列接続するCRDの数量にも制限はありません．例えば18 mAの製品を5本並列接続すれば90 mAの大きな電流を作ることも可能になります．並列接続に関しては，そのほかいろいろな組み合わせの回路構成で応用ができます．

■ 直列接続で最高使用電圧値を大きくする

CRDに過電圧が印加されないように保護することで，直列接続が可能になります．

CRDはそれぞれが電流源と考えることができます．電流源の直列接続は本来は禁止事項となりますが，下記の方法で直列接続での使用が可能になります．

CRDを単純に直列接続すると，電流値の小さい側に電圧が集中して，最高使用電圧を超えてしまう問題が出てしまいます．

そこで，CRDの最高使用電圧を超えないようにする工夫が必要になります．**図3**のように**ツェナー・ダイオードをCRDに並列に接続することで，CRDに過電圧が印加されないように保護します**．また，このときCRDの電流値が同じ製品を選定します．

接続するツェナー・ダイオードは，**ブレークダウン電圧**がCRDの最高使用電圧を超えないものを選定します．**表1**に対応表を示します．

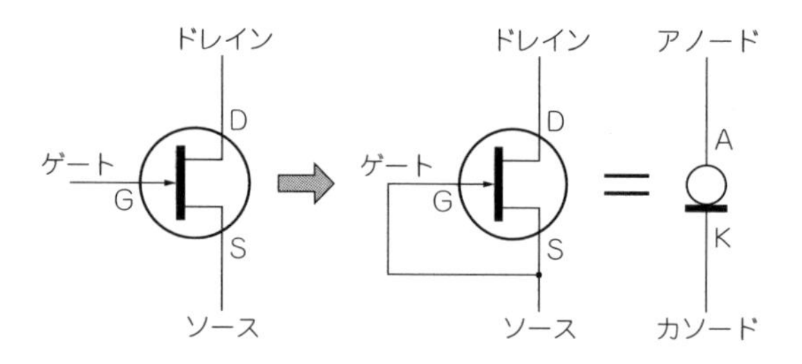

図1　定電流ダイオードの等価回路

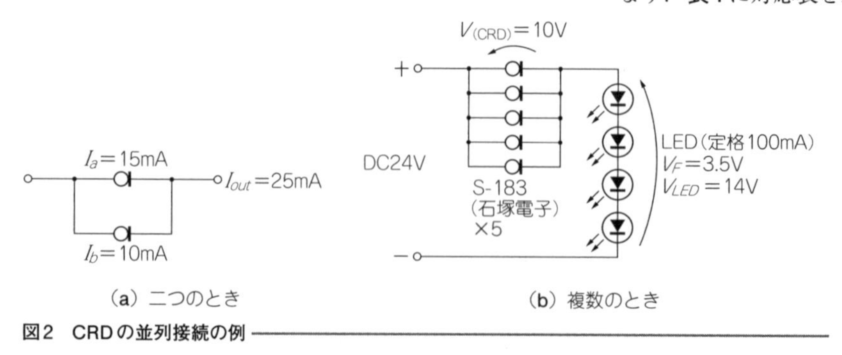

図2　CRDの並列接続の例

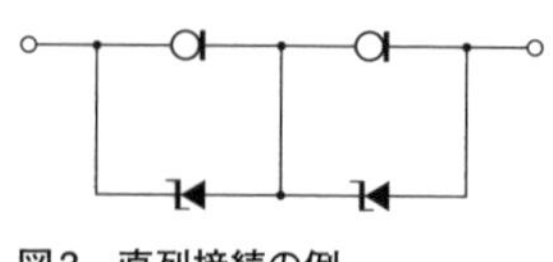

図3　直列接続の例

表1　CRDを直列接続する場合のツェナー・ダイオードの対応表

特　性	Eシリーズ		Fシリーズ		Sシリーズ	
	最高使用電圧	ツェナー電圧	最高使用電圧	ツェナー電圧	最高使用電圧	ツェナー電圧
101～562	100	91	100	91	100	91
822	30	27	50	47	50	47
103	30	27	42	39	50	47
123	30	27	34	30	50	47
153	25	22	28	24	50	47
183	25	22	－	－	40	36

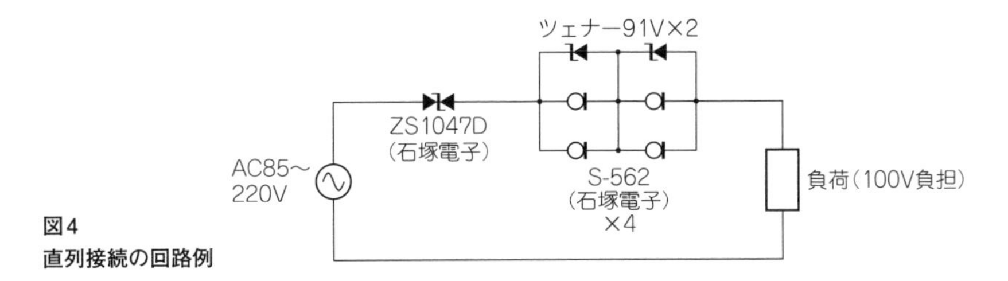

図4
直列接続の回路例

CRDを直列接続することで，AC85 V～AC220 Vの広い電圧範囲で負荷に対して定電流を供給することが可能になります(**図4**)．

ただし，この回路はほとんどの電圧をCRDが負担するので効率の良い回路とはいえません．したがって，電流が小さい場合に有効な回路といえます．

■ 直列接続で双方向の定電流を作る

図5のように，CRDのカソードを対向させて直列接続することで，双方向の定電流特性が実現できます．

双方向の定電流特性が必要な場合や，異常時に逆電流が流れる場合の電流制限などに応用できます．

また，**図6**のように電流値をアンバランスに設定することも可能です．例えばバッテリの充電電流，放電電流の制限回路では，並列の接続数を変えることによって充電電流，放電電流を別々に設定できます．

図5　CRDの双方向接続の例①

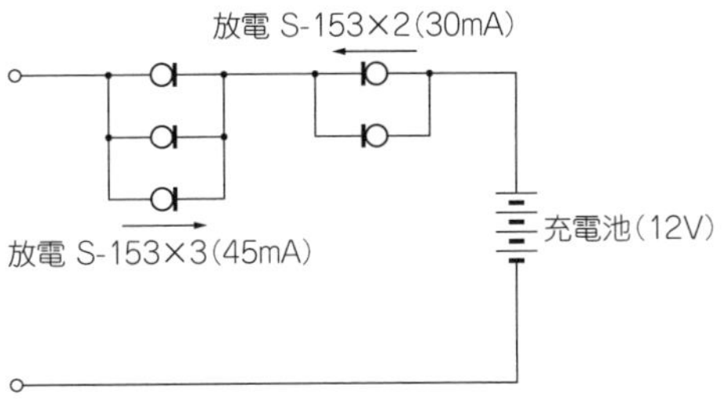

放電 S-153×2(30mA)
充電池(12V)
放電 S-153×3(45mA)

図6　図10.CRDの双方向接続の例②

■ 静特性と動特性の違い

静特性とは，CRDの電流電圧特性をパルス(パルス幅20 ms)で測定した特性で，**動特性**は直流で連続通電した特性です．動特性は自己発熱の影響で，印加電圧が大きくなると電流値が小さくなる傾向があります．

静特性は，**図7**のように印加電圧10 V以降は印加電圧が変化しても一定の電流値になります．短時間のパルスで測定した特性は，通電による発熱が無視でき

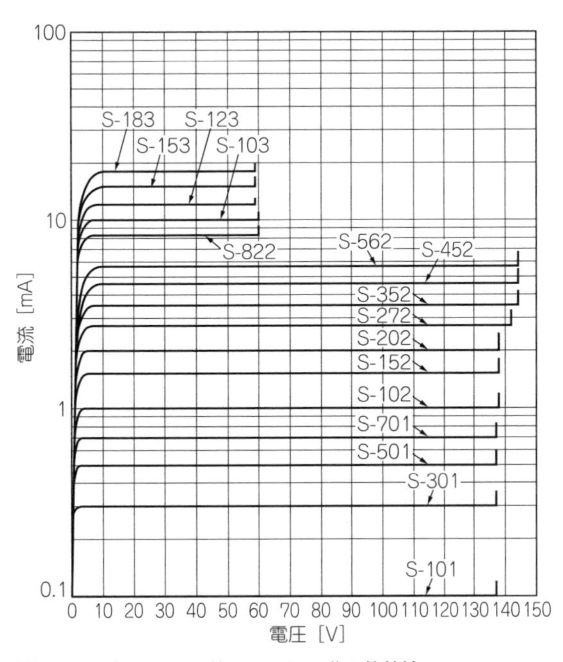

図7　CRD(SEMITEC社のSシリーズ)の静特性

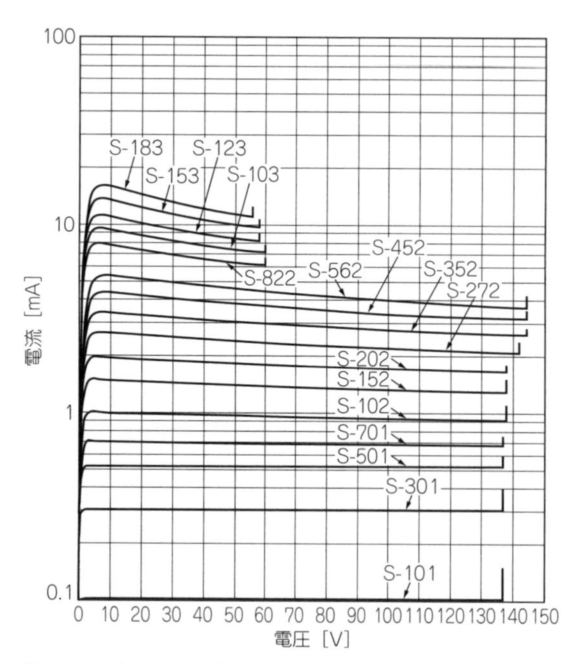

図8　CRD(SEMITEC社のSシリーズ)**の動特性**

る条件で測定した値です．

動特性は，**図8**のように通電によってCRDが自己発熱して熱飽和したときの電流値の特性です．静特性と比較すると，動特性は印加電圧が大きくなると電流が低下する傾向があります．

CRDに加わる電圧Vと電流Iによる電力$P = V \times I$は熱になります．CRDの熱抵抗に比べて十分小さい発熱量の場合，顕著な温度上昇とはなりません．しかし，CRDを100 mW以上の電力で使用すると，自己発熱による温度上昇の影響が無視できなくなります．

このようなことから，電流が大きなCRDのほうがこの傾向が顕著になります．これに対して小電流の製品は，自己発熱の影響がなく良好な定電流特性です．

■ 動特性の定電流特性を改善する方法

図9のように，自己発熱の補償抵抗を並列に接続することによって，定電流の特性を改善できます．

CRDの動特性は，自己発熱によって印加電圧が大きくなると電流値が低下します．この電流低下を補償するには，**CRDに並列に抵抗器を接続します．**

CRD Sシリーズ(SEMITEC社)およびEシリーズ(SEMITEC社)の補償抵抗を**表2**に示します．

ピンチオフ電流1 mA以上の定電流ダイオードは，電流が負の温度係数を持ち，自己発熱によって電流値が減少します．補償抵抗によって電流値の減少を抑制して良好な定電流特性を実現できます．**図10**，**図11**は自己発熱補償抵抗で補償後の動特性です．

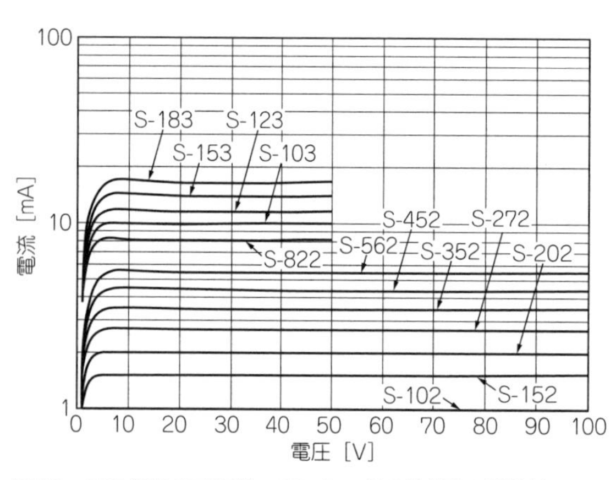

図10　CRD(SEMITEC社のSシリーズ)**の補償後の動特性**

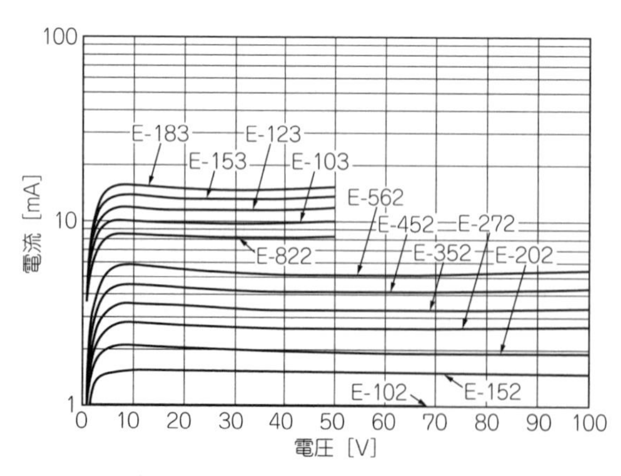

図11　CRD(SEMITEC社のEシリーズ)**の補償後の動特性**

図9
自己発熱補償抵抗の並列接続

表2　自己発熱補償抵抗の値(参考値)

タイプ名	抵抗値	タイプ名	抵抗値
S-102	1.1MΩ	E-102	1 MΩ
S-152	430 kΩ	E-152	390 kΩ
S-202	300 kΩ	E-202	240 kΩ
S-272	200 kΩ	E-272	120 kΩ
S-352	130 kΩ	E-352	82 kΩ
S-452	91 kΩ	E-452	56 kΩ
S-562	62 kΩ	E-562	39 kΩ
S-822	27 kΩ	E-822	20 kΩ
S-103	18 kΩ	E-103	15 kΩ
S-123	15 kΩ	E-123	11 kΩ
S-153	12 kΩ	E-153	9.1 kΩ
S-183	9.1 kΩ	E-183	7.5 kΩ

(a) Sシリーズ(500 mW)　(b) Eシリーズ(300 mW)

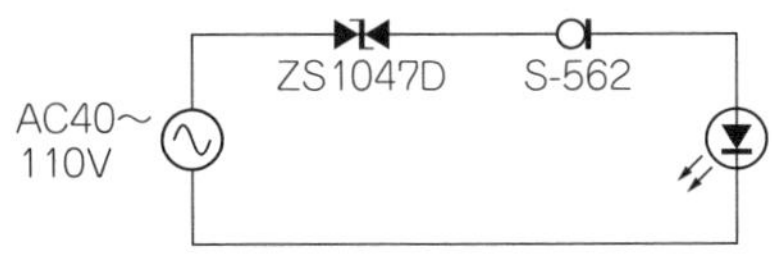

図12　整流用ダイオードとの組み合わせ

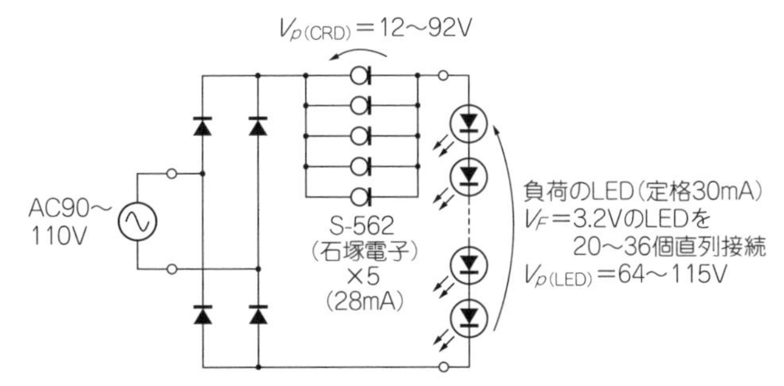

図13　ブリッジ・ダイオードとの組み合わせ

最適な自己発熱補償抵抗の選定は，実装状態の熱抵抗によって変化するので，実際の実装状態で抵抗値を変えて実験で求めることを推奨します．

■ 定電流ダイオードを交流で使用する方法

整流用ダイオード，またはブリッジ・ダイオードと組み合わせて用いれば，**交流で使用できます**．

整流用ダイオードとツェナー・ダイオードを組み込んだ定電圧ダイオードZS1047Dと定電流ダイオードS-562，およびLEDの三つの部品の簡単な構成で，LED表示灯回路が構成できます(**図12**)．この回路は半波整流で動作するので多少ちらつきがありますが，表示灯などの用途では問題なく使えます．

ブリッジ・ダイオードと定電流ダイオード，およびLEDの3種類の部品だけで全波整流のLED電球点灯回路を構成できます(**図13**)．V_F = 3.2 VのLEDを36個接続しV_Fの合計電圧 = 115 Vの場合のAC100 Vでの電源効率は約81 %となります．非常に単純な回路にもかかわらず，高性能のスイッチング電源と同等の性能を持っています．

ブリッジ・ダイオード，CRDとツェナー・ダイオードの組み合わせで，簡易的なAC-DCコンバータも構成できます(**図14**)．ブリッジ・ダイオード，CRDの組み合わせで電流源を構成し，ツェナー・ダイオードに安定した定電流を供給することで安定化電源として機能しています．

■ 通信回線で使用する場合の応答速度

CRDは**10 ns**の高速応答で定電流制御が可能なので，**数十MHz程度の高周波の回路**にも応用されています．

図15にCRDの応答波形を示します．立ち上がりに電流値が大きくなっているのは，測定系のインダクタンス成分による影響での暴れと思われますが，10 ns以降は一定の電流になっています．

CRDは，インターホンの回路や高速電力線通信(PLC)などの通信回線に応用されています．

■ 電源効率を上げるために肩電圧Vkを小さくする方法

CRDの**肩電圧**は電流値が大きいほど大きくなる傾向があります．したがって，同じ電流値を得るために，半分の電流の製品を並列で使うことで肩電圧を下げることができます．

例えば，S-562の肩電圧V_kは4.5 Vですが，約半分の電流のS-272を2個並列で使用するとV_k = 2.7 Vになり，肩電圧が約1.8 V改善できます．

違う電流値の製品で構成した場合は，大きい電流値

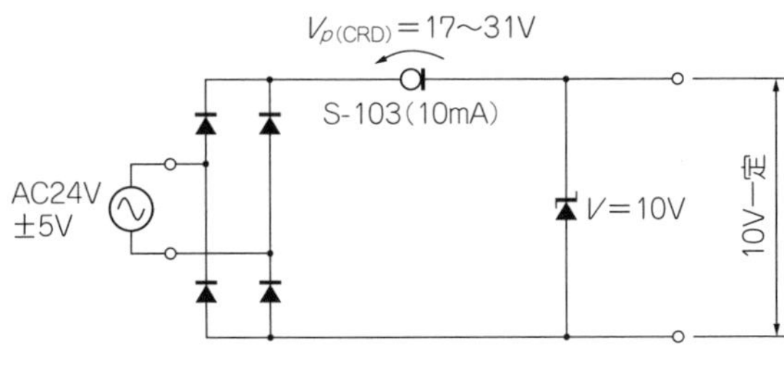

図14　簡易AC-DCコンバータ

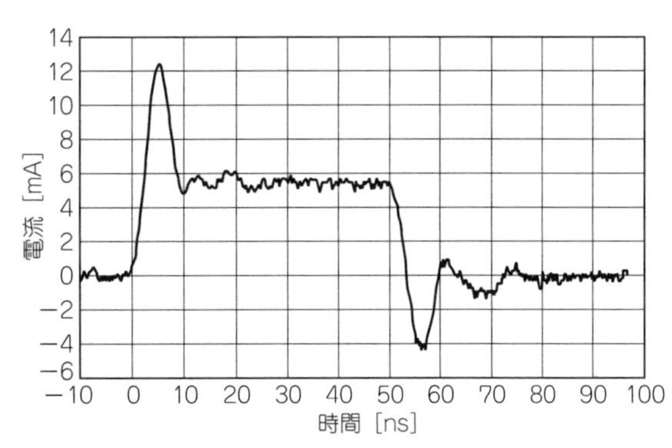

図15　定電流ダイオードS-562(SEMITEC社)の応答波形

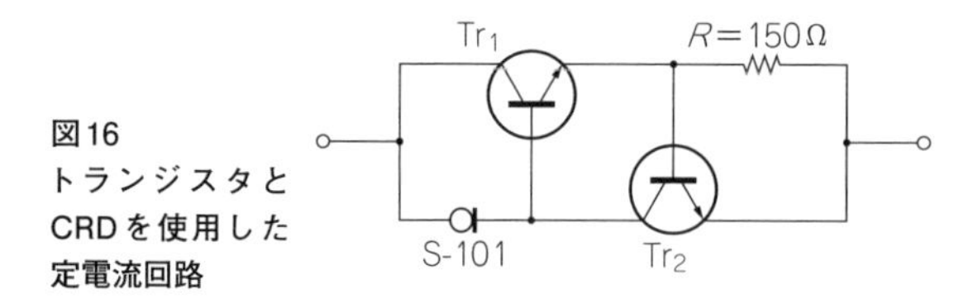

図16 トランジスタとCRDを使用した定電流回路

の肩電圧の影響が大きくなり，肩電圧はそれぞれの肩電圧および電流値の加重平均となります.

- S-103はI_pの代表値が10 mAで肩電圧は3.5 V
- S-153はI_pの代表値が15 mAで肩電圧は4.3 V

これらの合成電流は25 mAとなり，その肩電圧は加重平均から，

肩電圧 = (10 × 3.5 + 15 × 4.3)/25 = 3.98 [V]

となります.

同じ電流値の製品で構成した場合は，選定したCRDの肩電圧と同じ特性になります．S-183の肩電圧は4.6 Vなので，並列接続したときの肩電圧も4.6 Vになります.

また，CRDとトランジスタとの組み合わせでも実現できます．**図16**の回路では，電流値 $I = 0.6/R = 0.6/150 = 4$ [mA] の定電流が流れます．電流は0.6 Vから電流が流れ始め1.5 Vから定電流特性が現れます．この回路では，肩電圧の最も小さいS-101を使って回路を構成します.

表3に肩電圧を示します.

表3 主なCRDの肩電圧

型名		肩電圧	定格電圧
S-101	E-101	0.5 V	100 V
S-301	E-301	0.8 V	100 V
S-501	E-501	1.1 V	100 V
S-701	E-701	1.4 V	100 V
S-102	E-102	1.7 V	100 V
S-152	E-152	2.0 V	100 V
S-202	E-202	2.3 V	100 V
S-272	E-272	2.7 V	100 V
S-352	E-352	3.2 V	100 V
S-452	E-452	3.7 V	100 V
S-562	E-562	4.5 V	100 V
S-822	E-822	3.1 V	50 V
S-103	E-103	3.5 V	50 V
S-123	E-123	3.8 V	50 V
S-153	E-153	4.3 V	50 V
S-183	E-183	4.6 V	50 V

■ 接合温度を低くする

回路設計時に，極力CRDに印加する電圧を小さく設計すれば温度は下がります．さらに温度を下げるには，以下の方法が考えられます.

基板のランド面積を大きくしたり，基板にアルミニウムなどの熱伝導の良い材料を使ったりすれば接合温度は下がります．また，CRDもほかの半導体と同様に，接合温度を低くすることで寿命が伸びます.

CRDを最も効率的に使用する方法は，定電流になる印加電圧で使用することです．具体的には**肩電圧の約2倍の印加電圧**です.

肩電圧の約2倍の印加電圧で動特性のピークの電流となります．また，スペースとコストが許せば，**電流値を半分にして並列接続し，1個に印加される電力を半減させる**ことで温度を下げることができます.

CRD以外のデバイスの場合，1個で大きな電流を流すために温度が高くなり，大きな放熱フィンなどが必要になる場合があります．CRDは基板の余った場所に実装することで発熱部を分散できます．結果として温度が上がらなくなります.

定格電力の大きいCRD Sシリーズを選択すると定電流性が改善されます(**図17**).

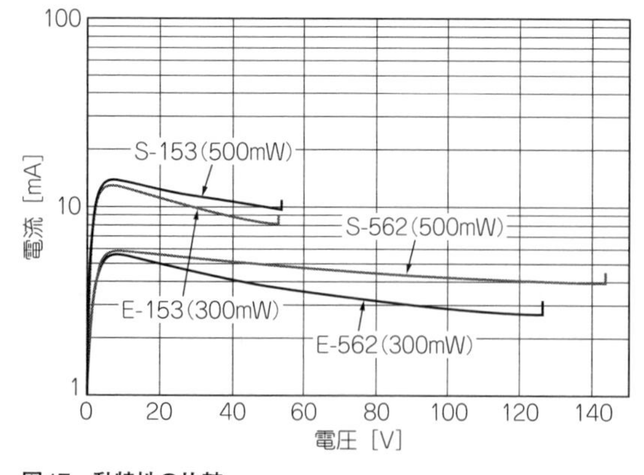

図17 動特性の比較

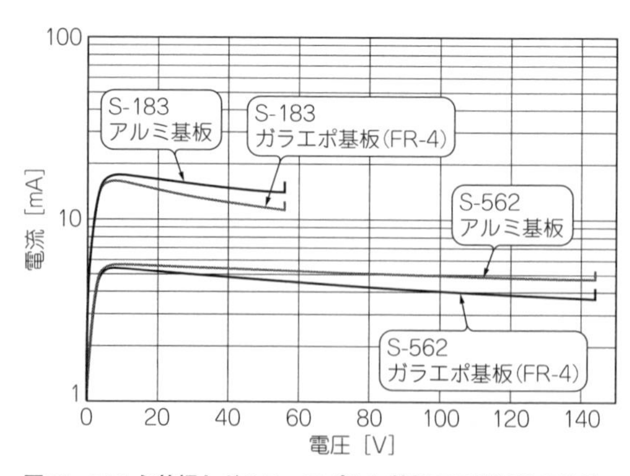

図18 アルミ基板とガラス・エポキシ基板での動特性の比較

表4　電流値の許容差

タイプ名	電流代表値	許容差
S-452	4.5 mA	± 13 %
S-562	5.6 mA	± 13 %
S-183	18 mA	± 11 %

(a) 電流値許容差が小さい製品

タイプ名	電流代表値	許容差
S-102	1.0 mA	± 32 %
S-152	1.5 mA	± 30 %
S-202	2.0 mA	± 32 %
S-272	2.7 mA	± 30 %
S-352	3.5 mA	± 20 %
S-822	8.2 mA	± 20 %
S-103	10 mA	± 20 %
S-123	12 mA	± 20 %
S-153	15 mA	± 20 %

(b) 電流値許容差が大きい製品

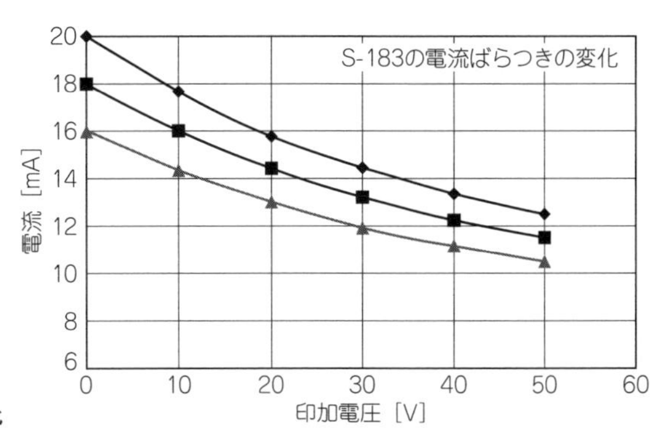

図19
電流ばらつきの変化

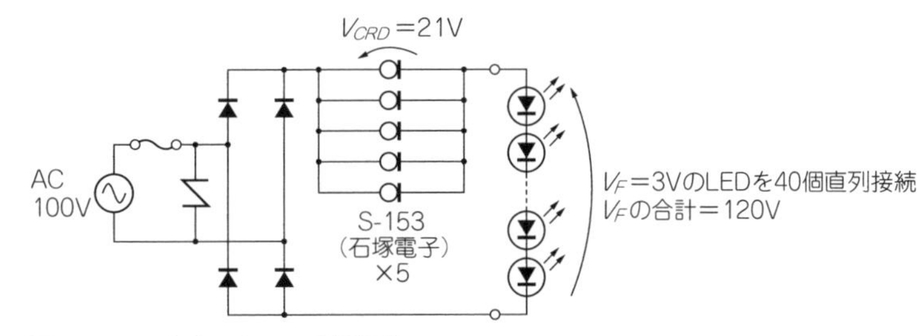

図20　CRDを使ったLED照明回路

放熱の良い基板に実装すると，接合温度が下がるのと同時に動特性の定電流性が改善されます(**図18**).

電流ばらつきを小さくする

SEMITEC社の製品を例に説明します．CRDのシリーズの中で，S-452，S-562，S-183は電流ばらつきがほかの製品よりも小さくなっています．これらの製品を選定すると電流ばらつきは小さくなります(**表4**).
また，印加電圧を大きくすると電流値が小さくなりますが，ばらつきが小さくなります．

CRDは印加電圧を大きくすると，電流ばらつきが小さくなります．CRDは負の温度係数を持っているので，印加電圧を大きくすると電流に応じた電力が印加されて発熱し，電流値が小さくなります．

大きな電流の製品には大きな電力が掛かり，電流の低下が大きくなります．これに対して電流の小さい製品は，電流の大きな製品と比較すると小さな電力が掛かり，電流の低下は小さくなります．この結果，印加電圧が大きくなると電流ばらつきは小さくなる傾向があります．

S-183の場合，DC10 V以上の印加で電流ばらつきが±10 %以内になります(**図19**).

CRDを用いたLED照明の推奨回路

明るく効率的で長寿命のLED点灯回路の設計ポイントは以下のとおりです．

- 電源配線はAC100 Vを選定する．DC24Vは配線ロスが大きいため
- 定電流で駆動する．定電圧駆動の場合には電流値が安定しないため
- 全波整流で駆動する．平滑用の電解コンデンサは使わない
- 抵抗器は使わない．使う場合はロスが小さくなるようにする
- 電圧を高く電流を小さくして直列接続で使用する
- LEDの並列接続は絶対にしない
- CRDにはなるべく電圧を印加しない
- 使用するLEDのV_Fは全数測定し把握しておく
- 交流電源の安全規格を満たす回路にする

回路例を**図20**に示します．

〈野尻 俊幸〉

◆参考文献◆

(1) SEMITEC社カタログCat.No.113I, SEMITEC株式会社.

(初出：「トランジスタ技術」2009年6月号特集)

基本電子部品ひとくちコラム

ダイオード 微小信号回路にガラス・パッケージの半導体は使わない

● **症状**

トラブルを起こしたのは，ソーラ・カーの補助バッテリに入出力する電流を積算して，残量を表示する装置です．

電流検出には，発熱と熱起電力による誤差などが気になったものの，シャント抵抗を使いました．この装置では，50 Aまでを想定して，1 mΩのシャント抵抗を使い，電流は10 mA単位で読むことにしました．

さて，静電気や結線ミスで過大入力などストレスを加えると，OPアンプを傷める恐れがあるので，**図1**のように入力回路に保護ダイオードを入れました．**図2**に示すようなシリコン・ダイオードの特性を利用して，OPアンプに0.7 V以上加わらないようにしたのです．

徹夜でテストして問題なし．屋内の作業場でつなぎ込みと電気的な動作テストを行いました．動作に問題はありません．ところが**屋外にあるテスト・コースに車を出して，計器の電源を入れてみると，まともに電流値が表示されません**．ふらふらと数値が動いて安定しません．

● **原因**

基板の上に人の影がかかると，表示値が動くことに気付きました．

手で作った影をいろいろ動かして，変化するところを探してみると，行き着いた部品は入力の保護ダイオードでした．使ったダイオードは1S1588です．装置のふたは光の通るパンチング・メタルです．

透明なガラスのパッケージの外から見える四角いチップ(1S1588)が，微小な電流を発電してしまい，二つのダイオード間に生じた電流差が無視できない誤差になって値を狂わせていました．

● **対策**

図3に対策後の回路を示します．

透明でないダイオードとして，とりあえず手元にあった2SC1815のベース-コレクタ間をダイオードの代わりに入れて，周囲の定数も少し手直ししました．

〈安藤 友二〉

(初出：「トランジスタ技術」2005年11月号)

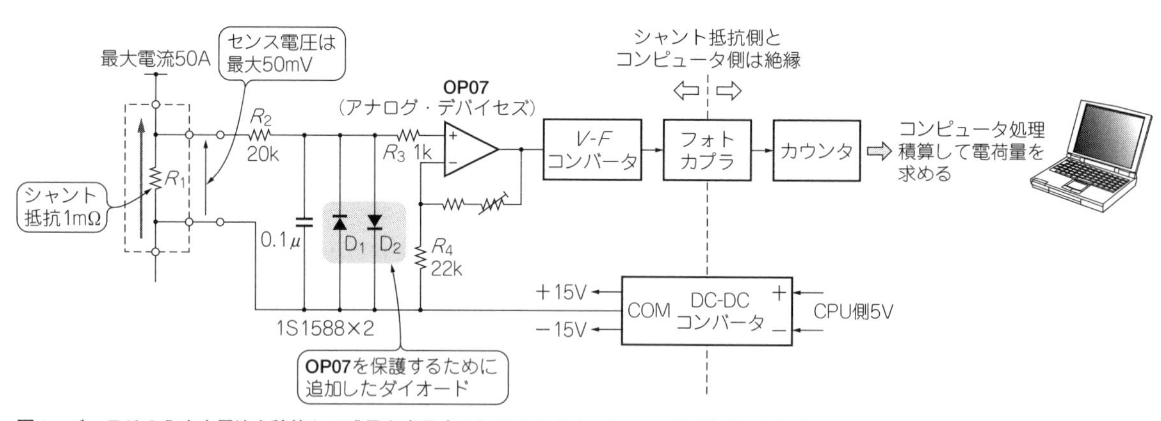

図1 バッテリの入出力電流を積算して残量を表示するシステムを作ったが，表示値が安定しない

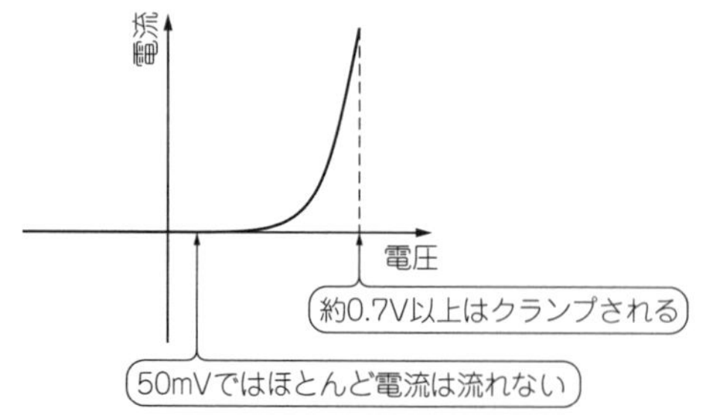

図2 ダイオードの電流-電圧特性を利用してOPアンプの入力保護を行った(図1のD_1とD_2)

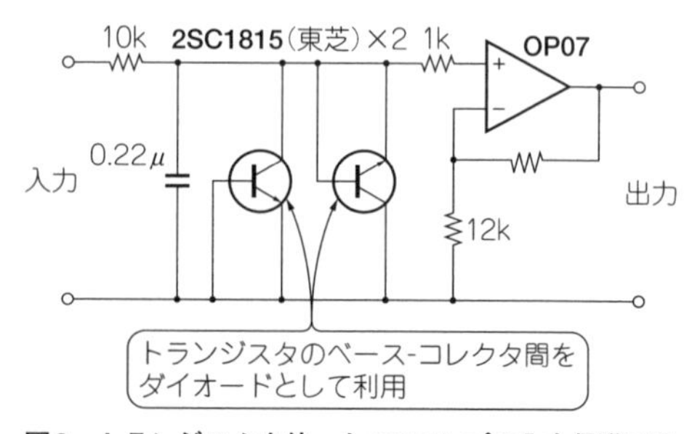

図3 トランジスタを使ったOPアンプの入力保護回路

第4部
発振器

　コンピュータ，時計をはじめ，多くのディジタル回路は一定の周波数のクロックに同期して動作します．また，無線回路では高精度で高周波のクロックが必要です．そのようなクロックを生成するために，さまざまな発振器が使われています．
　高精度のクロック発振器には水晶振動子が用いられています．水晶の元素名は石英（クォーツ）で，その高純度の結晶（クリスタル）を使用するので，クォーツ，X'talなどと呼ばれることもあります．結晶の切り出し角度や寸法に応じて，精度と安定性が高い発振が得られます．
　水晶より周波数の精度や安定性はやや低くなりますが，より簡単な用途にはセラミック発振器やシリコンMEMS発振器なども使われています．

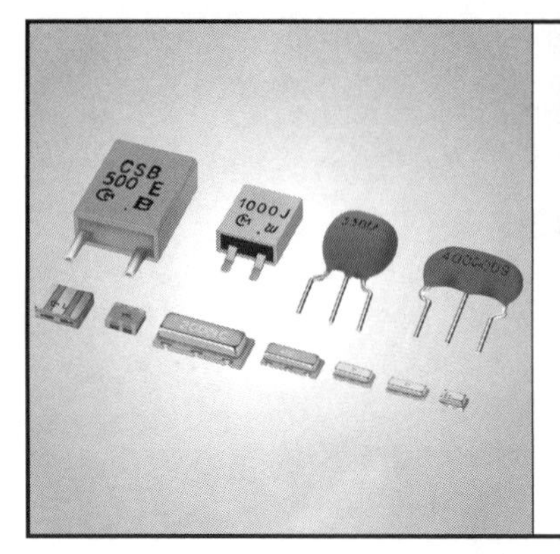

第1章

振動子と発振器の基礎知識

10^{-2}のシリコン・タイプから
10^{-13}の超高精度セシウム原子時計まで

振動子のいろいろ

●シリコン振動子(これから精度向上が見込まれるマイコン内蔵振動子)

振動子の周波数精度を**図1**に示します．この中で，近年のマイコンにはクロック用のシリコン振動子が内蔵されることが増えています．マイコンと同じシリコン・チップ上に発振回路を形成しているため，極めて小型かつ低コストで実現できます．

精度は一般的に数%で，発振周波数は回路方式に依存します．自由度が高いため**GHzオーダの周波数まで**，用途に応じてさまざまな振動子をシリコン・チップ上に作り込めます．

温度や電源電圧などの動作条件によって周波数の変動が大きく，ジッタも大きいため，高精度のタイミング生成や高速通信のクロック源としては向きません．将来的には，回路技術の向上やMEMS技術の進歩などによって性能が上がっていくでしょう．

● **セラミック振動子**(精度0.1%，発振周波数 数百k～数十MHz)

圧電セラミック材料を共振器として用いた振動子です(**写真1**)．水晶振動子よりは精度が悪いですが，小型で安価です．**精度は0.1 %程度です．発振周波数は数百k～数十MHz程度です．**

写真1　セラミック発振子
セラロックCSTCR_G(村田製作所)

写真2　恒温槽付水晶発振器(OCXO)
OG2525CCN(エプソン)

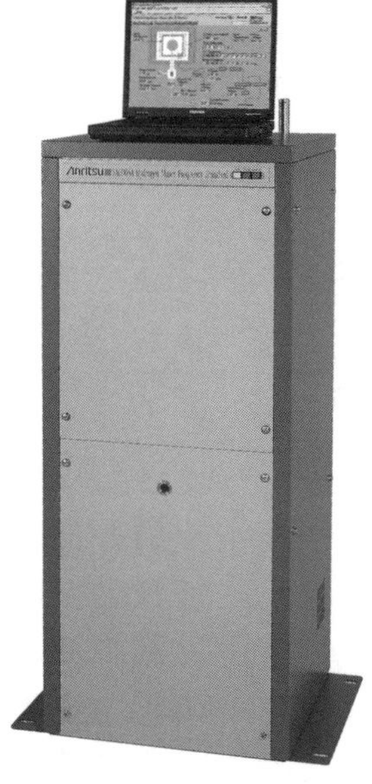

写真3　水素メーザ原子時計
2016年12月現在は特機品扱いのSA0D05A(アンリツ)．より小型の原子時計が作られている

1×10⁻¹ (10%)　1×10⁻² (1%)　1×10⁻³ (0.1%)　1×10⁻⁴　1×10⁻⁵　1×10⁻⁶　1×10⁻⁷　1×10⁻⁸　1×10⁻⁹　1×10⁻¹⁰　1×10⁻¹¹　1×10⁻¹²　1×10⁻¹³

シリコン振動子
セラミック振動子
水晶振動子
水晶振動子(TCXO)
水晶振動子(OCXO)
ルビジウム原子時計
セシウム原子時計

図1　振動子の種類と精度

● 水晶振動子(温度補償すれば精度10^{-9}，発振周波数は数十k～100 MHz)

水晶(石英の結晶)を用いた振動子です．高精度で安定なクロックが簡単に得られるため，あらゆる機器に広く使われています．温度補償回路を内蔵したTCXOや，発振回路全体を恒温槽に入れたOCXOなどがあります(**写真2**)．OCXOの場合，得られる**精度は1×10^{-9}程度，発振周波数は一般的に数十k～100 MHz**です．特に32.768 kHz(= 2^{15} Hz)の水晶は正確で，低消費電力の時計用の発振素子として広く使われています．

● 原子時計(高精度の極み！ 1×10^{-12})

さらに高安定・高精度のクロック源として，いわゆる原子時計と呼ばれるものがあります(**写真3**)．外部から与えたエネルギーによって原子が発する固有の振動数の電磁波を取り出して使います．セシウム，水素メーザ，ルビジウムなどの原子時計があります．

精度はセシウム原子時計だと**1×10^{-12}程度**です．発振周波数は用いる原子によって決まる固有の周波数です(例えばセシウムだと9.192631770 GHzなど)．このままでは使いにくいので，装置内で1 Hzや10 MHzなどの周波数に変換して出力されます．国家の標準時

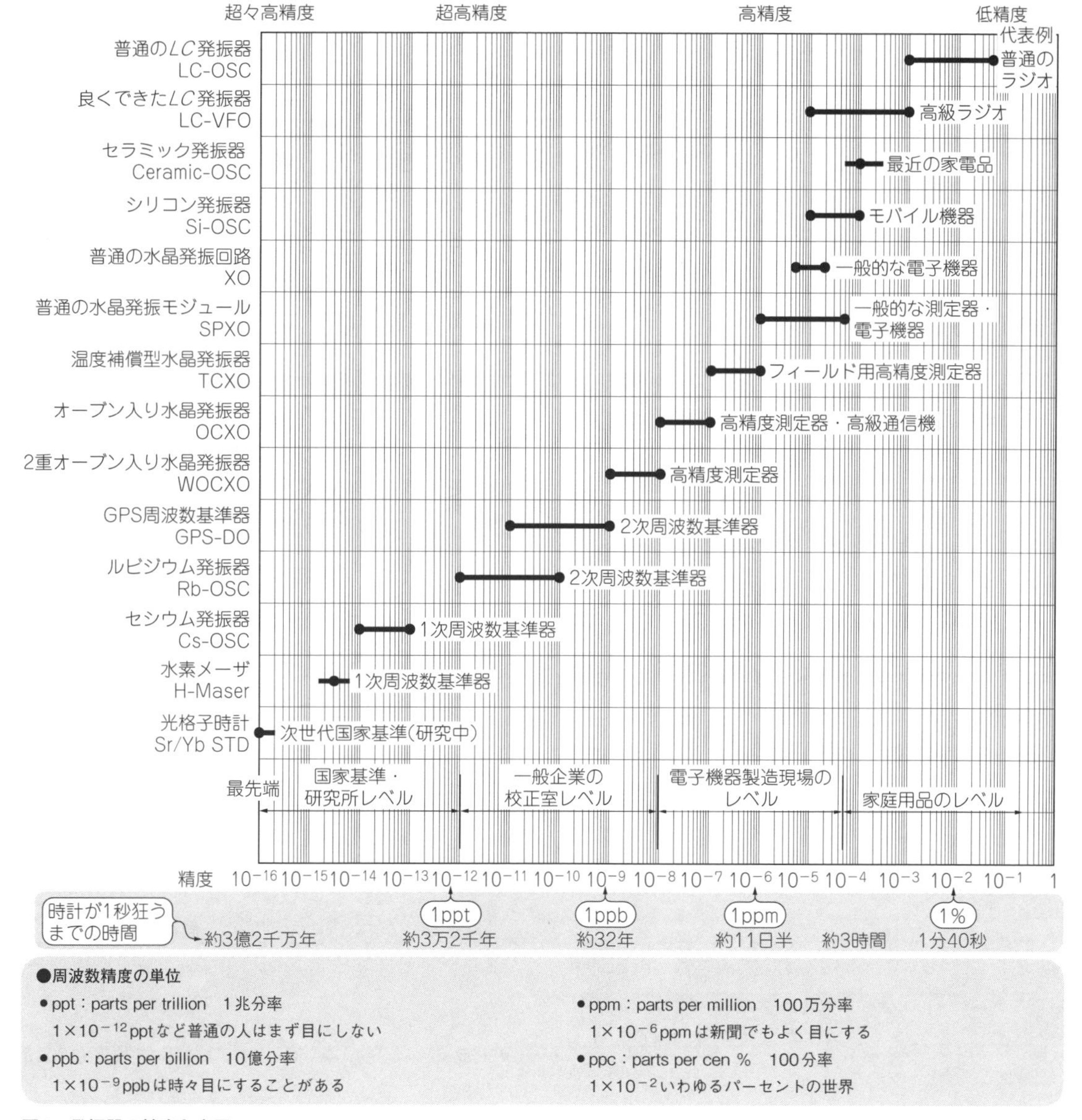

図2 発振器の精度と応用

の決定や，GPS，超長基線電波干渉計(VLBI)といった測位システムなどに使われています．〈安井 吏〉

(初出：「トランジスタ技術」2010年12月号 特集)

発振器のいろいろ

● 研究室レベル(超々高精度)

- 光格子時計，1×10^{-16}～(0.0001 ppt～)
- ストロンチウムSrあるいは，イッテルビウムYbを使う原子時計が実用化に向けて研究されている

次世代の国家標準となるもので，日本を含む先進各国が研究中．設置環境を高度に管理し連続通電が大前提．

● 標準化機構や時間/周波数に関する研究室レベルの用途

- 水素メーザ原子時計「H-Maser」，3×10^{-15}程度(0.003 ppt)
- Csセシウム原子時計「Cs-OSC」，1×10^{-13}～1×10^{-14}(0.01 ppt～0.1 ppt)

いずれも国家標準あるいは，高級な2次基準器として使われる．大型・高価で機器の取り扱いも難しい(連続通電が前提)．

● 測定器メーカの周波数基準(超高精度)

- Rbルビジウム原子時計「Rb-OSC」，1×10^{-10}～1×10^{-12}(0.001～0.1 ppb = 1～100 ppt)

最近よく使われる2次標準器．超高精度として組み込みに使う例もある．小型で比較的安価なうえ，寿命も長い(連続通電が前提だが精度限定で間欠通電も可能)．

- GPS周波数基準器「GPS-DO」，1×10^{-9}～1×10^{-11}(0.01～1 ppb)

最近よく使われている2次周波数基準器．継続的に校正され続けるのが特徴(連続通電が前提)．カー・ナビゲーション・システムはこの時間精度を基準に測位している．

- 二重オーブン型水晶発振器「WOCXO」，1×10^{-8}～1×10^{-9}(0.001～0.01 ppm = 1～10 ppb)

以前は周波数の2次基準器としてよく使われていた(連続通電が前提)．

● 基準器など(十分高精度)

- オーブン型水晶発振器「OCXO」，1×10^{-7}～1×10^{-8}(0.01～0.1 ppm)

高級な測定器に内蔵されている周波数基準器(連続通電が前提)．

- 温度補償型水晶発振器「TCXO」，1×10^{-6}～1×10^{-7}(0.1～1 ppm)

フィールド用の測定器や高性能通信機に使う(間欠的な通電でもよい)．

● 市販の電子機器や家電製品

- よくできた水晶発振器「SPXO」，5×10^{-5}～1×10^{-6}(1～50 ppm)

ある程度良い性能の発振器が必要な計測器や家電機器に使う．

多くの一般的な測定器，あるいは最近の携帯通信機器など腕時計や置時計の時間精度もこの程度にある．なお1日1秒狂う時計の精度は約11.6 ppmとなる．

- 普通に作った水晶発振器「XO」，2×10^{-5}～5×10^{-6}(5～20 ppm)

ごく普通の用途に使う．アマチュア無線用機器など．

- シリコン発振器「Si-OSC」，1×10^{-4}～1×10^{-5}(10～100 ppm)

周波数精度はややラフでよい機器に使う．一般家電品やマイコン機器用．

- セラミック発振器「Cr-O」，1×10^{-4}程度(100 ppm程度)

周波数精度はややラフでよい機器に使う．一般家電品やマイコン機器用．

- 良くできたLC発振器「LC-VFO」，1×10^{-3}～1×10^{-5}程度（0.001～0.1％＝10～1000 ppm）

昔の高級通信機に使った．水晶発振器と比較校正しながら使う．今はDDSやPLLに置き換えられている．なお，DDSやPLLでは使用する基準発振器の精度に依存する．

- 普通のLC発振器「LC-OSC」，5×10^{-2}～1×10^{-3}程度（0.1～5％）

安価な普通のAM・FMラジオ．

＊

時計に重きを置いた場合は時計と呼びますが，周波数に重きを置いた場合は発振器と呼ぶことが多いです．本質的には同じものと言えます．

発振器の場合は瞬時あるいは短時間安定度を求めるケースが多く，時計の場合は累積精度を求めるケースが多いようです．

〈加藤 高広〉

クロック用発振器選択 五つのチェック・ポイント！

電子回路はほとんどがディジタル化されています．どんな簡単な機器でさえも基準となるクロック発振器に歩調を合わせて動作するディジタル回路になっています．クロック発振器はディジタル回路にとっては欠くことのできないものです．

どのようなクロック発振器を選ぶのかによって，機器全体のパフォーマンスに影響することもあります．

表1に発振器の選択に必要な性能をまとめました．単なる部品とは思わず，場合によってはキー・パーツになることを認識しておくことが大切です．ここでは，クロック発振器選びのポイントを整理します．

● ポイント1：必要な周波数

回路が必要とするクロックの周波数はどのくらいでしょうか？他の機器と通信する必要があるときはデータの転送レートで決まることもあります．

クロック周波数は装置全体の消費電力にも大きな影響を与えます．無闇に高い周波数を使うとそれだけで消費電力が大きくなります．必要な範囲でなるべく低い周波数で動作させるべきです．

周波数の切替ができるオシレータを選んで動的に切り替える方法もあります．使うマイコンのデータ変換回路や，通信回路が必要とするクロック周波数を調べて，必要な処理速度と考え合わせて低めに選びます．

● ポイント2：周波数精度とコスト

通信機器には各種基準が設けられている場合がほとんどなので，規格を満たす精度が求められます．温度変化など環境変化も考え合わせて精度の検討を行います．特に規格の決まっていない機器の場合は，仕様を満たせば精度がゆるくても問題ありません．

精度は高い方が良いのですが，問題はそれを実現するコストです．ラフな用途なら安価なRC発振器でも

表1　クロック発振器の性能比較

種　類	周波数精度	安定度	発振起動特性	周波数自由度	信号純度	コスト	発振回路
シリコン発振器	まずまず	○	◎	可変型あり	製品による	将来有望	内蔵
水晶発振子	良い	回路しだい	×	特注可	◎	△	自作
水晶基準PLL式	良い	◎	×	納期短い	×	△	内蔵
水晶発振器	とても良い	◎	×	特注可	◎	×	内蔵
セラミック発振子	水晶に劣る	水晶に劣る	○	特注不可	○	水晶より安価	自作
LC発振器	調整しだい	回路しだい	△	とても良い	回路しだい	Lが高い	自作
CR発振器	良くない	×	○	高周波は難	回路しだい	部品代は安い	自作

- 発振子を使って自作で発振回路を構成する場合は発振起動の信頼性が問題になることがある．
- 自作の発振器は高性能化の可能性もあるが，製作にノウハウが必要でコストアップにつながりやすい．
- ディジタル回路のクロックとして使うには，短時間で定常状態になる起動時間が重要になる．
- 発振器は，いつ誰が使っても確実に発振することを最重視する．
- シリコン発振器は定番化していないので性能には幅がある．高性能になれば価格はアップ

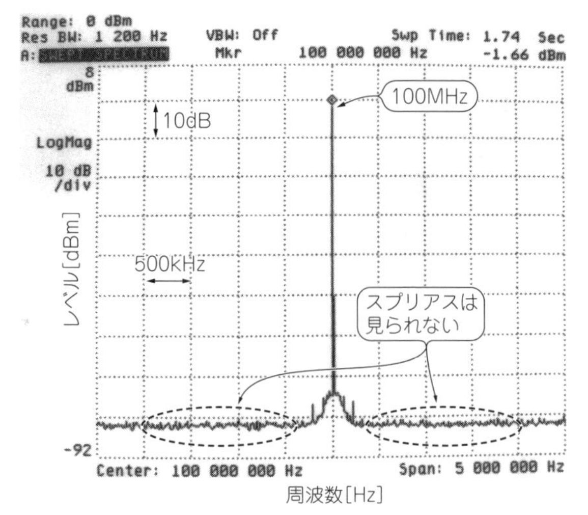

図3　水晶発振器のスペクトラム
周波数は100 MHz，周波数精度や信号の純度はとても良好

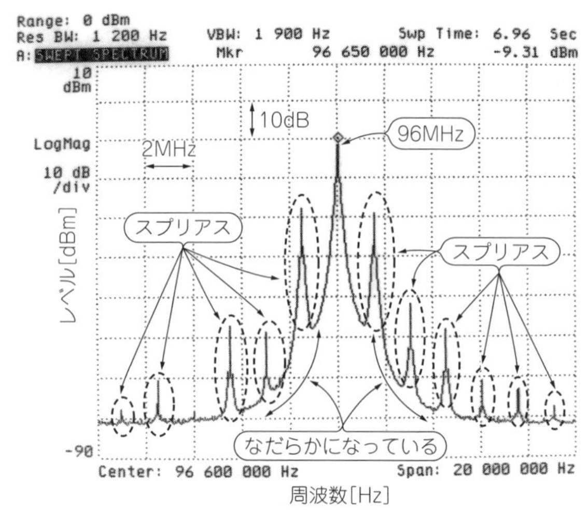

図4　シリコン発振器のスペクトラム
周波数は96 MHz，周波数精度はまずまずだが，信号の純度は良くない

十分かもしれません．従来はほどほどの用途には，セラミック発振子が多く使われてきました．しかし，安心のために水晶発振子に置き換えるケースも見掛けます．それに応えるように水晶振動子メーカもコスト・ダウンに努めています．

● ポイント3：信号の揺らぎ(ジッタ)の少なさ

必要とする信号の揺らぎ特性は，用途で異なります．通信機のような用途なら**図3**のように奇麗なスペクトルの発振器が適しています．コスト・アップにはなりますが，仕様を満たすためには止むを得ません．不用意に安価というだけで選ぶと，**図4**のような発振器を選んでしまう危険があります．メーカの仕様をよく確認するとともに，スペクトラム・アナライザを使って確認しておく慎重さも必要です．

各種無線通信機器，精密測定器など高精度の信号処理では揺らぎ(ジッタ)の少ない奇麗なクロック発振器が必須です．クロックが奇麗でないと不要信号が現れることがあります．

● ポイント4：消費電力

なるべく電力を消費しない方が良いです．ただし低電力にこだわるあまり発振起動の確実性や環境変化に対する特性が犠牲になっていないか確認します．

モバイル機器の電池寿命を左右するので消費電力の少ないクロック発振器が求められます．仕様が満たされる範囲でなるべく低消費電力な発振器を選びます．

● ポイント5：発振の起動の特性

一般に高Qな共振器を使った発振回路は，起動に時間が掛かります．水晶振動子のQは，数万以上と非常に高Qです．水晶発振器はその典型で，安定した発振振幅の発振状態になるまでには数十～数100 msといった時間が掛かります．

最近は，消費電力の低減を目的に間欠的な起動と停止を繰り返す機器が増えています．そのような機器には起動時間の短い発振器が必須です．無駄に待ち時間を浪費し電力でも損をしないために素早く起動して直ちに機能を始める回路が求められます．このときは，クロック発振器の起動特性に着目します．

間欠的な起動と停止を繰り返している監視機器では発振器の起動特性は重要です．例えば長期間監視を行うテレメータ装置やガス漏れ検知器などがあります．

〈加藤　高広〉

(初出：「トランジスタ技術」2014年4月号)

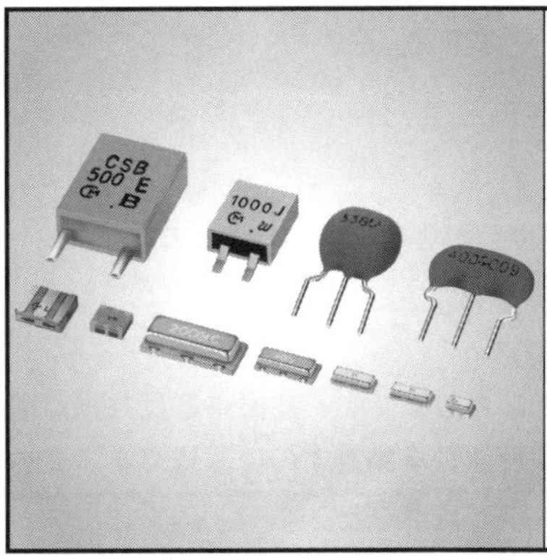

第2章

水晶振動子のいろいろ

MHzタイプ，kHzタイプ，チップ・タイプ，リード・タイプ

1880年にフランスのキュリー兄弟は結晶板に圧力を加えると両面に逆極性の電荷が生じる「圧電効果」を発見しました．また1881年にリップマンが結晶板に電界を掛けると機械的なひずみまたは力が生じる「逆圧電効果」を予想し，その年の暮れにキュリー兄弟の実験により確認されました[(1)(2)]．

水晶振動子は，水晶の「圧電効果」と「逆圧電効果」を利用しています．水晶はほかの結晶に比べQが高いので安定な振動が得られるため，水晶振動子は昔から無線通信にはなくてはならない電子部品です．最近のディジタル機器にも欠かせないものとなっています．

用途と特徴

● 用途

水晶振動子は，その周波数安定性を生かして，通信機器，電子機器，コンピュータとその周辺機器，カー・エレクトロニクス，音響映像機器，時計，玩具などの信号源，クロック源に利用されています．

安定なものでは放送局用の高安定発振器，携帯電話のローカル・オシレータ，コンピュータや周辺機器のクロック源，ゲーム機にも利用されています．

このことからディジタル機器の鼓動を担う心臓部として，また移動体通信機器のキー・パーツとして活躍しています[(3)]．

● 特徴

▶人工水晶で作られている

昔はブラジルなどから輸入した水晶塊から切り出して加工していましたが，現在はほぼ100％人工水晶を利用しています．

人工水晶の原料はラスカと呼ばれる水晶小片です．特殊鋼製のオートクレーブに種水晶をつるして，溶液に浸し，高温高圧で1カ月以上かけて再結晶化します．再結晶化したものがアズグローン(人工水晶)で，これをウェハ状に加工して利用しています．

このため天然の水晶に比べ不純物が少なく，双晶と呼ぶ結晶軸の異なった部分もなく，工業的に加工しやすく，材料の無駄を少なくできます．

▶セラミック振動子との比較

水晶のほうがQが高く，安定した周波数を維持できます．また広い温度範囲で周波数偏差が小さい特徴を持っています．水晶のQは数万から十数万です．Qが高いということは，一度振動すると振動が長時間減衰せずに振動し続けることを意味しますが，実際には抵抗分の損失によって減衰していきます．

▶主にATカット水晶板が使われる

水晶振動子は，水晶のカット角によって温度特性が異なります．主に使用されるのは厚み滑り振動で発振するATカットの水晶板です．

図1(a)にATカット水晶板の電荷分布モデルを，**図1(b)**に振動偏位モデルを示します．

ATカットの水晶振動子の温度特性(**図2**)は3次曲線で，目的とする温度範囲に入るようなカット角を選定します．

腕時計用として使われる振動子は＋5°Xカットで音叉形をしており，温度特性は2次曲線です．

▶水晶振動子の電気的特性

図3(a)は，IECやJISで決められた電気記号です．

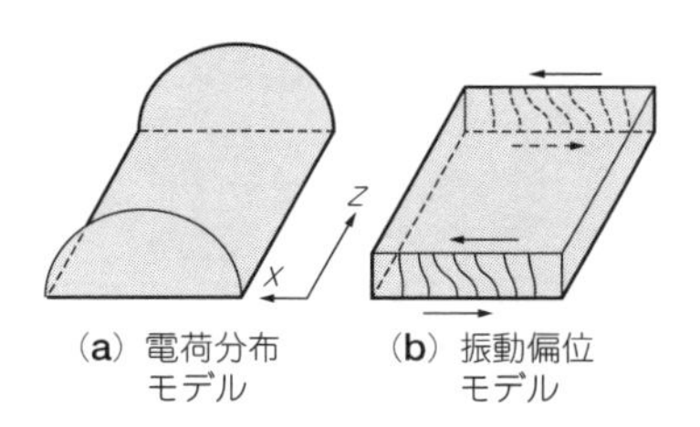

図1　ATカット水晶板のモデル

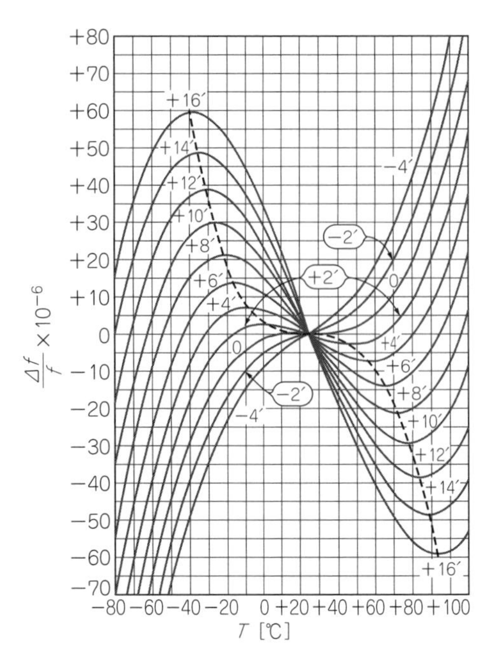

図2　ATカット水晶のカット角と周波数の温度特性
（点線は$\Delta f/\Delta T=0$となる温度の軌跡）

図3（b）は電気的等価回路です．

周波数f_sはL_1C_1の直列共振で，

$$f_s=\frac{1}{2\pi\sqrt{L_1C_1}}$$

であり，Qは，

$$Q=\frac{2\pi f_sL_1}{R_1}=\frac{1}{2\pi f_sR_1C_1}$$

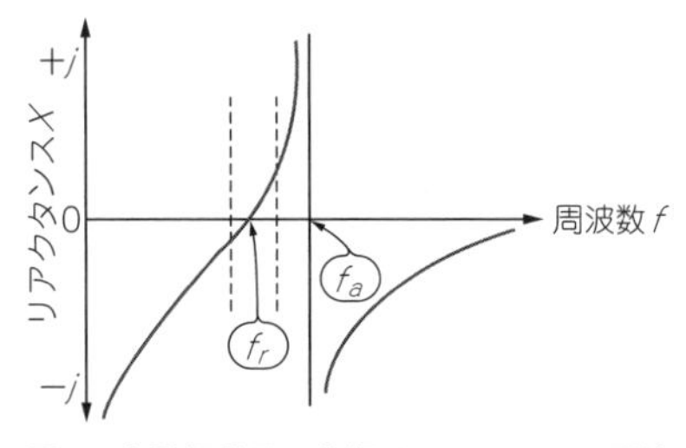

図4　水晶振動子の等価リアクタンスの周波数特性

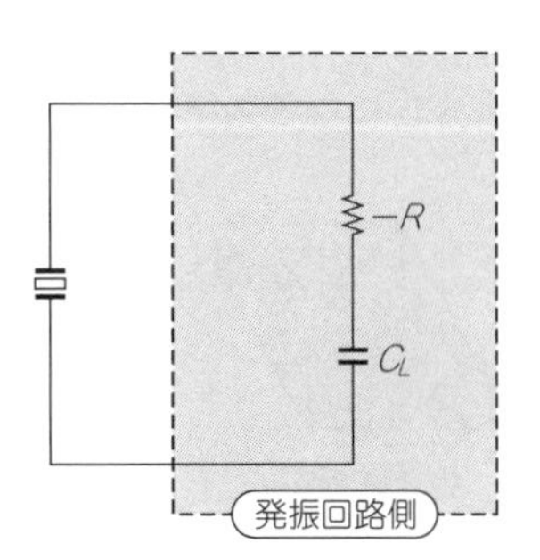

図6　振動子と発振回路の関係

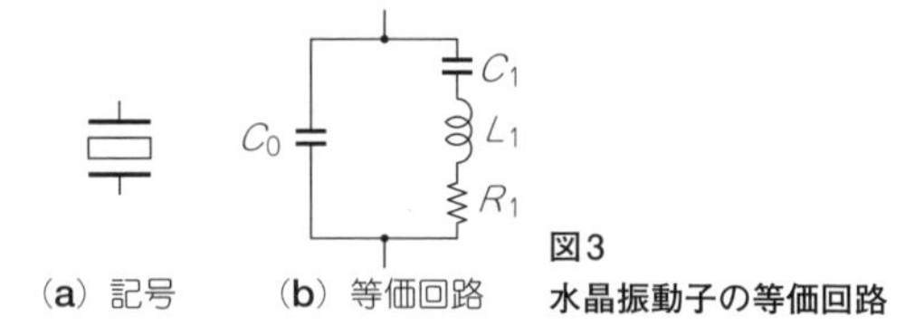

図3　水晶振動子の等価回路

で表されます．

図4はリアクタンス曲線です．**共振点と反共振点の間隔が狭く，発振周波数を動かすのは困難**です．発振させる場合はほとんど誘導性リアクタンスで使用するため，**周波数範囲は共振周波数に対して極めて狭く，ほぼ容量比$\gamma=C_0/C_1$で決まります**．C_0は電極間容量です．

図5に，水晶振動子に容量性リアクタンスを負荷としたときの負荷容量が直列と並列の場合のリアクタンス曲線を示します(4)(5)．

● 水晶振動子を利用するためのアドバイス

図6は水晶振動子を利用した発振器の概念図です．負性抵抗$-R$と負荷容量C_Lで表します．負性抵抗$-R$が大きい（深い）ほど発振しやすくなります．また負荷容量C_Lは水晶振動子の発注時の重要なファクタです．

水晶振動子を安定した周波数で利用するには，まず目的の周波数に合わせるための苦労が生じます．市販の水晶振動子は，公称周波数がわかっていても負荷容量がわかりませんし，VCXOのように周波数をある

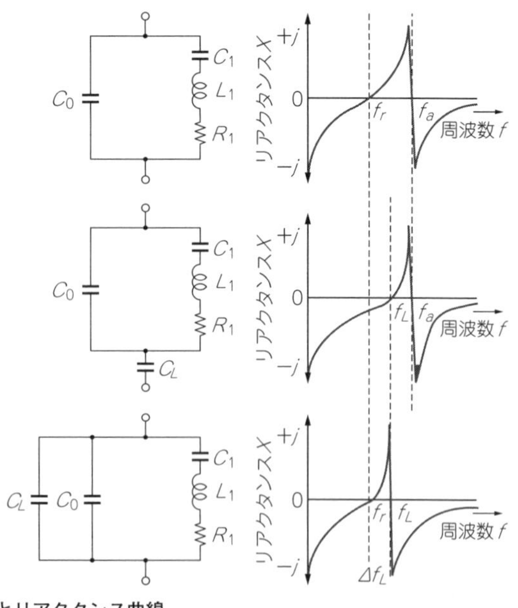

図5　負荷リアクタンスとリアクタンス曲線

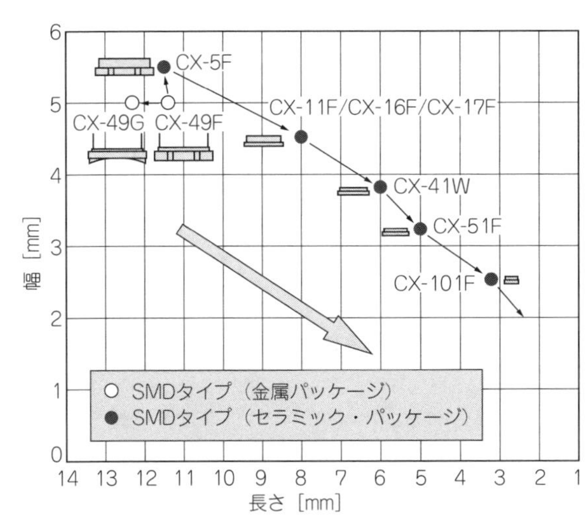

図8　民生用SMD型水晶振動子の推移

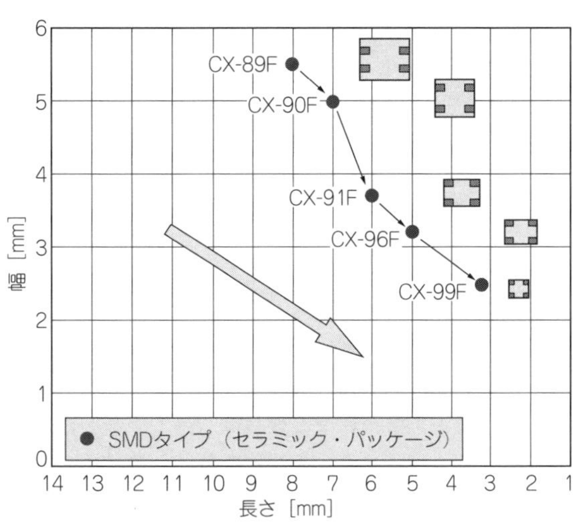

図9　産業用SMD型水晶振動子の推移

程度可変させるためには，電極を変えるなど水晶振動子の設計を変えなければなりません．

● 種類

図7に，代表的な水晶振動子の外形を示します．

図7(a)は円筒状のリード型です．発振周波数は32.768 kHzで時計用として広く使用されています．

図7(b)，**図7(c)**のように，ATカットの1 M～150 MHzの水晶振動子はリード型と表面実装用のSMD型があります．最近はSMD型が主流になってきており，外形もだんだん軽量小型化しています．

SMD型水晶振動子には，疑似SMD型とセラミック・パッケージ型があります．

疑似SMD型のCX-49F，CX-49Gは低背のリード型水晶振動子(HC-49/U-S)を利用してSMD型にしています．セラミック・パッケージ型でも小型化が進み，封止方法も低融点ガラス封止からシーム溶接が一般的になってきています．

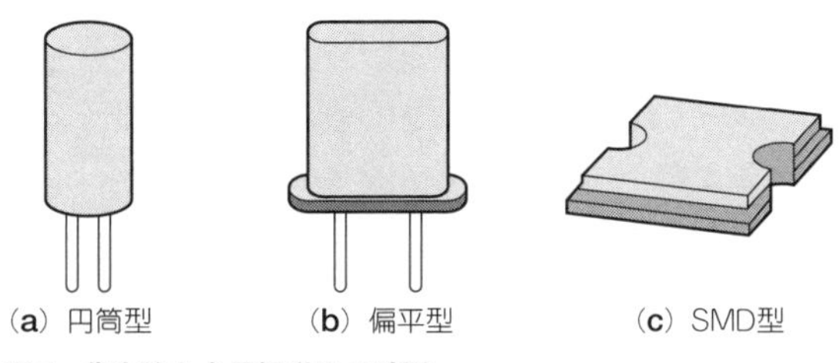

(a) 円筒型　(b) 偏平型　(c) SMD型

図7　代表的な水晶振動子の外形

図8に民生用振動子，**図9**に産業用振動子のSMD型水晶振動子の外形の変遷を示します．

図10に，SMD型水晶振動子の一例としてCX-51FとCX-101Fの仕様を紹介します．

(初出：「トランジスタ技術」1999年6月号)

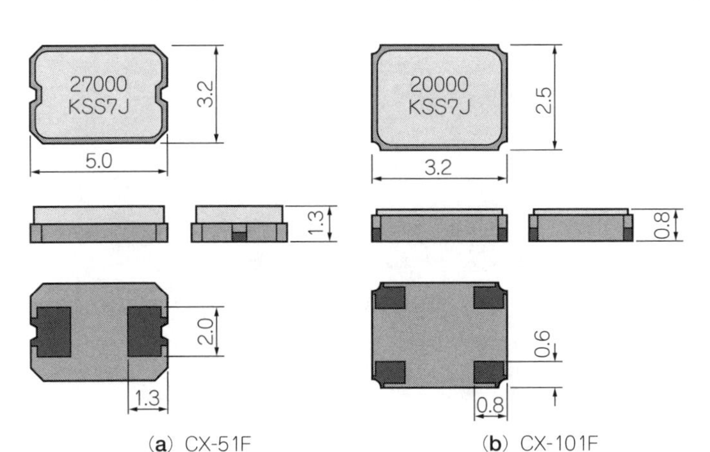

(a) CX-51F　(b) CX-101F

型　名	CX-51F	CX-101F
発振周波数[MHz]	20～47	
動作温度範囲[℃]	−10～+60	
周波数偏差(@25℃)	±30，±50，±100 ($\times 10^{-6}$)	
周波数温度特性	±30，±50，±100 ($\times 10^{-6}$)	
負荷容量[pF]	12	
等価直列抵抗[Ω]	100	
外形寸法[mm]	5.0×3.2×1.3	3.2×2.5×0.8

(c) 主な仕様

図10　CX-51FとCX-101Fの外観と仕様

水晶振動子(水晶発振子)は，抵抗，コンデンサなどとともに，なくてはならない電子部品です．容易に±0.01％(±100×10^{-6})以下の周波数安定度が得られる点は，ほかの電子部品の追従を許しません．

しかし，水晶振動子の特性をよく理解したうえで，安定に動作させるためには，専門的知識が必要です．ここでは，各社の最新カタログとホームページから，最近の水晶製品の動向を探ってみましょう．

まず基本的に，カタログやホームページには，そのメーカが売りたい製品が出ています．生産数量が減少して，生産中止候補になる製品は，出ていないか，詳しく書かれていません．それと新製品，開発中の製品などは一応出してありますが，量産の対応が難しいものも含まれている可能性があります．

したがって，使用する製品を決定する際には，用途，信頼性，仕様，特性などをカタログで検討するとともに，メーカおよび代理店に問い合わせて，数量，納期，価格とともに検討することが重要です．

まず大きな動きとしては，リード部品が少なくなり，SMD(Surface Mount Device，表面実装部品)が増えてきたことがあります．次に小型化，低背化があります．

ATカット水晶振動子と音叉水晶振動子ではSMD化の進み具合と特性の注意点が異なりますので，別々に述べていくことにします．

MHzタイプのATカット水晶振動子

■ リード・タイプ

2M～200MHz用のATカット水晶振動子は，いろいろな電子機器のクロック源として利用されています．過去，HC-49/U，UM-1などのリード部品が主流でした．封止方法は抵抗溶接で，内部は窒素ガス雰囲気です．**写真1**にHC-49/Uの外観を，**写真2**にUM-1の外観を示します．

使用している水晶片は，**写真3**の上部に示すようなϕ8.0mm，ϕ6.5mmといった円盤状のものです．水晶片の厚みは，

$$t=\frac{1.670\ [\mathrm{mm \cdot MHz}]}{f}$$

ただし，t：水晶片の厚み[mm]，f：周波数[MHz]

から求められます．

2MHzから20MHz未満は基本波，20MHzから60MHz未満は3次オーバートーン，60MHzから100MHz未満は5次オーバートーンと決められていました．この基準での周波数と水晶片の厚みの関係を**図11**に示します．

ATカット水晶振動子は「厚み滑り」という振動をしており，水晶振動子の面積は厚みに比べて大きいことが理想ですが，ϕ8.0mm，ϕ6.5mmという大きさは，十分な面積が確保されています．このため，水晶振動子の設計は比較的容易であり，最適な外形サイズの設計が可能となり，生産される水晶振動子も電気的，機械的特性の優れた製品となります．

リード部品の中でもHC-49/Uを小型化したHC-49/U-Sは，**写真3**の下部に示すような8.0mm×2.0mm程度の水晶片を使用し，高さをHC-49/Uの13.8mmから，3.5mmないし2.5mmと低背化した製品です．外観を**写真4**に示します．

水晶片を小型にしたことにより，水晶振動子の設計は難しくなり，周波数によって水晶片の外形サイズを

写真1 リード・タイプのATカット水晶振動子HC-49/Uの外観

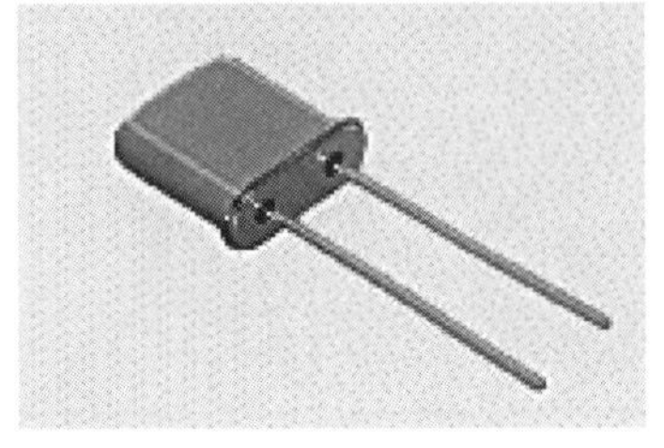

写真2 リード・タイプのATカット水晶振動子UM-1の外観

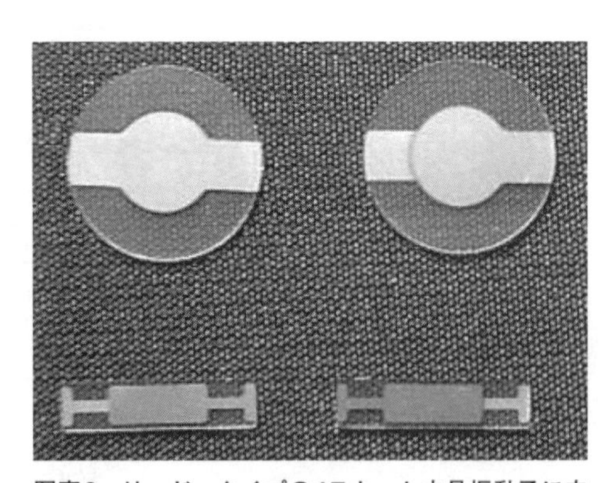

写真3 リード・タイプのATカット水晶振動子に内蔵されている水晶片
上：HC-49/U，下：HC-49/U-S

写真4　HC-49/U(写真1)を低背下した水晶振動子HC-49/U-Sの外観

写真5　HC-49/U-S(写真4)のSMDタイプHC-49/U-S SMDの外観

写真6　セラミック・パッケージの水晶振動子

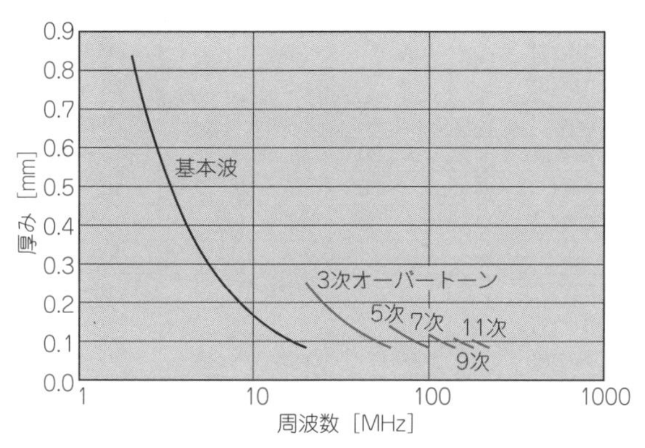

図11　周波数と水晶片の厚みの関係(リード・タイプ)

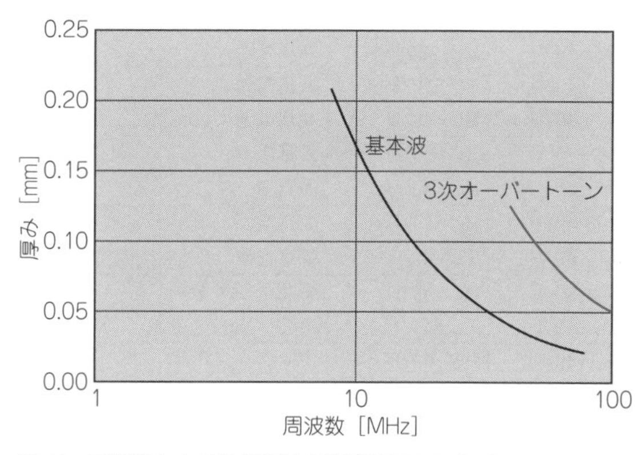

図12　周波数と水晶片の厚みの関係(SMDタイプ)

5μ～10 μmの単位で加工しなければならなくなりました．このため，周波数が50 kHz程度異なると，外形サイズの再設計を行う必要があります．

シミュレーションと試作データの蓄積により，設計値は容易に決定されるようになりましたが，量産品の歩留まり改善には数ロットのデータと設計値の補正が必要です．

表1に各メーカのカタログに記載されているHC-49/U，HC-49/U-S，UM-1の仕様を示します．

■ SMDタイプ

表面実装化の初期段階は，HC-49/U-Sに台座を付けた製品でした．外観を**写真5**に示します．この製品は自動車用，ゲーム機用などに現在も生産されています．しかし，小型化の要求とともに，**写真6**に示すセラミック・パッケージを使用した製品が主流になってきました．

SMDタイプのATカット水晶振動子の周波数と水晶片の厚みの関係は，**図12**に示すとおりです．リード・タイプのものに比べて，基本波を高い周波数まで使用することと，40 M～80 MHzは基本波と3次オーバートーンの製品があること，5次以上のオーバートーンの製品が少ないことが特徴です．

封止方法は，低融点ガラス，シーム溶接，エレクトロン・ビーム(EB)など多岐にわたっています．内部は，窒素ガスを封入したものと真空に減圧した製品があります．

外形寸法は**図13**のように小型化されてきています．技術的には，小型化すると外形サイズの設計値の最適範囲が狭くなります．**図14**に示す水晶振動子の等価回路定数で見ると，水晶振動子の面積が小さくなるためにC_0(電極間容量)が小さくなり，C_1(等価直列容量)

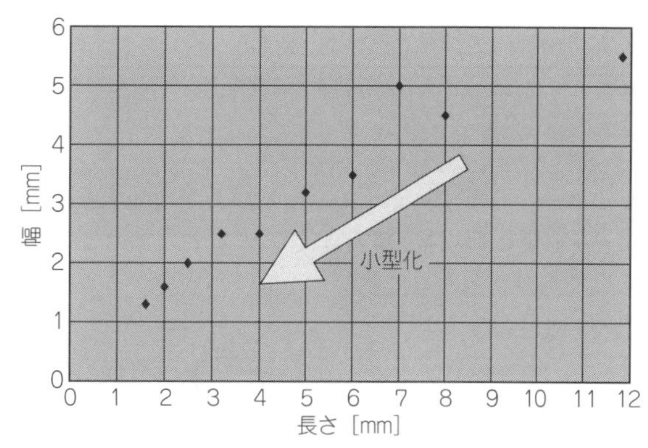

図13　小型化が進むSMDタイプのATカット水晶振動子

表1　リード・タイプATカット水晶振動子のいろいろ(OT：オーバートーン)

分　類	型　名	メーカ名	用途	周波数 [MHz]	振動モード	周波数偏差 [$\times 10^{-6}$]	周波数温度特性 [$\times 10^{-6}$]	動作温度範囲 [℃]
UM-1	UM-1	宇幸電子		10～24	基本波	±10～30	±10～50	－20～＋70
UM-1	UM-1	宇幸電子		24.1～70	3次OT	±15～50	±15～50	－20～＋70
UM-1	UM-1	宇幸電子		72.1～110	5次OT	±15～50	±15～50	－20～＋70
UM-1	UM-1	九州電通		23～100	3次OT	±10～50	±10～50	－10～＋60
UM-1	UM-1	九州電通		4～50	基本波	±10～50	±10～50	－10～＋60
UM-1	UM-1	九州電通		50～150	5次OT	±10～50	±10～50	－10～＋60
UM-1	UM-1	大真空		10～30	基本波	±5～30	±5～50	－10～＋60
UM-1	UM-1	大真空		20～100	3次OT	±5～30	±5～50	－10～＋60
UM-1	UM-1	大真空		75～150	5次OT	±5～30	±5～50	－10～＋60
HC-49/U	HC-49/U	九州電通		1.8～30	基本波	±30	±50	－20～＋70
HC-49/U	HC-49/U	九州電通		100～225	7次OT	±30	±50	－20～＋70
HC-49/U	HC-49/U	九州電通		23～70	3次OT	±30	±50	－20～＋70
HC-49/U	HC-49/U	九州電通		50～130	5次OT	±30	±50	－20～＋70
HC-49/U	HC-49/U	大真空		1.8～30	基本波	±5～30	±5～50	－10～＋60
HC-49/U	HC-49/U	大真空		20～100	3次OT	±5～30	±5～50	－10～＋60
HC-49/U	HC-49/U	大真空		75～150	5次OT	±5～30	±5～50	－10～＋60
HC-49/U	TR-49	東京電波	一般用	3.58～100	－	±50	±50	－10～＋60
HC-49/U	HC-49/U	東北クリスタル		100～150	5次OT	±30	±30	0～＋70
HC-49/U	HC-49/U	東北クリスタル		24～82.705	3次OT	±30	±30	0～＋70
HC-49/U	HC-49/U	東北クリスタル		3.5～50	基本波	±30	±30	0～＋70
HC-49/U	HC-49/U	京セラクリスタルデバイス		2～132	1, 3, 5, 7次OT	±10～	±10～	－10～＋60
HC-49/U-S	HC-49/S 3	九州電通		27～70	3次OT	±30	±50	－10～＋60
HC-49/U-S	HC-49/S 3	九州電通		3.2～36	基本波	±30	±50	－10～＋60
HC-49/U-S	HC-49/U-S	京セラクリスタルデバイス	OA・AV	29～60	3次OT	±15～50	±15～50	－10～＋70
HC-49/U-S	HC-49/U-S	京セラクリスタルデバイス	OA・AV	3.2～29	基本波	±15～50	±15～50	－10～＋70
HC-49/U-S	HC-49/S 3H	サンエイクリスタル		25～60	3次OT	±50	±50	0～＋70
HC-49/U-S	HC-49/S 3H	サンエイクリスタル		3.5～25	基本波	±50	±50	0～＋70
HC-49/U-S	AT-49	大真空		26～70	3次OT	±30～100	±30～100	－10～＋60
HC-49/U-S	AT-49	大真空		3.072～33.9	基本波	±30～100	±30～100	－10～＋60
HC-49/U-S	TR-3.5	東京電波	一般用	3.58～30	－	±50	±50	－10～＋60
HC-49/U-S	HC-49/3H	東北クリスタル		28.3～70	3次OT	±50	±50	0～＋70
HC-49/U-S	HC-49/3H	東北クリスタル		3.5～27	基本波	±20～50	±50	0～＋70
HC-49/U-S	AT-41	日本電波工業	OA・AV	26～50	3次OT	±50	±50	－10～＋70
HC-49/U-S	AT-41	日本電波工業	OA・AV	3.5～27	基本波	±50	±50	－10～＋70
HC-49/U-S	HC-49/S 3.5H	京セラクリスタルデバイス		3.2～28	基本波	±50～100	±50～100	－10～＋60

※2016年12月現在，東北クリスタルは閉業．

も小さくなります．そして，振動損失が増加するためにR_1(等価直列抵抗)が大きくなります．このことは水晶発振回路とともに使用した場合，次のような特性となります．

(1) C_0とC_1の値が小さくなる → 発振周波数の微調整範囲が狭くなり，調整が難しくなる．

(2) R_1の値が大きくなる → 発振回路の負性抵抗を大きく設計しないと発振開始が不安定になったり発振停止したりする．

また，水晶振動子を振動させる励振レベルは，不要な振動が混入しない範囲に設定する必要があります．リード・タイプの振動子の推奨値は50 μ～100 μWでしたが，小型の製品では5 μ～10 μWとなっています．一般的なCMOS ICを使った水晶発振回路では，電源

等価直列抵抗 [maxΩ]	励振レベル [μW]	負荷容量 [pF]	特　徴
30	－	16	リード
50	－	30	リード
80	－	直列共振	リード
60	$100_{max.}$	直列共振	リード
30～200	$100_{max.}$	16	リード
90	$100_{max.}$	直列共振	リード
50	10～500	8～16	リード
50～70	10～500	8～16	リード
80～100	10～500	8～16	リード
20～750	$100_{max.}$	16	リード
90	$100_{max.}$	直列共振	リード
40	$100_{max.}$	直列共振	リード
60	$100_{max.}$	直列共振	リード
25～600	10～500	12～32，直	リード
40～60	10～500	12～32，直	リード
60～80	10～500	12～32，直	リード
30～250	－	－	リード
80～100	$500_{typ.}$	20	リード
40～60	$500_{typ.}$	20	リード
20～120	$500_{typ.}$	20	リード
50～500	$50_{typ.}$	16	リード
100	$100_{max.}$	直列共振	リード
30～200	$100_{max.}$	16	リード
150	$50_{typ.}$，$300_{max.}$	12～16	リード
50～200	$50_{typ.}$，$100_{max.}$	12～16	リード
50～60	$100_{typ.}$	10～32	リード
50～180	$100_{typ.}$	10～32	リード
80～100	50	8～16	リード
50～300	10	12～32，直	リード
30～250	－	－	リード
80	$100_{typ.}$	20	リード
30～150	$100_{typ.}$	20	リード
100～140	$500_{typ.}$，$1000_{max.}$	直列共振	リード
40～150	$50_{typ.}$，$1000_{max.}$	16	リード
30～200	$50_{typ.}$	12.5	リード

電圧5.0 Vで600 μW，3.3 Vで200 μW程度になる場合がありますので，カタログ記載の範囲内の値となるように発振回路を設計する必要があります．

● ATカット水晶振動子の小型化の限界

ATカット水晶振動子の小型化は，11.8 mm×5.5 mm×1.9 mmから，2.0 mm×1.6 mm×0.5 mmへと小型化されてきました．

しかし今後の推移を考えるために，外形寸法と使用している水晶振動子片の大きさとの関係を**表2**を基に検討してみると，セラミック・パッケージの小型化に伴って，水晶振動子片の大きさが急激に小さくなっています．これは，封止のためのセラミック壁の厚みが小さくならず，製品の外形面積に対する水晶片の面積の割合が小さくなってくるためです．

現在の水晶振動子の加工方法とセラミック・パッケージの組み合わせでは，2.0 mm × 1.6 mm × 0.5 mmが製品化が可能な最低寸法と考えられます(**図15**)．ちなみに，1.6 mm × 1.3 mm × 0.4 mmの外形寸法で仮に水晶片の寸法を計算してみると0.8 mm × 0.3 mmとなり，量産製品として安定に特性を出すことはかなり難しいものと考えられます(**図16**)．

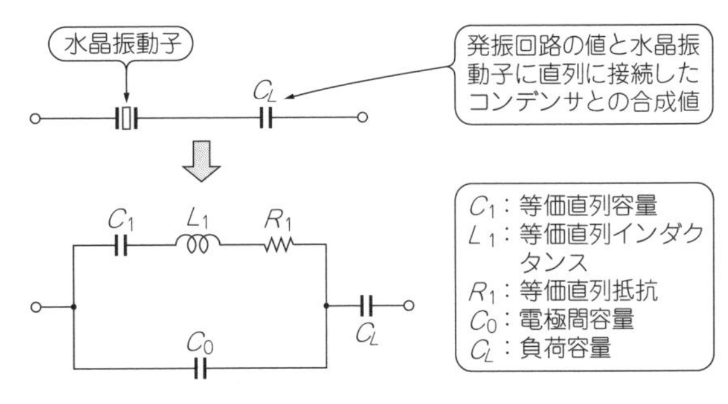

水晶振動子は直列共振で動作する．
振動子単体の直列共振周波数f_Sは，

$$f_S=\frac{1}{2\pi\sqrt{L_1C_1}}$$

で表され，負荷容量込みの直列共振周波数f_S'は，

$$f_S'=f_S\times\frac{C_1}{2(C_0+C_L)}$$

となり，これが発振回路で動作させたときの実際の発振周波数

図14　水晶振動子の等価回路

表2　SMDタイプATカット水晶振動子の代表的なサイズ

分類	製品外形寸法			水晶片寸法		
	長さ[mm]	幅[mm]	高さ[mm]	長さ[mm]	幅[mm]	面積割合
11855	11.8	5.5	1.9	8.80	3.40	46 %
8045	8.0	4.5	1.9	6.00	2.40	40 %
7050	7.0	5.0	1.2	5.00	2.90	41 %
6035	6.0	3.5	1.0	4.50	1.80	39 %
5032	5.0	3.2	0.8	3.50	1.60	35 %
4025	4.0	2.5	0.7	2.80	1.20	34 %
3225	3.2	2.5	0.7	2.00	1.20	30 %
2520	2.5	2.0	0.5	1.50	0.90	27 %
2016	2.0	1.6	0.5	1.20	0.60	23 %
1613	1.6	1.3	0.4	0.80	0.30	12 %

表3　SMDタイプATカット水晶振動子のいろいろ(OT：オーバートーン)

分　類	型　名	メーカ名	用途	周波数 [MHz]	振動モード	周波数偏差 [$\times 10^{-6}$]	周波数温度特性 [$\times 10^{-6}$]	動作温度範囲 [℃]
HC-49/U-S SMD	SD3	九州電通		27～70	3次OT	±30	±50	−10～+60
HC-49/U-S SMD	SD3	九州電通		3.2～36	基本波	±30	±50	−10～+60
HC-49/U-S SMD	CX49G	京セラクリスタルデバイス	OA・AV	29～60	3次OT	±15～50	±15～50	−10～+70
HC-49/U-S SMD	CX49G	京セラクリスタルデバイス	OA・AV	3.2～29	基本波	±15～50	±15～50	−10～+70
HC-49/U-S SMD	HC-49/S 3HSM	サンエイクリスタル		25～60	3次OT	±50	±50	0～+70
HC-49/U-S SMD	HC-49/S 3HSM	サンエイクリスタル		3.5～25	基本波	±50	±50	0～+70
HC-49/U-S SMD	SMD-49	大真空		26～70	3次OT	±30～100	±30～100	−10～+60
HC-49/U-S SMD	SMD-49	大真空		3.2～33.9	基本波	±30～100	±30～100	−10～+60
HC-9/U-S SMD	HC-49/3HSM	東北クリスタル		28.3～70	3次OT	±50	±50	0～+70
HC-49/U-S SMD	HC-49/3HSM	東北クリスタル		3.5～27	基本波	±50	±50	0～+70
2520	CX-2520	京セラクリスタルデバイス	OA・AV	16～60	基本波	±15～50	±15～50	−10～+70
2520	DSX211SH	大真空		12～54	基本波	±20	±30	−10～+60
2520	NX2520SA	日本電波工業	OA・AV	20～80	基本波	±15～100	±15～50	−10～+75
2520	FCX-05	リバーエレテック		28.3～70	基本波	±15～100	±15～100	−10～+60
3225	SEG	九州電通		13～50	基本波	±10～50	±10～50	−10～+60
3225	SEG	九州電通		13～50	基本波	−	±100	−10～+60
3225	CX-101F	京セラクリスタルデバイス	OA・AV	13.5～54	基本波	±15～50	±15～50	−10～+70
3225	DSX321SH	大真空		12～50	基本波	±20	±30	−20～+70
3225	TAS-5	東京電波	高精度	20～40	基本波	±50	±50	−10～+70
3225	TSX-11	エプソン	情報端末	3.58～31	基本波	±10	±10	−20～+70
3225	NX3225DA	日本電波工業	OA・AV	14.318～55	基本波	±15～50	±15～50	−10～+75
3225	SX-2505	京セラクリスタルデバイス		16～50	基本波	±10～	±15～	−30～+85
3225	FCX-04	リバーエレテック		16～60	基本波	±15～100	±15～100	−10～+60
4931	DSX321SH	大真空		10～40	基本波	±10～30	±10	−20～+70
5032	DOT	九州電通		12～40	基本波	±10	±10	−10～+60
5032	DOT	九州電通		40～67	基本波	−	±100	−10～+60
5032	CX-53F	京セラクリスタルデバイス	OA・AV	12～54	基本波	±15～50	±15～50	−10～+70
5032	TSS-6	東京電波	高精度	14.4～40	基本波	±10～50	±10	−20～+70
5032	TSX-8A	エプソン	情報端末	3.58～32	基本波	±10	±10	−20～+70
5032	NX5032GA	日本電波工業	OA・AV	9.84375～66	基本波	±30～50	±30～50	−10～+70
5032	SX-2119	京セラクリスタルデバイス		12～50	基本波	±5～	±3～	−30～+85
7050	MET	九州電通		28～84	3次OT	±10～50	±10～50	−10～+60
7050	MET	九州電通		8～32	基本波	±10～50	±10～50	−10～+60
7050	MET	九州電通		84～100	5次OT	±10～50	±10～50	−10～+60
7050	TSS-2	東京電波	高精度	10～35	基本波	±10～50	±10	−20～+70
7050	TSS-2	東京電波	高精度	35～80	3次OT	±10～50	±10	−20～+70
7050	C13	東北クリスタル		30～125	3次OT	±50	±50	0～+70
7050	C13	東北クリスタル		8～50	基本波	±50	±50	0～+70
7050	TSX-1A	エプソン	情報端末	3.58～33	基 3次5次	±10	±10	−20～+70
7050	SX-2113	京セラクリスタルデバイス		10～50	基本波	±5～	±3～	−30～+85
7050	SX-2113	京セラクリスタルデバイス		40～100	3次OT	±5～	±3～	−30～+85
8045	CX-8045G	京セラクリスタルデバイス	OA・AV	40～70	3次OT	±15～50	±15～50	−10～+70
8045	CX-8045G	京セラクリスタルデバイス	OA・AV	8～47	基本波	±15～50	±15～50	−10～+70
8045	NX8045GB	日本電波工業	OA・AV	8～40.5	基本波	±30～50	±30～50	−10～+70

※2016年12月現在，東北クリスタルは閉業．

等価直列抵抗 [$\Omega_{max.}$]	励振レベル [μW]	負荷容量 [pF]	特　徴
100	$100_{max.}$	直列共振	リード加工
30～200	$100_{max.}$	16	リード加工
150	$50_{typ.}$，$300_{max.}$	12～16	リード加工
50～200	$50_{typ.}$，$100_{max.}$	12～16	リード加工
50～60	$100_{typ.}$	10～32	リード加工
50～180	$100_{typ.}$	10～32	リード加工
80～100	50	8～16	リード加工
50～300	10	12～32 直	リード加工
80	$100_{typ.}$	20	リード加工
50～180	$100_{typ.}$	20	リード加工
50～100	$50_{typ.}$，$100_{max.}$	8	セラミック
60	$10_{typ.}$	8～12 直	セラミック
50～100	$50_{typ.}$，$200_{max.}$	8	セラミック
60～150	$200_{max.}$	8，10	セラミック
90～150	$100_{max.}$	16	セラミック
90～150	$100_{max.}$	16	セラミック
50～150	$50_{typ.}$，$200_{max.}$	8～12	セラミック
30～50	$10_{typ.}$	8～12 直	セラミック
150	–	16	セラミック
40	$100_{max.}$	20，30 直	セラミック
50～100	$50_{typ.}$，$200_{max.}$	8	セラミック
60～100	$50_{typ.}$	10～32 直	セラミック
50～100	$200_{max.}$	8，10	セラミック
50～80	$10_{typ.}$	8～12 直	セラミック
40～60	$100_{max.}$	16	セラミック
40	$100_{max.}$	16	セラミック
50～150	$50_{typ.}$，$500_{max.}$	8～12	セラミック
50	–	16	セラミック
40	$100_{max.}$	20，30 直	セラミック
50～150	$50_{typ.}$，$500_{max.}$	8	セラミック
30～50	$50_{typ.}$	10～32 直	セラミック
60	$100_{max.}$	直列共振	セラミック
40～60	$100_{max.}$	16	セラミック
80	$100_{max.}$	直列共振	セラミック
40	–	16	セラミック
80	–	16	セラミック
30～80	$100_{typ.}$	20	セラミック
30～80	$100_{typ.}$	20	セラミック
40～80	$100_{max.}$	20，30 直	セラミック
50	$10_{typ.}$	10～32 直	セラミック
70	$10_{typ.}$	10～32 直	セラミック
150	$50_{typ.}$，$300_{max.}$	12	セラミック
50～200	$50_{typ.}$，$500_{max.}$	12	セラミック
50～200	$50_{typ.}$，$500_{max.}$	8	セラミック

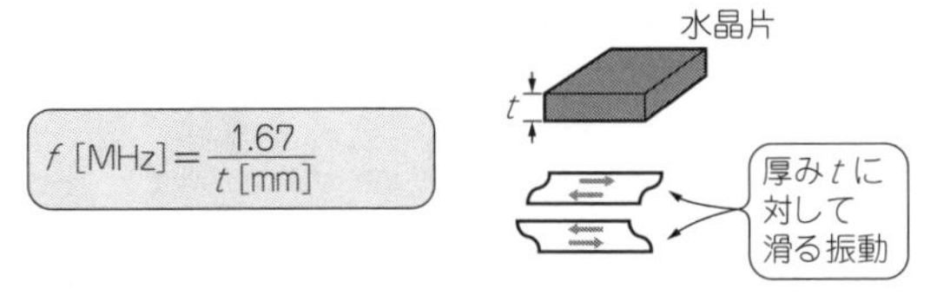

(a) ATカット水晶振動子は厚み滑り振動

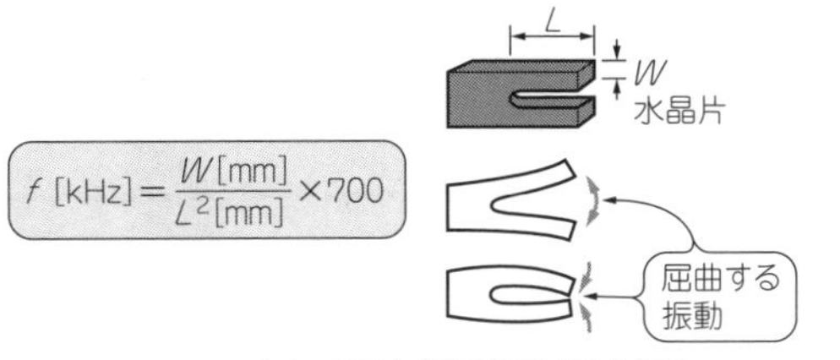

(b) 音叉水晶振動子は屈曲振動

図15　サイズと周波数の関係

リード部品とSMD化された部品とは，特性(周波数可変範囲，安定度などの規格)，信頼性および用途などによりすみ分けが進むでしょう．大型のSMDタイプATカット水晶振動子も含めて，リード型の水晶振動子の生産も継続されていくものと考えられます．

表3に，各メーカのカタログに記載されたSMDタイプのATカット水晶振動子の仕様を示します．

kHzタイプの音叉型水晶振動子

■ リード・タイプ

音叉水晶振動子は，腕時計や置時計，時計機能を持ったマイコン・システムに使用されています．発振周波数は32.768 kHzのものが一般的です．1秒(1 Hz)の信号を作るために，水晶振動子の特性，消費電力などから32.768 kHzに決定されました．ただし，温度特性が2次曲線のため，月差±15秒以下の精度が必要で，消費電力や大きさに制限のない装置には，4.194304 MHz以上のATカット水晶振動子を使用したり，温度補償をした水晶発振器が使用されています．

初期の段階ではガラス管，金属管の形状でしたが，腕時計に使用されるようになり量産化され始めたころからは，シリンダ・タイプとなりました．

振動損失を低減し等価直列抵抗値を下げるためには内部を真空にする必要があり，リード付きのガラス・ハーメチック端子にケースを圧入する方法で封じます．

腕時計や置時計用の用途には，リード・タイプが根強く使用されています．これは，リード・タイプでの

外形寸法が5.0×3.2mmから2.0×1.6mmに小さくなると，封止の特性上セラミックの壁幅は0.3mm以下にならないため，水晶振動子の大きさは外形の小型化以上に小さくなってしまう

図16　セラミック・パッケージの壁の厚さが無視できなくなってくる

コラム1　とりあえず発振器作るなら！ 定番水晶振動子 HC-49/US型

● 精度も安定度も高い

水晶発振子(水晶振動子)は，エレクトロニクスが進歩し続けても消えることのない電子部品でしょう．

電子回路の周波数あるいは時間の基準に不可欠で，筆者が40年以上お世話になっているおなじみの電子部品です．安定度の高い周波数や時間が，安価で手軽に得られるのが最大の特徴です．現在HC-49/US型，あるいはその表面実装型を使うのが最も経済的です．

周波数や時間の基準を高い精度で得る方法として，ルビジウムやセシウム発振器といった原子周波数基準器があります．非常に高い精度が得られ，Webショップなどで容易に入手できます．しかし，高価なうえにサイズが大きく，消費電力が10 Wと高いなどのデメリットもあります．水晶発振子を使った同じ発振器(水晶発振回路)では，小型化でき消費電力は20 m～50 mWでした．水晶発振子をうまく使えば，1 ppm/℃以下の温度安定度が得られます．周波数の初期精度は無調整で±50 ppmが得られます．

コイルとコンデンサ，あるいはコンデンサと抵抗器を使った*LC*/*CR*発振回路で，精度や安定度が足りないときの特効薬にもなります．

● 応用

マイコンやロジック回路で利用できます．**図A**はCMOS ICを使ったクロック回路です．

トランジスタを使った発振回路にも使えるので，**図B**のような10MHz帯の電信送信機でも使えます．回路は簡単で作りやすく，増幅用トランジスタ2石で3 Wのパワーを出力できます．

水晶時計(クオーツ・クロック)を作るのが電子ホビーストの間でブームになったことがあります．いまでもなかなか面白いテーマで実用品が作れます．時計の

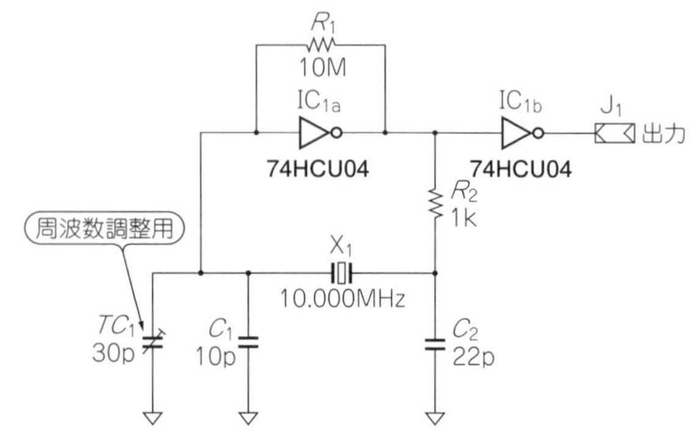

図A　CMOS ICと組み合わせてマイコン用の高精度なクロック信号を生成することもできる

小型化が進んだことと，時計は電子部品を多く使用する製品ではないため，SMD化の要求がATカット水晶振動子よりも少なかったためと思われます．

取り扱い上の注意としては，封止部のハーメチック・ガラスにひびやクラックを生じると，水晶振動子内部の真空度が悪化して特性が変化してしまいます．したがって，リードを曲げる場合は根元より0.5 mm以上のストレート部分を残して曲げる必要があります．この際，リード・ペンチでリードの根元を押さえて，ガラス・ハーメチックに力がかからないようにすることが重要です．

はんだ付けの条件は各社の推奨条件を参考にするとともに，水晶片は内部ではんだにて取り付けられていることを考慮し，内部が過熱されて水晶振動子としての特性が変化しないように，短時間ではんだ付けを行う必要があります．

はんだ付け後の洗浄の際に超音波を使う場合がありますが，超音波洗浄の周波数と水晶振動子の周波数が近いことや，振動子片が小さく薄いことから，振動子片が共振して破壊される場合があるので注意が必要です．

発振回路を設計する際は，励振レベルの推奨値が0.1 μ～1 μWと小さいことに注意が必要です．励振レベルが大きい状態で使用すると，特性が変化するだけでなく，ATカット水晶振動子と異なり特性劣化および振動子が破損して使用できなくなります．

また，等価直列抵抗が数十kΩと高いため，発振回路の負性抵抗は200 k～400 kΩの値が必要です．CMOS ICを使った水晶発振回路では，バイアスを決める帰還抵抗の値は10 M～22 MΩとなります．このため，ICの入力端子のインピーダンスは一般の回路に比べて高くなり，プリント基板のリーク電流と雑音に注意が必要です．

表4に，各メーカのカタログに記載された，シリン

専用LSIは，50 Hzまたは60 Hzを基準にするものが多いので，1 MHzの水晶発振子を使い1/20000に分周して50 Hzを作ります．

〈加藤 高広〉

◆参考文献◆

(1) AN400 Study of The Crystal Oscillator For CMOS-COPS, Texas Instruments, 1995.
(2) 稲葉 保；発振回路の設計と応用，CQ出版社，1993年.

(初出：「トランジスタ技術」2015年1月号)

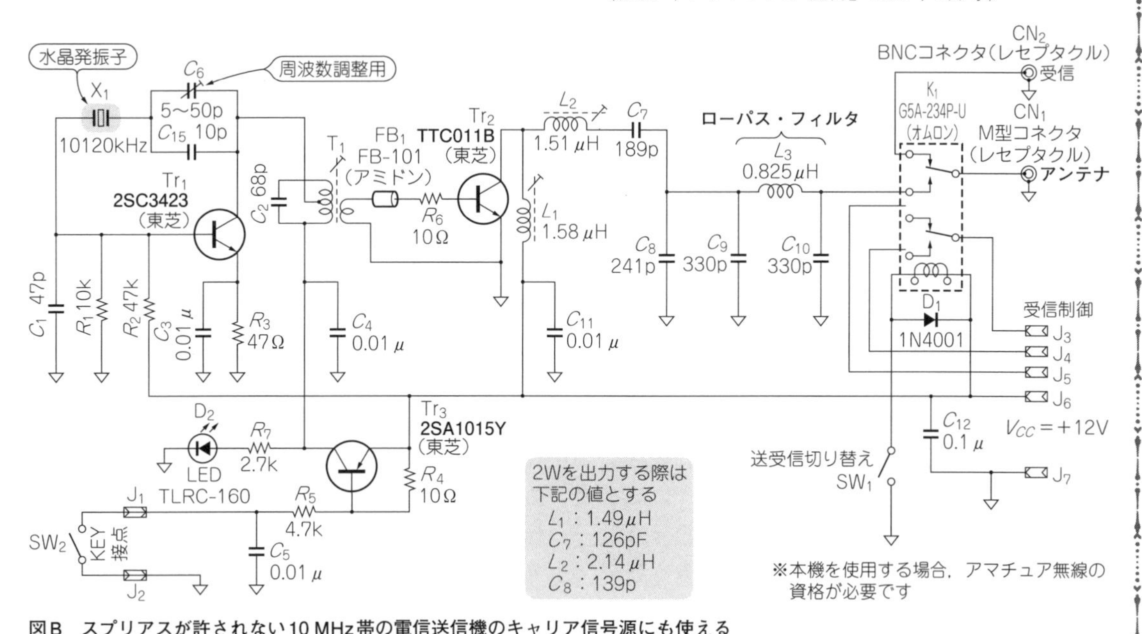

図B　スプリアスが許されない10 MHz帯の電信送信機のキャリア信号源にも使える
水晶発振器と増幅用トランジスタ2石で3Wのパワーが得られる

表4　リード・タイプ音叉水晶振動子の主な仕様(f = 32.768 kHz)

分類	型名	メーカ名	周波数偏差 [×10⁻⁶]	周波数温度係数 [×10⁻⁶/℃²]	動作温度範囲 [℃]	等価直列抵抗 [$\Omega_{max.}$]	励振レベル [μW]	負荷容量 [pF]
1.5φ×5.1	CFS-145	シチズン	±20	−0.034±0.006	−10〜+60	35 k	$1_{max.}$	12.5
2.1φ×6.2	CFS-206	シチズン	±20	−0.034±0.006	−10〜+60	35 k	$1_{max.}$	12.5
1.5φ×5.0	VT-150-F	セイコーインスツル	±10, ±20	−0.035±0.008	−40〜+85	50 k	$0.1_{typ.}$	4.5〜12.5
2.0φ×6.0	CT-200-F	セイコーインスツル	±10, ±20	−0.035±0.008	−40〜+85	50 k	$0.1_{typ.}$	4.5〜12.5
1.2φ×4.6	C-005R	セイコーエプソン	±20	−0.04	−10〜+60	50 k	$1_{max.}$	6〜直
1.5φ×5.0	C-004R	セイコーエプソン	±20	−0.04	−10〜+60	50 k	$1_{max.}$	6〜直
2.0φ×6.0	C-002RX	セイコーエプソン	±20	−0.04	−10〜+60	50 k	$1_{max.}$	6〜直
3.1φ×8.0	C-001R	セイコーエプソン	±20	−0.04	−10〜+60	35 k	$1_{max.}$	6〜直
2.1φ×6.1	DT26	大真空	±20, ±30	−0.04	−10〜+60	40 k	1±0.2	12.5
3.1φ×8.3	DT38	大真空	±20, ±30	−0.04	−10〜+60	30 k	1±0.2	12.5

ダ(リード)・タイプの音叉水晶振動子の仕様を示します.

■ SMDタイプ

ページャやPDCなどの携帯電子機器に使用する用途では，小型化の要求がありSMD化が進行しましたが，真空封止と製品単価の点でシリンダ・タイプの音叉水晶振動子のリードを整形した製品，およびシリンダ・タイプの音叉水晶振動子を樹脂モールドした製品が中心でした.

これらはリフローはんだ付けに対応したほかは，水晶振動子としての電気的な特性はリード・タイプと同一であり，扱いやすい製品でした.

さらに低背化を含めた小型化の要求に対して，ATカット水晶振動子と同じようなセラミック・パッケージを使用したSMDタイプ音叉水晶振動子が開発されてきました．これは，真空シーム封止方法，設備の開発，セラミック・パッケージの低価格化，水晶振動子の小型化技術の進展によって実現されました.

音叉型水晶振動子の製造方法としては，ATカット水晶振動子で広く行われている「機械加工」方式と「写真製版を用いたエッチング」方式とがあります．機械加工での切削では小型化の限界があり，今後はエッチング方式の割合が増加するものと考えられます.

音叉水晶振動子はATカット水晶振動子と比べて同じ32.768 kHzでありながら，音叉形状の設計に自由度があるため，生産しているメーカ，製品サイズによって等価直列抵抗値，Q値などの等価回路定数値，および最適な励振レベルなどが異なる可能性が大きくなります．したがって，特性や注意事項などをカタログやホームページでよく検討する必要があります.

表5に，各メーカのカタログに記載された，SMDタイプ音叉水晶振動子の仕様を示します.

*

まとめ

水晶振動子の小型化は，今後とも技術的課題を解決しながら進行していくものと思われます．将来的には，0.5 mm角の大きさでICチップの中に入った振動子や，MEMS(Micro Electro Mechanical System)技術でさらに小さな振動子が生産されるようになるでしょう．しかし現実は，機械切削加工による水晶振動子片サイズの限界と生産方式からくる限界が課題となって，小型化の進み具合は遅くなると思われます.

また，小型化に伴って生産しやすいロット数量が大きくなるため，使用数量が少ない場合に，入手が難しくなったり価格が高くなる可能性があります．さらに周波数可変特性，Q値など，特性上から水晶振動子片の大きさや面積が必要な場合は小型化することができないため，HC-49/U，UM-1と同様に生産が継続されることになるでしょう.

高周波化，高精度化，小型化が進展するに従って，発振回路に対する要求も高度になる可能性があります．発振器として使用するには，水晶振動子の特性，特徴をよく調べたうえで，発振回路の特性を水晶振動子に合ったものにすることが，トラブルなく水晶振動子を使うために重要です.

しかし，この発振回路の設計，組み立て，検査に時間をかけられない場合は，水晶振動子メーカが供給する水晶発振器の使用をお勧めします．水晶振動子の特性を熟知したうえで設計，組み立て，検査して生産されていますので，総合的な動作の信頼性は高いものと考えられます.

〈中嶋　雅夫〉

表5　SMDタイプ音叉水晶振動子の主な仕様(f = 32.768 kHz)

分類	型名	メーカ名	周波数偏差 [×10^{-6}]	周波数温度係数 [×10^{-6}/℃^{2}]	動作温度範囲 [℃]	等価直列抵抗 [$\Omega_{max.}$]	励振レベル [μW]	負荷容量 [pF]
2.0φ×6.0	CMR200T	シチズン	±20	−0.034±0.006	−40～+85	35 k	$1_{max.}$	12.5
1.5φ×5.0	HFC-150	セイコーインスツル	±20, ±30	−0.035±0.008	−40～+85	55 k	$0.1_{typ.}$	7, 9, 12.5
6916	SM-14J	大真空	±20, ±30	−0.04	−40～+85	70 k	1±0.2	7～12.5直
6830	CM-155	シチズン	±20	−0.034±0.006	−40～+85	65 k	$1_{max.}$	12.5
8038	CM-200S	シチズン	±20	−0.034±0.006	−40～+85	50 k	$1_{max.}$	12.5
7015	SSP-T7	セイコーインスツル	±20, ±50	−0.035±0.01	−40～+85	65 k	$0.1_{typ.}$	7, 12.5
8737	SP-T2	セイコーインスツル	±20～±100	−0.035±0.008	−40～+85	50 k	$0.1_{typ.}$	6～12.5
7125	MC-156	セイコーエプソン	±20, ±50	−0.04	−40～+85	65 k	$1_{max.}$	7, 12.5
7325	MC-206	セイコーエプソン	±20, ±50	−0.04	−40～+85	55 k	$1_{max.}$	7, 12.5
8032	MC-306	セイコーエプソン	±20, ±50	−0.04	−40～+85	50 k	$1_{max.}$	6～直
13249	DMX-38TF	大真空	±30	−0.04	−10～+60	50 k	1±0.2	12.5
8038	DMX-26S	大真空	±30	−0.04	−10～+60	50 k	1±0.2	12.5
3212	NC-T3	セイコーインスツル	±20, ±50	−0.035±0.01	−40～+85	65 k	$0.1_{typ.}$	7, 12.5
3215	FC-135	セイコーエプソン	±20	−0.04	−40～+85	70 k	$0.1_{typ.}$	9, 12.5
4115	FC-145	セイコーエプソン	±20	−0.04	−40～+85	70 k	$0.1_{typ.}$	9, 12.5
4918	FC-255	セイコーエプソン	±20	−0.04	−40～+85	65 k	$0.5_{max.}$	7, 12.5
3215	DST310S	大真空	±20, ±30	−0.04	−40～+85	80 k	$1_{max.}$	9, 12.5直
4115	DST410S	大真空	±20, ±30	−0.04	−40～+85	80 k	$1_{max.}$	7, 12.5直
4819	DST520	大真空	±20, ±30	−0.04	−40～+85	80 k	1±0.2	9, 12.5直
6025	DST621	大真空	±20, ±30	−0.04	−40～+85	70 k	1±0.2	9, 12.5直
4115	ST-4115	京セラクリスタルデバイス	±20, ±50	−0.035±0.008	−40～+85	65 k	$0.1_{typ.}$	12.5
4115	TFX-01	リバーエレテック	±20～±100	−0.04±0.01	-40～+85	70 k	$0.5_{max.}$	7, 12.5

◆参考文献◆

(1) http://www.kdk-group.co.jp/02japanese/j_home.html, 九州電通
(2) http://www.kds.info/, 大真空
(3) http://www.tew.co.jp/, 東京電波
(4) http://www.kyocera-crystal.jp/, 京セラクリスタルデバイス
(5) http://www.sanei-crystal.co.jp/, サンエイクリスタル
(6) http://www.ndk.com/jp/, 日本電波工業
(7) http://www.river-ele.co.jp/, リバーエレテック
(8) http://www.epson.jp/, セイコーエプソン
(9) http://www.epson.jp/company/etc/, 宮崎エプソン
(10) http://citizen.jp/, シチズン
(11) http://www.sii.co.jp/jp/, セイコーインスツル

(初出:「トランジスタ技術」2004年3月号)

コラム2　水晶振動子を注文してみよう！

水晶振動子を注文する場合，次の点を指定する必要があります．**表A**は，注文書の例です．

(1) 型名で水晶振動子の外形を指定する

水晶振動子を選ぶ際は外形を決めなければなりません．メーカのカタログを参考に選定します．

(2) 公称周波数(中心周波数)

必要とする周波数の中心値を指定します．

(3) オーバートーン次数

基本波で使うのか，オーバートーンで使うのかを指定します．オーバートーンで使う場合は次数を指定します．

水晶振動子には，作りやすい周波数と作りにくい周波数があります．高い周波数は手間が掛かるので**オーバートーンにしたほうが作りやすく**なります．またオーバートーンにすると**可変幅が小さくなるメリットもあります．低い周波数は回路側で分周して得られるので，水晶振動子が作りやすい周波数を選んだほうが経済的**です．

(4) 周波数偏差

25 ℃における周波数偏差を指定します．メーカは製作時に最終調整をして目的の周波数偏差にします．この値を小さくすると価格が高くなります．

表A　水晶振動子の発注書の書き方

1. 型名	
2. 公称周波数	＿＿＿＿＿ MHz
3. オーバートーン次数	＿＿＿＿＿＿＿＿＿＿
4. 周波数偏差	＿＿＿＿＿ ×10⁻⁶MAX.(@25 ℃)
5. 周波数温度特性	＿＿＿＿＿ ×10⁻⁶＿～＿℃
6. 等価直列抵抗	＿＿＿＿＿ ΩMAX.
7. 負荷容量(CL)	＿＿＿＿＿ pF
8. 励振レベル	＿＿＿＿＿ mW
9. 並列容量(C0)	＿＿＿＿＿ pFMAX.
10. そのほかの要求事項	＿＿＿＿＿＿＿＿＿＿
11. 表示	＿＿＿＿＿＿＿＿＿＿
12. 用途	＿＿＿＿＿＿＿＿＿＿

(5) 周波数温度特性

使用温度範囲の周波数変化量を指定します．ATカット水晶振動子の場合，3次曲線の温度特性を持っており，カット角によって適切な温度特性が選べます．使用する温度範囲を決め，その温度範囲と温度特性を指定します．

(6) 等価直列抵抗

この値が小さいほど発振しやすいのですが限度があります．周波数帯によって異なるので，最大値は「**JIS規格C6701表9**」の等価直列抵抗の最大値を参考にしてください．

(7) 負荷容量

水晶振動子側から回路を見たときの容量のことです．**負荷容量を指定しないと公称周波数で発振しません．**負荷容量の指定がないとトリマ・コンデンサなどで周波数を合わせるときの調整も困難です．また負荷容量の中心値をいくつにするかも指定します．特に負荷容量が小さくなると容器や浮遊容量の影響で発振周波数の誤差が大きくなってしまいます．

一般に，12 p～16 pFが標準的な負荷容量です．

(8) 励振レベル

最近の回路は励振レベルを低くする傾向がありますが，あまり**低くしすぎると発振を開始しない場合があるので，発振開始時には高めで，通常発振してからは低めのレベルとなる回路が理想的**です．励振レベルが高すぎると周波数が安定しない場合があります．

(9) 並列容量C_0

ATカットの場合，並列容量C_0はほとんど電極間容量になります．周波数可変幅を必要とする場合には指定が必要です．

(10) 指定回路

発振回路が決まっている場合には提示します．一般

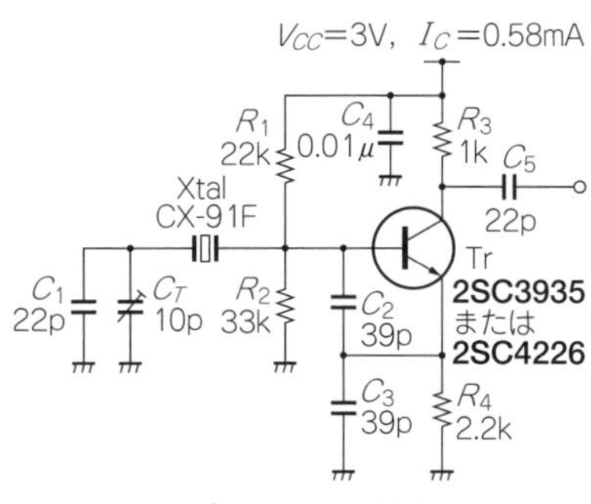

図C　トランジスタによる基本波発振回路（10M〜40MHz）

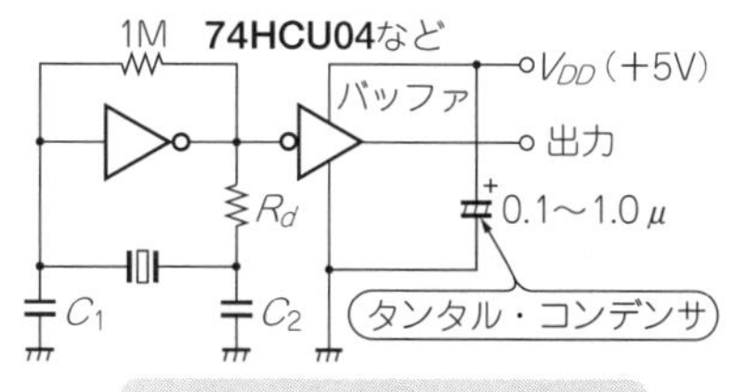

図D　CMOSロジックICによる基本波発振回路

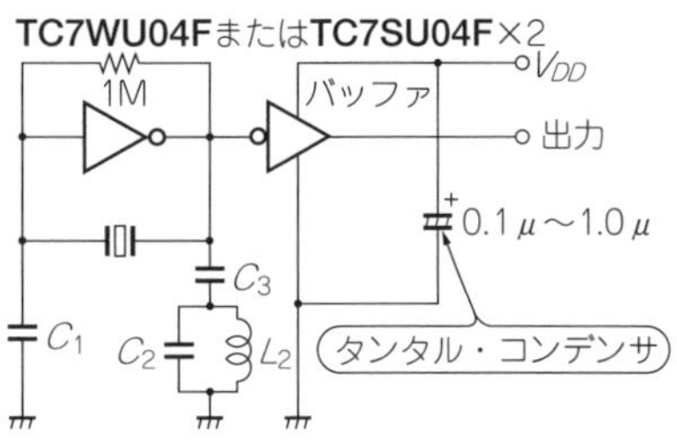

図E　CMOSロジックICによるオーバートーン発振回路

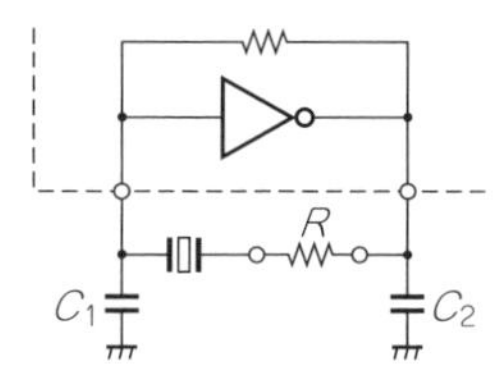

図F　チェック用抵抗を直列に接続する方法

表B　チェック用の抵抗値

周波数範囲［MHz］	抵抗値［Ω］
3.5〜4.5	1.5 k
4.6〜6.0	1.0 k
6.1〜10.0	750
10.1〜14.0	500
14.1〜20.0	400

用として，**図C〜図E**に回路例を示します．

回路の発振マージン（余裕度）**を調べる場合**，製作した回路に水晶振動子を接続します．そのとき**水晶振動子と直列にチェック用抵抗を接続する方法**（**図F**）があります．特に電源電圧を変化させて起動して確認します．もちろん回路チェック後はチェック用抵抗を外します．チェック用抵抗の値を**表B**に示します．

安定な発振回路にするには，回路の負性抵抗を水晶振動子の等価直列抵抗の規格値の5倍以上になるように設計します．

（11）表示

水晶振動子の公称周波数を表示する場合，基本波用はkHz単位，オーバートーン用はMHz単位で表すことを原則としています．このほか製造者記号，ロット番号を表示しています．

（12）用途

車載用や医療機器用などの特殊な用途の場合は，動作を保証できない場合があるため，あらかじめ製造者に伝えておかなければなりません．

〈大隅 明〉

◆参考文献◆

（1）久保 亮五，長倉 三朗，井口 洋夫，江沢 洋；理化学辞典，第5版，1998年2月，岩波書店．
（2）超音波TECHNO，1999年1月号，日本工業出版．
（3）水晶デバイスの解説と応用，1996年，日本水晶デバイス工業会．
（4）JIS C 6701「水晶振動子」，1995年，日本規格協会．
（5）岡野 庄太郎；水晶周波数制御デバイス，1995年，㈱テクノ．
（6）水晶デバイス取扱いガイダンス，1997年，日本水晶デバイス工業会．

（初出：「トランジスタ技術」1999年6月号）

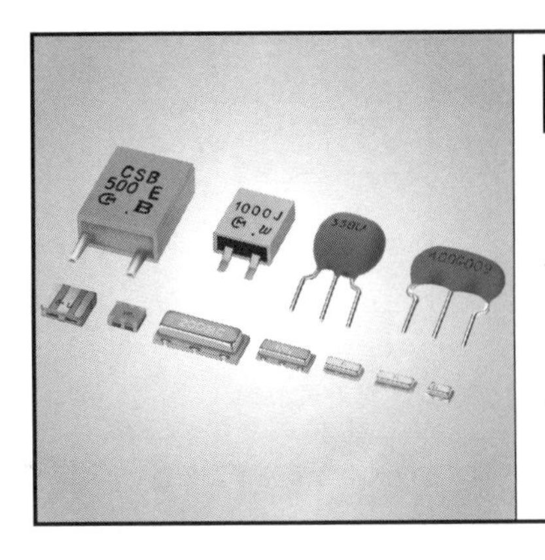

第3章

水晶発振回路の作り方

振動子が気持ちよく振動し続ける条件を探す

水晶振動子の等価回路を**図1**に示します．**表1**に，水晶振動子の特性を表したり製品カタログに書かれる特性などを表す用語を示します．

水晶振動子には独自の記号や意味があるので覚えておきましょう．

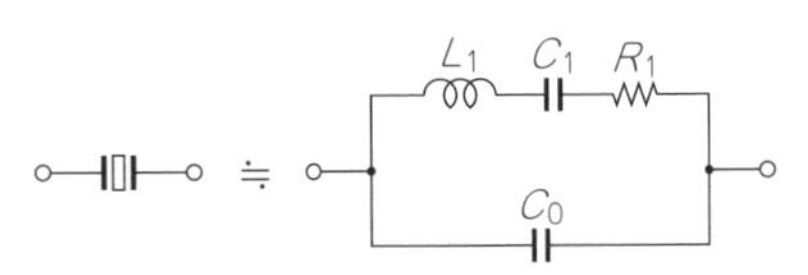

図1　水晶振動子の等価回路(注)

注▶水晶振動子の記号は，IEC規格やJIS規格が変更されていて，現在では下記となっている．

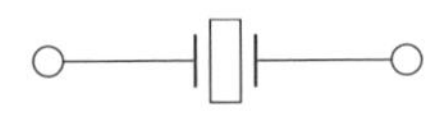

一番オーソドックスなCMOS水晶発振回路

図2が標準的な基本波CMOSインバータ水晶発振回路です．発振回路に求められる特性によって回路定数が変わり，それぞれの部品ごとに役割を持っています．

● 五つの部品で構成できる

▶Inv（インバータ）

R_fを接続して**反転アンプ**として使用します．**アンバッファ・タイプ**（後述）以外は水晶発振回路に使用できません．

▶Buf（バッファ）

発振用と同じインバータを使う場合やシュミット・

表1　水晶振動子に関する主な用語（参考文献を参照）

用　語	記号	意　味
直列容量	C_1	等価回路の直列アームのキャパシタンス
直列インダクタンス	L_1	等価回路の直列アームのインダクタンス
直列抵抗	R_1	等価回路の直列アームの抵抗値
並列容量	C_0	等価回路の直列アームに並列接続されたキャパシタンス
共振周波数	f_r	直列共振点付近における位相零点の周波数
反共振周波数	f_a	並列共振点付近における位相零点の周波数
負荷時共振周波数	f_L	共振周波数が負荷容量によって変化した周波数
周波数	f_{nom}	公称周波数
オーバートーン次数	OT	奇数次の振動モード（1，3，5，7，…）
負荷容量	C_L	水晶振動子の負荷時共振周波数を決定するための外部容量
周波数許容偏差	f_{tol}	室温における公称周波数を基準とする最大周波数偏差
周波数温度特性	f_{tem}	25℃の値を基準とした指定温度範囲における周波数偏差
励振レベル	DL	発振している水晶振動子の内部で消費される電力
動作温度範囲	T_{use}	周波数温度特性を満足できる温度範囲
動作可能温度範囲	T_{opr}	恒久的なダメージを受けることのない動作温度範囲
保存温度範囲	T_{stg}	水晶振動子にダメージを与えることなく保存できる温度範囲
頂点温度	T_i	2次曲線温度特性を持つ水晶振動子の温度特性の頂点温度
2次温度系数	B	2次曲線に近似された水晶振動子の周波数温度特性
周波数経時変化	f_{age}	基準温度におけるエージングによって最初の1年間に変化する水晶振動子の周波数

トリガなどを使う場合もあります．

▶R_f(帰還抵抗)

ディジタル・ゲートのインバータInvを**アナログ反転アンプ**として動作させるための抵抗です．

▶R_d(ダンピング抵抗)

水晶振動子が**オーバートーン**で発振しないようにするための抵抗です．発振周波数の3倍周波数における発振回路のゲイン(**負性抵抗**)を小さくして，オーバートーン発振を予防するために使用します．

▶R_x(励振電流制限抵抗)

水晶振動子に流れる励振電流が水晶振動子メーカの定める許容励振電力を超えると発振周波数が不安定になるので，**励振電流を制限**して発振周波数を安定させます．

主に，周波数15 MHz以上，電源電圧3.3 V以上の発振回路で使用されます．抵抗類で消費する電力は非常に小さいので，1608～0603サイズのチップ抵抗が使用可能です．

▶C_{x1}，C_{x2}(タイミング・コンデンサ)

水晶振動子の電極に発生する**電荷を安定して充放電させる役割と発振周波数を調整する役割**があります．ほとんどの場合，**CH特性のセラミック・コンデンサ**を使用します．

● 発振用インバータを選ぶ

CMOSインバータ発振回路は，ディジタル反転素子のインバータを発振アンプに使いますが，すべてのインバータが水晶発振回路に使用できるわけではありません(**表2**)．また，周波数帯に適したICを選択しなければ良好な特性を得ることはできません(**表3**)．

インバータにはアンバッファ・タイプとバッファ・タイプがあり，シンボル・マークは同じです．しかし，**バッファ・タイプはゲインが過大なため異常発振を起こしやすく，水晶発振回路に使用することはできません**．バッファ・タイプのインバータを使用すると異常

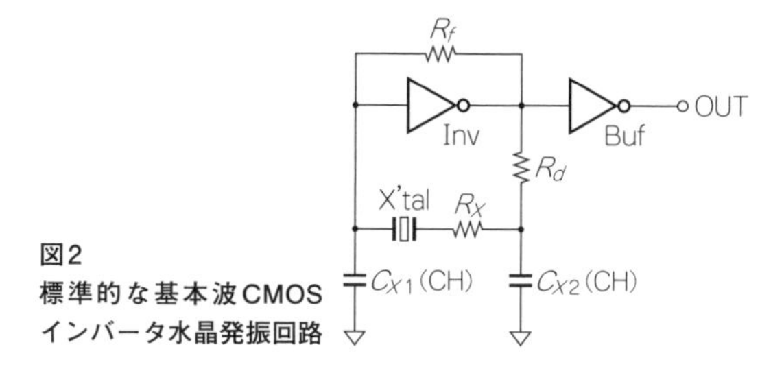

図2 標準的な基本波CMOSインバータ水晶発振回路

発振が起きるので，水晶発振回路には絶対に使用しないように注意しましょう．

ICやLSIの電源端子には，0.01 μ～0.1 μFのパスコンを接続します．水晶発振回路の電源ラインは交流的にグラウンドと同電位でなければなりません．このコンデンサを付けないと，水晶発振回路が正常に起動しなくなるので注意しましょう．

● 負荷容量と回路定数を決める

水晶振動子の**負荷容量**C_Lは**12 pF**や**8 pF**がポピュラです．CMOSインバータ発振回路のC_Lは，数ppmの周波数精度が重要視される場合は8 pFよりも12 pFの方が若干有利ですが，負性抵抗(後述)を大きくしなければならない場合は8 pFになるように設計します．

水晶振動子のC_Lと水晶発振回路のC_Lを同一にすると，周波数偏差の中心値のずれ(オフセット値)をゼロにすることができます．

CMOS水晶発振回路は負荷容量値によって特性が大きく変化するので，**負荷容量を決定することは最も重要**です．目的の周波数で水晶振動子を発振させるためには，水晶振動子の負荷容量と発振回路の負荷容量を同一にする必要がありますが，入手性を考慮して最初に水晶振動子の負荷容量を決定し，次に発振回路の負荷容量や回路定数を決定します．

これらを考慮すると，水晶振動子の負荷容量や水晶

表2 水晶発振回路とインバータのタイプ

タイプ	アンバッファ	バッファ
ゲイン	約20 dB	約60 dB
シンボル		
発振回路	○使用可能	×使用不可

表3 水晶発振回路用周波数帯別インバータ
(すべてアンバッファ・タイプ)

周波数帯	IC
32.768 kHz	TC4069UB，TC4SU69F，または同等品
1 M～9.99 MHz	TC4069UB，TC4SU69F，または同等品
10 M～19.99 MHz	TC74HCU04, TC7SU04FU, または同等品
20 M～29.99 MHz	TC74VHCU04, TC7SHU04FS, または同等品
30 M～40 MHz	TC7SZU04AFS，または同等品

表4
水晶振動子の負荷容量と水晶発振回路の負荷容量など
負荷容量は水晶振動子を購入する場合に指定する負荷容量を指す．回路に接続されたコンデンサの値を表すものではない

周波数帯	負荷容量［pF］	R_f［MΩ］	R_d［Ω］	R_x［Ω］	C_{x1}，C_{x2}［pF］
32.768 kHz	7	10	150 k	0	8
	9	10	330 k	0	12
	12.5	10	470 k	0	18
3 M～4.9 MHz	8	1	560	0	12
	12	1	1 k	－	18
5 M～9.9 MHz	8	1	0	0	12
	12	1	0	0	18
10 M～15.9 MHz	8	1	0	150注1	10
16 M～19.9 MHz	8	1	0	220	10
20 M～29.9 MHz	8	1	180	180	10
30 M～48 MHz	8	1	150	150	10

注1：SMDタイプ8.0×4.5 mmサイズ以上の水晶振動子の場合は0Ω

発振回路の負荷容量は**表4**のようになります．これを参考に回路条件を決定すると比較的簡単に発振させることができます．ただし，これらの回路定数は目安なので，実装状態やICのゲインなどに応じて調整する必要があります．

なお，この場合の負荷容量は水晶振動子を購入する場合に指定する負荷容量を指し，**回路に接続されたC_{x1}，C_{x2}のコンデンサの値を表すものではありません**．

また，「回路の負荷容量」とは「水晶振動子を接続する端子から見た基板の容量成分の合計」なので，C_{x1}やC_{x2}の値を指すものではありません．

マイコン用水晶発振回路の設計

最近のLSIにはクロック発生用にCMOSインバータが内蔵されているものがあります．

内蔵発振回路には，多くの場合，通常動作でLSI内部のデータ処理を行う**メイン・クロック**と待機時(スリープ・モード)に最小機能を動かしたりタイマ機能を動作させるための**サブクロック**があります．

それぞれのLSIに付随するハードウェア・マニュアルには，クロック源の水晶発振回路に関する記述があります．ただし，それらに記載された回路構成や回路定数をそのまま使用すると良好な特性が得られない場合があります．

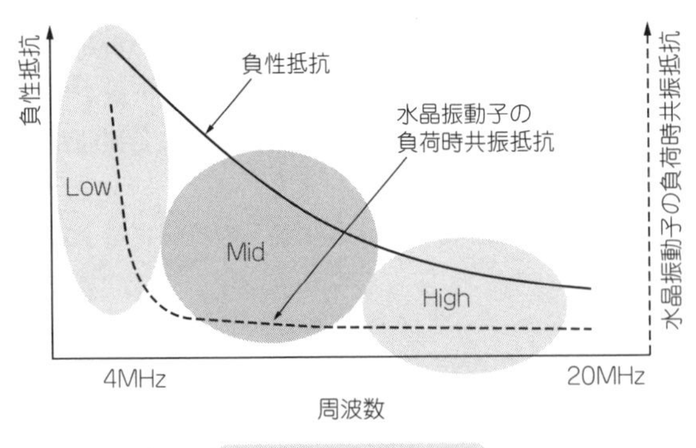

図3　負性抵抗と水晶振動子の負荷時共振抵抗R_Lの周波数特性概念図
水晶振動子は後述する図6のグラフのように，負荷容量C_Lに反比例して共振周波数(負荷時共振周波数f_L)と抵抗分(負荷時共振抵抗R_L)が増加する性質を持っている

■ メイン・クロックの設計要点

① メイン・クロック周波数の決定

ハードウェア・マニュアルを見ると，クロック周波数があらかじめいくつか決められているので，その中から水晶振動子の周波数を選びます．

すべてのLSIに当てはまるわけではありませんが，例えば4 M～20 MHzの間の周波数(4，5，8，10，12，16，20 MHz)が使用できるLSIの場合は，**16 MHz以上の周波数帯で負性抵抗が小さくなり**，発振余裕度が小さくなります．したがって，これらの周波数帯を避けてクロック周波数を選定すると比較的良い特性になります．また，4 MHzは水晶振動子の負荷時共振抵抗が大きくなるので避ける方がよいでしょう．

このように，水晶振動子を発振させる能力(≒**ゲイン≒負性抵抗**)や水晶振動子の負荷時共振抵抗R_Lも周波数特性を持っています．それらの関係を**図3**に示します．

二つの特性同士が離れていればその比が大きくなるため，図のMidの領域(おおむね5 M～12 MHz)に発振周波数を選択すると発振余裕度が大きくなります．そのほかの周波数帯にクロック周波数を選ぶ場合より

も発振回路の信頼性が増します．

負性抵抗と水晶振動子の負荷時共振抵抗R_Lの比は**発振余裕度**(＝**発振マージン**)を表し，水晶振動子を発振させるための目安になります．

負性抵抗は大きい方が良いのですが，大きすぎると異常発振の原因になるので好ましくありません．MHz帯の発振回路では**10 kΩを上限の目安**にすると異常発振などの不具合を避けることができます．

② メイン・クロック発振回路の暫定定数の選定

汎用のインバータと同様に，**表4**から回路定数を選定します．このとき，インバータやR_fはほとんどのLSIに内蔵されているので，LSIの外部にあらためて接続する必要はありません．しかし，まれにR_fを内蔵していないLSIもあるので，ハードウェア・マニュアルなどで確認しましょう．

③ 発振特性の確認

▶負性抵抗

後述のR_{sup}を水晶振動子に直列接続して電源のON/OFFを4～5回繰り返し，毎回必ず発振することを確認します．このときR_{sup}を接続しているため発振周波数は変化します．

▶負荷容量と周波数偏差

周波数偏差のオフセット値を最小にするためには，**水晶振動子の負荷容量と発振回路の負荷容量が一致**していなければなりません．

水晶振動子単体に負荷容量C_Lを接続して測定された周波数が，既知の水晶振動子を発振回路に接続して発振させたときに同じ周波数で発振すれば「**水晶振動子の負荷容量＝発振回路の負荷容量**」です．C_Lはカタログや水晶振動子の納入仕様書などに記載された負荷容量値で，値は12 pFや8 pFが一般的です．

▶励振電力

水晶振動子の励振電力は，電流プローブとオシロスコープを使用して測定した励振電流I_xと，回路上で発振しているときの水晶振動子の**負荷時共振抵抗**R_Lを使い，$P_x = I_x^2 \times R_L$によって求められます．ただし，水晶振動子のカタログに記載されている許容値を超えると，周波数の変動やジャンプが起こります．

励振電力が過大なために起こる周波数の変動は，5.0 mm × 3.2 mmサイズ以下のSMDタイプで**10 MHz以上の周波数帯で発生しやすい**ので，20 MHzを超える発振回路では特に注意しましょう．

水晶発振回路の電源をONにした直後に発振周波数がHz単位で連続的に変化したり，発振周波数がある程度安定してから継続的に変動したりする場合や，数Hzから数十Hzへのジャンプが起こる場合は，励振電力が大きすぎる可能性があります．このような場合には，**330 Ωを最大値の目安**として，R_dやR_xを大きめの値に変更してみましょう．

■ サブクロックの設計要点

① サブクロック発振回路の特徴

一般的なサブクロック用水晶振動子の公称周波数は**32.768 kHz**(32768 Hz)です．2分周を15回行うと1 Hzが得られる周波数です．MHz帯の**厚み滑り振動モード**の水晶振動子とは異なる**屈曲振動モード**で振動します．

この水晶振動子は型名によっても異なりますが，30 k～70 kΩ程度の非常に高いインピーダンスを持っています．また，許容励振電力が0.1 μ～0.2 μWと非常に小さく，CMOS発振回路の設計を誤ると水晶振動子内部の水晶片が破損してしまうことから，回路定数の選定には特別な注意が必要です．

4069UBや4SU04などのインバータを使用して発振回路を設計する場合は，暫定的に**330 kΩ程度のダンピング抵抗**を使用しましょう．

② サブクロック発振回路の暫定定数の選定

表4から水晶振動子の負荷容量に対応した回路定数を選定しましょう．MHz帯の場合と同様に，負性抵抗，負荷容量と周波数偏差，励振電力などを考慮して回路定数を調整します．

③ 発振特性の確認

▶負性抵抗

後述のR_{sup}を使用して負性抵抗の確認を行います．MHz帯の負性抵抗は数百Ω～数kΩ程度ですが，サブクロックの場合は数百k～1 MΩ程度なので注意しましょう．

▶負荷容量と励振電力

負荷容量の大きな水晶振動子を使用したときに周波数偏差のオフセット値を小さくするためには，発振回路の負荷容量も大きな値にしなければなりません．

CMOSインバータ発振回路で回路の負荷容量を大きくする場合は，C_{x1}やC_{x2}を大きな値にしてマッチングさせます．しかし，それらのコンデンサの値を大きくすると励振電力が大きくなるとともに発振回路の

コラム1　水晶振動子のデータシートの見方

表Aはカタログの仕様例とそれらの説明ですが，音叉振動子もATカット水晶振動子も次の3点を除くと語句の意味は同じです．

ATカット水晶振動子の場合は，次の部分が音叉振動子と異なります．

① 単位がMHz

② オーバートーン・モードの仕様もある

③ 周波数温度特性の規格が音叉振動子と異なる

音叉振動子特有の周波数温度特性は，**図A**のように負の2次曲線です．**表A**の仕様では頂点温度が20℃から30℃の間に位置することを表しています．例えば，頂点温度が20℃の水晶振動子の温度特性は，－20℃や＋65℃の周波数偏差が－70 ppmになることを意味します．

ATカット水晶振動子の温度特性は**図B**のように3次曲線です．動作温度範囲の広い規格を設定すると周波数偏差が大きくなります．逆に特定小電力無線のように周波数温度特性を含む周波数偏差が±4 ppmの範囲を満足できる範囲はおおむね0～＋50℃です．

（初出：「トランジスタ技術」2010年8月号）

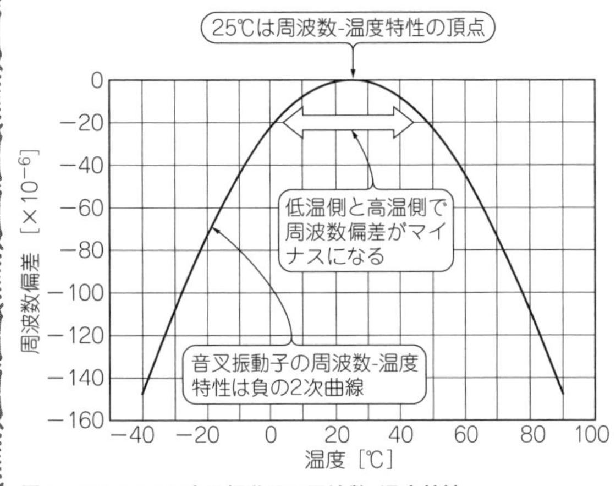

図A　32.768 kHz音叉振動子の周波数-温度特性

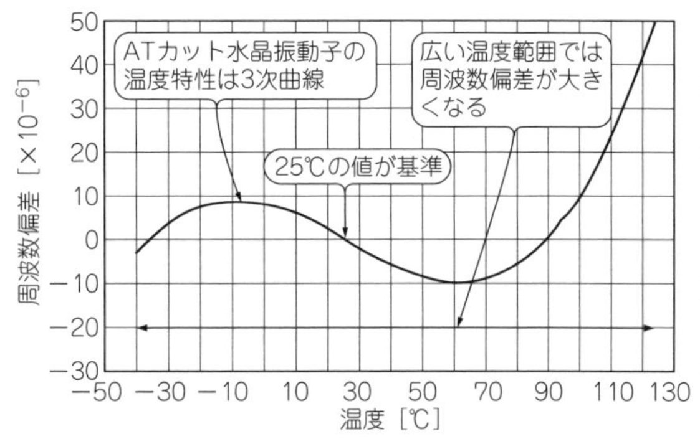

図B　ATカット水晶振動子の周波数-温度特性は3次曲線なので周波数偏差が大きくなりがち

表A　水晶振動子の電気的特性（音叉振動子とATカット水晶振動子）

項　目	記号	規　格	単位	意　味
公称周波数	f_{nom}	32.768	kHz	発振させたい周波数．ATカットの単位はMHz
オーバートーン次数	OT	基本波/3次	－	高次振動モードの次数．ATカット振動子の規格
周波数許容偏差	F_{tol}	±10，±20	$\times 10^{-6}$	室温における公称周波数に対する偏差
周波数温度特性	F_{tem}	±50	$\times 10^{-6}$	25℃における値をゼロとした偏差．ATカット振動子の規格
頂点温度	T_i	＋25±5	℃	周波数温度特性の頂点の温度
2次温度係数	B	－0.04 max	$\times 10^{-6}$/℃	周波数温度特性の傾きの係数
直列抵抗	R_1	70 max	kΩ	等価回路の直列アームの抵抗値
直列容量	C_1	3.7 typ	fF	等価回路の直列アームの容量値
並列容量	C_0	0.9 typ	pF	等価回路の並列容量値
負荷容量	C_L	12.5/9/7，8/10/12(AT)	pF	公称周波数を決定するために水晶振動子に直列接続する容量値
推奨励振レベル	DL	0.1	μW	発振時に水晶振動子内部で消費される高周波電力
動作温度範囲	T_{use}	－40～＋85	℃	規定の特性を維持しながら機能できる温度範囲
保存温度範囲	T_{stg}	－55～＋125	℃	機能の劣化や損傷なく保存できる最低と最高の温度
周波数経年変化	F_{age}	±3	$\times 10^{-6}$	周波数が最初の1年間に変動する最大変化量

規格の数値は一例

負性抵抗が小さくなり，発振余裕度が小さくなってしまいます．

そのため，一般的には9 pFや7 pFなどの小さめの負荷容量の水晶振動子を使用してマッチングさせる方が特性面で有利です．

▶励振電力

数十kΩのインピーダンスを持つ**音叉振動子**に流れる励振電流は1μ～2μA程度です．非常に小さいため，電流プローブとオシロスコープを使用するMHz帯の場合と同じ方法では測定できません．

例えば，励振電流が2μAで水晶振動子の負荷時共振抵抗R_Lが80 kΩの場合は，

$$P_x = (1.5 \times 10^{-6})^2 \times 80 \times 10^3 = 0.18 \times 10^{-6}$$

となり，0.18μWです．

励振電力の測定についてはICメーカや水晶振動子メーカに確認するのが無難です．

安定発振のためのその① 負性抵抗値が重要

● まず測る

負性抵抗は水晶発振回路のゲインを負の抵抗値の絶対値(|−R|)で表した，水晶振動子を振動させるために発振回路が持っている能力です．

負性抵抗は，**抵抗置換法**で容易に測定できます(**図4**)．リード・タイプの**カーボン抵抗**R_{sup}を水晶振動子に直列接続して見掛け上の水晶振動子の負荷時共振抵抗を増加させ，徐々にR_{sup}を大きな値に交換して不発振になる直前のR_{sup}と水晶振動子の負荷時共振抵抗R_Lを加えて負性抵抗にします．

この方法は，おおむね100 MHz以下の周波数帯に用いられます．容易に負性抵抗を測定できます．

● 測り方

発振の確認はスペクトラム・アナライザ(スペアナ)で行います．入力端子に接続したシールド線の先端から2～3 cmだけシールド部分を取り除き，アンテナの代わりにして負性抵抗を測定する基板の発振部に近付けます．

いくつかの値のカーボン抵抗を用意しておき，水晶振動子(X'tal)をプリント基板から片側を浮かせた部分に抵抗を抜き挿しできる小さなソケットをはんだ付けしておきます．用意する抵抗は**表5**の値を参考にしてください．

スペアナは水晶振動子の公称周波数をセンタ周波数に，スパンを100 kHzにあらかじめ設定しておき，測定を開始してから見やすい状態に調節しましょう．

水晶発振回路の基板にはDC電源などからトグル・スイッチを介して電源を供給できるようにしておきます．このとき，DC電源のスイッチを使ってはいけません．出力電圧が瞬時に上昇しない場合があるからです．

最初は0Ωのショート・バーをR_{sup}に使用し，発振の状態がスペアナで確認できるようにします．

次に，R_{sup}に抵抗を接続してトグル・スイッチなどでON/OFFを4～5回繰り返して発振の確認をしながら徐々にR_{sup}を大きな値に交換していくと，スペアナの画面に現れるスペクトラムが徐々に小さくなり，やがてスペクトラムが現れなくなります．

このとき，水晶振動子が発振していれば画面にスペクトラムが現れ，発振が停止していればスペクトラムが現れなくなります．スイッチを4～5回ON/OFFしても確実に発振するR_{sup}の最大値を見つけます．

ON/OFFするタイミングは，連続して行うパター

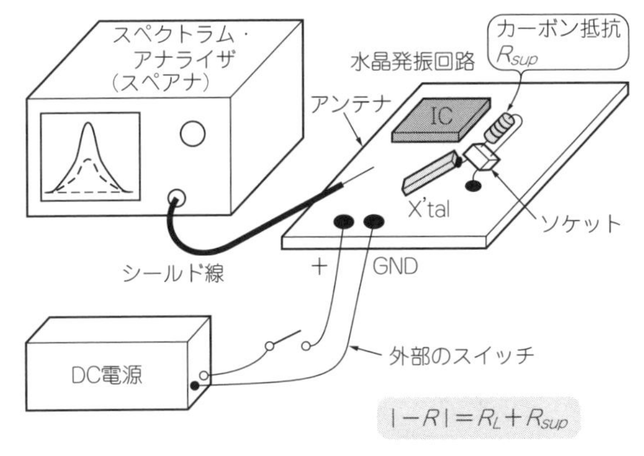

図4　負性抵抗の測定方法

表5　R_{sup}(≒負性抵抗)の目安

周波数帯 [MHz]	R_{sup} [Ω]	
	C_L = 8 pF	C_L = 12 pF
3～3.49	3000～10000	2500～10000
3.5～3.9	2500～6000	2200～5500
4～5.9	1800～4500	1500～4000
6～7.9	900～2500	800～2000
8～9.9	600～1800	550～1500
10～	600～1300	500～1000

周波数帯 [kHz]	R_{sup} [Ω]		
	C_L = 7 pF	C_L = 9 pF	C_L = 12.5 pF
32.768	400 k～1 M	350 k～1 M	300 k～1 M

ンと，基板に搭載された電源のコンデンサが完全に放電してからスイッチをONにするパターンの両方を試します．

水晶発振回路の正確な負性抵抗値はこのときの水晶振動子のR_LにR_{sup}を加えた値です．R_Lは複雑な計算式で求めなくてはならないため，**R_{sup}を負性抵抗の目安**として考えます．

● R_{sup}の接続部分

R_{sup}は水晶振動子に直列接続します．**図5**の矢印部分のように水晶振動子とインバータのOUT側に接続します．水晶振動子の片側の端子を基板から浮かせ，その部分と基板側の水晶振動子接続部分との間にR_{sup}を接続します．

リード・タイプの水晶振動子はリードと本体の金属部分がガラスで絶縁されています．水晶振動子の根元からいきなりリードを曲げないように注意します．また，4端子のSMDタイプ水晶振動子はグラウンド端子も基板に接続して測定します．R_{sup}は負性抵抗測定用の抵抗なので，測定が終了したら取り外します．

● R_{sup}(≒負性抵抗)の目安

水晶振動子のインピーダンスをおおまかに考慮し，十分な発振余裕度が得られるR_{sup}(≒負性抵抗値)を負荷容量や周波数帯別にすると**表5**のようになります．R_{sup}が大きいと発振余裕度が大きくなります．

インフラ系や人命に関わる用途に水晶発振回路が使用される場合は高い信頼性が求められるので，発振余裕度ができるだけ大きくなるように回路設計します．**表5**の値の抵抗を水晶振動子に直列接続しても発振が起こるように回路設計すると，十分な発振余裕度が得られます．

R_{sup}はこれらの値を超えてもかまいませんが，値が大きいほど良いかというとそうでもありません．一般的に，MHz帯の発振回路においてR_{sup}が10kΩを超える水晶発振回路では，水晶振動子の周波数に無関係な自励発振や水晶振動子の公称周波数に対してその3倍や5倍付近の周波数で発振する**オーバートーン発振**が起こりやすくなります．

異常発振が起こると目的の周波数で発振しなくなります．その状態はFETプローブを使用した発振出力波形の測定やスペアナによる広い周波数帯(数k～100MHz程度)のスペクトラムを測定することで確認できます．

なお，R_{sup}に**チップ抵抗**を使用すると抵抗自体の電極が持つ端子間容量を通じて発振電流が流れるため，**負性抵抗が実際よりも大きな値**になるので注意しましょう．

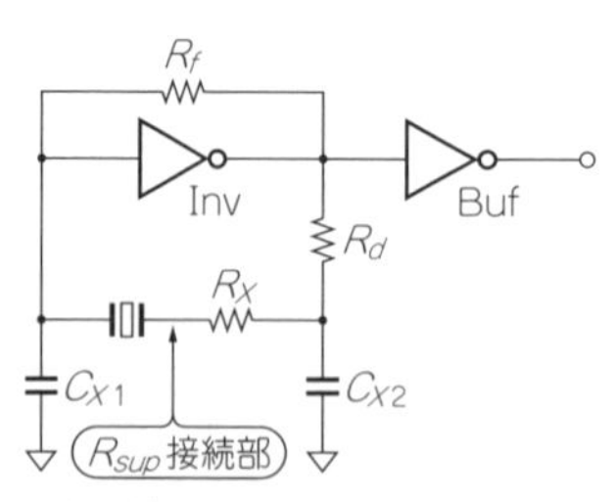

＊R_{sup}は負性抵抗測定用の抵抗なので測定が終了したら取り外す

図5 R_{sup}の接続部分
水晶振動子の片側の端子を基板から浮かせ，その部分と基板側の水晶振動子接続部分との間に接続

安定発振のためのその②
負荷容量と周波数の関係を理解する

● 水晶振動子の共振周波数とインピーダンスは負荷容量によって変化する

水晶振動子製造時に，水晶振動子に直列接続するコンデンサや水晶発振回路の水晶振動子を接続する端子から見た容量性リアクタンス(コンデンサ成分)を**負荷容量**と呼びます．

水晶振動子のインピーダンス特性と位相特性を**図6**に示します．負荷容量なしの状態(負荷容量＝∞)で測定した水晶振動子の直列共振点①の共振周波数f_sや直列抵抗R_1は，負荷容量C_Lによって②の負荷時共振周波数f_Lに上昇，負荷時共振抵抗R_Lに増加する性質を持っています．

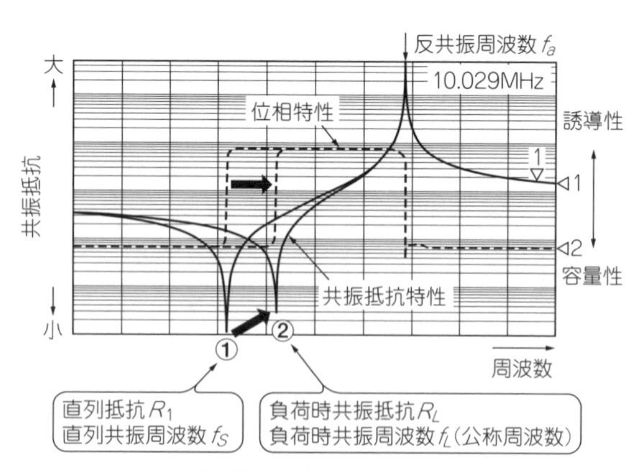

負荷容量	抵抗分	共振周波数
なし	最小	低
あり	増加	上昇

図6 負荷容量によるインピーダンスと位相の変化

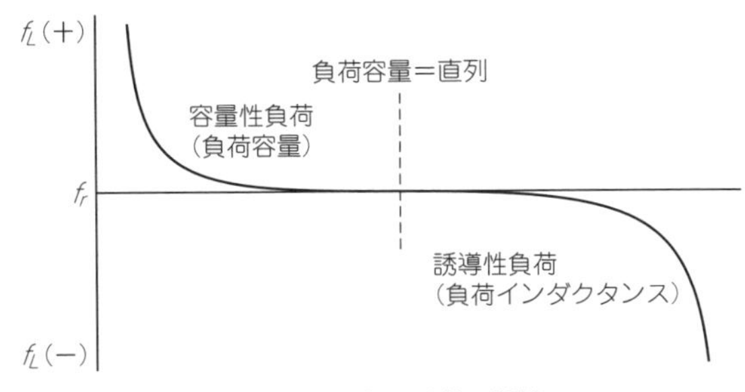

図7　リアクタンスと負荷時共振周波数の関係

負荷容量が小さい場合には，負荷容量が大きい場合に比べてインピーダンスの増加や共振周波数の上昇が大きくなります．

「負荷容量 = 12 pF」の水晶振動子を例にすると，12 pFのコンデンサを負荷容量として水晶振動子に直列接続したときに共振周波数が公称周波数になるようにメーカは製造しています．

この水晶振動子を水晶発振回路に搭載して製造時の周波数で発振させるには，水晶発振回路のICや基板パターン，搭載コンデンサなどを合計した容量値が12 pFになるように回路定数を選定します．

● 負荷容量で発振周波数と発振余裕度が決まる

▶負荷容量と発振周波数

水晶振動子は，**図7**のように負荷リアクタンスによって負荷時共振周波数f_Lが変化する特性を持っています．

負荷リアクタンスを接続しない状態(=負荷リアクタンスが容量性でも誘導性でもない状態)で測定されたC_1とL_1が直列共振する周波数に限って**共振周波数f_r**と呼びます．

「負荷容量=直列」は「負荷インダクタンス=直列」でもあるわけですが，水晶振動子の負荷リアクタンスは一般的に負荷容量で表されるので「**負荷容量=直列**」と表します．

水晶振動子は負荷容量C_Lによって発振周波数(負荷時共振周波数f_L)が変化し，次の計算式によって求められます．

$f_L = f_r(C_1/(2(C_0 + C_L))+1)$

f_L：負荷時共振周波数，f_r：共振周波数，

C_1：等価回路の直列容量(等価直列容量)

C_0：並列容量　C_L：負荷容量

これらのうちf_r，C_1，C_0は水晶振動子の持っている特性値です．f_rは負荷容量なしで測定された水晶振動子の共振周波数で，負荷容量C_Lは回路側が持っている特性値です．

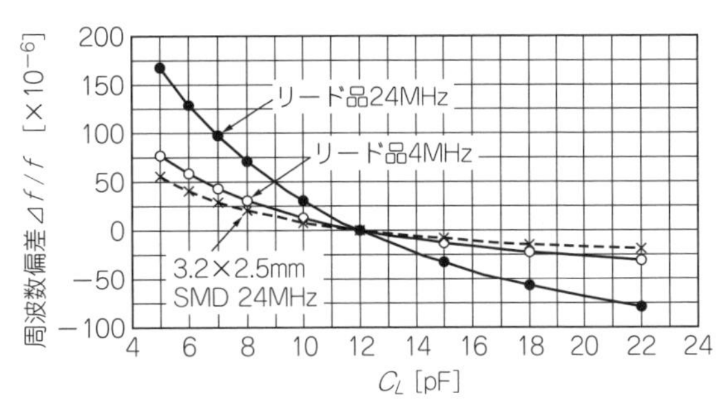

図8　水晶振動子の違いによる負荷容量カーブの比較

表6　周波数変化量の比較
(この周波数変化量はC_Lが5 p～22 pFの場合の値)

水晶振動子形状	リード品		3.2×2.5 mm
周波数 [MHz]	4	24	24
C_1 [fF]	3.9750	11.1846	2.8088
周波数変化量 $\Delta f/f(\times 10^{-6})$ 注	108.4	247	74.9

注：この周波数変化量はC_Lが5 p～22 pFの場合の値

計算式では，C_1の単位はfF(フェムト・ファラド，10^{-15}ファラドのこと)でC_0，C_Lの単位はpFです．C_0は大きさや形状が異なる水晶振動子でも0.5～4pF程度ですが，計算式ではC_1が計算式の分子にあるので，C_Lを変えた場合の計算結果をグラフにすると傾きが異なります．

図8は，型名が同じリード・タイプの4 MHz水晶振動子と24 MHz水晶振動子，および小型24 MHz SMDタイプ水晶振動子の負荷容量カーブで，C_Lが小さい場合は発振周波数が高くなり，C_Lが大きな場合には発振周波数が低くなります．

負荷容量カーブの傾きは，水晶振動子に内蔵されている水晶片の設計状態の傾向から，型名が同じであれば低い周波数の水晶振動子の方が大きくなり，周波数が同じであれば小型の水晶振動子の方が周波数の変化が大きくなります．負荷容量を変化させて発振周波数を変化させる**VCXO**(電圧制御水晶発振器)に使用する場合に広い周波数変化量を得るためには，**外形の大きな水晶振動子**の方が有利です．

図8の負荷容量カーブはC_L = 12 pFの場合に周波数偏差が±0になる特性なので，「負荷容量12 pF」を目標に製造された水晶振動子といえます．

これらの水晶振動子のC_1と周波数変化量を比較すると**表6**のようになります．

周波数変化量$\Delta f/f$は，C_Lが5p～22pFの場合の値ですが，この場合は次の式で求めています．

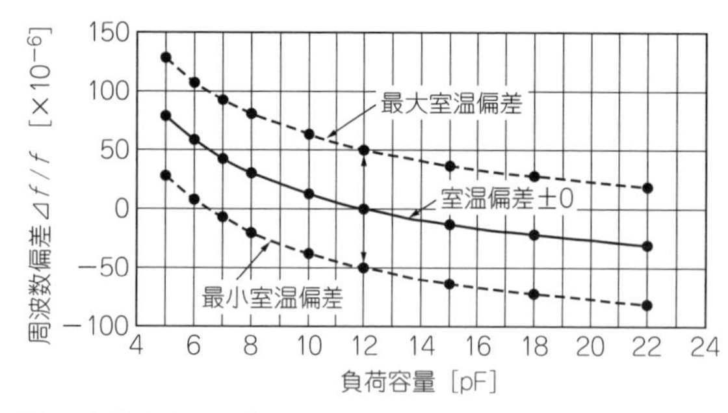

図9　負荷容量カーブと室温偏差

$\Delta f / f = (f_{L4} - f_{L24}) / f_{L24}$

f_{L4}：負荷容量が4 pFの場合の負荷時共振周波数

f_{L24}：負荷容量が24 pFの場合の負荷時共振周波数

VCXOなどの周波数を変化させる発振器に使用する水晶振動子の場合は，単位負荷容量ΔC_L当たりの周波数変化量ΔD_Lを周波数可変感度S [$\times 10^{-6}$/pF]と呼び次の式[2]で求められます．

$S = \Delta D_L / \Delta C_L = -C_1 / (2(C_0 + C_L)^2)$

(参考：IEC STANDARD 122-2)

量産された水晶振動子は**室温偏差**を持っています．周波数室温偏差を考慮すると，例えば室温偏差規格が$\pm 50 \times 10^{-6}$で最大偏差の水晶振動子は**図9**のような負荷容量特性になります．

● 負荷容量と水晶振動子の負荷時共振抵抗R_L

水晶振動子は負荷容量や負荷インダクタンスなどの値によってインピーダンスが増加する性質を持っているので，発振余裕度にも影響します．負荷容量によって水晶振動子の直列抵抗は**図10**のように変化します．負荷容量が小さな場合には水晶振動子のインピーダンスが大きくなるので発振余裕度が小さくなってしまいます．

この例の水晶振動子は負荷容量＝12 pFで動作させると負荷時共振抵抗が約75 Ωですが，負荷容量＝3 pFで動作させると135 Ωにまで増加してしまいます．

仮に，負性抵抗が1000 Ω一定の回路で動作させると発振余裕度は1000/75＝13.3倍に対して，1000/135＝7.4倍に減少してしまいます．

実際のCMOS発振回路では，回路の負荷容量を小さくしていくと多くの場合に負性抵抗が大きくなります．発振余裕度はこのようには減少しませんが，小さすぎる負荷容量で動作させることは好ましくありません．

また，CMOS発振回路では負荷容量を大きくしていくと負性抵抗が大幅に減少するので発振余裕度が小さくなってしまいます．

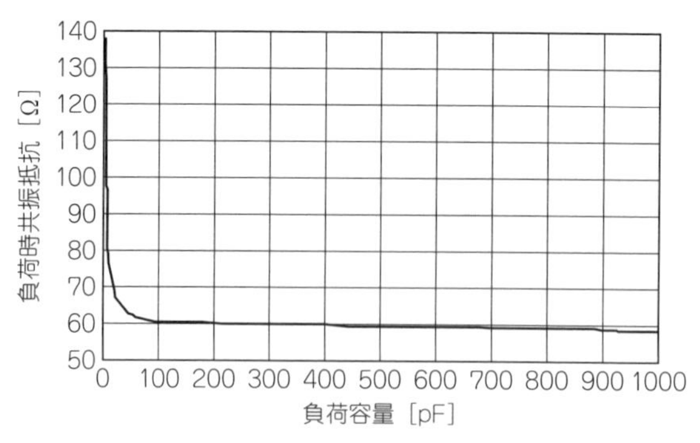

(a) 負荷容量0～1000 pF

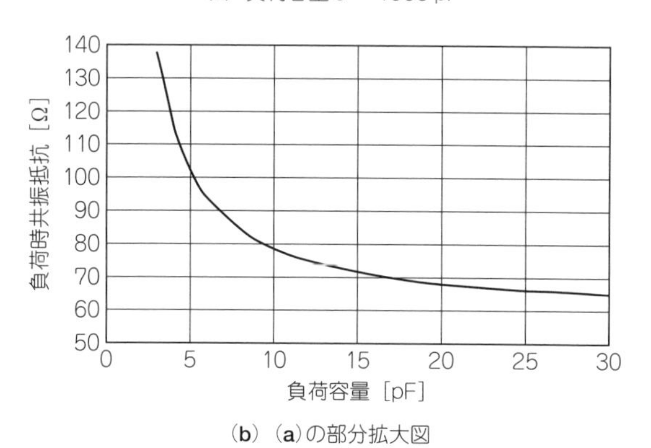

(b) (a)の部分拡大図

図10　負荷容量対負荷共振抵抗の変化例

水晶発振回路を設計する場合は，5 p～8 pF程度の負荷容量で水晶振動子を動作させると水晶振動子の負荷時共振抵抗は比較的小さめでCMOS発振回路の負性抵抗は大きくなるので，発振余裕度の大きい水晶発振回路になります．

プリント基板実装上の注意点

プリント基板の設計状態によって信頼性が変化するので，次のような部分に注意して設計しましょう(**図11**)．

- 配線は直線で最短距離で行いましょう．
- 発振回路のIN側とOUT側の信号は逆相で振動しています．この信号同士を接近させると互いが振動を妨げるように影響し合うため，発振回路のゲインを低下させてしまいます．INとOUTのパターンや部品同士を接近させすぎないように注意しましょう．
- コンデンサC_{x1}やC_{x2}のグラウンドは，IC内部の発振回路のグラウンドに最短距離で接続しましょう．

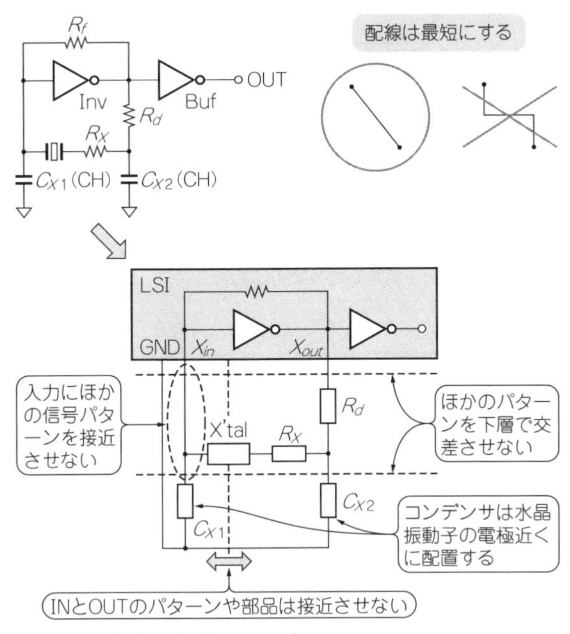

図11 プリント基板実装上の注意

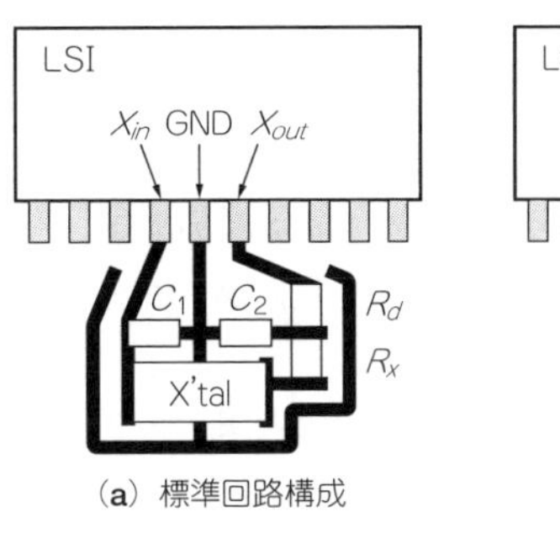

(a) 標準回路構成

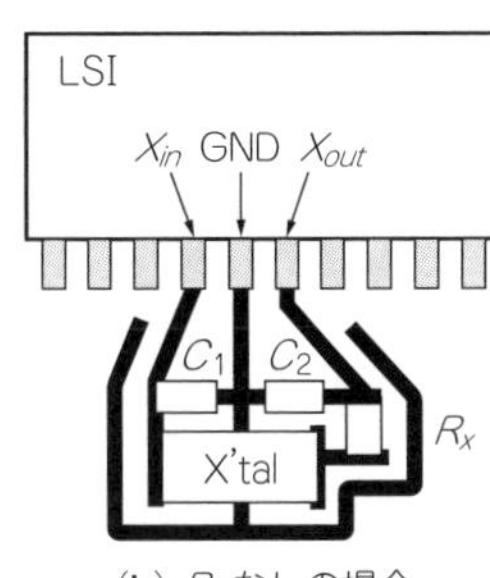

(b) R_dなしの場合

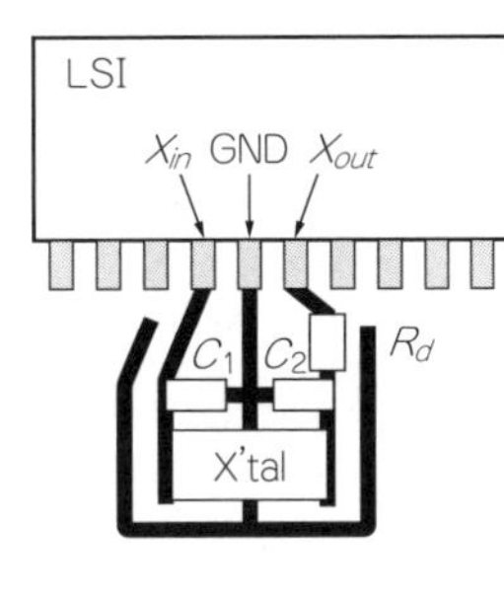

(c) R_xなしの場合

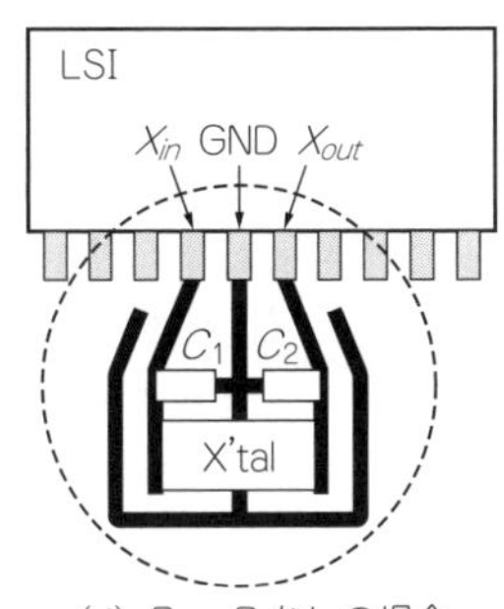

(d) R_d, R_xなしの場合

図12 CMOSインバータ発振回路での部品配置例

コラム2 水晶発振回路は発振しているのにLSIが動作しない？

CMOS水晶発振回路の設計を誤ると，LSIが時々動作しなくなることがあります．LSI内蔵のCMOS発振回路の定数の組み合わせによっては，発振回路が十分に大きな負性抵抗を持っていて安定して発振しているのにLSIが動作しないこともあります．

図CはLSI内蔵タイプの水晶発振回路例です．Bufを駆動できる振幅の電圧がOUT_1に現れないとOUT_2にはクロックが現れないのでLSIが動作しません．

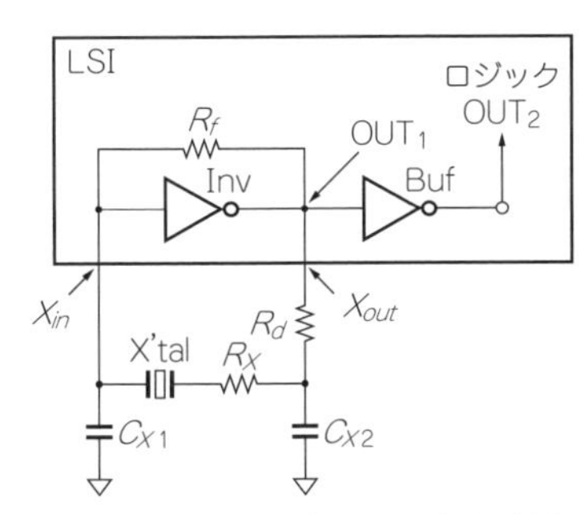

図C LSI内蔵タイプの水晶発振回路例．Bufを駆動できる振幅の電圧がOUT_1に現れていないとOUT_2にはクロックが現れない

周波数帯や発振回路の負性抵抗によっても異なりますが，およそ15 MHz以上の周波数帯では励振電力を低減させる目的でR_dを使用する場合や，同じ目的で$C_{x1} > C_{x2}$のようにコンデンサのバランスを崩す場合があります．これによってX_{out}端子の振幅電圧が低下するので，振幅電圧が必要な下限値以下にならないように注意しましょう．

表Bのように，R_dが過大な場合やC_{x1}とC_{x2}のバランスを崩して使用する条件ではX_{out}の振幅電圧が小さくなります．「不具合が懸念される定数」に当てはまる場合は，X_{out}の端子電圧がLSIの規定値を満足することを確認します．

〈遠座坊〉

（初出：「トランジスタ技術」2009年6月号）

表B 不具合が懸念される定数

回路条件	不具合が懸念される定数	推奨値
R_d 過大	R_d：2.2 kΩ 以上	2.2 kΩ 未満
$C_{x1} > C_{x2}$	C_{x2}：3 pF 未満	C_{x2}：5 pF 以上

図12はCMOSインバータ発振回路で，R_dやR_xを使用する標準型やそれらを使用しない場合の配置例です．水晶発振回路の周辺を囲むようにグラウンド・パターンを配置するとEMCやEMI面で効果的です．

図12の点線部分で囲まれた「発振回路」部分を多層基板の場合に当てはめて考えてみましょう．**図13**は多層基板の断面図ですが，水晶発振回路の発振特性に悪影響を与えないようにグラウンドによるシールドを設けます．

- 表層部分ではICの端子を含めた水晶振動子や回路定数を搭載する部分の外側にグラウンドを設けます．**図13**の「発振回路」と書かれた部分です．
- 2層目以下の部分は他の配線を設けないようにします．表層と同様に発振回路の外側部分にグラウンドを設けます．
- べたグラウンドによるシールドはできるだけ発振回路から遠い層に設けます．可能な場合はべたグラウンドを発振回路から最も遠い反対面に設けます．
- 表層の外側のグラウンドと下層のべたグラウンドまでの間をビアでつなぎます．
- 片面基板の場合は半対面にべたグラウンドを設けます．

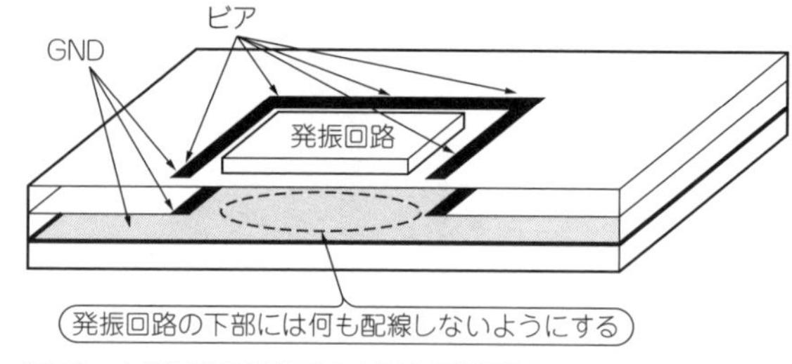

図13　水晶振動子実装時の多層基板断面図

〈遠座坊〉

◆参考文献◆

(1) 日本水晶デバイス工業会(QIAJ)
http://www.qiaj.jp/
(2) IEC STANDARD 122-2.

(初出：「トランジスタ技術」2009年6月号 特集)

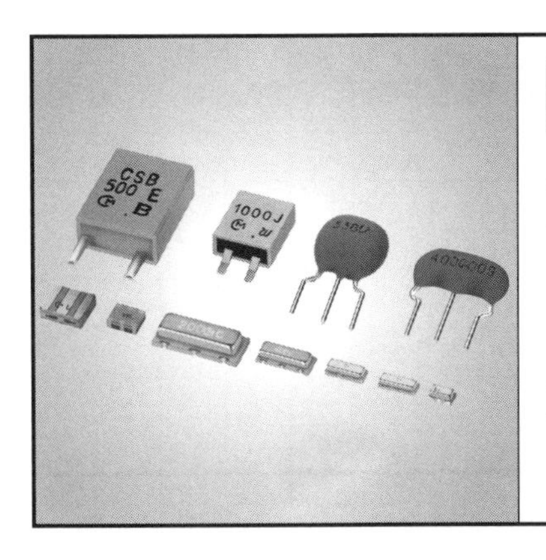

Appendix 水晶発振回路の発振状態を調べる方法

正しい計測の仕方

● 実験! プローブを接触させると発振回路に影響を与える

例えば，水晶振動子内部の異物付着が不発振の原因のことがあります．この場合，測定のためのプローブを水晶振動子の端子などに接触させると，それまで発振しなかった水晶振動子が復活して正常に発振することがあります．これで復活してしまうと，不発振の原因を突き止められません．発振の有無を正しく測定するには，プロービングによって発振回路に影響をまったく与えない測定方法を使わなければなりません．

プローブを接触させたことで発振波形に及ぼすことを確認してみます．**図1(a)**は実験に使う20 MHzの水晶発振回路で，**図1(b)**は(a)の回路を実際にユニバーサル基板に組み立てた，20 MHzで発振するCMOS IC (74VHCU04)を使った水晶発振器です．

図2は，**図1**の発振回路にプローブを接触させて測定したオシロスコープによる発振波形です．プローブの入力抵抗や入力容量の影響によって波形ひずみやオーバーシュートが発生しています．

● 実験! 発振の有無は非接触で確認する

実験回路の水晶振動子の動作に影響を与えずに発振の有無を簡単に確認するためには，**写真1**のように，スペクトラム・アナライザに接続したアンテナ代わりのシールド線を発振回路に接近させます．すると，電気的に水晶振動子と接触していませんが，確かに**図3**のように発振の有無を確認できます．

スペクトラム・アナライザの条件は次のとおりです．

センタ周波数：20 MHz
スパン：2 kHz程度

この測定方法では発振回路に測定のためのプローブなどを接触させることなく発振の有無を確認できます．測定による発振回路に対する悪影響はまったくありません．

● 応用：発振回路の能力「負性抵抗」を測る

後述の「発振回路の負性抵抗(水晶振動子を発振させるための発振回路の能力)」は水晶振動子と発振回

R_f 1M
TC74VHCU04
V_{DD}=5V
水晶振動子：リード品 20MHz
C_1 10p
C_2 10p

(a) 回路

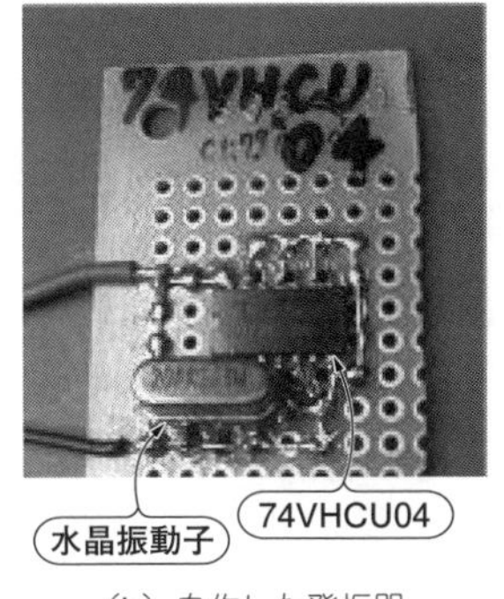

(b) 自作した発振器

図1 CMOS出力の20 MHz水晶発振回路

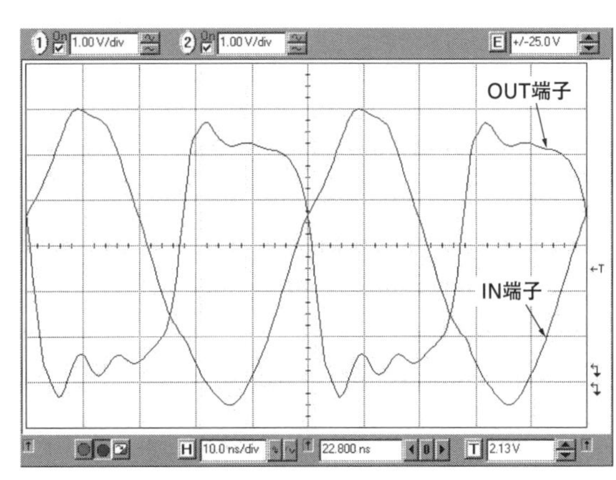

図2 プローブを接触させてオシロスコープで波形を測ると，本来の発振波形を乱してしまう
波形歪みやオーバーシュートが発生する

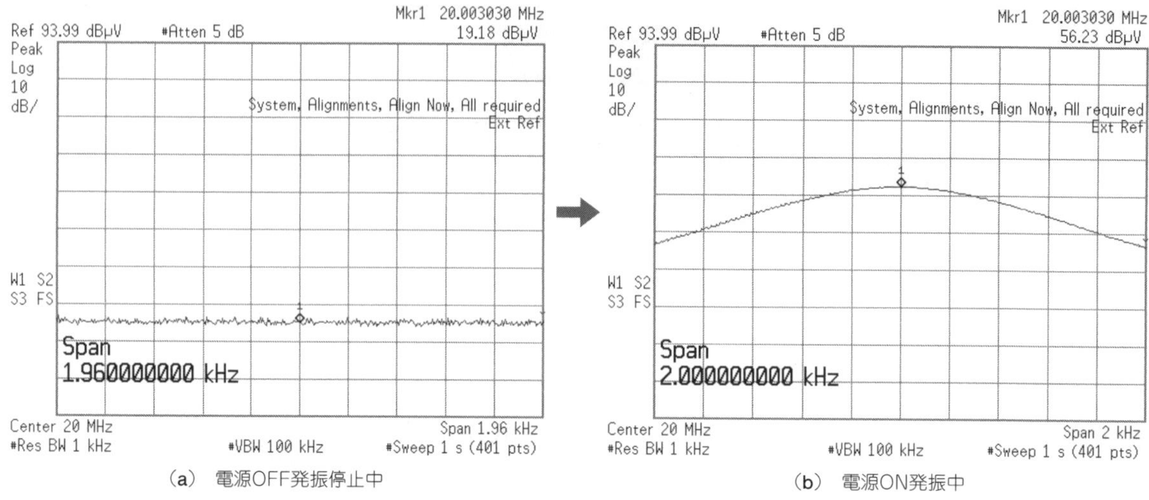

図3 水晶振動子の発振の有無は非接触で調べられることを確認

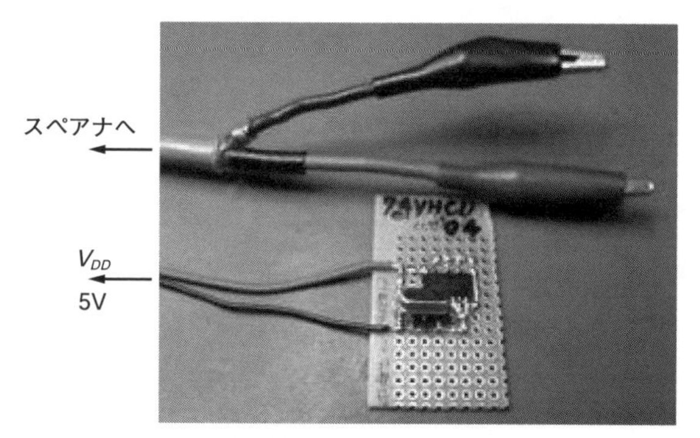

写真1 水晶の発振の有無は非接触で確認する

路のOUT側の間に抵抗器R_{sup}を接続して測定します．そしてスペクトラム・アナライザで発振の有無を確認しながらR_{sup}を徐々に大きな値に交換し，電源のON/OFFを数回繰り返して確実に発振するR_{sup}の最大値を見つけます．このとき水晶振動子の負荷時共振抵抗R_L(水晶振動子は発振回路の負荷容量値によって発振中は内部抵抗が増加する)とR_{sup}の最大値を加えた値が「発振回路の負性抵抗：$-R$」として測定できます．

$$-R = R_L + R_{sup}$$

〈遠座坊〉

(初出：「トランジスタ技術」2011年9月号)

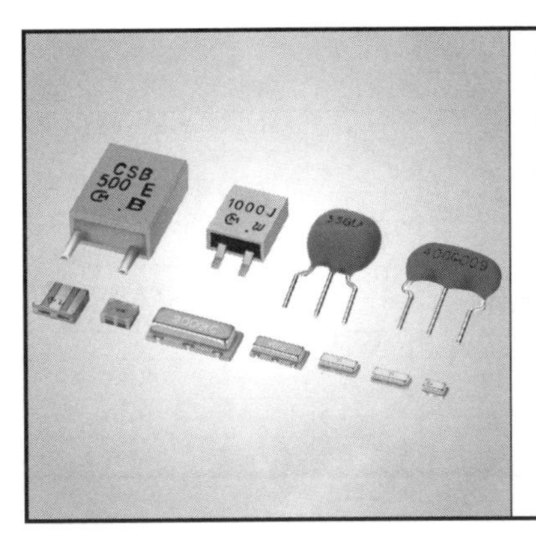

第4章 水晶発振回路トラブル原因と対策

止まることは許されないのだ…

● 絶対に止まらない水晶発振回路はない

水晶振動子は，電圧を加えるとある一定の周期で伸び縮みを繰り返しはじめます．この周期はとても正確で安定しているので，電子回路の大切な基準信号源として利用されています．

この水晶発振回路は，突然発振しなくなることがあります．水晶発振回路の設計を誤ったことが原因の場合もあれば，水晶振動子自体に発振停止の原因がある場合もあります．これらはある日突然にやって来る疫病のようなものですが，原因別に対策をたてて回路を設計することで，トラブルを減らせます．

水晶発振回路の主な不発振の原因を**表1**に示します．本稿ではこれらの原因とその対策について整理して解説していきます．MHz帯は主に3 MHz以上，kHz帯は主に32.768 kHzの水晶発振回路を指すことにします．

① 発振周波数で十分なゲインを持たないインバータICを選んでいた

■ MHz帯の振動子の場合

水晶発振回路にはアンバッファ・タイプのCMOSインバータICを使います．このとき，発振させたい周波数で十分なゲインがないICを使うと，発振しない場合があります．水晶発振回路には発振周波数帯に適した伝搬遅延時間のICを使う必要があります．

ゲイン不足でもともと止まりやすいギリギリの状態で発振していたために，回路のゲインが何らかの原因で減少して発振が停止することもあります．

● 原因 動作周波数が遅いインバータICを選んでいた

表2は水晶発振回路に適した汎用インバータです．それぞれに適した発振周波数帯があります．**図1**に示すのは，10 MHz以上の発振には適さないICと20 MHz水晶振動子を組み合わせてしまった例です．

反転増幅器のゲイン(増幅度)や回路定数によって変化します．CMOS水晶発振回路の負性抵抗は一般的に**図2**のような周波数特性を持っています．一般的にCMOS水晶発振回路の負性抵抗は温度上昇とともに値が減少します．ここで，負性抵抗とは水晶振動子を発振させるための回路側の能力のことで，抵抗の逆の意味として負性抵抗と呼ばれます．

図2の点Ⓐの条件(20 MHz)で発振しているとしま

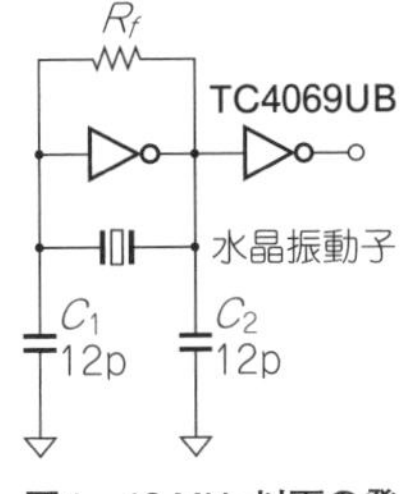

図1　10 MHz以下の発振に適さないCMOSインバータを使った20 MHz水晶発振回路

表1　水晶発振回路が不発振になる主な原因
MHz帯は主に3 MHz以上，kHz帯は主に32.768 kHzの水晶発振回路のこと．DLD(Drive Level Dependence)不良とは励振電流に依存する不良のこと

分　類	原　因
回路設計上の誤り	① ICが発振させたい周波数に適していない(MHz帯/kHz帯)
	② ICの焼損(MHz帯)
	③ 回路定数の選定ミス(MHz帯/kHz帯)
	④ 音叉振動子の破損(kHz帯)
	⑤ 電源パスコンの付け忘れ
ICの不具合	⑥ 発振回路が起動条件を満たさない(MHz帯)
	⑦ ゲインの温度特性異常(MHz帯)
	⑧ ICばらつきによる単純なゲイン不足(MHz帯/kHz帯)
水晶振動子の不良	⑨ MHz帯水晶振動子に異物が付着(DLD不良)
	⑩ 共振抵抗の温度特性ディップ

表2　水晶発振回路に適した汎用インバータIC
負荷容量は特性を測定する際にICの出力端子に接続したコンデンサの値

周波数帯 ＼ 項目	kHz帯～10 MHz		10 M～20 MHz		20 M～30 MHz		30 M～40 MHz	40 M～50 MHz
	汎用ロジックIC	小ピン・タイプ	汎用ロジックIC	小ピン・タイプ	汎用ロジックIC	小ピン・タイプ	小ピン・タイプ	小ピン・タイプ
	TC4069UB	TC4SU69	TC74HCU04	TC7SU04/TC7WU04	TC74VHCU04	TC7SHU04/TC7WHU04	TC7SZU04/TC7WZU04/TC7SAU04/TC7PAU04	TC7SGU04/TC7WGU04/TC7PGU04
電源電圧	5.0 V	5.0 V	4.5 V	5.0 V	4.5 V	5.0 V	3.3 V	3.3 V
負荷容量	50 pF	50 pF	50 pF	15 pF	50 pF	15 pF	15/15/30/15 pF	15 pF
伝搬遅延時間	55 ns	55 ns	23 ns	7.0/6.0 ns	8.5 ns	3.7 ns	2.4/2.4/2.8/2.5 ns	1.9 ns

す．室温では水晶振動子の負荷時共振抵抗R_Lよりも発振回路の負性抵抗の方が大きいので発振しています．しかし，基板が動作を開始して基板温度とともに水晶発振回路の温度が上昇すると水晶振動子のR_Lよりも発振回路の負性抵抗が小さくなって発振が停止してしまいます．

また，個々の水晶振動子のR_Lはバラツキを持っています．ICのゲインや回路定数によって変化する発振回路の負性抵抗もバラツキを持っているため，発振が停止してしまう温度は量産されたそれぞれの基板によって異なります．

● 対策 発振周波数で十分なゲインがあるインバータICを選ぶ

このようなトラブルを避けるためには，**表2**などを参考にして，発振させたい周波数に適した能力を持つICを使いましょう．もちろん，回路定数によっても水晶発振回路の特性は変化するので発振させようとする水晶振動子に適した回路定数を選択することも重要です．

■ kHz帯の振動子の場合

● 原因 量産バラツキで発振周波数がカットオフ周波数以下になる可能性を考えていなかった

32.768 kHzなどkHz帯を発振させるための回路定数はMHz帯のものとは異なります．インバータICも低い周波数の発振に適したタイプでなければ使用できません．ICや回路定数との組み合わせによっては，**図3**のようにカットオフ周波数近辺で発振させてしまっている場合があります．

このときに，量産バラツキでICゲインの周波数特性全体が高くなりカットオフ周波数が高くなると，32.768 kHzの負性抵抗がゼロになり発振が起こらなくなります．

● 対策 100 k～330 kΩのダンピング抵抗を入れる

発振回路の特性によっても異なりますが，一例として**図4**のように100 kΩ～330 kΩ程度のダンピング抵抗R_dを使用すると**図3**の点線のように負性抵抗の周

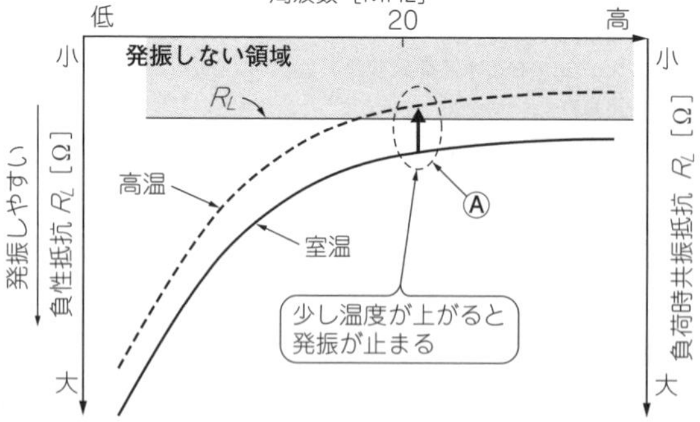

図2　水晶発振回路は温度/周波数が上がると発振しにくくなる（負性抵抗が小さくなる）
その回路にとって高い周波数で発振させているときに高温になると発振が突然止まることがある

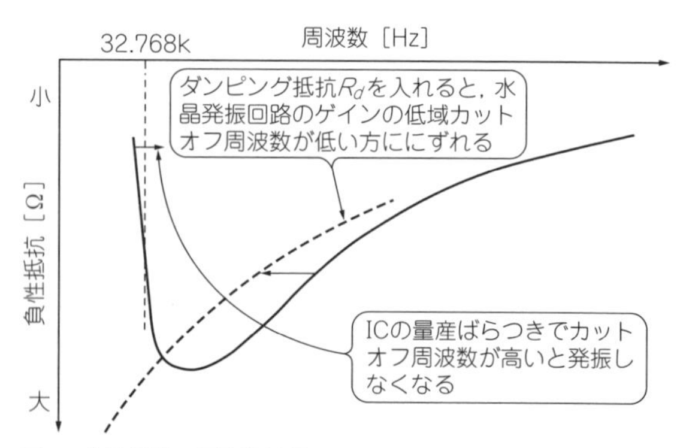

図3　負性抵抗の周波数特性
発振周波数がカットオフ周波数より小さいときに，量産バラツキなどでカットオフ周波数が高くなると，発振周波数における負性抵抗が小さくなりすぎて止まってしまう

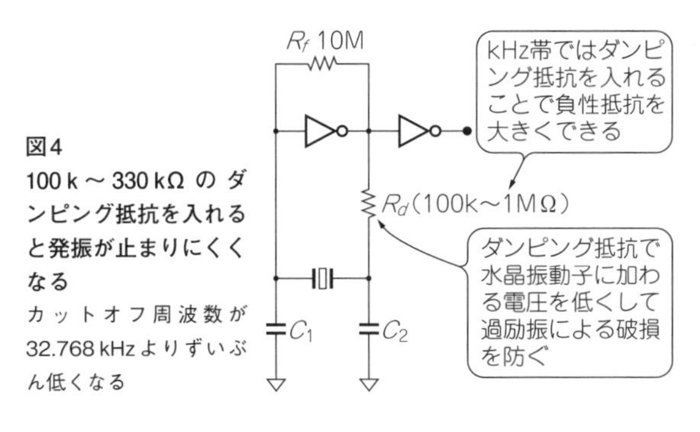

図4 100 k〜330 kΩのダンピング抵抗を入れると発振が止まりにくくなる
カットオフ周波数が32.768 kHzよりずいぶん低くなる

波数特性が低域に動いて不発振が回避できます.

② ICが焼けて特に危険! 発振周波数に適さないインバータICを選んでいた(MHz帯)

● 原因 入力V_{DD}側に保護ダイオードがない高速インバータICで低速発振させるとジワジワ焼損する

10 MHz未満の水晶振動子を30 MHz以上の発振に適したICの発振回路で特別な対策なしに発振させるとICを焼損してしまいます. これはICの入力端子-電源端子間に保護ダイオードがないことが原因です.

インバータICの内部回路を**表3**に示します. ②や③のICは高い周波数帯で動作させるため, V_{DD}側に保護ダイオードが接続されていません. ②や③のICを使用して10 MHz未満の水晶振動子を発振させる場合に起こりやすい不具合です.

不具合の例として②のTC74VHCU04と5 MHz水晶振動子を組み合わせて**図5**のように発振させると, 水晶振動子のR_L値によっても異なりますが, IN端子の振幅は−0.2 V〜+11.2 Vになります. 一般的に5 Vで動作するように設計されたICのIN端子の入力許容電圧は−0.7 V〜+5.7 V程度ですので, +11.2 Vは許容値をはるかに超えています. ICのゲートを壊してしまい発振が停止してしまいます.

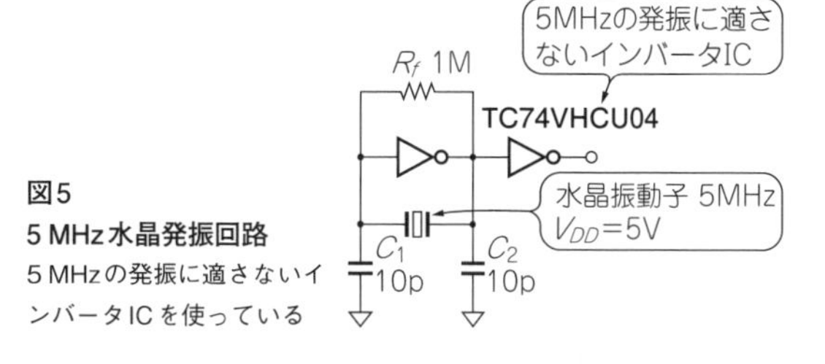

図5 5 MHz水晶発振回路
5 MHzの発振に適さないインバータICを使っている

発振開始から焼損までの時間は水晶振動子の周波数とICの組み合わせによって異なりますが, 数十日から数カ月程度です.

● 対策 正しい周波数のインバータICを選ぶ

表2を参考にして発振周波数に適したICを選択しましょう. 低い周波数帯の水晶振動子を発振させるにはその周波数に適したICを使用することでICの損傷を避けることができます. そして入力端子の発振振幅をプローブとオシロスコープを使って測定しておくことも重要です. この際にプローブの選択を誤ると正確な測定ができません(コラム1参照).

③ 回路定数の選定ミス(MHz帯, kHz帯)

● 原因 マイコン内蔵発振回路を最高周波数で動かすときに値が大きいコンデンサを使ってしまった

図6に示すマイコンなどのLSI内蔵CMOS水晶発振回路は一般的に**図2**のように高い周波数帯で負性抵抗が小さくなる特性です. LSIによっては4 MHz〜20 MHzなどの広い範囲のクロック周波数が使用可能な場合に20 MHzをクロック周波数に選定すると, 低い周波数をクロック周波数に使用する場合に比べて負

表3 インバータICの内部回路は3パターン

項目	タイプ①	タイプ②	タイプ③
内部回路	V_{DD}, D1, D2, IN, OUT, GND	V_{DD}, D2, IN, OUT, GND	V_{DD}, IN, OUT, GND
型名	TC4069UB/TC4SU04 TC74HCU04/TC7SU04 TC7WU04	TC74VHCU04 TC7SHU04/TC7WHU04	TC7SAU04/TC7PAU04 TC7SZU04/TC7WZU04 TC7SGU04/TC7WGU04 TC7PGU04

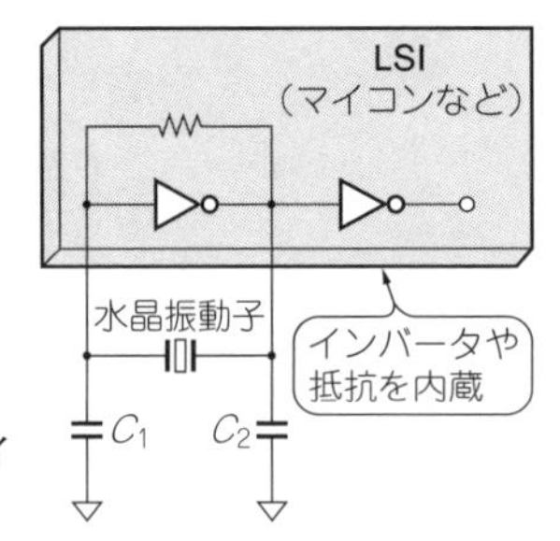

図6
マイコンなどに内蔵されたインバータICの周波数特性は？

性抵抗が小さくなります．

回路定数としてC_1，C_2に10 p～22 pFが推奨されている場合がありますが，最大値の22 pFを使用すると**図7**のように負性抵抗が小さくなり発振停止寸前の状態で発振している場合があります．

このようにLSIのクロック周波数に推奨された範囲であっても，最も高い周波数の水晶振動子を選択し，なおかつ大きな値の回路定数を使って負性抵抗が減少した状態で発振していると，定数のバラツキや温度上昇で発振が止まってしまうことがあります．

● 対策 なるべく値の小さいコンデンサを使う

このような不具合を避けるためには使用可能な回路定数のうち10 pFなどの下限値に推奨されたコンデンサを使用すると負性抵抗が大きくなり発振停止に陥りにくくなります．

④ 音叉振動子の破損(kHz帯)

● 原因 励振電力が過大だと音さの根元が折れる

振動モードの性質上，音叉振動子は励振電力が過大な場合に水晶振動子が破損して発振が停止します．メーカによっても異なりますが，水晶振動子カタログには0.1 μW_{max}とか0.5 μW_{max}のように書かれています．これはMHz帯の水晶振動子と比べると約1/1000の小さな値です．

音叉振動子は，音叉のアーム部分が開いたり閉じたりを繰り返します(**図8**)．先端の振動の振幅は励振電

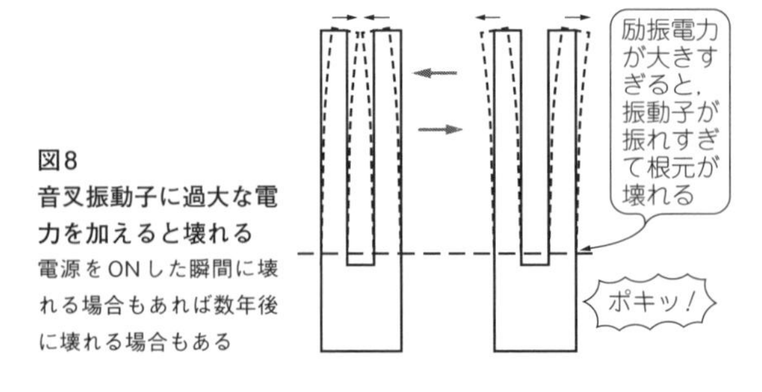

図8
音叉振動子に過大な電力を加えると壊れる
電源をONした瞬間に壊れる場合もあれば数年後に壊れる場合もある

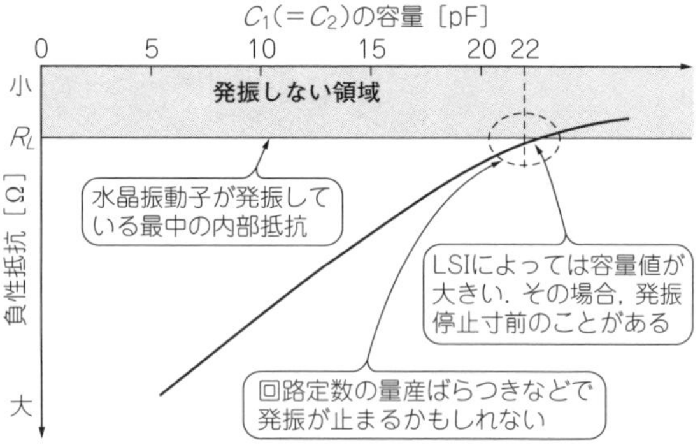

図7 高い周波数で発振させているときに，大きな値のコンデンサを使うと発振が止まりやすい

力に比例して大きくなるため，過大な励振電力を加えると音叉の根元が破損します．

振動を開始してから破損に至るまでの時間は励振電力の大きさによっても異なります．電源をONにした瞬間に起こる場合もありますし，数年後に起こる場合もあります．このため，音叉振動子を使う水晶発振回路は，励振電力が過大にならないように設計する必要があります．

ただし，音叉振動子の励振電流の測定は簡単ではありません．水晶振動子の励振電流は市販の電流プローブとオシロスコープを使って測定されます．一般的な電流プローブの最小感度が1 mAであり，音叉振動子の励振電流はそれ以下であるため，この方法では正確に測定できません．

● 対策 水晶振動子に加わる電流や電圧が小さくなる定数を選ぶ

リアルタイム・クロック専用ICのように，低電圧で動作する水晶発振回路は比較的小さな励振電力になるように設計されており，不具合発生の可能性は少ないです．それ以外で，例えばLSIのサブクロックなどの音叉振動子を使う水晶発振回路を設計する場合は，励振電力を小さくするために次のような対策が必要です．

▶その1：発振回路の負荷容量を7 pFにする

発振回路の負荷容量を7 pFにする回路定数を使用するとよいでしょう．発振周波数を公称周波数32.768 kHzに近づけるために，負荷容量7 pFで公称周波数が得られるように作られた水晶振動子を使用するとよいでしょう．

▶その2：330 kΩ程度のダンピング抵抗R_dを接続

発振回路の出力端子に現れる発振振幅を**図4**のようにC_2とR_dで分圧すると，水晶振動子の出力端子に現

れる32.768 kHzの発振振幅電圧を小さくできます．水晶振動子の励振電力を小さくできますが，十分に大きな負性抵抗で動作していることを確認する必要があります．

⑤ パスコンの付け忘れ

● **原因 インバータICの電源電圧が不安定で発振が始まらない**

電源電圧の安定性が悪くて電源ONの直後に電源電圧が不安定になり，発振が起動しないことがあります．水晶発振回路を含む発振回路のDC電源ラインは，高周波に対してはGNDと同電位でなければなりません．電源電圧は極めて安定していなければ発振が起動しない場合があります．

● **対策 パスコンを入れる**

DC電源ラインを交流的にGNDと同電位にするために，例えば**図9**のようにDC電源ライン-GND間に0.1 μFなどのコンデンサを入れます．一般的にパスコン，またはバイパス・コンデンサと呼ばれています．

⑥ 発振回路の起動条件欠如（MHz帯）

● **原因 DC電圧が変化しにくいため，発振が始まりにくい汎用LSIがある**

ICの製造バラツキによって，クロック発振回路の入出力端子にDC電圧が現れます．汎用LSIの中には，ICの製造バラツキによってクロック発振回路の入出力端子に現れるDC電圧を極めて安定した状態に保とうとする品種があります．このような特性のLSIを選択してしまうと，電源をONにしてもときどきメイン・クロックの水晶発振回路が動き出さないことがあります．

この不具合はICが持っている性質によって引き起こされるため，水晶振動子を交換しても発生します．また，常に不発振になるわけではなく，電源スイッチを入れ直すと正常に発振してしまう場合が多いので，見つけにくい特徴があります．

● **対策 10MΩでプルダウンする**

発見方法は簡単です．発振していない状態で，発振部インバータのIN端子を金属のピンセットやオシロ

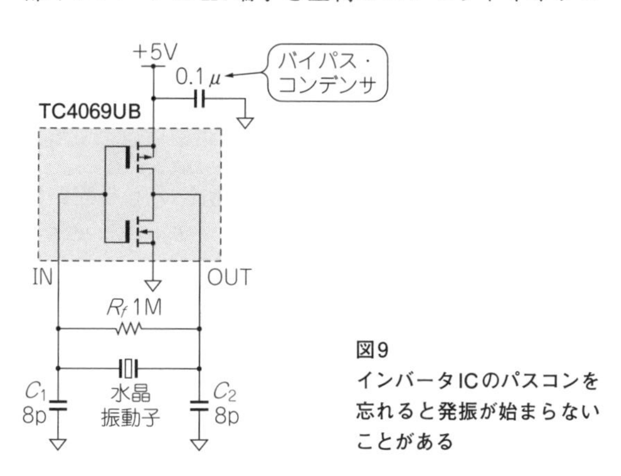

図9 インバータICのパスコンを忘れると発振が始まらないことがある

コラム 水晶発振回路のめちゃくちゃ弱々しい発振波形をオシロスコープで測るには

● **C_1やC_2の値をプローブの容量を引いた値に換える**

CMOSインバータ発振回路は数MΩと大きな入出力インピーダンスを持ちます．1 MΩ程度の入力インピーダンスのプローブを接触させただけでも振幅レベルが小さくなってしまいます．もちろん1 MΩ未満の入力インピーダンスのプローブでは正確な測定は不可能です．

例えば，入力容量が7 pFのプローブを測定ポイントに接触させると，C_1やC_2の回路定数に7 pFが並列接続されることになるため，発振回路の特性が変化してしまい正確に測定できません．

そんなときは，測定ポイントに接続されたC_1やC_2を，プローブの容量値を差し引いた値のコンデンサに置き換えます．もちろん，回路定数が5 pFの場合に入力容量が7 pFのプローブは使えません．

● **お勧めプローブP5100**

LSIなどによく内蔵されているMHz帯CMOS水晶発振回路の入出力端子の発振波形や振幅電圧を測定する場合，現在市販されている電圧測定用プローブの中では，高電圧プローブP5100（テクトロニクス）がお勧めです．比較的小型で，入力インピーダンスも10 MΩ // 2.75 pFと，発振回路に与える影響が非常に少なくて測定に適しています（このプローブは内蔵コンデンサの調整が必要）．オシロスコープに付属されるプローブが使用可能な場合もあります．

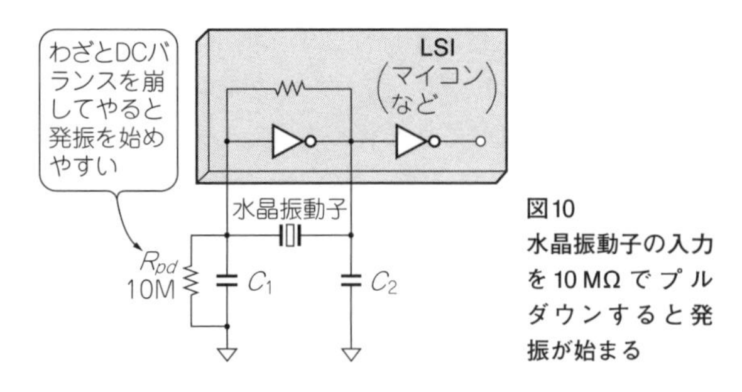

図10 水晶振動子の入力を10 MΩでプルダウンすると発振が始まる

スコープのプローブで触れて微小な電圧変化を与えるだけです．もし発振を開始すればこの不具合に該当します．

対策も簡単です．発振部のIN端子とOUT端子に電位差を発生させると確実に発振するようになるので，実際には**図10**のようにIN端子-GND間に10 MΩの高抵抗を接続してプルダウンするとよいでしょう．

⑦ ゲインの温度特性異常(MHz帯)

● 原因 低温/高温でゲインが極端に小さくなるLSIがある

負性抵抗(≒ゲイン)の傾きや大きさはICや回路定数によって異なります．CMOSインバータのゲインは**図11**のように，一般的に温度と反比例しています．高温になると水晶発振回路は発振マージンが小さくなります．

海外メーカのLSIの中には，100 ℃を超える高温になるとどのような回路定数を使用してもゲインがゼロになり発振が起こらなくなるものがあります．

また，これとは逆に-0 ℃以下でゲインが極端に小さくなり，起動時間が数秒程度かかるようになるLSIもあります．

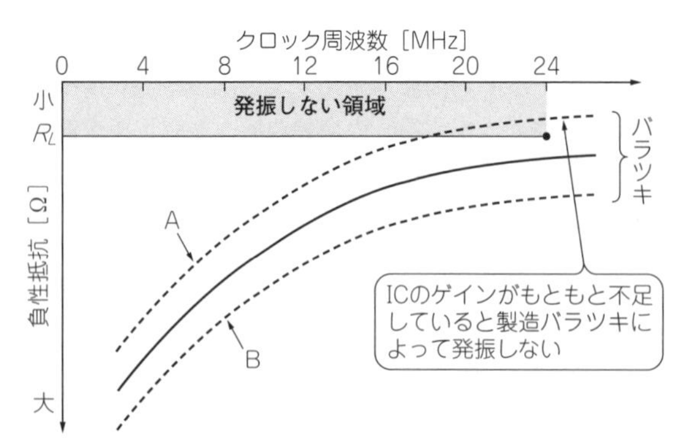

図12 CMOS ICを高い周波数で発振させると，量産バラツキで発振しない場合がある

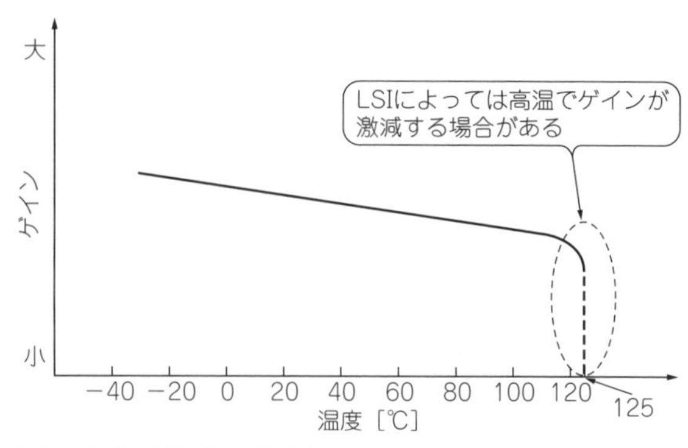

図11 高温でゲインが激減するLSIがある

● 対策 そのようなLSIはなるべく使わない

このようなLSIの場合には不具合を避けられる可能性が非常に少ないです．機器を量産する場合は事前にLSIサンプルを入手し，試作レベルで発振に問題がないか十分に確認しておく必要があります．

⑧ ICの製造バラツキによるゲイン不足(MHz帯/kHz帯)

● 原因 量産バラツキを考えていなかった

CMOS発振回路は負性抵抗(≒ゲイン)に周波数特性があります．発振させようとする周波数帯に適したゲインを持っていなければなりません．しかし，データシート上に使用可能と書かれていても最高周波数をクロック周波数に選択すると，水晶振動子を発振させるために必要なゲインが十分でないLSIがあります．

標準(typ)品のICが発振停止寸前で発振している状態で，生産バラツキによって負性抵抗の小さなICが使われると発振しないことがあります．

メイン・クロックの周波数範囲が4 M～24 MHzであるLSIの負性抵抗の周波数特性を**図12**に示します．このような特性のLSIに対して，24 MHzをクロック周波数に選ぶと，水晶振動子の負荷時共振抵抗R_Lより負性抵抗の方がやや大きいので発振は起こります．

ところがICのゲインは量産時にばらつくため，Aの特性のようにR_Lよりも負性抵抗が小さくなってしまうと，発振が起こらなくなってしまいます．

● 対策 マイコンの発振周波数はなるべく低くする

LSIのクロック周波数を選ぶ場合は，使用可能な周波数範囲のうち，できるだけ低めの周波数を選びます．このようなLSIの場合はクロック周波数に8 MHzなどを選択すると，ほとんどの場合で不発振のトラブルは避けられます．

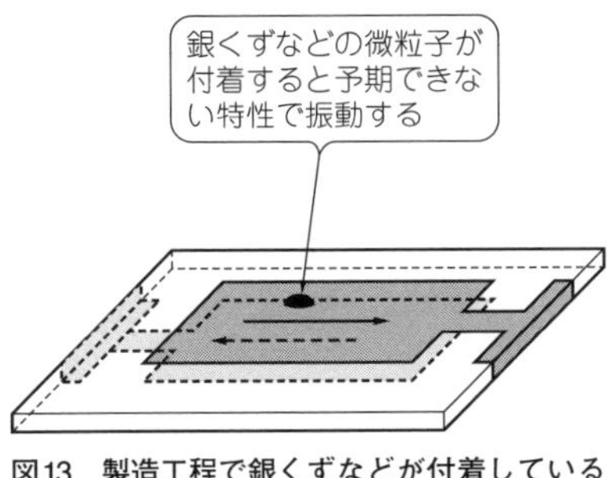

図13　製造工程で銀くずなどが付着していると，共振の妨げになっていることがある

⑨ メーカの製造工程で水晶振動子(MHz帯)に異物が付着

● **原因** **製造工程で異物が付着していた**

MHz帯の水晶振動子はほとんどがATカット(水晶の切り方の一つ)で，厚み滑りと呼ばれるモードで振動します．このタイプの水晶振動子は**図13**のように厚み方向に対して直角方向にひずむことで振動します．相対する面では互いに反対方向に行ったり来たりする方向にひずんで振動します．

水晶振動子の製造工程で発生する数μm～20 μm程度の金属くずや有機物などの微粒子が振動面に固着して振動の負荷となることがあります．水晶振動子の負荷時共振抵抗R_Lが異常に大きくなります．この負荷時共振抵抗の増加が発振回路の負性抵抗値を超えると水晶振動子は振動できなくなります．

この共振抵抗の変化は，発振している水晶振動子に流れる励振電流に依存する不良のため，業界では励振電流依存(DLD；Drive Level Dependence)不良と呼ばれています．この不具合は微粒子の大きさや固着する位置，固着強度などによって**図14**のイメージ図のようにR_Lが過大になりますが，その変化点や値は個々に異なります．

▶もうちょっと詳しく…

電源投入時には励振電流はゼロです．正常品の水晶振動子を使った，負性抵抗より負荷時共振抵抗R_Lのほうが小さい正しい発振回路では，徐々に増加して発振時励振電流で発振が継続します．

しかし，①のような特性の励振電流依存性を持つ水晶振動子は負性抵抗よりR_Lのほうが大きいので発振が始まりません．この水晶振動子の場合は，回路から取り外して専用の測定器につないで強制的に励振電流を流すと，ある程度の所から急にR_Lが小さくなって正常に動作します．

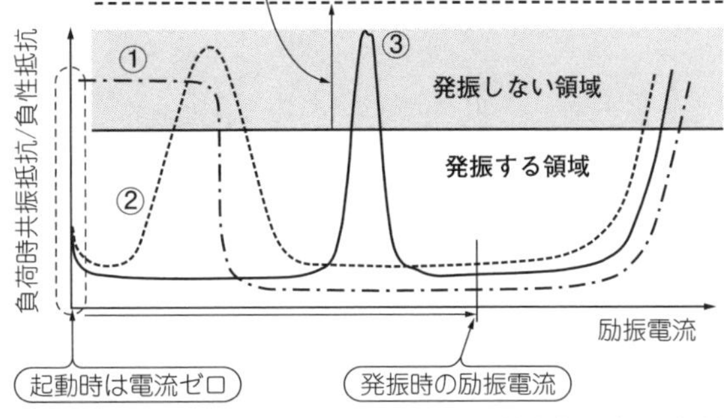

図14　付着する微粒子の大きさや位置，付着強度などで共振抵抗が変化する

②のような特性の場合には一瞬だけ発振しかけてからR_Lが過大になって不発振になります．③のような特性の場合は発振開始後数秒以内に発振が停止します．

DLD不良によって増加する水晶振動子の負荷時共振抵抗R_Lは，水晶振動子のサイズや周波数によっても異なりますが，数百Ω～十数kΩ程度です．水晶振動子メーカでは出荷検査で不良品として除外していますが，出荷後に微粒子の固着強度が増して市場不良を引き起こす場合があります．

もちろん，水晶振動子は過大な励振電流によって負荷時共振抵抗が過大になる性質を持っているので，適切な励振電流値になるように水晶発振回路を設計する必要があります，

● **対策** **異物が付着していても発振できるような回路定数を選んでおく**

図14で，負性抵抗が水晶振動子の負荷時共振抵抗の最大値よりも上にあれば，水晶振動子は発振します．

異物付着などによって負荷時共振抵抗が大きくなっても発振できるように，できるだけ負性抵抗が大きくなるように水晶発振回路を設計すると不具合の発生率を下げることができます．

水晶発振回路では過大な負性抵抗による自励発振などの不具合を避けるためにkHz帯では2 MΩ，MHz帯の発振回路の場合は10 kΩを上限の目安として回路設計するとよいでしょう．

⑩ 水晶振動子の不良/共振抵抗の温度特性ディップ

● **原因** **水晶振動子の別の振動モードの高調波が重畳してしまって共振抵抗が大きくなる**

水晶振動子が適切に設計・製造されていない場合に

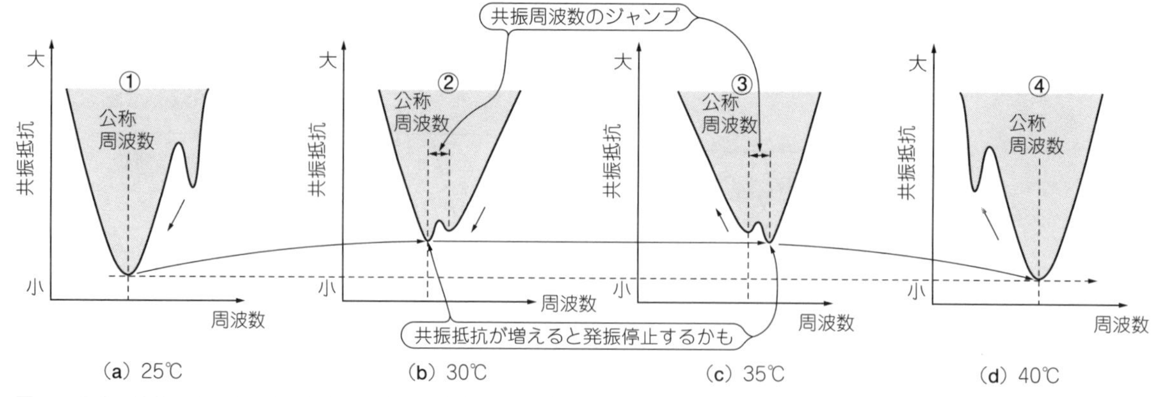

図15　公称周波数用の厚み滑り振動モード以外の振動モードの高調波が加わって，公称周波数近辺に重なったときに共振抵抗が大きくなる

は，不特定の温度で負荷時共振抵抗R_Lが過大になって発振が止まる場合があります．

MHz帯の水晶振動子は厚み滑り振動モードで振動するように設計されています．その他に輪郭振動モードでも振動していますが，通常は悪影響が出ないように設計されています．輪郭振動モードは水晶振動子の公称周波数よりはるかに低い周波数帯に共振点を持っていますが，その高調波が公称周波数付近に現れる場合があります．通常は水晶振動子の使用温度範囲において，この高調波が公称周波数近辺にこないように設計されています．ところが設計の誤りや設計通りの寸法で水晶片が製造されないと，**図15**のように共振抵抗が増加して不発振になる場合があります．

▶もうちょっと詳しく…

輪郭振動モードやその高調波周波数は温度に対して敏感に変化する性質を持っています．輪郭振動モードの高調波は水晶振動子の温度を上昇させると，厚み滑り振動特性上を①のように周波数の高い側からやって来ます．そして温度の上昇に伴い，②③のように共振点を通過して低い周波数帯に移行します．このときに厚み滑り振動モードの共振周波数のジャンプを伴いながら共振抵抗が増加します．

発振回路の負性抵抗よりもこのときの共振抵抗が大きければ発振は停止してしまいます．さらに水晶振動子の温度が上昇すると，④のように輪郭振動の高調波は周波数の低い側に移行するので，水晶振動子は元の周波数で発振するようになります．

逆に水晶振動子の温度を下げると高調波は逆の動きをしますが，温度上昇のときと同様に共振抵抗が増加するので，発振が止まる可能性があります．この不具合は再現性があり，個々の水晶振動子によって高調波の発生周波数が異なります．

● 対策 発振能力は大きく! 水晶振動子の電圧/電流は小さく!

もともと，水晶振動子の設計や製造ミスによって水晶振動子の共振抵抗が増加してしまう不具合です．増加した共振抵抗より発振回路の負性抵抗が大きければ発振が止まることはありません．負性抵抗に十分な余裕を持つように発振回路を設計すると，不発振の発生率を少なくできます．

また，共振抵抗の変化は励振電力の影響を受けます．水晶振動子の励振電力が大きいと輪郭振動やその高調波も助長される性質を持っています．

現実的な対策としては，水晶メーカのカタログに記載された範囲の励振電力で発振するように回路設計することが重要です．水晶振動子の大きさや共振周波数によっても異なりますが，例えば励振電力が5μ～30μW程度のなるべく小さめになるように水晶発振回路を設計すると不具合の発生を低減できます．

〈遠座坊〉

◆参考文献◆
(1) 東芝 セミコンダクター社：汎用ロジックIC 総合ガイド．

(初出：「トランジスタ技術」2011年9月号)

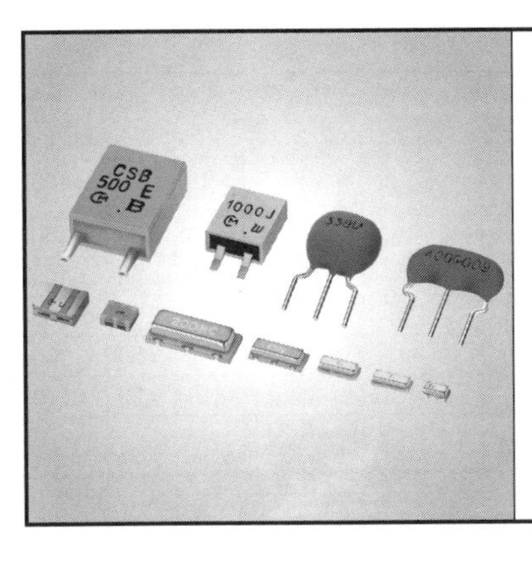

第5章 水晶発振器モジュールのいろいろ

メーカ製だからつないで電源を加えるだけ！ 振動子と回路のワンパッケージ・タイプ

水晶発振器は，水晶振動子と発振回路を内蔵しています．電源を供給して負荷を接続するだけで，通信，情報処理システムなどで必要とされる，$\pm 1\times 10^{-4}$～$\pm 2\times 10^{-9}$程度の安定した周波数偏差の信号を取り出せます．

水晶振動子は，抵抗，コンデンサなどの受動素子と比べて，規格や諸特性が複雑です．このため，必要とする周波数や周囲環境条件，発振回路方式などの違いにより，設計の注意点が異なります．このため安定に発振させることが比較的難しい電子部品です．

そこで，一部の量産品を除けば水晶振動子を購入して，発振回路の設計と組み立て，試験および品質管理を自社で行うよりも，メーカから水晶発振器を購入するほうが，総合コストが抑えられます．

分　類

水晶発振器は，水晶振動子の共振回路のQ値が高い性質を利用して正確な周波数の信号を得ています．

● 周波数安定度で分類

水晶発振器は，周波数安定度の違いにより**表1**のように分類できます．

周波数を安定化する方式としては，

(1) 水晶振動子の特性をそのまま利用する
(2) 温度特性を補償して利用する
(3) 温度を一定に制御して利用する

があります．

また，外部電圧による発振周波数の電圧制御機能を付加したものもあります．

表2に，水晶発振器の動作温度範囲と周波数安定度を示します．表からわかるように**必要な周波数安定度から発振器の種類が決定します**．

● 水晶振動子の特性をそのまま利用する

周波数偏差が$\pm 3\times 10^{-6}$～$\pm 100\times 10^{-6}$の仕様では，水晶振動子の特性をそのまま利用している**SPXO** (Simple Packaged Crystal Oscillator) タイプ(**図1**)が

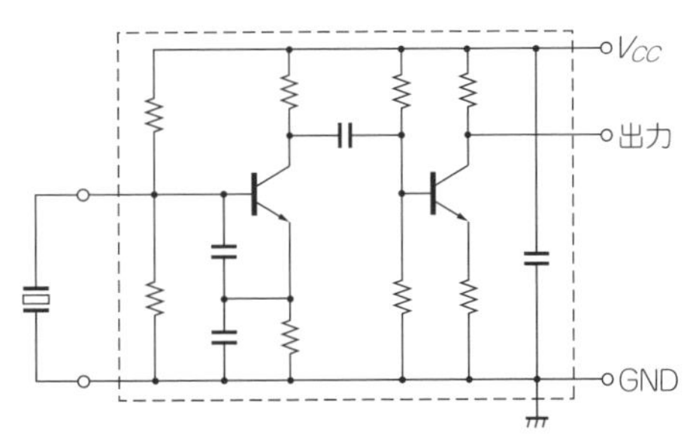

図1　SPXOのブロック図

表1 水晶発振器の分類

基本デバイス＼機能	発振機能		周波数電圧制御機能付き	
水晶の特性をそのまま利用	SPXO		VCXO	
周波数温度特性を補償して利用	TCXO	直接補償	VC-TCXO	直接補償
		間接補償		間接補償
	DTCXO	ディジタル補償	VC-DTCXO	ディジタル補償
恒温槽中で温度制御して利用	OCXO		VC-OCXO	

表2　水晶発振器の種類，動作温度範囲と周波数安定度

発振器の種類	動作温度範囲［℃］	周波数安定度［$\times 10^{-6}$］															
SPXO VCXO	0～＋50												±3	±5	±10	±50	±100
	－10～＋60													±5	±10	±50	±100
	－20～＋70														±10	±50	±100
	－30～＋80															±50	±100
	－40～＋90															±50	±100
	0～＋70														±10	±50	±100
TCXO	0～＋50								±0.3	±0.5	±1	±2					
	－10～＋60									±0.5	±1	±2	±3				
	－20～＋70										±1	±2	±3	±5			
	－30～＋80											±2	±3	±5			
	－40～＋90											±2	±3	±5			
OCXO	0～＋50	±0.002	±0.005	±0.01	±0.02	±0.05											
	－10～＋60		±0.005	±0.01	±0.02	±0.05	±0.1										
	－20～＋70			±0.01	±0.02	±0.05	±0.1	±0.2									

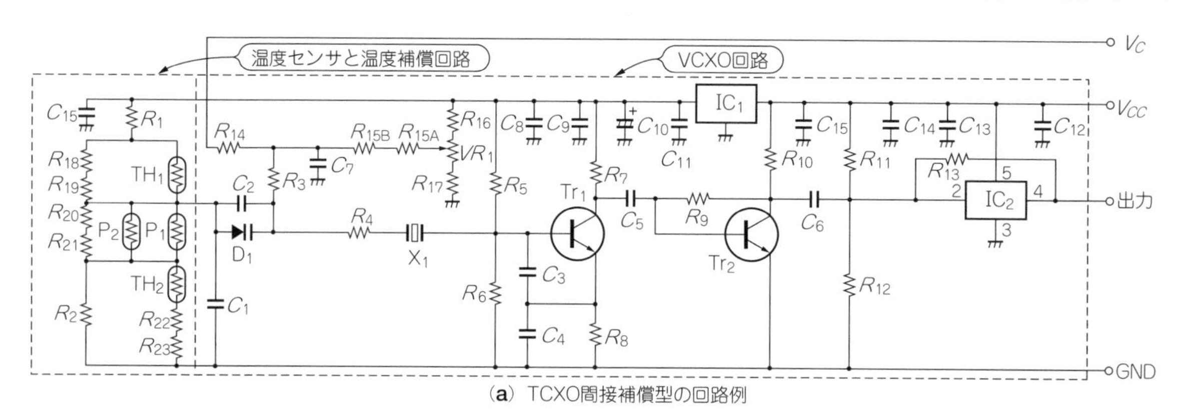

（a）TCXO間接補償型の回路例

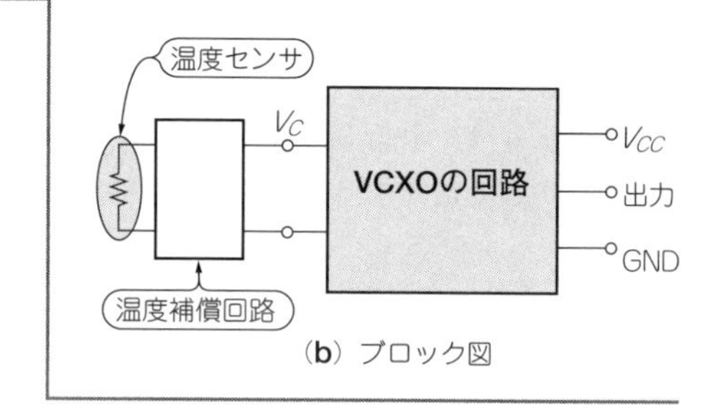

（b）ブロック図

図3　間接補償方式のTCXOのブロック図と回路

適しています．

● 温度特性を補償して利用する

周波数偏差が$\pm 0.3\times 10^{-6}$～$\pm 5\times 10^{-6}$の仕様では，周波数温度特性を補償して利用する**TCXO**（Temperature Compensated Crystal Oscillator）タイプがあります．

TCXOの方式としては，直接補償方式と間接補償方式があります．

▶直接補償方式（図2）

水晶振動子と発振回路の間に温度補償回路を接続し，発振回路の負荷容量C_Lを直接変化させて温度補償を行います．

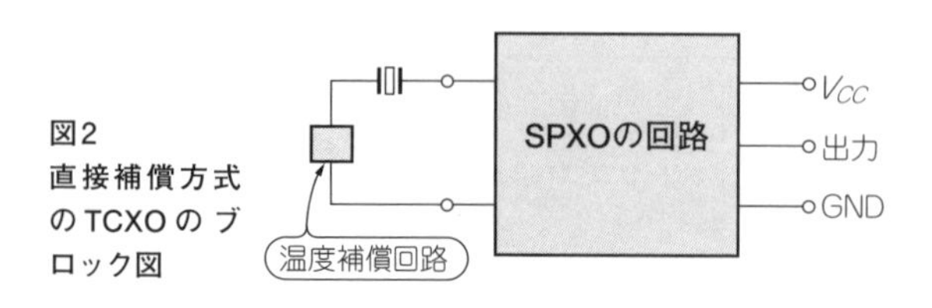

図2　直接補償方式のTCXOのブロック図

▶間接補償方式（図3）

温度センサから得た電圧を変換回路で補償に最適な電圧に変換し，水晶と直列にバリキャップ・ダイオードを接続した**VCXO**（Voltage Controlled Crystal Oscillator）の回路に制御電圧として加えて，間接的に温度補償を行います．

また，間接補償方式の中で変換回路の補償データをディジタル・データとしてROMに記憶させる，**DTCXO**（Digital processing Temperature Compensated

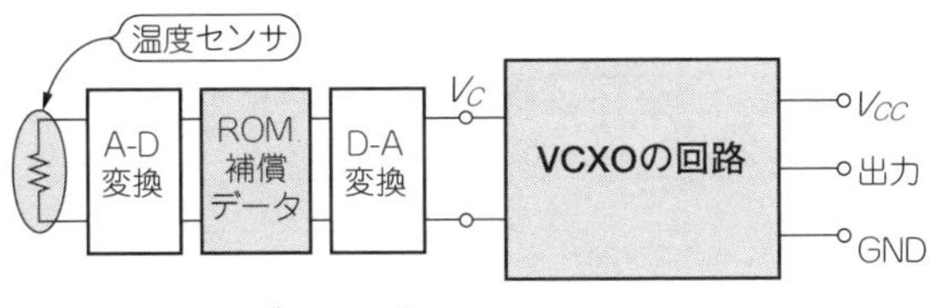

図4　DTCXOのブロック図

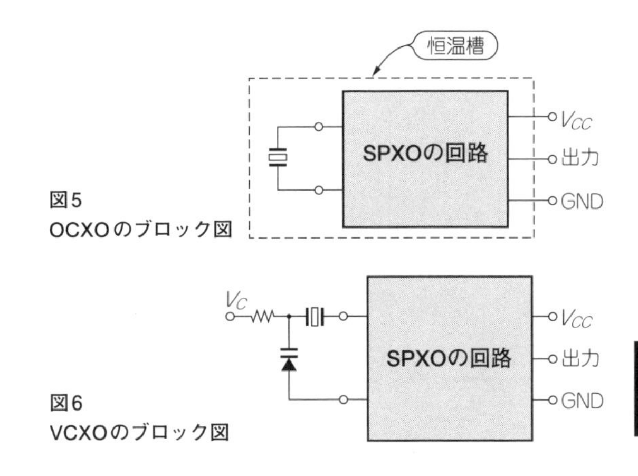

図5
OCXOのブロック図

図6
VCXOのブロック図

Crystal Oscillator)があります(**図4**).

● **温度を一定に制御して利用する**

周波数偏差が$\pm 0.002 \times 10^{-6}$～$\pm 0.2 \times 10^{-6}$の仕様では，恒温槽を使って水晶振動子と発振回路の温度を一定に制御して安定度を得る**OCXO**(Oven Controlled Crystal Oscillator)があります(**図5**).

● **周波数電圧制御機能**

周波数制御端子を持ち，外部から電圧を加えることにより発振周波数を変化させることができる発振器が，**図6**に示すVCXOです.

温度補償方式のものは，VC-TCXO，VC-DTCXOとなり，恒温槽方式のものはVC-OCXOとなります.

VCXOは，位相同期回路技術(PLL)により，信号再生や周波数逓倍など，多方面に使用されています．水晶発振器としては，周波数安定度を保ちながら，発振周波数を変化させる必要があります．水晶振動子の選定と発振回路定数の設計および使用部品の選定には細心の注意を払ってください.

2種類ある

■ SPXOタイプの特徴

● **SMDタイプ(写真1)**

小型，薄型で，自動搭載可能な表面実装用です．外形寸法は5.0 × 7.0 × 1.8 mmです．パッケージはセラミック・パッケージで，メタライズド端子を採用しています.

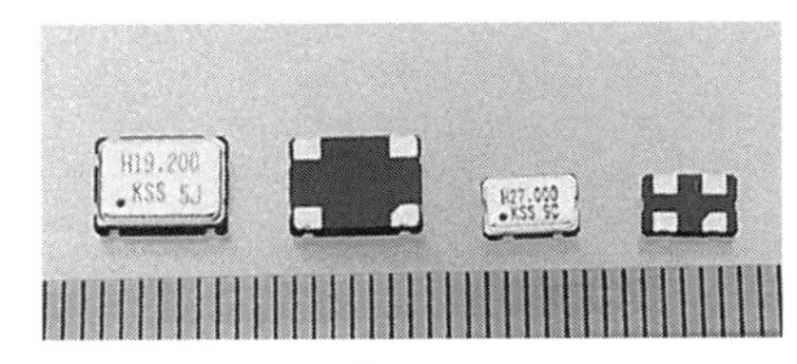
写真1　SMDタイプのSPXO

図7に示すとおり，水晶振動子とICおよびセラミック容器と金属フタで構成されています.

FXOシリーズ［キンセキ㈱］は，電源のバイパス・コンデンサを内蔵していないので，FXOの電源端子とアース端子の間に0.01 μFのコンデンサを取り付けて使います.

出力波形は，CMOSやTTLなどのICを直接駆動可能な矩形波です．機器の試験の際に発振器の出力を切断できる3ステート機能を持っています.

表3に仕様と特性および用途と製品型名との関係を示します.

さらに小型化したFXO-61Fシリーズは，3.2 × 5.0 × 1.2 mmとFXO-31Fシリーズの30 %の容積となっています.

● **リード端子タイプ(写真2)**

金属ケース抵抗溶接パッケージで完全密閉型のリード端子タイプの発振器です．外形寸法は，13.08 × 20.8

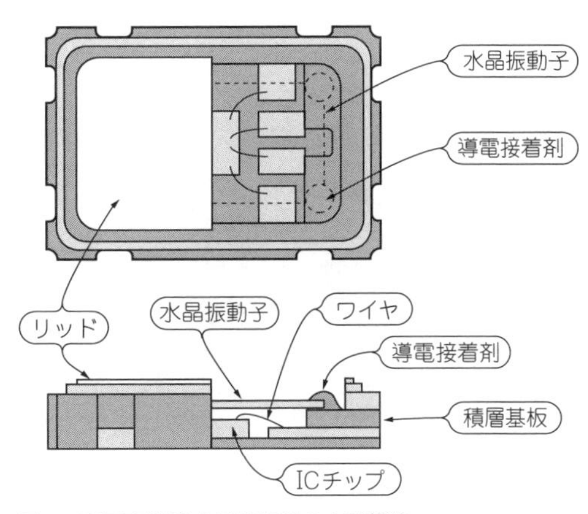

図7　表面実装型水晶発振器の内部構造

表3　SMDタイプの仕様と特性［FXOシリーズ，キンセキ㈱］

項目	記号	単位	FXO-31F	FXO-31FH	FXO-31FT	FXO-31FL	FXO-32F	FXO-32FL	FXO-34F	FXO-34FL	FXO-37F		FXO-37FL
周波数範囲	f	MHz	1.8〜50				8〜32	50〜100	8〜32		50〜100	100〜125	50〜100
周波数偏差	df	$\times 10^{-6}$	±100				±30		±30		±100		
動作温度範囲	t_o	℃	−10〜+70				−10〜+60		−30〜+85		0〜+70		
保存温度範囲	t_s	℃	−55〜+125				−20〜+80		−30〜+85		−20〜+80		
電源電圧	V_{DD}	V	+5±0.5			+3.3±0.3	+5±0.25	+3.3±0.165	+5±0.25	+3.3±0.165	+5±0.25		+3.3±0.15
電源電流	I_{DD}	mAmax	25	25(1.8〜15 MHz)		20	12	8	12	10	50		25
			−	30(15.1〜32 MHz)		−	−	−	−	−	−	−	−
			−	45(32.1〜50 MHz)		−	−	−	−	−	−	−	−
負荷	C_L	pF	15	50		20	15				25	15	
	IC	TTL	LS10	10		5	2	1	2	1	10	5	
出力電圧	V_{OH}	Vmin	4.5					2.97	4.5	2.97	4.0		2.8
	V_{OL}	Vmax	0.5			0.4	0.5						
シンメトリ	D	%	40〜60										
	−	V	2.5		1.4	1.65	2.5	1.5	2.5	1.65	2.5		1.65
波形立ち上がり/下がり時間	t_r/t_f	ns max	10		6		12	16	12	16	7		
用途	−		一般機器				映像機器		産業機器		高周波数		

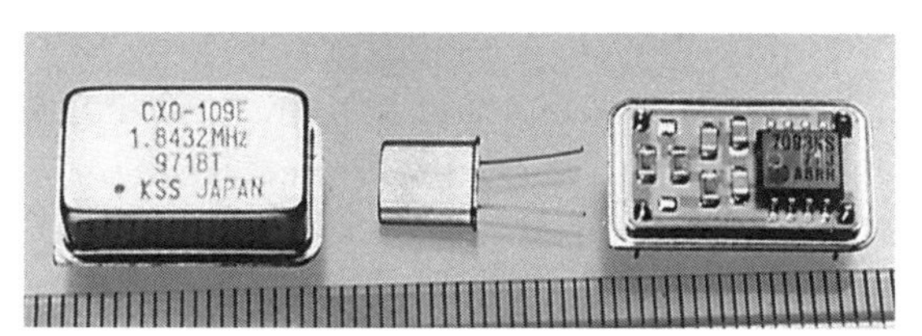

写真2　リード端子タイプのSPXO

×8.26 mmです．

図8に示すとおり，UM-1などの水晶振動子とICおよび抵抗とコンデンサなどを使用したハイブリッド基板，ハーメチック端子，金属ケースから構成されています．振動子だけで検査やエージング処理が可能なことに加え発振回路も定数を自由に設計でき，水晶振動子の特性を最大限に引き出す水晶発振器です．

図9のように，周波数温度特性はATカット(厚み滑り振動)水晶振動子の特性である，3次曲線となります．

SPXOの出力周波数のうち，生産量が多い周波数範囲は10 MHzから80 MHzとなっています．ATカット水晶振動子の厚みは周波数に反比例するため，10 MHz以下の周波数については，水晶振動子が厚くなるので外形も大きくしないと良い特性が得られません．

また，0.8 MHz以下の周波数では，輪郭滑り振動を行うCTおよびDTカット水晶振動子を使います．しかし，周波数温度特性が2次曲線になり，3次曲線のATカット水晶振動子より安定度が悪くなってしまいます．このため**水晶発振器では，10〜30 MHzのATカット水晶振動子で発振させ，ICにより分周して，低い周波数を作る製品が多くなっています**．CXO-109E型水晶発振器の1 kHz〜10 MHz品では，ICで分周して低い周波数を作っています．

図10に水晶振動子の周波数をそのまま出力している19 MHzの出力波形を，**図11**に分周して出力して

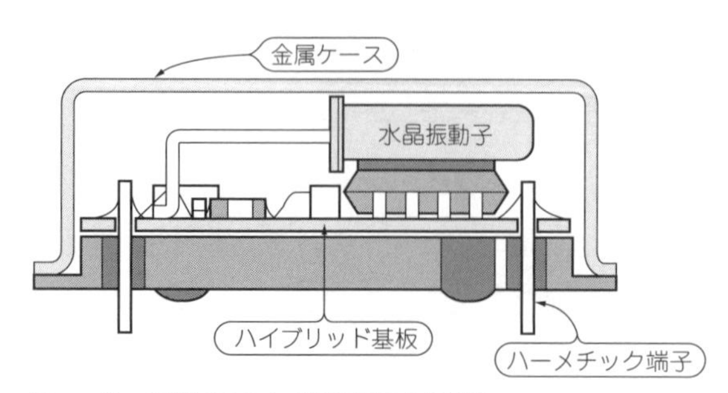

図8　リード端子型の水晶発振器の内部構造

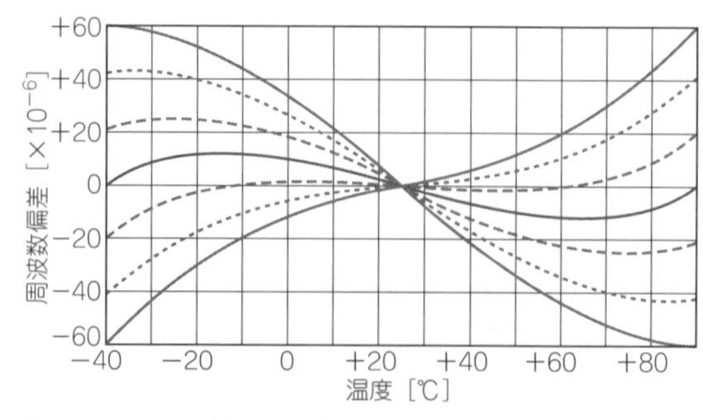

図9　SPXOの周波数-温度特性

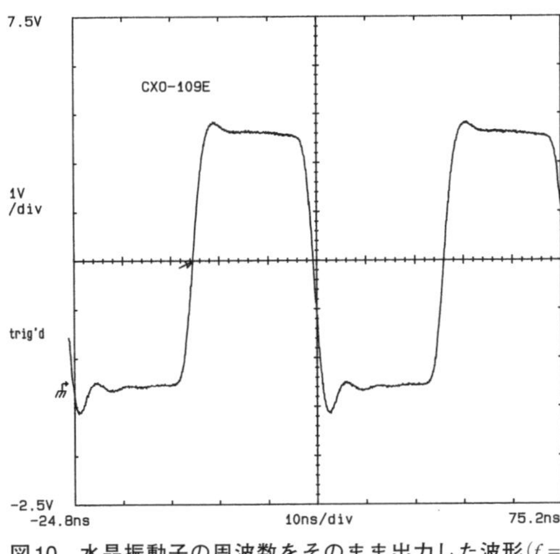

図10　水晶振動子の周波数をそのまま出力した波形(f = 19 MHz，負荷50 pF)

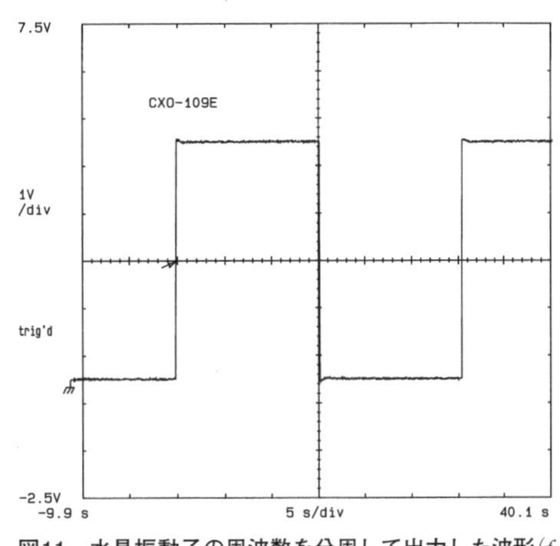

図11　水晶振動子の周波数を分周して出力した波形(f = 32.768 kHz，負荷50 pF)

いる32.768 kHzの出力波形を示します．

表4にリード端子タイプの仕様と特性および用途と製品型名との関係を示します．HCMOS，ASタイプTTL，10KH-ECLなどのICに対応した出力特性を持つものと，50 Ωの負荷に0 dBmの正弦波を出力するものがあります．

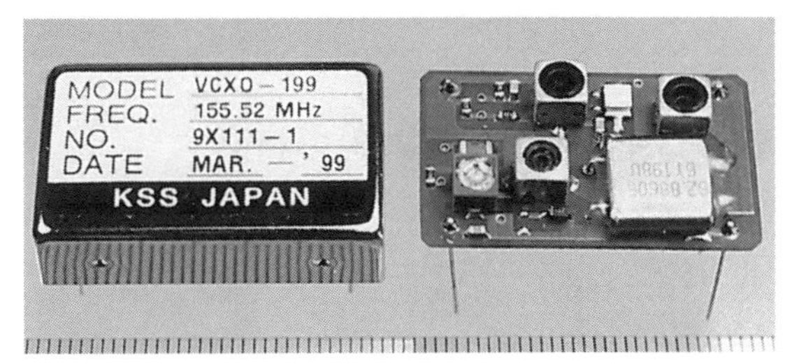

写真3　VCXOの外観とケース内部

コラム1　基本中の基本！ 2番端子と4番端子はグラウンドにつなぐ

セラミック・キャップ・タイプと金属リッド(ふた)タイプがあり，2端子や4端子があります．**図A**は4端子の金属リッド・タイプの例で，**図A(d)**のようにNo.1とNo.3に水晶振動子が内部で接続されています．No.2とNo.4は片方または両方が金属リッドにつながっているので，両方をGNDに配線するとEMI低減効果があります．セラミック・キャップ・タイプの場合，No.2とNo.4は内部でどこにも接続されていませんが金属リッド・タイプと同じようにGNDに接続しましょう．

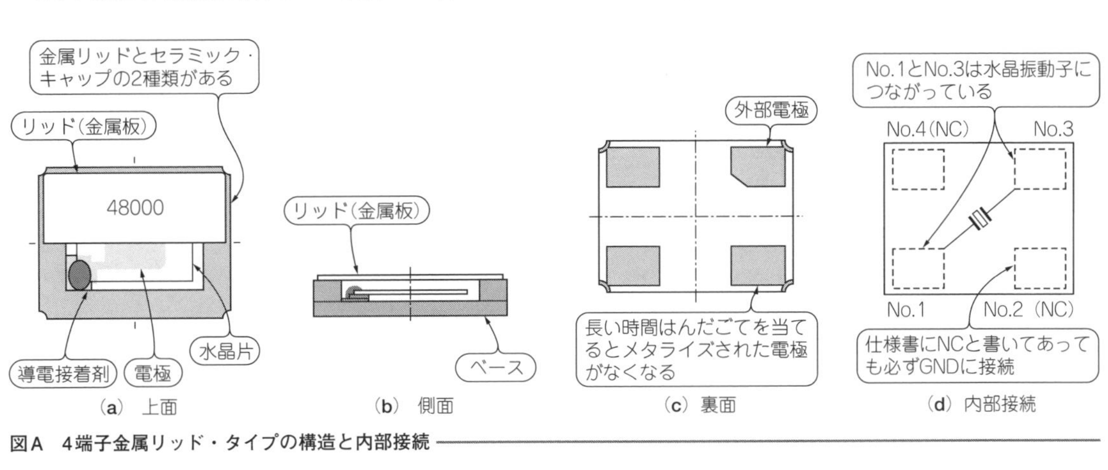

図A　4端子金属リッド・タイプの構造と内部接続

表4　リード端子タイプの仕様と特性［CXOシリーズ］

項　目		記号	単位	CXO-072D	CXO-106B	CXO-108	CXO-109E	CXO-109H	CXO-199	CXO-203
周波数範囲		f	MHz	4.9～20.8	40～100	80～200	0.001～80	0.5～50	30～160	0.032768
周波数偏差		df	$\times 10^{-6}$	±5	±100			±20		±80
動作温度範囲		t_o	℃	0～+60	−10～+70					−10～+50
保存温度範囲		t_s	℃	−30～+85	−20～+85				−20～+80	−20～+85
電源電圧		V_{DD}	V	+5±0.25	+5±0.5	−5.2±0.25	+5±0.25		−5.2±0.25	+5±0.5
電源電流		I_{DD}	mAmax	20	60		25(0.001 M～20 MHz) 60(20.1 M～80 MHz)	45	40	0.15
負荷		C_L	pF	−	20	−	50	15	50Ω	15
		IC	TTL	2	AS10	10KH ECL	LS5	LS2	−	LS2
出力電圧		V_{OH}	Vmin	2.4	3.0	−1.02～−0.74	4.5		0 dBm	4.5
		V_{OL}	Vmax	0.4	0.5	−1.95～−1.60	0.5		−	0.5
シンメトリ		D	%	40～60					−	−
		−	V	1.4	1.3	−1.29	2.5		−	2.5
波形立ち上がり/下がり時間		t_r/t_f	ns max	10	5	3.5	10		−	300
用途		−	−	高精度	産業機器	高周波数	産業機器		正弦波出力	産業機器

■ VCXOタイプ(写真3)の特徴

金属ケース抵抗溶接パッケージ，または金属ケースはんだ付けパッケージのリード端子タイプの発振器です．

VCXO-190など表面実装SMDタイプのものもあります．

外形寸法と構造はSPXOリード端子タイプと同じような製品が多く，UM-1などの水晶振動子とICおよび抵抗とコンデンサなどを使用したハイブリッド基板とハーメチック端子および金属ケースで構成されています．

水晶振動子にUM-1などを使っており，振動子だけで検査やエージング処理が可能です．また発振回路も定数を自由に設計でき，水晶振動子の特性を最大限に引き出す水晶発振器です．

図12はVC-CXO-072G型水晶発振器の制御電圧に対する周波数可変特性です．

表5に仕様と特性および用途と製品型名との関係を示します．分周回路を内蔵しており低周波数を出力できるVCXO-105N，逓倍回路を内蔵しており高周波を出力できるVC-CXO-072HやVCXO-199などがあり

表5　VCXO/VC-CXOタイプの仕様と特性

項　目	記号	単位	VC-CXO-072E	VC-CXO-072G	VC-CXO-072H	VCXO-078B	VCXO-105N	VCXO-190	VCXO-199
周波数範囲	f	MHz	11～34		27～60	32～100	1.5～33	14～29	30～160
周波数偏差	df	$\times 10^{-6}$	±40				±30	±30	±40
動作温度範囲	t_o	℃	−20～+70			−10～+60	−20～+70	−10～+60	−10～+75
保存温度範囲	t_s	℃	−40～+85			−40～+75	−40～+85	−30～+80	−20～+80
電源電圧	V_{DD}	V	+5±0.25						
電源電流	I_{DD}	mAmax	20	25	40	27	15	40	
周波数可変幅	df	$\times 10^{-6}$	±100	±150	±100	±70	±100	±50	±120
制御電圧	V_C	V	+2.5±2.5	+2.5±2.0	+2.5±2.5	+2.5±2.0		+2.5±2.5	
負荷	C_L	pF	−	15		−	15		50Ω
	IC	TTL	1	LS2	AS2	1	−	LS2	
出力電圧	V_{OH}	Vmin	3.0	4.5		3.0	4.5		0 dBm
	V_{OL}	Vmax	0.4	0.5		0.4	0.5		−
シンメトリ	D	%	40～60			30～70	40～60		−
	−	V	1.4	2.5		1.4	2.5		−
波形立ち上がり/下がり時間	t_r/t_f	ns max	10	5		10		5	−
用途	−	−	映像機器	産業機器				映像機器	正弦波出力

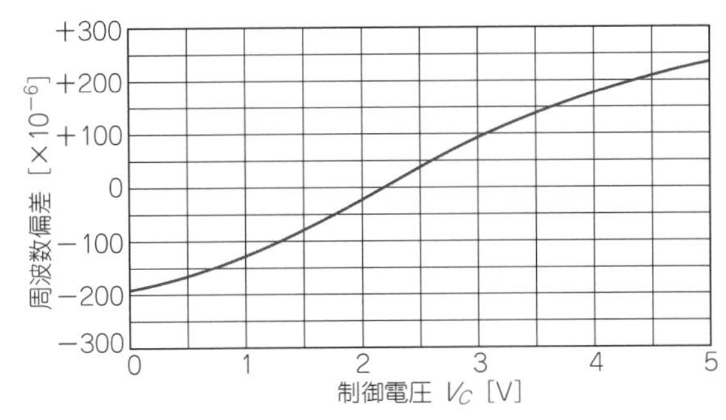

図12　VC-CXO-072Gの周波数可変特性

ます.

このほかHCMOSおよびASタイプTTLなどのICに対応した出力特性を持つものや50Ωの負荷に0 dBmの正弦波を出力するものがあります.

● TCXO(写真4)の特徴

金属ケースはんだ付けパッケージでリード端子タイプの発振器です．TCXOアナログ間接補償タイプは，温度補償回路に基準電圧を，発振回路(VCXO)に定電圧を供給する定電圧回路を内蔵しています．さらに，温度センサと抵抗回路網で構成する温度補償回路と発振回路，出力波形をHCMOSまたはTTLレベルに変換する波形整形回路から構成されています.

図13は周波数温度特性の補償について示しています．水晶振動子の周波数温度特性と温度センサのデータから，補償データをいかに作成するかが補償後の特性を決定します.

表6にVC-TCXO-145CBの仕様を示します.

表6　VC-TCXO-145CBの仕様

型　名		VC-TCXO-145CB
周波数範囲		2 MHz～30 MHz
動作温度範囲		－10℃～＋60℃
保存温度範囲		－40℃～＋80℃
周波数安定度		±1×10－6max./－10℃～＋60℃
経年変化		±1×10^{-6}max./year
電源電圧変動		±0.2×10^{-6}max./＋5.0 V±5％
制御電圧周波数特性		±10×10^{-6}min./＋2.5 V±2.0 V(ポジティブ)
周波数調整		±3×10^{-6}max./(対内部タイマ)
電源電圧		＋5.0 V±5％
消費電流		20 mA max.
出力	レベル	V_{OH}：＋4.5 Vmin.V_{OL}：＋0.5 Vmax.(V_{CC}＝＋5.0 V)
	負荷	CMOS(15 pF)
	シンメトリ	40～60％@＋2.5 Vポイント(方形波)
入力インピーダンス		10 kΩ min.

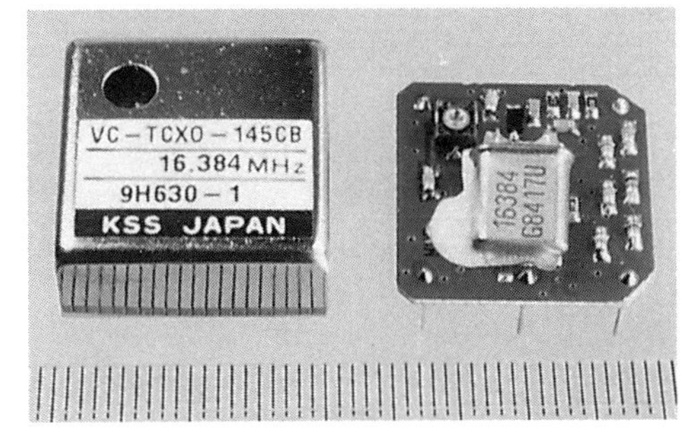

写真4　TCXOの外観とケース内部

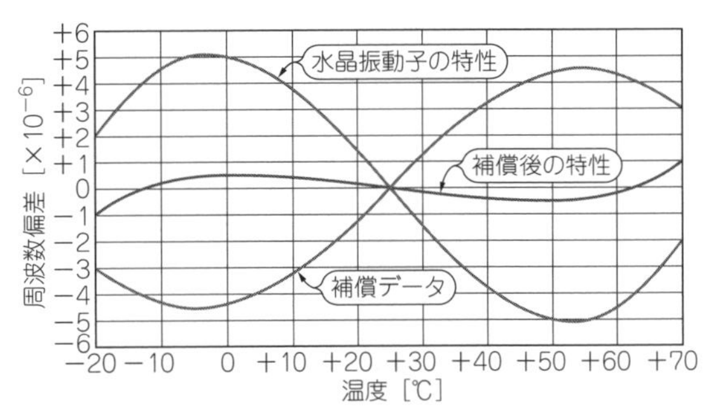

図13　TCXOタイプの周波数-温度特性

● DTCXO(写真5)の特徴

金属ケースはんだ付けパッケージのリード端子タイプの発振器です．DTCXOディジタル間接補償タイプは，その温度補償回路に基準電圧，および発振回路(VCXO)に定電圧を供給する定電圧回路と温度センサを内蔵しています．またA-D変換回路と補正データを記憶させるROMおよびD-A変換回路で構成する温度補償回路と，発振回路および出力波形をHCMOSまたはTTLレベルに変換する波形整形回路も内蔵しています.

図14は周波数温度特性の補償について示しています．製作時に，温度センサのデータから，各温度における周波数偏差がゼロとなるような補償データをROMに記憶させておきます．動作時は温度センサの

写真5　DTCXOの外観とケース内部

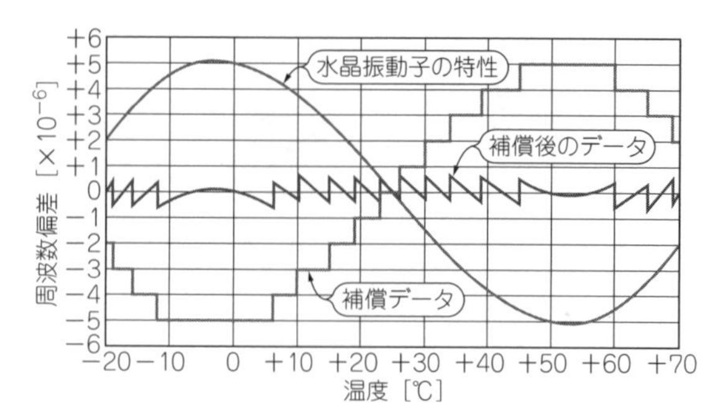

図14 DTCXOタイプの周波数-温度特性

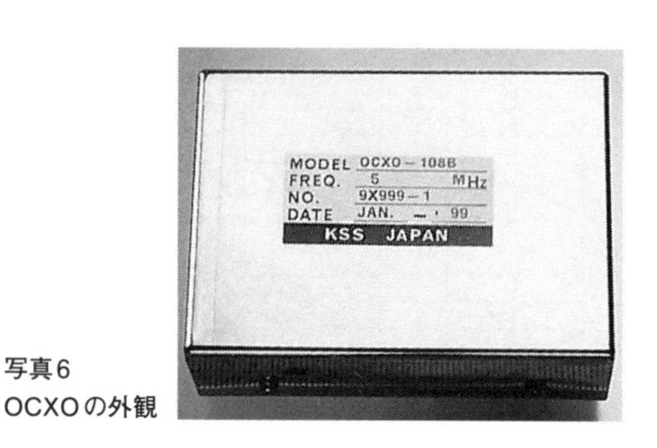

写真6
OCXOの外観

データを基に，補償データをROMから呼び出して補償値とします．なお実際の製品は，**図14**に比べて補償データのビット数が多いため，補償データは滑らかになり，補償後の特性も，周波数偏差 $\pm 0.1 \times 10^{-6}$ の規格を満足できます．

表7はDTCXO - 12Aの仕様です．

● OCXO(写真6)の特徴

金属ケースねじ留め式パッケージのリード端子タイプの発振器です．OCXOは，恒温槽を使い，水晶振動子と水晶発振回路の温度を一定に制御して周波数安定度を得ます．

このためヒータや温度制御回路および発振回路を内蔵しています．また発振回路に定電圧を供給する定電圧回路および出力波形をHCMOSまたはTTLレベルに変換する波形整形回路も搭載しています．

図15に内部ブロック図を示します．

恒温槽の内部温度を＋70℃前後にするため，電源投入から若干の時間が必要なことと，消費電力がほかの発振器に比べて多くなる特徴があります．水晶振動子は，周波数安定度を得るため，ATカットまたは

表7 DTCXO-12Aの仕様

型　名	DTCXO - 12A
周波数範囲	1 MHz～32 MHz
保存温度範囲	－40～＋85℃
動作温度範囲	－35～＋85℃
周波数安定度	±0.1×10⁻⁶max./－35～＋85℃
経年変化	±0.5×10⁻⁶max./year
電源電圧変動	±0.05×10⁻⁶max./5 V±5 %
周波数調整	±0.7×10⁻⁶min.
電源	30 mA max./5 V
出力レベル	CMOSレベル
シンメトリ	45～55 % /1～15 MHz
	30～70 % /15～32 MHz
サブ・ハーモニック	－80 dB max.

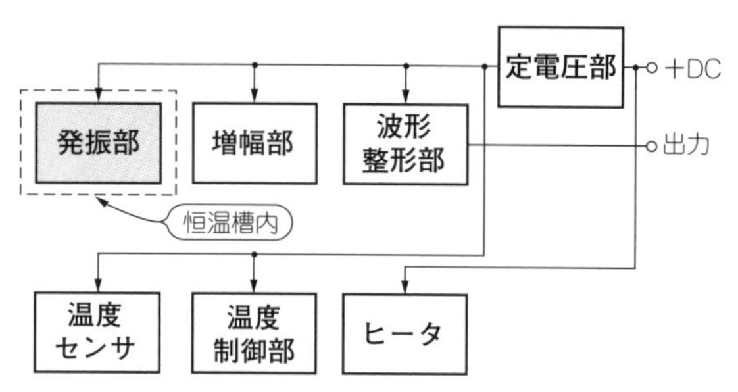

図15 OCXOタイプの内部ブロック図

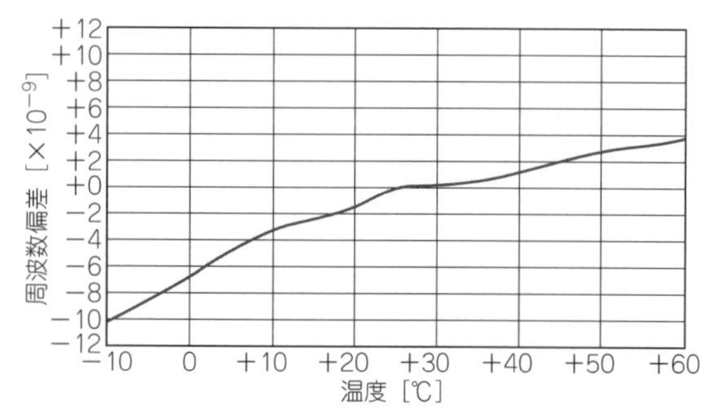

図16 OCXO-108B(@5 MHz)の周波数-温度特性

表8 OCXO-108Bの仕様

型　名		OCXO - 108B
周波数		5 MHz
保存温度範囲		－20～＋70℃
動作温度範囲		0～＋60℃
制御電圧周波数特性		±1.5×10⁻⁸max./0～＋60℃
経年変化		±2×10⁻⁸max./year
電源電圧変動		±5×10⁻⁹max./＋12.0 V±5 %
周波数調整		±1×10⁻⁷min.
電源	電圧	＋12.0 V±5 %
	電流	500 mA max.
出力	レベル	TTLレベル
	負荷	TTL(ファン・アウト＝2)
安定性		電源投入後30分で±2×10⁻⁸

SCカットが使用されています.

図16に周波数温度特性について示します.

表8はOCXO-108Bの仕様です.

水晶発振器の選び方と使い方

● 使用環境を確認して仕様の範囲内で使用する

次の内容について必要がある場合は，メーカと打ち合わせを行ってください.

規定範囲を越えて使用した場合，周波数変化，出力波形の変化，製品の脱落，気密不良，発振停止，静電破壊などの致命的欠陥を誘発するおそれがあります.

▶環境条件(耐候性)

(1) 使用中および保管中の温度環境
　最高使用温度および最低使用温度

(2) 使用中および保管中の湿度環境
　最高使用湿度および最低使用湿度

(3) 有毒ガス，塩霧，水分または油がかかる環境

(4) オゾン，紫外線および放射線が照射される環境

(5) ほかの発熱物からの熱によって製品が規定された最高使用温度を越える環境

(6) 静電気の発生または発生しやすい環境

▶環境条件(機械的環境)

(1) 振動がかかる環境

(2) 衝撃がかかる環境

(3) ケース内壁に製品および基板が接触している環境

● 水晶発振器の電源には内部抵抗の小さいものを使う

周波数安定度や出力レベルなどの水晶発振器の性能は，カタログまたは個別仕様書に規定する電源電圧で使用して性能を維持できます．使用する電源の内部抵抗にも配慮が必要です．特に，**比較的大きな電流(0.2〜0.5 A)を必要とする恒温槽制御水晶発振器OCXOでは，内部抵抗が十分に小さい電源を使用すべき**です.

例えば，電流が0.5 AのOCXOに，内部抵抗1 Ωの5 V電源を接続すると，0.5 Vの電圧降下が生じて4.5 VでOCXOを駆動することになります．当然，規定の性能が保証できないおそれがあります.

● 水晶発振器の電源は雑音の少ないものを使う

水晶発振器に供給する電源の雑音によって，水晶発振器の性能が劣化する場合があります.

出力波形にリプル状の雑音が発生する場合は，雑音周波数に応じて水晶発振器の電源端子に0.1〜100 μFのコンデンサを挿入して改善できる場合があります．またIC化された電圧レギュレータの中には，もともとレギュレータ自身が発振しやすいものがあり，こうしたICを入力電源として使用した場合，位相雑音特性の劣化を引き起こす原因となります.

特に，**低位相雑音特性を必要とする場合はスイッチング電源の使用は避けてください**.

● VCXOの制御端子に加える制御電圧はカタログや個別仕様書に規定してある極性の定格値の範囲内で使う

VCXOの制御電圧と出力周波数との関係は直線的ではありません．制御電圧の値によって周波数変化量が変わりますので，制御電圧は定格値の範囲内で使用してください．範囲外で使用した場合は，バリキャップ・ダイオードが破損したり，発振が停止したりする場合があります.

また制御電圧に対する周波数変化の直線性が必要な場合は，メーカとの打ち合わせが必要です.

● 出力負荷のインピーダンスはカタログまたは個別仕様書に規定してある定格値の範囲内で使う

水晶発振器の出力回路は，設計時に特定の負荷インピーダンスを想定して設計しています．したがって出力負荷のインピーダンスは，カタログまたは個別仕様書に規定した定格値の範囲内で使用してください.

水晶発振器を規定外の出力負荷のインピーダンスで使用した場合，カタログまたは個別仕様書に規定した周波数安定度や出力レベルなどを満足できない場合があります.

● TTL負荷ではカタログまたは個別仕様書に規定してあるファン・アウト数以下で使う

TTL負荷では，負荷が重くなると出力レベルが低下したり，出力波形が乱れたりすることがあります．場合によっては大電流が流れてしまい，思わぬ発熱や破損を招くことがあります.

● EMCが規定される電子機器に水晶発振器を使う場合はあらかじめメーカとの十分な打ち合わせが必要

ディジタル回路やマイクロプロセッサおよびスイッチング・レギュレータを搭載している電子機器では，さまざまなクロックやスイッチング・レギュレータの基本波および高調波が混在します.

水晶発振器もこれらの一つになります．水晶発振器

コラム2　周波数をディジタル設定! ワンチップ水晶発振IC Si570

● こんなIC

Si570(シリコン・ラボラトリーズ)は，I^2C経由でプログラム可能な水晶発振器(10 M～1400 MHz)です．ジッタ特性が悪い発振器を使用すると，信号対雑音比が低下し，ミキサやA-Dコンバータの性能を十分に発揮できないことがあります．この発振器は，0.3 psと低ジッタであるため，アマチュア無線界ではダイレクト・コンバージョン式SDR(Software Defined Radio)用の定番発振器です．

図BにSi570の内部ブロックを示します．サイズは7×5 mm，8ピンの表面実装パッケージで，最小±10 ppmの温度特性を持つ発振器です．動作電圧は1.8 V，2.5 V，3.3 Vから選択できます．クロック出力はCMOS，LVDS，LVPECL，CMLから選択できます．SDR-Kits.netなどで，Si570をUSB経由でコントロールするボードやキットも発売されているので，テスト用発振器としても利用できます．

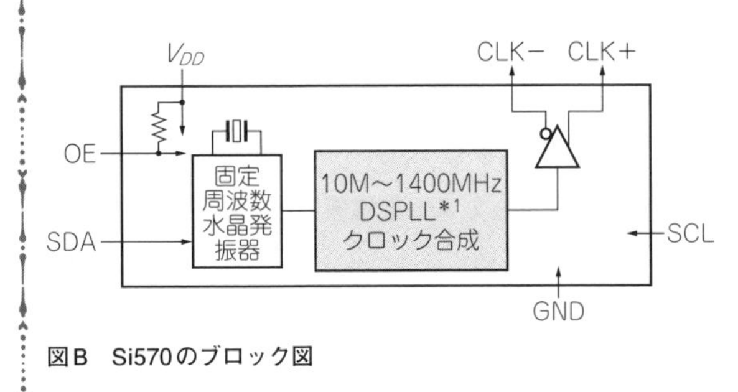

図B　Si570のブロック図

比較的入手しやすいSi570 CAC000141DG(約2,000円)は，動作電圧3.3 V，CMOS出力，温度特性50 ppm，初期発振周波数56.320 MHz，最大160 MHz，I^2Cアドレス55Hという仕様です．出力や動作電圧などが異なる品種もあります．標準品は，MouserやDigikey，SDR-kits.netで入手できます．

● 応用回路

図Cは筆者が設計したSDR回路の一部です．LVDS出力のSi570-BBC000141DGを使用し，A-DコンバータLTC2208(リニアテクノロジー)のクロック源としています．周波数設定はマイコンPIC12F683(マイクロチップ・テクノロジー)を使い，DIPスイッチで周波数を変更できます．通常は122.88 MHzで動作させていますが，デバッグ用に周波数を下げたり，参考文献(2)のFMチューナ・ロジック用として73.728 MHzに変更できます．

〈安田 仁〉

の電気信号がほかの回路に電磁的な影響を与えたり，逆に回路側の電気信号の影響を受け，水晶発振器の周波数安定度や出力信号純度を損なうことがあります．

〈小柳津 泰夫〉

◆引用文献◆

(1) 水晶発振器通則 JIS C 6710-1995，日本規格協会．
(2) 水晶デバイスの解説と応用，1996年，日本水晶デバイス工業会．
(3) 水晶デバイス取り扱いガイダンス，1997年，日本水晶デバイス工業会．

(初出：「トランジスタ技術」1999年6月号)

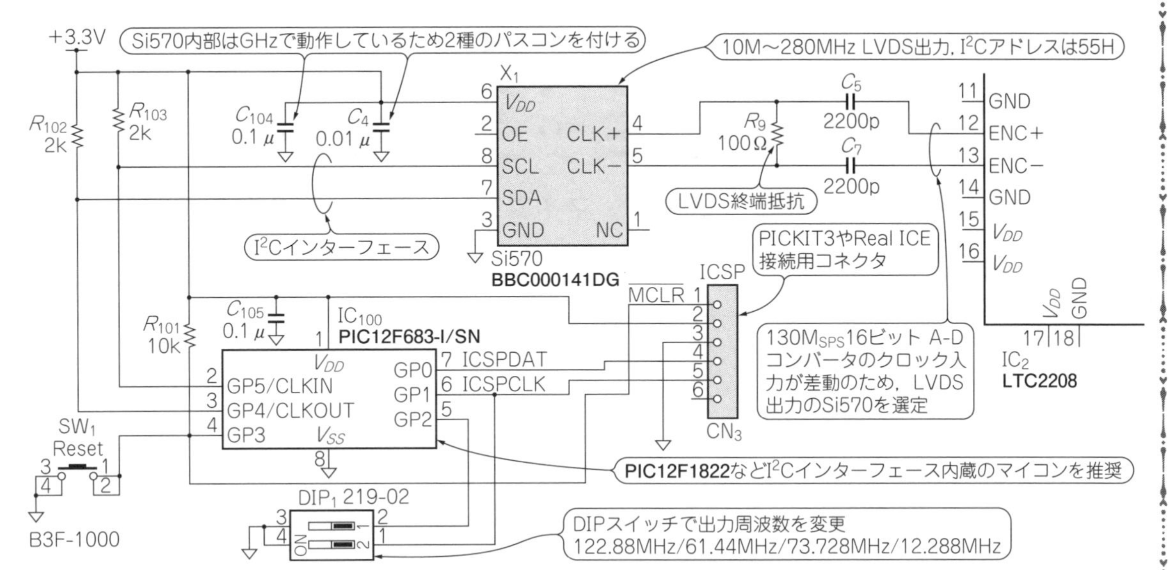

図C　周波数変換をディジタルで行うDDC(Digital Down Converter)型SDRへのSi570使用例

DIPスイッチで出力周波数を切り換えるため，ツールで計算した数値をテーブル化．Si570の内部レジスタを変更するプログラムをCCS社Cコンパイラで記述した．I2Cライブラリがあればインターフェース部分のプログラミングは比較的容易．設定周波数から内部レジスタの数値計算はAN334プログラミング アプリケーションノートとSilicon Laboratories Programmable Oscillator Softwareを参考にした

◆参考文献◆

(1) Si570/Si571データーシート，シリコン・ラボラトリーズ．
(2) 林 輝彦；ディジタルFMステレオ・チューナの製作，ディジタル・デザイン・テクノロジNo.1(2009, Spring)，CQ出版社．
(3) JimCom DDC-SDR, http://jimcom.net/ddc/index.html

(初出：「トランジスタ技術」2015年12月号)

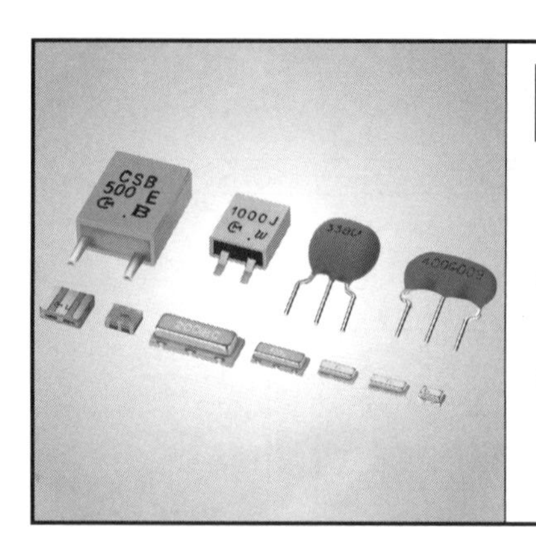

第6章
とにかく安い！セラミック発振子
ワンチップ・マイコンやリモコン用のお手軽部品

マイコンなどのICは内部のプログラムを動作させるために基準クロック信号を必要とします．この基準クロックを作るセラミック発振子は，圧電性を持つセラミックスの機械的共振を利用したものであり，一定周期のパルス信号(クロック信号)を作り出すために広く使われています(**写真1**)．ここでは，セラミック発振子の特徴と使い方を紹介します．

基礎知識

● 焼き固めたばかりのセラミックスは電荷の偏りがない強誘電体

セラミックスは一般的に細かい結晶の集まりで，個々の結晶は正の電荷を持つ原子と負の電荷を持つ電子から構成されています．セラミックスの多くはこの正と負の電荷の釣り合いが取れた状態になっていますが，誘電体セラミックスの中には自然状態でも結晶中の正負の電荷の釣り合いが取れておらず，電荷の偏り(自発分極)を生じている「強誘電体」があります．焼き固めたばかりの強誘電体セラミックスでは，この自発分極の向きがばらばらでセラミックス全体としては見掛け上電荷の偏りがないように見えます(**図1**)．

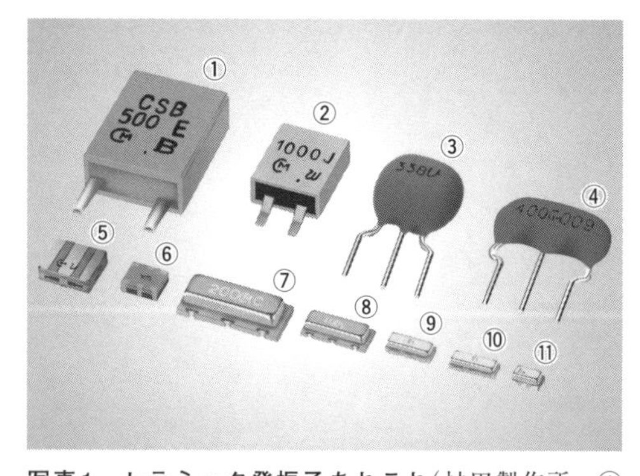

写真1　セラミック発振子あれこれ(村田製作所，①CSBLA_E，②CSBFB_J，③CSTLS_X，④CSTLS_G，⑤ CSTCV_X，⑥ CSTCW_X，⑦ CSTCC_G，⑧ CSTCR_G，⑨CSTCE_G，⑩CSTCE_V，⑪CSTCG_V．)
3端子タイプは負荷容量を内蔵する

▶強誘電体に高い電圧を加え分極処理を行うと圧電体セラミックになる

高い電圧を加えると，自発分極の向きが一様の方向にそろい，電圧を取り除いても元に戻らなくなります．このように自発分極の向きをそろえることを分極処理といい，強誘電体セラミックスに分極処理を行うと，圧電体セラミックスが誕生します(**図2**)．

● セラミックスはなぜ振動するのか

圧電体セラミックスに外部から電圧を加えると，セラミックス内部の正負それぞれの電荷の中心が外部電荷と引き合ったり，退け合ったりして，セラミックス本体が伸びたり縮んだりします(**図3**)．

また，圧電体セラミックスに圧力を加えると，片面には正の，他面には負の電荷が現れます．逆に引っ張ると，両面には圧力を加えたときとは反対の電荷が発生します．このように圧電体セラミックスは結晶の分極を利用して，電気エネルギーと機械エネルギーを交換できます．

圧電性物質としては古くからロッシェル塩や水晶などの単結晶が知られています．ですが，セラミック発

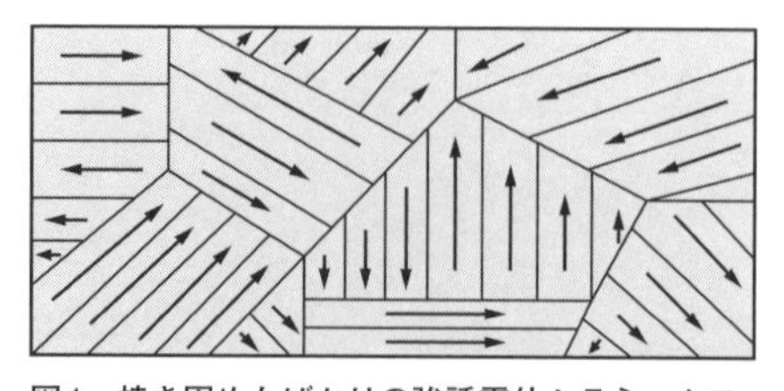

図1　焼き固めたばかりの強誘電体セラミックス

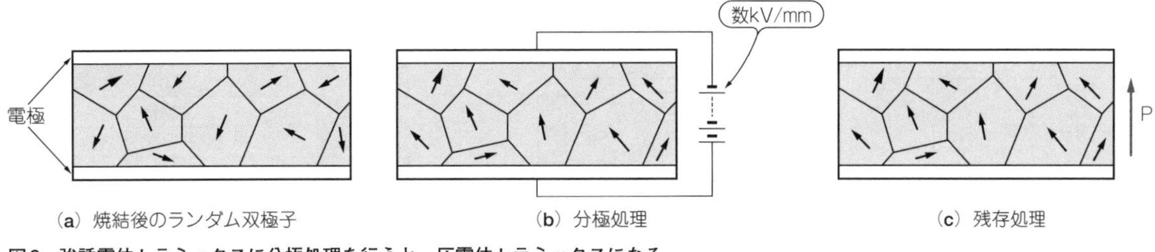

図2　強誘電体セラミックスに分極処理を行うと，圧電体セラミックスになる

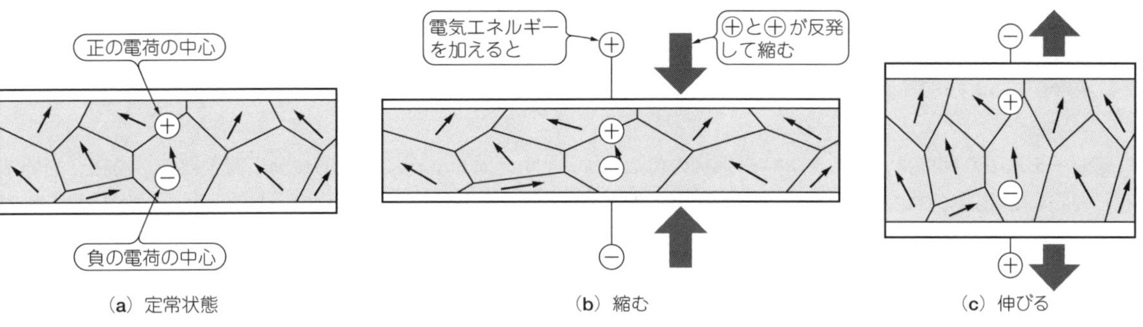

図3　圧電体セラミックスは交流電圧を加えると伸び縮みする

振子には大きな圧電性を持つチタン酸バリウム($BaTiO_3$)やチタン酸ジルコン酸鉛$Pb(Zi,Ti)O_3$などの圧電セラミックスが応用されています.

● 発振器と発振子の違い

▶発振器

発振器は発振子と発振回路を同一パッケージに内蔵し，電源を接続するだけでクロック信号が得られ手軽に利用できます(**図4**). 一方，発振子以外に発振回路用IC，コンデンサ，抵抗などの部品もパッケージに内蔵する必要があり，一般に同じ周波数，同じ用途の発振子と比べ，サイズが大きく価格も高いです．携帯電話など小型機器向けには2520サイズの発振器も登場しています.

▶発振子

これに対し発振子は，発振回路用の増幅部を内蔵しているICに直接接続し，2個のコンデンサ，1～2個の抵抗を外付けするだけで発振回路を構成できます．つまり発振回路用のICを必要としないため，コストを抑えられます(**図5**).

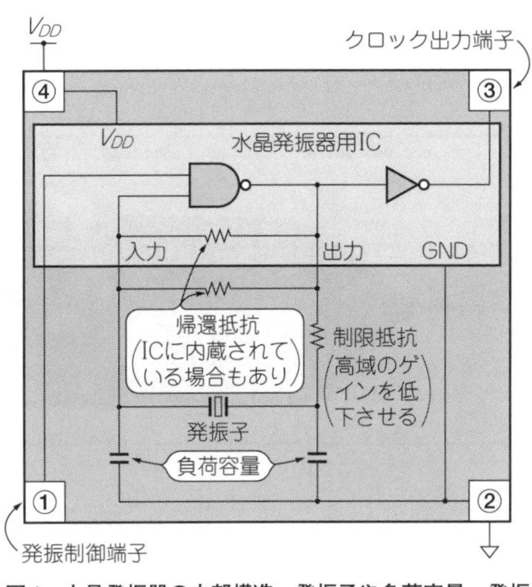

図4　水晶発振器の内部構造…発振子や負荷容量，発振回路用ICが一つのパッケージの中に収められている

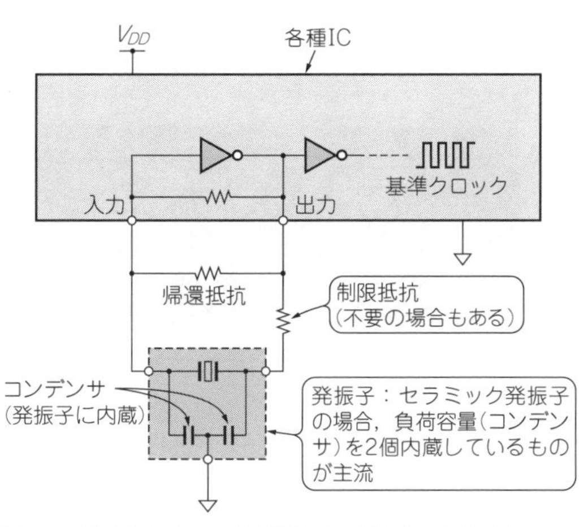

図5　一般的なセラミック発振子の発振回路への接続方法

(b)のMに相当する，L_1が小さいほど発振の立ち上がり時間が短くなる

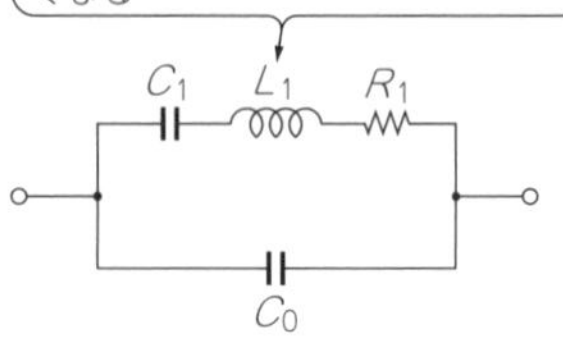

C_1：等価キャパシタンス
L_1：等価インダクタンス
R_1：等価抵抗
C_0：電極間容量

（a）発振子の電気的等価回路

Mが軽いと動き出すまでの時間が短い

M　K　R

R：摩擦（R_1に相当）
K：ばね定数（$\frac{1}{C_1}$に相当）
M：質量（L_1に相当）

（b）（a）を機械的振動に置き換えると…

図6　発振子の立ち上がり時間が短い理由は機械的振動で考えるとわかりやすい

表1　セラミック発振子と水晶発振子の等価回路定数

	セラミック発振子	水晶発振子
周波数	8 MHz	
L_1 [μH]	2.06×10^2	5.14×10^4
C_1 [pF]	2.01	7.71×10^{-3}
C_0 [pF]	16.4	2.23
R_1 [Ω]	4.6	75

こっちのほうが小さい

発振子を使った回路は，コンデンサや抵抗の値を誤ると安定して発振しないため，回路設計が面倒と考える方もいると思います．近年，発振子メーカは代表的なICの外付け部品の推奨値をホームページなどで提供したり，最適値の選定評価サービスを行っており，比較的容易に発振回路を設計できるようになってきています．例えば村田製作所のホームページ中にセラロック-IC検索エンジン（http://search.murata.co.jp/search/ic-j.html）などがあります．

● 水晶発振子に対するセラミック発振子の利点

セラミック発振子は残念ながら周波数精度に関しては水晶発振子にかないません．しかしながら次に示す数多くの特徴を持っており，さまざまな用途に使われています．

① 発振立ち上がり時間が短い

発振子による電気的振動を機械的振動に置き換えると，**図6**のように表せます．機械的振動においては質量Mが小さいと振動の立ち上がり時間が短くなります．同じように電気的振動に置き換えた場合，等価インダクタンスL_1が小さいほど発振の立ち上がり時間が短くなります．**表1**に示すように，セラミック発振子は水晶発振子と比べてL_1が小さく，一般的にセラミック発振子のほうが1桁～2桁ほど速く立ち上がります（**図7**）．

② サイズが小さい

携帯電話用の水晶発振子/発振器は以前に比べて小型になっていますが，まだ一部のメーカから発表されている2520（2.5×2 mm）サイズが最小です．

セラミック発振子には2×1.3 mmと小さい製品もあり，すでにこのタイプは携帯電話，メモリ・カードなどの小型機器を中心に使われています．1608サイズの発振子も登場しています．

③ 負荷容量を内蔵

セラミック発振子はサイズが小さいうえに負荷容量となるコンデンサ2個を内蔵しているタイプが主流です．一方，コンデンサを内蔵した水晶発振子は存在しておらず，基板上にランドを準備して取り付ける必要

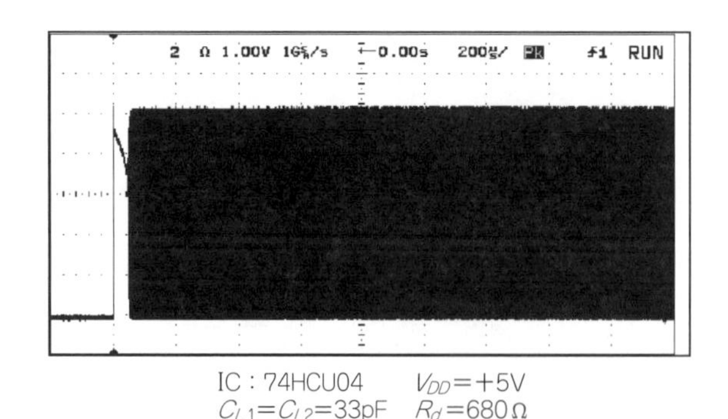

IC：74HCU04　V_{DD}＝+5V
C_{L1}＝C_{L2}＝33pF　R_d＝680Ω
V：1V/div.　H：200μs/div.

（a）8MHzセラミック発振子（CSTCE8M00G55-R0）

IC：74HCU04　V_{DD}＝+5V
C_{L1}＝C_{L2}＝15pF　R_d＝680Ω
V：1V/div.　H：200μs/div.

（b）8MHz水晶発振子

図7　発振の立ち上がり特性比較
セラミック発振子のほうが発振の立ち上がり時間が短い

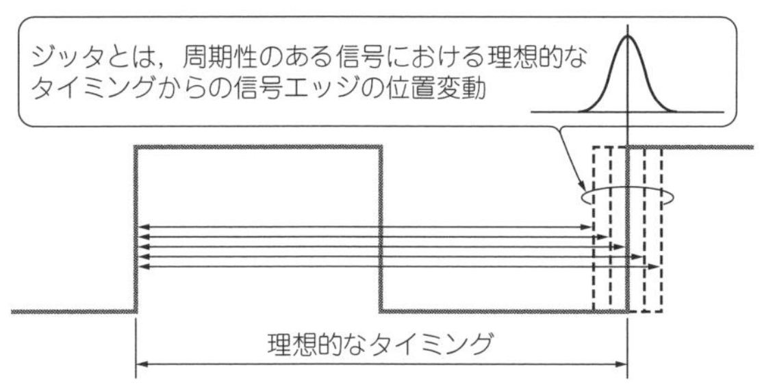

図8　クロックの大敵ジッタとは信号エッジの揺らぎ成分のこと

があります．セラミック発振子は実装コストや部品点数で有利です．

④ 安価

一般的に同じ周波数で同じ用途向けのセラミック発振子と水晶発振子を比較すると，セラミック発振子のほうが安価です．

⑤ ジッタは同程度

高速通信用，高速演算用ICの場合，クロック信号のジッタ（揺らぎ）が問題となる場合があります（**図8**）．一般にセラミック発振子は水晶発振子より周波数精度が悪いため，ジッタもセラミック発振子のほうが悪いと思われがちですが，実際にはジッタの測定結果に差は見られません．

図9は汎用ゲートIC 74HCU04APを使ってショートターム・ジッタ（ピリオド・ジッタとも言う）を測定した結果です．8 MHzのセラミック発振子と水晶発振子のいずれも標準偏差σは約10 ppmとほぼ同じ結果になりました．また，**図10**に示すようにロングターム・ジッタ（n周期間隔のジッタ）においても差が見られませんでした．

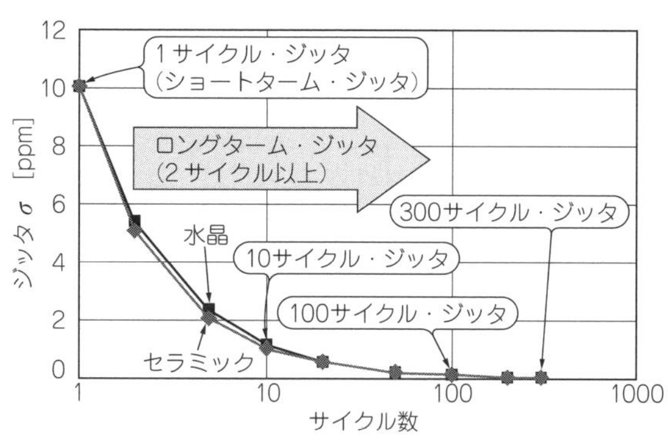

図10　ロングターム・ジッタの比較結果
こちらも有意差は見られない

⑥ EMIノイズも同じ程度

セラミック発振子はジッタが多いので周波数の揺らぎが生じ，ノイズ・ピークが抑えられるのではないか？と期待されることもあります．ですが，前述の⑤に示すように，ジッタに有意差はなく，EMIノイズも変わらないようです．

図11は3 m電波暗室において25 MHzの小型セラミック発振子（2 × 1.3 mm）と比較的入手しやすい水晶発振子（8 × 4.5 mm）を，ある機器中のICから同じ距離に配置し，EMI放射ノイズを測定した結果です．発振波形の微妙な違いにより少し差が見られる周波数もありますが，全体的に大差ないように思われます．

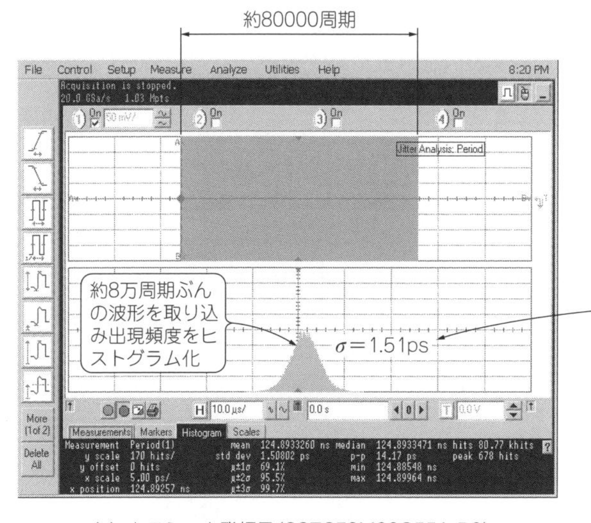

（a）セラミック発振子（CSTCE8M00G55A-R0）

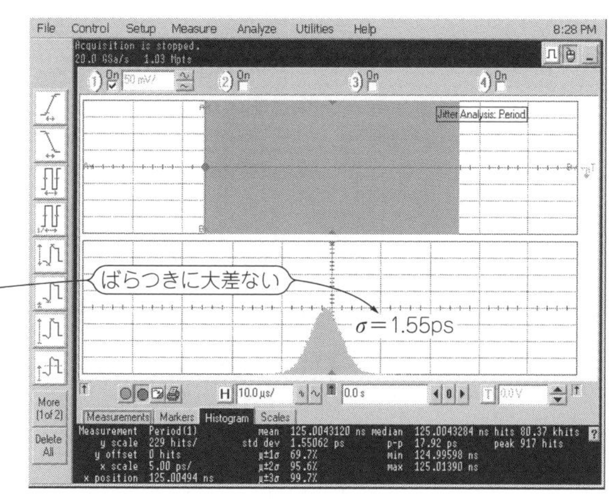

（b）水晶発振子

図9　ショートターム・ジッタの比較結果
セラミック発振子のほうが悪いと思われがちだが，実際には有意差は見られない

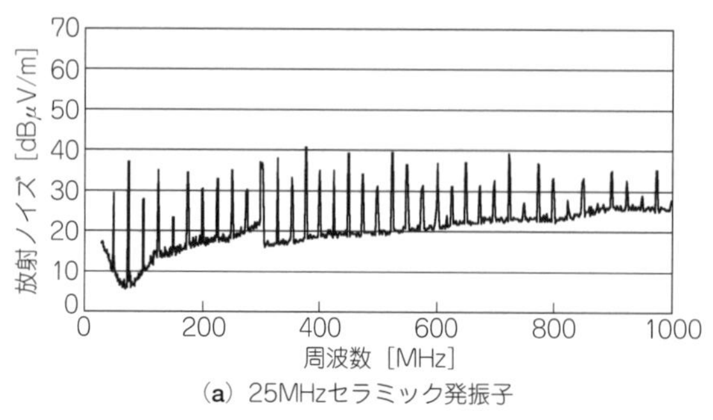

(a) 25MHzセラミック発振子

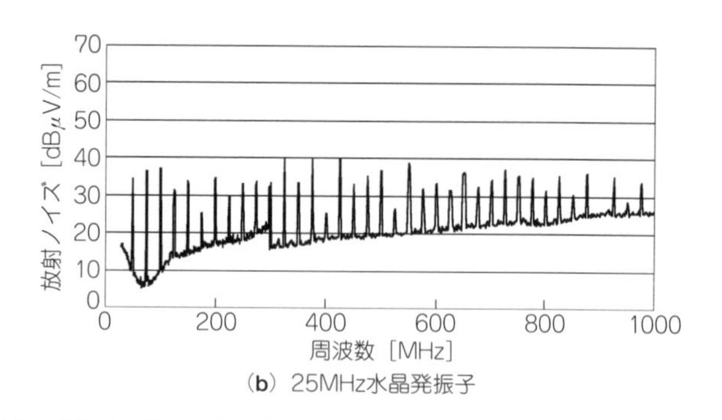

(b) 25MHz水晶発振子

図11 EMI放射ノイズ比較例…有意差は見られない

発振回路の作り方

一般的なマイコンにはインバータが内蔵されています．セラミック発振子や水晶発振子などの機械的振動子を取り付けるだけで，発振回路を構成できます．このインバータを使ってどのように発振回路が構成されているのか簡単に説明します．

■ 発振子と反転増幅器を組み合わせる

インバータは本来“H”を入力すると“L”，“L”を入力すると“H”を出力するディジタル論理素子です．

図12に示すように，入力-出力特性中にリニアな過渡領域が存在し，この部分を利用すると反転増幅器を構成できます．

まずはインバータと並列に抵抗を接続し，インバータの両端に電圧の1/2の直流バイアス($0.5V_{DD}$)を与えます．この状態で入力側に微小な交流信号を与えると，$0.5V_{DD}$の直流バイアス点を中心にインバータ特性の過渡領域上を動作点が移動することによって，出力から増幅された信号を取り出せます．出力信号は入力信号に対して位相が反転しているため反転増幅器として働くことになります(**図13**)．

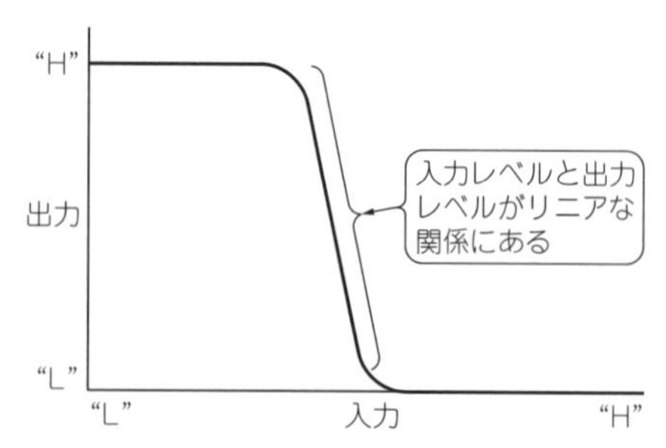

図12 一般的なインバータの入出力特性

■ 安定に発振させるためのテクニック

● インバータの選び方…アンバッファ型がお勧め

セラミック発振子や水晶発振子を使う場合，CMOS 1段で構成されるアンバッファ型のインバータを内蔵しているICをお勧めします．

汎用ロジックIC 74HC04などで内蔵されているCMOS 3段で構成される3段バッファ型やシュミット・トリガ型のインバータでも発振しますが，異常発振しやすいのでお勧めしません．

3段バッファ型やシュミット・トリガ型はゲインが非常に高く，高周波数域まで伸びているため回路のCRや配線のLCによる異常発振，またはリング発振(ゲートの遅延時間による発振)を引き起こしやすいからです．外付け部品の値を工夫することにより，多少は発生しにくくすることはできますが完全に取り去ることはできません．

一般的にマイコンにはアンバッファ・タイプのインバータが内蔵されていますが，一部，3段バッファ・

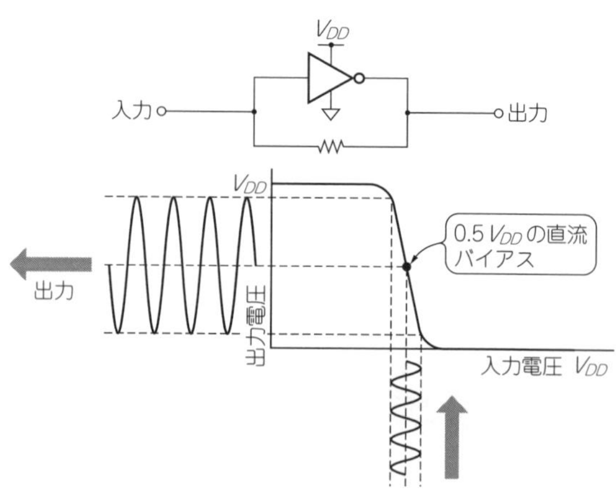

図13 インバータは図12に示したリニアな動作領域を使い反転増幅器として機能する

タイプを内蔵しているICもあります．

● 外付け回路の定数の選び方

セラミック発振子や水晶発振子は残念ながらどんな使い方をしても，必ず安定な発振が得られる部品ではありません．組み合わせるICに内蔵されている反転増幅器の電気的特性に合った値の周辺回路部品や内蔵コンデンサを選ぶ必要があります．

安定発振の確認方法としては，抵抗やコンデンサなどの外付け部品の値をE6系列で2，3ランク程度前後に振り，かつ，温度，電圧値を振りながら電源のON/OFFを繰り返し，異常発振や発振停止の可能性のありなしを確認する方法が一般的なようです．ただし，この方法で評価を行い設計した回路は，メーカが責任を負わないでしょう．なるべく発振子メーカのホームページなどで公開されている推奨条件で使いましょう．

● 発振波形の確認にはFETプローブを使おう

オシロスコープを使って発振波形を確認する場合は，なるべく入力インピーダンスが10 MΩ，容量2 pF程度のFETプローブを使ってください．

一般的に多く出回っている1 MΩ程度のプローブを使うと，インバータ入出力側のバイアス電圧が$0.5V_{DD}$からずれてしまい，発振波形を観測できないことがあります．また，容量分の大きなプローブを使うと，その容量分が負荷容量として働いてしまい，正確に発振安定性を確認できません．

● 実装や配線のコツ

① 発振子はできるだけICの近くに配置する

基板とセラミック発振子の距離はできるだけ短く配線するべきです．距離が長くなると以下のような問題が発生します．

●配線のインダクタンス分により，異常発振する

配線はインピーダンスがゼロではありません．配線が長くなると，配線自身のインダクタンス分，キャパシタンス分，抵抗分が無視できなくなります．特にゲインが高周波域まで伸びているICと組み合わせる場合，インダクタンス分と負荷容量でLC発振を引き起こす場合があります．このLC発振の周波数は数百MHzの場合が多いです．

●配線のインダクタンス分により，放射ノイズが発生する

前項のように配線が長くなると，インダクタン

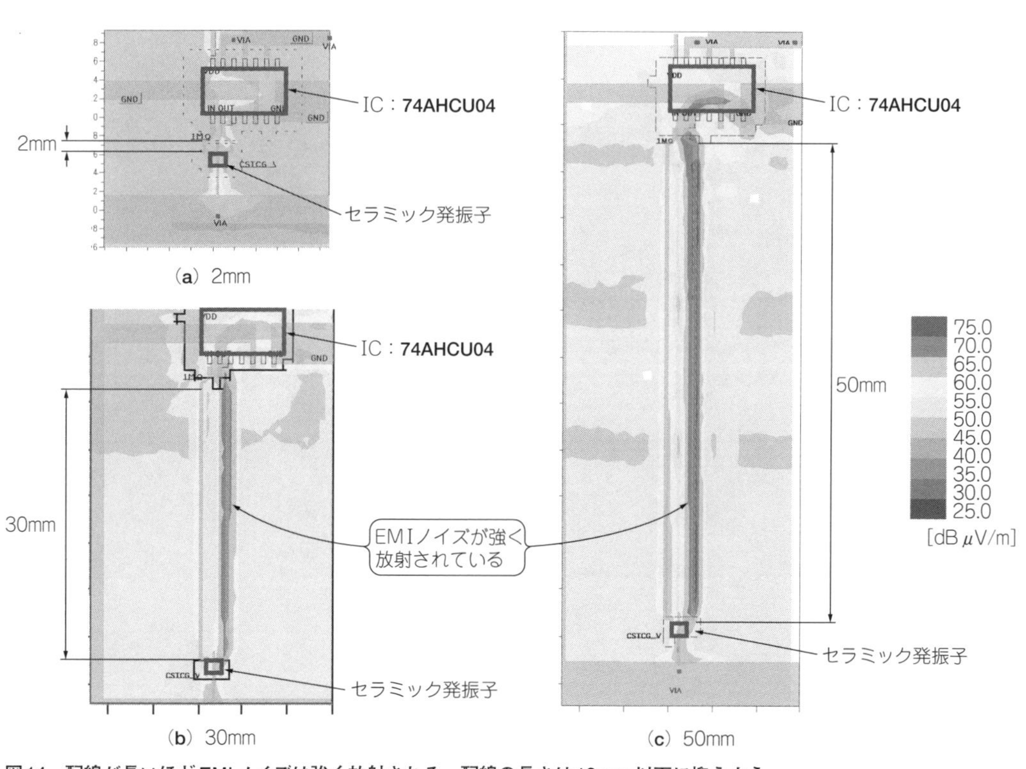

図14　配線が長いほどEMIノイズは強く放射される…配線の長さは10 mm以下に抑えよう

4 発振器

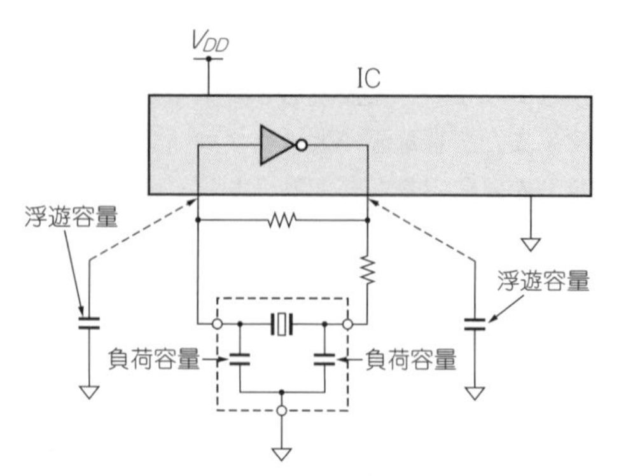

図15　浮遊容量は負荷容量として働く
配線にも気を配ろう

ス分が無視できなくなり，このインダクタンス分に電流が流れると電圧が生じ，これがEMI放射ノイズとなります．**図14**に25 MHzのセラミック発振子とICの組み合わせで，距離を徐々に変化させた場合の磁界強度分布データを示します．

この結果より，配線が長くなるにつれてEMIノイズが強く放射されている様子がおわかりいただけると思います．1 cmを越えるような引き回し，配線パターンはあまりお勧めできません．せっかくセラミック発振子を使うなら，小型形状を生かしてICのすぐそばに配置しましょう．

大きな形状の発振子を使うと配線長が長くなるので，EMIノイズが問題となる場合はできるだけ小型形状の発振子を使いましょう．

② 発振回路付近にほかの信号線を通さない

発振回路付近にはほかの信号線を通さないようにしましょう．ICを動作させる基準となるクロック信号が乱れるなど影響を受けることがあります．

③ 浮遊容量を考慮する

近年基板の多層化が進み，発振回路に思いもかけない大きな浮遊容量が付いている場合があります．特にICの入出力側に加わる浮遊容量は負荷容量として働いてしまうので気を付けてください(**図15**)．

＊

ほかにも発振子メーカのホームページ(村田製作所，http://www.murata.co.jp/ceralock/index.html）にセラミック発振子を使う際の注意点などが紹介されているので参考にしてください．　**〈正木 一人〉**

（初出：「トランジスタ技術2005年8月号）

第5部
インダクタ/コイル

コイルは，つる巻き状の電線（巻線）に電流を流すことによって磁界を発生させる部品で，磁界を変化させようとするとそれを打ち消す方向に誘導起電力や誘導電流を生じる性質を持ちます．

この性質をインダクタンス（誘導係数）と呼び，コイルはインダクタとも呼ばれます．周波数に比例して電流が流れやすくなるコンデンサとは逆に，コイルは周波数に比例して電流が流れにくくなるインピーダンス素子です．

また，電圧が電流の積分になるコンデンサとは逆に，コイルは電圧が電流の微分になる微積分の性質を持ちます．

このようにコイルはコンデンサと対照的な性質の部品です．交流の用途に用いることが多く，無線などの高周波回路で広く使われています．

第1章 インダクタの基礎と使い方

電源や無線回路のキー・パーツ

①「コイル」と「インダクタ」の違い

電子部品のコイルとインダクタはまったく同じ物です．正式名称は**インダクタンス回路素子**です．

インダクタ・メーカの多くは製品名として「**インダクタ**」を使っています．海外のメーカは「Inductor」としています．また，機能を表す名称として「**チョーク・コイル**」「**平滑コイル**」なども使われています．

コイルとは，ぐるぐる巻きにした状態を指します．本章では一般名称は「**インダクタ**」とし，機能や形態を表すときには「**コイル**」を使うこともあります．

インダクタとは，導線を同心円状，または渦巻き(スパイラル)状に巻き線した電子部品です．

図1のように導線をコイル状にして電流を流すと磁束が発生します．そして，電流が変化すると磁束が変化し，その磁束の変化を打ち消す方向に磁束が発生して逆起電力が発生します．

このことから，コイルは電気エネルギーを磁気エネルギーに変えて蓄積します．この電流の変化と起電力の比が**誘導係数**(**インダクタンス**)です．記号で表すとLで，単位は**H**(ヘンリー)です．式で表すと式(1)となります．

$$L = -e(dt/dI) \cdots\cdots (1)$$

ただし，e：起電力

インダクタは，このインダクタンスLを持った回路素子といえます．

②インダクタンスの決まり方

コイルのインダクタンスLは式(2)で表されます．

$$L = k \times \mu \times n \times n \times S \times 1/l \cdots\cdots (2)$$

ただし，k：長岡係数，μ：透磁率［H/m］，
n：コイルの巻き数，S：コイル輪の面積［m^2］，
l：コイルの長さ［m］

インダクタンス(以下，L値)を大きくするには，コイルの巻き数を多くする，コイルの輪の面積を広くする，透磁率μの値を大きくするのいずれかが有効です．

コイルの巻き数を増やすのもコイルの輪の面積を広くするのもインダクタを大型にします．大きさを変えないで大きなL値にするには透磁率μを大きくします．μは磁束を集める力の強さのことで，**図2**のように多くの磁束を通します．

透磁率の大きな物質を**強磁性体**と呼び，鉄，ニッケルなどの金属，パーマロイやセンダストなどの合金およびフェライトがあります．

フェライトは酸化鉄を主原料にして銅，マンガン，亜鉛などとともに焼き固めた磁器の一種です．コイル

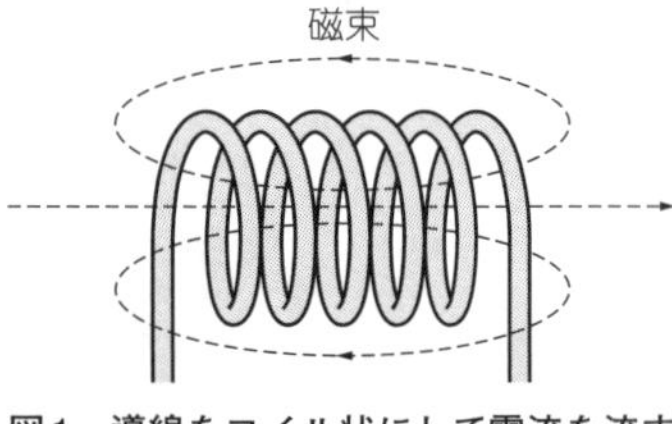

図1　導線をコイル状にして電流を流すと磁束が発生する

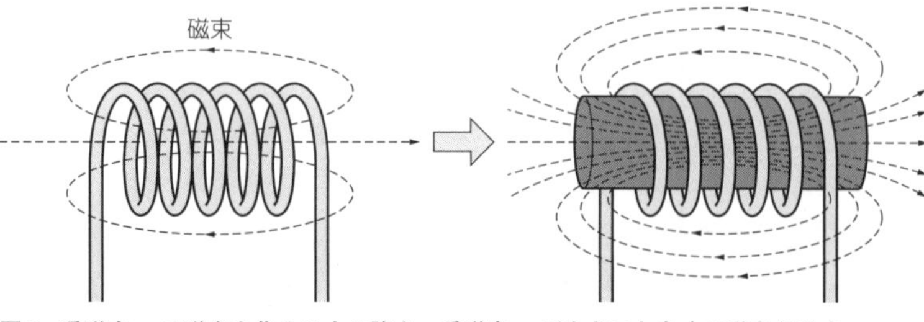

図2　透磁率μは磁束を集める力の強さ．透磁率μが大きいと多くの磁束を通す

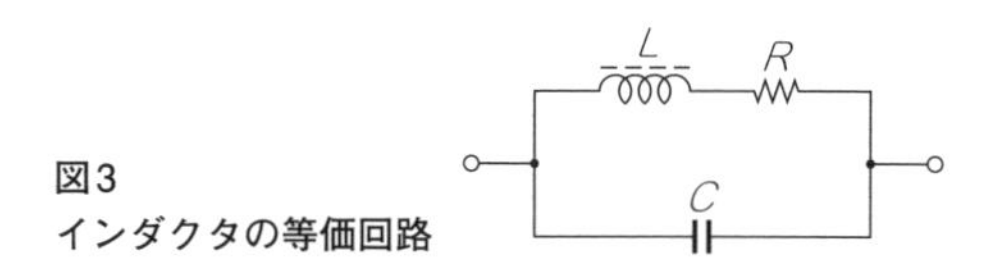

図3
インダクタの等価回路

の輪の中にフェライトを入れることによって，空気のときに比べて数百から数千倍のインダクタンス値が得られます．フェライトは型で作り加工も簡単なことから，複雑な形状のものができ，コイルの巻き芯に多く使用されています．

③ 直流と交流を流したときの違い

インダクタに直流を流しても存在しない，すなわち短絡状態と同じです．直流は電流の値が変化せず一定なので，式(1)の$dt/dI = 0$であることからもわかります．

しかし，交流のときは周波数によって特性が変わる性質を持っています．

インダクタの交流における**疑似的抵抗を誘導性リアクタンス**と呼び，式(3)で表します．

$$X_L\ [\Omega] = 2\pi fL \quad \cdots\cdots (3)$$

ただし，f: 周波数［Hz］

この式からわかるように，X_Lは周波数が高くなれば大きな値になります．誘導性リアクタンスは，交流における疑似的抵抗で，すなわち**インピーダンス**です．

電子回路部品としてのインダクタは，①電気エネルギーを磁気エネルギーとして蓄える，②周波数によってインピーダンスが変化する，という性質のいずれか，または両方を利用しています．

④ 周波数が高くなるとインピーダンスは…

インダクタは導線をコイル状にするので導線や外部に接続する端子の**抵抗分**が存在します．また，コイルの線間には**容量成分**も存在します．

これらの成分を加えた等価回路は**図3**になります．容量成分による疑似的抵抗は容量性リアクタンスと呼びます．**容量性リアクタンス**は周波数が高くなるに従って小さくなります．誘導性リアクタンスは周波数が高くなるに従って大きくなりますが，ある周波数以上では容量性リアクタンスが支配的になります．

すべての要素を含んだインダクタのインピーダンスの周波数特性は**図4**になります．

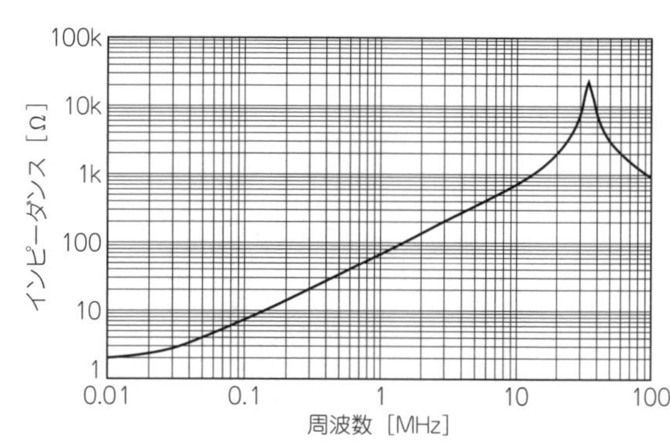

図4　インダクタのインピーダンスの周波数特性
（TDK製巻き線コイルNLVタイプ，10 μH）

⑤ インダクタの種類

コイルを形成する方法で分類します．

● 巻き線タイプ（図5）

銅線でコイルを形成したタイプです．銅線で巻き線しているので，直流抵抗が小さく，大きな電流を流すことができます．

● 積層タイプ（図6）

フェライト，またはセラミックのシートに導体を印刷して積み重ねてコイルを形成したタイプです．薄型で小型なインダクタです．1個のパッケージに複数のコイルを形成できます．

● 薄膜タイプ（図7）

フェライト，またはセラミックのシートに蒸着技術

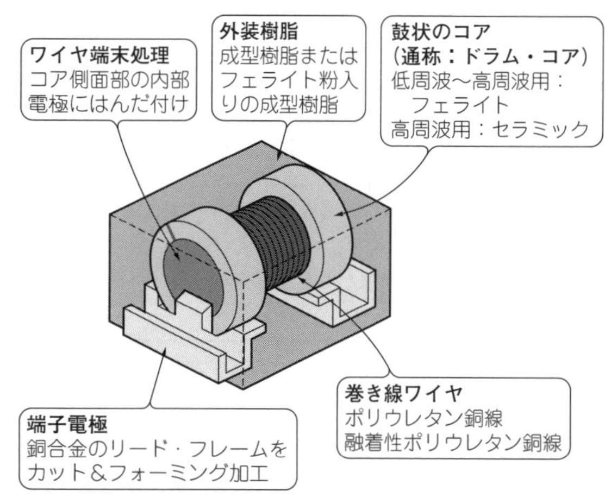

図5　巻き線タイプのインダクタ

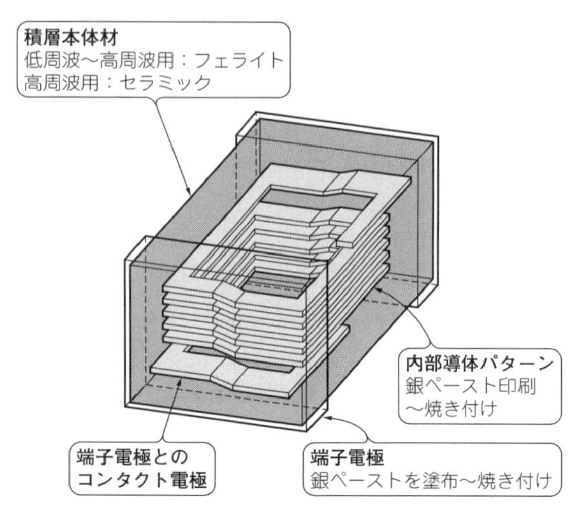

図6　積層タイプのインダクタ

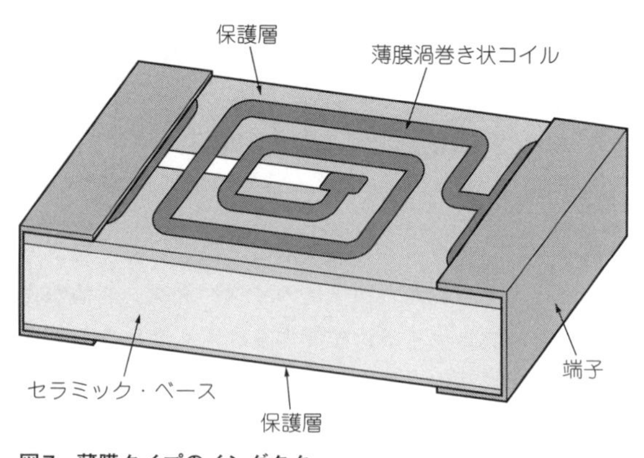

図7　薄膜タイプのインダクタ

やスパッタリングで金属膜のコイルを形成した品種です.

半導体製造技術を応用してコイルを形成しているため高精度で，高周波に対応できるインダクタを実現できます．1個のパッケージに複数のコイルを形成することもできます.

⑥ インダクタの用途による分類

用途は，**電源系**と**信号系**で分類するのが一般的です.

エレクトロニクス機器は，手のひらに乗せて使う携帯電話からエアコンや電気冷蔵庫などの大型家電機器まで多種多様です．また，産業用の工作機械や自動車などのエレクトロニクス回路にも，多くのインダクタが使用されています.

これらのエレクトロニクス機器は多種多様な回路で構成されています．おおまかに機器の中身を分類すると，電気エネルギーを供給する**電源回路**と情報や動作の**信号処理回路**になります．そこで，インダクタの用途は，電源系と信号系に分類します.

電源回路は，電気エネルギーの供給の源であるAC電源回路と機器内のブロックに分散されたDC電源回路に分類されます.

信号系は音声信号(kHz帯)からマイクロ波(GHz帯)まで広い周波数帯域にわたっています．巻き線タイプのインダクタは，AC電源回路の平滑コイルからチューナで使われる空芯コイルまでさまざまな種類があります.

積層タイプは印刷シートの材質や層数，体積の違いによって多くの種類があり，広い範囲で使用されています．例外もありますが，各コイルの特徴と用途を**表1**に示しました.

⑦ 電気的特性の項目

カタログに記載されている電気的特性(仕様)をベースに説明します.

▶インダクタンス(L値)

インダクタなので，第1番目の仕様です．一般的なエレクトロニクス機器で使用されるインダクタのL値は数nHから数mHです.

▶インダクタンスの許容差

L値の範囲を表しています．許容差と記号を**表2**に示します.

▶L値の測定周波数

表1　各コイルの特徴と用途

	インダクタンス値*1	直流抵抗値*2	Q*2	定格電流値*2	共振周波数*2	用途		
						AC電源	DC電源	信号系
巻き線タイプ	大	小	大	大	中	○	○	○
積層タイプ	中	大	小	小	小		○	○
薄膜タイプ	小	中	中	中	大			○

*1：それぞれのタイプで実現できる領域の相対比較
*2：同一インダクタンスの場合の相対的な比較

表2　L値の許容差と記号

記号	B	C	D	F	G	J	K	M	N
許容差%	±0.1	±0.25	±0.5	±1	±2	±5	±10	±20	±30

L値は周波数によって変化するので，測定周波数を明記します．

▶ Q

QはQualityのことで，高周波における損失（抵抗成分：R）に反比例します．$Q = \omega L/R$で表し，保証できる最小値を表示します．

▶ Qの測定周波数

周波数によって大きく変化するので測定周波数を明記します．

▶ 直流抵抗

直流のときの抵抗値です．±の範囲，または，最大値を表示します．

▶ 共振周波数

図8に示した内部の容量値とL値で共振する周波数です．保証できる最小値を表示します．

▶ 定格電流

インダクタに流すことができる最大電流値です．

⑧ 測定周波数以外でのL値やQ値

L値やQ値の測定周波数が決まっているのは，周波数によってそれぞれの値が変化するためです．インダクタを使用する回路の周波数が測定周波数と同じであることはまれです．単一周波数だけではなく，ある周波数帯域での値が必要な場合もあります．

カタログには代表製品の周波数特性グラフが掲載されている場合もありますが，すべての製品の特性グラフは掲載されていません．メーカでは，インダクタの詳細な電気的特性を表示するフリー・ソフトウェアを公開している場合があります．

一例として，TDKのWebページに掲載されている

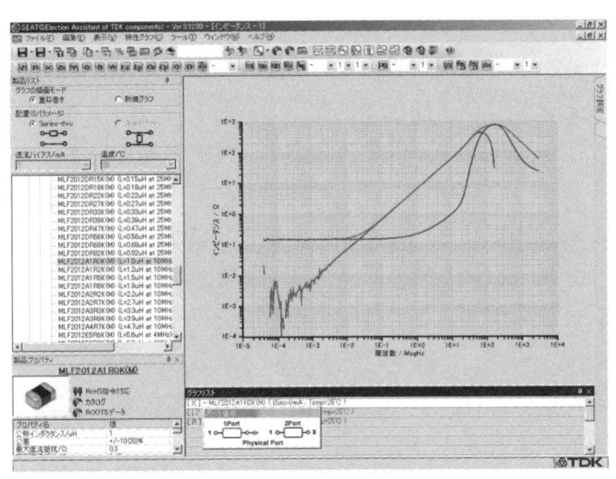

図8　部品特性解析ソフトSEATの画面

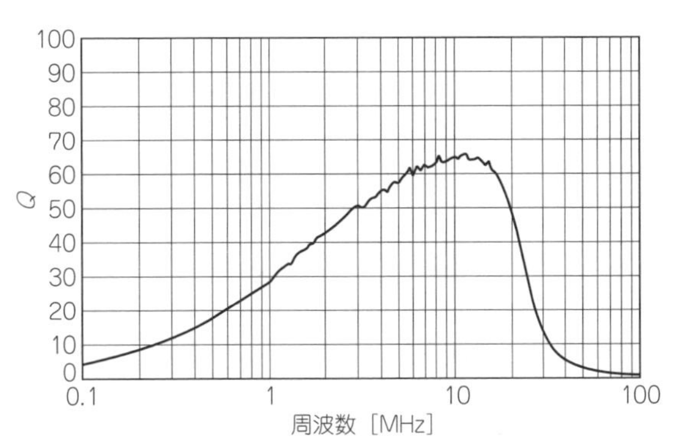

図9　積層タイプ・インダクタMLF2012A1R0（1 μH，TDK）のQ値の周波数特性

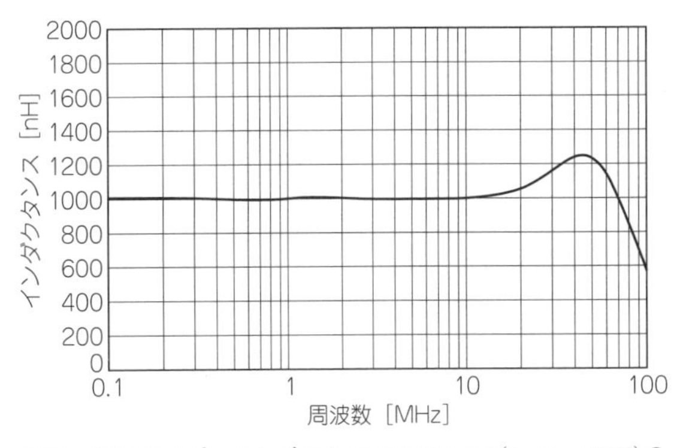

図10　積層タイプ・インダクタMLF2012A1R0（1 μH，TDK）のL値の周波数特性

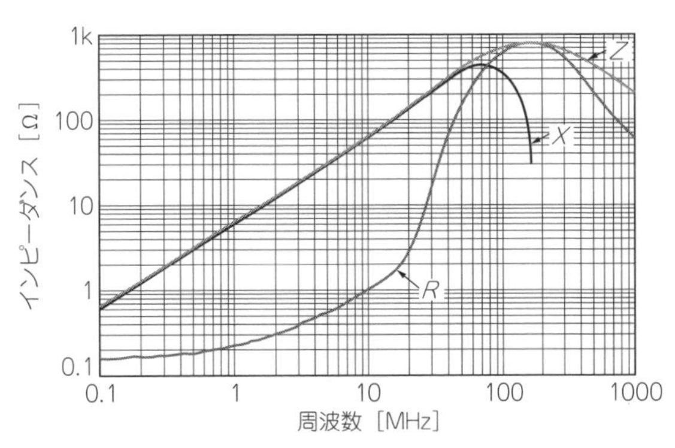

図11　積層タイプ・インダクタMLF2012A1R0（1 μH，TDK）のインピーダンスの周波数特性

「部品特性解析ソフト(SEAT)」(**図8**)を紹介します．**図9**は，SEATで表示される積層タイプ・インダクタMLF2012A1R0(TDK)のQ値の周波数特性です．**図10**は同じインダクタのL値の周波数特性です．

このソフトウェアでは，リアクタンスX，損失R，インピーダンスZを同一グラフに表示します(**図11**)．

このほかにも，スミス・チャート，パルス応答特性のシミュレーションなども表示でき，これらのデータを表計算ソフトExcelの形式でダウンロードもできます．

⑨ 直流重畳特性

フェライトなどの強磁性体を磁芯にしたインダクタには，磁性体のヒステリシス特性に起因する電流対インダクタンス特性があります．

インダクタにバイアスとして直流電流を流し(重畳して)増加させるとL値が低下する特性が，**直流重畳特性**です．

図12は，フェライトが磁化されるときの特性である磁化曲線です．これを**ヒステリシス曲線**あるいは**B-H曲線**と呼びます．

横軸は磁界の強さで，縦軸は磁束密度です．B-H曲線の角度がL値の大きさを決めます．インダクタに流す電流を大きくすることにより磁界の強さが増加し，それに伴って磁束密度が増加します．

磁界の強さを増加していくと傾斜は緩くなり，さらに強くすると，やがて傾斜はなくなり磁束密度の増加は止まり磁芯は磁性を失います．これを**磁気飽和**といいます．

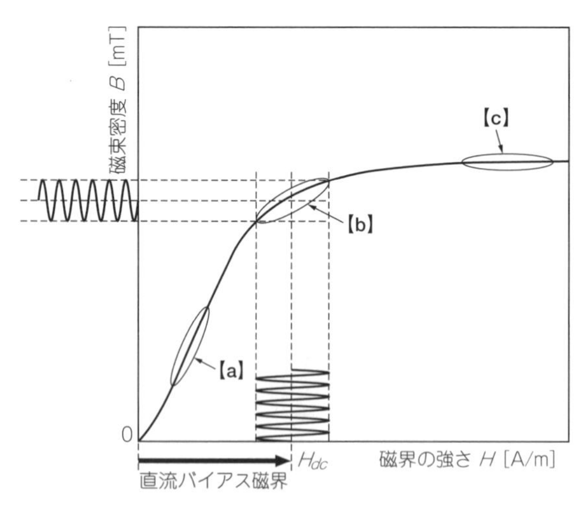

図12　*B-H*曲線と直流重畳特性

図12中の【a】の領域ではL値は初期の値を維持していますが，【b】の領域になると傾斜角度は小さくなりL値は減少を始めます．さらに磁界を強くすると【c】の領域・磁気飽和になり，インダクタは空芯コイルのL値になります．

直流重畳特性は，インダクタの定格電流から読み取れることもあります．

⑩ 定格電流の決め方

定格電流は，インダクタに流れる電流を増加させたときのL値が決められた割合だけ(例えば，電流0A時より－10％)低下したときの電流値，または電流を増加したときに，常温からある温度(例えば＋20℃)まで上昇したときの電流値で決めています．

インダクタはフェライトなどの強磁性体のコアに銅線を巻き線して構成されています．銅線の太さと長さによって電気抵抗Rが決まっています．この電気抵抗Rはコイルに流れる電流を熱に変えてしまいます．この損失が**銅損**です．

また，磁芯である強磁性体のフェライトなどは**鉄損**と呼ばれる損失を持っています．鉄損は強磁性体が持つ**ヒステリシス損**と強磁性体の表面を突き抜ける磁束によって発生する**渦**(うず)**電流損**です．電流の増加によってヒステリシス損は主にL値の低下を引き起こし，銅損と渦電流損は主に発熱を引き起こします．

定格電流はL値の低下か温度上昇のどちらか，あるいはその両方，またはどちらか低いほうの電流値で決めています．L値の低下する割合，上昇する温度，および決め方はメーカおよび製品によってまちまちです．電流の上昇によって問題となるのがL値の低下か発熱なのかは用途によって違います．

⑪ 温度特性や直流重畳特性の入手方法

一例として，TDKが公開している「部品特性解析ソフト」から入手できます．インダクタのコア材に使用されるフェライトなどの強磁性体の透磁率μは，温度が上昇するとわずかに大きくなる傾向があります．そのために，L値の温度特性もプラスになる特性を持っています．

しかし，強磁性体はある温度に達すると磁性体としての性能が消えてしまいます．この温度を**キュリー点**といいます．

飽和磁束密度は温度の上昇に従って小さくなり，直流重畳特性が劣化します．電流が増えていくと温度が上昇し，温度の上昇が続くと回路の断線や短絡，ICの破損などの事態に至る恐れもあります．

そこで，インダクタの選択に当たっては回路の温度および電流に対して十分に余裕のあるインダクタを選択する必要があります．そのためにも，インダクタの温度特性や直流重畳特性および直流重畳特性の温度特性などはしっかりと把握することが必要です．

「部品特性解析ソフト」から得られたインダクタの温度特性，直流重畳特性，およびDCバイアス電流と温度上昇の例を**図13**に示します．

⑫ ノイズ対策部品のビーズとインダクタの違い

一般のインダクタはL値を重視しています．**ビーズはインピーダンス特性を重視した回路素子**で，ディジタル回路のノイズ除去用として多く使用されています．

ビーズは，**図6**の積層タイプとまったく同じ内部構造で，製造方法もまったく同じです．違いは磁性体の材質です．インダクタは高いQのフェライトを使用し，ビーズは高周波帯で損失が大きくなるフェライトを使用しています．フェライトの高周波損失は電流を熱に変換します．ビーズは高周波帯で損失が大きいので高周波帯のノイズを除去します．

図14はビーズとインダクタの高周波損失特性です．ビーズの高周波損失200 Ωの周波数帯域は，約15 M～1 GHzの広帯域に広がっていますが，インダクタの高周波損失200 Ωの周波数帯域は，約300 M～800 MHzの帯域です．ビーズは主にディジタル信号のような広い帯域のノイズ除去に使用し，インダクタは主に周波数が特定できるアナログ・ノイズの除去に使用します．

⑬ DC-DCコンバータ用インダクタに求められる特性

DC-DCコンバータには，直流抵抗が小さく，損失も少ない巻き線タイプのインダクタが多く使用されています．DC-DCコンバータにおけるインダクタの役割の一つは**リプルの除去なので，インダクタのL値を大きくします**．高効率のためにも大きなL値が必要です．しかし，**出力電流を大きくして過渡応答を良くするためにはL値を小さくする必要があります**．

小型携帯用機器は低電圧化，大電流化および高周波

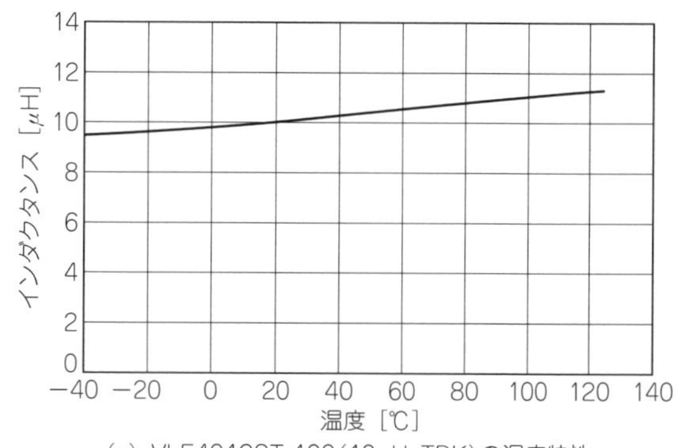

(a) VLF4012ST-100(10μH, TDK)の温度特性

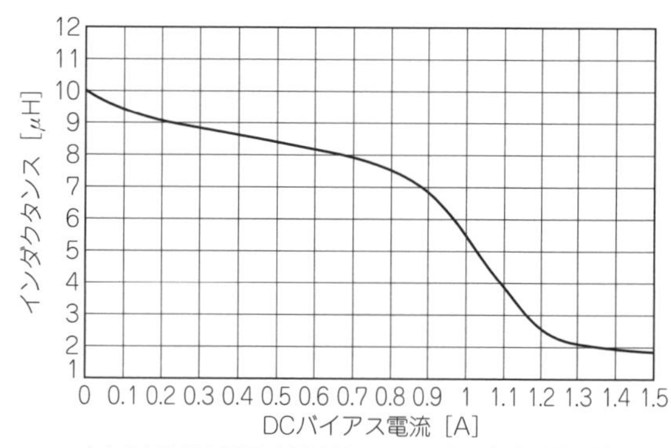

(b) VLF4012ST-100(10μH, TDK)の直流重畳特性

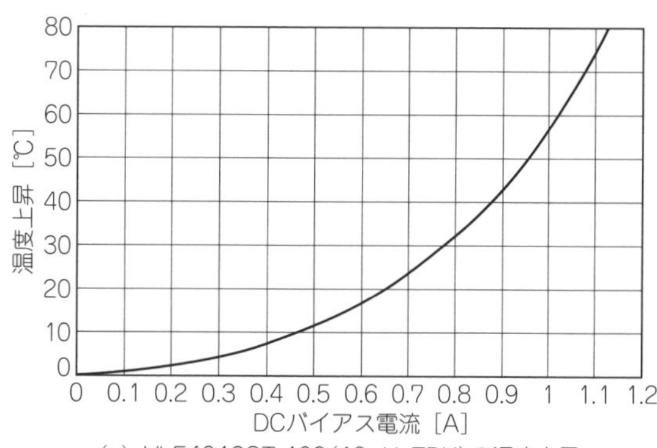

(c) VLF4012ST-100(10μH, TDK)の温度上昇

図13 DC-DCコンバータ用インダクタの特性(部品特性解析ソフトSEATを使用)

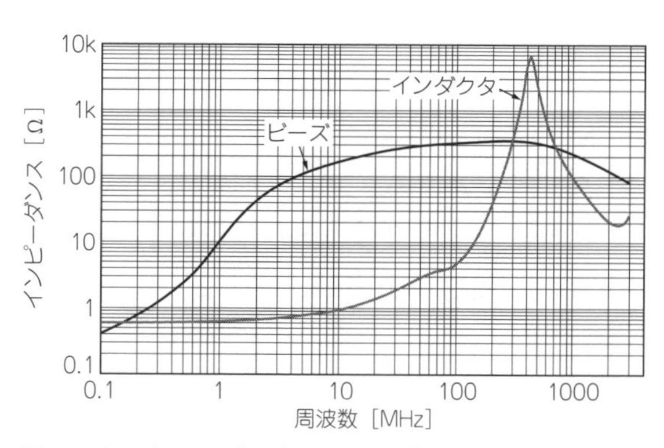

図14 インダクタとビーズのインピーダンスの周波数特性

化が進んでいるので，L値は小さくなる傾向があります．そこで，DC-DCコンバータ用のインダクタはリプルを小さくしてノイズ規制をクリアし，低抵抗，低損失，高磁気飽和，高定格電流を実現するインダクタを選択します．

さらに，インダクタは磁気を発生してノイズ源になる恐れもあるので，**閉磁路タイプ**(別名**シールド・タイプ**)の構造にします．機器の薄型化に伴ってインダクタも低背型になっていますが，抗折強度(曲げ強さ)にも注意しましょう．高L値で低抵抗，高磁気飽和で閉磁路，低損失で高電流，小型で高強度など，DC-DCコンバータ用インダクタは多くの矛盾を克服するために，新材質フェライトの開発，緻密な構造設計の下に高性能で小型なインダクタが開発されています．**図15**に代表的なDC-DCコンバータ用インダクタを示します．

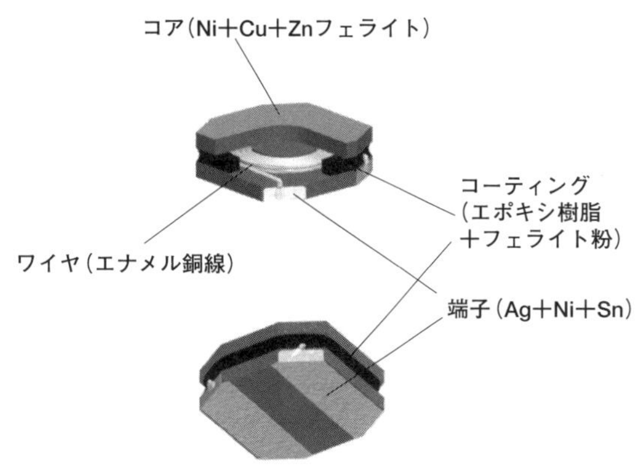

図15　DC-DCコンバータ用インダクタの構造
(TDK製VLSタイプ．サイズ：約3 mm×3 mm×1.5 mm)

⑭ 高周波回路用(GHz帯)のインダクタの特性

高周波用インダクタは広帯域，高自己共振周波数，低抵抗，低損失，高Qが要求されます．これらの要求を満足させるには，コイルは太い銅線で，損失の元になるフェライトを使用しない空芯コイルが最適です．

また，携帯用機器に代表される小型機器には，部品の極小化，自動搭載化が可能な**SMD**(Surface Mount Device)型のインダクタが必要です．SMD型には積層タイプが最適です．積層タイプの内部構造はコイルとなる導体を印刷したシートを積み重ねているので，高周波回路には不向きな性質があります．

図16に，高さ方向に積み重ねた積層タイプのインダクタを示します．このタイプは，コイルの導体と外部と接続する端子電極間で大きな浮遊容量を形成するため，自己共振周波数が低くGHz帯では使用できません．さらに，プリント基板に取り付けられると，図のように，プリント・パターンとの結合によりL値がわずかに変化してしまいます．

図17は，コイル方向を水平にしてこの欠点を補っています．従来タイプと水平タイプの共振周波数とQの周波数特性の比較データを**図18**と**図19**に示します．高周波回路用インダクタは単体の特性や外形だけでな

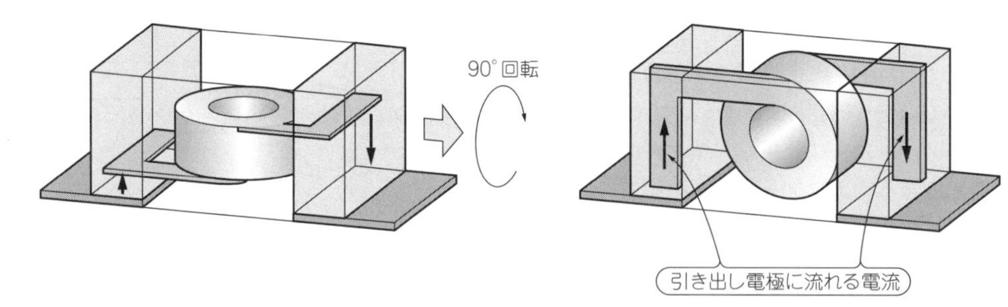

図16　垂直コイルの内部構造(取り付け方向によってL値が変化する)

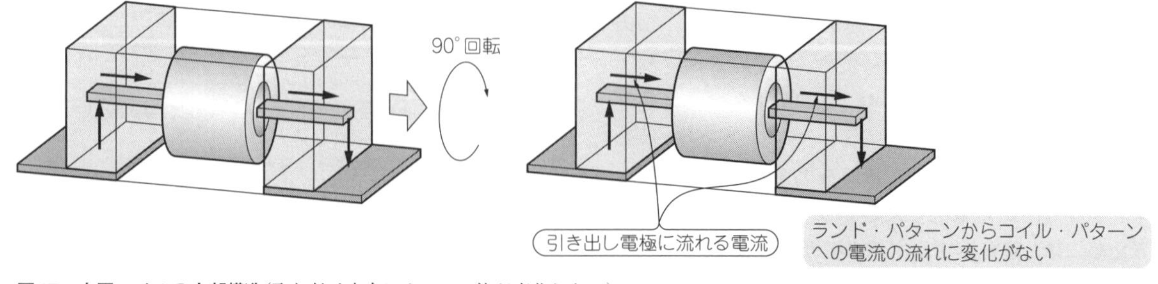

図17　水平コイルの内部構造(取り付け方向によってL値が変化しない)

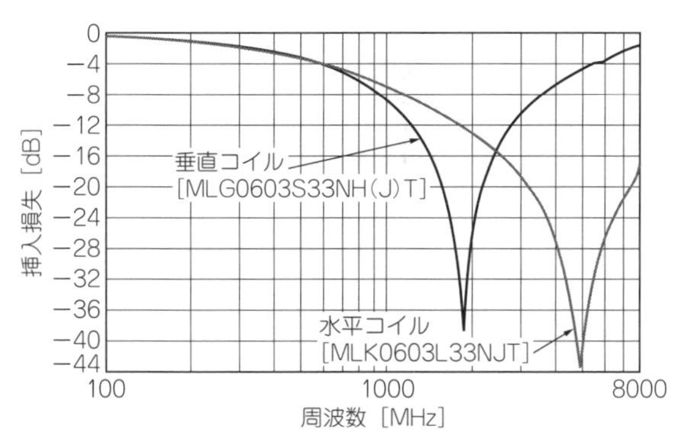

図18　垂直コイルと水平コイルの自己共振周波数比較（バイアス：0mA，温度：25℃）

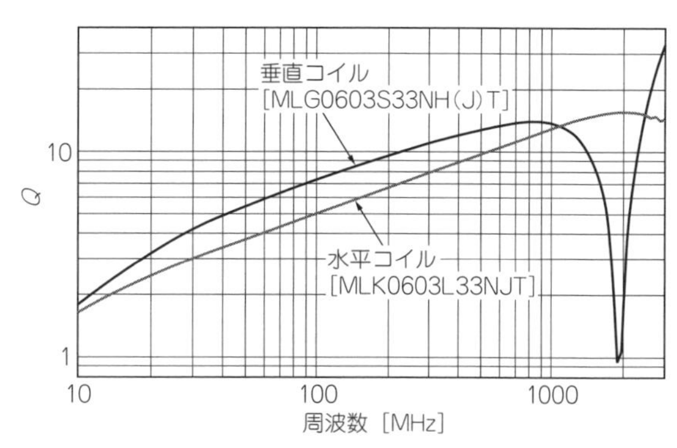

図19　垂直コイルと水平コイルのQ比較（バイアス：0mA，温度：25℃）

く，プリント基板に取り付けたときの特性にも注目しましょう．

⑮ AC電源回路でのインダクタの役割

AC電源にはさまざまな機器が接続され，さまざまなノイズが混在しています．AC電源回路では，外部から侵入してくるノイズと機器から外部へ出ていくノイズを除去します．

図20に代表的なAC電源回路のノイズ・フィルタ部分を示します．電源ライン間の**ノーマル(ディファレンシャル)・モード・ノイズ**を除去するチョーク・コイルL_2と電源ラインとグラウンド間の**コモン・モード・ノイズ**を除去するコモン・モード・チョーク・コイルL_1があります．AC電源回路の**コモン・モード・チョーク・コイルは**，**ライン・フィルタ**とも呼ばれます．

チョーク・コイルは，コイルの磁気エネルギーを蓄える性質を利用してリプルを低減し，高周波数帯でインピーダンスが大きくなる性質を利用して高調波ノイズを低減します．

コモン・モード・チョークのコイルは同じ方向に同じ回数を巻き線しているので，同相のコモン・モード・ノイズのみにインダクタとして働いて除去し，正相のノーマル・モードの信号には影響しません．

いずれのインダクタも定格電流に余裕があり，温度上昇を抑えています．また，高効率化のために，高飽和磁気特性，低損失の磁性体を使用し，外部に磁束が漏れないよう閉磁路タイプになっています．AC電源用コモン・モード・チョーク・コイル(ライン・フィルタ)の一例を**写真1**に，インピーダンス特性を**図21**に示します．

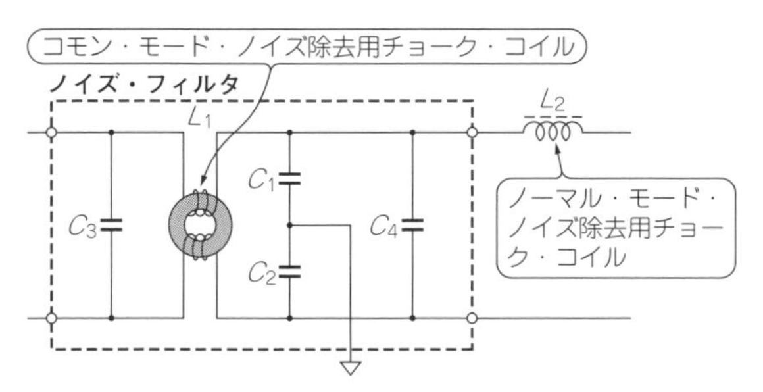

図20　AC電源回路のノイズ・フィルタ部

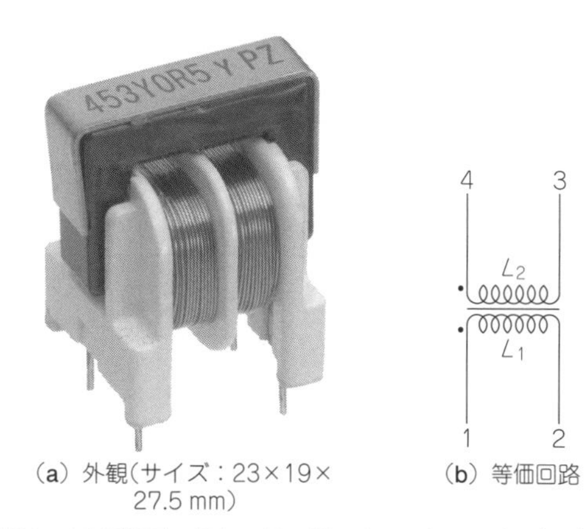

(a) 外観(サイズ：23×19×27.5 mm)　(b) 等価回路

写真1　AC電源用コモン・モード・チョーク・コイル(ライン・フィルタ)**の外観と等価回路**

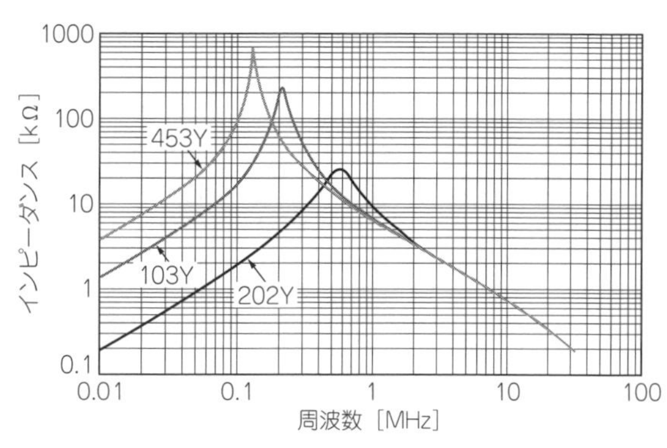

図21　インピーダンス特性

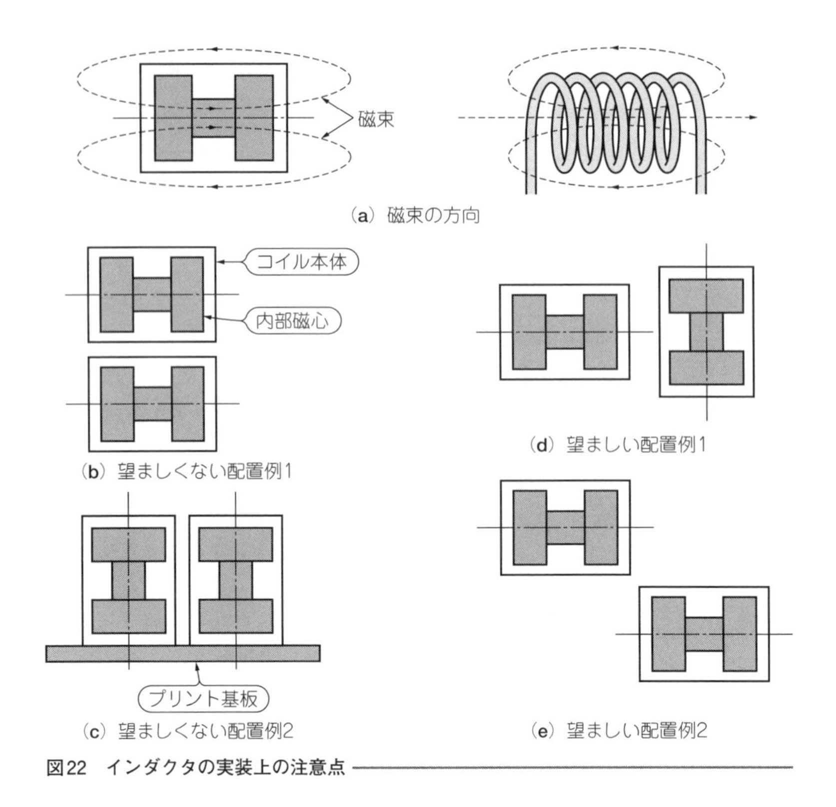

図22 インダクタの実装上の注意点

⑯ インダクタの実装上の注意点

インダクタは磁束を発生する電子部品なので，実装するときに重要な注意点があります．

磁気シールドされていない開磁路構造の複数のインダクタを配置すると，磁気結合してクロストークが発生します．さらに，ほかのインダクタ磁性体の影響でL値が変化し，近くの金属ケースの影響でQが低下することもあります．

特に高周波回路に使用するインダクタはL値が小さいので，パターンとの結合によるL値の変化の割合が大きく，回路の特性がばらつくこともあります．

インダクタの配置は，**図22**に示すようにインダクタから発生する磁束の方向がそろう配置を避け，ほかの部品やパターンとの位置を十分考慮しましょう．

はんだ付けは高温にさらされます．仕様書に従って条件を設定する必要があることなどは，ほかの電子部品と同じです．

〈長田 久〉

◆参考文献◆

(1) 戸川 治朗；実験で学ぶコイルの基本動作，トランジスタ技術，2003年10月号，CQ出版社．
(2) 不動 雅之；コイルの種類と特徴，トランジスタ技術，2003年10月号，CQ出版社．
(3) 浅井 紳哉；スイッチング電源のためのコイル，トランジスタ技術，2003年10月号，CQ出版社．
(4) 市川 裕一；高周波におけるコイルの特性実験，トランジスタ技術，2003年10月号，CQ出版社．
(5) 佐藤 守男；電源回路のLC素子，TDK HOTLINE Vol.23，TDK㈱．
(6) 広川 正彦；ノイズ対策の基礎，第3回 電源系でのノイズ対策，TDK HOTLINE Vol.29，TDK㈱．
(7) Product Update File，高周波回路/高周波モジュール用積層チップインダクタ，TDK㈱．
http://www.tdk.co.jp/puf/index.htm
(8) Product Update File，電源用トランス用/チョーク用低損失・高飽和磁束密度フェライト，TDK㈱．
http://www.tdk.co.jp/puf/index.htm
(9) アプリケーション・ノートMKT08J-24，DC/DCコンバータの検討，トレックス・セミコンダクター㈱．
http://www.torex.co.jp/japanese/Data/apl/12-MKT08J-18DCDC2.pdf

(初出：「トランジスタ技術」2009年6月号 特集)

⑰ コイルはエネルギーを蓄積する

コンデンサと同じように，コイルにも電気エネルギーを蓄えることができます．コンデンサは電圧素子なのでわかりやすいのですが，コイルの場合は電流素子

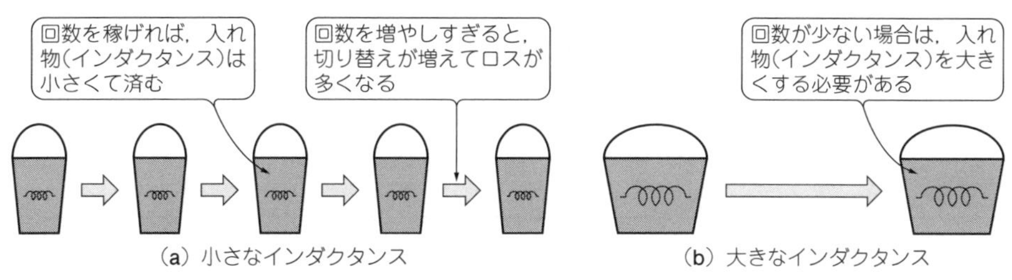

図23　バケツの大きさと運ぶ回数

なのでちょっとわかりにくいかもしれません．

難しい話を抜きにすると，電源からコイルに電流を流して蓄えてから，次に負荷に切り替えて電流を放出することを繰り返して制御することで，スイッチング電源ができあがります．

一定量の荷物(出力電流が同じ)を運ぶのには，大きな入れ物で運ぶ回数を減らすのと，小さな入れ物で運ぶ回数を増やす方法があります(**図23**)．これをスイッチング電源の場合に置き換えると，運ぶ回数がスイッチング周波数に，入れ物の大きさがインダクタンスになります．したがって，最近のようにスイッチング周波数が高くできるようになると，使用するコイルのインダクタンス値も小さくて済むようになります(小型のコイルが使用可能になる)．なお，実際のインダクタンスの値は，電源回路の動作条件によって異なります．

スイッチング電源の場合，インダクタンス値のずれは，ある程度は周波数でカバーできます．損失抵抗は電源の効率に直接影響するので，コイルの損失(直流抵抗と動作周波数での損失抵抗)が低いことのほうが重要になります．

⑱ コイルから出る磁力線を積極的に利用する

コイルは，磁気結合を利用することでコンデンサなどほかの部品ではできない動作ができます．複数の巻き線を結合させたトランスは，低周波(主に電源回路)から高周波(主にインピーダンス変換)まで幅広く利用されています．**写真2**は，表面実装タイプの高周波用バルン・トランス(4BMHタイプ)の一例ですが，このトランスでインピーダンス変換を行うことができます．

写真2
高周波用トランスの外観
(4BMHタイプ)

トランスの場合は，一般に個々の巻き線のインダクタンス値の重要性は低くなり(インダクタンスの最低値のみ必要な場合が多い)，代わりにおのおのの巻き線の巻き数比や結合状態といった項目が重要になります．

また，磁気結合をうまく利用したものにコモンモード・フィルタ(common-mode filter)があります．**図24**のように信号(差動信号：破線)とコモンモード・ノイズ(実線)の電流の向きが反対なのを利用して，信号に対しては磁力線が打ち消す方向に2個のコイルを結合してあります．

この結果，信号に対してはインダクタンスがないのと同じになるので影響しませんが，コモンモード・ノイズに対してはインダクタンスとして動作し，ノイズとして通過するのを阻止するように働きます．

単純にコイルを信号線に入れた場合に比較して，信号には影響しないでノイズに対してのみ効果があるようになり，信号の劣化を少なくすることができます．

⑲ コイルの電流規格には二つの決め方がある

これは，わかりにくい仕様の一つなので詳しく説明します．コイルの電流規格には，大きく分けて次の2種類があります．

(1) これ以上の電流を流すと，コイルが発熱して破損する可能性のある電流値(直流)

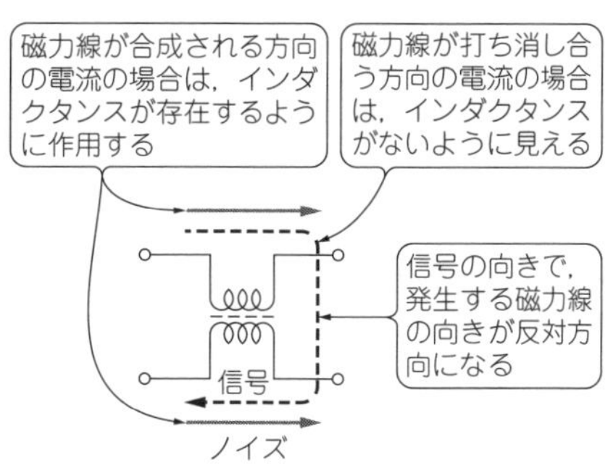

図24　コモンモード・フィルタの振る舞い

表3　7G17Bの規格の抜粋

型　番	インダクタンス [μH]	直流抵抗(最大) [mΩ]	直流重畳許容電流 [A]	温度上昇許容電流 [A]
7G17B-100M-R	10±20％	10.7	26	8.2
7G17B-220M-R	22±20％	10.7	13	8.2
7G17B-330M-R	33±20％	10.7	7.5	8.2

直流重畳電流が大きいので，瞬時に大きな電流が流れても飽和しない

温度上昇許容電流のほうが小さいので，連続して大電流を流せない

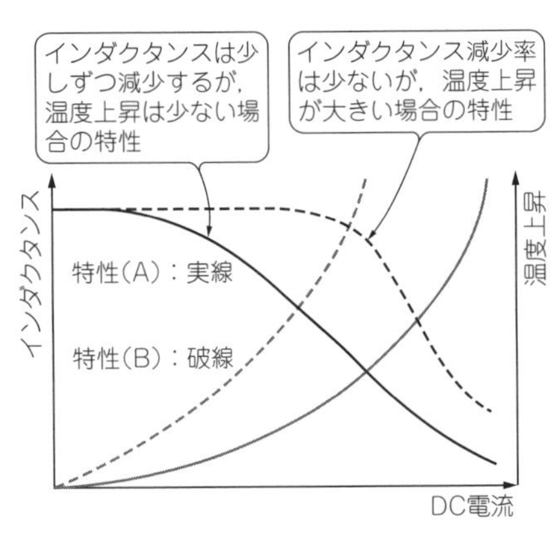

図25　直流重畳特性と温度上昇の関係

一般に「温度上昇(許容)電流」と言われることが多いです.

(2) コイルの破損は考慮しないで，インダクタンスの低下が大きくなる電流値(直流)

「直流重畳(許容)電流」と言われることが多いです.

なお，コイル業界では，上記の(1)と(2)の小さいほうを，単に「定格電流」と言うことが一般的です.

使用する回路で必要とする特性を確認し，仕様書の電流規格もじっくり見て，電流規格の条件と照らし合わせることが重要になります.

なお，「定格」という用語の意味には次の二つがありますが，コイルの場合は後者になります.

基準値：電源電圧などの動作の基準になる値

最大値：許容できる最大の値

コイルの中には，図25のように同じ電流仕様でも発熱が少ない特性(A)と直流重畳特性が延びた特性(B)の2種類の特性の製品が存在することがあります.

スイッチング電源の場合は，電流が連続して流れることが多いので，一般に特性(A)のコイル(通常のインダクタ)が使用されます.

最近はやりのディジタル・アンプの場合は，瞬間的に大きな電流が流れることが多いので，特性(B)のように，発熱よりも，ピーク電流でインダクタンスが飽和しない特性が使用されることがあります.

写真3
大電流用コイルの例
(7G17Bタイプ)

参考までに，ディジタル・アンプ用コイル7G17B(**写真3**)の規格の例を**表3**に示しますが，電流仕様の違いに注目してみてください.

ほかにも，インダクタンスの減少曲線が急峻な特性と緩やかな特性の製品(構造/材質の違いによる)があるので，使用する回路に合わせてコイルを決めるときの参考にしてください.

⑳ 巻き線のインダクタンスの概算値は計算で求めることができる

コイルは電線を巻いたもの(巻き線と言う)だと話しましたが，そのコイルのインダクタンスLと電線の巻き数Nの関係は，おおむね式(4)のようになります(インダクタンスLは巻き数Nの2乗に比例する).

$$L = k\ \mu_e N^2 \cdots\cdots (4)$$

ただし，L：インダクタンス [H]，k：形状などで決まる係数，μ_e：実効透磁率

したがって，巻き線型コイルの場合は，巻き数が2倍になるとインダクタンスは4倍になってしまいます．最近のように，低いインダクタンス値のコイルの場合は，巻き数も少ないうえに巻き数は整数にしかできないので，巻き数を1回増減するだけでインダクタンスの値が大きく変化します.

例えば，9回巻いたときのインダクタンスが4.7 μHになるコイルの場合，巻き数ごとのインダクタンス値は**表4**のようになります．巻き数を整数にしかできないので，この例だと10.0 μHピッタリの値になるイン

表4　巻き数とインダクタンスの関係
CER8042タイプの場合の例

巻き数N	インダクタンスL
7T	3.0 μH
8T	3.9 μH
9T	4.7 μH
10T	6.2 μH

4.7 μHの次は6.2 μHになるので5.6 μHはできない

写真4
パワー・インダクタ
(CER8042タイプ)

ダクタンスは作れないことになります．

セット・メーカの技術者の中には，上の式をすでにご存じで「巻き数を1T減らしてインダクタンスを○○にしたサンプルをお願いします」なんて言う方もいたりしますが，皆さんは気にしなくても問題ありません．参考までに，CER8042(**写真4**)の場合だと10T(巻き数をTと表記)で6.2 μHになります．

コイルを開発するときには，巻き数とインダクタンスの関係が，E6またはE12シリーズにできるだけ合うように，実は苦労して形状を決めているのです．

巻き線型のコイルの場合，特注でインダクタンスを標準外に設定(巻き数を変更することで)することも可能なのですが，インダクタンス値によっては絶対にできない場合もあるのです．

㉑ 磁性材料の特性で実際にインダクタンスに影響する割合「実効透磁率」

空芯コイルに磁性材料を追加するとインダクタンスが増えますが，実はインダクタンス値は磁性材料の透磁率倍には増えません．これは，コイルから発生した磁力線が全て磁性材料の中を通らないことによります．そこで，実際にインダクタンスが何倍になるかの目安として，実効透磁率(μ_eと呼ばれる)というものがあります(**図26**)．

磁力線の通り道に空間(ギャップ)があると，この実効透磁率は大きく低下します．このため，磁性材料単体の透磁率が非常に大きい材料を使用しても，実際のコイルには磁力線の通り路にギャップ(磁性材料の分割面)が存在するので，実効透磁率は思ったほどは大きくなりません．

したがって，コイルを小形化しようと思って透磁率の高い材料を使用しても，小型化には限界があります．

㉒ 磁性材料の一部に隙間を作るとコイルの特性が大きく変化する

表3にディジタル・アンプ用コイル7G17Bの仕様の抜粋を示しましたが，温度上昇許容電流の値がすべて同じなのは，実は直流抵抗が同じだったからなのです．お気付きの方もいると思いますが，直流抵抗が同じということは，巻き線がすべて同じということなのです．

それでは，どうやってインダクタンス値を変えているのかというと，コイルの形状や巻き数を変更しなくても，磁性材料のμ_e(実効透磁率)の値を変えることで，インダクタンス値を変えているのです．

実際には，使用している磁性材料のフェライト・コアの一部に**図27**のようにギャップ(隙間)を設けることで対応しています．ギャップを設けることで，フェライト・コアの材質を変更することなく，実効透磁率を変更することができます．

ただし，ギャップの大きさで変化するのはインダクタンスだけではなく，直流重畳特性も同時に変化します．

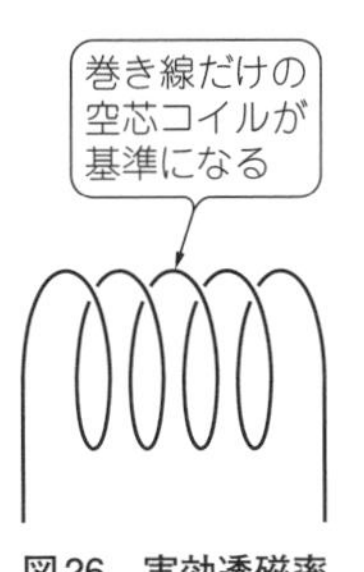

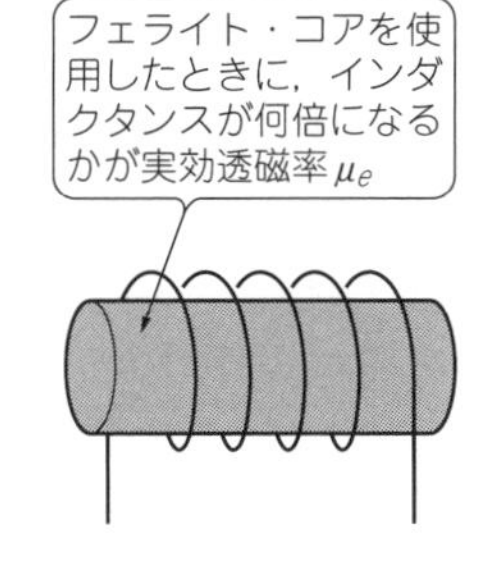

図26　実効透磁率

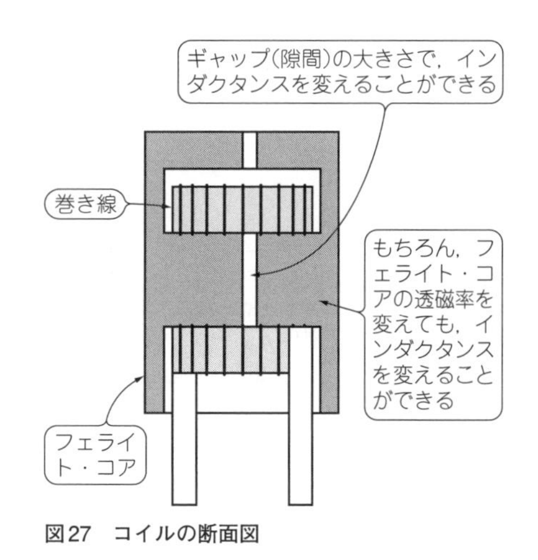

図27　コイルの断面図

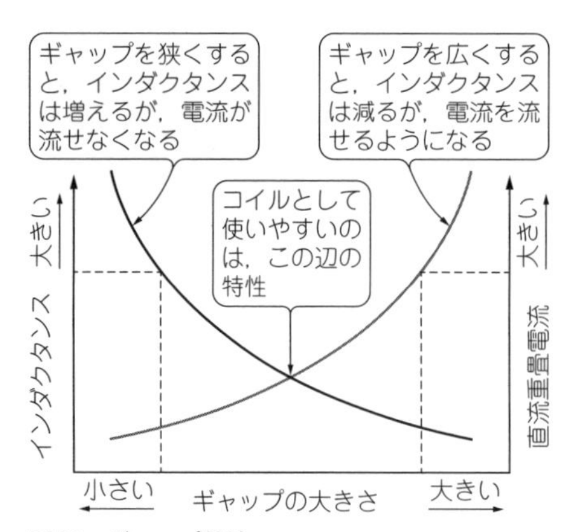

図28　ギャップ特性
コイルの形状が一定の場合の関係

ギャップの大きさと，インダクタンス，直流重畳特性の関係は，**図28**のような関係になりますので，両方のバランスを見ながらギャップの大きさを決めます．

あらためて**表3**を見ていただくと，**図28**の関係になっているのがわかってもらえると思います(インダクタンスの大きいほうがギャップが小さい)．

「損失を減らすためには，電線の巻き数を減らして抵抗を下げ，ギャップを狭くしてインダクタンスを増やして，そうすると直流重畳電流特性が低下して…，困ったな～！」ということになって，コイルの構造のどの部分に，どのようなギャップを設けると一番良い特性になるのか，ここがコイル・メーカの腕の見せ所になります．

㉓ インダクタンスと重畳特性はギャップの大きさで決まる

フェライト・コアとコイル内部の巻き線が同じ条件で，**図29**のようにギャップ寸法だけを変えた場合は，インダクタンスと直流電流は**図30**のような関係になり，相互に依存した関係にあります．

インダクタンスを大きくしたい場合，ギャップ付きのコアであって，ギャップを狭くすることで対応できれば，直流抵抗(DCR)を増加させないで実現できます．

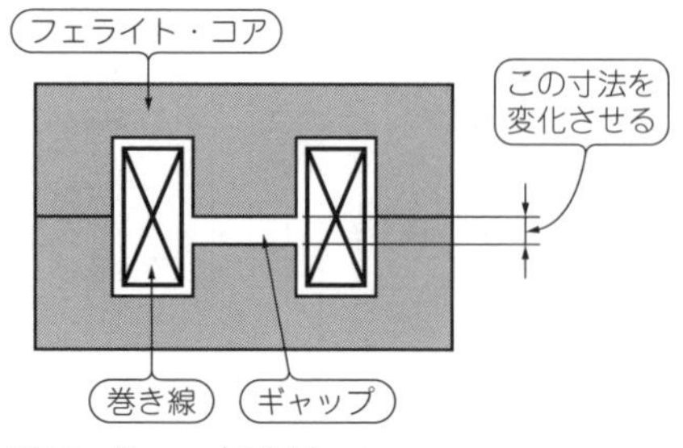

図29　ギャップの位置

しかし，実際にはギャップを変更してインダクタンスを変更できるのは，形状(構造)の関係で限られたコアの場合だけになります．

㉔ コイルの損失の大小がわかる「Q値」

理想状態のコイルとの違い(損失の量)を表すパラメータの一つにQという指標があって，コイルの等価回路を**図31**で表した場合に次式で計算されます．

$$Q = \frac{2\pi f L_S}{r_S} \cdots\cdots (5)$$

ただし，f：周波数［Hz］，
L_S：インダクタンス［H］，
r_S：損失抵抗［Ω］

したがって，「Qが大きい」＝「損失の少ない理想に近いコイル」ということになり，$r_S = 0$で$Q = \infty$になります．

昔は，Qメータというものがあって(コイル・メーカの必需品だった)，これでQを直接測定していたのですが，今は高機能LCRメータ(またはインピーダンス・アナライザ)の測定モードを「$L_S + Q$」に設定することで測定することができます．

Qは，同じコイルでも周波数によって大きく変化します．通常，周波数を低いほうから変化させていくと**図32**のようになり，特定の周波数でQの値は最大値

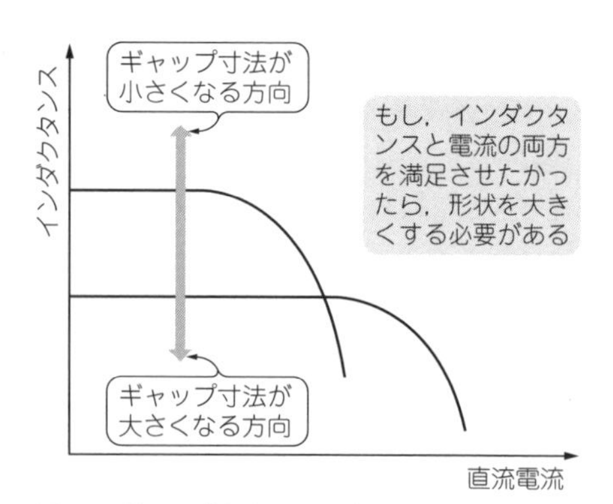

図30　ギャップ寸法と直流重畳特性

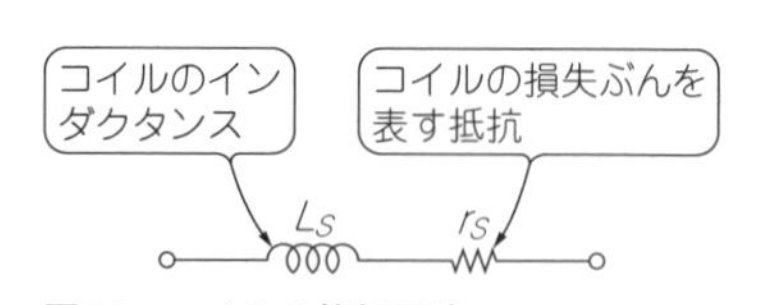

図31　コイルの等価回路
最も簡単な等価回路はインダクタンスと抵抗

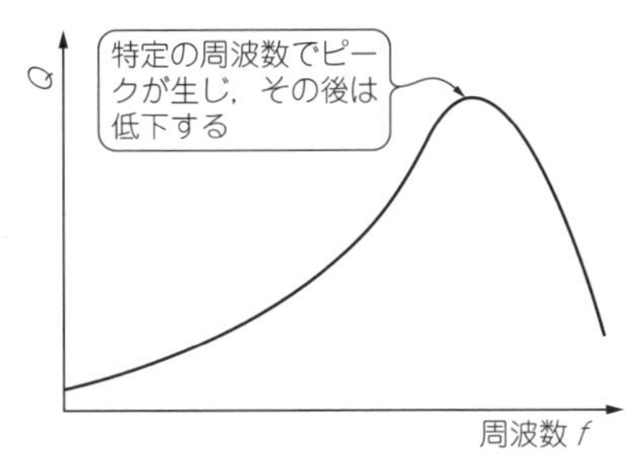

図32　一般的なf-Q特性のグラフ

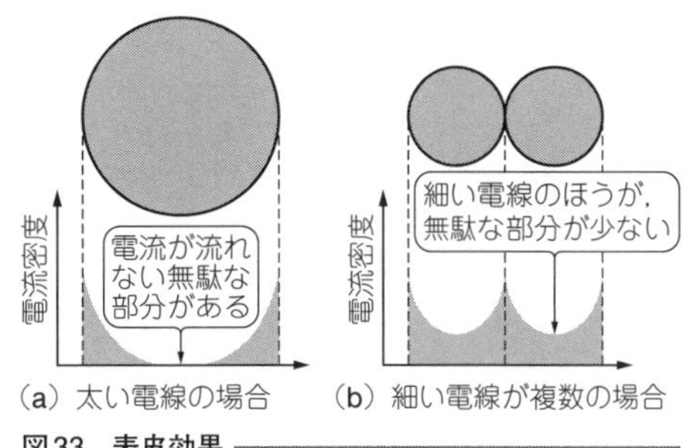

図33　表皮効果

になり，それ以降の周波数では低下していきます．

パワーを扱う用途では，コンデンサの世界でもtan δではなく，等価直列抵抗(*ESR*)を使用している場合が多いのと同じで，パワー・インダクタの場合も*Q*でなく*DCR*が採用されています．

損失に関しては，抵抗のほうが直感的にわかりやすいということもありますが，それ以外に*DCR*のほうが測定しやすいという理由もあります．*Q*もr_S(*ESR*)も，意味としては同じで，式(5)で相互に変換できます．

㉕ Qが低下する原因の一つ「表皮効果」

同じ形状で直流抵抗*DCR*は大きいのに，周波数を高くしていくと逆に*Q*が高くなる場合があります．

これは，表皮効果という現象で，**図33**のように電線の中を流れる電流は周波数が高くなるほど電線の表面に集中して，一定の深さよりも深い部分にはほとんど流れなくなります．太い電線のほうが表面積は広いので高い周波数でも有利ですが，電線の中心部に無駄な部分が増えてきます．

この無駄を避けるために，トータルの電線の断面積は小さくても表面積の大きな電線を使用することで，電流の集中を分散しようという方法があります．実際には，個々に絶縁された細い線を束にして1本の電線(リッツ線と呼ばれている)として使用します(細い線だと中心部にも電流が流れる)．

実際どの程度効果があるのか，同じフェライト・コアに単線とリッツ線を巻き線したコイルの特性の一例を**図34**に示します．このグラフからもわかるように，リッツ線も万能ということではなく，効果が期待できる周波数範囲が限定されます．コスト対効果を考えると，利用できる場所も限定されてしまいます．

その昔は，AMラジオのアンテナ・コイルの*Q*を上げるためによく使用されていましたが，最近は半導体の性能が上がったこともあって，ほとんど使用されな

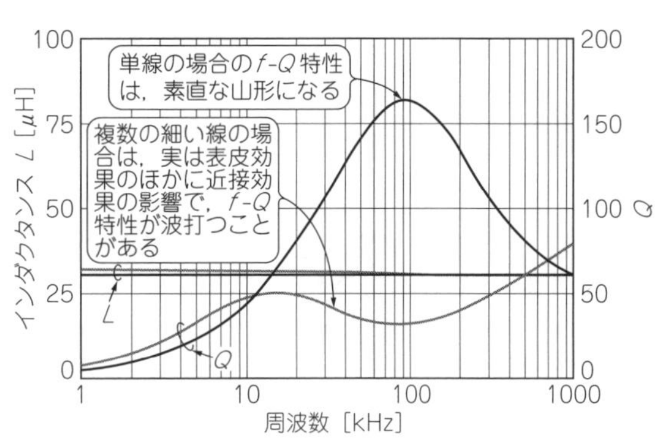

図34　電線によるQ特性の違い

くなりました．

㉖ コイルを金属から遠ざけるとQ値が上がる

*Q*の話題が出たので続けますが，コイルの周囲に金属(導体)があると，一般に*Q*の値が低下します．これは，コイルから出た磁力線が金属を通過するときに発生する渦電流(詳しくは後述)が，おもな原因になります．

高周波用コイルの場合は，次のような工夫をしてこの影響を低減し，*Q*の高いコイルを実現しています．

(1) コイル自身の金属端子の部分から巻き線部分を遠ざける
(2) プリント配線板に実装されたときに，巻き線がパターン(銅はく)からできる限り離れるようにする

チップ・インダクタのHigh-*Q*品(C2012Hタイプ)の例では，**図35**に示すようにノーマル品に比べて空間部分を大きくしています．ただし，巻き線可能な部分が減少するので，生産可能な最大インダクタンスはノーマル品よりも小さくなります．同じインダクタンスであれば，*Q*を高くすることができます．ちょっとしたことですが，こういうことの積み重ねで，コイルの特性アップを行っています．

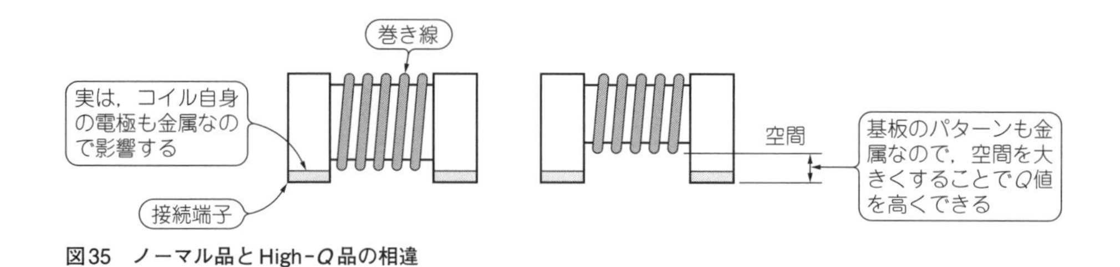

図35　ノーマル品とHigh-*Q*品の相違
基板面から巻き線までの位置が異なる

パワー・インダクタの場合でも，開磁路インダクタの場合は，高周波用インダクタほどではありませんが，プリント配線板のパターン(銅はく)がコイルの真下にあるときなどは，影響を少なからず受けることがあります．

㉗ 直流重畳特性はコイルに使用する磁性材料の飽和が関係している

電線を巻いただけでコイル(「空芯コイル」という)を作ることはできますが，形状を小さくするために磁性材料を組み合わせて使用します．「空芯コイル」に，磁性材料の一つのフェライト・コアを組み合わせると，同じ巻き数でインダクタンスを数倍～数百倍にすることができます．

ただ，磁性材料には磁気飽和という現象があって，磁気飽和が起こるとインダクタンスを高める効果が減少するので，結果としてコイルのインダクタンスが減少してしまいます(**図36**)．

一般に，同じインダクタンスならば，形状が小さいほど磁気飽和が早く起こるので，直流重畳特性の低下が大きくなります(流せる電流が少なくなる)．それでも，材質の改善によりコイルの形状も，大幅に小さくなりました．

㉘ コイルは自分自身で共振する

通常のコイルのインピーダンスの周波数特性($Z = R + jX$)を測定すると，**図37**(jXだけをプロットした)の実線のようになります．ちなみに，破線は理想コイルの100 μHの周波数特性を示しています．

図37の特性で，インピーダンスの極性が反転する(コイルが共振していることを示している)周波数を，自己共振周波数(Self Resonant Frequency；SRF)と言います．

この自己共振周波数よりも高い周波数では，インピーダンスがマイナスになってしまってコイルとしての特性が得られなくなります．

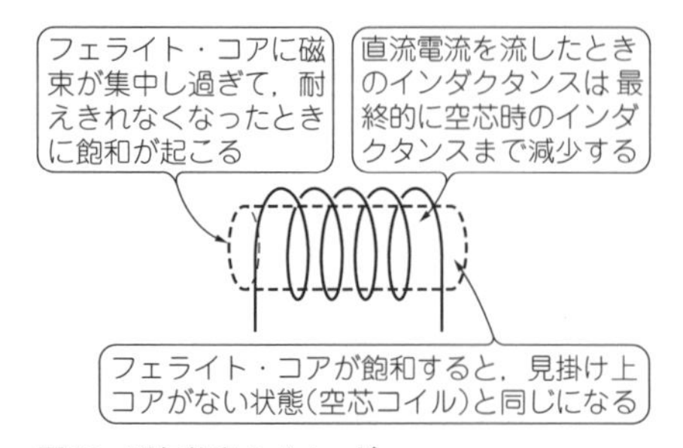

図36　磁気飽和のイメージ

㉙ インダクタンスと巻き線間の容量ぶんで共振現象が発生

現実の世界では，広さ(面積)があれば容量(コンデンサ)が存在し，この容量ぶんのことを，寄生容量，分布容量，浮遊容量，ストレィ容量などと呼びます．

この結果，現実のインダクタの等価回路は，前述した抵抗ぶんのほかに**図38**のように並列に容量ぶん(コンデンサ)C_Pを加えるのが一般的です．この容量C_Pとコイル自身のインダクタンスL_Sが並列共振を起こし，前の項の**図37**に示したような周波数特性になります．

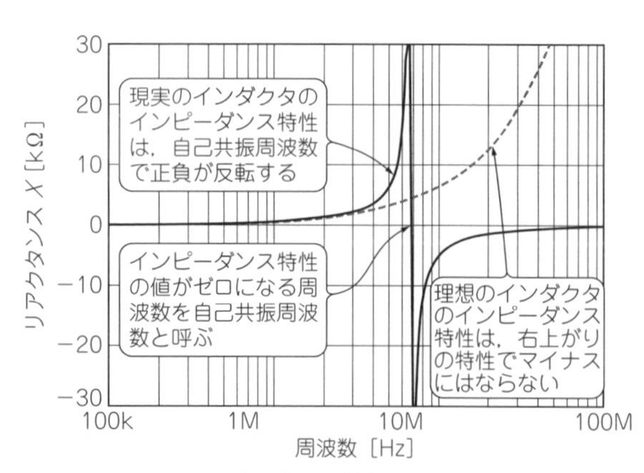

図37　コイルのインピーダンス特性(7B12Hタイプの100 μHの場合)

通常，インダクタンスだけでは共振現象は起こりませんが，外部に並列にコンデンサを接続しなくても，自分自身だけで共振現象が起きることから自己共振周波数(SRF)と呼ばれています．

現実のインダクタで自己共振現象をなくすことはできませんが，コイルの構造を工夫することでC_Pの値を小さくし，自己共振周波数の値をより高い周波数へ移動することは可能で，これを実現した特殊なコイルも存在します．

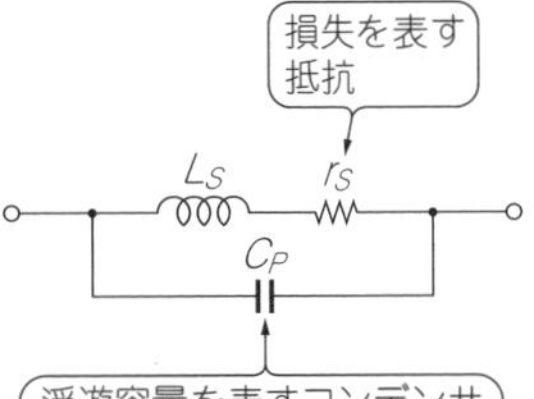

図38
コイルの一般的な等価回路

㉚ 使う周波数によっては コンデンサに見えてくる

インピーダンス($Z = R + jX$)のリアクタンス(X)ぶんの極性は，プラス(正)のときは誘導性(インダクティブ)で，マイナス(負)のときは容量性(キャパシティブ)であることを示しています．

したがって，図37の自己共振周波数より低い周波数領域ではコイルですが，自己共振周波数より高い周波数領域ではコンデンサとして機能していることを表しています．自己共振周波数よりも高い周波数では，もはやコイルとして機能しないのです．これをイメージとして捉えると，図39のように自己共振周波数を境にして，コイルがコンデンサに変わります．

これを別の見方で表してみると図40のようになり，理論上ではコイルの場合は周波数が高くなるほどインピーダンスが大きくなって信号が通過しにくくなるのですが，実際のインピーダンス特性(|Z|をプロット)は，実線(破線は理想コイルの場合)のように，自己共振周波数で最大値になり以降は減少していきます．

周波数の増加に伴いインピーダンスが減少するのは，コンデンサの特性を示していることになります．

㉛ 磁性材料を使用したコイルは プラスの温度特性を持つ

多くのコイルは，磁性材料を使用して作られています．この結果，コイルの特性は磁性材料の特性とコイルの構造(磁気構造)により大きく変化します．

磁性材料として多く使用されているフェライト・コアの場合，透磁率(μ_i)はプラスの温度特性を持っているものが大半なので，フェライト・コアを使用したインダクタンスの温度特性も一般にはプラス(温度が上がるとインダクタンスが増加する方向)の製品が多くあります．ただし，同じ材質を使用してもコイルの

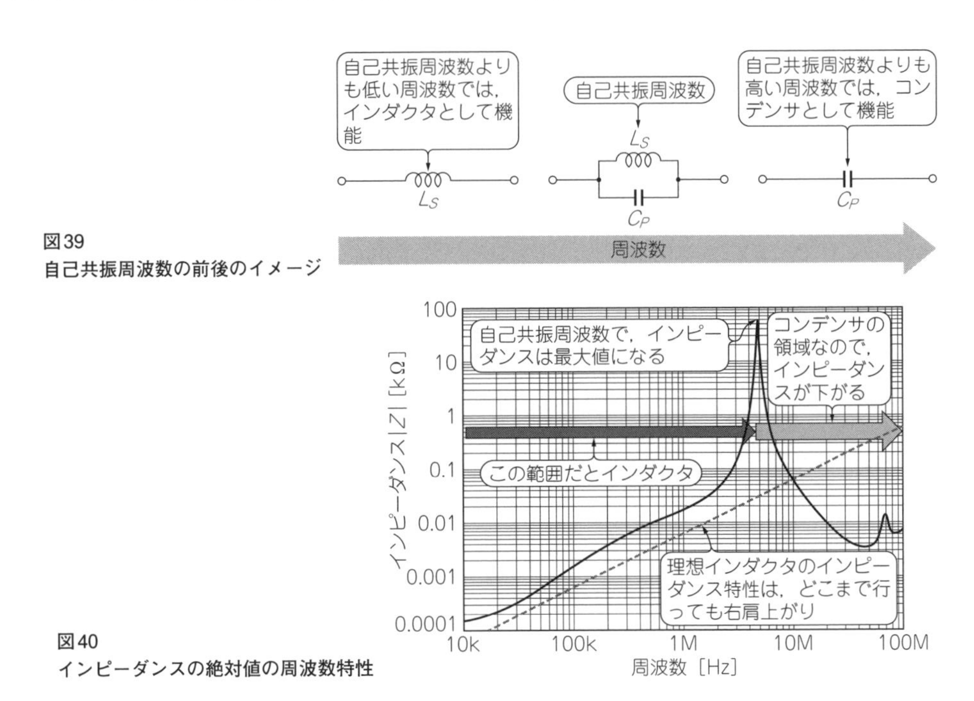

図39
自己共振周波数の前後のイメージ

図40
インピーダンスの絶対値の周波数特性

構造が異なると，温度特性も大きく異なることがあります．

図41は，同じ構造(形状)で外径違いのパワー・インダクタ7E04LBと7E05NBの温度特性を測定した結果で，二つのコイルの構造はほとんど同じですが，フェライト・コアの材質が異なることで，温度特性にも差が出ています．パワー・インダクタの場合，インダクタンスの温度特性よりも直流重畳特性のほうが重要視されているので，このような差が出てしまうことがあります．

見た目が同じような製品でも温度特性まで同じとは限らないので，必要に応じて温度特性も確認するようしたほうがよいでしょう．

図42は，ディジタル・アンプ用コイル7G14Cの温度特性を測定したものですが，ここで注意していただきたいのは，**図41**と**図42**では縦軸の目盛りの値が10倍違うということです．

7E04LB(**写真5**)，7E05NBと7G14C(**写真6**)は，いずれも閉磁路タイプのコイルですが，構造の違いによって「インダクタンスの温度に対する変化」も異なることをわかっていただけると思います．

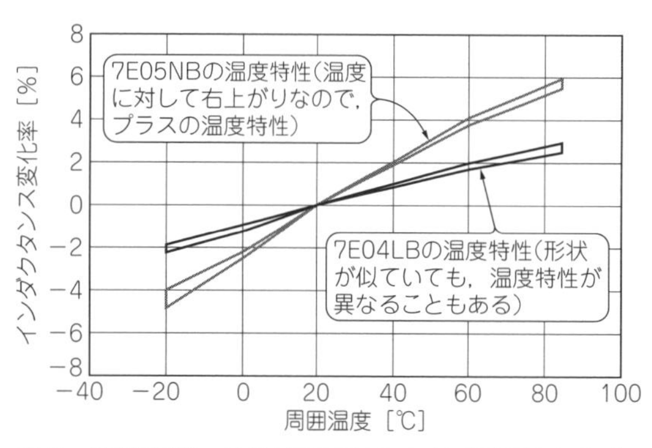

図41　温度特性例…その1(7E04LBタイプと7E05NBタイプ)

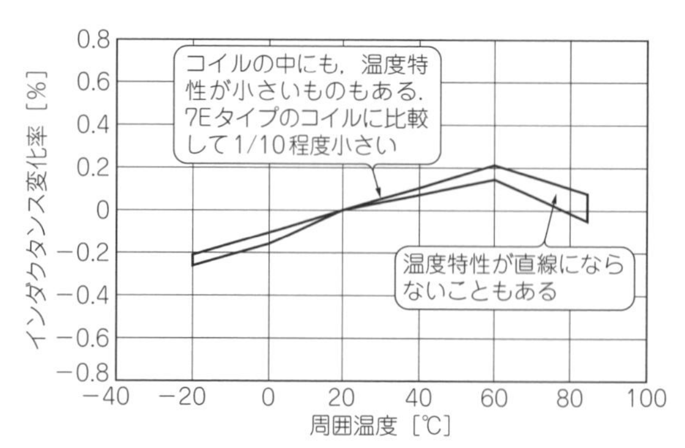

図42　温度特性例…その2(7G14Cタイプ)

㉜ 磁性材料を使用したコイルの直流重畳特性は温度で変化する

パワー・インダクタの直流重畳特性のカーブは，一般に**図43**(CHR1037の特性例)のようにコイルの温度が上がると手前にくるようになります．その割合は，構造と使用しているフェライト・コアの材質により異なりますが，傾向としては**図43**のような傾向になります．

パワー・インダクタは，電流が流れると自分自身が発熱するのと，比較的温度の高くなる場所で使用されることが多いので，高温下の特性の変化についても確認が重要になります．

㉝ 温度が上がりすぎると突然インダクタンスが減少する

コイルに使用しているフェライト・コアには，キュリー温度(パワー・インダクタの場合は通常200℃以上ある)というものがあり，この温度を越えると**図44**のように磁気特性が消失してしまいます(温度が下がれば時期特性は復帰する)．

したがって，フェライト・コアを使用しているコイルの場合も，キュリー温度以上になるとインダクタンスが激減しますが，こちらも温度が下がればインダクタンス値は元に戻ります(**図45**)．

写真5　パワー・インダクタ(7E04LBタイプ)

写真6　ディジタル・アンプ用インダクタ(7G14Cタイプ)

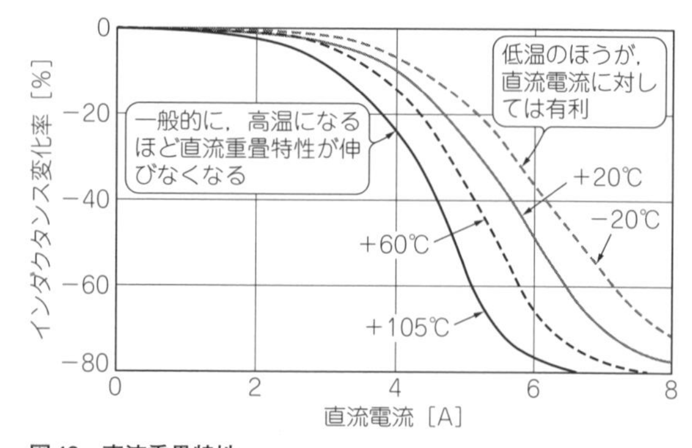

図43　直流重畳特性
一般的なコイルの傾向を示す

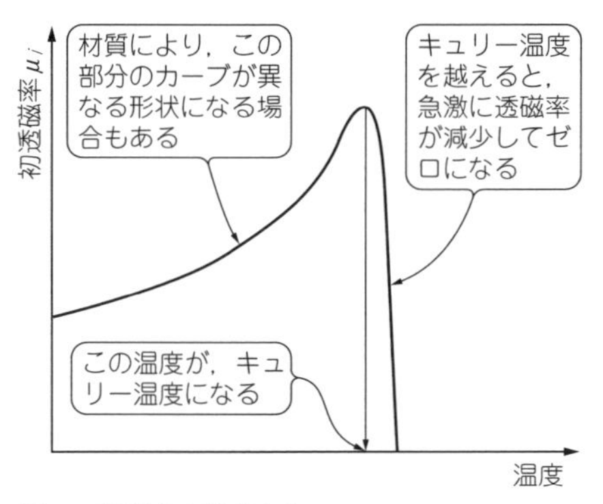

図44　透磁率の温度変化

ただし，最近のパワー・インダクタに使用しているフェライト・コアのキュリー温度は，＋200℃を越えているのが普通なので，通常の使用において心配する必要はありません．それよりも，電子部品に対するストレスを減らす意味でも，コイルの温度をできるだけ下げて使用することのほうが望ましいことなのです．

㉞ 電流を流すことによる発熱の原因は電線の直流抵抗だけではない

巻き線型のコイルの場合，電流が流れるとまずは電線の抵抗ぶんによる損失で発熱します．コイルに流れる電流が直流電流の場合はこれだけですが，交流電流の場合はこれ以外の損失(電線の表皮効果と磁性材料の損失)が生じて発熱します．

コイルで生じる損失Pは次式で表せます．右辺の第1項が直流電流による損失，第2項が交流電流による損失を表します．

$$P = I_{DC}^2 R_{DC} + I_{AC}^2 R_{AC} \cdots\cdots\cdots\cdots (6)$$

ただし，P：損失［W］，I_{DC}：直流重畳電流［A］，R_{DC}：直流抵抗ぶん［Ω］，I_{AC}：交流電流［A］，R_{AC}：交流に対する損失抵抗［Ω］

コイルの等価回路を$L_S + r_S$として表したとき，パワー・インダクタ(7B12H‐101)の周波数特性は**図46**のようになります．フェライト・コアを使用したコイルの場合，ほとんど同じような傾向になります．

コイルに流れる電流が交流ぶんを含むときは，直流抵抗だけでなく交流(高周波)での損失も考慮しておく必要があります．

ただし，発熱は損失に比例(電流の2乗に比例)するので，コイルに流れる電流の直流と交流の比率が例えば10：1とすると，r_Sの値が100倍違って初めて直流と交流の発熱が等しくなる計算になります．

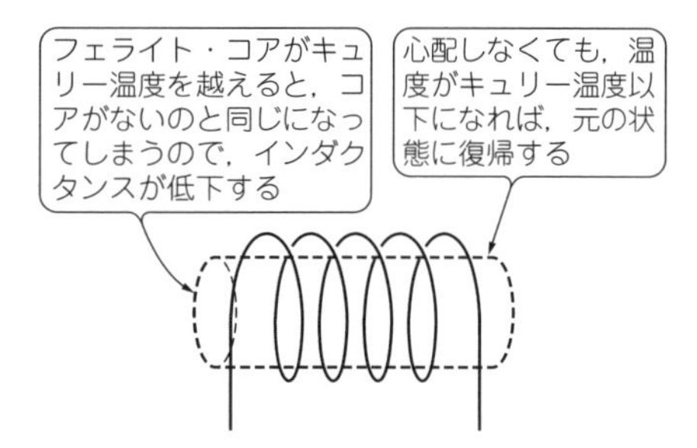

図45　キュリー温度を越えると…

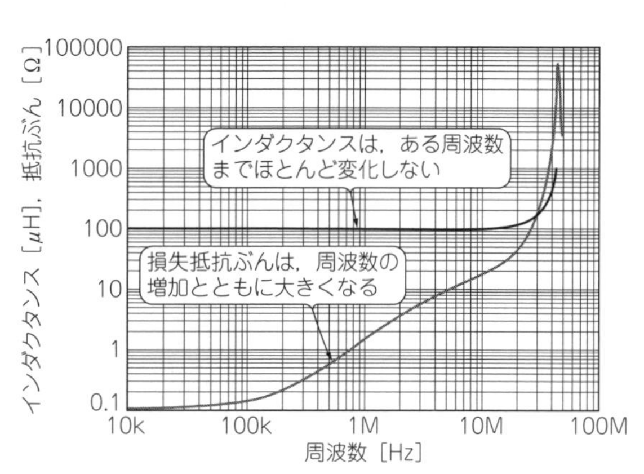

図46　パワー・インダクタの周波数特性

コイルの発熱が予想外に大きい場合は，コイルに流れる電流波形を一度確認してみることをお勧めします．

㉟ 流すことができる電流は電線の太さだけでは決まらない

一般に配線に使用する場合は，電線は太いほうが電流をたくさん流すことができます．巻き線型のコイルの場合も，電線を太くすれば直流抵抗が減るので発熱が減り，大きな電流を流すことができます．

ただし，インダクタの場合は太さ□□mmの電線を使用しているから□□アンペアの電流を流すことができると，一義的に決まるわけではありません．

部品に流すことができる電流が制限を受けるのは，電線の太さではなく，電流を流すことによる発熱が原因だからです．細い電線でも，熱が逃げる構造になっていると，部品の温度が低くなるので，見掛けよりも大きな電流に耐えることができます．

参考として，チップ・インダクタ(C2012Cタイプ)とパワー・インダクタ(7E06NAタイプ)の例で比較をしてみました．**表5**の値からもわかるように，仕様上は同じ許容(定格)電流値でも，使用している電線の太さが3倍も異なっていて，実に断面積にすると9倍も違うということです．

型 番	インダクタンス	直流抵抗(標準) [mΩ]	温度上昇許容電流 [mA]	電線直径 [mm]
C2012C-15N	15nH	70	600	0.05
7E06NA-121	120 μH	510	600	0.15

電線の太さだけではなく，直流抵抗の値も重要になる

使用電線が細いからといって，電流が流せないわけではない

表5
C2012Cタイプと7E06NAタイプの比較

写真7　チップ・インダクタ(C2012Cタイプ)
熱が逃げやすい構造なので比較的大きな電流を流せる

写真8　パワー・インダクタ(7E06NAタイプ)
巻き線が覆われている構造なので熱がこもりやすい

パワー・インダクタのほうが電線が太いのに許容電流値が低いのは，コイルで発生した熱が逃げにくいということが原因で，そのぶんコイルの温度が高くなるということなのです．そういえば，半導体のワイヤ・ボンディングも，パワー用素子の場合でも結構細かったと思います．

㊱ 磁性材料には絶縁抵抗値の異なるものがある

コイルに使用していているフェライト・コアには，ニッケル(Ni-Zn)系とマンガン(Mn-Zn)系の2種類があります．磁気特性以外の違いで目立つのは体積抵抗率の違いで，ニッケル系の1,000,000 Ω・mに対して，マンガン系は0.1～10 Ω・mになります．ただし，金属の場合はさらに小さな値の0.000000001 Ω・m程度になります．

といってもピンとこないと思うので，試しにマンガン系フェライト・コアの表面の抵抗を測定してみたところ，「測定端子の間隔を5 mm」にしたときで約150 kΩになりました．

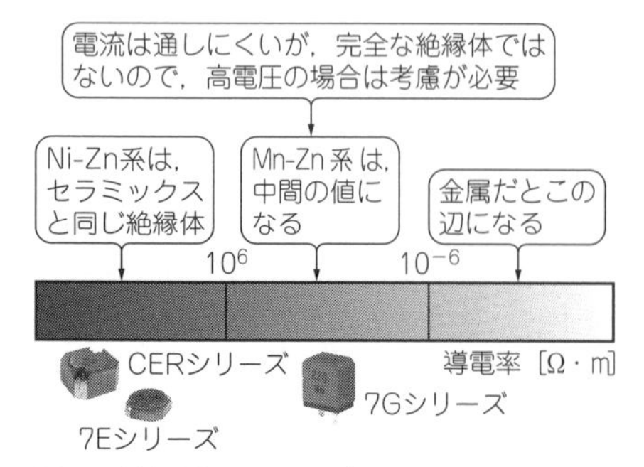

図47　絶縁抵抗のイメージ

絶縁抵抗のイメージを**図47**に示します．ニッケル系の場合は絶縁体と考えて問題ありません．マンガン系の場合は一般的な電圧範囲ではほとんど問題なく使用可能ですが，一部の高電圧部分や，絶縁が重要な回路では絶縁処理が必要になります．

コイルの一部にもMn-Zn系のフェライト・コアを使用していますが，もともと電線自体に絶縁処理のための皮膜があるので，用途を考慮してフェライト・コアに絶縁処理の有無を決めています．

一般に，パワー・インダクタにはニッケル系を，トランスにはマンガン系を使用することが多いのですが，一部のパワー・インダクタには直流重畳特性を改善するために，マンガン系(絶縁処理して)も使用されています．

㊲ 閉磁路タイプと開磁路タイプの2種類がある

コイル(インダクタ)に磁力線は付きものですが，この磁力線をコイルの外部に漏れにくくした構造のコイルを，閉磁路構造と言います(単に閉磁路とも言う)．逆に，磁力線が外部に出たままのコイルの構造を開磁路構造(開磁路)と言います．また，閉磁路構造はシールド・タイプなどとも呼ばれています．

コイルの磁力線は，**図48**のようにぐるりと回ってループを作りますので，開磁路の場合はコイルの周囲に磁力線が大きくはみ出してきます．

コイルを閉磁路構造にするには，巻き線を磁性体で覆って見えなくしてしまい，磁力線の通り道を磁性体で満たしてしまいます．こうすることで，磁力線は磁性体の中のほうが通りやすいので，コイルの外に漏れ

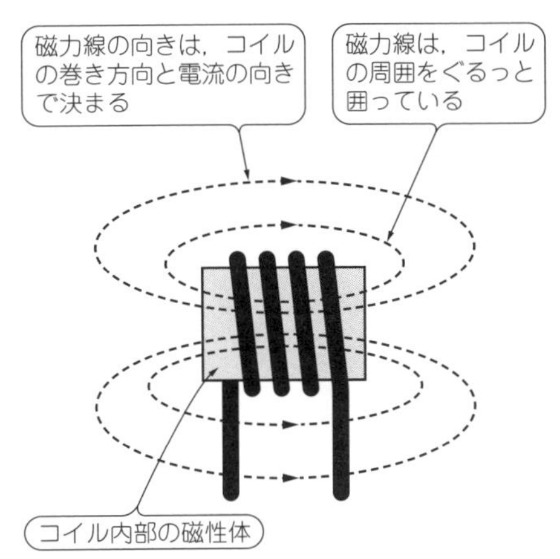

図48　閉磁路構造の場合の磁力線

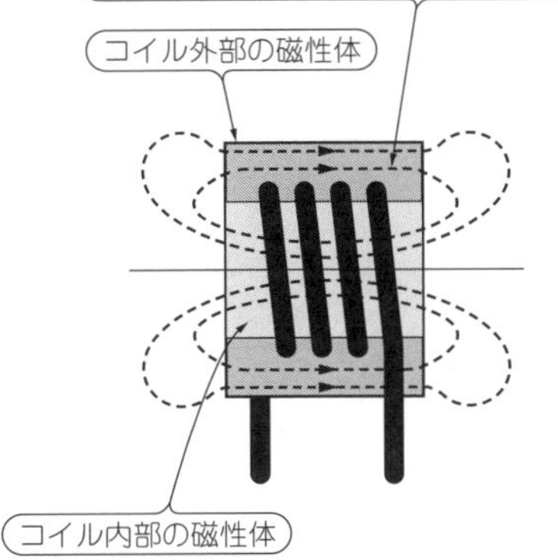

図49　閉磁路構造の場合の磁力線

写真9　トロイダル・コイル
コイルの外部に磁性体がないが閉磁路である

なくなります．

例えば，図49のようにコイルの側面を磁性体で覆うと，磁力線は磁性体の中を通るようになるので，コイルの外に漏れる磁力線が少なくなります．より確実にするには，コイルの側面以外も磁性体で覆うことで，さらに磁力線の漏れを少なくすることができます．

一般的には，閉磁路構造だと巻き線が外から見えない(あるいは一部しか見えない)のですが，巻き線が外から見えても閉磁路構造のコイルもあり，代表的なものが写真9のトロイダル・コイルです．この場合は，コイルで発生した磁力線は，コイル内のコアの中を通ることでループを形成できるので外に出ませんが，実際には磁気抵抗(磁力線の通りやすさ)がゼロではないので，巻き線の周囲に漏れが発生します．

㊳ 閉磁路と開磁路では磁束漏れ以外に特性にも違いが出てくる

最近はセットの小形化が著しいので，隣接する部品同士の影響を避けるために，閉磁路コイルのほうが好まれています．

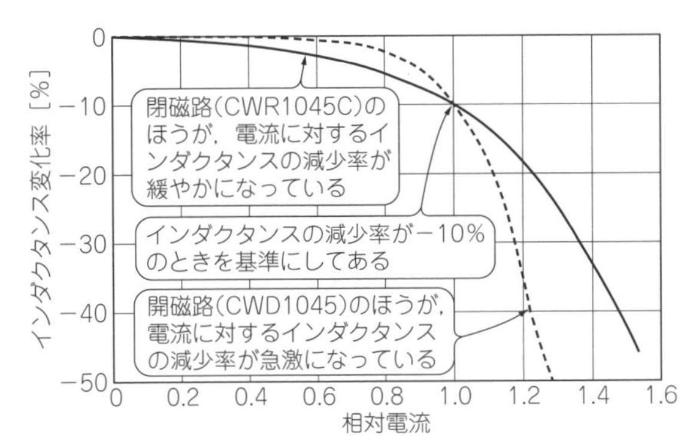

図50　直流重畳特性の違い

パワー・インダクタの場合だと，閉磁路と開磁路では磁束の漏れ以外に，直流重畳特性にも違いが出てきます．これは磁気構造の違いによるもので，閉磁路のほうは直流重畳電流の増加とともにインダクタンスが緩やかに減少していく傾向にあります．

これに対して開磁路の場合は，直流重畳特性が伸びる傾向にあります．もちろん，使用している磁性材料の特性や構造によっても，カーブの傾向は変化します．

図50は，車載用パワー・インダクタCWD1045C(開磁路インダクタ，写真10)とCWR1045C(閉磁路インダクタ，写真11)で，同じインダクタンスの特性を比較したものです．グラフは相対値にしてあるのでわかりにくいのですが，開磁路のCWD1045Cは磁気構造が開いているため磁気飽和が起こりにくいので，実際には直流重畳特性が伸びています．

㊴ 磁力線を遮断するための磁気シールドと渦電流

一般に，シールド(shield；遮蔽)を行うには，不必要な信号を「反射する」，「吸収する」，「迂回させる」方法があります．

磁力線(磁界)を遮断する磁気シールドは，図51のように磁性体(磁力線は磁性体の中のほうが通りやすい)で周囲を覆うことで，磁力線を迂回(磁性体に集中)

写真10　開磁路タイプのパワー・インダクタ(CWD1045C)

写真11　閉磁路タイプのパワー・インダクタ(CWR1045C)

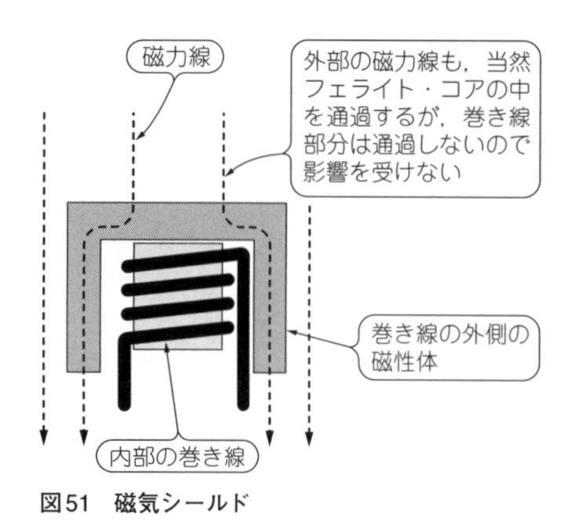

図51　磁気シールド

させて遮蔽します．シールドは，外部と遮蔽するだけでなく，内部から不要な信号が出るのを防ぐこともできます．

閉磁路インダクタは，外部を磁性材料で覆う構造にしてあるのが一般的なので，コイル内の磁束が外部に漏れないと同時に，磁気シールドによって外部からの影響も受けにくくなっています．

金属を貫通している磁力線が変化(交流による磁界)すると，図52のように金属の表面に渦電流が発生して元の磁力線の変化を打ち消すようになりますが，その大きさは周波数に比例します(周波数が低いと磁束の変化が少ないので電磁誘導が少ない)．

また，導電率が高いほど電流が流れやすいので，銅やアルミニウムなどの金属材料の場合は渦電流も大きくなります．渦電流の値は周波数に比例するので，低い周波数では打ち消しの効果は期待できませんが，高周波では効果が期待できるようになります．

また，磁力線を打ち消す方向に渦電流が流れるので，コイルの近くに金属を配置すると，渦電流による磁力線の打ち消し効果によってインダクタンスの値が減少

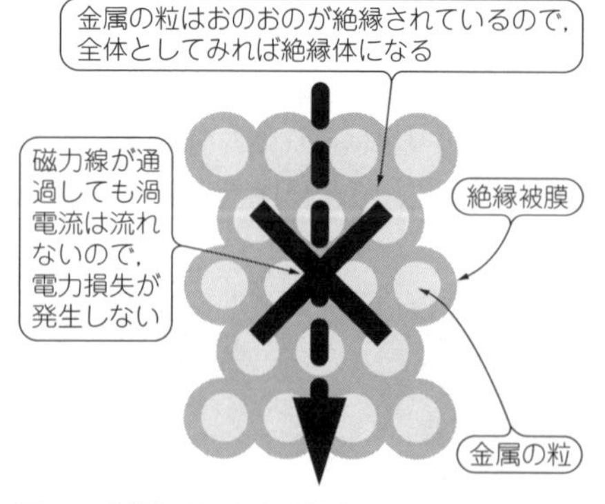

図53　絶縁処理した金属粉をコアに使用する
絶縁された金属間は電流が流れない

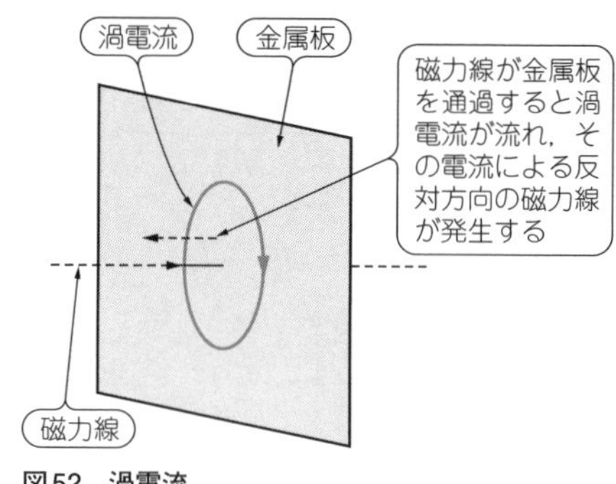

図52　渦電流

したり，損失が増加(Qが低下)したりします．

閉磁路インダクタの場合は，コイルの外に漏れる磁力線がもともと少ない構造なので，周囲の金属の影響を受けにくいです．開磁路インダクタの場合は，磁力線がコイルの周囲に出ているので，周囲にある金属の影響を受けやすくなります．

インダクタをプリント配線板に配置するとき，グラウンド・パターンや筐体の金属部分が近いと，渦電流が流れて影響を受けることがあります．

㊵ コイルに使う磁性体には損失を少なくするための特長がある

空芯コイルに磁性体を使用することでインダクタンスを大きくすることができますが，このときも磁性体の中を磁力線が通るので，磁性体に導電性(金属)がある場合は渦電流が発生します．

磁気飽和に関しては金属鉄のほうが特性は良いのですが，金属だと渦電流が流れて特性が低下するので，一般にコイルに使用する磁性材料はフェライトのような渦電流が流れない絶縁特性のあるもの(酸化鉄)を使用します．

ここにきて，金属鉄を使用して直流重畳特性を改善したパワー・インダクタが多く使われはじめています．この場合も，図53のように金属を粉末にして絶縁処理を施して粉体間に渦電流が流れないようにすることで，渦電流による損失が発生しないようにしてあります．

㊶ 金属を使用したシールドでは周波数によって特性が変化する

磁気シールドの場合は磁性体で覆うことでシールドを行いますが，渦電流を利用したシールドというのがあり，これは反射して遮断する方法になります．周波数が低いと渦電流が流れにくい(シールド効果が小さい)ので効果が期待できませんが，周波数が高くなる

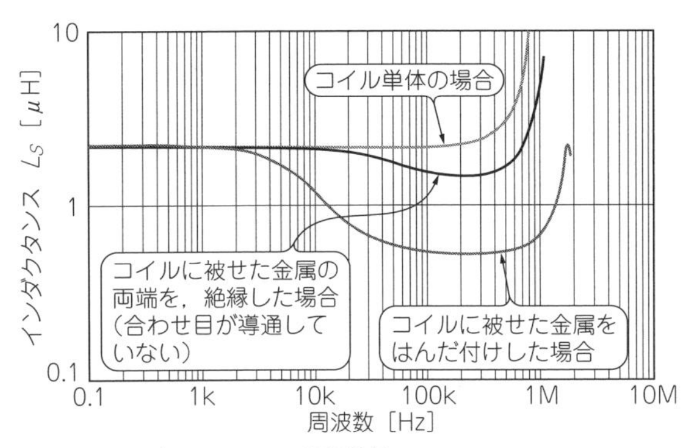

図54　インダクタンスの周波数特性

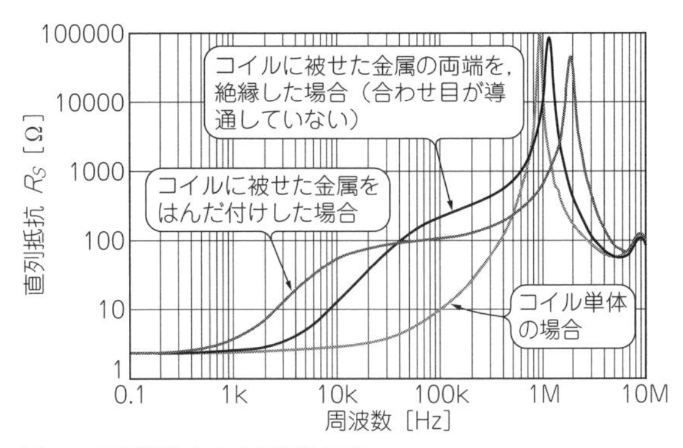

図55　直列抵抗ぶんの周波数特性

と渦電流によって磁力線が打ち消されることを利用して，磁界のシールド(電磁シールド)を行うことができます．一般に，数十kHz以上の周波数になると，金属を使用した電磁シールドの効果が期待できるようになります．

この場合，シールドに使用する材料は磁性体ではなく，電流のよく流れる金属材料(銅/銅合金やアルミニウム)が使用されます．なお，電磁シールドの場合は金属をグラウンドに接続することで，静電シールドとしての効果も期待できます．

写真12のように，開磁路インダクタの周囲を厚さ0.1 mmのリン青銅版で覆ったもので測定してみました．インダクタ単体，インダクタの周囲に配置したリン青銅板の端が接触しないようにした場合と，端をはんだで完全に接続した場合の特性を**図54**，**図55**に示します．

両者で，渦電流の流れ方が変わるので特性の変化も異なりますが，特に低い周波数では渦電流自体が小さくなるので，影響(シールドとしての効果)が少ないことがわかります．電磁シールドの場合，接合部分を確実に導通させることが重要になります．

高周波用コイルでは金属ケースを使用してシールドしますが，パワー・インダクタでは金属ケースを使用しません．それは，開磁路インダクタの場合はシールド効果に対して電気的特性の性能低下(インダクタンスの低下と損失の増加)が激しいこと，また閉磁路インダクタの場合はコスト増の割にシールドの効果が少ないからです．

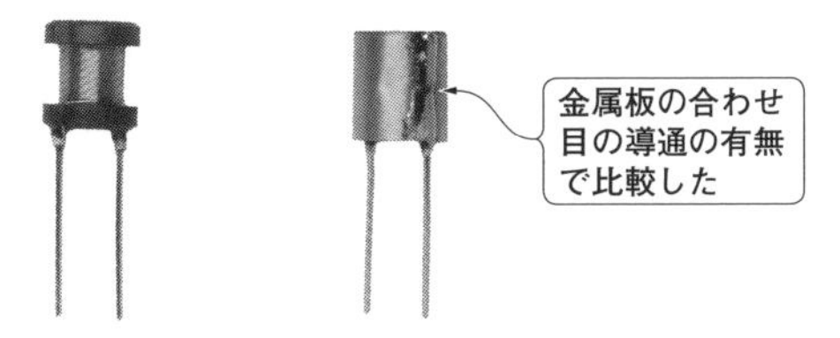

(a) 開磁路インダクタ　(b) インダクタの外側を金属板で覆う

写真12　評価したコイル

㊷ 電気的な極性はないが物理的な巻き始めと巻き終わりがある

コイルから発生する磁力線の向きは，巻き線の巻き方向(右巻き/左巻き)とコイルに流れる電流(矢印)の向きで決まります．したがって，**図56**に示した(**a**)と(**b**)の場合では，巻き方向と電流の向きの両方ともに逆なので，磁力線の向きは同じということになります．

コイルを2個以上並べて配置する場合は，コイルから漏れ出る磁力線が互いに影響し合う場合があるので，

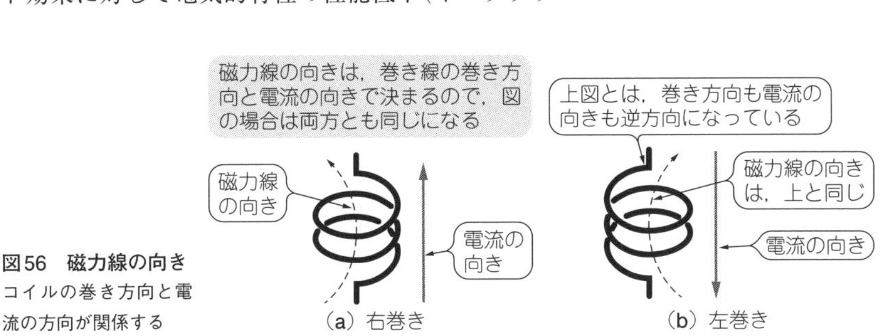

図56　磁力線の向き
コイルの巻き方向と電流の方向が関係する

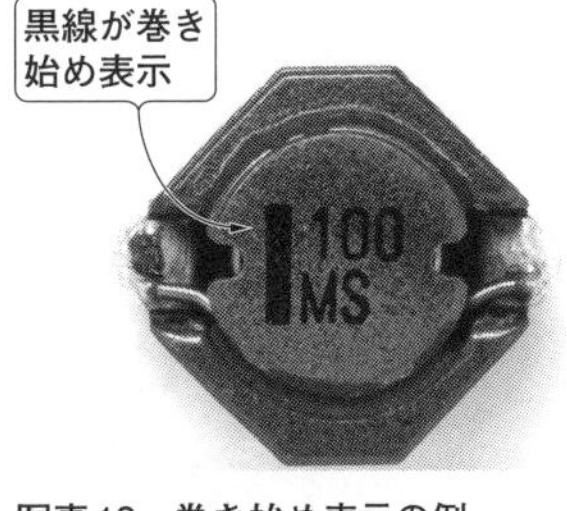

写真13　巻き始め表示の例
品番の横に黒線が表示されている．残念ながら，磁力線の出る方向(磁力線の極性)ではなく，内部の巻き線の巻き始め(芯に近いほう)を表している

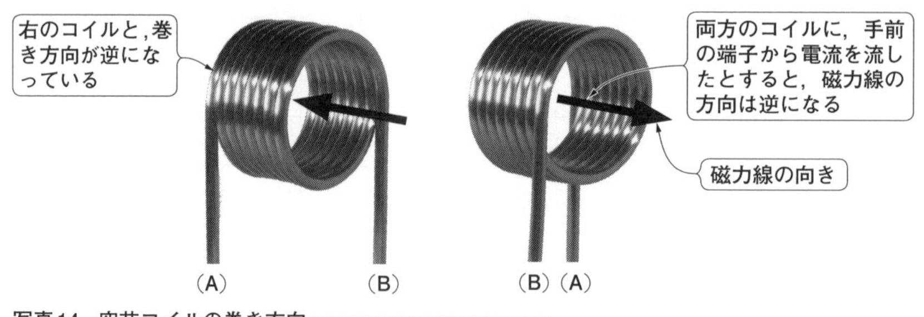

写真14　空芯コイルの巻き方向

製品によっては**写真13**のように表面に極性表示があります．

通常のコイルの場合，物理的な「巻き始め」が存在しますが，巻き方向に関しては生産方法の都合で，すべての製品(他社の製品も同じ)で同じとは限りません．

トランスなど複数の巻き線を持つコイル(通常はすべて同じ巻き方向になる)で，結合の方向を示すのに使用(外部に漏れる磁力線の方向は考慮されていない)されたものが，インダクタにも使用された関係で，現在のような物理的な「巻き始め」の表示が一般的になっています．

本来は，電解コンデンサの極性のように，電気的特性に合わせて表示を行うべきなのでしょうが，コイルの極性表示に関しては業界内で標準が存在しないため，コイル・メーカ間で100％の互換性があるとは言えない状況にあります．このため，コイルの仕様書には「巻き始め」と合わせて「巻き方向」が記載されている場合があります．

㊸ 極性表示を行うには磁力線の極性を考える必要がある

コイルの極性については，コイルの直接の動作とは関係ないので，少なくとも電解コンデンサのように極性を間違えると動作しないとか破損するということはありません．

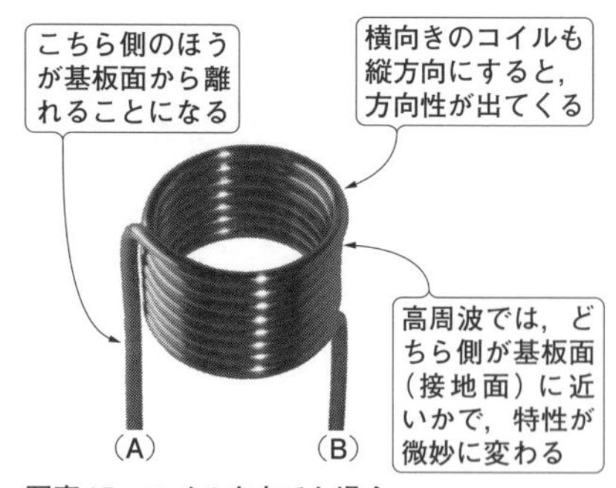

写真15　コイルを立てた場合

写真14は空芯コイルの巻き方向が逆の場合の例で，奥側の(A)端子から電流を流し込んだときに発生する磁力線の極性(方向)は，左右のコイルで逆方向になります．

また，実際にコイルを巻き線するときの巻き始めというのは存在しますが，**写真14**のように対称形のコイルの場合は電気特性上の「巻き始め」というものは存在しません(A，Bの区別がない)．しいて言うと，このコイルは(A)から(B)へと向かって巻き線して作られたので，どちらも(A)が巻き始めということになります．

本当の意味のコイルの極性表示とは，例えば「表示のある側の端子から電流を流し込んだ場合に磁力線の向きが上向きになる」といった取り決めが必要になります．

このことは，コイルを供給する側でもわかっているのですが，事実上は問題が発生していないこともあって，まだ統一されていない状況にあります．少なくとも，複数のコイルを使う場合は，極性表示を合わせて実装しておけばコイル相互関の関係は同じになります．

㊹ 高周波回路では物理的な方向も意味を持つ

例えば，コイルの片方の端子がグラウンド・パターンに接続されるような場合，多層巻きコイルの外側(通常は巻き終り側＝外側の巻き線)の端子をグラウンド側にすることで，シールド効果が期待できる場合があります(グラウンド側の巻き線がコイルの周囲を覆う形になる)．

この場合は，磁力線の方向よりも巻き線の位置(巻き方向ではなく巻き始めと巻き終わり)が重要になってきますので，巻き始め表示が重要な意味を持ってきます．

物理的に横向きでは方向性がない空芯コイルも，**写真15**のように縦向きにすると「プリント基板面に遠い面(A：上側)と近い面(B：下側)」といった方向性が出てきます．特に高い周波数の場合は，ホット・エンド(電位の高い側)がプリント基板面に近いか離れるかで，特性の差(Qの低下など)が大きく出ることがあります．

写真16は，ディジタル・アンプ用のパワー・インダクタDBE7210Hですが，中のコイルは横向きの平角線を使用した空芯コイルなので，巻き線自体の方向性はありません．ただし，フェライト・コアの形状が前後で非対称(異なる形状の2個の組み合わせ)なので製品としての方向性が存在しますが，逆に実装しても実際にはほとんど特性の差はありません．

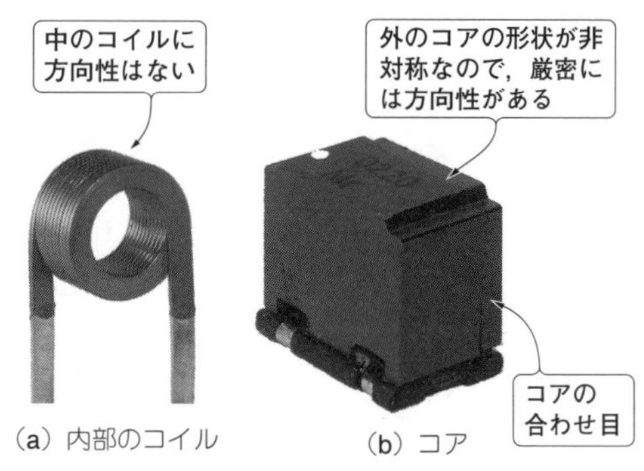

写真16　DBE7210Hタイプの外観と内部のコイル

㊺ コイルの自己共振周波数を決める寄生容量の値

パワー・インダクタ(7E08N)の自己共振周波数fとストレィ容量C_Pの測定値を**表6**に記載しました．

一般に，ストレィ容量C_Pの値はインダクタンスに比例して増加するのではなく，インダクタンスの値ほどは大きく増加することはありません．しかし，インダクタンスの値が増加すると，ストレィ容量も増加して自己共振周波数も低くなります．

インダクタンスの違いによるインピーダンス特性(SRFの位置)の違いを**図57**に示します．また，自己共振周波数は条件によって値が変化するので，下記の点に注意しておいたほうが良いでしょう．

(1) インダクタをプリント配線板に実装することで，配線に伴うストレィ容量が増加しますので，インダクタ単体のときよりも自己共振周波数は低いほうに移動します．

(2) インダクタのストレィ容量は比較的小さいので，実装によるストレィ容量(プリント・パターン間の容量)の増加の影響で自己共振周波数の値が大きく変化することがあります．

(3) 自己共振周波数の1/10以下の周波数であれば，この影響をほとんど無視することができます．

(4) 共振周波数付近ではインピーダンスの値が増加しますので，うまく利用するとインダクタンス値以上の効果が期待できることがあります．ただし，自己共振周波数は意図して作っているわけではないため，ばらつきも大きいので注意が必要です．

㊻ 結合した2個のコイルでは結合しない3個のコイルに見える

結合した2個のコイルL_1，L_2は，**図58**のように結合していないコイルで表すことができます．このとき，結合係数$k = 1.0$は完全な結合を表し1個のコイルに，$k = 0$は結合していない状態を表し単に2個のコイルとなり，それ以外では3個のコイルとして表すことができます(図はプラス結合の場合を示している)．

コイル間の結合の度合いを表す結合係数kは，結合したコイルの一端を**図59**のように接続して，L_1，L_2，L_3の値を測定し，次の計算式から求めることができます．

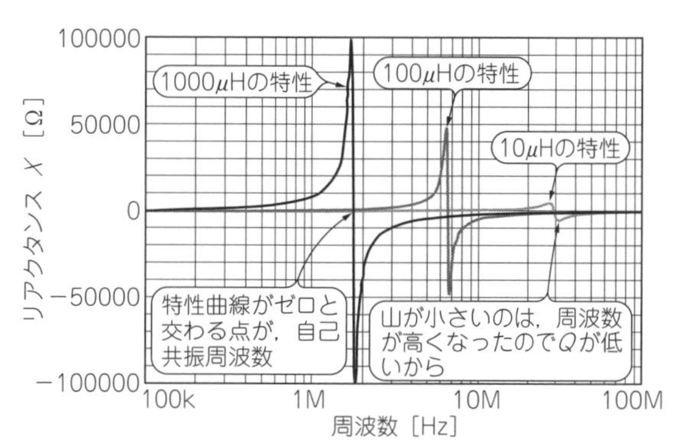

図57　インダクタンスの違いによるインピーダンス特性

表6　自己共振周波数とストレィ容量

インダクタンスL_S [μH]	自己共振周波数 [MHz]	ストレィ容量C_P [pF]
10	29.4	2.9
100	6.8	5.5
1000	1.8	7.5

ストレィ容量の値は，インダクタンスには比例しない

巻き数が多くなると，ストレィ容量の値は増える

表7　結合係数の測定結果

結合係数k	M［μH］	L_1［μH］	L_2［μH］	L_3［μH］
0.287	＋12.85	44.78	44.65	63.74
0.288	－12.85	44.78	44.65	115.21

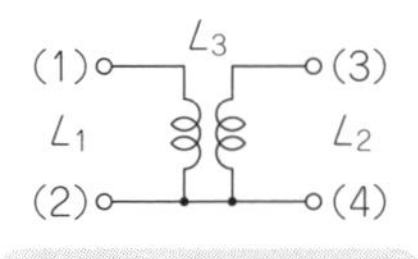

図59　インダクタンスの測定箇所

写真17　3枚ツバ形状のコア
溝を2個作って巻き線するとk＝0.3程度になる

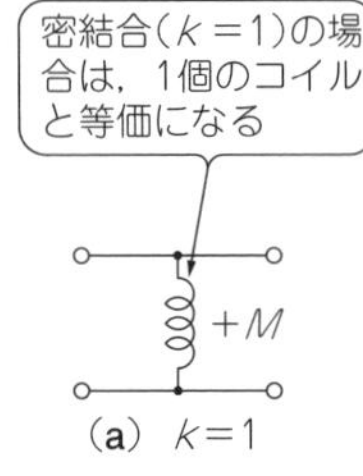

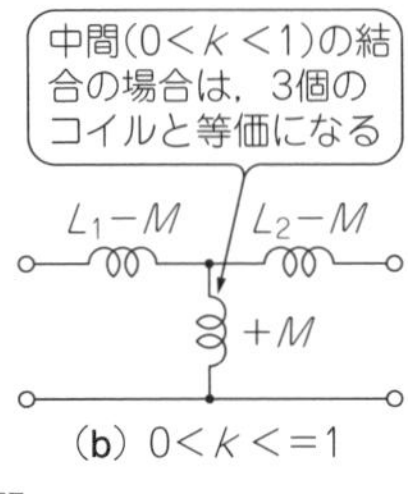

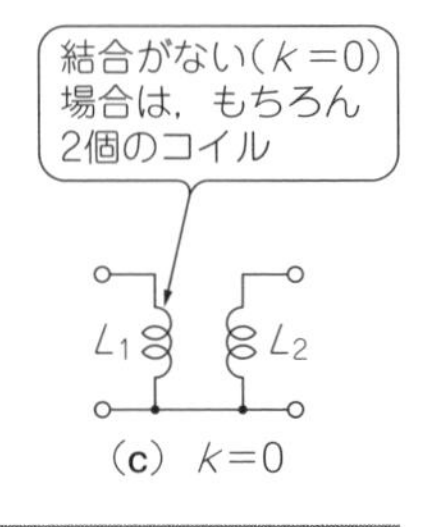

図58　結合したコイルを展開

同じ結合でも，接続の仕方で2種類（正と負）になる

•：巻き始め

(a)　プラス　(b)　マイナス

図60　コイルの極性

$$k=\left|\frac{L_1+L_2-L_3}{2\sqrt{L_1L_2}}\right| \cdots\cdots (7)$$

ただし，L_1：(1)-(2)間のインダクタンス［H］，
L_2：(3)-(4)間のインダクタンス［H］，
L_3：(1)-(3)間のインダクタンス［H］

試しに，過去にオーディオ・フィルタ用に使用していた**写真17**の3枚ツバのドラム・コアで結合係数を測定した結果を**表7**に示します（測定箇所は**図59**を参照）．

コイルの極性の関係でL_3の値が2種類になりますが，Mの絶対値と結合係数は同じ値になります．**図58**の回路で，＋Mとプラス記号が付いた表記になっているのは，コイルの結合の極性で3個目のインダクタンスの値が，プラス（＋）になるかマイナス（－）になるか変わるからです．

図60の左の極性だとプラス（＋）になり，右の極性だとマイナス（－）になります．

L_1とL_2の結合だけ変化させると，フィルタの周波数も変化する

L_1　L_2　C_1

図61　3次ローパス・フィルタの例

㊼ コイルが結合したときの特性がわかれば応用が広がる

図61に示す3次のLCローパス・フィルタで，L_1とL_2の結合係数kだけを変えて周波数特性を計算してみました．**図62**は，結合なし（k＝0），結合係数k＝＋0.3とk＝-0.3の場合の周波数特性の計算結果です．

コイル間の結合の有無と極性で，フィルタの周波数特性が大きく変化するのがわかると思います．特に，結合の極性がプラスの場合は，3個目のコイル（**図58**の＋M）とコンデンサC_2の共振による減衰極があります．

本来ならばもう1個コイルを追加して3個のコイルが必要な特性を，コイルの結合を利用すると2個で実現可能になります．逆に，コイルが結合すると想定していた特性と異なる周波数特性になることがありますので，特に開磁路インダクタを使用してLCフィルタ

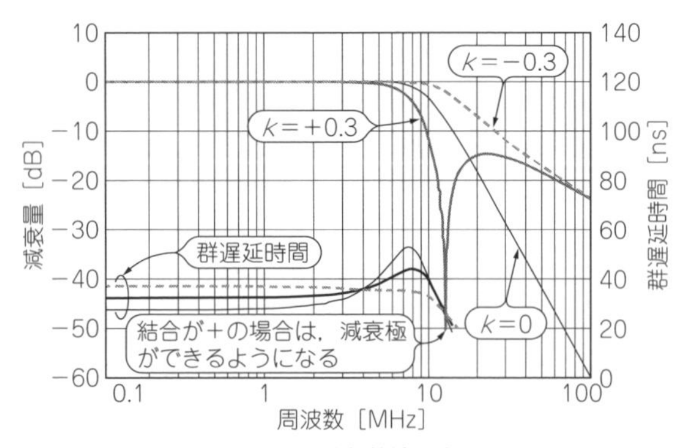

図62　コイルの結合による周波数特性の違い

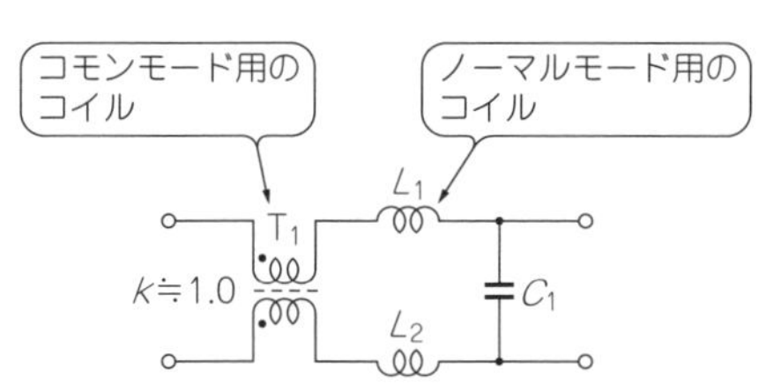

図63　個別部品の場合の回路

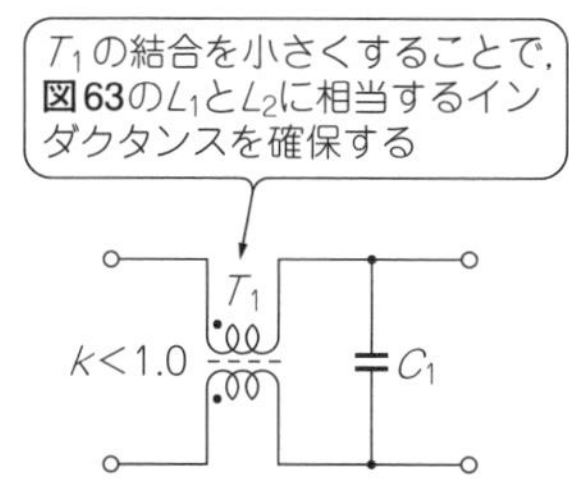

図64　コイル削減回路

写真18　ディジタル・アンプ用インダクタ
(7W14Aタイプ)
コイル間の結合が少なければコイルを密着させることもできる

を構成する場合は，コイルの配置(コイル間の結合)にも気を付ける必要があります．

実際には目に見えない3個目のコイルを利用しない手はなく，アナログ回路が全盛の時代にはLCフィルタを構成するときに，結合を積極的に利用した製品が多くありました．残念ながら，回路のディジタル化が進んだ現在は，これらのLCフィルタも使用される機会がなくなってしまいました．

㊽ 結合したコイルを積極的に利用してライン・フィルタが構成できる

ライン・フィルタの回路の一例として，**図63**のような回路があります．T_1(結合係数k = 1.0のコイル)がコモンモード用のコイル，L_1とL_2がノーマルモード用コイルとして機能し，ノイズを除去します．

ここで，T_1の結合係数kを1.0よりも小さくなるようにコイル間の結合を弱めると，前に示したように2個のコイル(L_1-M，L_2-Mに相当する)が表れてきます．このコイルを，**図63**のL_1とL_2の代わりに使うことで，現実のコイルのL_1とL_2をなくして，**図64**のようにしてしまおうというものです．

コモンモード用のコイルは，ノーマルモード信号(必要な信号)に対してはないのと同じですが，実際にはノーマルモード信号にも不必要な高周波信号が含まれていることもありますので，**図63**のL_1とL_2で高周波成分を除去するようにします．

このような場合に，部品点数を増やさないで不必要な高周波信号を減衰させることが可能になります．また，結合係数が1.0のときは，磁束の向きが反対で打ち消す方向に巻き線されているので，コイルの磁気飽和を考慮する必要がありません．

しかし，ノーマルモード信号はノイズ信号に比較して電圧が大きいので，結合を小さくしたことで出てきたコイルを流れる電流による飽和を考慮する必要が出てきます．結合を利用することの発想は良いのですが，大きな電流が流れる回路用では，飽和を避けるために製品の形状が大きくなってしまい，コイルを削減できるメリットが薄れてしまうこともあります．

写真18は，2チャネルぶんを一体化したディジタル・アンプ用インダクタ7W14Aです．実装工数の削減を目的として2個のコイルを合体させた製品で，結合させないことを前提にした製品となっています．

㊾ 高周波用といえば超小形のチップ・インダクタ

携帯電話やワイヤレス機器の高周波化が進んだおかげで，必要とするインダクタンスの値も小さくて済むようになり，チップ・インダクタが大量に使用されるようになりました．一方，周波数が高いと使用するインダクタンスはnHオーダーになり，プリント基板上にパターンで形成することも可能ですが，Q特性と部品の大きさ(基板の専有面積)の問題などの理由でチップ・インダクタが採用されています．

写真19は，2520サイズ(2.5 mm × 2.0 mm)と1005サイズ(1.0 mm × 0.5 mm)のチップ・インダクタを同じ尺度で並べたものです．こうして見ると，最初は小さいと思われた2520サイズですが，最近では大きい部類になってしまいました．

現在は，1005サイズ以下の巻き線タイプのチップ・インダクタも世の中にはあります．しかし，さすがに巻き線タイプの特長(Qが高い)が生かしきれないようで，積層タイプのほうが幅を効かせているようです．

写真19　チップ・インダクタの大きさの比較
左：2520サイズ(2.5 mm×2.0 mm)，右：1005サイズ(1.0 mm×0.5 mm)

● 高周波では電線の長さも問題になる

インダクタンスのリアクタンス値(影響の割合)は，「1MHzのときの1 μH」と「1GHzのときの1 nH」が同じ値になります．

電線の直径 φ0.5 mmで長さが10 mmのときのインダクタンスは，概算で6.8 nHだそうですから，周波数によってはリード線ではなく立派なインダクタとして機能(影響)します．したがって，計算で得られたインダクタンスを実際の回路で実現するには，プリント基板上の配線の長さも考慮して，使用するコイルのインダクタンスを決める必要があります．

同じように，電線(パターン)が2本並んでいる場合にできる容量ぶんも，計算はしませんがコイルの自己共振周波数を低下させる原因になるので，同様に考慮する必要あります．

㊿ 小さなチップ・インダクタでも普通のコイルと同じ特性

写真20は，1608サイズ(1.6 mm×0.8 mm)のチップ・インダクタで，33 nHのインダクタンスとQの周波数特性を**図65**に示します．グラフを見ると，インダクタンス値は1.0GHz程度までほとんど一定ですが，Q値は周波数とともに増加して1.0GHz付近で最大値になったあと，急激に低下するのがわかります．

高周波用チップ・インダクタといっても，周波数軸の数値を無視すれば，一般のコイルと同じ形のf-Q特性になっているのがわかります．同様に，インダクタンスの値が33nHよりも大きくなれば，特性曲線は左に移動してきます．

重要なのは，実際に使用する周波数が周波数特性のどこに位置するかを事前に検討することです．そして，必要なインダクタンスとQが得られるか，安定した位置にあるかを確認します．

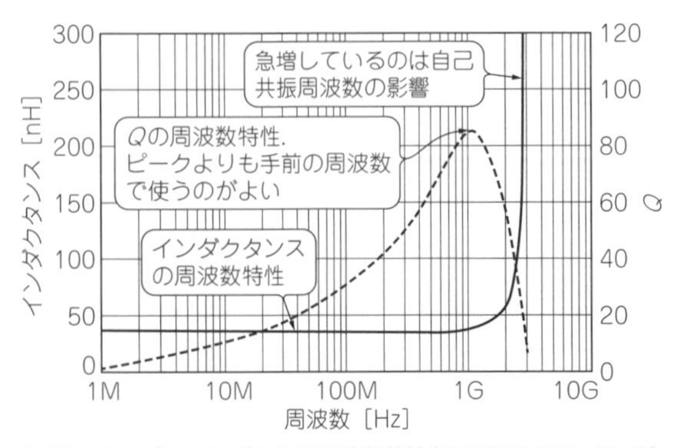

図65 チップ・インダクタの周波数特性(C1608CB-33N，33nH)

(51) 高周波回路では普通の金属でもシールド効果が得られる

高周波では，金属板で仕切ることで磁気シールドも含めたシールドを行うことができます．低周波の場合は，磁性材料を使用してコイルの周囲を覆う必要があります．

これは，コイルから出た磁力線が金属を貫通するときに発生する渦電流が関係しています．高周波になるほど，表皮効果によって金属の表面にしか電流が流れませんから，シールド板も薄くて済むことになります(周波数によっては金属めっきでも十分に効果が期待できる)．

磁気シールドという意味では，金属板を接地する必要はないのですが，接地しないと金属板自体がほかの部分と容量結合して余計なノイズを拾ってしまうことがあります．金属板をプリント回路板のグラウンドに接地しておけば，静電シールドも同時に行うことができます．

それ以外にも，機械的な強度が上がるので，**写真21**のような金属ケース付きのコイルの場合は，必ず金属ケースの端子を接地してください．間違いなく，トラブル発生の要因を減らすことができます．

高周波用のコイルでは，Q値を高くするために開磁路タイプの製品が多くあります．そのため，コイルの周囲に磁性体があるとインダクタンスが増加し，金属(電解コンデンサのアルミ外装なども含めて)があるとインダクタンスが減少し，またQが低下することもあります．

コイルの周囲に金属を配置する場合は，コイルから出る磁力線が金属板を貫通しない方向にすると，影響を小さくすることができます．

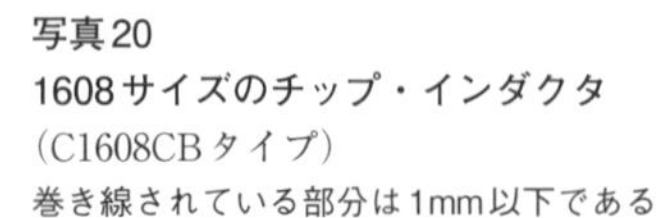

写真20
1608サイズのチップ・インダクタ
(C1608CBタイプ)
巻き線されている部分は1mm以下である

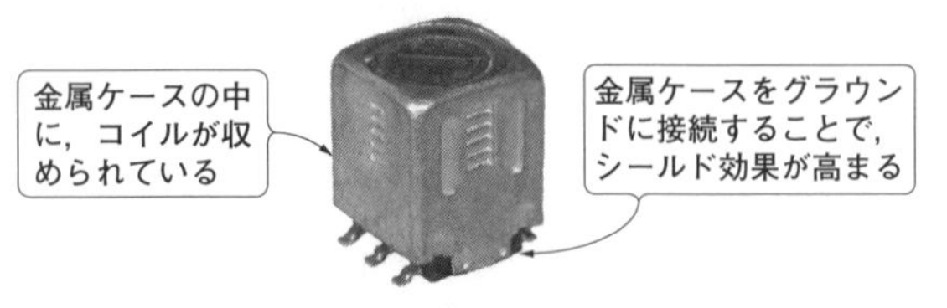

写真21 金属ケース付きのSMD可変コイル(5CFHタイプ)

㊾ 高周波回路でもトランスがよく使われている

高周波用のトランスにもフェライト・コアが多く使用されていますが，使用されているフェライトの大半は，コイルとしてずっと低い周波数で使用されている材質と同じものです．

コイルの場合は，フェライト材質の周波数特性が直接にQ特性に影響しますが，トランスの場合はちょっと事情が異なっています．試しに，フェライト・コアに巻き線をして，インダクタンスとQの周波数特性を測定した結果を**図66**に示しておきます．

この特性だけを見て判断すると，とても数百MHzの高周波まで使える代物とは思えませんが，実際には1.0 GHz以上の高周波トランスにも使用できます．さすがに，フェライト・コアとして機能しているのは100 MHz程度で，それ以上はトランスの巻き線をツイストして巻き線間の結合を強くすることで実現します．

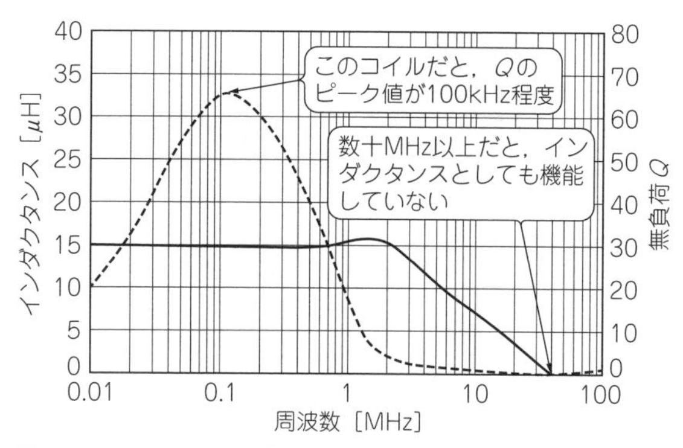

図66　トランスのインダクタンスとQの周波数特性

㊿ 高周波回路ではちょっとした接続の違いで特性が変わってくる

高周波用トランスの場合，電線をツイストして巻き線間の結合を強くすると同時に，特性を安定させることがあります．ただし，電線をツイストすることで巻き線間の容量C_Cが増えることになります．この容量ぶんの影響で，トランスの接続方向によって，特に高い周波数で特性に大きな差が出ることがあります．

写真22に示すメガネ・コアの2個の穴の内側に巻き線したトランスを作成して，特性を測定したのが**図67**です．巻き数比が1：1のトランスで，**図68**のA接続とB接続の場合で，周波数特性の違いを比較してあります．

巻き線間の容量ぶんC_Cの影響で，B接続では帯域内に共振点ができてしまうのがわかります．このように，ちょっとした接続の違いでも特性に大きく影響することがあります．

A接続の場合はC_Cの片側がグラウンドに落ちているので，高域特性がゆっくりと落ちてきますが，B接続の場合はホット・エンド間の結合コンデンサになるので，トランスのインダクタンスぶんと共振を起こして，帯域内に減衰極が発生しています．

トランスの周波数特性の低周波側での特性は，ほぼトランスの自己インダクタンスで決まってしまいます．そのため，低周波側を広げるにはインダクタンスを大きくする必要があり，巻き数を増やすか(高周波側の特性が落ちてくる)，透磁率の高いフェライト・コア(低周波用のコア材になる)を使う必要があります．周波数の高いほうは，逆に巻き数を減らしてインダクタンスを減らす必要があり，使用する材料と巻き線の仕方で周波数特性が決まります．

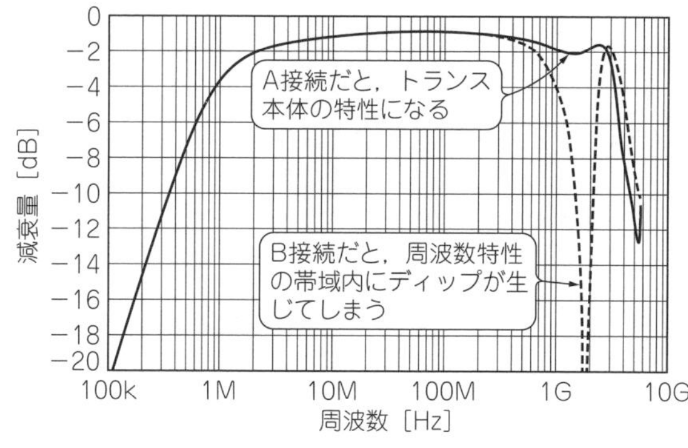

図67　接続の違いと周波数特性の違い

写真22　評価した高周波トランス

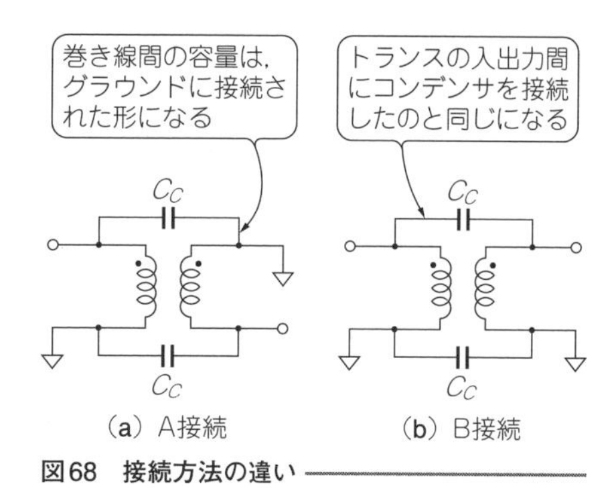

図68　接続方法の違い

(a) 4BMHタイプ　(b) 4BLHタイプ

写真23　SMDタイプのバルン・トランス

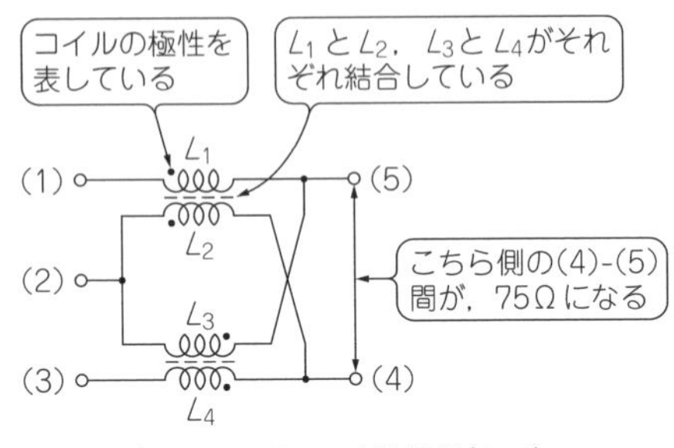

図69　バルン・トランスの接続例(4：1)

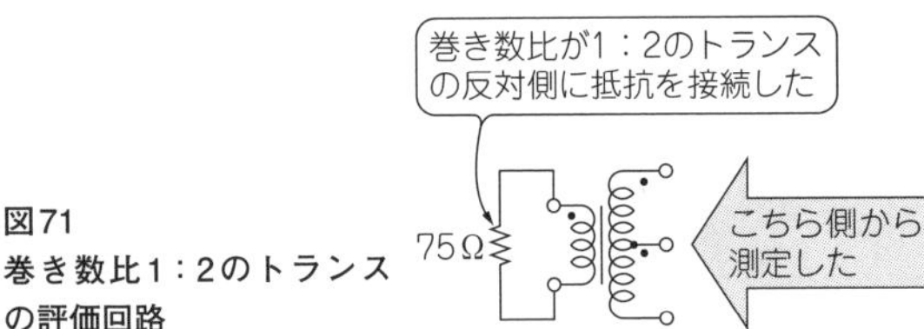

図71
巻き数比1：2のトランスの評価回路

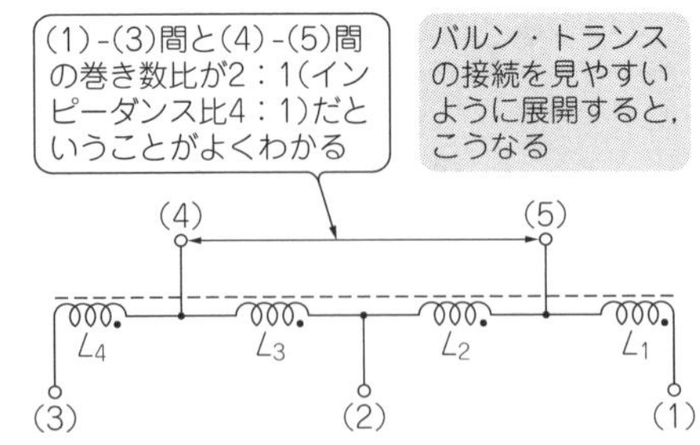

図70　書き直したバルン・トランスの接続

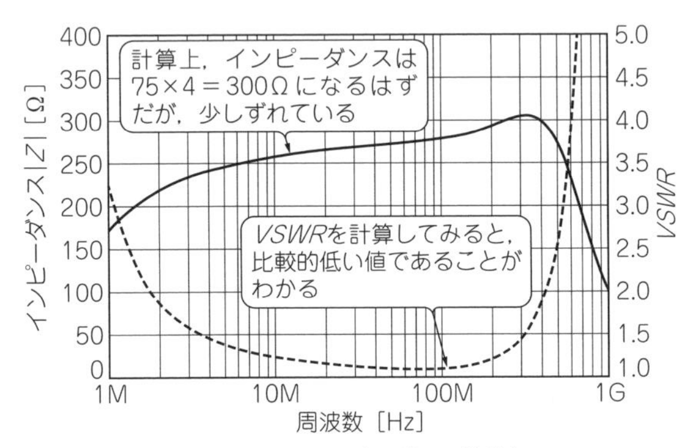

図72　バルン・トランスのインピーダンス特性と*VSWR*

㊹ 高周波のトランスの主な用途はインピーダンス変換

高周波用トランスの主な用途は，インピーダンス変換や平衡-不平衡変換，またはその両方になります．インピーダンス変換は，一般にアンテナとの接続部分や高周波増幅器の入出力のマッチングを取るために使用されます．平衡-不平衡変換は，アンテナ回路や差動入力回路で使用されます．

アンテナ回路に用いられるトランスに，**写真23**のような巻き線をしたバルン・トランスと呼ばれるものがあります．これは**図69**に示すような回路のトランスです．これも**図70**のように展開してみると，巻き数比1：2(インピーダンス比1：4)のトランスだということがよくわかると思います．ちなみに，これはテレビで使われる300Ω：75Ωの変換用トランスの接続です．

また，3本をツイストした巻き数比が1：2のトランスで，**図71**の接続にして周波数特性を実際に測定してみたのが**図72**です．インピーダンスは，巻き数比の2乗に比例するので75Ωの抵抗が，トランスを入れることで4倍の300Ωに見えるようになります．

図72には，測定されたインピーダンスと，インピーダンスから計算した*VSWR*の値も合わせて載せてあります．このように，トランスを使用すると，非常に広い範囲でインピーダンス変換が可能になり，高周波回路で必要なインピーダンス・マッチングを行うことができます．

㊺ 小さなインダクタンス値を測定できる装置は大型

高周波用のコイルの解説をしてきましたが，ここで少し測定の話をしておきましょう．

高周波用の微小インダクタンスを測定する場合は，残留インダクタンスや浮遊容量の影響を取り除いて行わなければ，正確な値が得られないので，小さい部品を測定する割には装置が大きくなります．まして，温度特性などの室温以外の条件で測定するとなると，非常に大変な作業になります．

参考までに，**写真24**にチップ・インダクタの測定に使用しているフィクスチャ(市販の測定器のユニット)を示します．

なお，測定そのものは測定器が測定結果に対して補正まで行ってくれるので，それほど難しいということ

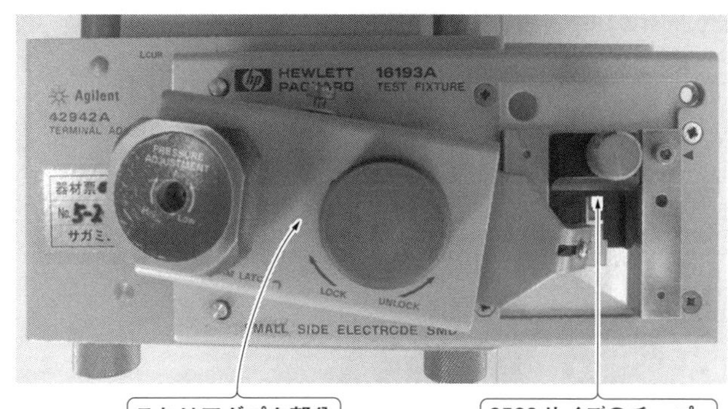

写真24
測定ユニットの例
(16193A，アジレント・テクノロジー)

はありません．

⑯ コイルに使用している電線の名前はマグネット・ワイヤ

コイルに使用されている電線(エナメル線)は，一般に「コイル形に巻かれて使用される電線」の総称としてマグネット・ワイヤと呼ばれていて，コイル以外にもモータ，プランジャ，リレー，電装品などに非常に多く使用されています．

電線表面は絶縁処理されていますが，絶縁処理に使用されている塗料(樹脂)の違いにより，耐熱特性の異なる電線があります．一般に，耐熱特性が良い(耐熱温度が高い)樹脂ほど高価で使い勝手が良くないので，用途に合わせて使用する樹脂の異なる電線がたくさんあります．

表8は，コイルに使用されている電線の耐熱区分(JIS C 4003を参考)を示したものですが，最近はSMDコイルが多くなったこともあり，リフローはんだを考慮して電線もE種(クラス)より，耐熱性の高いF種も多用されています．

実際にコイルに使用されている電線には，**表9**に掲載してある種類のものが主に使用されています．また，これらの電線に改良を加えることで耐熱温度特性を改善した製品もたくさんあり，同じ絶縁材料(皮膜)を使用していても，電線メーカにより耐熱区分の異なる電線も存在します．

⑰ 皮膜を取らずに直接はんだ付けできる電線もある

コイルに使用している電線は，皮膜の厚さの違いによって，薄いほうから順に3種，2種，1種，0種といった区分があります．**図73**に，電線の断面寸法を示します．

当然，耐熱区分が同じならば皮膜の厚いほうが絶縁特性は良好になりますが，皮膜が厚いぶん電線の仕上がり外径(銅線＋皮膜の厚さ)が太くなるので，同じボ

表8
耐熱クラスおよび温度

耐熱クラス	温度［℃］
A	105
E	120
B	130
F	155
H	180
200(H＋)	200
220(C)	220

対熱クラスの温度を超えたら，すぐに壊れるわけではない
一番標準的なエナメル線は，E種になる

表9
おもな電線の種類
樹脂の違いは耐熱区分だけでなく価格にも関係する

名　称	記号	耐熱区分
ポリウレタン銅線	UEW	E(120℃)
ポリエステル銅線	PEW	F(155℃)
ポリエステルイミド銅線	EIW	H(180℃)
ポリアミドイミド銅線	AIW	H＋(200℃)
ポリイミド銅線	PIW	C(220℃)

E種のポリウレタン銅線が最もポピュラー
H種以上の電線は特に高温になるコイルに使用される

表10　導体径0.1mmのUEWの皮膜厚と外形寸法
皮膜の厚さの違いは耐電圧の違いに現れる

線　種	最小皮膜厚(h) [mm]	最大外形(D) [mm]
0種	0.016	0.156
1種	0.009	0.14
2種	0.005	0.125
3種	0.003	0.118

最小皮膜厚は，導体の太さで異なる
同じ導体径でも，線種により仕上がり外径はかなり異なる

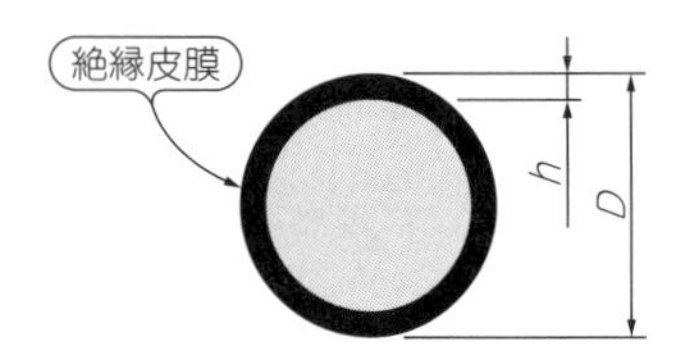

図73　電線の断面寸法

ビンに巻き線できる巻き数が少なくなってしまいます．
同一のボビンに巻いて同じインダクタンスを取得するには，電線の仕上がり外径を同じにする(中心導体の径を細くする)必要があり，皮膜の厚い電線のほうが直流抵抗が大きくなることを意味します．参考までに，導体径0.1 mmのポリウレタン銅線(UEW)の場合の寸法を**表10**に示します．

一般のコイルの場合，2種の電線を使用することが多いのですが，より多く巻き線するために3種の電線を使用することや，絶縁特性を向上させるために1種の電線を使用することもあります．

コイルを作るうえで重要な項目の一つに，巻き線の端末と製品の端子(ユーザが使用する端子)との接続方法があります．電子機器の世界でははんだ付けによる接続が主流ですが，はんだ付けする面に不純物が付着していると，はんだが奇麗に流れずにうまく接続することができません．

ありがたいことに，世の中には「はんだ付け可能なエナメル線」というものが存在し，この電線は絶縁皮膜を付けたままはんだ付けが可能で，多くのコイル・メーカがこの種の電線を使用してコイルを生産しています．

この電線を使用することで，**写真25**のように電線の

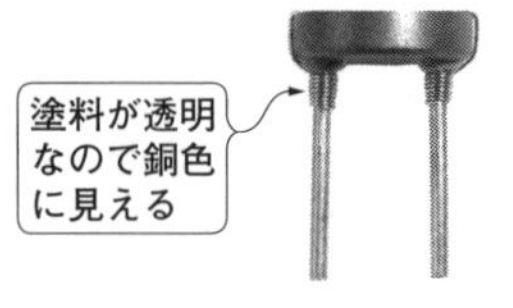

(a) はんだ付け前

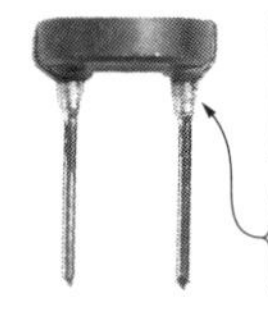

(b) はんだ付け後

写真25　はんだ付け前後の状態

端末処理を行わずとも，皮膜が付いたままではんだ付け作業を行うことが可能になります．ただし，プリント基板をはんだ付けする温度では絶縁皮膜を十分に溶かすことができないので，各社とも一般のはんだ付け温度よりも高い温度ではんだ付け作業を行っています．

㊽ 小形コイルに使用されている電線の太さ

ほかにも便利な電線があって，その中の一つに自己融着線というものがあります．絶縁皮膜の外側に融着層が追加されていて，巻き線後に処理をすることで電線同士を接着固定できるようになっています．このため，巻き枠になるボビン不要のコイルにすることが可能で，コイルの小形化/軽量化に威力があります．

融着層の種類によって処理方法が異なり，加熱接着するものと溶剤(アルコール処理が一般的)併用で接着するものがあり，CDやDVDのピックアップ・コイル，モータなどによく使用されていますが，インダクタにはあまり使用されていません．

また，電線の表面にナイロン加工を施して巻き線時の電線の滑りを良くし，特に巻き数が多い場合に安定した巻き線を可能にしたものなどもあります．

一般の電子機器に使用されているコイルの場合は，導体径 φ0.02 mm～φ2.0 mmくらいの太さの電線が主に使用されています．髪の毛の太さが約0.07 mmくらいですから，けっこう細い電線も使用されていることがわかると思います．

写真26は，φ1.6 mmの電線を使用しているパワー・インダクタの7G31Aと，φ0.02 mmの電線を使用しているC1005Cサイズのチップ・インダクタです．

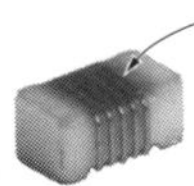

写真26
太線と細線を使用した製品の比較
(7G31AタイプとC1005Cタイプ)

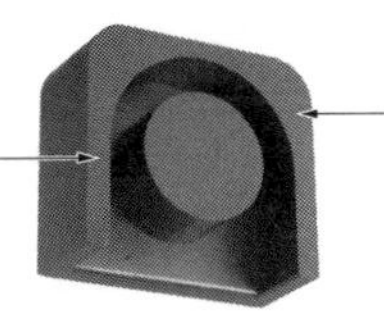

写真27　研磨加工品の例

(a) ドラム・コア

(b) リング・コア

写真28　ドラム・コアとリング・コアの例

㊾ 小形なコイルの磁性材料の多くはフェライト

ここでは一般的なことだけを記載しますが，詳しく知りたい方はフェライトを生産しているメーカのホームページ(日本だったらTDKでしょうね！)を参照していただくのがよいかと思います．

フェライトの主成分は酸化鉄ですが，それに混ぜる材料の違いからMn-Zn(マンガン-亜鉛)とNi-Zn(ニッケル-亜鉛)の2種類があり，それぞれマンガン系，ニッケル系と一般に呼ばれています．

また，保磁力特性の違いからソフトフェライトとハードフェライトがあります．ソフトフェライトは，外部磁界がなくなると磁力がなくなり，コイルをはじめとした電子部品に使用されています．ハードフェライトは，外部磁界がなくなっても磁力が残り永久磁石となることから，フェライト磁石として使用されています．

ちなみに，「フェライト(ferrite)」は材質名で，フェライト・コアのコア(core)は「芯」という意味になります．現在ではフェライトを固めて作った製品をまとめてフェライト・コア(磁芯)と呼んでいます．

フェライト・コアは，通常フェライトの粉末を金型に入れて成型(プレス)加工し，必要に応じて切削加工を行って形を整えます．粉末は，液体と異なり圧力を掛けても金型の中を自由に移動しないので，樹脂と異なり作ることができる形状に制限があります．

また，フェライト・コアは焼成(しょうせい)といって，セラミックス(瀬戸物)と同じように炉に入れて高温で焼きます．この結果，焼成後の寸法は焼成前に比較して約2割程度小さくなりますが，成型時の圧力の掛かり方によって収縮割合に差が出てきます．このため，フェライト・コアの寸法精度を上げるのは非常に難しく，ねじ部や摺(す)り合わせ部分のように寸法精度が必要な製品は，焼成後に切削や研磨加工を行うのが一般的です．

写真27は，7Gシリーズに使用されているフェライト・コアの一例ですが，表面研磨が実施されていて，2個を重ね合わせたときに隙間ができないようになっています．

写真28は，パワー・インダクタに使用されているフェライト・コアです．ドラム・コアと呼ばれる形状は，直接フェライト・コアに巻き線を行います．リング・コアと呼ばれるコアは，コイルの外側に被せて磁気シールドとして使用しています．

㊿ コイルに使用されている樹脂

コイルに使用する樹脂(主にボビンやベースと呼ばれる台座に使用)には，熱可塑性樹脂(ねつかそせいじゅし)(加熱すると変形しやすくなる)と熱硬化性樹脂(ねつこうかせいじゅし)(加熱しても硬さはほとんど変わらない)の2種類があります．最近は耐熱特性が上がったこともあり，熱可塑性樹脂が使用される機会が増えており，現在では樹脂(プラスチック)といえば熱可塑性樹脂を指すことが多くなりました．

それでも，**写真29**のバルン・コイル4BMHに使用されているベース(金属端子の付いた樹脂部分)のように，はんだに直接触れる部分があることで耐熱性を確保するために熱硬化性樹脂が使用されることも，まだまだあります．

両者は樹脂製品の生産工程にも違いがあり，一般に熱硬化性樹脂は樹脂成形後にバリ取り加工(樹脂のはみ出し部分の削除)を行いますが，これが熱可塑性樹

写真29　樹脂ベースの使用例(4BMHタイプ)

写真30　樹脂ボビンの使用例(5TKHタイプ)

脂に比較して採用が減っている原因の一つになっています．

熱可塑性樹脂の耐熱性を評価するうえで軟化点(単位は℃)がありますが，樹脂の中には徐々に軟化するものと急激に軟化するものがあり，軟化点が低いから耐熱性が低いとも言い切れないため，コストや加工性(成形性)も考慮して樹脂が選定されています．

実際，PP(ポリプロピレン)などは仕様書に記載の軟化点は低いのですが，比較的高温まで自身の形状を維持してくれます．それに対して，ABSなどのように軟化点を越えると一気に変形してしまう傾向の樹脂もあります．

コイル製品に多く使用されている樹脂には，フェノール樹脂，ジアジルフタレート樹脂などの熱硬化性樹脂や，PP(ポリプロピレン)，PET(ポリ-エチレン-テレフタレート)，ナイロン(ポリアミド樹脂)，フッ素樹脂などの熱可塑性樹脂があります．**写真30**の5TKHは，ボビンに柔軟性も必要だったことから，熱硬化性樹脂ではなく耐熱性を考慮して軟化点の高いフッ素系の樹脂が使用されています．

㉛ 電線の巻き始めがコイルの薄型化を難しくしている

一般に，巻き線型コイルの巻き始めはコイルの内部から引き出してくる必要があるので，超薄型のコイルの場合，そのぶんのスペースが大きな割合になります．**図74**のように，コイルの巻き溝が電線2本ぶんの厚さしかない場合で考えてみると，巻き始めの電線の引き出しのための通り道が1本ぶん必要になるので，実際の巻き線は1層しか行えないことになります．

したがって，巻き溝と断面を見たときに電線8本ぶんの面積がありますが，実際には約半分の「1層ぶん＋巻き始めの1本」の5本しか巻き線することができません．このように，超薄型のコイルを作る場合は従来の巻き線方法では限界があるので，この引き出し線の無駄な部分を利用できるようにする何らかの対応が必要になります．

そこで，この問題を解決するために考え出されたのが，通称「α巻き線」と言われる巻き線方法です(**図75**)．巻き始めと巻き終わりを外側に向かって同時に巻き線することで，電線の端末が内部に取り残されないようになります．この結果，電線の巻き始めの通り道が不要になります．

実際に「α巻き線」を行うには，それなりの工夫をした巻き線機が必要になりますが，通常の巻き線方法で使えなかった引き出し部分を有効利用できるようになり，超薄型コイルを実現するのに効果があります．なお，巻き線の状態を上から見るとギリシャ文字の「α」の形に似ているので，こう呼ばれているようです．

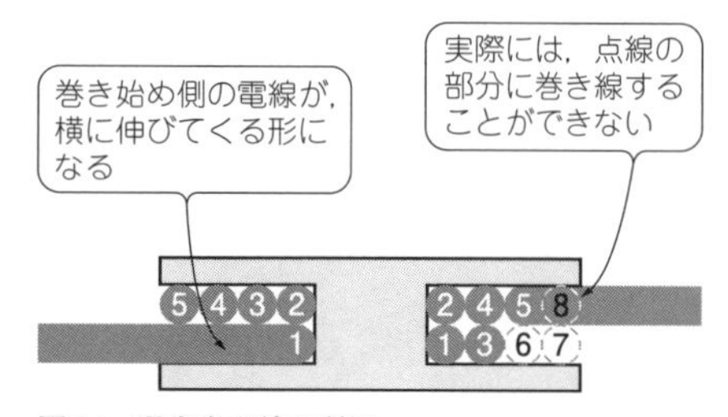

図74　通常巻き線の断面
電線の太さ2層ぶんの厚さしかない場合

㉜ 平角線は丸線と違って巻くのが難しい

通常のコイルは，断面の形状が円形の電線が使用し

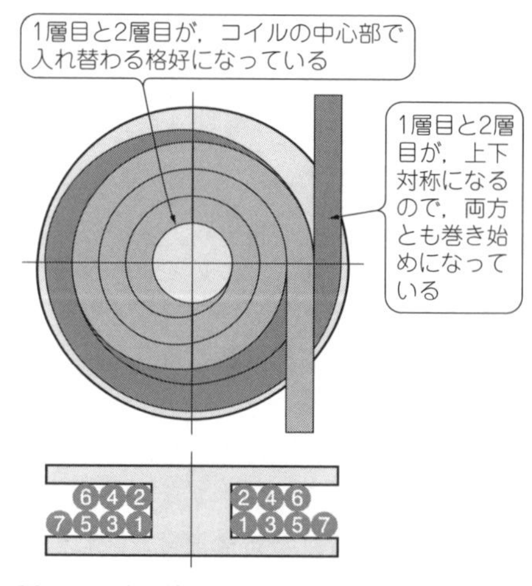

図75　α巻き線の場合の内部構造

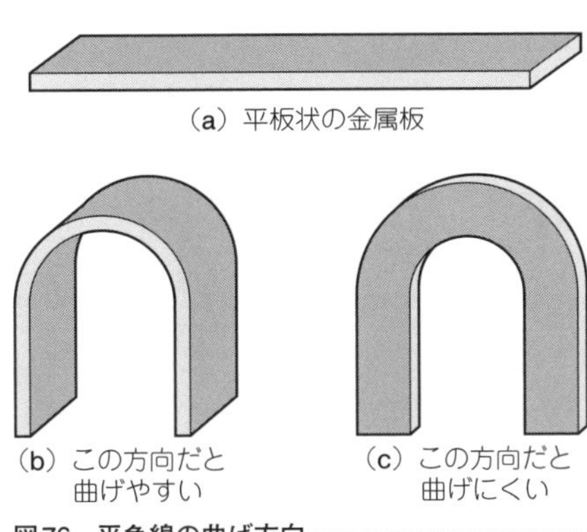

図76　平角線の曲げ方向

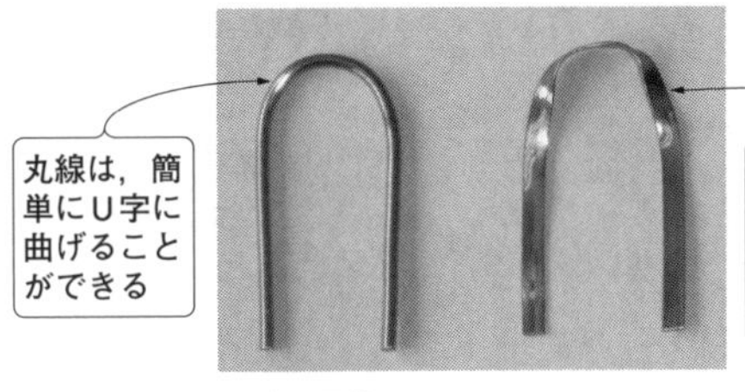

写真31　手で曲げた電線

ていますが，ディジタル・オーディオ用コイルの一部に使用されている電線に，平角線と呼ばれる電線があります．

平角線は，普通の電線と異なり断面の形状が**図76**(a)のように長方形をしていて，電線は帯状の長い平板になります．平角線を使用したコイルは，この電線を**図76**(c)のように横方向に曲げて巻き線しますが，普通の方法で曲げると**写真31**のように歪んでしまって奇麗に巻き線することができません．

電線の断面が円形の場合は，どの方向にも簡単に曲げることができるので何の問題もありませんが，断面が四角形になっただけで曲がりやすい方向と曲がりにくい方向が出てくるので，丸線のように簡単に巻き線することができなくなってしまいます．

写真32　平角線コイル

それでは，平角線をどのように巻き線しているかというと，(ここでは詳しく説明することができませんが)巻き線のときに電線が**写真31**のようにねじれて歪まないように固定しながら軸回し方式で巻き線を行っています．**写真32**に平角線コイルの外観を示します．

平角線は，巻き線は難しいのですが丸線と比較して高密度(電線間の隙間がなくなる)に巻き線できるので，小形で低抵抗(低損失)の高性能なコイルを作るうえで最適な電線なのです．

㊸ 巻き線にはコアを回転させる方法と電線を回転させる方法がある

トロイダル・コイルやバルン・トランスのような，穴に電線を通過させて巻き線するコイルを除けば，コイルの巻き線方法は大きく分けて次の2種類になります．

(1) 軸回し方式(**図77**)

巻き線されるボビンやフェライト・コアなど本体を回転させて，電線を巻き取りながら巻き線を行います．

(2) フライヤ方式(**図78**)

ボビンやフェライト・コアなどの本体は固定したままで，電線のほうを回転させて本体に巻き付けながら巻き線を行います．

それぞれの方法は，巻き線するうえでの利点と欠点

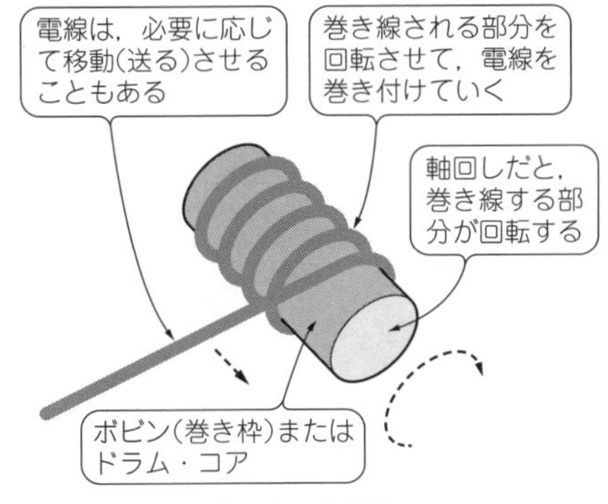

図77　軸回し方式の巻き線方法

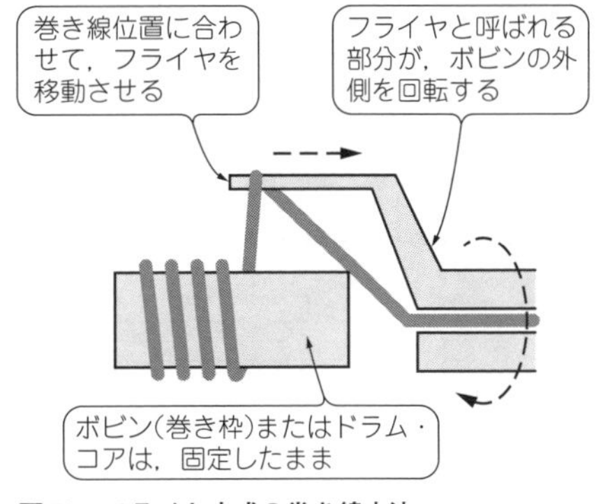

図78　フライヤ方式の巻き線方法

があり，製品の構造，電線の太さ，巻き数などにより使い分けされています．

また，巻き線と同時に自動で電線を端子に直接巻き付ける処理を行う場合でも，両方の巻き線方法が採用されています．

チップ・インダクタなどは，細い線を使用する場合はフライヤ方式で巻き線が行われ，ディジタル・アンプ用インダクタの7Gシリーズなどのパワー・インダクタ類は，電線が太いことも関係して軸回し方式で巻き線されることが多いです．

コイルをばらつきの少ない特性にするには，安定した巻き線を行うことが非常に重要で，実際の巻き線作業では「電線の張り(電線を一定の力で引っ張っている)」や「送り(巻き線を整列させるために電線を横方向に移動させていく)」の制御を行って，巻き線状態が一定になるようにしています．

㊹ コイルは異形部品の仲間なので コンパチ品の定義も微妙に異なる

通常，抵抗，コンデンサやICなどで「コンパチ品」と言えば，「差し換えるだけでそのまま使用することが可能」なのが一般的だと思いますが，コイルに関していうと，単純に差し換えて使用できない部品が数多く存在しているように思います．ちなみに「コンパチ」とは，コンパチブル(compatible；互換性)の略語です．

半導体だと，セカンド・ソースから出てくるコンパチ品が有名ですが，パッシブ部品(*LCR*)だとOEMはあってもセカンド・ソースというのはほとんど聞くことはありません．まあ，抵抗やコンデンサの場合は，差し換えがきくのが前提みたいなところがありますから….

コイルの場合でさらに話がややこしくなるのは，パワー・インダクタと呼ばれている部品には，形状について業界共通の規格がなく，各社独自の形状を採用していることです．その結果，「電気的に使用可能か？」，「寸法は同じか？」と両面から確認する必要が発生します．俗に言う「特性コンパチ」，「ピン・コンパチ」ということになります(**図79**)．

すでにプリント基板ができあがっている場合などは，まずは「ピン・コンパチ(SMDだとパターン・コンパチ？)」が絶対条件になり，電気的特性は後回しになります．

その昔，端子ピン・タイプが主流でSMDが出る前の話になりますが，この頃はまだ端子ピッチだけは同じ製品が結構ありました．これは，端子ピッチを合わせることで，他社に置き換えられてしまうデメリットがある一方，自社にとっても他社製品の移行をスムーズに行えるというメリットが存在していました．

また，ピン・タイプのICが出始めたときには，端子ピッチを2.54 mm(1/10インチ)の整数倍に合わせることを要望された時代もありました．その頃に商品化された端子ピン・タイプのコイルには，端子ピッチが2.5 mm，5.0 mm，7.5 mmのものが数多くあります．

抵抗とコンデンサは，形状を含めて業界で規格化されている部分が多くあります．一方のコイルはというと，昔から設計の自由度が大きい(カスタム品を依頼しやすい)という流れが今も続いています．「最初に特性ありき」の業界で，形状が後から付いてくるといった風潮の中で，SMDになることでコイルの端子配置の自由度が減り，結果として形状がバラバラになってしまったようです．

本来のコンパチ品とは，外形，ピン，ピッチ，特性の全てに互換性があることをいう．異形部品の世界では，100％互換性を要望しないこともある

端子のピッチが同じならば，基板に実装可能になる．これをピン・コンパチというが，特性はいわないことにする

図79　「ピン・コンパチ」と言われても…

㊺ SMD化されたコイルの端子の位置が一定でない理由

コイルには，製品の設計思想の違いにより，似た形状なのに端子の位置が異なるものがあります．これは，製品を開発するときに優先する特性が異なると，それに伴ってコイルの構造が変わり，最終的に端子の位置が限定されてしまい，端子の位置を既存品と合わせることができなくなってしまうことによります．

(a) CER1065タイプ

(b) 7E10Nタイプ

写真33　端子の位置関係の違い

写真34　標準化された形状の例(C2012Cタイプ)

写真35　異形コイルに該当するトランス(7010-2Nタイプ)

写真33にパワー・インダクタCER10xxシリーズと7E10シリーズの外観を示します．最初に開発された7E10シリーズは，端子のコストが高いという弱点がありました．そのため，特性を改良したCER10xxシリーズのインダクタを開発するときは，この部分の見直しを行い，あえて端子の形状(端子の位置も)を変えることで，製品のコストダウンが行われました．

本当は，既存品とピン・コンパチにしたほうが売る側にも使う側にもメリットは多いのですが，端子の位置を合わせることが非常に難しい場合は，無理して合わせることで結果的にコスト高になってしまうことが多く，置き換え要求を満たす製品以外では優先順位が低くなってしまいます．

㊻ 統一された形状と各社で異なる形状がある

チップ・コンデンサと同じサイズのチップ・インダクタ(**写真34**のC2012Cタイプ)や樹脂封止の角形インダクタに関しては，業界で形状が統一されていますが，パワー・インダクタに関しては各社独自の形状が多く，統一されていないのが現状です．

市場が要求する特性の関係で，各社ともに形状の近い(大きさが同じ)コイルを用意していますが，端子の位置と形状まで同じ(パターン・コンパチ)というのは，どちらかというと少ないようです．

客先からの要望を優先して満たすために構造を突き詰めていくと，結果として微妙に形状の異なる製品が数多くできあがってしまうのです．要望の中には，「あと0.5 mm小さければ使いますよ」なんていうのが結構あります．

特性についても，コンデンサの場合は容量だけでなく耐電圧にも標準値がありますが，コイルの場合はインダクタンス(E6またはE12シリーズを採用)だけで，電流値の標準値はありません．この結果，各社が実力値をそのまま規格に反映してくるので，似た形状でも微妙に電流値の規格が異なるといったことが発生します．

写真35は，異形コイルに該当するDC-DCコンバータ用の小形トランスですが，市場のニーズを取り込んで特徴を出そうとすると異形部品になる傾向があります．

㊼ すべてSMD化されたわけではなくピン・タイプも残っている

互換性とは離れますが，今でも大型のコイルの場合は必ずしもSMD(Surface Mount Device；表面実装部品)である必要はないようです．これは，コイルの形状が大きいとリフローはんだのときに，熱容量の関係で端子部分の温度が十分に上がりきらずに，はんだ付けが難しいなどのデメリットが出てくるからだそうです．

また，大型のコイルは重量があるので，プリント基板に確実に固定するには，端子ピンのほうのメリットが多いのでしょう．ほかにも，異形部品なので自動実装ができず，面実装よりも端子タイプのほうが手で扱いやすいといったメリットもあるようです．

大電流のディジタル・アンプ用インダクタの中でも，**写真36**のDBF115Hタイプは低背化を実現するためにSMDタイプとなっていますが，大出力対応の大形のインダクタは端子ピン・タイプが今だに主流になって

写真36　SMDタイプのディジタル・アンプ用インダクタ(DBF1157Hタイプ)

写真37　高出力ディジタル・アンプ用インダクタ(7G23Aタイプ)

います．

写真37は，高出力用インダクタの7G23Aタイプですが，コアのサイズが23 mmと大きく重いので，ダミー端子2本を加えた4本端子構造となっています．

⑱ コイルからは磁力線が出ている…配置によって特性が変化する

コイルを並べて配置した場合の結合を確認するために，**図80**のように2個を横に並べて測定してみました．

測定は，**図81**に示す測定回路で，スペクトラム・アナライザのTGの出力を一方のコイルL_1に加え，もう一方のL_2の出力を入力端子に接続して行いました．このとき，コイルL_1，L_2を接続しないで，TGの出力を入力端子に直結したときに入力電力の値が0 dBmになるようにTGの出力を設定してあります．

コイルが2個存在して互いに結合しているということは，トランスと同じことになります．このため，一方のコイルの電力の一部が他方のコイルに伝送されますが，本当のトランスのように巻き線間の結合は強くはないので，出力側に発生する電力は非常に小さくなります．

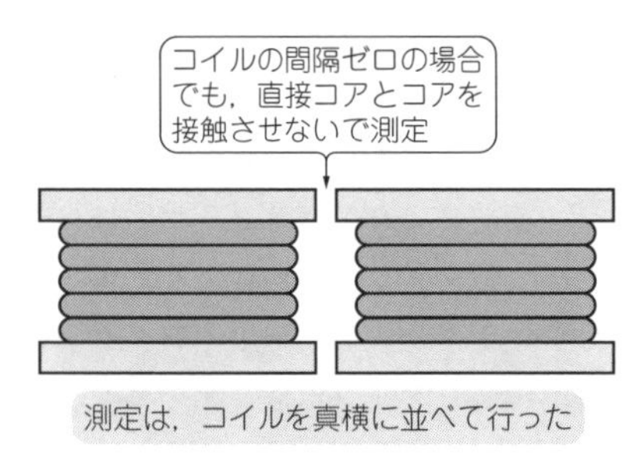

図80　コイルの設置状態

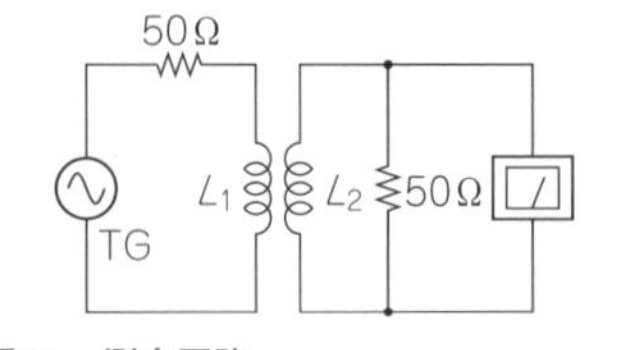

図81　測定回路
実際はスペクトラム・アナライザを使用した

図82は，開磁路タイプのSMDインダクタ7A10N(**写真38**と，閉磁路タイプのSMDインダクタ7E08N(**写真39**)のコイル間の結合を比較したグラフです．

開磁路インダクタの場合でも，漏れ出たすべての磁力線が隣のコイルに入り込むわけではないので，入力電力は減少(結合が小さい)しています．閉磁路インダクタの場合は，磁気シールド効果によって，開磁路インダクタと比較してさらに約20 dBほど減少しているのがわかります．

次に，閉磁路インダクタを外形寸法の約半分の4 mmほど離して測定した場合は，さらに10 dBほど入力電力が減少することも確認できました．複数のコイルを近接して配置する場合は，閉磁路インダクタが効果的であることと，できるだけコイル間の距離を離したほうが良いことが，おわかりいただけると思います．

⑲ 2個のコイルを一体化すれば省スペース化できるが結合する

ディジタル・オーディオ・アンプ用インダクタには，

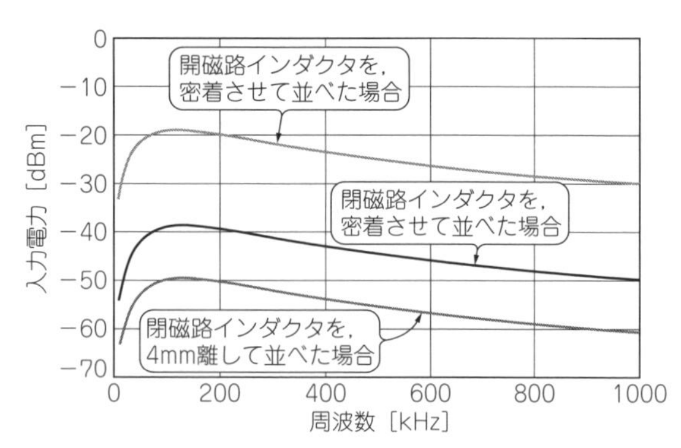

図82　開磁路と閉磁路の結合比較(7A10Nタイプと7E08Nタイプの場合)

写真38　開磁路インダクタ
(7A10Nタイプ)

写真39　閉磁路インダクタ
(7E08Nタイプ)

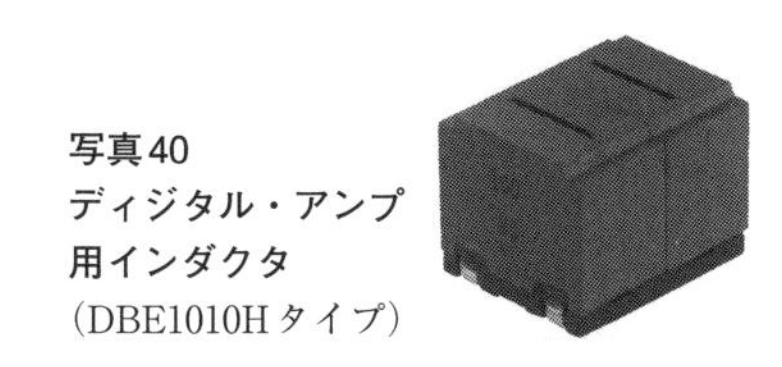

写真40
ディジタル・アンプ用インダクタ
(DBE1010Hタイプ)

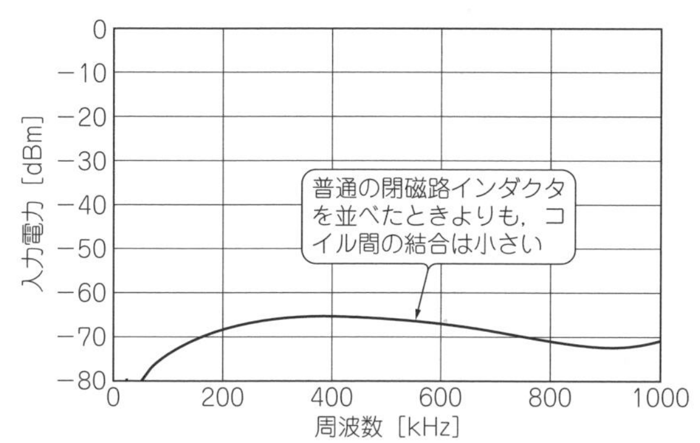

図83　DBE1010Hタイプでの測定結果

2 in 1タイプといって，2個のインダクタを一つに合体させた製品がいくつかあります．これらの製品は，2個のコイルを1個にまとめることで，基板の実装工数と実装面積(基板上の専有面積)の削減を実現しています．

2個のコイルを接近して並べることは，前述したようにコイル間の結合が心配されますが，実際の製品でも個々のコイルのシールド効果が大きい場合は，コイル間の結合は非常に小さな値になります．

図83は，ディジタル・アンプ用インダクタで2 in 1タイプのDBE1010H(**写真40**)の結合を測定したものですが，普通の閉磁路インダクタを並べたときよりもコイル間の結合が小さくなっていて，ほとんど影響がないことがわかります．

一体化ではありませんが，高周波回路の場合はインダクタンスが小さいので空芯コイルやチップ・インダクタが多用されています．このときも，コイルを**図84**のように互いに直角になるように配置することで，コイルから出た磁力線は他方の巻線の輪の中を通りにくい方向になり，コイル相互の結合を最小にすることができます．

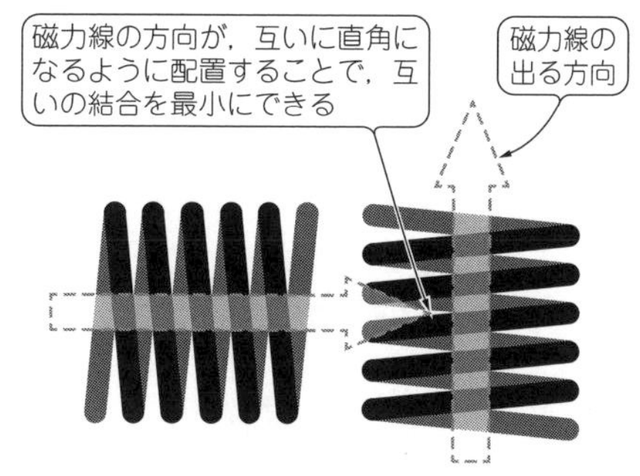

図84　互いに直角に配置すると結合が少ない

⑳ インダクタンス値の比から別のパラメータの概算値を計算できる

インダクタンス値を別のインダクタンス値に変えた場合に，変えたインダクタンス以外の特性がどの程度変化するのか，概算値でよいのですぐに知りたいことがあります．もちろん，コイルの仕様一覧を見ればすぐにわかることですが，一覧表がなくても概算値(正式な値ではない)を簡単な計算で知ることができます．

実際の概算値の計算方法ですが，次のような変換を行います．

インダクタンス値がk倍になると(k＝知りたいインダクタンス/既知のインダクタンス)，
→直流抵抗値は，インダクタンスと同様にk倍になる
→直流重畳電流は，$1/\sqrt{k}$倍になる
→温度上昇電流は，$1/\sqrt{k}$倍になる
(直流抵抗がk倍になるので)

なぜ，このような計算式で概算値が求められるのかは，一般のコイルの場合には次のような関係があるからです．

(1) インダクタンス値は，巻き数の2乗に比例する
(インダクタンスの計算式参照)

巻き数が2倍になると，インダクタンス値は4(2^2)倍になる．

(2) 同一形状(構造)の場合，電流値×巻き数の値(アンペア・ターン)は一定

巻き数が2倍になると，直流重畳電流は1/2倍になる．

(3) 巻き線する巻き溝部分の占有率はインダクタンス値に関係なくほぼ一定で，均一

電線の太さが2倍になると最大巻き数は1/4($1/2^2$)倍になる．

ただし，ここに記載した内容は，理想状態を想定(求める特性に関係ない項目は無視)してのことなので，実際のインダクタでは必ずしも一致しない場合もあります．あくまでも概算値を知るための方法と思ってください．また，製品の構造やそのほかの要因により，概算値が大きく異なる場合もあります．

写真41　パワー・インダクタ
(CER8042タイプ)

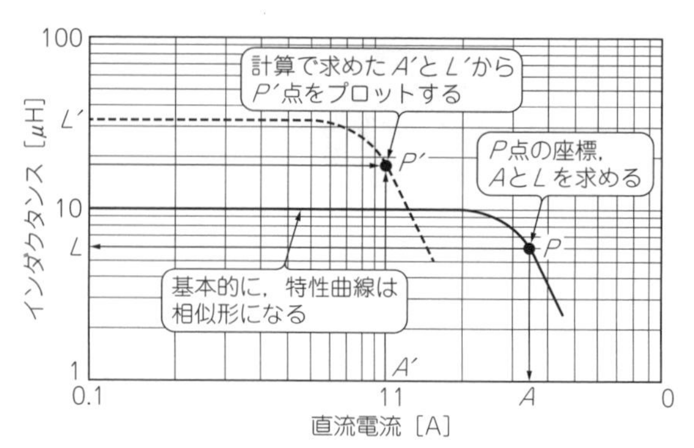

図85　直流重畳特性の変換方法

表11　概算値の確認結果(CER8042タイプの場合)

インダクタンス	DCR［Ω］		直流重畳電流［mA］		温度上昇電流［mA］	
	実力値	概算値	規格値	概算値	規格値	概算値
10 μH	0.044	−	3500	−	2100	−
47 μH	0.2	0.21	1500	1614	1000	699
100 μH	0.44	0.44	1100	1107	630	664

表12　概算値の確認結果(7E04NAタイプの場合)

インダクタンス	DCR［Ω］		直流重畳電流［mA］		温度上昇電流［mA］	
	実力値	概算値	規格値	概算値	規格値	概算値
5.1 μH	0.035	−	1000	−	2300	−
10 μH	0.072	0.069	750	714	1500	1643
47 μH	0.33	0.323	340	329	650	758

⑪ 計算で求めた値を実際のコイルで確認してみる

実際のコイルの場合は，必ずしも理想条件を満たしているわけではないので，計算式で得られる値も誤差を含むので概算値になります．

実際に，パワー・インダクタCER8042(**写真41**)の仕様で確認した内容を**表11**に，7E04NAの仕様で確認した内容を**表12**に示します．確認方法は，一番上のインダクタンスの規格値(または実力値)を基準にして，残りのインダクタンスでの概算値を計算で求めて比較してみました．形状やインダクタンスによりばらつきもありますが，まずは概算値として十分に利用できる範囲だと思いませんか？

また，**図85**のようなコイルの直流重畳特性で，例えば10 μHの特性曲線(実線)しかなかったとしても，10 μH以外のインダクタンスの直流重畳特性の値も知ることができます．

方法は簡単で，例えば33 μHの特性が知りたい場合は，次のような操作を行います．

① 10 μHのグラフ上のP点の電流値AとインダクタンスLを読み取る

② 電流値$A' = A \times \sqrt{10/33}$とインダクタンス値$L' = L \times \sqrt{33/10}$を求める

③ A'とL'で示される点P'をプロットする

④ P点の位置を変えて，P'をプロットしていく

また，10 μHでインダクタンスが30 %低下するときの電流値Aを求めれば，33 μHでインダクタンスが30 %低下する電流値A'は，次の式で求めることができます．

$$A' = A \times \sqrt{\frac{10}{33}}$$

⑫ コイルの温度上昇は概算できる

周囲温度が常温(例えば＋20 ℃)のとき，コイルに電流を流した際の発熱ΔT(すべて直流電流による発熱とする)がわかれば，周囲温度が常温から上昇した場合のコイルの発熱$\Delta T'$(常温時と同じ直流電流とす

る)の概算値(コイル自身の温度)を計算で知ることができます.

コイルに使用している銅線の直流抵抗値は，プラスの温度係数を持っているので，周囲温度が上がるとコイルの直流抵抗も増加し，コイルの電流値が変わらなくても発熱(電流の2乗×抵抗値)は増加します．したがって，周囲温度が上昇したときの発熱は，この抵抗値の増加も考慮する必要がありますが，ここでは結果だけを示すことにします.

常温T_0(例えば+20℃)のときのコイルの発熱をΔT_0とし，周囲温度がT_Aのときの発熱ΔT_Aの概算値は，次の式で求めることができます．なお，銅線の直流抵抗の計算が関係するので，式の中に0.92や0.004といった数値が出てきます.

$$\Delta T_A \fallingdotseq 0.92 \times \Delta T_0 + (0.92 + 0.004(\Delta T_0 + T_0)) \times T_A - T_A$$

図86は，周囲温度T_0が20℃のときに$\Delta T_0 = 25$℃のコイルで，周囲温度を上昇させたときの温度変化(実線)と温度上昇ΔT_A(破線)の変化を示したものです．周囲温度の上昇とともに，ΔTも増加することは，回路の損失が増加することを意味します．したがって，周囲温度ができるだけ上がらないようにすることは，電源回路の場合なら変換効率を低下させないようにすることを意味します.

㉝ 実装方法が変わると温度上昇の値が変わってくる

コイルで発生した熱は，コイル表面の空気を伝わって逃げるもの(空気の対流)と，コイルの端子部分からプリント・パターンへ逃げるもの(熱伝導)があります.

特に，熱がコイルの端子からプリント配線板のパターンへ伝わる熱は，ランド・パターンの大きさで変化し，コイルの温度も大きく変わります．ランド・パターンを利用して(大きくする)放熱することで，コイルの温度上昇を下げることも可能です.

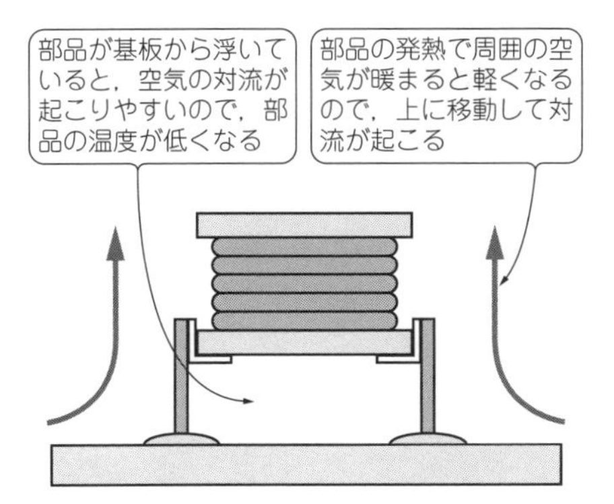

図87　コイルを浮かせると温度上昇が少ない

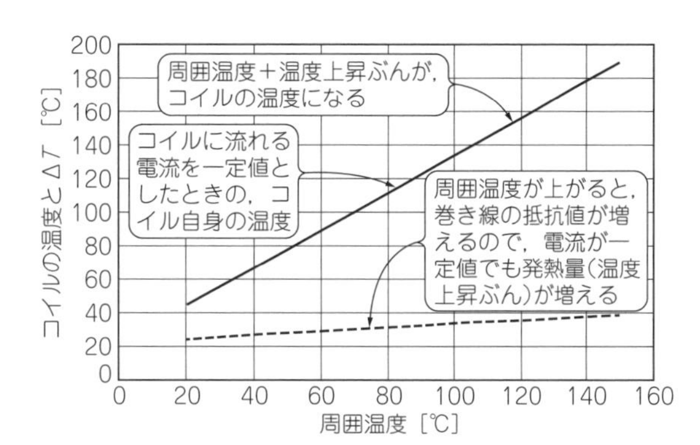

図86　周囲温度とコイルの温度上昇

また，プリント基板が水平に設置されるか，垂直に設置されるかでも空気の流れ(対流)が変わるので，コイルの発熱が変わることがあります.

一つの例ですが，試作回路の動作確認のために**図87**のような仮はんだ付け状態で評価することがあります．この場合，空気の対流が起こりやすくなるので，コイルをプリント基板に実装したときは，試作時よりもコイルの温度が高くなることがあります.

㉞ 電流規格には機能を維持できる規格と破損しないための制限がある

ごく単純な質問に，「このコイルには最大何Aまで流せますか？」というのがありますが，この質問に正確に回答するには質問の真意を確認する必要があります．理由は，コイルに流せる電流について大きく分けて次の3種類が考えられるからです(**図88**).

(1) これ以上の電流を連続して流すとコイルがダメージを受ける電流値 → 温度上昇許容電流
(2) これ以上の電流を流すとインダクタンスが大きく減少しコイルとして機能が一時的に失われる電流

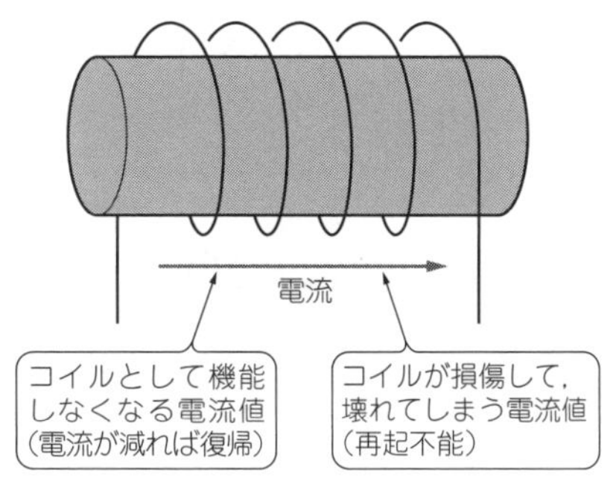

図88　コイルの電流規格の違い

表13　タイプ別の電流規格の例

タイプ	インダクタンス［μH］	直流重畳許容電流［A］	温度上昇許容電流［A］
7G17B	10±20％	26	8.2
7E03NB	10±20％	0.9	0.9
7E06NA	10±20％	1.3	2.5

7G17Bはコイルに流れる電流の平均値とピーク値の差が大きい用途を想定している

値(コイルは劣化しないので電流が戻れば復帰する) → 直流重畳許容電流

(3) 瞬間的に流すことが可能な最大の電流値

製品の規格としては，これらの値の中から一番小さな値を記載すればよいという意見もあります．しかし，実際にコイルを使用するときのことを考えると，(1)～(3)の電流値が同じでない場合が多く，通常は(1)と(2)を「温度上昇許容電流」，「直流重畳許容電流」として記載することが多いのです．

これは，用途によっては大きな電流が流れてインダクタンスの値がなくなってもよく，壊れないこと(電源投入時など)のほうを求められることもあるようで，2種類の電流規格を記載しています．

ただし，(3)については，通電時間とコイルが冷えるための休止時間が必要で，条件の組み合わせが無数に考えられるので，一般に規格としては記載していません．

製品の電流規格を改めて調べてみましたが，**表13**のようにタイプによって電流規格の値の重み付けが異なっていることがわかります．「温度上昇許容電流」と「直流重畳許容電流」が同じ値ならわかりやすいのかもしれませんが，個々の製品の構造上の差や想定したアプリケーションの違いによって電流値の規格が異なった製品があります．

基本的には，「コイルの温度が規定温度以下になる電流値」というのが一つの回答になりますが，規格の何十倍もの電流だと，表面の温度が上がる前に内部が焼けてしまいます．通常は特殊な製品でない限り，定格電流の数倍程度の電流には短時間であれば十分に耐えることができます(劣化しないという意味であり，インダクタンス値の低下は起こる)．

電源の投入時などに，定格電流以上の電流が流れていることは実際に発生していると思われますが，コイルに関して言えば，半導体のように少しの定格オーバーですぐに破壊(劣化)することはありません．

⑮ コイルの故障モードで一番多い「断線」

巻き線タイプのコイルの場合も故障の発生内容はいろいろとありますが，一番多い故障モードは「断線(回路がオープンになる)」です．ただし，条件の悪い環境下で使用する場合は，電線皮膜の絶縁劣化による巻き線間のショートが発生することも考えられます．

断線は，一般の回路ではコイルがオープン状態になって電流が遮断される方向なので，ショート状態になる部品よりは機器の被害が少なくて済む場合が多いでしょう．ただし，コイルが断線することで別の回路が大きな影響(例えばコイルの断線で電源回路の出力がなくなる)を受ける場合があります．

機械的な故障によるオープン状態では「コイルの端子とプリント・パターンのはんだ付け部分の剥離」があり，継続的に振動が加わるような場合で発生することがあります．

コイルを使用する機器が，故障に対して特に高い信頼性と安全性を要求される場合には，信頼性が考慮されたコイルを使用するのと同時に，これらの故障モードについても十分に考慮する必要があります．**写真42**は，車載用に開発された製品CWD・CWRシリーズですが，高い耐衝撃性と耐振性を確保するために4端子構造になっています．

⑯ 電気用図記号も変わった

回路図を書くときに使用する記号のことですが，JISのタイトルで「電気用図記号」となっています．

(a) CWR1242Cタイプ

(b) CWR1257Cタイプ(裏面)

インダクタとしては2端子で足りるが，4端子構造にして機械的な強度をアップしている

写真42　4端子インダクタの外観

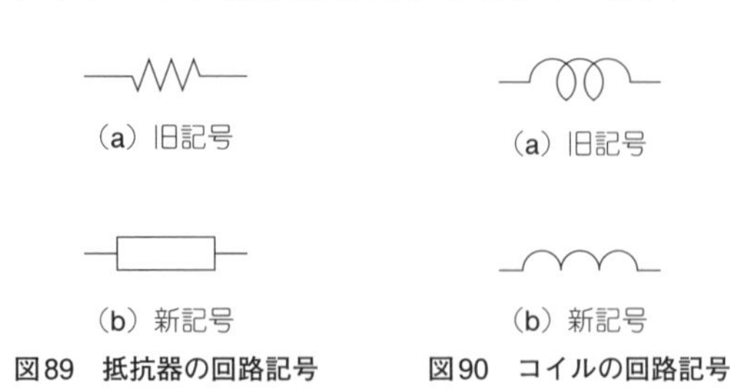

図89　抵抗器の回路記号

図90　コイルの回路記号

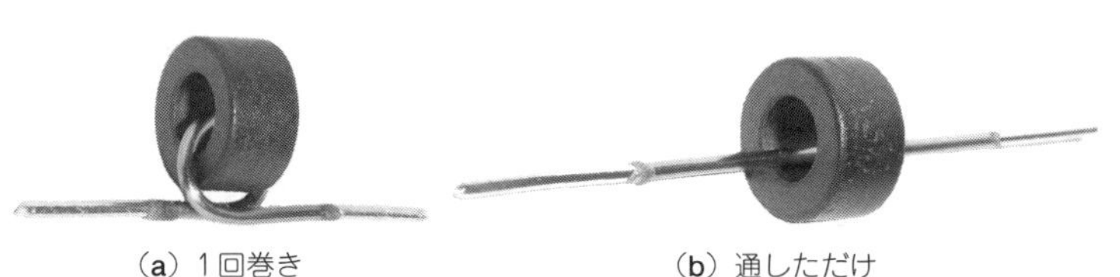

写真43　トロイダル・コイルの巻き数

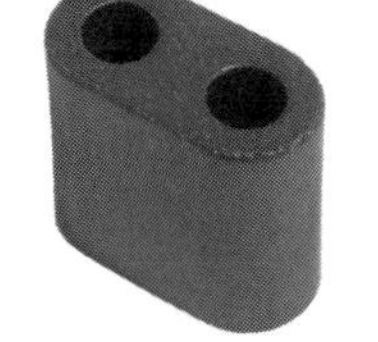
写真44　高周波で用いられるバルン・コア

この記号ですが，1997年にIEC規格の変更に伴いJIS規格も変更になりました．

この変更で大きく変わったのが抵抗器で，**図89**のようになりました．コイルも，**図90**のようになりました．ここでは，見やすさもあって従来の表記を採用しています．

世の中でも，両方の表記が混在しているのが現状ですが，すでに学校の教科書の表記は2004年から変更になっているようです．この先は従来の記号を知らない人が増えてくるのでしょうね．

もちろん，IEC規格やJIS規格では，規格書内に使用する記号などは新しい表記を採用しています．皆さんは，どちらを採用しているのでしょうか？

なお，ほかの部品の記号も合わせて詳しく知りたい方は，「JIS C 0617 電気用図記号」をご覧ください．

⑰ トロイダル・コイルの巻き数

トロイダル・コイルの巻き数は，通常コアの穴の中を貫通した電線の数が巻き数になります．したがって，**写真43**の(a)と(b)では見た目は異なりますが，同じ巻き数(写真の場合は1回)になります．

参考までに，**写真43**(a)，(b)のコイルのインダクタンスを測定してみましたが，どちらの場合も約2.0 μH(@100 kHz)になりました．したがって，実装するときに，どちらの形状になってもインダクタンスは変わりません．

また，高周波トランスで出てきた**写真44**のような穴が2個のフェライト・コアの場合は，片方の穴を貫通すると1/2回(両方で1回)になります．

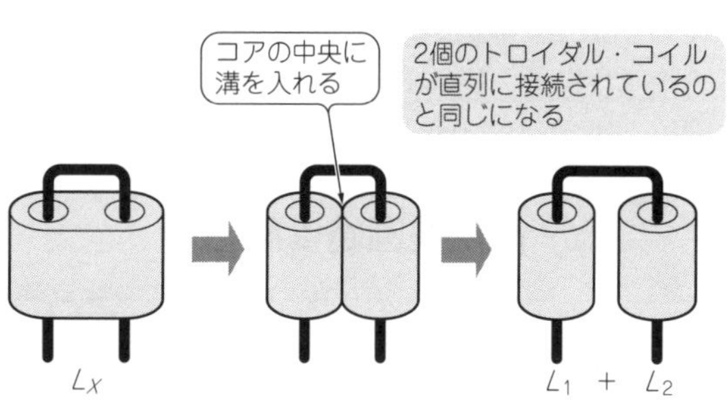

図91　バルン・トランスの巻き数

しかし，1/2回と1回の両方で実際にインダクタンスを測定してみたら，インダクタンスは1：4(巻数の2乗)ではなく約1：2でした．

写真44のコア形状の場合は，**図91**のように2個のトロイダル・コイルが直列につながったと考えられるので，下記の式のようにできます．

$$L_X = L_1 + L_2$$

⑱ フィルタ回路の違い

例えば，3次のLPFには**図92**のようにコイルが2個のT形回路とコイルが1個のπ形回路があります．このLPFの周波数特性は，どちらも同じ特性になりますが，帯域外の高い周波数で考えると，インダクタは開放，コンデンサは短絡と同じになるので，**図93**の

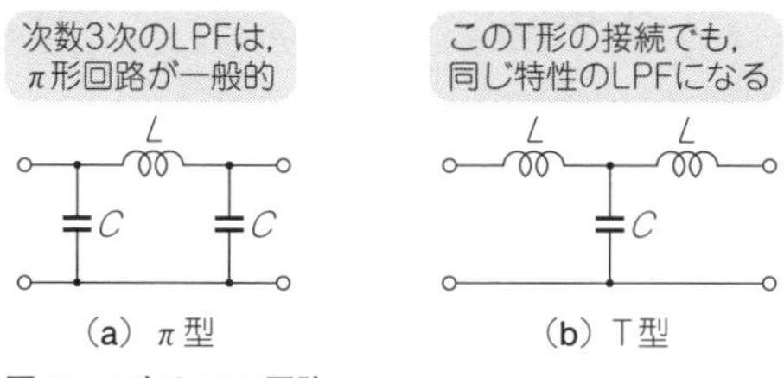

図92　3次のLPF回路

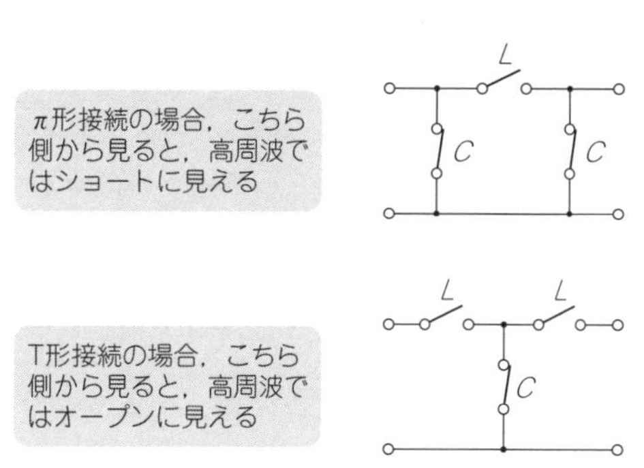

図93　減衰域(高周波)では見え方が異なる

ように置き換えることができます

ここで，外部からのノイズが信号ラインに載ったときのことを考えてみると，C-L-Cのπ形回路のほうはフィルタの両端が短絡(インピーダンスが低い)される形で終わっているので，ノイズはグラウンドに流れます．

ノイズを考慮して考えると，高い周波数でインピーダンスが低くなる**図92**のC-L-Cのπ形回路のほうが良さそうです．しかし，コイル・メーカの立場としては，L-C-Lのほうを採用してほしいですね．

⑲ 高周波回路は面白い

高周波回路を扱う場合は，よく言われる「太く，短く」，それに「インピーダンス整合に気を付けること」が，ポイントの一つだと思います(**図94**)．

ほかにも，高周波の世界では回路図上は同じでも接続を変えることで特性が変わることもあるし，物理的に完全に対象形でない部品の場合は，取り付け方向が変わることで特性に変化が生じることもよくあることです．

最近では高周波用のシミュレータの性能が上がって，残留インダクタンスや浮遊容量を考慮することで，実際の回路を組まなくても性能評価が現実に近いレベルで可能になったようです．

それでも，高周波回路では実際に回路を組み上げて動作確認すると，予想外の結果が出ることも数多くあります．高周波用部品においても同じことが言えるわけですが，それだけに面白みの残っている分野(仕事)だと思います．

今回，執筆のために久しぶりに高周波の測定をしてみて感じましたが，1 GHzくらいまでだったら比較的問題は少ないのですが，それを越えるときちんとした方法で測定しないと値が怪しくなるのがよくわかりました．やはり，高周波(超高周波？)は難しいぶん面白いですね．

⑳ インダクタンスの表示

コイルの場合も，抵抗やコンデンサと同じように大半の製品には3桁表示でインダクタンス値を表示しています．インダクタンスの場合，基準になる単位はμH(IEC規格でもμHが基準)が一般的になっていますが，一部の海外メーカの中にはnHを基準にしているところがあります．

最近は，携帯電話や無線LANなどでnHのインダクタを使用することが増えたので，これに対応するためだと思われます．何故かというと，470 nHを表すのにμH基準だと「R47」といった具合になり，表示にアルファベットが必要になりますが，nH基準だと「471」と数字だけで表示できます．

世の中には，数字だけのほうが処理は簡単になる場合や，そもそも数字にしか対応してない古いシステムが残っている可能性だってあります．

しかし心配は無用で，実際の製品を見れば製品の大きさと外観から，例えば「471」という表示を見て470 μHなのか470 nHなのかを間違えることはないでしょう．ただ，部品を注文するときには，念のために気を付けたほうがよさそうです．

㉑ コイルが燃える？

コイルに流せる電流値は，直流電流のときの値が記載されているのが一般的です．電源用のチョーク・コイルとして使用する場合は，この値を考慮すれば通常問題になることはありませんが，コイルに流れる電流

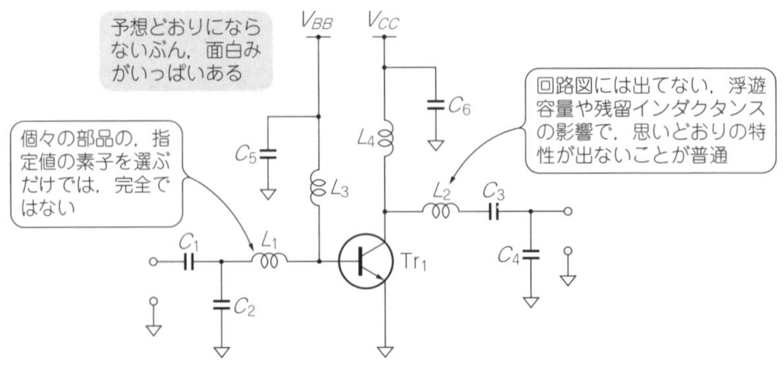

図94　高周波増幅回路の例

が交流(特に高周波)の場合は話が変わってきます．

表皮効果の関係で，周波数が高くなるほど電線の表面にしか電流が流れなくなるので，電線の断面積(太さ)に比較して実際に電流が流れる部分は少ないのです．

これは，見掛け上の太さよりも細い電線を使用しているのと同じことになります．

実際，「高周波の電力増幅器用のフィルタに使用したコイルが燃えた」などという話もあります(**図95**)．また，最近はやりのディジタル・アンプに使用しているコイルでも，想定以上に発熱したという話などもあり，コイルに流れる電流波形を，よく確認しておいたほうがよさそうです．

〈**星野 康男**〉

(初出：「トランジスタ技術　別冊付録」2011年5月号)

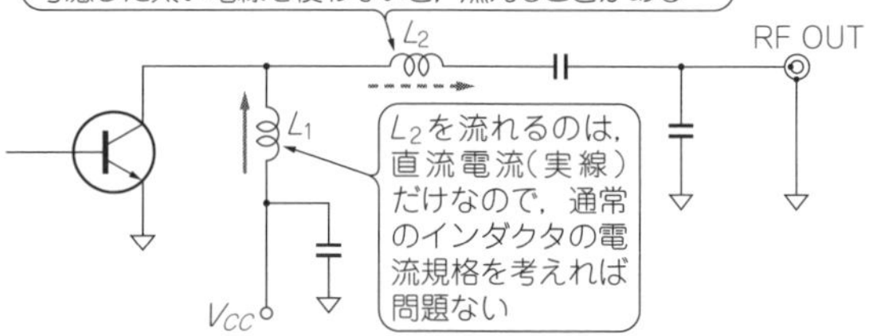

図95　高周波パワー・アンプ回路で考慮すべき事柄

それだけでなく，連続して電流を流し続けると，銅線の抵抗R_Cなどが原因でインダクタが発熱します．**インダクタの電流は，コア材の磁束飽和と発熱の両方の理由で使える上限があります．**

㉜ インダクタは使ってもいい範囲がある

電子系エンジニアの鬼門，インダクタの話をします．「鬼門」と書きましたが，インダクタを苦手としているエンジニアが多いと私が実感しているので筆をとりました．

● 構造は手作りできるほど簡単！ コアに電線を巻くだけ

図96にインダクタの構造を示します．磁性材料をコアとして，その周囲に銅線を巻いただけのとても簡単な構造です．これほど構造が簡単ならば，コアさえあれば誰でも手作りできます．筆者の手作りコイルを**写真45**に示します．

インダクタは簡単な構造で，自作できる唯一の電子部品です．

● 流せる電流に上限アリ！ 磁気飽和＆発熱

インダクタには使える電流に上限があります．これは主にインダクタに使われているコア材の磁束飽和(saturation magnetic flux density)によるものです．

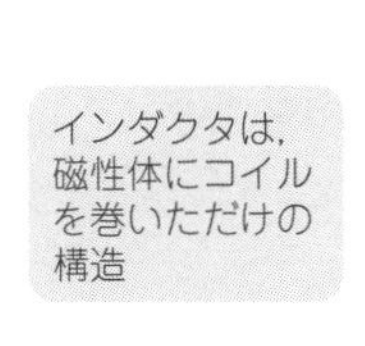

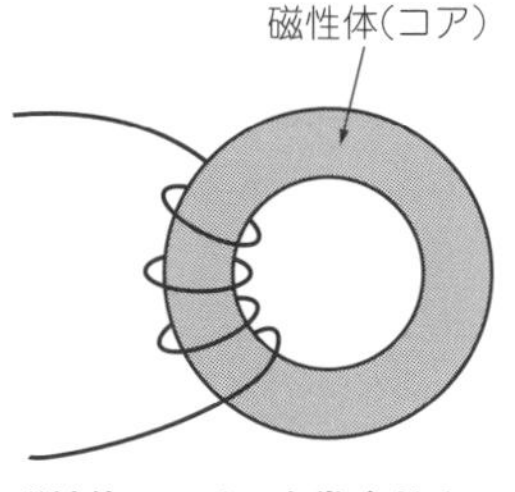

図96　基本構造は簡単！ 磁性体にコイルを巻くだけ

● 使いたい値は…なかなか見つからない

回路の定数設計を行い，インダクタンスLを求めて，その値のインダクタを探そうとすると，意外と難しいことに気付かされます．

表14に比較的大きな電流に対応したパワー・インダクタのあるシリーズのスペックを示します．インダクタンスに注目すると，JISのE6系統でもE12系統でもありません．

各インダクタの型番はすべて同じ外形です．これはインダクタの場合，最初にコアありきだからです．まずコア材を決めた後，巻き数を変えてインダクタンスを得ることが一般的だからです．要はインダクタ・メーカの事情でそうなっています．

● インダクタンスの精度を出すのは難しい

さらにインダクタンスの精度にも注目してください，±30％です．これは主にコア材の透磁率μのバラツ

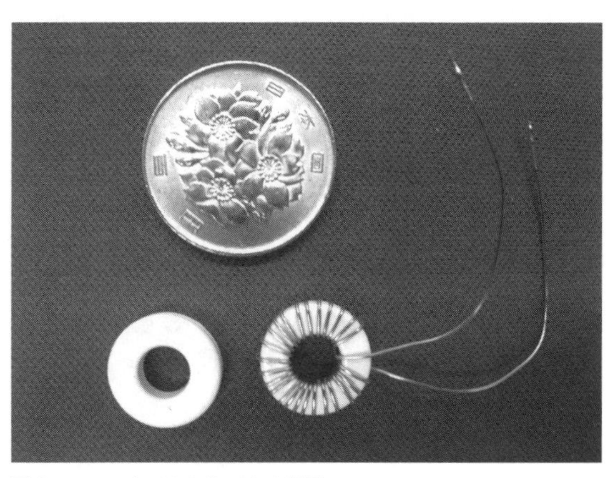

写真45　コイルは自作できる部品

表14　コイルのインダクタンス値は選びにくい…系列にバッチリ従うわけじゃなくて飛び飛び
パワー回路向けコイル(スミダ製)のスペックの例

型　名	表示	インダクタンス［μH］※1	直流抵抗［Ω］最大(標準)@20℃	定格電流［A］※2
CDRH6D26NP-2R2NC	2R2	2.2±30%	22m (16.2m)	3.20
CDRH6D26NP-2R9NC	2R9	2.9±30%	25m (18.7m)	2.80
CDRH6D26NP-3R6NC	3R6	3.6±30%	29m (21.3m)	2.50
CDRH6D26NP-5R0NC	5R0	5.0±30%	32m (23.4m)	2.20
CDRH6D26NP-5R6NC	5R6	5.6±30%	36m (26.5m)	2.00
CDRH6D26NP-6R8NC	6R8	6.8±30%	54m (40.0m)	1.80
CDRH6D26NP-8R0NC	8R0	8.0±30%	60m (44.0m)	1.60
CDRH6D26NP-100NC	100	10±30%	71m (52.8m)	1.50
CDRH6D26NP-120NC	120	12±30%	78m (57.4m)	1.30
CDRH6D26NP-150NC	150	15±30%	106m (78.6m)	1.20
CDRH6D26NP-180NC	180	18±30%	114m (84.2m)	1.10
CDRH6D26NP-220NC	220	22±30%	129m (95.4m)	1.00
CDRH6D26NP-270NC	270	27±30%	185m (136.6m)	0.90
CDRH6D26NP-330NC	330	33±30%	203m (150.2m)	0.80
CDRH6D26NP-390NC	390	39±30%	223m (165.2m)	0.75
CDRH6D26NP-470NC	470	47±30%	300m (221.6m)	0.70
CDRH6D26NP-560NC	560	56±30%	340m (251.4m)	0.65
CDRH6D26NP-680NC	680	68±30%	375m (278.4m)	0.58
CDRH6D26NP-820NC	820	82±30%	490m (364.0m)	0.53
CDRH6D26NP-101NC	101	100±30%	560m (414.8m)	0.50

※1　インダクタンスは10 kHzで測定
※2　定格電流：インダクタンスが公称値の65％に減少する直流電流値か，周囲温度20℃で温度上昇が30℃を越えない電流値の，より小さいほう

キが原因です．ならば透磁率μのバラツキ±0.5％のコア材を作ればと思いますが，これが難しいのが現状です．ですから，精密なインダクタンスを求めるのは難しく，場合によっては特注になり非常に高価になるでしょう．

〈瀬川 毅〉

⑧③ OPアンプ回路で作るインダクタ

磁性材料のコア材を使うから，精密なインダクタンスを作るのが難しかったのです．ならば，エレクトロニクス回路で作ろうと考える人もいました．

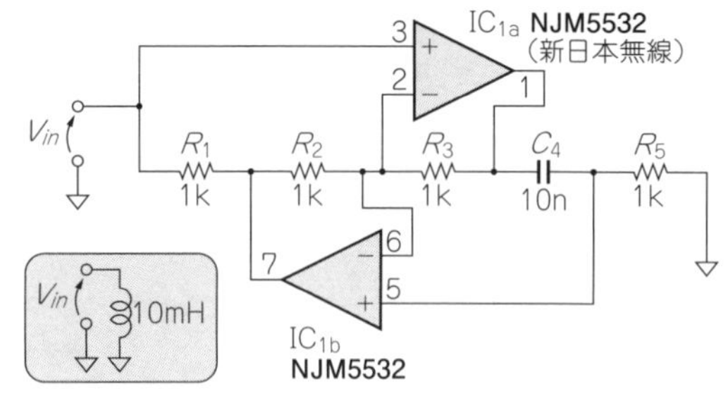

図97　OPアンプを使えば10 mHもの大きなインダクタンスを小さな回路で実現できる

図97は，OPアンプを使ったGIC(Generalized Impedance Converter)回路でインダクタを構成した事例です．**図97**においてインダクタンスLは，

$$L = C_4 R_3 R_5 \cdots\cdots (A)$$

で与えられます．**図97**の設計では，

$$L = C_4 R_3 R_5 = 10 \times 10^{-9} \times 1\,k \times 1\,k = 10\,mH \cdots\cdots (B)$$

です．

図97の回路は，インダクタの片側がグラウンドで，コイルのようにタップがとれないなどの短所もありますが，10 mHもの大きなインダクタンスを得ています．

こうした回路に，困難にであったら新しい英知で新しい回路を生み出す人間の限りない創造性を感じます．

〈瀬川 毅〉

◆参考文献◆

(1) 村田製作所；チップインダクタカタログ；http://www.murata.co.jp/products/catalog/pdf/o05.pdf
(2) リニアテクノロジー；LTC1624データシート；http://cds.linear.com/docs/Datasheet/1624f.pdf

(初出：「トランジスタ技術」2013年6月号 特集)

第2章

チップ・コイルの基礎知識

小型低背のポータブル機器で作るために

■ 小型低背コイルの市場動向

● ディジタル機器の多機能化と消費電力の増加

携帯電話，デジカメなどのディジタル機器が広く普及し，その販売台数は年々増加傾向にあります．ディジタル機器における高性能化，多機能化は日進月歩で変化し続けています．

携帯電話を例にとれば，初期モデルは通話機能に限られていましたが，その後多機能化が図られ今日に至っています．そして，多機能化に比例して，機器の消費電力は確実に増加しています．

● 小型低背コイル登場の背景

携帯電話にスイッチング方式のDC-DCコンバータが使用されるようになったのは2003年ごろです．それまでの電源は，バッテリから直接供給するか，シリーズ・レギュレータを介して目的の電圧に降圧して供給していました．ところが，前述のとおりディジタル機器の多機能化が進むにつれて，バッテリの持ち時間が問題視されるようになってきました．

このような背景から，バッテリの長時間使用を目的に，高効率な電源設計を目指した結果，コイルを使用したスイッチング方式のDC-DCコンバータが広く使用されるようになりました．

携帯電話をはじめとするモバイル機器は小型であることから，使用されるコイルも小型低背を求められています．定義はありませんが，「**小型低背コイル**」と称するサイズは**床面積が□4〜2 mm，高さ寸法は1.0〜1.5 mm**の範囲が一つの目安です．

これらのコイルはモバイル機器を背景にここ数年で新規に生まれた需要であり，今後ますます増加の一途をたどると考えられます．

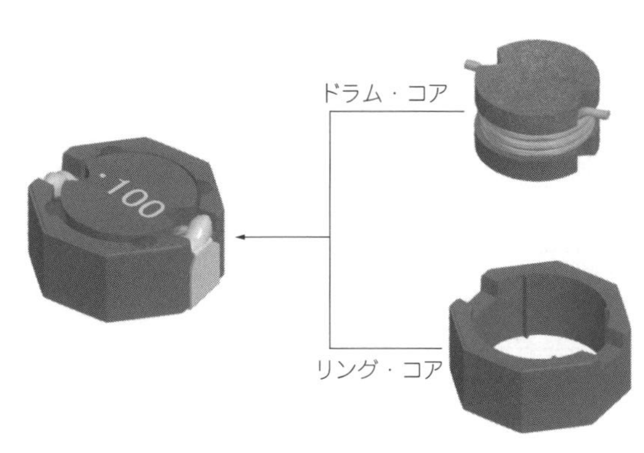

図1　閉磁路タイプのコイルの構造図

■ 低ノイズ化が求められる小型低背コイル

● 閉磁路タイプとハーフ磁気シールド・タイプの漏洩磁束

モバイル機器に搭載される電子部品は，高密度な実装を施されています．モバイル機器における電源系コイルは，圧倒的に**閉磁路タイプ**(**図1**参照)が使用されていますが，その理由は，コイルに電流が流れたときに発生する磁束によるノイズの影響を周辺に与えないためです．構造上，磁束を漏洩しないように組み込まれているのがリング・コアで，その材質はドラム・コアと同様に焼成体のフェライトです．

最近では，閉磁路と開磁路の中間に位置する**ハーフ磁気シールド・タイプ**(**写真1**参照)の電源系コイルを，

樹脂とフェライト粉の混合材料
1.2 mm (max)

(a) 外観　(b) 樹脂とフェライト・パウダの混合材料

写真1　ハーフ磁気シールド・タイプの電源系コイル
磁気シールド機能は樹脂とフェライト・パウダの混合材料

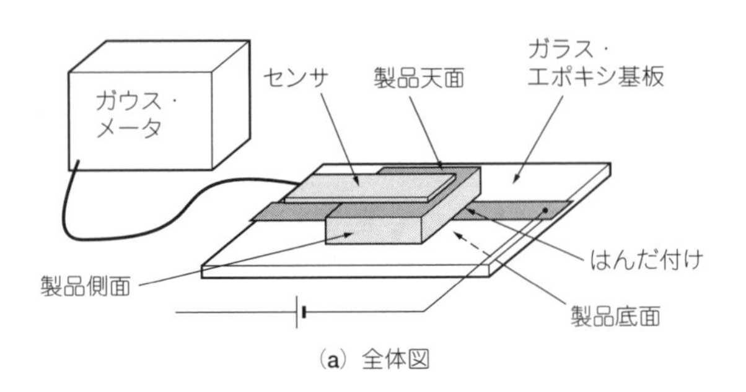

(a) 全体図

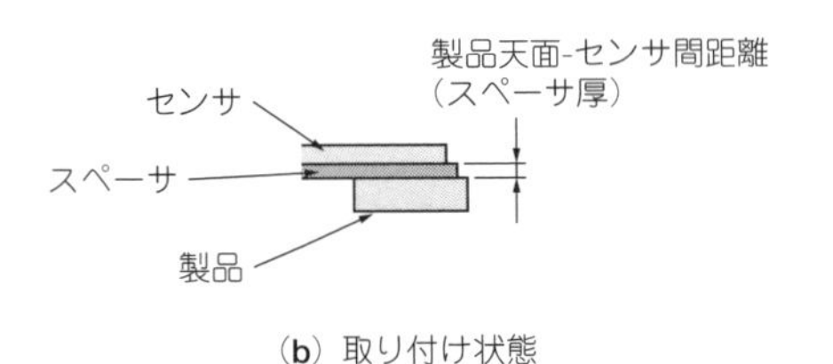

(b) 取り付け状態

図2 漏洩磁束の測定装置

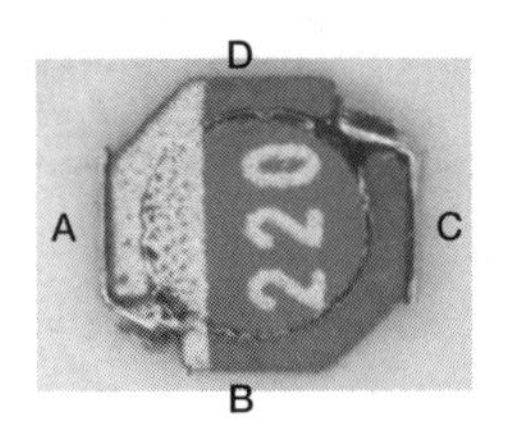

(a) 閉磁路コイル VLF3012AT－100MR49(TDK)

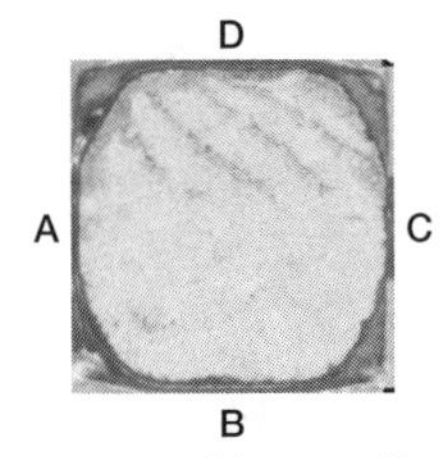

(b) ハーフ磁気シールド・コイル VLS3012ET－100M(TDK)

写真2 試料の測定位置

高密度実装のモバイル機器に使用するようになっています．漏洩磁束を抑えるリング・コアの機能を，樹脂とフェライト・パウダとの混合材料で代替したもので，その背景にはコスト面と経験則が関連しています．

前者については，焼成体のリング・コアに比べて樹脂とフェライト・パウダの混合材料のほうが安く製造できるからです．後者は，経験上，機器搭載において実質漏洩磁束の影響を受けないと認知されつつあるからです．また，携帯電話などのDC電源機器におけるコイルへの負荷電流が低いことも挙げられます．

● 漏洩磁束の測定

従来の焼成体のリング・コアと樹脂とフェライトの混合材料の漏洩磁束を比較してみます(**図2**，**写真2**)．測定方法は，以下のとおりです．

①基板にはんだ付けされた試料の定格電流通電時(0.7 A)の漏洩磁束を，ガウス・メータで測定する．

②測定は製品側面方向で行い，センサ[注1]と製品との距離はスペーサ厚で調整する．

図3の測定結果から，漏洩磁束の大きさは，ゼロ・ポイント(センサとコイルが接触)では2～3倍の違いがありますが，製品から1.5 mmのポイントにおいては，およそ10ガウス未満であり実用上問題ないとされています．

注1：ガウス・メータのセンサは測定コイルの形状寸法と同等の大きさがあり，精度はそれほど良くない．

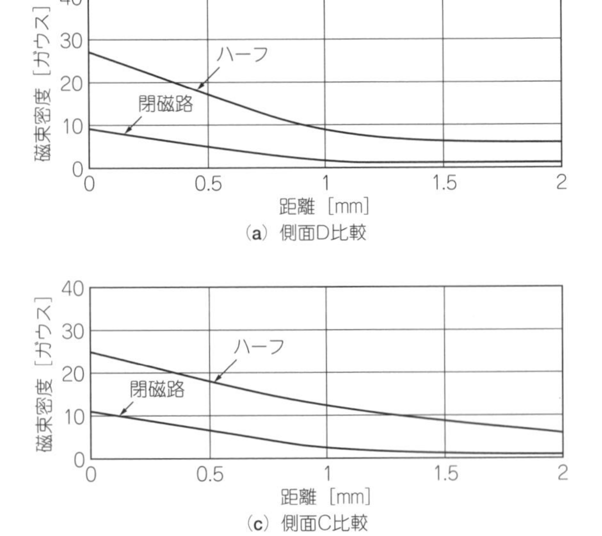

(a) 側面D比較

(c) 側面C比較

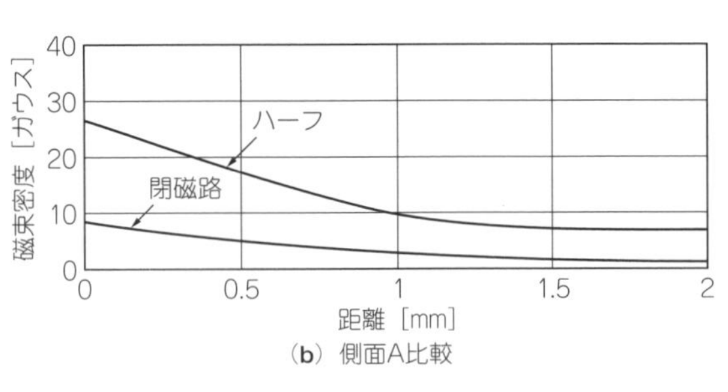

(b) 側面A比較

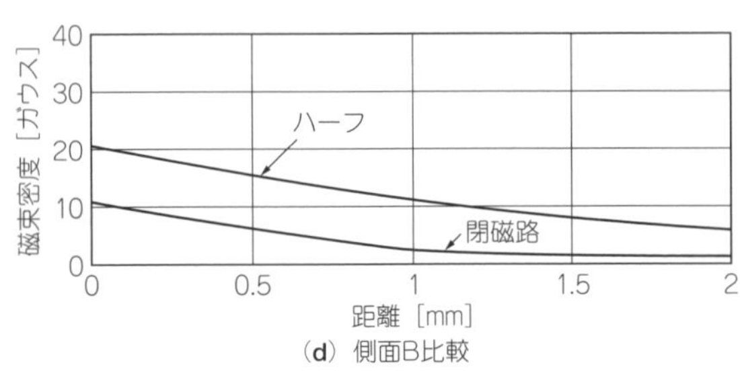

(d) 側面B比較

図3 漏洩磁束の測定結果

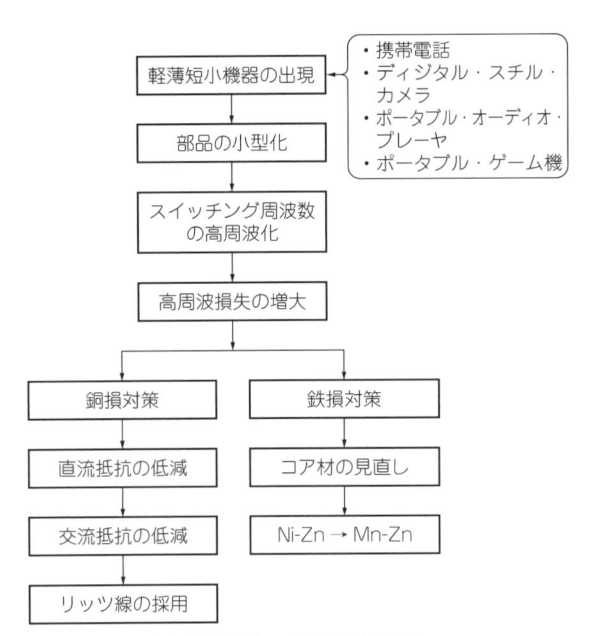

図4　モバイル機器電源回路の高周波化概念図

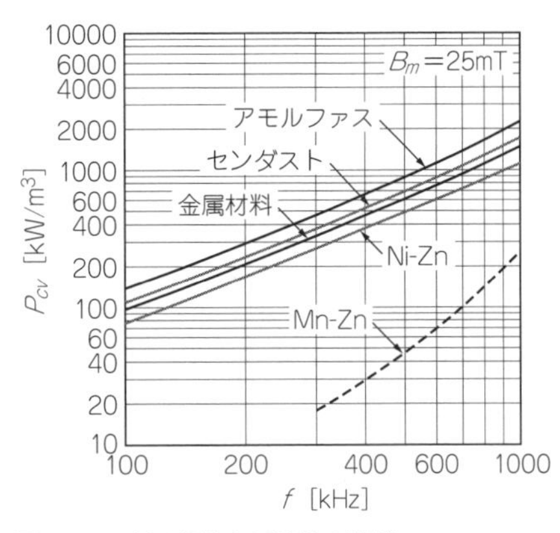

図5　コア材の損失と周波数の関係

■ 電源効率の向上を図れるコア材料

● キーワードは高周波化

冒頭で述べたように，2003年頃から携帯電話の電源回路においてスイッチング方式が導入されています．

当時の発振周波数は，現在から見ると数百kHzという低い周波数で使用されていました．携帯電話に限らず，民生用機器のスイッチング周波数は数百kHzというのが一般的でした(**図4**)．

▶これまでのコイル損失のとらえ方

電源系コイルのカタログ，仕様書などにおける電気諸特性は，インダクタンス，インダクタンス許容差，インダクタンスの測定周波数，直流抵抗，定格電流が一般的です．

損失を表すのは直流抵抗，すなわち**銅損**です．これは，所定のインダクタンスを得るために磁心に巻いている銅線の損失を表しており，搭載される機器の電源効率を左右する特性です．セット・メーカの電源設計においても，相対的に直流抵抗の低い製品を意識したコイルを選択します．

▶今日のコイル損失のとらえ方

ところが，低消費電力バッテリ駆動機器の登場により，電源回路の小型化を実現するための受動部品の小型低背化を目的に，高速な周波数が使用されるようになってきました．

従来のアプリケーションであれば，数百kHzであったスイッチング周波数がMHz帯域に移行し常用されています．周波数が高いほどインダクタンスを下げられ，コイル・サイズの小型化が可能となるからです．

その一方で弊害もあります．スイッチング周波数の上昇に伴いコイル損失とスイッチング損失は大きくなります．バッテリの長時間使用を目指すモバイル機器にとっては，電源効率に影響を与えバッテリの消耗を招きます．

これらを解決するために，高効率な電源を実現する電源系コイルの開発と商品化が進んでいます．周波数へ依存性を持つ，交流抵抗成分および低損失コア材料を意識した設計が必須となっています．

● コイルの損失の実際

コイルの損失はコア材によるものと線材によるものとがあり，概念式は以下のとおりです．

コイル損失＝鉄損＋銅損
鉄損＝ヒステリシス損＋渦電流損
銅損＝直流銅損＋交流銅損(表皮効果の影響)

▶コア材による損失

コア材による損失は磁性体の特性に起因し，これを**鉄損**と呼んでいます．鉄損は一般に周波数の上昇とともに増加します(**図5**)．

電源系コイルで使用されているコア材料を**図5**に示します．低損失なコア材は，ニッケル，マンガン，亜鉛などです．電源系コイルのコア材として代表的なのは，Ni-Zn系(ニッケル・亜鉛)とMn-Zn系(マンガン・亜鉛)です．

携帯電話などに搭載されているDC-DCコンバータ用小型低背コイルにはこれらのフェライト・コアが使用されています．これらの材料は強磁性体なので，B

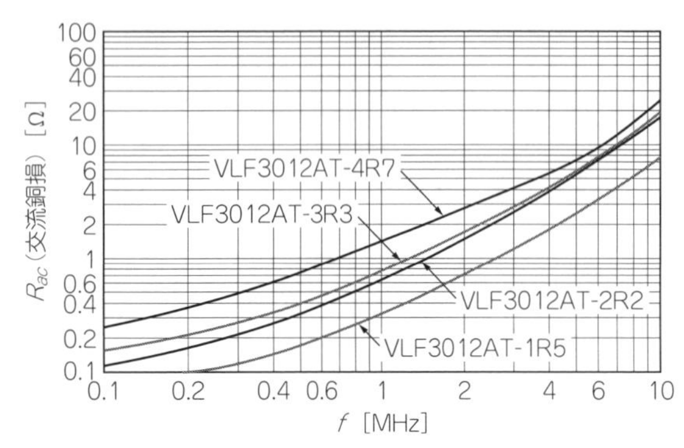

図6　線材による交流銅損と周波数の関係(VLF3012AT)

表1　測定サンプルのコア材の特性

インダクタンス	VLF3012ST注2 コア材：Mn-Zn系			VLF3012AT コア材：Ni-Zn系		
	R_{dc}［mΩ］	I_{DC1}［mA］	I_{DC2}［mA］	R_{dc}［mΩ］	I_{DC1}［mA］	I_{DC2}［mA］
2.2	77	1100	1600	100	1000	1200
3.2	110	880	1300	150	870	1000
4.7	150	750	1100	240	700	820
6.8	220	650	950	340	610	680
10	410	530	700	580	490	520

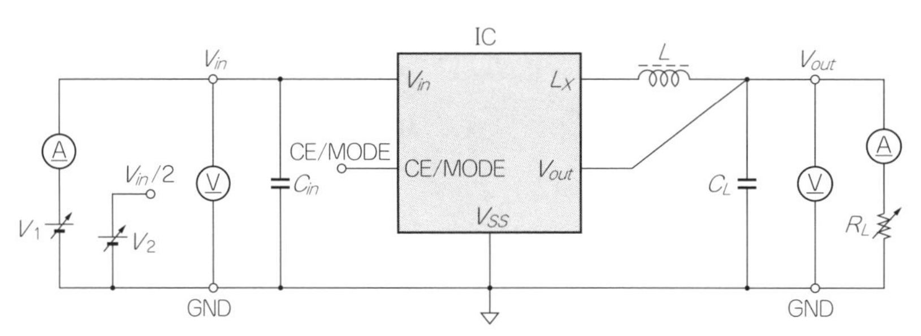

図7　電源効率の測定回路図

-Hカーブにヒステリシスを持っています．このためコア材に用いるときにはB-Hカーブをはじめとする諸特性を考えて使い分けます．

アモルファスや金属材料などは，大電流を必要とするパソコン，サーバなどのCPU駆動用マルチフェーズ方式のDC-DCコンバータ用です．

▶線材による損失

交流での銅損は，周波数が高くなると**図6**のように表皮効果が現れて増加します．

交流銅損を抑えるための対策としてリッツ線の導入も考えられますが，小型低背コイルでは外形寸法が□2～4 mm，高さ寸法1.0～1.5 mmという制約の中で，物理的にスペースの確保と1本当たりの巻き線ワイヤの線径が小さくなることから信頼性を考慮して市場に出ていないのが現状のようです．

● 異なるコア材による電源効率の比較

現在の携帯電話における降圧DC-DCコンバータの出力電圧は，ロジック系の1 V，1.2 V，1.5 V，1.8 Vが多用され，スイッチング周波数は1 M～3 MHzが主流です．高周波化に伴い求められるインダクタンスも低くなっており，当初22 μ～10 μHだったものが10 μ～4.7 μHへ，さらには3.3 μ～1.0 μHへと変遷しています．

今回，電源効率測定に用いた電源ICは，スイッチング周波数3 MHzのXC9237A18DER(トレックス・セミコンダクター)です(**図7**)．電源系コイルは，フェライトのNi-Zn系とMn-Zn系を各々磁心に用いた製品としました．測定サンプルは，2.2 μHで実際に携帯電話に搭載されている下記製品です(**表1**)．

- Ni-Zn　VLF3012AT-2R2M1R0(TDK)
- Mn-Zn　VLF3012ST-2R2M1R4(TDK)

この条件で，コア材の違いによる電源効率の比較をしてみましょう．PFM/PWM制御での電源効率を比較した結果を**図8**に示します．0.1 m～100 mAの領域において，Mn-Zn系のフェライトを磁心としたコイルの効率がNi-Zn系と比較して3～4 %良い結果が得られました．

携帯電話で電源効率を重視する部分は低負荷時の領域です．**図8**で言うならばおおむね10 m～100 mAの範囲です．これは携帯電話での待受状態(待機時)に相当し，機器の使用上圧倒的にその時間に占める割合が長いからです．

また，この低負荷時の電源効率はコイルの鉄損に起因し，高負荷時の電源効率はコイルの銅損に起因して

注2：厳密には，VLF3012STの外形寸法のL方向，W方向が0.2 mm大きくなっている．高さ寸法は1.2 mm(max)で同一である．

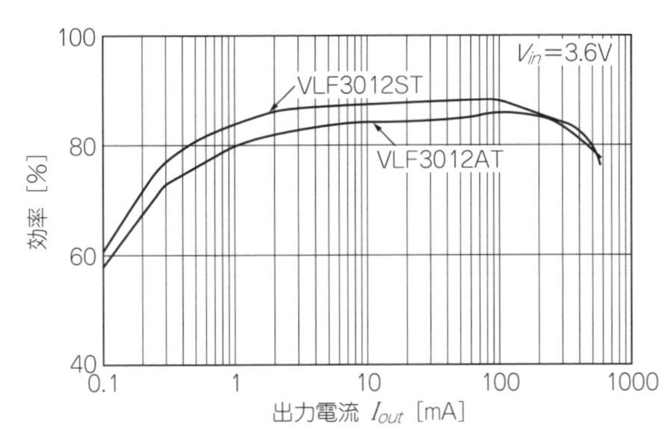

図8　電源効率の測定結果

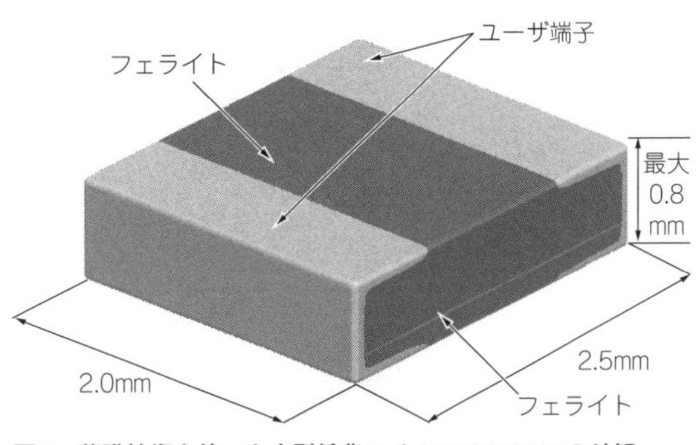

図9　薄膜技術を使った小型低背コイルTFC252008の外観

います．実際には各々の機器において，入出力電圧，負荷電流，パルス幅，基板レイアウト，浮遊容量などの条件により損失に与える影響は異なってきます．

■ 小型低背コイルの今後

● 電源系コイルの新工法

今後，ますますディジタル機器の小型化の流れは加速していくと予測されます．それに伴い，コイルに求められる外形寸法もさらなる小型低背を実現していくことが重要となります．

電源系コイルは，他の受動部品に比べて薄型化が非常に困難とされてきました．小型低背コイルの商品化は，サイズだけをとらえれば物理的には容易ですが，電気的特性との要求を両立させるために，設計の工夫が必要となります．

現在のコイル工法は，

●巻き線工法

●積層工法

の二つが主流です．

近年これに続く新しい工法により，低背化を実現する製品（**図9**参照）も市場投入されてきています．コイルは巻き線技術から始まり，積層技術による用途拡大，さらに薄膜技術での高機能化へと転換期にあります．巻き線技術に比べて小型低背化を推進でき，プロセスにおいては自動化を図れます．

ここで取り上げる製品TFC252008（TDK）は，独自の構造設計（**図10**参照）を行い，高さ寸法0.8 mmを可能にし，かつ優れた直流重畳特性を有しています．小型低背の市場要求に対応するため，ファインCu（銅）パターン形成技術とマイクロ加工技術を組み合わせた，いわば第三の工法と言えます．

本来，膜の厚みが数μmならば薄膜と称していますが，本コイルの膜厚は10 μm以上あります．したがって，広義での半導体業界などで扱う薄膜とはニュアン

コラム　漏洩磁束のシミュレーション

閉磁路タイプVLF3010AT-2R2M1R0-1とハーフ磁気シールド・タイプVLS3010T-2R2M1R3の漏洩磁束をシミュレーションしてみました（**図A**）．

サンプル・コイルは，50×50×20 mm空間の重心にあることを条件としています．コイルへの負荷電流はDC（直流）1 Aの設定です．

カラー・スケールで漏洩磁束の大きさを視覚的に表現しています．閉磁路タイプの漏洩分布が小さくなっていますが，ハーフ磁気シルードの漏洩分布も，実用に十分耐えうる小ささです．　〈石黒 信彦〉

(a) 閉磁路VLF3010AT-2R2M1R0

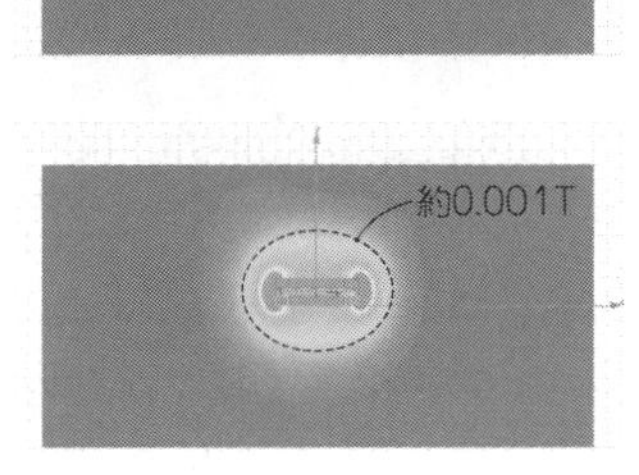

(b) ハーフ磁気シールド VLS3010T-2R2M1R3

図A　コイルの漏洩磁束のシミュレーション

表2　小型低背コイルTFC252008の電気的特性

型　番	インダクタンス [μH] 誤差 [%]	テスト周波数 [kHz]	DC抵抗 [mΩ]		定格DC電流 [mA]	
			Max	Typ	$I_{DC}1$ Max	$I_{DC}2$ Typ
TFC252008MC-1R0M1R4	1.0±20 %	600	95	85	1400	1700
TFC252008MC-1R5M1R0	1.5±20 %	600	160	140	1000	1200
TFC252008MC-2R2MR80	2.2±20 %	600	200	185	800	1000

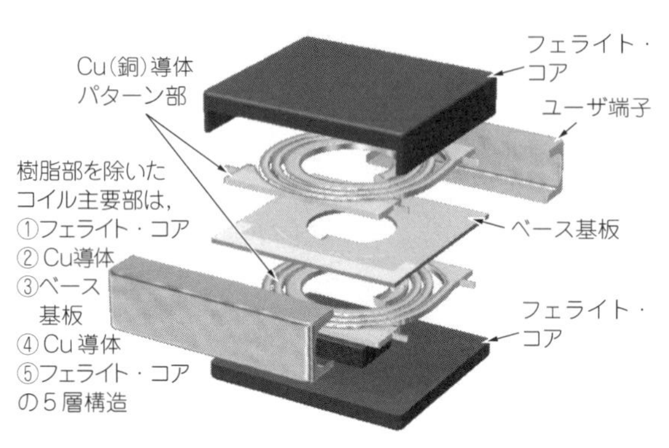

図10　TFC252008の構造図
(2016年12月現在はTDKのラインナップにはない)

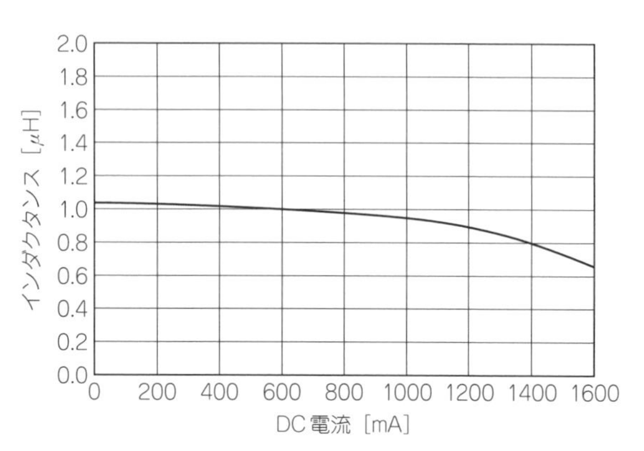

図11　TFC252008MC-1R0M1R4の電気的特性

スが異なります.

以下にその特徴を示します.

- 低背0.8 mm(max)の高さ寸法
- フラットな直流重畳特性(**図11**参照)
- ±0.05 mmの高精度寸法
- 落下試験強度の信頼性向上

工法上の特徴は，PCB基板上に銅パターンを高密度でスパイラル形成しています(**写真3**)．高いアスペクト比により導体断面積を大きく確保し，直流抵抗の低減を可能にします.

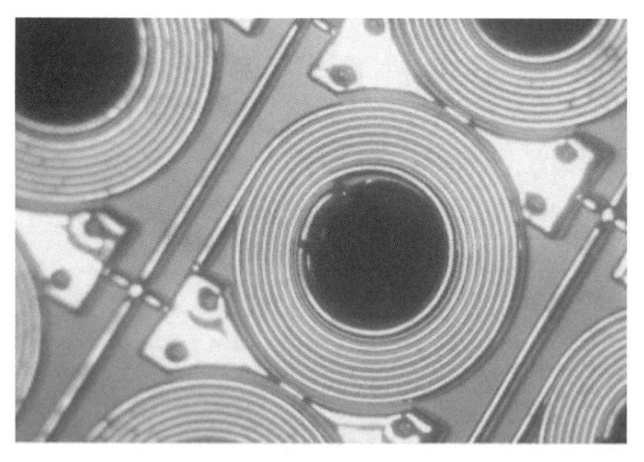

(a) 全体

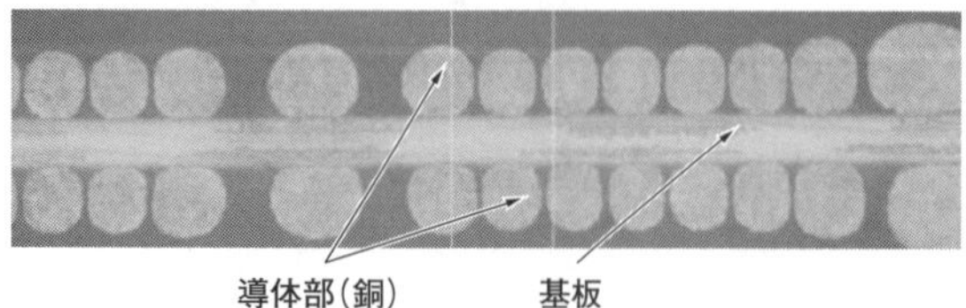

(b) 断面図

写真3　PCB基板上に銅パターンを高密度でスパイラル形成したコイルのパターン

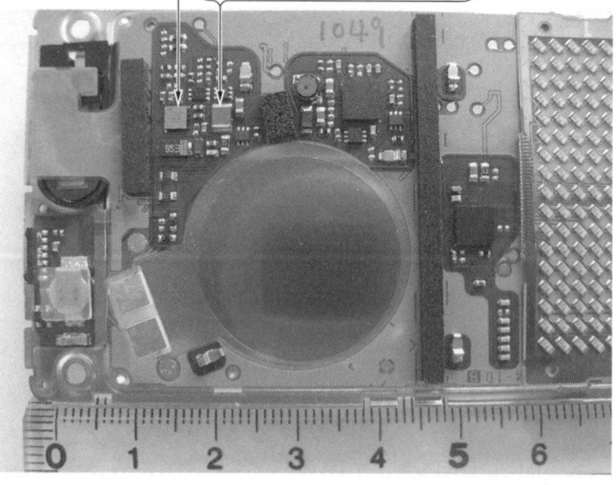

写真4　携帯電話の圧電スピーカ・ドライバ用昇圧電源回路基板
(FOMA　N705iμ)

● 携帯電話への実装例

TFC252008は，FOMA N705iμ(NEC. 以下N705iμ)に搭載されています(**写真4**参照)．N705iμは，世界最薄(厚さ9.8 mm)の携帯電話として2008年2月に発売されました．

圧電スピーカ・ドライバ用昇圧電源回路は機構設計上，実装高さ寸法1 mm未満の制約があり，かつ電気的特性として直流重畳特性は，従来と比較し1.4 Aと高くなっています．同基板に実装される圧電スピーカ・ドライバ用IC AK7845(旭化成エレクトロニクス)のパッケージ高さ寸法も，0.9 mm(max)と1 mmを切っています．

回路機能としては，リチウム・イオン・バッテリ(2.7 V～4.5 V)を電源電圧として，13 Vに昇圧し圧電スピーカを高電圧で駆動します．N705iμの圧電スピーカ電源回路では，電源ICの発振周波数を1 MHzにすることで，低インダクタンスの1 μHが搭載されています．

2003年ごろから，電源構成部品であるMOSFETは設計の効率化と省スペース化を目的に電源ICに内蔵されてきました．さらには，電源系コイルをICに内蔵したDC-DCモジュール製品も商品化されています．ますます電源系コイルの小型化，低背化の設計が重要になってきます．

〈石黒 信彦〉

(初出：「トランジスタ技術」2009年2月号)

小型・大電流化するボード電源用インダクタの実力

■ 大電流インダクタが求められる背景

ノート・パソコン向けなどのCPUは，低電源電圧化による省電力化を推進している一方で，高機能・多機能化により電流が増え，消費電力も増加しています．また，小型・軽量・薄型化の要求も高まっており，電源に使用するDC-DCコンバータ用インダクタも大電流・低抵抗を維持しながら，同様に小型・薄型であることが求められています．

従来のフェライト・コアを使用したインダクタでは，小型にすると許容電流が取れない，直流抵抗が増えて発熱が増えるという問題がありました．

そこで，小型ながら直流重畳特性がよく，抵抗が低い，金属磁性圧粉(あっぷん)を用いた一体成型のインダクタが使われるようになってきました．

ここでは，このインダクタの特徴を取り上げながら，求められる電源用インダクタの特性について理解を深めていきます．

■ フェライト・インダクタと金属磁性圧粉インダクタの違い

● 金属磁性圧粉インダクタとは

従来のインダクタの磁性材料は，主にニッケル亜鉛(Ni-Zn)系やマンガン亜鉛(Mn-Zn)系のフェライト・コア材でした. 金属磁性圧粉インダクタ(メタル・アロイ・インダクタ)は，カルボニル鉄，あるいはアトマイズ鉄とそのほかの金属材料に熱硬化性樹脂(バインダ)を混合させ，絶縁された材料と空芯コイルを埋設し一体成型しています．

この磁性粉の平均粒径は材料により差異がありますが，およそ5μ～30 μmです．**図12**に磁性材の内部を示します．材料は用途により選択されます．

● 構造

図13は代表的なE-Iコア構造のフェライト・タイプのインダクタの構造です．Eコアの中にコイルを挿入し，IコアとEコアを接着剤で固定しています．

図14は金属磁性圧粉インダクタの構造例です．金型にコイルを挿入し，計量された磁性粉を入れ，高圧プレスで一体成型します．したがって，コア間接着も

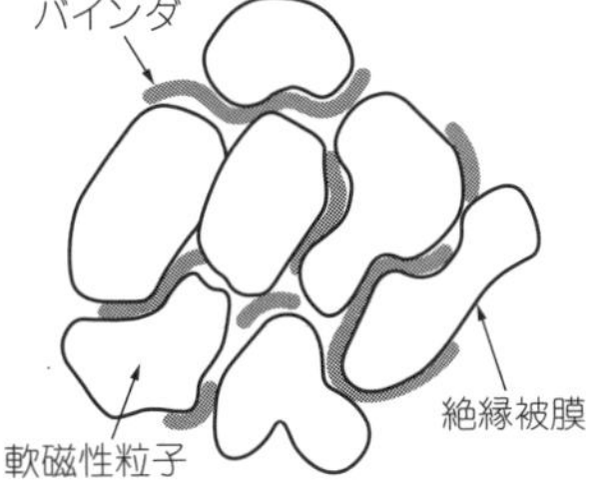

図12 磁性材の内部

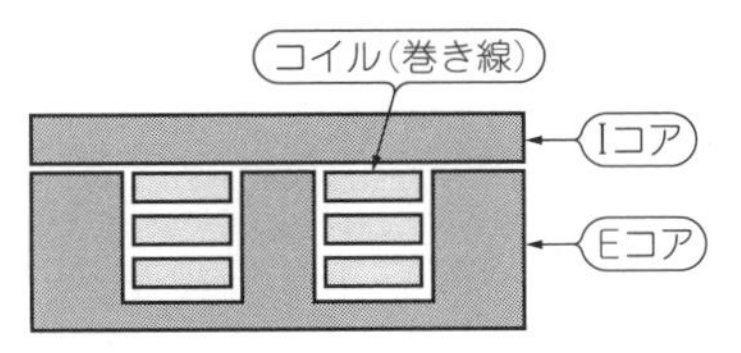

図13 フェライト・コアを使ったインダクタの構造

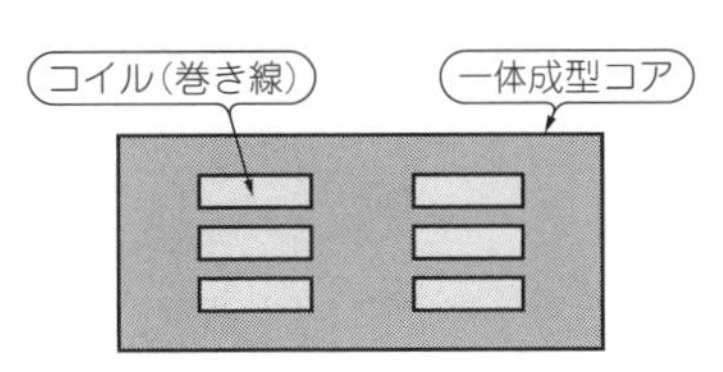

図14 金属磁性圧粉を使ったインダクタの構造

5 インダクタ／コイル

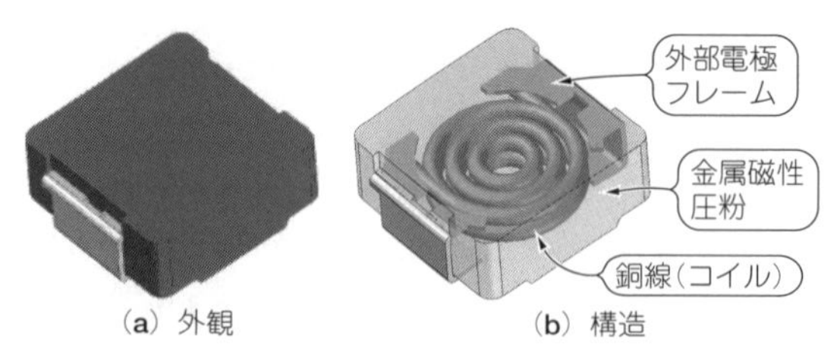

図15　2端子の丸線構造は巻き数を多く取れる

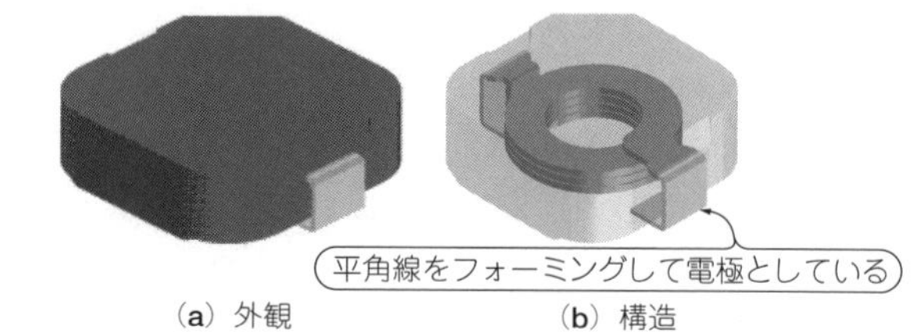

図16　2端子の平角線構造は直流抵抗が低い

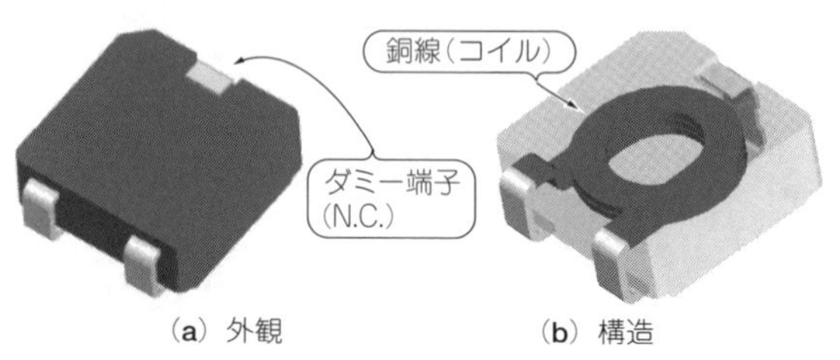

図17　3端子の平角線構造は同一方向に端子があるので2端子平角線構造よりも若干インダクタンスを大きく取れる

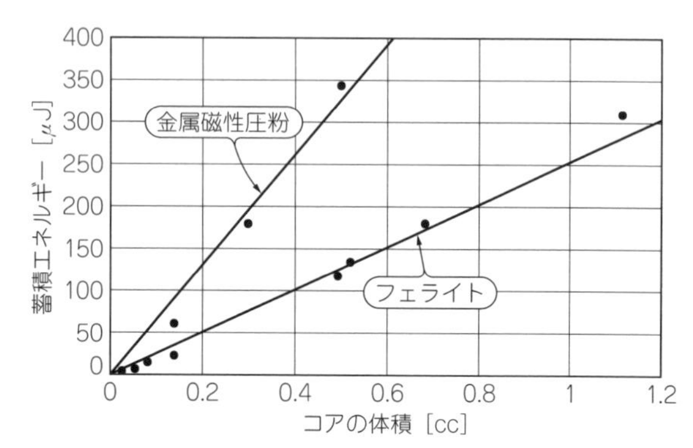

図18　金属磁性圧粉コアとフェライト・コアのコア体積に対する蓄積エネルギーの比較

不要でシンプルな構造となっています．金属磁性圧粉インダクタは次のような構造に大別できます．

▶2端子の丸線構造(図15)

巻き線コイルをフレームに溶接したものに磁性粉での一体成型が施されています．

使用線材に丸線を使用することにより，巻き数を多くできることから，平角線よりも比較的大きなインダクタンス値が取れるという特徴があります．

▶2端子の平角線構造(図16)

平角線をエッジ・ワイズ巻きしたコイルをフォーミングし，水平電極の自己端子構造としています．

丸線構造に比べ，直流抵抗が低いことが特徴です．

▶3端子の平角線構造(図17)

平角線をエッジ・ワイズ巻きし，端子は巻き線コイルの両端を同じ方向に出し自己端子を形成しています．反対側には基板実装時の固着強度を確保するためにダミー端子を設けています．同一方向の両端に端子がある構造のため，2端子平角線があるよりも若干インダクタンス値が大きく取れるという特徴があります．

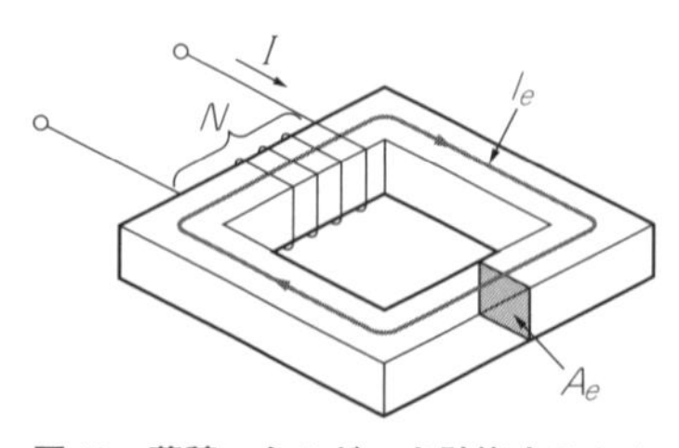

図19　蓄積エネルギーを計算するためのモデル図

● 蓄積エネルギー

金属磁性圧粉コアは，フェライト・コアと比較して約2倍の飽和磁束密度B_S [T] があるため，1/4の体積で同じエネルギーを蓄積できることになります．**図18**に，コア体積に対する蓄積エネルギーのグラフを示します．

ただし，一般的にはフェライトよりも透磁率 μ が低いので，同じインダクタンス値を確保するためには巻き数を多くする必要があります．

▶飽和磁束密度を上げるとコアの体積を小さくできる

蓄積エネルギーは，磁性体(コア)の実効体積 V_e [m^3] と単位体積当たりのエネルギー蓄積量で計算されます．実効体積は，磁路の実効的な長さである実効磁路長と実効断面積の積です．**図19**にモデル図を示します．このモデルの実効体積V_eについて，以下の関係式が成り立ちます．

$V_e = (1/B_S)^2 \cdot \alpha$

ただし，B_S：飽和磁束密度 [T]

この式は下記の式から導き出せます．

$L_0 = \mu_e \cdot A_e \cdot N^2 / l_e$

$I_S = B_S \cdot l_e / (\mu_e \cdot N)$

ただし，L_0：インダクタンス値 [H]，μ_e：実効透磁率，l_e：平均磁路長．$l_e = \mu_e \cdot N \cdot I_S \cdot B_S$ [m]，A_e：コアの実効断面積．$A_e = I_S \cdot L_0 / N \cdot B_S$ [m^2]，N：巻き数，I_S：飽和電流 [A]

磁性体の実効体積V_eは$l_e \cdot A_e$なので，次式となります．

$$V_e = l_e \cdot A_e = (\mu_e / B_S^2) \cdot I_S^2 \cdot L_0$$

$\mu_e \cdot L_0 \cdot I_S^2 = \alpha$とすると，$V_e$の関係式が求まります．

$$V_e = (1/B_S)^2 \cdot \alpha$$

よって，B_Sを上げることにより，コア体積を小さくできることになります．

▶透磁率が小さいと蓄積エネルギーを大きく取れるがインダクタンス値を巻き数で確保する必要がある

コイルの蓄積エネルギー η［J］は

$$\eta = (L \cdot I^2)/2$$

で表され，ここに起磁力(アンペア-ターン積)［AT］は次式で求まります．

$$I \cdot N = R_m \cdot \phi_m = R_m \cdot B_S \cdot A_e$$

ただし，R_m：磁気抵抗．

$R_m = l_e/(\mu_e \cdot A_e)$［AT/Wb］，$\phi_m$：磁束［Wb］

インダクタンスと巻き数の関係式$L = N^2/R_m$を代入すると蓄積エネルギー ηは下記の式で表すことができます．

$$\eta = \frac{1}{2}\left(\frac{l_e}{\mu_e A_e}\right) B_S^2 A_e^2 = \frac{l_e A_e}{2\mu_e} B_S^2 = \frac{V_e}{2\mu_e} B_S^2$$

この式より，同じ蓄積エネルギーを持ったインダクタを得ようとした場合，B_Sが大きいほど実効体積V_eは小さくて済むことがわかります．

また，μ_e(実効透磁率)が小さいほど蓄積エネルギーは大きく取れますが，同じインダクタンス値を確保するためには巻き数を多くする必要があります．

● 直流重畳特性

▶フェライトの磁気飽和によるインダクタンスの低下は急激

フェライト・コアを使用したインダクタの直流重畳特性は，一定電流値を超える領域に入ると，磁気飽和による急激なインダクタンスの低下を起こします．さらに温度によるインダクタンス低下も大きいため，使用方法(領域)によっては熱暴走を起こす要因となります．

磁気飽和とは，磁性体中の磁化方向がすべてそろってしまい，それ以上内部磁化が大きくならない状態のことです．この領域では電流の作る磁場に対して内部磁場が変化しなくなるため，磁性体としての働きをしなくなり，インダクタとして機能しなくなります．

▶金属磁性圧粉の磁気飽和によるインダクタンスの低下は緩やか

一方，金属磁性圧粉を使用したインダクタは，粒状の磁性粉で構成されているため急激なインダクタンスの低下がなく，緩やかな直流重畳特性を持ちます．温度変化が少ないため熱暴走領域に入る可能性が極めて低いという特徴があります．

図20は，10 mm角，高さ4 mmのほぼ同サイズのフェライト品と金属磁性圧粉品で直流重畳特性を比較したものです．発熱するとフェライト品はさらに直流重畳特性が悪化します．

● 温度特性

DC-DCコンバータの回路においてインダクタンス値が変化すると，リプル電流も変化します．金属磁性圧粉品のインダクタンスの温度による変化率は，フェライト品と比較して小さいため，温度によるリプル電

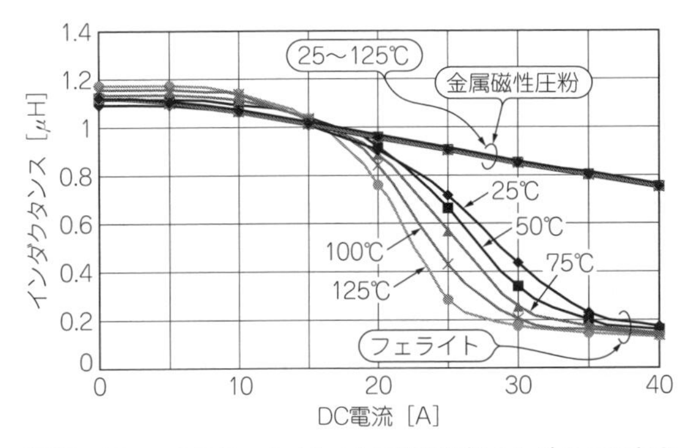

図20　10 mm角のフェライト/金属磁性圧粉インダクタの直流重畳特性

金属磁性圧粉を使用したインダクタは大電流を流しても急激なインダクタンス低下がない．フェライト・コア：D104Cタイプ，金属磁性圧粉コア：FDA1055タイプ(いずれも東光)

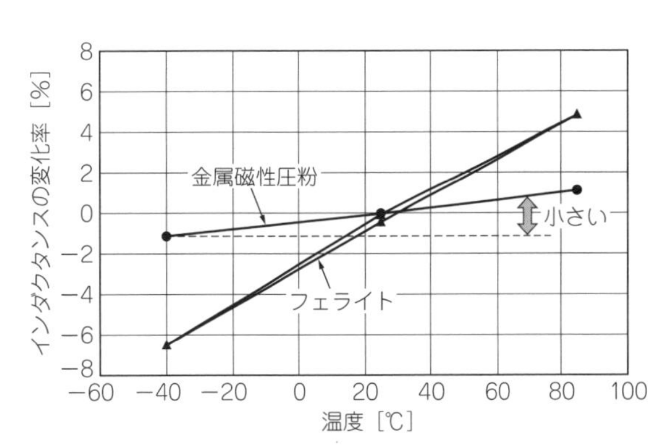

図21　インダクタンスの温度変化率

金属磁性圧粉インダクタは各温度時で直流重畳の変化が少ない．フェライト・コア：D104Cタイプ，金属磁性圧粉コア：FDA1055タイプ(いずれも東光)

流変化率を抑えられます．

図21に，雰囲気温度を25 ℃から85 ℃まで変えてインダクタンス値を測定した結果を示します．フェライトを使用したインダクタと比べて変化が極めて少ないことがわかります．

● ヒート・スポット(集中的な発熱)

フェライト・コアを使用したインダクタでは，コア形状により磁束が通過する経路(磁路)が決まります．したがって，その経路(断面積)が一番狭い(小さい)個所へ磁束が集中します．その部分が集中的に発熱するヒート・スポットの要因となります．

金属磁性圧粉コアの場合，巻き線部分以外はすべて磁性粉で均一に覆われていることから，磁束が集中するような個所は発生しません．各方向へ一様に分散されることから，ヒート・スポットが発生しにくいという特徴があります．

● オーディブル・ノイズ(コア鳴き)

一般的に，金属磁性圧粉インダクタは，フェライト・コアのインダクタよりも，コア鳴き(オーディブル・ノイズ)の発生が低いということがいえます．

フェライト・コアは張り合わせ構造となっています．このため，コア間にギャップが発生し，このギャップの個所に大きな磁場集中が発生します．このことからコア鳴きが発生すると考えられます．また，フェライトとギャップ(空気)の透磁率が違うため，DC-DCコンバータのON/OFF時の急激な磁界変化により，オーディブル・ノイズが発生するとも考えられます．

金属磁性圧粉インダクタの工法は一体成型です．バインダによる磁性粉間のギャップがコア部全体に一様に分布しています．このため，1カ所への大きな磁場集中がなくコア鳴きが小さいといえます．

● 耐衝撃特性

コア鳴きの項目でも説明したとおり，金属磁性圧粉コアの場合，接着剤などによる張り合わせ個所がなく一体成型の構造です．コア全体の強度が高く，耐衝撃性にも優れています．

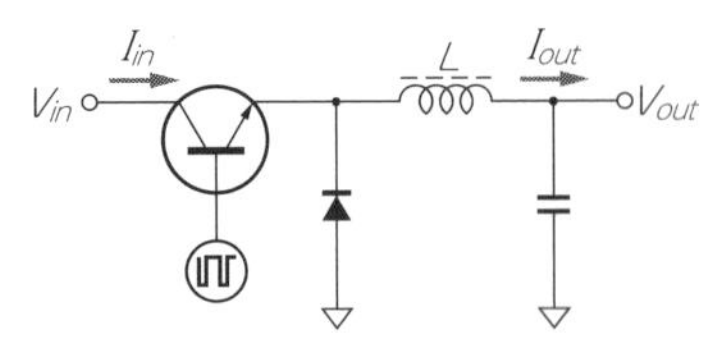

図22　降圧型DC-DCコンバータ回路の概略

■ 電源の大電流化に伴い必要となるコイルの特性

● 直流重畳特性または温度上昇による許容電流

コイルに直流電流を流すと，電流に応じた磁束が発生します．許容できる磁束密度は，磁芯材質，磁芯断面積などで決まります．これを超えるとインダクタンスは低下します．この磁束密度の許容値により，直流重畳許容電流が決まります．

一方，コイルに電流を流すと発熱します．この要因により温度上昇許容電流が決まります．

単に許容電流とされている場合は，一般的に，直流重畳許容電流と温度上昇許容電流のどちらか小さいほうが適用されています．

▶形状を大きくすると飽和電流が大きくできる

直流重畳による飽和電流I_Sは，次式で表すことができます．

$$I_S = B_S \cdot S \cdot N/L$$

ただし，B_S：コアの飽和磁束密度［T］，
S：コアの磁路最小断面積［m^2］，N：巻き数，
L：インダクタンス［H］

ここで，コアの飽和磁束密度B_Sはコアの材質で決まります．コアの磁路最小断面積はインダクタの形状でほぼ決まるので，形状が大きい製品のほうがより電流を流せることになります．

▶巻き数が多いと飽和電流は大きくなるが直流抵抗が大きくなってしまう

巻き数Nは多いほうがより電流を流せます．透磁率の低いコアを使用するか，コアのギャップを広くして実効透磁率を下げたほうが直流重畳許容電流的には有利となります．しかし，巻き数が多いと直流抵抗が大きくなるので，効率面で不利となってしまいます．

■ DC-DCコンバータのインダクタによる損失

● DC-DCの効率を悪化させる主な要因

図22に降圧型DC-DCコンバータ回路の概略図を示します．DC-DCコンバータの効率とはエネルギー変換効率 $E_{ff} = (V_{out} \cdot I_{out})/(V_{in} \cdot I_{in})$ ［%］のことで，理想的にはエネルギー変換効率が100 %です．実際には以下の損失要因があり，効率特性を悪化させています．

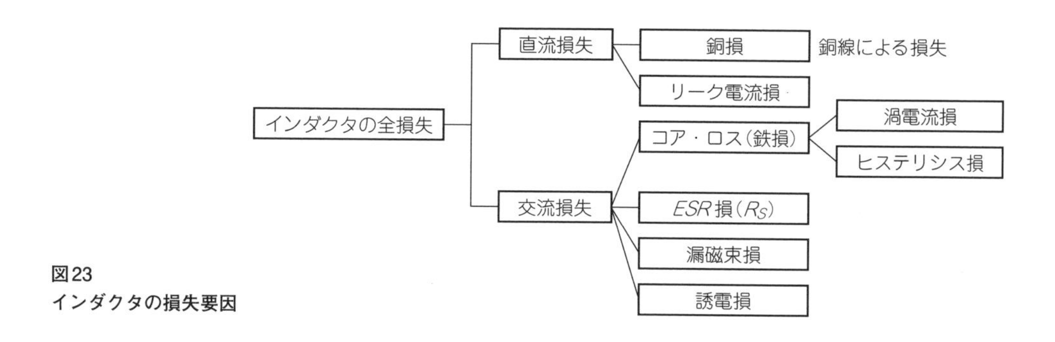

図23
インダクタの損失要因

DC-DCコンバータの損失の要因として，インダクタのほか，ダイオード，トランジスタ(スイッチング損失，オン抵抗ゲート・チャージ)，制御ICなどが挙げられます．ここでは，インダクタによる損失について解説します．

● 高スイッチング周波数化により無視できなくなってきた交流損

図23にインダクタの損失要因を示します．

インダクタの損失は，使用している銅線による直流損(R_{dc})と交流損(R_{ac})に大別されます．

交流損には図に示したように，コア・ロス(鉄損)に代表される損失要因があります．

ここで，DC-DCコンバータのスイッチング周波数(f_{sw})と損失の関係について触れておきます．

一般的に，f_{sw}が低いと直流損が支配的です．交流損はあまり考慮しなくてもよく，巻き線に使用しているワイヤの直流抵抗を主に考えればよかったのです．しかし昨今の高スイッチング周波数化により，交流損を無視したコイルは開発できない状況となっています．

特に，ノート・パソコンでは待機状態が長く，低負荷時の効率が重視されます．これは，特に交流損の影響を受けやすい部分となります．その中でもコア材や構造に依存するコア・ロスには特に注意が必要になっています．

▶直流/交流損と変換効率

図24は，コア・ロスが異なる金属磁性圧粉インダクタを使って測定した，DC-DCコンバータの変換効率です．このグラフから直流損と交流損が効率にどのように影響するかがわかります．

Aが市場に出ている一般的な金属磁性圧粉インダクタ，Bはコア・ロスを低減したインダクタです．コア・ロスの低減により特に低電流(低負荷)時の損失が低減しています．

Cは，Bに比べてさらにコア・ロスを低減したインダクタです．直流抵抗R_{dc} [Ω] がBとほぼ同じです．このため，低電流時の効率はBと比較して向上していますが，高電流時(高負荷時)の効率は改善していないことがわかります．

効率を広範囲の負荷条件で向上させるには，コア・ロス(交流損)，R_{dc}(直流損)ともに下げていく必要があります．交流損には，損失ヒステリシス損と渦電流損があります．

▶ヒステリシス損

図25は，B-Hヒステリシス・ループ(B-Hカーブ)です．このヒステリシス・ループが囲む面積が小さい磁性体はヒステリシス損が少ないことになります．

メジャー・ループは強磁性体の最大の能力といえます．この範囲内で使用しないと，磁気飽和を起こします．実際には最大磁束密度B_mに対し70％などです．

マイナ・ループは実際に使用される条件下でのヒステリシス・ループと理解すれば分かりやすいと思います．磁界Hを強磁性体の最大まで増加させず，途中よりHを減少させていくとこのようなループを描きます．

DC-DCコンバータのスイッチング素子がON期間にコイルは磁束密度を増加させてエネルギーを蓄えます．OFF期間にそのエネルギーを放出しながら磁束密度を増加前の元の値まで減少させます．この様子をB-Hカーブで書くと**図25**となります．この図におい

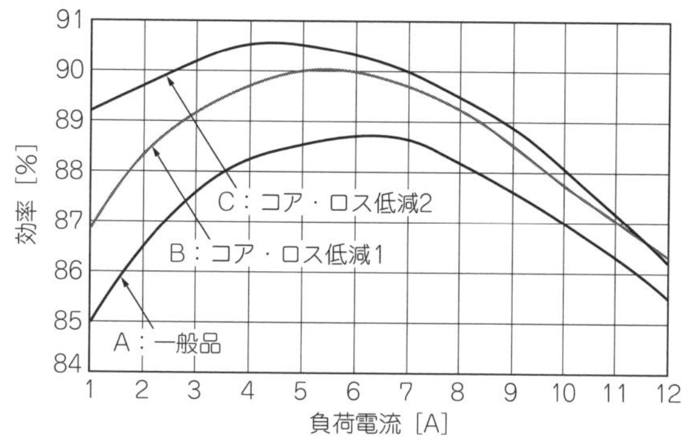

図24　DC-DCコンバータの変換効率の比較

5 インダクタ/コイル

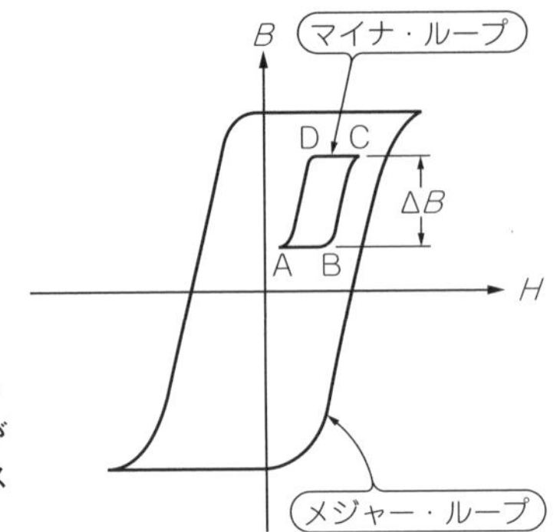

図25
***B-H*ヒステリシス・ループが囲む面積が小さい磁性体はヒステリシス損が少ない**

て，AからBを通りCに達する軌跡がON期間であり，CからDを通りAに達する軌跡がOFF期間となります．

ヒステリシス損失は，このABCDに囲まれた面積と1秒間にヒステリシス曲線を描く回数(周波数)の積に比例します．この部分を小さくすれば損失を減らせます．ΔBの関係式は次式の通りです．

$\Delta B = V_{in} \cdot T_{on}/N \cdot S$
ただし，V_{in}：入力電圧［V］，
T_{on}：TrのON時間［s］，
N：コイルの巻き数，
S：コアの最小断面積［m^2］

▶渦電流損

交流電流が流れて，コア材に磁束が直角に通過するとき，その周りの同心円上に渦電流が流れます．渦電流損とは，この電流とコア材の電気抵抗とでジュール熱が発生し，損失が生じるというものです．

● 高効率インダクタ開発のアプローチ

小型化のため，DC-DCコンバータのスイッチング周波数は高周波化の傾向にあります．高周波帯でもコア・ロスの少ない材質の選定が重要となってきています．渦電流損の低減も重要なため，磁性材もより粒径を小さくして軽減させることも重要です．また，バインダ量を減らすと絶縁が悪くなるので，絶縁抵抗を確認する必要があります．

より小型で高効率なインダクタを開発するには，材料技術が重要となることは間違いありませんが，生産プロセスも進化させる必要があります．

〈滝島 恭史，板倉 勝典〉

◆参考文献◆

(1) 山村 英穂；定本 トロイダル・コア活用百科，2006年，CQ出版社．
(2) 佐藤 守男；スイッチング電源設計入門，1998年，日刊工業新聞社．
(3) 東光技術時報No17，2004年，東光㈱．

(初出：「トランジスタ技術」2009年4月号)

Appendix

インダクタ応用回路集

DC-DCコンバータから共振回路まで

フィルタ

● 30 dB/oct.を狙ったのに約27 dB/oct.しか減衰しない

フィルタはコイルやコンデンサや抵抗を使って組みますが，数kHzまでの周波数帯の場合は，周波数が低いためコイルのサイズが大きくなります．そこで，コンデンサと抵抗だけで構成したり，OPアンプを使ったりします．

ある開発で，しゃ断周波数70 kHzの高次のハイ・パス・フィルタを設計することになりました．必要なしゃ断特性は30 dB/oct.です．

この周波数帯では，OPアンプのループ・ゲインが小さくなるので，アクティブ・フィルタでは特性が期待できません．

そこで基本に戻って，**図1**に示すようなコイルを使った*LCR*フィルタの設計を進めました．参考書を引っ張り出して，バターワースの計算を綿密に行い作ってみました．

すると，なぜか減衰特性がゆるいのです．5次のフィルタなので，**図2**のように30 dB/oct.となるはずですが，約27 dB/oct.となっています．実測特性を**図3**に示します．

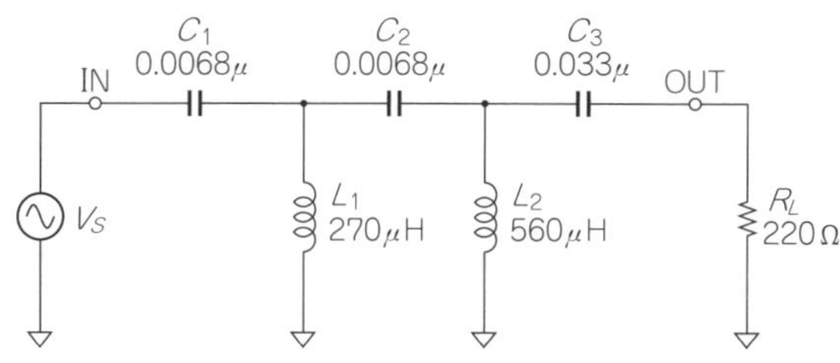

図1　コイルとコンデンサだけで構成したしゃ断周波数70 kHzのハイ・パス・フィルタ

● 原因と理由

原因はコイルの巻き線抵抗でした．

銅線で巻かれている＝銅は抵抗が低い

という先入観で設計時には考えていませんでした．ですが，これが特性に響いていたのです．あらためて，コイルのデータシートを見てみたところ，意外と抵抗値が大きいことがわかりました．

信号フィルタによく使われる太陽誘電社のLAL04の場合，100 μHで1.8 Ω，1 mHで14.0 Ωもあります．これは，同等のサイズならばメーカによる差はあまりありません．

普通，抵抗やコンデンサ(電解コンデンサを除く)は，

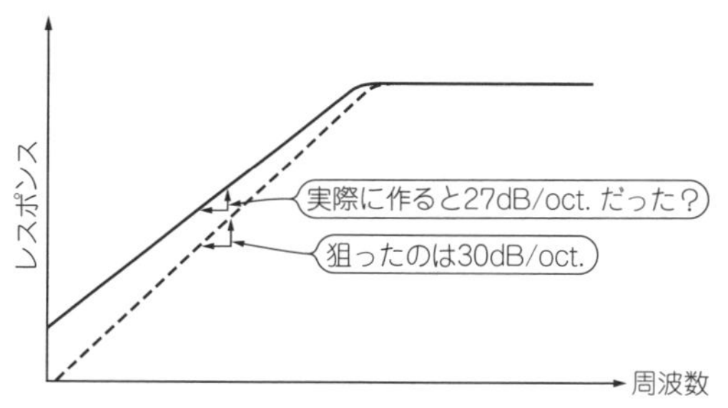

図2　図1の周波数特性の計算値

30 dB/oct.となるはずが約27 dB/oct.しか減衰しない

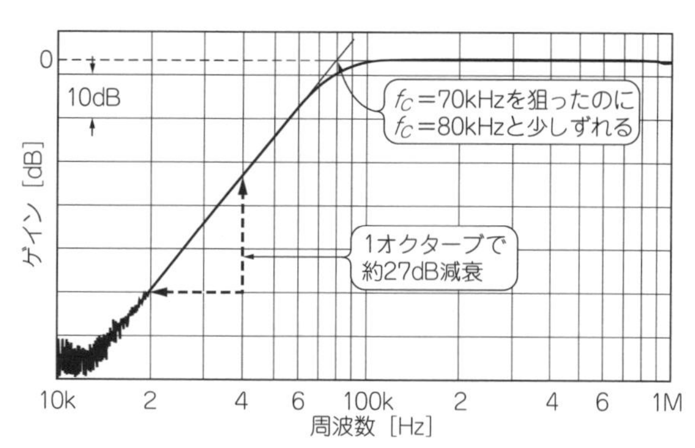

図3　図1のフィルタを実際に作り測定した周波数特性

算出された値のままに使用できます．ある意味理論どおりに扱える部品です．ですが，**コイルははじめから注意を要する部品なのです**．

● 具体的な対策

サイズやコストなど許される範囲で，**巻き線抵抗の小さいコイルを使います**．コイルの抵抗成分は巻き線の直流抵抗だけでなく，コア材の鉄損と巻き線の表皮効果でさらに大きくなります．そこで可能ならば *LCR* メータで周波数による増加分を測っておくのも重要です．

最も簡単な対策は，**フィルタの段数を1段増やすこと**です．このケースではセットとして評価した場合，27 dB/oct.でも問題はなかったのでそのままとしました．

この経験をしたときは，SPICEなどコンピュータ・シミュレーションがなかった時代で，原因に気付くまで少々時間を要しました．今では，シミュレーションで－30 dB/oct.が－27 dB/oct.になる様子も簡単に再現することができます．

〈浜田 智〉

（初出：「トランジスタ技術」2005年11月号）

昇圧型DC-DCコンバータのインダクタ

計算式

インダクタンスL［H］は，次式で求まります．

$$L = \frac{V_{in}{}^2 D \eta}{K I_{out} V_{out} f_{SW}} (= 35\ \mu\text{H} \rightarrow 33\ \mu\text{H}) \cdots \text{(A)}$$

$K = \Delta I_L / I_{Lave}$

ただし，K：インダクタンス電流のリプル率(0.3)

● 算出の手引き

図4に，インダクタンスを求めるための基本回路と各パラメータを示します．

インダクタンスは，次のように算出されます．

$$V_{in} = \frac{(V_{out} + V_F) T_{OFF}}{T_{SW}} \cdots\cdots (1)$$

$T_{OFF} = (1 - D) T_{SW}$ から，

$$V_{out} = \frac{V_{in}}{1 - D} - V_F \cdots\cdots (2)$$

$$D = \frac{V_{out} - V_{in}}{V_{out} - V_F} \cdots\cdots (3)$$

$$\Delta I_L = I_{L\max} - I_{L\min} = \frac{V_{in}}{L} T_{ON} = \frac{V_{in}}{L} D\ T_{SW} \cdots\cdots (4)$$

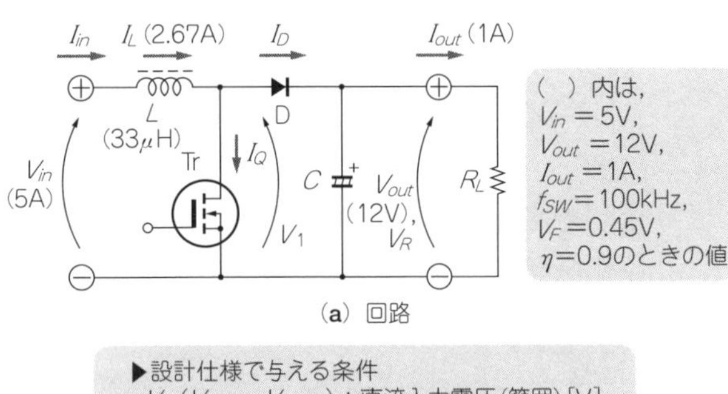

（a）回路

▶設計仕様で与える条件
- V_{in} ($V_{in\min}$～$V_{in\max}$)：直流入力電圧(範囲)[V]
- V_{out}：直流出力電圧[V]
- I_{out}：直流出力電流[A]
- f_{SW}：スイッチング周波数[Hz]

▶経験的に与える条件
- η：効率(＝0.9)

▶計算の途中で使用するパラメータ
- $I_{L\,ave}$：インダクタ電流の平均値[A]
- $I_{L\max}$：最大インダクタ電流[A]
- T_{ON}：スイッチング・オン時間[s]
- T_{OFF}：スイッチング・オフ時間[s]
- D：デューティ・サイクル

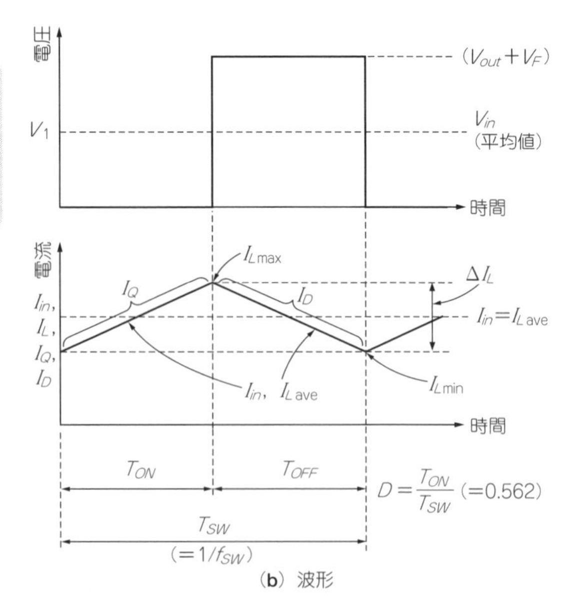

（b）波形

図4　昇圧型DC-DCコンバータのインダクタンスの算出に使うパラメータ

$$I_{Lave} = I_{in} = \frac{I_{out}\ V_{out}}{\eta\ V_{in}} \cdots\cdots (5)$$

$$K = \frac{\Delta I_L}{I_{Lave}} (= 0.318) \cdots\cdots (6)$$

$$\therefore L = \frac{V_{in}}{K\ I_{Lave}} D\ T_{SW} \cdots\cdots (7)$$

この式を変形すれば，式(A)となります．

インダクタンスを入手しやすい値に変更して，式(4)でΔI_Lを，式(6)でKを再計算します．

$$I_{L\max} = \frac{\Delta I_L}{2} + I_{Lave} \cdots\cdots (8)$$

$I_{L\max} = I_{Q\max} = I_{D\max}$から，各部品の最大電流がわかります．

● 実際の設計

効率$\eta = 0.9$として入力電流を求めます．この値はこの程度になるであろうという概略値です．経験からさらに確度の高い値を与えれば設計精度を向上できます．

降圧型と同様，インダクタンス電流のリプル率Kは，0.3に設定すると最もバランスの良い設計になると言われています．インダクタと半導体の選択方法は，降圧型と同じです．

〈馬場 清太郎〉

反転型DC-DCコンバータのインダクタ

計算式

インダクタンスL［H］は，次式で求まります．

$$L = \frac{V_{in}\ D\ \eta}{K\ I_{out}\ V_{out}\ f_{SW}} (= 93.7\ \mu\text{H} \rightarrow 100\ \mu\text{H}) \cdots\cdots (9)$$

$K = \Delta IL / I_{Lave}$

ただし，K：インダクタンス電流のリプル率(0.3)

● 算出の手引き

図5に，インダクタンスを求めるための基本回路と各パラメータを示します．インダクタンスは，次のように算出されます．

$(V_{in} - V_{out}) T_{ON} = (V_{out} + V_F) T_{OFF}$

$T_{ON} = D\ T_{SW}$, $T_{OFF} = (1 - D) T_{SW}$から整理して，

$$\text{D} = \frac{V_{out} + V_F}{V_{in} + V_{out} + V_F} \cdots\cdots (10)$$

$$V_{out} = \frac{D\ V_{in}}{1 - D} - V_F \cdots\cdots (11)$$

$$\Delta I_L = I_{L\max} - I_{L\min} = \frac{V_{in}}{L} T_{ON} = \frac{V_{in}}{L} D\ T_{SW} \cdots\cdots (12)$$

$$I_{Lave} = \frac{I_{out}\ V_{out}}{\eta\ D\ V_{in}} \cdots\cdots (13)$$

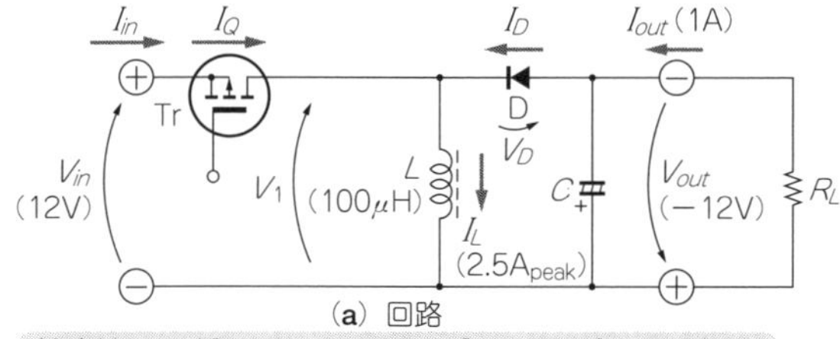

(a) 回路

( )内はV_{in}＝12V，V_{out}＝−12V，I_{out}＝1A，f_{SW}＝100kHz，η＝0.9のときの値

▶設計仕様で与える条件
- V_{in} ($V_{in\min}$～$V_{in\max}$)：直流入力電圧(範囲)[V]
- V_{out}：直流出力電圧[V]
- I_{out}：直流出力電流[A]
- f_{SW}：スイッチング周波数[Hz]

▶経験的に与える条件
- η：効率(＝0.9)

▶計算の途中で使用するパラメータ
- I_{Lave}：インダクタ電流の平均値[A]
- $I_{L\max}$：最大インダクタ電流[A]
- T_{ON}：スイッチング・オン時間[s]
- T_{OFF}：スイッチング・オフ時間[s]
- D：デューティ・サイクル

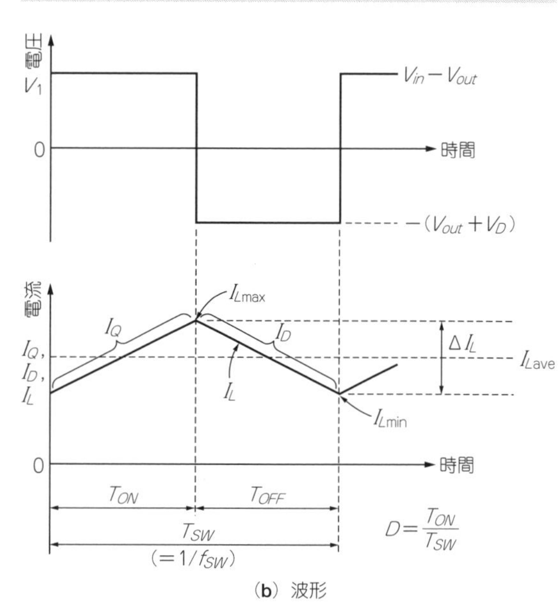

(b) 波形

図5 反転型DC-DCコンバータのインダクタンス算出に使うパラメータ

$$K = \frac{\Delta I_L}{I_{Lave}} (= 0.28) \cdots\cdots\cdots\cdots\cdots\cdots\cdots\cdots\cdots (14)$$

$$\therefore L = \frac{V_{in}}{K\, I_{Lave}} D\, T_{SW} \cdots\cdots\cdots\cdots\cdots\cdots\cdots\cdots\cdots (15)$$

この式を変形すれば式(9)となります．

Lを入手しやすい値に変更して，式(12)でΔI_L，式(6)でKを再計算します．

$$I_{L\max} = \frac{\Delta I_L}{2} + I_{Lave} (= 2.5\text{Apeak}) \cdots\cdots\cdots (16)$$

● 実際の設計

昇圧型コンバータと同様，$\eta = 0.9$として入力電流を求めます．この値は，経験からさらに確度の高い値を与えると，設計精度が向上します．

インダクタンス電流のリプル率Kは，降圧型，昇圧型と同様0.3に設定すると最もバランスの良い設計になると言われています．インダクタと半導体の選択方法は，降圧型と同じです．

〈馬場 清太郎〉

振幅一定で発振が持続する LC共振回路の発振周波数

図6は，インバータをアンプとして使ったコルピッツ発振回路です．LCの並列共振の両端で位相が反転することを利用しています．

この回路でLC発振回路の発振周波数を求めます．

共振回路のコンデンサを2個の直列とし，その中間点をグラウンドとします．計算に使うコンデンサの容量値はその2個の直列容量に変換します．**図6**では240 pFの半分の120 pFとなります．

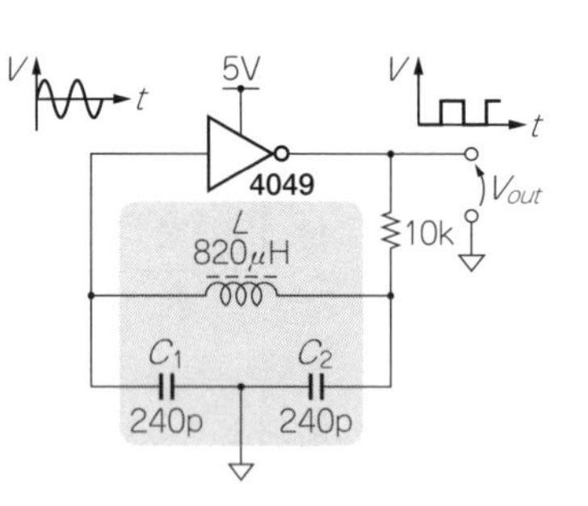

図6
LCの並列共振回路の両端電圧が反転することを利用したコルピッツ発振回路の発振周波数を求めたい

発振周波数は共振周波数と同じです．その周波数をf_{osc}とすると次式で求まります．

$$fosc = \frac{1}{2\pi\sqrt{LC}} \cdots\cdots\cdots\cdots\cdots\cdots\cdots\cdots\cdots (17)$$

$$= \frac{1}{2\pi\sqrt{820 \times 10^{-6} \times 120 \times 10^{-12}}}$$

$$= 507367 \fallingdotseq 500\ [\text{kHz}]$$

ただし，浮遊容量を無視しているので実際にはこれより少し低くなります．振幅は入力保護回路の効果により電源電圧程度となります．

● LC共振回路の共振周波数の算出

図7(a)のコイルとコンデンサをループ状に接続した回路から考えます．コイルは一般的には導線の抵抗があるので，それをRとして表しています．

図7(b)のZ_SはS点を切ってそこからのぞき込んだときの，**図7(c)**のZ_PはT点とU点間のインピーダンスです．インピーダンスは複素数です．

図7(b)は直列共振回路，**図7(c)**は並列共振回路と呼ばれています．

▶直列共振周波数

Z_Sは次のように表せます．

$$Z_S = R_a + j\frac{\omega L_a - 1}{\omega C_a} \cdots\cdots\cdots\cdots\cdots\cdots\cdots\cdots (18)$$

ただし，ω：角周波数 [rad/s]（周波数f [Hz]で表すと$2\pi f$），j：虚数単位

このインピーダンスの絶対値は，虚数部分が0になったときに最小値のR_1となり，そのほかでは増加することがわかります．インピーダンスが最小になる条件は次のとおりです．

$$\frac{\omega L_a - 1}{\omega C_a} = 0$$

これを変形して周波数の式にすると式(19)のとおり

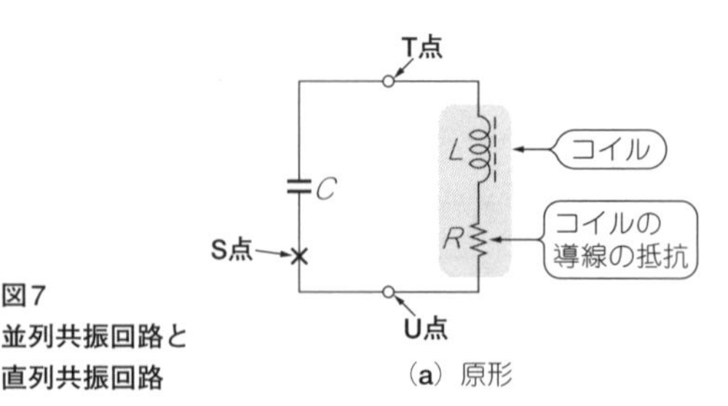

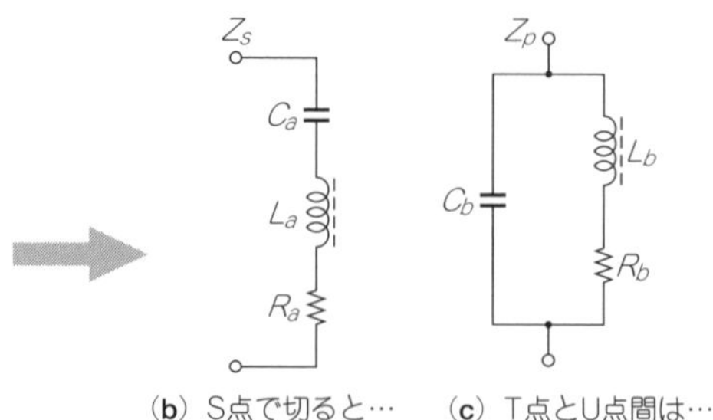

図7
並列共振回路と直列共振回路

(a) 原形　(b) S点で切ると…S直列共振回路　(c) T点とU点間は…並列共振回路

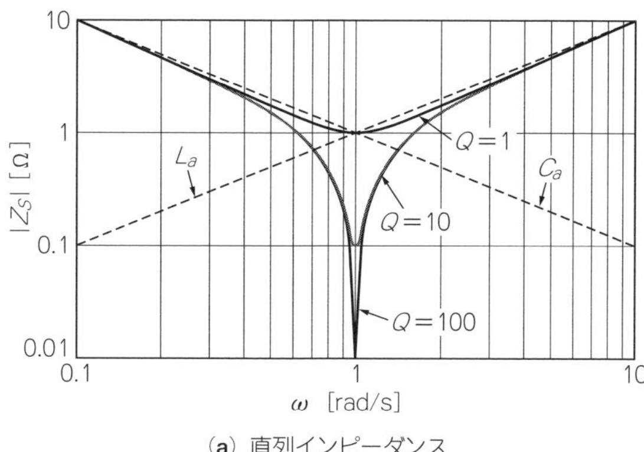

(a) 直列インピーダンス

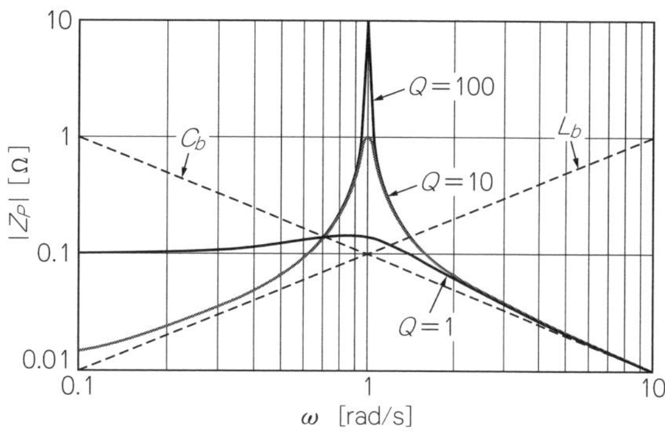

(b) 並列インピーダンス

図8　抵抗成分よりもリアクタンス成分の割合が高いほど(Qが高いほど)共振周波数でのインピーダンスの変化が鋭い

です．この周波数を共振周波数と呼び，ω_0とかf_0といった記号で表します．

$$\omega_0 = \frac{1}{\sqrt{L_a C_a}} \ [\mathrm{rad/s}]$$

$$f_0 = \frac{1}{2\pi\sqrt{L_a C_a}} \ [\mathrm{Hz}] \cdots\cdots (19)$$

▶並列共振周波数

並列のインピーダンスZ_Pはどうなるでしょうか．

$$Z_P = \frac{1}{j\omega C_b + \dfrac{1}{R_b + j\omega L_b}} \ [\Omega] \cdots\cdots (20)$$

この式からインピーダンスの絶対値を計算すると非常に複雑になるので，Excelやシミュレータで計算することになります．しかし，$R_b \ll \omega L_b$の仮定を入れると次のような簡単な式になります．

$$Z_P \fallingdotseq \frac{j\omega L_b}{1 - \omega^2 L_b C_a} \cdots\cdots (21)$$

この式の分子はL_bで決まり，分母は次のときに0になります．このときのωとfをω_0，f_0とします．

$$\omega_0 \fallingdotseq \frac{1}{\sqrt{L_b C_b}} \ [\mathrm{rad/s}]$$

$$f_0 \fallingdotseq \frac{1}{2\pi\sqrt{L_b C_b}} \ [\mathrm{Hz}] \ (\text{ただし} R_b \ll L_b) \cdots (22)$$

式(19)と同じです．分母が0なのでZ_Pは無限大になります．

R_bを無視しない場合は，分母を有理化した段階で分母がωの4次式，分子が3次式になります．コイルのリアクタンスL_bとR_bの比をQと呼びます．

$$Q = \frac{L_b}{R_b} \cdots\cdots (23)$$

● 正規化したLC共振回路の周波数特性

式(18)から直列共振回路のインピーダンスZ_Sを，式(20)から並列共振回路のインピーダンスZ_PをExcelで計算してみました．$C=1$，$L=1$で正規化し，Rが0.01と0.1と1の三つの場合について$|Z_S|$と$|Z_P|$を描いたのが**図8**です．Qが高いときは鋭く反応しています．

Z_Pの最大点はQが低いときは少し左に寄って，例えば$Q=5$で$\omega=0.9996$，$Q=1$で$\omega=0.856$になります．

〈**藤原 武**〉

300W以下で使われる臨界動作型PFC回路

計算式

臨界動作型PFC回路の昇圧インダクタは次式で求まります．

$$L = \frac{V^2_{in\min}(V_{out} - \sqrt{2}V_{in\min})\,\eta}{2 f_{SW\min} P_{out} V_{out}} \cdots\cdots (24)$$

ただし，V_{in}：入力電圧(実効値)$V_{in\min} \sim V_{in\max}$ [V_{RMS}]，f_{in}：入力周波数 [Hz]，V_{out}：直流出力電圧，P_{out}：直流出力電力 [W]

● 使いどころ

数kWまでの中小型機器での高調波電流規制対応のPFC回路は，入力電圧範囲が85～264 Vの全世界対応で，昇圧型コンバータを採用する場合がほとんどです．PFC回路の昇圧型コンバータには，インダクタ電流連続型と，インダクタ電流が瞬間的に0 Aになる臨界動作型の2種類があります．

臨界動作型PFC回路の特徴として，次のことなどが挙げられます．

- スイッチング周波数が変化
- インダクタ電流尖頭値(せんとうち)は交流入力電流尖頭値の2倍と大きい
- 300 W以下の中出力で使用
- スイッチング・ノイズが少ない

インダクタ電流の尖頭値，すなわちスイッチング素子の電流尖頭値が大きいため，パワーMOSFETやダイオードにかかる負担も大きく，中出力以下で使用されることが多いです．ただし，スイッチング・ノイズの大きな原因であるダイオードの逆回復現象の影響はほとんど受けません．

スイッチング周波数は，入力電圧，出力電圧，出力電力とインダクタで決定されます．入力電圧，出力電圧，出力電力は機器の要求仕様で決定されるため，設計で設定できるのはインダクタだけです．

● 実際の設計

スイッチング周波数を高くするとインダクタが小さくなりますが，最高周波数(300～500 kHz程度，制御ICによる)との差が少なくなって，動作範囲が狭くなります．最低スイッチング周波数は最低入力電圧のときで，一般に20 kHz～60 kHz程度に設定され，ここでは40 kHzとしてインダクタンスを求めます．効率も最低入力電圧のときに最小となり，90～93 %程度です．ここでは90 %とします．

図9(b)のようにインダクタ電流は三角波状になるため，インダクタ電流の尖頭値i_{pk}は平均値(交流入力電流波形)I_{in}の2倍です．

臨界動作型PFC回路の昇圧インダクタは，次式で求まります．

$$i_{pk} = \frac{v_{in}}{L} T_{ON} = 2\sqrt{2}\, I_{in} \sin\theta \;(\because\; \theta = 2\pi f_{in} t)$$

$$\therefore T_{ON} = \frac{i_{pk}}{v_{in}} L = \frac{2\sqrt{2}\, I_{in} \sin\theta}{\sqrt{2}\, V_{in} \sin\theta} L = \frac{2 I_{in}}{V_{in}} L \cdots (25)$$

$$i_{pk} = \frac{V_{out} - v_{in}}{L} T_{OFF}$$

$$T_{OFF} = \frac{2\sqrt{2}\, I_{in} \sin\theta}{V_{out} - \sqrt{2}\, V_{in} \sin\theta} L \cdots\cdots (26)$$

ここで，

$$P_{out} = V_{out} I_{out} = \eta P_{in} = \eta V_{in} I_{in}$$

から，

$$I_{in} = \frac{P_{out}}{\eta V_{in}} \cdots\cdots (27)$$

$$f_{SW} = \frac{1}{T_{SW}} = \frac{1}{T_{ON} + T_{OFF}}$$

$$= \frac{V_{in}{}^2 (V_{out} - \sqrt{2}\, V_{in} \sin\theta)\, \eta}{2L\, P_{out}\, V_{out}} \cdots\cdots (28)$$

$$f_{SW\min} = \frac{V_{in}{}^2{}_{\min} (V_{out} - \sqrt{2}\, V_{in\min})\, \eta}{2L\, P_{out}\, V_{out}} \cdots\cdots (29)$$

$$L = \frac{V^2{}_{in\min} (V_{out} - \sqrt{2}\, V_{in\min})\, \eta}{2 f_{SW\min}\, P_{out}\, V_{out}} \cdots\cdots (30)$$

インダクタ電流のスイッチング周期における変化幅が大きく，磁界と磁束密度の変化も大きくなるため，インダクタの鉄心にはヒステリシス損失の小さな空隙を付与したフェライト・コアが使用されます．線材も空隙からの漏洩磁束による渦電流損失を低減するため，リッツ線を使用します．

〈馬場 清太郎〉

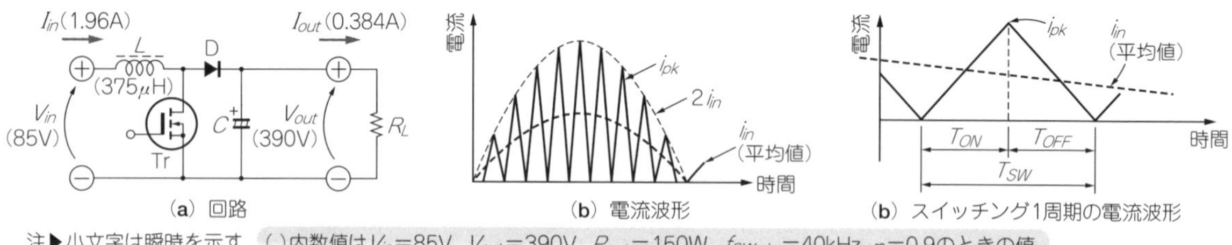

注▶小文字は瞬時を示す　( )内数値はV_{in}=85V, V_{out}=390V, P_{out}=150W, $f_{SW\min}$=40kHz, η=0.9のときの値

▶設計仕様で与える条件
- V_{in} ($V_{in\min}$～$V_{in\max}$)：入力電圧(実効値)[V]
- f_{in}：入力周波数[Hz]
- V_{out}：直流出力電圧[V]
- P_{out}：直流出力電力[W]

▶経験的に与える条件
- $f_{SW\min}$：最低スイッチング周波数(40k)[Hz]
- η：効率0.9

▶計算で使用するパラメータ
- $I_{in} = P_{out}/(\eta V_{in})$：入力電流[A]
- $I_{in\max} = P_{out}/(\eta V_{in\min})$：最大入力電流[A]
- $P_{in} = P_{out}/\eta$：入力電力[W]
- f_{SW}：スイッチング周波数[Hz]
- T_{ON}：スイッチング・オン時間[s]
- T_{OFF}：スイッチング・オフ時間[s]

図9　臨界動作型PFC回路の昇圧インダクタンスを求めるためのパラメータ

200W以上で使われる電流連続型PFC回路

計算式

電流連続型PFC回路の昇圧インダクタンスは次式で求まります．

$$L_1 \geqq \frac{V^2_{in\min}(V_{out}-\sqrt{2}V_{in\min})\,\eta}{K_{Iin}\,f_{SW}\,P_{out}\,V_{out}} \cdots\cdots (31)$$

図10に示す入力380 V，200 W出力の電流連続型PFC回路の各定数を求めます．

まず，インダクタンスL_1を算出し，各部に流れる電流を算出します．

$$L_1 \geqq \frac{V_{in}{}^2{}_{\min}(V_{out}-\sqrt{2}V_{in\min})\,\eta}{K_{Iin}\,f_{SW}\,P_{out}\,V_{out}}$$
$$= \frac{85^2\times(380-\sqrt{2}\times 85)\times 0.9}{0.2\times 65\times 10^3\times 200\times 380} \fallingdotseq 1710\ \mu\text{H}$$

から$L_1 = 1500\ \mu$Hとします．

$$I_{in} = I_L = \frac{P_{out}}{\eta\ V_{in}} = \frac{200}{0.9\times 85} = 2.61\ \text{A}$$

$$I_Q = \frac{P_{out}}{\eta\ V_{in}}\sqrt{1-\frac{8\sqrt{2}V_{in}}{3\pi\ V_{out}}}$$
$$= \frac{200}{0.9\times 85}\sqrt{1-\frac{8\sqrt{2}\times 85}{3\pi\times 380}} \fallingdotseq 2.24\ \text{A}$$

$$I_D = \frac{P_{out}}{\eta\ V_{in}}\sqrt{\frac{8\sqrt{2}V_{in}}{3\pi\ V_{out}}}$$
$$= \frac{200}{0.9\times 85}\sqrt{\frac{8\sqrt{2}\times 85}{3\pi\times 380}} \fallingdotseq 1.36\ \text{A}$$

インダクタ電流のリプル率K_{Iin}を再計算して，

$$K_{Iin} = \frac{V_{in}{}^2{}_{\min}(V_{out}-\sqrt{2}V_{in\min})\,\eta}{L_1 f_{SW} P_{out} V_{out}}$$
$$= \frac{85^2\times(380-\sqrt{2}\times 85)\times 0.9}{1500\times 10^{-6}\times 6.5\times 10^3\times 200\times 380}$$
$$\fallingdotseq 0.228$$

$$\therefore I_{L\max} = I_{Q\max} = I_{D\max} = \sqrt{2}I_L\left(1+\frac{K_{Iin}}{2}\right)$$
$$= \sqrt{2}\times 2.61\times\left(1+\frac{0.228}{2}\right) \fallingdotseq 3.33\ \text{A}_{\text{peak}}$$

使用インダクタL_1は3.33 A_{peak}以上の許容電流定格のものとします．

C_2はライン周波数$f_{in} = 50$ Hzのときの出力リプル電圧V_Rを10 $\text{V}_{\text{P-P}}$以下として，

$$C_2 \geqq \frac{I_{out}}{2\pi f_{in}\ V_R} = \frac{P_{out}}{2\pi f_{in}\ V_R\ V_{out}}$$
$$= \frac{280}{2\pi\times 50\times 10\times 380} \fallingdotseq 168\ \mu\text{H}$$

より220 μF(420 V)とします．

負荷の絶縁型DC-DCコンバータの最低入力電圧

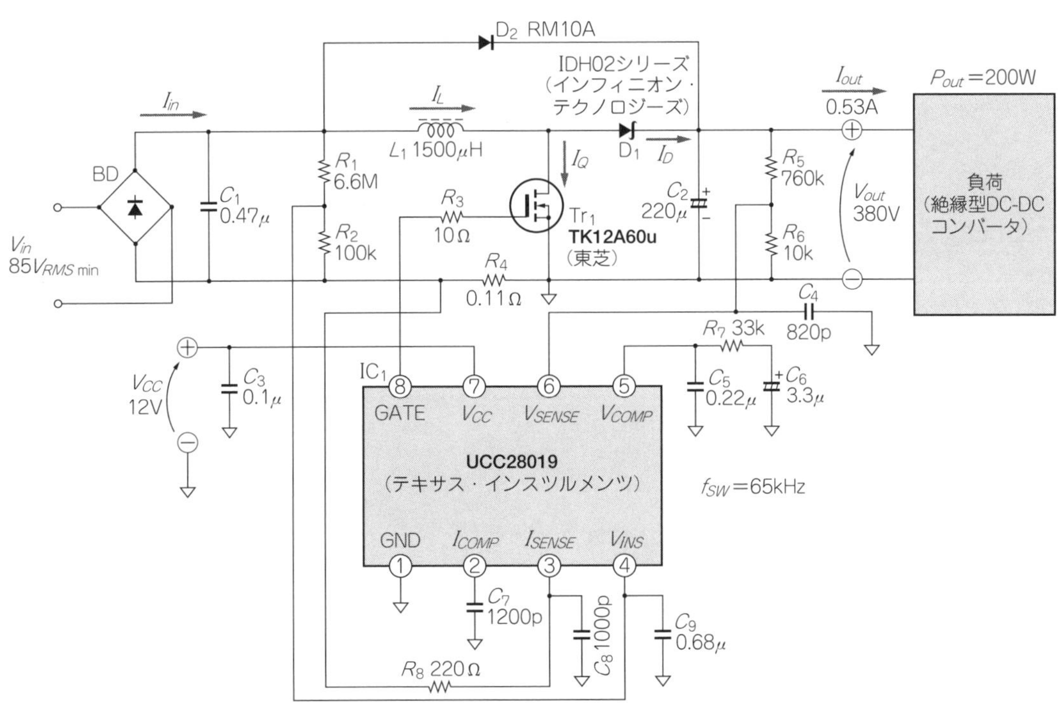

図10　入力380 V_{RMS}，出力200 WのPFC電流連続型PFCのインダクタンスと出力コンデンサ容量を算出したい

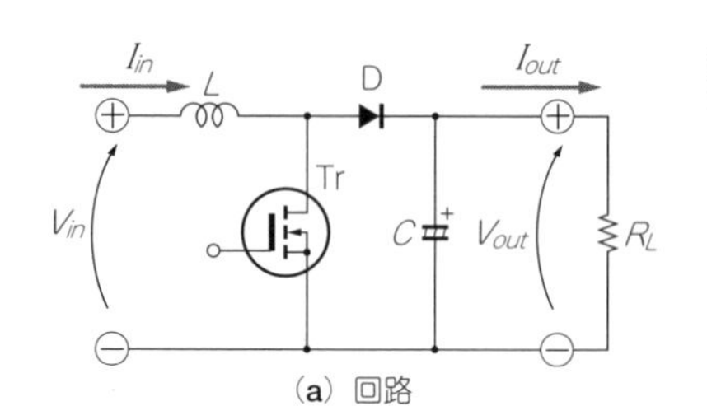

(a) 回路

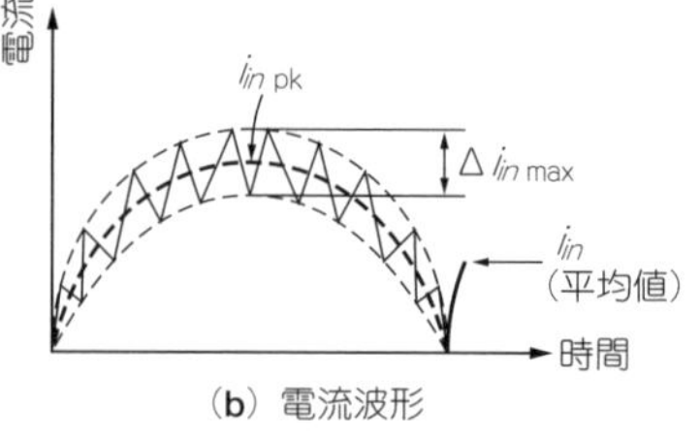

(b) 電流波形

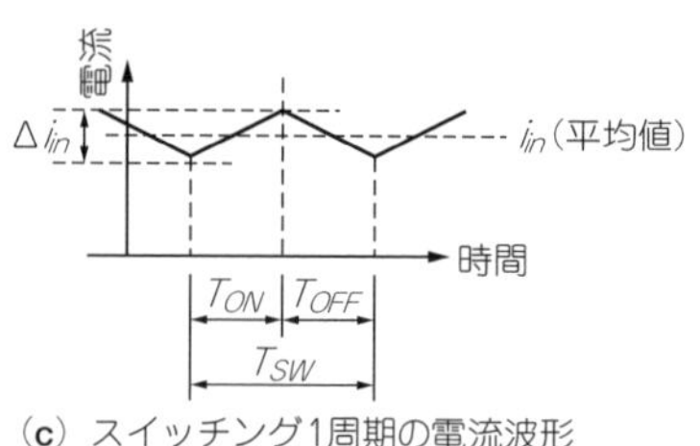

(c) スイッチング1周期の電流波形

$$\begin{cases} K_{Iin} = \dfrac{\Delta i_{in\,max}}{i_{in\,PK}} \\ f_{SW} = \dfrac{1}{T_{SW}} = \dfrac{1}{T_{ON}+T_{OFF}} \end{cases}$$

注：小文字は瞬時値を表す

▶設計仕様で与える条件
- V_{in}：$V_{in\,min}$～$V_{in\,max}$：入力電圧(実効値)[V_{RMS}]
- f_{in}：入力周波数[Hz]
- V_{out}：直流出力電圧[V]
- P_{out}：直流出力電力[W]

▶経験的に与える条件(数値は一例)
- f_{SW}：スイッチング周波数 65kHz
- K_{Iin}：インダクタ電流のリプル率 0.2(=20%)
- η：効率0.9(=90%)

▶計算で使用するパラメータ
- $I_{in}=P_{out}/(\eta V_{in})$：入力電流[A]
- $I_{in\,max}=P_{out}/(\eta V_{in\,min})$：最大入力電流[A]
- f_{SW}：スイッチング周波数[Hz]
- T_{ON}：スイッチング・オン時間[s]
- f_{OFF}：スイッチング・オフ時間[s]

図11 電流連続型PFC回路の昇圧インダクタンスを求めるためのパラメータ

$V_{out\,min}$を300 Vとして保持時間t_hを20 μsとすれば,

$$C_2 \geqq \frac{2P_{out}\,t_h}{V_{out}^2 - V_{out}{}^2_{min}} = \frac{2\times200\times20\times10^{-3}}{380^2\times300^2} \fallingdotseq 147\ \mu\mathrm{F}$$

となって220 μFならば十分な値です.

このときの出力リプル電圧は次式で求まります.

$$V_R = \frac{I_{out}}{2\pi f_{in}\,C_2} = \frac{P_{out}}{2\pi f_{in}\,C_2\,V_{out}} = \frac{200}{2\pi\times50\times220\times10^{-6}\times380} \fallingdotseq 7.61\mathrm{V_{P\text{-}P}}$$

保持時間は次式となります.

$$t_h = \frac{1}{2}C_2(V_{out}^2 - V_{out\,min}^2) = \frac{1}{2}220\times10^{-6}(380^2 - 300^2) = 30\ \mathrm{ms}$$

ただし, K_{Iin}：インダクタ電流のリプル率(0.2程度),

f_{SW}：スイッチング周波数(65 kHz),

μ ：効率(最小0.9)

● 使いどころ

ここで取り上げるインダクタ電流連続型PFC回路の特徴として, 次のようなことなどが挙げられます.

- スイッチング周波数が固定
- インダクタ電流尖頭値は交流入力電流尖頭値に近い
- 200 W以上の大中出力で使用
- スイッチング・ノイズが多い

インダクタ電流, つまりスイッチング素子の電流尖頭値が臨界動作型PFC回路に比べ小さいため, 大中出力で使用されることが多いです.

スイッチング周波数を高くするとインダクタが小さくなりますが, 効率が低下するため形状と効率のバランスをとって65 kHzに設定されることが多いです. 将来的には, 使用半導体がSi(シリコン)からGaN(ガリウム・ナイトライド)やSiC(シリコン・カーバイド)に置き換われば, スイッチング周波数を高くしても損失を低くでき, 高効率で小型になると思われます.

● 算出の手引き

図11に, 電流連続型PFC回路の昇圧インダクタンスを求めるためのパラメータを示します.

効率は最低入力電圧のときに最小となり, 90～93 %程度ですが, ここでは90 %とします. インダクタ電流のリプル率は, 最低入力電圧のときに最大となりますが, 一般的に約20 %以下に設定してインダクタンスを求めます.

$$\Delta i_{in} = \frac{v_{in}}{L}T_{ON} = \frac{\sqrt{2}\ V_{in}\sin\theta}{L}T_{ON}(\because \theta = 2\pi f_{in}t)$$

$$\therefore T_{ON} = \frac{\Delta i_{in}}{v_{in}}L = \frac{KI_{in}\sqrt{2}\ I_{in}\sin\theta}{\sqrt{2}\ V_{in}\sin\theta}L = \frac{K_{Iin}\,I_{in}}{V_{in}}L \quad \cdots\cdots (32)$$

$$\Delta i_{in} = \frac{V_{out} - v_{in}}{L}T_{OFF}$$

$$\therefore T_{OFF} = \frac{K_{Iin}\sqrt{2}\ I_{in}\sin\theta}{V_{out} - \sqrt{2}\ V_{in}\sin\theta}L \quad \cdots\cdots (33)$$

式(27)の

$$I_{in} = \frac{P_{out}}{\eta\ V_{in}}$$

より, I_{in}を消去すれば,

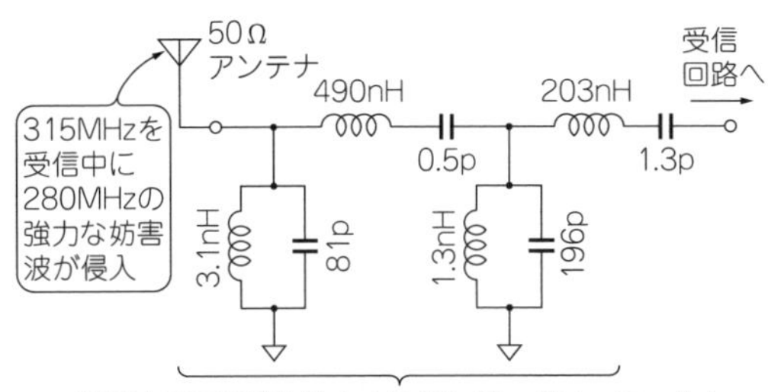

図12　受信回路に悪影響を与える強力な隣接妨害波を除去するバターワース特性のバンド・パス・フィルタの必要次数を求めたい
通過域300 MHz～330 MHz，280 MHzを30 dB以上減衰させる

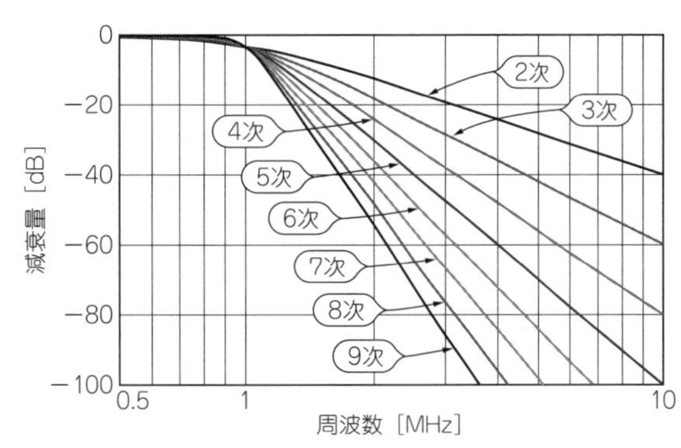

図13　バターワース特性ロー・パス・フィルタの次数による減衰特性の違い

$$f_{SW} = \frac{1}{T_{SW}} = \frac{1}{T_{ON} + T_{OFF}}$$
$$= \frac{V_{in}^2 (V_{out} - \sqrt{2}\ V_{in})\ \eta}{K_{Iin}\ L\ P_{out}\ V_{out}} \cdots\cdots\cdots (34)$$

最もΔi_{inpk}が大きくなるのは$V_{in\min}$のときなので，式(34)からLの最小値は式(31)となります．

インダクタ電流のスイッチング周期における変化幅が小さいためヒステリシス損失も小さく，インダクタの鉄心には飽和磁束密度の大きなダスト・コアを採用し，小型化を図っています．

〈馬場 清太郎〉

バターワース・フィルタ

受信回路に悪影響を与える強力な隣接妨害波を除去するため，**図12**に示すバターワース特性バンド・パス・フィルタ(BPF)の必要次数を見積もります．通過域300～330 MHz(f_H = 330 MHz，f_L = 300 MHz)，f = 280 MHzを30 dB以上(L_A = 30 dB)減衰させます．

$$n \geqq \frac{\log_{10}(10^{\frac{L_{AS}}{10}} - 1)}{2\log_{10} f_S} \cdots\cdots (35)\ (n\text{は正の整数})$$

$$f_S = \frac{\sqrt{f_H f_L}}{f_H - f_L} \times \left| \frac{f}{\sqrt{f_H f_L}} - \frac{\sqrt{f_H f_L}}{f} \right|$$

(バンド・パス・フィルタの場合)

$$f_S \geqq \frac{\sqrt{330\text{ MHz} \times 300\text{ MHz}}}{330\text{ MHz} - 300\text{ MHz}} \times \left| \frac{280\text{ MHz}}{\sqrt{330\text{ MHz} \times 300\text{ MHz}}} - \frac{\sqrt{330\text{ MHz} \times 300\text{ MHz}}}{280\text{ MHz}} \right|$$
$$= 2.452$$

$$n \geqq \frac{\log_{10}(10^{\frac{L_{AS}}{10}} - 1)}{2\log_{10} f_S} = \frac{\log_{10}(10^3 - 1)}{2\log_{10} 2.452} \fallingdotseq 3.850$$

ただし，L_{AS}：必要減衰量($L_{AS} > 0$)［dB］，
f：必要減衰量を規定する周波数［Hz］，
f_L：BPFの低域－3 dBカットオフ周波数［Hz］，
f_H：BPFの高域－3 dBカットオフ周波数［Hz］

よって，4次(n = 4)のBPFを設計すれば，280 MHzの妨害波を30 dB以上減衰させることができます．

● ロー・パス・フィルタ/ハイ・パス・フィルタのf_S

式(35)のf_Sは，それぞれ次のように求まります．

●ロー・パス・フィルタの場合

$f_S = f/f_C$
ただし，f_C：－3 dBカットオフ周波数［Hz］

●ハイ・パス・フィルタの場合

$f_S = f_C/f$

● 使いどころ

バターワース特性は通過域が平坦で，群遅延特性の暴れが比較的少ない素直な特性です．フィルタを通した際の信号のひずみが少なく，使いやすいフィルタです．

実際の回路としては，1 MHz程度まではOPアンプを使ったアクティブ・フィルタ，それ以上の周波数ではインダクタ(コイル)とコンデンサを使ったパッシブ・フィルタとなるでしょう．

フィルタを使う主な目的は，入力信号から所望の周波数以外の成分を除去することですが，帯域外の減衰量はそのフィルタの次数に依存します．例として－3 dBカットオフ周波数が1 MHzのバターワース特性LPFの次数による減衰特性の違いを**図13**に示します．

実際に設計する際は，上記の式で求められた必要次数に基づいて，回路方式や素子定数を検討するとよいでしょう．実際にフィルタを製作すると部品のばらつきなどによって中心周波数や帯域，減衰量などが設計

値とずれます．

〈安井 吏〉

◆参考文献◆

(1) Jia - Sheng Hong, M. J. Lancaster；Microstrip Filters for RF/Microwave Applications, 2001, WILEYINTERSCIENCE.

チェビシェフ特性LPF

図14に示す発振器の高調波を落とすロー・パス・フィルタ(LPF)の必要次数を求めます．リプルが1 dB，等リプル・カットオフ周波数が110 MHzのチェビシェフ特性LPFで発振器の2倍高調波成分(200 MHz)を40 dB以上減衰させるのに必要なフィルタの次数を見積もります．

$$f_S = \frac{f}{f_C} = \frac{200\ \mathrm{MHz}}{110\ \mathrm{MHz}} = 1.818\ (\text{LPFの場合})$$

$L_{AS} = 40$ dB，$L_{Ar} = 1$ dB

$$n \geqq \frac{\cosh^{-1}\sqrt{\dfrac{10^{\frac{L_{AS}}{10}}-1}{10^{\frac{L_{Ar}}{10}}-1}}}{\cosh^{-1} f_S} \quad \cdots\cdots\cdots\cdots\cdots (36)$$

$$= \frac{\cosh^{-1}\sqrt{\dfrac{10^{4}-1}{10^{0.1}-1}}}{\cosh^{-1}1.818} = 4.958$$

ただし，L_{AS}：必要減衰量($L_{AS} > 0$) [dB]，L_{Ar}：チェビシェフ特性フィルタのリプル [dB]，f：必要減衰量を規定する周波数 [Hz]，f_C：チェビシェフ特性フィルタの等リプル・カットオフ周波数 [Hz]，n：フィルタの次数

よって，5次($n = 5$)のLPFを設計すれば，2倍高調波を40 dB以上減衰させることができます．

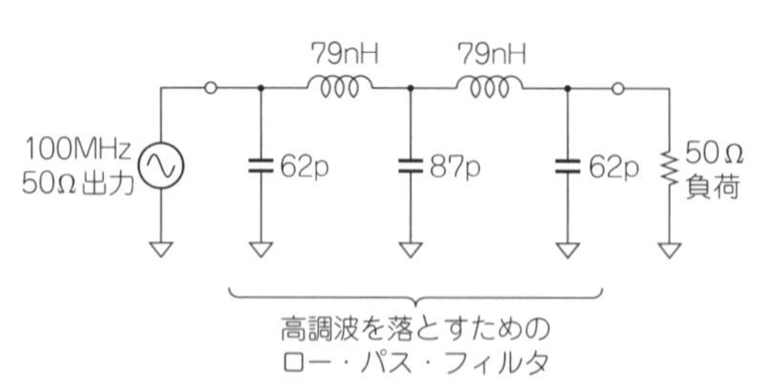

図14 発振器の高調波を除去するチェビシェフ特性ロー・パス・フィルタの必要次数を求める

リプル1 dB，等リプル・カットオフ周波数110 MHzで発振器の2倍高調波成分(200 MHz)を40 dB以上減衰させる

● バンド・パス・フィルタ/ハイ・パス・フィルタのf_S

式(36)のf_Sは，それぞれ次のように求まります．

●バンド・パス・フィルタの場合

$$f_S = \frac{\sqrt{f_H f_L}}{f_H - f_L}\left|\frac{f}{\sqrt{f_H f_L}} - \frac{\sqrt{f_H f_L}}{f}\right|$$

ただし，f_L：バンド・パス・フィルタの低域等リプル・カットオフ周波数 [Hz]，f_H：バンド・パス・フィルタの高域等リプル・カットオフ周波数 [Hz]

●ハイ・パス・フィルタの場合

$$f_S = f_C / f$$

● カットオフ周波数の定義

バターワース特性のフィルタは，カットオフ周波数を－3 dBカットオフで定義していましたが，チェビシェフ特性のフィルタは等リプル・カットオフ周波数で定義しています．この違いを**図15**に示します．

● 使いどころ

チェビシェフ特性は，通過域にリプルを許す代わりに，急峻な減衰特性を持ちます．バターワース特性のフィルタと並んでよく使われます．

同じ次数であれば，バターワース特性よりも急峻な減衰特性が得られるため，目的外の信号を大きく減衰させられます．しかし通過域にリプルを持つことと，群遅延の変化が比較的大きいので，信号のひずみを気にする用途には向きません．また，同じ次数でも通過域のリプルを大きくするほど急峻な遮断特性が得られます．

例えば，等リプル・カットオフ周波数が1 MHz，リ

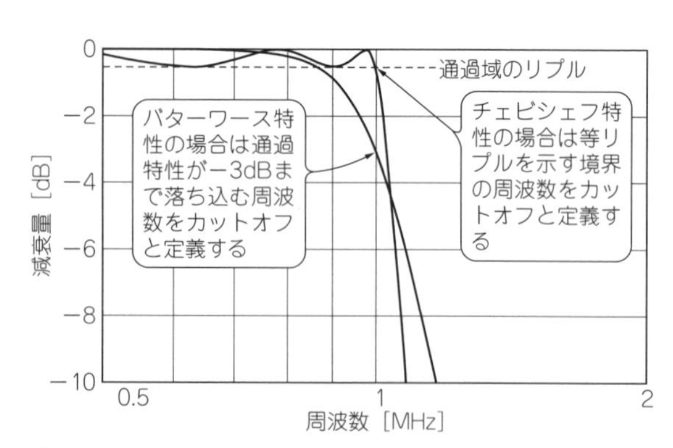

図15 バターワース特性とチェビシェフ特性とでカットオフ周波数の定義が違う

カットオフ周波数1 MHz，7次LPFの例

プル0.1 dBのチェビシェフLPFの次数による減衰特性の違いを**図16**に示します．

インダクタ(コイル)とコンデンサによるパッシブ構成のチェビシェフ・フィルタの場合，次数が偶数だと入出力のインピーダンスが等しくなりません．一般的には，入出力のインピーダンスをどちらも50Ωというように等しくしたいので，奇数次のチェビシェフ特性のフィルタが多くの場合使われます．

〈**安井 吏**〉

◆参考文献◆

(1) Jia‐Sheng Hong，M. J. Lancaster；Microstrip Filters for RF/Microwave Applications，2001年，WILEYINTERSCIENCE.

(初出「トランジスタ技術」2010年5月号)

巻き線コイルの応用

リード部品と同様に銅線をコア材に巻き付けた構造のコイルです．コアの構造と材質，巻き数で容易にインダクタンスを調整できるので非常に広い範囲がそろっています．用途もスイッチング電源の電圧変換，ノイズ除去，回路間のデカップリング，フィルタ，共振回路などさまざまです．大きな特徴は大電流対応が容易であり，Qが高いことです．コア材に磁性体を使ったものでは磁気シールド・タイプもありますが，同じ大きさの場合は直流重畳特性が不利になります．

■〈電源〉電力用コイルの応用

図17は12 V入力で3.3 V，2 Aの出力を得られる降圧レギュレータの回路例です．電力用コイルの用途の一つにスイッチング・レギュレータの電圧変換があります．FPGAやDSP，CPUなどは複数の電圧を使用するものが多く，小型・省電力の必要性からスイッチング・レギュレータで設計することが増えています．ここで効率やリプル電圧などの目標仕様を満足させるにはコイルの選択が非常に重要です．

この例では12 V入力で3.3 V，2 Aの定格出力時に，リプル電圧20 mV_{p-p}以下，効率85 %以上を目標仕様としています．

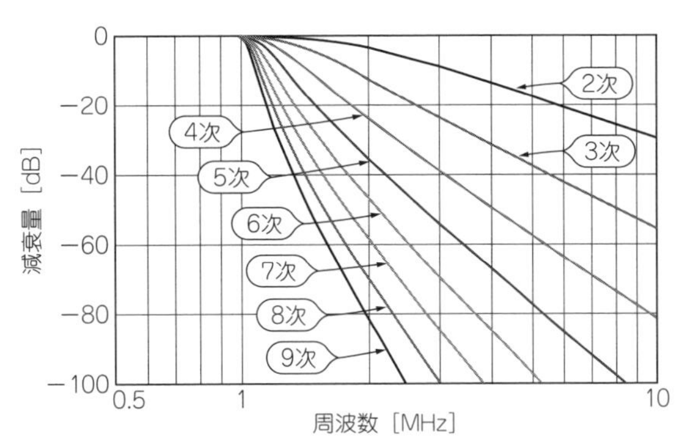

図16　チェビシェフ特性ロー・パス・フィルタの次数と減衰特性

● 許容できるリプル電流とコンデンサ要求のトレードオフでインダクタンス値を決定

大きなリプル電流を許容するならインダクタンス値L_1を下げて小型化できます．しかし，リプル電圧を下げるために大容量で低ESRのコンデンサが必要になるので，L_1のリプル電流ΔI_{L1}は定格出力電流の1/3くらいにするのがバランスの良いところです．ここからL_1の値を算出すると，$L_1 = 20\ \mu$H，ピーク電流I_{PL1}は2.33 Aとなります．出力の平滑コンデンサC_6は100 μF，ESRを5 mΩ以下にすれば目標仕様を満足できます．

● 実装上の注意

スイッチング・レギュレータでは大きな電流がスイッチされます．この回路例でもL_1に流れる電流変化が0.67 Aあるので，磁気シールド・タイプであってもL_1からはかなりの磁束が漏れてきます．この磁束がほかの回路のインダクタに結合したりグラウンドのループと交差したりすれば不要な干渉を招くことになるので，配置には注意が必要です．

〈**藤田 雄司**〉

■〈アナログ〉VCOへの応用

図18は±10 Vの制御電圧で90 MHz～180 MHzが発振できる電圧制御発振器(VCO：Voltage Controlled Oscillator)の回路です．VCOのC/N比を高くするには抵抗の雑音低減やPLLループの広帯域化などがありますが，共振回路のQをできるだけ高くすることが重要です．

● 共振回路のQを高くする

このVCOの共振回路は，L_2インダクタンス成分とD_1の容量成分で並列共振回路を形成しています．Q

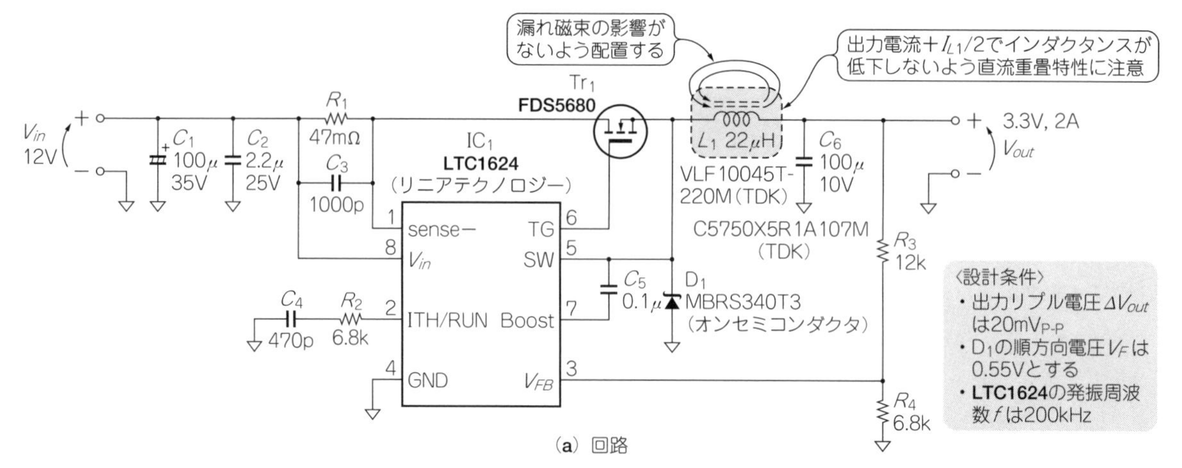

(a) 回路

*L_1に流れるリプル電流ΔI_{L1}を出力電流の1/3とするとL_1の値は,

$$L_1 \fallingdotseq \frac{(V_{in}-V_{out})(V_{out}+V_F)}{f(V_{in}+V_F)\Delta I_{L1}} = \frac{(12-3.3)\times(3.3+0.55)}{200\times10^3\times(12+0.55)\times0.667} \fallingdotseq 20\mu\mathrm{H}$$

*出力リプル電圧ΔV_{out}とC_6の容量およびESRとの関係は,

$$\Delta V_{out} \fallingdotseq \Delta I_{L1}\left(ESR+\frac{1}{4fC_6}\right)$$

が成り立つので, C_6を100μF, ESRを5mΩとすると,

$$\Delta V_{out} \fallingdotseq 0.667\times\left(0.005+\frac{1}{4\times200\times10^3\times100\times10^{-6}}\right) = 11.7\mathrm{mV_{P\text{-}P}}$$

*L_1に流れるピーク電流I_{PL1}は定格出力電流に$\Delta I_{L1}/2$を加えたものになるので,

$$I_{PL1} = 2+\frac{\Delta I_{L1}}{2} = 2.33\mathrm{A_{peak}}$$

*したがってE6系列で最も近い22μH, 定格電流は2割程度の余裕をもたせて2.8Aのものを　に使用すればよいことになる.

(b) 設計手順

図17　降圧レギュレータのインダクタンス決定手順

に影響を及ぼすのはこの共振回路の負荷になる成分やL_2とD_1のESRなどになります. L_2にはQの高い巻き線型が適しています.

● 共振回路の負荷を軽くする

L_1, L_3, L_4はすべてRFのチョークです. 直流では結合し, 発振周波数では切り離したい部分です. 精度やQは低くてもよい代わりに発振周波数範囲でできるだけ高いインピーダンスとなるインダクタンスを選択します.

● 実装上の注意

非磁気シールド・タイプや空芯タイプでは, 発生した磁束が外部に漏れてきます. このためその**磁束方向に導体があると渦電流が生じ, 図19のように損失となってインダクタのQが低下します**. 特に高いQを必要とするL_2を実装するフットプリントの大きさには注意します. また実装面以外の層でも電源やグラウンドなどのパターンをL_2の周囲に作らないようにします.

〈藤田 雄司〉

◆参考文献◆

(1) 村田製作所 : チップインダクタカタログ ; http://www.murata.co.jp/products/catalog/pdf/o05.pdf

(2) リニアテクノロジー ; LTC1624データシート ; http://cds.linear.com/docs/Datasheet/1624f.pdf

薄膜型コイルの応用

薄膜型コイルは, スパッタリングや蒸着技術を使って印刷よりもさらに薄い金属膜でコイルを形成したものです. 高精度に作ることができる反面, 大きな容量を作ることが難しいので主に高周波回路用です.

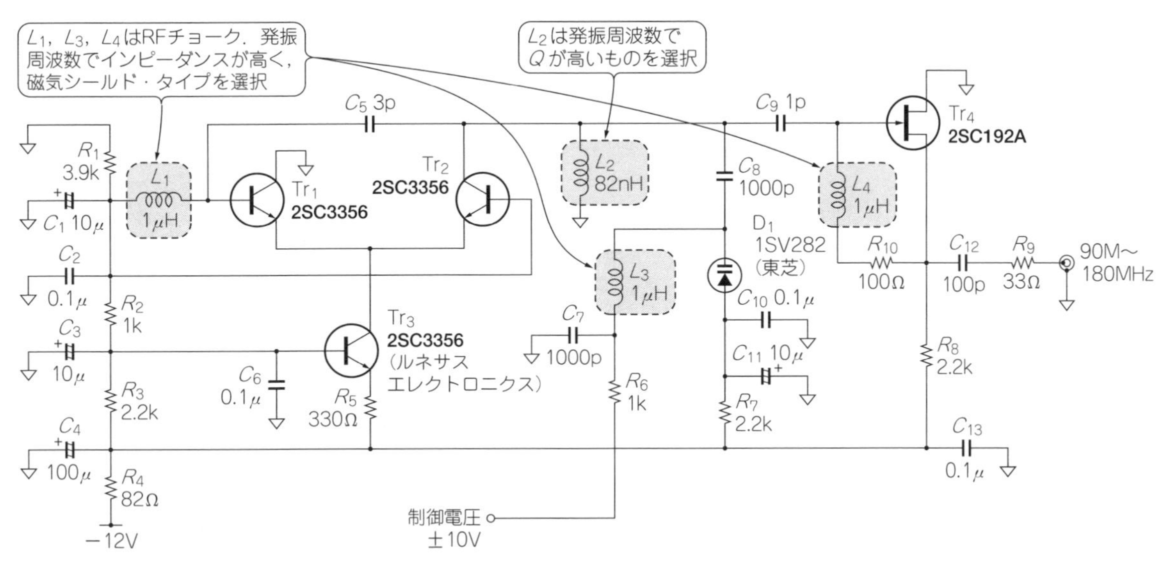

図18　90 M～180 MHzの電圧制御発振回路

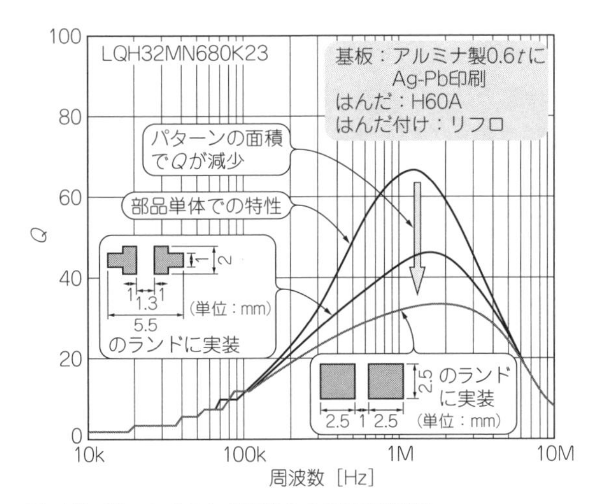

図19(1) パターンのランド面積とQの周波数特性

■〈高周波〉フィルタ/RF信号切り替え回路への応用

図20はダイオードによるスイッチで，RF信号をそのままの帯域で通過させるか，ロー・パス・フィルタを通して帯域制限するかを切り替えられるRF信号切り替え回路です．ロー・パス・フィルタ部はカットオフ周波数f_Cが130 MHzで5次バタワース特性となっています．

● コイルのタイプ選択ガイド

*LC*フィルタの性能を表すパラメータには，インピーダンス・マッチング，挿入損失，通過帯域の平坦性，群遅延特性，遮断周波数の精度，減衰特性，阻止域のリーク特性などが挙げられます．理想的な部品であれば設計通りの特性を得られますが，実際の部品ではそうもいきません．何の特性を重要視するかによって部品を使い分けることが大事です．

カットオフ周波数f_Cの精度や回路のばらつきを抑えたい場合には精度の高い薄膜タイプ，挿入損失やカットオフ周波数f_C近傍の減衰特性が重要な場合はQが高いフェライト・コアの巻線タイプ，阻止域のリーク特性をよくしたければ自己共振周波数の高い空芯の巻き線タイプが適しています．

フィルタ設計においては必要な定数が入手できるかどうかも重要な選択の基準となります．薄膜タイプは特に小さなインダクタンス値で種類が充実しているので，GHzオーダの高周波回路設計に適しています．

● 実装上の注意

表面実装コイルは小型なので高密度実装が可能ですが，接近させて実装すると**図21**のように結合して干渉します．特にフィルタ回路のようにコイルが隣り合うようなときは注意しましょう．**図22**のように配置を工夫することで結合は軽減できます．〈**藤田 雄司**〉

◆参考文献◆

(1) ウイリアムズ著，加藤康雄監訳；電子フィルタ-回路設計ハンドブック，マグロウヒルブック社．

(初出：「トランジスタ技術」2010年8月号 特集)

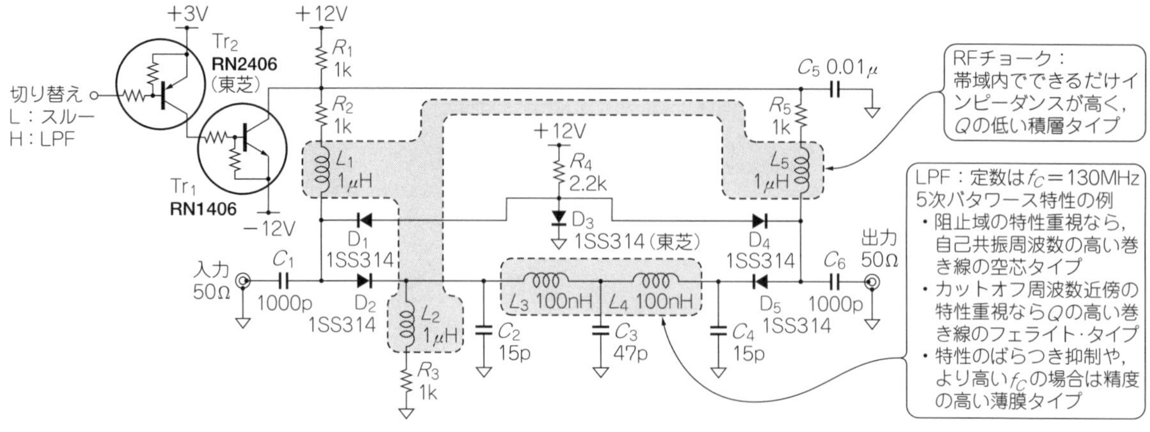

図20　フィルタ/RF信号切り替え回路

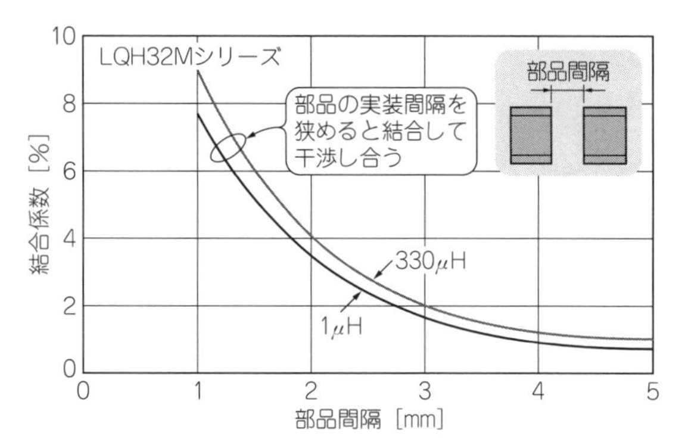

図21　コイルの実装間隔と結合の度合い

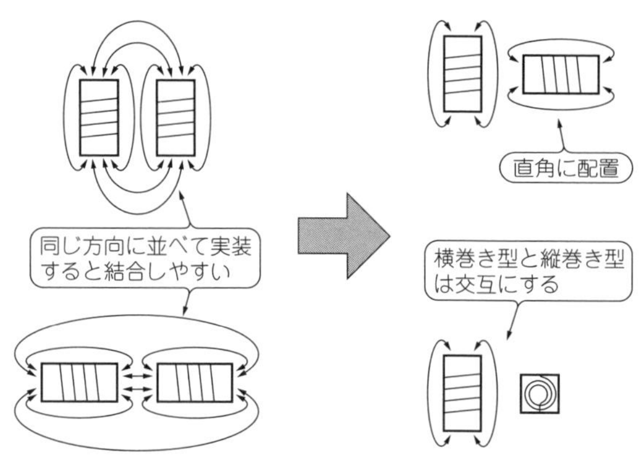

図22　実装方向を工夫して結合を小さくする

空芯コイルの巻き数と半径からインダクタンスを求める

計算式

空芯コイルのインダクタンスL [H] は，**図A**に示すようなコイルの半径と長さ，巻き数から次式により求められます．自作でコイルを巻く際は，ドリルの刃などの径が正確にわかっているものを軸にして巻くとよいでしょう．

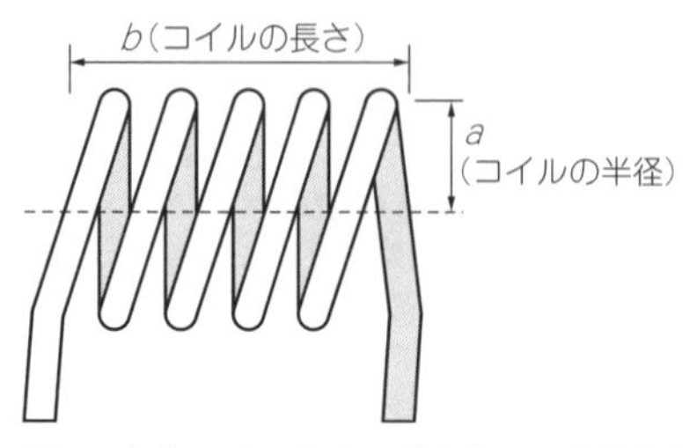

図A　空芯コイルのインダクタンスは長さと半径で決まる

● $2a \leqq b$ の場合

$$L = \frac{\mu_0 n^2 \pi a^2}{b} \times \left\{ \frac{1+0.383901\left(\frac{4a^2}{b^2}\right)+0.017108\left(\frac{4a^2}{b^2}\right)^2}{1+0.258952\left(\frac{4a^2}{b^2}\right)} - \frac{8a}{3\pi b} \right\}$$

ただし，μ_0：真空の透磁率($4\pi\times10^{-7}$)，n：コイルの巻き数 [ターン]，a：コイルの半径 [m]，b：コイルの長さ [m]

● $2a > b$ の場合

$$L = \mu_0 n^2 a \times \left[\left\{ \ln\left(\frac{8a}{b}\right) - 0.5 \right\} \times \frac{1+0.383901\left(\frac{b^2}{4a^2}\right)+0.017108\left(\frac{b^2}{4a^2}\right)^2}{1+0.258952\left(\frac{b^2}{4a^2}\right)} \right]$$

$$+ 0.093842\left(\frac{b^2}{4a^2}\right) + 0.002029\left(\frac{b^2}{4a^2}\right)^2 - 0.000801\left(\frac{b^2}{4a^2}\right)^3 \Bigg]$$

● 使いどころ

空芯コイルは，10 GHz程度までの高周波回路でフィルタやマッチング回路，バイアス回路など，さまざまな場面で使用されています．

小型のチップ・サイズで高性能な標準部品が豊富に出回っているため，特注の空芯コイルを使う機会は少ないと思いますが，実験や少量生産で手元にないインダクタンス値のコイルを使用したいときや，標準部品にはない特性(大電流を流せるものなど)の空芯コイルが欲しいときには，自分で空芯コイルを作ります．

● 寄生容量による自己共振で使える周波数が決まる

実際の空芯コイルには，インダクタンス成分に寄生した容量成分が必ず存在します．コイルのインダクタンスと寄生容量成分で並列共振回路が形成され，ある周波数で共振します．この周波数を自己共振周波数と呼びます．**図23**に自己共振周波数3 GHz，10 nHのコイルのインダクタンス－周波数特性を示します．

自己共振周波数より高い周波数では，そのコイルはもはやコイルではなく，コンデンサとして振る舞います．

コイルの自己共振周波数以下でも，自己共振周波数に近づくにつれてインダクタンス値が変化するので，フィルタなどの精密なインダクタンス値を求められる用途では，自己共振周波数より充分に低い周波数で使うべきでしょう．逆に，バイアス回路などで直流を通して高周波信号を阻止したいというような，インダクタンス値の誤差がそれほど問題にならない用途であれば，自己共振周波数を少々超えた周波数でも使用できます．

自己共振周波数が高く，より高い周波数まで使える空芯コイルを作るには，なるべく細いワイヤを使い小さな半径で，密にならないようにある程度のコイルの長さを確保して巻くのが良いようです．

小さなインダクタンス値ほど，自己共振周波数が高くなる傾向があります．ただし，細いワイヤを使うと直列抵抗成分が大きくなり，コイルのQが下がります．自己共振周波数とコイルのQはトレードオフとなります．Qの小さいコイルをフィルタなどに使うと，通過ロスが大きくなります．

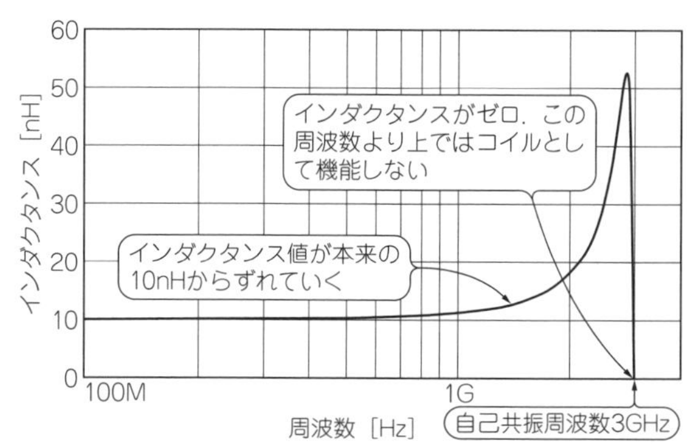

図23　自己共振周波数3 GHzを超えるとコンデンサとして振る舞う
10 nHのコイルにおけるシミュレーション結果

〈安井 吏〉

◆参考文献◆

(1) Lundin, R.: A handbook formula for the inductance of a single-layer circular coil, Proceedings of the IEEE, Volume 73, Issue 9, Sep. 1985.

LとCの損失成分を含めた共振周波数を求める

計算式

高周波回路の低雑音アンプの前や高出力アンプの出力に入るフィルタなどを設計する場合，低損失にする必要があります．LやCの損失分を適切に反映しないと，正しい損失特性や正しい共振周波数が得られません．

LとCの損失分は，**図B**や**図C**のように直列のR_Sと並列のR_Pで表す2種類があります．高周波回路ではLやCの損失は普通Q(Quality Factor)で表されます．R_SとR_PはLとCそれぞれのQ値から次式で求めます．

$$R_S = X_S/Q,\ R_P = X_P Q \cdots\cdots (37)$$

共振周波数は次式で求まります．

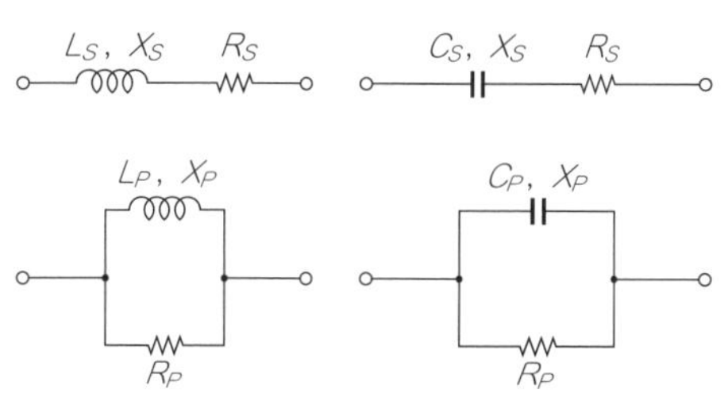

図B　インダクタの損失の表し方　**図C　コンデンサの損失の表し方**

$$f_{mod} = \frac{1}{2\pi\sqrt{L_P C_P}} \cdots\cdots (38)$$

L_PとC_Pは，それぞれQを考慮した場合に損失を並列抵抗で表した時のLとCの値で，次式で計算されます．

$R_S = X_S/Q$, $R_P = (Q^2+1)R_S$

$X_P = R_P/Q$

$L_P = \dfrac{X_P}{2\pi f}$, $C_P = \dfrac{1}{2\pi f X_P}$

ただし，f: 損失を考慮しないときの共振周波数［Hz］

L = 120 nH，C = 10 pFで，LのQが10，CのQが200の場合，LとCの損失を考慮しない共振周波数f = 145.29 MHzに対して損失を考慮した共振周波数は次のとおりです．

f_{mod} = 144.57 MHz

損失分をLまたはCに並列に接続した等価回路で表したLとCの値はそれぞれL_P = 121.2 nH，C_P = 10.0 pFです．

LまたはCの損失による共振周波数の変化は，Qが約10以上では数%以下と少なくほとんど問題にはなりません．

インダクタとコンデンサのQが同じ場合は，Qが十以下でも共振周波数が変化しません．インダクタの損失で共振周波数が下がり，コンデンサの損失で共振周波数が上がり，打ち消し合うためです．

● Qの種類と特性

LC共振回路のQ(合成Q)には，無負荷Q(unload Q)と負荷Q(loaded Q)の2通りがあります．無負荷Qは，LC共振回路のLとCのQの平均で算出したQです．負荷Qは，**図24**のようにLC共振回路に外部回路を接続した場合などに接続側の損失も含めたQです．

LC共振回路の鋭さは，**図25**で示すようにピークの点から-3 dB($=1/\sqrt{2}$)のバンド幅(BW)で表されます．LC回路単体のバンド幅と50 Ω系などの回路内に組み込まれた場合のバンド幅とを計算します．BWと共振周波数f_0から回路の負荷Qは次式でも計算できます．

$$Q_{loaded} = f_0/BW$$

インダクタやコンデンサのQは周波数に依存しますが，通常は特定の周波数での値しか表示されていません．Q値が示されている周波数で式(37)を使っておおよそのQを算出できますが，計算する周波数にできるだけ近い周波数で，Q値を実測して得ることが望ましいです．

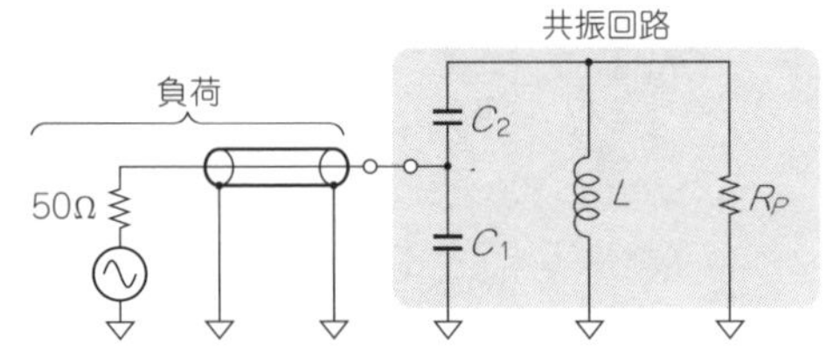

図24　共振回路のQの表現法には負荷があるときとないときの2通りある

図は共振回路に負荷が接続されている例

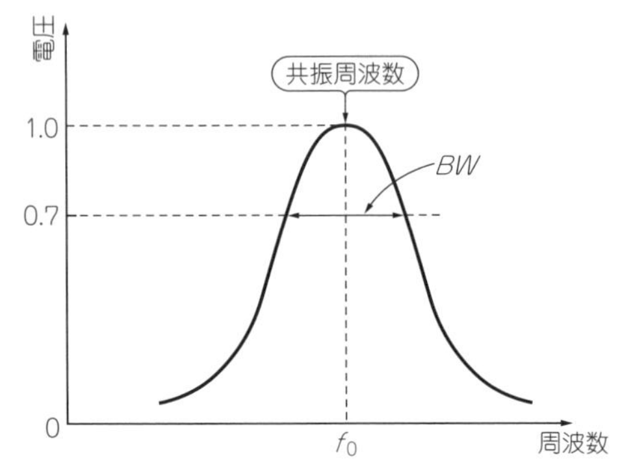

図25　共振回路のバンド幅の定義

使用する周波数でのLのQは，損失の少ない高周波用コンデンサ(Qが1000以上など十分Qが高いセラミック)などで共振させ，-3 dBのBWと共振周波数，式(38)からおおよその値がわかります．

● インダクタの損失分

写真1は高周波共振回路に使われるインダクタの例です．

▶Qとリアクタンスと抵抗成分の関係

損失を考慮する場合，L値は直列表示時のL_Sと並列表示時のL_Pで値が異なります．使用周波数でのL_SとL_Pのリアクタンスを直列がX_S，並列がX_Pと表示します．

並列接続の場合，QはR_Pで使用周波数でのL_PのリアクタンスX_Pの大きさを割った比で表されます．

直列表示の場合，使用周波数でのL_SのリアクタンスX_Sの大きさをR_Sで割った比でQが表されます．

$$Q = X_S/R_S,\ Q = R_P/X_P \cdots\cdots (39)$$

Q値とリアクタンスからR_SとR_Pを求める場合は，前出の式(37)を使います．

インダクタのQは太さ1 mmの銅線で数回巻いた空芯のコイルで，数百MHzで100程度，3 mm角程度の10回程度巻きのチップ・インダクタなどでは100 MHz

写真1　高周波回路用の表面実装型インダクタ
(a)300 nH, 90 MHz以下, $Q≒60$, @90 MHz. (b)120 nH, 200 MHz以下, $Q≒140$, @200 MHz. (c)22 nH, 1.5 GHz以下, $Q≒200$, @1 GHz～1.5 GHz以下.
Qはコイルの損失を表し数値が大きいほど損失が少ない．巻き線が太いほど損失も少ない

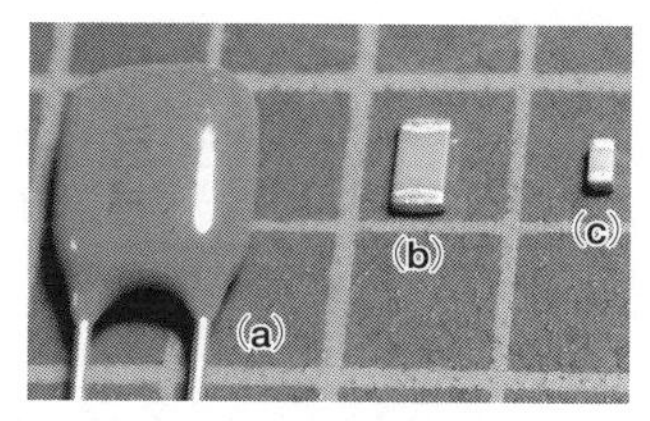

写真2　コンデンサのいろいろ(下敷きの1目盛りは5 mm)
(a)フィルム・コンデンサ(低周波用，0.01 μF)．高周波ではコンデンサとして機能しない．(b)ディジタル回路の電源パスコン用セラミック・コンデンサ(100 MHzまで，0.1 μF)は高周波共振回路に使うには損失が多く適していない．(c)高周波回路用チップ・コンデンサ(数GHz，10 pF)

で数十程度と損失は結構大きいものです．

基本的にはデータシートに書かれている自己共振周波数以下で使います．

● コンデンサの損失分

写真2は高周波の共振回路に使うコンデンサの例です．容量が数pFから数百pFで損失も小さいものを使います．

▶Qとリアクタンスと抵抗成分の関係

図Cは，コンデンサの損失分を直列抵抗R_Sで表す場合と並列抵抗R_Pで表す場合を示しています．直列表示時の容量値がC_S，並列表示時がC_P，また使用周波数時のリアクタンスは直列の場合がX_S，並列の場合がX_Pです．

QとR_S，R_Pの算出式はインダクタの場合と同じで，式(39)と式(37)となります．

コンデンサの損失は$\tan\delta$だけで示される場合もあり，次式で$\tan\delta$を計算する必要がある場合もあります．

$$\tan\delta = \tan^{-1}\frac{R_S}{X_S} \cdots\cdots (40)$$

〈志田 晟〉

(初出：「トランジスタ技術」2010年5月号)

コラム　理想LとCの共振周波数

図Dのような共振回路は，回路特性の仕様を周波数で与えられることが多い高周波回路でよく使われます．

Lの値が決まっていて必要な共振周波数になるCの値を求める場合などがよくあります．理想LCによる共振周波数は，次式で求まります．

$$f = \frac{1}{2\pi\sqrt{LC}} \ [\mathrm{Hz}] \cdots\cdots (A)$$

式(A)はLとCに損失がない場合です．

〈志田 晟〉

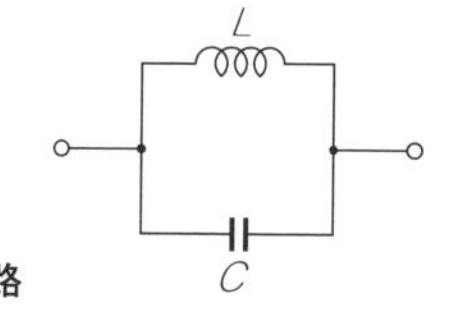

図D
理想素子による共振回路

基本電子部品ひとくちコラム

コイル コアの材質

ケイ素鋼板やアモルファス，ダスト，フェライトなどがあります．これらのコア材は，使う周波数によって選択します．使う周波数が高くなると，うず電流損が増えるため，高周波ではフェライト・コアなどのうず電流損の少ないコア材を使用します．低周波では透磁率の大きいケイ素鋼板などを使用します．

周波数別に使うコア材を大まかに分けると，50/60 Hzや数kHz程度はケイ素鋼板，数十kHz程度はアモルファスや鉄系ダスト，数百kHz程度はフェライトになります．

● ケイ素鋼板

薄いケイ素鋼の板を何枚も重ねてコアを形成するため，非常に大きなコア形状まで製作できます．電柱の上にあるトランスも，このコアを使っています．

厚みは0.1，0.3，0.35，0.5，0.7 mmなどがあります．厚みが薄いほど，うず電流損は小さくなりますが，ケイ素鋼板を重ねる枚数が多くなるため価格は高くなります．形状はEI形(**図1**，**写真1**)とカット・コア(**図2**，**写真2**)が多く使われています．

ケイ素鋼板を使ったコイルは形状が比較的大きく重いという欠点がありますが，価格が安いので，電源高調波電流の対策に最近でも使用されています．

● アモルファス

結晶構造を持たない金属で，ケイ素鋼板に比べてうず電流損が小さく，フェライトに比べて透磁率が大きいコア材です．そのため，ケイ素鋼板とフェライトの間の周波数帯域で使われます．スイッチング周波数が20 kHz程度のスイッチング電源や力率改善用コンバータなどに使用されています．また，アモルファス・コアは角形ヒステリシスを利用した可飽和コアで，ノイズ抑制コイルとしても使われています．

● ダスト

金属粉末(ダスト)を固めたコアで，鉄粉間に隙間(ギャップ)が発生します．ケイ素鋼板やアモルファス，フェライトなどのように1箇所にギャップを入れたコアに比べて，コア全体にギャップが入っているため，ギャップから出る漏れ磁束が1箇所に集中しません．

ダスト・コアは，数十kHz程度のスイッチング電源など，アモルファス・コアと同じような周波数帯域で使用されています．ダスト・コアはアモルファス・コアに比べて安価ですが，構造上ギャップ長を任意に決めることが難しくなります．

● フェライト

高温で焼結して作る酸化物です．パワー回路ではMn-Zn(マンガン-亜鉛)フェライトが多く使用され，高周波回路ではNi-Zn(ニッケル-亜鉛)フェライトが多く使用されています．

ノイズ対策用リング・コアや大型トランス用コア，電磁調理器のコアに使われています． 〈浅井 紳哉〉

(初出：「トランジスタ技術」2003年10月号)

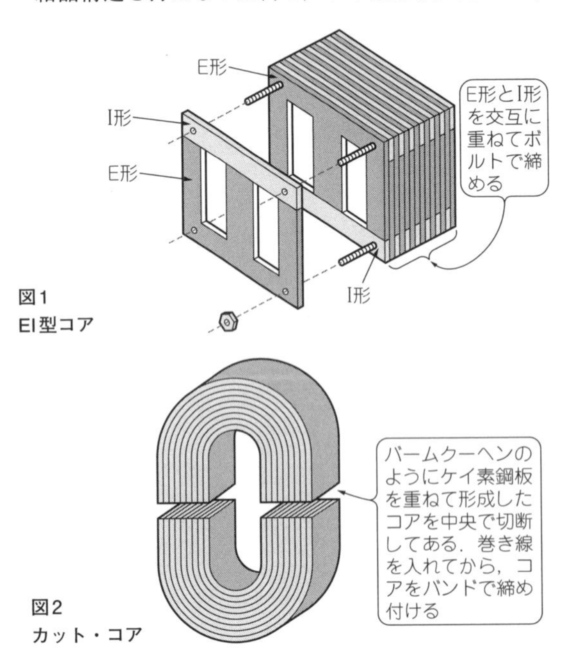

図1 EI型コア

図2 カット・コア

写真1 EI形コア［関東変圧器材工業㈱］

写真2 カット・コア［日本カットコアートランス㈱］

第6部 リレー/スイッチ

リレー(継電器)とは，電気通信の黎明期に，電磁石を用いてスイッチ接点を動かすことによってモールス信号のようなON/OFFの信号を受け渡し，遠方に伝達するために作られた部品です．その後，真空管や半導体による増幅回路が使われるようになると，遠方への伝達という目的はなくなりましたが，絶縁して信号を伝達できる利点から産業用機器などのI/Oに用いられています．

電磁式リレーは接点や機械的可動部の動作が遅く，日常のメンテナンスも必要なことから，近年では光半導体を用いて無接点で信号の絶縁と伝達を行うSSR(ソリッドステート・リレー)も広く用いられています．

手動で操作するスイッチは，動作速度も遅く切替頻度も低いために汚れや摩耗などの問題が比較的少なく，機械的接点のものが主流です．押しボタン型，トグル型，スライド型，ロータリ型などさまざまな種類があり，広く用いられています．

第1章 安全確保！ リレーの基礎知識

異常発生！ 電力供給緊急停止！

■ リレーの種類

● 2種類ある

リレーには**有接点リレー**と**無接点リレー**(SSR：Solid State Relay)があります．

▶有接点リレー：負荷を開閉させるために接点を有し，それを機械的に開閉させ信号や電力の"入" "切"を行う

▶無接点リレー(SSR)：機械的な可動部を持たず，内部はトライアック，抵抗器などの半導体，電子部品で構成されており，信号や電力の "入" "切" は電子的に行う

分類を**図1**に示します．分類には，以下に示すいろいろな方法があります．

● 負荷仕様による分類

有接点リレーは，主にパワー系の負荷を開閉する**パワー・リレー**と，微小負荷の信号や高周波を開閉する**シグナル・リレー**，高電圧/高電流の直流負荷を遮断する**DC高容量リレー**があります．無接点リレーは**交流，直流，交流・直流，直流ロジック出力用**のリレーがあります．

● 有接点リレーは構造により分類できる

有接点リレーは，その構造によって分類することもできます．**ヒンジ型リレー，プランジャ型リレー**があり，機器内蔵用の基板実装リレーではヒンジ型リレー

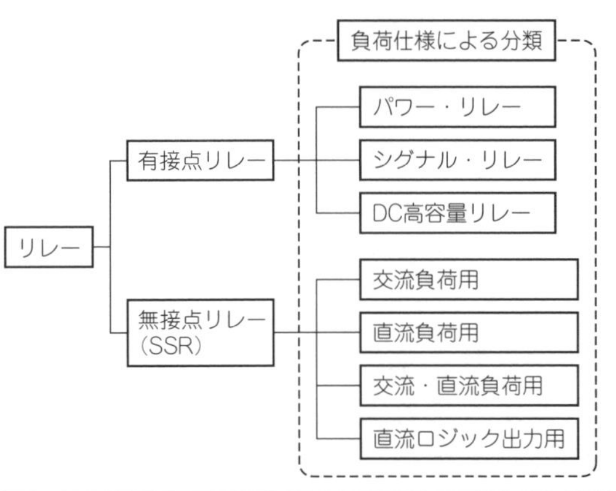

上段：基板実装型
下段：基板取り付けなどの基板実装用途を除く

有接点リレー			無接点リレー(SSR)			
パワー・リレー	シグナル・リレー	DC高容量リレー	交流負荷用	直流負荷用	交流・直流負荷用	直流ロジック出力用
形G2R-1A	G6J(U)-2FS-Y	形G9EA-1-B	形G3MC-202PL-VD-1	形G3TB-OD201P	形G3DZ-2R6PL	形G3TB-IAZRP02P-US
			形G3PE-215B	形G3NA-D210B-UTU	形G3RZ-201SLN	形G3TA-IAZR02S

図1　リレーの分類(オムロンの場合)

表1　有接点リレー，無接点リレーの長所と短所

項　目		有接点リレー	無接点リレー
特性	入出力分離	強い	弱い
	動作時間(タイムラグ)	長い (数ms程度)	短い
	接触抵抗	小さい	大きい
	漏れ電流	なし	あり
	動作音	あり	なし
	電気的耐久性(寿命)	あり	なし
	機械的振動，衝撃	弱い	強い
コスト		安い	高い

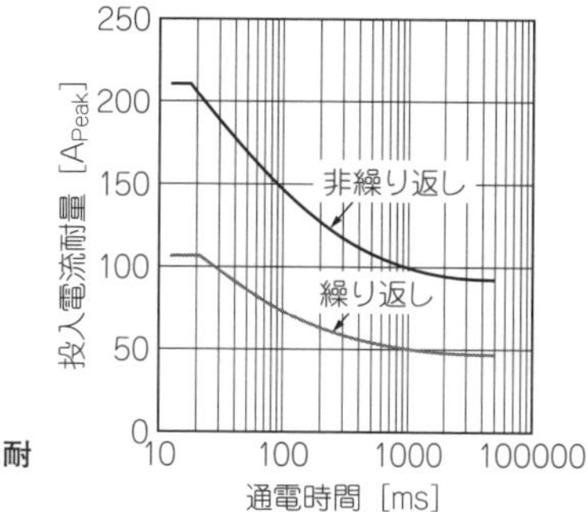

図2
通電時間-投入電流耐量特性

がそのほとんどを占めています．プランジャ型リレーは主にDC大容量リレーの構造に使用されています．またヒンジ型リレーは機能によって，単安定リレー，双安定リレーに分類することができます．

- 単安定リレー：入力信号を入れたときだけ接点がONまたはOFFし，それ以外は動作要素上特別な機能を持たない
- 双安定リレー：入力信号を入れたときに接点がONまたはOFFし，入力信号を断ってもその状態を保持(キープ)できる機能を持っている

● 有接点リレーと無接点リレーの長所と短所

有接点リレー，無接点リレーの長所と短所を**表1**に示します．

有接点リレーの長所は，接点間に物理的な空間があり，入出力分離に優れていることです．そしてオン抵抗が小さくオフ抵抗が大きいことです．

それに対して無接点リレーの長所は，接点開閉の電気的耐久性(寿命)が基本的にはないことです．また，機械的に動作する部分がないため，高速で高頻度な開閉に対応でき，動作音もせず，機械的な振動衝撃にも優れています．

● 負荷のいろいろとリレーの選択

リレーを選定する場合には，どのような負荷の電圧および電流を，何回動作させたいかがポイントになります．

一般的には，カタログ記載の最大負荷電圧および電流の値，その電気的耐久性(負荷を開閉でできる回数とそれを示したグラフ)を参考に選定します．

信号制御用途などの微小負荷で使用する信号用リレーの場合は，安定した接触を実現させるために，接点材質，接触方法も考慮の上，適切な機種を選定する必要があります．

無接点リレーにおいて負荷電流は，リレーの発熱の要因となるので，放熱器の選定や取り付け方向，SSRを搭載する制御盤や機器類の放熱設計に注意します．

突入電流に対しては，**図2**の投入電流耐量の繰り返し(赤線)以下になるようにSSRを選定します．負荷によっては，半波整流や全波整流された特殊な負荷や，インバータ制御された電源など，電圧波形や負荷電流波形が，サイン波形以外の波形となり，SSRの誤動作や故障の原因となります．したがって，それぞれの負荷に対した機種の選定や保護回路の追加を行う必要があります．

カタログ記載のデータは，一般的には抵抗負荷のデータです．実際の負荷はそのほとんどに誘導成分があり，定常電流の数倍の突入電流が発生する場合があります．間違った選択をすると破損，焼損，有接点リレーでは所定の電気的耐久性を満足できないなどの思わぬ不具合が発生する可能性があります．

必ず，開閉する負荷の最大電圧，最大電流に対してリレーの定格負荷の電圧，電流値に十分に余裕を持たせて設計し，実機による確認を行います．参考として，オムロン製リレーの負荷別の推奨製品を**表2**に示します．

■ 有接点リレーの構造

● 構造

代表的な有接点リレーのヒンジ型リレーの構造は**図3**のようになっています．

電気信号を受けて機械的な動きに変える電磁石と電気を開閉するスイッチで構成されており，それが一つのパッケージの中に収まっています．操作コイルへの電圧の印加の有無で，スイッチを動作させています．

接点構成，つまり接点の接触機構の基本は常開接点の**a接点**タイプ，常閉接点の**b接点**タイプ，切り替え接点の**c接点**タイプがあります．また接点極数，つまり接点回路数が1回路の1極，2回路の2極，4回路の

表2　有接点リレー負荷別推奨製品(オムロンの場合)

機　種	負荷種類				
	ACモータ，ソレノイド	コンプレッサ	ACランプ	抵抗ヒータ	DCモータ，ソレノイド
1極5 Aの小型リレー(形G6D)	○			○	
1極5 A(8 A)の小型リレー(形G6B)	○			○	
1極10 Aのキュービック・リレー(形G5LE)	○	○	○	○	○
1極10 A, 15 Aのフラット・リレー[形G5CA(－E)]				○	
1極10 Aの小型リレー(形G6C)	○	○		○	
1極10 A，16 A/2極5 Aの汎用リレー(形G2R)	○	○	○	○	
1極15 A/2極10 Aの電源開閉リレー(形G4W)	○	○	○		○
1極20 Aのパワー・リレー(形G4A)	○	○	○		

(a) 有接点リレーのパワー・リレーでの一例

負荷電圧	機　種	最大負荷電流	負荷種類					
			ヒータ	単相モータ	三相モータ	ランプ負荷	バルブ	トランス
AC100 V	形G3R - 0A202SLN□，形G3S - 201□，形G3MC - 101P□	1 A	0.8 A			0.5 A	0.5 A	50 W
	形G3R - 102□，形G3CN - 202□，形G3MC - 202PL□	2 A	1.6 A			1 A	1 A	100 W
AC220 V	形G3S - 201□，形G3R - 0A202SLN□，形G3MC - 201P□	1 A	0.8 A	15 W	50 W	0.5 A	0.5 A	100 W
	形G3R - 202□，形G3CN - 202□，形G3MC - 202P□	2 A	1.6 A	35 W	100 W	1 A	1 A	200 W
DC24 V	形G3SD - Z01□	1 A	0.8 A			0.5 A	0.5 A	
DC48 V	形G3CN - DX02□，形G3RD - X02	2 A	1.6 A			1 A	1 A	
	形G3CN - DX03□	3 A	2.4 A			1.5 A	1.5 A	
DC100 V	形G3RD - 101□	1.5 A	0.8 A			0.5 A	0.5 A	
AC5～240 V DC5～110 V	形G3DZ - 2R6PL	0.6 A				0.5 A	0.5 A	60 W

(c) 無接点リレー(SSR)での一例

4極と，複数持ったものがあるので状況に応じて選定します．

機　種	特性インピーダンス	周波数帯域
形G6Kシリーズ	75/50Ω	3 GHz
形G6K - 2F - RF(－S)	50Ω	1 GHz

(b) 有接点リレーの高周波リレーでの一例

● 動作

操作コイルと接点信号の波形は**図4**のようになります．正常に動作させるためには，コイルに規定のコイル定格電圧を印加します．双安定リレーにおいては，規定の最小セット・パルス幅，最小リセット・パルス幅以上の時間印加する必要があります．

図4(b)の双安定リレーの波形は**1巻き**(1コイル)**ラッチング・リレー**で，一つのコイルに正逆の電圧を印加します．そのほか2巻き(2コイル)ラッチング・リレーはセット用のコイル，リセット用のコイルに分かれており，それぞれに電圧を正しい極性で印加します．

コイルに電圧を印加してから各接点がON/OFFす

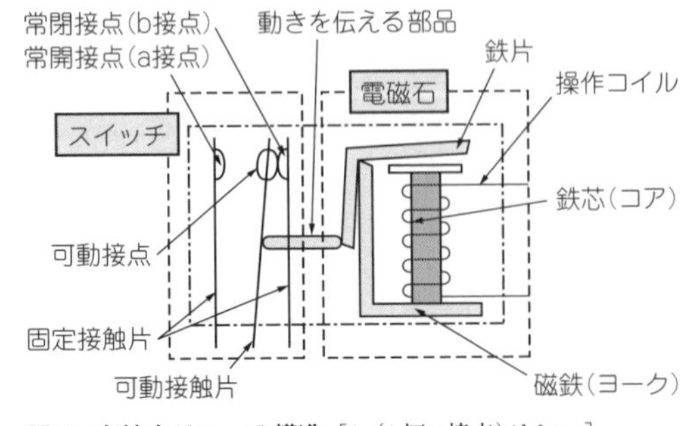

図3　有接点リレーの構造 [1c(1極c接点)リレー]

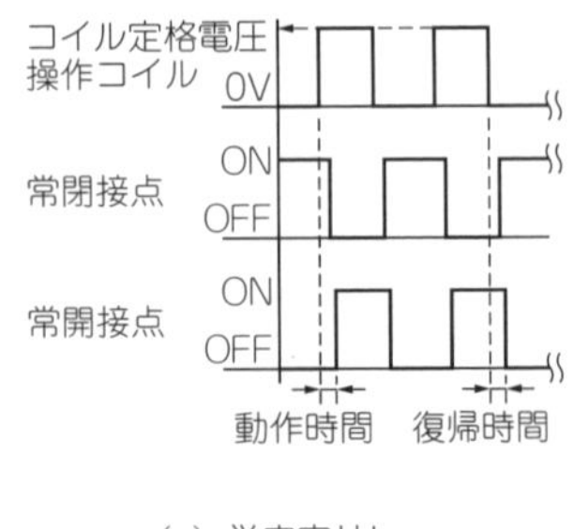

(a) 単安定リレー

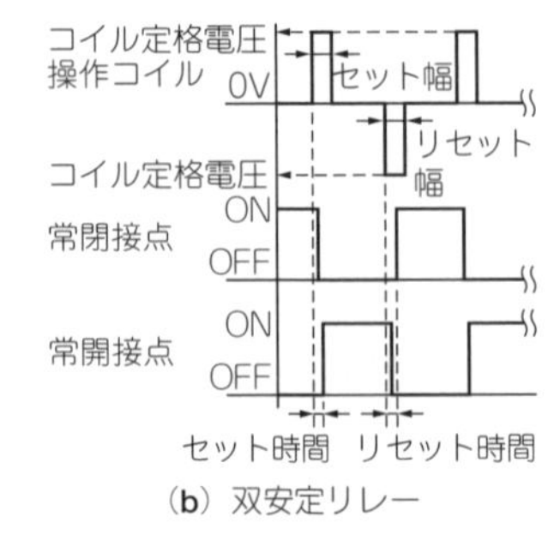

(b) 双安定リレー

図4　有接点リレーの動作波形

写真1　2巻き線ラッチング・リレーの外観
コイル定格電圧5V品として次のようなものがある

- G6EK-134P-US(オムロン)：コイル定格電流40mA, 接点定格(抵抗負荷)AC125V・0.4A DC30V・2A, 最小セット・リセット時間15ms
- G6AK-274P(オムロン)：コイル定格電流36mA, 接点定格(抵抗負荷)AC125V・0.5A DC30V・2A, 最小セット・リセット時間10ms
- DS1E-ML2-DC12V(パナソニック電工)：コイル定格電流30mA, 接点定格(抵抗負荷)DC30V・2A, 最小セットリセット時間10ms

るのに数msのタイムラグ(動作/復帰，セット/リセット時間)が発生します．回路設計の際にはこの時間を考慮した設計を行う必要があります．

(初出：「トランジスタ技術」2009年6月号)

省エネ・スイッチャ「ラッチング・リレー」の駆動回路

リレーやフォトカプラを使えば制御装置と制御対象を簡単に絶縁できます．AC100VをON/OFFしたいとき，リレーは定番です．しかしONさせようとすると，リレーならコイルに，フォトカプラなら発光素子に電流を流し続ける必要があります．その電力を減らしたい場面で役に立つのがラッチング・リレーです．一瞬の通電でONとOFFが切り換わり，状態が保持されます．

駆動回路の電源が落ちても直前の状態が保持されるので，照明や館内放送先を集中管理する場合，制御卓が停電しても最後に操作した接続が残ります．

センサ入力の切り替えに使うと，コイル通電による発熱がないので，リレー近傍の温度上昇や接点への熱

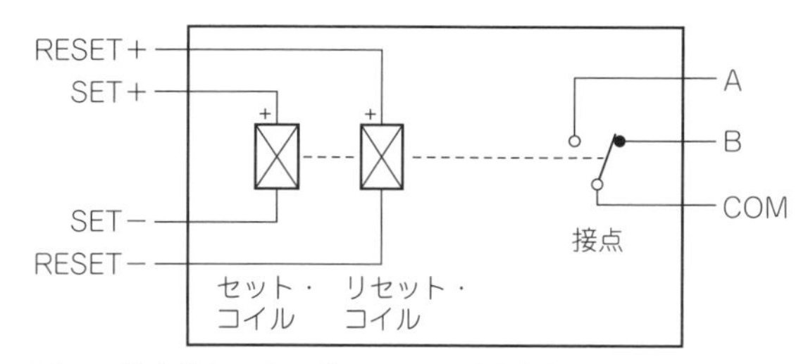

図5　2巻き線ラッチング・リレーの内部等価回路

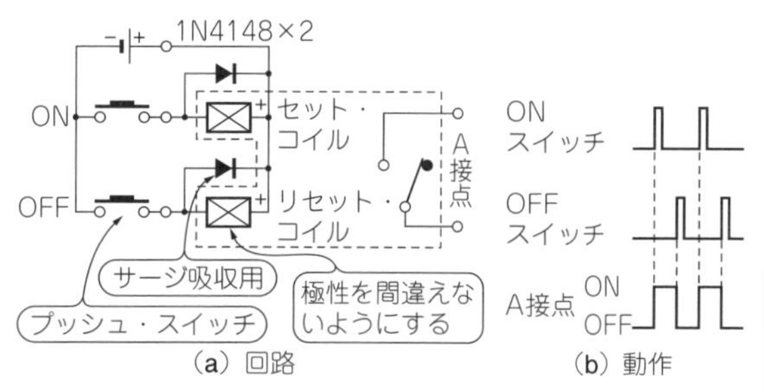

図6　2巻き線ラッチング・リレーの動作

起電力発生が避けられます．

● 内部回路と動作

ラッチング・リレーの外観を**写真1**に示します．**図5**のようにコイルが2個入っているので，2巻き線ラッチング・リレーと呼ばれています．セット・コイルに電流を流すとA接点がONし，セット・コイルへの通電をやめても接点は磁力と機構でON状態を保持します．OFFするにはリセット・コイルを通電します．

● 駆動回路

図6のようにプッシュ・スイッチや，マイコンの出力ポート＋駆動トランジスタで制御できます．コイルの通電時間はリレーの品種にもよりますが10ms以下，高速なものだと2～3msで反応します．

セット/リセットの別信号ではなく，一つの“H/L”信号でON/OFF制御できます．**図7(a)**は*CR*遅延回

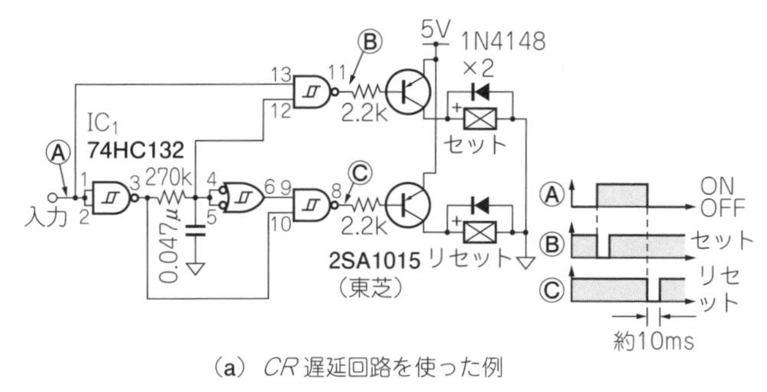

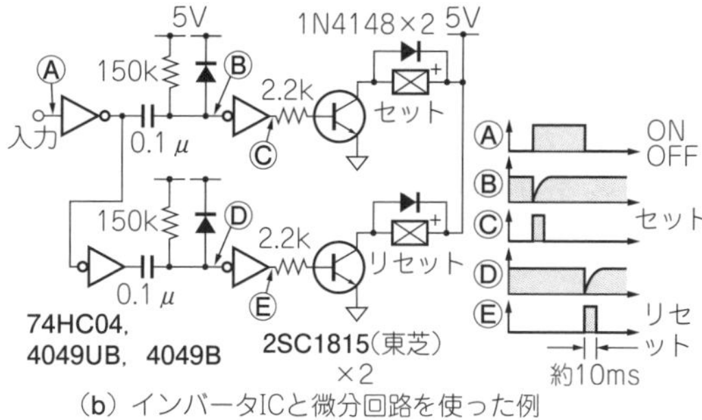

図7　1パルスでリレーのONとOFFが切り換わり，状態が保持される回路

路を使った方法です．シュミット入力のNANDゲートで入力信号の立ち上がり，立ち下がりエッジをパルス化します．**図7(b)**はインバータICと微分回路を使った方法です．0.1 μFと150 kΩでおよそ10 msのパルスが得られます．リレーの電源は＋側コモンです．

〈**下間 憲行**〉

（初出：「トランジスタ技術」2014年3月号）

■ 無接点リレー(SSR)の構造

● 回路

代表的なSSRのAC負荷開閉の回路例は，**図8(a)**のようになっています．

入出力を光で絶縁するフォトトライアック・カプラは，電気を開閉するトライアックとそれらの周辺回路で構成されており，それが一つのパッケージの中に収まっています．

入力回路への電圧の印加の有無で，トライアックをスイッチング動作させています．SSRは，トライアックなどの半導体で開閉します．オン状態において一定の残留電圧(出力オン電圧降下)があるため，通電電流により発熱します．

● 無接点リレー(SSR)の動作

AC負荷用ゼロ・クロス機能ありのSSRは，入力信号が入ると，交流負荷電圧のゼロ電圧付近でトライアックをONします．次に入力信号がOFFしたときは，負荷電流はトライアックのラッチング作用により，負荷電流のゼロ付近でOFFします［**図9(a)**］．

誘導負荷の場合，電圧と電流の位相差があり，OFF時に急峻(きゅうしゅん)な電圧がかかることがあります．スナバ回路がこの電圧を抑制しますが，これがあまり大きいとトライアックが誤動作を起こすことがあるので注意が必要です［**図9(b)**］．

容量性負荷の場合，負荷のコンデンサに蓄積した電圧と電源電圧が加算され，最悪条件では電源電圧の2倍の電圧がSSR出力端子間に印加されます．電源電圧の2倍以上の定格のSSRを選定します［**図9(c)**］．

AC負荷用ゼロ・クロス機能なしのSSRは，入力信号に対応して出力がONします．負荷電流は，入力信号がOFFしたときは，トライアックのラッチング作用によってゼロ電流付近でOFFします［**図9(d)**］．

直流負荷用SSRは，フォトトランジスタ・カプラにより，出力トランジスタをON/OFFするため，動作・復帰の遅れ時間はありますが，出力は入力信号に対応した動作となります．

リレーにはダイオードを並列に接続しておく

● リレーをON/OFFするとマイコンが暴走したり駆動トランジスタが破壊する

図10に示すのは，DCモータの正逆転が可能な駆動回路です．

リレーを使ったモータの正逆転駆動回路は，デッド・タイム制御などの特別なことをしなくても，電源からグラウンドに向かって過大な電流(貫通電流)が流れることがありません．

これはリレーが半導体と異なり，機械的にスイッチ動作をするからです．機械的な接点は，高速な応答ができませんから，制御信号に対して実際の切り替え動作が自然に遅れます．この遅延が，正転から逆転に切り替わるときにほどよいデッド・タイムを作り出します．

さて，**図10**においてリレーを駆動して逆転から正転に切り替えたところ，マイコンが暴走してしまいました．またリレーを繰り返しON/OFFしたら，駆動用のトランジスタ(Tr_1)までが壊れてしまいました．

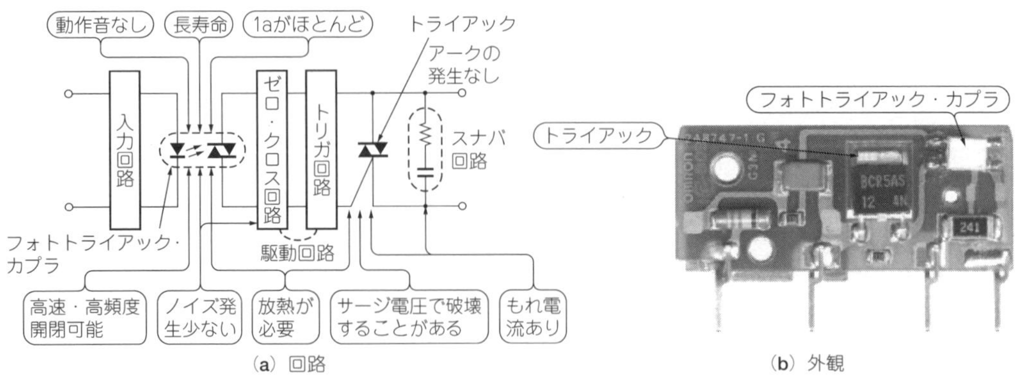

(a) 回路　(b) 外観

図8 無接点リレー(SSR)の構造と外観

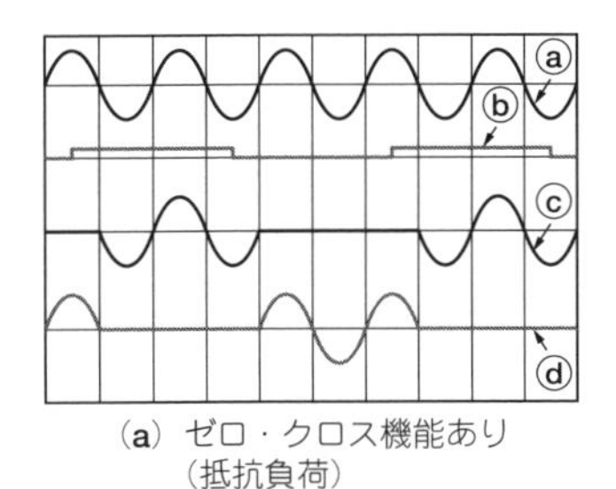

（a）ゼロ・クロス機能あり
（抵抗負荷）

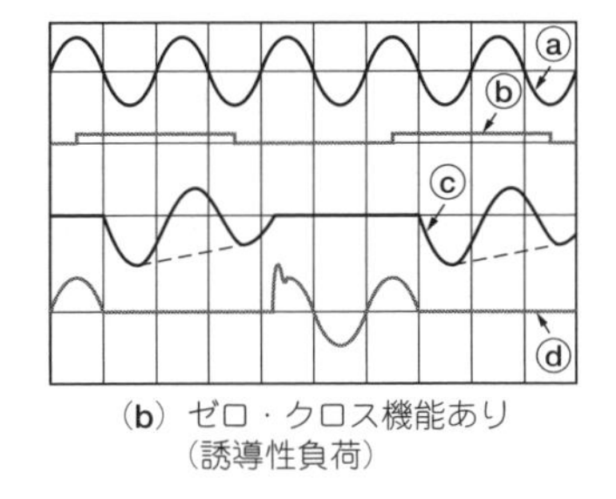

（b）ゼロ・クロス機能あり
（誘導性負荷）

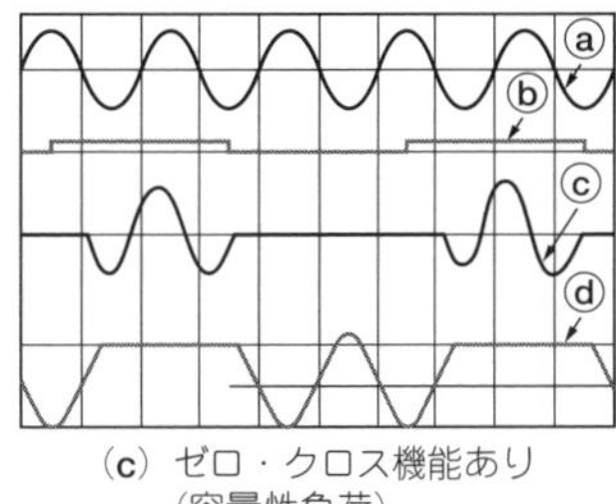

（c）ゼロ・クロス機能あり
（容量性負荷）

（d）ゼロ・クロス機能なし
（抵抗負荷）

図9　AC負荷用無接点（SSR）リレーの動作
（ⓐ：交流負荷電圧，ⓑ：入力操作電圧，ⓒ：負荷電流，ⓓ：SSR出力端子間電圧）

● 原因

リレーの内部には電磁石が内蔵されています．電磁石のコイルに電流を流すと，電磁石は磁化して接点を引き付けます．

図11（a）に示すように，Tr_1がONするとリレー内部のコイルに徐々に電流が流れ始め，ある大きさに達して安定します．

次にTr_1がOFFして電流をしゃ断しようとすると，**コイルはTr_1のコレクタ側に高い電圧を加えて，Tr_1を壊してでも流れようとします**．これは，次式で表されるコイルの基本的な性質によるものです．

$$V_L = L\Delta I / \Delta t$$

ただし，V_L：コイル両端に生じる電圧，ΔI：コイルに流れる電流の変化量，L：コイルのインダクタンス，Δt：変化に要する時間

例えばTr_1がOFFする時間を10 μs，ΔIを20 mA，Lを約0.4 Hとすると，計算上でV_Lは800 Vにもなります．

V_Lは，Tr_1のコレクタ側のほうが電源側よりも高くなるように発生します．Tr_1がOFFした直後，コイルに誘起した電圧V_Lは逃げ場がありません．結局，**Tr_1の耐圧を越えるまで上昇していき，ついにはTr_1を破壊してグラウンドに流れ出します**．流れ出したパルス状の電流は，大きな放射ノイズを発生させながら，グラウンドの電位を大きく揺さぶります．

これらのさまざまな大きなノイズが，マイコンの動作に支障を与えます．

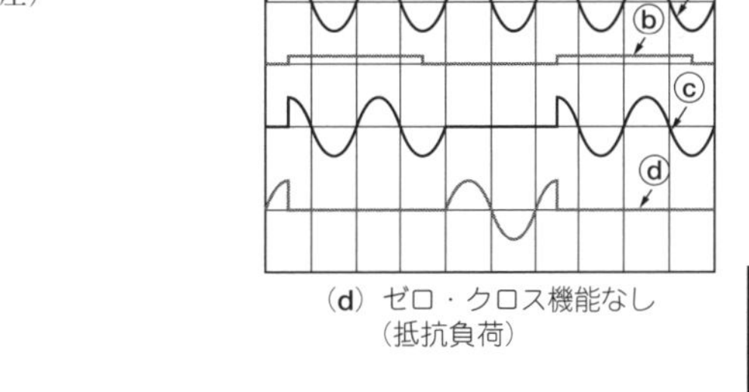

図10　リレーを使ったモータの正逆転制御回路
リレーのON/OFFを繰り返すとマイコンが暴走してTr_1が破壊した

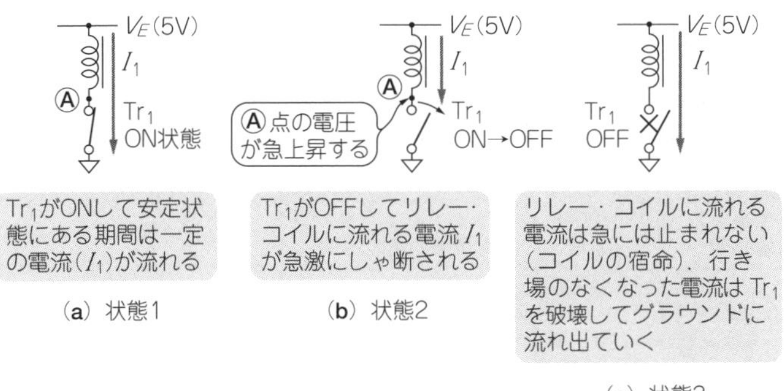

（a）状態1

（b）状態2

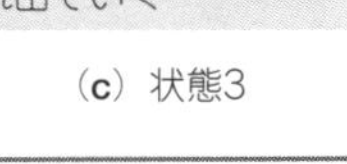

（c）状態3

図11　トランジスタが破壊するしくみ

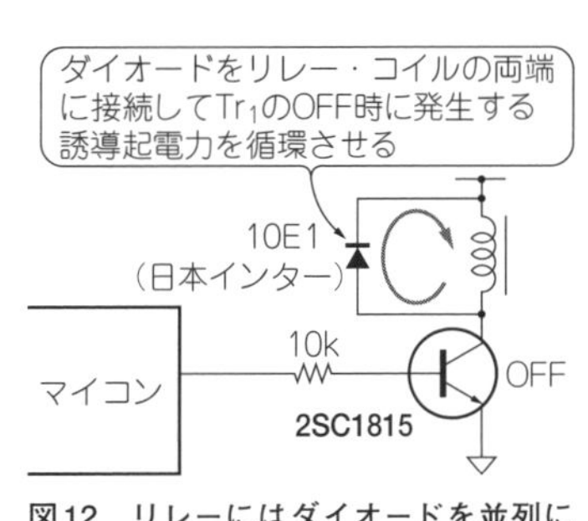

図12　リレーにはダイオードを並列に接続しておく

6 リレー／スイッチ

● ダイオードを並列に付けて起電力の逃げ場を作る

図12に示すように，リレー・コイルと並列にダイオードを接続すれば，誘導起電力はダイオードを循環して吸収されます．ダイオードとリレー・コイル間の配線はノイズ発生の要因になりますから，この**ダイオードはリレー・コイルの近くに取り付けます**．

〈**鈴木 憲次**〉

（初出：「トランジスタ技術」2005年11月号）

■ 使い方重点

● 湿気の多い場所など，特殊な環境で使用する場合の注意点と対策

無接点リレーに比べて，特殊環境下で使用する際に注意が必要となる有接点リレーについて**表3**にまとめます．カタログなどに記載の各定格性能値は，特に明記されていない場合，すべてJIS C5442の標準試験状態(温度＋15～＋35 ℃，相対湿度25～75 %，気圧86～106 kPa)の下での値です．

使用環境が特殊な条件となる場合，消耗や劣化が加速される要因となることがあり，注意が必要です．特に注意が必要と考えられる現象について表にまとめました．

これらの現象は，使用温度条件なども含め，いくつかの条件が複合的に存在することでさらに加速されることもあります．実機確認を行う際には，負荷条件だけでなく，使用環境も実使用状態と同条件で確認が必要です．

● 手軽で効果的なノイズ対策

▶有接点リレーでのコイルOFF時のサージ防止

リレーのコイルを開閉すると，開路時にコイル両端に数百～数千Vの逆起電力が発生します．これはリレー駆動用のトランジスタを破壊するのに十分なエネルギーを持ち，また周囲に電磁波(電波)を放出し，周辺回路の誤動作の原因となります．

交流リレーの場合，**図13(a)**のように，一般的にはコイル両端に*CR*素子やバリスタを付加します．

直流リレーの場合，一般的にはコイルの両端にダイオードを取り付けますが，ダイオードの負荷によりリレーの復帰時間が2～6倍程度遅延します．復帰時間の遅延が気になる場合は，ダイオードと直列にツェナー・ダイオードを付加することで，復帰時間の遅れを緩和できます．

各素子選定の目安は次のとおりです．

- ダイオード

逆耐圧：回路電圧の2～3倍程度，順方向電流：リレー・コイル電流以上，アバランシェ・タイプが望ましい

- ツェナー・ダイオード

ツェナー電圧≒電源電圧，順方向電流≧リレー・コイル電流，許容損失≧ツェナー電圧×リレー・コイル電流

▶有接点，無接点リレーでの出力側保護回路

有接点リレーの場合，接点の寿命を延ばしたり，雑音の防止，およびアークによる炭化物や，硝酸の生成

表3　特殊な環境で有接点リレーを使用する場合の注意点と対策

使用環境	現象名	現象内容	対　策
湿度が高い	硝酸	負荷開閉時に発生するアーク放電によって，空気中の窒素(N)と水分が反応し硝酸(H_2NO_3)が生成される．硝酸はケースを変色させるだけでなく，金属部品を腐食させる．腐食物が生成されると，接触不良や動作不良となる場合がある	負荷に対し，アーク・キラー(サージ対策)を施し，アークの発生を抑制する
	結露	リレー内部に水分が存在すると，ちょうど冬場に暖房した部屋の窓ガラスに水滴が付着する現象と同じように，ケースの温度が上昇するまで，放出された水分がケース表面で結露し水滴が付着する．結露が発生すると，絶縁不良や接触不良となる場合がある	急激な温度変化での使用を避ける． 使用前に実使用条件を確認する
ガスが存在	硫化，塩化	微小負荷条件で，SO_2 雰囲気や塩害の発生しやすい雰囲気で使用すると，接点面が硫化または，塩化して接触抵抗が高くなることがある． 硫化：SO_2 と接点材の銀が反応し，硫化銀(Ag_2S)を生成．微小負荷・希頻度開閉で使用すると接触障害を起こすことがある． 塩化：塩素(Cl)ガス雰囲気や海岸近くの塩害(NaCl)が発生するような地域の場合，前記同様に塩化銀(AgCl)を生成し，接触障害を起こすことがある	リレー保護構造として，シール・タイプを選定する． また，微小負荷の開閉では，Auクラッド，AgPd，PGS合金などの接点材のものを選定する
	酸化シリコン	シリコン・ガス雰囲気中で使用した場合，リレー内部に侵入し，負荷開閉時のアーク・エネルギーにて，有機シリコン(Si)が酸化シリコン(SiO_2)となり，開閉回数とともに接触面に堆積し，接触障害を起こすことがある．特に，開閉負荷条件として，24 V以下で数十mA程度の場合に起こりやすいとされている	金属シール・タイプのリレーを選定する． また，コーティングなどの処置を事前にメーカへ確認し，検討する

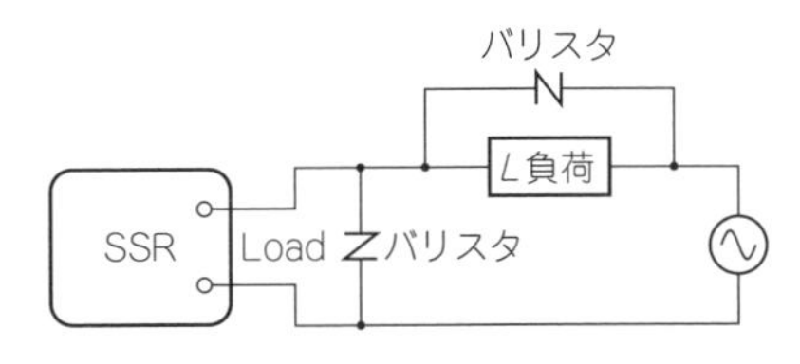

使用電圧	バリスタ電圧	サージ耐量
AC100～120V用	240～270V	1000A以上
AC200～240V用	440～470V	
AC380～480V用	820～1000V	

（a）交流開閉用（無接点リレー）

吸収素子	ダイオード	ダイオード+ツェナー・ダイオード	バリスタ	CR
効果	○	○	△	×

＊有接点リレーではCR方式，バリスタ方式は交流開閉用にも使用できる

（b）直流開閉用

図13 有接点リレーでのコイルOFF時のサージ防止

を少なくするためにサージ・キラーを用います．

同様に，無接点リレーの場合もトライアックなどの半導体素子の保護のためにサージ・キラーを用います．正しく使用しないと逆効果となります．

▶無接点リレーでの入力ノイズに対する保護回路

無接点リレー(SSR)は，動作時間および動作に要する電力が極めて小さいため，入力端子へのノイズを抑える必要があります．

ノイズが入力端子に印加されると，誤動作の原因となります．パルス性ノイズと誘導性ノイズへの対策例は次の通りです．

▶パルス性ノイズ

C，Rでノイズを吸収すると効果があります．**図14**は，フォトカプラ方式のSSRについて，CとRを選定するためのものです．

SSRの入力電圧を満足させるためにRは，電源電圧Vとの関係にて上限が決定されます．

また，Cが大きくなると，Cの放電のためにSSRの復帰時間が長くなります．

▶誘導性ノイズ

入力ラインは動力線と併設してはなりません．誘導ノイズによってSSR誤動作の原因となります．

誘導ノイズによりSSRの入力端子に電圧が誘起している場合には，SSRの入力端子への誘導ノイズによる誘起電圧をSSRの復帰電圧以下にする必要があります．対策にはツイスト配線(電磁誘導)やシールド線(静電誘導)を使います．

なお，高周波機器からのノイズに対しては，CとRによるフィルタを付加してください(**図15**)．

〈古荘 伸一，林 靖雄〉

(初出:「トランジスタ技術」2009年6月号 特集)

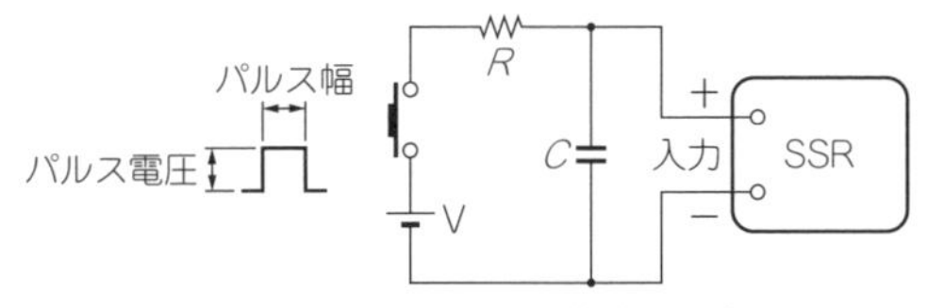

（a）C，Rでノイズを吸収する回路

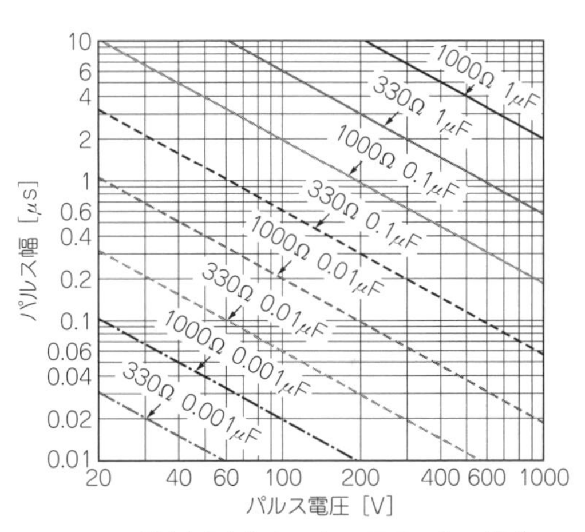

（b）C，Rの選定を行うためのパルス電圧‐パルス幅グラフ

図14 パルス性ノイズの対策

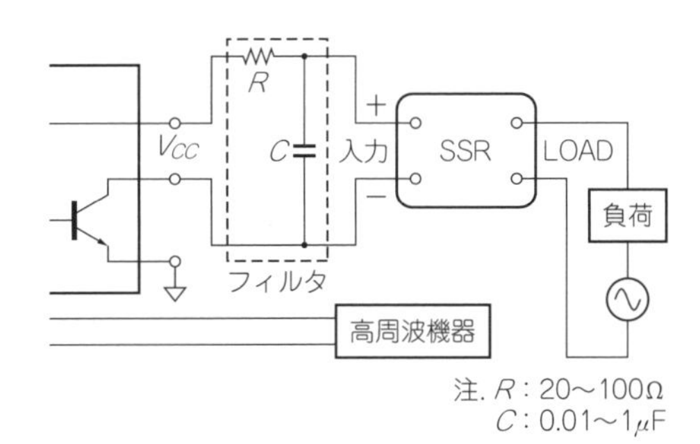

図15 誘導性ノイズの対策

第2章

マイコン直でON&OFF！半導体リレー

交流信号のON/OFFから電力制御まで

● はじめに…光カプラから半導体リレーへ

半導体リレーは，内部に光伝達構造を持つことによって，入出力間(1次と2次の間)の絶縁性を確保します．同時に出力段にパワー・スイッチング素子を使い，負荷を開閉したり信号の伝達を行います．

実際の使用機器では，

- 安全規格への適合
- 耐ノイズ性向上
- 駆動回路が簡素化できるためハイサイド・スイッチ用

などでメカニカル・リレーとともに半導体リレーが活用されています．

表1に半導体リレーと光カプラの特徴を示します．小型化，高容量化が進んでいる半導体リレーは，アイソレータとして使用されている光カプラ類と同形状でありながら，直接負荷を制御できます．そのため，機器の小型化や機能向上に使われています．

● 半導体リレーの種類

大きく分けてMOSFET出力(以降，フォトMOSリレー)とトライアック出力(以降，SSR)があり，おのおのの特徴を生かした用途があります．

フォトMOSリレーは品種も多く，パワーMOSFET技術の向上によって，負荷機器を単に開閉するだけでなく，さまざまな用途に使用されています．

SSRは負荷の範囲が狭く，商用電源であるAC100 V/200 V負荷専用として使われます．家電，産業機器などで大規模な市場が存在します．

両者ともに特徴があり，MOSFET出力とトライアック出力の使い分けだけでなく，それぞれのシリーズや品番によっての使い分けも必要です．

半導体リレー① フォトMOSリレー

出力スイッチング素子にパワーMOSFETを使った半導体リレーで，機械式リレーの高絶縁，高耐圧，出力リニアリティと，半導体の高寿命，高信頼性，高感

表1　半導体リレーと光カプラ比較

種類		適用負荷	用途
光カプラ	フォト・カプラ	▶DC負荷専用 数十V～，数十mA ▶直接負荷を開閉しない	▶DC機器のアイソレーション ・トランジスタのドライバ ・信号入力
光カプラ	フォト・トライアック・カプラ	▶AC負荷専用 AC100/200 V，数十mA ▶直接負荷を開閉しない	▶AC機器のアイソレーション ・トライアック，サイリスタのドライバ ・小型(数W程度)の負荷制御
半導体リレー	フォトMOSリレー	▶AC，DC，アナログ負荷 ～1500 V，～4 A ▶幅広い負荷，アナログ信号に使える	▶負荷制御 モータ，ソレノイド ▶信号制御 計測：信号取り込み部(アナログ，高電圧など) アナログ通信：フック・スイッチ，回線切り替え ディジタル通信：T1やT3回線
半導体リレー	SSR(トライアック出力)	▶AC負荷専用 AC100/200 V，～数十A ▶幅広い負荷電流で使用できる	▶家電機器 ヒータ，ソレノイド，ファン・モータ制御 ▶産業機器 ヒータ，モータ，ソレノイド制御

度，小型という長所を併せもっています．

通信，測定，セキュリティなどの信号伝達や，電力，車両，産業機器の負荷開閉など幅広い用途で使用されています．

基礎知識

■ 構造

フォトMOSリレー内部は3種類の半導体素子を利用したマルチ・チップ・デバイスであり，**図1**に基本構造を，**図2**に内部回路を示します．

入力側は赤外LED，出力側は光-電気変換機能を持つ受光素子で構成されています．さらに最終段のスイッチング素子としてMOSFETが2個，逆直列に接続されています．

MOSFETを2個，逆直列にすることによって，DC負荷，AC負荷，双方向DC負荷を扱えます．さらにオフセット電圧がないことによって熱電対出力のような微少アナログ信号も取り扱えます．

内部素子では，特に受光素子が非常に重要な部品として位置付けられています．受光素子はフォトMOSリレー内部の特性を左右するほど重要ですが，カタログ値には現れにくいです．実際はリレーの感度や動作時間，復帰時間などに影響します．受光素子は，内部回路の構成素子間の絶縁をとるために誘電体分離などの特殊半導体プロセスが利用されています．

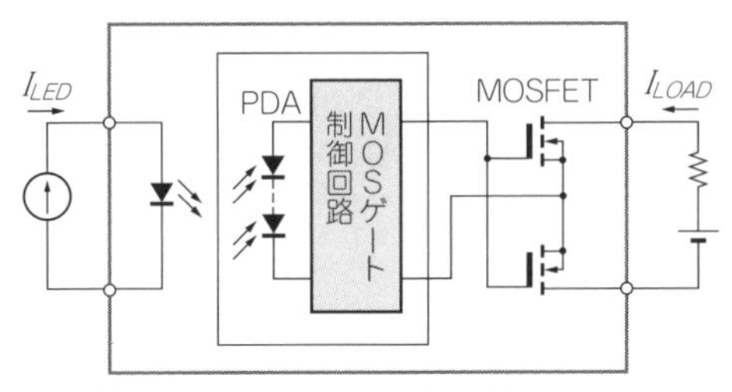

図1 [1]フォトMOSリレーの等価回路

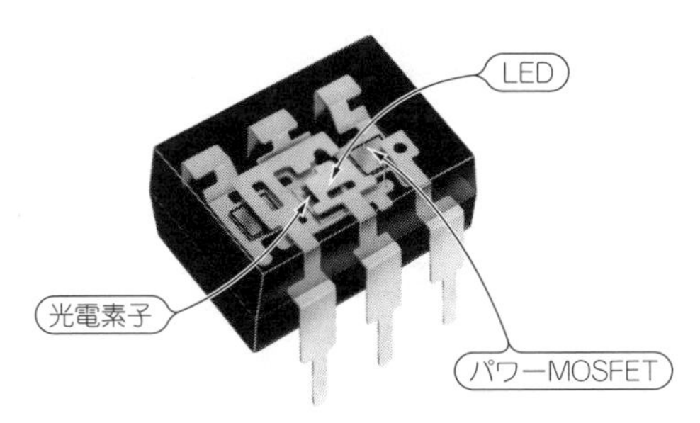

図2 [1]フォトMOSリレーの内部構造

パワーMOSFETは，負荷電流，負荷電圧，高周波特性といった用途側の条件にマッチングさせるための重要な素子です．多種多用な用途に対応できるよう，多岐にわたる種類があります．

したがって，使っているパワーMOSFETの個別仕様も多岐にわたり，さまざまな半導体プロセス技術を駆使しています．現在，トレンチ・プロセス技術，高耐圧プロセス技術，ディプリーション・プロセス技術，低容量化プロセス技術などが使われています．

■ 基本動作

フォトMOSリレーは，入力側のLEDの光によって，フォト・ダイオードを内蔵した受光素子が発電します．ここで生じる電圧によって，出力パワーMOSFETを導通状態にし，最終的に負荷へ電流を流すことができます．言い換えれば，パワーMOSFETを動作させるためのゲート用の電圧は受光素子から供給されるので，外部電源はいりません．

また，受光素子内蔵の制御回路は出力スイッチング・スピードを速める機能や，OFF時に出力MOSFETのゲート-ソースをクランプし，MOSFETのゲートを保護する機能があります．

種類と用途

種類としては，

1. リレー単機能タイプ
2. 電流保護機能付きタイプ
3. 複合機能品
4. MOSFETのドライバ

表2 フォトMOSリレーのパッケージ

パッケージ	写　真	ピン数	サイズ
SSOP		4ピン	4.45×2.65×1.8 mm
SOP		4，6，8，16ピン	4.4×4.3×2.0 mm（4ピン・タイプ）
DIP		4，6，8ピン	6.4×4.78×2.7 mm（4ピン・タイプ）
DIPパワー		4，8ピン	8.8×9.3×3.9 mm（4ピン・タイプ）
パワーSIL		4ピン	21×11×3.5 mm

などがあります．さらにパッケージは，**表2**に示すようにSSOP，SOP，DIP，SIL，強化絶縁タイプ(入出力間：5 kV)があります．**1**～**4**について詳しく説明します．

1 リレー単機能タイプ

特性とパッケージの両面にわたりさまざまな商品が用意されています．実際の使用に際しては，使う側の要求に合った最適な品番を選択する必要があります．特に，負荷電圧や電流，オン抵抗は重要です．

最近の商品について特徴と代表的な用途を次に示します．

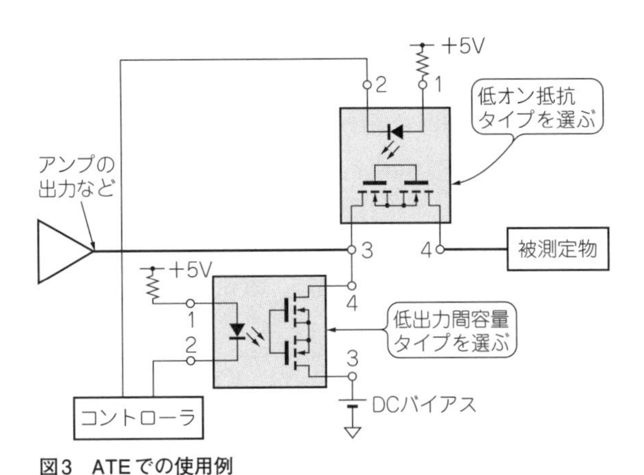

図3　ATEでの使用例

● *C*×*R*タイプ

測定装置や高速通信でよく使われるタイプであり，オフ時の出力間容量とオン時のオン抵抗を小さくしています．

通常，出力間容量とオン抵抗はトレードオフの関係にあり，片方を小さくするともう片方が大きくなってしまうので，特殊なプロセスを使います．

パナソニック電工製のAQY221N3Vの例を挙げると，出力間容量Cとオン抵抗Rの積($C \times R$値)を5 pF・Ωまで減少させることができます．計測や通信用途では，回路マッチングや電圧立ち上がり特性，周波数特性が重要です

$C \times R$タイプではオン抵抗の低さを重視したもの，出力容量の低さを重視したものがあり，使用条件に合わせた使い分けや組み合わせが重要です．**図3**にATE(Automatic Test Equipment)での回路例を示します．

● 小型高容量タイプ(Gタイプ)

60 V以下の低電圧DCまたは双方向DC負荷用として開発され，4ピンDIPやSOPパッケージで1 Aまで，6ピンDIPパッケージで5 Aまでの電流を制御できます．

2次電池を含むバッテリなどの充放電管理や産業機器外部出力など，小型で数Aの電流開閉が必要な用途に向きます．

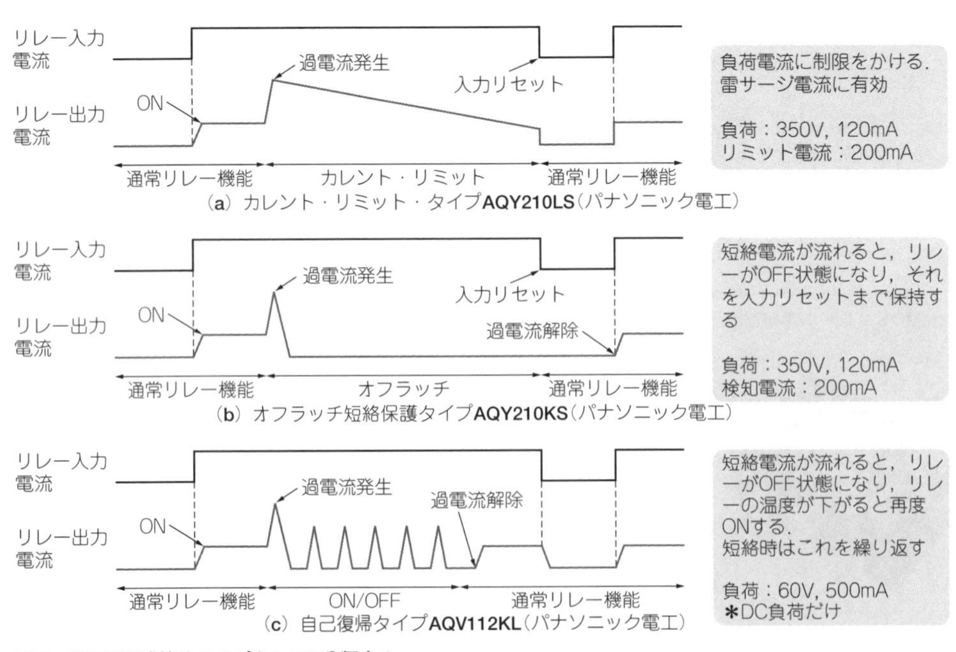

図4　過電流保護機能タイプを3つに分類する

2 電流保護機能付きタイプ

図4の三つに分類できます．

● カレント・リミット・タイプ

負荷電流を設定値の約200 mAで電流制限する機能です．雷サージ電流のような，短時間の過電流に対して保護が働きます．雷サージ耐量が要求されるテレコム用途で数多く使われています．

▶200 mAで電流を制限する理由

テレコムの回線電流は最大120 mAです．制限電流はこの最大値以上で，しかもサージ電流で壊れないように考え，200 mAに設定しています．

● オフラッチ短絡保護タイプ

負荷電流が設定値の約200 mA以上で短絡を検出し，リレー出力を強制的にOFFします．リレー入力をリセットするまでリレー出力をOFF状態で保持するので，誤結線などで生じる短絡で効果を発揮します．安全性を重視する用途で使われています．

● 自己復帰タイプ

短絡電流を検出し，リレー出力をOFF状態にします．その後，出力状態を検出することによって，負荷が正常に戻ると，入力リセットなしで自己復帰します．

内部に高入力インピーダンスのインテリジェント・パワーMOSFETが使われています．産業機器の外部出力など自己復帰機能を必要とする用途が中心になります．

3 複合機能品

例えば図5に示すテレコム専用のDAA(Data Access Arrangement)タイプがあります．DAAタイプはアナログ・モデム・ポートの入力部に使用され，フック・スイッチやリンギング・スイッチ，DCループ電流制御を行う素子を一つのパッケージに収めています．モバイル機器のモデム・ポートで使われています．

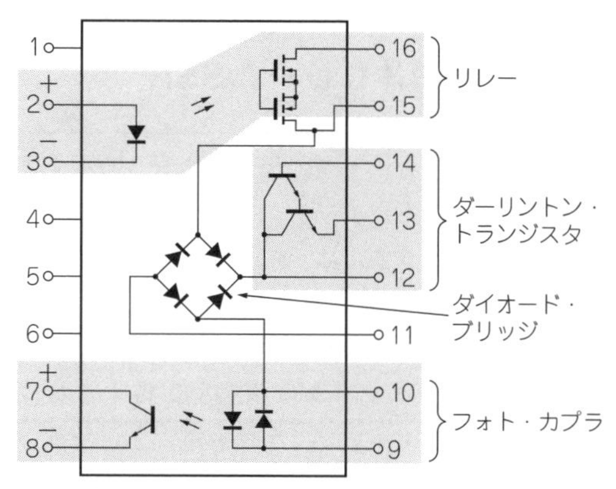

図5 (2)複合機能品の内部ブロック例

フック・スイッチ部はフォトMOSリレー，リンギング部はフォトカプラ，DCループ制御はトランジスタとダイオード・ブリッジで構成されています．

4 MOSFETドライバ

パワーMOSFET駆動専用デバイスです．フォトMOSリレーでは負荷電流容量が足りない場合，任意のパワーMOSFETを外付けし，必要な電流容量を確保します．

MOSFETドライバは入出力間が光絶縁されており，NチャネルMOSFETで簡単にハイサイド・スイッチ(図6)を構成できます．光絶縁であることと，ドライバ回路を削減できるという利点を生かし，産業機器の外部出力部や車載用スイッチとして使われています．

*

フォトMOSリレーはタイプ選択を適切に行うことでさまざまな用途に使用され，技術向上とともにさらに用途が広がってきています．特にIT分野では新たな機器が数多く生み出され，その内部部品としての用途拡大が見込まれます．

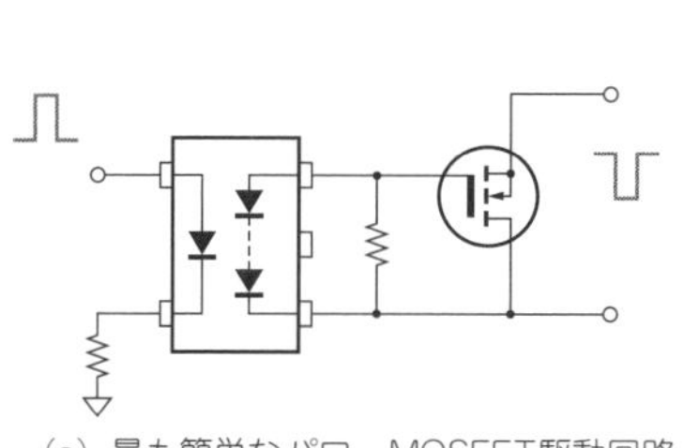

(a) 最も簡単なパワーMOSFET駆動回路

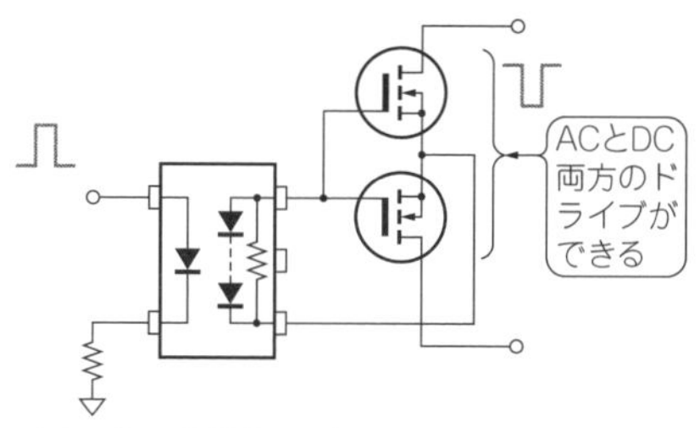

(b) パワーMOSFETをソース・コモンで接続

図6 外付けNチャネルMOSFETで簡単にハイサイド・スイッチを構成

半導体リレー②SSR

トライアック出力タイプのSSRは，**表3**に示すよう受光部にフォト・トライアックを，出力部のスイッチとしてトライアックまたはサイリスタを使っています．

トライアックは，

- 小型で100～800 Vの耐圧を持つ
- 出力部のトライアックは状態を保持する特性があり，保持電流値まではゲート電流を取り除いてもON状態が持続する
- 出力部の電圧降下がほぼ一定

といった特徴があります．DC負荷の場合は，ゼロ電流ポイントがないと出力部のトライアックがOFFしないため使用できません．AC負荷の100～800 Vでは，最適なスイッチング素子として利用されています．

特に商用電源である100 V/200 Vで幅広く使用されており，負荷もモータ，ヒータ，ソレノイドなどの機能負荷が対象となっています．

ただし，双方向DC負荷や高周波信号などの負荷は，トライアックやトランジスタ出力SSRでは制御できません．前述のフォトMOSリレーが，良好なリニアリティや低オン抵抗を持つことから使用されます．

■ 基本構成と基本動作

● 構成

SSRは内部に三つの半導体素子と受動部品を持つ複合デバイスです．回路構成も数種類あり，**表3**に代表的なものを示します．

1次側は赤外LED，2次側は光電流で制御されるフォト・トライアックと，出力部のスイッチであるトライアックで構成します．

高電圧品や高電流品では，トライアックの代わりにサイリスタも利用されます．品種によりますがノイズ対策のスナバ回路(*CR*回路)などが追加されます．

● 基本動作

SSRは，1次側のLEDに電流を流すことによって発生する光で，2次側のフォト・トライアックをONします．このとき外部電源から出力トライアックへゲート電流を供給し，出力を導通状態にします．

種類と用途

SSRの内部素子であるフォト・トライアックは，ゼロクロス・タイプと非ゼロクロス・タイプがあり，**図7**のようにSSRがONするタイミングが異なります．

ゼロクロス・タイプは負荷電圧が小さい領域で動作

表3　フォト・トライアック・カプラとSSRの特徴

種　類	基本回路	特　徴
フォト・トライアック・カプラ	LED / フォト・トライアック	・サイズ：DIP-4，DIP-6やSOP-4 ・負荷電流が小さい(0.1 A以下) ・トライアックのドライバとしての使用が多い ・ゼロクロス，非ゼロクロス・タイプがある ・電流駆動
小型DIP型SSR	LED / フォト・トライアック / メイン・トライアック	・サイズ：DIP-8 ・フォト・トライアック・カプラとトライアックの回路構成 ・負荷電流：0.3 A～1.5 Aを通電でき，実際の負荷を制御する ・電流駆動，スナバ回路なし ・主に家電用SSRとして，ファン・モータ，ソレノイド，ヒータを制御
ハイブリッドIC型SSR	LED / フォト・トライアック / スナバ / メイン・トライアック	・サイズ：負荷電流，取り付けによって形状はいろいろ ・スナバ回路および入力抵抗などを内蔵したHICで使いやすい ・1 A～数十Aまで広範囲の電流容量がある ・産業機器用として、ヒータ負荷を筆頭に，モータやソレノイド負荷に使用

するため，突入電流を小さくでき，ノイズの発生も抑えられます．

非ゼロクロス・タイプは負荷電圧の状態にかかわらず，SSRに入力した時点で出力がON状態となります．ゼロクロス品は産業機器向け大電流SSRに，非ゼロクロス品は位相制御を行う機器に多く使われます．

SSRの負荷電流は0.3 A～数十Aと幅広く，それに伴い形状も**図8**のようにいろいろ存在します．特に産業機器用途では，プリント基板以外に取り付ける用途も多く，特徴ある形状となります．

SSRはAC100 V/200 V負荷を取り扱うことが多く，大きく分けると家電やOA用途と，産業機器用途に分かれます．

1 家電やOA用途

基板取り付けタイプで小型のSSRが中心となり，ヒータやACファン・モータ，弁，ランプなど，各種家電機器の負荷制御に使われます．これら家電用負荷の消費電流は省エネ化の波を受け小さくなりました．

SSR側もパッケージ放熱技術によって従来であれば16ピンDIPサイズでしか保証できなかった1～1.5 Aの負荷電流も，半分のサイズである8ピンDIPで制御できるようになっています．

家電用4ピンSILでは，負荷電流2 Aまでのラインアップがあり，エアコンのファン・モータ制御などで使用され，小型，低価格化が進んでいます．

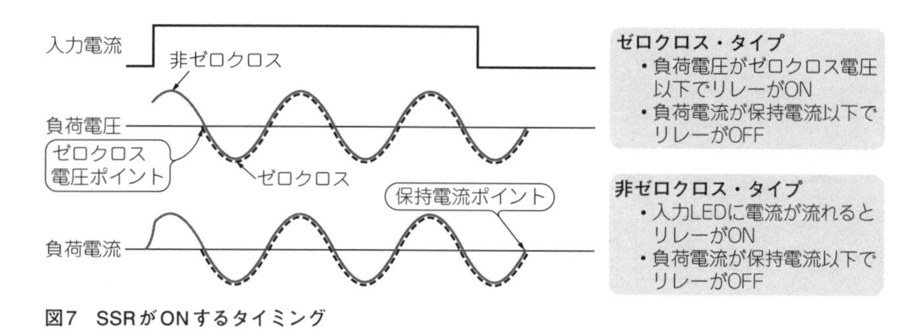

図7　SSRがONするタイミング

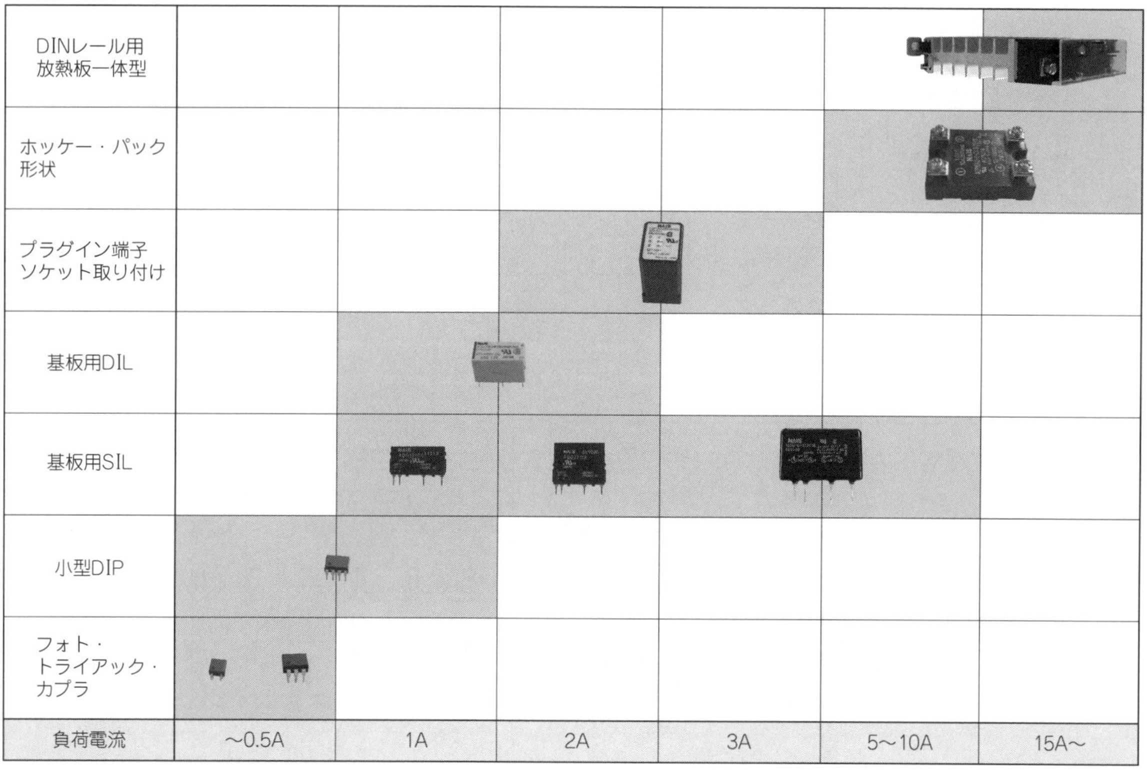

DINレール用放熱板一体型						
ホッケー・パック形状						
プラグイン端子ソケット取り付け						
基板用DIL						
基板用SIL						
小型DIP						
フォト・トライアック・カプラ						
負荷電流	～0.5A	1A	2A	3A	5～10A	15A～

図8　SSRは幅広い負荷電流に対応する

負荷電流2A以上になると，フォト・トライアック・カプラを利用し，外付けの大型トライアックを制御することもあります.

● 最近の小型SSRのラインアップ

図9に示します．フォト・トライアック・カプラは，IEC絶縁規格に対応した入出力間ワイド・ピッチ(0.4インチ)や小型の4ピン・タイプなどのパッケージ形状も重要な要素となっています.

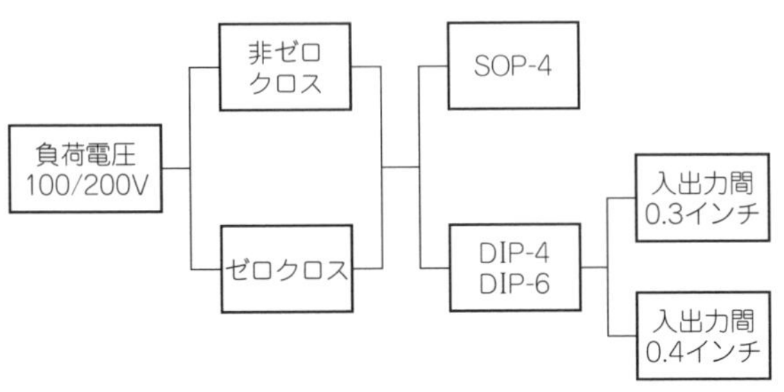

(a) フォト・トライアック・カプラ：APTシリーズ

(b) 小型DIP SSR：AQHシリーズ

(c) 小型SIL SSR：AQGシリーズ

図9 フォト・トライアック・カプラと小型SSRのラインアップ
(パナソニック電工)

● フォト・トライアック・カプラやメカニカル・リレーとの使い分け

小型DIP SSRとフォト・トライアック・カプラは負荷によって使い分けられており，同一基板で使われる場合が多くあります．**図10**に使用例を示します.

また，メカニカル・リレーも家電機器には多く使われていますが,

- 開閉頻度が高く寿命が要求される負荷
- 非ゼロクロス機能を利用した位相制御(**図11**)
- 小型

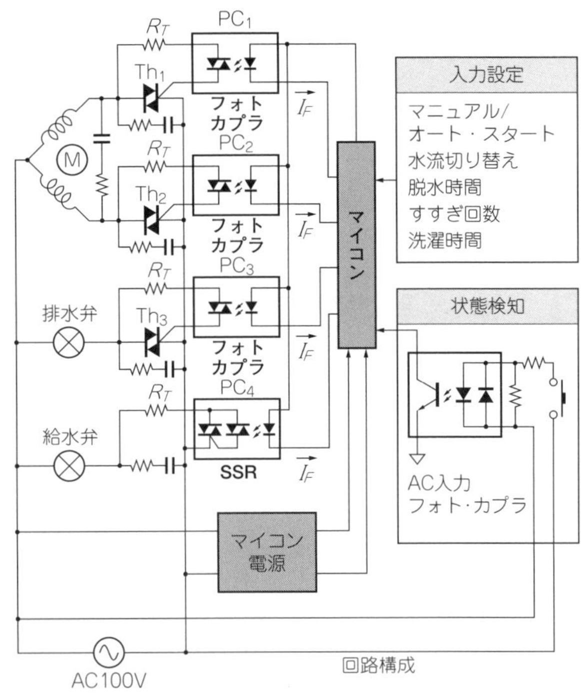

図10 [3]**フォトカプラの全自動選択機への応用**

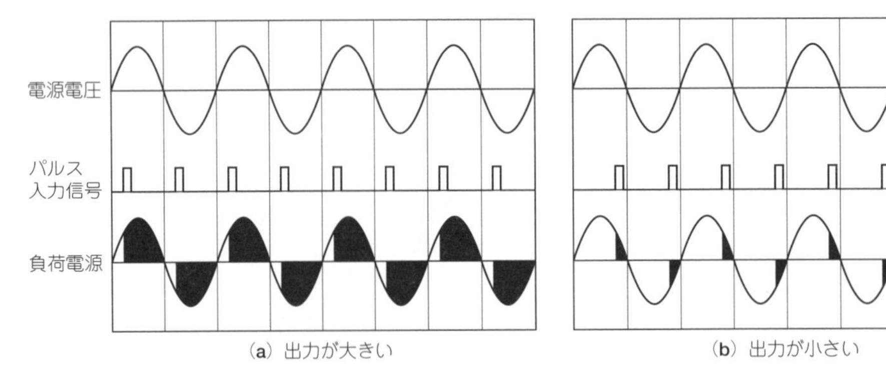

(a) 出力が大きい　(b) 出力が小さい

図11 ファン・モータの位相制御例

などの用途にはSSRが向きます．
また，最近はSSRの高電流容量化，低価格化が行われており，さらに使いやすくなっています．

日本市場向けの家電機器は，各メーカからさまざまな付加機能を追加した商品が多く出ています．それに伴い制御すべき負荷も多く，欧米の家電製品よりも数多く使われています．

欧米の家電市場では，SSRはアジア市場ほど普及していません．ですが，今後はSSRの高容量化や低価格化によって加速していくでしょう．

2 産業機器用途

負荷の電流容量が広範囲であり，取り付け方法や形状も多く，少量多品種の対応が必要です．

大きく分けて，基板取り付けタイプとDINレール取り付けタイプがあります．DINレール取り付けタイプには，ソケットや端子台などのアクセサリーがあり，**図8**右上の写真のように設備内での取り付けや配線が容易にできるよう配慮されています．

実際は，開閉頻度が高い装置の温度を制御する際の，ヒータ制御に多く使用されています．覚えておいてほしいのは，数十Aクラスの大電流SSRは，温度上昇を抑えるために放熱設計が必要なことです．

各SSRメーカは，自社SSRに合った放熱板を用意しており，大電流を流す際はその放熱板を利用するとともに，通気などの放熱を考慮した設置を十分に検討してください． **〈松田 大〉**

◆引用文献◆
(1) 福本高博；フォトMOSリレーPDタイプ，トランジスタ技術1998年4月号，p.390，p.391，CQ出版㈱．
(2) PhotoMOSリレー，SSR，ICリレー，松下電工㈱．
▶ http://www.naisweb.com/j/relayj/semi_jpn/index.html
(3) フォトカプラ・フォトリレープロダクトガイド，㈱東芝．
▶ http://www.semicon.toshiba.co.jp/prd/opto/doc/pdf/14362c1ap_10.pdf

(初出：「トランジスタ技術」2003年9月号)

もっと詳しく知りたい…

負荷と制御系を電気的に絶縁する素子として広く使われているのがリレーです．

例えば，半導体の性能を評価する半導体テスタでは，測定端子をリレーで切り替え，信号を印加したり応答性能を評価しています．トランジスタなど端子数の少ない半導体の場合はメカニカル・リレーでも十分ですが，メモリやCPUなどIC製品になると端子数もテスト項目も多いので，測定端子を高速に切り替える必要があります．さらに，一つの測定機で数多くのリレーが使われるので，接点トラブルが少なく非常に小型なフォト・リレーの採用が必須となってきています．

これまではメカニカル・リレーがかなり安価でしたが，フォト・リレーも求めやすくなってきました．

本稿では，メカニカル・リレーとフォト・リレーの長所と短所を整理し，フォト・リレーの使い方を確認します．ここでは約1A以上をON/OFFするリレーを扱います．

■ 特徴

● 数十〜数百V，数十m〜数Aで使えてチャタリングなし

メカニカル・リレーに代わる素子として近年一般的になってきた素子にフォトカプラの一種であるフォト・リレー(MOSFET出力カプラ)があります(**写真1**)．

フォト・リレーが制御できる電圧は数十Vから数百V，電流は数10 mAから数Aです．

入力側のLEDにより出力側のMOSFETをON/OFFする半導体接点の素子なので，製品によっては1 ms以下の高速応答も可能です．機械接点ではないのでチャタリングも発生しません．

また，接点寿命はありません．寿命はLEDの順方向電流I_Fによる経時変化で決まります(I_Fの設定方法は後述)．

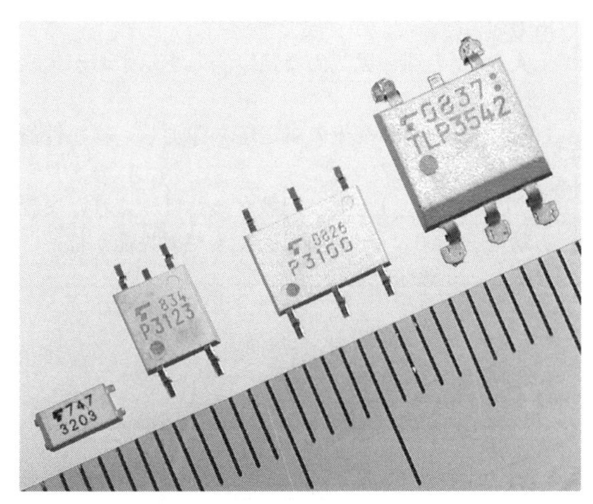

写真1 フォト・リレーの外観
左から順に，TLP3203：V_{off}＝20 V/I_{on}＝0.9 A(約4×2×2 mm)，TLP3123：V_{off}＝40 V/I_{on}＝1 A(約7×4×2 mm)，TLP3100：V_{off}＝20 V/I_{on}＝2.5 A(約7×7×2 mm)，TLP3542：V_{off}＝60 V/I_{on}＝2.5 A(約7×8×4 mm)，いずれも東芝

図12にフォト・リレーの単純化した構造と動作を示します．入力側は赤外LED，出力側は受光フォト・ダイオード・チップと2個の出力MOSFETチップから構成されています．LEDが発光すると，光結合した受光フォト・ダイオード・チップに光起電力が発生し，これがゲート電圧となって出力MOSFETがONします．

入力側と出力側が電気的には絶縁した状態のまま，入力側の信号により出力側を制御できます．

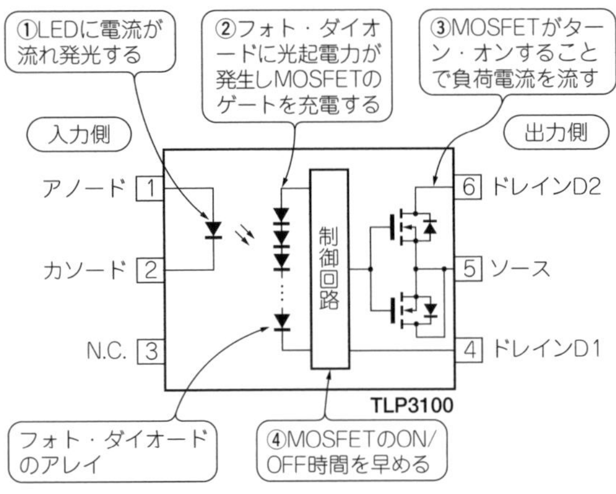

図12　フォト・リレーの基本構造と基本動作

▶メカニカル・リレーは大電流用途に向く

リレーの中で広く使われているのはメカニカル・リレー(機械式リレー)です．

電磁石を使って負荷側の接点をON/OFFし，1 A以上の大電流を制御できます．

ただし，機械接点を使っているため，スイッチング・スピードが数ms以上と遅い，ON/OFFする際にチャタリング・ノイズが発生し，接点が消耗しやすく接点寿命は数10万回程度，実装に必要なスペースが比較的大きい，といった難点があります．

● 1 ms以下でON/OFFできる

大電流フォト・リレーにTLP3542，メカニカル・リレーを使って基本動作波形を見てみましょう．

図13と**写真2**に評価に使った回路を，**図14**に各素子のON/OFF波形を示します．各素子とも1次側に10 mAを流すことで，2次側に1 Aの電流が流れています．ON/OFFスピードはフォト・リレーTLP3542が早くなっています．また，メカニカル・リレーではターン・オンしたときにバウンズ(接点が接したり離れたりを繰り返すこと)が発生していますがフォト・リレーではこのような現象はありません．

コラム1　フォトカプラの絶縁性能と安全規格

フォト・リレーはフォトカプラの一種です．フォトカプラは人体の安全のためにも使うので，入力-出力間の絶縁性能が重要です．

入力-出力間の電気的な絶縁能力を示すのが絶縁耐圧です．

入力-出力間に交流の高電圧を印加し，絶縁性能が維持される能力を示しています．例えばカタログでAC2500 V_{RMS}1分間と記載があれば，これは交流実効電圧2500 Vを1分間加えても絶縁性能が維持されるという意味です．

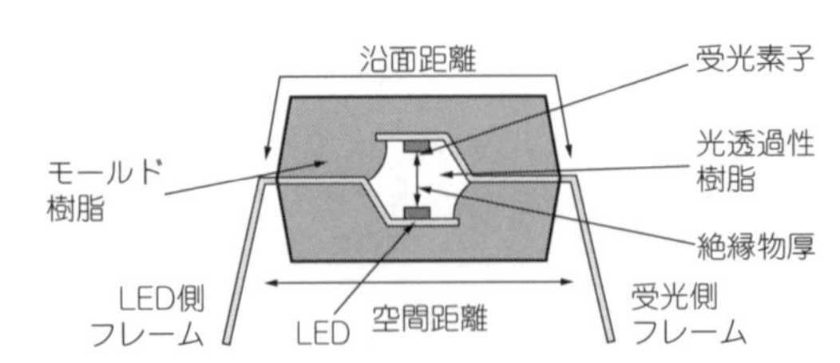

図A　フォトカプラの絶縁物厚，沿面距離，空間距離は国やで地域で基準が設けられている

入力-出力間の構造的な絶縁パラメータが絶縁物厚，沿面距離，空間距離などです(**図A**参照)．

絶縁物厚：入力-出力間の内部に存在する絶縁物の最小厚み

沿面距離：絶縁物に沿った入力-出力間の最小距離

空間距離：空気中での入力-出力間の最小距離

要求される絶縁性能(絶縁耐圧，絶縁物厚など)に関して，国や地域で基準を設けています．これが安全規格と呼ばれるものです．この規格を満足していないと，装置の販売ができません．

安全規格はセット全体に規制される装置規格と部品規格に分かれています．

代表的な安全規格としては，米国のUL，ドイツのVDE，英国のBSIなどがあり，その内容も使われる機器や電源電圧などにより異なります．

例えば米国向けセットにはUL認定を取得したフォトカプラを使うなど，要求される安全規格をクリアするフォトカプラを選定する必要があります．

〈小山 泰宏，田中 和喜〉

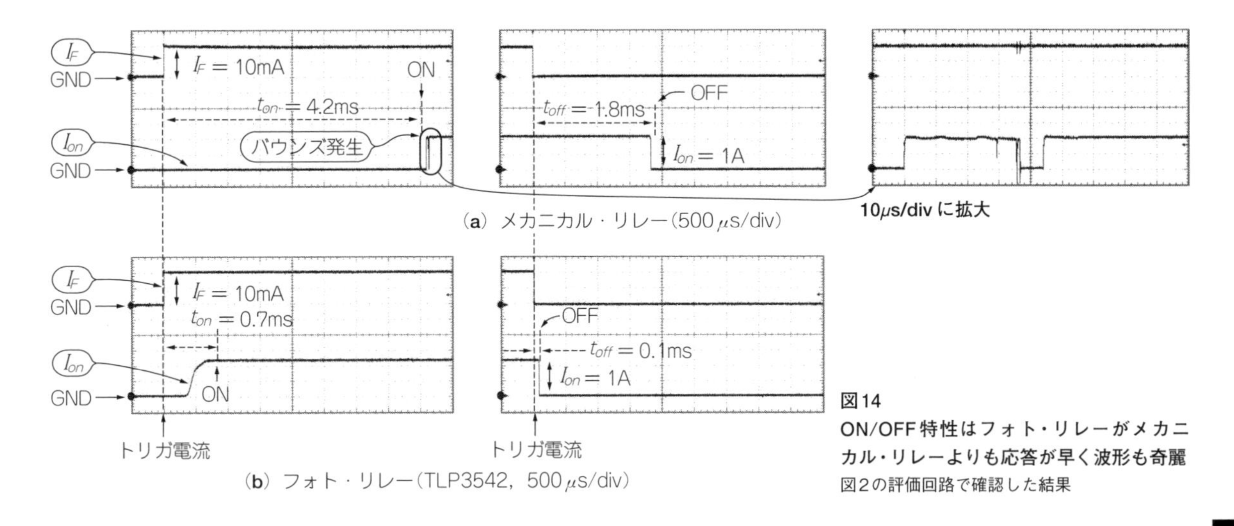

図14
ON/OFF特性はフォト・リレーがメカニカル・リレーよりも応答が早く波形も奇麗
図2の評価回路で確認した結果

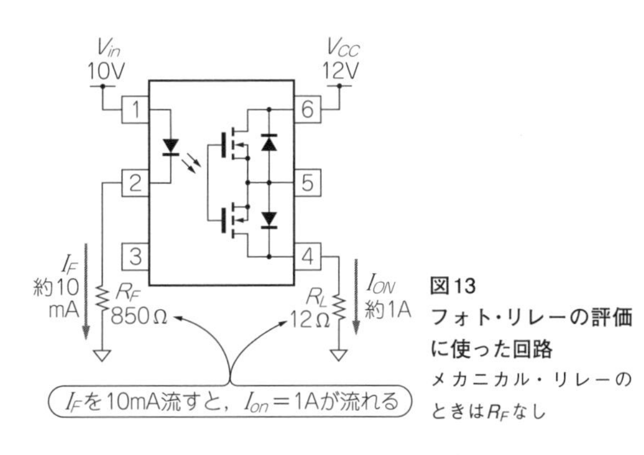

図13
フォト・リレーの評価に使った回路
メカニカル・リレーのときはR_Fなし

写真2　フォト・リレーTLP3542を評価した基板

● メカニカル・リレーよりも小さいパッケージ寸法

写真1にフォト・リレーの電圧，電流仕様に対する，パッケージの寸法の目安を示します．

TLP3542は2.5 AをON/OFFできます．TLP3100は，TLP3542の約45 %と小さい体積のパッケージで2.5 Aを制御できます．TLP3123，TLP3203は電流は1 A程度ですがパッケージは更に小型です．

パッケージを小さくするため内部で使っているMOSFETのチップ面積を小さくすると，オン抵抗が大きくなり，電流仕様は小さくなってしまいます．

微細化と集積化によりオン抵抗を低減したMOSFETチップを使うことで，小さいチップ・サイズで，より大きな電流が制御できるようになりました．さらに，内部で使うLEDの発光効率を上げることで，トリガLED電流 I_{FT}(後述)の低減や，ON/OFFスピードの改善を行なうなどの，性能向上が続いています．

■ 使い方のポイント

● 高周波をON/OFFするときはリーク電流に注意

図15に高周波でのリーク電流の評価に使った回路を，**図16**にリーク電流波形を示します．

フォト・リレーは，直流電源，50 Hz/60 Hzの交流電源，あるいはそれより高周波の交流電源をON/OFFすることができます．しかし，周波数が数100 kHz以上になると，入力側がOFFにもかかわらず出力MOSFETを通じてリーク電流が流れてしまいます．これはMOSFETの容量成分C_{off}によるものです．特に大電流用フォト・リレーではC_{off}が大きいためリーク電流が発生しやすくなります．

● 素子定格の選定方法

▶耐圧V_{off}が何Vのものを選ぶか

フォト・リレーがOFFのときに加えられる電圧V_{off}は絶対最大定格です．電源電圧や電源変動，リプルやノイズによりV_{off}を超える電圧が加わらないようにします．

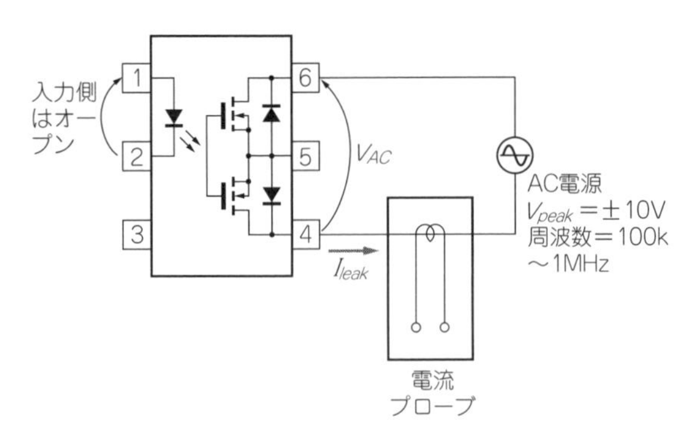

図15　高周波でのリーク電流評価回路

5～12 Vまでの電源に対してはV_{off} = 20 Vの製品，24 Vまでの電源に対してはV_{off} = 60 Vの製品を使います．

▶電流I_{on}が何Aのものを選ぶか

フォト・リレーがONのときに流せる最大電流I_{on}は決まっています．負荷の定常電流や過渡電流，周囲温度によってI_{on}が超えないようにします．

TLP3542の場合，データシートにI_{on} - T_aディレーティングのグラフが掲載されています(**図17**)．

40 ℃までは2.5 Aが定格電流ですが高温では小さくなります．例えば周囲温度60 ℃まで使う場合，定格電流はグラフより約2 Aなので，マージンを考えると2 × 70 % = 約1.4 A以下で使うようにします．

なお定格電流に関して，通常は交流と直流兼用で回路接続しますが，直流電源だけで使う場合，素子によってはより多くの電流が流せるタイプがあります．例えばTLP3100の場合，**図18**に示すように交流と直流兼用の接続の場合は2.5 Aが最大ですが，直流専用の接続の場合は5 Aと，より多くの電流を流せます．

● 確実に動作させるために必要なチェック項目

▶ONさせるLED電流I_Fを設定する

目安としては，データシートに記載されたONするのに必要なLEDの最小電流(トリガLED電流)I_{FT}最大値の，少なくとも1.5倍以上の電流を流します．TLP3542のI_{FT}最大値は3 mAなので，**図13**でのV_{in}，R_Fのばらつきの最悪条件でも3 × 1.5 = 4.5 mA以上流れるように設計します．LED自身の電圧降下V_Fも考慮します．

I_{FT}には**図19**のように温度依存性があり，高温で大きくなります．

LEDには経時変化もあります．高温動作あるいは長

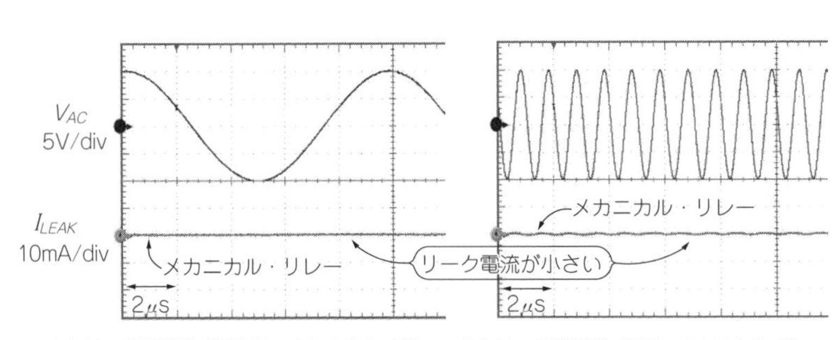

(**a**) V_{AC}の周波数100kHz，メカニカル・リレー　(**b**) V_{AC}の周波数1MHz，メカニカル・リレー

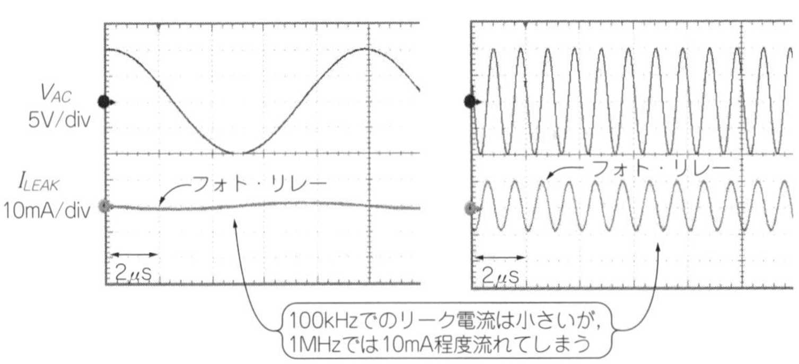

(**c**) V_{AC}の周波数100kHz，フォト・リレー　(**d**) V_{AC}の周波数1MHz，フォト・リレー

図16　高周波でのリーク電流はメカニカル・リレーがフォト・リレーよりも小さい
フォトリレーはTLP3542

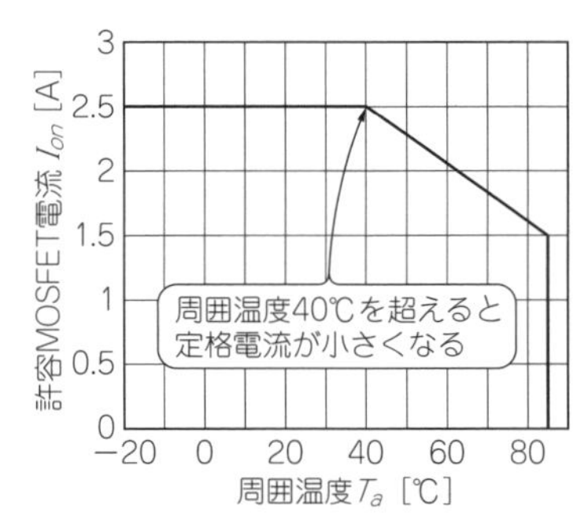

図17　オン時の電流I_{on}の温度ディレーティング
TLP3542の例

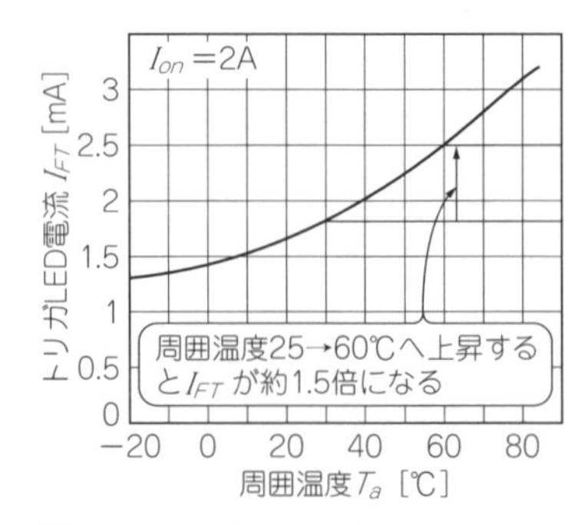

図19　フォト・リレーTLP3542のトリガLED電流は温度が上がると大きくなる

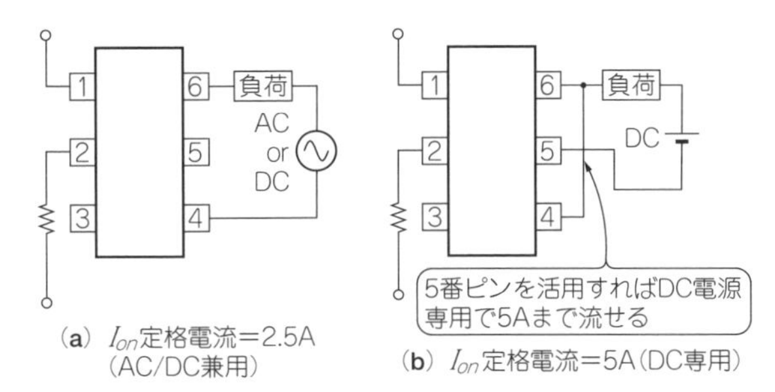

図18 フォト・リレーは交流時と直流時でオン電流I_{on}の定格が違う製品もある
TLP3100の例

時間動作の考慮が必要な場合は，I_{FT}最大値の2倍以上の電流を流すなどマージンを持った設計が必要です．

▶オン抵抗による電圧降下を確認

ONしたときには，素子のオン抵抗R_{on}による電圧降下があります．TLP3542の場合，100 mΩ_{max}なので，1 A流した場合0.1 Vの電圧降下になります．例えば出力側の電源電圧が5 Vの場合，負荷の電圧は5 − 0.1 = 4.9 Vと若干小さくなってしまいます．

● もっと大きな電流を流すには？

MOSFET出力のSSR(ソリッド・ステート・リレー)としてSIPパッケージ品があります．例えばパナソニック電工製のAQZ202(AC60 V/3 A)，AQZ262(AC60 V/6 A)などです．**写真3**に外観を示します．

また，**図12**で示したLED＋フォト・ダイオード・アレイをワン・パッケージにしたフォト・ダイオード・カプラもあるので，これに希望の電圧・電流に応じたMOSFETを接続すれば，さらに大きな電流を流せます．**図20**に回路例を示します．

〈小山 泰宏，田中 和喜〉

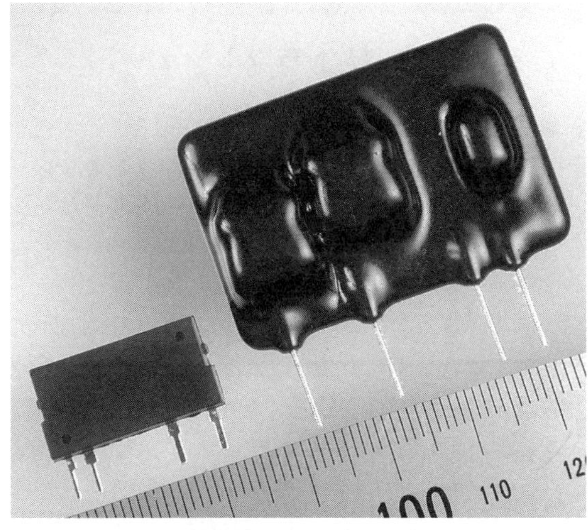

写真3 より大きい電流をON/OFFするにはMOSFET出力のソリッド・ステート・リレーを使う
PhotoMOSリレー(パナソニック電工)．左から順に，AQZ202(AC60 V/3 A)，AQZ262(AC60 V/6 A)

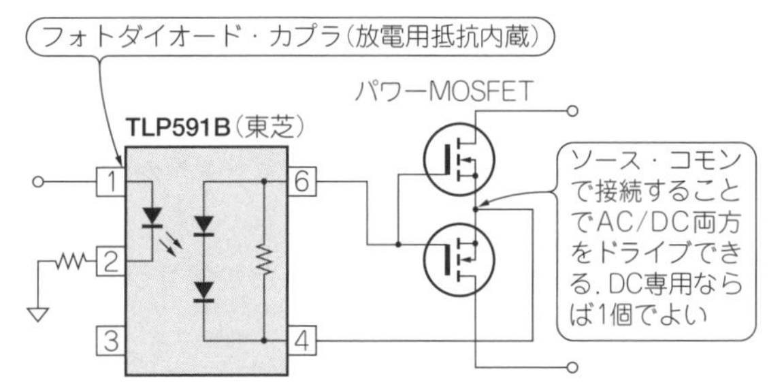

図20 外にMOSFETを接続すれば交流と直流のどちらもドライブできる

◆参考文献◆

(1) ㈱東芝 セミコンダクター社 http://www.semicon.toshiba.co.jp/
(2) パナソニック電工㈱ http://panasonic-denko.co.jp/

(初出：「トランジスタ技術」2010年10月号)

コラム2　実例！トラブルシュート

● 便利な半導体リレー

計測機器には経路切り替え用として多数のリレーが使われています．今は半導体リレーも多くなりましたが，以前はリード・リレーや水銀リレーなどのメカニカル・リレーを使っていました．

図Cに示すように，リード・リレーは機械的な可動部を持ちます．接点磨耗による交換頻度が高く，メンテナンスの負担が大きくなります．水銀リレーは水銀使用削減の観点から採用の抑制が進んでいます．

メカニカル・リレーの代替品として注目されたのがフォトMOSリレーです．**図D**に示すように，機械的な接点開閉がなく，半導体であるMOSFETにより接点開閉の機能を実現しています．

SSRなどのほかの半導体リレーと比べてON時のオフセット電圧が極めて低く，微小電圧のアナログ信号でもひずみなく伝達できるといった特長があります．

メンテナンス・フリー，水銀レスに加え，高速動作，小型パッケージといった大きなメリットがあります．

● フォトMOSリレーに交換したら信号ラインにノイズが発生

メカニカル・リレーをフォトMOSリレーに置き換えたボードを試作しました．メカニカル・リレーのコイルを駆動するときのような誘導起電力は発生しないので，駆動側の保護回路は不要です．

また，メカニカル・リレーでは，近接して取り付けると，コイルから発生する磁界が相互に影響し合いました．フォトMOSリレーはコイルを使わないので，近接取り付けが可能になります．このため，回路が簡単に組めて基板の小型化が図れました．

ここまでは良かったのですが，そのボードの評価中にトラブルが発生しました．何かの測定をしていると，ある信号ラインに大きなノイズが見られるのです．

● 原因は特定箇所のフォトMOSリレーだった

プリント基板の信号配線やグラウンドのパターンを疑いました．また，回路図と配線パターンを見比べてみましたが，これといった原因がつかめません．

次に，部品がきちんと実装されているか，ハンディ・テスタなどを使って導通チェックをしてみました．特にはんだ付けによる接続不良はなさそうです．

フォトMOSリレーが原因か？とも考えました．関係ありそうなリレーに目星を付けて，一つ一つ取り外しながら特性を調べます．すると，あるリレーを外した途端にウソのようにノイズが消滅しました．

● フォトMOSリレーの端子間容量はメカニカル・リレーよりかなり大きい

フォトMOSリレーをOFFにしても，信号をしゃ断する能力（OFFアイソレーション）が足りていないことが原因でした．

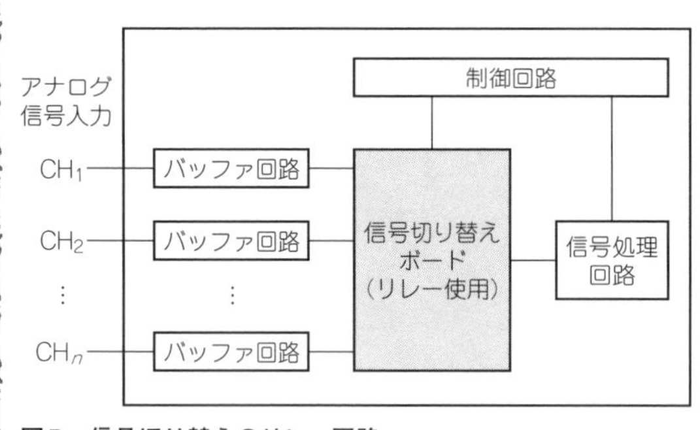

図B　信号切り替えのリレー回路

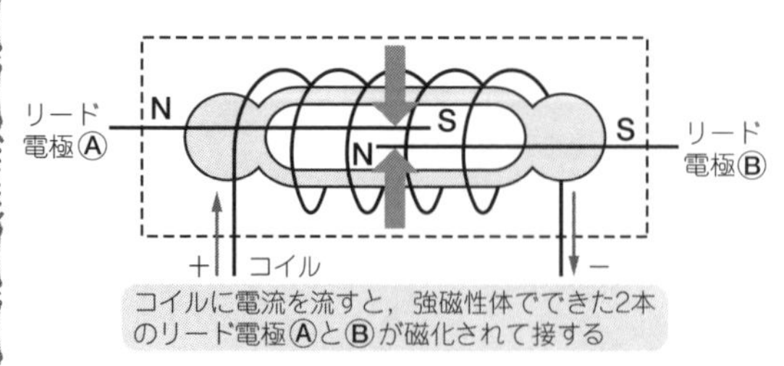

図C　リード・リレーの構造

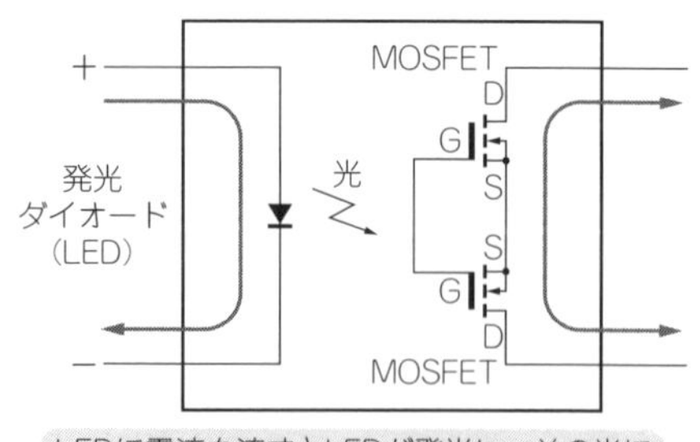

図D　フォトMOSリレーの内部構造

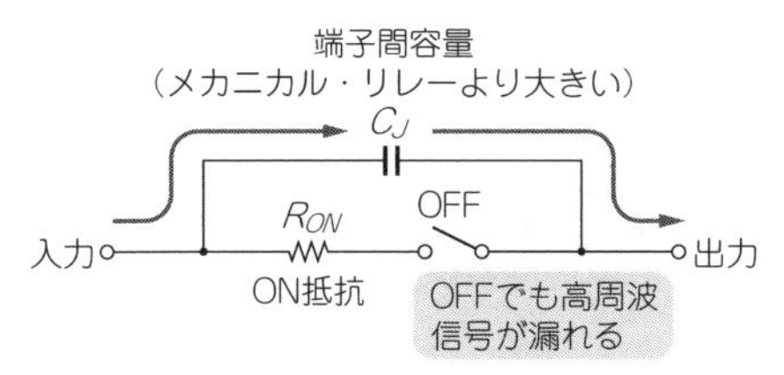

図E　フォトMOSリレーの等価回路

T型構成	各リレーの状態		
	RL1	RL2	RL3
ON	ON	ON	OFF
OFF	OFF	OFF	ON

表A
T型構成にしたときの各リレーの開閉状態

図Eのように，フォトMOSリレーには出力端子間に寄生容量C_Jがあり，このC_Jを通して信号が伝わるので，OFFアイソレーションが低下します．

特に高周波の信号ほど漏れが増大していました．原因不明であったノイズの正体は，しゃ断しているはずの信号の高周波成分が見えたものでした．

フォトMOSリレーの選定のときに，ON抵抗R_{ON}の小さい品種を選んでいました．しかし，これには注意が必要です．ON抵抗R_{ON}の小さい品種ほど，端子間容量C_Jが大きい傾向にあるからです．

● T型の回路構成にして問題を解決

図Fに示すように，RL_1，RL_2の二つのフォトMOSリレーを直列に接続し，OFF時に浮いたフォトMOSリレー接点を3番目のフォトMOSリレーRL_3でグラウンドへ落とします．

このようにリレーの接続をT型構成にすることによって，リレー1個で構成した場合よりも高いOFFアイソレーションを確保できるようになります．

● T型構成のリレー制御には工夫が必要

表Aに示すように三つのリレーを同時に制御する必要があります．

このとき，わずかなリレーのON/OFFのタイミングのズレが問題になります．例えば，

①RL_1やRL_2がOFFする前にRL_3がON

②RL_3がOFFする前にRL_1やRL_2がON

といった動作をすると，瞬間的ですが，信号ラインの入力または出力が，RL_3を通じてグラウンドへショートしてしまいます．

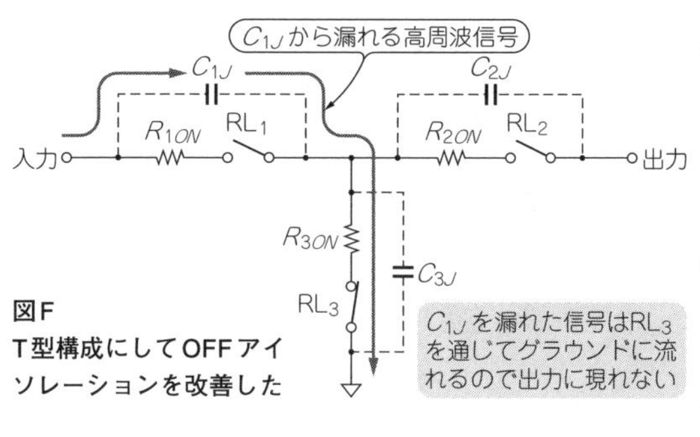

図F
T型構成にしてOFFアイソレーションを改善した

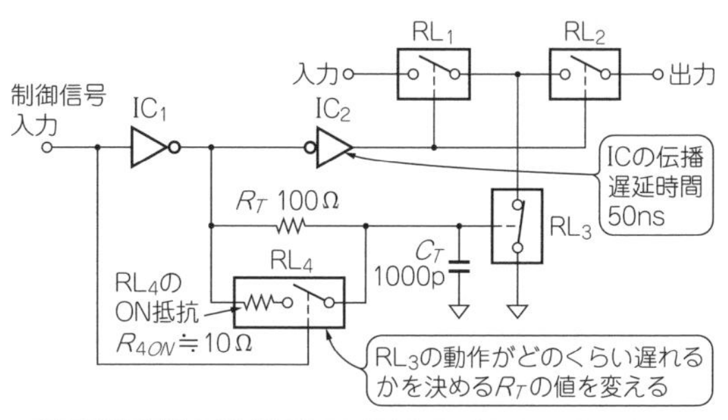

図G　T型構成で使う制御回路の例
RL_1，RL_2，RL_3が同時にONしないようにタイミングをずらす

これらのタイミングは，本来であれば制御信号を作るマイコンなどでコントロールすべきところです．しかし，メカニカル・リレーからのボードの置き換えという制限があったため，**図G**に示すような回路構成により，リレー・ボード側で対策をしました．

▶開閉タイミングをわずかにずらす

抵抗R_T，コンデンサC_T，そして4番目のリレーRL_4が，T型構成のリレーRL_3の開閉タイミングをコントロールします．RL_4によりR_Tの値をON時とOFF時で変えているのがポイントです．

R_TとC_Tの積による時定数は，インバータIC_2の伝播遅延時間より大きくなるように設定します．**図G**の例では100 nsです．そうすると，RL_1とRL_2をOFFしてからリレーRL_3をONすることができます．

R_TとリレーRL_4のON抵抗R_{4ON}の並列合成抵抗とC_Tの積による時定数を，インバータIC_2の伝播遅延より速くなるように設定します．**図G**の例では9 nsです．そうすると，リレーRL_1とRL_2がONする前に，RL_3をOFFにできます．〈島田 義人〉

(初出：「トランジスタ技術」2006年7月号)

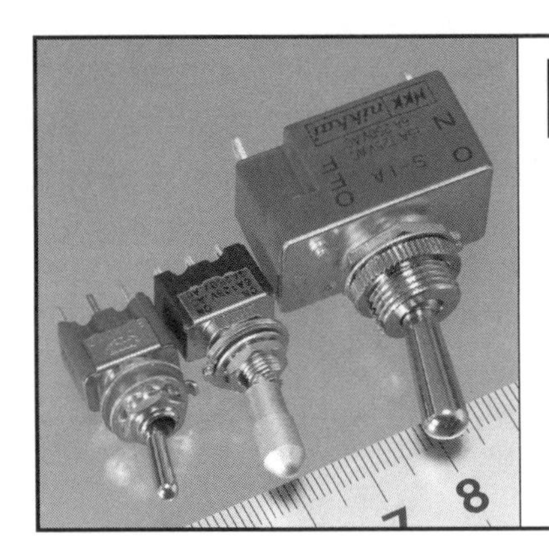

Appendix スイッチの基礎知識

プッシュ型からタクト型まで

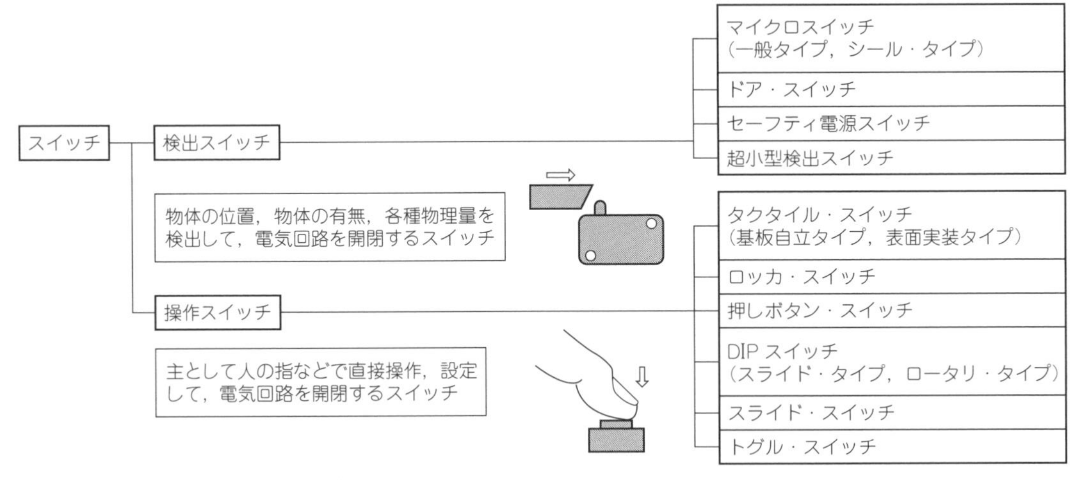

図1　スイッチの分類(オムロンの場合)

(a) マイクロスイッチ（一般タイプ）

(b) マイクロスイッチ（シール・タイプ）

(c) ドア・スイッチ

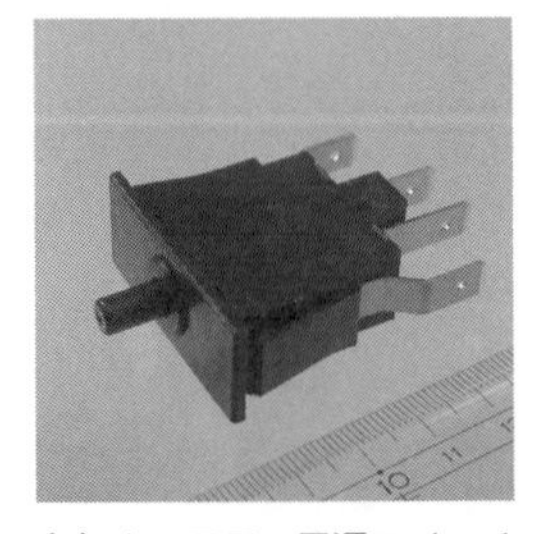

(d) セーフティ電源スイッチ

(e) 超小型検出スイッチ

写真1　検出スイッチの種類(オムロンの場合)

■ スイッチの種類

メカ式スイッチの種類はたくさんあり，構造や用途による分類のほか，使用方法によって「検出スイッチ」と「操作スイッチ」に大別できます(**図1**).

▶検出スイッチの種類(写真1)

検出スイッチは，制御または検知する対象物の動きをとらえて，電気回路を開閉します.

表1　主なアクチュエータの種類

形　状	分　類	特　徴
	ピン押しボタン型	高精度の動作位置検出に適する
	リーフ・レバー型	レバーのたわみ反力により，アクチュエータの復帰を確実にする
	ヒンジ・レバー型	操作体の形状に合わせたレバー形状の選定が可能
	ヒンジ・ローラ・レバー型	ヒンジ・レバーの先端にローラを取り付け，高速カム動作に適する

メカ式の検出スイッチの代表としてマイクロスイッチ，ドア・スイッチおよび小型電子機器などに実装される超小型の検出スイッチがあります．

また，マイクロスイッチには，周囲の塵埃（じんあい），水滴などからスイッチ内部を保護するシール・タイプもあります．

▶外力を内部に伝えるアクチュエータ

スイッチの基本構造は，アクチュエータ部へ印加された外力により可動部が動作し，接点を開閉します．

特にマイクロスイッチは，さまざまな外力印加方法に対応できるように，非常に多くの種類のアクチュエータがあります(**表1**)．

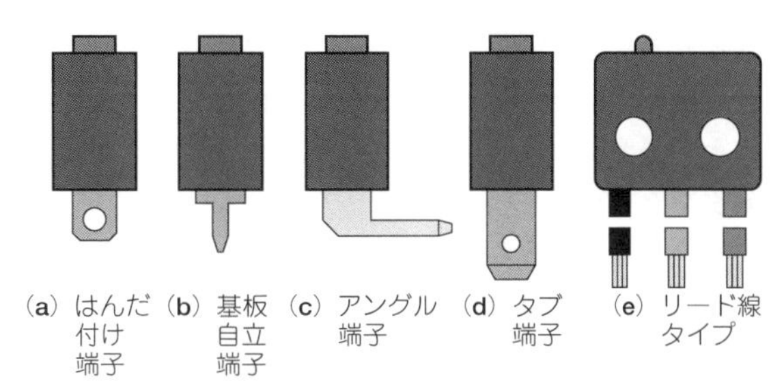
(a) はんだ付け端子　(b) 基板自立端子　(c) アングル端子　(d) タブ端子　(e) リード線タイプ

図2　主な端子の種類

▶スイッチの出力を外部へ伝える端子

スイッチから出力される電気信号は，スイッチの端子を通して電気回路へ伝達されます．外部回路との接続は，多くの端子仕様の中から選択できます(**図2**)．

▶検出スイッチの用途

検出スイッチは，定格，サイズ，取り付け方法などに応じてさまざまな種類が品ぞろえされています．産業用設備，車載，家電製品，OA機器，小型ディジタル機器など，あらゆる用途に使用されています．

■ 操作スイッチの種類

「人間と機械とのインターフェース」といわれる操作スイッチは，電子機器の進歩，発展に伴い変化を遂げています．特に機器の小型化，高密度実装化に対応できるように，より小型化への傾向を強めています．

操作スイッチは，**写真2**のように多くの種類があり，

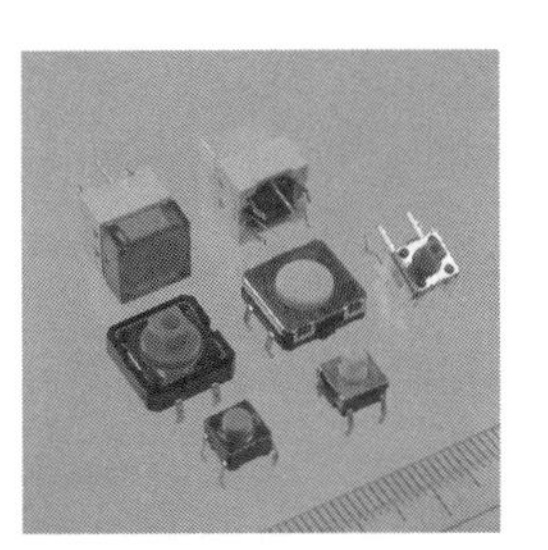
(a) タクタイル・スイッチ（基板自立タイプ）

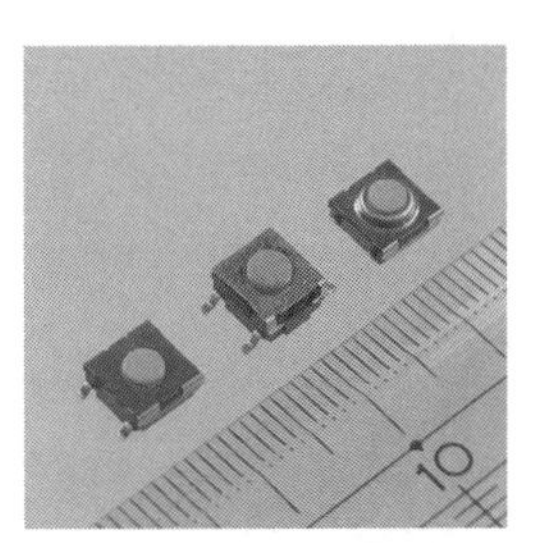
(b) タクタイル・スイッチ（表面実装タイプ）

(c) ロッカ・スイッチ

(d) 押しボタン・スイッチ

(e) DIPスイッチ（スライド・タイプ）

(f) DIPスイッチ（ロータリ・タイプ）

(g) スライド・スイッチ

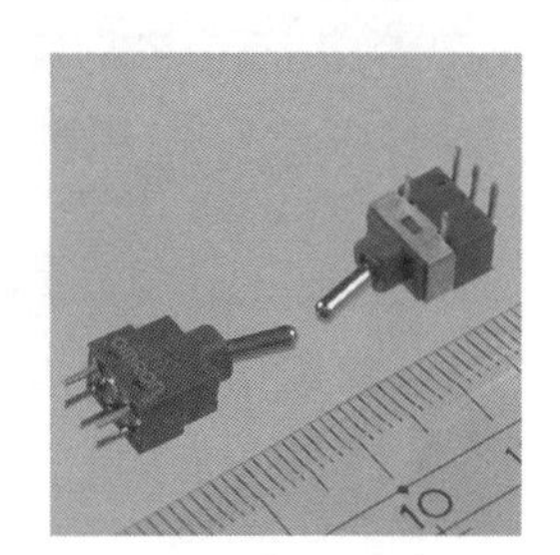
(h) トグル・スイッチ

写真2　操作スイッチの種類（オムロンの場合）

スイッチを選択する際は，その商品の持つ特徴を十分に理解し，使用条件，目的に照らし合わせて判断することが必要です．

▶タクタイル(タクト)・スイッチ

操作部を押し込むことで，閉路信号を電気回路に伝える微小負荷専用のスイッチです．外形寸法，操作荷重，操作部の形状，および基板への取り付け方法により，基板自立タイプ，表面実装タイプが選択できます．

また，電子部品と同様に自動実装に対応可能なエンボス・テーピング・タイプ，および塵埃(じんあい)の多い場所や水回りでの使用に適したシール・タイプも品ぞろえされています．

タクタイル・スイッチは，操作部を押し込んだ際にクリック感触があります．そのシャープな操作感触により，家電商品，OA機器，ゲーム用コントローラ，携帯端末など，あらゆる機器に幅広く使用されています．

▶ロッカ・スイッチ

操作部形状が波形型をしており，シーソ運動をするスイッチです．リセット機能付きタイプ，操作部の照光タイプなどが品ぞろえされており，サイズや外観色も用途に合わせて選択できます．

また，操作部は実際に人が手を触れる部分であり，操作性，デザインが選択のポイントとなります．

▶押しボタン・スイッチ

操作部を押し込むことで電気回路を切り替える構造を持つスイッチで，大容量負荷の開閉も可能です．

操作部は角形，丸形があり，また照光タイプ，非照光タイプが選択できます．各種工作機，制御盤などに使用されています．

▶DIPスイッチ

多回路のスイッチが小スペースに集約されています．マイコンのモード設定，通信機器(モデムなど)，コイン・チェンジャの設定などに使用されています．

DIPスイッチは操作方式(構造)により，スライド・タイプとロータリ・タイプに分類されます．

▶スライド・スイッチ

操作部のつまみをスライド動作させることにより電気回路および電源回路を切り替えるスイッチです．

▶トグル・スイッチ

操作部のつまみを左右に倒すことにより，電気回路を切り替える構造を持つスイッチです．

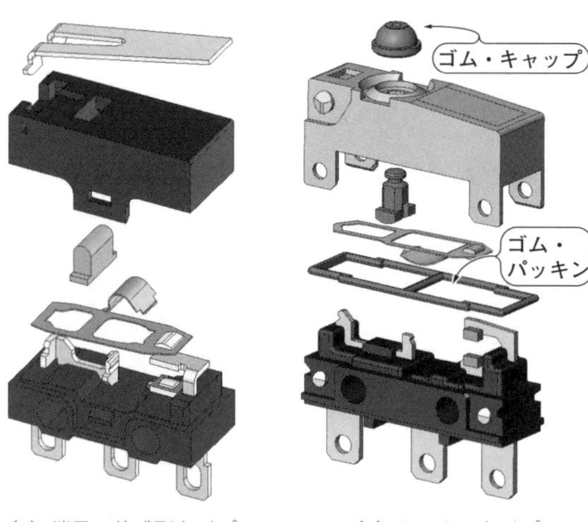

(a) 端子一体成形タイプ (b) シール・タイプ

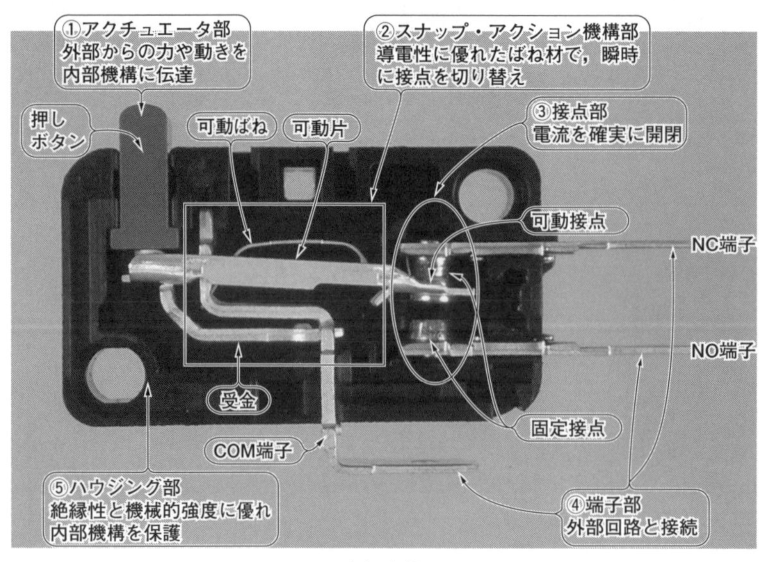

(c) 内部

図3
マイクロスイッチの構造

■ スイッチの構造

● マイクロスイッチの構造

図3に，代表的なマイクロスイッチの構造を示します．一般的にスイッチは，図の①～⑤の要素で構成されています．

その他の構造では，端子へのはんだ付け作業の際，フラックスの侵入防止対策として，端子をケースへ一体成形したタイプもあります．

また，シール・タイプはゴム・パッキンなどを使ってスイッチ内部を保護しています．

● 接点切り替わり動作

マイクロスイッチは，スイッチを操作する速度と無関係に，可動接点が一方の固定接点から他方の固定接点に素早く移動するスナップ・アクション機構を有しています(**図4**)．

スイッチによる高負荷回路開閉の際，接点間にアークが発生し，接点部の発熱による磨耗，損傷が発生し，接触トラブルの要因となります．スナップ・アクション機構により，接点間に生ずるアークの持続時間が短くなり，接点の消耗や損傷の進行を抑制する効果があります．

● スイッチの動作特性に関する用語

スイッチは操作荷重，押し込み量などの動作特性に規格値を設定し，性能管理と仕様を分類しています．

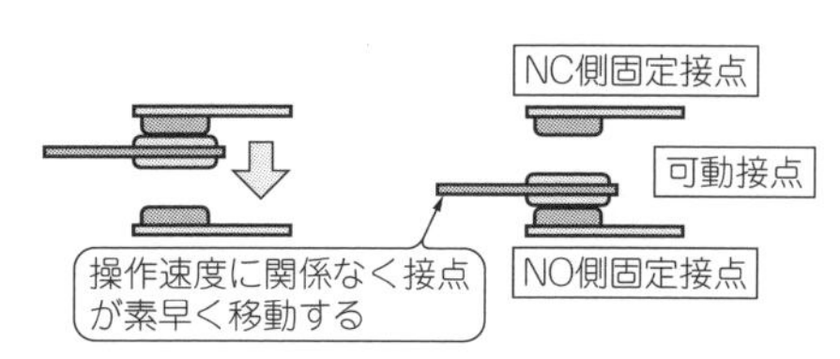

図4　可動接点の切り替わり

スイッチの操作荷重と押し込み量の関係を**図5**のF(Force)-S(Stroke)曲線に表します．

● タクタイル・スイッチの構造

代表的なタクタイル・スイッチの構造と各部品に要求される機能を**図6**に示します．

① 外部からの操作力を内部へ伝えるプランジャ部

② クリック感触を発生させる反転ばね(可動接点)部
　可動接点部へ導電ゴム材を用いた仕様もあります．

③ 端子部と一体で構成された固定接点部

④ 反転ばね，接点部を保護するハウジング部

⑤ ハウジングに一体成形された端子部

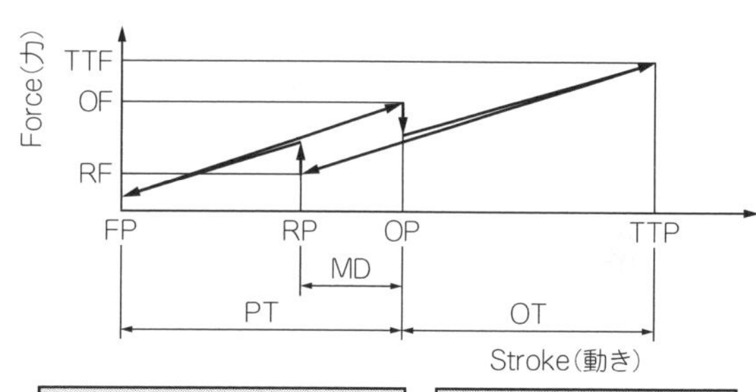

力 [N]	
OF	動作に必要な力 (Operating Force)
RF	戻りの力 (Releasing Force)
TTF	全体動きに必要な力 (Total Travel Force)

動き [mm]	
PT	動作までの動き (Pretravel)
OT	動作後の動き (Overtravel)
MD	応差の動き (Movement Differential)

位置 [mm] 取り付け位置基準			
FP	自由位置 (Free Position)	RP	戻りの位置 (Releasing Position)
OP	動作位置 (Operating Position)	TTP	動作限度位置 (Total Travel Position)

図5　マイクロスイッチの*F*-*S*曲線

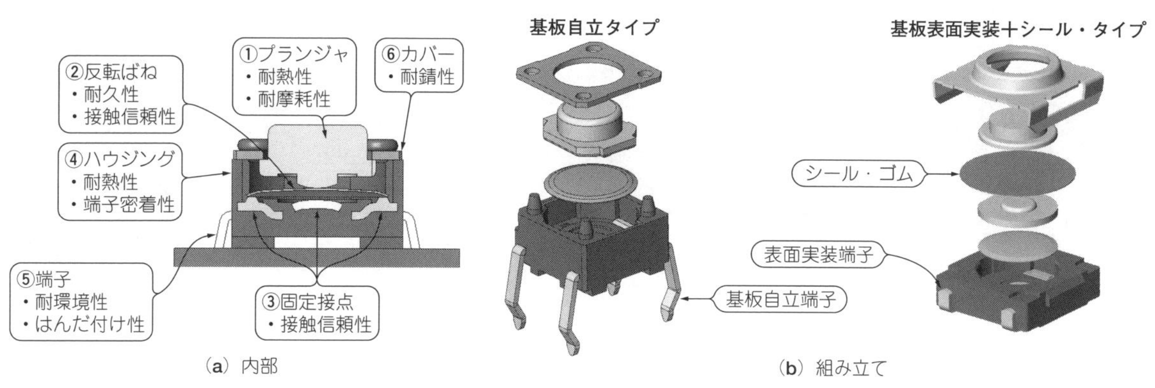

図6　タクタイル・スイッチの構造

はんだフラックスの侵入防止を兼ねています．

⑥ 動作部を固定するカバー部

シール・タイプは，スイッチ内部へシール・ゴムを組み込み，塵埃，液体などの侵入を防止しています．

タクタイル・スイッチは，上記のように，構成部品をハウジング内に積み重ねていく構造です．専用の自動組み立て機で大量生産されています．

タクタイル・スイッチの特徴である操作時のクリック感触をF(Force)-S(Stroke)曲線として**図7**のように表します．

● ロッカ・スイッチの構造

ロッカ・スイッチの構造の一例を**図8**に示します．

① 接点を開閉させる操作ボタン

② 操作ボタンに組み込まれたコイルばね

③ 可動接点を取り付けた可動片

④ 固定接点を取り付けした端子

操作ボタンの操作により，コイルばねが可動片を押し込む力の方向が変化し，接点が開閉します．

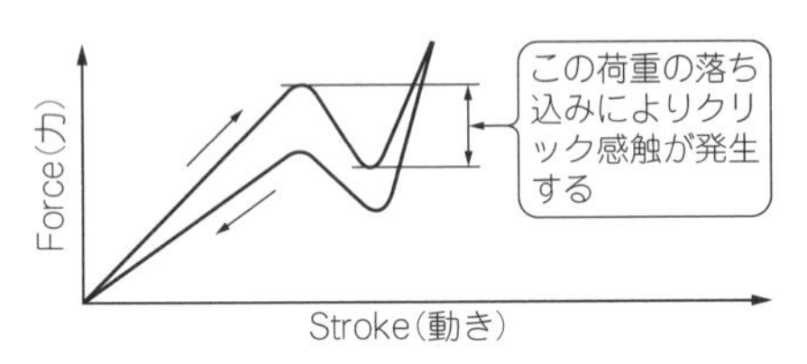

図7　マイクロスイッチのF-S曲線

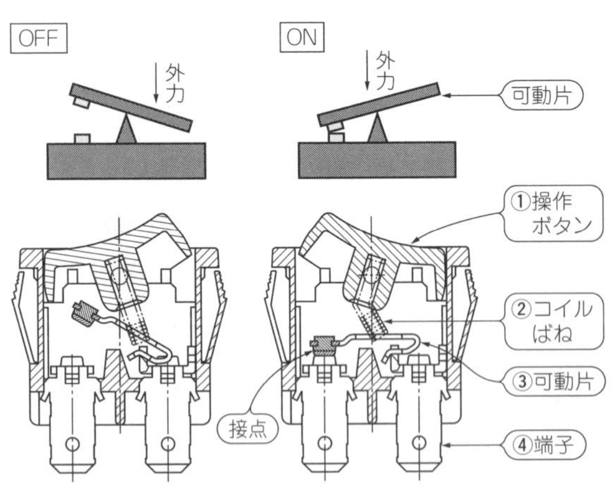

図8　ロッカ・スイッチの構造

● DIPスイッチの構造

DIPスイッチの構造の一例を**図9**に示します．

① 操作荷重を与えるストライカ

② ストライカに固定された摺動子

③ ベースへ一体成形された端子

ストライカをスライド操作させることで，摺動子がベース上を滑り動作して端子と接触し，電気回路が閉路となります．

■ スイッチのデータシートの項目の見方

スイッチのカタログに，「IP67」「Class Ⅰ」「PTI 175」などの記号が記載されています．それらの内容について簡単にまとめます．

● 固体異物および水の浸入に対する保護レベル

スイッチ内部への外部からの異物侵入に対する保護については，IEC規格(注1)により以下の基準が設定されています．

IP-□□

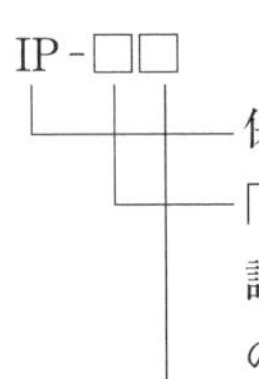

保護特性記号(International Protection)

「第1記号」固体異物に対する保護等級．0(保護なし)から6(粉塵が内部に侵入しない)の等級に区分され，数字が大きいほど保護レベルが高くなる．

「第2記号」水の浸入に対する保護等級．一般的に0(特に保護なし)から7(水中への浸漬に対する保護)の等級に区分され，数字が大きいほど水の浸入に対する保護構造が強化されている．

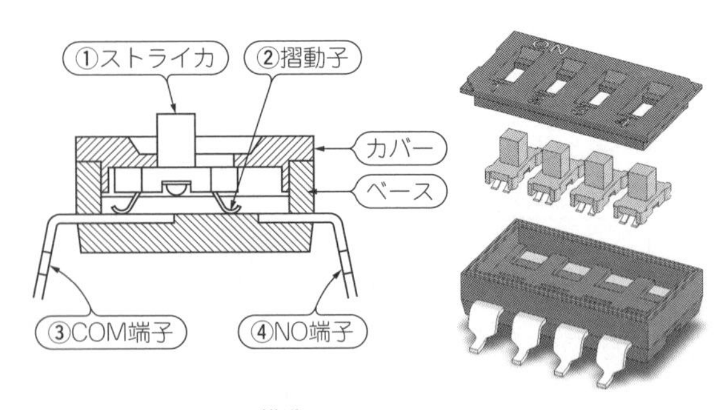

図9　DIPスイッチの構造

注1：IEC(International Electrotechnical Commission；国際電気標準会議)

● **感電保護クラス**

感電保護のレベルについては，EN61058-1規格において，以下の四つのクラスに分類されます．

Class 0：感電防止として基礎絶縁だけで保護するもの．

Class Ⅰ：感電防止としての基礎絶縁に加えて，アースでも保護するもの．

Class Ⅱ：感電防止として二重絶縁あるいは強化絶縁で保護し，アースを必要としないもの．

Class Ⅲ：感電防止として安全超低電圧(50VAC以下，あるいは70VDC以下)回路使用のため感電対策の必要のないもの．

● **耐トラッキング指数**

PTI(Proof Tracking Index)：耐トラッキング指数は以下の内容にて定義されます．

供試験品(検査対象)に2本の電極を立て，規定の溶液(塩化アンモニウム0.1％)を電極間に50滴落下させ短絡が発生しない最大の耐電圧値を示し，下記の5レベルに分類されます．

PTI：500，375，300，250，175

スイッチに関する安全規格

近年，機器や装置への安全性に対する要求が非常に高まる中，一般消費者を感電や火災の危険から守るための安全規格が各国で設けられています．スイッチに関しても同様に厳しい安全性が要求されます．

安全性を規定する規格として日本では電気用品安全法の技術基準，海外では米国のUL規格，カナダのCSA規格，ドイツのVDE規格などがあります．

スイッチに関係する規格について地域別に区分した代表的な規格を**図10**に示します．

■ スイッチの故障

スイッチの故障要因として，使用環境，電気回路の

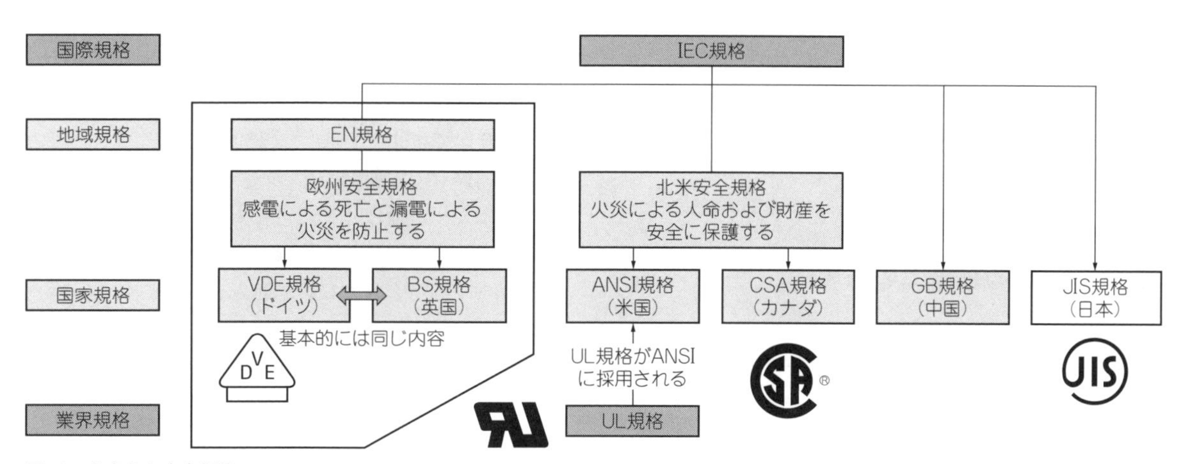

図10　代表的な安全規格

表2　代表的な故障内容

分　類	現　象	原　因	対　策
電気的特性不具合	接触不良	・塵埃，異物，絶縁性液体などの付着	・ガードを設ける ・シール・タイプのスイッチを使う
		・腐食性ガスによる接点部への絶縁皮膜生成	・耐環境性に優れた接点(金，金合金)タイプのスイッチを使用する
		・ストローク設定ミスによる接点接触力の不足	・適切なストロークに設定する
	接点溶着(a)	・過大電流の通電	・接点保護回路を挿入する
	絶縁劣化	・アークによる接点の飛散 ・液体の侵入	・高容量スイッチの使用 ・シール・タイプのスイッチを使う
機械的特性不具合	内部破損(b)	・衝撃動作 (操作方法が不適切)	・ドッグ，カムの設計変更 ・操作速度の見直し
	外部破損(c)	・アクチュエータ，端子への過大な外力印加	・押し込み方向の改善 ・原因を取り去る

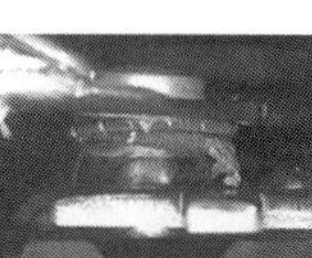

(a) 接点の溶着

(b) 内部の破損

(c) 端子の変形

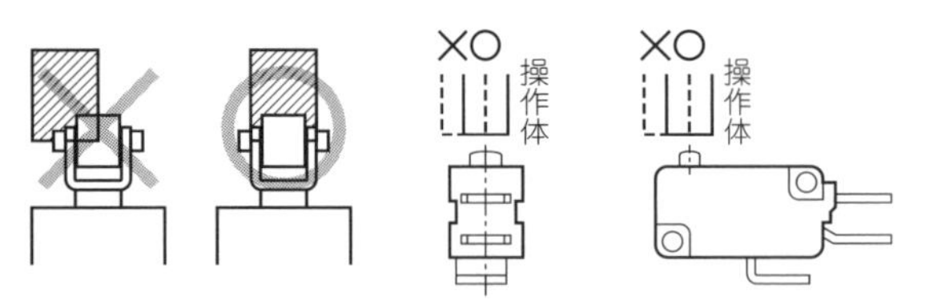

図11　アクチュエータへの操作体設置

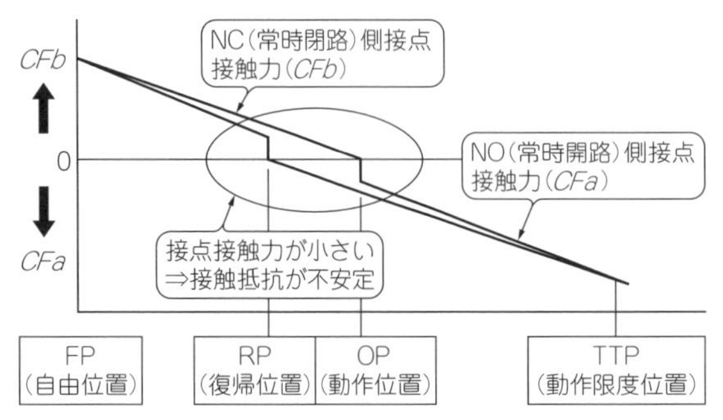

図13　マイクロスイッチのCF-S特性

異常，過大外力の印加などがあります．

スイッチが故障すると，電気回路が通電状態，あるいは遮断状態となり，設備，機器の正常動作に影響します．特に接触不具合による接点部の発熱，絶縁劣化による漏れ電流の発生などは，使用機器の発煙，発火などの要因につながります．スイッチの選択，あるいは回路設定などに十分な注意が必要です．

表2に代表的な故障内容についてまとめました．

■ スイッチの実装上の注意点

● スイッチの操作方法

スイッチは外力印加により接点部が開閉する構造であり，スイッチの操作方法は性能に影響するので，次の内容に配慮して操作してください．

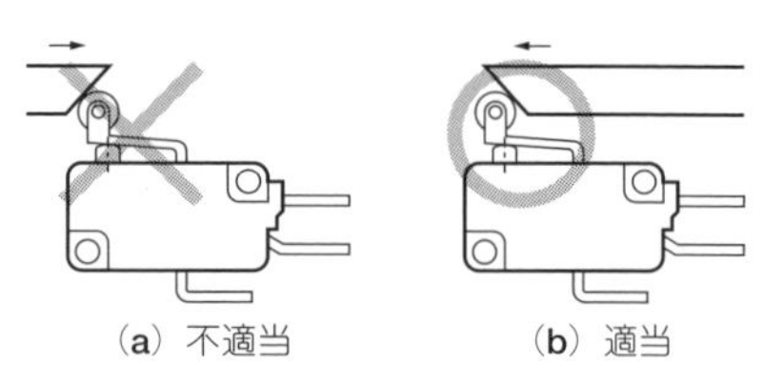

図12　ドッグの操作方向

アクチュエータに偏荷重が加わらないように適切な位置に操作体を設置してください(**図11**)．位置がずれると，局部磨耗によりアクチュエータの破損，耐久寿命の低下などの原因となります．

ローラ・レバーなどをドッグで操作する場合は，**図12**の方向から操作させてください．レバーに過大な操作荷重が印加され，変形の原因となります．

● 操作ストロークの設定

操作ストロークの設定は，マイクロスイッチの接触信頼性に影響します．

図13に押し込み量と接点接触力の相関を示します．接点接触力の小さい，接点切り替え付近での使用を避け，適切な接点接触力の範囲で使用することで高い信頼性を確保できます．

常時閉路(NC)使用時は，アクチュエータが自由位置に戻るよう，操作体を設定します．

常時開路(NO)使用時は，動作後の動き(OT)の規格値の70～100％を目安に押し込みます．

〈山田 博義〉

(初出：「トランジスタ技術」2009年6月号)

第７部

保護素子／ノイズ対策／放熱器

現実の回路は理想化した計算式どおりに動作するわけではなく，誤差やばらつき，外部からの電気的影響，温度による変動，誤動作や故障からトラブルを生じます．トラブルの未然防止，被害軽減などのために，各種の保護素子やノイズ対策部品が用いられています．

過電流保護素子は，短絡などで過大な電源電流が流れるのを防ぎます．以前は溶断したら交換が必要なヒューズが主でしたが，最近では繰り返し使える非溶断タイプも増えています．過電圧保護素子は，静電気（ESD）による高電圧や電源端子，I/O端子に外部から加わる高電圧から機器を保護します．ノイズ対策部品は，さまざまなノイズによって出力値に生じる誤差やばらつき，誤動作などを防ぐために用いられます．

放熱器は，電気的に何かをするものではありませんが，消費電力が大きく発熱の大きい部品から効率良く外気に放熱するために不可欠の部品です．

第1章
過電流保護素子の基礎知識
異常が発生した回路を電源から切り離す

異常時に切れる保護素子ヒューズ

ヒューズとは…

電子機器では，ユーザの誤使用や機器の故障による火災や漏電などの2次災害のリスクを最小限にとどめることが求められます．本章で紹介するヒューズは，過電流に対して，溶断が起きて断線します．一度切れたら戻りません．薄膜，モールド，セラミックなどのタイプがありますが，それぞれ過電流で溶断する部分(ヒューズ・エレメント)を持ちます．

製品が寿命を終えるまで，ヒューズがその役割を果たさない方が望ましいため，高い信頼性が求められます．

■ 構造

● 3種に分類できる

表面実装型のヒューズには，**写真1**のようにいくつかのタイプがあります．**写真1**(a)は薄膜型といわれるヒューズで，チップ抵抗などと同じ外観です．**写真1**(b)は，チップ・ダイオードのように，樹脂モールドの両端から下に回りこむような形状の端子が出ています．基板がひずんでも金属端子が変形してヒューズ本体に力が伝わりにくいようになっています．**写真1**(c)はセラミック・ケースの両端に金属の端子があるタイプです．一般のセラミック・ヒューズを小型化して，表面実装できるように角張った外観をしています．

薄膜ヒューズは最も小型で，チップ抵抗と同様に1005から3216までのサイズがあります．モールド・タイプは薄膜よりも少し大きく，3216サイズかそれ以上のサイズが多くなります．セラミック・ヒューズはさらに大きい品種が多く，高電圧や1次側回路にも使用できるものもあります．

● 内部構造：必ずヒューズ・エレメントを持つ

各タイプのヒューズの構造を**図1**に示します．薄膜ヒューズは，セラミックや樹脂ベースの表面に金属の薄膜でヒューズ・エレメントを形成し，保護膜で覆っています．

モールド・タイプは，金属線のヒューズ・エレメントを樹脂でモールドしています．

セラミック・ヒューズは，セラミック・ケースの中に金属線のヒューズ・エレメントが内蔵されています．高電圧に耐えられるように，電極間が広く，ヒューズ・エレメントは空中に浮いた状態になっています．

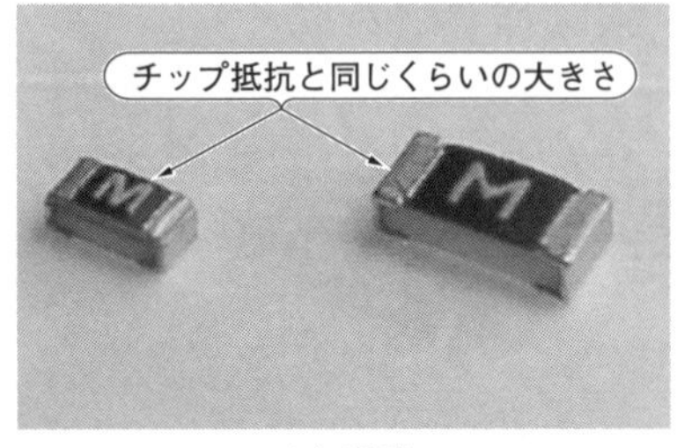

(a) 薄膜

(b) モールド

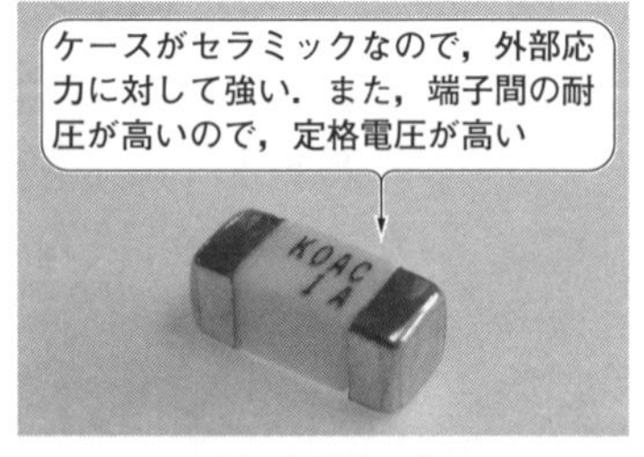

(c) セラミック

写真1　表面実装ヒューズには応力に強いタイプが用意されている(KOA)

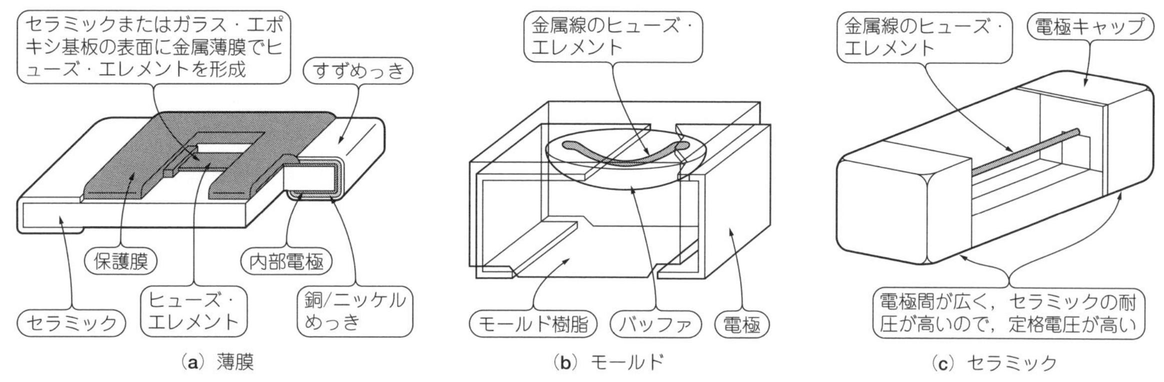

図1　構造は違えども熱でヒューズ・エレメントが溶断して「切れる」

■ 性能を表すキー・パラメータ

● 定格電流：流し続けても溶断しない電流

表1のようにデータシートに記載されている定格電流とは，ヒューズに流し続けても溶断しない電流です．回路が正常なときの定常電流は，この値以下でなければなりません．一方，どの程度の異常電流で溶断するかは，**図2**の特性からわかります．

● 溶断特性：何A何秒で切れるかを表す

ヒューズが溶断する時間は，流れる電流に依存します．電流と時間の関係を溶断特性といいます．溶断特性は大別して速断タイプと遅延タイプがあります．**図2(a)**は速断タイプの溶断特性の例です．例えば，1A定格のヒューズに3Aを流すと約0.004秒で溶断することがわかります．

一方，**図2(b)**は遅延タイプの溶断特性の例です．1A定格のヒューズに3A流れたときは，溶断するのに約0.3秒かかることがわかります．逆に0.004秒の短時間なら7Aまで耐えることがわかります．

表1　データシートの主な特性の見方

定格電流 [A]	定格電圧 [V]	遮断容量	公称コールド抵抗 [Ω]	公称溶断 I^2t [A^2s]
1.0	63	50 A@63 V_{DC}	0.180	0.168

溶断したときの端子間の電圧よりもこの値が高いヒューズを選ぶ

正常なときの定常電流がこの値以下になるように選定

遮断できる最大電流．想定される異常電流よりも十分大きな定格を選ぶ

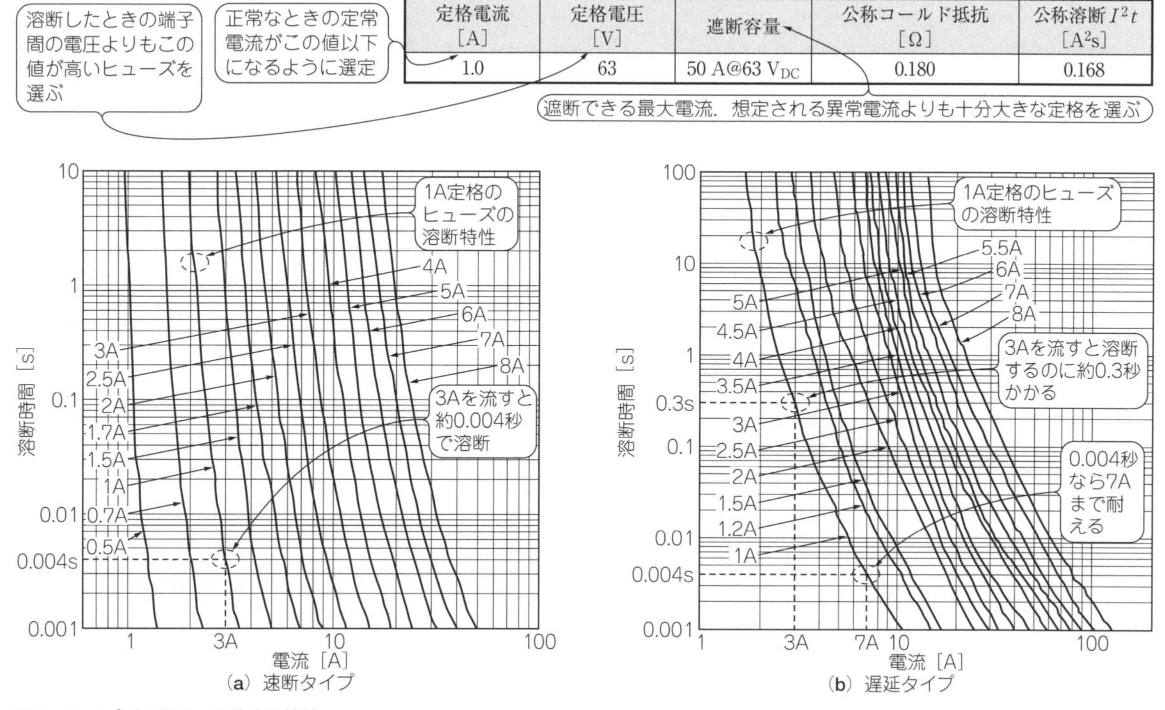

図2　タイプ別の電流-溶断時間特性

● ジュール積分値(I^2t)：パルスや突入電流による溶断時間を決める

ヒューズに流れる電流が直流または交流なら実効値で選定できますが，単発のパルス波形の場合はジュール積分値を算出して判断します．例えば，電源投入時にコンデンサに充電電流が流れる場合は，**図3**の式でI^2tを求めます．その他の波形の場合は，**表2**の式で近似します．

データシートには，**図4**のような特性が載っているので，求めたI^2tとパルスの時間からヒューズの定格を選びます．**図4**は**図2**と同じ遅延型の特性図です．例えば，**図3**の波形の場合，1A定格なら流れた電流$I_m = 4.5$ Aで$T = 0.3$秒まで耐えることがわかります．

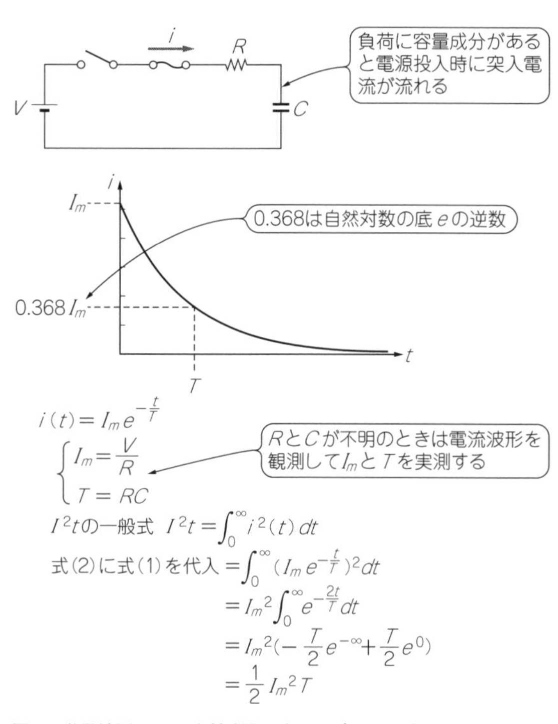

図3　単発波形による溶断時間を決めるジュール積分値の計算方法

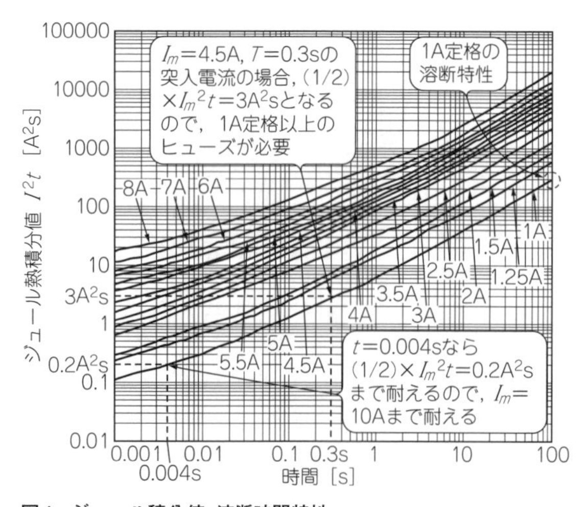

図4　ジュール積分値-溶断時間特性

● 定格電圧：切れた後で再導通しない電圧

データシート(**表1**)の定格電圧とは，ヒューズ溶断後に電極間に加えても再導通しない電圧です．もし，定格電圧を超えた場合，再導通や素子破壊の危険があるので，ヒューズが溶断したときに端子間に加えられる最大の電圧よりも定格電圧が高いヒューズを選定します．交流波形やパルス波形の場合は，実効値ではなく，最大値が定格電圧以下になるようにします．

● 遮断容量：遮断できる限界の電流値

ヒューズは過大な電流が流れたときに回路を遮断するための部品ですが，無限に大きな電流を遮断することができるわけではありません．一般的には，定格電圧において遮断可能な電流値がデータシート(**表1**)に記載されています．異常電流を見積もって，それより遮断容量が大きいヒューズを選定することが重要です．

表2　電流の単発波形の種類とジュール積分値

名称	波　形	ジュール積分値
正弦波(1サイクル)	I_m, 0, $\frac{t}{2}$, t	$\frac{1}{2} I_m^2 t$
正弦波(1/2サイクル)	I_m, 0, t	$\frac{1}{2} I_m^2 t$
三角波	I_m, 0, t	$\frac{1}{3} I_m^2 t$
方形波	I_m, 0, t	$I_m^2 t$
変形波1	I_1, I_2, 0, t	$I_1 I_2 t + \frac{1}{3}(I_1 - I_2)^2 t$

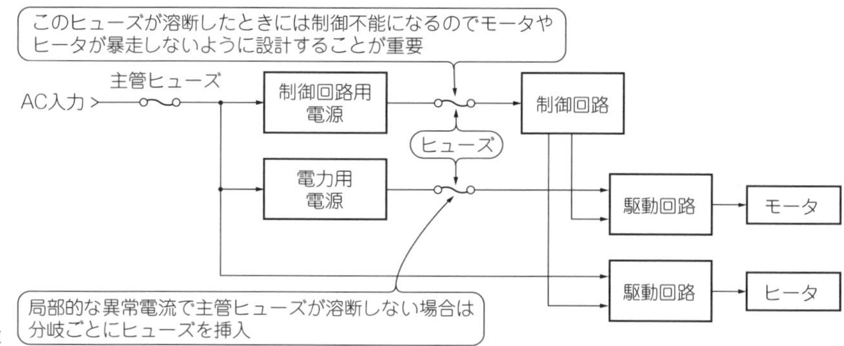

図5
周囲温度とディレーティング係数

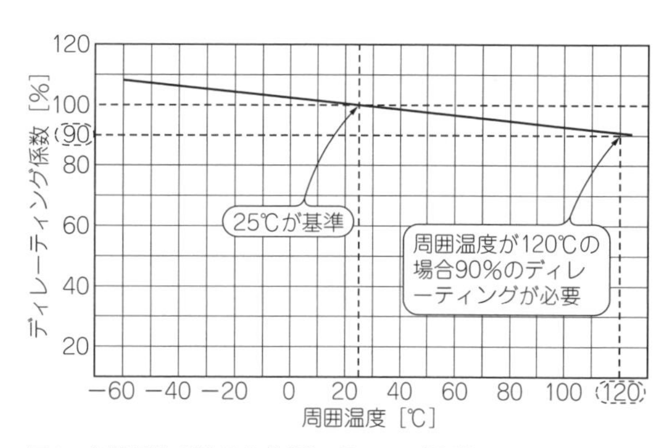

図6 負荷電流の誤差も考慮してヒューズを選ぶ

■ 選び方

● 正常動作時の電流＜定格電流×ディレーティング係数となるように定格電流を選ぶ

ヒューズも部品ですから，当然寿命があります．回路が正常なときにヒューズが溶断するリスクをできるだけ避けるため，定格電流に適切なディレーティングを考慮することが重要です．ディレーティングには，定常ディレーティングと温度ディレーティングがあります．どちらもデータシートに記載されています．

温度ディレーティングは，周囲温度から求めます．**図5**は温度ディレーティングの例です．例えば周囲温度が120 ℃であれば，ディレーティング係数は約0.9となります．正常動作時にヒューズに流れる電流が，定格電流にディレーティング係数を掛けた値よりも，小さくなるように選定します．

● 突入電流が流れる容量負荷には遅延型ヒューズ

正常時の電流を見積もるときにも注意が必要です．負荷のばらつきや電源変動による影響を考慮することを忘れてはいけません(**図6**)．

ランプやモータなどの容量負荷を駆動する場合は，突入電流が流れます．その影響でヒューズが溶断したり，劣化したりしないようにします．このような負荷にヒューズを使う場合は，遅延型ヒューズを使います．

■ 挿入のしかた

● 局部的な異常電流にも対応できるように挿入

回路のどこかで異常が発生したとき，主電源のヒューズが必ず溶断してくれれば，ヒューズは一つで十分です．しかし，大規模な装置では，回路の末端で異常が発生しても異常電流は局部的で，主電源のヒューズが溶断しない可能性もあります．局部的な異常電流によって，発煙などの事態に至らないようにするには，回路の分岐ごとにヒューズを挿入することが重要です．

● フェール・セーフ：切れても暴走しない回路にする

しかし，この場合は局部的な回路の遮断しかできません．残った回路が異常動作をして，人の負傷や火災のリスクが発生しないようにすることを忘れてはいけません．例えば**図7**のように，2次側の制御回路で1次側のヒータを制御しているようなケースです．制御回路のヒューズが切れたときに，ヒータ回路が暴走するようでは極めて危険です．

つまり，ヒューズ一つ一つの溶断に対して，システム全体がフェール・セーフになっているかの確認が必要です．さらに可能なら，機器自身の故障も拡大しないように考慮すべきです．モータが暴走して機械部品を壊したり，ロックしてしまって駆動回路を焼損したり故障個所が拡大しないように設計します．

● 接続方法：電源側に入れる

直流回路の場合，通常ヒューズはGND側ではなく，電源側に挿入します．同様に交流回路の場合，ニュートラル側(接地側)ではなく，ホット側に挿入します．

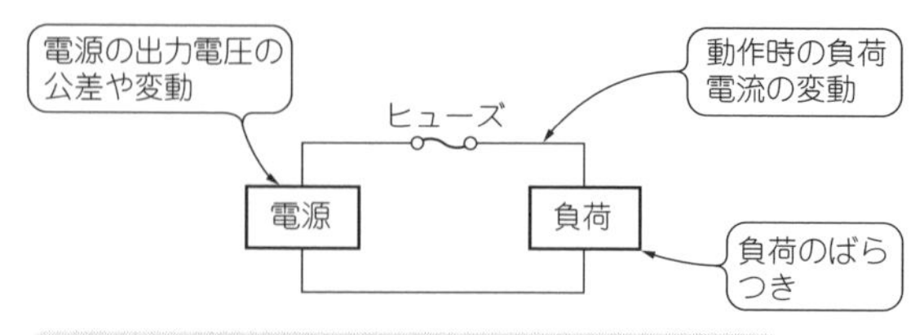

図7　ヒューズの配置や各回路の機能設計で考えること

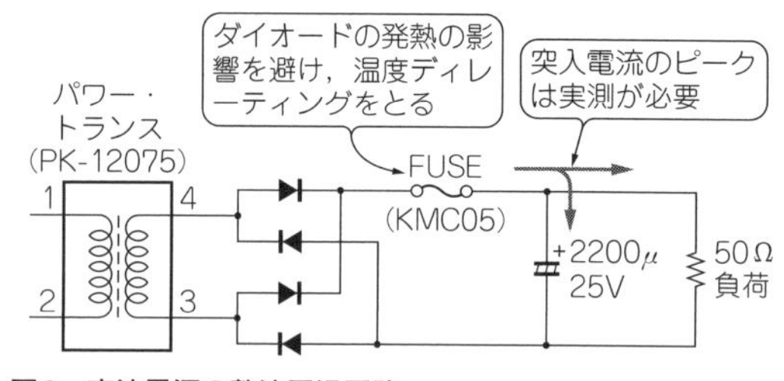

図8　直流電源の整流平滑回路

■ 実装の方法

● 発熱体から離す

ヒューズの周囲に発熱する部品がある場合は，溶断特性が変化する可能性があります．できるだけ発熱体から離して配置します．

● モールドすると熱がこもるので実機で評価しておく

ヒューズを実装した基板をモールド封止する場合は，熱がこもりやすくなってヒューズ自体の溶断特性が変化する可能性があります．実回路で評価することが望ましいでしょう．

また，樹脂が硬化するときの応力でヒューズが割れたり，抵抗値が変化・断線したりする場合があります．硬化時の収縮応力が小さい樹脂を使うようにします．

● 外部応力でひずみが加わらないようにする

表面実装部品は，基板のひずみによる力が直接部品本体に加わります．ヒューズのように外部応力に注意が必要な部品を使うときは，基板がひずまないようにするか，たとえひずんでも部品に力が加わりにくいように配置することが重要です．

外部応力の程度は，例えばコネクタの着脱時など，具体的な要因を想定して決めます．対策が難しければ，リード付き部品を検討します．リード線のある部品なら，リード線の変形で外部応力が吸収されるので，部品本体に応力は掛かりません．　〈中 幸政〉

◆引用*文献◆

(1)* Littelfuse, Inc.；NANO2R > 458 Series 1206 Size Inrush Withstand Fuse，2009.
(2)* コーア㈱；MICRO FUSE CCP 回路保護用素子，2009.
(3)* コーア㈱；FUSE CCF チップ形電流ヒューズ，2009.
(4)* コーア㈱；CHIP FUSE TF10BN チップヒューズ，2009.
(5)* タイコ エレクトロニクス㈱；Raychem Fast Acting Surface-Mount Fuses，2009.
(6)* タイコ エレクトロニクス㈱；Slow Blow Surface-Mount Fuses，2009.
(7)* 大東通信機㈱；各種電流波形の実効値とジュール積分値 http://www.daitotusin.co.jp/contents/technic/Effec_value.htm

■ 整流平滑回路の使用例

● 整流ダイオードやトランスの破壊を防ぐ

表面実装型ヒューズの使用例として，ありふれた直流電源の整流平滑回路を**図8**に示します．整流器と平滑コンデンサの間をヒューズで接続し，負荷に異常な大電流が流れたときに整流ダイオードの破壊やトランスの過熱などの危険な状況を回避します．ヒューズの定格電流値を定常的な負荷電流の2倍程度に選ぶことが望まれます．

● ダイオード近傍では温度ディレーティングを考慮

図8では，整流ダイオードのすぐ後にヒューズが接続されています．実際の基板上では整流ダイオードとヒューズがすぐ近くに実装されがちです．一般的にダイオードはある程度発熱するので，ヒューズの定格電流を決めるときに，温度ディレーティングを考える必要が出てきます．

● 平滑コンデンサや負荷による突入電流を考慮

一般的な整流平滑回路では，平滑後のリプル電圧をなるべく小さくするため，よく大きな容量の平滑コンデンサが使用されます．電源が投入されると，負荷電流以外に突入電流が流れます．平滑コンデンサの容量が大きいほど，電源投入の瞬間に突入電流の流れている時間が長くなります．

● 直流定格電圧は交流定格電圧より低いので要注意

通常，ヒューズに過電流が流れると，エレメントの温度が上昇し，やがて溶けて接続が切れます．

接続が切れる瞬間は，ギャップの寸法が非常に小さく(電界強度が非常に大きく)**図9**のように，ギャップ

図9　ヒューズが切れた瞬間スパークが発生して電流が遮断されない

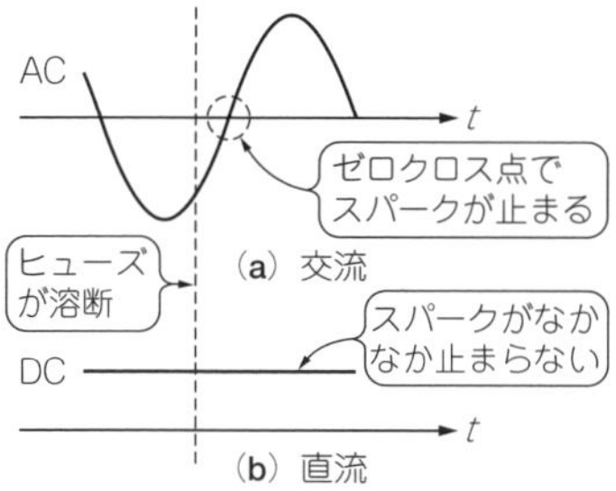

部分にスパークが発生します．スパークで高温になると，周囲のヒューズ・エレメントをどんどん溶かしていきます．このとき両端電圧がある程度以上高いままだと，スパークがいつまでも維持され，電気的な遮断が行われません．

交流電圧の場合は，**図10**に示すように，定期的に電圧がゼロになる瞬間，いわゆるゼロクロス・ポイントが存在します．ヒューズ両端電圧が非常に低くなる瞬間があるので，このときにスパークが消失し，ヒューズの遮断動作が完了します．

ところが直流回路の場合には，ゼロクロス・ポイントが存在しません．いったんスパークが発生すると，スパーク自身の熱でギャップ寸法が大きくならない限りは電流が流れ続けてしまいます．交流の定格電圧よりも直流の定格電圧の方が低いのはこのためです．

〈**長友 光広**〉

AC
ゼロクロス点でスパークが止まる
ヒューズが溶断
(a) 交流
スパークがなかなか止まらない
DC
(b) 直流

図10
ヒューズ両端の電圧が直流のときはスパークが止まりにくい
交流のときはゼロクロス点でスパークが止まる

異常が解消すると元に戻るリセッタブル・ヒューズ

リセッタブル・ヒューズとは…

リセッタブル・ヒューズは，切れても冷えると復帰します．電源と負荷の間に挿入して使い，人間の安全というよりは，主に機器を守ります．導電性ポリマを材料とする正温度特性のサーミスタ(PTC)で，一定以上の電流が流れると自己発熱により，抵抗値が急激に上昇して電流を制限します(**図11**)．この状態をトリップといいます．トリップすると，わずかな保持電流により高抵抗の状態を維持し，電流を制限し続けます．いったん電源を切ると素子が冷却されて復帰します．この特性を利用して，復帰可能な過電流保護素子として使われます．

■ 構造

● 内部構造：温度上昇でポリマの導電パスが切れる

リセッタブル・ヒューズの内部は，上下の内部電極で導電性ポリマを挟み込むような構造になっています(**図12**).この導電性ポリマは正温度特性を持っています．

導電性ポリマは，ポリマ樹脂にカーボン粒子を分散させた構造になっています(**図13**)．常温では，カーボンの粒子が互いに接触して導電パスを形成するため，抵抗値が低くなります．温度が上昇すると，ポリマが膨張してカーボン粒子が離れてしまい，導電パスが切断されて抵抗値が高くなります．

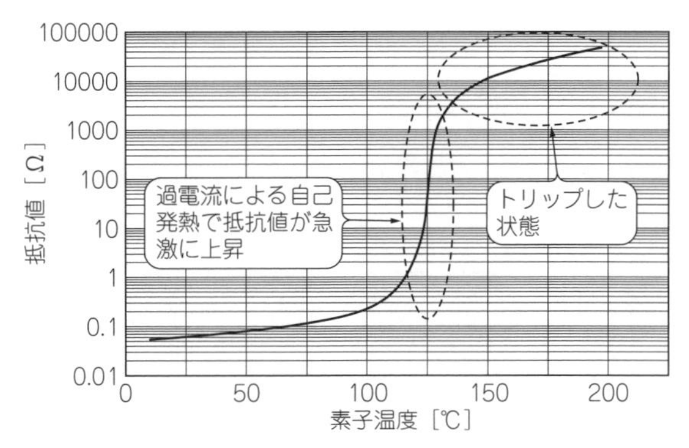

図11　温度によって抵抗値が急上昇する「トリップ」現象が，ヒューズによる溶断と同じような働きをする

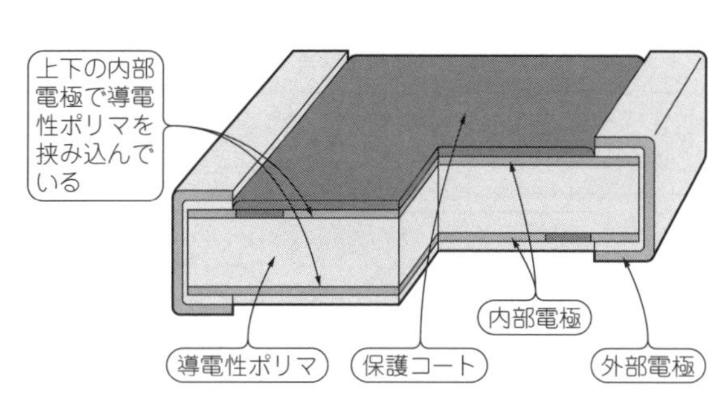

図12　ヒューズ・エレメントの代わりに導電性ポリマを満たした構造

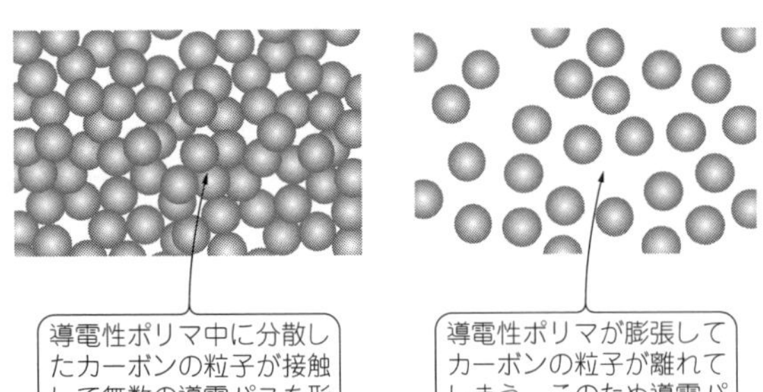

(a) 平常(常温)状態　　(b) トリップ(温度上昇)時

図13　導電性ポリマが熱膨張すると粒子が引き離されて抵抗値が急上昇(トリップ)する

● 形状：定格が大きくなるとサイズも大きくなる

リセッタブル・ヒューズは，保持電流と定格電圧に応じて，いろいろなサイズがあります．**表3**は表面実装型リセッタブル・スイッチ(ポリスイッチ)の種類の例です．保持電流と定格電圧が大きくなると，サイズが大きくなります．

■ 性能を表すキー・パラメータ

● 保持電流(*IH*)：トリップせずに連続通電できる電流の最大値

表4はリセッタブル・ヒューズ(旧タイコ エレクトロニクス製ポリスイッチ)のデータシートの例です．I_Hは保持電流で，常温時にトリップせずに連続通電できる電流の最大値です．当然，正常時の電流がこの定格よりも小さい必要がありますが，周囲温度にも注意が必要です．

図14はリセッタブル・ヒューズの温度特性です．周囲温度が上昇すると保持電流は減少します．温度特性は品種によって異なるので，データシートで確認する必要があります．

表3　サイズが大きいと定格電圧や保持電流が大きい

サイズ → 大
電圧 → 大
電流・電圧 ↓ 大

シリーズ名	pico SMD	nano SMDC	micro SMD	mini SMDC	…
サイズ[mm] / 保持電流[A]	2012	3216	3225	4532	…
0.050	—	—	30 V_{DC}	—	
0.100	15 V_{DC}	—	30 V_{DC}	—	
0.120	15 V_{DC}	48 V_{DC}	—	—	
0.140	—	—	—	60 V_{DC}	
0.160	—	48 V_{DC}	—	—	…
0.200	9 V_{DC}	24 V_{DC}	—	30 V_{DC}	
0.300	—	—	—	—	
0.350	6 V_{DC}	16 V_{DC}	6 V_{DC}	—	
0500	6 V_{DC}	13.2 V_{DC}	13.2 V_{DC}	24 V_{DC}	
⋮	⋮	⋮	⋮	⋮	⋮

● 定格電圧(V_{max})：トリップ時に加えられる最大電圧

表4のV_{max}は，トリップしたときに印加できる最大電圧です．この電圧を超えると素子が破壊される可能性があります．回路の故障を想定しない場合は，リセッタブル・ヒューズを取り除いた状態で端子間の電圧を実測して，必要な定格電圧を決める方法も考えられます．予期せぬ回路の故障まで考慮するなら，回路の電源電圧よりも高い定格電圧の品種を選択するのが望ましいでしょう．

● 定格電流(I_{max})：遮断できる電流の最大値

表4のI_{max}は，遮断できる電流の最大値です．この値を超えた電流が流れたら，回路を遮断できずに素子が破壊される可能性があります．通常は，回路の電源容量よりも十分大きな定格の品種を選びます．

表4　リセッタブル・ヒューズの主な電気的特性

正常なときの定常電流がこの値以下になるように選定
ヒューズが溶断したときの端子間の電圧よりも高い定格の品種を選定
遮断できる最大電流．想定される異常電流よりも十分大きな定格の品種を選定
常温での最小内部抵抗
トリップした後に常温で1時間放置して復帰させた後の最大内部抵抗

部品番号	保持電流 I_H [A]	I_T [A]	定格電圧 V_{max} [V_{DC}]	定格電流 I_{max} [A]	P_{Dmax} [W]	流れた電流 [A]	トリップ時間(最大) [s]	R_{min} [Ω]	$R_{1\,max}$ [Ω]
nanoSMDC110F	1.10	2.20	6	100	0.8	8.0	0.10	0.07	0.20
nanoSMDC150F	1.50	3.00	6	100	0.8	8.0	0.30	0.04	0.11

保持電流が1.1 Aの品種
8 A流れたときのトリップ時間の最大は0.10秒

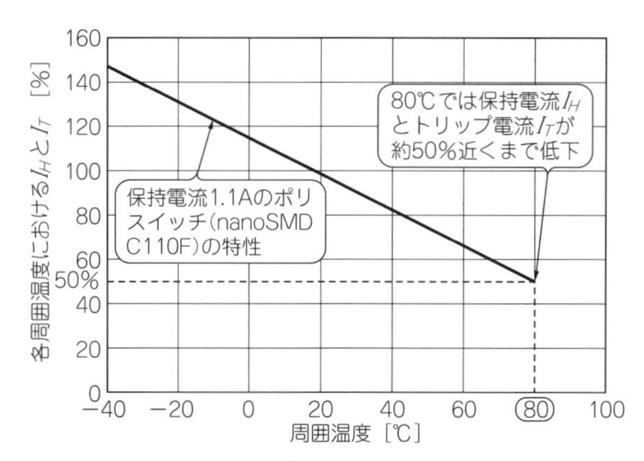

図14　周囲温度が高いほど保持電流が下がる

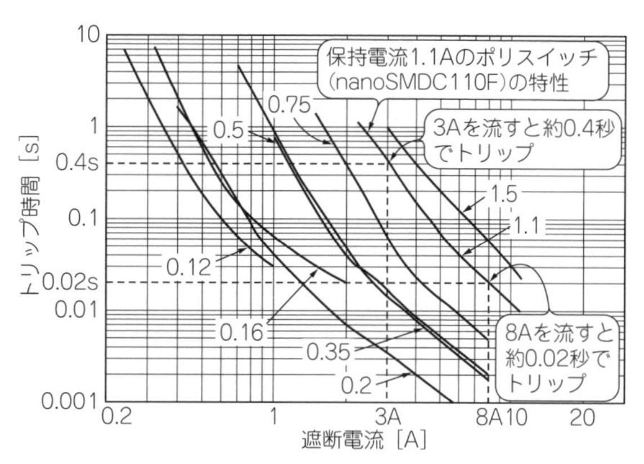

図15　遮断電流-トリップ時間特性
普通の遅延型ヒューズよりも突入電流に耐える

● 動作速度：トリップ時間はばらつく

リセッタブル・ヒューズの動作速度はヒューズよりも遅いため，速断型ヒューズのような特性のものはありません．逆にいうと，比較的大きな突入電流が繰り返し流れるような用途に適しています．

リセッタブル・ヒューズの動作速度はトリップ時間といいます．**図15**は，リセッタブル・ヒューズの遮断特性の例です．例えば，Gカーブが保持電流1.1 Aの品種の特性です．3 A流れたときのトリップ時間は，約0.4秒ですから，遅延型ヒューズよりも突入電流に耐えることがわかります．

トリップ時間には，ばらつきがあります．**図15**は常温における代表値です．**図15**では8 A流れたときのトリップ時間は0.02秒ですが，**表4**を見ると，8 A流れたときのトリップ時間は最大0.10秒までばらつくことがわかります．

● 内部抵抗：復帰直後は常温時と抵抗値が異なる

リセッタブル・ヒューズには，ヒューズよりも大きな内部抵抗が存在します．**表4**のR_{min}とR_{1max}がそれです．R_{min}は常温での抵抗値の最小です．R_{1max}は，トリップした後に常温で1時間放置して復帰させた後の抵抗値の最大です．

例えば，1.1 Aの品種のR_{1max}は0.2 Ωですから，1 Aを流すと0.2 Vもの電圧降下が生じることになります．

■ 使用上の注意

● ヒューズとの使い分け：機器を守るか人を守るか

リセッタブル・ヒューズは，過電流の原因を取り除いた後に電源を再投入すると復帰します．ユーザが過電流の原因を取り除けるような設計になっている場合，例えば，ユーザの誤った使い方が過電流の原因なら，リセッタブル・ヒューズの利用が有効です．

一方，機器の故障による過電流に対して回路を遮断

コラム　リフロでトリップ1回とカウントされる

リセッタブル・ヒューズでは，初期抵抗値という，トリップ動作を経験していない素子の常温における抵抗値が定義されています(**表A**)．

表A　1回トリップすると抵抗値が変わる

初期抵抗値 R_{typ}［Ω］	トリップ後抵抗値 $R_{1\,max}$［Ω］
0.49	0.85
0.24	0.41
0.15	0.21

一方トリップ後抵抗値は，いったんトリップ動作を経験した素子が自動復帰した後の抵抗値を言います．例えばSF45(KOA)のカタログでは，「製品を一度トリップさせた後(はんだリフロの後)25 ℃の環境に1時間放置した後の最大抵抗値」と記述されています．つまり，実際の異常電流によるトリップ動作以外にも，はんだリフロによる外部からの過熱も，トリップ動作を経験したと見なします．

〈長友 光広〉

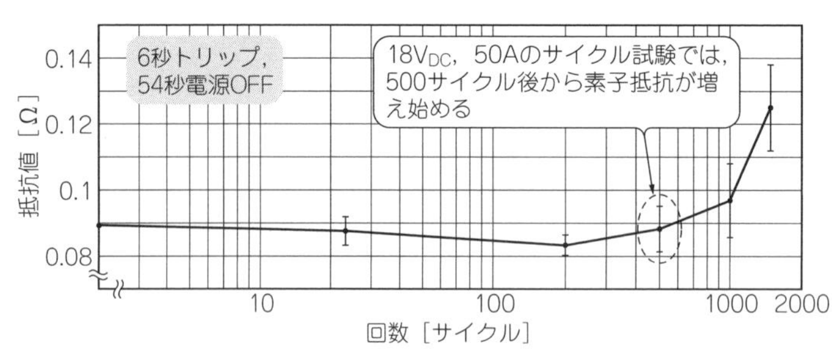

図17 トリップの回数が増えると抵抗値が増える

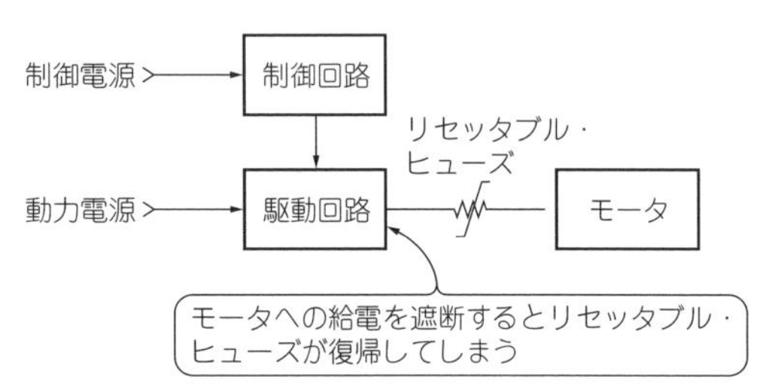

図16 知らず知らずにトリップから復帰しているかも…

したい目的には，ヒューズが適しています．ユーザが故障を簡単に修理できるわけではないので，故障を修理せずに電源を再投入すると危険です．

● 意図しない復帰があり得る

リセッタブル・ヒューズは電源の再投入で復帰します．トリップしても，ユーザが電源を再投入したり，**図16**のように制御回路が負荷に対する給電を停止したりすればリセッタブル・ヒューズが復帰します．このようなケースが想定される場合は，ユーザにトリップの原因を知らせる工夫などが必要になるでしょう．

● 寿命：故障モードはオープン

リセッタブル・ヒューズには寿命があります．リセッタブル・ヒューズの故障モードは，定格の範囲内で使用する限りは，ヒューズと同じくオープン・モードです．ショート・モードではないので，安全側に故障します．

● トリップと復帰を繰り返し過ぎると抵抗値が増加

トリップと復帰を繰り返すと，**図17**のように抵抗値が増加します．リセッタブル・ヒューズは，あくまで異常時の保護素子ですから，頻繁にトリップと復帰を繰り返すような用途には使えません．

● 過熱すると常温の保持電流でもトリップする

リセッタブル・ヒューズは，ヒューズよりも周囲温度の影響を受けます．例えば，**図14**の温度特性図のAカーブが保持電流1.1 Aの品種の特性です．80 ℃のポイントを見ると，保持電流I_Hとトリップ電流I_Tが，ほぼ50 %近くに低下します．

一方，**表4**の特性表で保持電流I_Hが1.1 Aの品種を見ると，トリップ電流I_Tは保持電流I_Hの2倍です．つまり，周囲温度が80 ℃まで上昇すると，常温の保持電流でトリップする可能性があります．

■ 選び方

● ディレーティング：ヒューズほどの心配は不要

リセッタブル・ヒューズは自己復帰するので，ヒューズほどディレーティングに神経質になる必要はありません．ヒューズの場合のような定常ディレーティングではなく，**図14**の温度ディレーティングだけを考慮します．

● 安全認定を取得した特定用途向け品種を用意

リセッタブル・ヒューズのほとんどは，UL/CSA/TUVなどの一般的な安全規格の認定を取得しています．また，自動車，電池，通信・ネットワーク機器などの特定用途向けの規格に対応した品種もあります．**表5**に各社が提供している保護素子を紹介します．

■ 実装の方法

● トリップ時の膨張を妨げない

リセッタブル・ヒューズは，トリップしたときに膨張します．膨張を妨げるような外部応力があると，特性が変化する可能性があります．

● モールド封止は熱がこもるので実機で評価

リセッタブル・ヒューズは，過電流による自己発熱でトリップします．モールド封止のように，熱がこもりやすい実装方法では，特性が変化する可能性があるので実機評価が必要です．また，硬い材料で封止する

表5　表面実装タイプの保護素子一覧

定格電圧［V］	定格電流［A］	サイズ*	メーカ	シリーズ		特　徴
24	0.20 ～ 2.5	1005	KOA	TF10BN		1005 サイズの超小型
32	0.20 ～ 3.15	1608		TF16SN		TF10BN の定格電圧を高めた
32	0.25 ～ 5.0	1608		TF16AT		TF16SN の耐パルス特性を向上
24	0.75 ～ 5	3216		CCP2B		モールド成形．強度に優れ基板のひずみの影響を受けにくい
72	0.4 ～ 4	3225		CCP2E		CCP2B の定格電圧を高めた
AC125/DC60	0.4 ～ 10	6025		CCF1F		セラミック・ケース．耐サージ性に優れる．1 次側回路に使用可
AC65/DC65	12 ～ 15	6025				
AC125/DC60	0.4 ～ 6.3	6025		CCF - UM		CCF の IEC 規格品
24	0.5 ～ 4	1005	リテルヒューズ（旧タイコ エレクトロニクス）	0402SFF		モノリシック多層構造で小型で電流容量が大きい
24，32	0.5 ～ 6	1608		0603SFF		0402SFF の定格電圧が高い品種
24，32，63	0.5 ～ 8	3216		1206SFF		0402SFF の定格電圧が高い品種
32	1 ～ 5	1608		0603SFS		0603SFF の遅延型
24，32，63	1 ～ 8	3216		1206SFS		1206SFF の遅延型
24	10 ～ 20	3216		1206SFH		1206SFS の高電流容量品
250	0.5 ～ 2	10030		FT600		通信機器向けの規格に対応
24	0.25 ～ 3	1005	パナソニック	ERBSD		1005 サイズの超小型
32	0.5 ～ 5	1608		ERBSE		ERBSD の定格電圧を高めた
125 / 63 / 32	0.25 ～ 8	1206	リテルヒューズ	Ceramic Chip	437	超速断，高温
32 / 24	0.25 ～ 6	0603			438	超速断，高温
24	15, 20	1206			501	超速断，高電流
125 / 63 / 32	0.125 ～ 5	1206		Thin Film	466	超速断
24	7	1206			429	超速断
63 / 32	0.5 ～ 3.15	1206			430	遅延型
63 / 32	0.5 ～ 3	1206			468	遅延型
32	0.25 ～ 5	0603			467	超速断
32	0.25 ～ 5	0402			435	超速断
125 / 65	0.062 ～ 15	2410		Nano2	448	超速断
125	0.375 ～ 5	2410			449	遅延型
125 / 65	0.062 ～ 15	2410			451/453	速断型
125	0.375 ～ 5	2410			452/454	遅延型
125	20, 30	4012			456	超速断，高電流
63	1.0 ～ 10	1206			458	速断型
250	0.5 ～ 5	4012			443	超速断
250	0.5 ～ 5	4012			462	遅延型
250	0.5 ～ 6.3	4818			464	IEC60127 - 4 ユニバーサル・モジュラ・ヒューズ・リンク準拠
250	1 ～ 6.3	4818			465	IEC60127 - 4 ユニバーサル・モジュラ・ヒューズ・リンク準拠
600	0.5 ～ 2.0	4012		Telelink	461	通信機器向け．遅延型
600	1.25	4012			461E	通信機器向け．遅延型
125	0.062 ～ 5	—		PICO SMF	459	超速断
125	0.5 ～ 5	—			460	遅延型
250	0.062 ～ 5	—		Flat Pak	202	超速断，リード付き面実装
250	0.25 ～ 5	—			203	遅延型，リード付き面実装
350	2.0 ～ 10.0	—		EBF	446	速断型，高電圧

*リテルヒューズのみサイズはインチ表示，旧タイコエレクトロニクスはミリ表示．

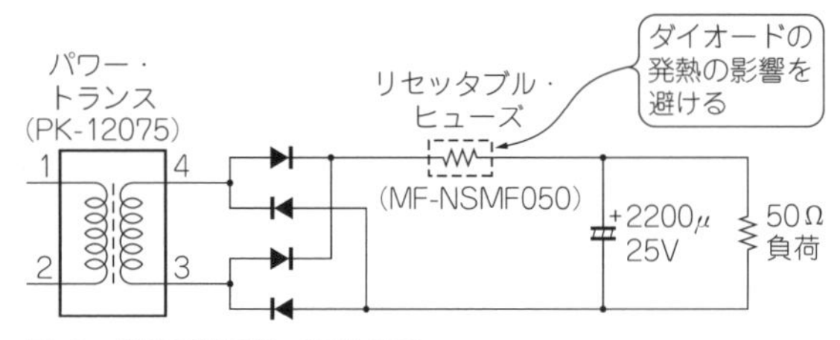

図18　整流平滑回路での使用例

と，トリップ時の膨張を妨げ，特性が変化する可能性があります．　〈中 幸政〉

◆参考・引用*文献◆

(1)* コーア㈱；RESETTABLE FUSES SF チップ形リセッタブルヒューズ，2009.
(2)* タイコ エレクトロニクス㈱；Poly Switch TM Surface-mount Resettable Devices，2009.
(3)* タイコ エレクトロニクス㈱；ポリスイッチの概要と選定方法，2009.
(4)* タイコ エレクトロニス㈱；ポリスイッチの信頼性，2009.

■ 整流平滑回路での使用例

● 溶断型ヒューズよりも温度の影響が大きい

図18にリセッタブル・ヒューズを挿入したコンデンサ・インプット型の整流平滑回路を示します．溶断型ヒューズと比較して注意するべきなのは，何といっても周囲温度によるディレーティング係数の変動が大きいことです．リセッタブル・ヒューズは，自身の温度上昇により電流制限を行う素子なので，素子の放熱状態により実際の動作電流値がかなり変化します．通常動作時にトリップしないか，溶断型ヒューズ以上に注意深く検証する必要があります．

特に電源回路などでは太い銅はくパターンがよく使用されるので，銅はくを通したダイオードからの熱伝導も考えられます．異常な電流が流れていない場合においても，ダイオードから伝わる熱で，リセッタブル・ヒューズがトリップすることがあります．

また小さな素子では，パッドの大きさやパターン幅により，銅はくを通して逃げる熱量が変化したり，逆に付近の発熱部品から熱をもらったりするなどして，動作特性が大きく変化します．

溶断型ヒューズが切れてしまうと修理が必要になりますが，リセッタブル・ヒューズは電流が正常値に戻ると復帰します．平滑コンデンサによる瞬間的な突入電流に対しては，溶断型のヒューズと比較すると若干寛容になります．　〈長友 光広〉

(初出：「トランジスタ技術」2010年8月号)

第2章 過電圧保護素子の基礎知識

ツェナー・ダイオードやバリスタ，抵抗器で対策できる

ESD保護用ツェナー・ダイオード

ESD保護用ツェナー・ダイオードとは…

外来サージによる機器の誤動作，破壊から機器を保護するために使います．ツェナー・ダイオードは「定電圧ダイオード」とも呼ばれ，電圧安定化回路などで使われます．それ以外に，半導体の降伏(ある電圧で急激に電流が流れる)特性を利用して過電圧リミッタや突発的なサージの吸収にも優れた効果を発揮します．特に，このような目的に特化したものをESD保護(サージ吸収)用ツェナー・ダイオードといいます(**写真1**)．

■ 特性

● ある電圧を超えないように電流を流す

接合型ダイオードはP型半導体とN型半導体を接合した構造となっています(**図1**)．通常，ダイオードはアノード側(P型半導体)に電圧(順電圧)を印加すると電流(順電流)が流れますが，カソード側(N型半導体)に逆電圧を印加しても逆電流はほとんど流れません．

図2はダイオードの電圧-電流特性を示したものです．順方向領域，飽和領域，降伏領域に大別されます．通常，ダイオードは順方向領域での動作を行いますが，逆方向の降伏特性を利用したものがツェナー・ダイオードです．飽和領域で逆電圧を大きくすると逆電流は徐々に増加し，ある逆電圧を超えると急激に増加し，この現象を降伏と呼びます．

PN接合型の小信号ダイオード，例えばスイッチング・ダイオードでは降伏電圧が30 V～60 Vとなりますが，ツェナー・ダイオードでは用途・目的に応じて2 V～数十V(製品によっては100 V超)となっています．ツェナー・ダイオードはこの降伏領域で動作させ，降伏電圧をツェナー電圧V_Zと呼び，ツェナー・ダイオードを選択する際の重要な要素となります．

● 入力部に入れると外来サージから回路を保護できる

前述の通り，ツェナー・ダイオードは定められた電

(a) 2端子品　(b) 5端子品

写真1　ESD保護用ツェナー・ダイオード

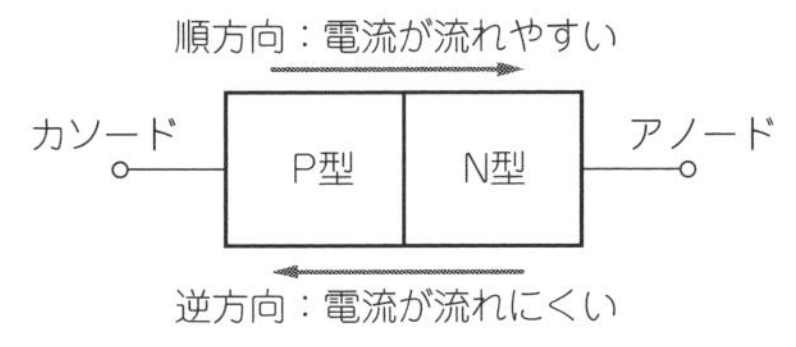

図1　接合型ダイオードの構造

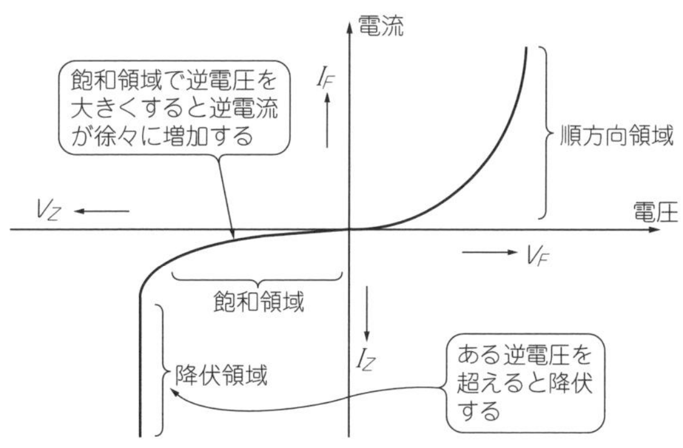

図2　ツェナー・ダイオードは加えられる電圧がある値を保つように電流を流す

7 保護素子／ノイズ対策／放熱器

表1　ESD保護用ツェナー・ダイオードの仕様

最大定格		電気的特性					備　考	型　名
許容損失 P_d [mW]	サージ逆電力 P_{rsm} [W]	ブレイク・オーバー電圧 V_{BO} [V] min	ブレイク・オーバー電圧 V_{BO} [V] typ	端子間容量 C [pF_{typ}]	端子間容量 V_R [V]	静電気耐量 [kV_{min}]		
200	2	5.3	8	3.5	0	8	3端子，2素子アノード・コモン接続	NASD500F
150	2	5.3	8	3.5	0	8	3端子，2素子アノード・コモン接続，小型	NASD500S
200	2	5.3	8	3.5	0	8	5端子，4素子アノード・コモン接続，小型	NASD500H

周囲温度 T_a = 25℃の場合

t = 10 μs，1パルスでの値

サージに対する電力的な耐性

小さいと信号がなまらない

静電気放電イミュニティ試験(IEC61000-4-2)で8kVまで耐えた

圧で降伏動作をします．保護すべき素子や回路にツェナー・ダイオードを接続すると，入力側からツェナー電圧を超える過電圧やサージ電圧が印加された場合，ツェナー・ダイオードが降伏動作し，出力側にはツェナー電圧を越える電圧は印加されません(**図3**)．こうして外来サージから内部の素子・回路が保護されます．

● 定電圧用ツェナーとサージ吸収用ツェナーの違い

一般的な定電圧用ツェナー・ダイオードもサージ吸収用ツェナー・ダイオードも一部の特殊な製品を除いて，基本的な構造や動作原理に差異はありません．

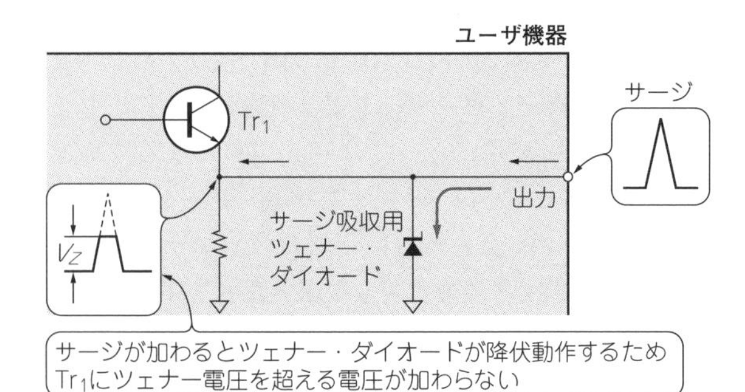

図3　サージ吸収時の動作

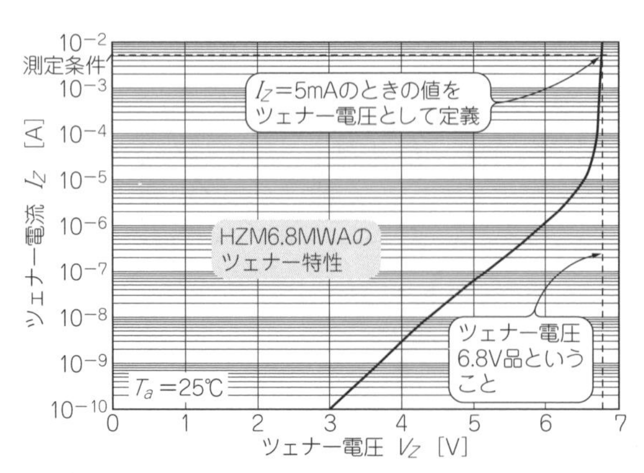

図4　ツェナー・ダイオードの電圧-電流特性(ツェナー特性)

定電圧用ツェナー・ダイオードは広範囲にわたる電圧制御が目的です．ツェナー電圧が広範囲で，電圧区分も細分化されています．

サージ吸収用の用途にも利用できますが，動作応答速度に関連する端子間容量，静電気耐量やサージ逆電力に対する耐量などは一般的に規定がありません．

● 性能を表すキー・パラメータ

サージ吸収用ツェナー・ダイオードの電気的特性は**表1**の項目が規定されています．

① ツェナー電圧(V_Z)

逆方向に指定されたツェナー電流(I_Z)を流した際の電圧です．ツェナー・ダイオードの最も重要な特性項目となります．代表的なツェナー特性を**図4**に示します．

② 端子間容量

指定された条件，逆電圧・周波数でのダイオード容量です．パッケージの寄生容量を含めた端子間容量として規定されます．高速信号ラインに使用する場合は低端子間容量品を選びます．端子間容量と静電気耐量には相互関係があります．

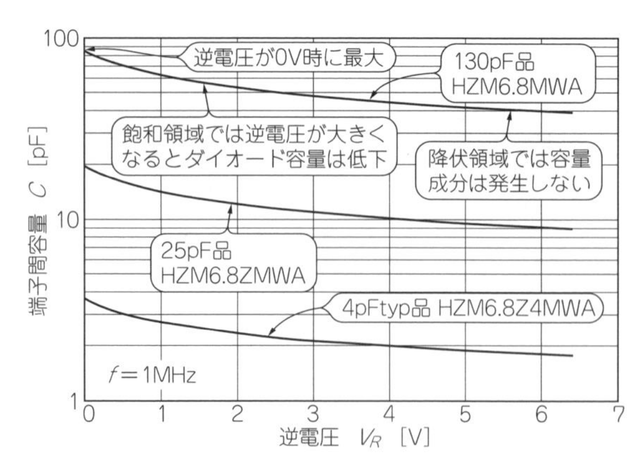

図5　端子間容量-逆電圧特性
端子間容量は逆電圧が大きくなると小さくなる(2016年12月現在HZM6.8ZMWAは製造を中止している)

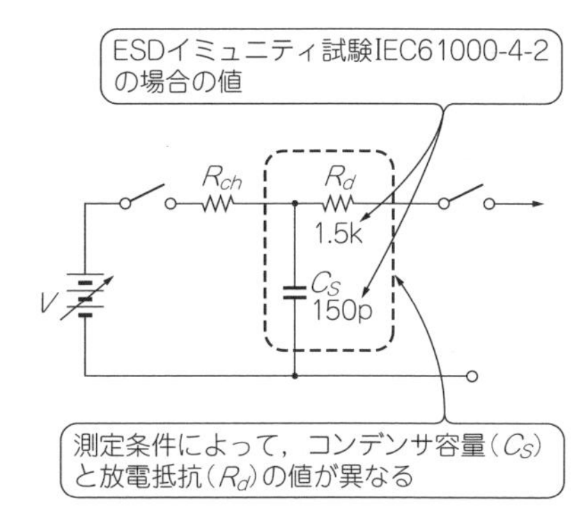

図6　静電破壊強度試験の構成

表2　静電気放電イミュニティ試験(IEC61000-4-2)要求

項　目	記号	条　件
コンデンサ容量	C_S	150 pF
放電抵抗	R_d	330 Ω
充電抵抗	R_{ch}	50 ～ 100 MΩ
出力電圧	V	接触放電 最大8kV
電圧保持時間	−	少なくとも5秒
放電，操作モード	−	単一放電(放電間隔は少なくとも1秒)

(a) 条件

レベル	接触放電試験
1	2 kV
2	4 kV
3	6 kV
4	8 kV
X	Special

(b) レベル

端子間容量は，**図5**のように印加される逆電圧に依存します．逆電圧が0V時に最大となり，飽和領域では逆電圧が大きくなると端子間容量は低下し，降伏領域では容量成分は発生しません．

③ 静電気耐量

静電気耐量とは帯電した物体・人体と素子とが接触した際の静電気放電(ESD：Electro Static Dischargeともいう)による素子破壊に対する耐性を示します．

図6の条件でコンデンサに蓄積された電荷を，抵抗を介してツェナー・ダイオードに加えます．このとき素子破壊に至る電圧を静電気耐量とします．多くのサージ吸収用ツェナー・ダイオードではIEC61000-4-2静電気放電イミュニティ試験に準じた条件で規格を決めています．IEC61000-4-2は電子機器が静電気放電を受けた際の性能を評価するための基準です(**表2**)．

④ サージ逆電力

ツェナー・ダイオードに印加されるサージ逆電力に対する耐性を示します．サージ逆電力の耐性は逆電力が印加される時間に関連があり，印加時間が長くなると耐性は小さくなります．規定される条件に注意する必要があります．

また，印加回数も1パルスとなっています．機器の寿命の範囲で繰り返しサージ逆電力が加えられる場合は，その値より低減しなければなりません．

■ 選び方

● 要点

端子間容量と静電気耐量は相互に関連しています．

端子間容量を小さくするには，コンデンサの電極面積に相当するPN接合部を小さくします．反面，PN接合部が小さくなると静電破壊に対する強度は小さくなり静電気耐量は低下します．このように両者はトレードオフの関係があります．

端子間容量を小さくしたサージ吸収用ツェナー・ダイオードで，より高い静電気耐量を要求される場合は注意が必要です．

● USB信号ラインに入れてもなまらない

高速信号ラインでは，サージ吸収用ツェナー・ダイオードの端子間容量が大きいと信号の遅延・波形がなまる可能性があります．端子間容量が20 pF以下のツェナー・ダイオードを選びます．低端子間容量のサージ吸収用ツェナー・ダイオードをUSB 2.0ラインに接続した場合の信号波形を**図7**に示します．

図7(a)はツェナー・ダイオードを接続していない場合の，**図7(b)**は低端子間容量のサージ吸収用ツェナー・ダイオード(4 pF)を接続した場合の波形(アイ・パターン)です．低端子間容量のサージ吸収用ツ

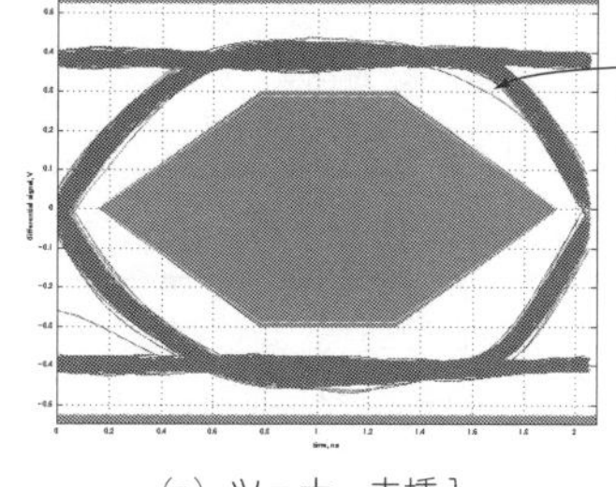

(a) ツェナー未挿入

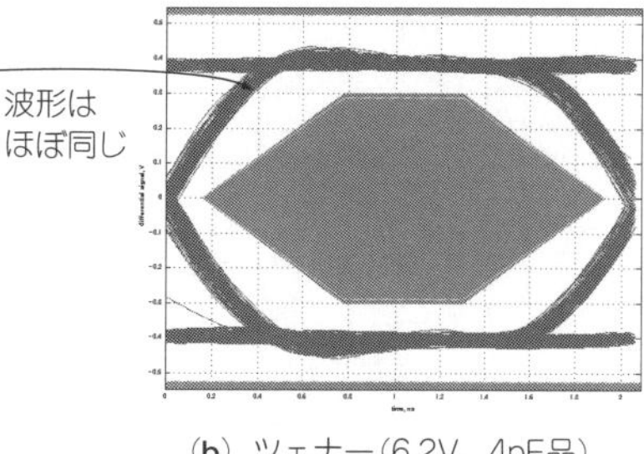

(b) ツェナー(6.2V，4pF品)挿入時

図7
低端子間容量タイプのESD保護用ダイオード(端子間容量4 pF)**は高速信号ラインに接続しても伝送波形に影響を与えない**
USB2.0信号ラインのアイ・パターン

ェナー・ダイオードを接続してもUSB 2.0の信号にほとんど影響を与えていません．

● 双方向のサージを一つで対策

通常のツェナー・ダイオードは極性を持っており，どちらか一方からのサージ吸収しかできません．接地が不安定などの理由で順・逆双方向からのサージ吸収が必要な場合，二つのダイオードのカソードまたはアノードを直列接続して両方向のサージを吸収します．

しかし，この方法では多くのツェナー・ダイオードが必要で実装効率やコストの面で不利となります．この問題を解決するのが，双方向型サージ吸収用ツェナー・ダイオードです．特性を**図8**に示します．

双方向型サージ吸収用ツェナー・ダイオードは二つのツェナー・ダイオードをカソードまたはアノードが直列接続された内部構造となっています．

● 今後の開発動向

• 超低端子間容量

USB 3.0(最大5 Gbps)など今まで以上に高速インターフェースが増えてきています．端子間容量がよ

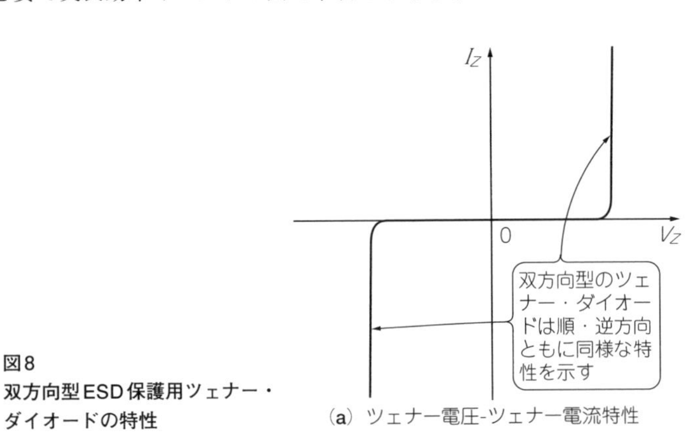

(a) ツェナー電圧-ツェナー電流特性

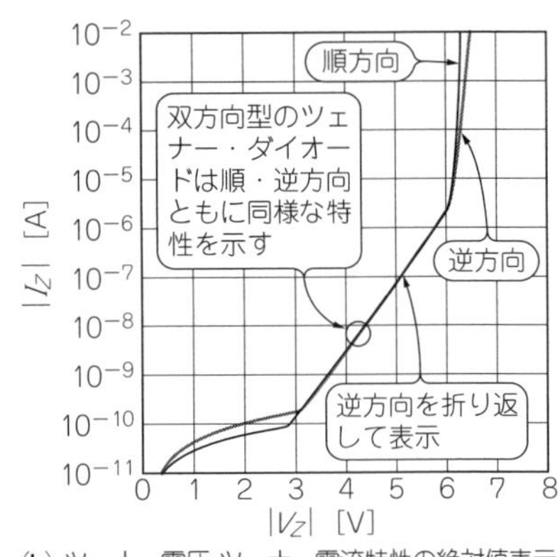

(b) ツェナー電圧-ツェナー電流特性の絶対値表示

図8 双方向型ESD保護用ツェナー・ダイオードの特性

コラム1 ESD保護ツェナー・ダイオードとバリスタとの違い

バリスタは非直線性を示す酸化亜鉛に添加物を加えたセラミックを素材としたものです．

ツェナー・ダイオードはシリコンからなるP型半導体とN型半導体を接合した構造となっています．

ツェナー・ダイオードはバリスタと比較して以下のような特徴があります．

(1) 応答速度が速い

ツェナー・ダイオードはサージに対する応答速度はバリスタと比較し格段に速く，かつ特性劣化がなく規定のツェナー電圧で確実にサージを吸収します(**図A**)．

(2) 低電圧のサージに対応できる

(3) 保護する電圧の幅が狭い

〈**青木 俊輔**〉

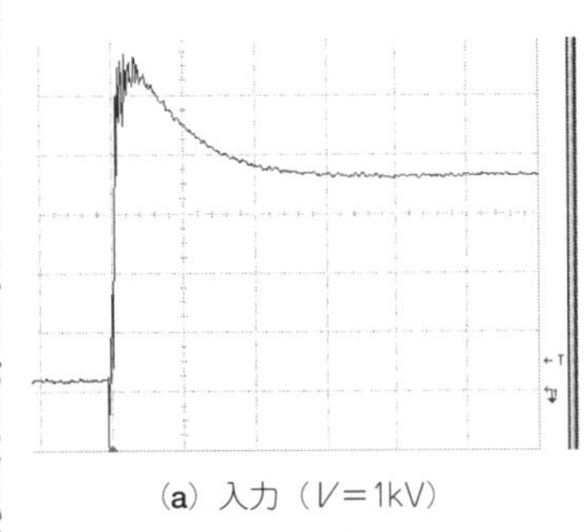
(a) 入力 (V=1kV)

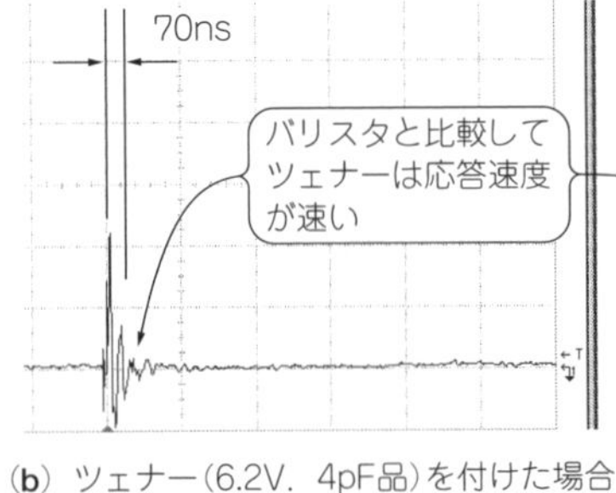

(b) ツェナー(6.2V，4pF品)を付けた場合

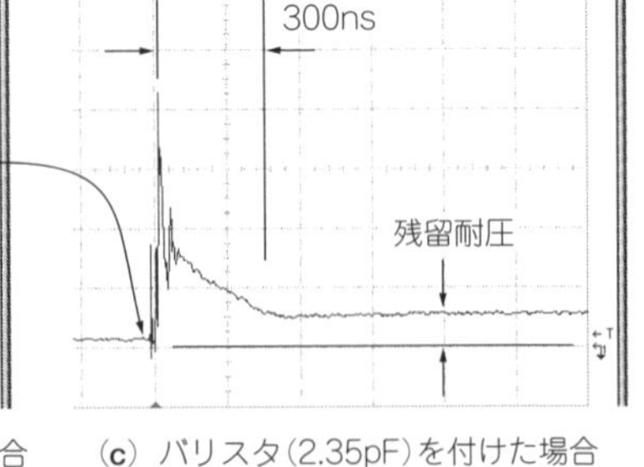

(c) バリスタ(2.35pF)を付けた場合

図A サージ吸収特性(200 V/div，200 ns/div)

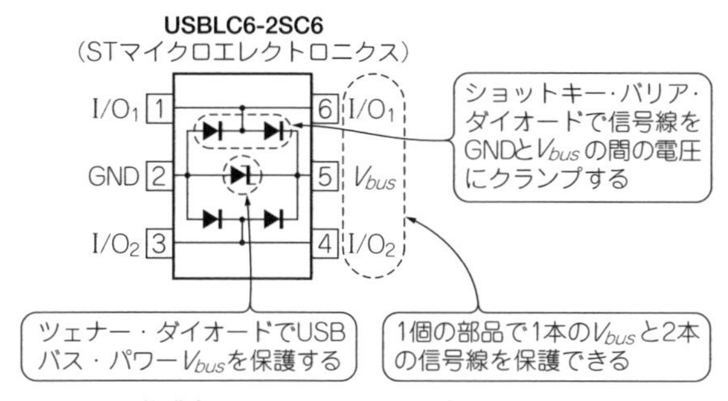

図9　USB保護素子USBLC6-2SC6の内部回路

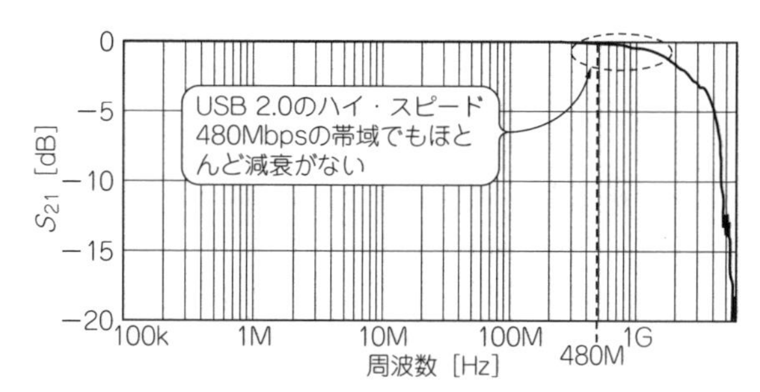

図10　USB 2.0ハイ・スピード(480 Mbps)の帯域でもあまり減衰しない

り小さいタイプが必要です.

- 小型外形

　電子機器の小型化や軽量化に伴って，搭載される電子部品にはさらなる小型薄型化が要求されます.

- 複素子/パッケージ，複合素子

　高密度実装できる複素子/パッケージや，抵抗，コンデンサなどを1パッケージ化したタイプが要求されています.

〈青木 俊輔〉

1個でUSBポートを保護できる複合タイプ

図9はSTマイクロエレクトロニクスの複合素子USBLC6-2SC6の内部回路です．ショットキー・バリア・ダイオードが4本とツェナー・ダイオードが1本内蔵されていて，1個の部品でUSBの1ポートを保護できるように設計されています.

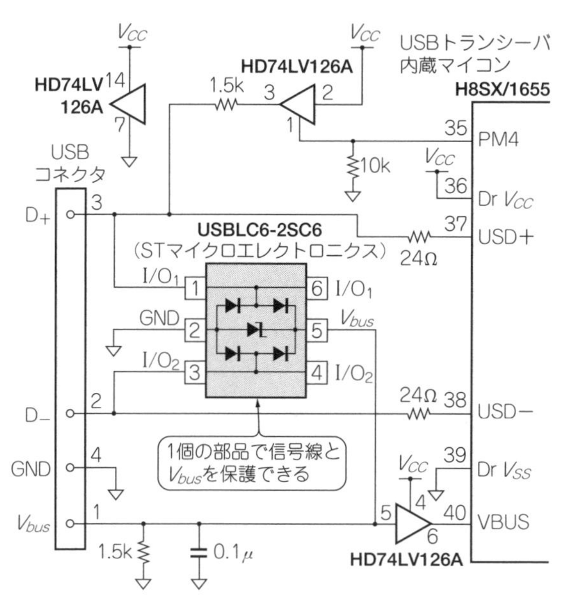

図11　USBインターフェースの保護

　この品種は静電容量が低いのが特徴で，信号線とグラウンド間の静電容量がわずか2.5 pF_{typ}です．このため，高速の信号線に使用しても減衰がほとんどなく，**図10**のようにUSB 2.0のハイ・スピード(480 Mbps)にも対応できます.

　図11は回路です．1個の部品でV_{bus}とデータ・ラインの保護ができます.

〈中 幸政〉

◆引用*文献◆

(1)　*　STMicroelectronics；USBLC6-2 Very low capacitance ESD protection，2008.

FM受信フロントエンドでの使用例

● ESD保護ダイオードとバリスタはどちらも線路の保護に使える

　ESD保護ダイオードは，同一寸法のセラミック・バリスタと比較すると，サージ耐量がやや低い傾向がありますが，静電容量の小さい品種が多くあり，高速信号線路などの保護用に多く使われています．最近では，静電容量の非常に小さいセラミック・バリスタも市販されているので，どちらを選択するかは，素子構成や入手性などから判断します.

　製造プロセスや設備による都合と推察しますが，半導体メーカからは主にESD保護ダイオードが，受動

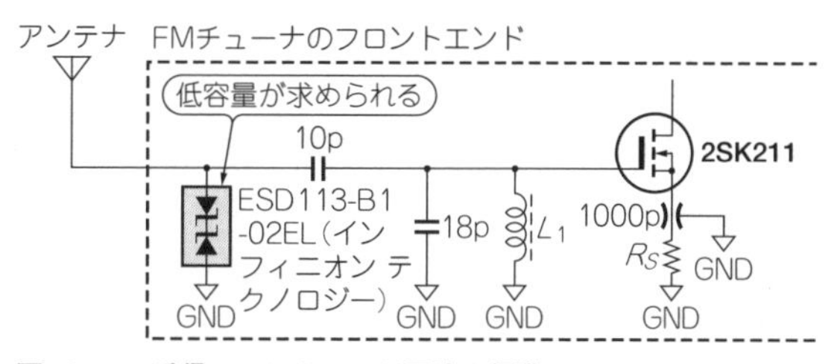

図12　FM受信フロントエンド回路の保護
静電容量が0.2 pFと小さいESD保護ダイオード(ESD113-B1-02EL)を使って保護している

部品メーカからは主にセラミック・バリスタが供給されているようです．

● 高周波回路では静電容量の小さい保護素子が必要

図12に携帯電話やFMチューナなどの受信フロントエンド回路の例を示します．フロントエンド初段回路では，アンテナと初段増幅素子との間をエネルギー損失ができるだけ小さくなるように接続するため，*LC*素子によるインピーダンス・マッチング回路が構成されます．当然このような部分に保護素子を接続する場合には，保護素子の静電容量を加味してマッチング素子の定数を設計しなければなりません．保護素子単体での静電容量が大きすぎたり，容量のばらつきが大きかったりすると，補償しきれなくなります．

図12の回路には，保護素子としてインフィニオンテクノロジーのESD0P2RFを使用しています．この素子の静電容量は0.25 pF程度しかなく，GHz帯の電波を用いる携帯電話などの機器に適用しやすくなっています．

● 高電圧・低静電容量の用途にはアレスタを使う

大きな送信電力を出力する基地局などの送信アンテナの回路では，大きな信号電圧振幅を許容しつつも，静電容量の小さい素子が必要です．このような場合にはアレスタ(避雷器)と呼ばれる素子の適用になります．最近では表面実装型のアレスタ素子も市販されるようになってきています．

〈長友 光広〉

バリスタ

バリスタとは…

バリスタは，印加電圧が一定値を超えると抵抗値が急に低下する素子です．静電気などの過電圧から回路素子を保護する目的で使用されます．ライン-GND間に挿入し，静電気のエネルギーをGNDへバイパスします．構造上極性を持たないため，正負両方の異常電圧に対応できます．

ディスク・タイプは雷などの高エネルギー・サージ対策に使われます．表面実装タイプ(**写真2**)は，主に携帯機器の端子など，外部インターフェースの直後に挿入され，静電気放電(ESD：Electrostatic Discharge)保護に使われます．

● 最近のICは静電気で壊れやすいので対策が必要

静電気を帯びた人体が電子機器の端子などに接近すると，放電を起こしてしまう場合があります．このときやりとりされる電荷はごくわずかですが，放電電圧は数kVと高く，回路素子の破壊の原因です．特にIC内の絶縁破壊を引き起こします．

近年はICの高集積化が進み，絶縁体の膜厚が薄層化されているため，静電気により破壊されるリスクが大きく，静電気対策の必要性が高まっています．

■ 構造と性質

● 構造：セラミック・コンデンサとほぼ同じ

積層チップ・バリスタの構造は，**図13**に示すように積層セラミック・コンデンサとほぼ同じです．誘電体の代わりに，バリスタ特性を持った材料を使用する点が異なります．

バリスタ材料には，酸化亜鉛にいくつかの添加物を加えた半導体セラミックス材料が使用されます．製造

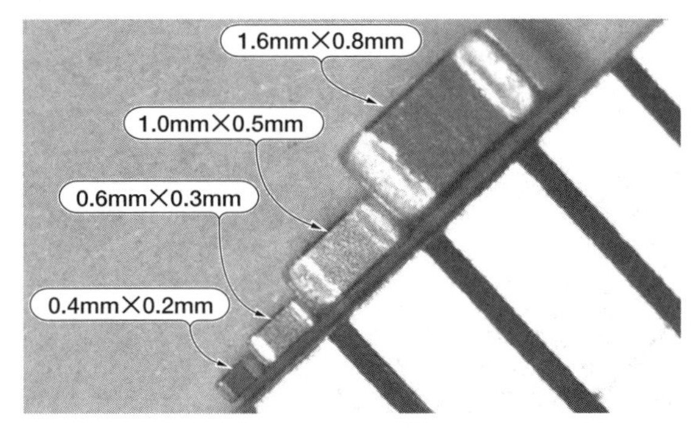

写真2 表面実装タイプのバリスタには1608から0402まである
バリスタもコンデンサ同様に当初はディスク・タイプのものから使用され始めた．近年では積層チップ・タイプのバリスタが使用されるようになり，小型化が進んでいる

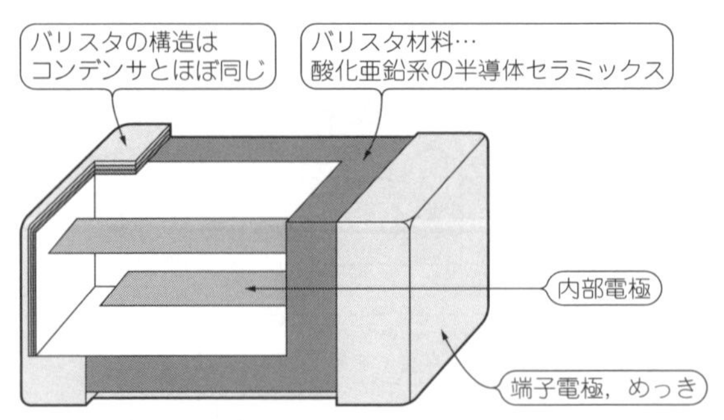

図13 構造はコンデンサと同じ
バリスタの構造はコンデンサとほぼ同様だが，誘電体の代わりにバリスタ材料を使用する点が異なる．バリスタ材料には，酸化亜鉛にいくつかの添加物を加えた半導体セラミックスが使用される

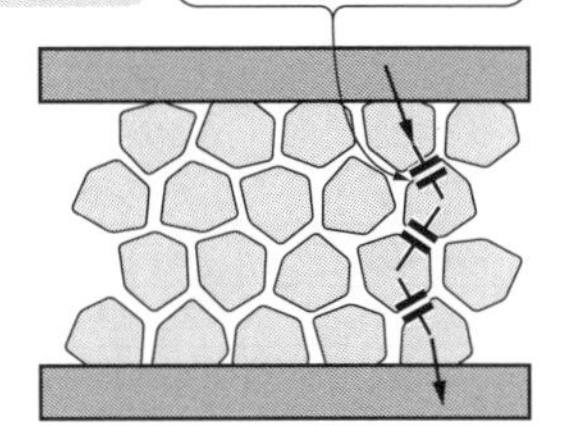

図14　バリスタの原理
内部は，内部電極間にバリスタ材料が挟まれた構造になっている．バリスタ材料の結晶粒界は平常時高抵抗を示し，高電圧が印加されると低抵抗になる．これにより，高電圧が加わると内部電極間が導通し，低電圧では絶縁するように振る舞う

方法も積層セラミック・コンデンサとほぼ同様で，バリスタ材料のシート上に，内部電極の印刷，積層，焼成，端子電極形成，めっき処理を施して製造されます．

● 高電圧が加わると導通する

バリスタの持つ非直線抵抗特性は，バリスタ材料の結晶粒界に存在するダブル・ショットキー障壁に由来するものといわれています．模式図を**図14**に示します．

電極間に一定以上の電圧が加わると，粒界が導通し，バリスタは低抵抗の状態になります［**図14(a)**］．バリスタの電極間に一定以上の電圧が加わらない状態では，粒界は導通せず，高抵抗を保ちます［**図14(b)**］．このときバリスタは単なるコンデンサとして振る舞います．

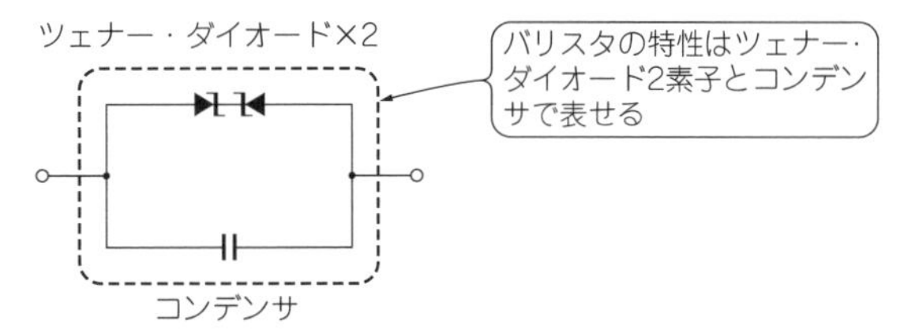

図15　バリスタの等価回路
バリスタは，ツェナー・ダイオードの逆バイアス時と同様の電流電圧特性を持ち，正負いずれの電圧に対しても等しい特性を示す

● 等価回路：対称に接続したツェナー・ダイオードとコンデンサの並列回路

バリスタの機能はツェナー・ダイオード2個にコンデンサ1個を接続した構成と同等と考えることができます．等価回路を**図15**に示します．

バリスタはその構造上極性を持たないため，正負両方の異常電圧に対応できます．そのためツェナー・ダイオードなどを利用して静電気対策する場合よりも，部品点数が少なく済みます．

● 小型化が進む

バリスタは従来ディスク・タイプのものが主流で，雷サージなどの対策に用いられてきました．しかし近年になり，材料改善や薄層化技術の進展によって低い電圧で動作するバリスタが実用化され，静電気対策へ利用されるようになりました．現在では外形サイズが0.4 mm × 0.2 mmのものが実用化されています．

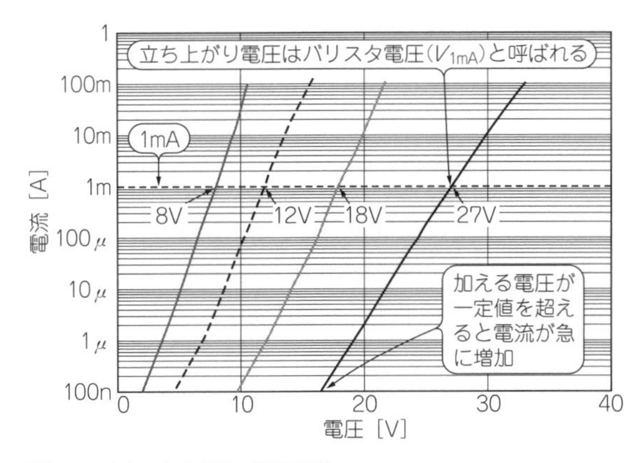

図16　バリスタの電流-電圧特性
バリスタの立ち上がり電圧はバリスタ電圧と呼ばれ，電流が1 mAとなったときの端子間電圧で規定されている．バリスタ電圧は，結晶粒の大きさや内部電極の層間厚みで制御される

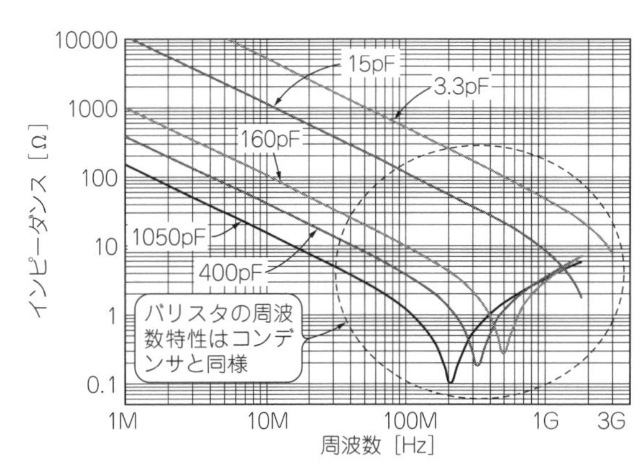

図17　バリスタの周波数-インピーダンス特性
高速信号ラインの静電気対策に利用する場合には，静電容量による波形のなまりが問題となるので，静電容量の小さいバリスタを選択する必要がある

表3　バリスタの主要な特性値(TDK)

立ち上がり電圧 → バリスタ電圧　連続して加えられる最大電圧 → 最大許容回路電圧

外形	バリスタ電圧 V_{1mA} [V]		最大許容回路電圧 V_{DC} [V]	静電容量 C_{typ} [pF] (1 kHz, 1 V_{RMS})	型名
	公称	範囲			
0402タイプ	12	9.6 ～ 14.4	5.5	33	AVRM0402C120M□330N
0603タイプ	6.8	4.76 ～ 8.84	3.5	100	AVRM0603C6R8N□101N
	8	6.4 ～ 9.6	5.5	100	AVRM0603C080M□101N
	12.8	10 ～ 15.6	5.5	100	AVRM0603C120M□101N
	12	9.6 ～ 14.4	7.5	33	AVR-M0603C120M□AAB
1005タイプ	6.8	4.76 ～ 8.84	3.5	100	AVRM1005C6R8N□101N
	8	6.4 ～ 9.6	5.5	650	AVR-M1005C080M□AAB
	8	6.4 ～ 9.6	5.5	480	AVR-M1005C080M□ADB
	8	6.4 ～ 9.6	5.5	100	AVR-M1005C080M□ABB
	8	6.4 ～ 9.6	5.5	33	AVR-M1005C080M□ACB
	12	9.6 ～ 14.4	7.5	130	AVR-M1005C120M□AAB
	27	24 ～ 30	19	100	AVRM1005C270K□101N
	27	21.6 ～ 32.4	15	40	AVR-M1005C270M□AAB
	27	21.6 ～ 32.4	15	15	AVR-M1005C270M□ABB

公称 ↑ バリスタ電圧が低いと電圧抑制能力が高い　静電容量 ↑ 静電容量が大きいものほどESD耐量が大きい

■ 電気的特性

● 電流-電圧特性は正負対称

バリスタの電流-電圧特性を**図16**に示します．バリスタは極性を持たないため，電流-電圧特性も，電圧の正負によらず対称になります．図では正方向の特性だけを示しています．印加電圧が一定値を越えるとバリスタの抵抗値は急しゅんに低下し，電流が増大します．

バリスタの立ち上がり部分の電圧は，電流が1 mAとなる電圧で規定されています．この電圧はバリスタ電圧(V_{1mA})と呼ばれ，メーカからはさまざまな値が用意されています．

● 周波数-インピーダンス特性：コンデンサと同様

バリスタの周波数特性を**図17**に示します．バリスタは一定以上の電圧が加わらない場合コンデンサとして動作します．そのためバリスタは単純なノイズ・フィルタの効果を併せ持ちます．

使用するラインの信号速度が速い場合には，逆にバリスタの静電容量が波形をなまらせ，問題になります．静電容量の小さいものを選ぶ必要があります．

■ 選び方

● バリスタに要求される性能

回路素子をESDから保護するために，バリスタには次の2点が要求されます．1点目は電圧抑制能力で，静電気のエネルギーを速やかにGNDへバイパスして，異常電圧を低く抑制し，回路素子を保護できることが求められます．2点目はESD耐量で，静電気吸収後も電流-電圧特性が劣化しないことが求められます．

● バリスタ電圧が低くて静電容量が大きなものを選ぶ

表3にバリスタの代表的な特性値を示します．バリスタの性能はバリスタ電圧と静電容量により傾向付けられるため，選定にあたっては，バリスタ電圧と静電容量に注目します．バリスタ電圧は低いほど，電圧抑制能力に優れます．そのため第一にバリスタ電圧の低いものを選定します．

静電容量は大きいほど電圧抑制能力が良好な特性を示す傾向があり，ESD耐量も大きくなる傾向があります．そのため静電容量のなるべく大きなものを選定します．

ただし，静電容量が大きいと波形がなまるので，高速信号ラインでは静電容量が小さく設計されたバリスタを使います．信号品質が許容できる範囲と必要なESD耐量のトレードオフで選びます．

● バリスタのサージ吸収波形

バリスタによる実際のサージ吸収の測定結果を**図18**に示します．静電気の放電波形は，コンデンサの充放電により疑似的に再現することができます．**図18(a)**のようにIEC61000-4-2に準拠した試験の場合，

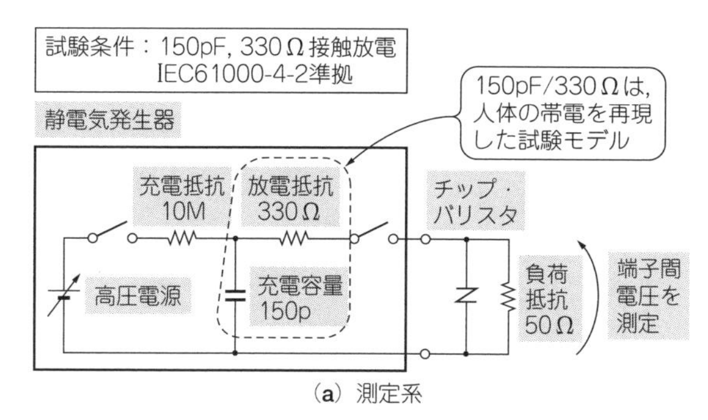

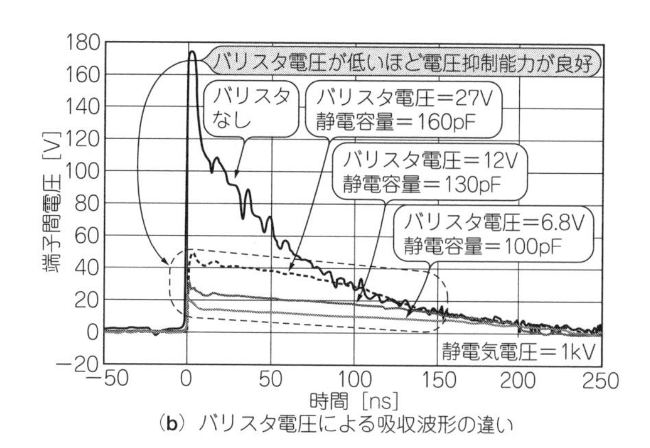

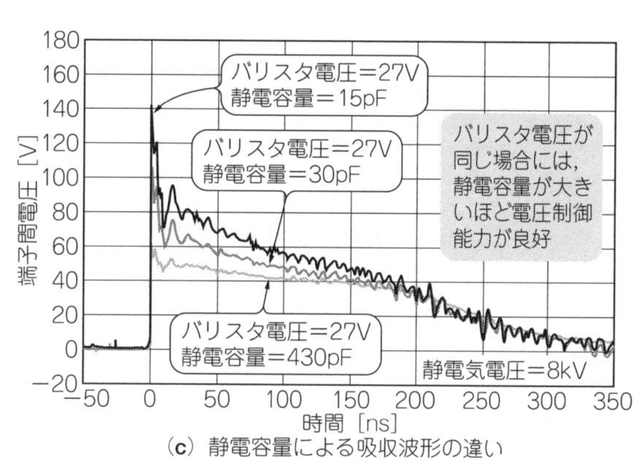

図18　バリスタによるサージ吸収波形
充電容量150 pF，放電抵抗330 Ωは人体の帯電を再現するためのモデル．まず高圧電源により充電容量150 pFに電荷が充電され，その後接点が切り替わり，放電抵抗330 Ωを介して放電される．(b)は1 kV印加時の吸収波形，(c)は8 kVを印加したときの静電容量ごとの波形の違いを表す

150 pFの静電容量に充電し，330 Ωの放電抵抗を介して放電させて試験を行います．これは人体の帯電を再現したモデルです．

図18(b)はバリスタ電圧が異なる場合の吸収波形です．バリスタ電圧が低いほど電圧抑制能力が高く，保護性能に優れていることがわかります．

図18(c)は静電容量が異なる場合の吸収波形です．バリスタ電圧が同じ場合には，静電容量が大きいほど電圧抑制能力が高い傾向があります．

● 大電流を流し過ぎると発熱してショート破壊する

バリスタはkVオーダの静電気が印加されても絶縁破壊に至らないため，過電圧に対し強じんな印象を持たれます．しかし電圧が長時間加わると，電流による発熱でバリスタが破損することがあります．

図19はバリスタに直流過電圧を加えてショート破壊するまでの時間を調べたものです．過電圧が大きいほど，また電源の電流供給能力が高いほど，短時間でショート破壊に至ることがわかります．

電流供給能力が高いラインの電圧が変動している場合には，電圧変動分を加味してバリスタの最大許容回路電圧を選ぶ必要があります．

● IC内蔵保護ダイオードよりエネルギー耐量が大きい

IC内部には，静電気対策で，しばしば保護ダイオードが組み込まれています．この保護ダイオードによってもある程度のIC保護が可能です．

しかし，エネルギー耐量の面で外付けの静電気保護素子より劣る場合が多いため，より高電圧の静電気への対策を行うためにはバリスタなどの静電気保護素子が必要になります．

■ 使い方

● 最短でパターン配線しないと吸収特性が悪化する

静電気の立ち上がり部分には，周波数の高いノイズ成分が含まれます．この部分の電圧抑制には，バリスタの持つ静電容量成分が寄与しています．回路基板上のベタ

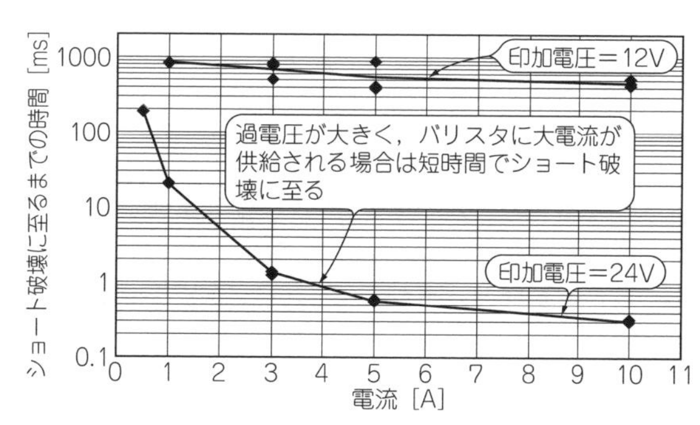

図19　直流の過電圧を加えたときの破壊試験の結果
バリスタに最大許容回路電圧以上の直流過電圧を印加し，どの程度の時間でショート破壊に至るかを調べた．バリスタが直流過電圧でショート破壊するかどうかは，印加時間と過電圧の大きさ，電流供給能力で決まる

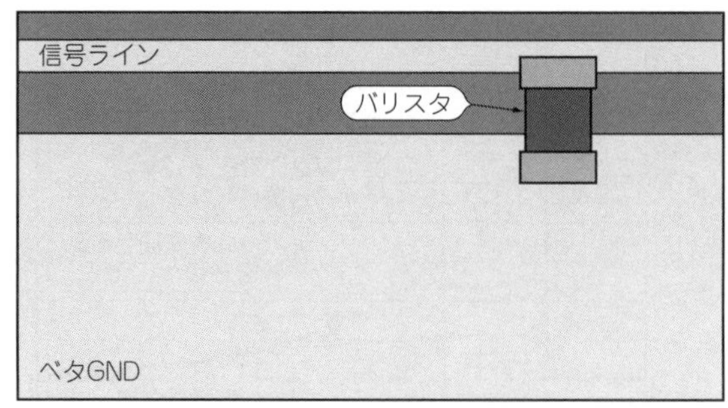

(a) 最短で直接ベタGNDに接続する場合

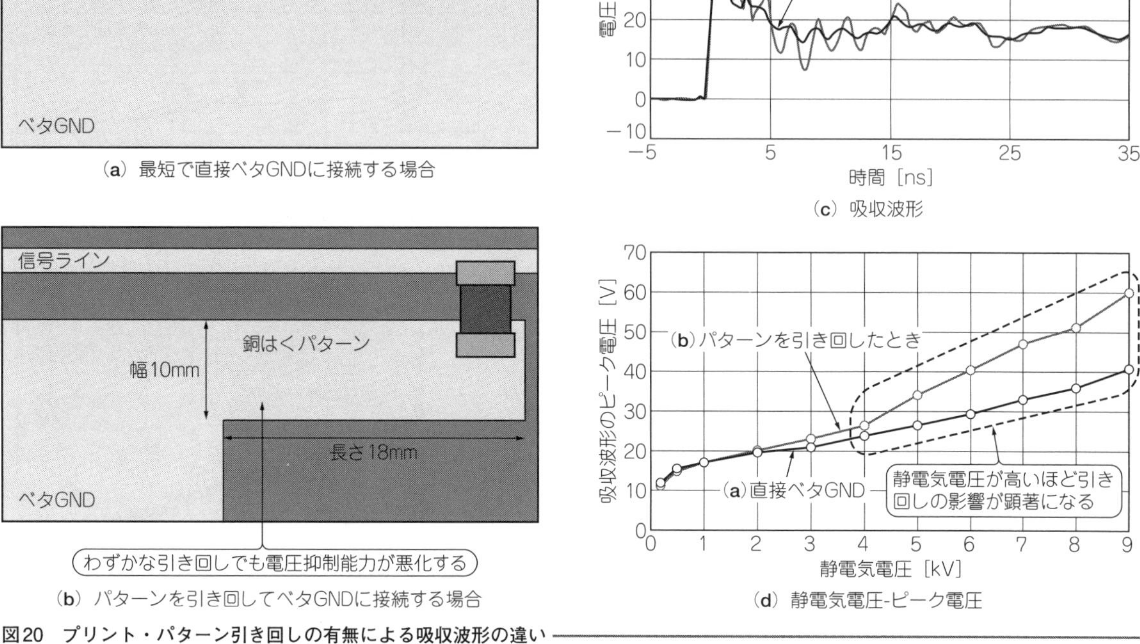

(c) 吸収波形

(b) パターンを引き回してベタGNDに接続する場合

(d) 静電気電圧-ピーク電圧

図20 プリント・パターン引き回しの有無による吸収波形の違い
グラウンドの配線に引き回しがあると，静電気の立ち上がり部の電圧抑制能力が悪くなる．また，静電気の電圧が高くなると電圧抑制能力が悪くなる

GNDまでに引き回しがある場合には，引き回しのインダクタンスにより周波数の高い成分に対するインピーダンスが上昇するため，電圧抑制能力が悪化します．

バリスタとベタGNDの間に引き回しを挿入して吸収波形を比較した結果を**図20**に示します．パターンの引き回しを挿入すると，静電気の立ち上がり部分で，電圧抑制能力が悪化します．また，引き回しの影響は静電気の電圧が高いほど顕著になります．

バリスタでより良い電圧抑制能力を得るには，コンデンサの実装同様に，バリスタとGNDパターンが広く最短で接続されるよう配慮する必要があります．

〈**後藤 智史**〉

リレー駆動回路での使用例

● リレーをOFFするときに誘起電圧で駆動トランジスタが壊れる

図21は，リレー内部のソレノイドを，NPNトランジスタを使用してドライブする回路です．CPUやロジックICの出力回路で直接リレー・コイルをドライブするのは，電流容量の面から苦しいことが多いので，図に示すようなトランジスタを用いたドライブ回路がよく用いられます．

トランジスタがONするとリレー・コイルに電流が流れ始め，リレーがONします．問題はトランジスタがOFFする瞬間です．それまでコイルに蓄えられていたエネルギーが高いパルス電圧となってコイルの両端に現れます．すると，トランジスタのコレクタ電圧が瞬間的にV_{CC}よりもはるかに高い電圧まで上昇し，ドライブ回路のトランジスタの耐圧を超えて破壊する原因となります．

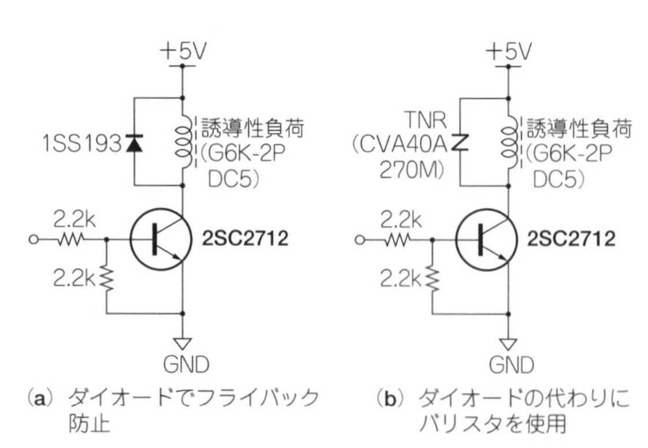

(a) ダイオードでフライバック防止

(b) ダイオードの代わりにバリスタを使用

図21 リレー駆動回路への適用

● ダイオードでエネルギーを逃がす方法は時間がかかる

このような，いわゆるフライバック電圧を吸収するため，**図21**に示すようにリレー・コイルに並列にダイオードを接続し，トランジスタのコレクタが高い電圧にさらされないようにしています．

ところがこの方法では，トランジスタがOFFした瞬間から，実際にリレー・コイルがOFFするまでに数msのタイムラグが発生するので，リレーのOFFタイミングを高速にしたい用途には不向きです．タイムラグを緩和するため，ダイオードと直列に抵抗を挿入する方法も考えられますが，部品点数が増えてわずかですが回路が煩雑になります．

● バリスタで逃がしたいエネルギーを素早く消費させる

このような場合，ダイオードの代わりに，**図21(b)**のようにセラミック・バリスタを用いると，回路をすっきりと簡単に構成できます．

トランジスタOFFの瞬間のコイル電圧変化と電流変化の様子を**図22**に示します．**図22(a)**の波形はエネルギーを吸収する素子を使用しない場合，**図22(b)**は，並列ダイオードを使用した場合を示します．**図22(b)**ではトランジスタOFFの瞬間，それまで逆方向にバイアスされていたダイオードに順方向の電圧が加わり，同時にダイオードを通してコイル電流が流れ続けます．

図22(c)は，ダイオードの代わりにセラミック・バリスタを用いた場合を示します．トランジスタOFF直後にコイルとバリスタ素子に流れる電流は，ダイオードの場合とそれほど変わりませんが，このときのバリスタ両端電圧は一般的にダイオードの順方向電圧と比較してずっと大きくなります．電圧が増えた分だけパワー・ロスも大きくなり，コイル蓄積エネルギーを解放するための時間も短くて済みます．コイル電流の減衰速度が速くなるので，OFFタイミングの遅れ時間はずっと短くなります．

〈**長友 光広**〉

（初出：「トランジスタ技術」2010年8月号）

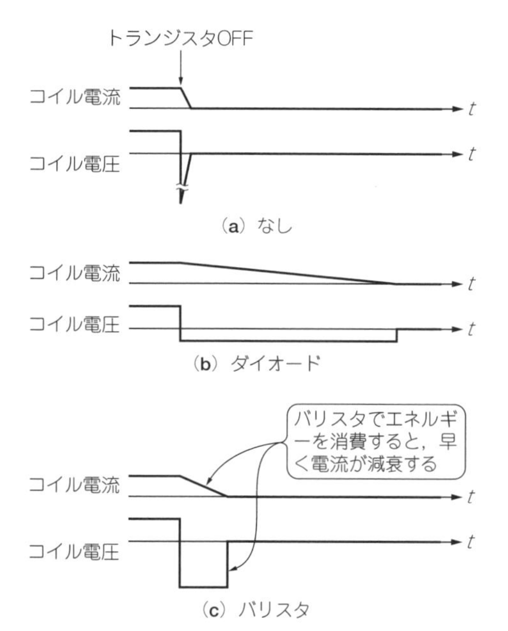

図22　エネルギー吸収素子を用いると，コイルに蓄積したエネルギーを早く吸収できるので，コイル電流が短時間で立ち下がる

抵抗器

■ 電流を制限する

● メリット1：オームの法則のとおり動くので使いやすい

高電圧が加わるインパルス・ノイズの対策では，回路に流れるノイズ電流を制限することが重要です．ノイズ電流を制限する素子としては抵抗器とコイルがあります．コイルには磁気飽和や自己共振などの特性があり，インパルス・ノイズのような信号レベルが大きかったり高周波分が含まれたりする場合には，思ったように機能しません．これに対し，抵抗器はオームの法則通りの動作をします．

● メリット2：コストが低い

半導体の基本であるPN接合に過電圧が加わると，電子なだれ降状による過大電流が流れてICを破壊します．大電流が流れるから壊れるので，ここぞという場所に抵抗を入れて電流を制限すると効果的です．コスト面で有利です．

■ 使い方

インパルス・ノイズ対策では，抵抗器はノイズ・エ

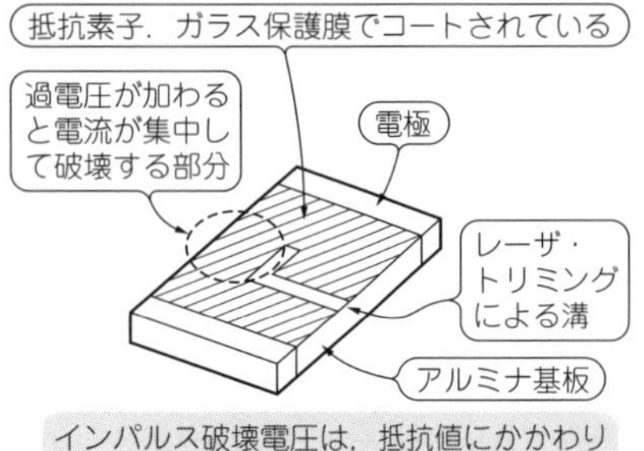

(a) 厚膜チップ抵抗器

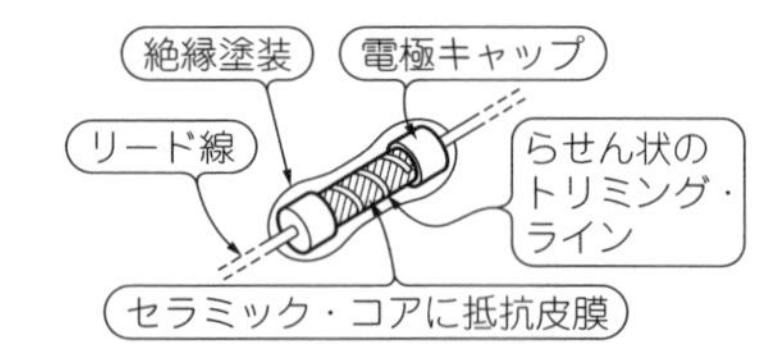

(b) カーボン抵抗器

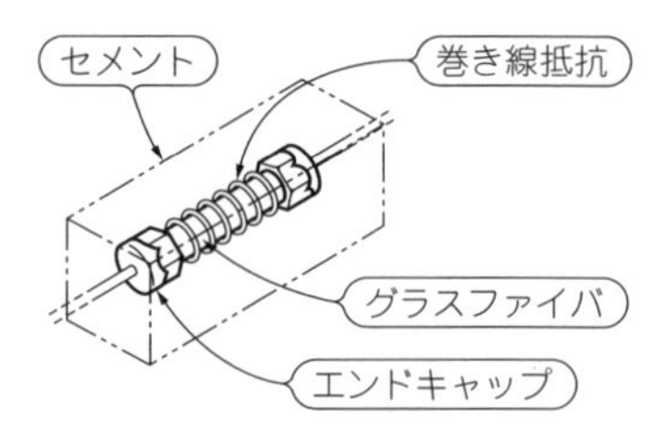

(c) 巻き線抵抗器

図23 抵抗器の構造

ネルギーを消費し，確実に電流を制限します．ただし，エネルギーを消費するせいか，壊れやすい抵抗器があります．抵抗器の種類(チップ品かリード品か，あるいはワット数の違いなど)で破壊電圧が決まります．

● チップ/カーボン抵抗はバリスタと組み合わせる

一般によく使われているチップ抵抗器は**図23(a)**のような構造です．トリミング部分に印加電圧が集中して放電破壊し，最後には$R = \infty$になります．

図23(b)に示すカーボン(炭素皮膜)抵抗器は，筆者の経験ではチップ抵抗器より約2倍耐電圧が高くなります．インパルス・ノイズでの破壊電圧は，1/8 Wチップ抵抗で200 V程度，1/4 Wリード付カーボン抵抗器で約400 Vでした．面白いことにインパルス・ノイズによる破壊電圧は，厚膜チップ抵抗器，カーボン抵抗器(リード・タイプ)とも抵抗定数にあまり関係なく同じような値でした．

これらの抵抗器は，酸化亜鉛バリスタZNRなどでノイズ・レベルを一定値以下に制限した後にのみ配置する必要があります．

● 巻き線抵抗はインパルス・ノイズ程度では壊れない

巻き線抵抗器(セメント抵抗器)の構造を**図23(c)**に示します．皮膜抵抗器のように絶縁破壊して抵抗が吹っ飛ぶことがないので，実装上支障なければ，ノイズが加わる場所には巻き線抵抗器を推奨します．

● *RC*回路で電圧を抑制する効果

図24は，電圧抑制効果を知るために，インパルス・ノイズ試験器の出力端に取り付けた*RC*回路において，コンデンサ両端の電圧を測定した結果です．インパルス・ノイズ試験器の出力インピーダンスを25 Ωとすると，計算上は70 V程度に減衰するはずです．しかし，高誘電率系コンデンサは加わる電圧が高くなると静電容量が低下するので，0.22 μF単独ではノイズ吸収が不十分で追加で抵抗が必要でした．抵抗値*R*が22 Ω以上だとV_n抑制効果がでますが，DC電源のドロップが問題になります．

インパルス・ノイズ試験器 400V，1μs
R
C 0.22μ
V_n
高誘電率系R特性，50V耐圧品

(a) 抵抗値とノイズ・レベル

*RC*回路の抵抗値*R*	コンデンサ両端の電圧V_n
0 Ω	300 V_{P-P}
10 Ω(1/10 W チップ抵抗器)	*R*破損(抵抗値＝∞)
10 Ω(1/4 W カーボン抵抗器)	200 V_{P-P}
22 Ω(1/4 W カーボン抵抗器)	80 V_{P-P}

(b) 測定結果

図24 *RC*回路で電圧を抑制する効果(筆者が使用した部品の実力値)

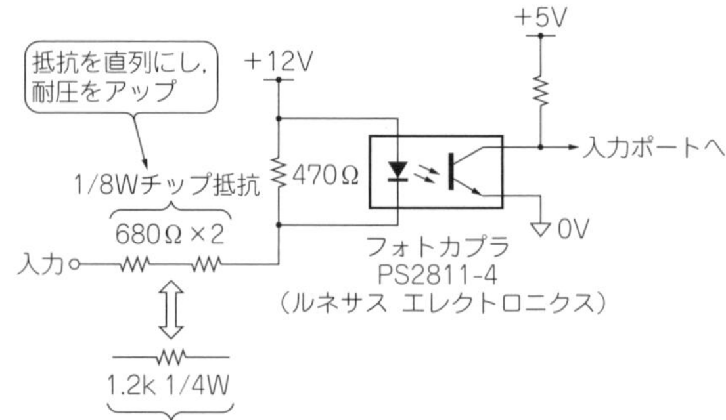

図25 フォトカプラ入力の保護回路(外部の装置やスイッチ，リレー接点などを受けるためサージが加わる可能性が大きい)

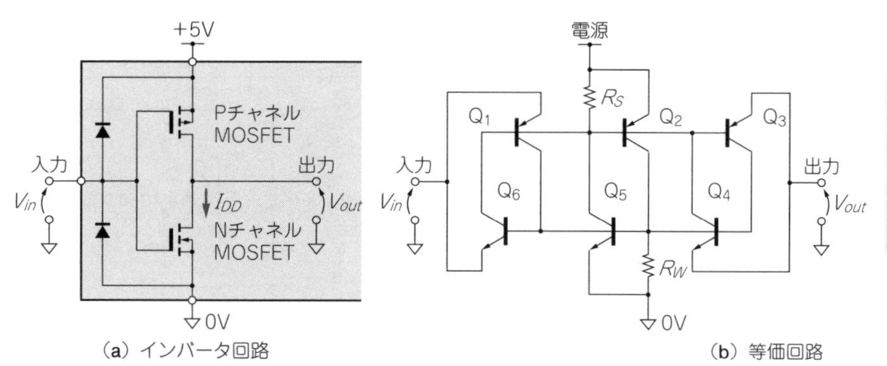

図26 CMOSロジックには寄生トランジスタがある

■ インパルス・ノイズ対策例

● フォトカプラ入力回路のサージ対策

図25は，リード部品を使用していたフォトカプラ(PHC)入力回路を，装置の小型化のためにチップ部品化した回路です．フォトカプラ入力回路は，リード部品のときはインパルス破壊電圧が400 V程度の1/4 Wカーボン抵抗器を使用していました．これを同200 V程度の1/8 Wチップ抵抗器を2個直列接続し，同等の耐圧を確保しています．なお最近は，チップ抵抗器も高耐圧角形チップ固定抵抗器KTR18(ローム)のような高耐圧品が発売されています．

● CMOSロジック回路のサージ対策

図26(a)に示すのはCMOSロジックICの入力部の回路とその等価回路です．構造上，**図26(b)**のような寄生トランジスタが存在し，サイリスタ構成になっているため，入出力端子に一定以上の電流が流れるとラッチアップ現象が起こり素子を破壊します．ラッチアップを防ぐために，外部とのインターフェースには**図27**のように入力に保護抵抗器が必要です．

回路内部でも，入力にコンデンサがあるときは**図27**のように抵抗器を挿入する必要があります．抵抗R_1がないとき，インパルス・ノイズの影響でⒶ部のレベルが変化することがあり，当然出力も誤動作します．R_1を入れると，ICへの入力電流が制限され，誤動作がなくなります．この現象は，電源変動とコンデンサの影響によるものです．

〈**鈴木 正俊**〉

(初出:「トランジスタ技術」2011年3月号)

■ 雷サージ対策例

ノイズ・エネルギーが大きい雷サージ対策には抵抗

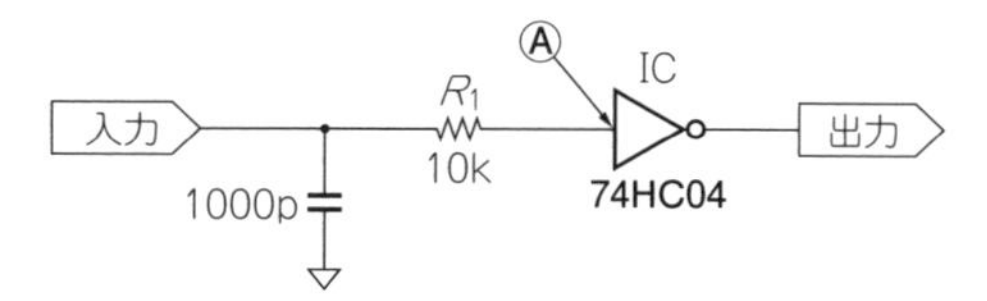

図27 ロジックICの入力部を保護する方法

器が特に重要です．半導体が破損するのは，電圧そのものではなく過電圧による電子なだれ降状で大電流が流れるためです．雷サージのようにパルス長が長い場合，実用サイズのコイルではすぐ磁気飽和するので，電流を制限できるのは抵抗器しかありません．

抵抗器を挿入する場所も工夫が必要です．雷サージが直接印加される部分はもちろんですが，それ以外の個所でもうまく配置すればトランジスタなどを破壊から守ることができます．ただし抵抗を入れる場所によっては逆効果になることもあります．

抵抗器による雷サージ対策例として，JEC規格による通信モデムへの印加試験で説明します．

● 電流制限用150Ω抵抗でモデム送信側トランジスタを保護

2線式50 bpsアース・リターン通信モデム(以下50 bps通信モデムとする)でのトランジスタ保護例を紹介します．試験で使用した通信モデムはDC48 V，20 mA定電流で遠隔へ信号を伝送します．信号名はL1，L2，LEの3種です．このうちLEは接地し，L1と接地間で送信，L2と接地間で受信します．回路例を**図28**に示します．

コモン・モードの雷サージはL1-LE間とL2-LE間に加えます．L2は受信回路なので容易に保護できますが，問題は送信側のL1への印加です．トランジスタTr_3とTr_6は定電流回路のせいか破損しなかったのですが，LE側に接続されたトランジスタTr_2とTr_5が

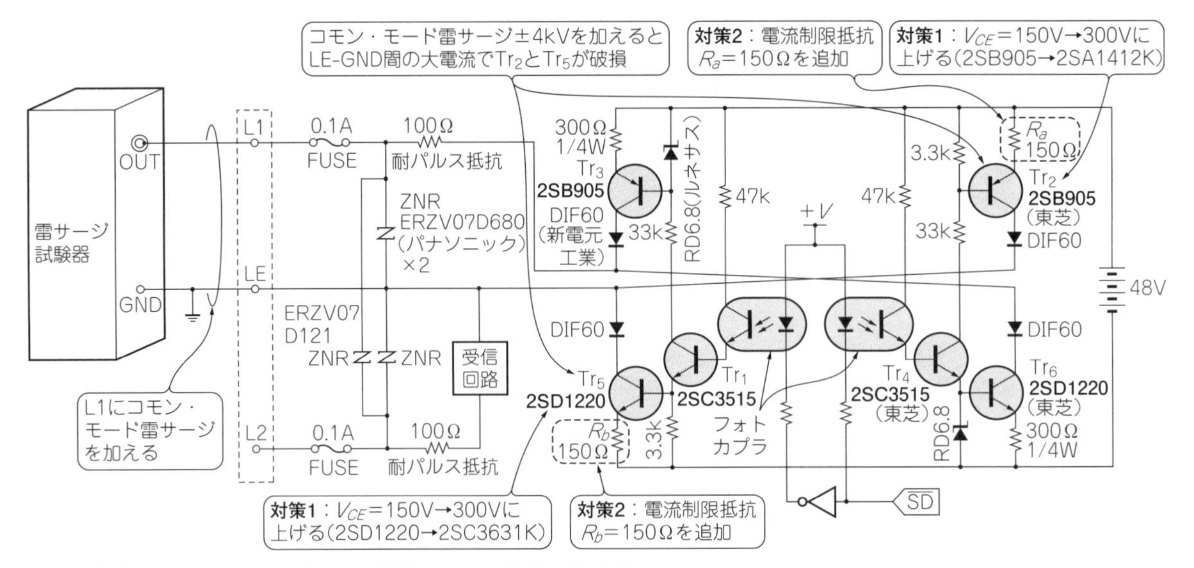

図28　保護抵抗を入れてトランジスタを保護した50 bps通信モデム回路

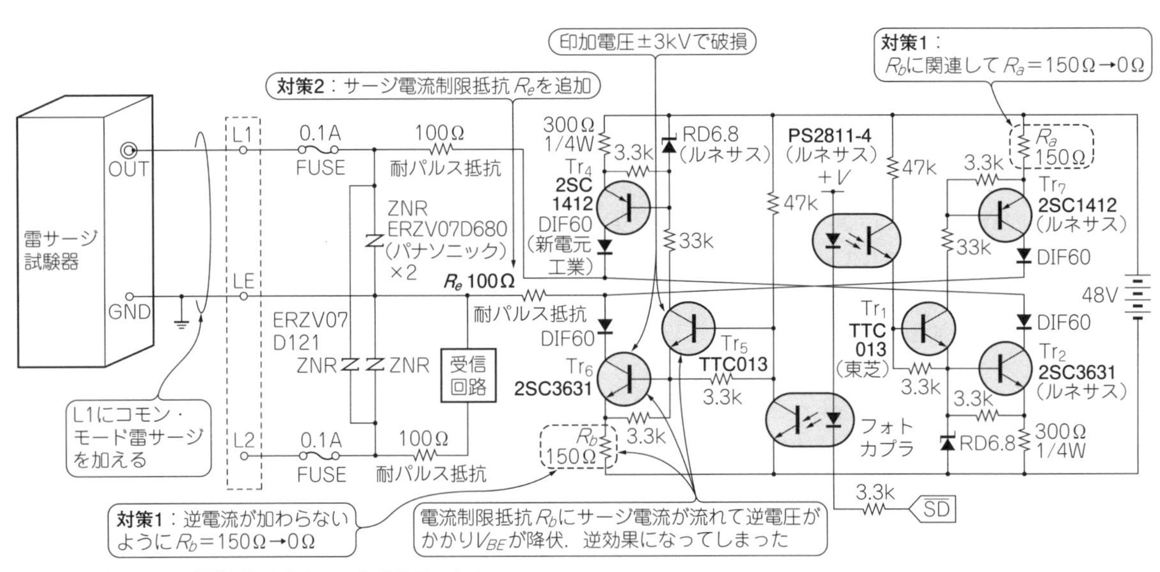

図29　回路に適切な保護抵抗を入れないと逆効果になる

コモン ±4 kVで破損しました．

LEの電位はアースなので変化するはずはないと筆者は考えていましたが，実際は4 kVも加えると大電流が流れ，サージ電圧がコレクタにかかったようでした．対策として，トランジスタの耐圧を上げ，電流制限用抵抗R_a，R_b(150 Ω)を追加して雷サージ規格コモン ± 4.5 kV，ノーマル ±3 kVをクリアしました．

写真3
ガラス管ヒューズ

● 回路に適切な保護抵抗を入れないと逆効果！

図29は，図28の回路をさまざまな理由で変更した後の回路です．この回路で雷サージ試験を再評価した結果，Tr_5とTr_6がコモン ±3 kVで破損しました．原因は，保護用に入れたR_b(当初150 Ω)にサージ電流が流れることで，Tr_5とTr_6のエミッタ-ベース間に逆電圧がかかり，V_{BE}が降伏したためと判断しました．これはTr_5とTr_6のドライブ方法の差異によるものでした．

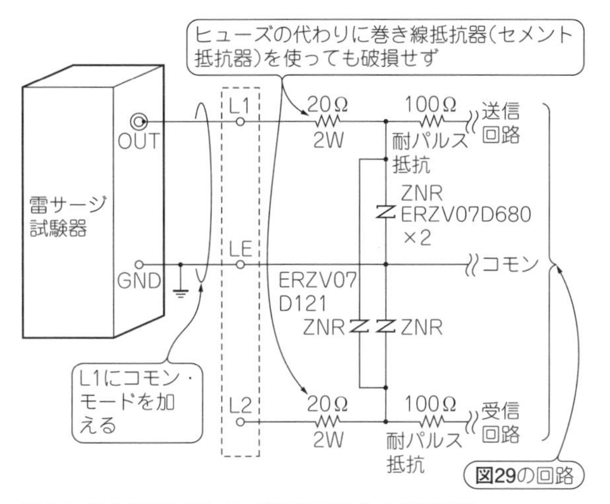

図30　巻き線抵抗器による通信モデム入力保護回路
ノーマル・モード3kV，コモン・モード4kVの雷サージが直接印加されるL1，L2端子に20Ωセメント抵抗器を使用したが破損せず

よって図に示す位置に保護抵抗R_eを追加して対策しました．ある種の条件では良い結果が出ても，その対策が常に効果的とはいえない例です．

● ヒューズによる雷サージ制限

図29の回路では，L1，L2ラインに0.1Aヒューズ(φ5×20 mmガラス管ヒューズ，抵抗値約20Ω)が入っています．使用したヒューズを**写真3**に示します．このヒューズは，それまでの実績と客先指定により取り付けましたが，同じ抵抗値の巻き線抵抗(2Wクラス)でも雷サージをクリアしました．なおヒューズは雷サージ印加ごとに溶断していました．

余談ですが，溶断後のヒューズのガラス管内壁は，サージ電圧が低いときはすすで黒ずんでいます．電圧が高くなると，どんな化学反応かはわかりませんが，芸術的な着色になります．音もものすごく，試験するたびに寿命が縮まりそうでした．

● 巻き線抵抗器で雷サージを制限

前述のとおり，2Wクラスの巻き線抵抗器(セメント抵抗器)を雷サージの制限抵抗に使用できました．線間3kV，大地間4kVのサージでも破損しませんでした．**図30**にモデム入力付近の回路を，**写真4**に巻き線抵抗器を示します．

〈鈴木 正俊〉

(初出：「トランジスタ技術」2011年4月号)

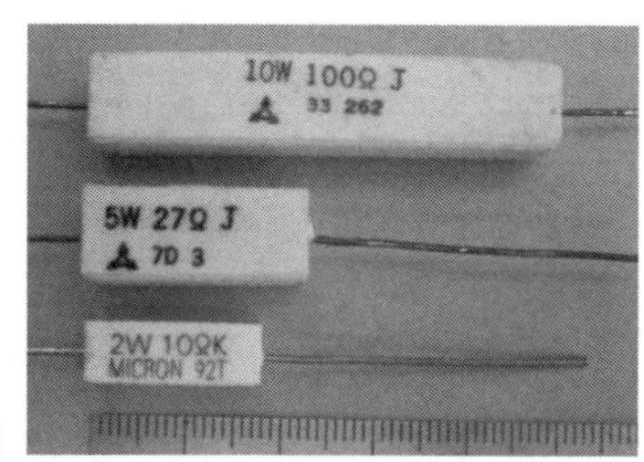

写真4
巻き線抵抗器

コンデンサ

筆者が某電機メーカに入社した40年以上前にはインパルス・ノイズ試験器などはありませんでした．ノイズ耐性を定量化できなかったせいかノイズによると思われるクレームがよく起こり，コンデンサを一式持って出張していました．ノイズ対策といえばコンデンサ…ということで，インパルス・ノイズ対策に使えるコンデンサと対策例を紹介します．

● ノイズ対策でよく使う! 高誘電率タイプのセラミック・コンデンサR特性

▶温度補償タイプはコスト高，高誘電率タイプを使う

セラミック・コンデンサを**写真5**に示します．温度補償タイプと高誘電率タイプに分けられます．温度補償タイプはLC発振回路などアナログ用途に使用しますが，コスト高で形状も大きくなるのでノイズ対策に使われることはまずありません．ノイズ対策用には高誘電率タイプが一般に使用されます．

▶F特性は静電容量の変化が大きくて使えない

高誘電率タイプは，大まかにみて2種類あります．EIA規格記号でいうとX7R特性(以下R特性とする)とY5V特性(以下F特性とする)があります．前者のグループには温度範囲や規格の違いによりX5R特性

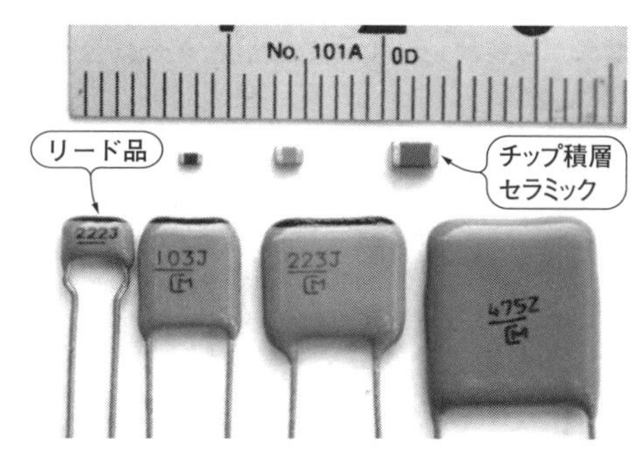

写真5　一番良く対策に使うセラミック・コンデンサ
高誘電率タイプがいい．F特性は使わないこと

7 保護素子／ノイズ対策／放熱器

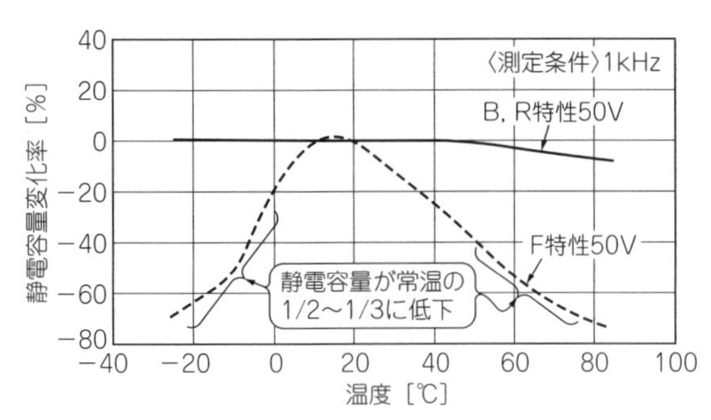

図31[1] **F特性のセラミック・コンデンサは温度変化が大きいので使わない**
村田製作所の資料より

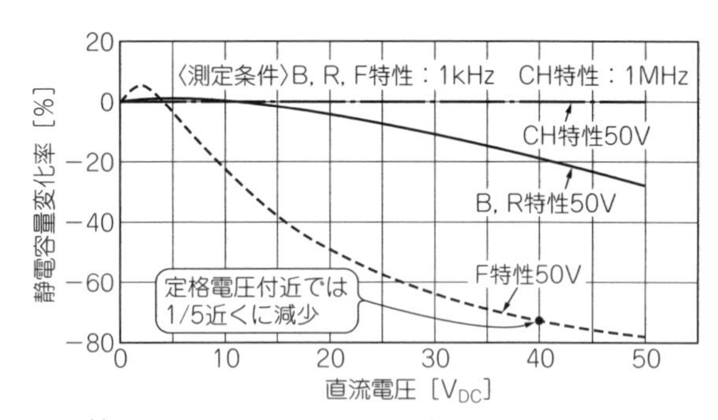

図32[1] **F特性のセラミック・コンデンサは直流電圧が加わると容量が減るので使わない**
村田製作所の資料より

やB特性なども含まれます．村田製作所のコンデンサ（耐圧50V）の形状や容量を次に示します．

サイズ2012
R特性（X7R特性）　GRM21BR71H105K　1 μF
F特性（Y5V特性）　GRM21BF51H105Z　1 μF
サイズ3216
R特性（X7R特性）　GRM31CR71H225K　2.2 μF
F特性（Y5V特性）　GRM31CF51H475Z　4.7 μF

R特性，F特性とも大差ありません．

しかし**図31**，**図32**から明らかなように，F特性は高温や低温で静電容量が1/2～1/3に低下します．静電容量は印加電圧によっても低下し，定格電圧付近では1/5近くになります．電源入力回路などに使用すると，高圧のサージに対しコンデンサの容量分がなくなり，ノイズをそのまま素通りさせます．5V電源や3V電源のパスコンとして使用するときも温度特性を考えると必要容量の3倍ほど余計に実装せねばならず，コスト面でも有利とはいえません．筆者はたとえパスコンでもF特性を使用しないことにしています．

写真6　インパルス・ノイズの電圧値が大きいときに使うメタライズド・フィルム・コンデンサ

● 高圧で使う! フィルム・コンデンサ

高いノイズ電圧が加わるところにはメタライズド・フィルム・コンデンサを選択します（**写真6**）．メタライズド・フィルム・コンデンサは蒸着型構造で，自己回復作用により局所破損を修復する特性があります．フィルムを薄く小型化できますし，構造的に弱い部分があってもその部分だけ局所破損することで，コンデンサとしての機能を維持します．

ただし，フィルム・コンデンサはインピーダンスが高い回路には使えません（局所破損が起こらないため）．自己共振点が低いので高周波回路にも使えません．

その他のコンデンサについては，タンタル・コンデンサは，故障モードが短絡なので電源には使えません．また電解コンデンサは寿命が短いので交換可能な個所なら使えます．

● フィルム・コンデンサによるインパルス・ノイズ対策例

メタライズド・フィルム・コンデンサによる通信機

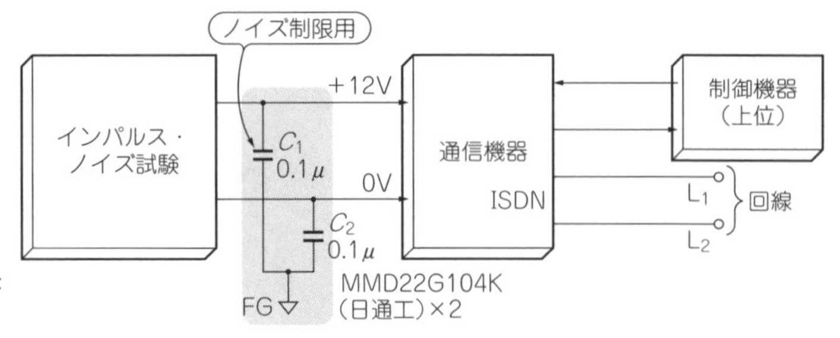

図33
通信機器におけるフィルム・コンデンサを使ったコモン・モード・インパルス・ノイズ対策例

表4　コンデンサを追加するとコモン・モード・ノイズの耐量が改善する
コモン・モードだけ．±1200 Vまで試験

パルス幅	印加相	極性＋	極性－
1 μs	12 Vライン	＋800 V	－700 V
	0 Vライン	＋800 V	－700 V
100 ns	12 Vライン	＋700 V	－700 V
	0 Vライン	＋700 V	－700 V

(a) 対策前：コンデンサなし

パルス幅	印加相	極性＋	極性－
1 μs	12 Vライン	＋1200 V	－1200 V
	0 Vライン	＋1200 V	－1200 V
100 ns	12 Vライン	＋1200 V	－1200 V
	0 Vライン	＋1200 V	－1200 V

(b) 対策後：コンデンサあり(使用コンデンサ0.1 μF/400 V，MMD22G104K，日通工)

器のコモン・モード・インパルス・ノイズ対策例を**図33**に示します．コンデンサがないときは誤動作に対するコモン・モード耐性700～800 V程度でしたが，対策後は1200 Vをクリアしました．試験結果は**表4**です．

静電容量は0.1 μFとしました．ノイズ発生装置の出力抵抗を25 Ωとすると，パルス幅1 μsのインパルスを減衰させるには数μs以上の時定数が必要です．コモン・モード・ノイズに対しては，C_1とC_2が並列に入るので，減衰量は以下の式で表せます．

$$減衰量 \fallingdotseq \frac{1\ [\mu s]}{25\ [\Omega] \times 0.1\ [\mu F] \times 2} = 20\ [\%]$$

上式からすると，1200 Vインパルス・ノイズ印加時のコンデンサに加わる電圧は，1200 [V] × 20 [%] = 240 [V] なので，定格電圧は400 Vにしました．

● 実際は抵抗と組み合わせて! コンデンサ単体だと大して効かない

インパルス・ノイズ試験結果が思わしくないとき，回路各部にコンデンサを入れてみましたが，大してうまくいきませんでした．コンデンサはコイルと同様，ノイズ・エネルギーを消費しないため，単独では効果が少ないようです．コンデンサのみでは効果が少なく，エネルギーを消費する抵抗器が必要です．

ノイズで誤動作している信号ラインに対して，コンデンサを入れてあまり効果がない例を**図34(a)**に，抵抗とコンデンサで確実に遅延させた対策例を**図34(b)**に示します．

〈鈴木 正俊〉

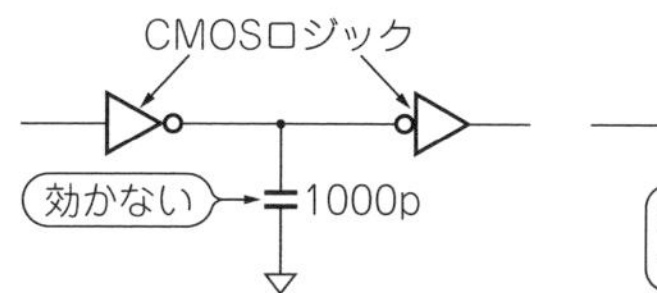

ロジックICの出力抵抗が100Ω以下なので，遅延時間は1000pF×100Ω＝100ns以下となり，1μs幅のインパルス・ノイズに効かない

(a) 対策効果なし

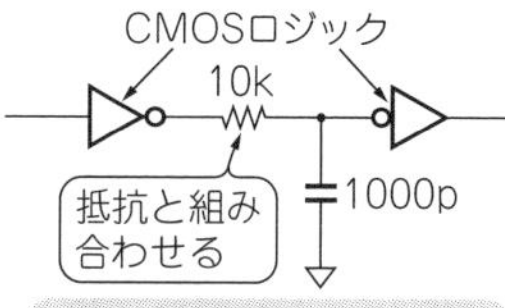

遅延時間(10kΩ×1000pF＝10μs以下)相当のノイズを除去できる

(b) 対策効果あり

図34　コンデンサだけでは根本的なノイズ対策にはならないので，抵抗と組み合わせるべし

(初出：「トランジスタ技術」2011年11月号)

コモン・モード・チョーク・コイル

● コイルでサージを抑え込むのは意外にムズかしい

昔，どういうわけかサージ対策にコイルをやたら入れたがる依頼先がありました．確かにコイルは有効ですが，1000 Vオーダで1 μs幅のインパルスに対しては磁気飽和します．またパルスの高周波域ではコイルの巻き線間容量が問題になります．

さらにインパルス・サージ対策にコイルを使用すると，サイズが大きくなります．雷によるサージでは，さらに大きくしなければならず，コイルの使用は実装上困難です．コイルによる効果的なサージ対策は意外に難しいのです．

コラム2　コイルは周波数が高くなるとQが低下する

コイル特性値で最も重要なものがQです．Qは通常最大で数十～100程度しかありません．低周波領域では次式で表されます．

$$Q = \omega L / R \quad (Rはコイルの抵抗値)$$

上式から周波数に比例してQが増加するはずですが，周波数が高くなると鉄損などのロスが増えます．さらに電線間の浮遊容量の影響が大きくなり，一定の周波数を超えるとQが低下しはじめます．

周波数に比例してQが高くなる領域が，リアクタンスとして正常な動作をする周波数域になります．

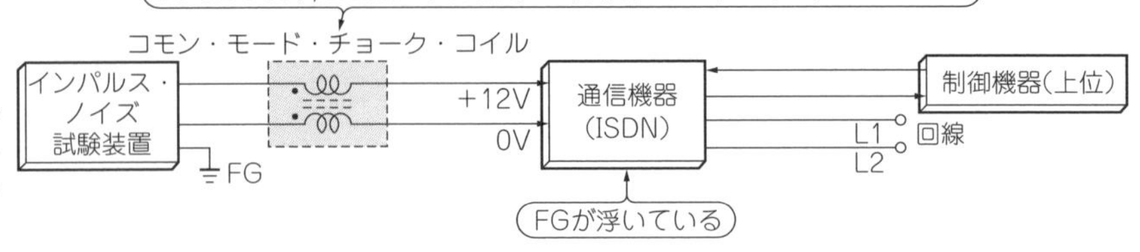

図35
FGが浮いている機器のインパルス・ノイズ対策は，サージの逃がし場がないので，コモン・モード・チョーク・コイルでdi/dtを抑える

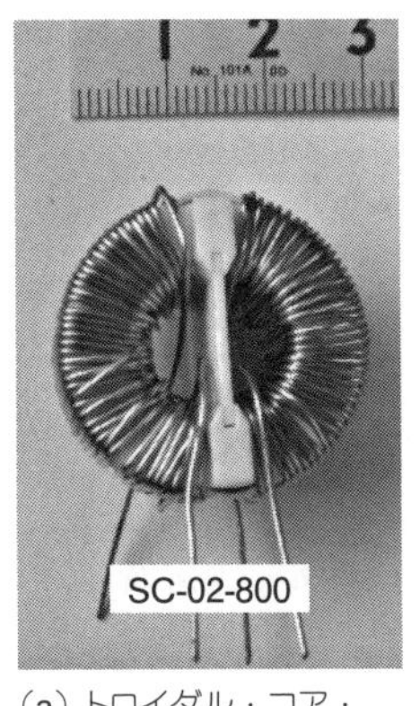

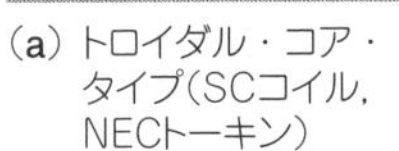

(a) トロイダル・コア・タイプ(SCコイル，NECトーキン)

(b) 一体型コア・タイプ(SSコイル，NECトーキン)

写真7　FGを「接地しない」機器のサージ対策に使うコモン・モード・チョーク・コイル

表5　図35のコモン・モード・チョーク・コイルを入れると誤動作を起こす電圧が±700 Vから±1200 Vに改善した

パルス幅	印加相	コイルなし		コイルあり	
		極性＋	極性－	極性＋	極性－
1 μs	12 Vライン	＋800 V	－700 V	＋1200 V	－1200 V
	0 Vライン	＋800 V	－700 V	＋1200 V	－1200 V
100 ns	12 Vライン	＋700 V	－700 V	＋1200 V	－1200 V
	0 Vライン	＋700 V	－700 V	＋1200 V	－1200 V

● どこにも逃がせない！「接地しない」機器のサージ対策はコモン・モード・チョーク・コイルしかない

本コーナーではここまで，酸化亜鉛バリスタやコンデンサを使用し，接地端子へノイズを逃がしてきました．ところが，世の中には接地を意図的に行わないケースがあります．

例えば，通信機器を雷サージから守るには，機器全体を浮いた状態にしたほうがよく，接地しないほうがよいという考え方があります．それがサージ対策上正しいかどうかの判断はできませんが，人命には有害であることは間違いありません．接地の最大の目的は，人命とその財産を守るためのはずです．とはいえ，客先からの要求であるため，FG接地なしのサージ対策を検討することになりました．

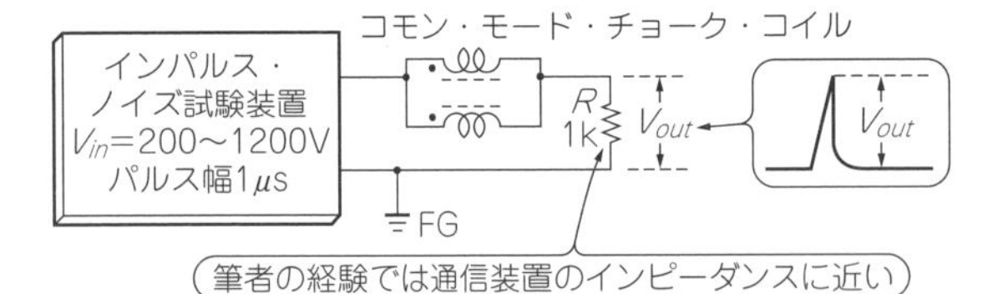

図36　コモン・モード・チョーク・コイルのインパルス・ノイズ抑制効果を調べるための実験回路

接地しない環境下でのサージ対策は，コモン・モード・チョーク・コイルによるサージ電流上昇率(di/dt)の低減しか方法はありません(**写真7**)．コイルのみでノイズ・エネルギーを抑制するには，形状の大きいコモン・モード・チョーク・コイルを1個，場合によっては2個をシリーズに接続しなければなりませんでした．

試験構成を**図35**に，試験結果を**表5**に示します．

● 実験！ どんなコモン・モード・チョーク・コイルにノイズ抑制効果があるのか実測してみる

表6に示す何種類かのコモン・モード・チョーク・コイルのインパルス・ノイズ抑制効果を実測してみました．インダクタンス値は公称値で，実測値はもっと

表6　評価したコモン・モード・チョーク・コイル

コア	外形寸法 [mm]	型　名	定格電流 [A]	最小インダクタンス[H]	最大直流抵抗[Ω]	Q(実測値)		
						f=1 kHz	f=10 kHz	f=100 kHz
トロイダル	ϕ15×t8.5	SC-03-05GS	3	0.5	0.09	7.13	3.87	2.65
トロイダル	ϕ23×t18	SC-02-500	2	5	0.2	25.6	53.1	23.6
トロイダル	ϕ28×t21	SC-02-800	2	8	0.3	51.5	120	27.2
一体型	30×30×H23	SS28H-25045	2.5	4.5	0.32	11.1	21.9	9.34
一体型	30×30×H23	SS28H-25075	2	7.5	0.44	15	37.2	11.5

表7　図36の実験結果(太字がサージ抑制効果のあったコイルと電圧)

コア	外形寸法 [mm]	型　名	V_{out} [V_{P-P}]						抑制率計算結果
			V_{in} = 200 V	400 V	600 V	800 V	1000 V	1200 V	
トロイダル	ϕ 15×t8.5	SC-03-05GS	200	400	600	800	1000	1200	86%
トロイダル	ϕ 23×t18	SC-02-500	**20**	**50**	**260**	800	1000	1200	18%
トロイダル	ϕ 28×t21	SC-02-800	**15**	**30**	**60**	**80**	**400**	1200	12%
一体型	30×30×H23	SS28H-25045	**30**	**100**	600	800	1000	1200	20%
一体型	30×30×H23	SS28H-25075	**15**	**40**	600	800	1000	1200	12%

大きい値です.

図36に試験回路を示します. 周波数特性などをみるためf = 1 kHz, 10 kHzおよび100 kHzでのQ(quality factor)を測定しました.

コモン・モード・チョーク・コイルのノイズ抑制効果は, Lが理想的な特性であれば次式の単純なL/R過渡応答計算式で求められます. R_Dは抑制率です.

$$R_D = (1 - e^{-\frac{R}{L}T})$$

例えばR = 1 kΩ, L = 5 mHでは, 抑制率は約0.18倍です.

$$R_D = (1 - e^{-\frac{1\mathrm{k}\Omega}{5\mathrm{mH}}\mu\mathrm{s}}) = (1 - e^{-0.2}) \fallingdotseq 0.18$$

ここでT = 1 μs

上式の計算結果と, 実際の抑制結果をR = 1 kΩで実測した結果を**表7**に示します. コア形状などにより以下のことがわかりました.

▶考察1…インダクタンス値は5 mHは欲しい

抑制率の計算式より, インダクタンス値が大きいほど抑制効果は高くなります. 筆者の経験では, R = 1 kΩは実機に近い値です. インパルス・ノイズ試験のパルス幅は1 μsです. インダクタンスの値は5 mH程度は必要です.

▶考察2…コア形状は大きいほどよい

コア形状が小さいと飽和電圧が低くなり, サージ抑制効果が低下しました. SC-02-500はインパルス600 V以上で飽和しはじめましたが, SC-02-800は1000 V以上でした. コア形状が大きいほうが飽和しにくく抑制効果が大きくなりました.

▶考察3…一体型よりトロイダル・コアのほうがよい

トロイダル・コアと一体型コアを比較すると, 同じようなインダクタンス値でもトロイダル・コアのほうが飽和しにくくノイズ抑制効果が大きくなります. これは磁気飽和電圧かコイルQの差違によると考えられますが, どちらのほうが影響しているのかは, 今回のデータではわかりません. インダクタンスを稼ぐためコイル巻き数を増やすと磁気飽和とコイルQが共に劣化し, ノイズ抑制効果が劣化するようです.

〈鈴木 正俊〉

(初出:「トランジスタ技術」2012年2月号)

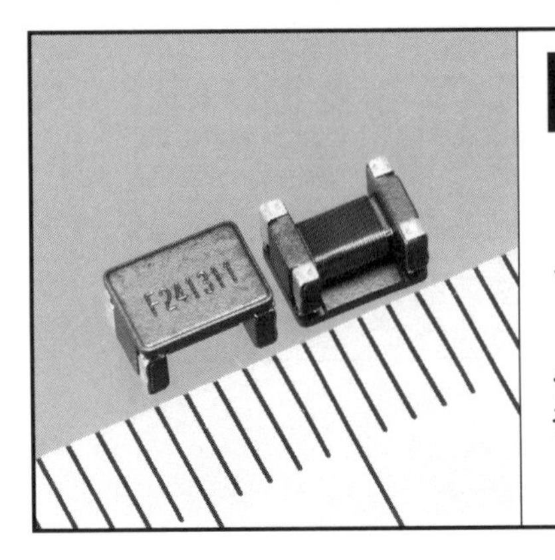

第3章 ノイズ対策部品の基礎知識

ディジタル信号やアナログ信号の汚れを奇麗に洗い落とす

表1 インダクタとビーズの電気的特性の違い

	インダクタ	ビーズ
主特性	インダクタンス［H］	インピーダンス［Ω］
Q値	大きい	小さい
高周波損失	小さい	大きい

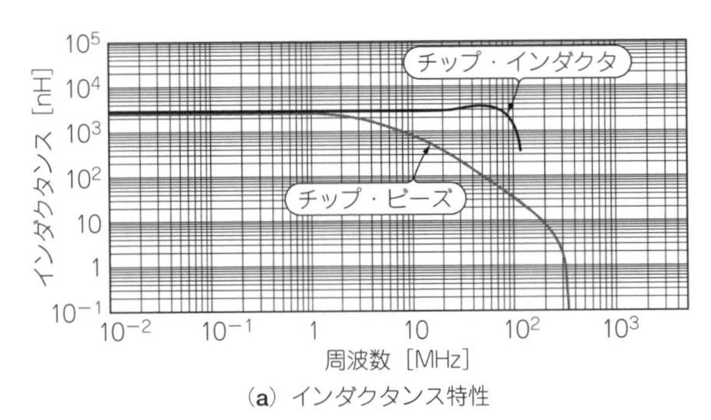

(a) インダクタンス特性

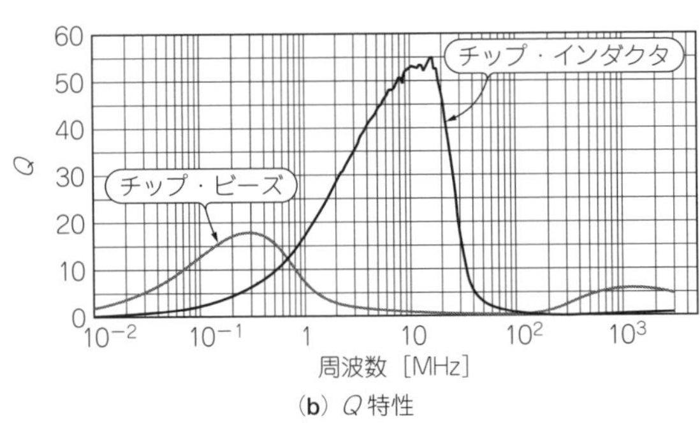

(b) Q特性

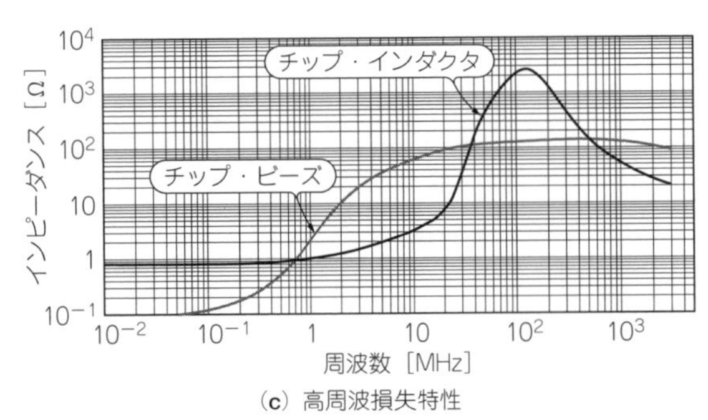

(c) 高周波損失特性

図1 インダクタとビーズの電気的特性例
部品特性解析ソフトウェアSEAT(TDK)による

チップ・インダクタとチップ・ビーズ

■ 役割

積層タイプのチップ・インダクタとチップ・ビーズの外観(**写真1**)や製造方法，内部構造は，ほとんど同じです．

大きな違いは，構成している材料と電気的特性です．電気的特性の比較を**表1**に示します．**図1**に代表的な電気的特性の例を示します．

この特性の違いが用途の違いになっています．

● チップ・インダクタの特性

チップ・インダクタは，インダクタンス特性を利用した電子部品です．特性が良いチップ・インダクタは，Q特性は大きく，広い周波数範囲で一定のインダクタンス特性を持ちます．Q特性は，ビーズと比較して約3倍の大きさになっています．

高周波損失は高周波帯における抵抗成分です．インダクタの高周波損失は，高周波帯で急に大きくなって，狭い周波数領域しか持続していません．インダクタの高周波損失は単峰高山形です．

● チップ・ビーズの特性

チップ・ビーズの高周波損失は，低い周波数帯から増加します．そして高くなった高周波損失が広い周波

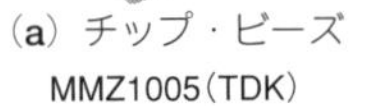
(a) チップ・ビーズ MMZ1005(TDK)

(b) チップ・インダクタ(コイル) MLF1005(TDK)

写真1 チップ・ビーズとチップ・インダクタ(コイル)の外観

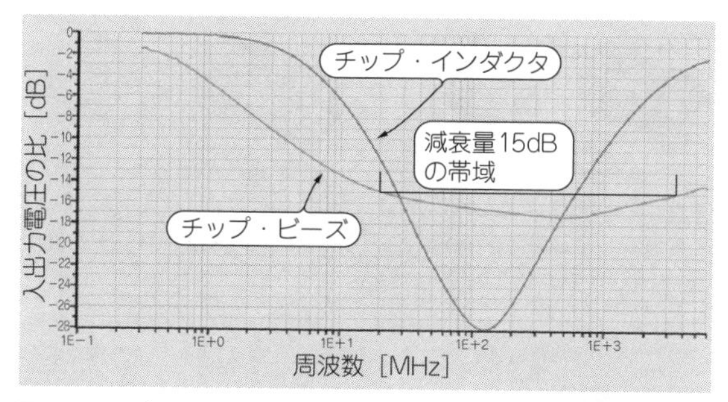

図2 チップ・インダクタとチップ・ビーズの周波数対減衰量特性
部品特性解析ソフトSEAT(TDK)より

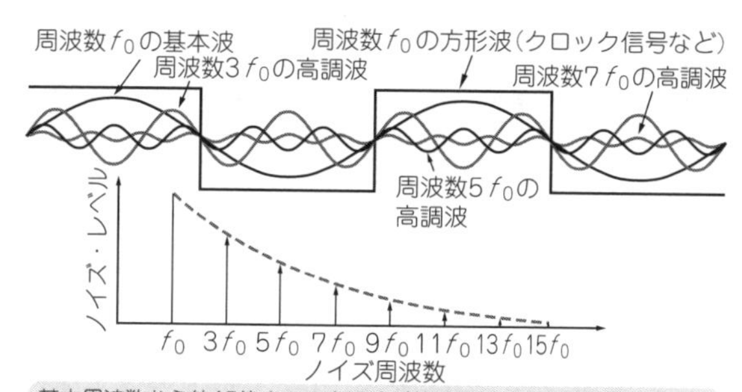

図3[1] ディジタル信号の周波数スペクトラム

数域で持続しています.

チップ・ビーズの高周波損失は広い高原形になっています. 〈長田 久〉

(初出:「トランジスタ技術」2009年6月号)

■ 使いどころ

● ビーズとインダクタの減衰特性

チップ・インダクタとチップ・ビーズの周波数対減衰量特性のグラフを図2に示します.

チップ・インダクタは特定の狭い周波数帯域で減衰量が大きくなっています. チップ・ビーズの減衰量はチップ・インダクタほど大きくはありませんが, 広い周波数帯域にわたって一定の大きさになっています.

インダクタは周波数が特定できるアナログ・ノイズの除去に適していて, ビーズは多くの周波数成分を含むディジタル・ノイズの除去に適しています.

● 広い周波数成分の除去にビーズが効果的な理由

クロック波形などのディジタル信号は図3に示すように多くの周波数成分から成り立っていて, これがノイズとなってほかの回路に影響を及ぼすことがあります.

チップ・ビーズのパルス応答特性と周波数スペクトラムを図4に示します. チップ・ビーズはパルス応答特性が良く, 多くの周波数成分で電圧が低くなっています. 〈長田 久〉

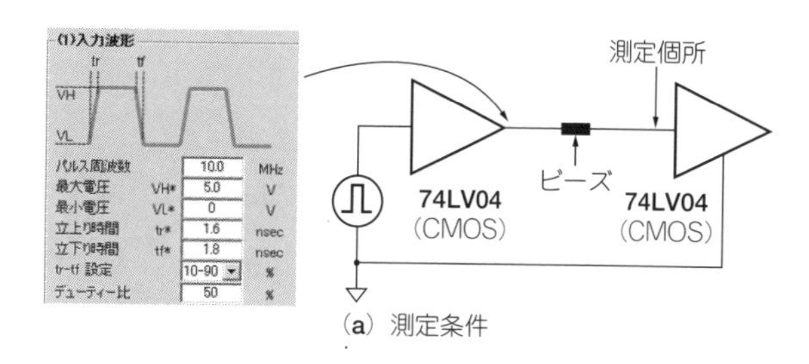

(a) 測定条件

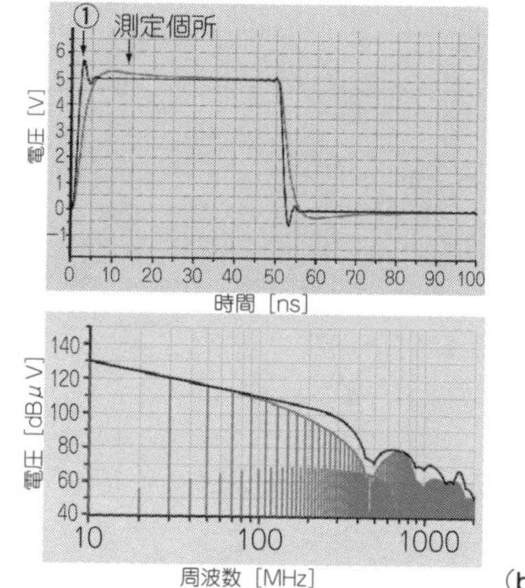

(b) 測定結果

図4 ビーズのパルス応答特性と周波数スペクトラム
部品特性解析ソフトSEAT(TDK)より

(初出:「トランジスタ技術」2009年7月号)

◆引用文献◆
(1) 持田 明宏/森 正法;聖域なきノイズ対策, トランジスタ技術2001年10月号, p.199, CQ出版社.

バイパス・コンデンサ

図5に示すように, バイパス・コンデンサは電源ラインとグラウンド間に接続してノイズをグラウンドに流します.

コンデンサのインピーダンス{容量性リアクタンス $X_C = 1/(2\pi fC)$}が周波数に反比例する性質を利用して, コンデンサで作った側路(バイパス)にノイズを通します.

● 実際にはバイパスできる帯域が限られる

実際のコンデンサは電極や外部接続端子によってインダクタンス成分(*ESL*)や抵抗成分(*ESR*)も持っています.

インダクタンスのインピーダンス(誘導性リアクタ

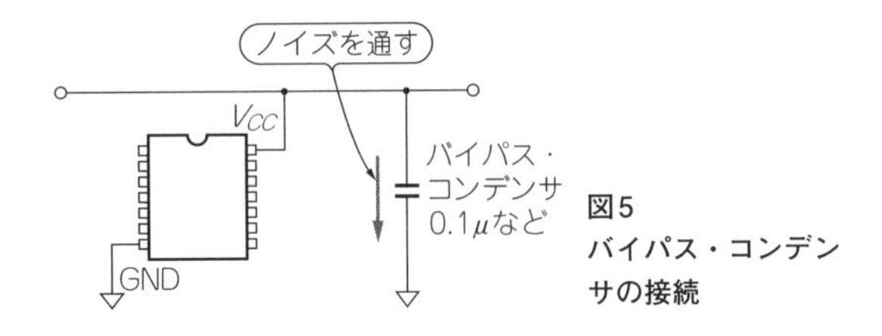

図5 バイパス・コンデンサの接続

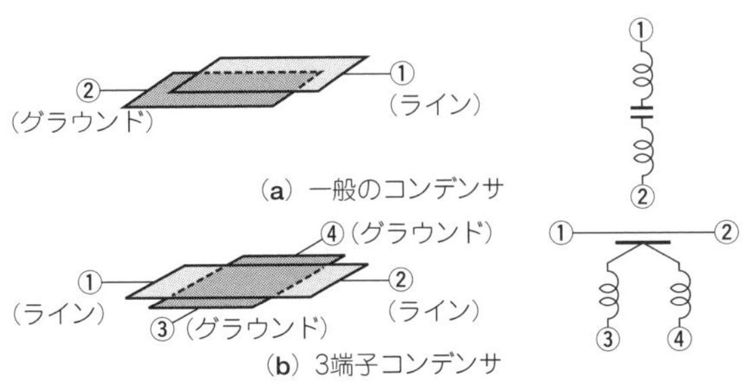

図6 3端子コンデンサの*ESL*は一般のコンデンサの約1/4

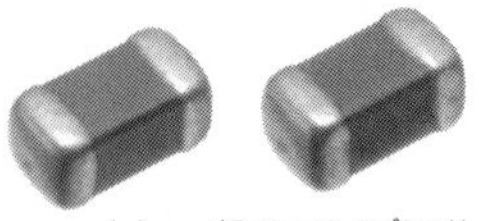
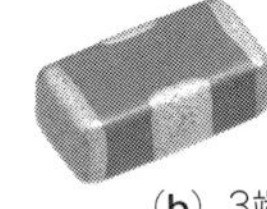

写真2 外観例
一般のコンデンサ：C1005X7RH104K050BE，3端子コンデンサ：CKD510JB1E104S(いずれもTDK)

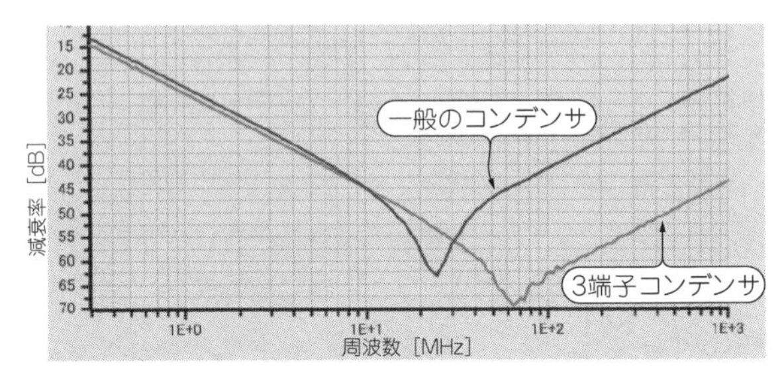

図7 伝送特性の比較
一般のコンデンサ：C1005X5R1C104K，3端子コンデンサ：CKD510JB1E104S(いずれもTDK)．部品特性解析ソフトSEAT(TDK)による

ンス$X_L = 2\pi fL$)は周波数に比例します．ある周波数f_r以上ではインダクタンスのインピーダンスが支配的となって，ノイズが除去できなくなります．

そこで，f_rの異なるコンデンサを複数個使用して広帯域のノイズを除去します．

● *ESL*が小さければ広帯域のノイズを除去できる

少ない個数のコンデンサで広い周波数帯域のノイズを除去するためには，コンデンサのインダクタンス成分(*ESL*)を小さくします．

低*ESL*コンデンサの代表例として3端子コンデンサがあります．3端子コンデンサと一般のコンデンサについて，外観を**写真2**に，構造例と*ESL*を**図6**に示します．3端子コンデンサの*ESL*は，一般のコンデンサの約1/4になっています．

図7は一般のコンデンサと3端子コンデンサの伝送特性の比較です．3端子コンデンサの減衰帯域が広帯域にわたっているので，広い帯域のノイズを除去できます．

〈長田 久〉

(初出：「トランジスタ技術」2009年8月号)

3端子コンデンサ

● ICの高速化とともにノイズ対策が重要に

最近のディジタルICの動作速度はどんどん速くなっています．それとともに，ICや回路の誤動作，受信障害，放射ノイズの増大などの深刻な問題を引き起こしています．

この原因の一つに，高速ディジタルICのスイッチング動作によって発生する高周波の電源電流があります．電源電流が高周波化するほど，デカップリング・コンデンサなどで除去するのが難しくなります．除去しきれずに流れ出てしまった高周波電流はプリント基板全体に広がり，大きな放射ノイズを発生させます．

ここでは，ICの電源ラインに施すデカップリング・コンデンサの選び方や実装法，そして，高周波電源電流を効果的に除去できる3端子コンデンサの実力について解説します．

■ ノイズ発生の原理とデカップリングの基本

● 電源ラインからノイズが発生するしくみ

IC内部ではたくさんのトランジスタがスイッチングしており，ON/OFFのたびにIC内の容量を充放電するスパイク状の電流が流れます．

図8に示すように，この充放電電流の多くは，IC_1の近くのコンデンサC_{D1}から供給されますが，**その一部，特に高周波成分はC_{D1}で供給しきれず，IC_2の近くに実装されている別のコンデンサから供給されます．**高周波電流は，IC_1の動作が速くなるほど，直近のデカップリング・コンデンサC_{D1}ですべてを供給するのが難しくなり，漏れ出る量が増えます．

漏れ出た高周波電流は，グラウンド・パターンを通ってIC_2に戻り，図に示すループ経路Ⓑを流れます．

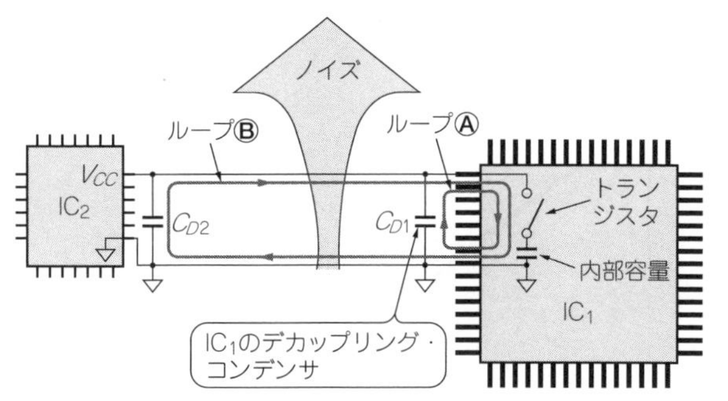

図8　電源ラインに高周波電流が流れるとノイズが放射される

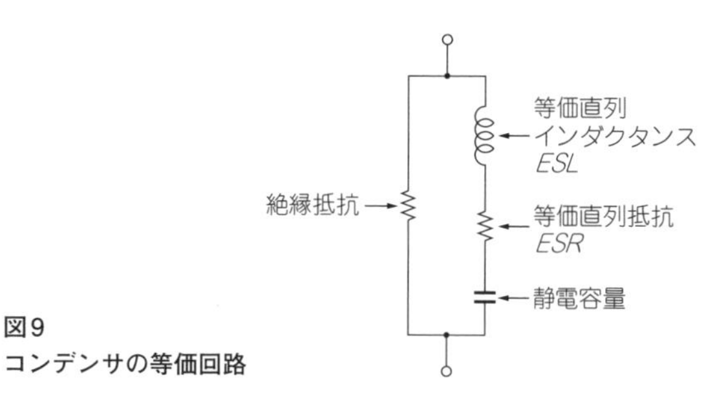

図9
コンデンサの等価回路

このプリント・パターンによるループはアンテナとして機能し，ここからノイズが放射されます．流れる電流の周波数が高くなるほど，小さなループでも強いノイズが放射されるようになります．ICの動作速度が上がるほど，デカップリング・コンデンサの性能や実装方法が重要度を増す理由がおわかりいただけると思います．

なお，デカップリング(de-coupling)とは，反対を意味する接頭語deと連結を意味するcouplingを合わせた用語です．「電子回路で電線などを伝わることが望ましくない信号やノイズを遮断するために付加する回路，構造などの工夫」とされています．図8では，C_{D1}がIC_1のデカップリング・コンデンサです．

● デカップリングの施し方

デカップリングの基本は，電荷の供給源をIC直近のコンデンサに集中させることです．具体的な対策は次の三つです．

① コンデンサの内部インピーダンスが十分小さいこと

セラミック・コンデンサや3端子コンデンサなど，等価直列インダクタンス*ESL*(Equivalent Series Inductance)が小さいコンデンサを使います．

② 図8のC_{D1}とC_{D2}との間の線路インピーダンスを高くすること

C_{D1}とC_{D2}の線路上にビーズ・インダクタなどを配置してインピーダンスを上げます．

③ コンデンサの静電容量が十分で，十分な電荷供給能力があること

許容される電圧変動値から静電容量値を計算します．これはICの誤動作防止対策です．

■ 高周波ノイズのデカップリングに適したコンデンサとは

● 低*ESL*であること

図9にコンデンサの等価回路を示します．

*ESL*はコンデンサが持つインダクタンス成分で，残留インダクタンスとも呼ばれます．等価直列抵抗*ESR*(Equivalent Series Resistance)はコンデンサが持つ抵

コラム　デカップリングにはICの誤動作を防止する働きもある

デカップリング・コンデンサは，ICの誤動作を防止する役割も持っています．

デカップリング・コンデンサがないと，ICに供給される高周波電流とプリント・パターンによって逆起電力が発生し，電源電圧が大きく変動します．

逆起電力ΔVは，プリント・パターンのインダクタンスをLとスイッチング時に流れる電流をiとすると，次式で表すことができます．

$$\Delta V = L di / dt$$

誤動作を防止するためには，Lをできるだけ小さくして，ΔVを電源電圧の±10％以内に抑える必要があるといわれています．

Lは，ICの電源ピンからコンデンサまでのプリント・パターンのインダクタンス，コンデンサ内の*ESL*，およびコンデンサからグラウンド層までのプリント・パターンのインダクタンスを加算したものです．

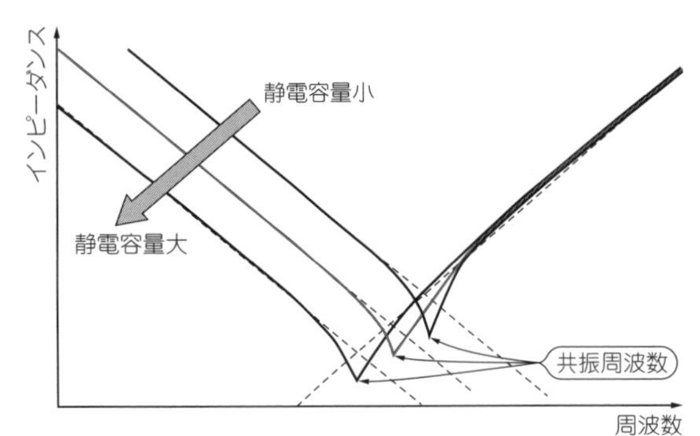

(a) ESL一定で静電容量が変化

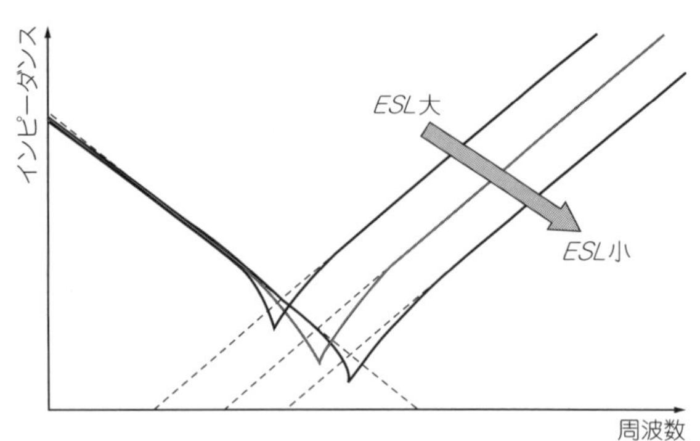

(b) 静電容量一定でESLが変化

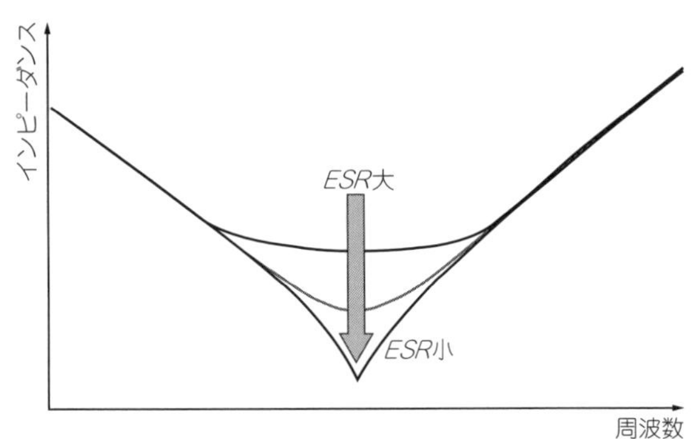

(c) ESLと静電容量が一定でESRが変化

図10 コンデンサのインピーダンス周波数特性
低*ESL* なものほど高周波でのインピーダンスが低くカップリング用に向く

表2 各種コンデンサの特徴と役割

特徴＼種類	電解コンデンサ	タンタル・コンデンサ	セラミック・コンデンサ	
			2端子タイプ	3端子タイプ
静電容量	大	大～中	中～小	小
ESL	大	大	中	小
ESR	大	中	小	小

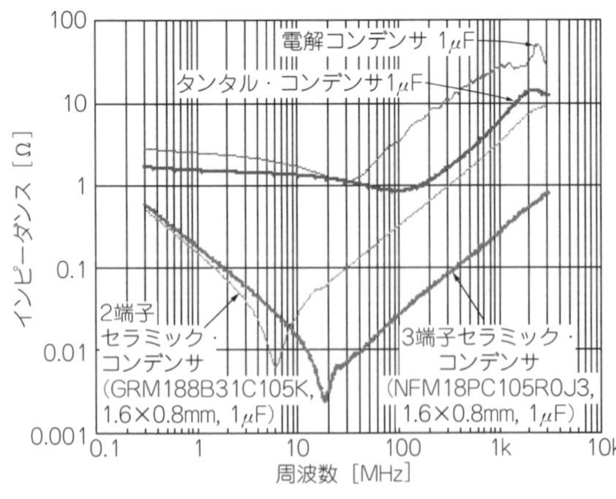

図11 各種のコンデンサのインピーダンス周波数特性
高周波インピーダンスはセラミック・コンデンサが低い

抗成分です.

絶縁抵抗は誘電体層の抵抗成分で，通常数MΩ以上あります.

図10に示すのは，等価回路を構成する各部品の定数とインピーダンス周波数特性の関係をまとめたものです．コンデンサは，**共振周波数より低周波ではコンデンサとして機能しますが，高周波ではインダクタとして機能する**ことがわかります.

図10(a)から，*ESL*が一定の場合，静電容量を増やすと低周波帯域におけるインピーダンスは減少しますが，高周波帯域のインピーダンスは変わらないことがわかります.

図10(b)からは，静電容量が一定の場合，**ESLを減らすと低周波帯域でのインピーダンスは変化しないが，高周波帯域のインピーダンスが減少する**ことがわかります.

図10(c)に示すように*ESR*が大きいほど，インピーダンスの最小値が大きくなります.

● セラミックが効果的

表2と**図11**に，主なコンデンサの特徴とインピーダンスの周波数特性を示します.

電解コンデンサやタンタル・コンデンサは静電容量が大きく，電源平滑用や低周波のデカップリングの用途に適しています．セラミック・コンデンサはほかのコンデンサと比べて*ESL*が小さく，高周波のデカップリングに適しています.

最近は，ICの高集積化や高速化によって，高い電荷供給能力が必要なため，同一容量のセラミック・コンデンサを並列接続したり，異なる静電容量のセラミック・コンデンサを並列接続して対応しています.

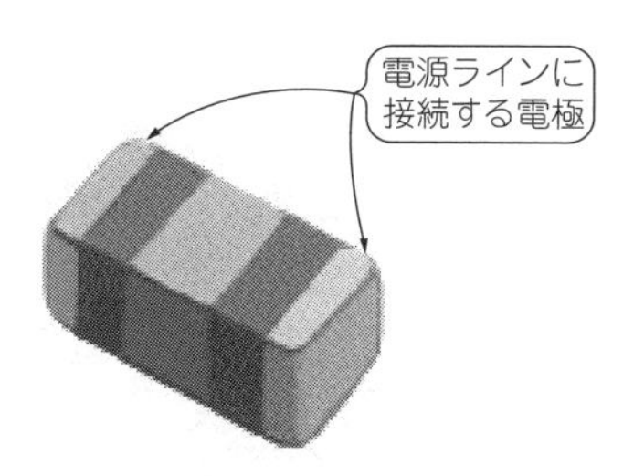

写真3　3端子コンデンサの外観
［NFM18PC105R0J3，1 μF，1.6×0.8 mm，㈱村田製作所］

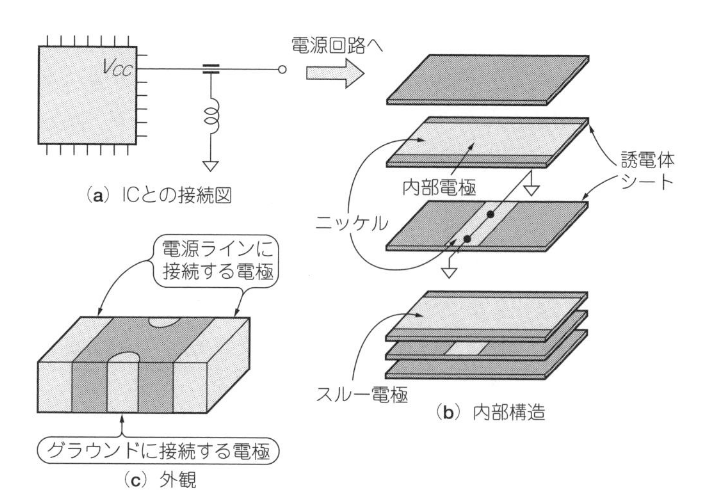

図12　3端子コンデンサの構造
電源電流が流れるスルー電極の周囲がグラウンド電極で囲まれている

■ 効き目バツグン！ 3端子コンデンサ

● 性能と使い方

▶低*ESL*コンデンサ

写真3に示すのは，セラミック・コンデンサの構造を改良し，低*ESL*を実現したコンデンサで，3端子コンデンサと呼びます．

図12に示すように三つの端子を持っています．**電源電流が流れるスルー電極の周囲がグラウンド電極で囲まれており，*ESL*がとても小さくなるような構造になっています．**

3端子コンデンサの*ESL*は，2端子のセラミック・コンデンサの1/10以下です．実際に，両者のインピーダンス周波数特性を比較(**図13**)すると，高周波域では1/10に低減しています．**図14**からも，0.1 μFのセラミック・コンデンサ10個と1 μFの3端子コンデ

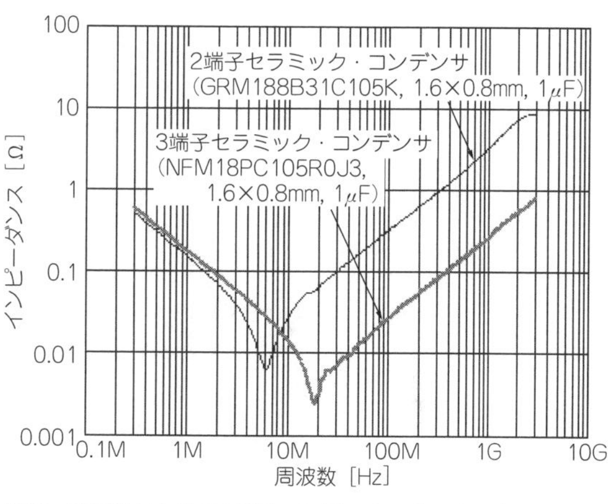

図13　高周波における3端子コンデンサのインピーダンスは2端子のセラミック・コンデンサの1/10以下

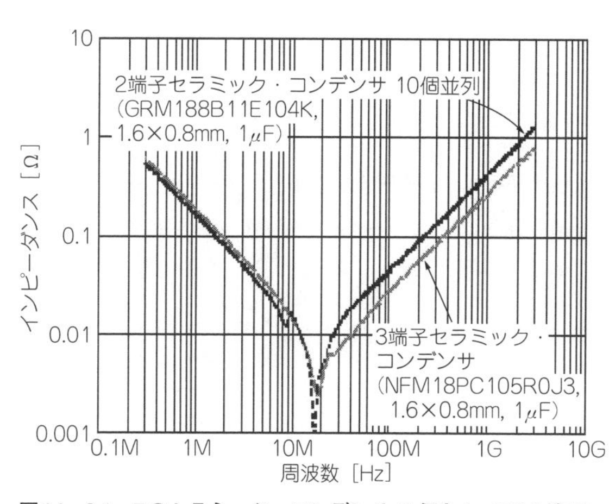

図14　0.1 μFのセラミック・コンデンサ10個と1 μFの3端子コンデンサ1個のインピーダンスはほぼ同じ

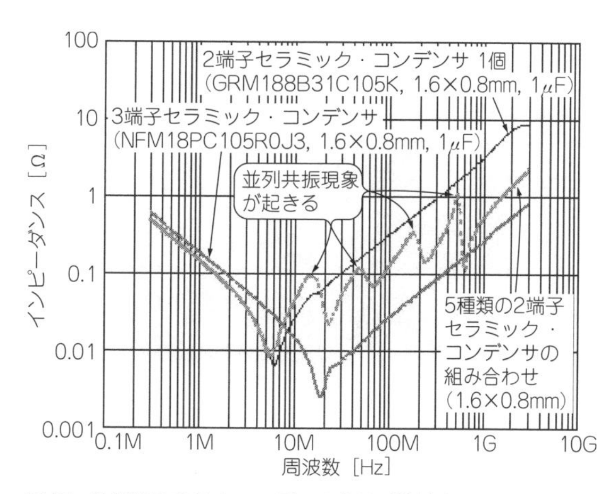

図15　数種類の容量のコンデンサを並列接続すると並列共振が起きる

ンサ1個のインピーダンス周波数特性はほぼ同じという実験結果が得られています．

実際に現場で実装されている方法，つまり静電容量の異なるコンデンサを並列接続した場合のインピーダンスの周波数特性を**図15**に示します．コンデンサ同士が並列共振を起こしており，特定周波数においてインピーダンスが上昇することがわかります．

▶性能を100%引き出すテクニック

3端子コンデンサの持つ高い能力は，正しい実装方法を知らなければ引き出すことができません．実装上の注意点を以下にまとめます．

● 3端子コンデンサからグラウンド層までの距離を短くする

多層基板を使います．できれば**実装面とグラウンド層の距離は0.6 mm以下**がよいでしょう．また，できるだけグラウンド層に近い基板表面に3端子コンデンサを実装します．**実装面とグラウンド層を複数のビア・ホールで接続します**．ビア・ホールは3個以上が望ましいです．

● ICの近くに実装する

3端子コンデンサからIC電源ピンまでの距離を最小限に抑えることによって，この間に発生する電圧を抑制します．

● 2端子コンデンサと3端子コンデンサの効果

▶近傍磁界分布

図16に示すロジックICを実装した実験基板を使って，電源ラインの近傍磁界分布を測定しました．**図17**に結果を示します．

2端子コンデンサの右側（電源給電側）に強い磁界が

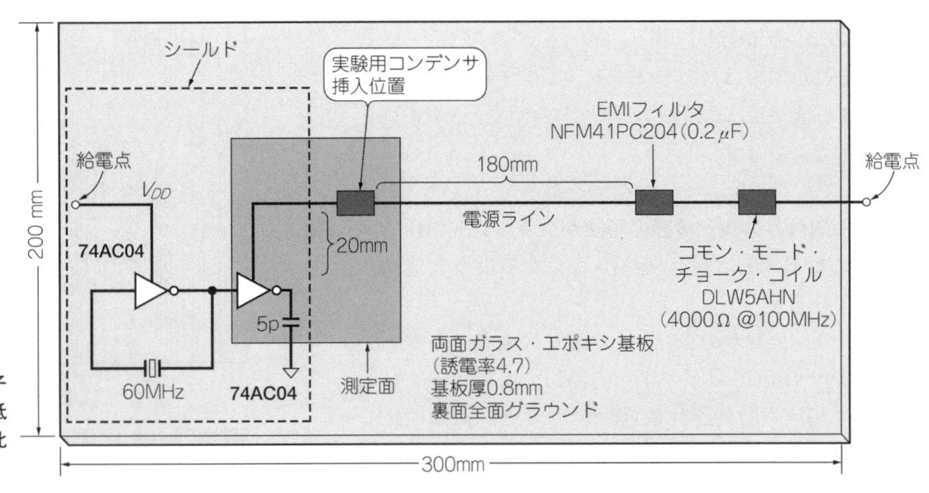

図16
3端子コンデンサと2端子コンデンサによるノイズ低減効果を近傍磁界の量で比較する

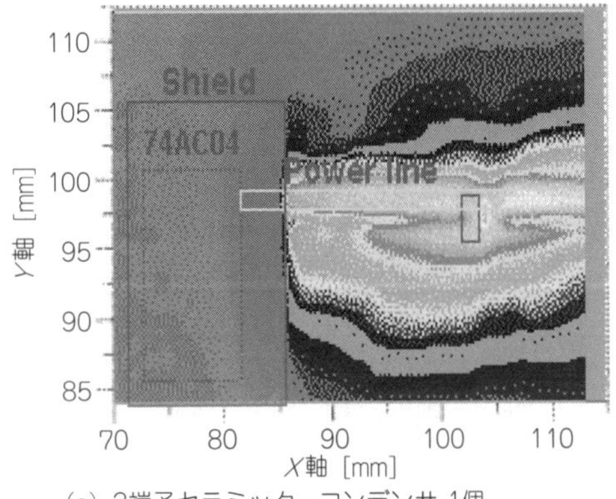

（a）2端子セラミック・コンデンサ 1個
(GRM188B11E104K, 1.6×0.8mm, 0.1μF)

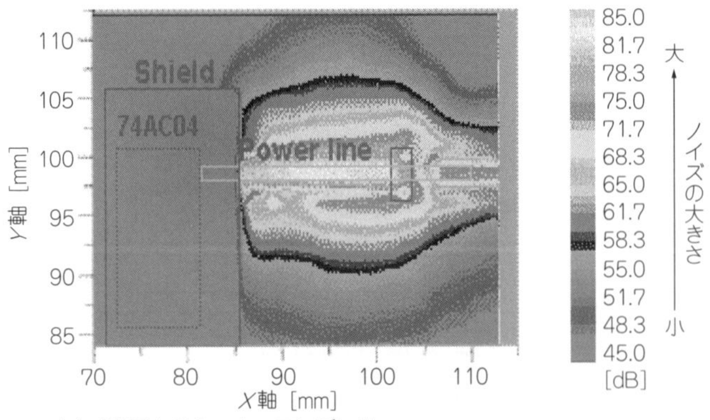

（b）3端子セラミック・コンデンサ
(NFM21PC104R1E3, 2.0×1.25mm, 0.1μF)

図17　図16の実験基板の近傍磁界の測定結果
3端子コンデンサより右側の電源ラインでは，磁界はほとんど発生していない

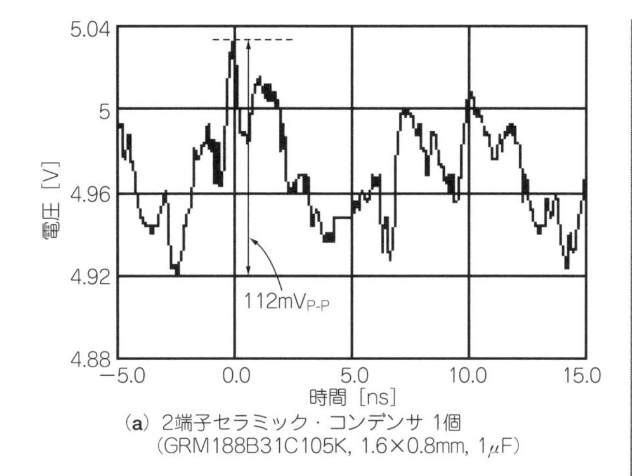

（a）2端子セラミック・コンデンサ 1個
（GRM188B31C105K, 1.6×0.8mm, 1μF）

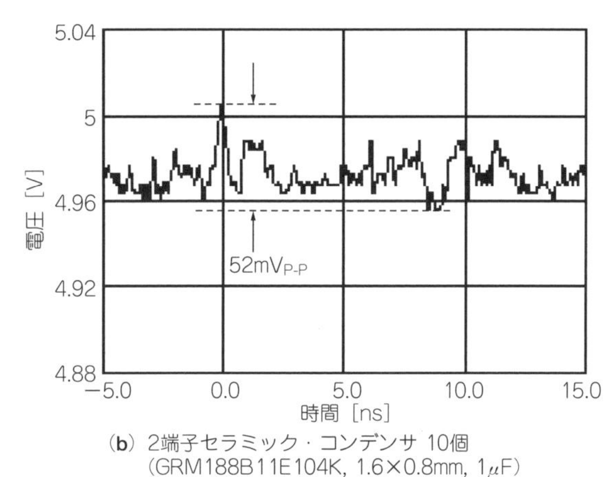

（b）2端子セラミック・コンデンサ 10個
（GRM188B11E104K, 1.6×0.8mm, 1μF）

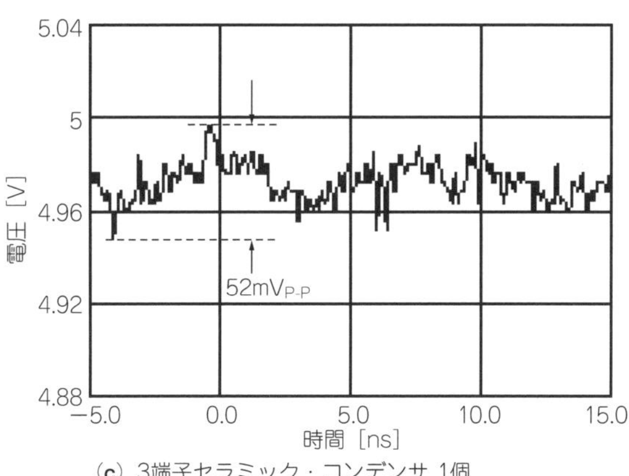

（c）3端子セラミック・コンデンサ 1個
（NFM18PC105R0J3, 1.6×0.8mm, 1μF）

図19　図18の実験基板で測定した電源電圧変動量
3端子コンデンサを使ったときの変動量は2端子コンデンサ1個を使ったときの半分以下

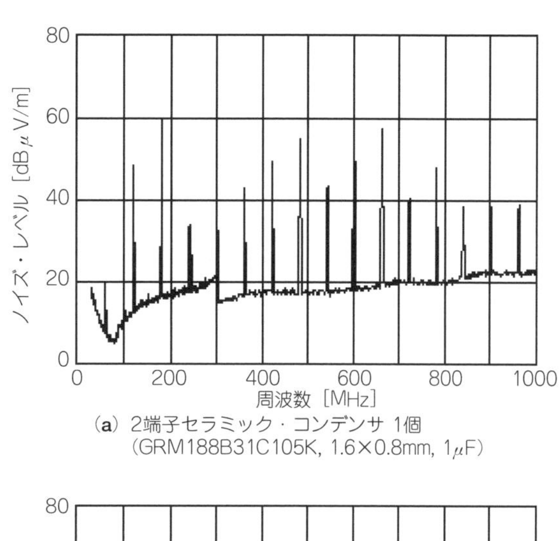

（a）2端子セラミック・コンデンサ 1個
（GRM188B31C105K, 1.6×0.8mm, 1μF）

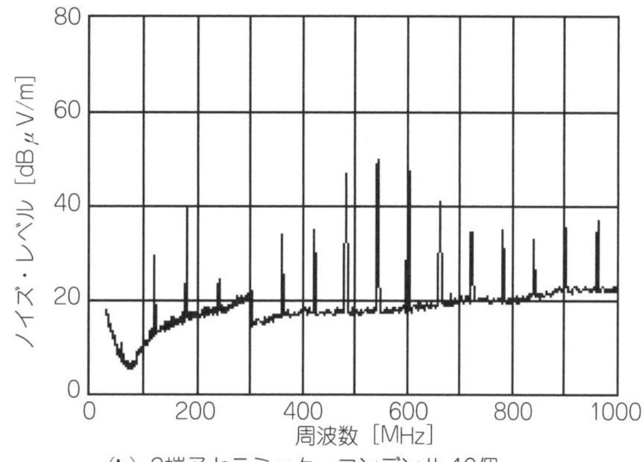

（b）2端子セラミック・コンデンサ 10個
（GRM188B11E104K, 1.6×0.8mm, 1μF）

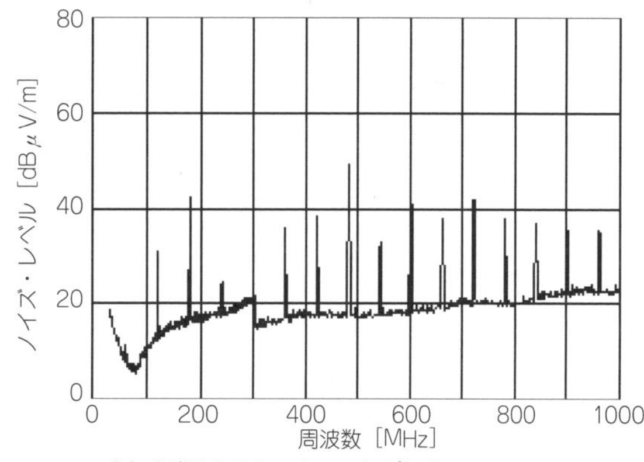

（c）3端子セラミック・コンデンサ
（NFM18PC105R0J3, 1.6×0.8mm, 1μF）

図20　図18の実験基板で測定した放射ノイズのスペクトル
3端子コンデンサを使ったときのノイズ・レベルは2端子コンデンサ1個より10〜20 dB低い

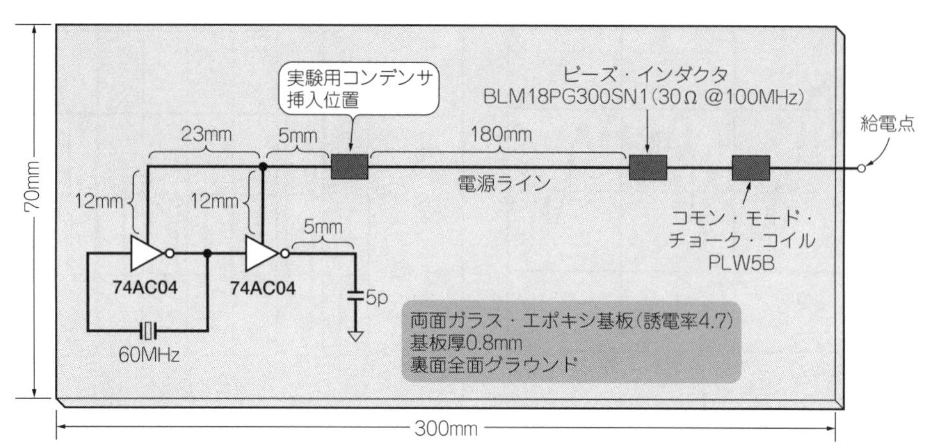

図18　3端子コンデンサと2端子コンデンサによるノイズ低減効果を電源電圧変動と放射ノイズ(3 m法)**の量で比較する**

発生しています．これはIC近傍のコンデンサが電荷を十分に供給できないため，右側の電源ラインからも高周波の電流が流れ込んでいるからです．3端子コンデンサより右側の電源ラインでは，磁界はほとんど発生しておらず，高周波の電流の流れ込みが小さいことがわかります．

▶電圧変動と放射ノイズ

図18に示す実験基板で，コンデンサ実装位置での電源電圧変動と放射ノイズを測定してみました．結果を**図19**と**図20**に示します．

2端子セラミック・コンデンサ(1 μF)が1個の場合，電圧変動は112 mV_{P-P}です．3端子コンデンサを使うと，その半分以下の52 mV_{P-P}に抑えられます．3端子コンデンサを接続したときの電圧変動は，2端子のセラミック・コンデンサ0.1 μFを10個並列に接続した場合と同程度です．

図20から放射ノイズの測定結果でも同様な傾向が確認できました．3端子コンデンサのほうが，2端子コンデンサよりノイズが10～20 dB低いことがわかります．　〈**東 貴博，後藤 祥正**〉

◆参考文献◆

(1) 坂本 幸夫；現場のノイズ対策入門．日刊工業新聞社，2000年．

(初出：「トランジスタ技術」2009年8月号)

Appendix

放熱器と冷却ファンの基礎知識

自然対流から強制対流，実装から騒音まで

冷却の必要性

● 通風の高抵抗化

OAやFA用機器への主な市場要求として，小型軽量，低騒音，なおかつインテリジェントであることが求められています．そのためこれらの筐体（きょうたい）は，密閉または半密閉状態で高集積半導体などの発熱部品が詰め込まれ，密集配置のため年々**通風の高抵抗化**へ向かっています．

また，電磁放射ノイズ抑制のため通風口を小さくしたり，劣悪環境でもインテリジェントな機器を使用する目的で密閉構造にしたり，フィルタを設置することなども筐体内の通風抵抗を大きくしています．

さらに，保守点検ミスによる吸入口の目づまり，不快感を与える高温排気の問題，凝ったデザインと同時にコンパクト化した筐体など，放熱に不利な要求や不十分な使用環境がますます多くなっています．

写真1は，小型軽量な仕様なためファンを使用した製品の例です．230［W］×177［D］×48［H］mmのビデオ・プロジェクタで，800ANSIルーメンと高輝度出力なため，消費電力は約160 Wにもなります．二つのファンによる強制対流冷却が行われています．

● 発熱密度

表面実装部品の小型化や表面実装技術の進歩は，高実装密度を推進しましたが，装置の総発熱量を増やす結果となりました．

さらに，現在は**発熱量**の増加ではなく，**発熱密度**の増加へと関心が移ってきました．特に高密度実装基板は，局部の発熱集中による熱偏在が生じます．

高速高性能化が進むマイクロプロセッサなどのCMOSディジタル回路の消費電力Pは，式(1)のように集積回路容量の充放電電力と動作周波数との積に比例します．

$$P = \frac{1}{2} k f C V^2 \quad \cdots\cdots (1)$$

ただし，k：係数，f：動作周波数［Hz］，C：回路の容量［F］，V：素子にかかる電圧［V］

高集積半導体は，消費電力抑制のため電圧Vを下げ

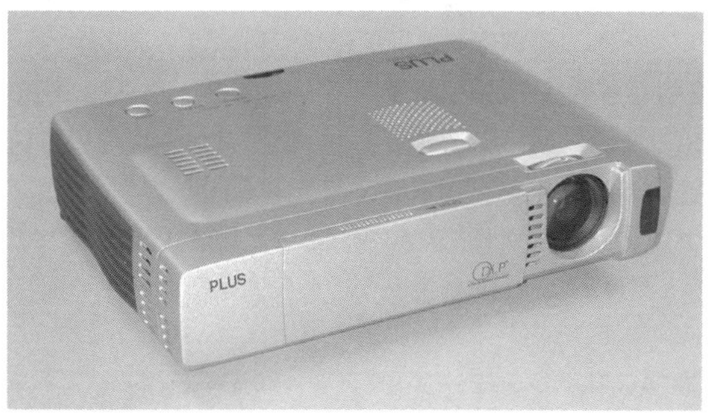

（a）外観

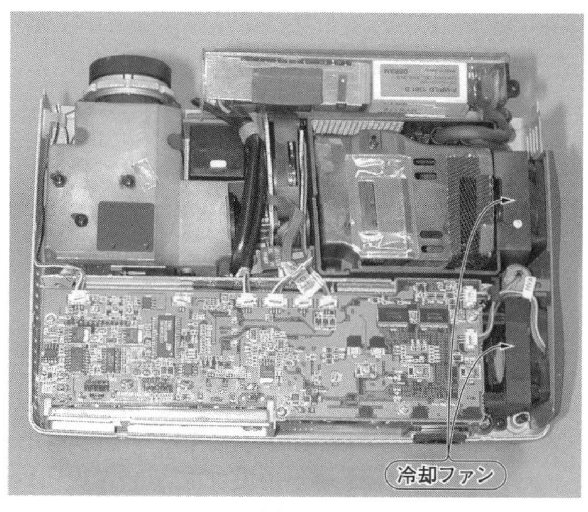

（b）内部

写真1　小型ビデオ・プロジェクタ［U3-1080，プラス工業］

7
保護素子／ノイズ対策／放熱器

表1[16]
マイクロプロセッサ発熱密度のトレンド

年代	チップ面積 [mm²]	クロック周波数 [Hz]	消費電力 [W]	電流 [A]	電力密度 [W/mm²]
1970	12	750 k	0.3	0.025	0.025
2000	450	1 G	100	200	0.222
2010※	536	3 G	174	322	0.324

※：ITRS(International Technology Roadmap for Semiconductor)の予想

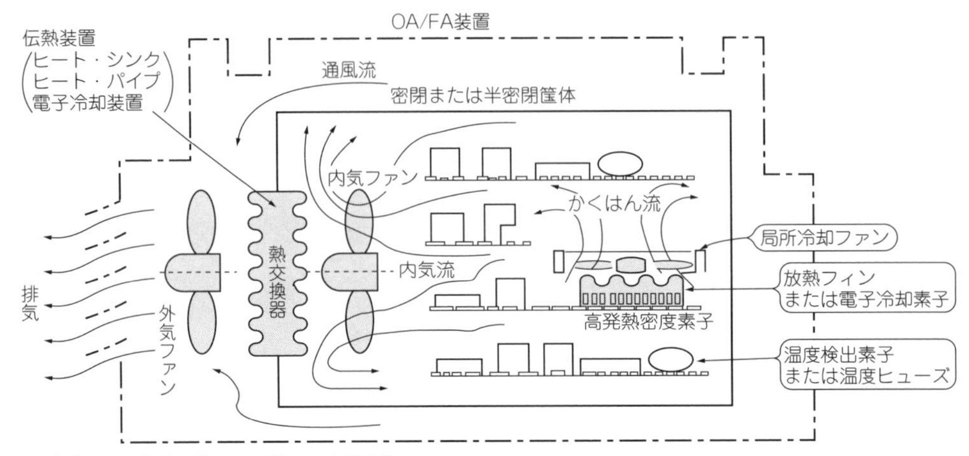

図1[14] **電子装置に使われる種々の冷却手段**

る傾向にあります．また，さらなる微細化は回路容量Cの減少につながり，現在，これら半導体は低消費電力化し，かつ回路は高速化へ向かう流れにあります．

しかし，とりあえず現在のマイクロプロセッサの関心は，熱問題，とくに発熱密度に趨勢(すうせい)があります．**表1**にマイクロプロセッサ発熱密度のトレンドを示します．すでに2000年に実現した1 GHz級マイクロプロセッサの電力密度は，アイロンの4倍に達しており，局部冷却が重要な課題です．

＊

以上のように，冷却はますます重要になりつつあります．電子装置には**図1**に示す種々の冷却手段が使われていますが，本章では最もポピュラなファン・モータによる放熱方法を詳解します．

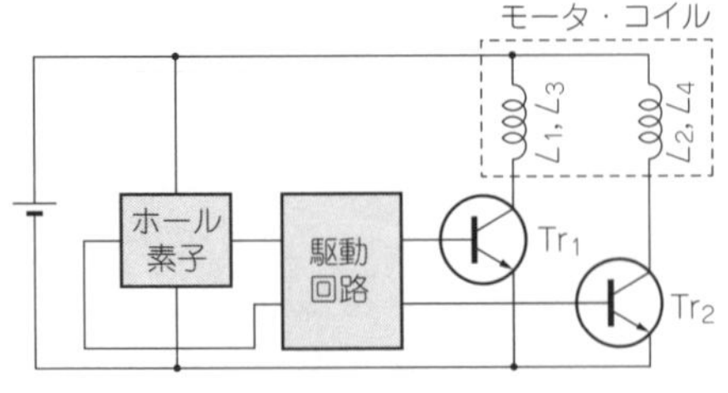

図2　DCファン・モータの駆動回路例

ファンの種類と構造

電子装置の冷却用途に対するユーザの要求は，高風量(冷却能力)，低騒音，高信頼性の三つです．

ファンの種類は大別してDC/AC型の2種類に分かれます．さらにACファンのモータ部は，コンデンサ移相モータと隈取りモータとの2種類があります．

● DCファン・モータ

モータはブラシレスで，回転方向は構造的に一方向にだけ回転するようになっています．DCファンのインナーステータには2相のL_1，L_2が巻かれ，基板には磁気センサであるホール素子と駆動回路が載っています．駆動回路例を**図2**に示します．回転力は，アウターロータの磁極位置と，その位置における通電すべき2相巻き線のどちらか最適相を磁気センサが検出し，信号を駆動回路に出力します．回路は信号に従って最適巻き線へ電流を切り替えモータを回します．**ACファンより効率が良く**，市場はACと比べ圧倒的に大です．**写真2**にDCファン・モータの内部構造を示します．

● ACファン・モータ

ACファン用隈取りモータは，コンデンサ移相モータに比べ市場が大きく，低効率ですが安価です．DC

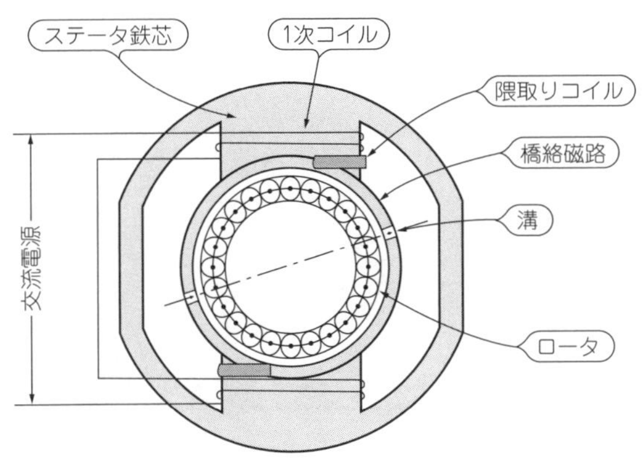

図3　2極隈取りモータ構造図

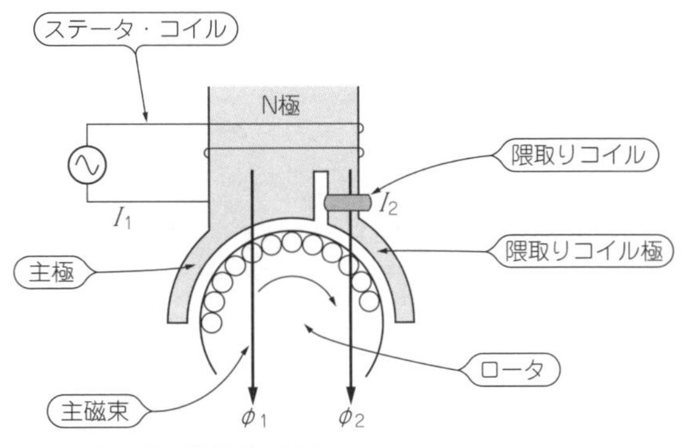

図4　図3の電磁極部分の拡大

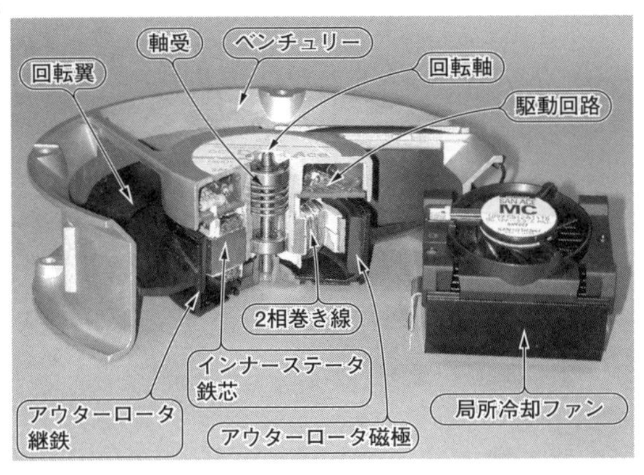

写真2　DCファン・モータの構造

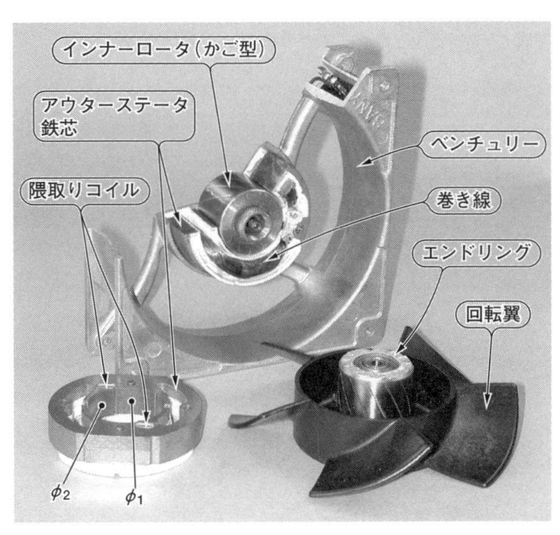

写真3　ACファン隈取りモータの構造

ファン用モータに比べ電子部品がないぶん耐環境性，堅牢さに優位性があります．また，DCがアウターロータ構造に対し，ACは隈取り/コンデンサ共にインナーロータ構造です．

両者のインナーロータ構造は，汎用誘導電動機と同じ「かご型」です．回転力は，ステータに発生する回転磁界の吸引力により得られますが，隈取りとコンデンサ移相では回転磁界を作り出す仕組みが異なります．

▶隈取りモータ

隈取り2極モータの構造を**図3**に示します．さらに，電磁極部分を**図4**に示します．**図4**のステータ・コイルに商用交流電流が流れると商用と同じ周波数の主磁束ϕ_1がステータとロータ間に発生します．この隈取りコイルを通るϕ_1は隈取りコイルに起電力を誘起します．誘起の結果，隈取りコイルに2次電流I_2が流れ，主磁束ϕ_1を阻止する磁束が発生します．そのため，ステータの隈取り部分とロータ間に発生する磁束ϕ_2は主磁束ϕ_1から位相が遅れる結果となり，それは磁束ϕ_1がϕ_2へ回転する回転磁界が生じたことになります．**写真3**はACファン隈取りモータの内部構造です．

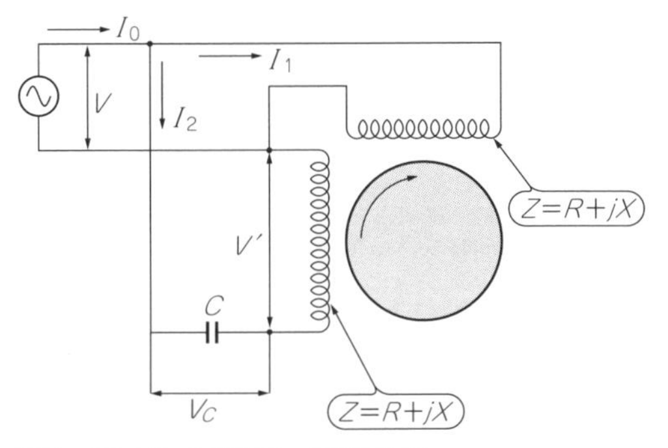

図5　コンデンサ移相モータの結線図

▶コンデンサ移相モータ

構造は，通常の単相コンデンサ誘導電動機と同じです．一般的な仕様は2極2相巻き線であり，結線図を**図5**に，位相ベクトルを**図6**に示します．交流電圧Vを加えると端子から電流I_0が流れ，巻き線分岐点で電流が分割し，コンデンサ相へI_2が，ほかの相へI_1が流れます．I_1，I_2の電気角位相差がほぼ90°になるよ

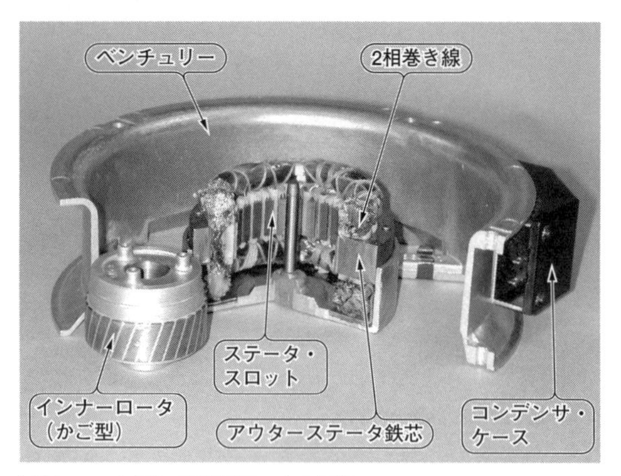

写真4　コンデンサ移相モータの構造

写真5　小型多翼ファンの外観(109BD12HA2，山洋電気)

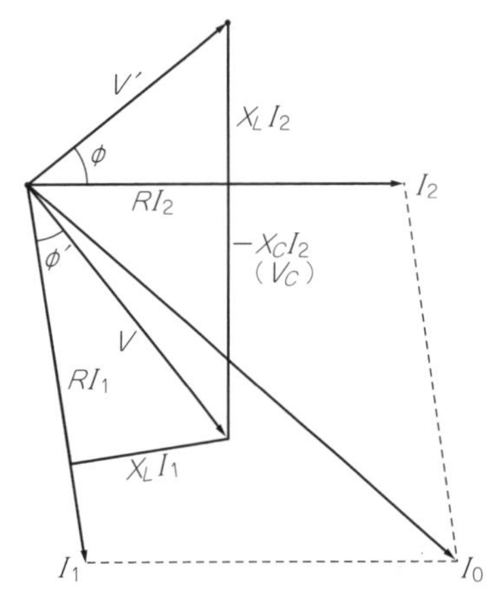

図6　コンデンサ移相モータのベクトル図

うに巻き線インピーダンスの兼ね合いでコンデンサ容量を選び，回転磁界を作ります．**写真4**にコンデンサ移相モータの構造を示します．

● ファン・モータと回転翼

ファン用各種モータの特徴と特性を**表2**に，回転翼の構造と特徴を**表3**にまとめます．

ファンには小型軸流が最も広く使われています．最近は実装密度の高い設計が増加しており，装置の高通風抵抗化に伴い，小型多翼(シロッコ)ファンが増えています．小型多翼ファンの外観を**写真5**に示します．

表2[15]　**各種モータの特徴と特性**

モータの種類		特　徴
ACモータ	コンデンサ移相モータ	(1)効率20～50％，力率70～85％ (2)隈取りモータと比べて起動トルク大 (3)50と60 Hzにおけるトルク－速度特性に差あり (4)小形モータの中では比較的大出力ファンに使われる (5)隈取りモータより回転振動が少ない (6)隈取りモータと比べて高価
	隈取りモータ	(1)効率10～20％，力率50％ (2)起動トルクが小さい (3)コンデンサ移相モータより振動大 (4)50と60 Hzにおけるトルク－速度特性に差あり (5)安価である (6)風力負荷を大きくすると回転不安定になる
DCモータ		(1)効率30～70％ (2)起動トルク大 (3)風力負荷を大きくしても回転不安定にならないが，負荷変化に対しACモータと比べ速度変化が大きい (4)商用周波数に影響を受けないが，電圧変化に対し回転速度が変化する (5)ブラシレス・モータは設定速度範囲が広い

(a) 特徴

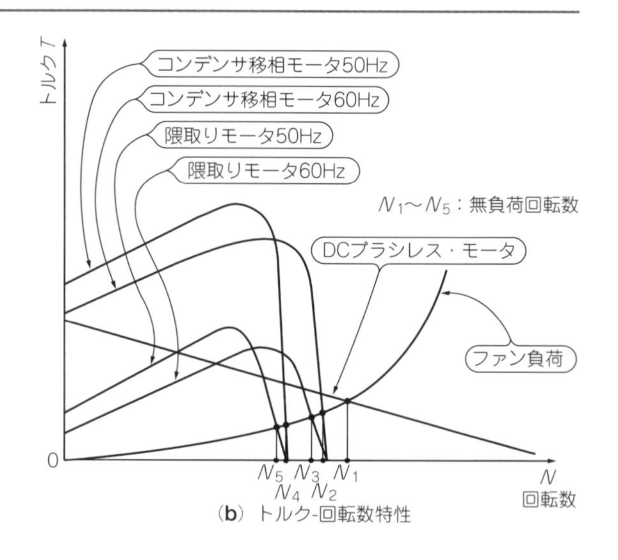

(b) トルク-回転数特性

表3[15]
回転するファンの構造特徴

ファンの種類	構　造	特　徴
小型軸流ファン（扁平ファン）	吸い込み → 吐き出し	(1)静圧が低い (2)風量が多い (3)中低実装密度の通風抵抗の小さい機器に対し冷却効果大 (4)低騒音化しやすい
クロス・フロー・ファン（小型横流ファン）	吐き出し 吸い込み	(1)羽根車が細長い円筒状になっている (2)ファンの長さに比例した送風の広がりがある (3)静圧・風量ともに他の２種類の中間の性能 (4)組み込み構造上，特別注文となることがある
シロッコ・ファン（小型多翼ファン）	吐き出し 吸い込み	(1)静圧が高い (2)風量が少ない (3)高実装密度の通風抵抗が大きい機器に対し冷却効果大

ファンの特性

カタログに表示されている風量-静圧特性（Q-H特性）は，縦軸に静圧，横軸に風量のグラフ曲線です．**ファンの負荷である通風抵抗からこれに釣り合った静圧と風量が一意で決まり，その点を動作点と呼びます．**当然，**通風抵抗が変わると動作点（静圧と風量）も変わります．**カタログの特性は，通風抵抗値を無限大からゼロまで変化させることにより，静圧が最大からゼロまで減少し，逆に風量はゼロから最大まで変化した曲線です．**図7**に例を示します．

冷却力である風力パワーP_f［W］は静圧P_s［kg/m^2］と動圧P_d［kg/m^2］との和からなる全圧に比例し，式(2)で表します．

$$P_f = \frac{P_{all}}{6.12} = \frac{P_s + P_d}{6.12}\ [\mathrm{W}] \quad \cdots\cdots (2)$$

$$\text{ただし，}P_d = \frac{1}{2g}\rho\, u^2\ [\mathrm{kg/m^2}] \quad \cdots\cdots (3)$$

ρ：空気密度［kg/m^3］，u：風速［m/s］，
$P_{all} = P_s + P_d$：全圧［kg/m^2］，
$g = 9.8$：重力加速度［m/s^2］

静圧とは，例えば空気のある容積を考えた場合，その容積の膨張力です．動圧は，空気の運動時に発生するその容積の重さと風速の2乗に比例した慣性力で，風のない所での動圧はゼロになります．

これらの和である全圧は，風が物体に衝突したとき物体の受ける力で，動圧と呼ばれる慣性力と衝突部の空気が膨らむ膨張力からなります．

適正なファンの選択とは，動作点における風力パワ

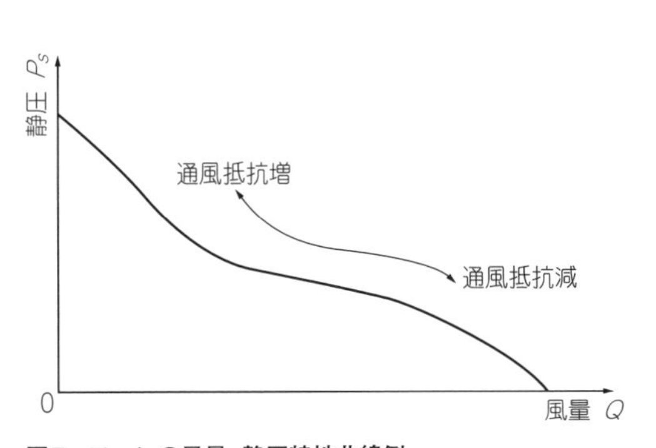

図7　ファンの風量-静圧特性曲線例

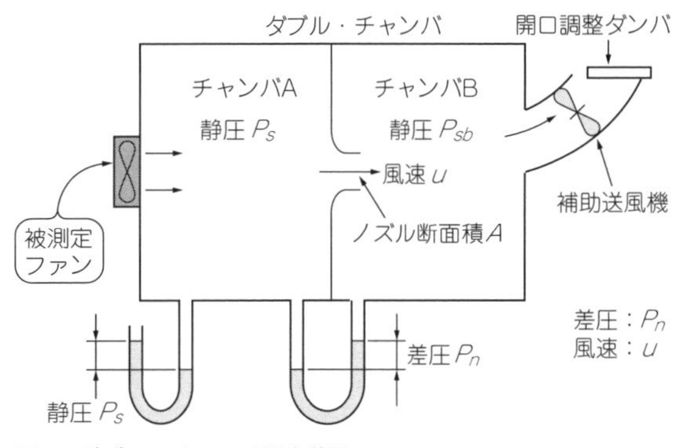

図8　ダブル・チャンバ測定装置

7 保護素子／ノイズ対策／放熱器

$-P_f$とファン・サイズの比をいかに大きくできるかということになります．

● ダブル・チャンバ測定

昔はファン風量-静圧特性の測定はピトー管による方法が主流でした．しかし，測定時間と熟練度が必要なため現在ではダブル・チャンバ(double chamber)による測定が主流です．**図8**に測定装置を示します．

被測定ファンがチャンバAに静圧P_sをチャージします．絞り装置と補助送風機がチャンバBの圧力を変え，チャンバAとの差圧P_nを発生させると，ノズルを通って圧力解消の空気移動が生じます．その移動速度(風速)uはベルヌーイの法則に従い式(4)で，風量Qは式(5)でそれぞれ表されます．

$$u=\sqrt{2g\frac{P_n}{\rho}}\ [\mathrm{m/s}] \cdots\cdots (4)$$

$$Q=60Au\ [\mathrm{m^3/min}] \cdots\cdots (5)$$

P_n：差圧［$\mathrm{kg/m^2}$］，A：ノズル断面積［$\mathrm{m^2}$］

測定装置の絞り装置と補助送風機を操作して，通風抵抗であるP_nをゼロから無限大まで変え，各点の測定静圧と，式(4)(5)を使って求めた風量をプロットすれば**図7**のような静圧-風量特性を測定できることになります．

放熱形態とファン使用を含む低熱抵抗化

「冷却効果を高める」とは，高温物体の熱を速やかに外部へ排出することであり，装置を低熱抵抗化することです．つまり，ファンで冷却することは，低熱抵抗化することです．

熱は，異なる三つの熱伝達形態があります．物体内部を高温から低温に向かって熱が移動する「**伝導**」，物体と空気間を移動する「**対流**」，対流に無関係で物体温度に依存し電磁波で伝わる「**放射**」の三つです．これらを**図9**にまとめます．

低熱抵抗化対策には，この三つの熱伝達形態をもとにした次のような指数を理解する必要があります．

■ 熱伝導率

伝導による伝熱の良さの程度を表す係数λ［W/m℃］を熱伝導率と呼び，物質を伝わる熱量Q［W］は，式(6)で表されます．係数λは物質により決まります．一般に電気伝導率の良い材質は熱伝導率も良くなります．この関係はウィーデマン・フランツ・ローレンツの関係として知られています．

$$Q=\lambda A\frac{T_1-T_2}{l}=\frac{1}{R_{cond}}(T_1-T_2)\ [\mathrm{W}] \cdots (6)$$

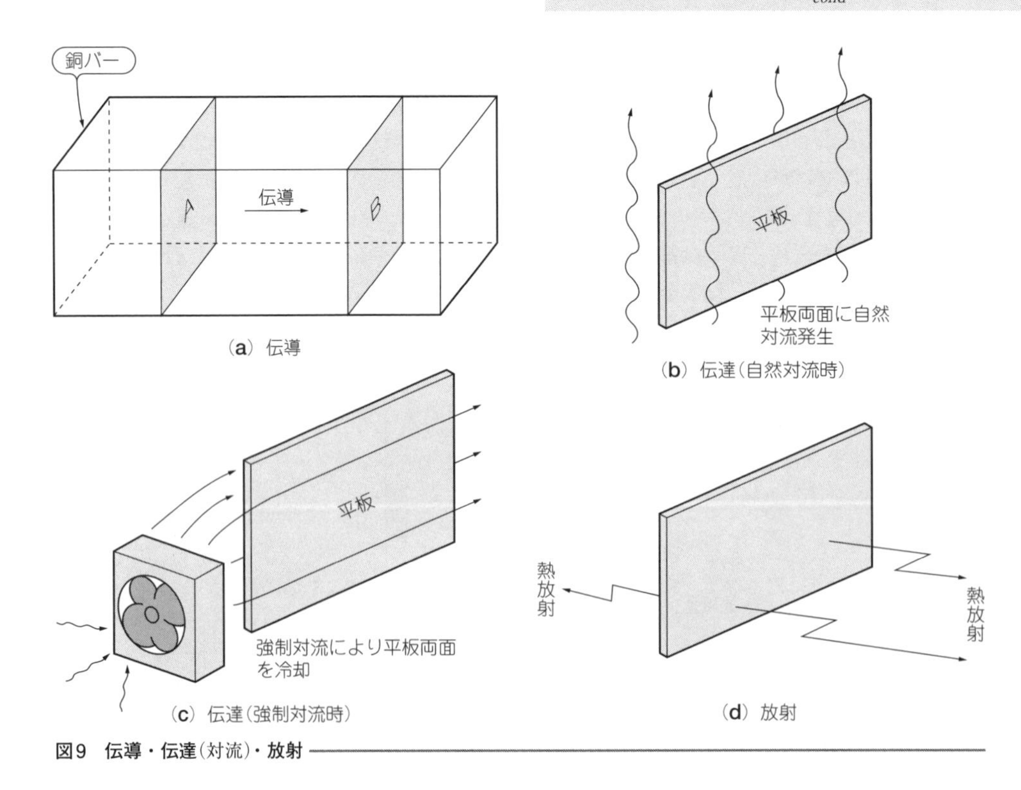

図9　伝導・伝達(対流)・放射

ただし，$R_{cond}=\dfrac{1}{\lambda A}$［℃/W］……………(7)

A：熱流断面積［m^2］，l：流路長［m］，
T_1-T_2：l両端面の温度差，
R_{cond}：熱伝導における熱抵抗［℃/W］

シチューなどを作るとき薄い鉄鍋は焦げやすく，厚い銅鍋は焦げにくく熱まわりが均一なことは，鉄鍋は低い熱伝導率で熱拡散が悪く局部過熱となり，銅鍋は高い熱伝導率で熱拡散が良いことになります．

物体の熱伝導率が高ければ物体内の熱がそれだけ多く流れ，放熱が良いことにつながります．

■ 熱伝達率

対流の伝熱の良さの程度を表す係数h［W/m^2℃］を熱伝達率と呼びます．**流体と物質の性質の違いや，流路形状，流速，層流，乱流の違いにより変化する値です．**固体表面と流体間の熱の伝わりやすさを表す量で，伝達熱量Q［W］は式(8)で表されます．自然対流と強制対流時における空気の熱伝達率の変化幅を図10に示します．

$$Q=hA(T_1-T_2)=\frac{1}{R_{conv}}(T_1-T_2)\,[\mathrm{W}] \cdots (8)$$

ただし，$R_{conv}=\dfrac{1}{hA}$［℃/W］……………(9)

R_{conv}：熱伝達における熱抵抗［℃/W］

ファンの風速が増せばhは大きくなり，R_{conv}は小さくなるので放熱が良くなります．

● 熱伝達率を無次元数で表す

熱伝達率hは**実験と理論の合成による導出式**です．それらを表現するため，ヌセルト，レイノルズ，グラスホフ，プラントルの四つの無次元数があります．各数はそれぞれuやlなどで決まりますが，ここでは式から解説する誌面もないので，熱伝達の理解に役立つ各要素の性質のみを紹介します．なお，後述する式(10)～(13)はこれらから導出されました．ここでは熱伝達を概念的に説明するため平均熱伝達率を使っています．

熱伝達率hは，強制対流と自然対流ではそれぞれ形が異なるヌセルト数N_uの関数で表されます．強制対流時ヌセルト数N_uは，レイノルズ数R_eとプラントル数P_rとから成る関数で表され，自然対流時はヌセルト数N_uはグラスホフ数G_rとプラントル数P_rとからなる関数で表されます．

▶ヌルセト数：N_u

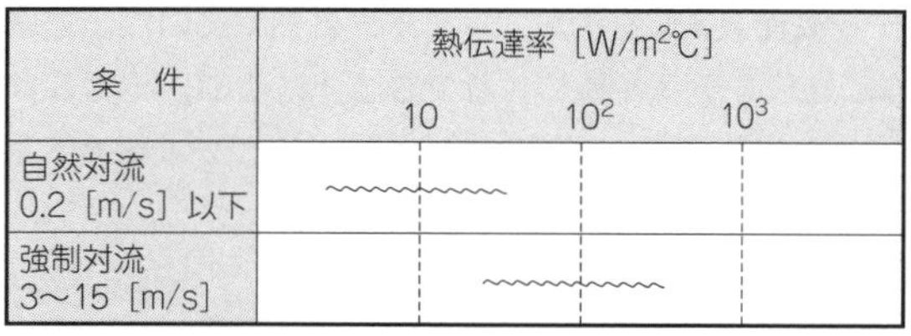

条件	熱伝達率［W/m^2℃］ 10	10^2	10^3
自然対流 0.2［m/s］以下	～～～（10前後）		
強制対流 3～15［m/s］		～～～（10^{2}前後）	

図10[(8)(9)] 自然対流時と強制対流時の熱伝達率の幅

伝達率hに直接対応している無次元数です．ヌセルト数の中にレイノルズ数が含まれる場合は強制対流伝達率を，グラスホフ数が含まれる場合は自然対流伝達率を表します．

▶レイノルズ数：R_e

層流か乱流かを決める無次元数です．R_eが大きいと慣性力が働き乱流となり，小さいと粘性効果により層流となります．例えば，強制対流における平板の場合，層流から乱流への遷移点は4×10^5ぐらいです．強制対流熱伝達率を求めるときのヌセルト数の構成要素です．

▶プラントル数：P_r

粘性と温度伝導の関係を表す無次元数です．$P_r>1$の場合は温度境界層より速度境界層が大きく，$P_r<1$の場合は逆になります．空気の場合，ほぼ0.7になります．

▶グラスホフ数：G_r

自然対流において浮力に対応する無次元数です．自然対流熱伝達率を求めるときのヌセルト数の構成要素です．

● 自然/強制対流における熱伝達率と熱量，温度上昇

実際に気温40℃における平板の**強制対流時の熱伝達率**hは式(10)になります．

$$h=3.85\sqrt{\frac{u}{l}} \cdots\cdots (10)$$

風速u［m/s］と流路代表長さl［m］がわかれば，その環境条件の強制対流におけるhが求まります．これを変形して，式(11)が平板の強制対流時の温度上昇値を求める式です．

$$T_1-T_2=\frac{Q}{3.85\mathrm{A}}\sqrt{\frac{l}{u}} \cdots\cdots (11)$$

ただし，$Q=hA(T_1-T_2)$ ……………(12)

同様に，気温40℃の板の**自然対流における熱量**は式(13)のようになります．温度上昇を求めたのが式(14)です．温度上昇$\varDelta\theta$［℃］がわかれば式(13)から冷却熱量を，流路代表長さl［m］がわかれば式(14)

から温度上昇値を計算できます．自然対流の熱伝達率hは式(13)から容易に判断できます．なお，定数Cは平板の姿勢によって変わります．Cについて**表4**に示します．

$$Q = hA(T_1 - T_2)$$
$$= C \times 2.51\left(\frac{T_1 - T_2}{l}\right)^{0.25} A(T_1 - T_2)$$
$$= 2.51\frac{(T_1 - T_2)^{1.25}}{l^{0.25}}AC \cdots\cdots (13)$$

$$ただし，h = C \times 2.51\left(\frac{T_1 - T_2}{l}\right)^{0.25}$$

$$また, \Delta\theta = T_1 - T_2 = \left(\frac{Q}{2.51AC}\right)^{0.8} \times l^{0.2} \cdots\cdots (14)$$

● 低熱抵抗化の検討

筐体の低熱抵抗化とは，熱伝達率を上げることにほかなりません．

平板の強制対流熱伝達率hは層流状態においてファン風速に比例するのではなく，式(10)のように**内部の風速の1/2乗に比例して大きくなります**．また，ファンにより冷たい外部気温T_2を取り込めば，それだけ発熱部温度T_1が低下します．

強制対流は自然対流と違い，平板姿勢が放熱の良し悪しに直接関係しません．熱伝達率を上げるための強制/自然対流の共通点は**放熱面積拡大**のほか，壁面に沿って流れる**流路長の短縮化**にあります．

空気の浮力に関係の深い自然対流熱伝達率は，空気密度の濃淡に重力が作用すると濃い部分は下降の力が，淡い部分は上昇の力が働きます．これが自然対流となり，この力の働きの良さが伝達率の向上につながります．

表4[(7)(8)] 伝達率係数C

平板の姿勢		C	代表長さℓの値 [m]
	垂直に立てた板	0.56	高さ（最大0.6mくらいまで）
	熱面を上にして水平にした板	0.54	たて×よこ×2 / たて＋よこ
	熱面を下にして水平にした板	0.27	たて×よこ×2 / たて＋よこ

濃淡を発生させる空気膨張は加熱が必要となるため，加熱部となる発熱電子部品を下部に設置することが効果的です．平板の姿勢は垂直が良く，水平にすると，上面部の放熱は垂直と同等に優れていますが，**底面部の放熱は上面部の1/2まで悪化します**．

筐体をきちんと設計すれば0.2 m/sの自然対流流速を得ることは十分可能です．冷却手段としてファンに加え，**自然対流による冷却効果が期待できる設計が望ましい**といえます．

● ファンを使用すべきか否か

初期設計段階において冷却は自然対流か強制対流かの選択を迫られることがあります．一般的に自然対流は強制対流に比べて冷却能力は1桁以上低いのですが，ファンなしは低騒音で，メンテナンスが楽でそれだけ安価であるなど魅力もあります．だからといって冗長的設計により筐体が肥大化しても問題です．

さまざまな電子機器の筐体容積に対する消費電力/消費電力密度の統計的資料には自然対流か強制対流かの選択基準も紹介されています．それをアレンジした選択グラフを**図11**に示します．

■ 熱の放射

放射熱量Q［W］は絶対温度［K］で表す発熱体温度T_1の4乗と外気温T_2の4乗との温度差に比例し，熱抵抗R_{rad}に反比例します．したがって，放射伝熱における温度上昇は式(15)で表されます．

$$T_1 - T_2 = \frac{Q}{4\varepsilon\sigma A T_m^3} = QR_{rad} \cdots\cdots (15)$$

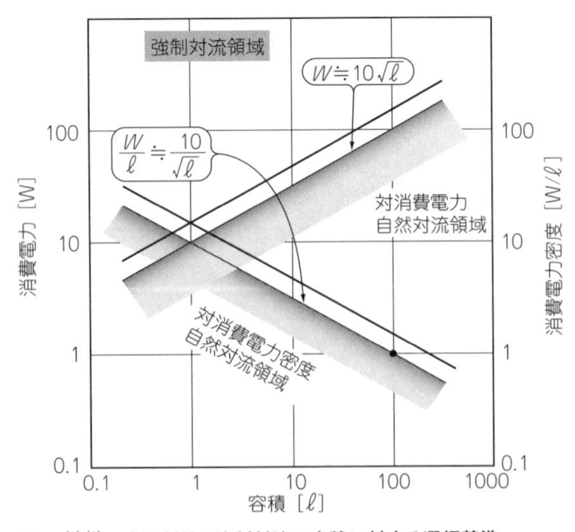

図11[(1)(8)] 自然対流/強制対流の容積に対する選択基準

ただし，$R_{rad}=\dfrac{1}{4\varepsilon\sigma A T_m^3}$ ………………… (16)

ε：放射率，$\sigma=5.67\times10^{-8}$ [W/m² K⁴]：ステファン・ボルツマン定数，T_m：T_1とT_2の相加平均値

εは放射表面の条件により決まります．黒体は$\varepsilon=1$に相当し，一般的には$\varepsilon<1$です．R_{rad}が熱放射における熱抵抗になります．

熱放射は，式(15)と式(16)から発熱部温度と周辺気温の相加平均の3乗に比例して良くなります．このことから，低温発熱面では低放射効率であるが，発熱面が高温ほど放射効率が良くなることがいえます．また，熱放射率は表面条件に関係し，黒色に近づくほど良く，光反射のよい研磨鏡面に近づくほど悪くなります．

熱放射はファンによる冷却との直接的関係はありません．

筐体の温度推定

伝熱に関する数式は半実験半理論から導出される場合が多く，数式自体が複雑であるのと，数式に対する適用条件も複雑です．筐体温度の推定数式としていくつかが紹介されていますが，よく知られている中から筐体表面温度上昇値(外気温からの上昇値)Δt [℃] を推定する数式を**図12**に紹介します．

式①と②は，それぞれ表面の自然対流，放射の式で，式③は筐体内気温40 ℃時の自然または強制対流による放熱量と温度上昇の式です．それらを総合したのが式⑤です．この式は筐体内部空気温度上昇値Δt_aを，Δtの2倍と仮定しています．

● 実際の使い方

式⑤は右辺にもΔtがあり，簡単に計算できません．そこで教科書的ですが，以下のような例で計算過程を説明します．

▶条件

筐体表面積は$S=S_t+S_s+S_b=0.59$ [m²] で内部消費電力$Q=1500$ Wです．強制冷却のため各吸排出側に，面積$A=0.0063$ [m²] の窓があり，ファンのカタログ最大風量$Q_3=60\,Au_{max}=2.9$ [m³/min] の関係のとき筐体表面温度上昇値Δt [℃] を計算します．また，そのときのファン風速u [m/s] も求めます．

ただし，筐体底面も通気性があり，筐体表面の放射率を$\varepsilon=0.9$，周囲温度$T_\infty=30$ [℃]，排気温度上昇値は筐体表面温度上昇の2倍の仮定を使い，窓面積Aはファンを取り付けた状態の吸排窓面積です．条件を**図13(a)**にまとめます．

$$Q_1=1.86\left(\frac{4}{3}S_t+S_s+\frac{2}{3}S_b\right)\Delta t^{1.25} \quad ①$$

$$Q_2=4\varepsilon\sigma T_m^3 S\Delta t \quad ②$$

$$Q_3=Au\rho C_p\Delta t_a=1100Au\Delta t_a \quad ③$$

ただし，@40 ℃，$\rho=1.091$ [kg/m³]，
$C_p=1009$ [J/kgK]

$$Q=Q_1+Q_2+Q_3 \quad ④$$

$$\therefore\Delta t=\frac{Q}{1.86\left(\frac{4}{3}S_t+S_s+\frac{2}{3}S_b\right)\Delta t^{0.25}+4\varepsilon\sigma T_m^3 S+2200Au} \quad ⑤$$

ただし，$\Delta t_a=2\Delta t$

Q：総発熱量 [W]，Q_1：自然対流による放熱量 [W]，Q_2：放射による放熱量 [W]，Q_3：筐体内部から外部へ自然または強制対流による高温気流温度上昇値Δt_aが排出する放熱量 [W]，Δt_a：筐体内部温度上昇値 [℃]，A：放熱窓面積 [m²]，S：筐体表面積 [m²]，S_t，S_s，S_b：筐体の上面，側面，底面の面積 [m²]，$T_m=(T_1+T_2)/2$：発熱表面温度と外気温度の平均値 [K]，ε：放射率，σ：ステファン・ボルツマン定数 [W/m²K⁴]，ρ：密度 [kg/m³]，C_p：定圧比熱 [J/kgK]，u：風速 [m/s]

図12　筐体の温度推定式

▶計算方法

図13(b)に過程を示します．筐体通風抵抗不明のため動作点における風量Auをカタログ値2.9 [m³/min] の1/1.3倍と仮定し，2.23 [m³/min] とします．1/1.3倍は経験的値です．

式⑤は，右辺分母の第1項と第2項にΔtの関数である未知数$\Delta t^{0.25}$，$T_m=(\Delta t+T_\infty)/2$，が含まれているため，最初の$\Delta t$に仮定が必要です．

最初は自然対流，放射がゼロと仮定したとき，すなわち分母の第3項だけ使い式⑤からΔt_1，T_{m1}を求めます．次に式⑤の右辺に求めたΔt_1，T_{m1}を代入してΔt_2，T_{m2}を求めます．同様な計算を$\Delta t_n\fallingdotseq\Delta t_{n+1}$に収れんするまで繰り返します．

計算式⑥の結果18.3 [℃] と式⑩の結果17.2 [℃] は大ざっぱに評価するには大差ない値です．**温度上昇が高い場合は放射効率が良くなり図12の式⑤が必要となりますが，温度上昇が少ない場合，式⑥だけでも十分評価できます．**

また，式⑤に$u=0.1\sim0.2$ [m/s] の風速を代入すれば，ファンを取り去った自然対流における温度上昇値も計算できます．

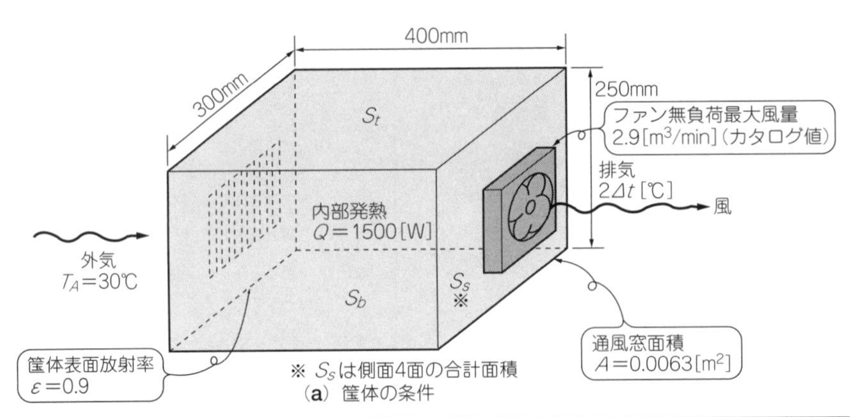

(a) 筐体の条件

$$\Delta t_1=\frac{Q}{2200Au}=\frac{1500}{2200\times\frac{2.23}{60}}=18.3\ [℃] \cdots\cdots ⑥$$

$$T_{m1}=\frac{\Delta t_1+T_\infty}{2}+273=\frac{18.3+30}{2}+273=297\ [K] \cdots\cdots ⑦$$

$$\Delta t_2=\frac{1500}{1.86\times0.59\times18.3^{0.25}+4\times0.9\times5.67\times10^{-8}\times0.59\times297^3+2200\times\frac{2.23}{60}}=17.2\ [℃] \cdots ⑧$$

$$Tm2=\frac{17.2+30}{2}+273=297.1\ [K] \cdots\cdots ⑨$$

$$\Delta t_3=\frac{1500}{1.86\times0.59\times17.2^{0.25}+4\times0.9\times5.67\times10^{-8}\times0.59\times297.1^3+2200\times\frac{2.23}{60}}=17.2\ [℃] \cdots ⑩$$

$$\therefore \Delta t_2=\Delta t_3 \qquad \Delta t=17.2\ [℃] \cdots\cdots ⑪$$

$$u=\frac{Au}{A}=\frac{\frac{2.23}{60}}{0.0063}=5.9\ [m/S] \cdots\cdots ⑫$$

(b) 計算過程

図13 温度推定の計算方法

筐体の圧力損失

筐体の圧力損失(システム・インピーダンス)が大きいとは，筐体内部の通風抵抗が高いことであり，風が流れにくいことです．この圧力損失を少なくできればそれだけ低熱抵抗化できます．また，騒音にも関係あり，圧力損失に関する性質の理解は重要です．

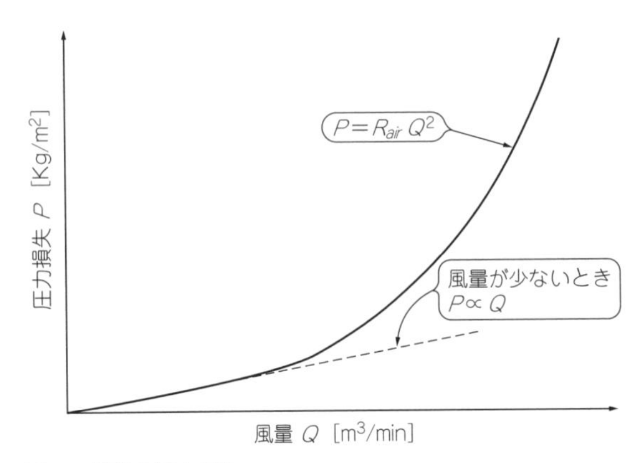

図14 筐体の圧力損失

ファンによる強制空冷は，筐体内の通風抵抗に打ち勝つ通風により放熱することですが，一般的に筐体内を通過する風量をQ [m³/min]，通風抵抗をR_{air}，装置内部圧力損失をP [kg/m²] とすると次式が成り立ちます．

$$P=R_{air}\,Q^2 \cdots\cdots (17)$$

Pは**図14**のように空気の慣性が働く高流速時にはQの2乗に比例しますが，低流速時には空気の粘性が影響するため1乗に比例します．

冷却効率に重要なことは，装置内のシステム・インピーダンスである通風抵抗とファン特性とが釣り合う動作点の風力です．

はじめに触れたように最近の電子装置は通風抵抗が高くなる傾向にあり，今後は高静圧の特性が重視され

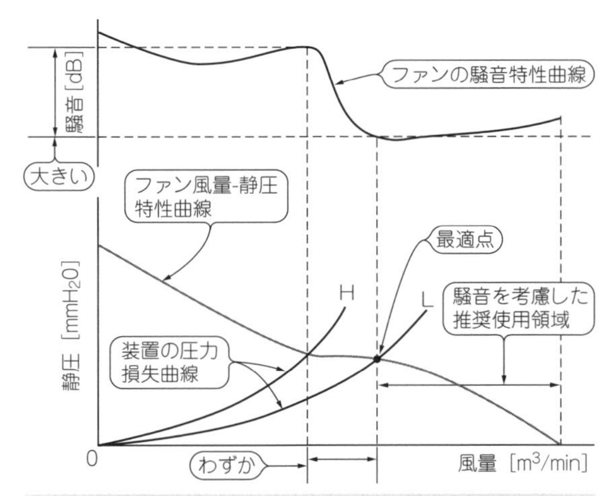

ファンの最適動作点は，ファンの風量-静圧特性の変曲点手前の圧力損失曲線Lとの交わりである．圧力損失がわずかに増加し，圧力損失曲線がHになると騒音が大きく増加する

図15　ファンの最適動作点

るでしょう．ファン特性と装置の相性は，騒音が小さく，さらにファン効率の高い動作点を選ぶことが重要です．

● 最適動作点の選択

図15に扁平DCファンの通風抵抗の変化により変わる動作点と，そのときの騒音変化から最適動作点を選択する例を示します．

最適動作点を選ぶには，筐体圧力損失に合ったファン特性を選びますが，通常は通風抵抗の推定が難しいため特性の異なるファンでのテスト比較など，カット&トライに頼ることがほとんどです．

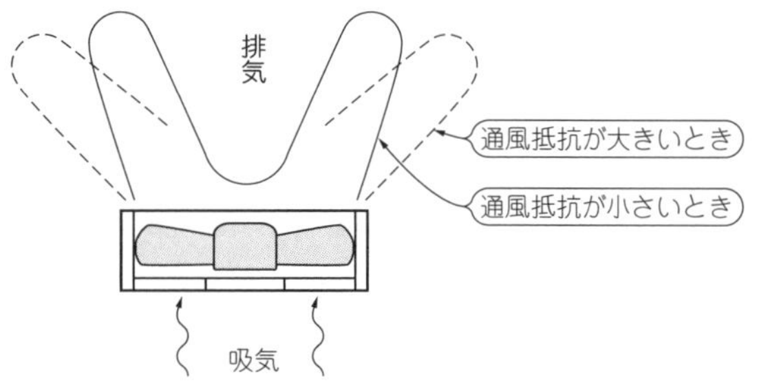

図16　扁平ファンの排気側風速分布

部品の搭載密度などの基板実装状態や，基板組み込みピッチや通風面の凸凹状態による通風経路の複雑化は，通風抵抗の推定を難しくしており，正確な通風抵抗値は容易に計算できません．

例えば扁平ファンを排出側に取り付ける場合，ファン手前に十分な内部空間がないと，翼に近い所と離れた所の風速差が予想を越えて大きくなり，目的の通風路が定まらない現象がおきます．

また，吸気口側に取り付けた場合，扁平ファン排出口から排出される風速分布は**図16**に示すように後方へ円錐状に広がるため通風抵抗は求めにくくなります．

簡易的方法として実際と同等なモックアップ・モデルを製作して，これに既知特性のファンを取り付け，装置内部の風が澱(よど)んでいる，または止まっている所の内気圧P_2を測ります．これと外気圧P_1との差圧P_Dを求め，既知ファンの静圧-風量曲線の静圧をP_Dとし，P_Dと曲線との交点から風量Qがわかるため，既知となったP，Qを式(17)に代入することにより，推定通風抵抗値R_{air}を求めることがあります．

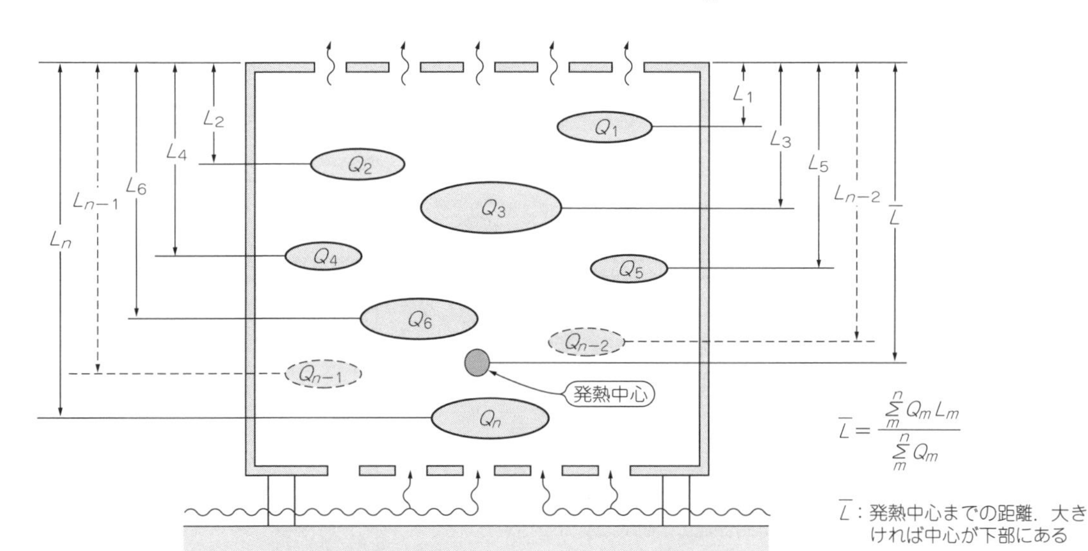

図17　発熱中心

ファン実装のポイント

● プリント基板や部品の留意点

事前に搭載部品の温度予測が必要です．代表的な半導体集積回路，抵抗器，トランス，コンデンサ，モータなどが主な発熱源であり，なかでも高発熱マイクロプロセッサは局部冷却ファンが必要となるほどです．

コンデンサには注意を要します．温度上昇が電圧，周波数やリプルの変化に依存するほか，ケミカル・コンデンサは高温にさらされると寿命が短縮します．

自然対流効果を高めるためには**図17**のように高温部品をできるだけ下部に配置して**発熱中心**を下げます．また，**図18**のように**通風抵抗が低い流路を作り効率的配置をする**などの検討が必要です．

● 筐体や内部構造への留意点

筐体の役割は，電子装置を埃，水，衝撃，電磁ノイズなどの害を外部から侵入を防止し，内部の電圧や熱が外部の人などへの危害を防御する役割があります．最近は形状・色など外装への美的感覚の追求も重視され，美的感覚が原因となる発熱問題もあります．

要は筐体内の熱を効率良く外部排出する低熱抵抗化構造実現の可否で決まります．**図12**の式①や②は，筐体形状，外装色が熱抵抗値を左右することを，式③は風量に比例して冷却能力が得られるためファンによる強制冷却が有利なことを示しています．その他留意点を**図19**に示します．

● ファン取り付けと筐体構造の留意点

取り入れ口では，風向きは方向性のある動圧のため，スポット冷却には都合がよいのですが，部品配置には気配りが必要です．**図19**のように吸引タイプではファン後方に**静圧たまり空間**を設け，多方面から排熱します．

ファンの並列運転は互いに妨害しあうことがあります．特性差による風漏れや，片方が停止した時の対策が必要です．また，風圧上昇の目的でファンを直列に接続しても2倍の圧力は得られません．

多面的な検討でクレームを予想しながら，モックアップ・モデルによる事前テストが必要です．また，通風抵抗に余裕があれば，乱流促進機構として**障害壁を使った熱伝達率向上策もあります**．

また，よく見逃す問題として，標高の高い場所では，冷却効率が低下することが挙げられます．

ファンの騒音

● ファンの騒音源

ファンの騒音には，風切り音・電磁音・機械音の三つがあります．

大型ファンほど機械騒音の危険性が大きいため，取り付け方法や振動に対する事前検討が必要です．小型ファンは電磁音に注意します．

風切り音の低下策の第一は，低騒音ファンを選ぶことです．負荷装置への取り付け方法の検討や通風抵抗との動作点に合ったファン特性を選びます．

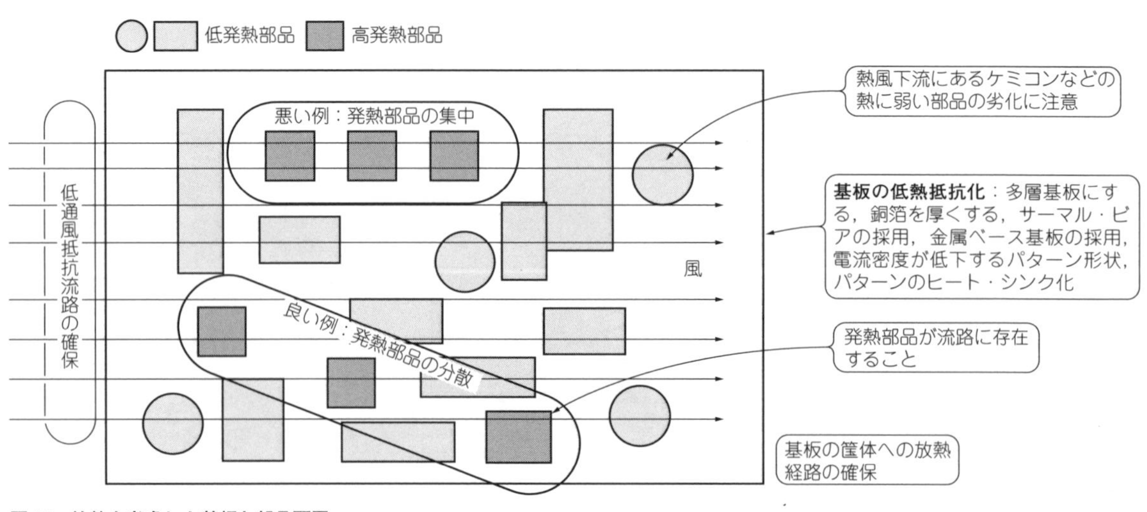

図18　放熱を考慮した基板と部品配置

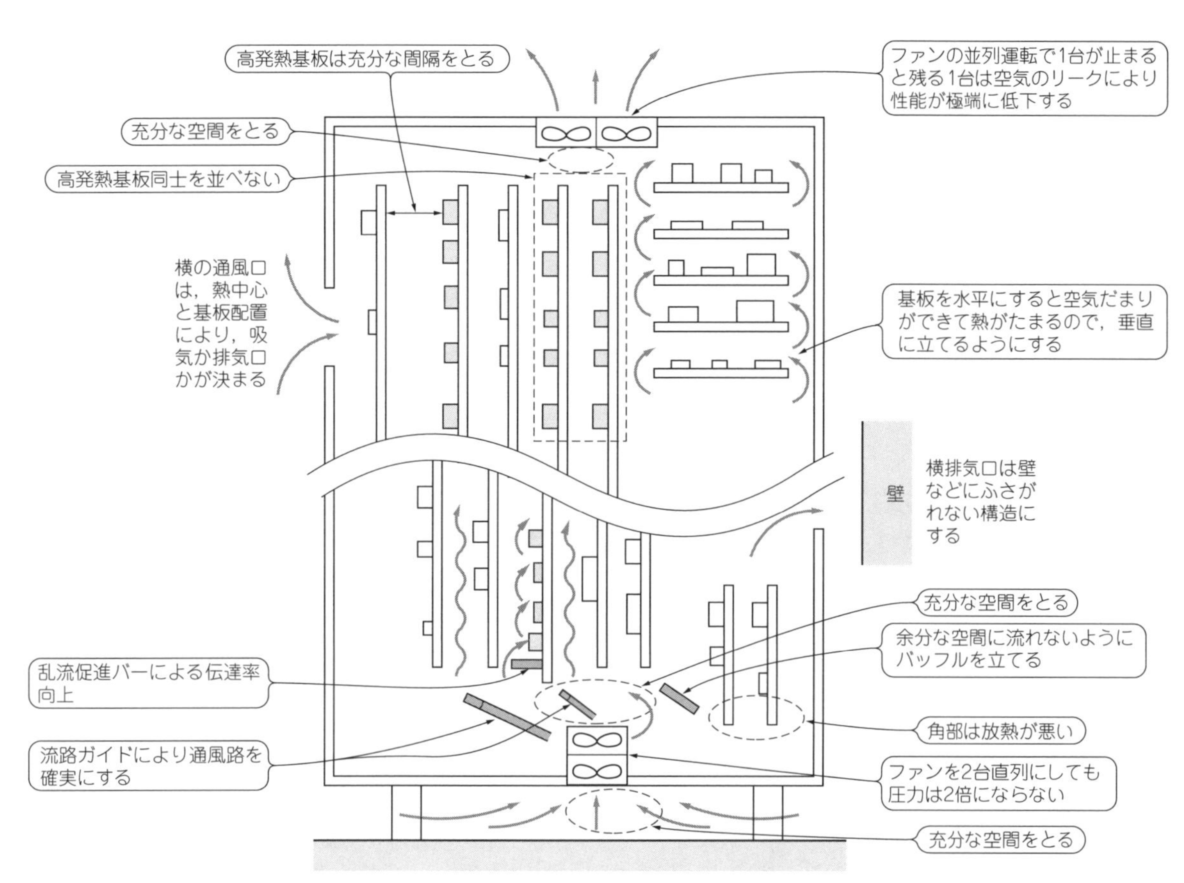

図19　効果的な強制空冷のための筐体構造

表5 音の減衰量

距離比$\frac{r}{r_0}$倍	1	1.5	2	3	4	5	8	10
減衰率$D = -20\log_{10}\frac{r}{r_0}$	0	−3.5	−6	−9.5	−12	−14	−18	−20

● 回転速度と騒音の関係

DCファンには駆動電圧で速度を可変できる特徴があります．DCファンの回転数変化に対する騒音値変化の目安として式(18)が使われています．

$$L = 50\log_{10}\frac{N_2}{N_1} \cdots\cdots (18)$$

L：騒音変化分［dB(A)］，

N_1，N_2：ファン回転数［rpm］

この式には電磁音や機械音が含まれません．正確な値は実装による確認が必要です．

● 音の合成

騒音値が既知のファン数個を1台の装置に搭載する例は良く見られます．実際は，個々のファンを装置内に離れて取り付けることが多いのですが，音を1点に集中したときの騒音予想用として式(19)が利用されています．

$$L = 10\log_{10}\left(10^{\frac{L_1}{10}} + 10^{\frac{L_1}{10}} + 10^{\frac{L_1}{10}}\right) \cdots\cdots (19)$$

L：騒音合成値［dB(A)］，

L_1，L_2，L_3；各々の騒音値［dB(A)］

● 音の減衰

騒音源から距離が離れるほど騒音は小さくなりますが，周辺の騒音が大きい高暗騒音環境では，点音源の騒音測定は距離が離れるほど難しくなります．そこで，暗騒音の影響を抑えるため短距離で騒音を測定し，規定の測定距離に換算するのに式(20)が使われます．

$$D = -20\log_{10}\frac{r}{r_0} \text{［db(A)］} \cdots\cdots (20)$$

D：音の減衰量［dB(A)］，

r_0；基準距離，r；換算距離

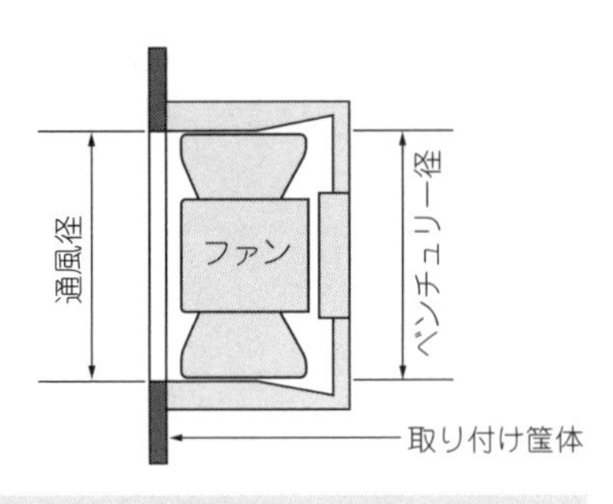

(a) 通風径の注意

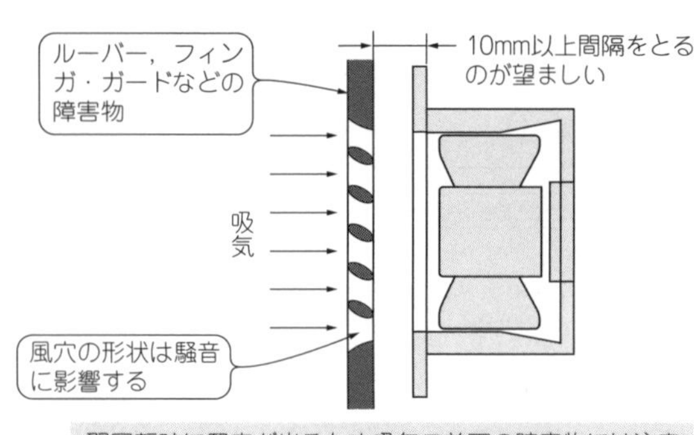

(b) 吸気口の注意

図20　低騒音化のためのファン取り付け口の留意点

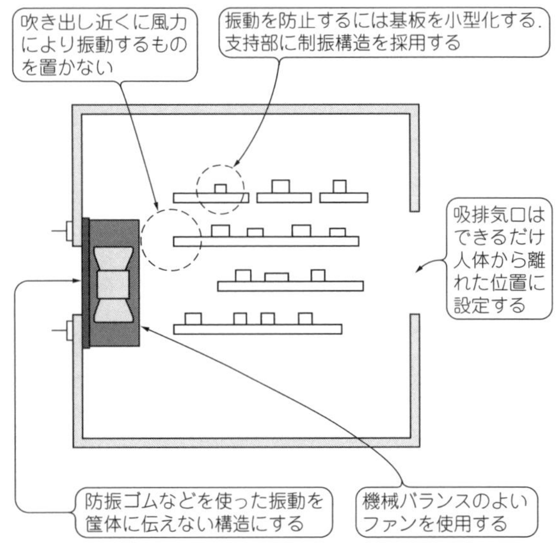

図21　低騒音化のための筐体への留意点

この式を計算した結果が**表5**です．

● 騒音低下のために留意すべきこと

図15のように，低騒音化には最適な動作点が重要です．設計変更の柔軟な対応を考慮に入れておく必要があります．そのほか問題となる留意点を**図20**，**図21**にまとめました．

ファンの信頼性

最近は，故障を許さない重要な分野へもファンが多く使われるようになりました．

信頼性向上のために，ファンに回転センサ，アラーム回路，温度センサなどを搭載したものがありますが，究極は，過酷な条件におけるファン自身の長寿命と高信頼性にかかっています．

故障発生箇所として巻き線，電子回路，軸受け，機構回りに区分できますが，一番の発生箇所は軸受けになります．軸受け問題は，輸送方法，電子装置への組み込み作業，使用環境などの不適正も故障原因に多く含まれます．メーカとユーザが事前に情報を交換すれば，ある程度の事故回避は可能です．

また，ファン自身の開発も進み，現在では耐用年数が数十年の長寿命ファン(**写真6**)も市場で使われています．耐環境性要求から防水ファン(**写真7**)や，使用環境に合わせたファンの開発も進められています．標準仕様以外で使用する場合，メーカへ問い合わせるのも一案です．

〈**渡辺 秀次**〉

◆参考文献◆

(1) 国峰尚樹；設計者は熱を見積もった設計をこころがけよ，電子技術，1999年8月号 Vol. 41 No. 9，pp.16-22，日刊工業新聞社．
(2) 伊藤謹司；熱設計虎の巻(筐体の放熱能力)，電子技術，1999年8月号 Vol. 41 No. 9，pp. 23-28，日刊工業新聞社．
(3) 横堀勉；LSIパッケージにおける低熱抵抗化のキーテクノロジ，電子技術，1999年8月号 Vol. 41 No. 9，pp.46-49，日刊工業新聞社．
(4) 小木曽建；熱設計の考えかた，電子技術，1997年1月号 Vol.39 No. 1，日刊工業新聞社．
(5) 伊藤謹司；熱対策用部品選定のポイント，低熱抵抗化のすすめ，電子技術，1997年1月号 Vol. 39 No. 1，pp.12-15，日刊工業新聞社．
(6) 石塚勝，藤井雅雄；電子機器の放熱設計とシミュレーション，応用技術出版，1991.
(7) 萩三二；熱伝達の基礎と演習，東海大学出版会，1998.
(8) 国峰尚樹；熱設計完全入門，日刊工業新聞社，2000.
(9) 棚澤一郎；熱交換機の最近の動向について，M & E，1999年3月号，pp.163-164，工業調査会．
(10) 小木曽建；電子回路の熱設計，工業調査会，1989.
(11) 松崎一夫ほか；電源システムを大きく変えるマイクロDC-

写真6　長寿命ファン（左：9GL1248H101，右：109L0912H401，山洋電気）

写真7　防水ファン（109W1212H102，山洋電気）

DCコンバータ技術，M＆E，1999年4月，pp.162-168，工業調査会.
(12) 酒見省二；CSPの最新技術動向と将来展望，M＆E，1999年4月，pp.208-217，工業調査会.
(13) 渡辺秀次；9章冷却ファン，エレクトロニクス機器における静音化技術，1995年8月，ミマツ・データ・システム.
(14) 渡辺秀次；OA・FA用冷却装置，日刊工業新聞，1997年5月26日，日刊工業新聞社.
(15) 渡辺秀次；扁平ファン用モータ，機械設計，1988年5月，日刊工業新聞社.
(16) 岩井洋，大見俊一郎；21世紀の半導体デバイス・リソグラフィ技術，電気学会誌，2000年6月，電気学会.

(初出：「トランジスタ技術」2001年3月号)

索 引

【記号・数字】

0402サイズ……51, 57, 131
0603サイズ……51, 57, 131
1005サイズ……51, 57, 131
1608サイズ……51, 57, 131
3端子コンデンサ……8, 444
4端子抵抗……5

【アルファベット】

AC動作……121
ACファン……452
ATカット……251
B特性……132
C×Rタイプ……392
CF1/4……114
Class1……130
Class2……130, 132
DC-DCコンバータ……128, 201
DC動作……121
DCバイアス特性……132
DCファン……452
DIPスイッチ……31, 406
DIPロータリ・スイッチ……32
DTCXO……288
E3系列……123
E6系列……123
E12系列……123
E24列……115
E標準数……75
EMCフィルタ……24
EMI対策用複合電磁シールド……23
ESD……92
ESD保護ダイオード……427
ESD保護用ツェナー・ダイオード……423
F特性……132
kHz帯……280
LC共振回路……366
LW逆転型セラミック・コンデンサ……24
MOSFETドライバ……393
MTBF……176
OCXO……247, 289
OS-CON……169
PINダイオード……212
PMLCAP……143
PPSコンデンサ……11
Q……309
SDM型……253
SMD……255
SPXO……287
SSR……394
TCXO……247, 287
VCXO……288
X7R特性……438
Y5V特性……438

【あ・ア行】

アキシャル型インダクタ……15
アクティブ・フィルタ……152
圧電効果……251
厚膜型金属皮膜チップ抵抗……2
厚膜チップ抵抗……60
アノード……210
アバランシェ降伏……212
アルミ電解コンデンサ……155
アルミ非固体電解コンデンサ……158
アレニウス……193
イコライザ……199
位相補償……138
一般整流用ダイオード……211, 225
インダクタ……306
インダクタ成分ESR……124
インダクタンス成分ESL……125
インピーダンス……123, 157
インピーダンス-周波数特性……170
渦電流損……310, 362
薄膜型金属皮膜チップ抵抗……2
薄膜積層フィルム・コンデンサ……143
薄膜タイプ……307
薄膜チップ抵抗……66
円筒型……184
円筒形チップ固定抵抗器……51
オーバートーン発振……272
押しボタン・スイッチ……406
オフラッチ短絡保護タイプ……393
音叉水晶振動子……254

【か・カ行】

カーボン抵抗……1
角型チップ固定抵抗器……50
ガス・アレスタ……28
カソード……210
型番……111
型名……113
過電流検出……53
過電流保護素子……412
可変抵抗器……50
可変容量ダイオード……212
雷サージ……435
カレント・リミット・タイプ……393
貫通コンデンサ……8
感電保護クラス……409
逆圧電効果……251
逆回復時間……214, 228
逆接……173, 186
逆電圧……214
逆電流……214, 230
逆方向スイッチング損失……232
キャパシタ……120
キャパシタ電圧……120
キャパシタ電流……120
キャパシタンス……120
キュリー点……310
共振周波数……273
筐体温度……459
筐体の圧力損失……460
強誘電体……132
極性……122
許容差……114
許容損失……227
金属板固定抵抗器……51
金属板抵抗……4
金属磁気圧粉インダクタ……357
金属磁気圧粉コア……358
金属箔抵抗……3
金属皮膜……50, 114
金属皮膜固定抵抗器……51
金属皮膜抵抗……1
空芯インダクタ……13
繰り返しピーク逆電圧……226
コア・ロス……361
コイル……306
高周波雑音低減用チップ・フェライト・ビーズ……23
高周波用の開磁路型インダクタ……14
高周波用の閉磁路型インダクタ……13
公称値……113
高精度な抵抗器……54
高速整流用ダイオード……225
広帯域増幅回路……139
交流アンプ……196
小型高容量タイプ(Gタイプ)……392
小型低背コイル……351
故障モード……178
固体アルミ電解コンデンサ……7
固体タンタル・コンデンサ……12
固定抵抗器……50
コモン・モード・チョーク……14
コモン・モード・チョーク・コイル……313, 439
コモン・モード・フィルタ……25
コンデンサ……437

【さ・サ行】

サージ逆電力……425
サージ対策用バリスタ……27
サブクロック……268
サム・ホイール・スイッチ……34
酸化金属皮膜抵抗……5, 51
磁気飽和……310
シグナル・リレー……382
自己回復特性……147
自己共振周波数……125, 133, 140, 320
自己復帰タイプ……393
実効透磁率……317
ジッタ……250
自発分極……132
シャント抵抗……70
シャント・レギュレータIC……185
充電回路……194
周波数安定度……287
周波数特性……123
充放電……163
ジュール積分値……414
出力平滑用コンデンサ……159
取得容量範囲……130
順電圧……214, 228
順方向定常損失……231
蒸散現象(ドライ・アップ)……174
商用周波電源トランス……17
ショットキー・バリア型……211
ショットキー・バリア・ダイオード……211, 225
シリコンPN接合型……210
シリコン振動子……246
人工水晶……251
振動子……246
水晶振動子……247
水晶発振回路……266, 279

スイッチ……404
スイッチング電源用トランス……20
スイッチング方式……351
スイッチング用ダイオード……211
スパーク……417
スライド・スイッチ……35，406
制御盤用途スイッチ……34
静電気サージ用ESD保護ダイオード……26
静電気耐量……425
静電容量……156
静電容量変化率……132
整流平滑回路……416
整流用ダイオード……211
積層型チップ・インダクタ……16
積層セラミック・コンデンサ……122，127，130，137
積層タイプ……307
絶縁耐圧試験……148
絶縁抵抗値……131
絶縁破壊……123
絶縁破壊電圧……131
絶縁物……122
接合部温度……227
接合部温度の算出……232
セメント抵抗……6
セラミック・コンデンサ……7，122
セラミック振動子……247
セラミック発振子……298
セラミック・ヒューズ……412
セル構造……184
ゼロ・オーム抵抗器……51
ゼロ点……136
双安定リレー……383
素子最高電圧……89

【た・タ行】

ダイオード……210
耐トラッキング指数……409
耐パルス特性……89
タクタイル（タクト）・スイッチ……35，406
単安定リレー……383
端子間容量……424
炭素皮膜（カーボン）……50，113
炭素皮膜抵抗器……51
タンタル・コンデンサ……178
チップ・インダクタ……442
チップ抵抗……57
チップ・ビーズ……442
直流重畳特性……310
直流電圧特性……132
ツェナー降伏……212
ツェナー・ダイオード……215
ツェナー電圧……214，424
低ESR……167
定格温度……88
定格電圧……122
定格電力……113
抵抗……433
抵抗器……50
抵抗成分……123
抵抗値許容差……89
抵抗電圧係数……91
低周波領域……133
低抵抗器……52
低抵抗用チップ……4
定電圧ダイオード……211，423
定電流ダイオード……211，238
ディレーティング……415
データシート……113
デカップリング……445
デカップリング回路……198
デカップリング・コンデンサ……140，166
鉄損……310
電解液……122
電解コンデンサ……122，130
電気二重層キャパシタ……10
電気二重層コンデンサ……184
電源用フィルタ……25
電蝕断線……68
点接触型……211
電流管理……53
電流制限……53
電力損失……134
等価直列抵抗ESR……204
等価直列抵抗ESR-温度特性……170
銅損……310
導電性高分子……179
導電性高分子アルミ固体電解コンデンサ……158
導電性ポリマ……418
特定用途向けスイッチ……31
トグル・スイッチ……30，406
突入電流制限用NTCサーミスタ……28
トランスポンダ・インダクタ……15

【な・ナ行】

内部抵抗成分ESR……123
入力平滑用コンデンサ……158
熱伝達率……457
ネットワーク抵抗……58

【は・ハ行】

バイパス・コンデンサ……443

廃品種……115
パスコン……149
発光ダイオード……211
発振器……299
発振子……299
発振余裕度……268
ばらつき……115
バリスタ……428
パルス性ノイズ……389
パルス・トランス……22
パワー・ダイオード……225
パワー・リレー……382
半固定抵抗器……50
半導体リレー……390
ヒートシンク……37
ヒート・スポット……360
非繰り返しサージ電流……227
非固体アルミ電解コンデンサ……10
非固体電解コンデンサ……158
ヒステリシス曲線……310
ヒューズ……412
ヒューズ抵抗器……52
表面実装型……114
ヒンジ型リレー……382
ファン……451
フィルタ……363
フィルム・コンデンサ……122，130，149，438
フォトMOSリレー……390
フォト・リレー……397
フィルム・コンデンサ
負荷容量……267，272
複素インピーダンス……133
プッシュ・スイッチ……29
プランジャ型リレー……382
プルアップ抵抗……97
ブロック型抵抗……6
平均順電流……227
変位電流……123
偏平型……184
放電回路……195
保守品種……115
保存温度……227
ポリアセン・キャパシタ……12
ポリエステル・フィルム・コンデンサ……9
ポリプロリレン・コンデンサ……9

【ま・マ行】

マイカ・コンデンサ……8
マイクロ・スイッチ……32，407
マウンタ……134
巻き線固定抵抗器……51
巻き線タイプ……307
巻き線抵抗……3
マクスウェル……123
ムーアの法則……129
無接点リレー……382
メイン・クロック……268
メタル・クラッド抵抗……6
メタル・グレース……50
メルフ(MELF)……51
面実装タイプ……50
漏れ電流……131，157

【や・ヤ行】

有接点リレー……382
誘電吸収……146，190
誘電体……122
誘導性ノイズ……389
誘導性リアクタンス……307
溶断特性……414
容量性リアクタンス……307
容量変化特性……170

【ら・ラ行】

ラッチング・リレー……385
ラミネート型……184
リーケード・トランス……21
リード型……114
リード・スイッチ……36
リード付きタイプ……50
リセッタブル・ヒューズ……417
リニア正温度係数抵抗器……56
リプル電流……158，163，204
リレー……382
ループ・フィルタ……150
冷却……451
ロータリ・スイッチ……33
ロッカ・スイッチ……30，406

初出一覧

本書の下記の項目は，「トランジスタ技術」誌に掲載された記事をもとに再編集したものです．

● カラー・プレビュー

抵抗器　2013年9月号，pp.139 - 144
コンデンサ　2013年9月号，pp.132 - 138
インダクタ　2013年12月号，pp.201 - 205
トランス　2014年9月号，pp.175 - 181
保護素子/ノイズ対策部品　2014年2月号，pp.200 - 206
スイッチ　2014年4月号，pp.195 - 203
ヒートシンク　2014年5月号，pp.205 - 209

● 第1部

第1章　2009年6月号，pp.66 - 76
第2章　2010年8月号，pp.100 - 117
第3章　2015年6月号，pp.136 - 142
Appendix 1　2009年6月号，pp.67 - 77
第4章　2015年9月号，pp.171 - 176
　2010年5月号，pp.67 - 70
第5章　2005年11月号，p.138/p.140/p.141/p.142/p.148/p.170/p.171
　2005年9月号，p.272
　2005年12月号，p.272
　2010年5月号，p.228

● 第2部

第1章　2013年6月号，pp.67 - 71
　2010年6月号，p.84
第2章　2005年4月号，pp.211 - 219
　2010年8月号，pp.68 - 92
第3章　2009年6月号，pp.89 - 95
第4章　2008年5月号，pp.106 - 110
　2009年6月号，pp.96 - 97
　2010年8月号，pp.92 - 95/pp.98 - 99
第5章　2010年8月号，p.99
　2009年5月号，p.96
第6章　2009年6月号，pp.99 - 100
第7章　2005年11月号，p.124/p.139/p.145/p.172/pp.184 - 185
　2010年5月号，p.79
Appendix 1　2010年5月号，pp.70 - 76/pp.78 - 79/pp.114 - 115/pp.117 - 119
Appendix 2　2010年6月号，p.85/pp.106 - 108

● 第3部

第1章　2002年4月号，pp.147 - 160
第2章　2002年4月号，pp.175 - 186
Appendix　2009年6月号，pp.124 - 129

● 第4部

第1章　2010年12月号，p.147
　2014年4月号，pp.138 - 141
第2章　1999年6月号，pp.215 - 219
　2015年1月号，p.214
　2004年3月号，pp.106 - 114
第3章　2010年8月号，pp.135 - 136
　2009年6月号，pp.110 - 117
Appendix　2011年9月号，pp.159 - 160
第4章　2011年9月号，p.159 - 167
第5章　2015年12月号，p.228
　1999年6月号，pp.215 - 228
第6章　2005年8月号，pp.219 - 224

● 第5部

第1章　2009年6月号，pp.101 - 109
　2011年5月号 別冊付録，pp.7 - 63
　2013年6月号，pp.71 - 72
第2章　2009年2月号，pp.172 - 177
　2009年4月号，pp.172 - 176
Appendix　2005年11月号，p.158
　2010年5月号，p.116/p.118/pp.76 - 77/pp.124 - 127/pp.133 - 138
　2010年8月号，pp.130 - 133

● 第6部

第1章　2009年6月号，pp.136 - 141
　2005年11月号，p.173
　2014年3月号，p.152
第2章　2003年9月号，pp.256 - 262
　2010年10月号，pp.207 - 211
　2006年7月号，pp.270 - 271
Appendix　2009年6月号，pp.145 - 150

● 第7部

第1章　2010年8月号，pp.142 - 151
第2章　2010年8月号，pp.152 - 161
　2011年3月号，pp.226 - 227
　2011年4月号，pp.230 - 231
　2011年11月号，pp.218 - 219
　2012年2月号，pp.220 - 221
第3章　2009年6月号，p.230
　2009年8月号，p.238
　2004年4月号，pp.246 - 251
Appendix　2001年3月号，pp.283 - 296

〈編著者紹介〉

宮崎 仁(みやざき・ひとし)

(有)宮崎技術研究所で回路設計，コンサルティングに従事．依頼があれば何でも作るユーティリティ・エンジニアを目指すも，道はなかなか険しいと思う今日このごろ．

〈筆者一覧〉五十音順

青木 俊輔
赤羽 秀樹
浅井 紳哉
東 貴博
安藤 友二
石井 孝明
石黒 信彦
板倉 勝典
漆谷 正義
遠座坊
大隅 明
大橋 隆
大貫 徹
長田 久
小野 麦
小山 泰宏
門 誠
加藤 高広
川田 章弘
木下 清美
国分 太郎
後藤 智史
後藤 祥正
小宮 浩
小柳津 泰夫
鮫島 正裕
志田 晟
島田 義人
下間 憲行
新町 丈志
鈴木 正俊
鈴木 憲次
瀬川 毅
高野 慶一
滝島 恭史
橘 純一
田中 和喜
丹下 昌彦
丁子谷 一
中 幸政
中嶋 雅夫
長友 光広
並木 精司
西形 利一
野尻 俊幸
花房 一義
馬場 清太郎
浜田 智
林 靖雄
比企 春信
廣畑 敦
藤井 眞治
藤田 昇
藤田 雄司
藤原 武
古荘 伸一
星野 康男
細田 隆之
松田 大
正木 一人
三宅 和司
宮崎 仁
森田 一
守谷 敏
安井 吏
安田 仁
山田 博之
遊佐 真琴
由良 佳久
渡辺 秀次

〈部品の監修〉

大貫 徹

基本電子部品大事典

編　著　宮崎 仁
発行人　櫻田 洋一
発行所　CQ出版株式会社
〒112-8619　東京都文京区千石4-29-14
電　話　編集 03-5395-2148
広告 03-5395-2131
販売 03-5395-2141

2017年5月1日　初版発行
2024年6月1日　第4版発行

定価は裏表紙に表示してあります
乱丁，落丁本はお取り替えします

DTP・印刷・製本　三晃印刷株式会社
表紙・扉デザイン　MATHRAX 久世 茉里子
表紙写真　香川 賢志

ISBN978-4-7898-4529-8
Printed in Japan